SolidWorks 2020 完全实训手册

郝利剑　编著

清华大学出版社
北　京

内 容 简 介

SolidWorks是世界上第一套基于Windows系统开发的三维CAD软件，具有功能强大、易学、易用等特点。本书讲解最新版本SolidWorks 2020中文版的设计方法和案例，全书主要针对目前非常热门的Solidwoks技术，以详尽的视频教学讲解中文版的大量的SolidWorks 2020设计范例。全书共分10章，通过260个范例的讲解，并配以视频教学，从实用的角度介绍了SolidWorks 2020中文版的机械设计方法。

本书内容广泛、通俗易懂、语言规范、实用性强，使读者能够快速、准确地掌握SolidWorks 2020中文版的绘图方法与技巧，特别适合中、高级用户的学习，是广大读者快速掌握SolidWorks 2020中文版的实用指导书和工具手册，也可作为大专院校计算机辅助设计课程的指导教材。

图书在版编目(CIP)数据

SolidWorks 2020 完全实训手册 / 郝利剑编著 . —北京：清华大学出版社，2020.9（2022.8重印）
ISBN 978-7-302-56338-9

Ⅰ．① S… Ⅱ．①郝… Ⅲ．①计算机辅助设计－应用软件－手册 Ⅳ．① TP391.72-62

中国版本图书馆 CIP 数据核字 (2020) 第 167369 号

责任编辑：张彦青
封面设计：李　坤
责任校对：李玉茹
责任印制：丛怀宇

出版发行：清华大学出版社
网　　址：http://www.tup.com.cn，http://www.wqbook.com
地　　址：北京清华大学学研大厦 A 座　　**邮　　编：**100084
社 总 机：010-83470000　　**邮　　购：**010-62786544
投稿与读者服务：010-62776969，c-service@tup.tsinghua.edu.cn
质 量 反 馈：010-62772015，zhiliang@tup.tsinghua.edu.cn
印 装 者：大厂回族自治县彩虹印刷有限公司
经　　销：全国新华书店
开　　本：190mm×260mm　　**印　　张：**25.25　　**字　　数：**611 千字
版　　次：2020 年 11 月第 1 版　　**印　　次：**2022 年 8 月第 2 次印刷
定　　价：89.00 元

产品编号：086817-01

SolidWorks公司是一家专业从事三维机械设计、工程分析、产品数据管理软件研发和销售的国际性公司。其产品SolidWorks是世界上第一套基于Windows系统开发的三维CAD软件，这是一套完整的 3D MCAD 产品设计解决方案，即在一个软件包中为产品设计团队提供了所有必要的机械设计、验证、运动模拟、数据管理和交流工具。该软件以参数化特征造型为基础，具有功能强大、易学、易用等特点，是当前最优秀的三维CAD软件之一。在SolidWorks的最新版本SolidWorks 2020中文版中，针对设计中的多种功能进行了大量的补充和更新，使用户可以更加方便地进行设计，这一切无疑为广大的产品设计人员带来了福音。

为了使读者能更好地学习，同时尽快熟悉SolidWorks 2020中文版的设计功能，云杰漫步科技CAX教研室根据多年在该领域的设计和教学经验精心编写了本书。全书主要针对目前非常热门的SolidWorks技术，以详尽的视频教学讲解中文版的大量的SolidWorks 2020设计范例。全书共分10章，通过260个范例的讲解，并配以视频教学，从实用的角度介绍了SolidWorks 2020中文版的机械设计方法。

云杰漫步科技CAX设计教研室长期从事SolidWorks的专业设计和教学，数年来承接了大量的项目，参与SolidWorks的教学和培训工作，积累了丰富的实践经验。本书就像一位专业设计师，将设计项目时的思路、流程、方法、技巧、操作步骤面对面地与读者交流。本书内容广泛、通俗易懂、语言规范、实用性强，使读者能够快速、准确地掌握SolidWorks 2020中文版的绘图方法与技巧，特别适合中、高级用户的学习，是广大读者快速掌握SolidWorks 2020中文版的实用指导书和工具手册，也可作为大专院校计算机辅助设计课程的指导教材。

本书还配备了包括大量模型图库、范例教学视频和网络资源介绍的海量教学资源，其中范例教学视频制作成多媒体方式进行了详尽的讲解，便于读者学习使用。另外，本书还提供了网络的免费技术支持，读者可以关注“云杰漫步科技”微信公众号，查看关于多媒体教学资源的使用方法和下载方法。也可以关注“云杰漫步智能科技”今日头条号，在这里为读者提供技术交流和技术支持。

本书由云杰漫步科技CAX设计教研室编著，参加编写工作的有张云杰、尚蕾、靳翔、张云静、郝利剑等。书中的范例均由云杰漫步多媒体科技公司CAX设计教研室设计制作，由云杰漫步多媒体科技公司技术支持，同时要感谢出版社的编辑和老师们的大力协助。

由于本书编写时间紧张，编写人员的水平有限，因此在编写过程中难免有不足之处，在此，编写人员对广大用户表示歉意，望广大用户不吝赐教，对书中的不足之处给予指正。

编　者

案例源文件

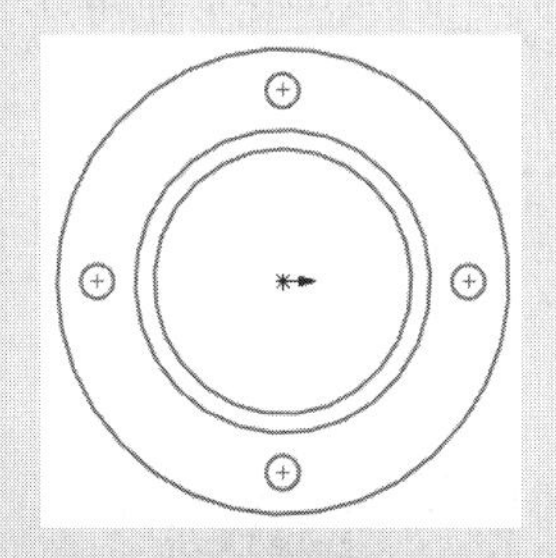
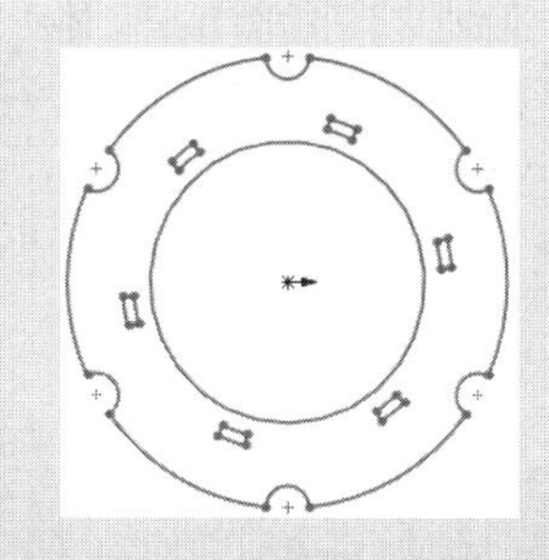
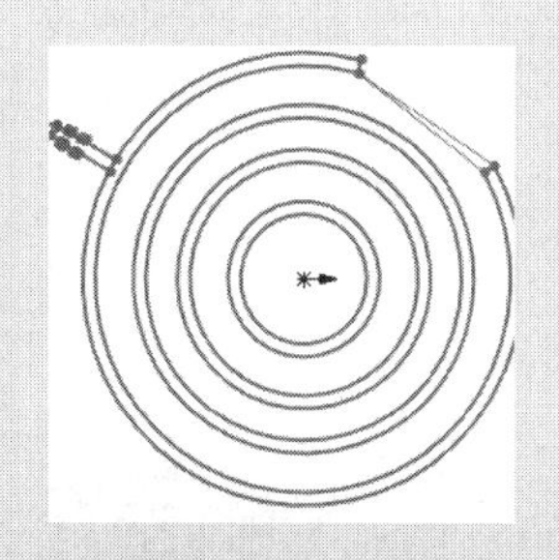
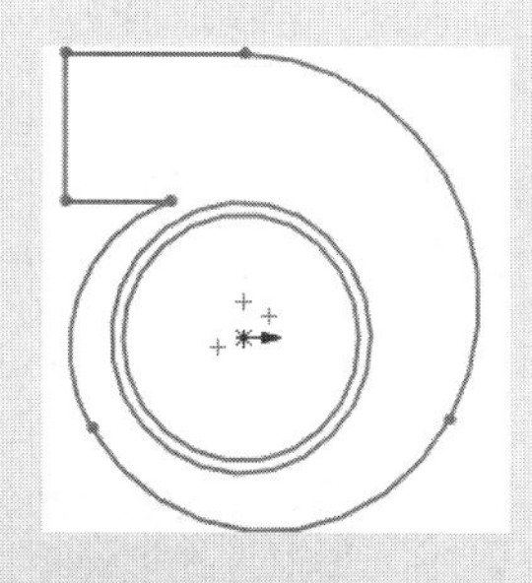

第1章 SolidWorks草图设计

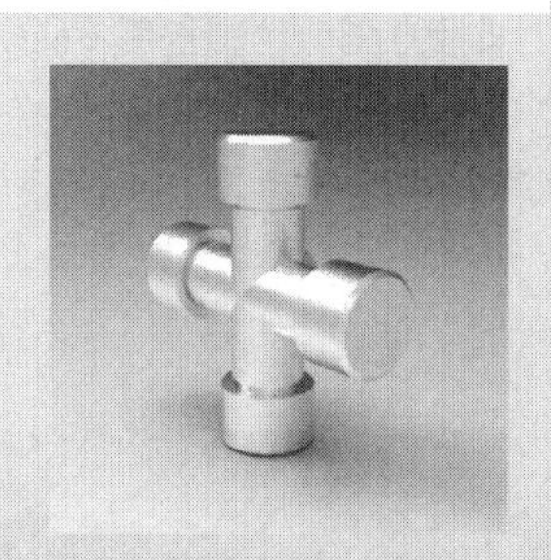

第2章 实体特征设计

第3章 零件形变特征设计

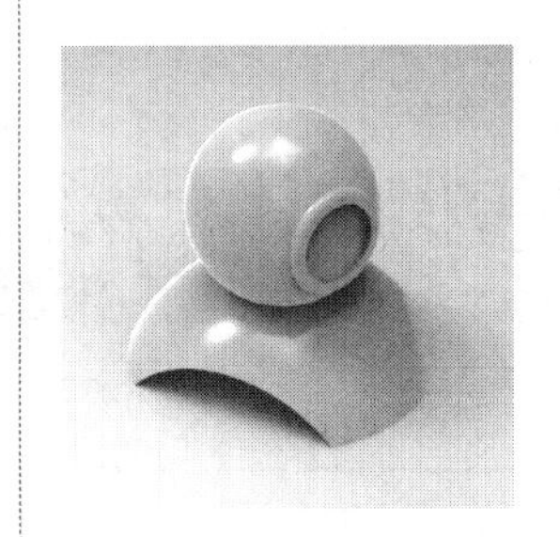
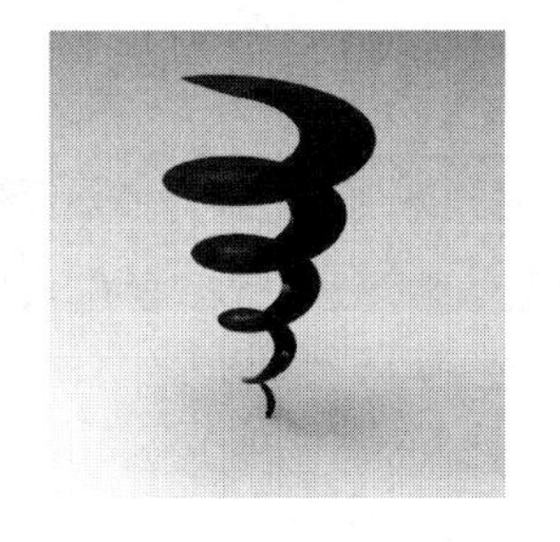

第4章 特征编辑

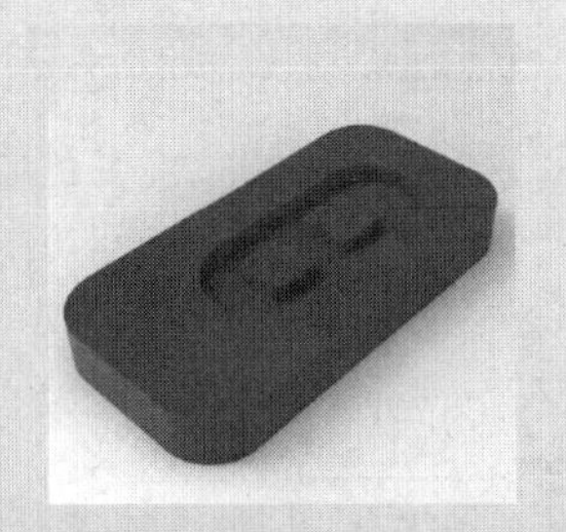

第5章 曲面设计和编辑

第6章 装配体设计

第7章 焊件和钣金设计

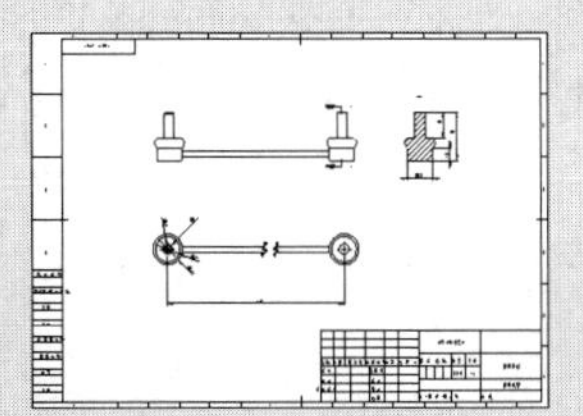
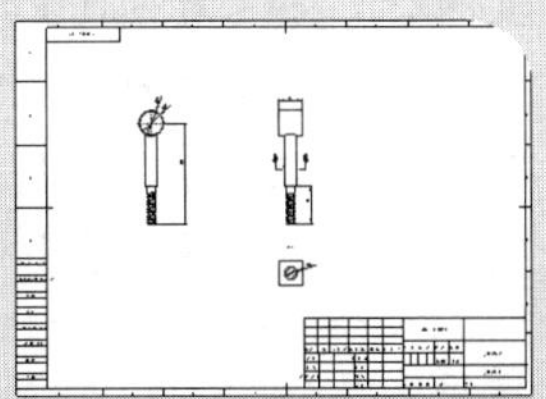
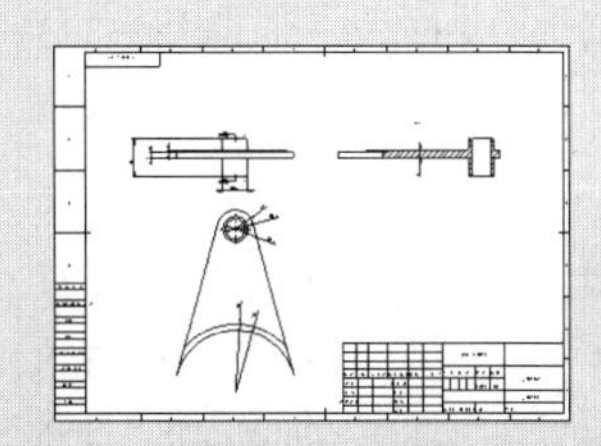
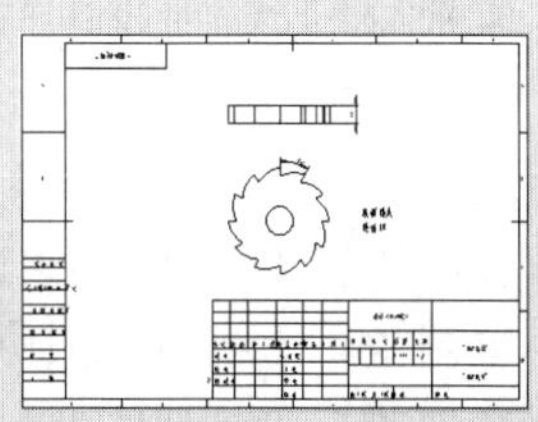

第8章 工程图设计

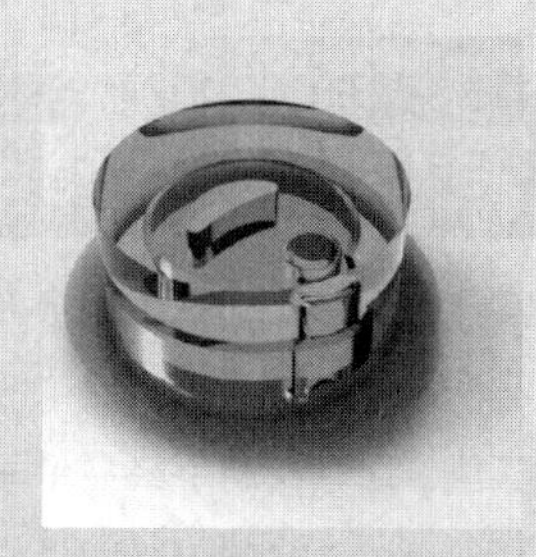

第9章 模具设计

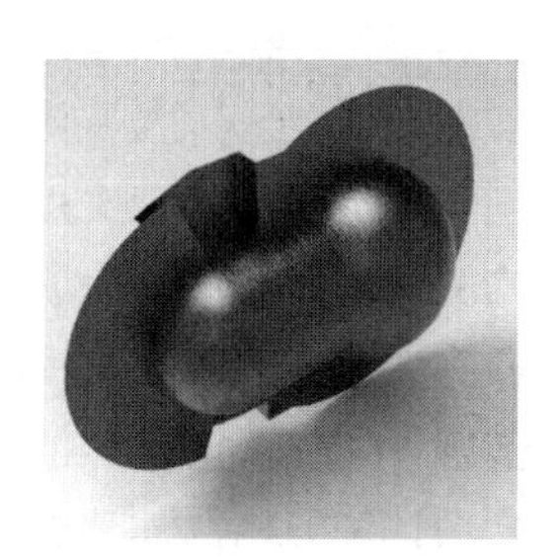

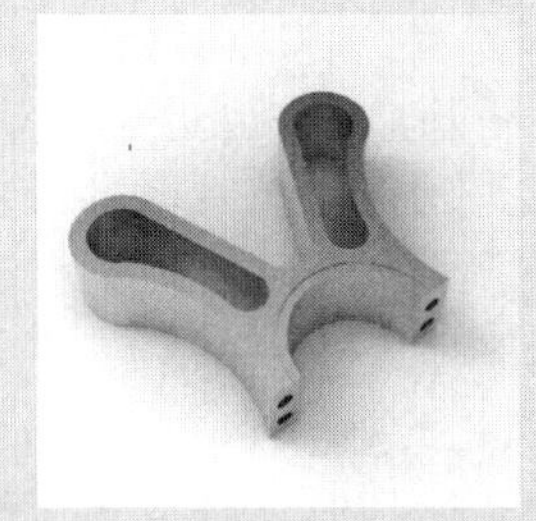
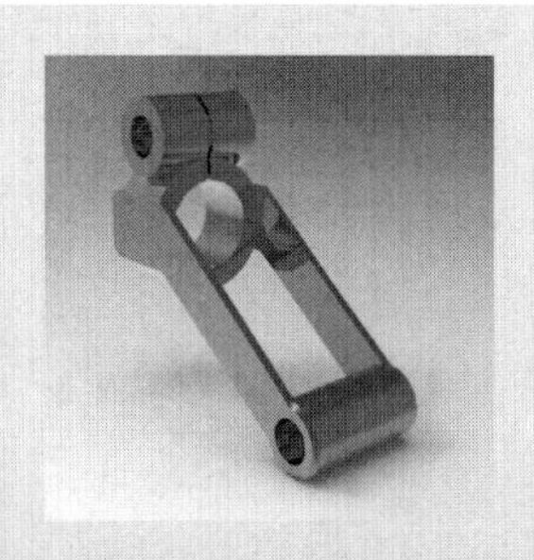

第10章　设计综合实例

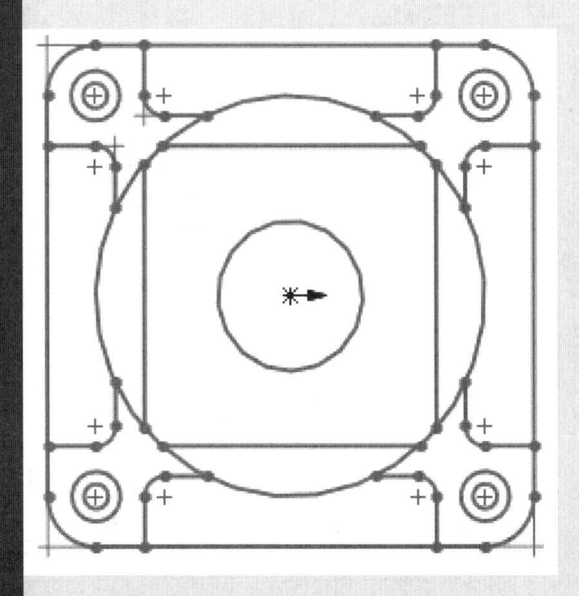

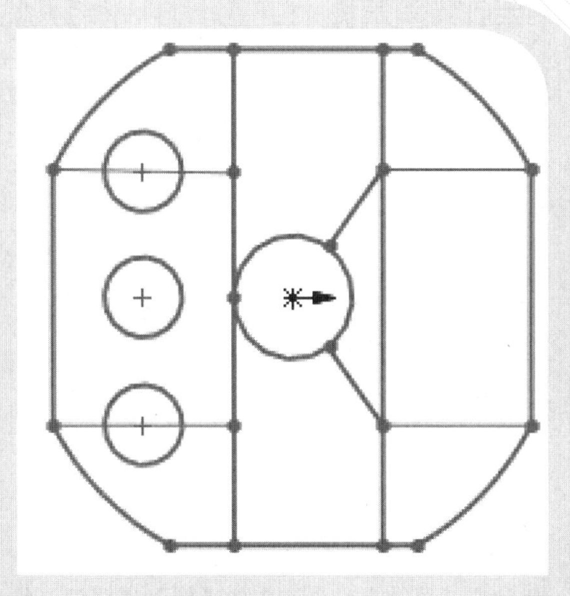

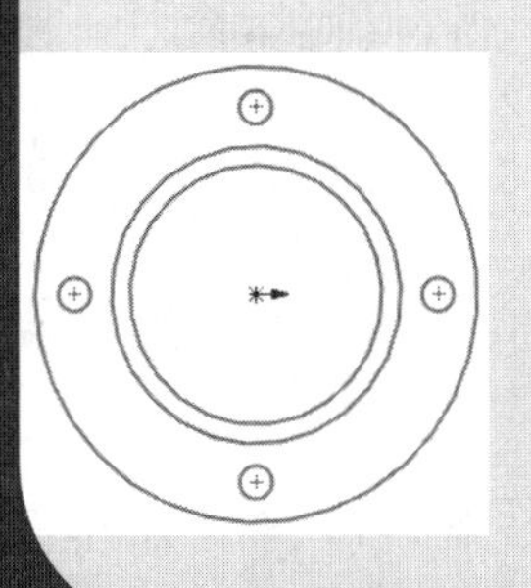

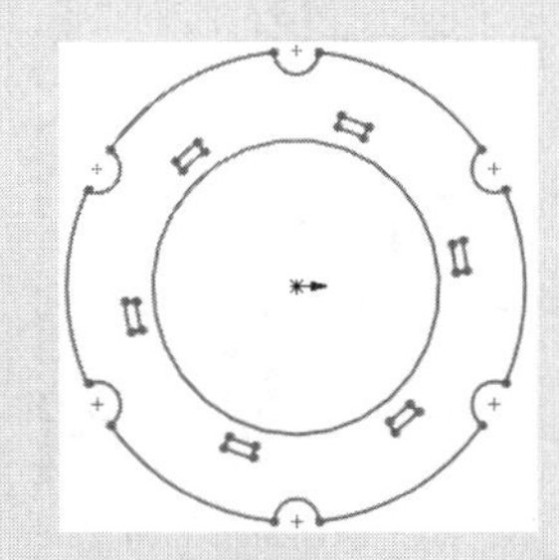

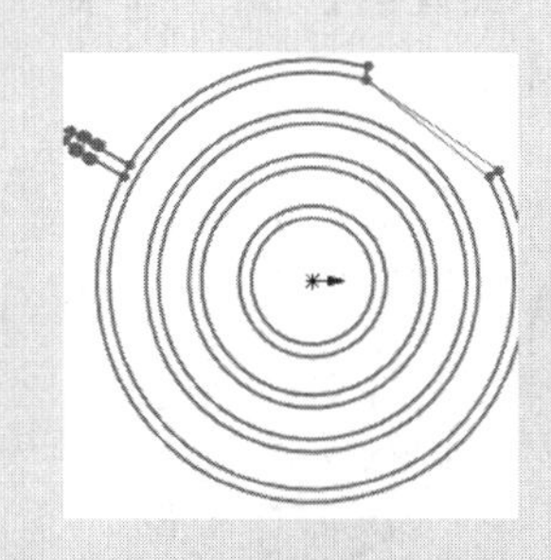

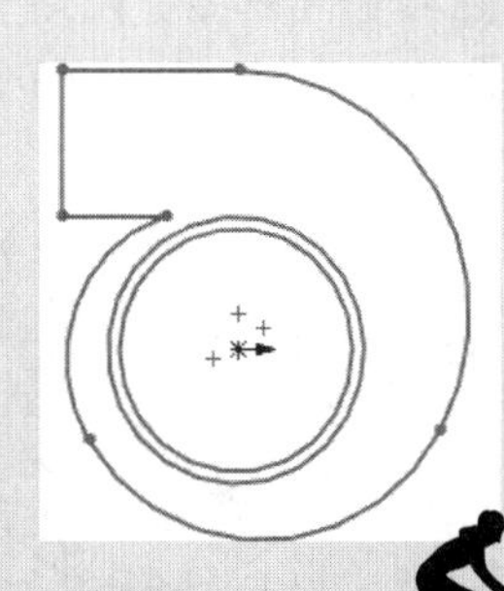

第1章 SolidWorks草图设计

实例 001 绘制端盖草图

案例源文件：ywj\01\001.prt

01 单击【草图】选项卡中的【圆】按钮，绘制直径为54的圆，如图1-1所示。

02 单击【草图】选项卡中的【圆】按钮，绘制直径为62的圆，如图1-2所示。

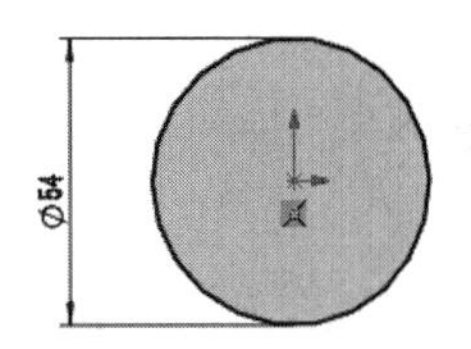

图1-1　绘制直径为54的圆

图1-2　绘制直径为62的圆

03 单击【草图】选项卡中的【圆】按钮，绘制直径为95的圆，如图1-3所示。

04 单击【草图】选项卡中的【圆】按钮，绘制直径为7的圆，如图1-4所示。

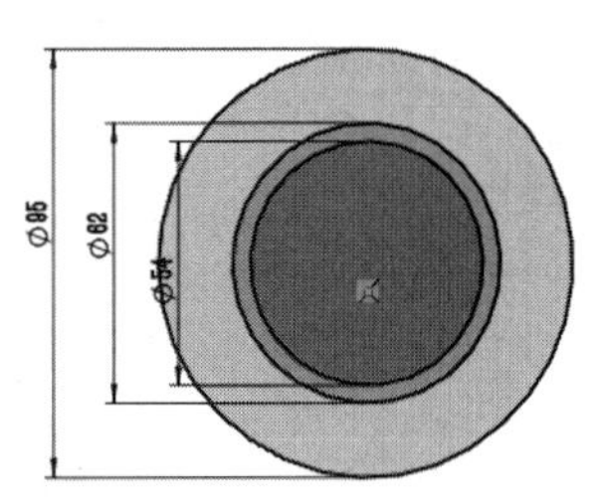

图1-3　绘制直径为95的圆

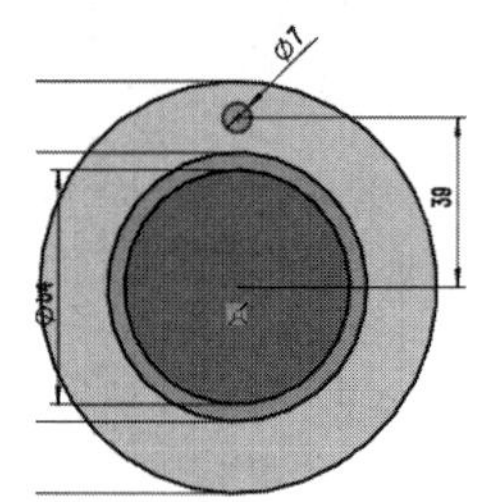

图1-4　绘制直径为7的圆

05 单击【草图】选项卡中的【圆周草图阵列】按钮，创建圆形阵列，如图1-5所示。

06 完成端盖草图的绘制，如图1-6所示。

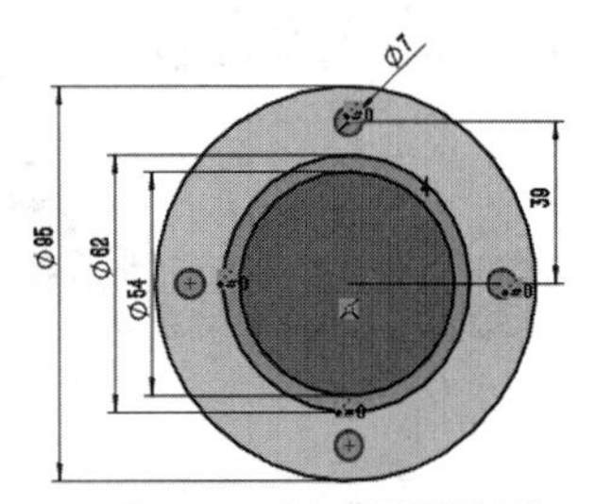

图1-5　创建圆形阵列

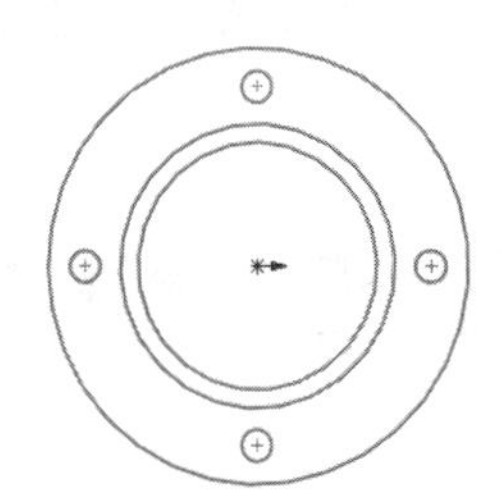

图1-6　完成端盖草图

实例 002 绘制垫圈草图

案例源文件：ywj\01\002.prt

01 单击【草图】选项卡中的【圆】按钮，绘制直径为50的圆，如图1-7所示。

02 单击【草图】选项卡中的【圆】按钮，绘制直径为80的圆，如图1-8所示。

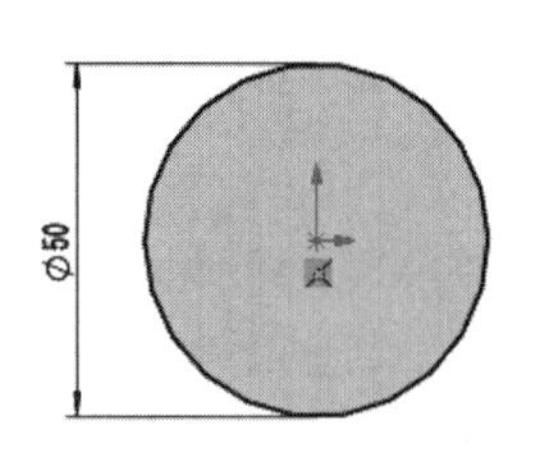

图1-7　绘制直径为50的圆

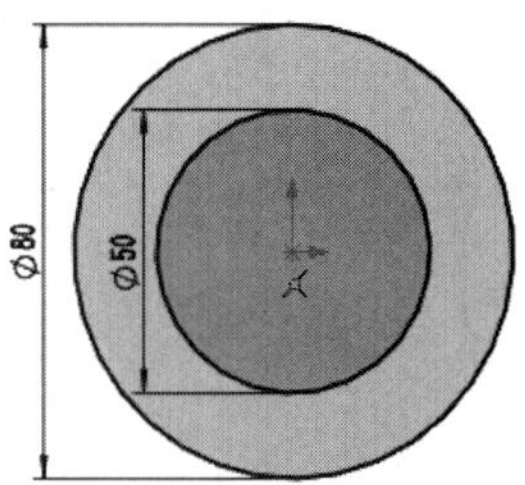

图1-8　绘制直径为80的圆

03 单击【草图】选项卡中的【圆】按钮，绘制直径为8的圆，如图1-9所示。

04 单击【草图】选项卡中的【圆周草图阵列】按钮，创建圆形阵列，如图1-10所示。

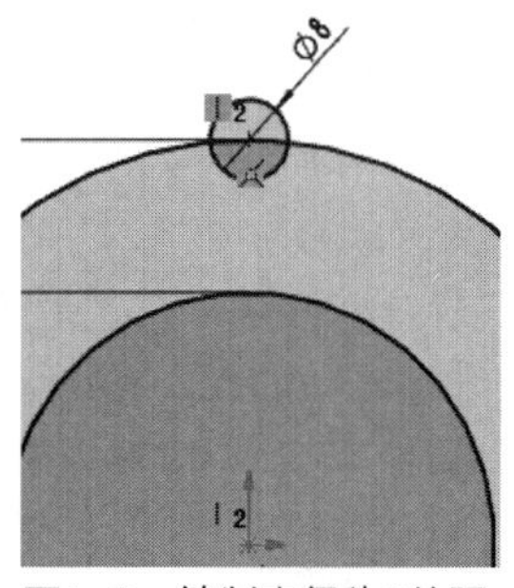

图1-9　绘制直径为8的圆

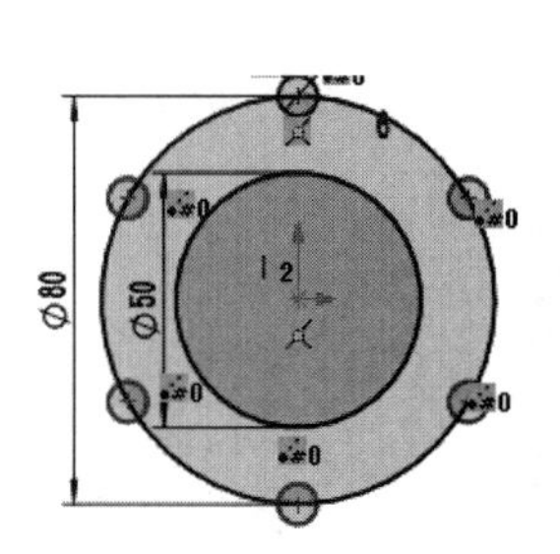

图1-10　创建圆形阵列

05 单击【草图】选项卡中的【剪裁实体】按钮，剪裁图形，如图1-11所示。

06 单击【草图】选项卡中的【圆】按钮，绘制直径分别为58、60的圆，如图1-12所示。

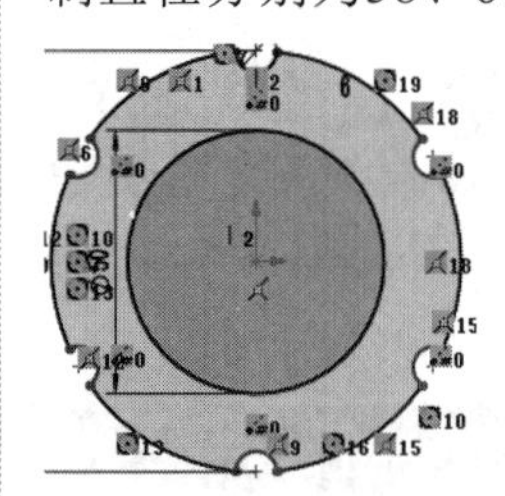

图1-11　剪裁实体

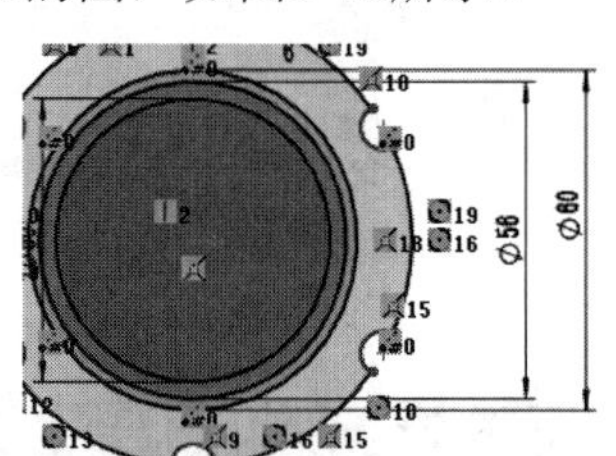

图1-12　绘制直径分别为58和60的圆

07 单击【草图】选项卡中的【直线】按钮，绘制直线，如图1-13所示。

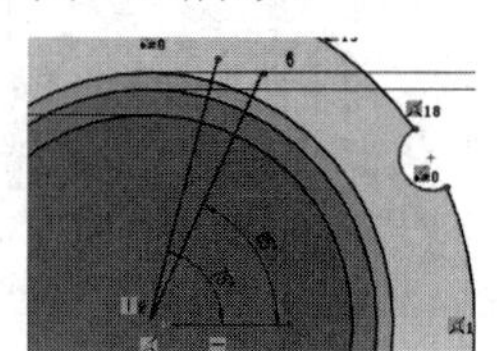

图1-13　绘制角度线

> **◎提示·◦**
>
> 生成单一线条：在绘图区中单击鼠标左键，定义直线起点的位置，将鼠标指针拖动到直线的终点位置后释放鼠标。
>
> 生成直线链：将鼠标指针拖动到直线的一个终点位置单击鼠标左键，然后将鼠标指针拖动到直线的第二个终点位置再次单击鼠标左键，最后单击鼠标右键，在弹出的快捷菜单中选择【选择】命令或【结束链】命令后结束绘制。

08 单击【草图】选项卡中的【剪裁实体】按钮，剪裁图形，如图1-14所示。

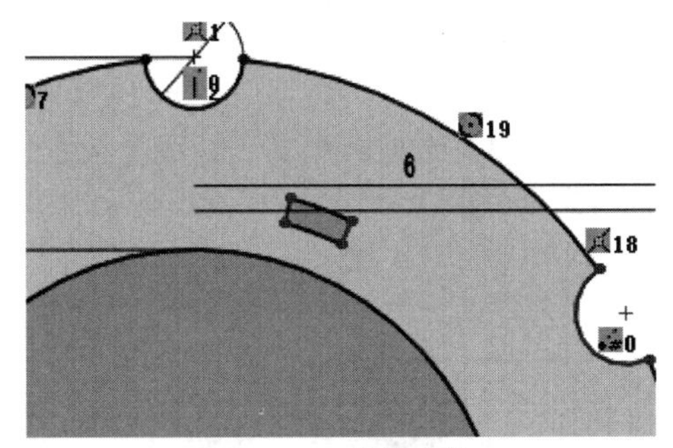

图1-14　剪裁实体

09 单击【草图】选项卡中的【圆周草图阵列】按钮，创建圆形阵列图形，如图1-15所示。

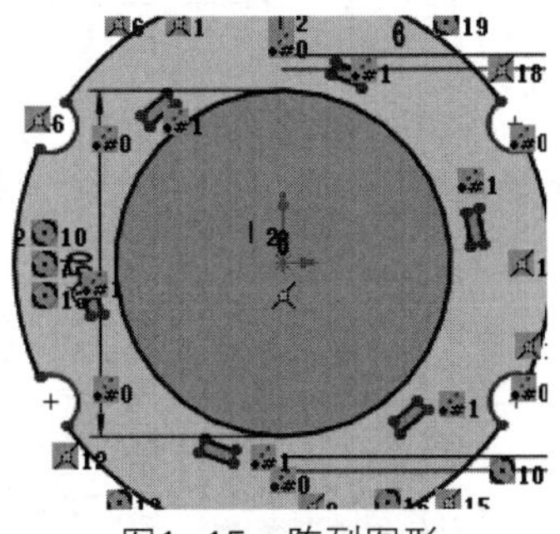
图1-15　阵列图形

10 完成垫圈草图的绘制，如图1-16所示。

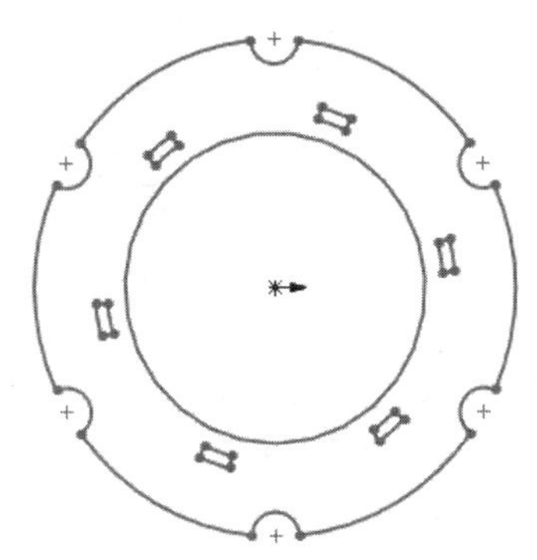
图1-16　完成垫圈草图

实例 003　绘制垫片草图

案例源文件：ywj\01\003.prt

01 单击【草图】选项卡中的【圆】按钮，绘制直径为20的圆，如图1-17所示。

02 单击【草图】选项卡中的【圆】按钮，绘制直径为40的圆，如图1-18所示。

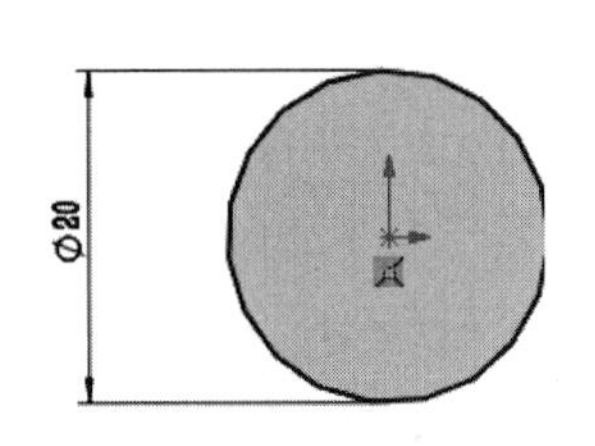

图1-17　绘制直径为20的圆　　图1-18　绘制直径为40的圆

03 单击【草图】选项卡中的【边角矩形】按钮，绘制矩形，如图1-19所示。

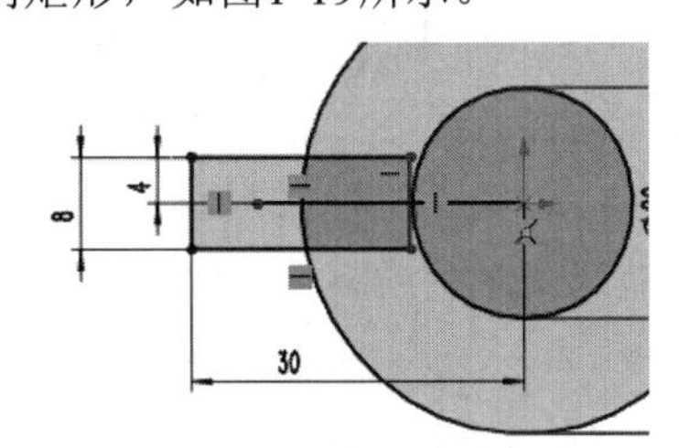

图1-19　绘制矩形

04 单击【草图】选项卡中的【剪裁实体】按钮，剪裁图形，如图1-20所示。

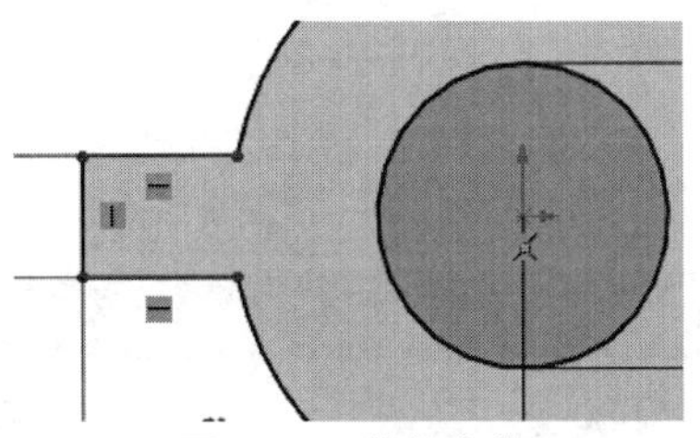
图1-20　剪裁实体

05 单击【草图】选项卡中的【直线】按钮，绘制直线，如图1-21所示。

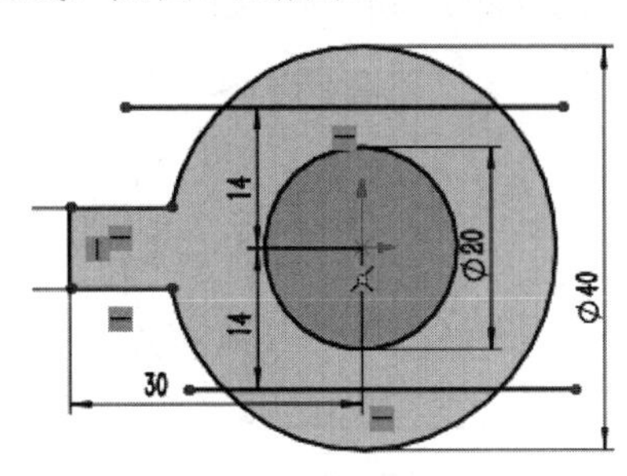

图1-21　绘制水平线

06 单击【草图】选项卡中的【剪裁实体】按钮，剪裁图形，如图1-22所示。

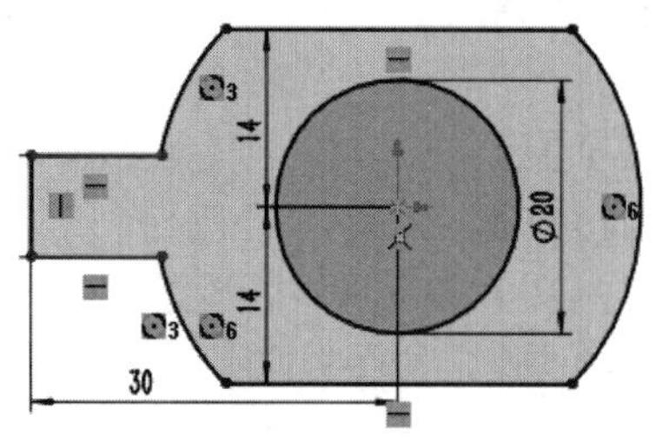

图1-22　剪裁实体

07 单击【草图】选项卡中的【绘制圆角】按钮，绘制圆角，如图1-23所示。

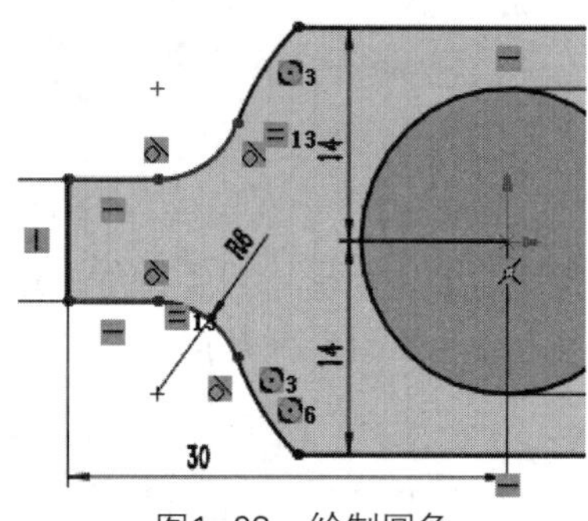

图1-23　绘制圆角

08 完成垫片草图的绘制，如图1-24所示。

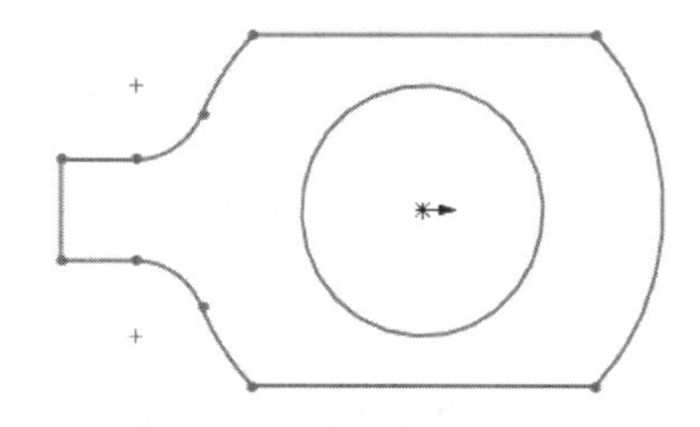
图1-24　完成垫片草图

实例 004 绘制挡板草图

案例源文件：ywj\01\004.prt

01 单击【草图】选项卡中的【圆】按钮，绘制直径分别为20、60的圆，如图1-25所示。

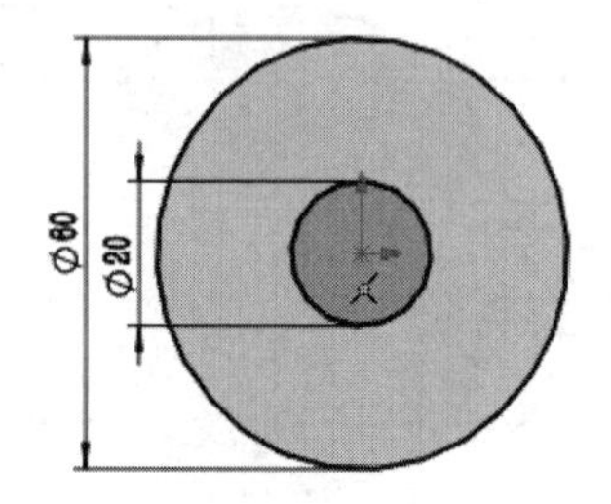

图1-25　绘制同心圆

02 单击【草图】选项卡中的【直线】按钮，绘制直线，如图1-26所示。

03 单击【草图】选项卡中的【直线】按钮，绘制角度线，如图1-27所示。

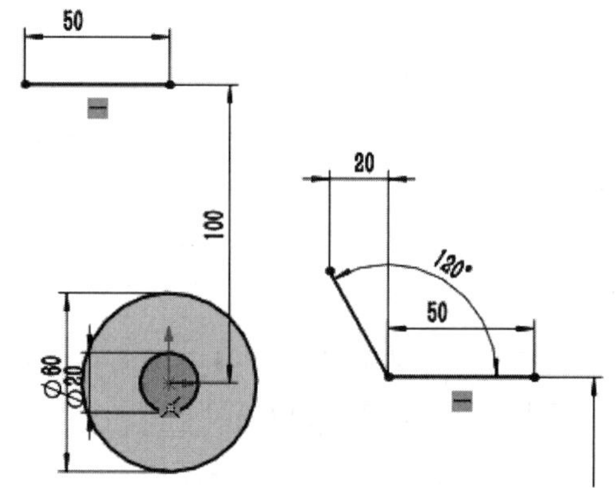

图1-26　绘制水平线　　图1-27　绘制角度线

04 单击【草图】选项卡中的【直线】按钮，绘制直线，如图1-28所示。

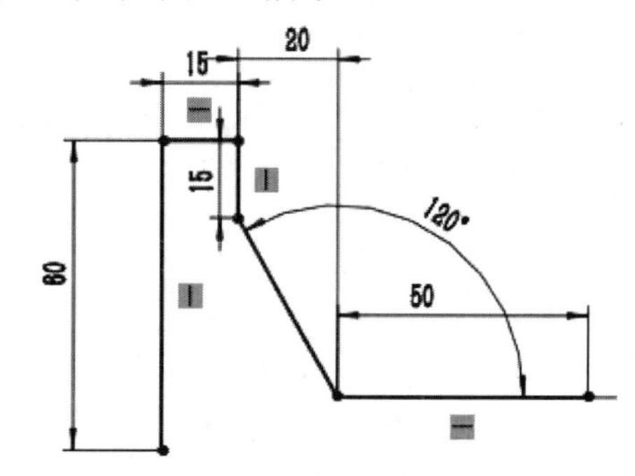

图1-28　绘制直线

05 单击【草图】选项卡中的【直线】按钮，绘制斜线，如图1-29所示。

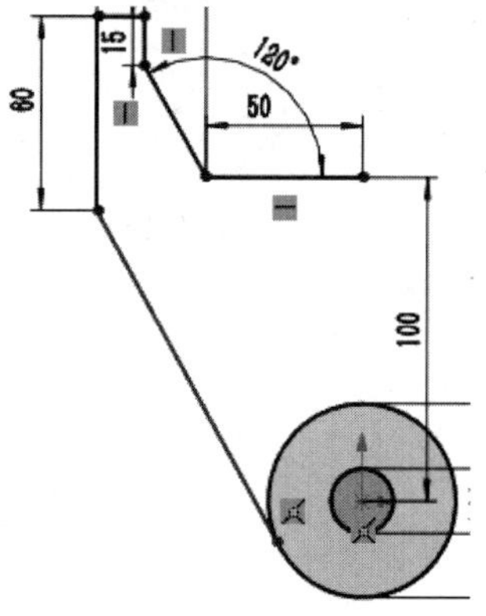

图1-29　绘制斜线

06 单击【草图】选项卡中的【绘制圆角】按钮，绘制圆角，如图1-30所示。

07 单击【草图】选项卡中的【绘制圆角】按钮，绘制圆角，如图1-31所示。

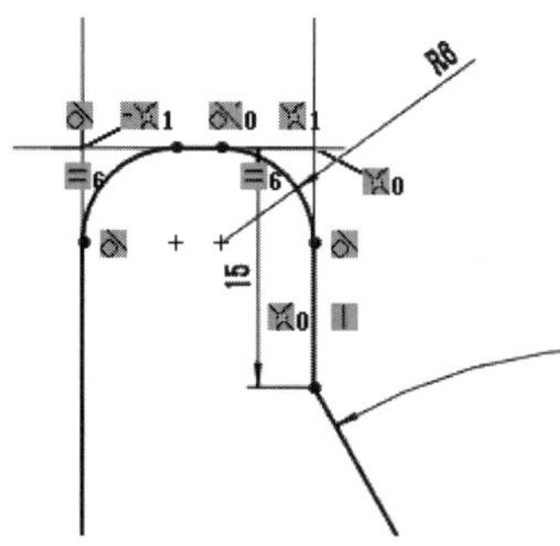

图1-30　绘制半径为6的圆角

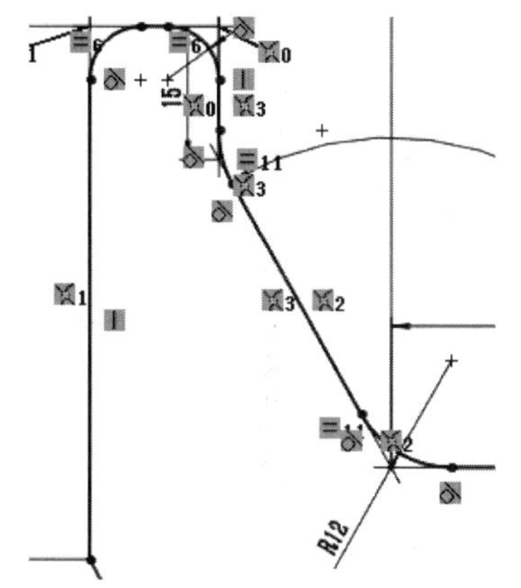

图1-31　绘制半径为12的圆角

08 单击【草图】选项卡中的【镜像实体】按钮，创建镜像图形，如图1-32所示。

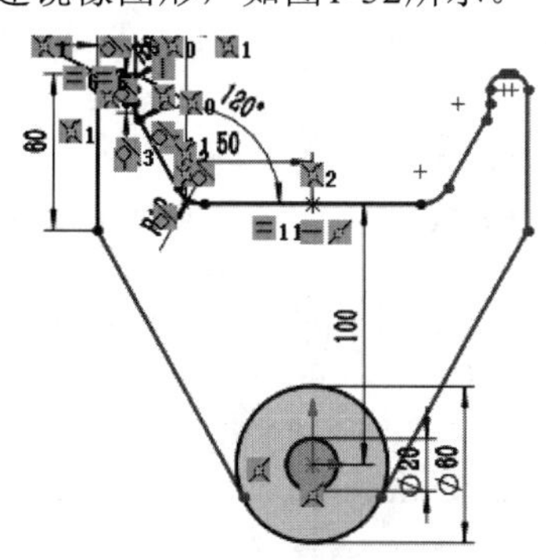

图1-32　镜像图形

09 单击【草图】选项卡中的【剪裁实体】按钮，剪裁图形，如图1-33所示。

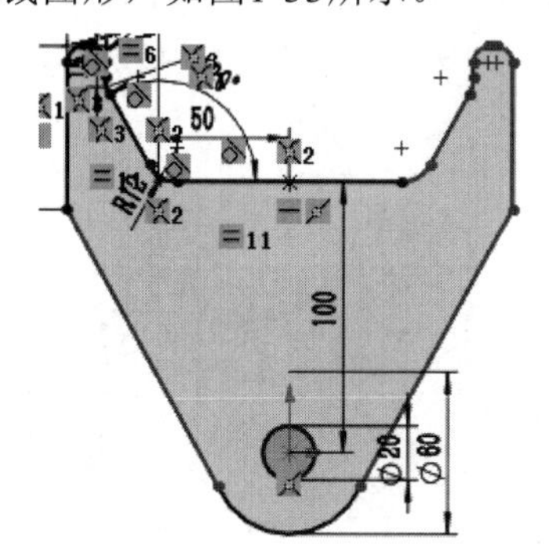

图1-33　剪裁实体

10 完成挡板草图的绘制，如图1-34所示。

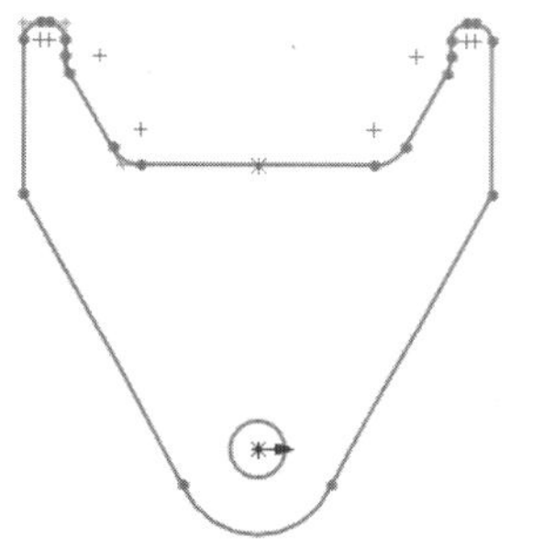

图1-34　完成挡板草图

实例 005　绘制导块草图

案例源文件：ywj\01\005.prt

01 单击【草图】选项卡中的【边角矩形】按钮，绘制60×12的矩形，如图1-35所示。

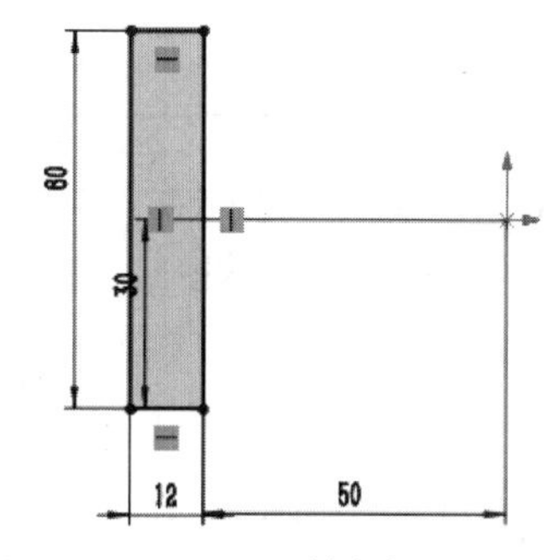

图1-35　绘制矩形

02 单击【草图】选项卡中的【直线】按钮，绘制直线，如图1-36所示。

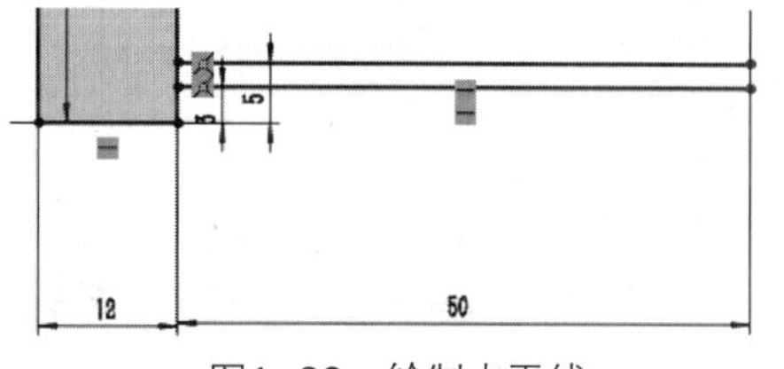

图1-36　绘制水平线

03 单击【草图】选项卡中的【直线】按钮，绘制水平线，如图1-37所示。

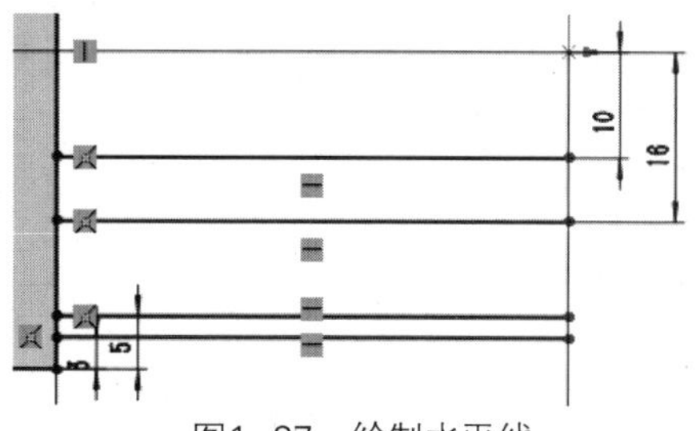

图1-37　绘制水平线

04 单击【草图】选项卡中的【圆】按钮，绘制直径为4的圆，如图1-38所示。

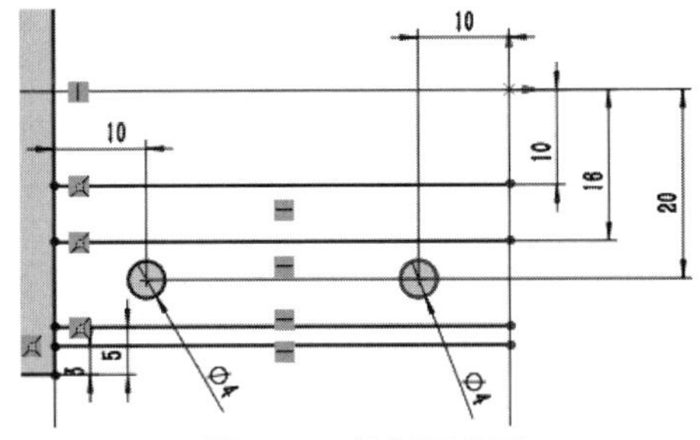

图1-38　绘制两个圆

05 单击【草图】选项卡中的【镜像实体】按钮，创建镜像图形，如图1-39所示。

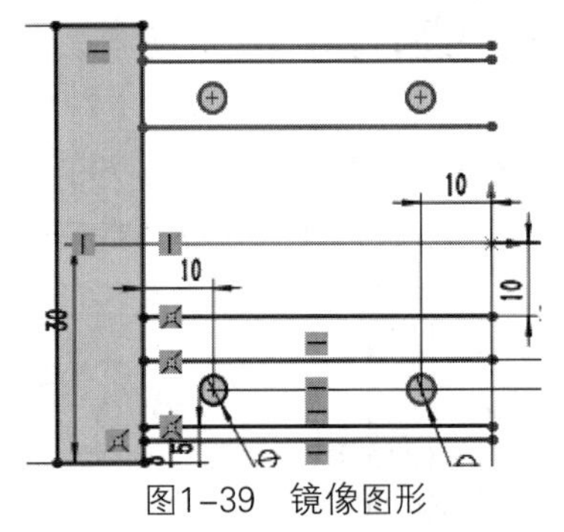

图1-39　镜像图形

06 单击【草图】选项卡中的【镜像实体】按钮，创建镜像图形，如图1-40所示。

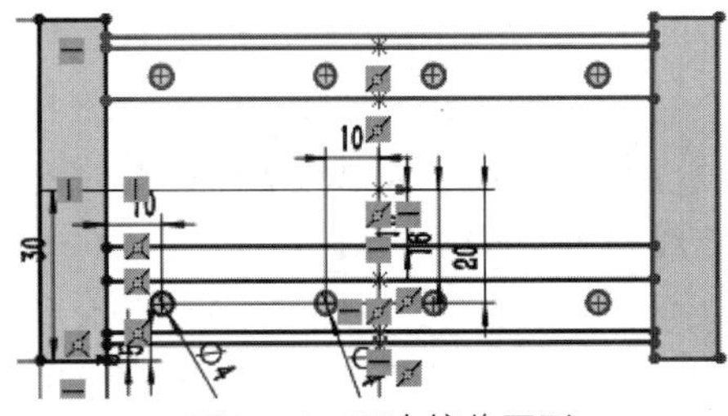

图1-40　再次镜像图形

07 单击【草图】选项卡中的【添加几何关系】按钮，添加直线的固定约束，如图1-41所示。

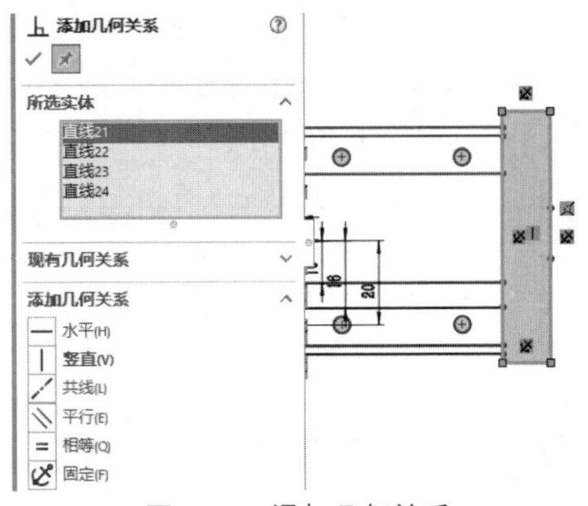

图1-41　添加几何关系

08 单击【草图】选项卡中的【边角矩形】按钮，绘制12×4的矩形，如图1-42所示。

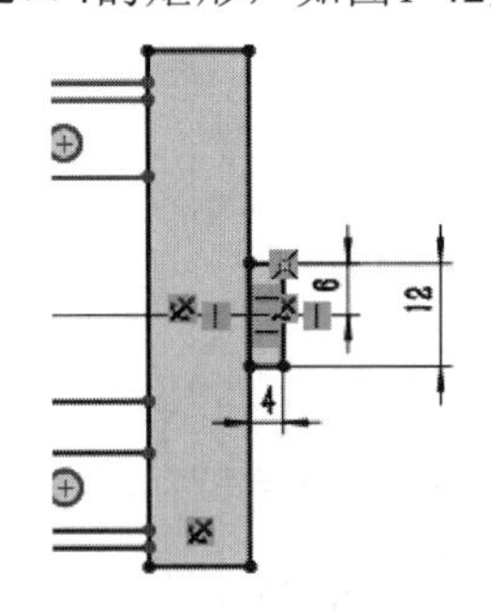

图1-42　绘制矩形

09 完成导块草图的绘制，如图1-43所示。

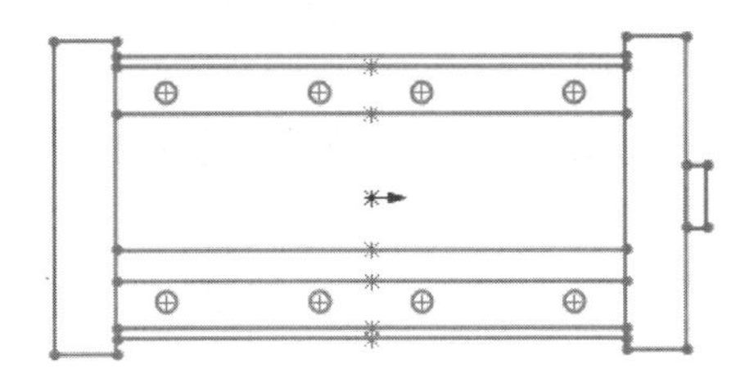

图1-43　完成导块草图

实例 006　绘制模轮草图

案例源文件：ywj\01\006.prt

01 单击【草图】选项卡中的【边角矩形】按钮，绘制120×60的矩形，如图1-44所示。

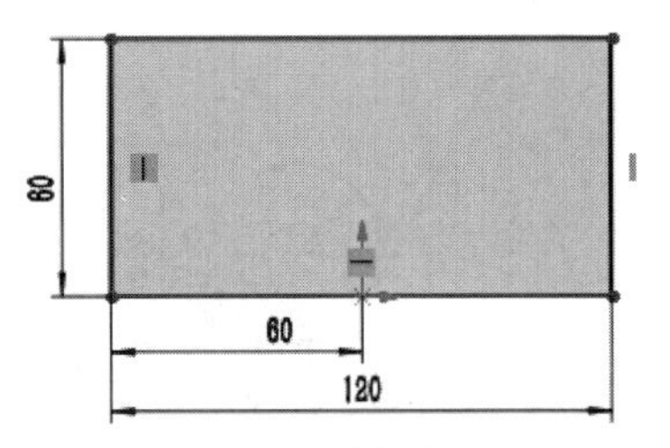

图1-44　绘制矩形

02 单击【草图】选项卡中的【圆】按钮，绘制直径为30的两个圆，如图1-45所示。

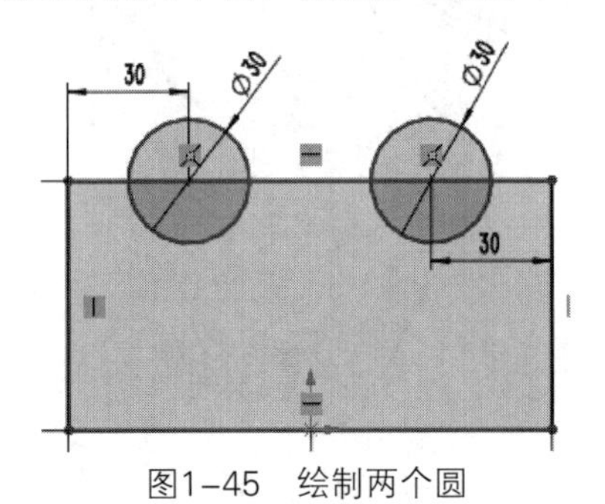

图1-45　绘制两个圆

03 单击【草图】选项卡中的【剪裁实体】按钮，剪裁图形，如图1-46所示。

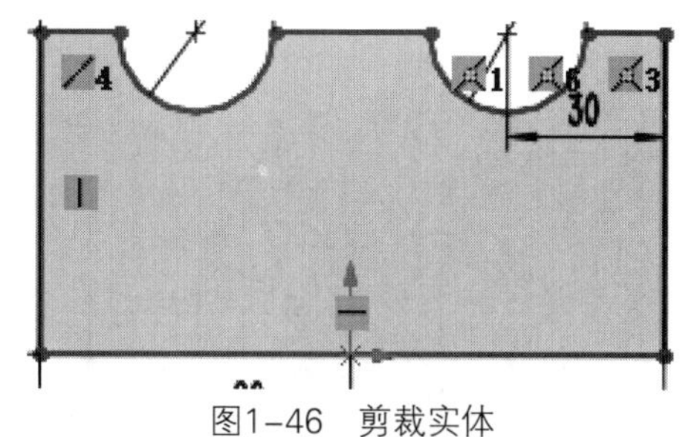

图1-46 剪裁实体

04 单击【草图】选项卡中的【直线】按钮，绘制直线，如图1-47所示。

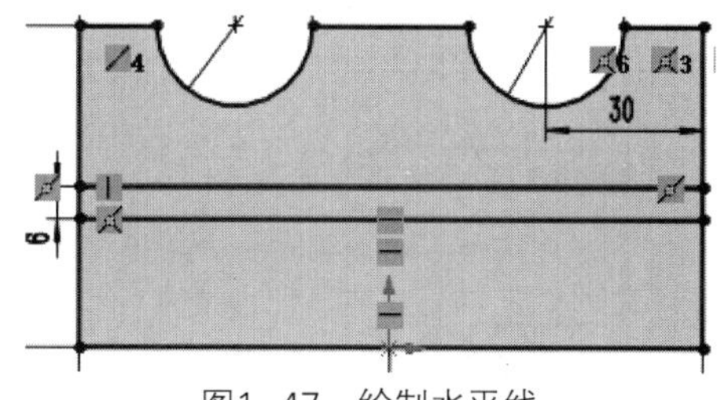

图1-47 绘制水平线

05 单击【草图】选项卡中的【绘制圆角】按钮，绘制圆角，如图1-48所示。

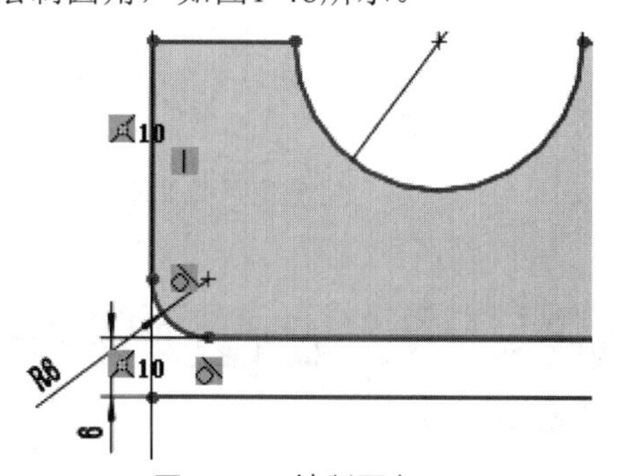

图1-48 绘制圆角

06 单击【草图】选项卡中的【直线】按钮，绘制连接直线，如图1-49所示。

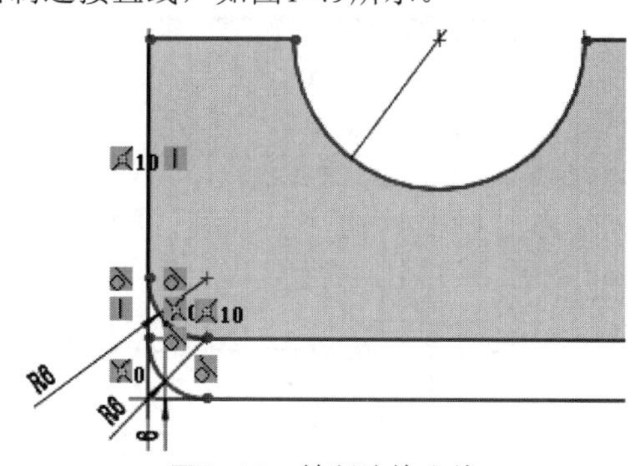

图1-49 绘制连接直线

07 单击【草图】选项卡中的【直线】按钮，绘制直线，如图1-50所示。

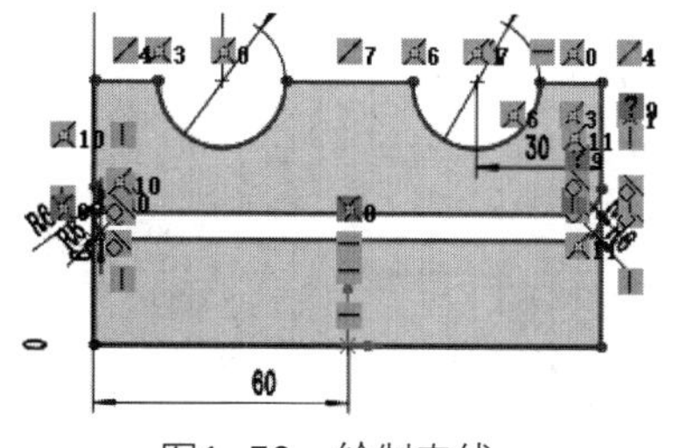

图1-50 绘制直线

08 单击【草图】选项卡中的【圆】按钮，绘制直径为8的两个圆，如图1-51所示。

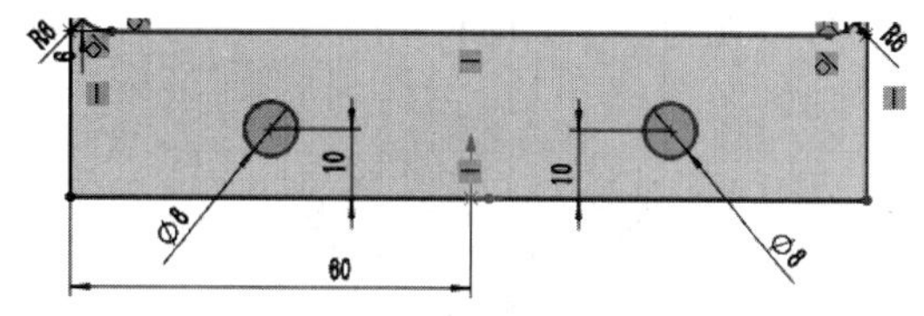

图1-51 绘制两个圆

09 完成模轮草图的绘制，如图1-52所示。

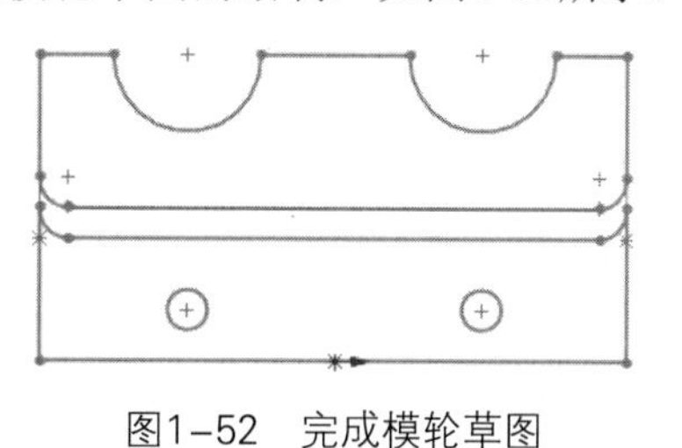

图1-52 完成模轮草图

实例 007 绘制出风壳体草图

案例源文件：ywj\01\007.prt

01 单击【草图】选项卡中的【直线】按钮，绘制直线，如图1-53所示。

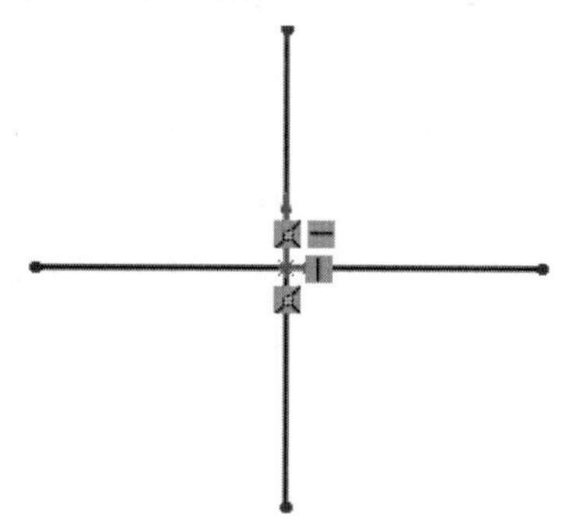

图1-53 绘制十字线

02 单击【草图】选项卡中的【圆】按钮，绘制直径分别为40、44的两个圆，如图1-54所示。

03 单击【草图】选项卡中的【圆】按钮，绘制直径为80的圆，如图1-55所示。

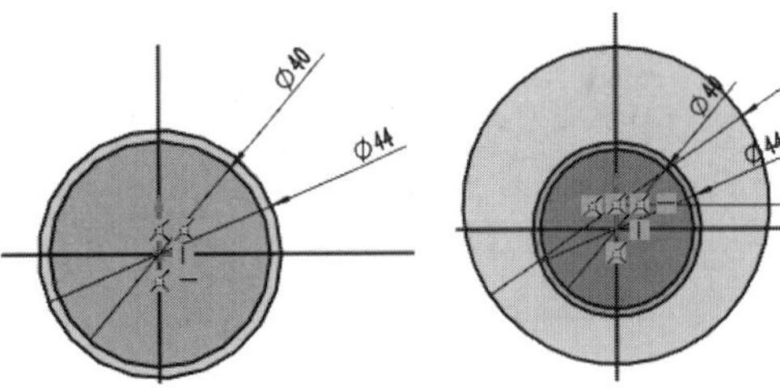

图1-54　绘制同心圆　　图1-55　绘制直径为80的圆

04 单击【草图】选项卡中的【圆】按钮⊙，绘制直径为70的圆，如图1-56所示。

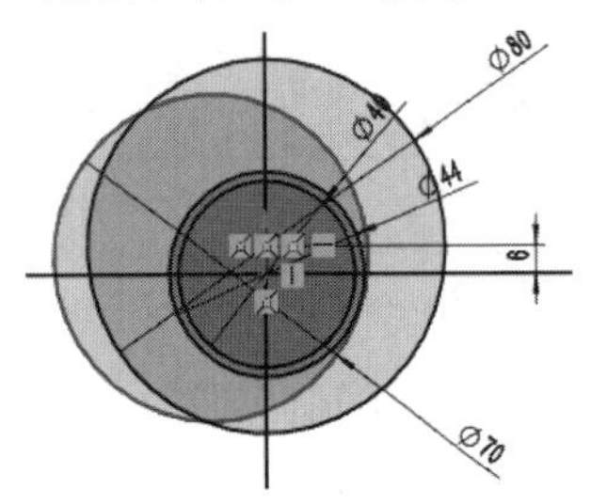

图1-56　绘制直径为70的圆

05 单击【草图】选项卡中的【添加几何关系】按钮⊥，添加相切约束，如图1-57所示。

06 单击【草图】选项卡中的【圆】按钮⊙，绘制直径为50的圆，如图1-58所示。

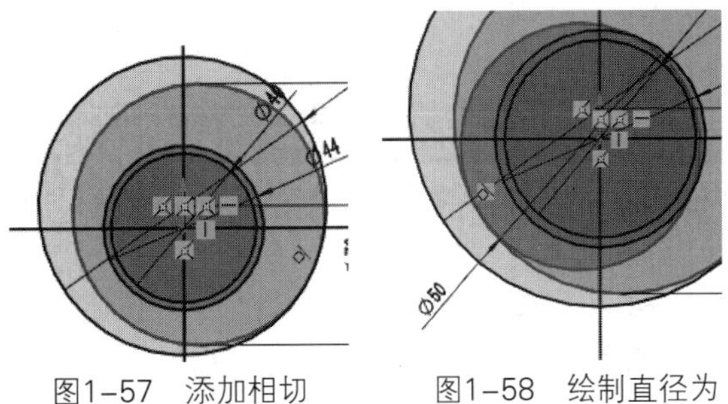

图1-57　添加相切几何关系　　图1-58　绘制直径为50的圆

07 单击【草图】选项卡中的【剪裁实体】按钮，剪裁图形，如图1-59所示。

08 单击【草图】选项卡中的【直线】按钮，绘制直线，如图1-60所示。

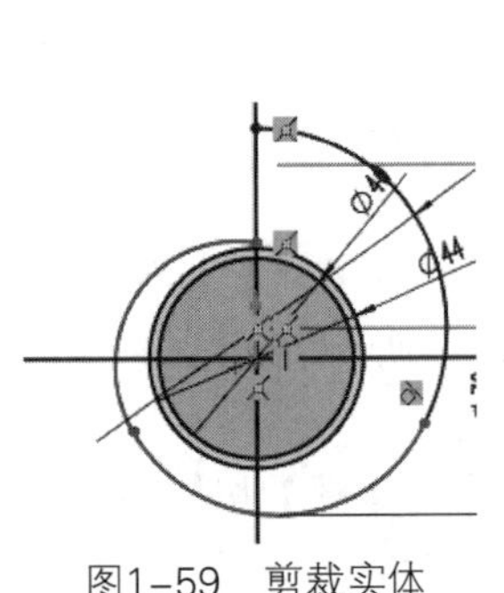

图1-59　剪裁实体　　图1-60　绘制直线

09 单击【草图】选项卡中的【剪裁实体】按钮，剪裁图形，如图1-61所示。

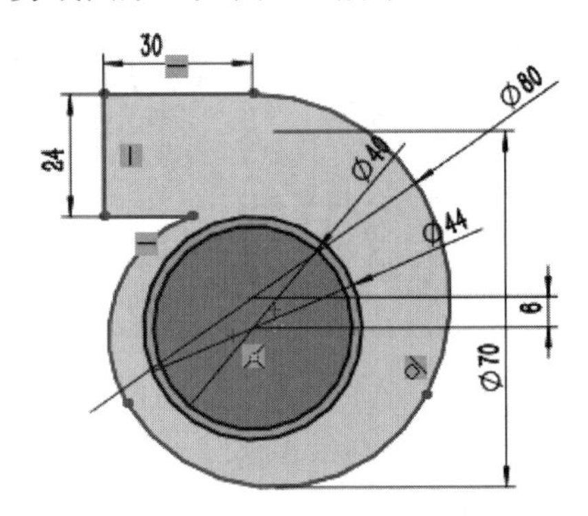

图1-61　剪裁实体

10 完成出风壳体草图的绘制，如图1-62所示。

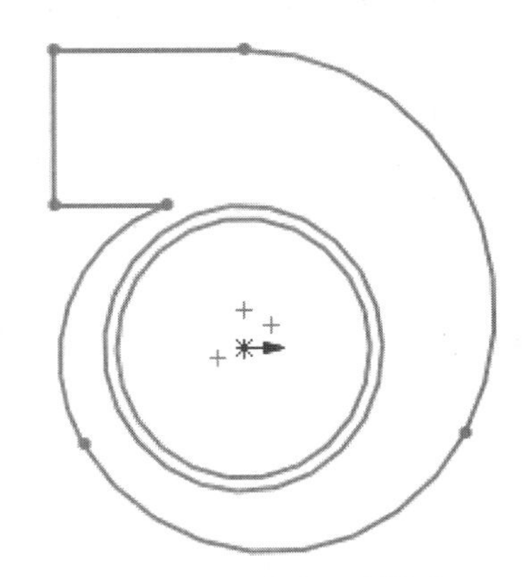

图1-62　完成出风壳体草图

实例 008　绘制插盒草图

案例源文件：ywj\01\008.prt

01 单击【草图】选项卡中的【边角矩形】按钮，绘制80×80的矩形，如图1-63所示。

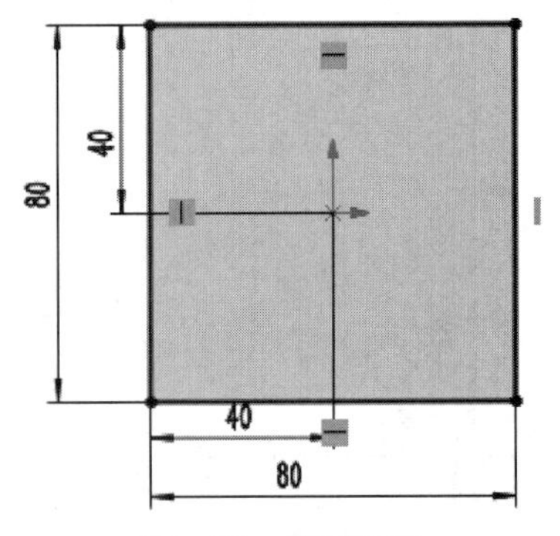

图1-63　绘制矩形

02 单击【草图】选项卡中的【绘制圆角】按钮，绘制圆角，如图1-64所示。

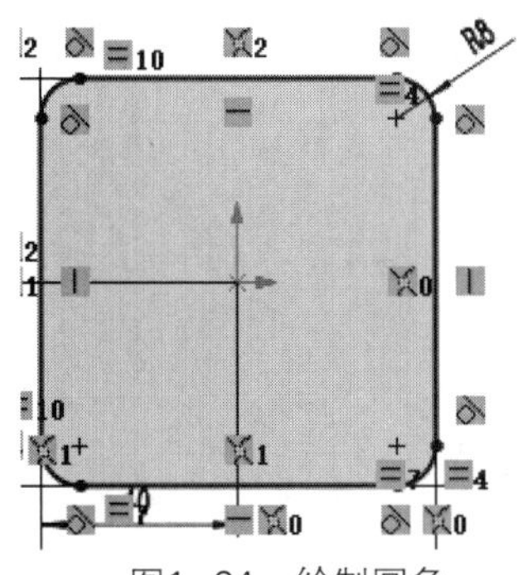

图1-64　绘制圆角

03 单击【草图】选项卡中的【等距实体】按钮，创建等距图形，如图1-65所示。

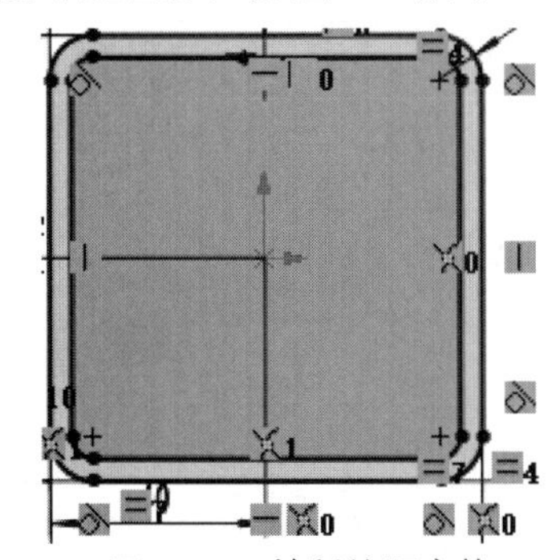

图1-65　绘制等距实体

04 单击【草图】选项卡中的【直线】按钮，绘制连接直线，如图1-66所示。

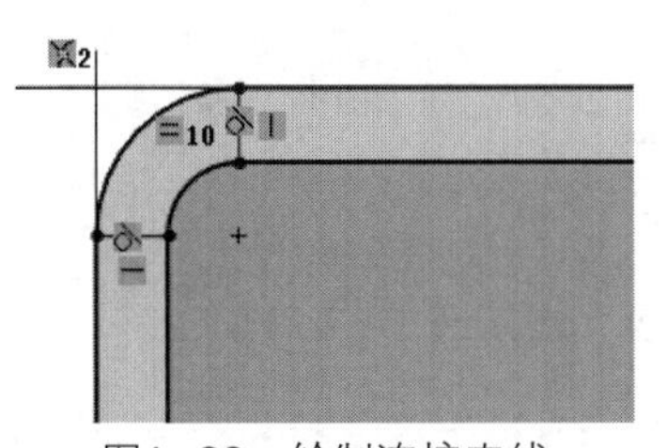

图1-66　绘制连接直线

05 单击【草图】选项卡中的【圆周草图阵列】按钮，创建圆形阵列图形，如图1-67所示。

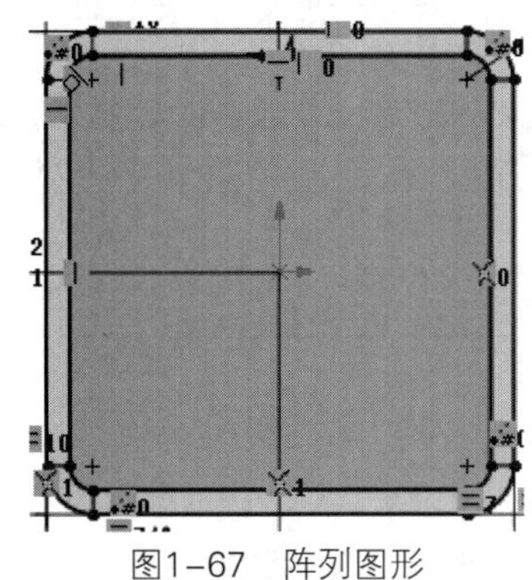

图1-67　阵列图形

06 单击【草图】选项卡中的【边角矩形】按钮，绘制矩形，如图1-68所示。

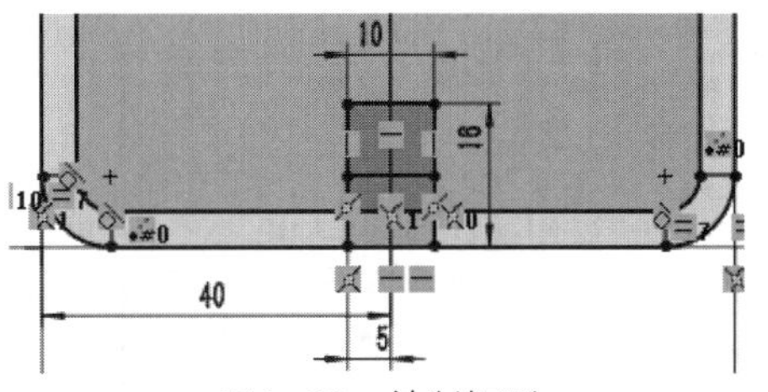

图1-68　绘制矩形

07 单击【草图】选项卡中的【边角矩形】按钮，绘制矩形，如图1-69所示。

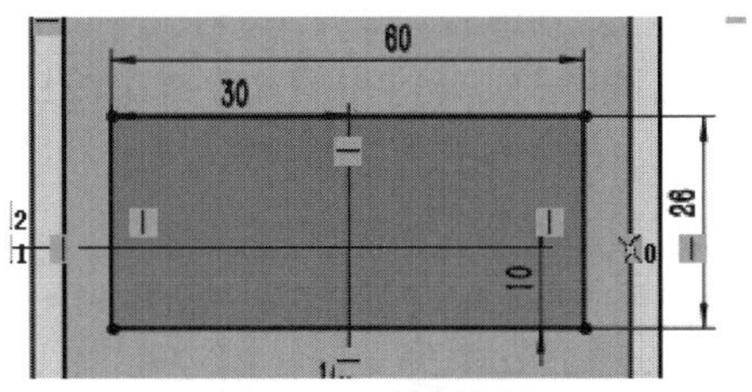

图1-69　绘制矩形

08 单击【草图】选项卡中的【绘制圆角】按钮，绘制圆角，如图1-70所示。

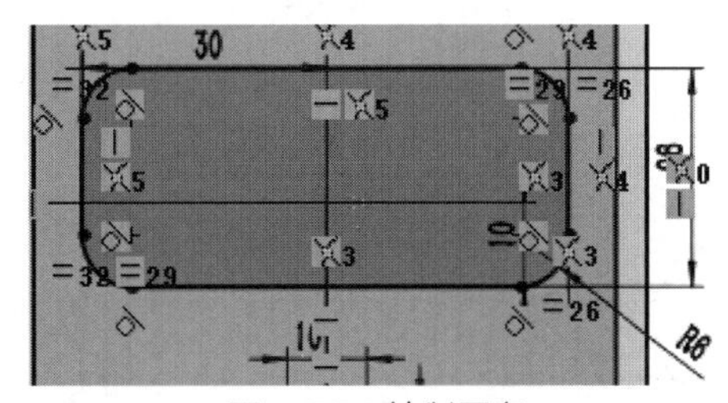

图1-70　绘制圆角

09 完成插盒草图的绘制，如图1-71所示。

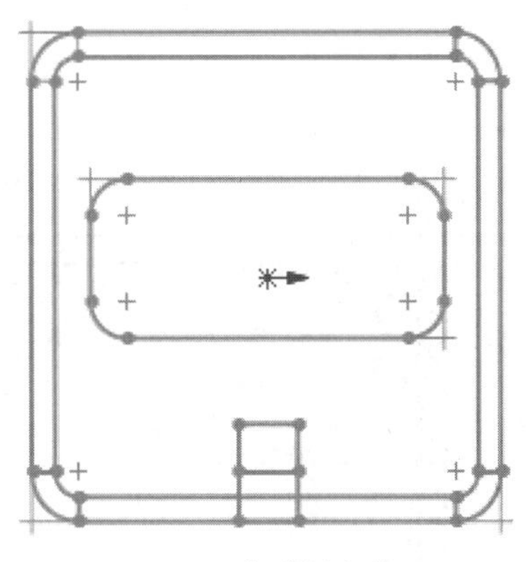

图1-71　完成插盒草图

实例 009 绘制机箱草图

案例源文件：ywj\01\009.prt

01 单击【草图】选项卡中的【边角矩形】按钮，绘制100×100的矩形，如图1-72所示。

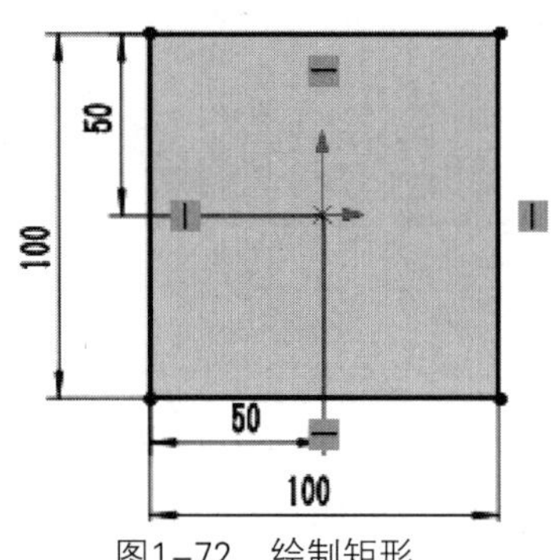

图1-72　绘制矩形

02 单击【草图】选项卡中的【直线】按钮，绘制梯形，如图1-73所示。

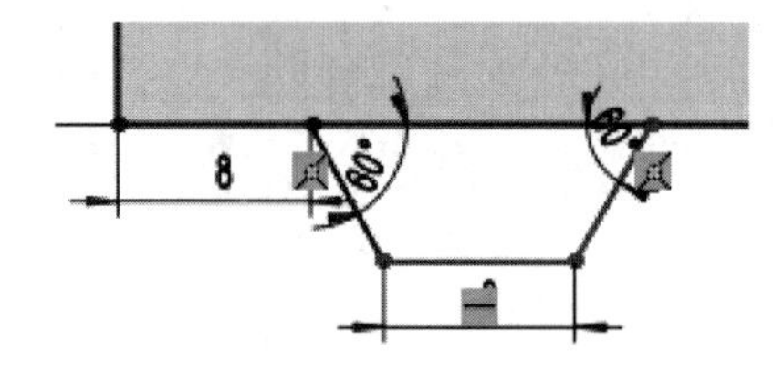

图1-73　绘制梯形

03 单击【草图】选项卡中的【镜像实体】按钮，创建镜像图形，如图1-74所示。

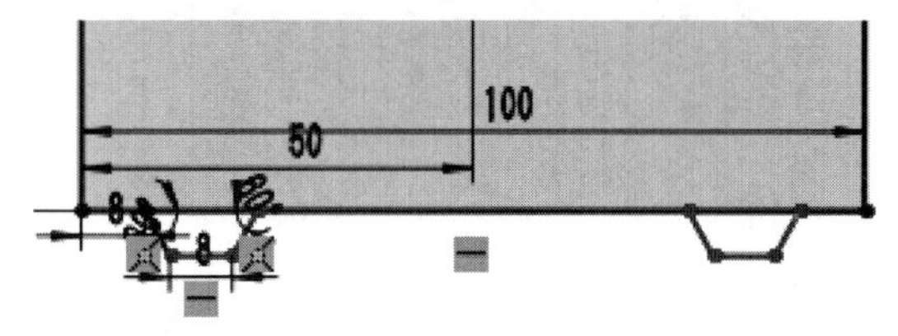

图1-74　镜像图形

04 单击【草图】选项卡中的【直线】按钮，绘制直线，如图1-75所示。

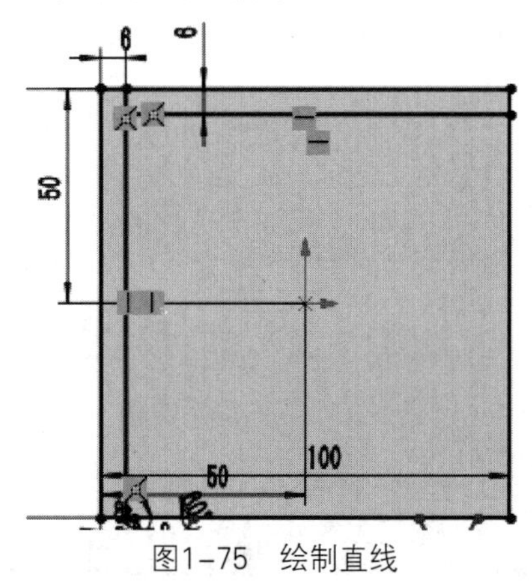

图1-75　绘制直线

05 单击【草图】选项卡中的【直线】按钮，绘制直线，如图1-76所示。

06 单击【草图】选项卡中的【边角矩形】按钮，绘制矩形，如图1-77所示。

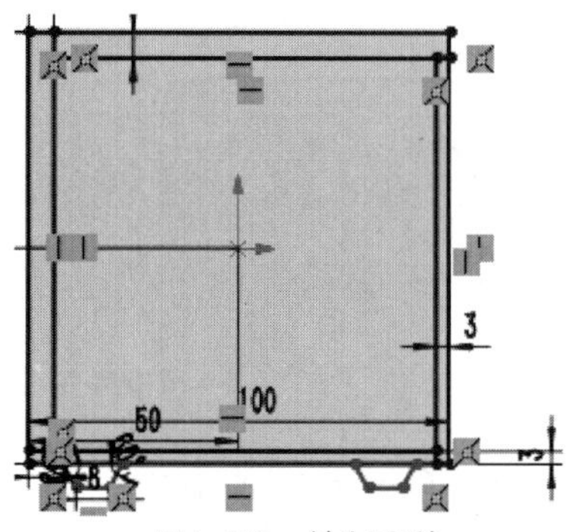

图1-76　绘制直线

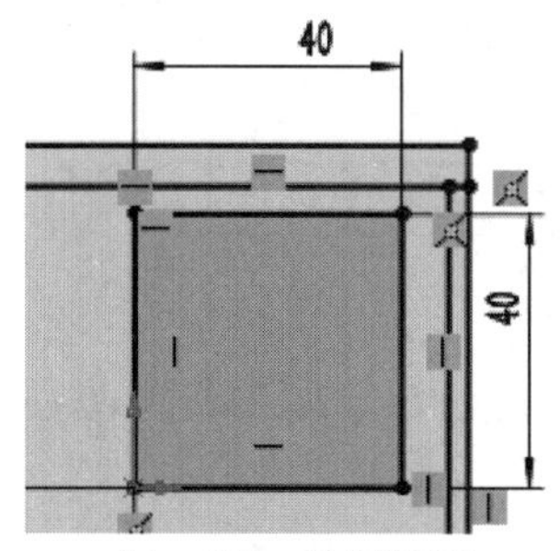

图1-77　绘制矩形

07 单击【草图】选项卡中的【绘制圆角】按钮，绘制圆角，如图1-78所示。

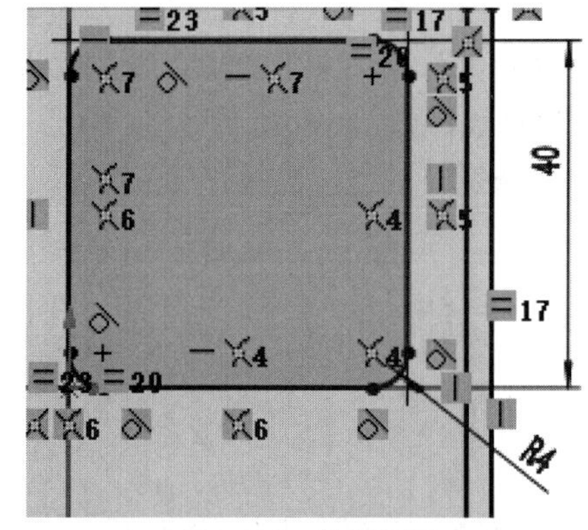

图1-78　绘制圆角

08 单击【草图】选项卡中的【直线】按钮，绘制直线，如图1-79所示。

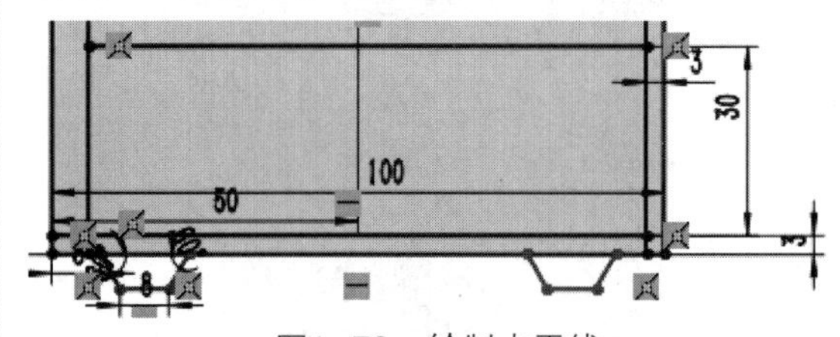

图1-79　绘制水平线

09 单击【草图】选项卡中的【边角矩形】按钮，绘制矩形，如图1-80所示。

10 单击【草图】选项卡中的【绘制圆角】按钮，绘制圆角，如图1-81所示。

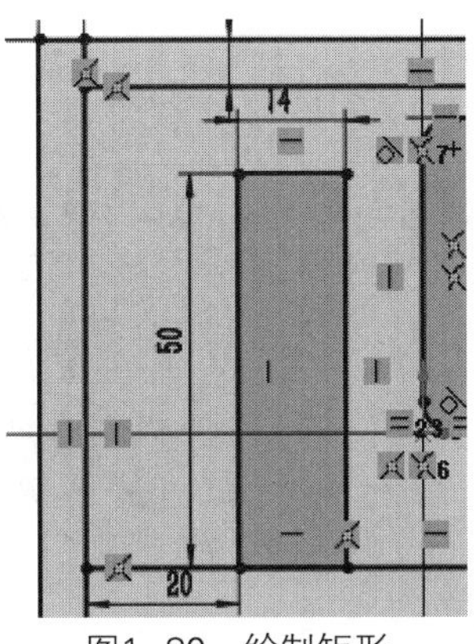

图1-80　绘制矩形

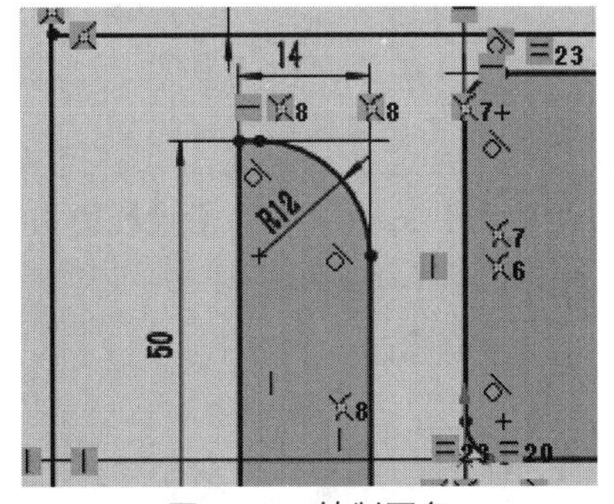

图1-81　绘制圆角

11 单击【草图】选项卡中的【边角矩形】按钮，绘制矩形，如图1-82所示。

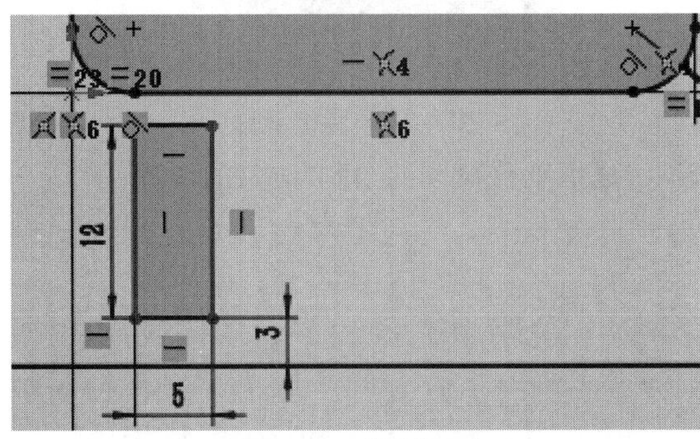

图1-82　绘制矩形

12 单击【草图】选项卡中的【线性草图阵列】按钮，创建矩形阵列图形，如图1-83所示。

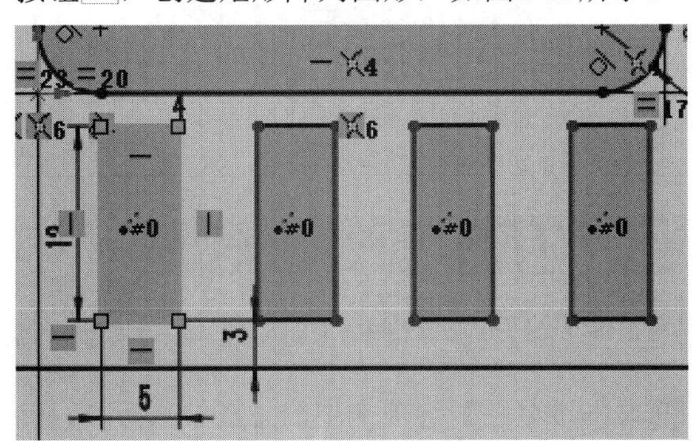

图1-83　阵列图形

13 完成机箱草图的绘制，如图1-84所示。

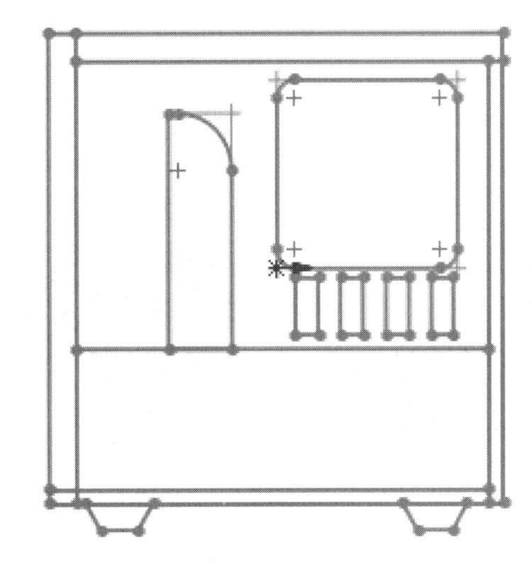

图1-84　完成机箱草图

实例 010

案例源文件：ywj\01\010.prt

绘制振动盘草图

01 单击【草图】选项卡中的【圆】按钮，绘制直径分别为20、24的圆，如图1-85所示。

02 单击【草图】选项卡中的【圆】按钮，绘制直径分别为38、40的圆，如图1-86所示。

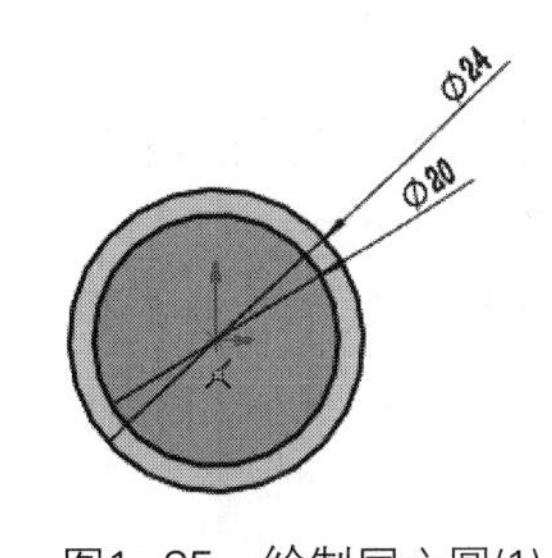

图1-85　绘制同心圆(1)

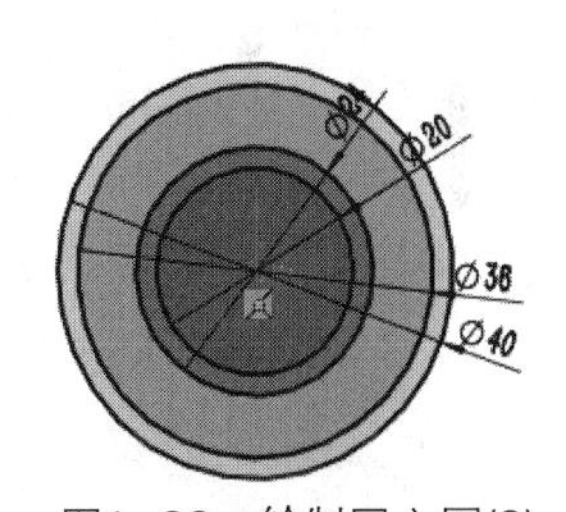

图1-86　绘制同心圆(2)

03 单击【草图】选项卡中的【圆】按钮，绘制直径分别为50、54的圆，如图1-87所示。

04 单击【草图】选项卡中的【圆】按钮，绘制直径分别为66、70的圆，如图1-88所示。

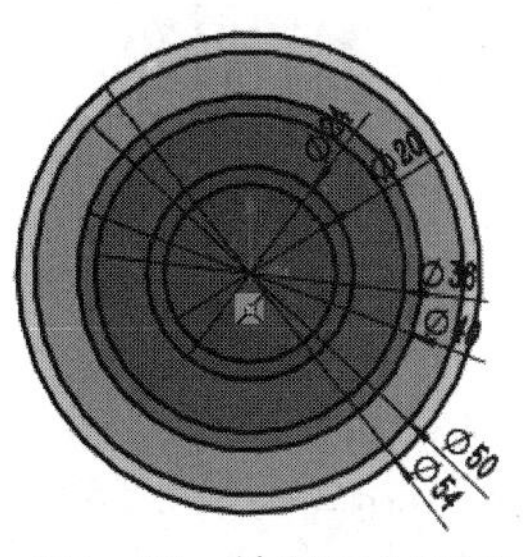

图1-87　绘制同心圆(3)

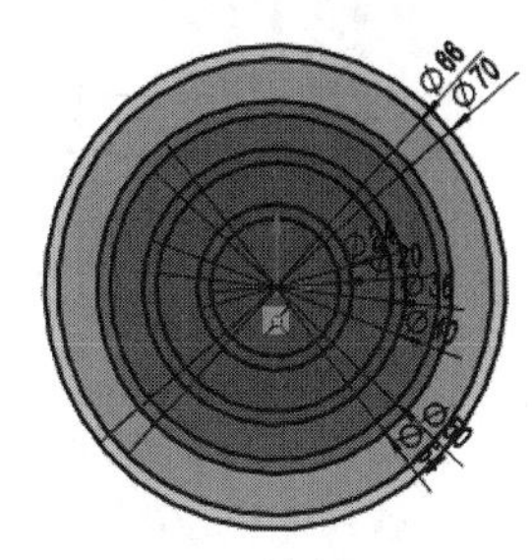

图1-88　绘制同心圆(4)

05 单击【草图】选项卡中的【直线】按钮，绘制角度线，如图1-89所示。

06 单击【草图】选项卡中的【剪裁实体】按钮，剪裁图形，如图1-90所示。

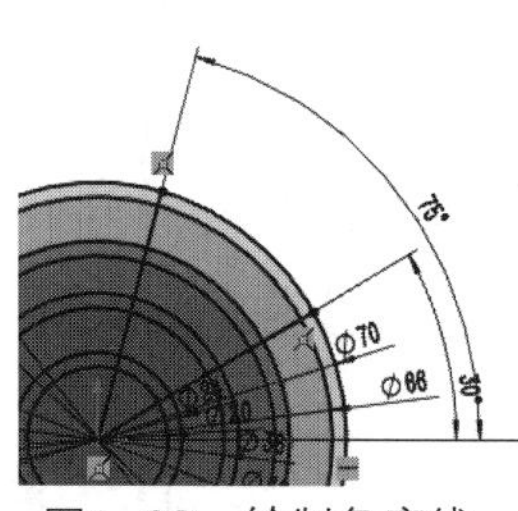

图1-89 绘制角度线

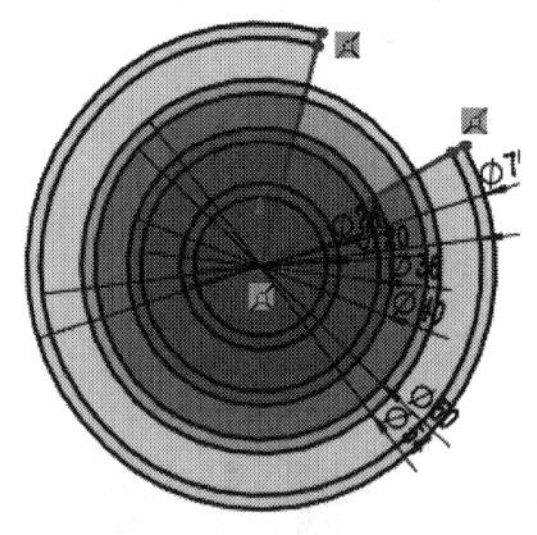

图1-90 剪裁实体

07 单击【草图】选项卡中的【边角矩形】按钮，绘制矩形，如图1-91所示。

08 单击【草图】选项卡中的【圆】按钮，绘制圆，如图1-92所示。

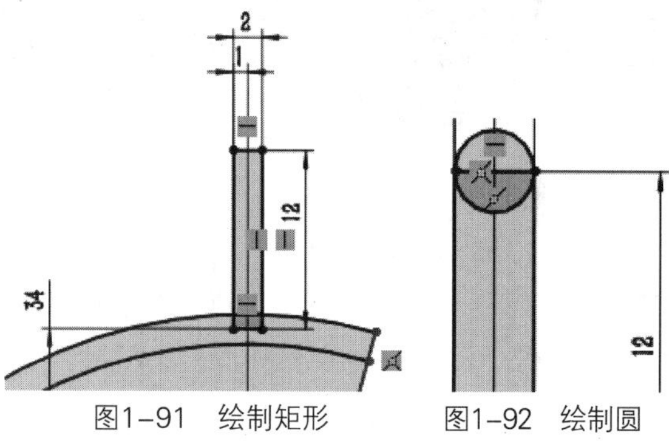

图1-91 绘制矩形　　图1-92 绘制圆

09 单击【草图】选项卡中的【边角矩形】按钮，绘制两个矩形，如图1-93所示。

10 单击【草图】选项卡中的【剪裁实体】按钮，剪裁图形，如图1-94所示。

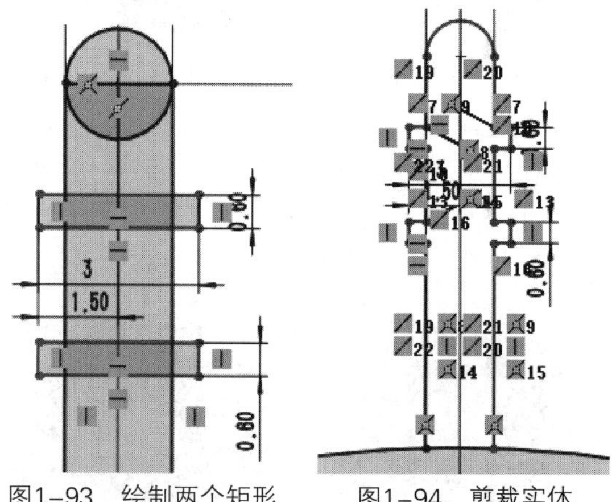

图1-93 绘制两个矩形　　图1-94 剪裁实体

11 单击【草图】选项卡中的【旋转实体】按钮，旋转图形60°，如图1-95所示。

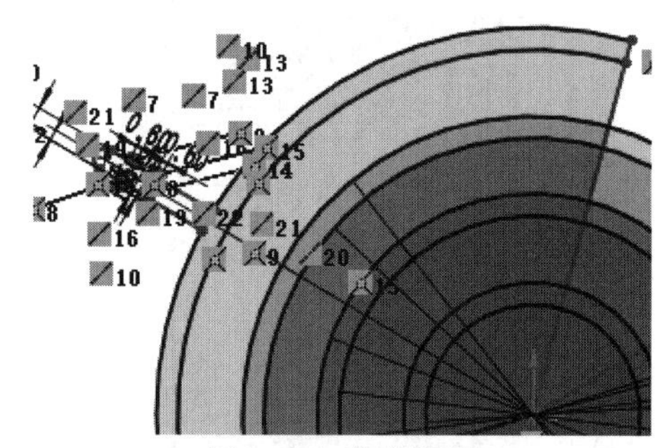

图1-95 旋转图形

提示

拖动鼠标指针时，角度捕捉增量根据鼠标指针离基准点的距离而变化，在【角度】数值框中会显示精确的角度值。

12 单击【草图】选项卡中的【直线】按钮，绘制直线，如图1-96所示。

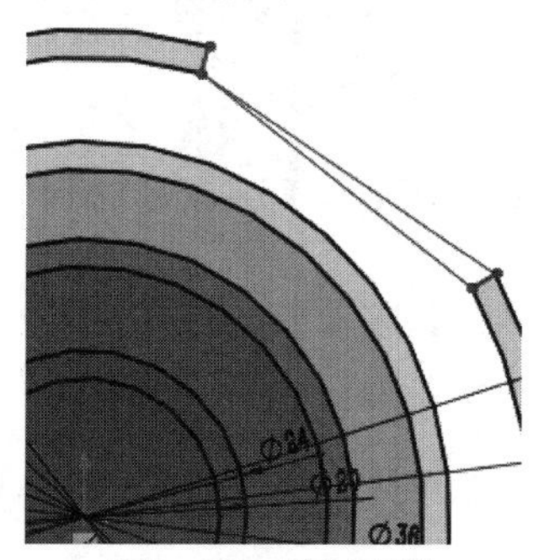

图1-96 绘制直线

13 完成振动盘草图的绘制，如图1-97所示。

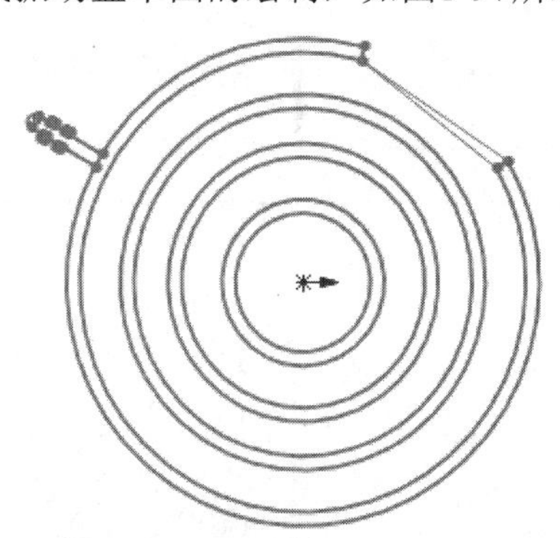

图1-97 完成振动盘草图

实例 011 绘制轮控件草图

案例源文件：ywj\01\011.prt

01 单击【草图】选项卡中的【圆】按钮，绘制直径分别为40、180的圆，如图1-98所示。

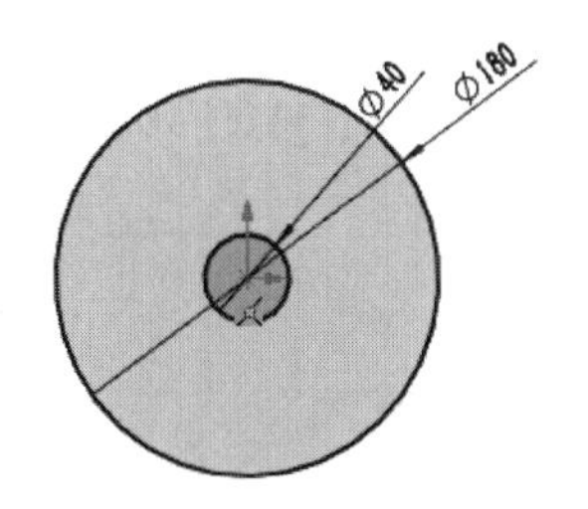

图1-98　绘制同心圆

02 单击【草图】选项卡中的【直线】按钮，绘制直线，如图1-99所示。

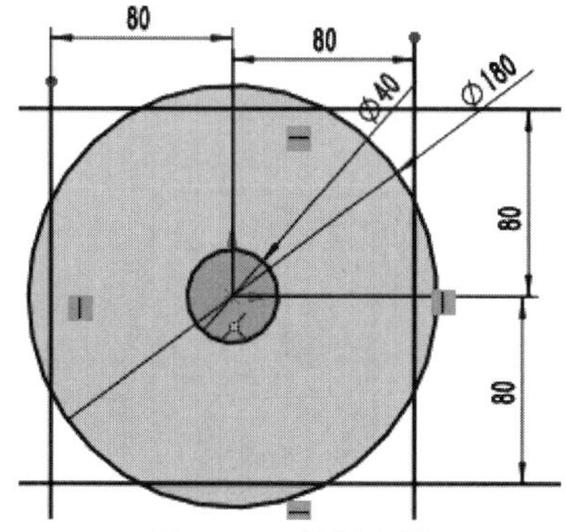

图1-99　绘制直线

03 单击【草图】选项卡中的【剪裁实体】按钮，剪裁图形，如图1-100所示。

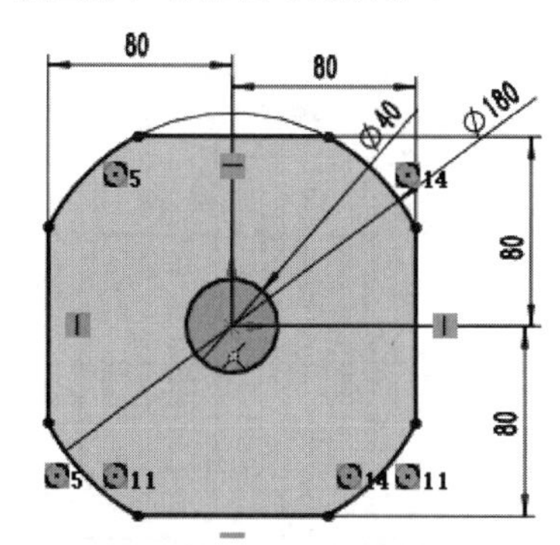

图1-100　剪裁实体

04 单击【草图】选项卡中的【直线】按钮，绘制直线，如图1-101所示。

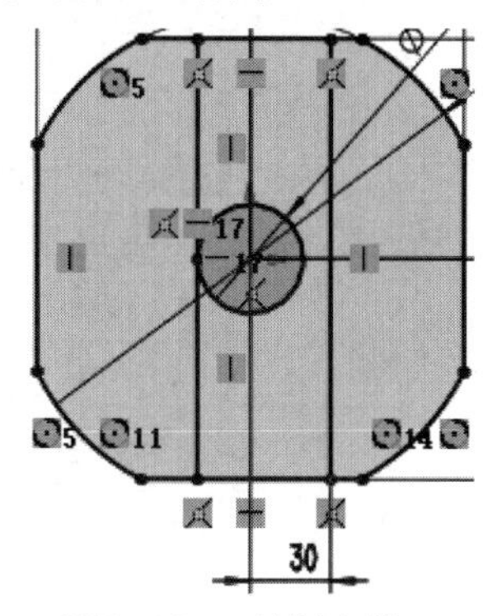

图1-101　绘制直线

05 单击【草图】选项卡中的【直线】按钮，绘制斜线，如图1-102所示。

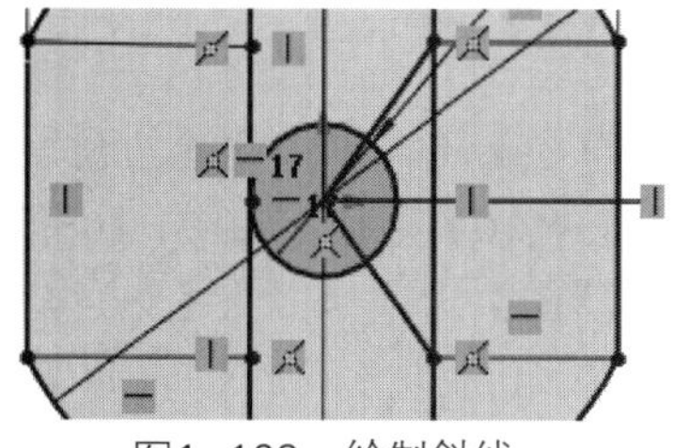

图1-102　绘制斜线

06 单击【草图】选项卡中的【剪裁实体】按钮，剪裁图形，如图1-103所示。

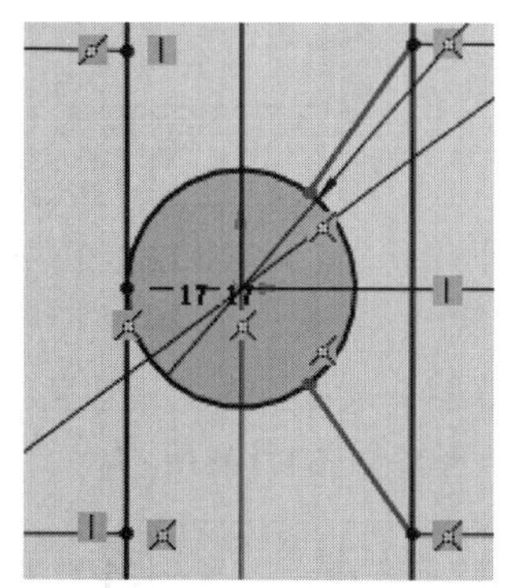

图1-103　剪裁实体

07 单击【草图】选项卡中的【圆】按钮，绘制直径为26的圆，如图1-104所示。

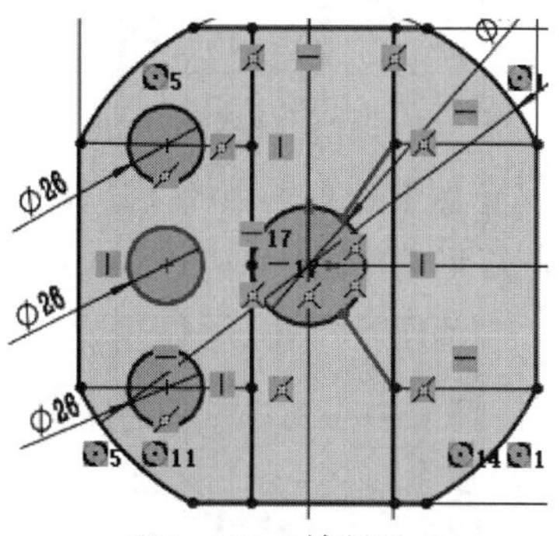

图1-104　绘制圆

08 完成轮控件草图的绘制，如图1-105所示。

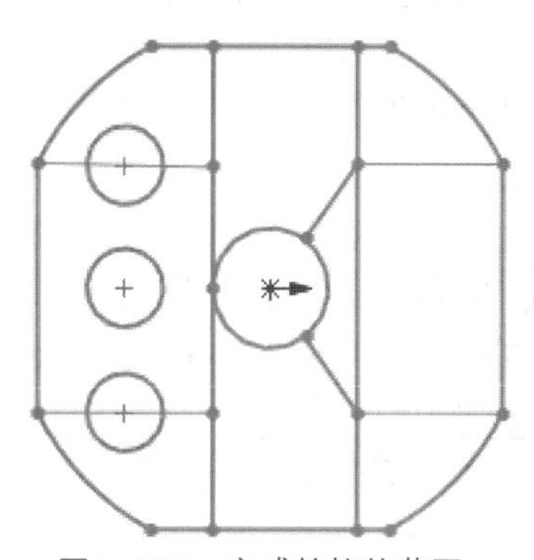

图1-105　完成轮控件草图

实例 012 绘制机模草图

案例源文件：ywj\01\012.prt

01 单击【草图】选项卡中的【边角矩形】按钮▭，绘制60×10的矩形，如图1-106所示。

02 单击【草图】选项卡中的【边角矩形】按钮▭，绘制70×6的矩形，如图1-107所示。

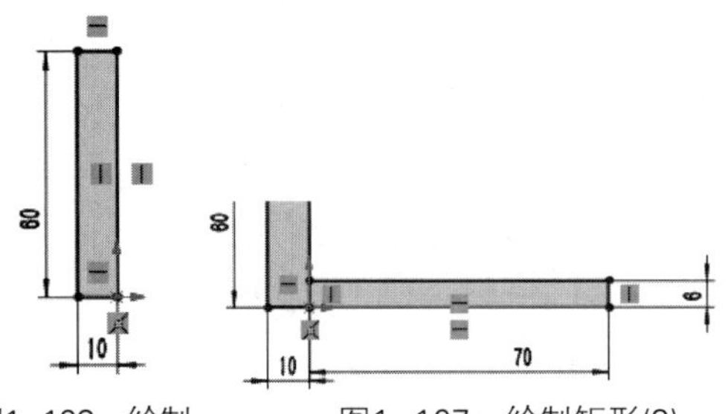

图1-106 绘制矩形(1)　图1-107 绘制矩形(2)

03 单击【草图】选项卡中的【边角矩形】按钮▭，绘制矩形，如图1-108所示。

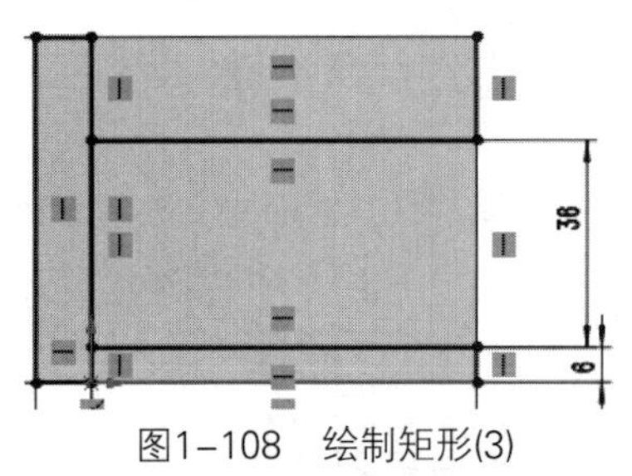

图1-108 绘制矩形(3)

04 单击【草图】选项卡中的【边角矩形】按钮▭，绘制矩形，如图1-109所示。

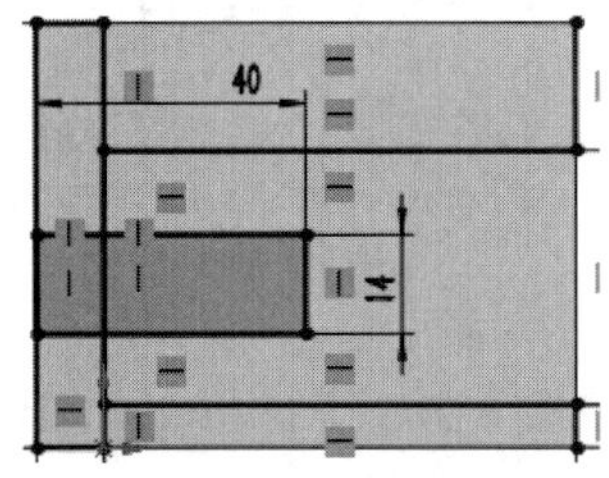

图1-109 绘制矩形(4)

05 单击【草图】选项卡中的【边角矩形】按钮▭，绘制矩形，如图1-110所示。

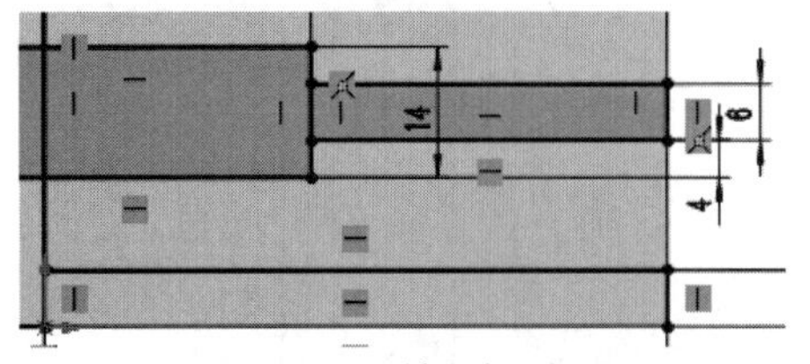

图1-110 绘制矩形(5)

06 单击【草图】选项卡中的【边角矩形】按钮▭，绘制矩形，如图1-111所示。

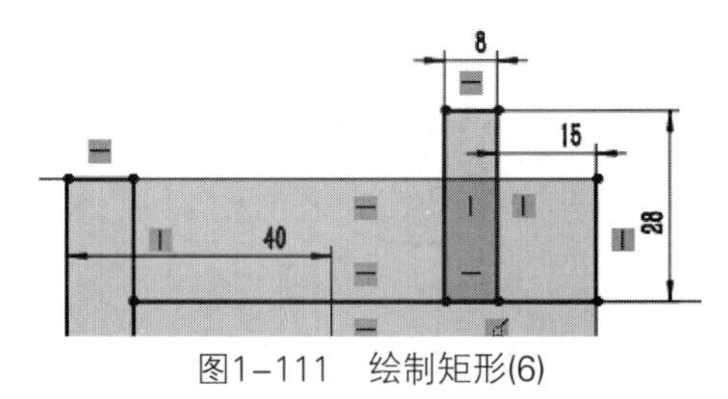

图1-111 绘制矩形(6)

07 单击【草图】选项卡中的【边角矩形】按钮▭，绘制矩形，如图1-112所示。

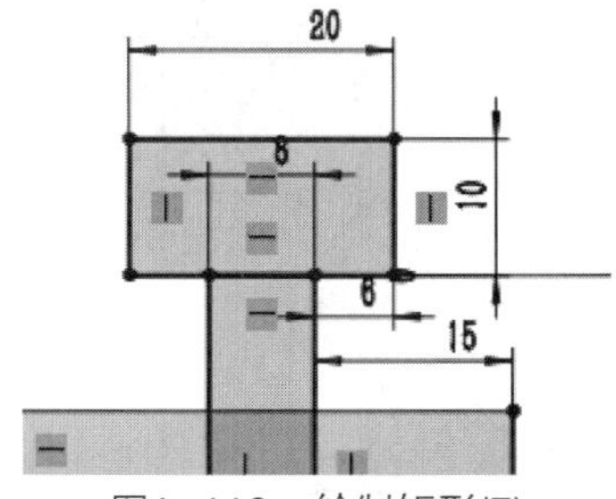

图1-112 绘制矩形(7)

08 单击【草图】选项卡中的【绘制圆角】按钮╮，绘制圆角，如图1-113所示。

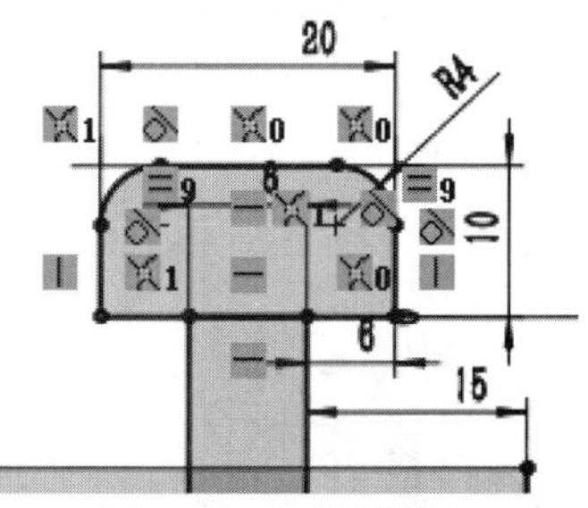

图1-113 绘制圆角

09 单击【草图】选项卡中的【镜像实体】按钮▯，创建镜像图形，如图1-114所示。

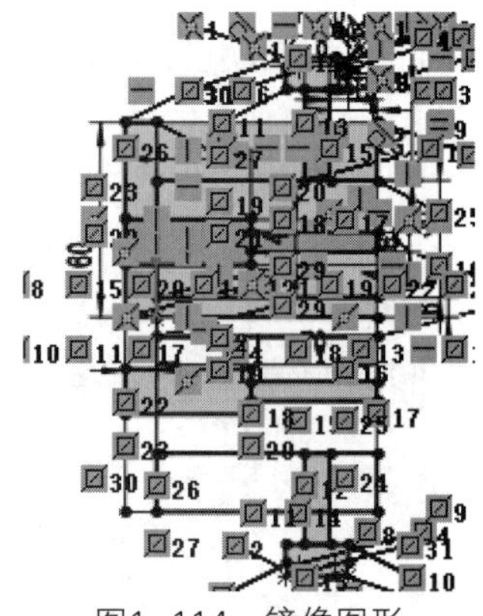

图1-114 镜像图形

10 完成机模草图的绘制，如图1-115所示。

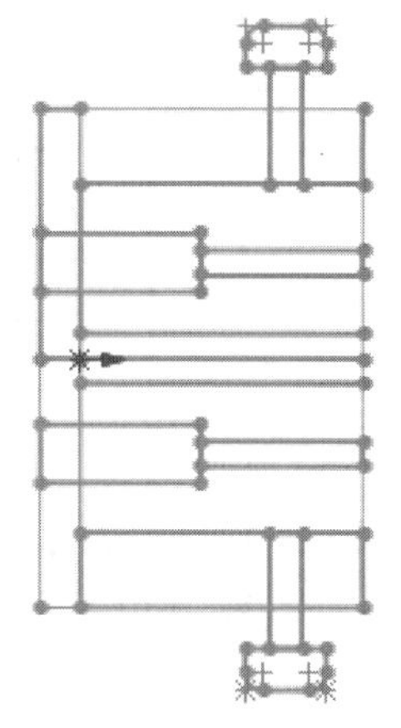

图1-115　完成机模草图

实例 013 绘制簧片草图

案例源文件：ywj\01\013.prt

01 单击【草图】选项卡中的【边角矩形】按钮，绘制100×4的矩形，如图1-116所示。

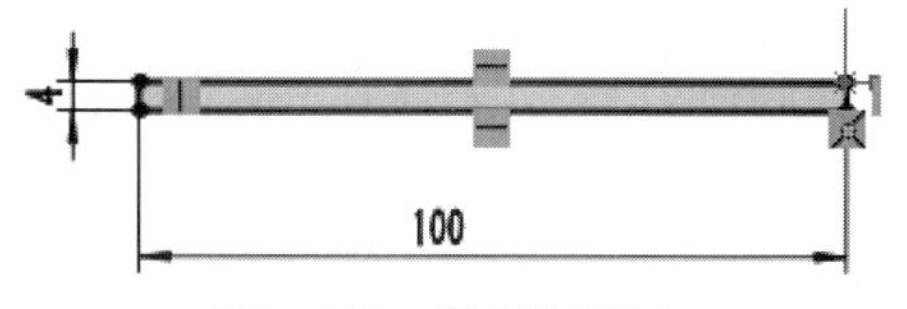

图1-116　绘制矩形(1)

02 单击【草图】选项卡中的【边角矩形】按钮，绘制矩形，如图1-117所示。

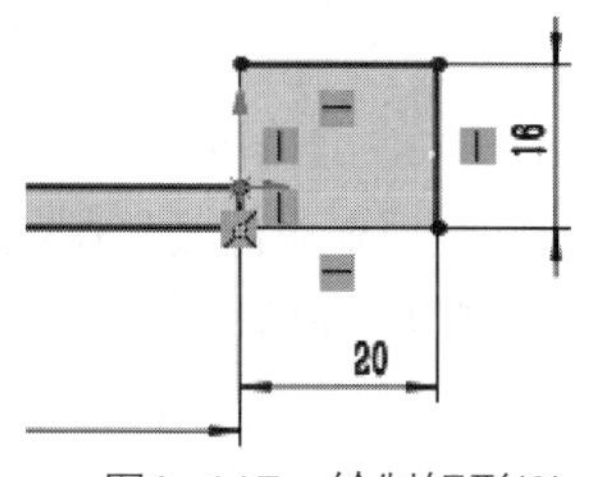

图1-117　绘制矩形(2)

03 单击【草图】选项卡中的【边角矩形】按钮，绘制矩形，如图1-118所示。

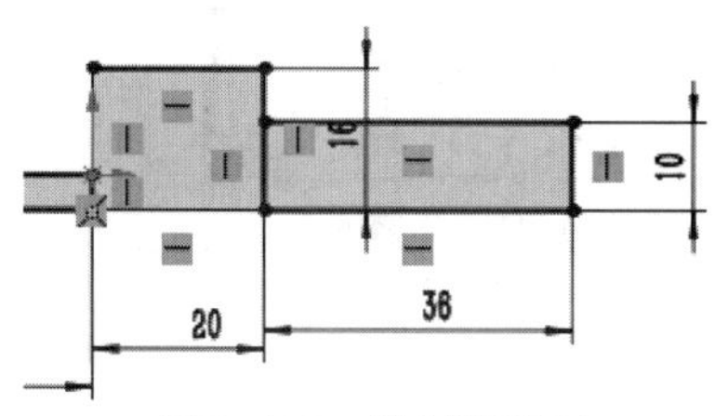

图1-118　绘制矩形(3)

04 单击【草图】选项卡中的【圆】按钮，绘制圆，如图1-119所示。

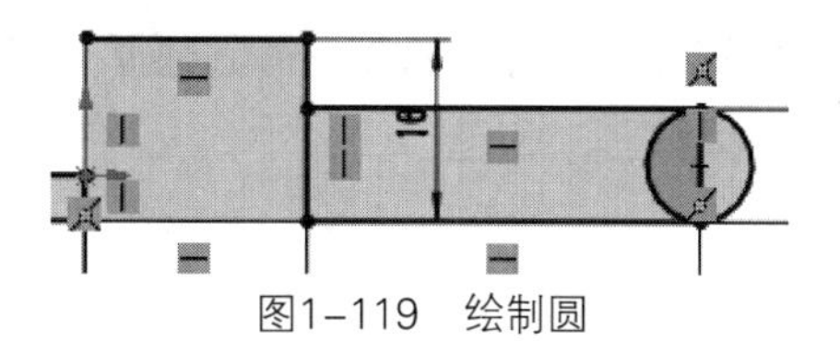

图1-119　绘制圆

05 单击【草图】选项卡中的【剪裁实体】按钮，剪裁图形，如图1-120所示。

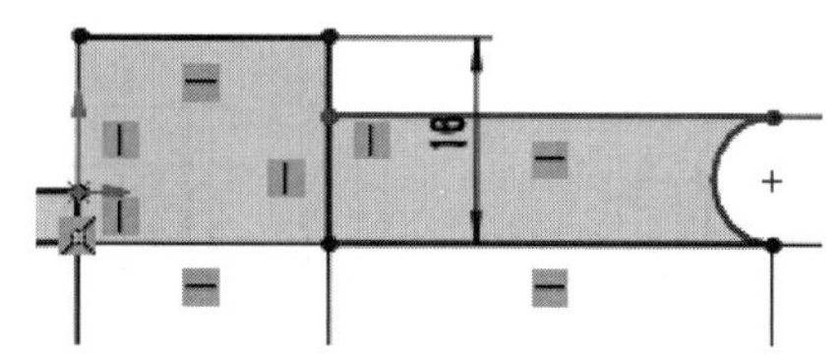

图1-120　剪裁实体

06 单击【草图】选项卡中的【复制实体】按钮，复制矩形，如图1-121所示。

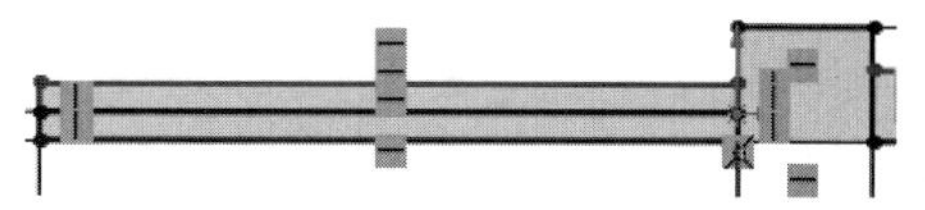

图1-121　复制图形

07 单击【草图】选项卡中的【缩放实体比例】按钮，缩小图形，如图1-122所示。

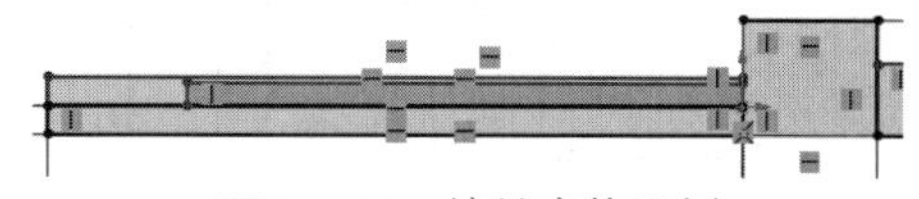

图1-122　缩放实体比例

08 单击【草图】选项卡中的【移动实体】按钮，移动图形，如图1-123所示。

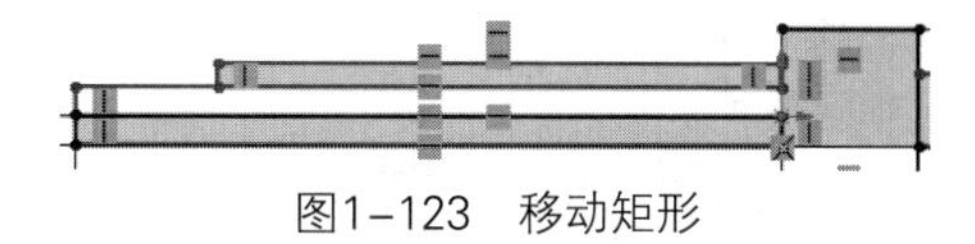

图1-123　移动矩形

提示

【移动】或【复制】操作不生成几何关系。如果需要在移动或者复制过程中保留现有几何关系，则启用【保留几何关系】复选框；当取消启用【保留几何关系】复选框时，只有在所选项目和未被选择的项目之间的几何关系被断开，所选项目之间的几何关系仍被保留。

09 完成簧片草图的绘制，如图1-124所示。

图1-124　完成簧片草图

实例 014

案例源文件：ywj\01\014.prt

绘制泵接头草图

01 单击【草图】选项卡中的【直线】按钮，绘制梯形，如图1-125所示。

02 单击【草图】选项卡中的【直线】按钮，绘制直线，如图1-126所示。

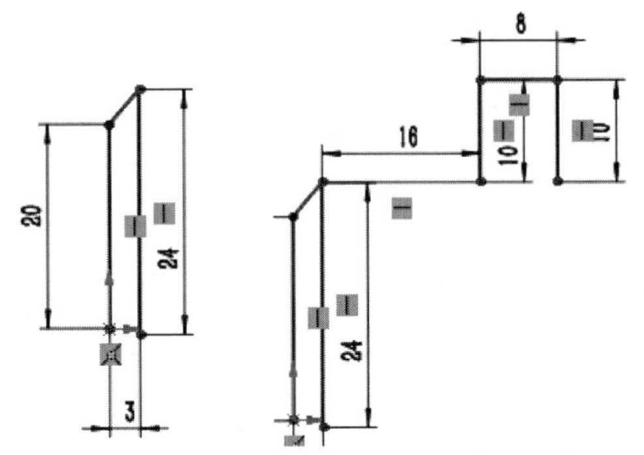

图1-125　绘制梯形　　图1-126　绘制直线(1)

03 单击【草图】选项卡中的【直线】按钮，绘制直线，如图1-127所示。

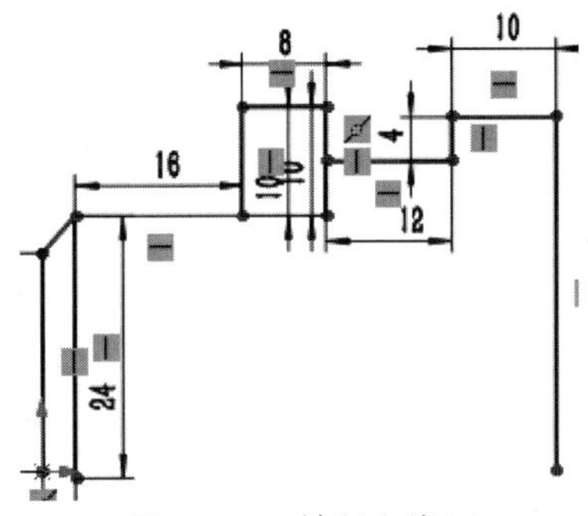

图1-127　绘制直线(2)

04 单击【草图】选项卡中的【镜像实体】按钮，创建镜像图形，如图1-128所示。

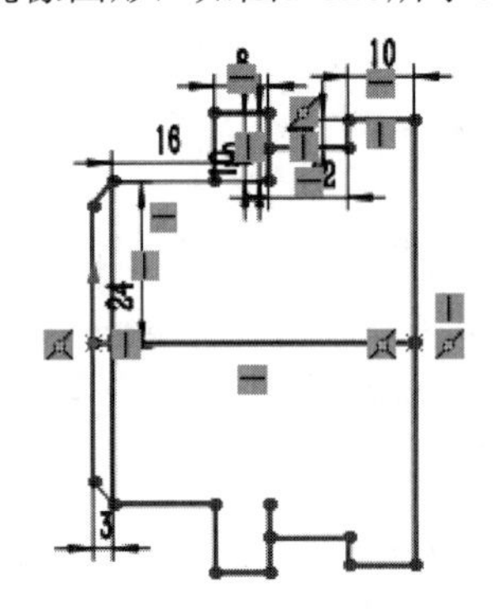

图1-128　镜像图形

05 单击【草图】选项卡中的【直线】按钮，绘制直线，如图1-129所示。

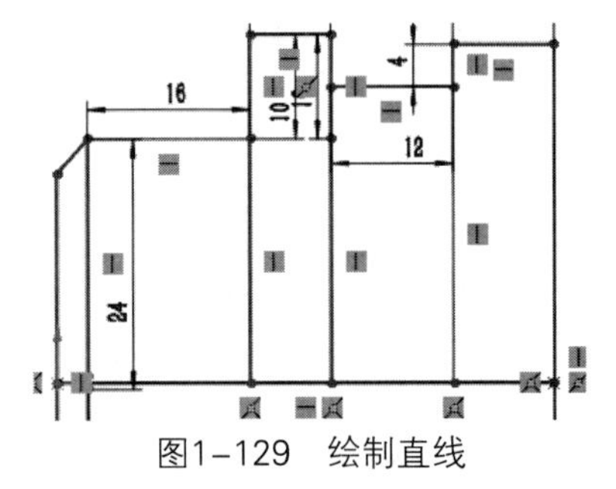

图1-129　绘制直线

06 单击【草图】选项卡中的【绘制倒角】按钮，绘制倒角，如图1-130所示。

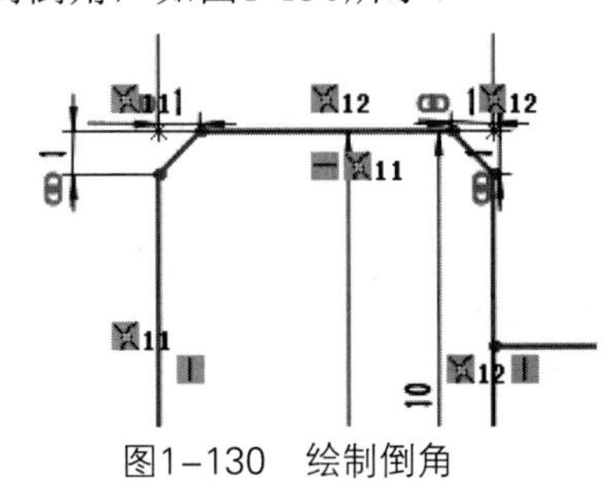

图1-130　绘制倒角

07 单击【草图】选项卡中的【直线】按钮，绘制直线，如图1-131所示。

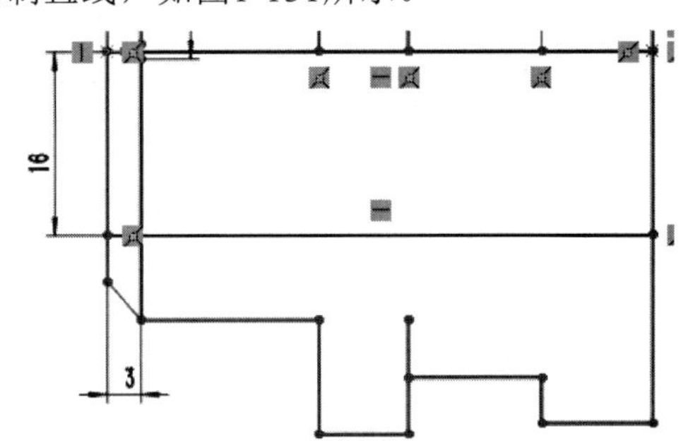

图1-131　绘制水平线

08 单击【草图】选项卡中的【绘制倒角】按钮，绘制倒角，如图1-132所示。

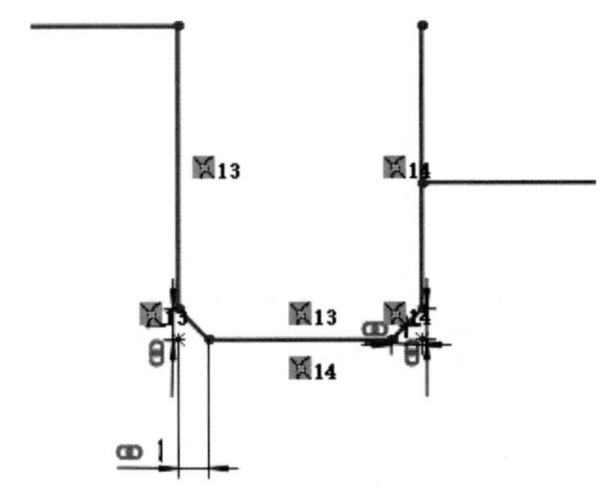

图1-132　绘制倒角

09 单击【草图】选项卡中的【剪裁实体】按钮，剪裁图形，如图1-133所示。

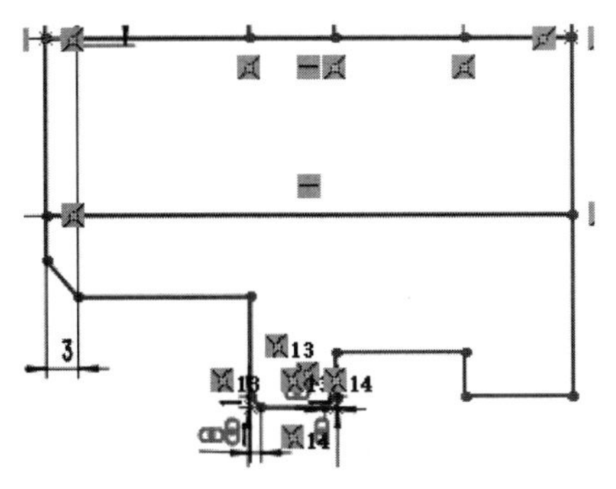

图1-133　剪裁实体

10 完成泵接头草图的绘制，如图1-134所示。

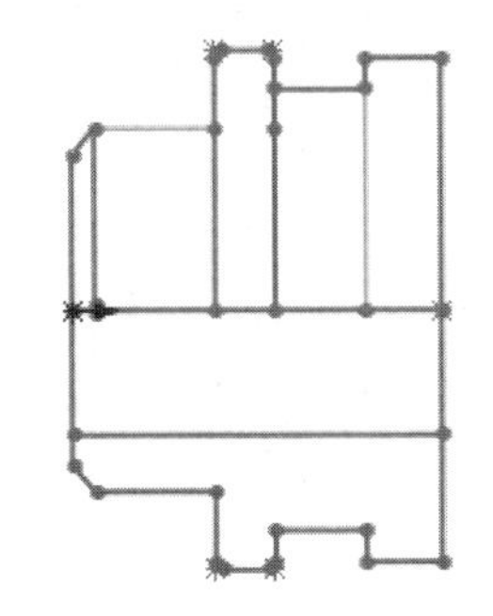

图1-134　完成泵接头草图

实例 015　绘制缸体草图

案例源文件：ywj\01\015.prt

01 单击【草图】选项卡中的【边角矩形】按钮，绘制120×80的矩形，如图1-135所示。

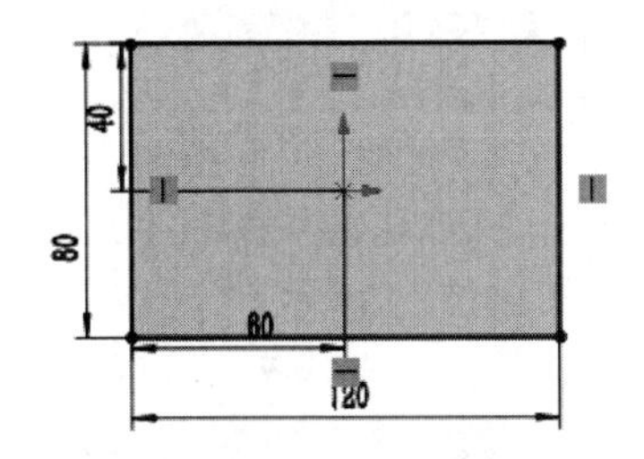

图1-135　绘制矩形(1)

02 单击【草图】选项卡中的【边角矩形】按钮，绘制矩形，如图1-136所示。

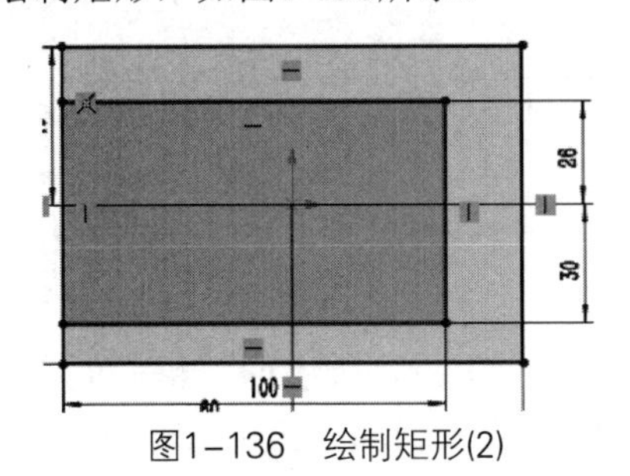

图1-136　绘制矩形(2)

03 单击【草图】选项卡中的【边角矩形】按钮，绘制矩形，如图1-137所示。

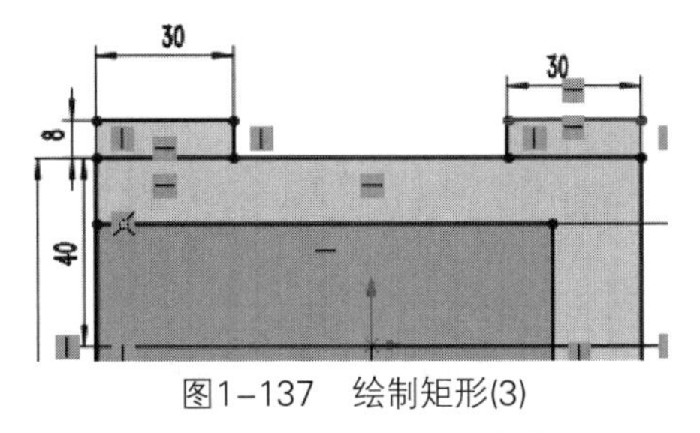

图1-137　绘制矩形(3)

04 单击【草图】选项卡中的【边角矩形】按钮，绘制矩形，如图1-138所示。

05 单击【草图】选项卡中的【边角矩形】按钮，绘制矩形，如图1-139所示。

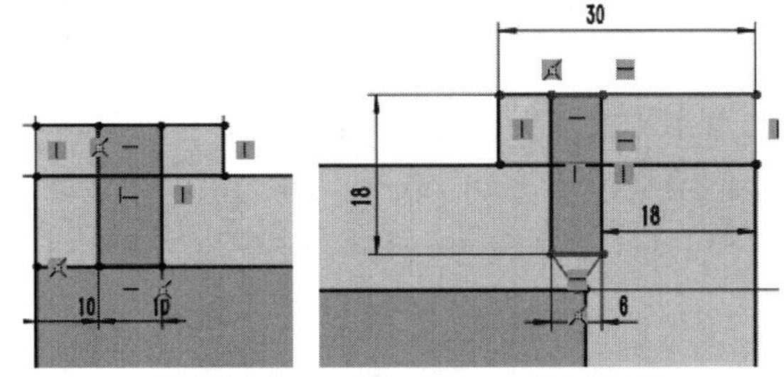

图1-138　绘制矩形(4)　　图1-139　绘制矩形(5)

06 单击【草图】选项卡中的【边角矩形】按钮，绘制矩形，如图1-140所示。

07 单击【草图】选项卡中的【圆】按钮，绘制圆，如图1-141所示。

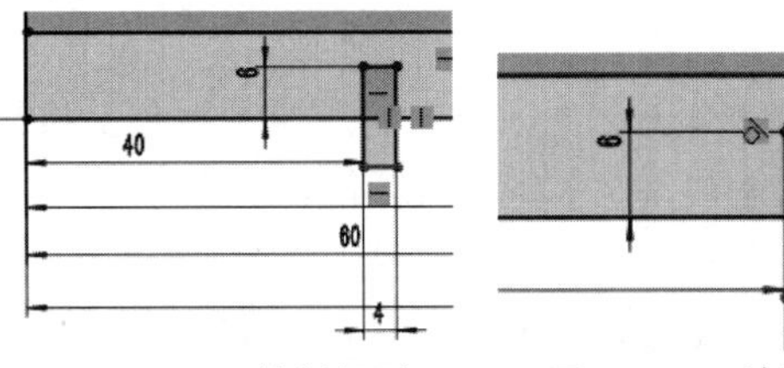

图1-140　绘制矩形(6)　　图1-141　绘制圆

08 单击【草图】选项卡中的【剪裁实体】按钮，剪裁图形，如图1-142所示。

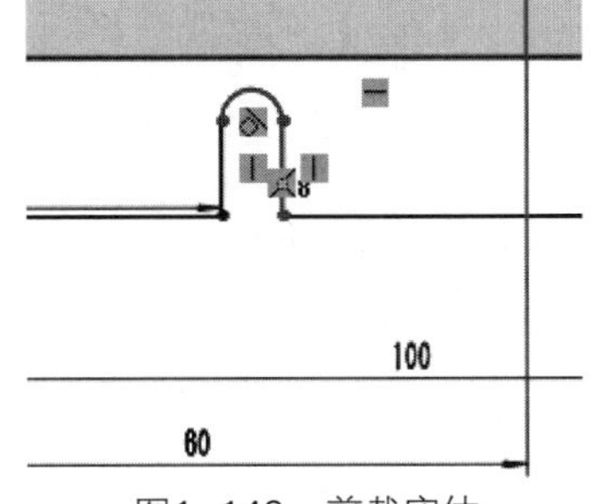

图1-142　剪裁实体

09 完成缸体草图的绘制，如图1-143所示。

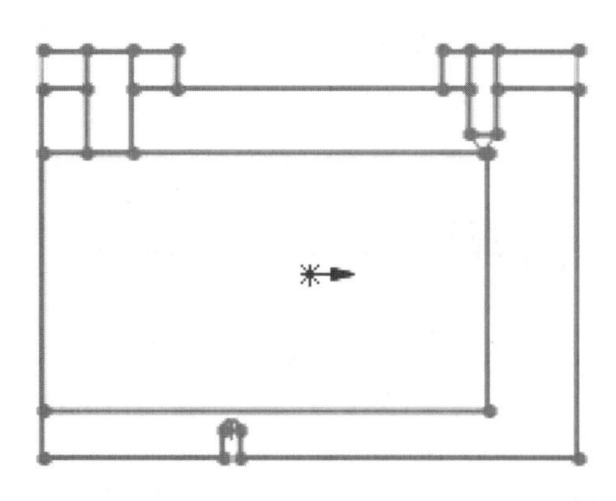

图1-143　完成缸体草图

实例 016　绘制底座草图

案例源文件：ywj\01\016.prt

01 单击【草图】选项卡中的【边角矩形】按钮，绘制100×100的矩形，如图1-144所示。

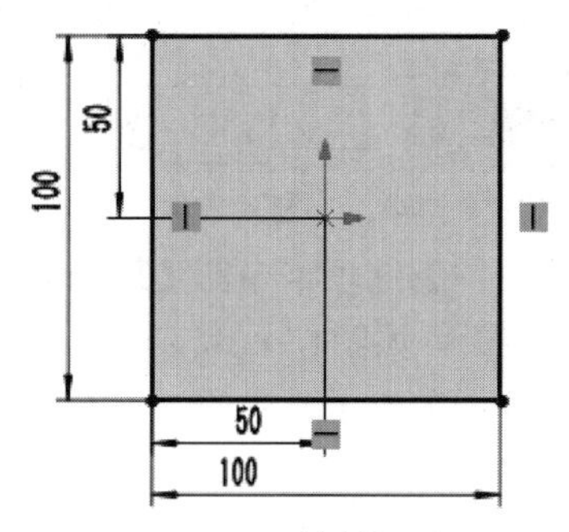

图1-144　绘制矩形

02 单击【草图】选项卡中的【绘制圆角】按钮，绘制圆角，如图1-145所示。

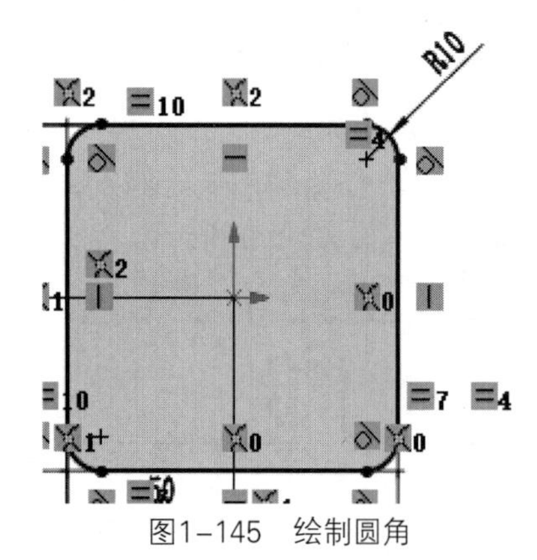

图1-145　绘制圆角

03 单击【草图】选项卡中的【圆】按钮，绘制直径分别为30、80的圆，如图1-146所示。

04 单击【草图】选项卡中的【边角矩形】按钮，绘制矩形，如图1-147所示。

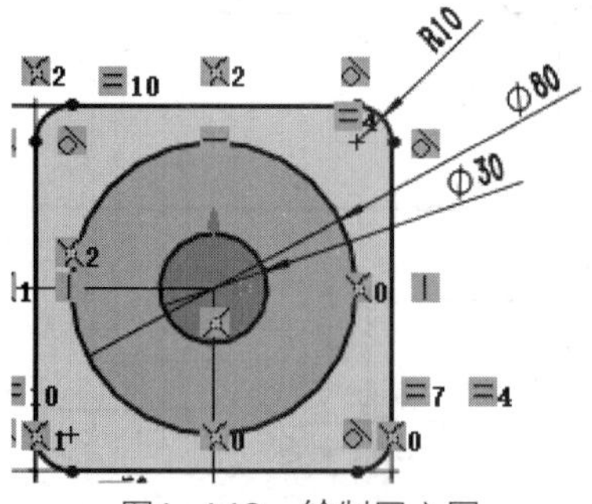

图1-146　绘制同心圆

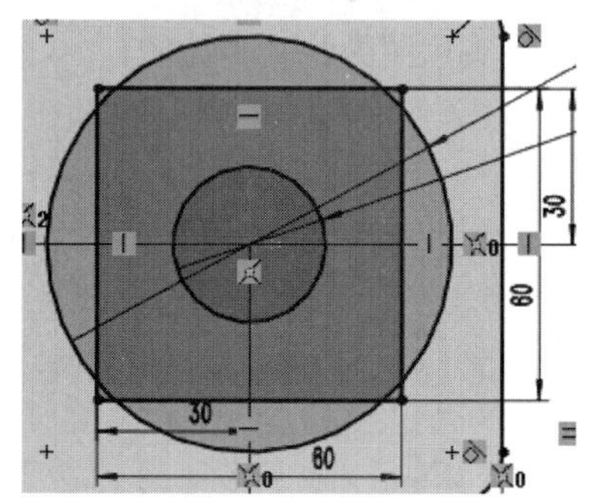

图1-147　绘制矩形

05 单击【草图】选项卡中的【剪裁实体】按钮，剪裁图形，如图1-148所示。

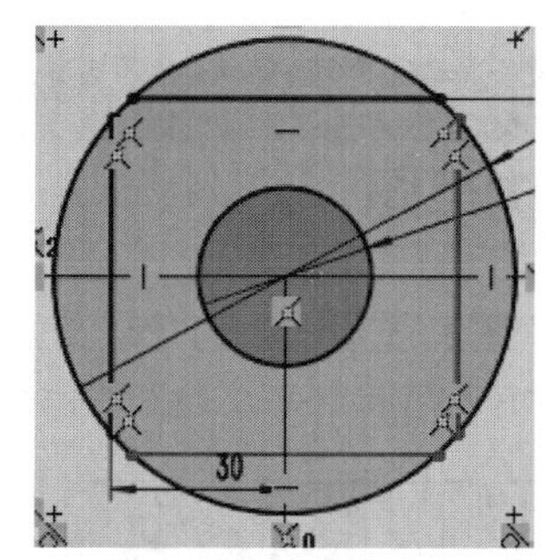

图1-148　剪裁实体

06 单击【草图】选项卡中的【直线】按钮，绘制直线，如图1-149所示。

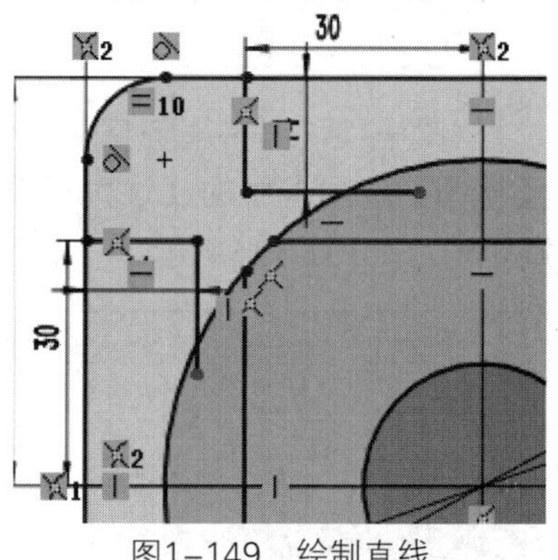

图1-149　绘制直线

07 单击【草图】选项卡中的【剪裁实体】按钮，剪裁图形，如图1-150所示。

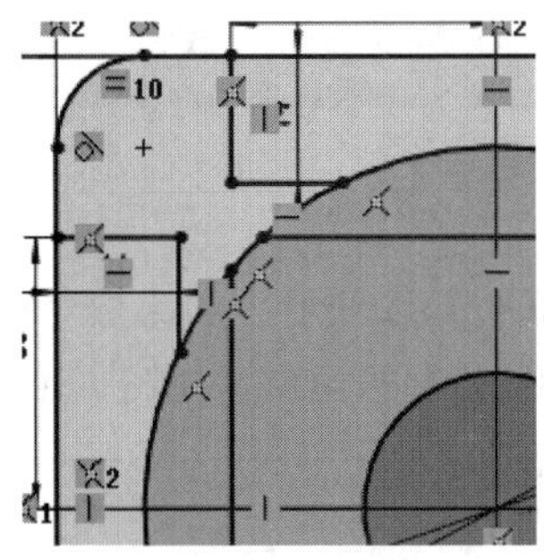

图1-150　剪裁实体

08 单击【草图】选项卡中的【圆】按钮，绘制直径分别为5、10的圆，如图1-151所示。

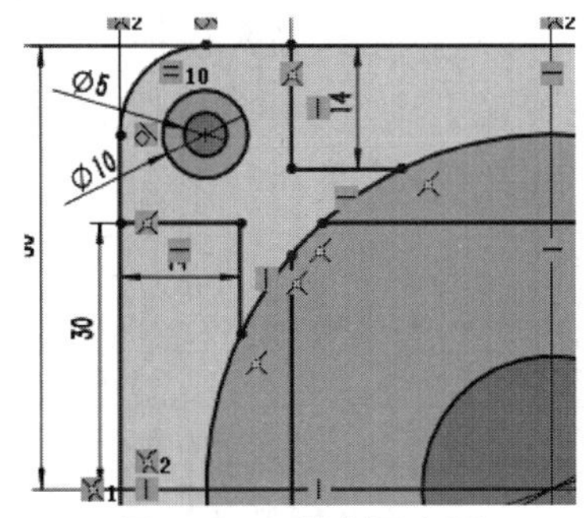

图1-151　绘制同心圆

09 单击【草图】选项卡中的【绘制圆角】按钮，绘制圆角，如图1-152所示。

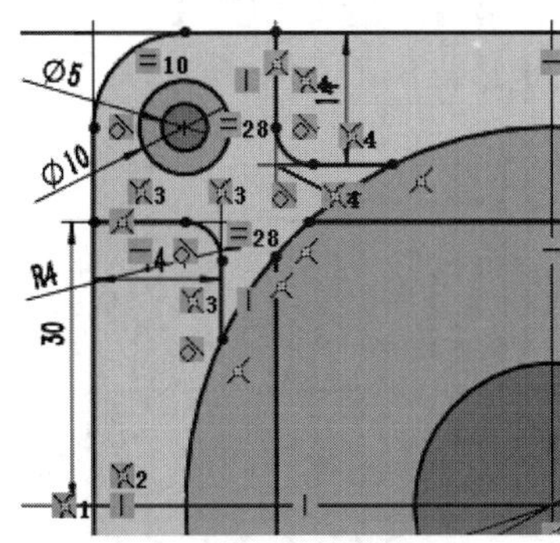

图1-152　绘制圆角

10 单击【草图】选项卡中的【圆周草图阵列】按钮，创建圆形阵列图形，如图1-153所示。

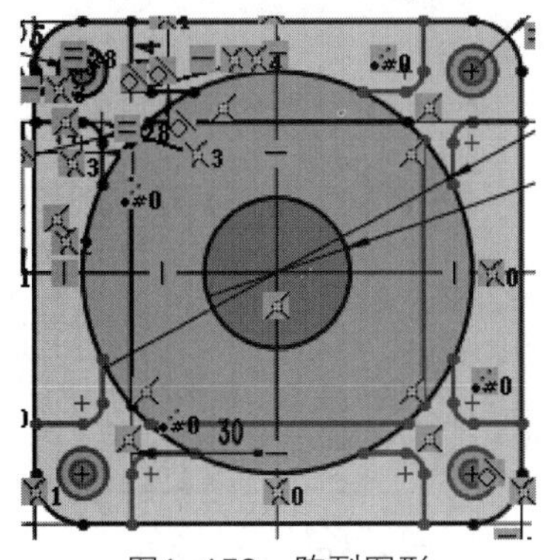

图1-153　阵列图形

11 完成底座草图的绘制，如图1-154所示。

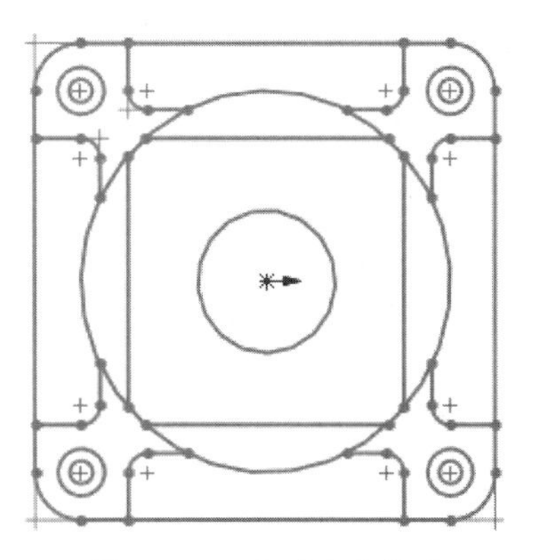

图1-154　完成底座草图

实例 017

案例源文件：ywj\01\017.prt

绘制球阀草图

01 单击【草图】选项卡中的【边角矩形】按钮，绘制120×46的矩形，如图1-155所示。

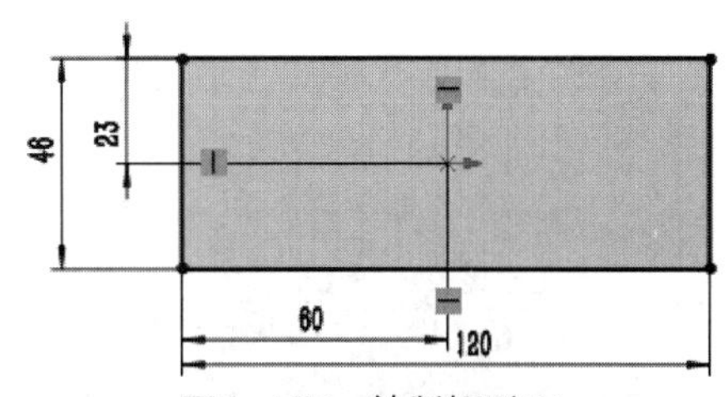

图1-155　绘制矩形(1)

02 单击【草图】选项卡中的【边角矩形】按钮，绘制矩形，如图1-156所示。

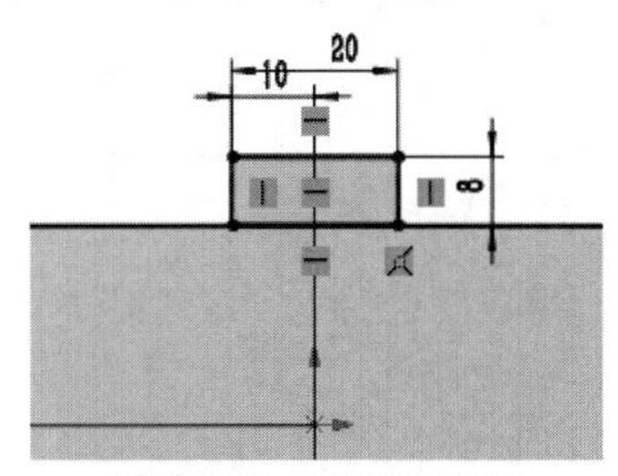

图1-156　绘制矩形(2)

03 单击【草图】选项卡中的【边角矩形】按钮，绘制矩形，如图1-157所示。

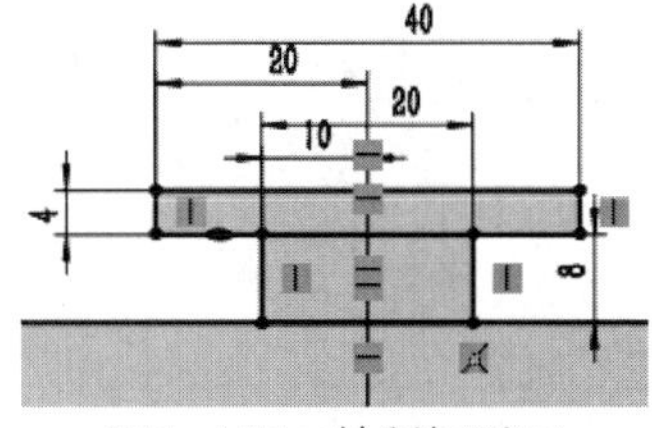

图1-157　绘制矩形(3)

04 单击【草图】选项卡中的【圆】按钮，绘制直径分别为16、38的圆，如图1-158所示。

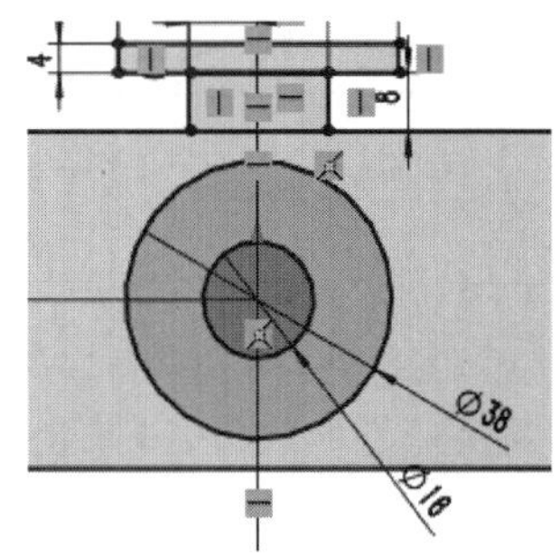

图1-158 绘制同心圆

05 单击【草图】选项卡中的【边角矩形】按钮，绘制矩形，如图1-159所示。

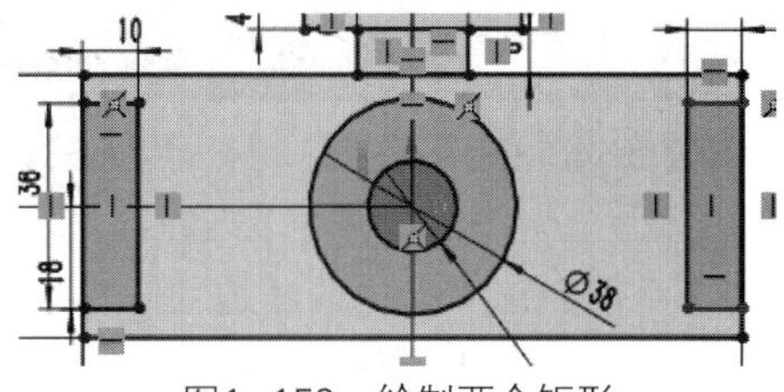

图1-159 绘制两个矩形

06 单击【草图】选项卡中的【边角矩形】按钮，绘制矩形，如图1-160所示。

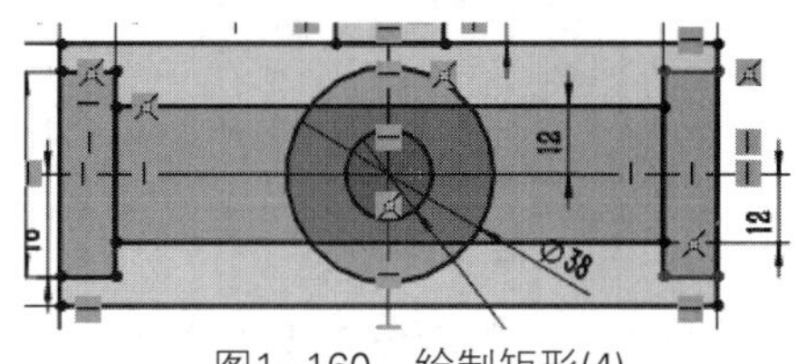

图1-160 绘制矩形(4)

07 单击【草图】选项卡中的【边角矩形】按钮，绘制矩形，如图1-161所示。

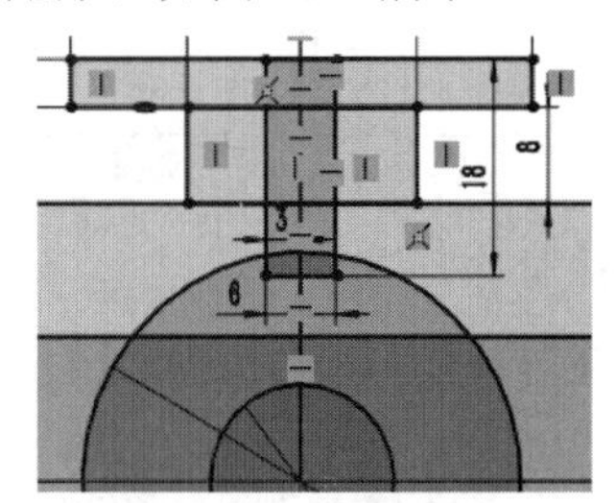

图1-161 绘制矩形(5)

08 完成球阀草图的绘制，如图1-162所示。

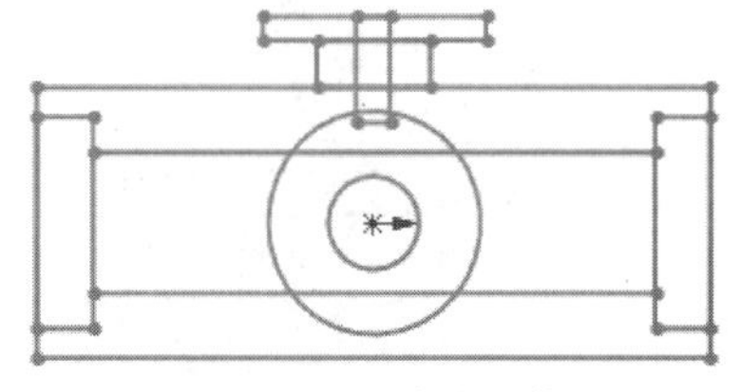

图1-162 完成球阀草图

实例 018 绘制柱阀草图

案例源文件：ywj\01\018.prt

01 单击【草图】选项卡中的【边角矩形】按钮，绘制100×30的矩形，如图1-163所示。

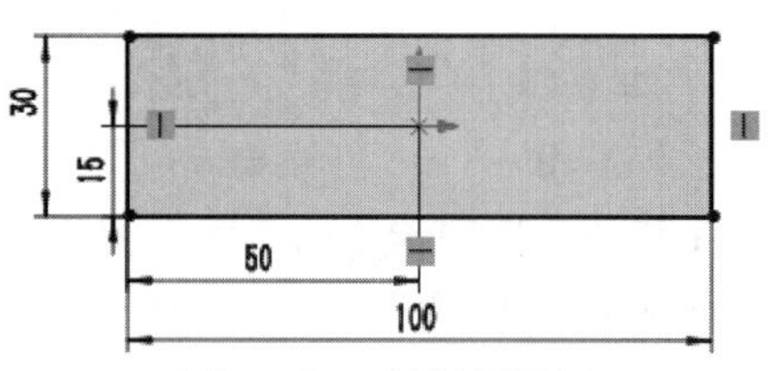

图1-163 绘制矩形(1)

02 单击【草图】选项卡中的【边角矩形】按钮，绘制矩形，如图1-164所示。

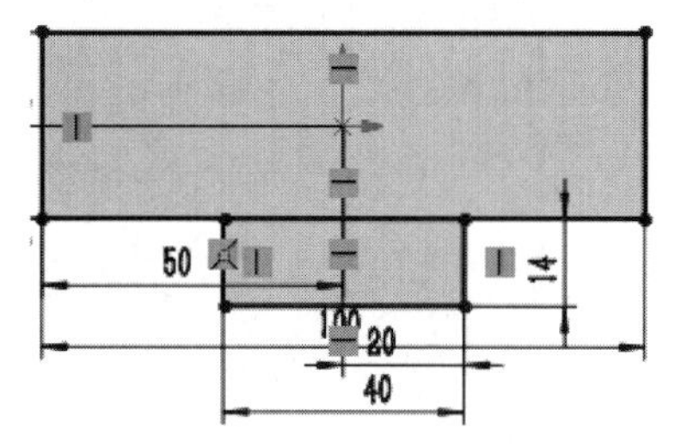

图1-164 绘制矩形(2)

03 单击【草图】选项卡中的【边角矩形】按钮，绘制矩形，如图1-165所示。

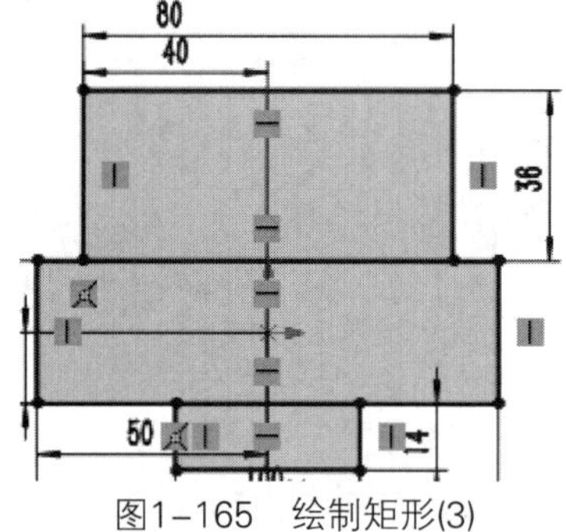

图1-165 绘制矩形(3)

04 单击【草图】选项卡中的【剪裁实体】按钮，剪裁图形，如图1-166所示。

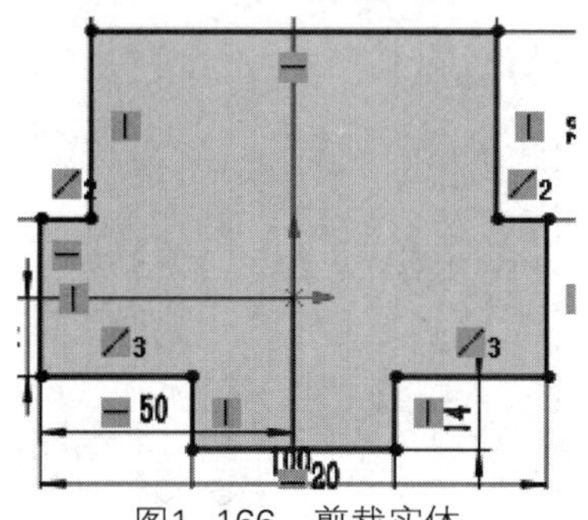

图1-166 剪裁实体

05 单击【草图】选项卡中的【边角矩形】按钮□，绘制矩形，如图1-167所示。

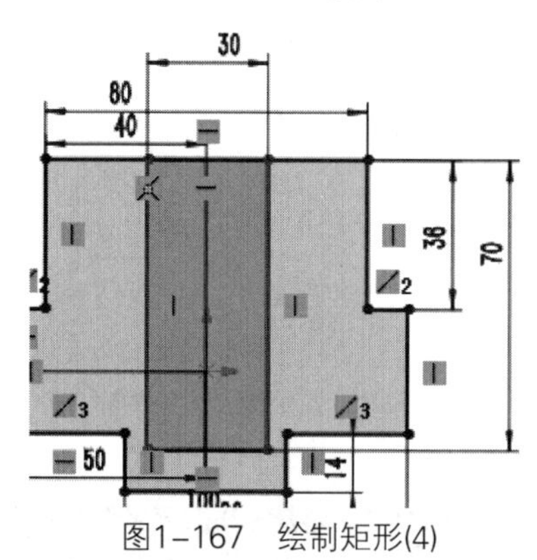

图1-167　绘制矩形(4)

06 单击【草图】选项卡中的【边角矩形】按钮□，绘制矩形，如图1-168所示。

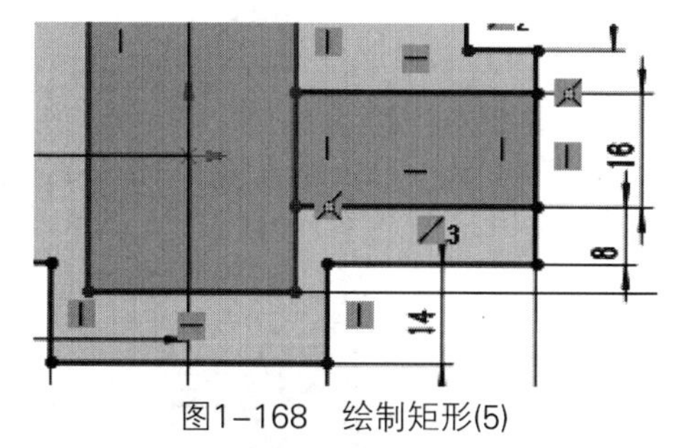

图1-168　绘制矩形(5)

07 单击【草图】选项卡中的【绘制圆角】按钮⌒，绘制圆角，如图1-169所示。

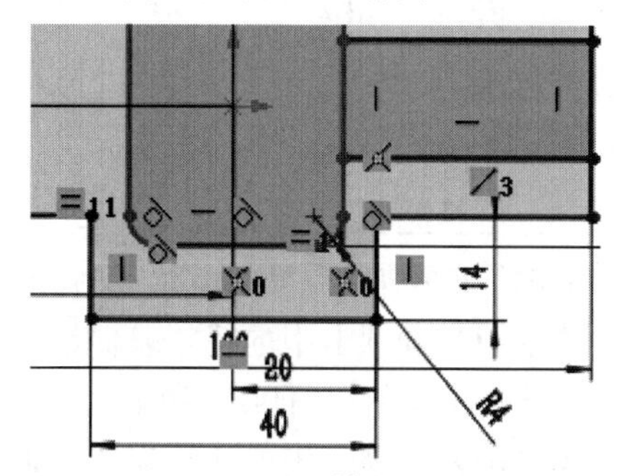

图1-169　绘制圆角

08 单击【草图】选项卡中的【剪裁实体】按钮，剪裁图形，如图1-170所示。

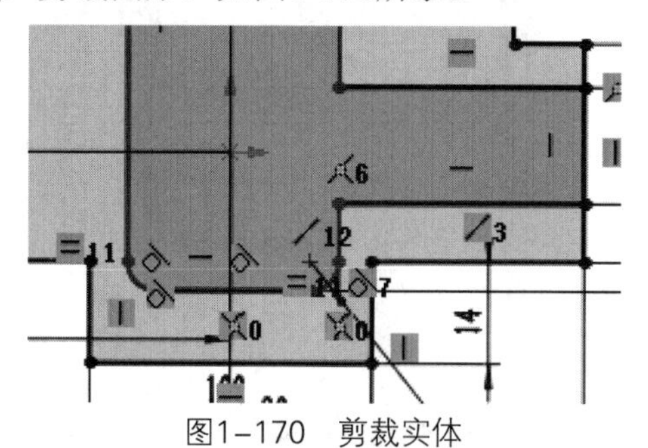

图1-170　剪裁实体

09 完成柱阀草图的绘制，如图1-171所示。

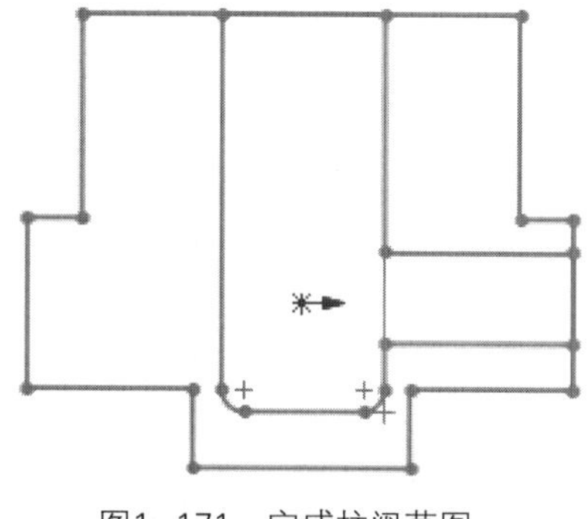

图1-171　完成柱阀草图

实例 019 绘制水龙头草图

案例源文件：ywj\01\019.prt

01 单击【草图】选项卡中的【边角矩形】按钮□，绘制20×2的矩形，如图1-172所示。

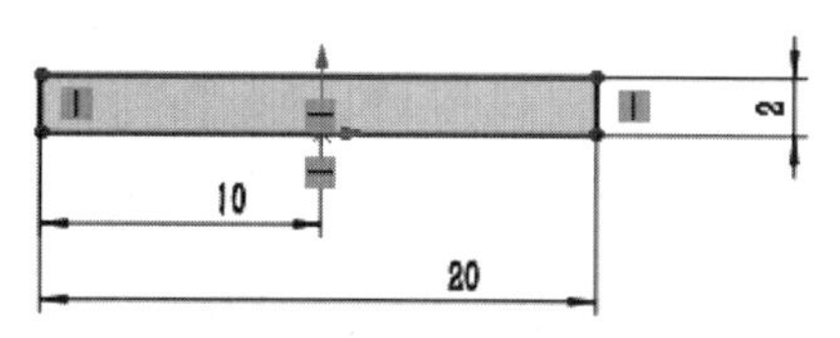

图1-172　绘制矩形

02 单击【草图】选项卡中的【直线】按钮，绘制斜线，如图1-173所示。

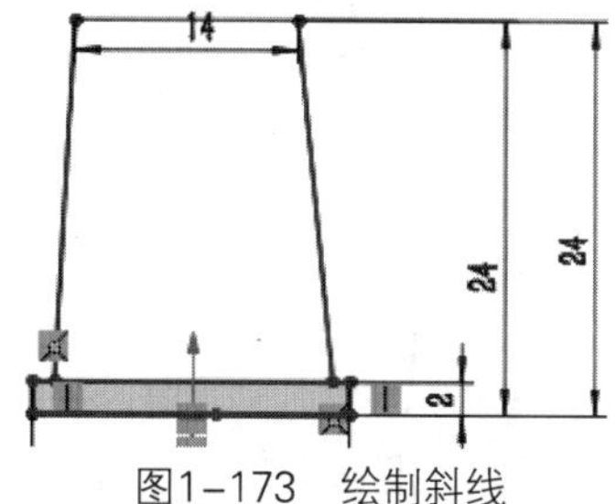

图1-173　绘制斜线

03 单击【草图】选项卡中的【样条曲线】按钮，绘制样条曲线，如图1-174所示。

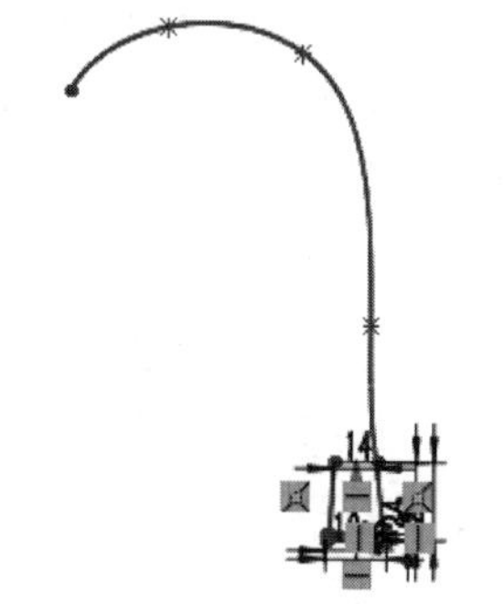

图1-174　绘制样条曲线(1)

04 单击【草图】选项卡中的【样条曲线】按钮 ，绘制样条曲线，如图1-175所示。

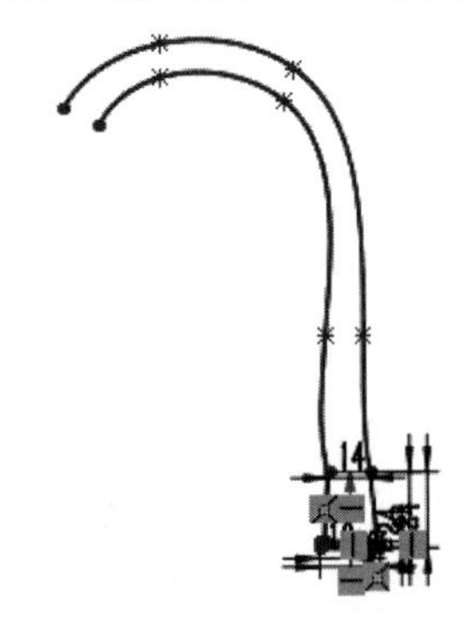

图1-175　绘制样条曲线(2)

05 单击【草图】选项卡中的【直线】按钮 ，绘制直线，如图1-176所示。

06 单击【草图】选项卡中的【直线】按钮 ，绘制梯形，如图1-177所示。

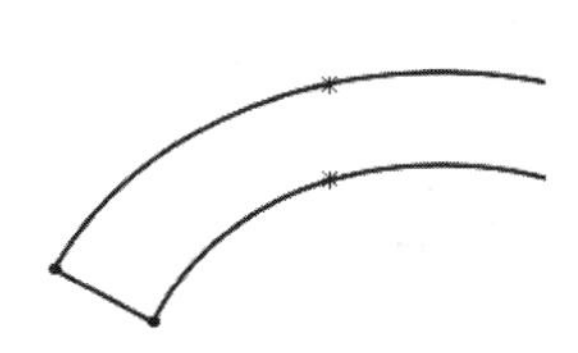

图1-176　绘制直线

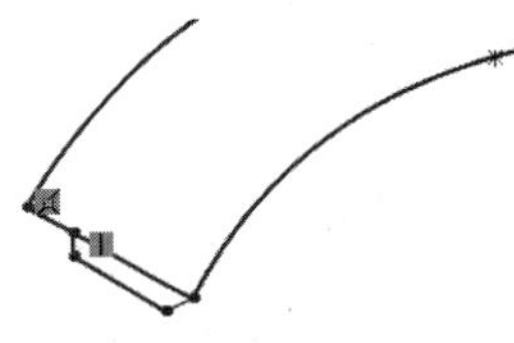

图1-177　绘制梯形(1)

07 单击【草图】选项卡中的【直线】按钮 ，绘制梯形，如图1-178所示。

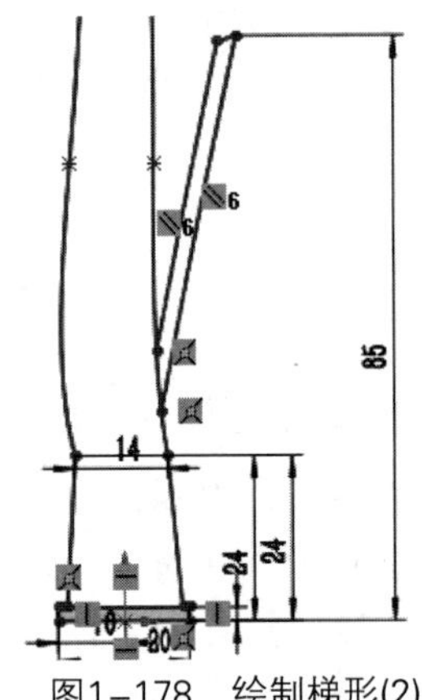

图1-178　绘制梯形(2)

08 单击【草图】选项卡中的【直线】按钮 ，绘制梯形，如图1-179所示。

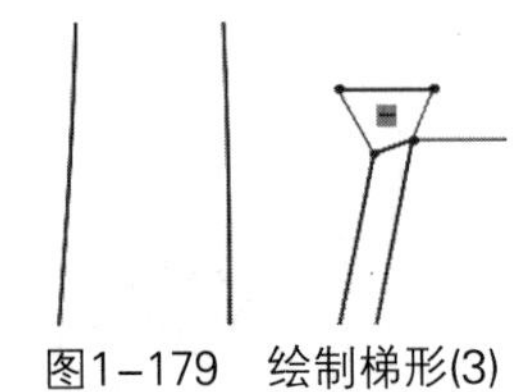

图1-179　绘制梯形(3)

09 完成水龙头草图的绘制，如图1-180所示。

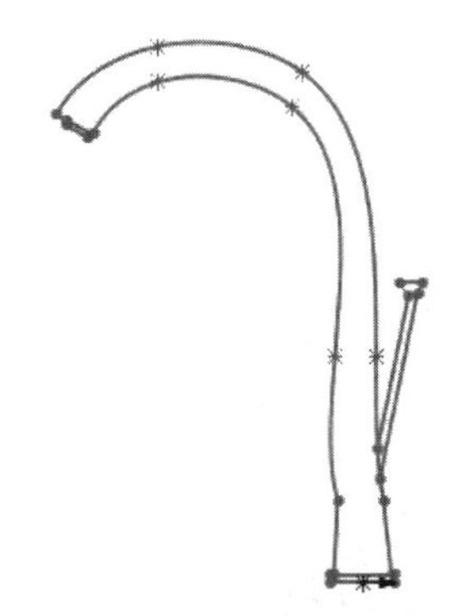

图1-180　完成水龙头草图

实例 020　绘制牙刷头草图

案例源文件：ywj\01\020.prt

01 单击【草图】选项卡中的【直线】按钮 ，绘制直线，如图1-181所示。

02 单击【草图】选项卡中的【直槽口】按钮 ，绘制直槽口图形，如图1-182所示。

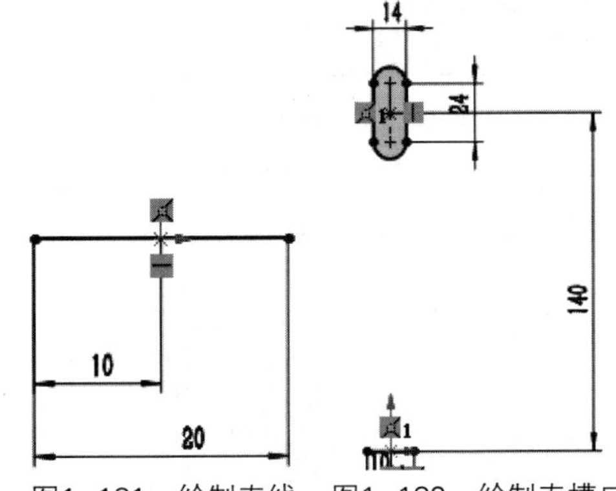

图1-181　绘制直线　图1-182　绘制直槽口

03 单击【草图】选项卡中的【样条曲线】按钮 ，绘制样条曲线，如图1-183所示。

04 单击【草图】选项卡中的【镜像实体】按钮 ，创建镜像图形，如图1-184所示。

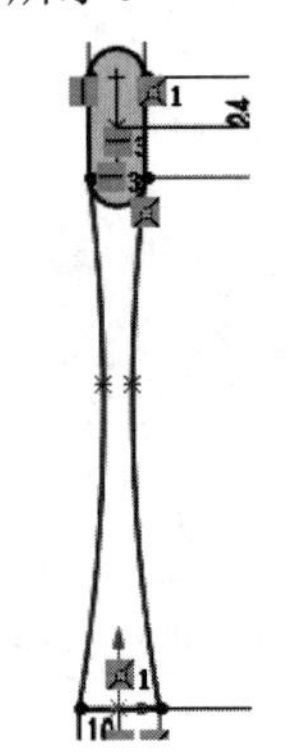

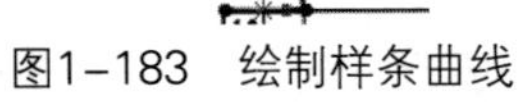

图1-183　绘制样条曲线　　图1-184　镜像曲线

05 单击【草图】选项卡中的【等距实体】按钮，创建等距图形，如图1-185所示。

06 单击【草图】选项卡中的【圆】按钮，绘制直径为1的圆，如图1-186所示。

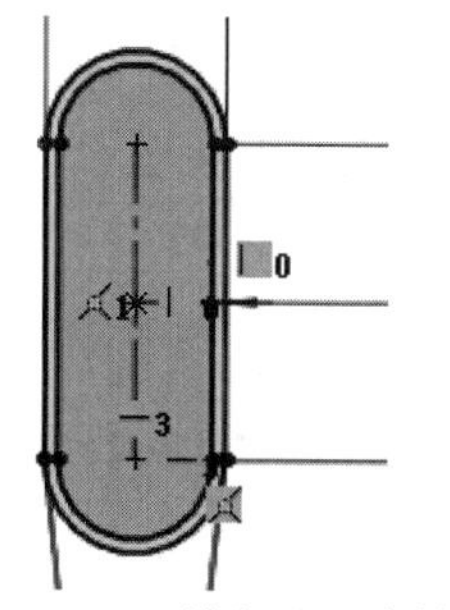

图1-185 绘制等距实体

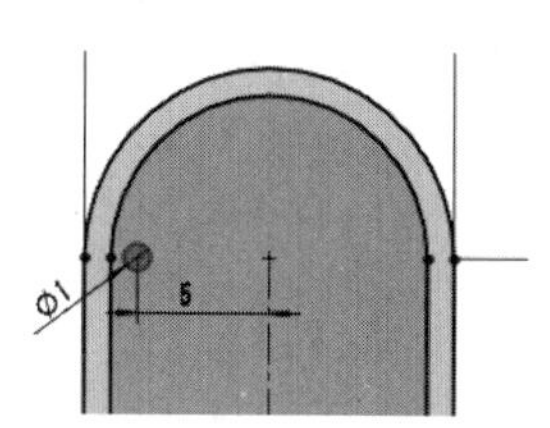

图1-186 绘制圆

07 单击【草图】选项卡中的【线性草图阵列】按钮，创建矩形阵列图形，如图1-187所示。

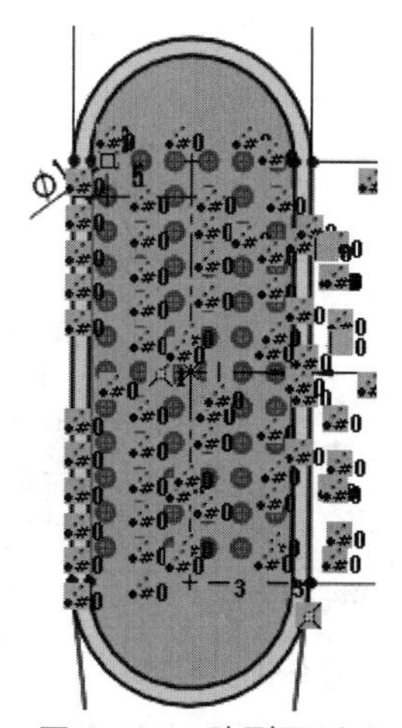

图1-187 阵列图形

08 完成牙刷头草图的绘制，如图1-188所示。

图1-188 完成牙刷头草图

实例 021 绘制牙刷把草图

案例源文件：ywj\01\021.prt

01 单击【草图】选项卡中的【边角矩形】按钮，绘制30×4的矩形，如图1-189所示。

02 单击【草图】选项卡中的【椭圆】按钮，绘制椭圆，如图1-190所示。

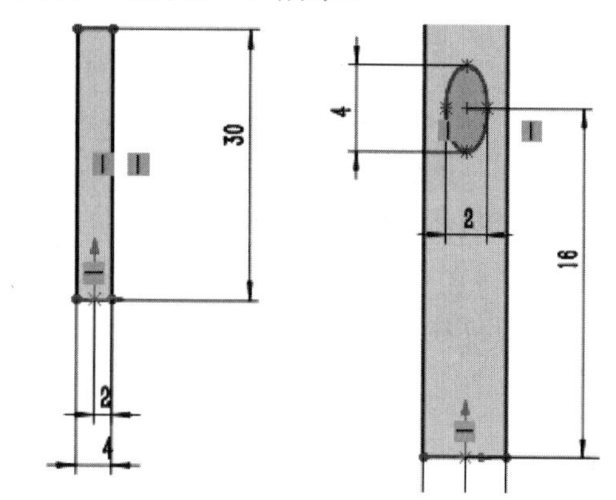

图1-189 绘制矩形(1)　图1-190 绘制椭圆

03 单击【草图】选项卡中的【等距实体】按钮，创建等距图形，如图1-191所示。

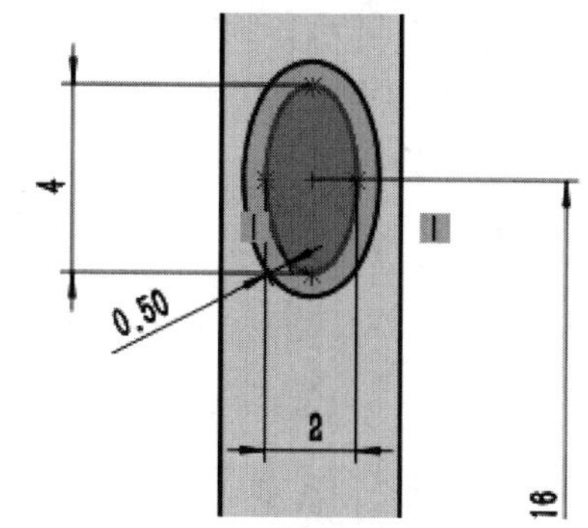

图1-191 绘制等距实体

04 单击【草图】选项卡中的【边角矩形】按钮，绘制矩形，如图1-192所示。

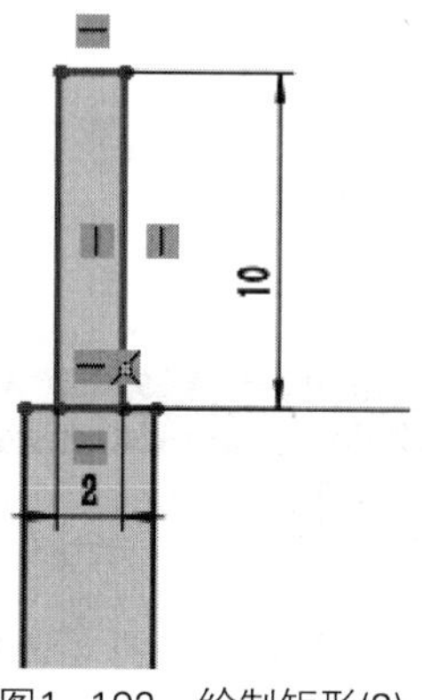

图1-192 绘制矩形(2)

05 单击【草图】选项卡中的【边角矩形】按钮 ，绘制矩形，如图1-193所示。

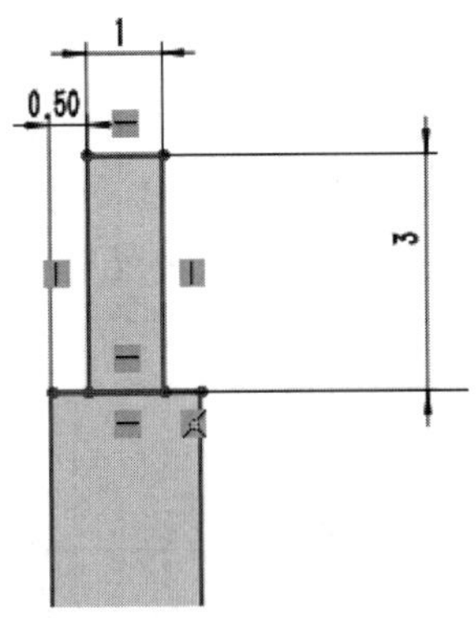

图1-193　绘制矩形(3)

06 单击【草图】选项卡中的【边角矩形】按钮 ，绘制矩形，如图1-194所示。

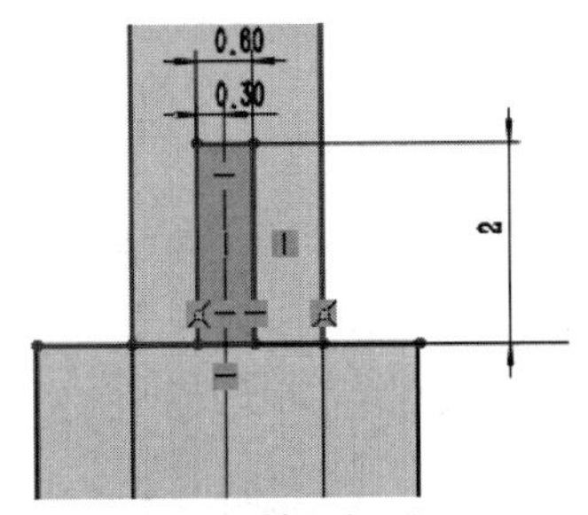

图1-194　绘制矩形(4)

07 完成牙刷把草图的绘制，如图1-195所示。

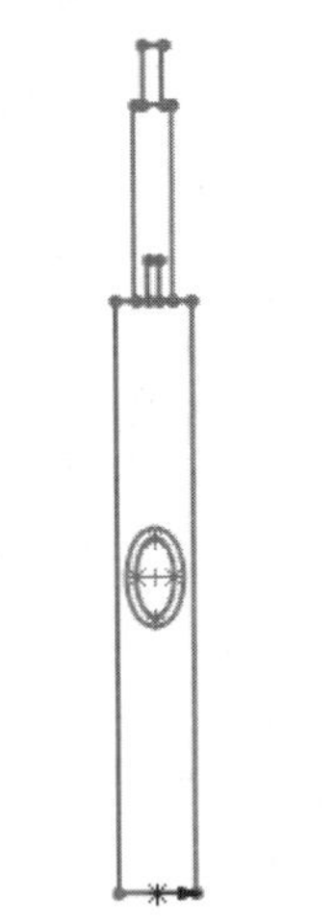

图1-195　完成牙刷把草图

实例 022　绘制弹簧草图

案例源文件：ywj\01\022.prt

01 单击【草图】选项卡中的【边角矩形】按钮 ，绘制40×2的矩形，如图1-196所示。

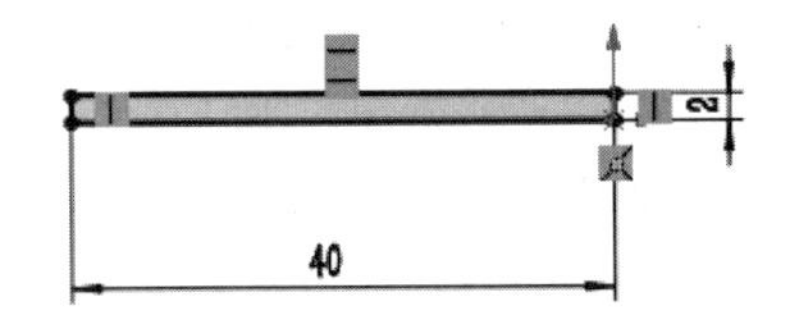

图1-196　绘制矩形

02 单击【草图】选项卡中的【圆】按钮 ，绘制直径为10的圆，如图1-197所示。

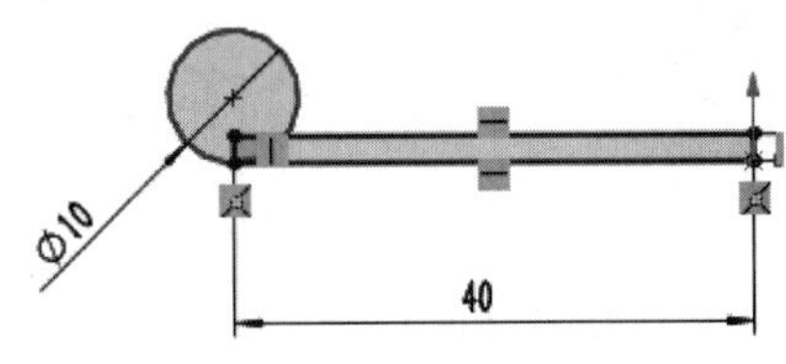

图1-197　绘制圆

03 单击【草图】选项卡中的【圆】按钮 ，绘制直径为40的圆，如图1-198所示。

04 单击【草图】选项卡中的【等距实体】按钮 ，创建等距图形，如图1-199所示。

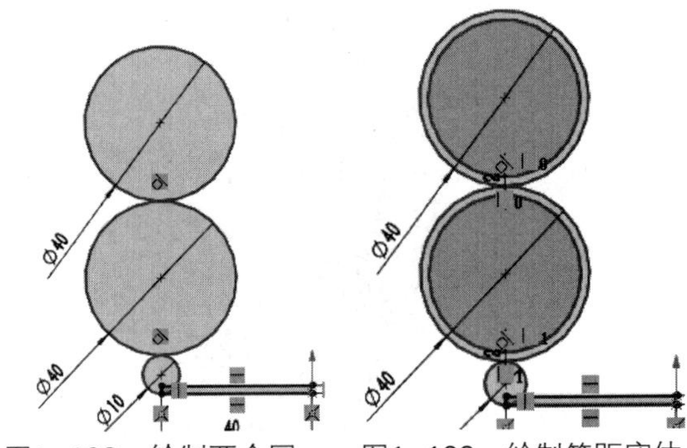

图1-198　绘制两个圆　　图1-199　绘制等距实体

05 单击【草图】选项卡中的【镜像实体】按钮 ，创建镜像图形，如图1-200所示。

06 单击【草图】选项卡中的【直线】按钮 ，绘制直线，如图1-201所示。

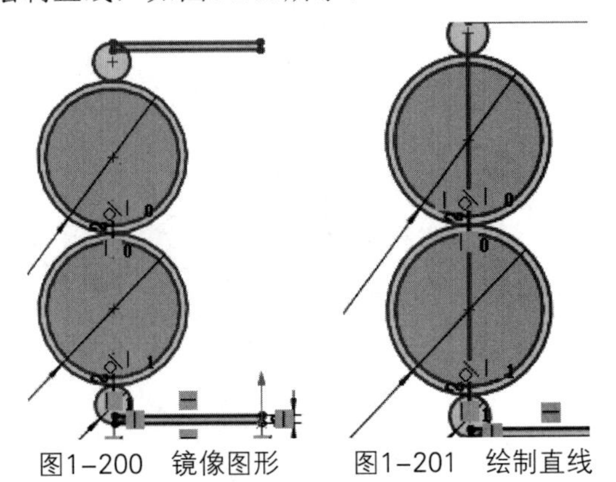

图1-200　镜像图形　　图1-201　绘制直线

07 单击【草图】选项卡中的【剪裁实体】按钮 ，剪裁图形，如图1-202所示。

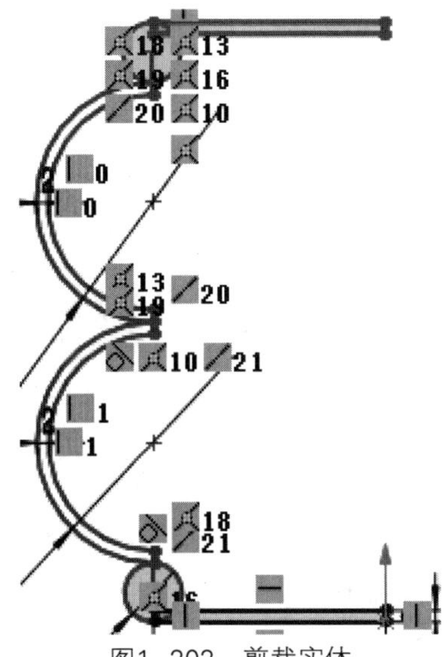

图1-202　剪裁实体

08 单击【草图】选项卡中的【圆】按钮，绘制圆，如图1-203所示。

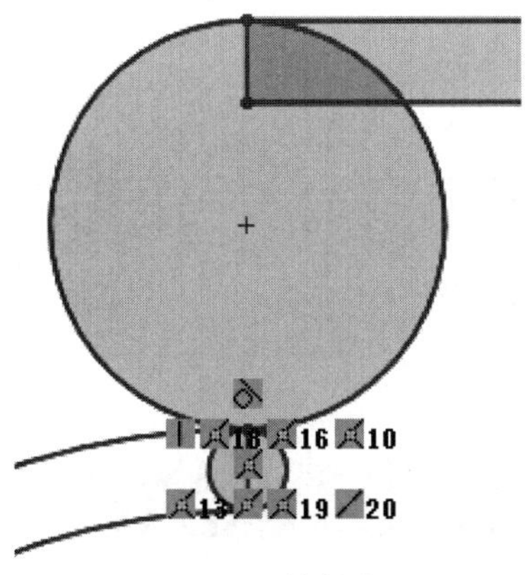

图1-203　绘制小圆

09 单击【草图】选项卡中的【剪裁实体】按钮，剪裁图形，如图1-204所示。

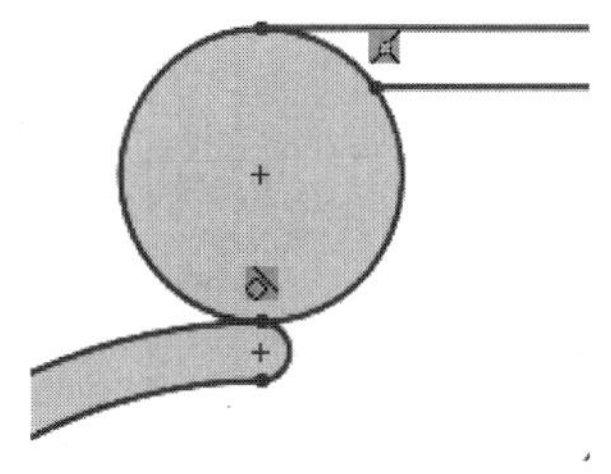

图1-204　剪裁实体

10 单击【草图】选项卡中的【镜像实体】按钮，创建镜像图形，如图1-205所示。

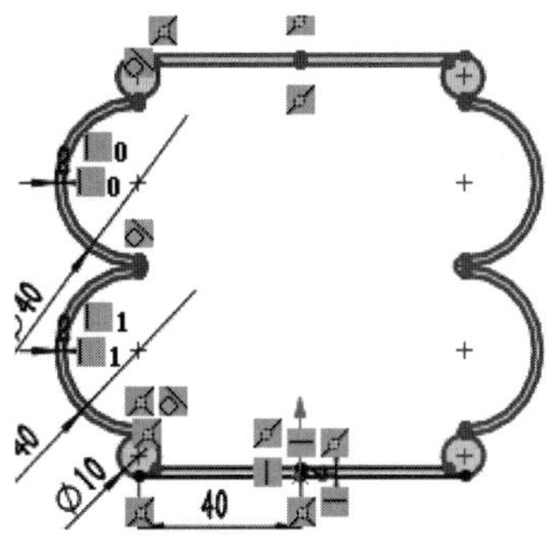

图1-205　镜像图形

11 完成弹簧草图的绘制，如图1-206所示。

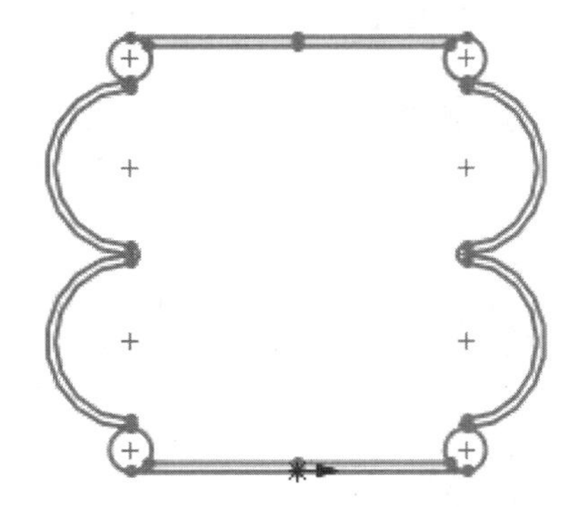

图1-206　完成弹簧草图

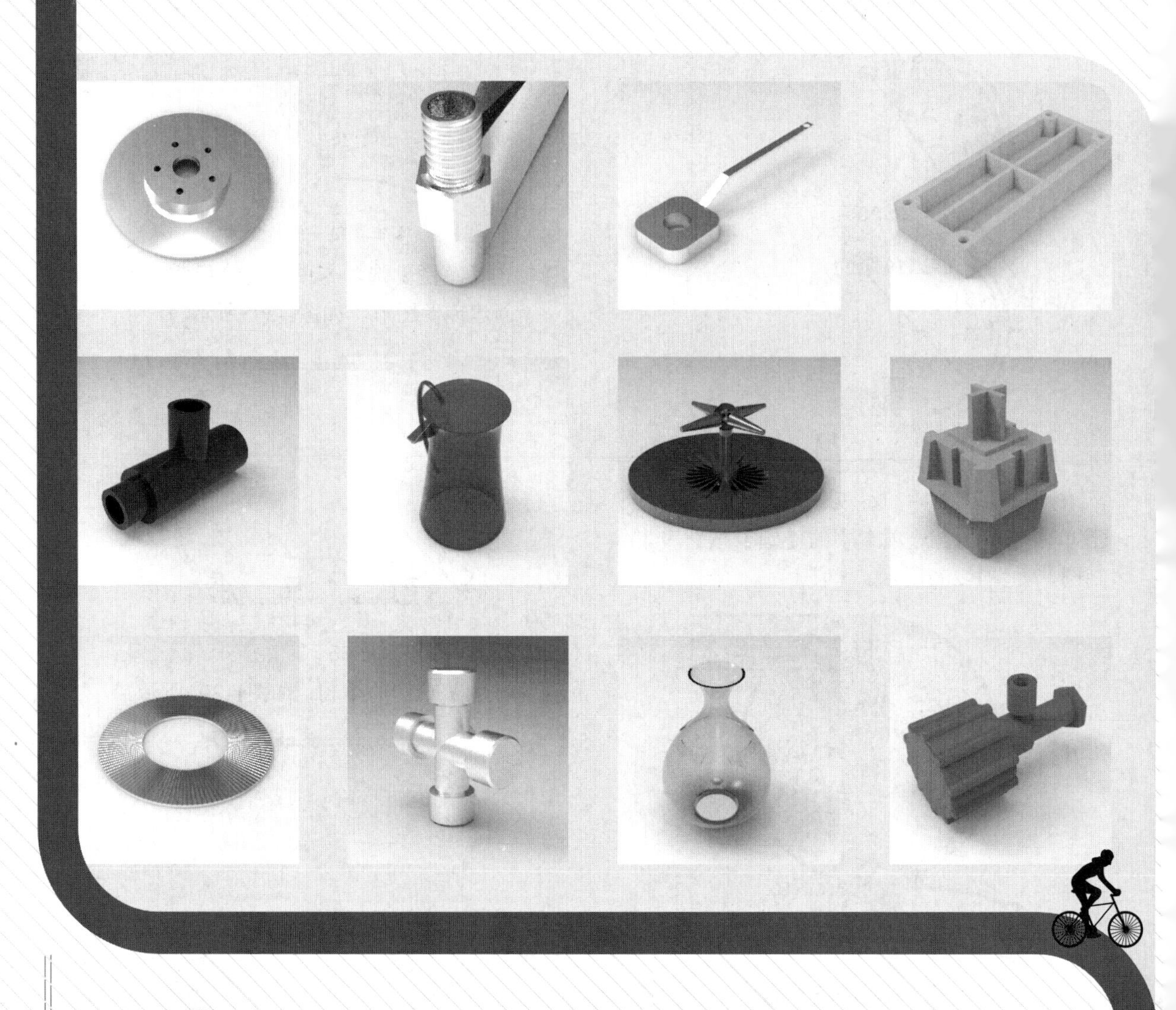

第2章 实体特征设计

实例 023 绘制端盖

案例源文件：ywj\02\023.prt

01 单击【草图】选项卡中的【圆】按钮，绘制圆，如图2-1所示。

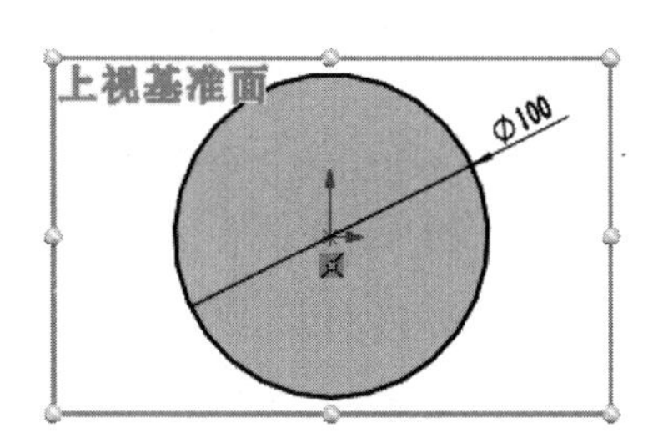

图2-1 绘制圆

02 单击【特征】选项卡中的【拉伸凸台/基体】按钮，创建拉伸特征，如图2-2所示。

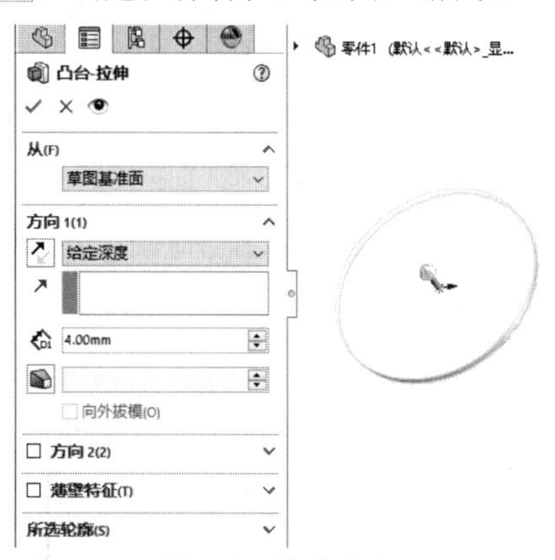

图2-2 拉伸凸台

03 单击【草图】选项卡中的【圆】按钮，绘制圆，如图2-3所示。

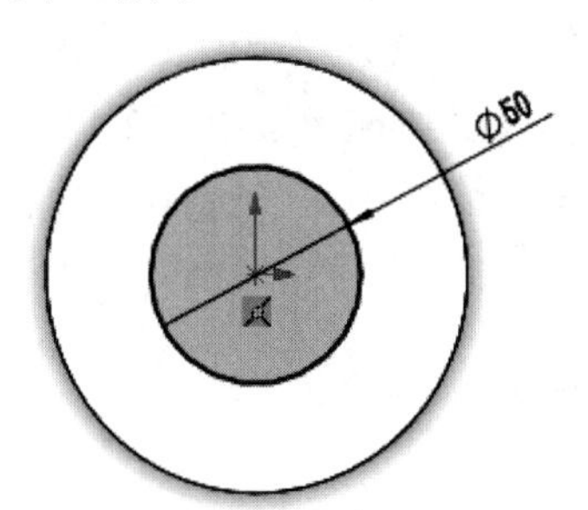

图2-3 绘制圆

04 单击【特征】选项卡中的【拉伸凸台/基体】按钮，创建拉伸特征，如图2-4所示。

05 单击【特征】选项卡中的【拔模】按钮，创建拔模特征，如图2-5所示。

06 单击【特征】选项卡中的【抽壳】按钮，创建抽壳特征，如图2-6所示。

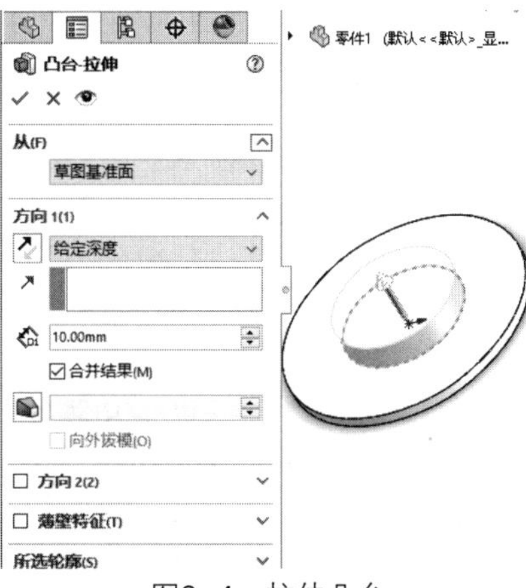

图2-4 拉伸凸台

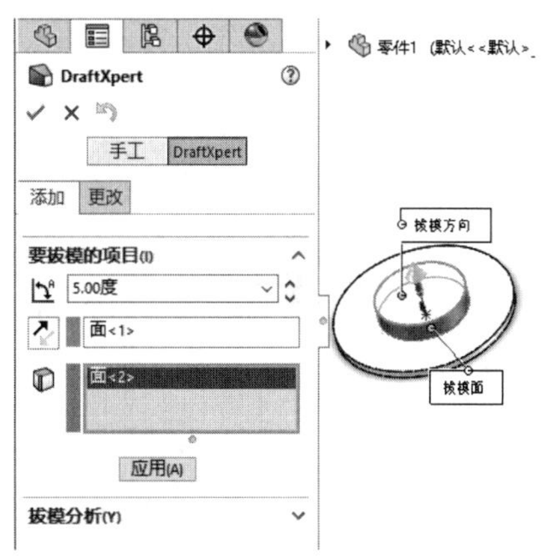

图2-5 创建拔模特征

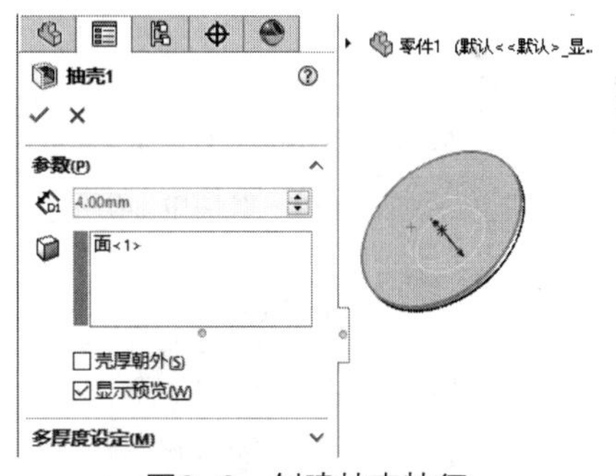

图2-6 创建抽壳特征

07 单击【草图】选项卡中的【圆】按钮，绘制圆，如图2-7所示。

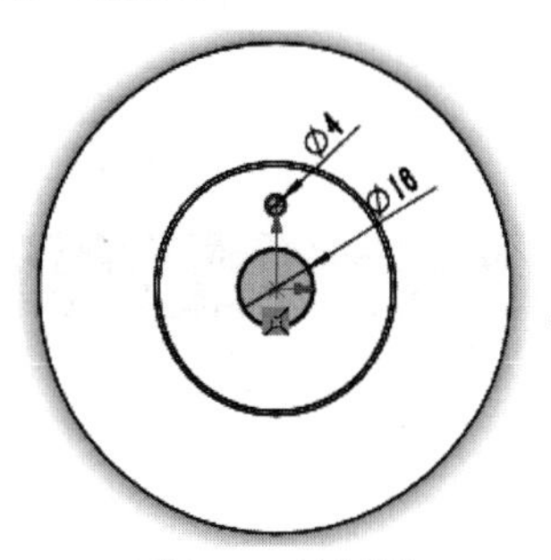

图2-7 绘制圆

08 单击【草图】选项卡中的【圆周草图阵列】按钮，创建圆形阵列图形，如图2-8所示。

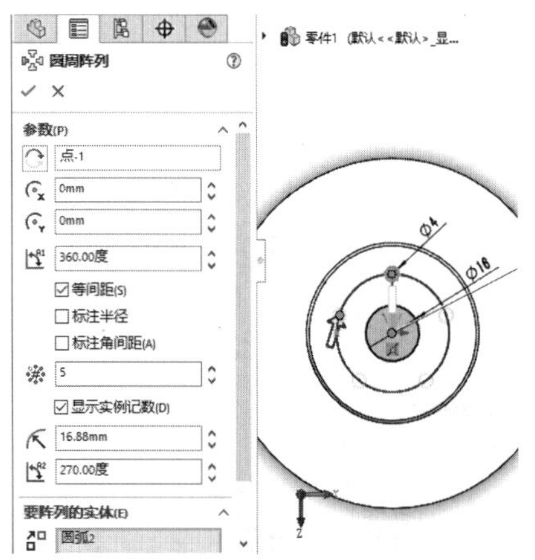

图2-8　绘制圆形阵列图形

09 单击【特征】选项卡中的【拉伸切除】按钮，创建拉伸切除特征，如图2-9所示。

图2-9　创建拉伸切除特征

10 完成端盖模型的绘制，如图2-10所示。

图2-10　完成端盖模型

01 单击【草图】选项卡中的【圆】按钮，绘制圆，如图2-11所示。

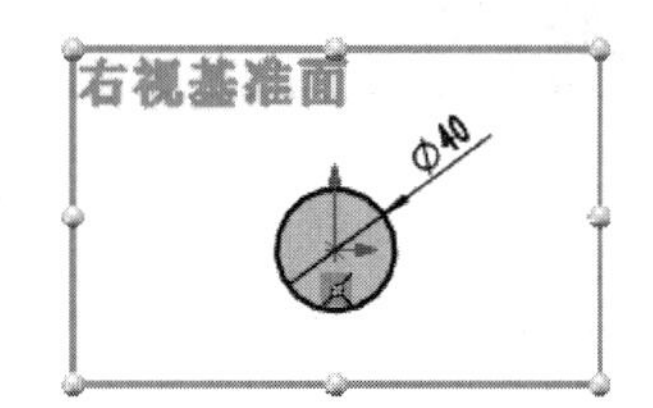

图2-11　绘制圆

02 单击【特征】选项卡中的【拉伸凸台/基体】按钮，创建拉伸特征，如图2-12所示。

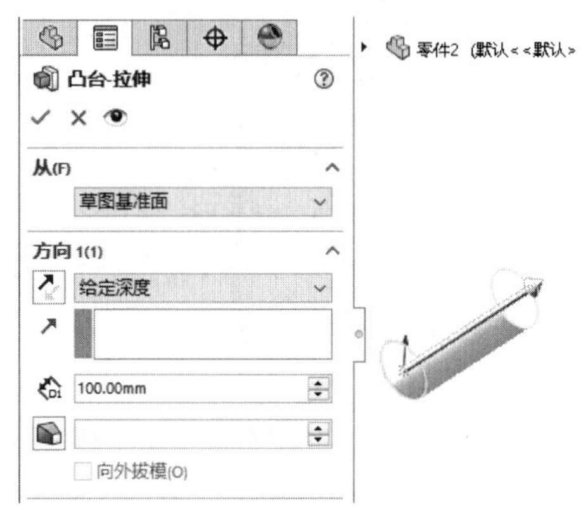

图2-12　拉伸凸台

03 单击【草图】选项卡中的【圆】按钮，绘制圆，如图2-13所示。

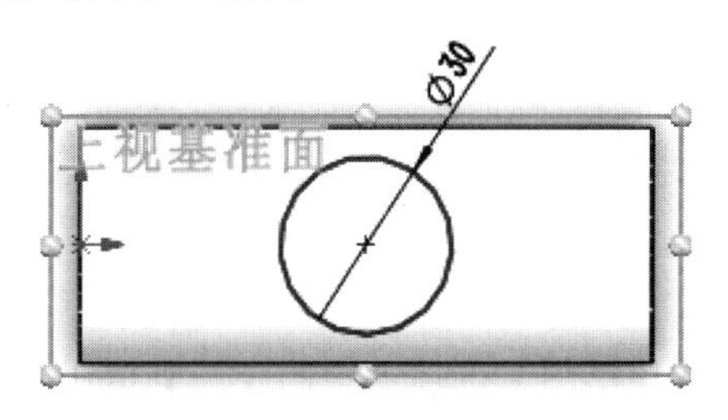

图2-13　绘制圆

04 单击【特征】选项卡中的【拉伸凸台/基体】按钮，创建拉伸特征，如图2-14所示。

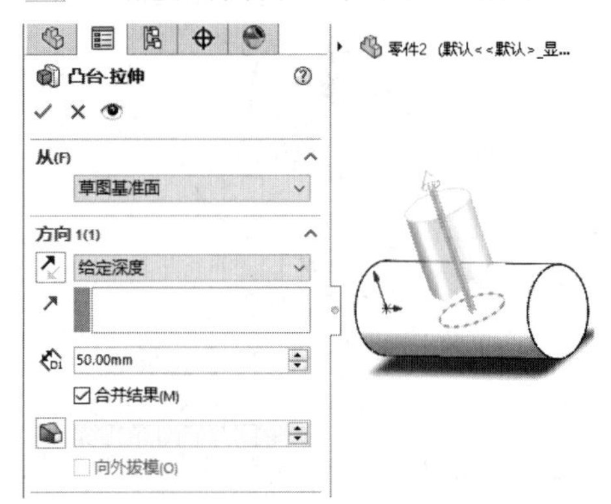

图2-14　拉伸凸台

05 单击【草图】选项卡中的【圆】按钮，绘制圆，如图2-15所示。

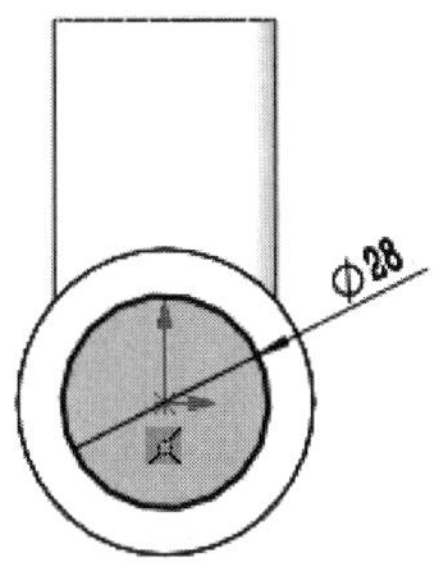

图2-15　绘制圆

06 单击【特征】选项卡中的【拉伸凸台/基体】按钮，创建拉伸特征，如图2-16所示。

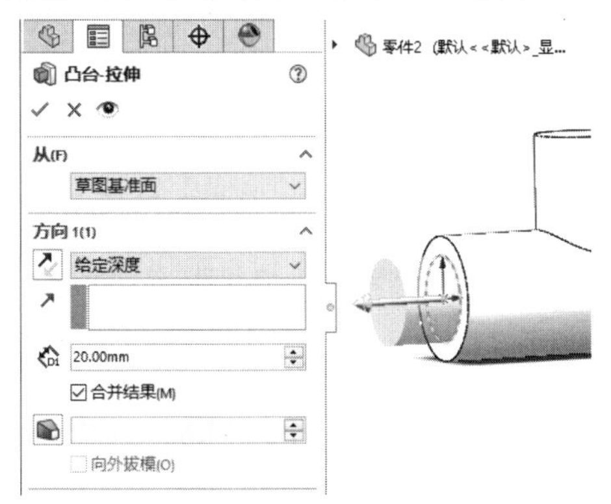

图2-16　拉伸凸台

07 单击【特征】选项卡中的【抽壳】按钮，创建抽壳特征，如图2-17所示。

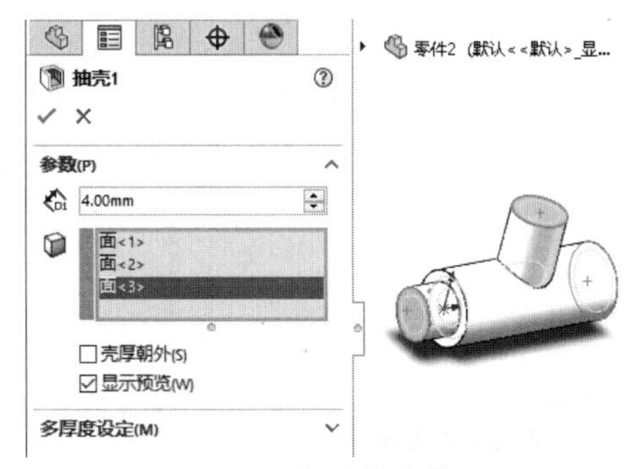

图2-17　创建抽壳特征

08 单击【草图】选项卡中的【圆】按钮，绘制圆，如图2-18所示。

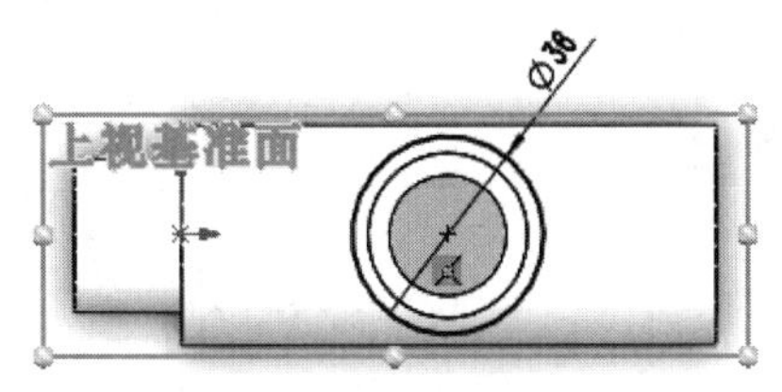

图2-18　绘制圆

09 单击【草图】选项卡中的【直线】按钮，绘制直线，如图2-19所示。

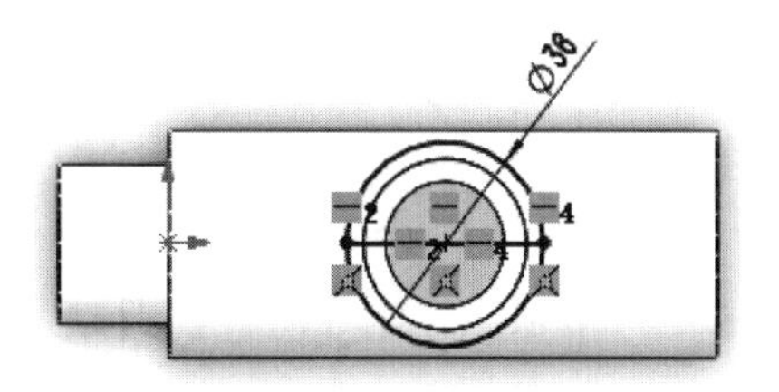

图2-19　绘制直线

10 单击【草图】选项卡中的【剪裁实体】按钮，剪裁图形，如图2-20所示。

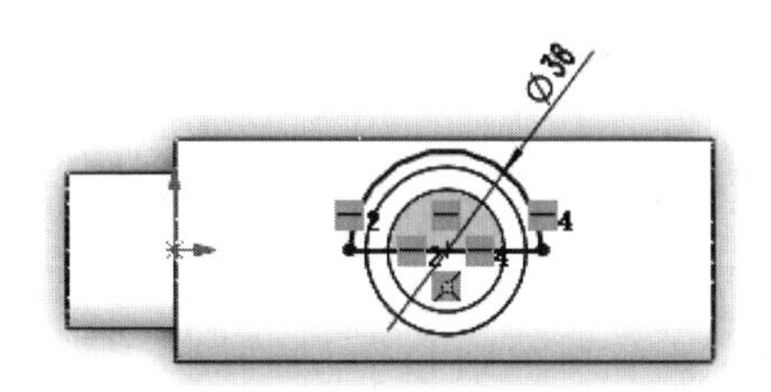

图2-20　剪裁图形

11 单击【特征】选项卡中的【旋转切除】按钮，创建旋转切除特征，如图2-21所示。

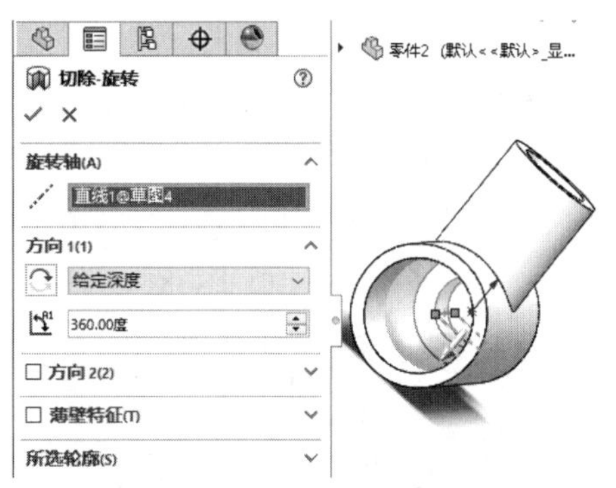

图2-21　创建旋转切除特征

12 完成球阀模型的绘制，如图2-22所示。

图2-22　完成球阀模型

实例 025　绘制垫圈

案例源文件：ywj\02\025.prt

01 单击【草图】选项卡中的【圆】按钮，绘制圆，如图2-23所示。

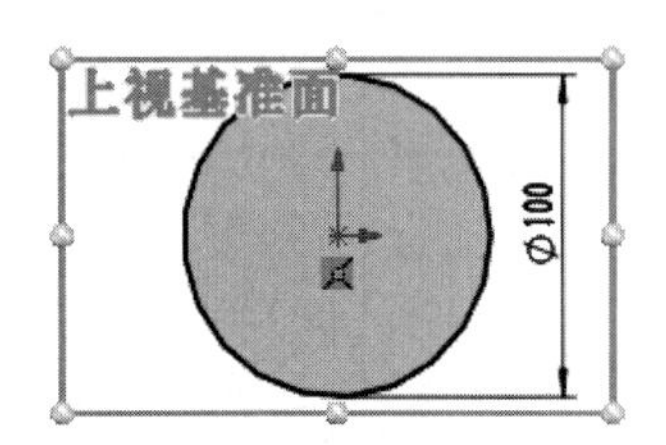

图2-23　绘制圆

02 单击【特征】选项卡中的【拉伸凸台/基体】按钮，创建拉伸特征，如图2-24所示。

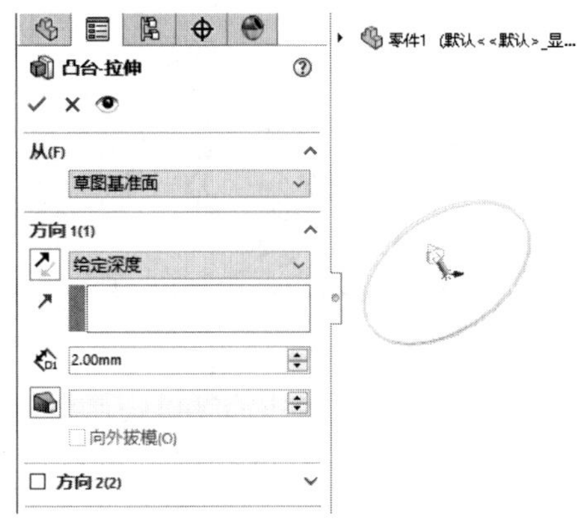

图2-24　拉伸凸台

03 单击【草图】选项卡中的【圆】按钮，绘制圆，如图2-25所示。

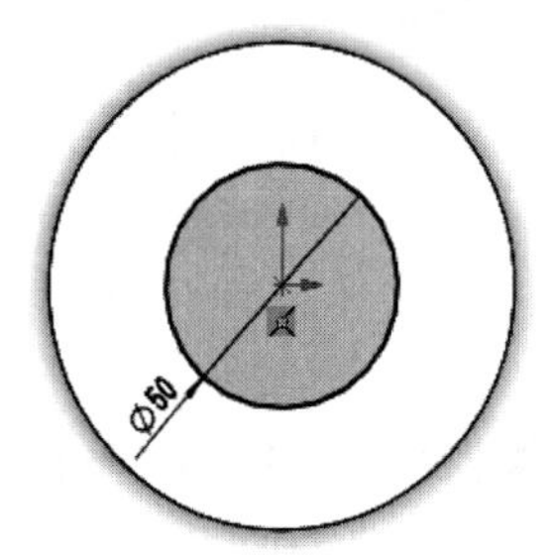

图2-25　绘制圆

04 单击【特征】选项卡中的【拉伸切除】按钮，创建拉伸切除特征，如图2-26所示。

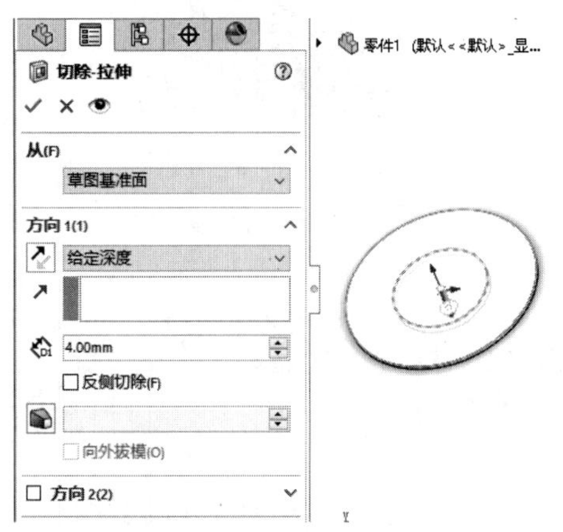

图2-26　创建拉伸切除特征

05 单击【草图】选项卡中的【多边形】按钮，选择右视基准面作为草绘面，绘制三角形，如图2-27所示。

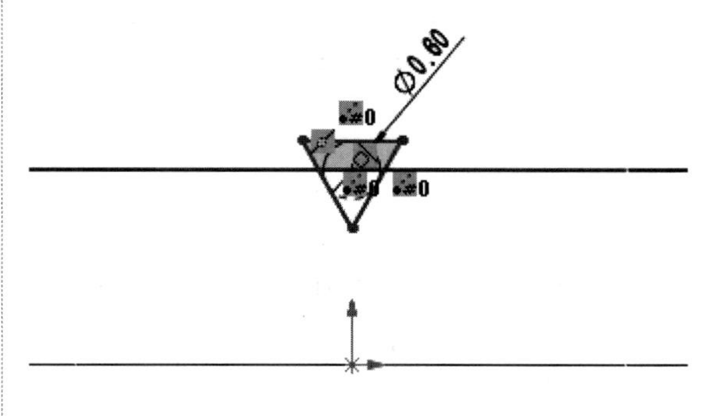

图2-27　绘制三角形

06 单击【特征】选项卡中的【拉伸切除】按钮，创建拉伸切除特征，如图2-28所示。

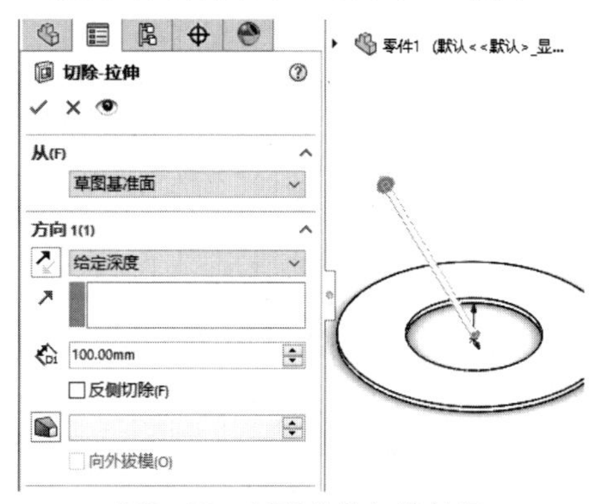

图2-28　创建拉伸切除特征

07 单击【特征】选项卡中的【圆周阵列】按钮，创建圆周阵列特征，如图2-29所示。

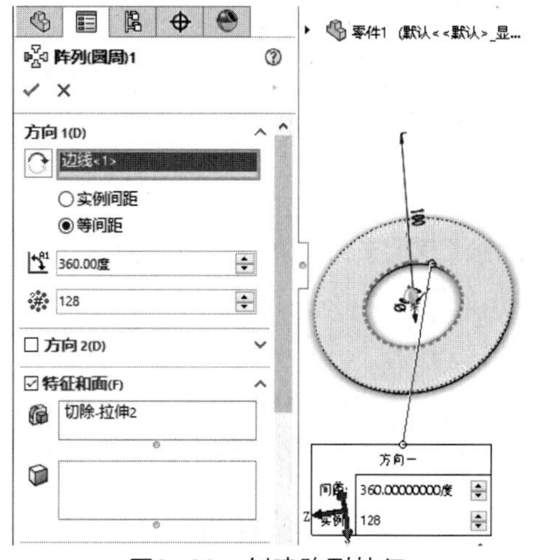

图2-29　创建阵列特征

08 完成垫圈模型的绘制，如图2-30所示。

图2-30　完成垫圈模型

实例 026　绘制连接杆

案例源文件：ywj\02\026.prt

01 单击【草图】选项卡中的【圆】按钮，绘制圆，如图2-31所示。

图2-31　绘制圆

02 单击【特征】选项卡中的【拉伸凸台/基体】按钮，创建拉伸特征，如图2-32所示。

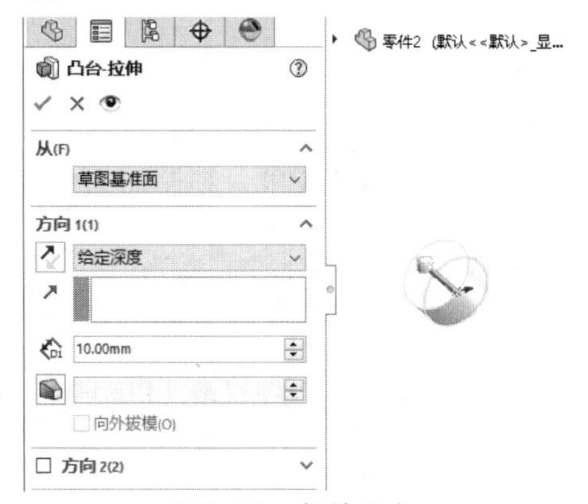

图2-32　拉伸凸台

03 单击【草图】选项卡中的【直线】按钮，绘制直线，如图2-33所示。

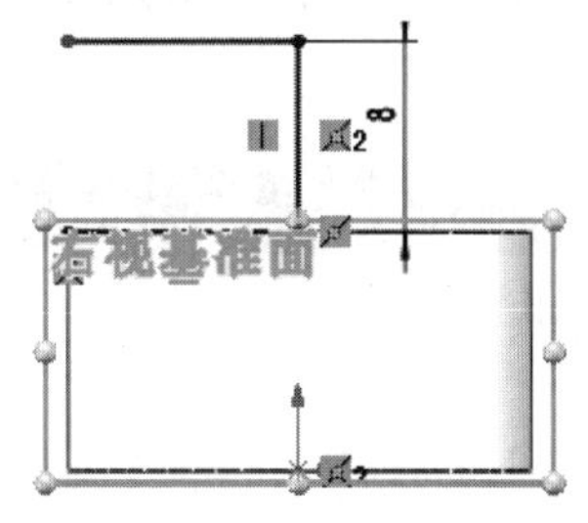

图2-33　绘制直线

04 单击【草图】选项卡中的【三点圆弧】按钮，绘制圆弧，如图2-34所示。

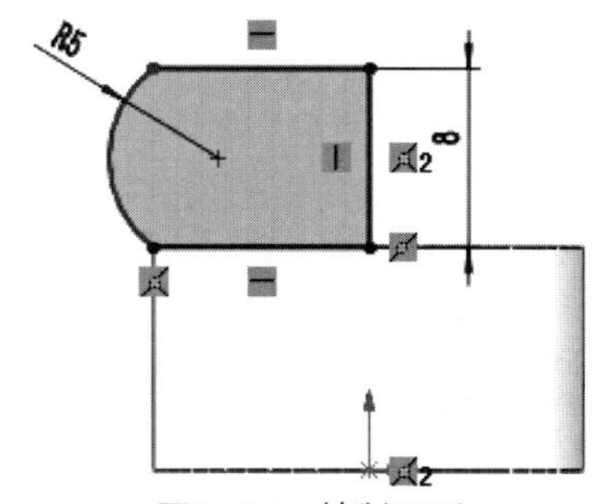

图2-34　绘制圆弧

05 单击【特征】选项卡中的【旋转凸台/基体】按钮，创建旋转特征，如图2-35所示。

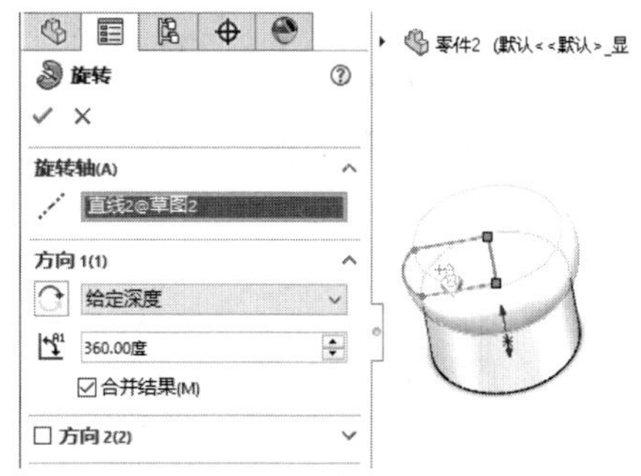

图2-35　旋转凸台

06 单击【草图】选项卡中的【圆】按钮，绘制圆，如图2-36所示。

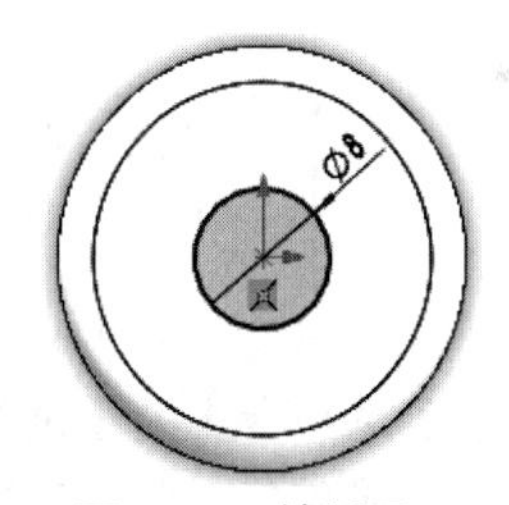

图2-36　绘制圆

07 单击【特征】选项卡中的【拉伸凸台/基体】按钮，创建拉伸特征，如图2-37所示。

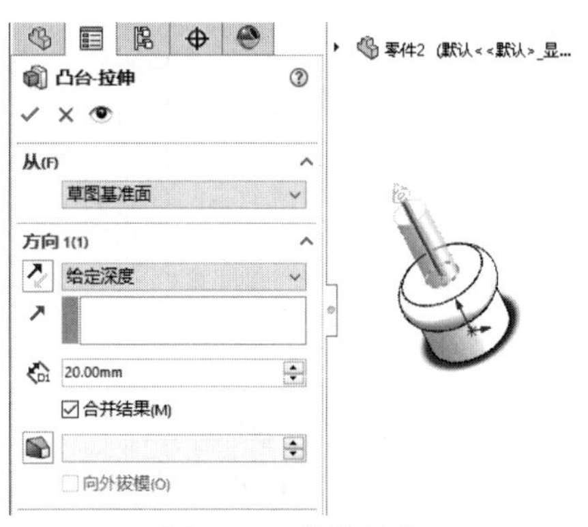

图2-37　拉伸凸台

08 单击【特征】选项卡中的【倒角】按钮，创建倒角特征，如图2-38所示。

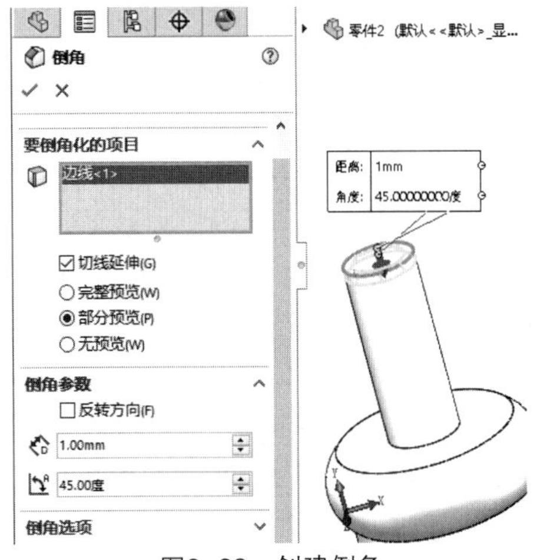

图2-38　创建倒角

09 单击【草图】选项卡中的【圆】按钮，绘制圆，如图2-39所示。

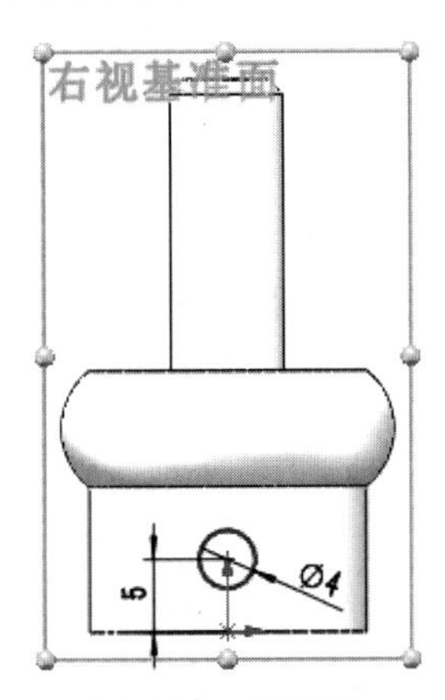

图2-39　绘制圆

10 单击【特征】选项卡中的【拉伸凸台/基体】按钮，创建拉伸特征，如图2-40所示。

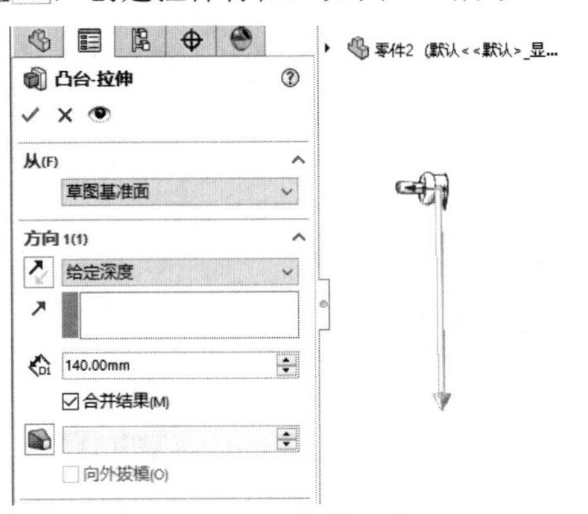

图2-40　拉伸凸台

11 单击【特征】选项卡中的【基准面】按钮，创建基准面，如图2-41所示。

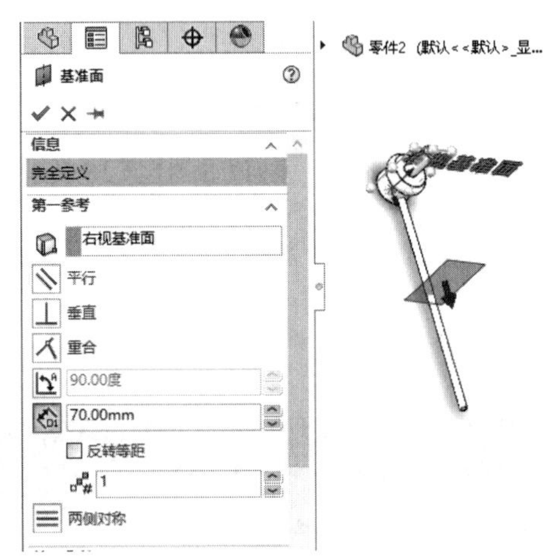

图2-41　创建基准面

12 单击【特征】选项卡中的【镜像】按钮，创建镜像特征，如图2-42所示。

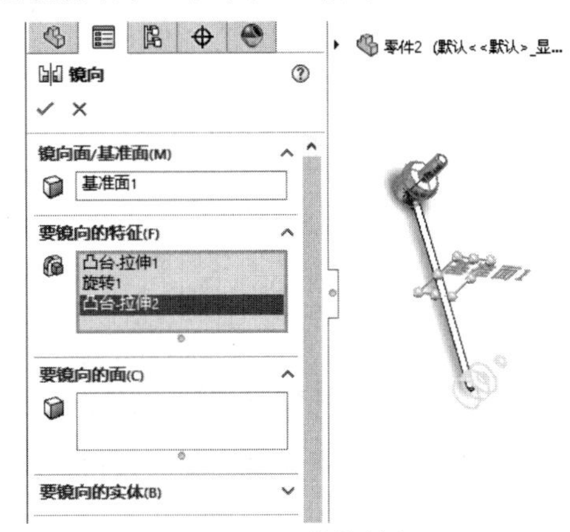

图2-42　镜像特征

13 完成连接杆模型的绘制，如图2-43所示。

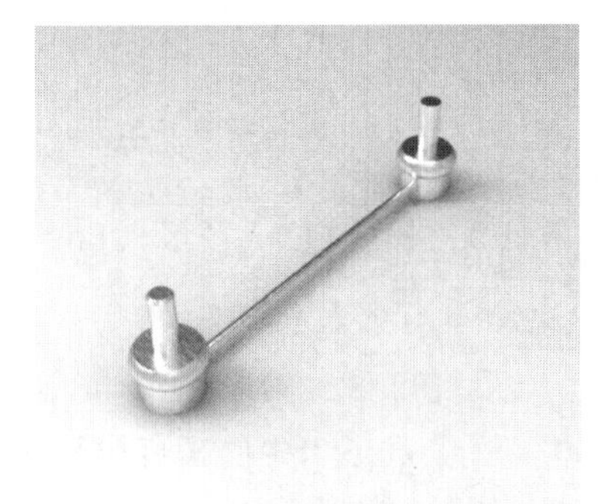

图2-43　完成连接杆模型

实例027 绘制接头

案例源文件：ywj\02\027.prt

01 单击【草图】选项卡中的【圆】按钮，绘制圆，如图2-44所示。

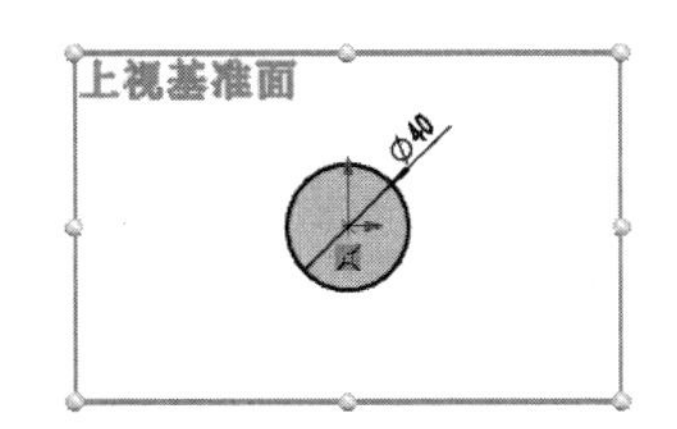

图2-44　绘制圆

02 单击【特征】选项卡中的【拉伸凸台/基体】按钮，创建拉伸特征，如图2-45所示。

图2-45　拉伸凸台

03 单击【草图】选项卡中的【多边形】按钮，绘制六边形，如图2-46所示。

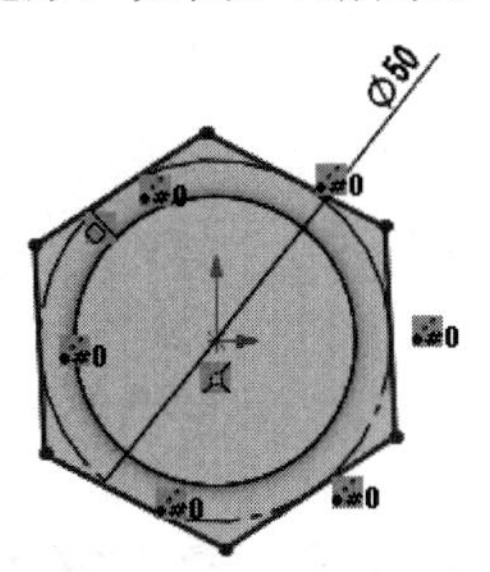

图2-46　绘制六边形

04 单击【特征】选项卡中的【拉伸凸台/基体】按钮，创建拉伸特征，如图2-47所示。

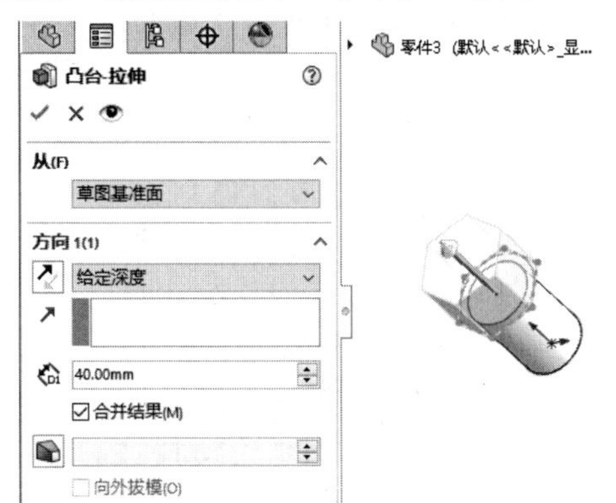

图2-47　拉伸凸台

05 单击【草图】选项卡中的【圆】按钮，绘制圆，如图2-48所示。

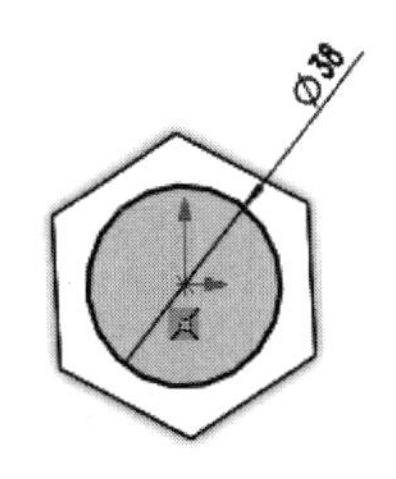

图2-48　绘制圆

06 单击【特征】选项卡中的【拉伸凸台/基体】按钮，创建拉伸特征，如图2-49所示。

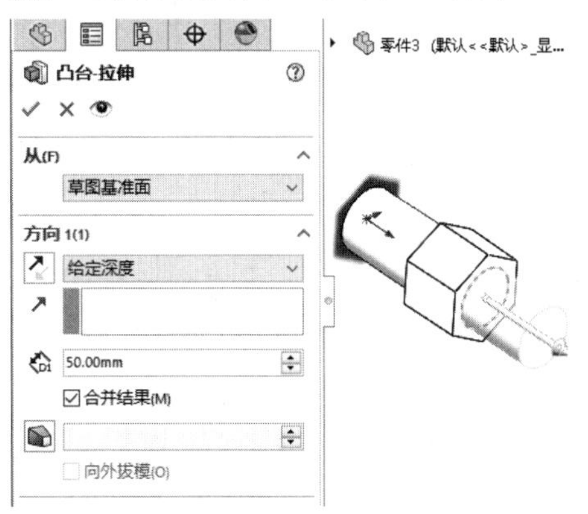

图2-49　拉伸凸台

07 单击【特征】选项卡中的【倒角】按钮，创建倒角特征，如图2-50所示。

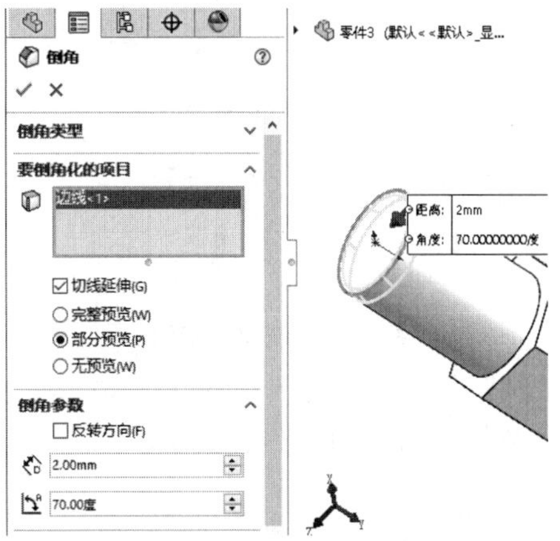

图2-50　创建倒角

08 单击【草图】选项卡中的【圆】按钮，绘制圆，如图2-51所示。

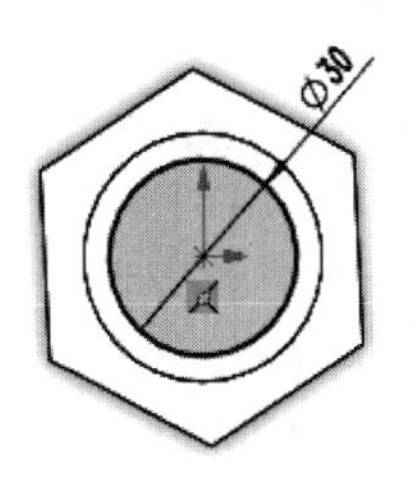

图2-51　绘制圆

09 单击【特征】选项卡中的【拉伸切除】按钮，创建拉伸切除特征，如图2-52所示。

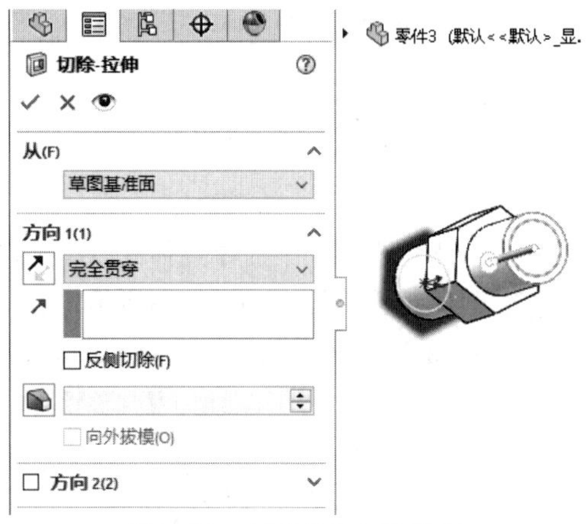

图2-52　创建拉伸切除特征

10 单击【特征】选项卡中的【螺旋线/涡状线】按钮，绘制螺旋线，如图2-53所示。

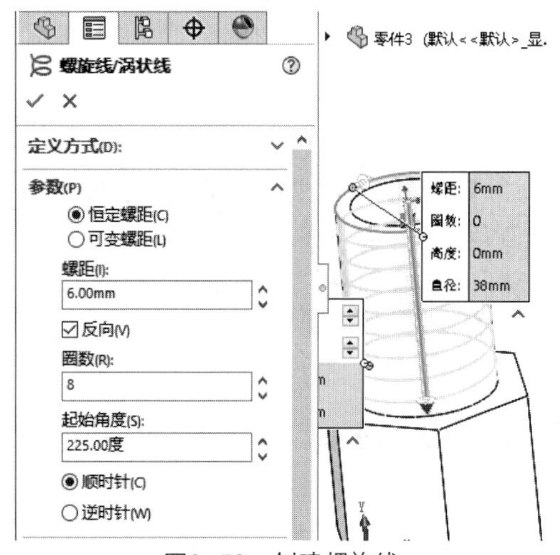

图2-53　创建螺旋线

11 单击【草图】选项卡中的【多边形】按钮，绘制三角形，如图2-54所示。

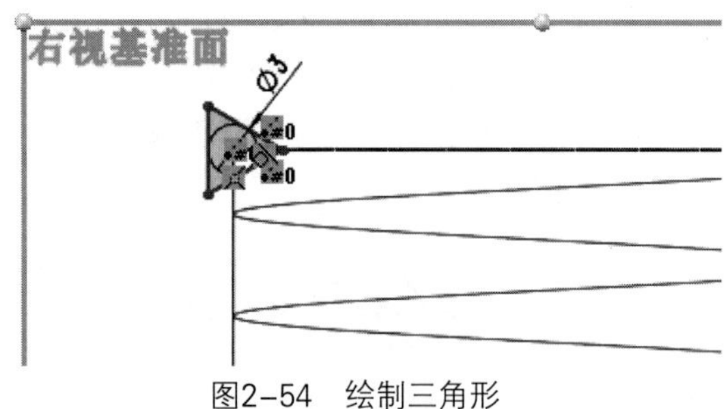

图2-54　绘制三角形

12 单击【特征】选项卡中的【扫描切除】按钮，创建扫描切除特征，如图2-55所示。

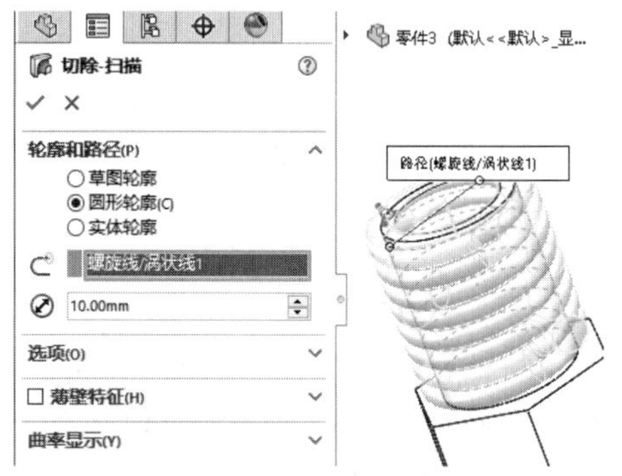

图2-55　创建扫描切除特征

提示

基体或凸台扫描特征的轮廓必须是闭环的；曲面扫描特征的轮廓可以是闭环的，也可以是开环的。不论是截面、路径或所形成的实体，都不能出现自相交叉的情况。

13 完成接头模型的绘制，如图2-56所示。

图2-56　完成接头模型

实例 028　绘制瓶子

案例源文件：ywj\02\028.prt

01 单击【草图】选项卡中的【圆】按钮，绘制圆，如图2-57所示。

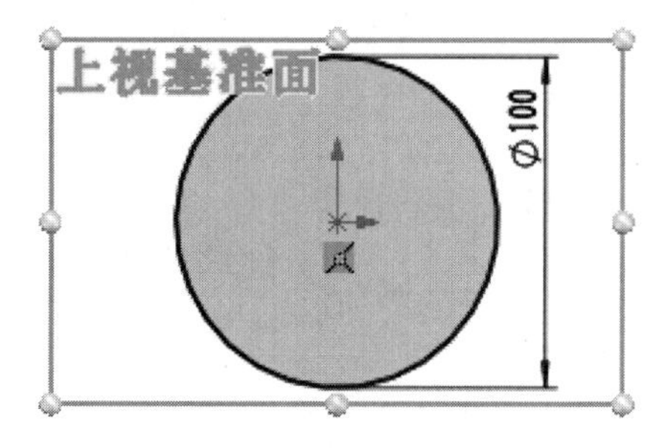

图2-57　绘制圆

02 单击【特征】选项卡中的【基准面】按钮，创建基准面，如图2-58所示。

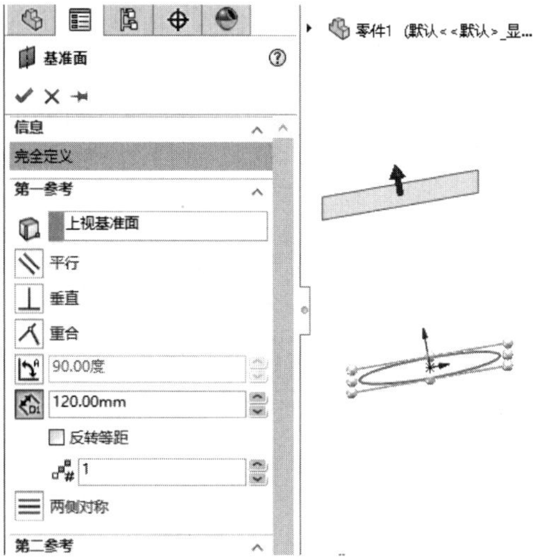

图2-58　创建基准面

03 单击【草图】选项卡中的【圆】按钮，绘制圆，如图2-59所示。

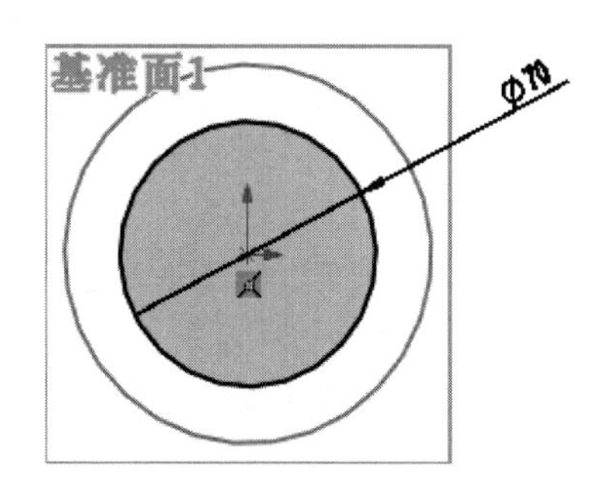

图2-59　绘制圆

04 单击【特征】选项卡中的【基准面】按钮，创建基准面，如图2-60所示。

图2-60　创建基准面

05 单击【草图】选项卡中的【圆】按钮，绘制圆，如图2-61所示。

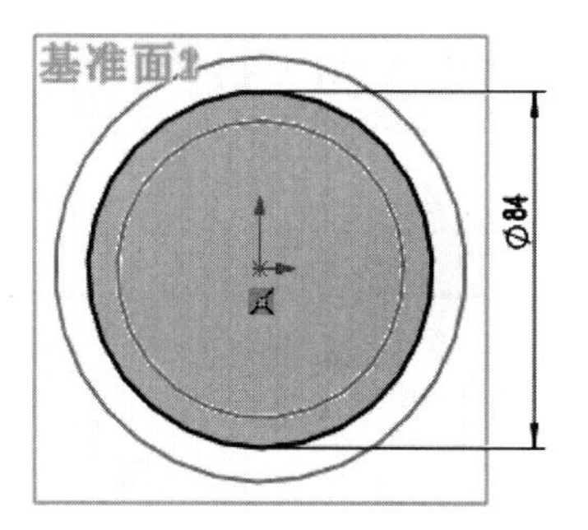

图2-61　绘制圆

06 单击【特征】选项卡中的【放样凸台/基体】按钮，创建放样特征，如图2-62所示。

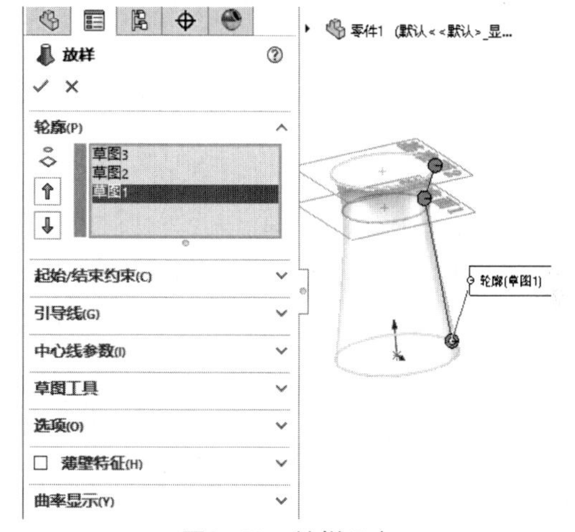

图2-62　放样凸台

◎提示·◦

如果放样预览显示放样不理想，重新选择或将草图重新组序以在轮廓上连接不同的点。

07 单击【特征】选项卡中的【圆角】按钮，创建圆角特征，如图2-63所示。

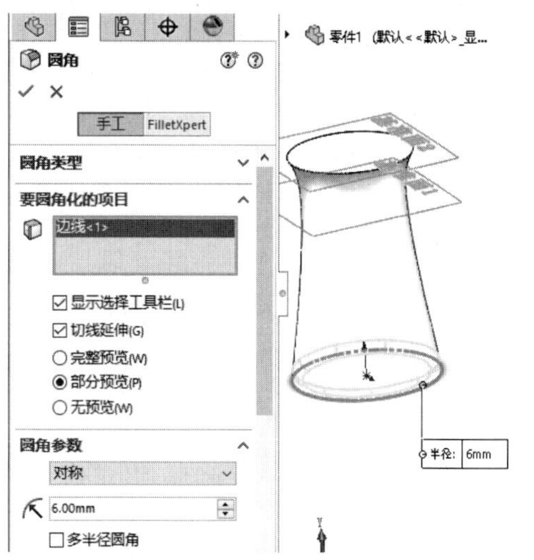

图2-63　创建圆角

08 单击【草图】选项卡中的【直线】按钮，绘制三角形，如图2-64所示。

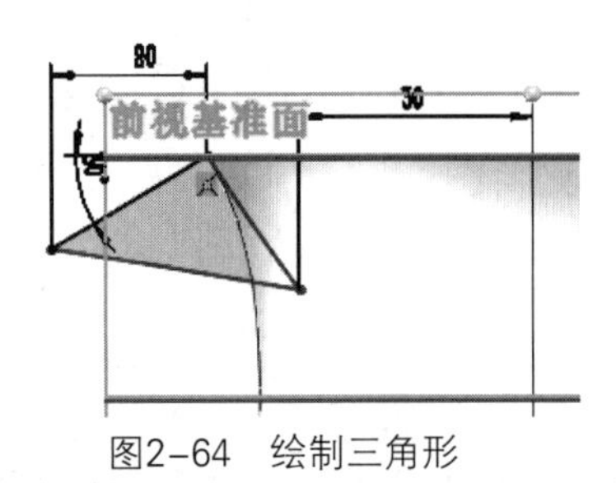

图2-64 绘制三角形

09 单击【特征】选项卡中的【旋转凸台/基体】按钮，创建旋转特征，如图2-65所示。

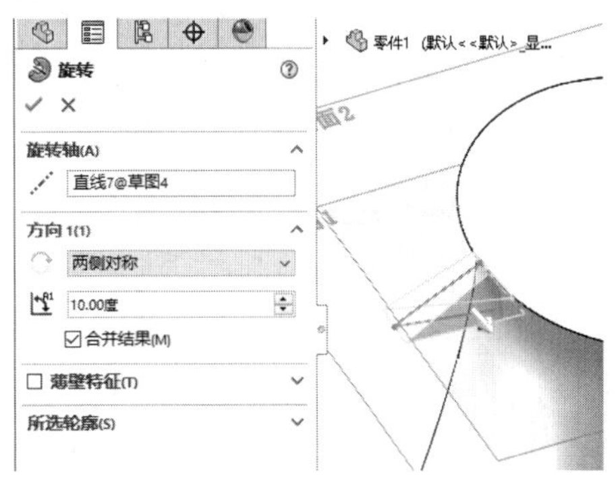

图2-65 旋转凸台

10 单击【草图】选项卡中的【样条曲线】按钮，绘制样条曲线，如图2-66所示。

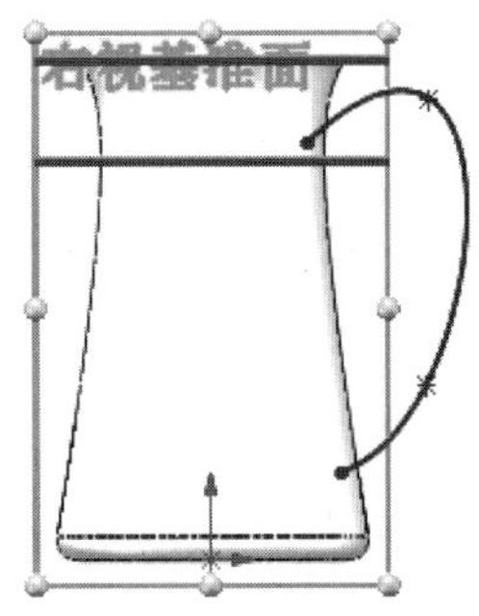

图2-66 绘制样条曲线

11 单击【草图】选项卡中的【圆】按钮，绘制直径为6的圆，如图2-67所示。

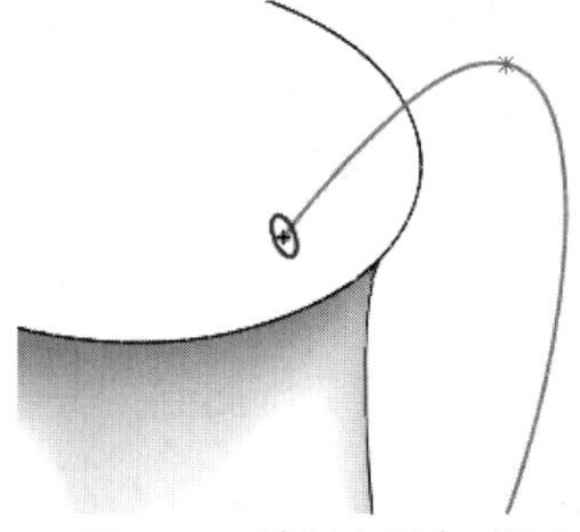

图2-67 绘制直径为6的圆

12 单击【特征】选项卡中的【扫描】按钮，创建扫描特征，如图2-68所示。

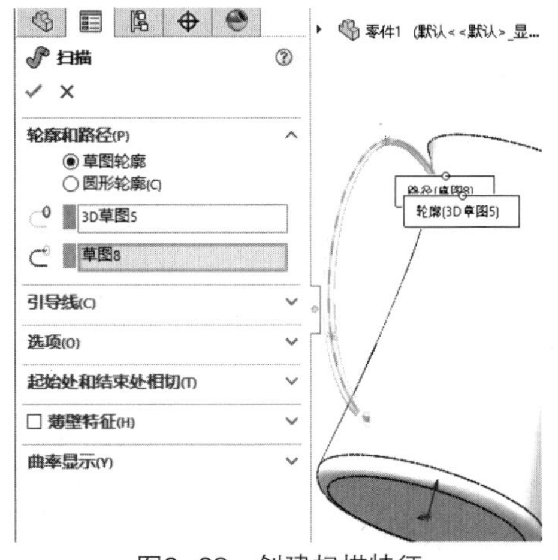

图2-68 创建扫描特征

◎提示·◦

不论是轮廓、路径或形成的实体，都不能自相交叉。引导线必须与轮廓或轮廓草图中的点重合。

13 单击【特征】选项卡中的【抽壳】按钮，创建抽壳特征，如图2-69所示。

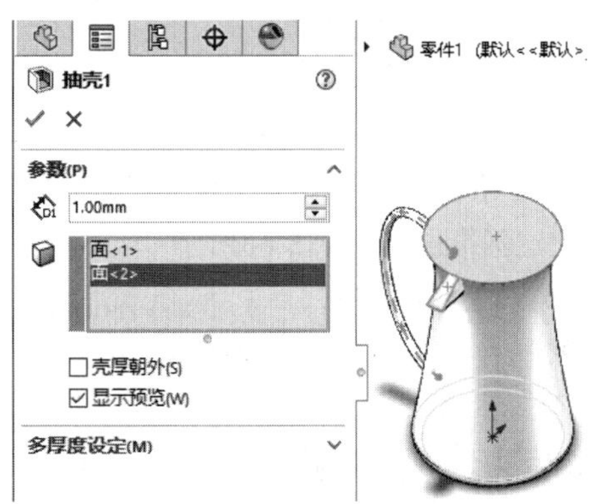

图2-69 创建抽壳特征

14 完成瓶子模型的绘制，如图2-70所示。

图2-70 完成瓶子模型

实例 029 绘制四接头轴

案例源文件：ywj\02\029.prt

01 单击【草图】选项卡中的【圆】按钮，绘制圆，如图2-71所示。

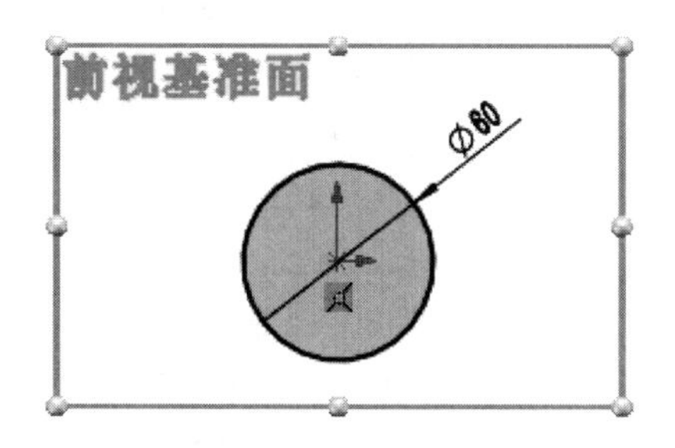

图2-71　绘制圆

02 单击【特征】选项卡中的【拉伸凸台/基体】按钮，创建拉伸特征，如图2-72所示。

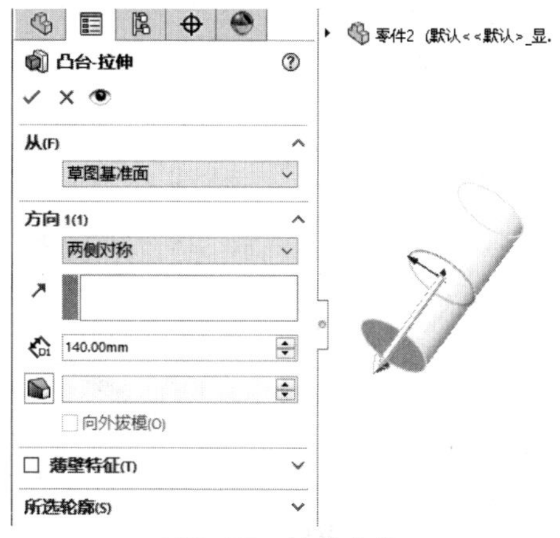

图2-72　拉伸凸台

03 单击【草图】选项卡中的【圆】按钮，绘制圆，如图2-73所示。

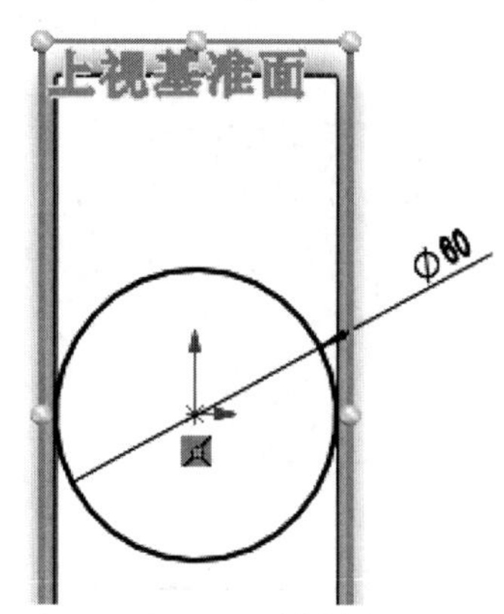

图2-73　绘制圆

04 单击【特征】选项卡中的【拉伸凸台/基体】按钮，创建拉伸特征，如图2-74所示。

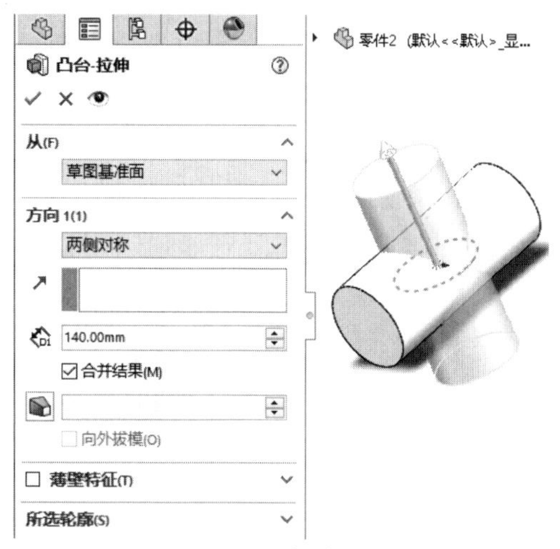

图2-74　拉伸凸台

05 单击【特征】选项卡中的【基准面】按钮，创建基准面，如图2-75所示。

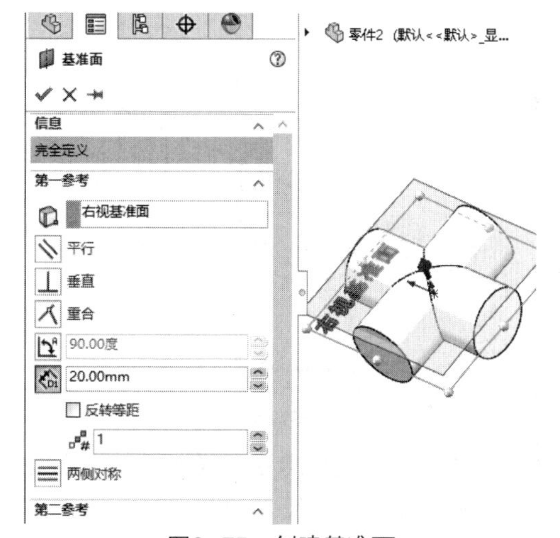

图2-75　创建基准面

06 单击【草图】选项卡中的【圆】按钮，绘制圆，如图2-76所示。

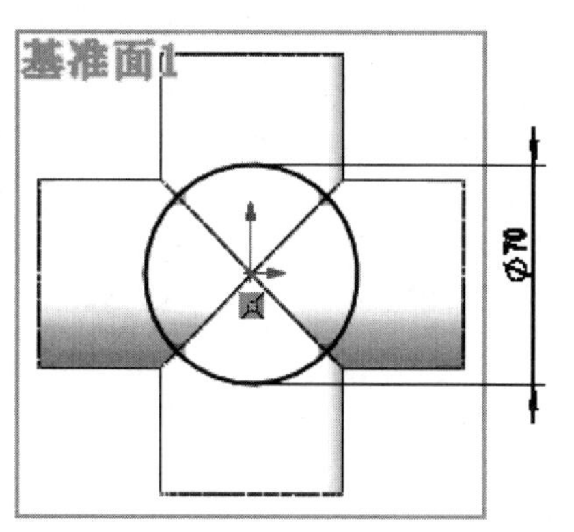

图2-76　绘制圆

07 单击【特征】选项卡中的【拉伸凸台/基体】按钮，创建拉伸特征，如图2-77所示。

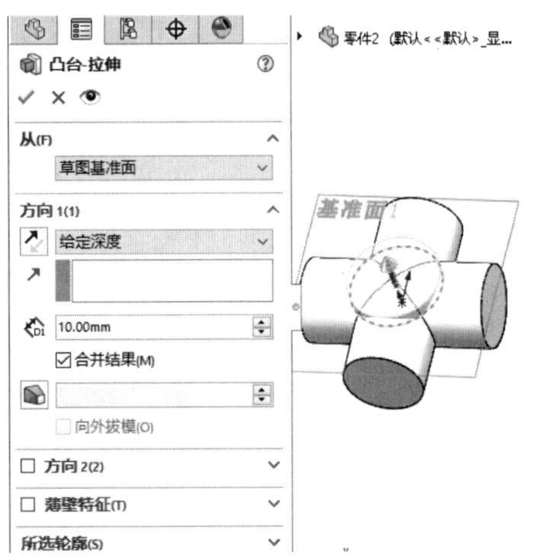

图2-77　拉伸凸台

08 单击【草图】选项卡中的【圆】按钮，绘制圆，如图2-78所示。

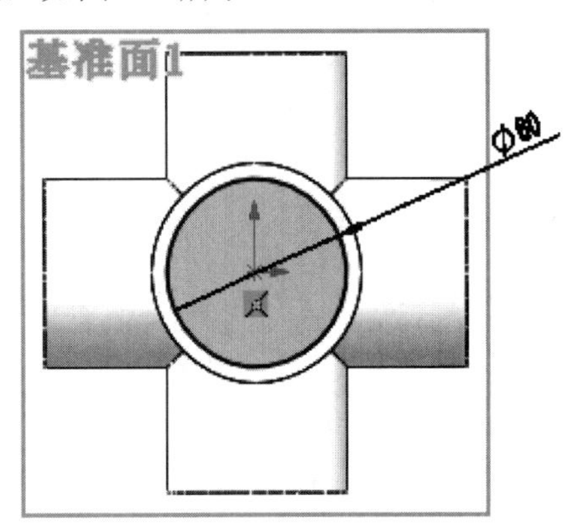

图2-78　绘制圆

09 单击【特征】选项卡中的【拉伸切除】按钮，创建拉伸切除特征，如图2-79所示。

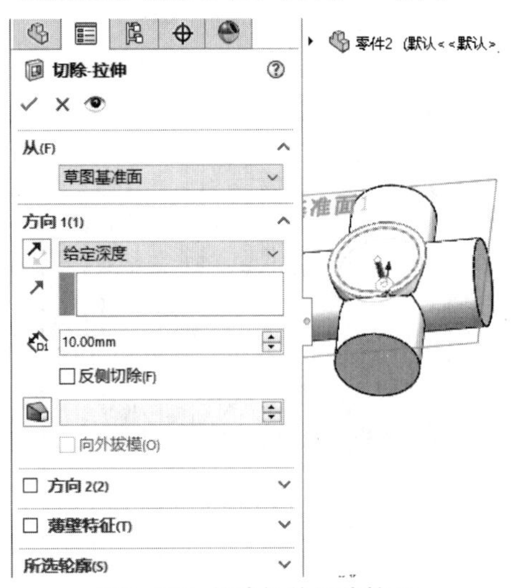

图2-79　创建拉伸切除特征

10 单击【草图】选项卡中的【圆】按钮，绘制圆，如图2-80所示。

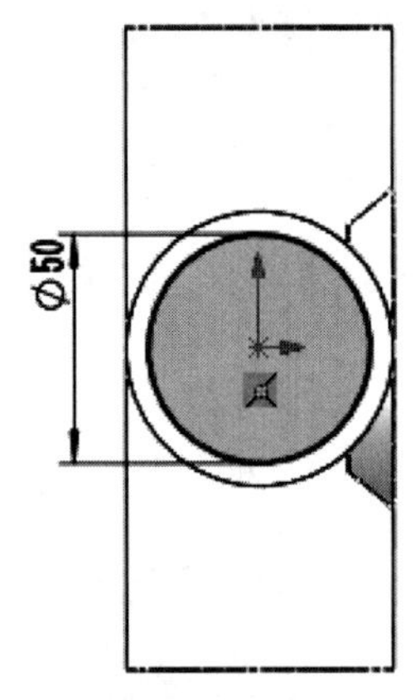

图2-80　绘制圆

11 单击【特征】选项卡中的【拉伸凸台/基体】按钮，创建拉伸特征，如图2-81所示。

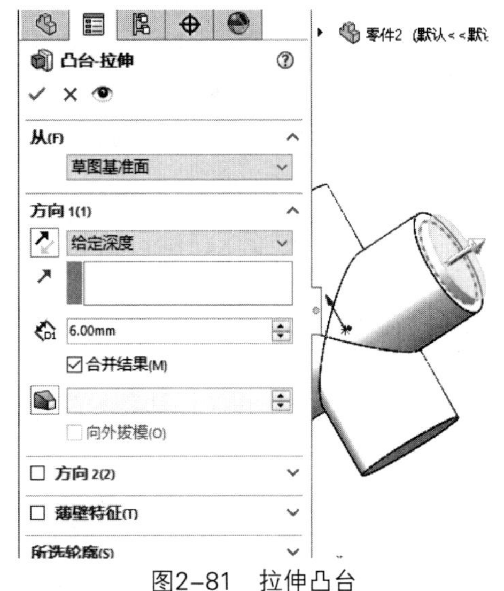

图2-81　拉伸凸台

12 单击【草图】选项卡中的【圆】按钮，绘制圆，如图2-82所示。

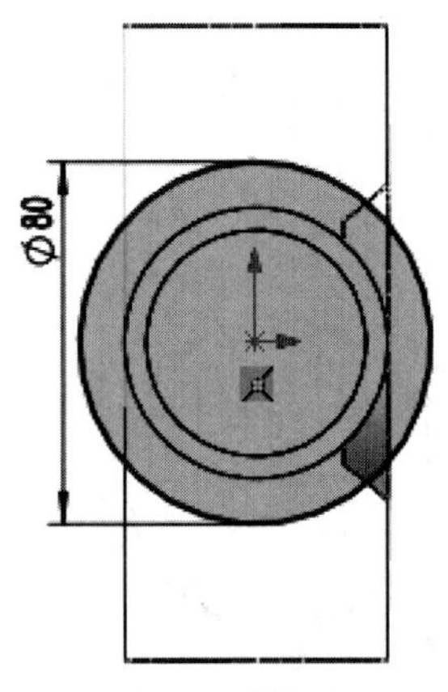

图2-82　绘制圆

13 单击【特征】选项卡中的【拉伸凸台/基体】按钮，创建拉伸特征，如图2-83所示。

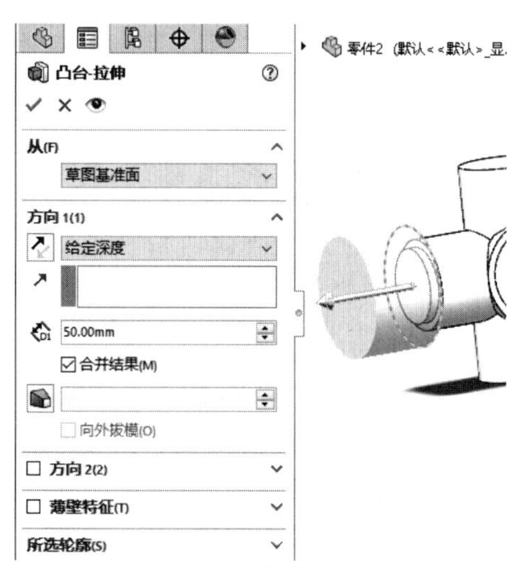
图2-83　拉伸凸台

14 单击【特征】选项卡中的【倒角】按钮，创建倒角特征，如图2-84所示。

图2-84　创建倒角

15 单击【特征】选项卡中的【圆周阵列】按钮，创建圆周阵列特征，如图2-85所示。

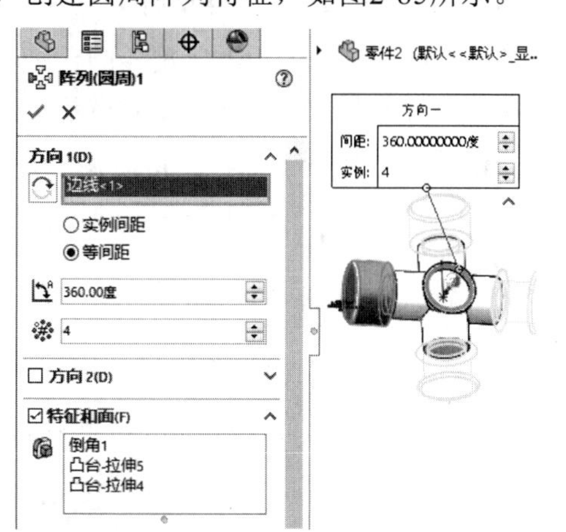
图2-85　创建阵列特征

16 完成四接头轴模型的绘制，如图2-86所示。

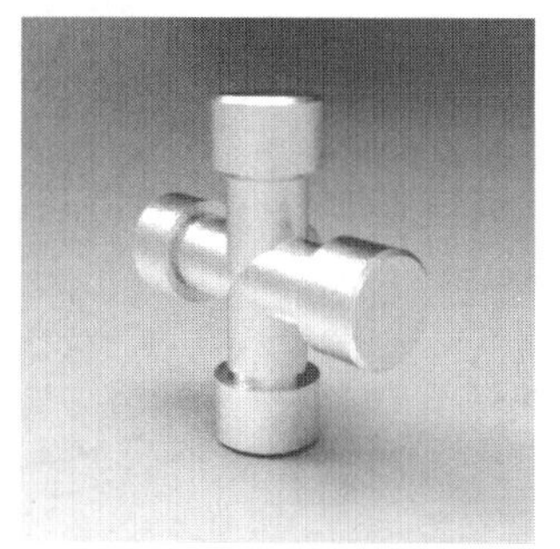
图2-86　完成四接头轴模型

实例 030 绘制轮盘

案例源文件：ywj\02\030.prt

01 单击【草图】选项卡中的【直线】按钮，绘制直线，如图2-87所示。

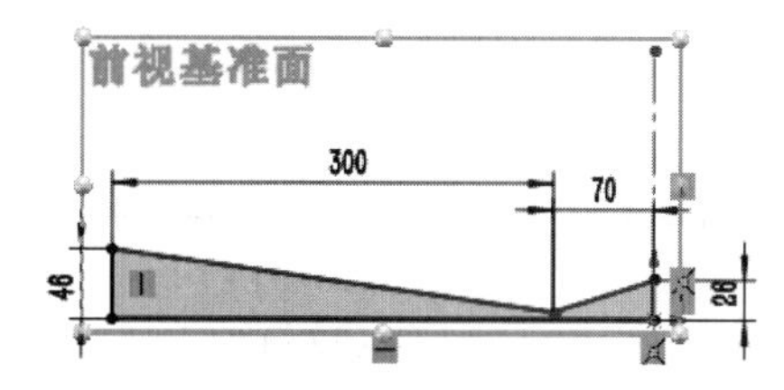

图2-87　绘制直线

02 单击【特征】选项卡中的【旋转凸台/基体】按钮，创建旋转特征，如图2-88所示。

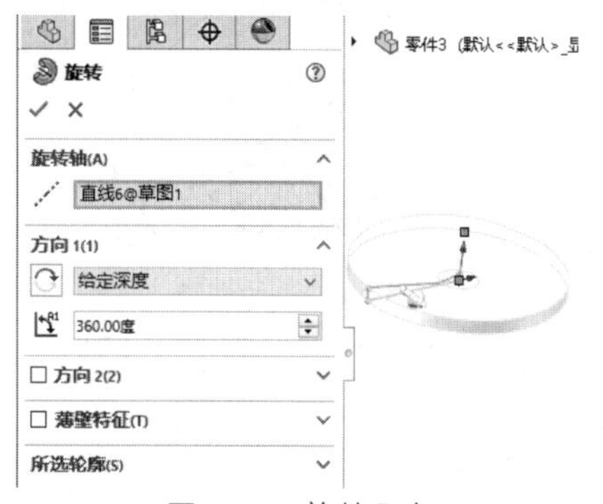
图2-88　旋转凸台

03 单击【草图】选项卡中的【边角矩形】按钮，绘制矩形，如图2-89所示。

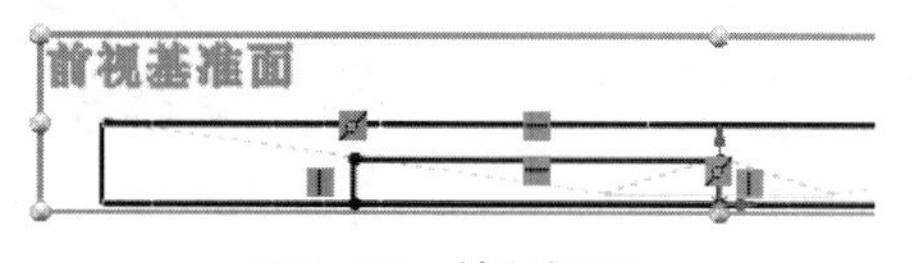

图2-89　绘制矩形

04 单击【特征】选项卡中的【旋转凸台/基体】按钮，创建旋转特征，如图2-90所示。

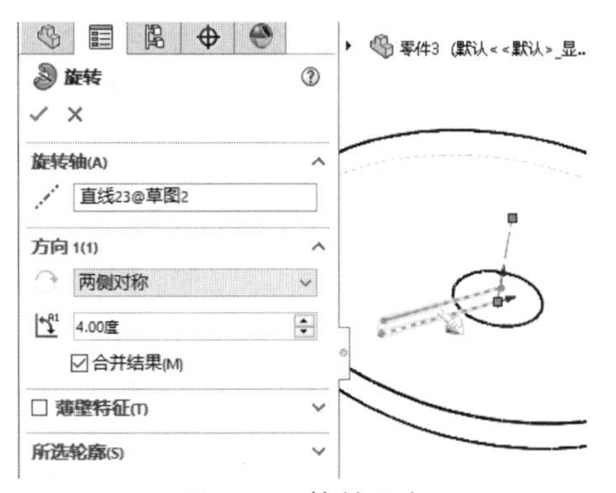

图2-90　旋转凸台

05 单击【特征】选项卡中的【圆周阵列】按钮，创建圆周阵列特征，如图2-91所示。

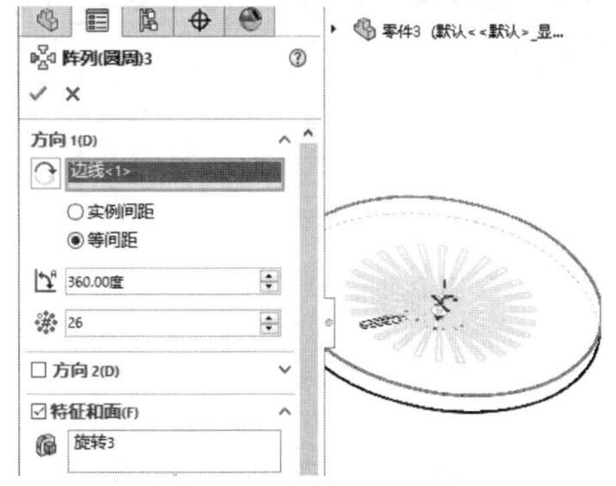

图2-91　创建阵列特征

06 单击【草图】选项卡中的【圆】按钮，绘制圆，如图2-92所示。

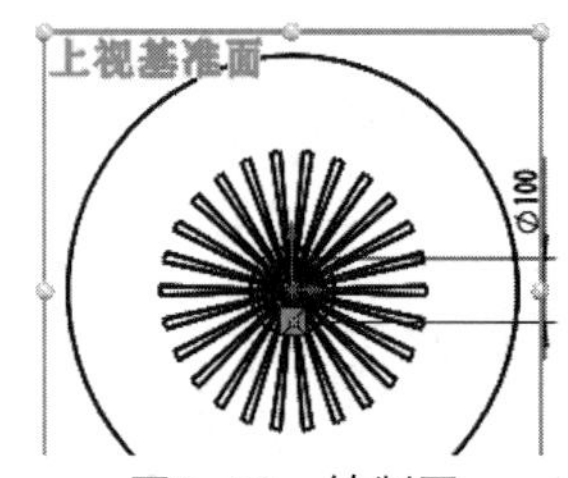

图2-92　绘制圆

07 单击【特征】选项卡中的【拉伸凸台/基体】按钮，创建拉伸特征，如图2-93所示。

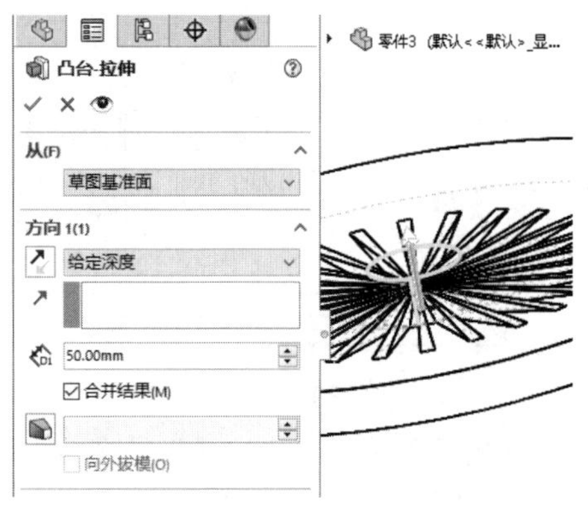

图2-93　拉伸凸台

08 单击【草图】选项卡中的【圆】按钮，绘制圆，如图2-94所示。

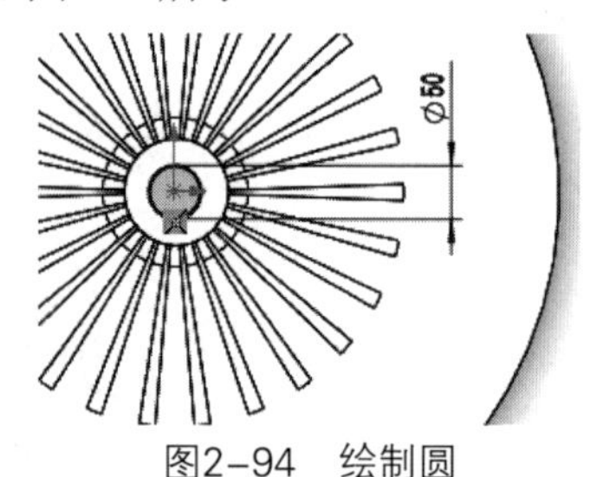

图2-94　绘制圆

09 单击【特征】选项卡中的【拉伸凸台/基体】按钮，创建拉伸特征，如图2-95所示。

图2-95　拉伸凸台

10 单击【草图】选项卡中的【圆】按钮，绘制半圆形，如图2-96所示。

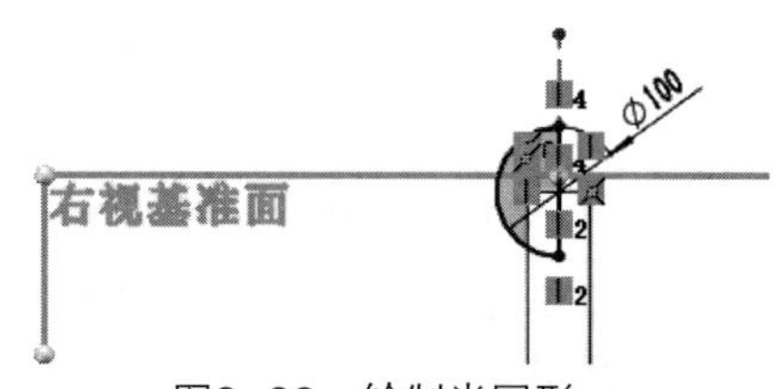

图2-96　绘制半圆形

11 单击【特征】选项卡中的【旋转凸台/基体】按钮，创建旋转特征，如图2-97所示。

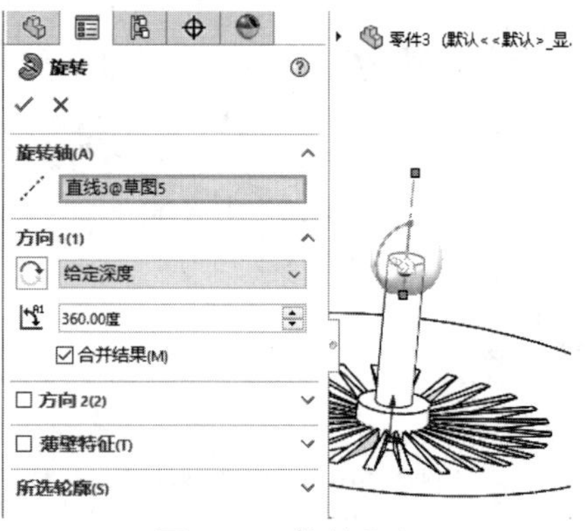

图2-97　旋转凸台

12 单击【草图】选项卡中的【圆】按钮，绘制圆，如图2-98所示。

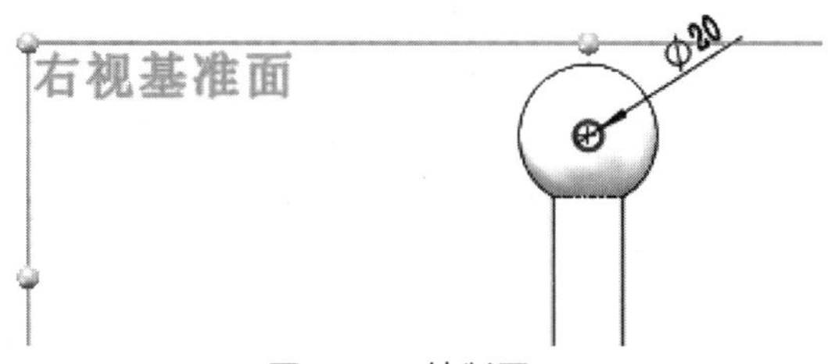

图2-98　绘制圆

13 单击【特征】选项卡中的【拉伸凸台/基体】按钮，创建拉伸特征，如图2-99所示。

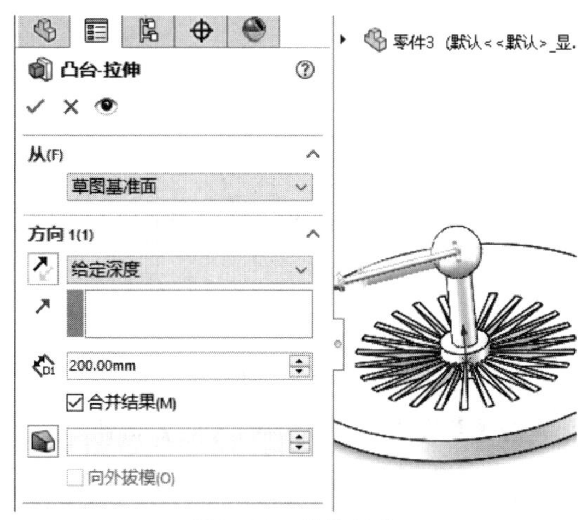

图2-99　拉伸凸台

14 单击【特征】选项卡中的【拔模】按钮，创建拔模特征，如图2-100所示。

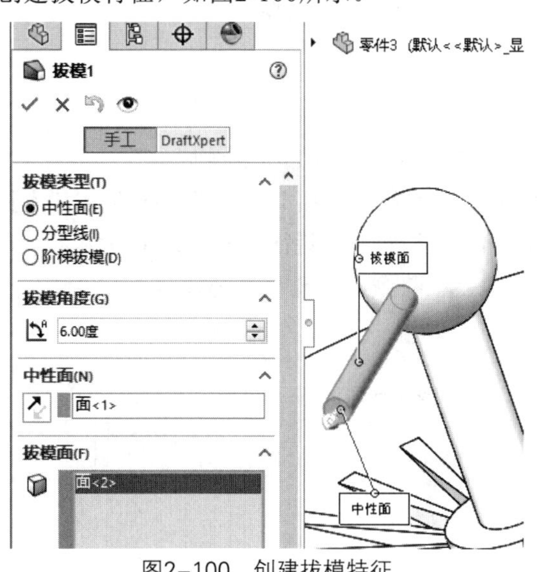

图2-100　创建拔模特征

15 单击【特征】选项卡中的【圆周阵列】按钮，创建圆周阵列特征，如图2-101所示。

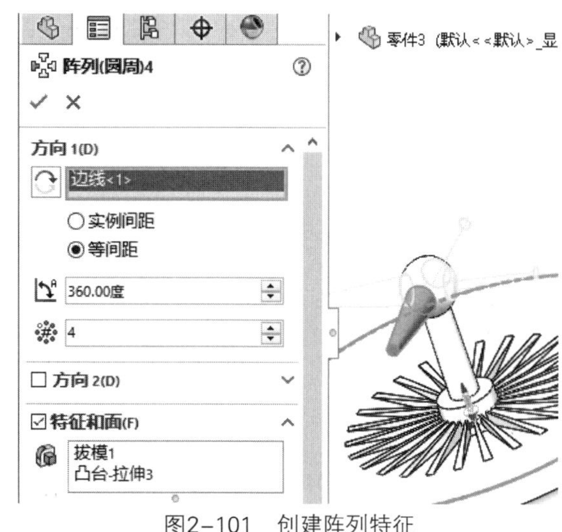

图2-101　创建阵列特征

16 完成轮盘模型的绘制，如图2-102所示。

图2-102　完成轮盘模型

实例 031　绘制曲轴

案例源文件：ywj\02\031.prt

01 单击【草图】选项卡中的【圆】按钮，绘制圆，如图2-103所示。

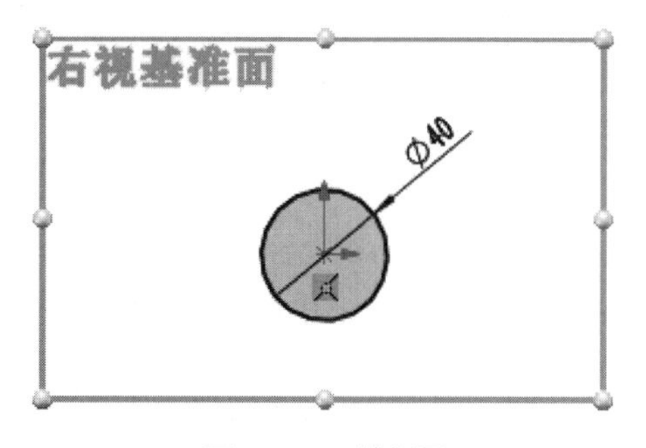

图2-103　绘制圆

02 单击【特征】选项卡中的【拉伸凸台/基体】按钮，创建拉伸特征，如图2-104所示。

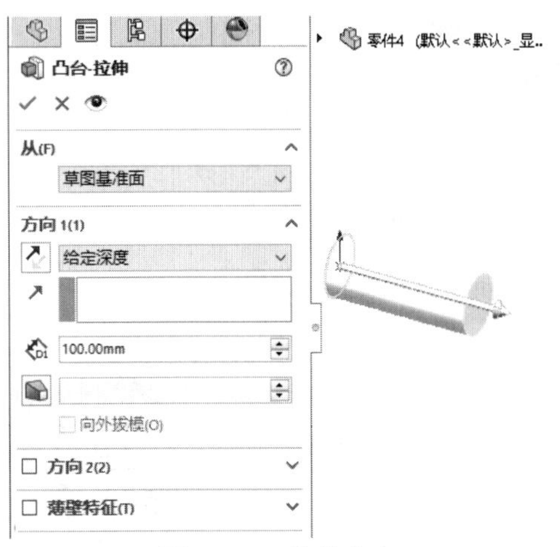

图2-104 拉伸凸台

03 单击【草图】选项卡中的【圆】按钮，绘制圆，如图2-105所示。

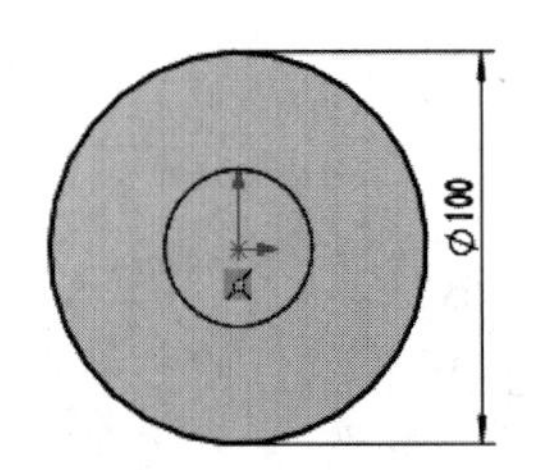

图2-105 绘制圆

04 单击【特征】选项卡中的【拉伸凸台/基体】按钮，创建拉伸特征，如图2-106所示。

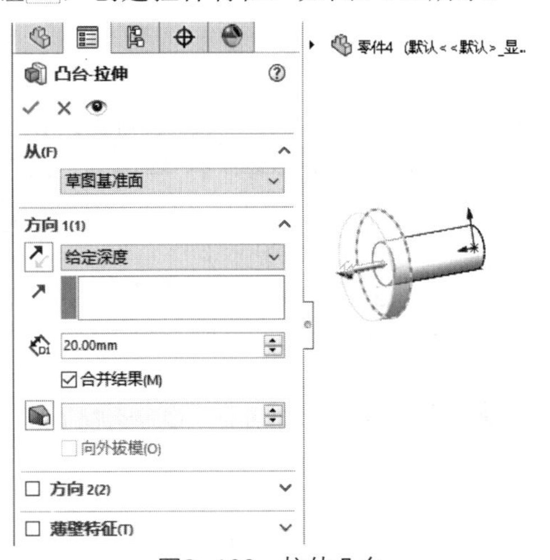

图2-106 拉伸凸台

05 单击【草图】选项卡中的【圆】按钮，绘制圆，如图2-107所示。

06 单击【草图】选项卡中的【直线】按钮，绘制切线，如图2-108所示。

07 单击【特征】选项卡中的【拉伸凸台/基体】按钮，创建拉伸特征，如图2-109所示。

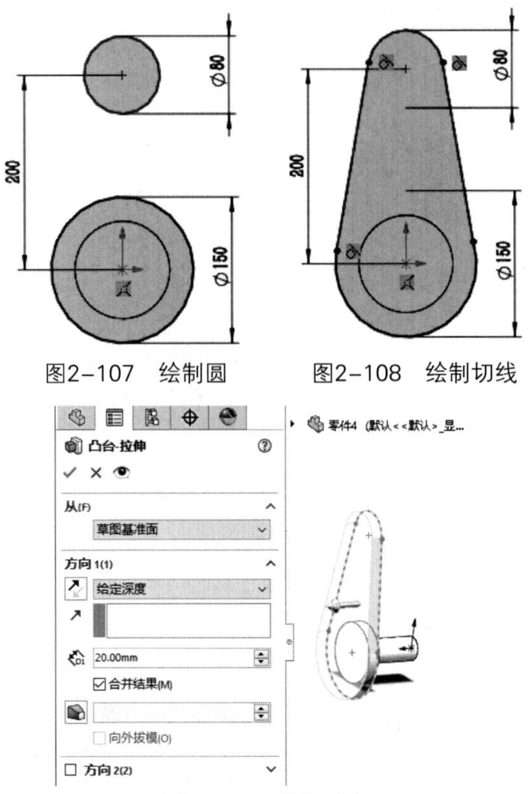

图2-109 拉伸凸台

08 单击【草图】选项卡中的【圆】按钮，绘制圆，如图2-110所示。

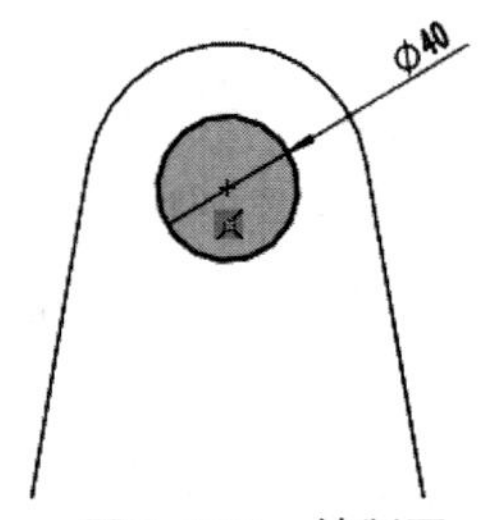

图2-110 绘制圆

09 单击【特征】选项卡中的【拉伸凸台/基体】按钮，创建拉伸特征，如图2-111所示。

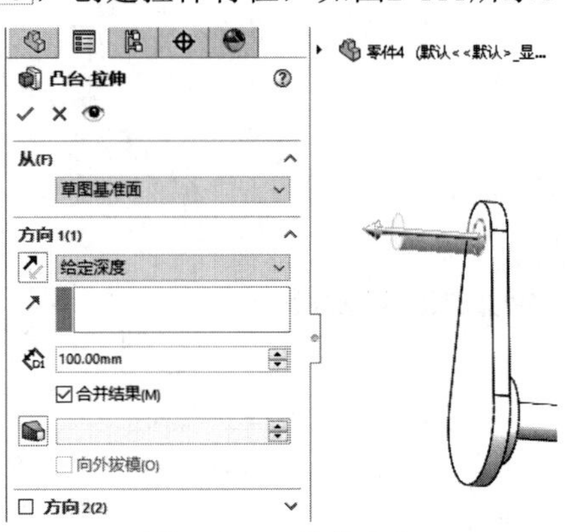

图2-111 拉伸凸台

10 单击【特征】选项卡中的【基准面】按钮，创建基准面，如图2-112所示。

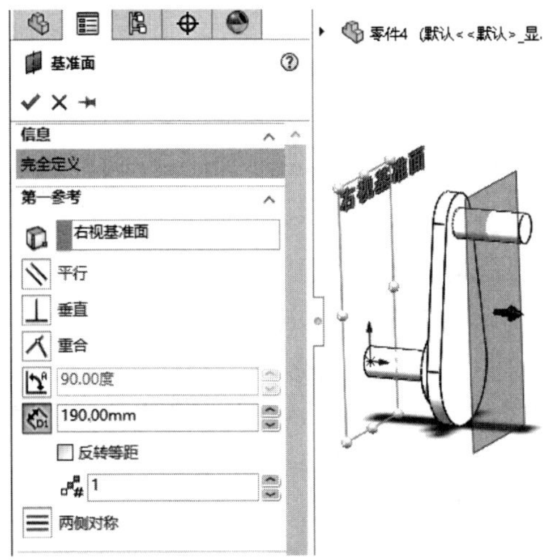

图2-112 创建基准面

11 单击【特征】选项卡中的【镜像】按钮，创建镜像特征，如图2-113所示。

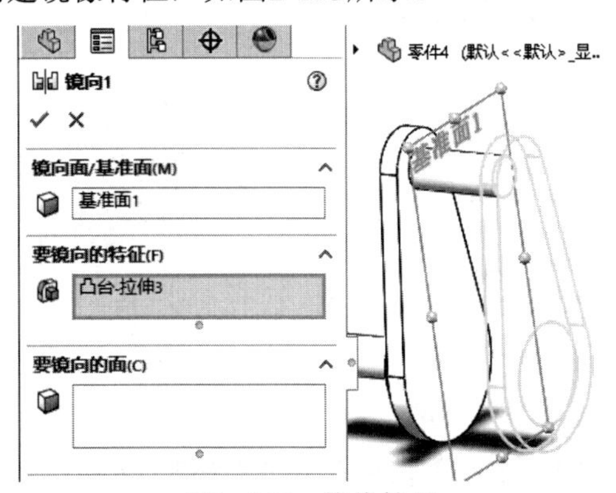

图2-113 镜像特征

12 单击【特征】选项卡中的【镜像】按钮，创建镜像特征，如图2-114所示。

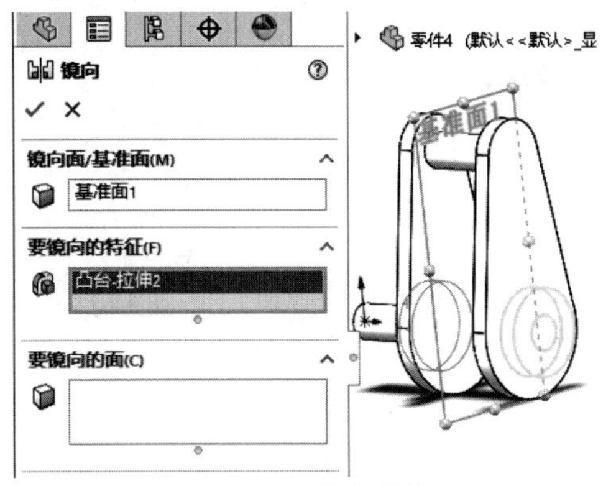

图2-114 镜像特征

13 单击【草图】选项卡中的【圆】按钮，绘制圆，如图2-115所示。

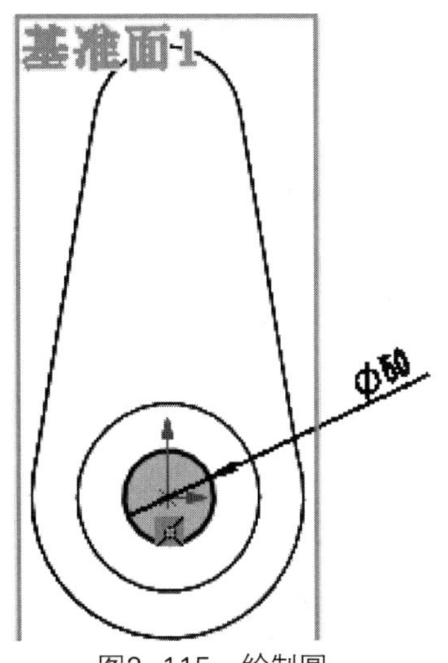

图2-115 绘制圆

14 单击【特征】选项卡中的【拉伸凸台/基体】按钮，创建拉伸特征，如图2-116所示。

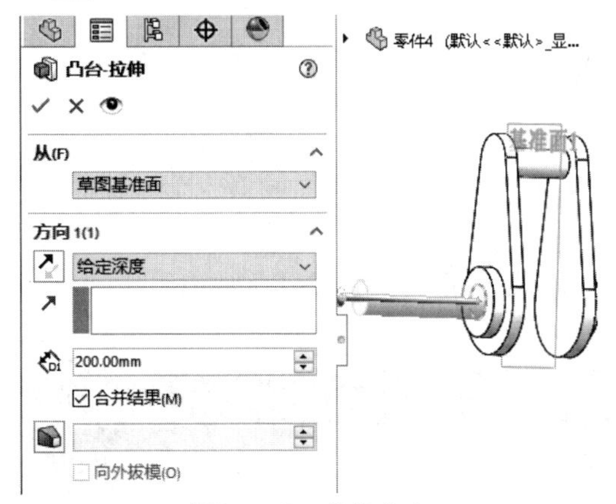

图2-116 拉伸凸台

15 单击【特征】选项卡中的【镜像】按钮，创建镜像特征，如图2-117所示。

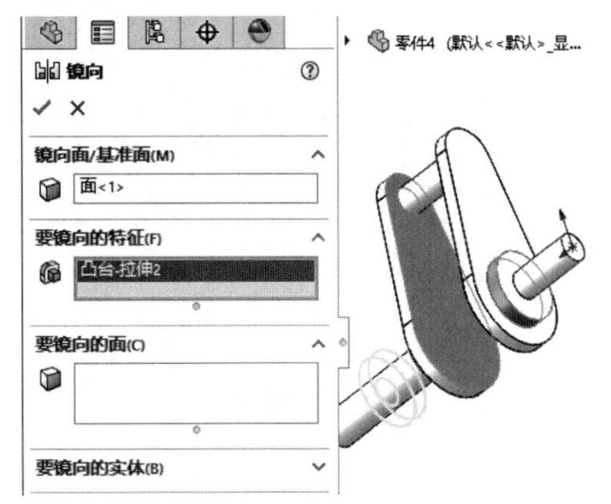

图2-117 镜像特征

16 单击【特征】选项卡中的【倒角】按钮，创建倒角特征，如图2-118所示。

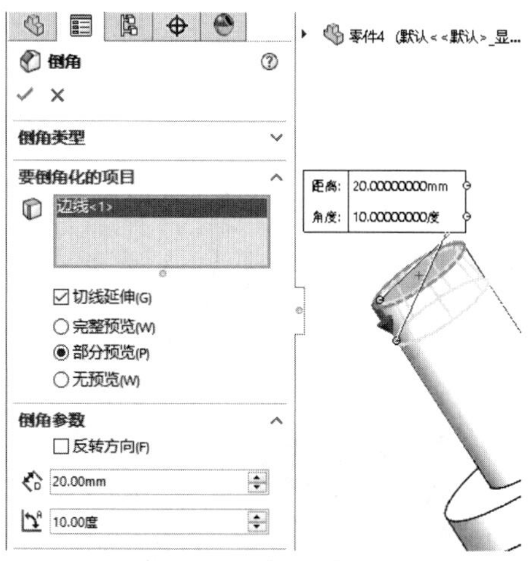

图2-118　创建倒角

17 完成曲轴模型的绘制，如图2-119所示。

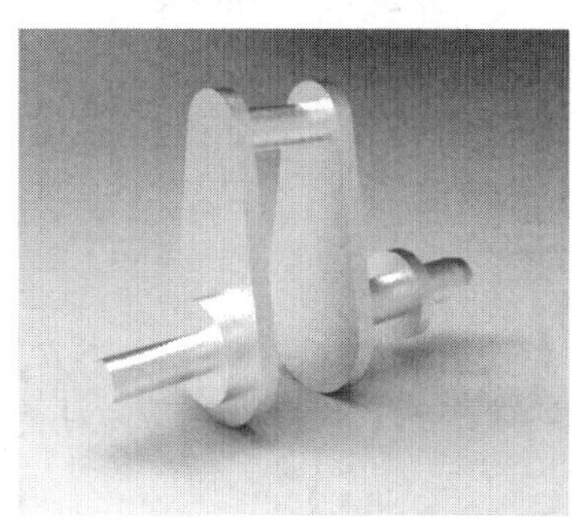

图2-119　完成曲轴模型

实例 032 绘制阶梯轴

案例源文件：ywj\02\032.prt

01 单击【草图】选项卡中的【直线】按钮，绘制直线草图，如图2-120所示。

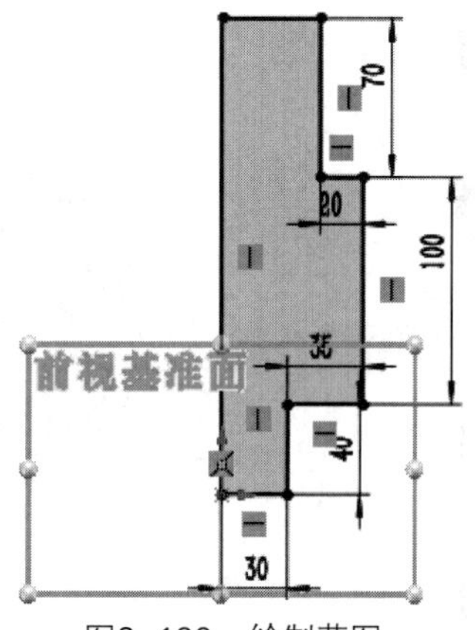

图2-120　绘制草图

02 单击【特征】选项卡中的【旋转凸台/基体】按钮，创建旋转特征，如图2-121所示。

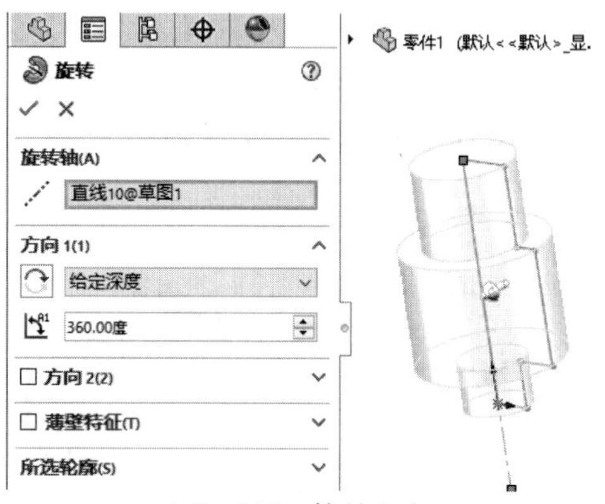

图2-121　旋转凸台

03 单击【特征】选项卡中的【倒角】按钮，创建倒角特征，如图2-122所示。

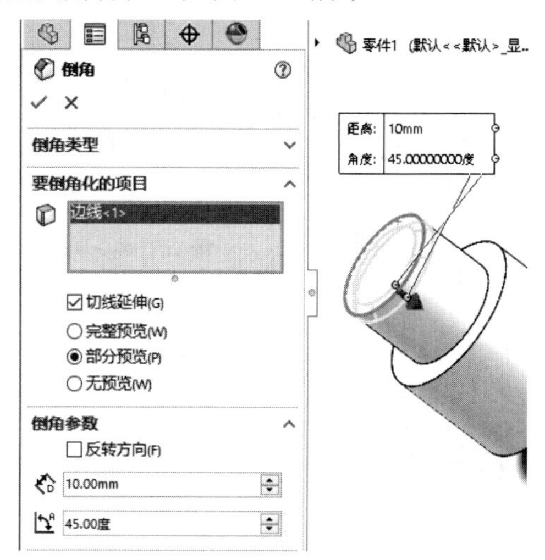

图2-122　创建倒角

04 单击【特征】选项卡中的【基准面】按钮，创建基准面，如图2-123所示。

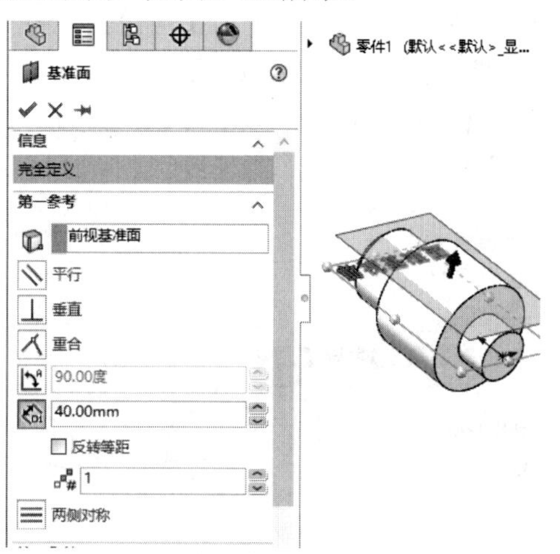

图2-123　创建基准面

05 单击【草图】选项卡中的【直槽口】按钮，绘制直槽口图形，如图2-124所示。

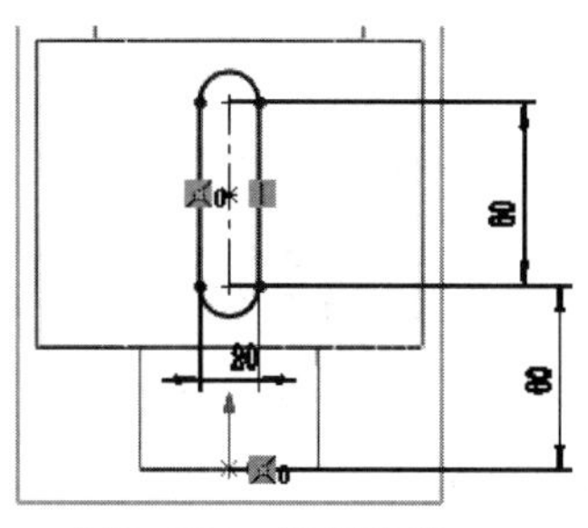

图2-124　绘制直槽口

06 单击【特征】选项卡中的【拉伸切除】按钮，创建拉伸切除特征，如图2-125所示。

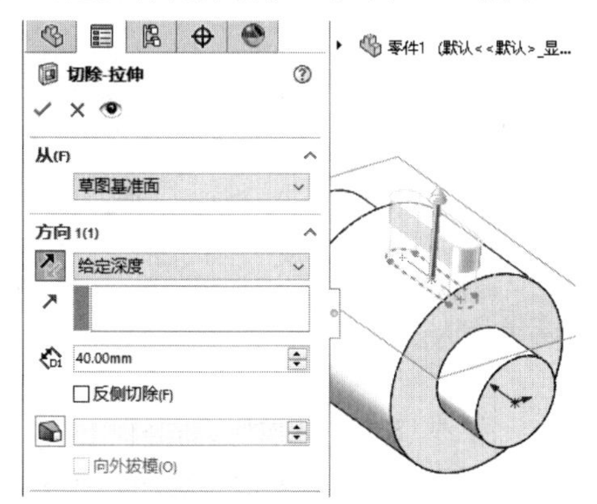

图2-125　创建拉伸切除特征

07 完成阶梯轴模型的绘制，如图2-126所示。

图2-126　完成阶梯轴模型

实例 033　绘制球阀阀芯

案例源文件：ywj \02\033.prt

01 单击【草图】选项卡中的【圆】按钮，绘制半圆，如图2-127所示。

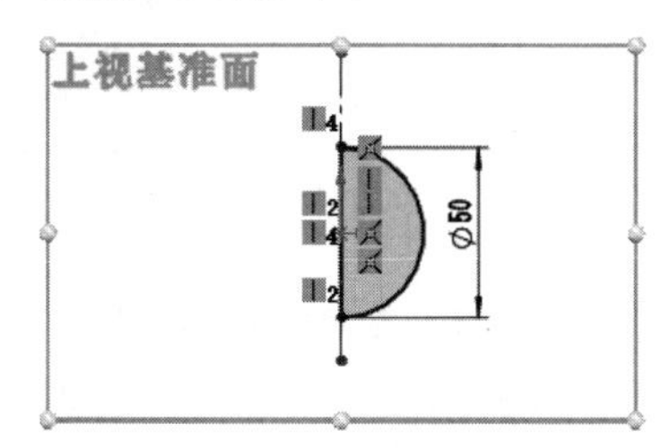

图2-127　绘制半圆

02 单击【特征】选项卡中的【旋转凸台/基体】按钮，创建旋转特征，如图2-128所示。

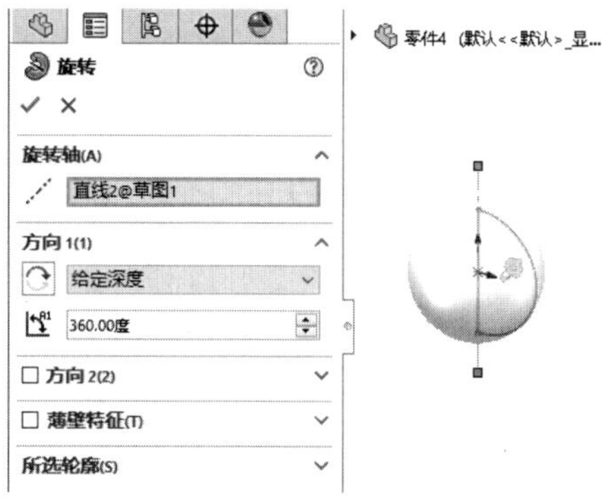

图2-128　旋转凸台

03 单击【草图】选项卡中的【圆】按钮，绘制圆，如图2-129所示。

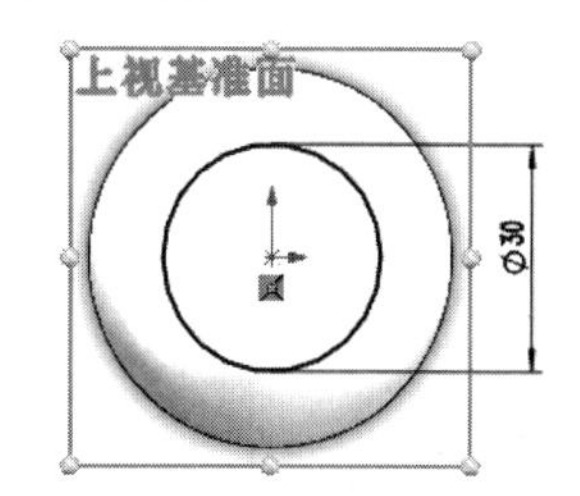

图2-129　绘制圆

04 单击【特征】选项卡中的【拉伸凸台/基体】按钮，创建拉伸特征，如图2-130所示。

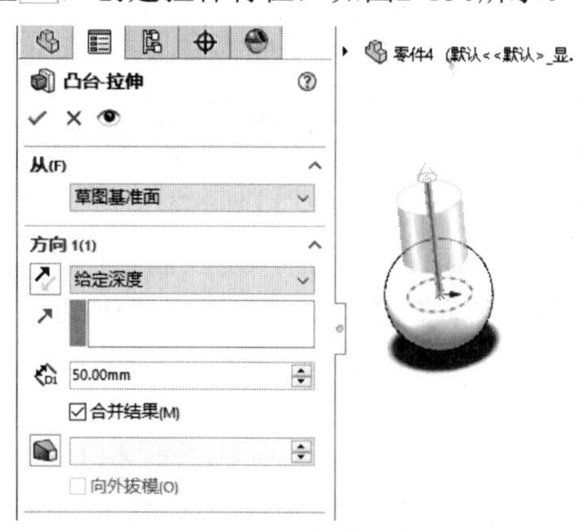

图2-130　拉伸凸台

05 单击【草图】选项卡中的【圆】按钮，绘制圆，如图2-131所示。

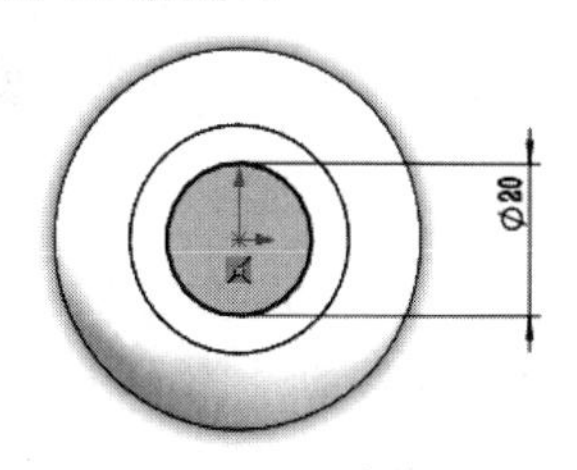

图2-131　绘制圆

06 单击【特征】选项卡中的【拉伸凸台/基体】按钮，创建拉伸特征，如图2-132所示。

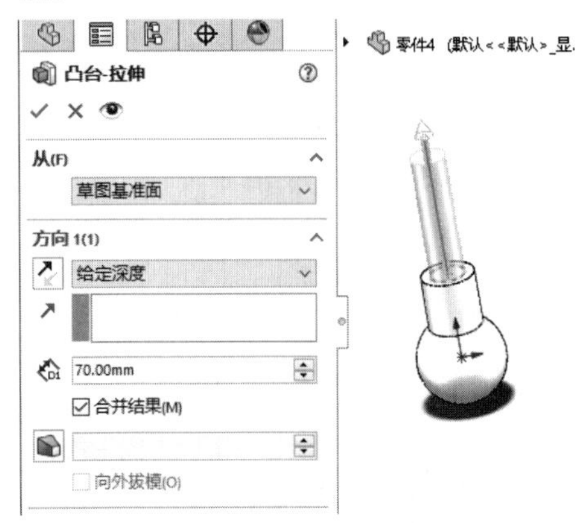

图2-132　拉伸凸台

07 单击【草图】选项卡中的【边角矩形】按钮，绘制矩形，如图2-133所示。

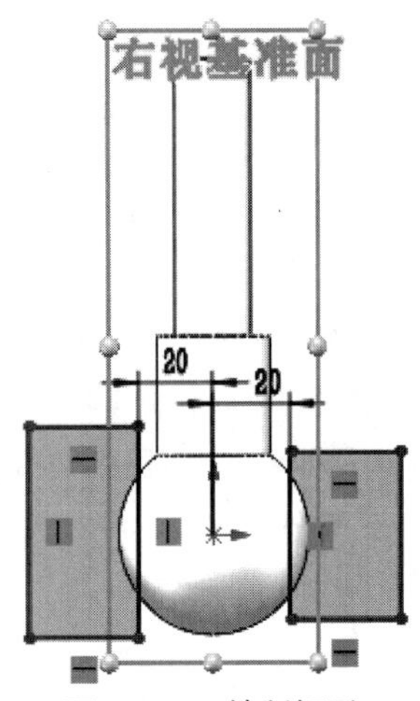

图2-133　绘制矩形

08 单击【特征】选项卡中的【拉伸切除】按钮，创建拉伸切除特征，如图2-134所示。

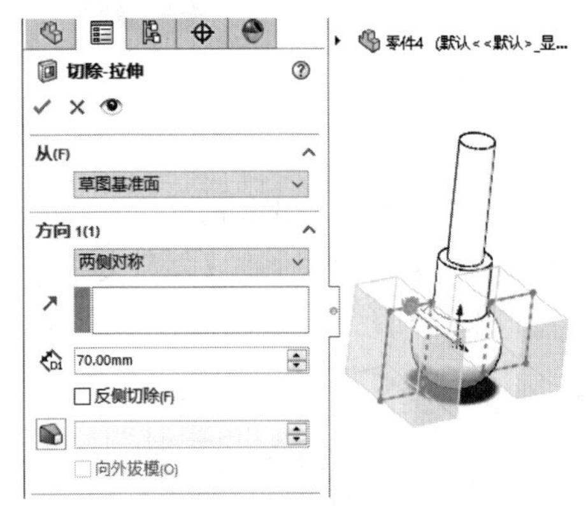

图2-134　创建拉伸切除特征

09 单击【草图】选项卡中的【圆】按钮，绘制圆，如图2-135所示。

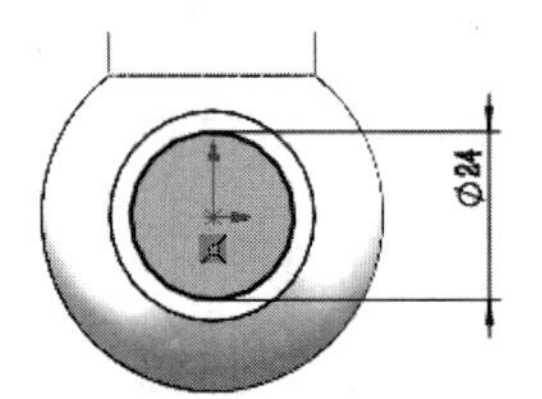

图2-135　绘制圆

10 单击【特征】选项卡中的【拉伸切除】按钮，创建拉伸切除特征，如图2-136所示。

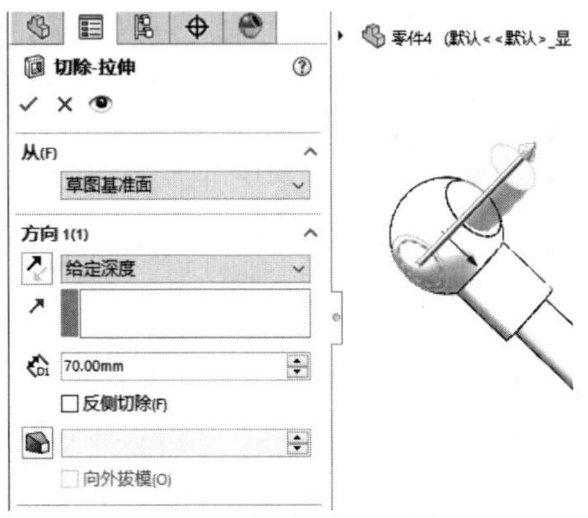

图2-136　创建拉伸切除特征

11 单击【草图】选项卡中的【边角矩形】按钮，绘制矩形，如图2-137所示。

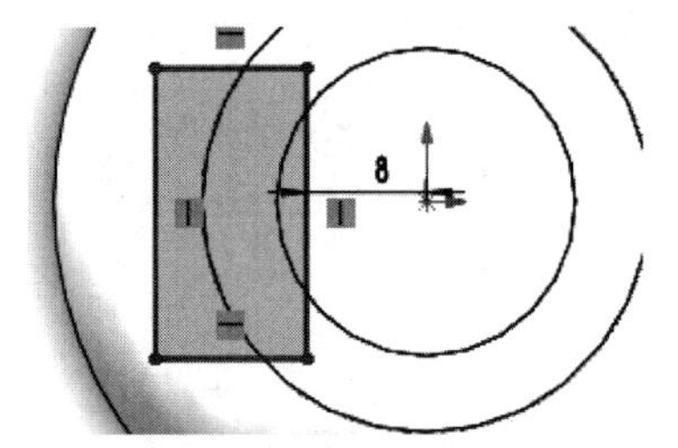

图2-137　绘制矩形

12 单击【特征】选项卡中的【拉伸切除】按钮，创建拉伸切除特征，如图2-138所示。

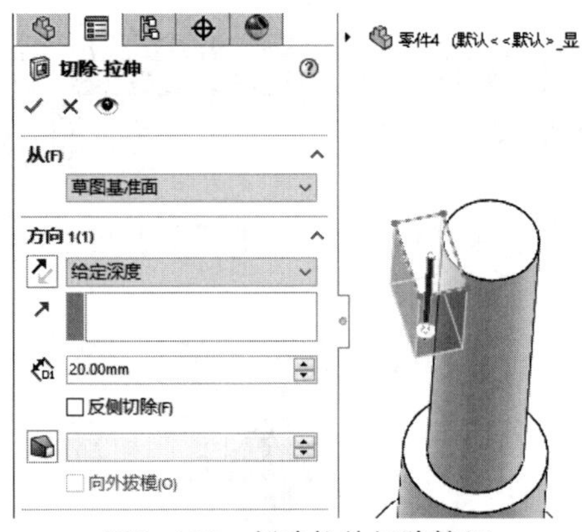

图2-138　创建拉伸切除特征

13 单击【特征】选项卡中的【圆周阵列】按钮，创建圆周阵列特征，如图2-139所示。

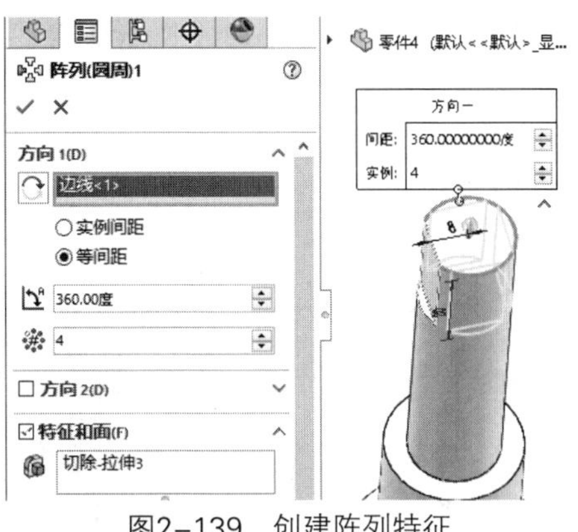

图2-139　创建阵列特征

14 完成球阀阀芯模型的绘制，如图2-140所示。

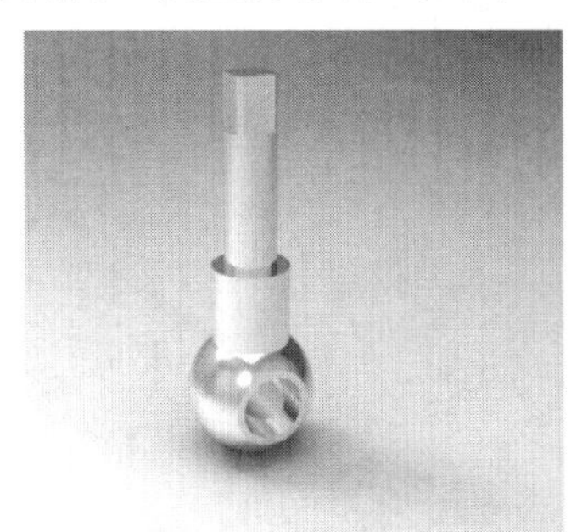

图2-140　完成球阀阀芯模型

实例 034　绘制手柄

案例源文件：ywj\02\034.prt

01 单击【草图】选项卡中的【边角矩形】按钮，绘制矩形，如图2-141所示。

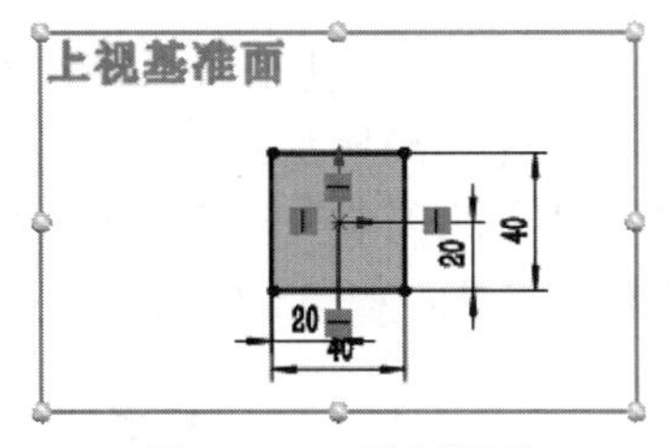

图2-141　绘制矩形

02 单击【草图】选项卡中的【绘制圆角】按钮，绘制圆角，如图2-142所示。

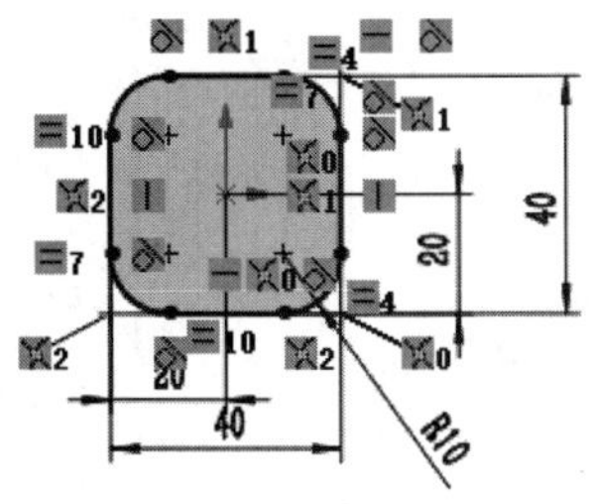

图2-142　绘制圆角

03 单击【特征】选项卡中的【拉伸凸台/基体】按钮，创建拉伸特征，如图2-143所示。

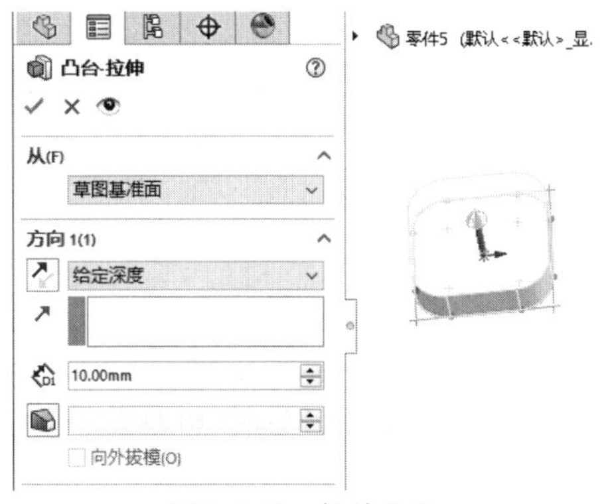

图2-143　拉伸凸台

04 单击【草图】选项卡中的【圆】按钮，绘制圆，如图2-144所示。

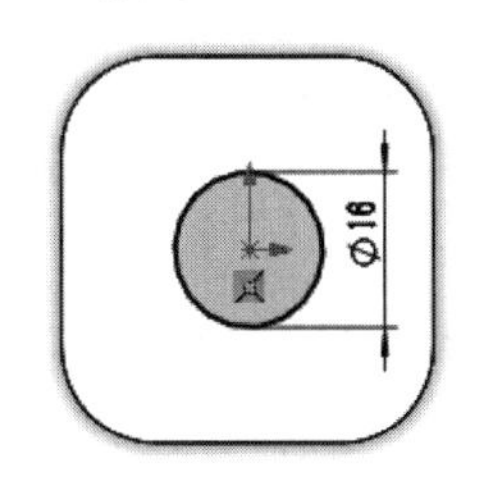

图2-144　绘制圆

05 单击【特征】选项卡中的【拉伸切除】按钮，创建拉伸切除特征，如图2-145所示。

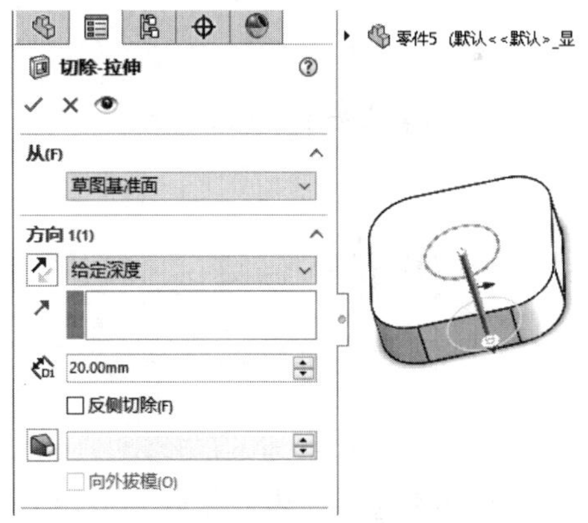

图2-145　创建拉伸切除特征

06 单击【草图】选项卡中的【直线】按钮，绘制直线，如图2-146所示。

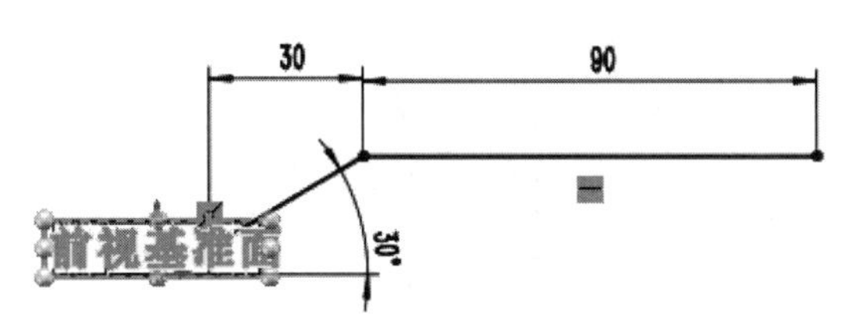

图2-146　绘制直线

07 单击【草图】选项卡中的【边角矩形】按钮，绘制矩形，如图2-147所示。

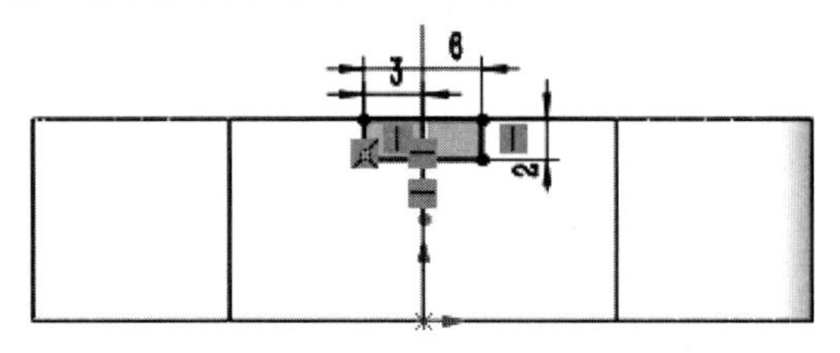

图2-147 绘制矩形

08 单击【特征】选项卡中的【扫描】按钮，创建扫描特征，如图2-148所示。

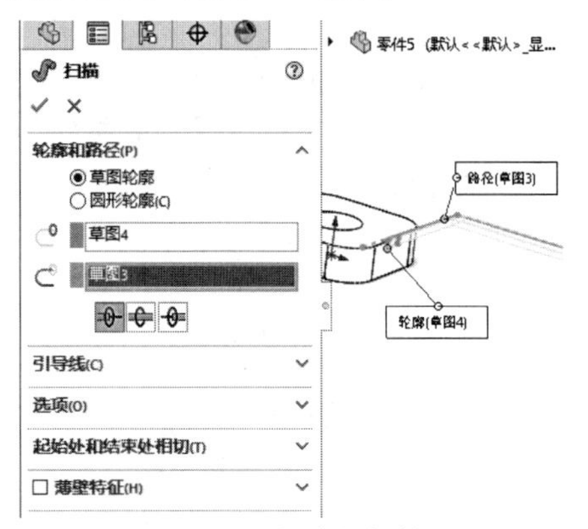

图2-148 创建扫描特征

09 单击【草图】选项卡中的【边角矩形】按钮，绘制矩形，如图2-149所示。

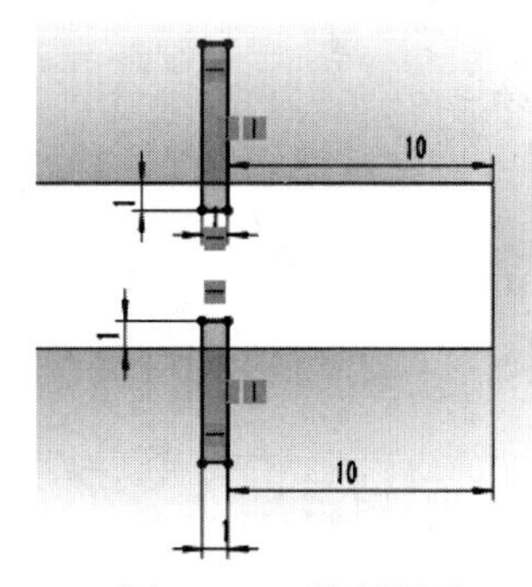

图2-149 绘制矩形

10 单击【草图】选项卡中的【圆】按钮，绘制圆，如图2-150所示。

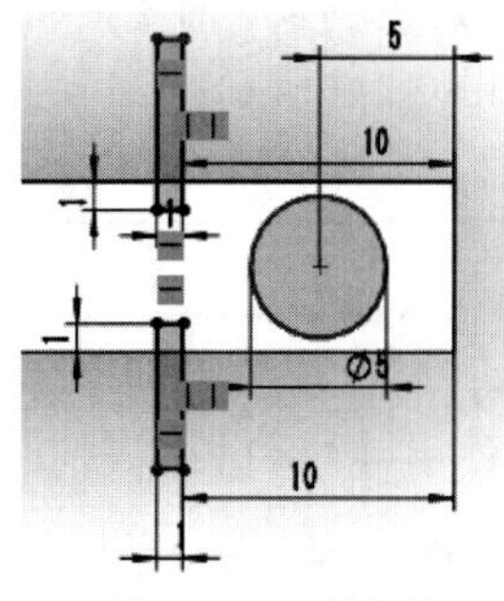

图2-150 绘制圆

11 单击【特征】选项卡中的【拉伸切除】按钮，创建拉伸切除特征，如图2-151所示。

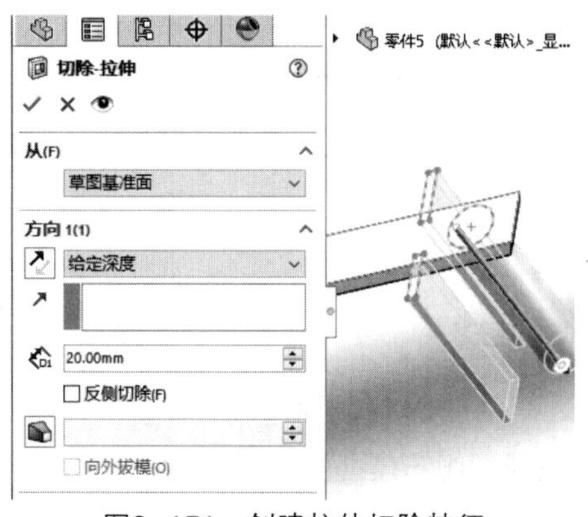

图2-151 创建拉伸切除特征

12 完成手柄模型的绘制，如图2-152所示。

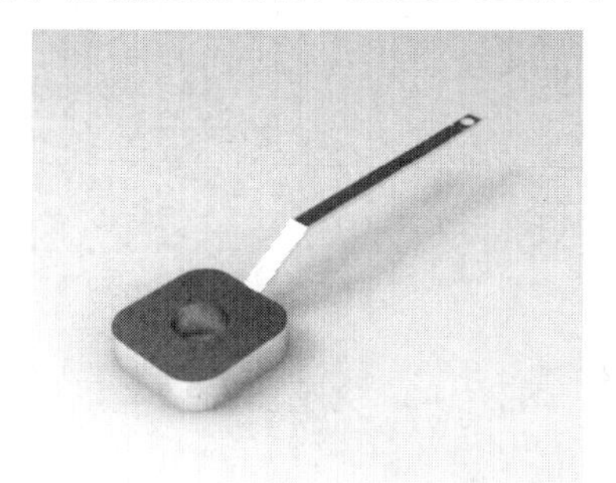

图2-152 完成手柄模型

实例 035 绘制花瓶

案例源文件：ywj\02\035.prt

01 单击【草图】选项卡中的【直线】按钮，绘制直线，如图2-153所示。

02 单击【草图】选项卡中的【样条曲线】按钮，绘制样条曲线，如图2-154所示。

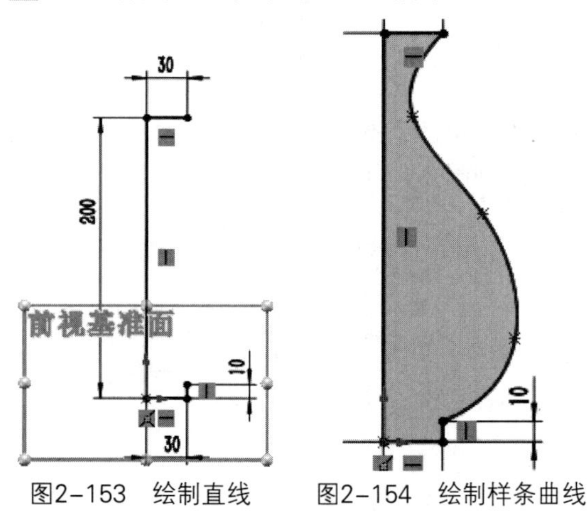

图2-153 绘制直线　图2-154 绘制样条曲线

03 单击【特征】选项卡中的【旋转凸台/基体】按钮，创建旋转特征，如图2-155所示。

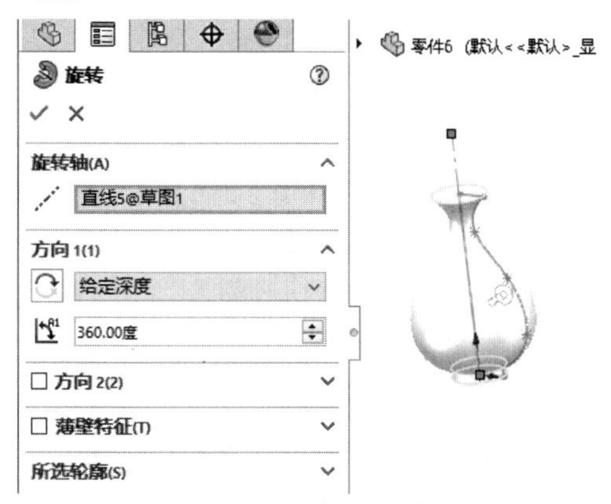

图2-155　旋转凸台

04 单击【特征】选项卡中的【抽壳】按钮，创建抽壳特征，如图2-156所示。

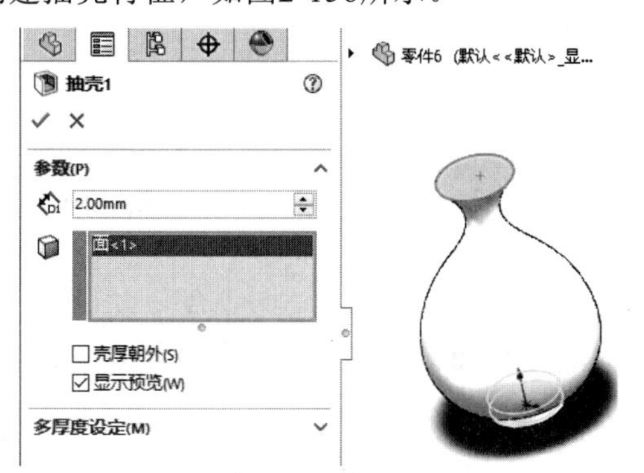

图2-156　创建抽壳特征

05 单击【特征】选项卡中的【基准面】按钮，创建基准面，如图2-157所示。

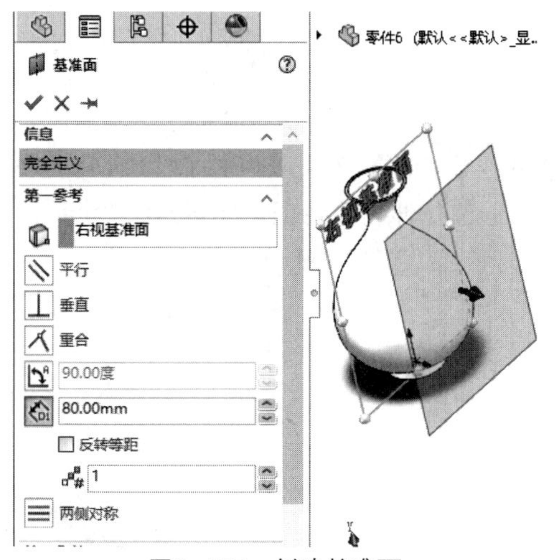

图2-157　创建基准面

06 单击【草图】选项卡中的【边角矩形】按钮，绘制矩形，如图2-158所示。

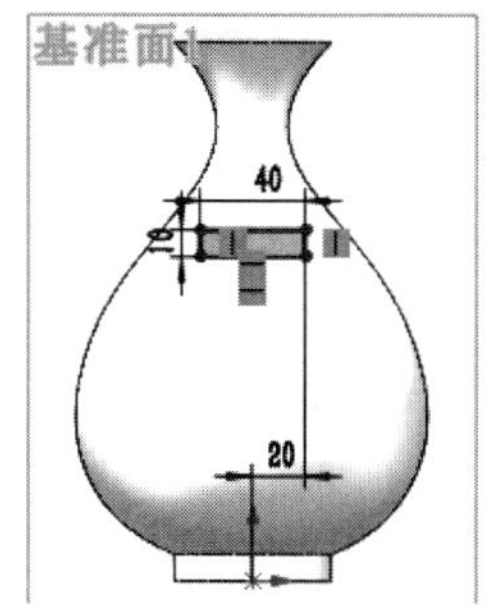

图2-158　绘制矩形

07 单击【特征】选项卡中的【包覆】按钮，创建包覆特征，如图2-159所示。

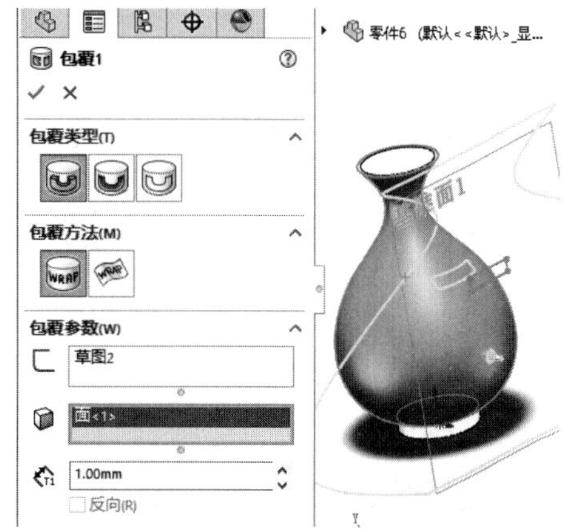

图2-159　创建包覆特征

08 单击【特征】选项卡中的【圆周阵列】按钮，创建圆周阵列特征，如图2-160所示。

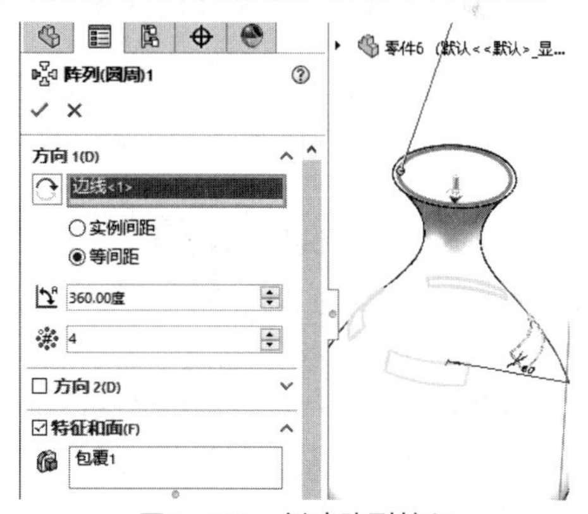

图2-160　创建阵列特征

09 完成花瓶模型的绘制，如图2-161所示。

图2-161　完成花瓶模型

实例 036 绘制球零件

案例源文件：ywj\02\036.prt

01 单击【草图】选项卡中的【圆】按钮，绘制半圆，如图2-162所示。

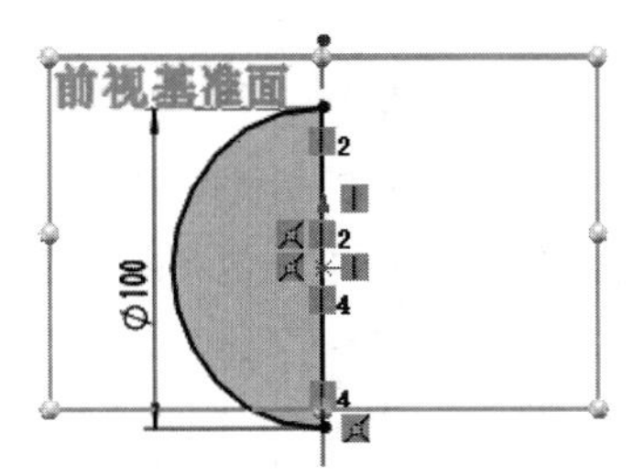

图2-162　绘制半圆

02 单击【特征】选项卡中的【旋转凸台/基体】按钮，创建旋转特征，如图2-163所示。

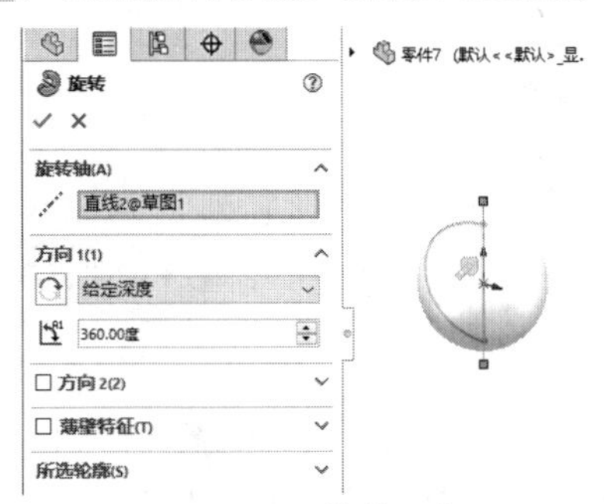

图2-163　旋转凸台

03 单击【草图】选项卡中的【圆】按钮，绘制圆，如图2-164所示。

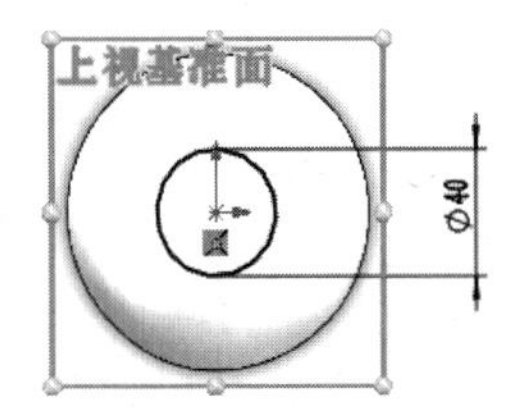

图2-164　绘制圆

04 单击【特征】选项卡中的【拉伸凸台/基体】按钮，创建拉伸特征，如图2-165所示。

图2-165　拉伸凸台

05 单击【草图】选项卡中的【圆】按钮，绘制圆，如图2-166所示。

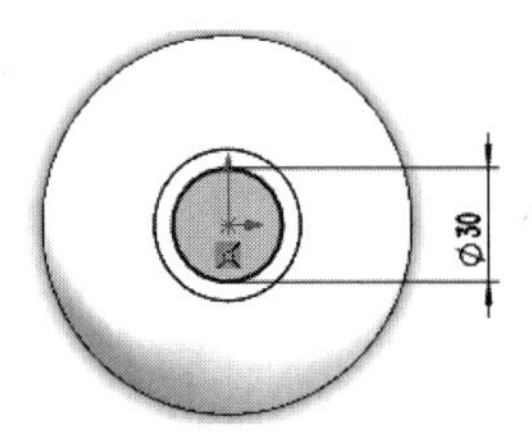

图2-166　绘制圆

06 单击【特征】选项卡中的【拉伸凸台/基体】按钮，创建拉伸特征，如图2-167所示。

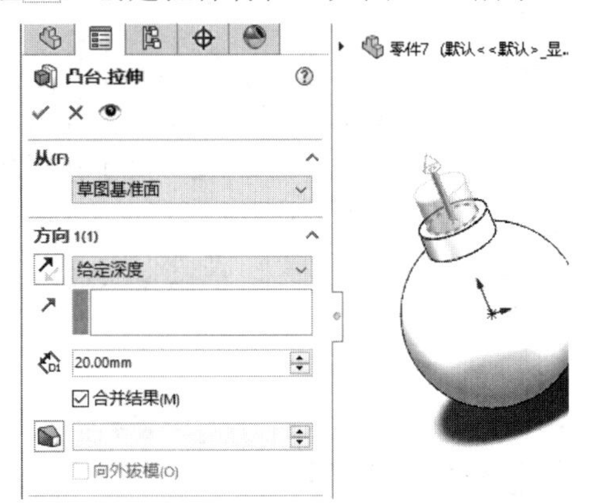

图2-167　拉伸凸台

07 单击【草图】选项卡中的【圆】按钮，绘制圆，如图2-168所示。

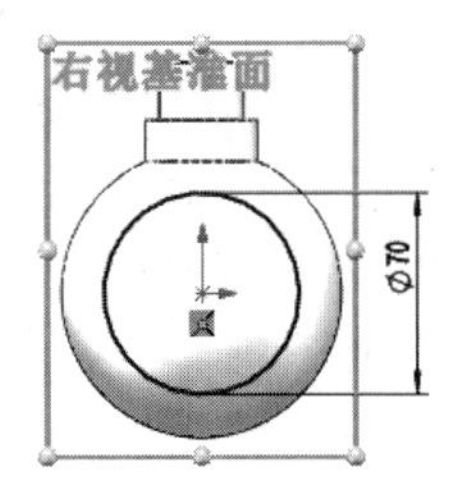

图2-168　绘制圆

08 单击【特征】选项卡中的【拉伸切除】按钮，创建拉伸切除特征，如图2-169所示。

图2-169　创建拉伸切除特征

09 单击【草图】选项卡中的【圆】按钮，绘制圆，如图2-170所示。

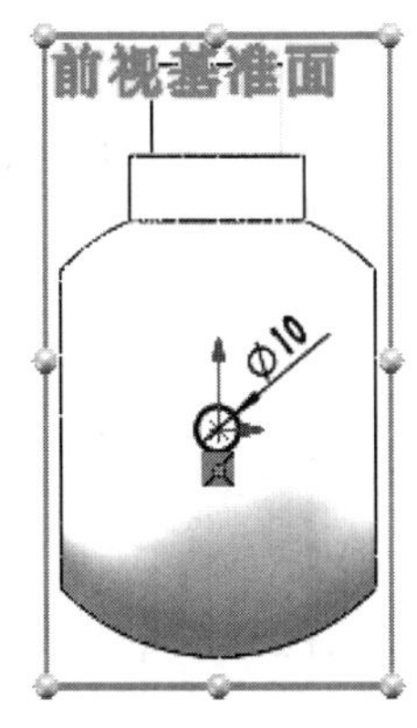

图2-170　绘制圆

10 单击【特征】选项卡中的【拉伸凸台/基体】按钮，创建拉伸特征，如图2-171所示。

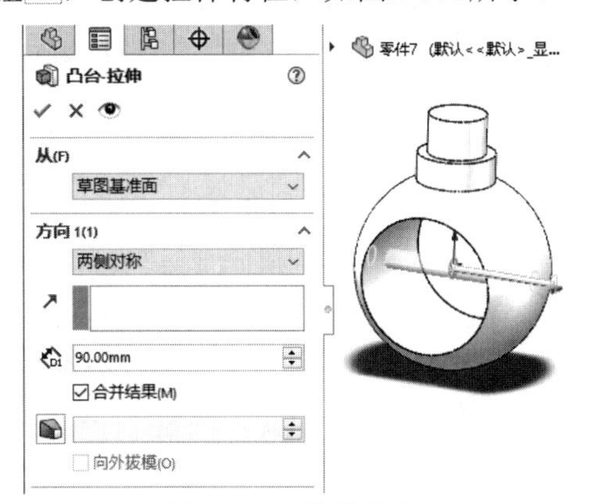

图2-171　拉伸凸台

11 完成球零件模型的绘制，如图2-172所示。

图2-172　完成球零件模型

实例 037　绘制空心轴

案例源文件：ywj\02\037.prt

01 单击【草图】选项卡中的【直线】按钮，绘制直线草图，如图2-173所示。

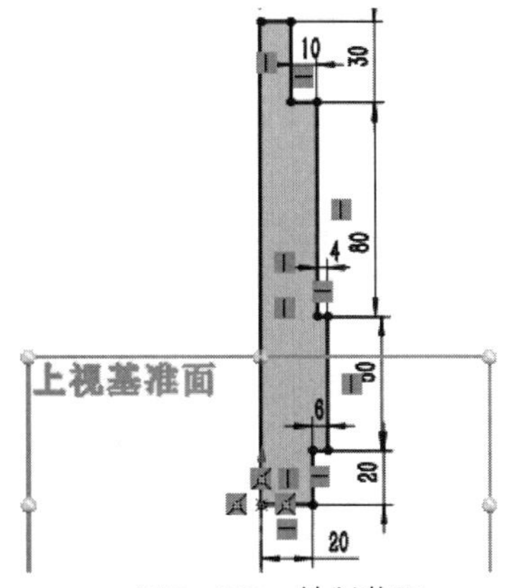

图2-173　绘制草图

02 单击【特征】选项卡中的【旋转凸台/基体】按钮，创建旋转特征，如图2-174所示。

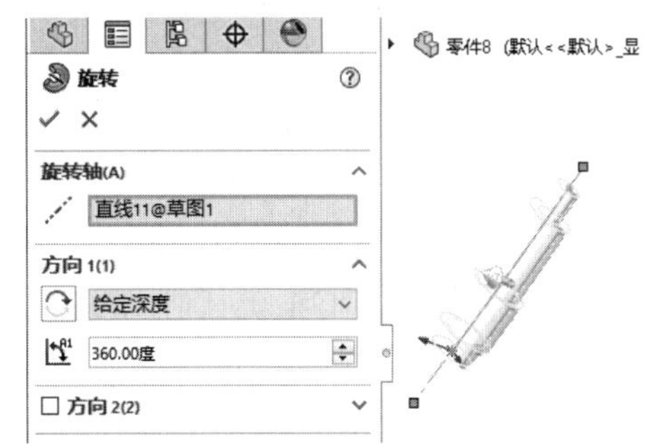

图2-174　旋转凸台

03 单击【草图】选项卡中的【圆】按钮，绘制圆，如图2-175所示。

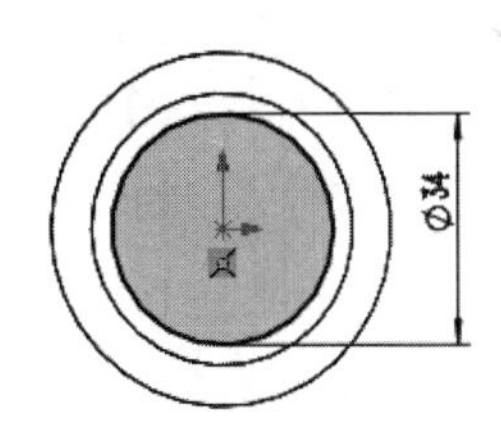

图2-175　绘制圆

04 单击【特征】选项卡中的【拉伸切除】按钮，创建拉伸切除特征，如图2-176所示。

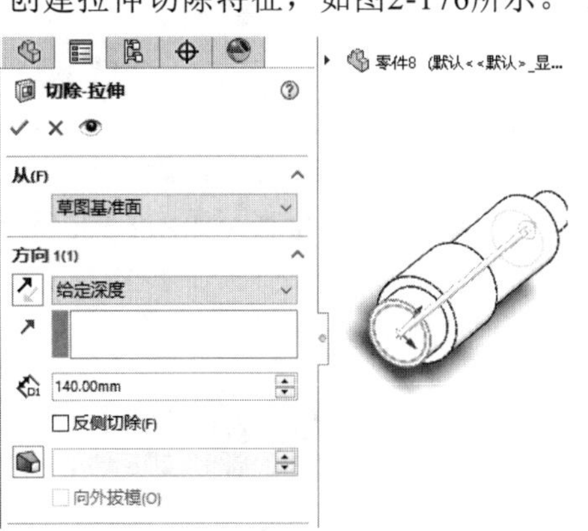

图2-176　创建拉伸切除特征

05 单击【特征】选项卡中的【倒角】按钮，创建倒角特征，如图2-177所示。

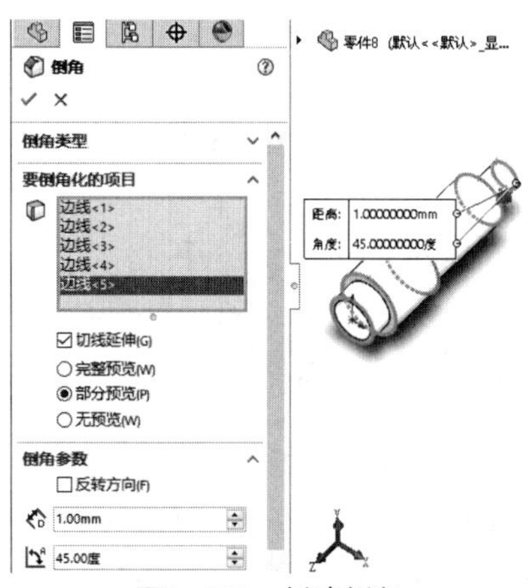

图2-177　创建倒角

06 单击【草图】选项卡中的【边角矩形】按钮，绘制矩形，如图2-178所示。

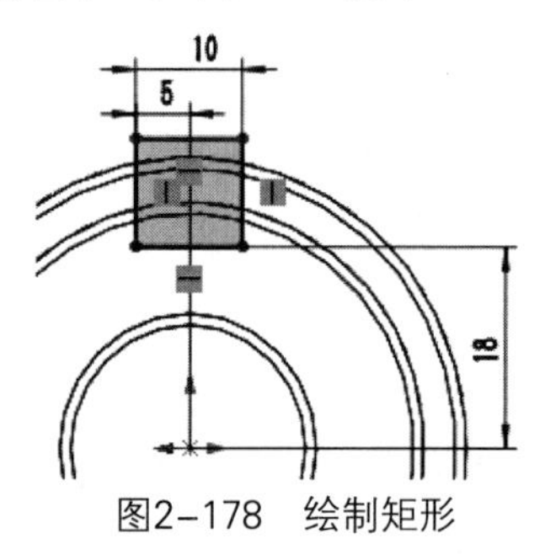

图2-178　绘制矩形

07 单击【特征】选项卡中的【拉伸切除】按钮，创建拉伸切除特征，如图2-179所示。

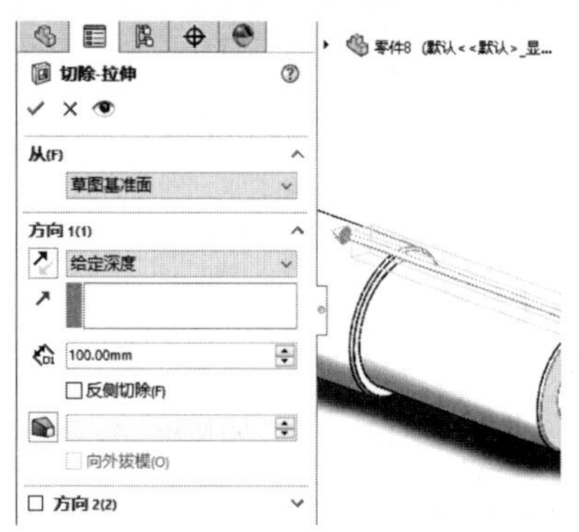

图2-179　创建拉伸切除特征

08 完成空心轴模型的绘制，如图2-180所示。

图2-180　完成空心轴模型

实例 038 绘制键轴

案例源文件：ywj\02\038.prt

01 单击【草图】选项卡中的【边角矩形】按钮，绘制矩形，如图2-181所示。

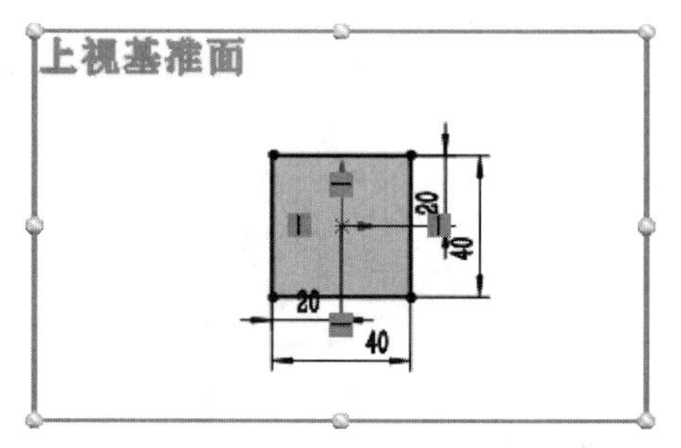

图2-181　绘制矩形

02 单击【特征】选项卡中的【拉伸凸台/基体】按钮，创建拉伸特征，如图2-182所示。

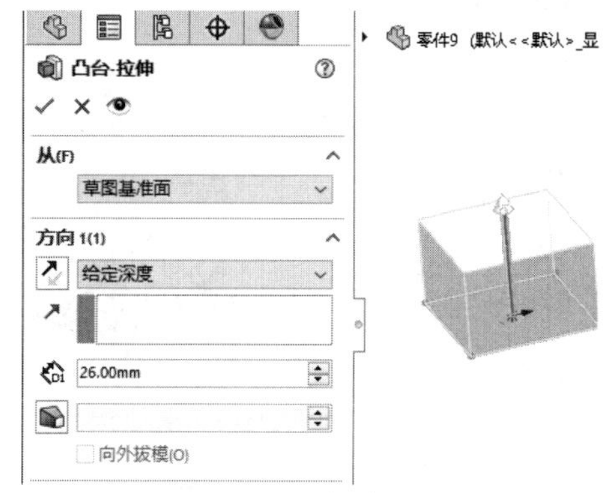

图2-182　拉伸凸台

03 单击【特征】选项卡中的【拔模】按钮，创建拔模特征，如图2-183所示。

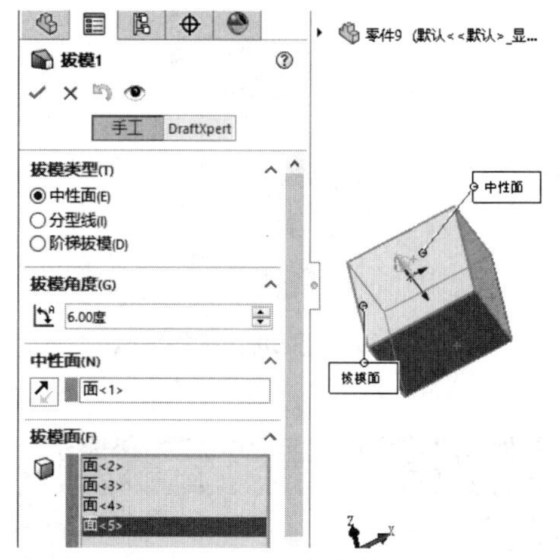

图2-183　创建拔模特征

04 单击【特征】选项卡中的【倒角】按钮，创建倒角特征，如图2-184所示。

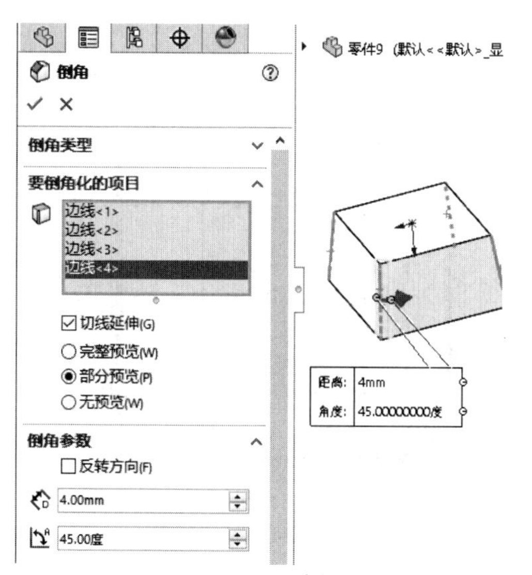

图2-184　创建倒角

05 单击【草图】选项卡中的【等距实体】按钮，创建等距图形，如图2-185所示。

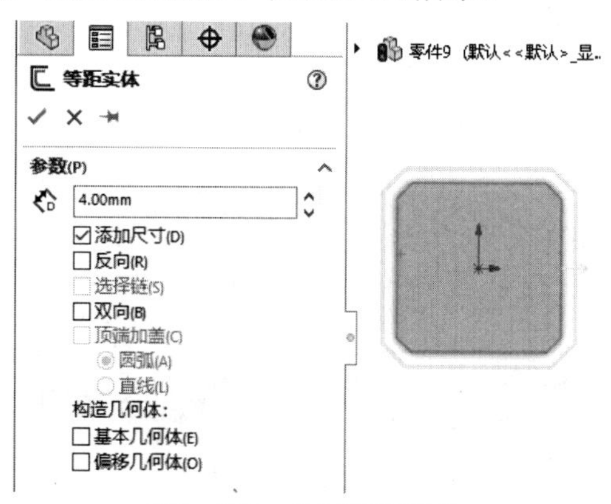

图2-185　绘制等距实体

06 单击【特征】选项卡中的【拉伸凸台/基体】按钮，创建拉伸特征，如图2-186所示。

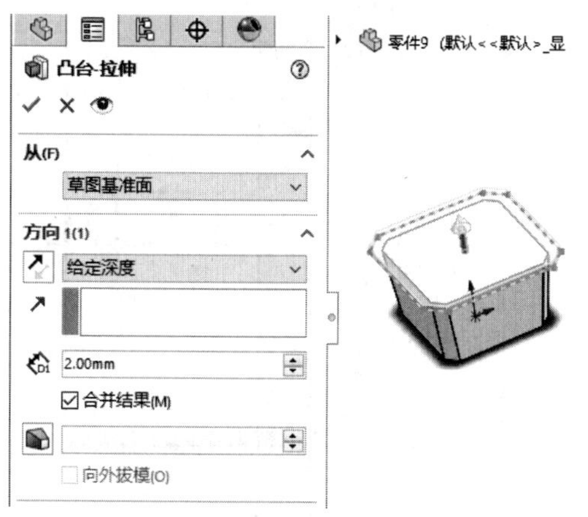

图2-186　拉伸凸台

07 单击【草图】选项卡中的【等距实体】按钮，创建等距图形，如图2-187所示。

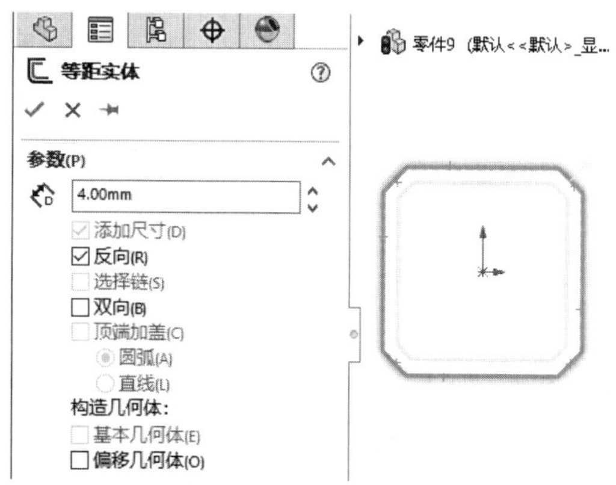

图2-187　绘制等距实体

08 单击【特征】选项卡中的【拉伸凸台/基体】按钮，创建拉伸特征，如图2-188所示。

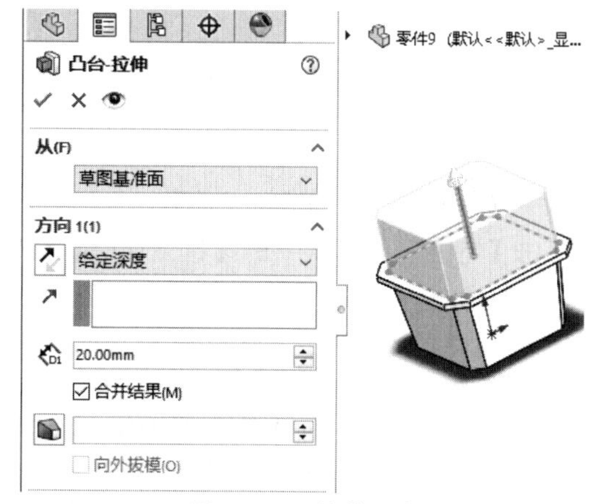

图2-188　拉伸凸台

09 单击【特征】选项卡中的【拔模】按钮，创建拔模特征，如图2-189所示。

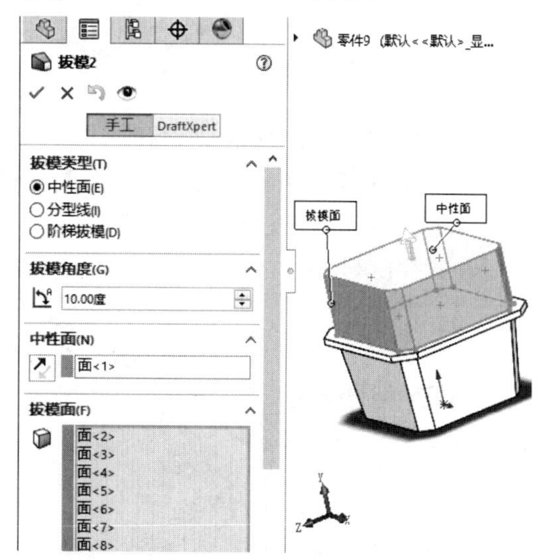

图2-189　创建拔模特征

10 单击【草图】选项卡中的【边角矩形】按钮，绘制矩形，如图2-190所示。

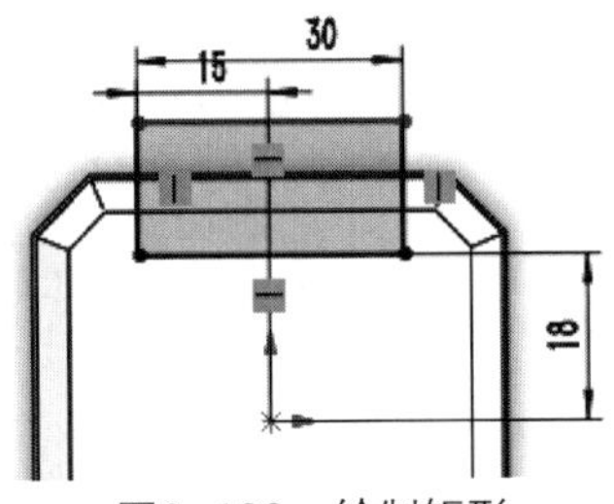

图2-190 绘制矩形

11 单击【草图】选项卡中的【边角矩形】按钮，绘制矩形，如图2-191所示。

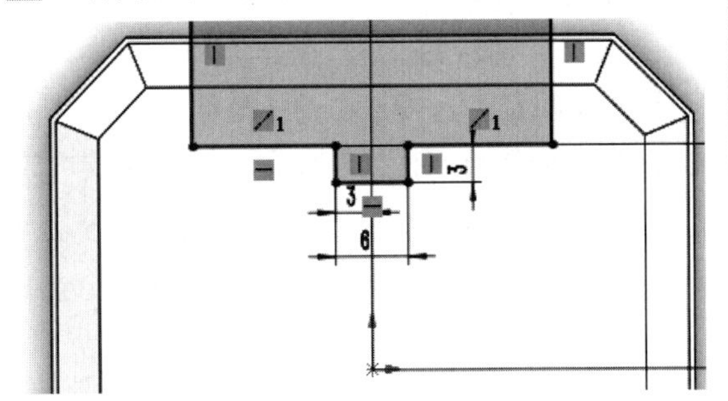

图2-191 绘制小的矩形

12 单击【特征】选项卡中的【拉伸切除】按钮，创建拉伸切除特征，如图2-192所示。

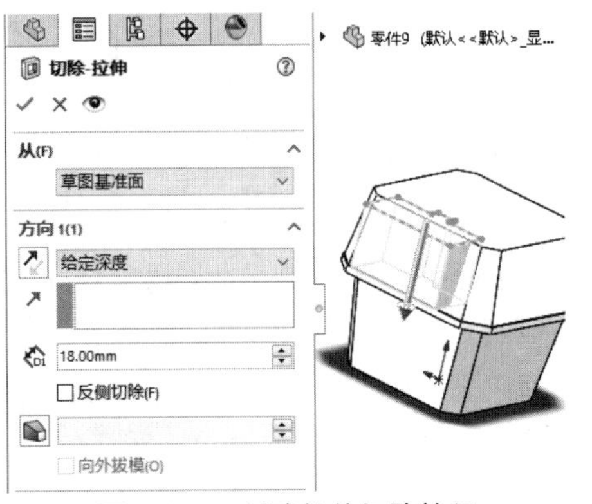

图2-192 创建拉伸切除特征

13 单击【特征】选项卡中的【圆周阵列】按钮，创建圆周阵列特征，如图2-193所示。

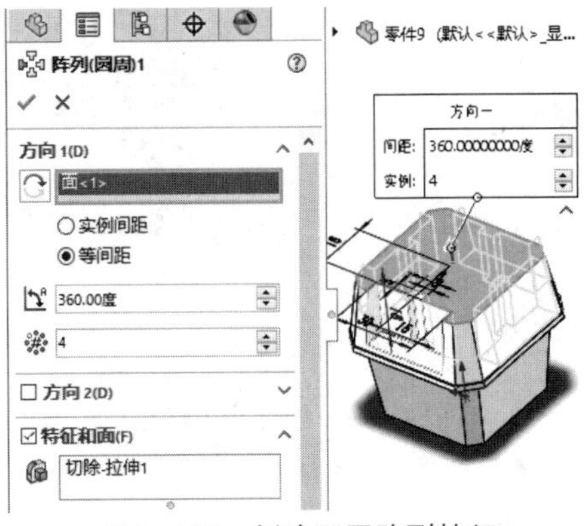

图2-193 创建圆周阵列特征

14 单击【草图】选项卡中的【边角矩形】按钮，绘制矩形，如图2-194所示。

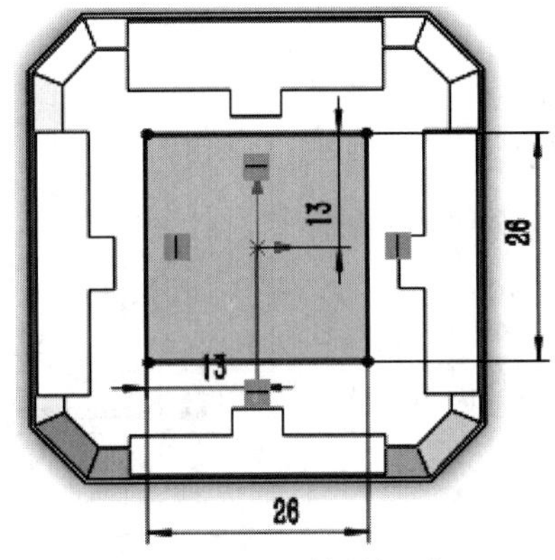

图2-194 绘制矩形

15 单击【特征】选项卡中的【拉伸凸台/基体】按钮，创建拉伸特征，如图2-195所示。

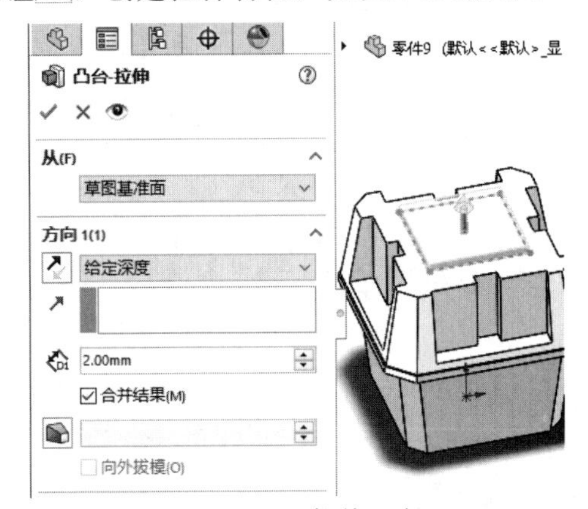

图2-195 拉伸凸台

16 单击【草图】选项卡中的【边角矩形】按钮，绘制矩形，如图2-196所示。

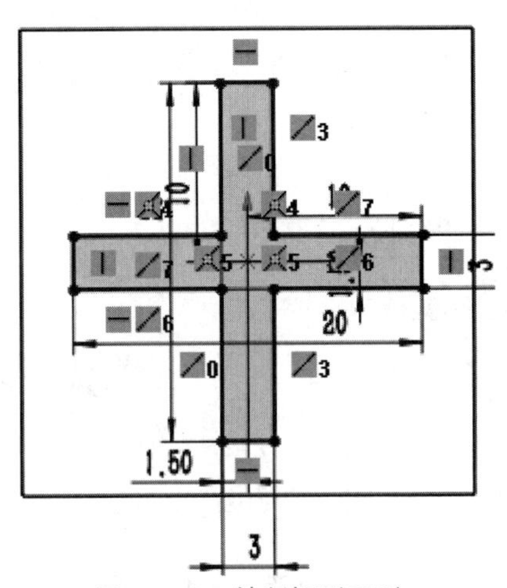

图2-196 绘制矩形图形

17 单击【特征】选项卡中的【拉伸凸台/基体】按钮，创建拉伸特征，如图2-197所示。

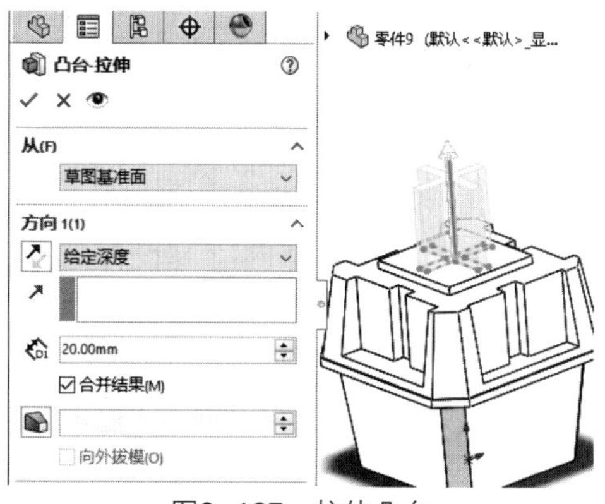

图2-197　拉伸凸台

18完成键轴模型的绘制，如图2-198所示。

图2-198　完成键轴模型

实例 039　绘制连接阀

案例源文件：ywj\02\039.prt

01单击【草图】选项卡中的【圆】按钮，绘制圆，如图2-199所示。

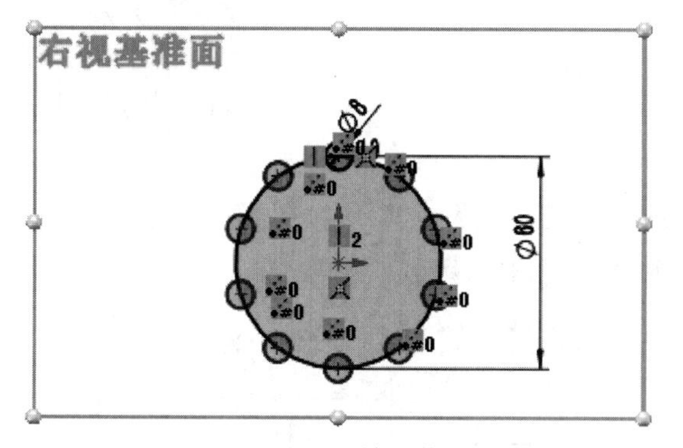

图2-199　绘制草图

02单击【草图】选项卡中的【剪裁实体】按钮，剪裁图形，如图2-200所示。

03单击【特征】选项卡中的【拉伸凸台/基体】按钮，创建拉伸特征，如图2-201所示。

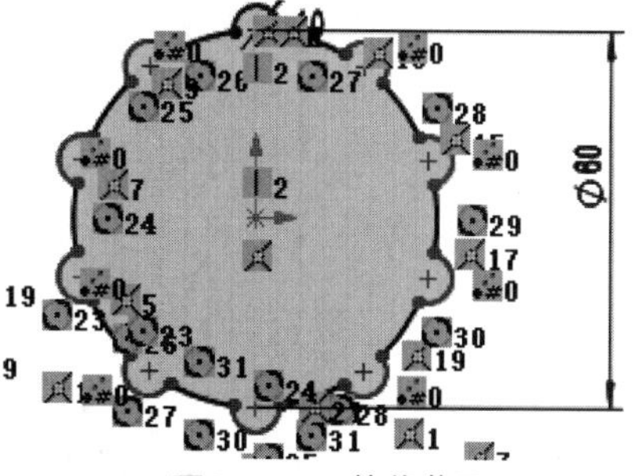

图2-200　剪裁草图

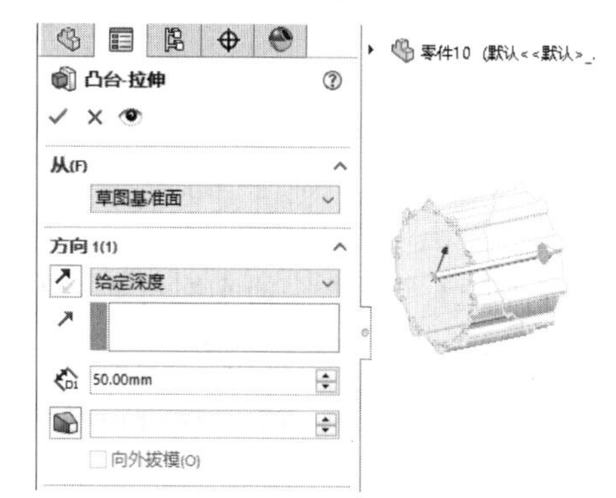

图2-201　拉伸凸台

04单击【特征】选项卡中的【圆角】按钮，创建圆角特征，如图2-202所示。

图2-202　创建圆角

05单击【草图】选项卡中的【圆】按钮，绘制圆，如图2-203所示。

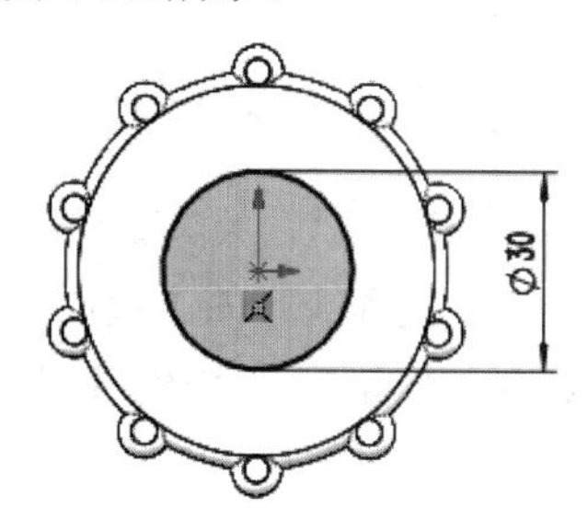

图2-203　绘制圆

06 单击【特征】选项卡中的【拉伸凸台/基体】按钮，创建拉伸特征，如图2-204所示。

图2-204　拉伸凸台

07 单击【特征】选项卡中的【倒角】按钮，创建倒角特征，如图2-205所示。

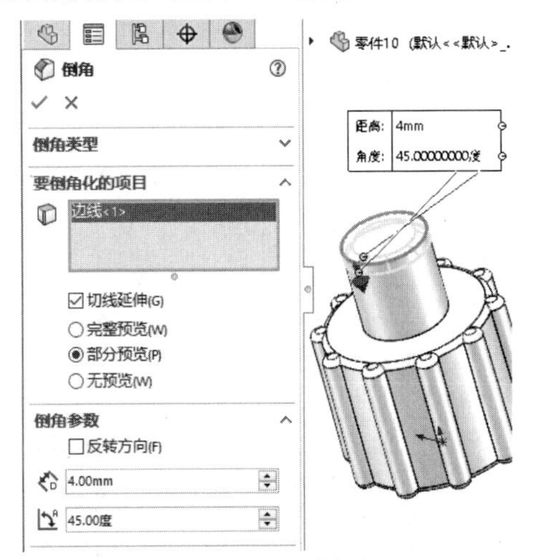

图2-205　创建倒角

08 单击【草图】选项卡中的【圆】按钮，绘制圆，如图2-206所示。

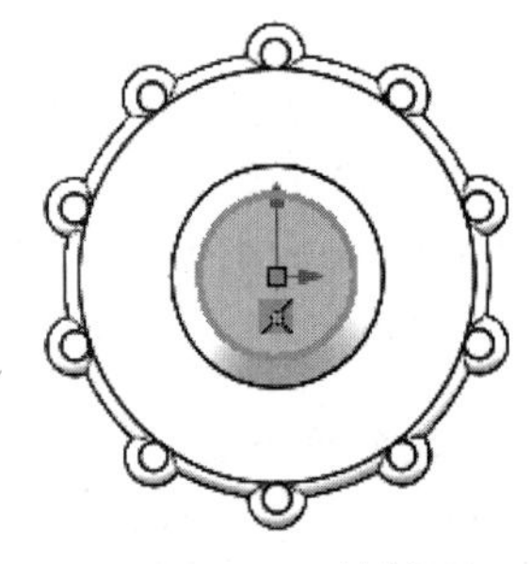

图2-206　绘制圆

09 单击【特征】选项卡中的【拉伸凸台/基体】按钮，创建拉伸特征，如图2-207所示。

10 单击【草图】选项卡中的【多边形】按钮，绘制六边形，如图2-208所示。

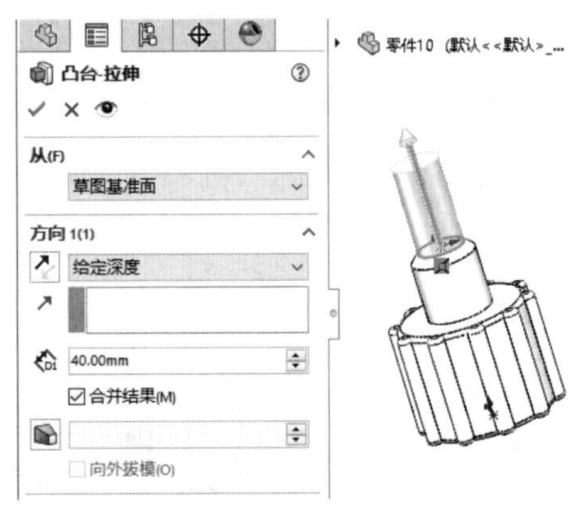

图2-207　拉伸凸台

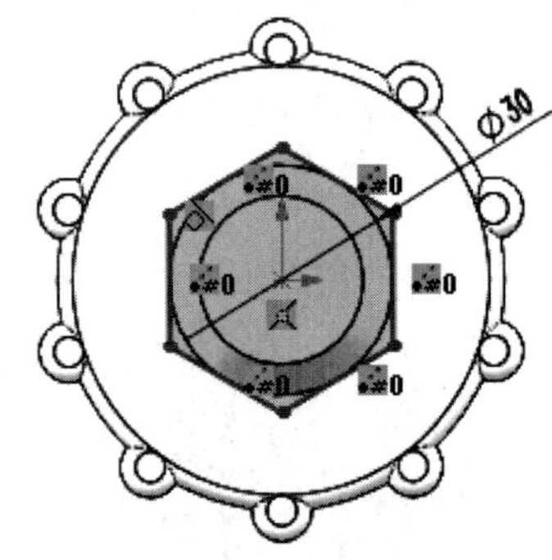

图2-208　绘制六边形

11 单击【特征】选项卡中的【拉伸凸台/基体】按钮，创建拉伸特征，如图2-209所示。

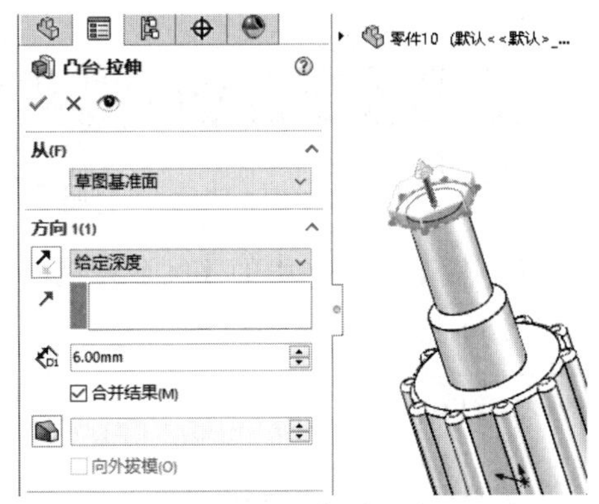

图2-209　拉伸凸台

12 单击【草图】选项卡中的【圆】按钮，绘制圆，如图2-210所示。

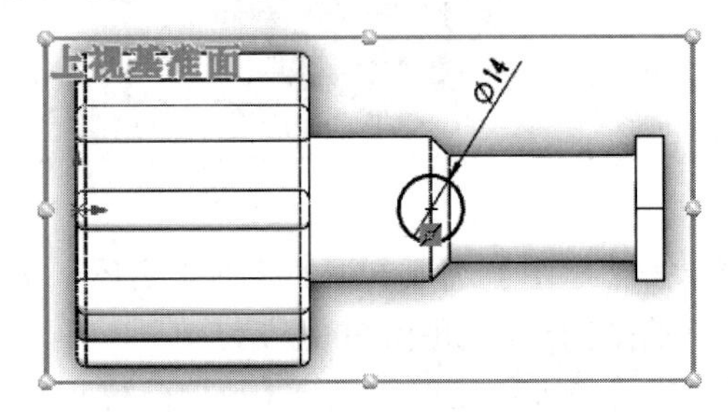

图2-210　绘制圆

13 单击【特征】选项卡中的【拉伸凸台/基体】按钮，创建拉伸特征，如图2-211所示。

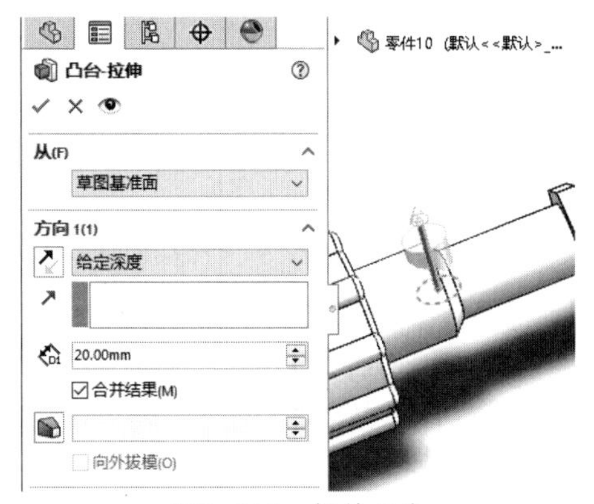

图2-211 拉伸凸台

14 单击【草图】选项卡中的【圆】按钮，绘制圆，如图2-212所示。

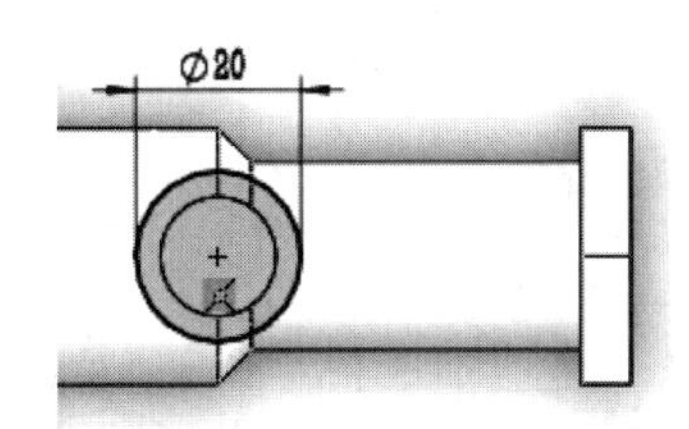

图2-212 绘制圆

15 单击【特征】选项卡中的【拉伸凸台/基体】按钮，创建拉伸特征，如图2-213所示。

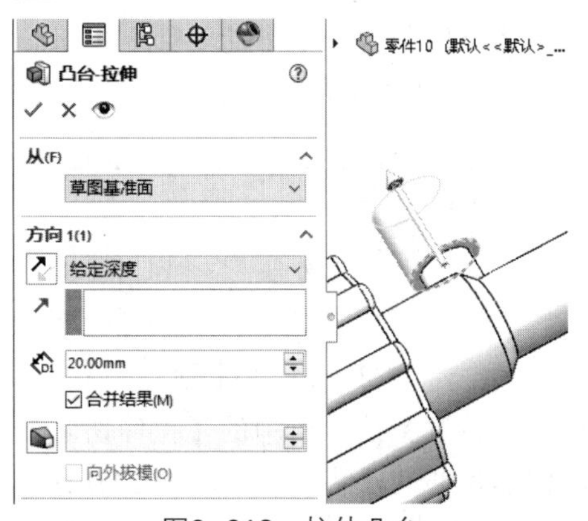

图2-213 拉伸凸台

16 单击【草图】选项卡中的【圆】按钮，绘制圆，如图2-214所示。

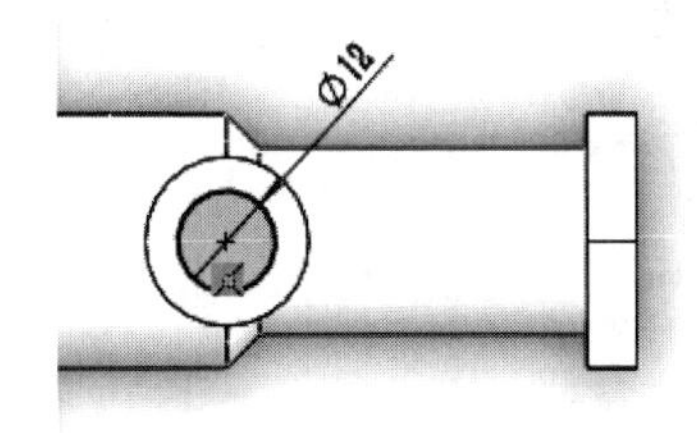

图2-214 绘制圆

17 单击【特征】选项卡中的【拉伸切除】按钮，创建拉伸切除特征，如图2-215所示。

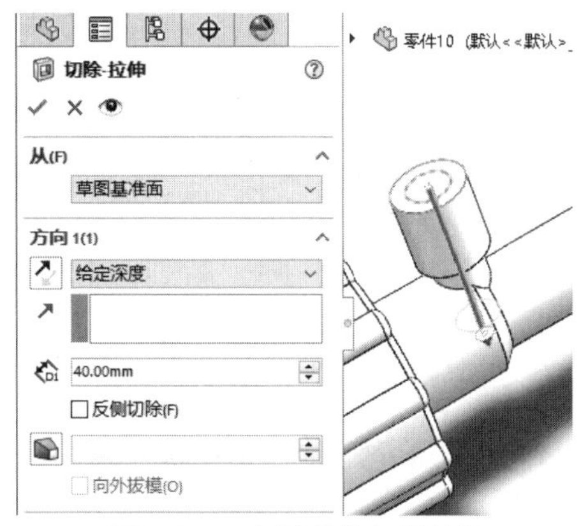

图2-215 创建拉伸切除特征

18 完成连接阀模型的绘制，如图2-216所示。

图2-216 完成连接阀模型

实例 040 绘制机箱

案例源文件：ywj\02\040.prt

01 单击【草图】选项卡中的【边角矩形】按钮，绘制矩形，如图2-217所示。

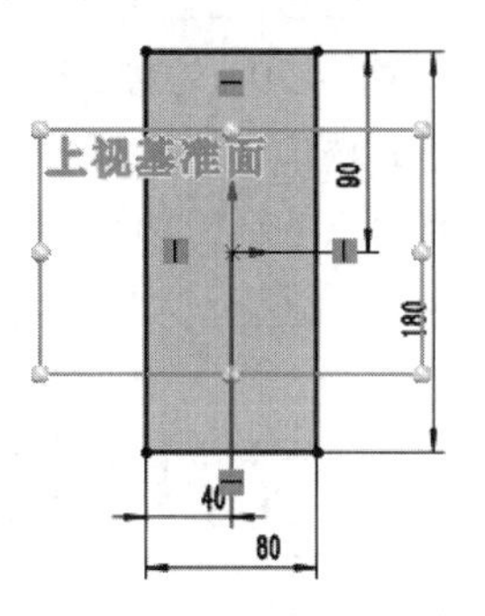

图2-217 绘制矩形

02 单击【特征】选项卡中的【拉伸凸台/基体】按钮，创建拉伸特征，如图2-218所示。

03 单击【特征】选项卡中的【抽壳】按钮，创建抽壳特征，如图2-219所示。

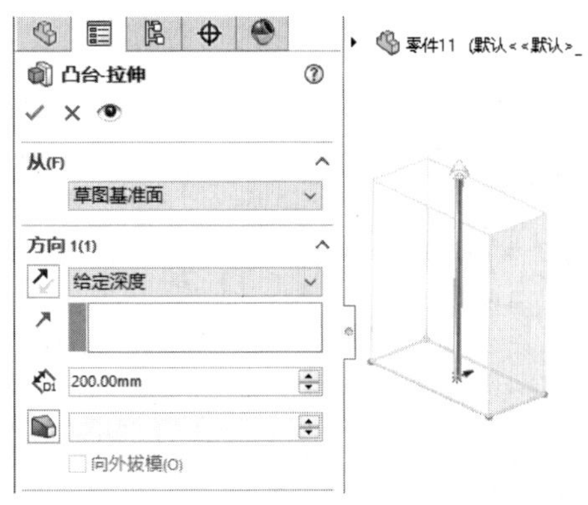

图2-218 拉伸凸台

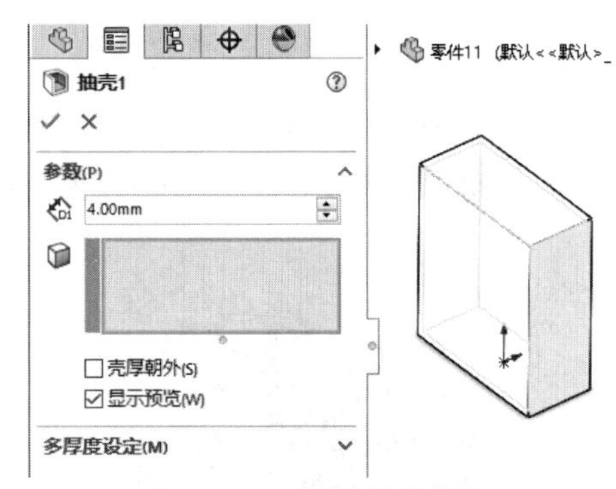

图2-219 创建抽壳特征

04 单击【草图】选项卡中的【边角矩形】按钮，绘制矩形，如图2-220所示。

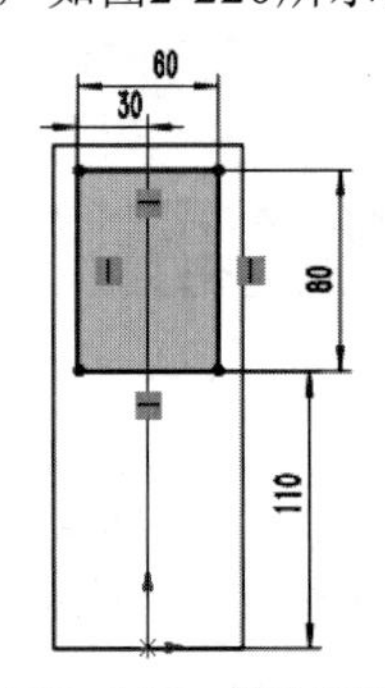

图2-220 绘制矩形

05 单击【特征】选项卡中的【拉伸切除】按钮，创建拉伸切除特征，如图2-221所示。

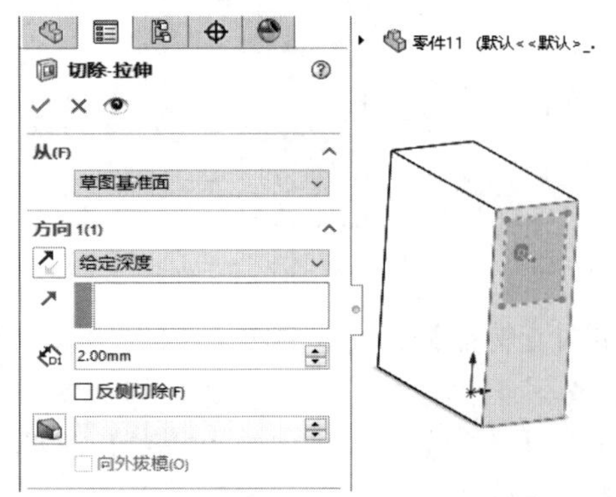

图2-221 创建拉伸切除特征

06 单击【草图】选项卡中的【圆】按钮，绘制圆，如图2-222所示。

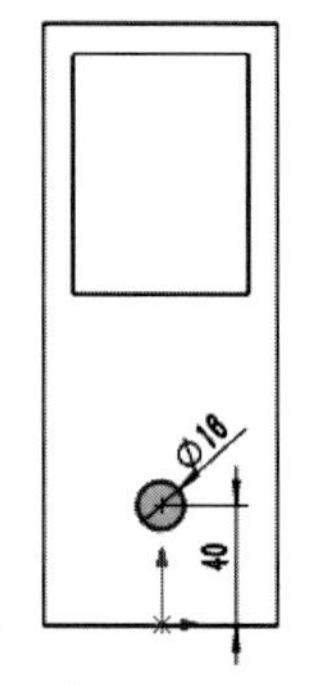

图2-222 绘制圆

07 单击【特征】选项卡中的【拉伸凸台/基体】按钮，创建拉伸特征，如图2-223所示。

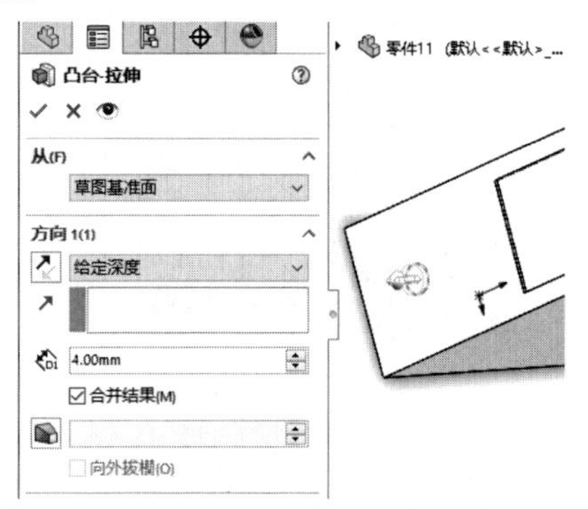

图2-223 拉伸凸台

08 单击【草图】选项卡中的【圆】按钮，绘制圆，如图2-224所示。

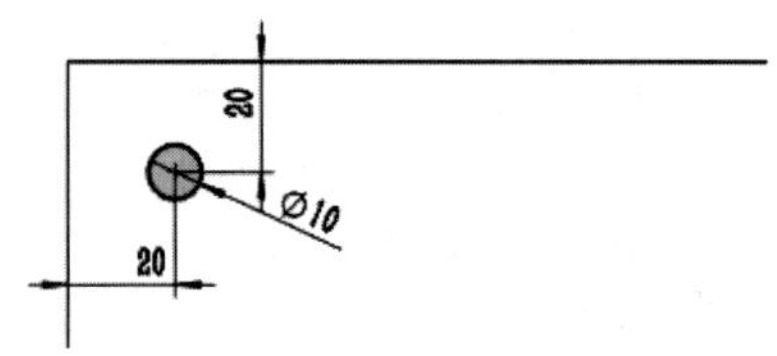

图2-224 绘制圆

09 单击【特征】选项卡中的【拉伸切除】按钮，创建拉伸切除特征，如图2-225所示。

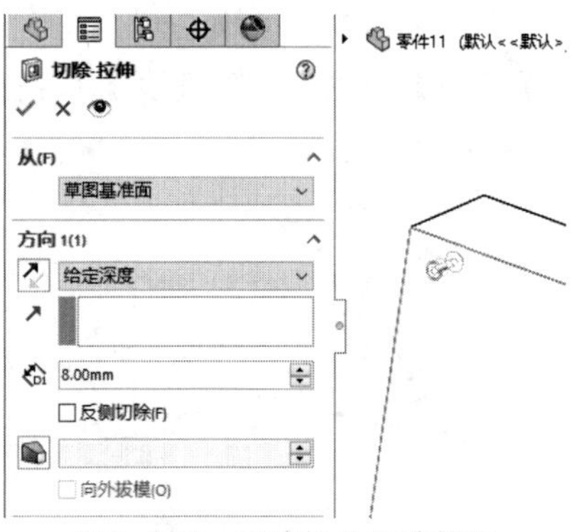

图2-225 创建拉伸切除特征

10 单击【特征】选项卡中的【线性阵列】按钮 ，创建线性阵列特征，如图2-226所示。

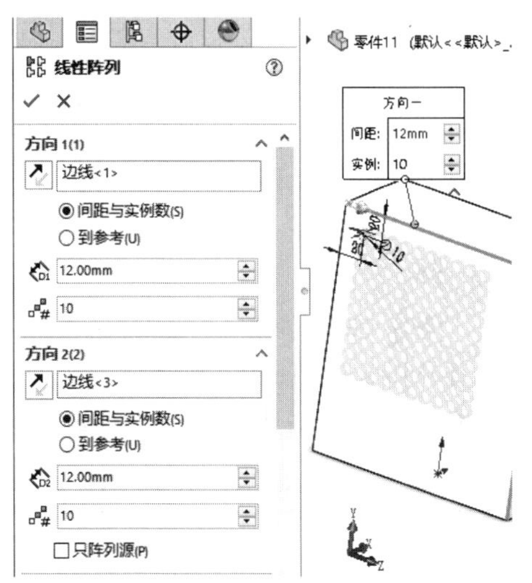

图2-226 创建线性阵列特征

11 单击【特征】选项卡中的【异型孔向导】按钮，创建孔特征，如图2-227所示。

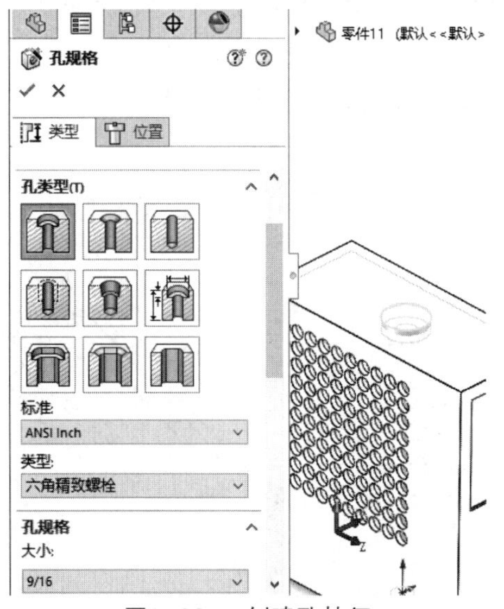

图2-227 创建孔特征

12 完成机箱模型的绘制，如图2-228所示。

图2-228 完成机箱模型

实例 041 绘制插盒

案例源文件：ywj\02\041.prt

01 单击【草图】选项卡中的【边角矩形】按钮 ，绘制矩形，如图2-229所示。

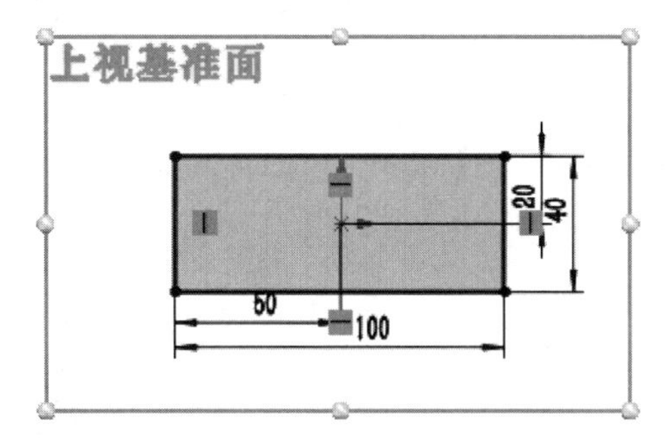

图2-229 绘制矩形

02 单击【特征】选项卡中的【拉伸凸台/基体】按钮，创建拉伸特征，如图2-230所示。

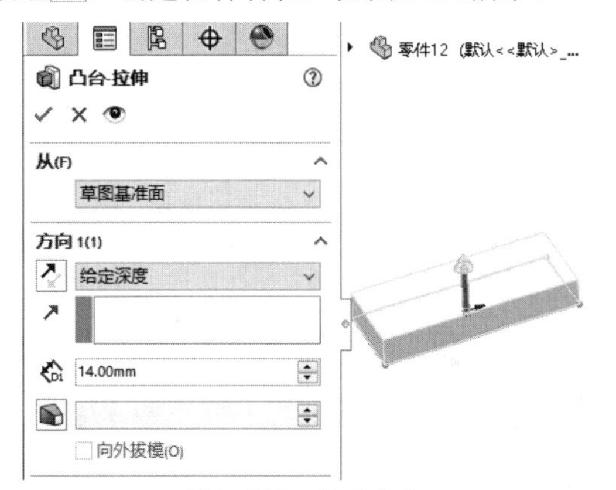

图2-230 拉伸凸台

03 单击【草图】选项卡中的【等距实体】按钮 ，创建等距图形，如图2-231所示。

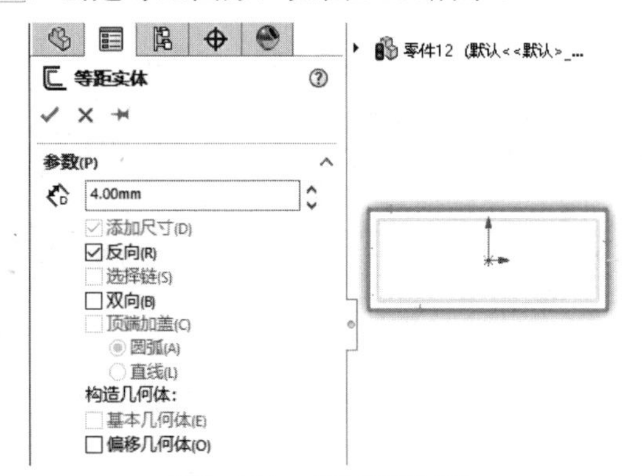

图2-231 绘制等距实体

04 单击【草图】选项卡中的【圆】按钮 ，绘制圆，如图2-232所示。

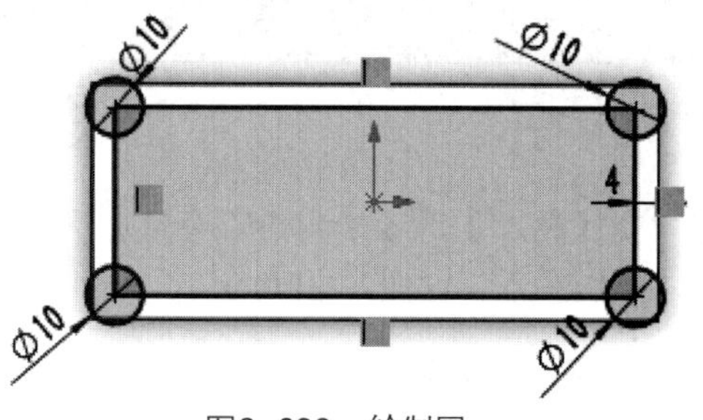

图2-232　绘制圆

05 单击【草图】选项卡中的【剪裁实体】按钮，剪裁图形，如图2-233所示。

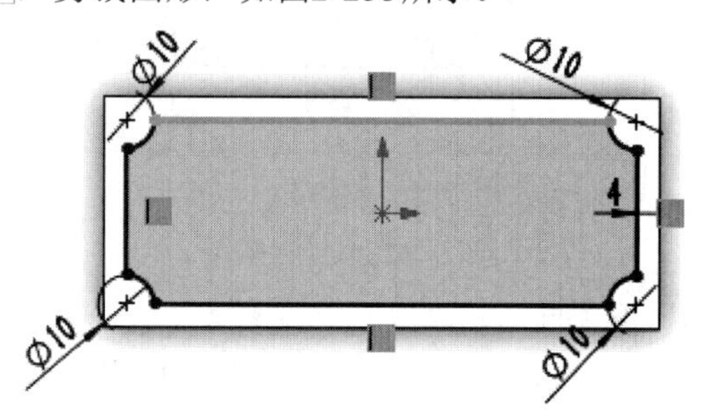

图2-233　剪裁图形

06 单击【特征】选项卡中的【拉伸切除】按钮，创建拉伸切除特征，如图2-234所示。

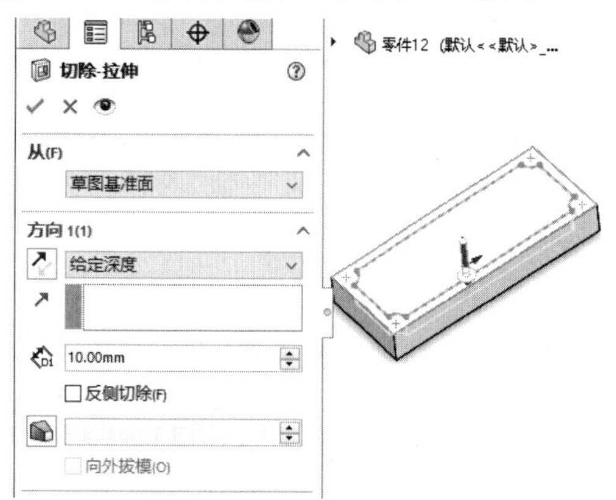

图2-234　创建拉伸切除特征

07 单击【草图】选项卡中的【圆】按钮，绘制圆，如图2-235所示。

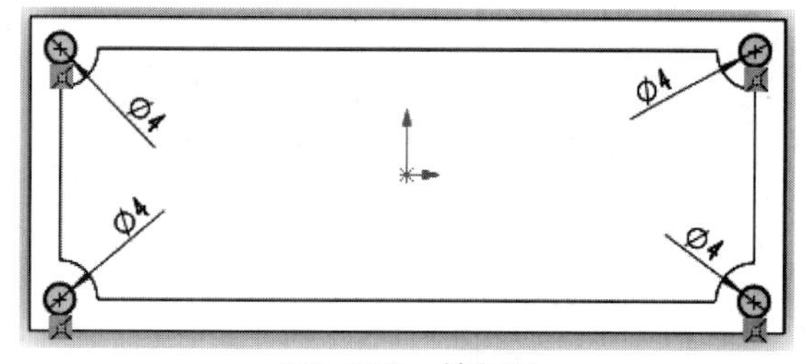

图2-235　绘制圆

08 单击【特征】选项卡中的【拉伸切除】按钮，创建拉伸切除特征，如图2-236所示。

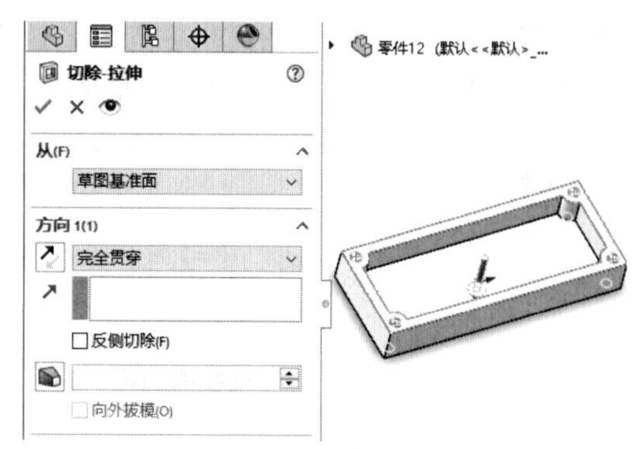

图2-236　创建拉伸切除特征

09 单击【草图】选项卡中的【直线】按钮，绘制直线，如图2-237所示。

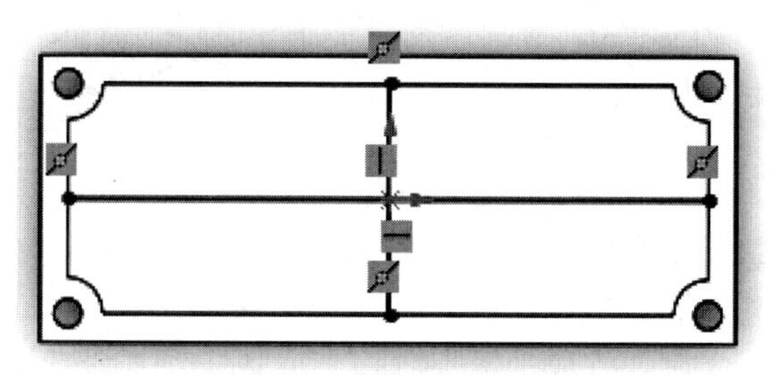

图2-237　绘制直线

10 单击【特征】选项卡中的【筋】按钮，创建筋特征，如图2-238所示。

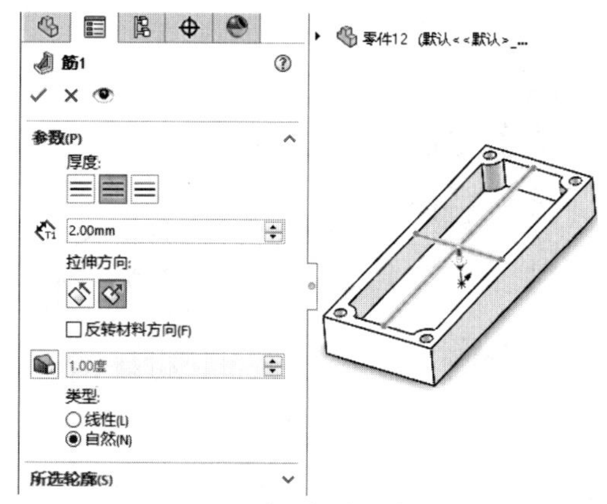

图2-238　创建筋特征

11 完成插盒模型的绘制，如图2-239所示。

图2-239　完成插盒模型

实例 042 案例源文件：ywj\02\042.prt

绘制泵接头

01 单击【草图】选项卡中的【圆】按钮，绘制圆，如图2-240所示。

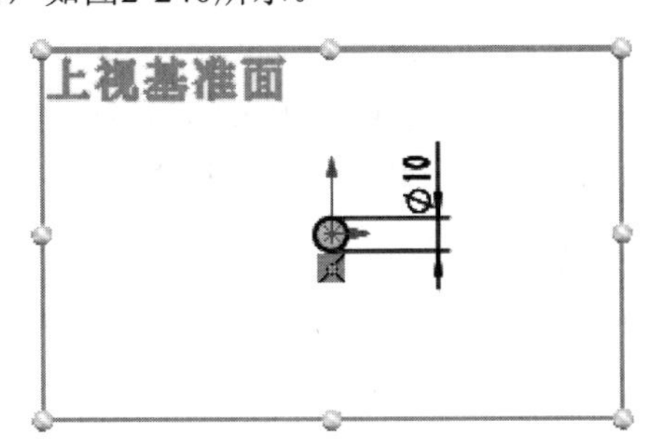

图2-240　绘制圆

02 单击【特征】选项卡中的【拉伸凸台/基体】按钮，创建拉伸特征，如图2-241所示。

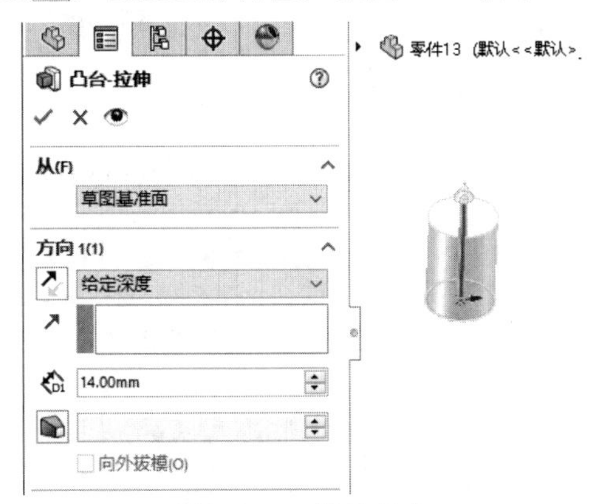

图2-241　拉伸凸台

03 单击【特征】选项卡中的【拔模】按钮，创建拔模特征，如图2-242所示。

图2-242　创建拔模特征

04 单击【草图】选项卡中的【圆】按钮，绘制圆，如图2-243所示。

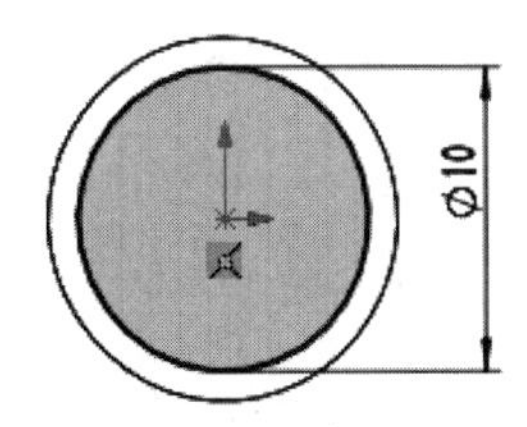

图2-243　绘制圆

05 单击【特征】选项卡中的【拉伸凸台/基体】按钮，创建拉伸特征，如图2-244所示。

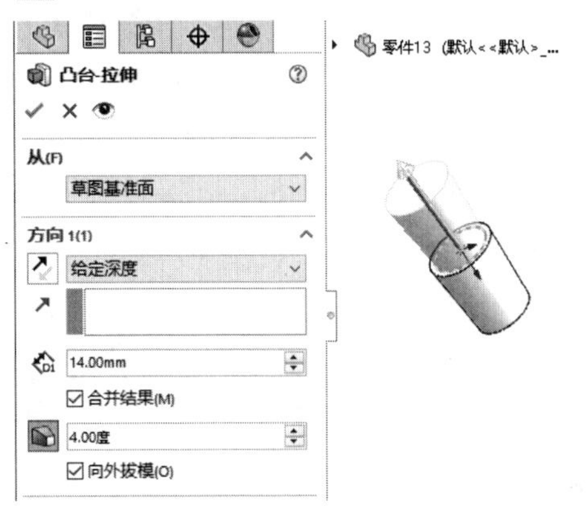

图2-244　拉伸凸台

06 单击【草图】选项卡中的【圆】按钮，绘制圆，如图2-245所示。

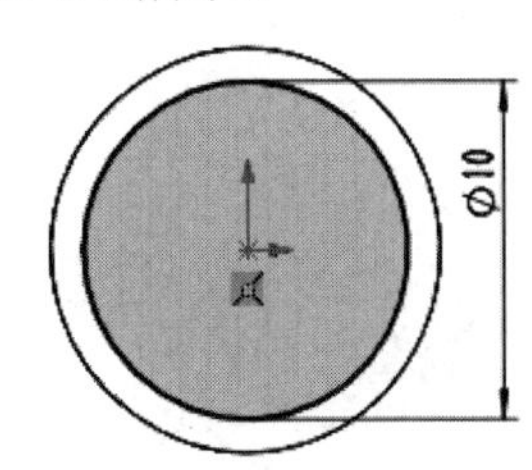

图2-245　绘制圆

07 单击【特征】选项卡中的【拉伸凸台/基体】按钮，创建拉伸特征，如图2-246所示。

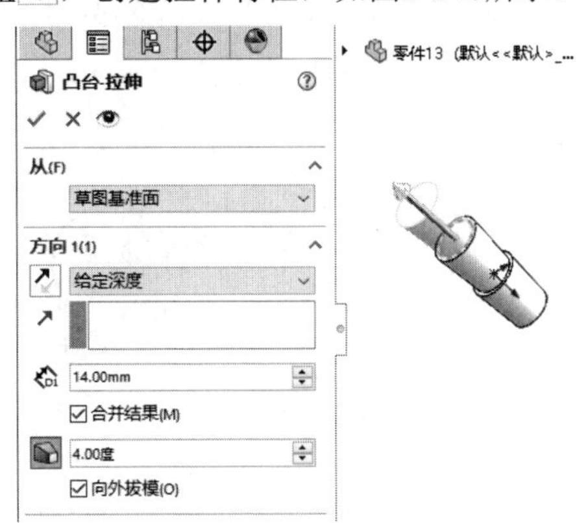

图2-246　拉伸凸台

08 单击【草图】选项卡中的【圆】按钮，绘制圆，如图2-247所示。

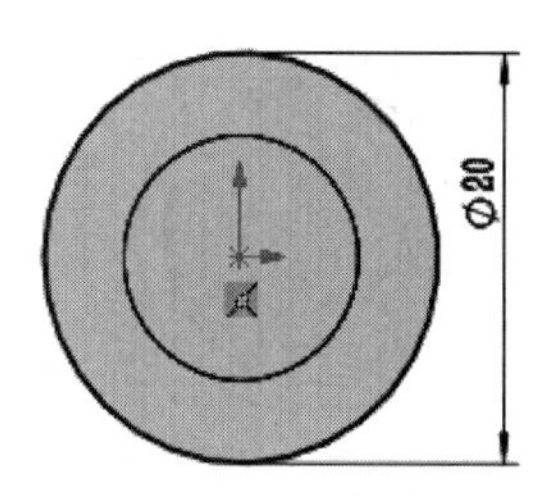

图2-247　绘制圆

09 单击【特征】选项卡中的【拉伸凸台/基体】按钮，创建拉伸特征，如图2-248所示。

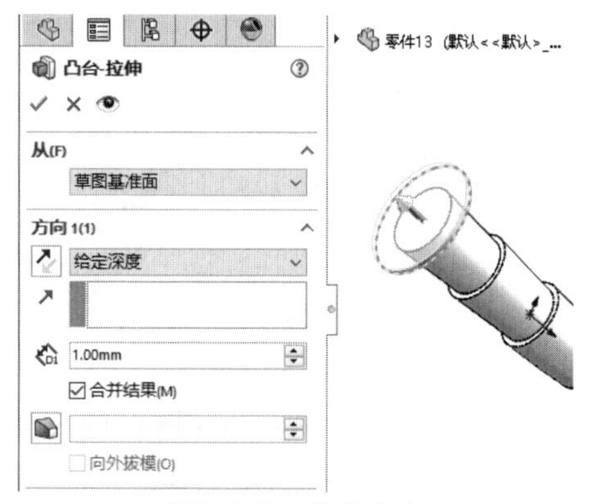

图2-248　拉伸凸台

10 单击【草图】选项卡中的【圆】按钮，绘制圆，如图2-249所示。

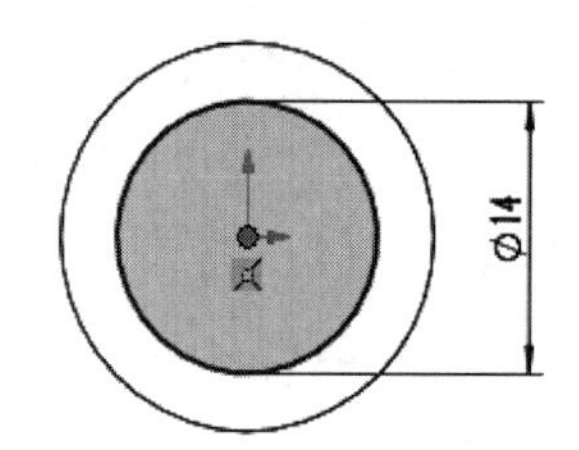

图2-249　绘制圆

11 单击【特征】选项卡中的【拉伸凸台/基体】按钮，创建拉伸特征，如图2-250所示。

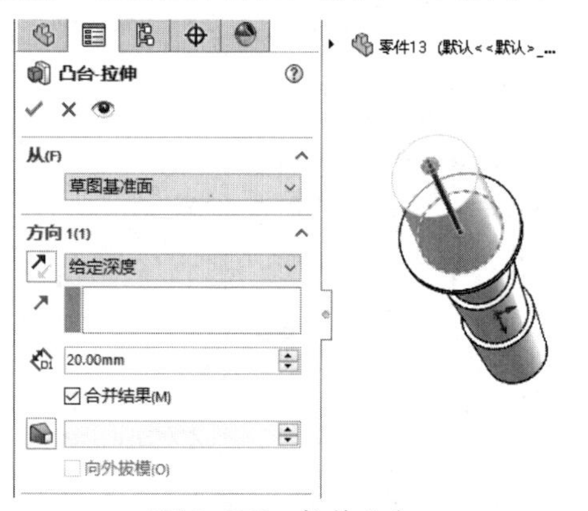

图2-250　拉伸凸台

12 单击【草图】选项卡中的【圆】按钮，绘制圆，如图2-251所示。

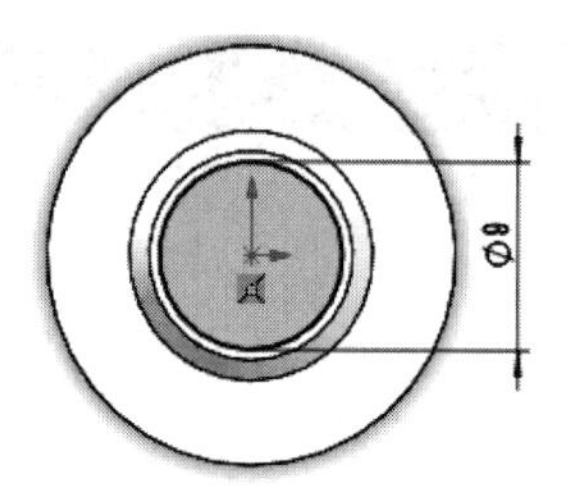

图2-251　绘制圆

13 单击【特征】选项卡中的【拉伸切除】按钮，创建拉伸切除特征，如图2-252所示。

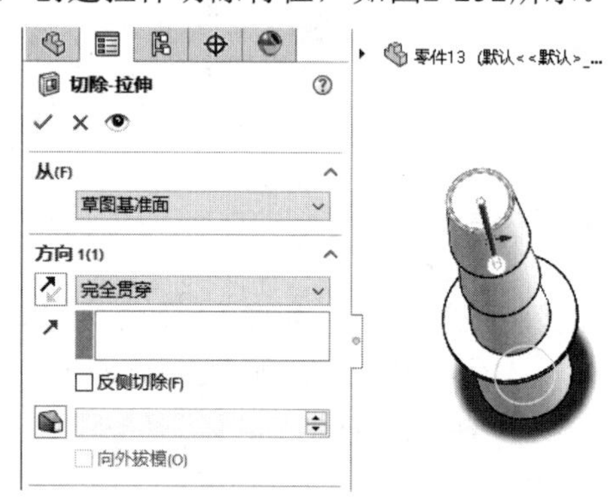

图2-252　创建拉伸切除特征

14 完成泵接头模型的绘制，如图2-253所示。

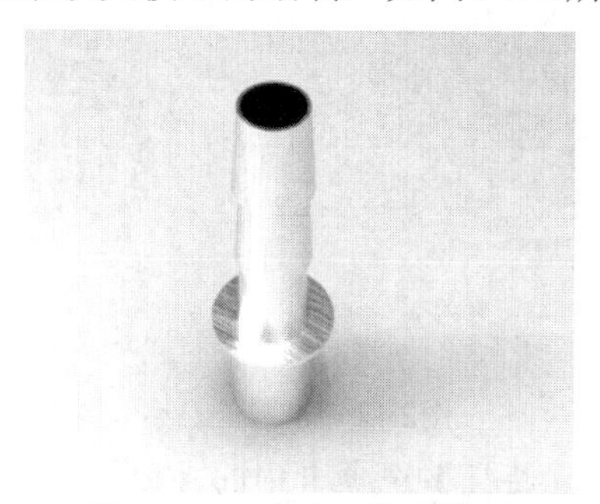
图2-253　完成泵接头模型

实例 043　绘制缸体

案例源文件：ywj\02\043.prt

01 单击【草图】选项卡中的【圆】按钮，绘制圆，如图2-254所示。

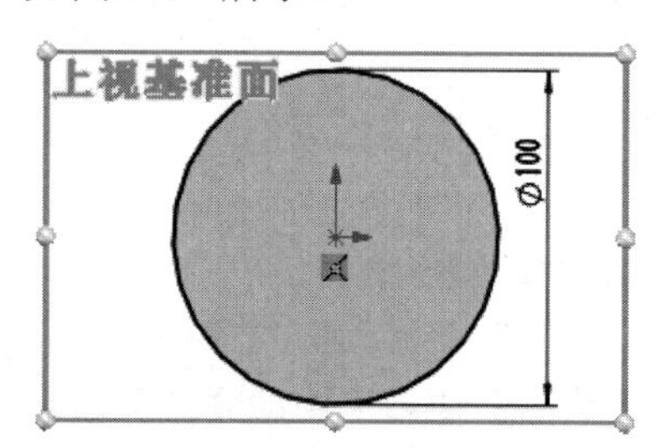

图2-254　绘制圆

02 单击【特征】选项卡中的【拉伸凸台/基体】按钮，创建拉伸特征，如图2-255所示。

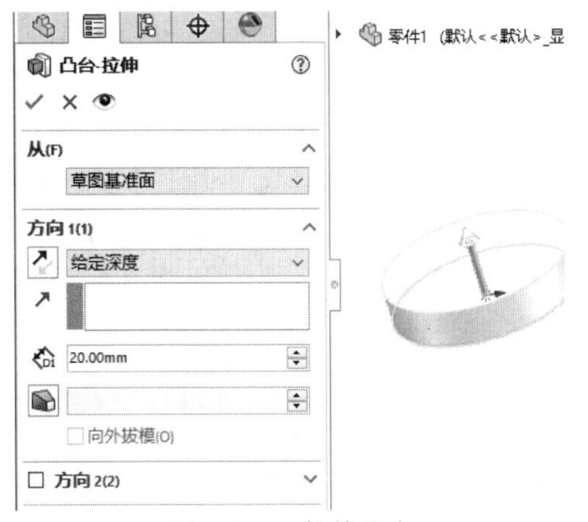

图2-255 拉伸凸台

03 单击【草图】选项卡中的【圆】按钮，绘制圆，如图2-256所示。

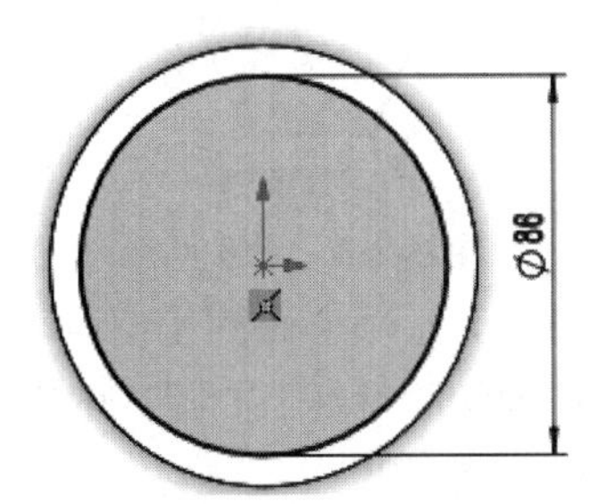

图2-256 绘制圆

04 单击【特征】选项卡中的【拉伸凸台/基体】按钮，创建拉伸特征，如图2-257所示。

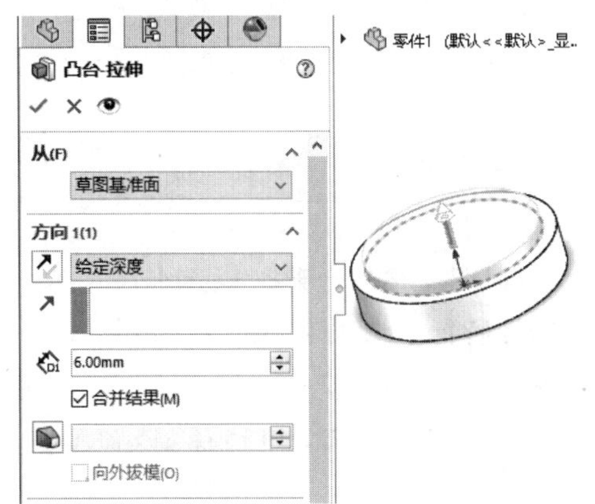

图2-257 拉伸凸台

05 单击【特征】选项卡中的【圆角】按钮，创建圆角特征，如图2-258所示。

06 单击【草图】选项卡中的【圆】按钮，绘制圆，如图2-259所示。

07 单击【特征】选项卡中的【拉伸切除】按钮，创建拉伸切除特征，如图2-260所示。

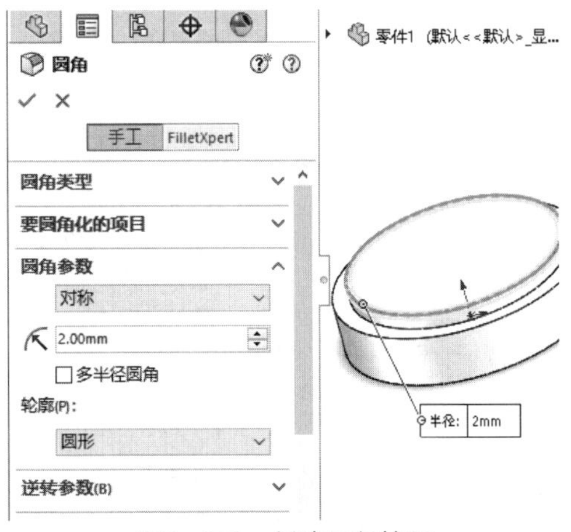

图2-258 创建圆角特征

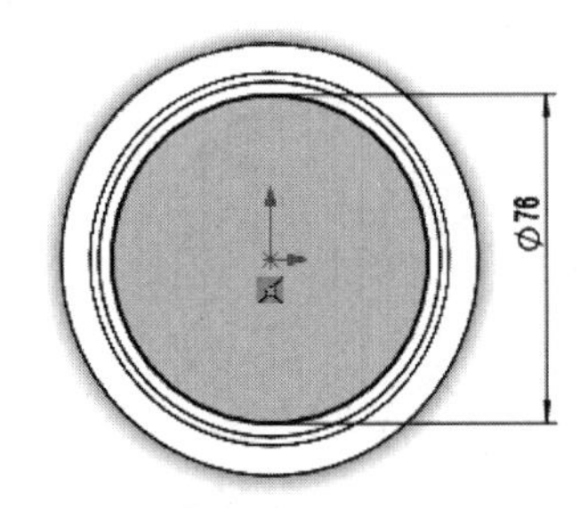

图2-259 绘制圆

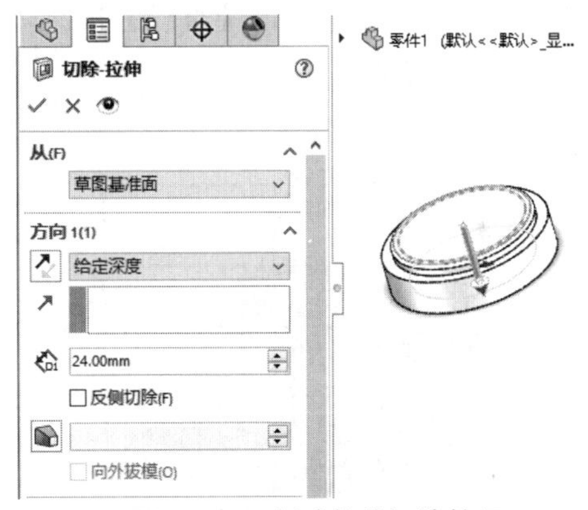

图2-260 创建拉伸切除特征

08 单击【草图】选项卡中的【圆】按钮，绘制圆，如图2-261所示。

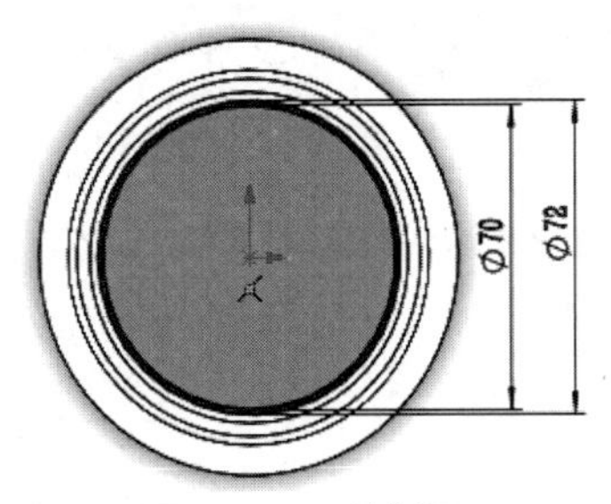

图2-261 绘制圆

09 单击【特征】选项卡中的【拉伸凸台/基体】按钮，创建拉伸特征，如图2-262所示。

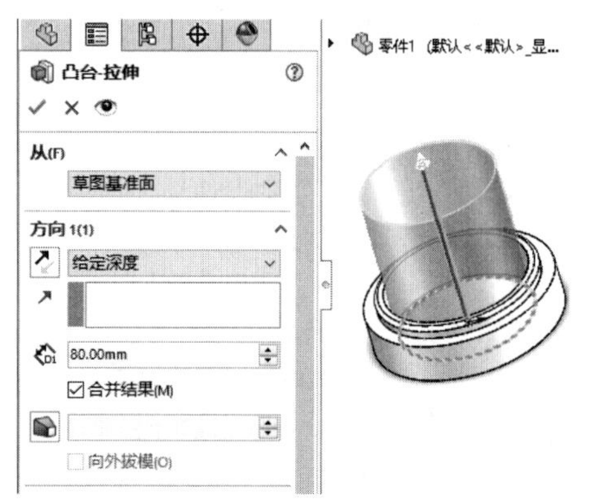

图2-262 拉伸凸台

10 单击【草图】选项卡中的【圆】按钮，绘制圆，如图2-263所示。

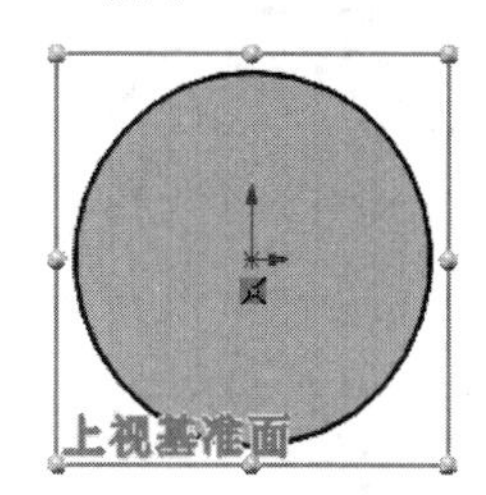

图2-263 绘制圆

11 单击【草图】选项卡中的【直线】按钮，绘制直线，如图2-264所示。

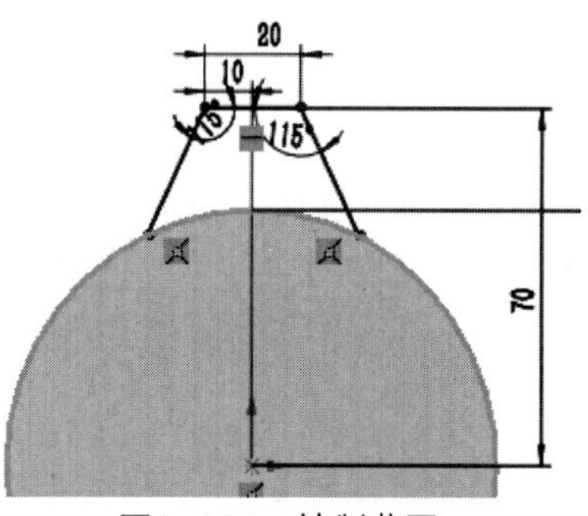

图2-264 绘制草图

12 单击【特征】选项卡中的【拉伸凸台/基体】按钮，创建拉伸特征，如图2-265所示。

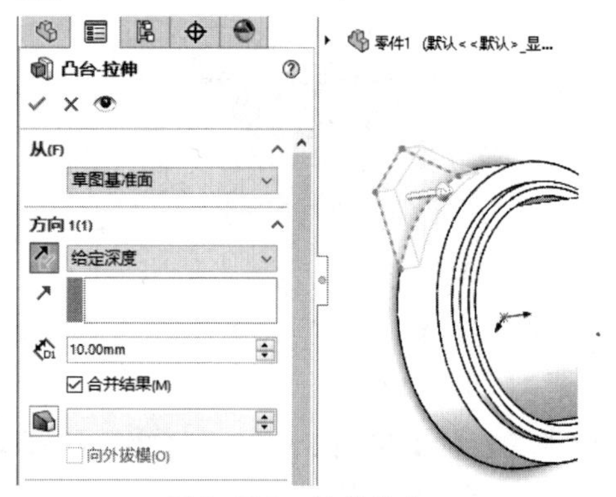

图2-265 拉伸凸台

13 单击【草图】选项卡中的【等距实体】按钮，创建等距图形，如图2-266所示。

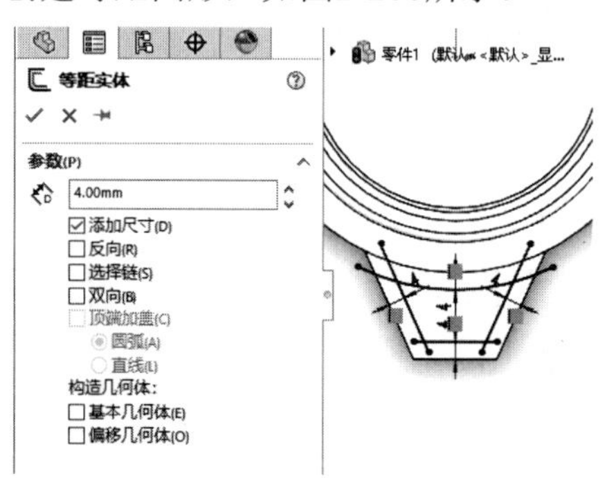

图2-266 绘制等距实体

14 单击【草图】选项卡中的【剪裁实体】按钮，剪裁图形，如图2-267所示。

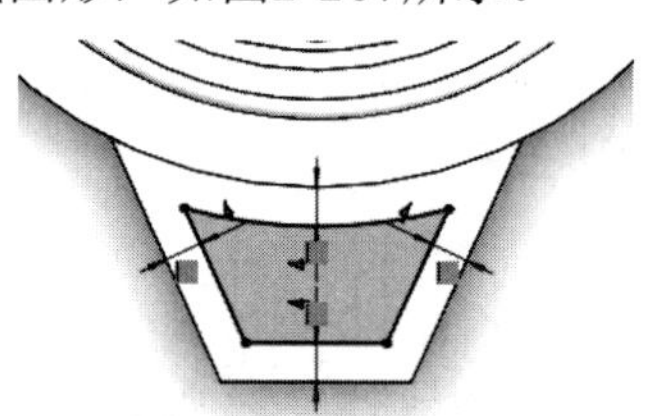

图2-267 剪裁图形

15 单击【特征】选项卡中的【拉伸切除】按钮，创建拉伸切除特征，如图2-268所示。

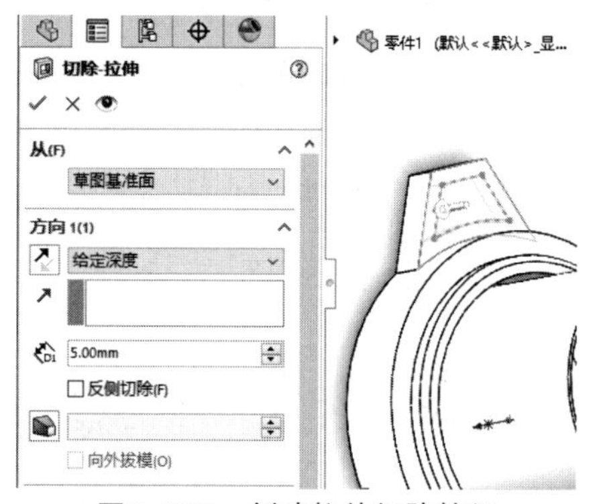

图2-268 创建拉伸切除特征

16 单击【特征】选项卡中的【镜像】按钮，创建镜像特征，如图2-269所示。

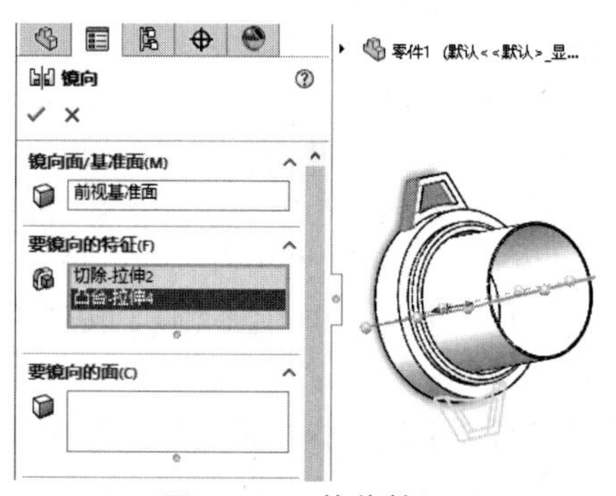

图2-269 镜像特征

17 完成缸体模型的绘制，如图2-270所示。

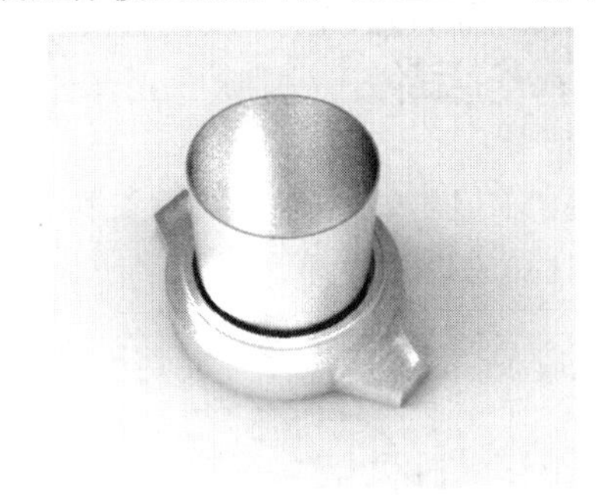

图2-270 完成缸体模型

实例 044 绘制拔叉

案例源文件：ywj\02\044.prt

01 单击【草图】选项卡中的【圆】按钮，绘制圆，如图2-271所示。

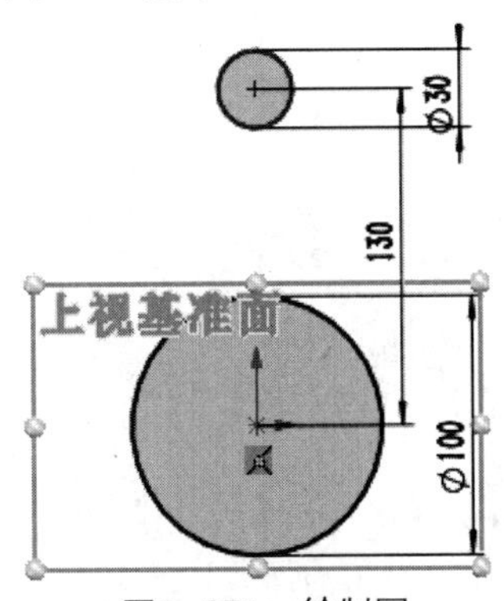

图2-271 绘制圆

02 单击【草图】选项卡中的【直线】按钮，绘制切线，如图2-272所示。

03 单击【草图】选项卡中的【剪裁实体】按钮，剪裁图形，如图2-273所示。

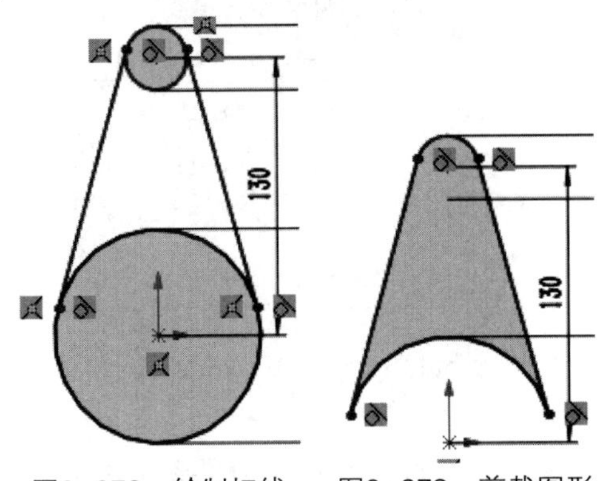

图2-272 绘制切线　图2-273 剪裁图形

04 单击【特征】选项卡中的【拉伸凸台/基体】按钮，创建拉伸特征，如图2-274所示。

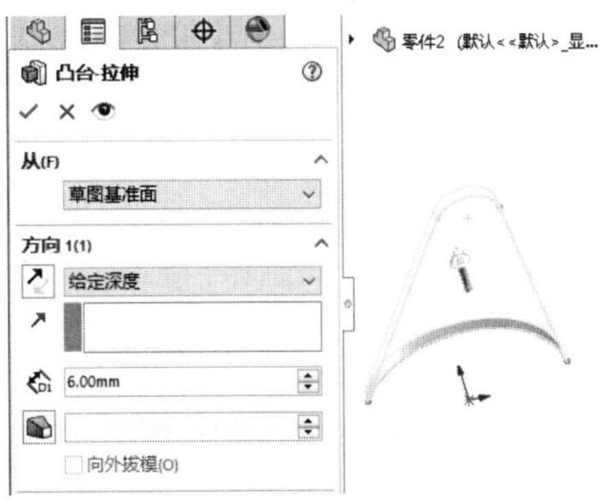

图2-274 拉伸凸台

05 单击【草图】选项卡中的【圆】按钮，绘制圆，如图2-275所示。

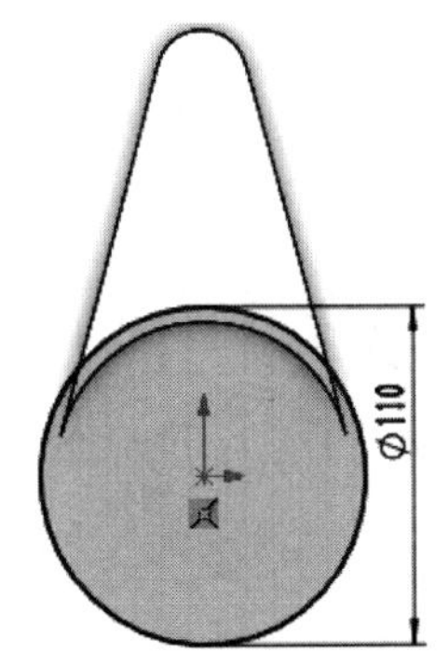

图2-275 绘制圆

06 单击【特征】选项卡中的【拉伸切除】按钮，创建拉伸切除特征，如图2-276所示。

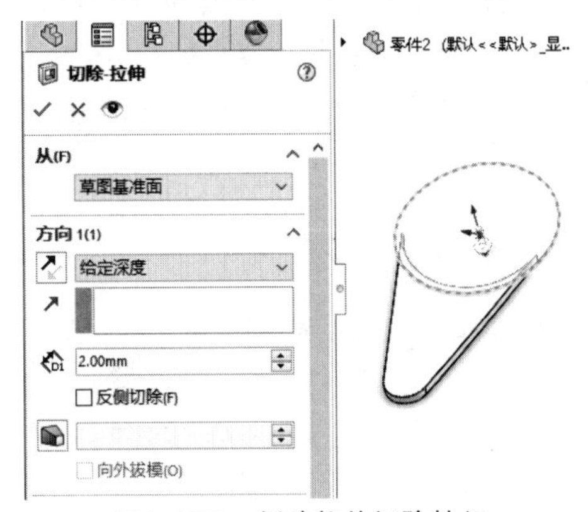

图2-276 创建拉伸切除特征

07 单击【草图】选项卡中的【圆】按钮，绘制圆，如图2-277所示。

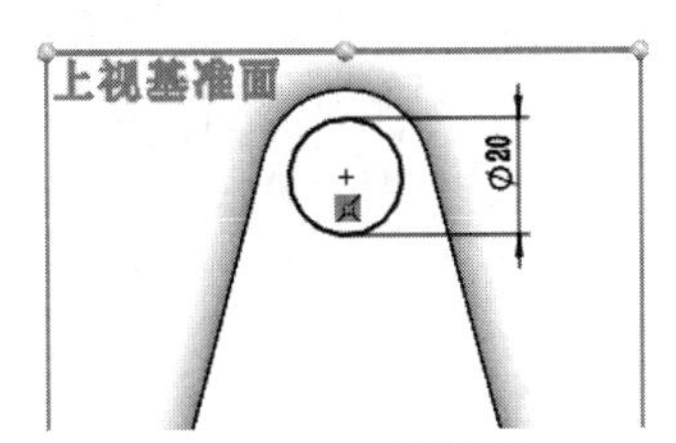

图2-277 绘制圆

08 单击【特征】选项卡中的【拉伸凸台/基体】按钮，创建拉伸特征，如图2-278所示。

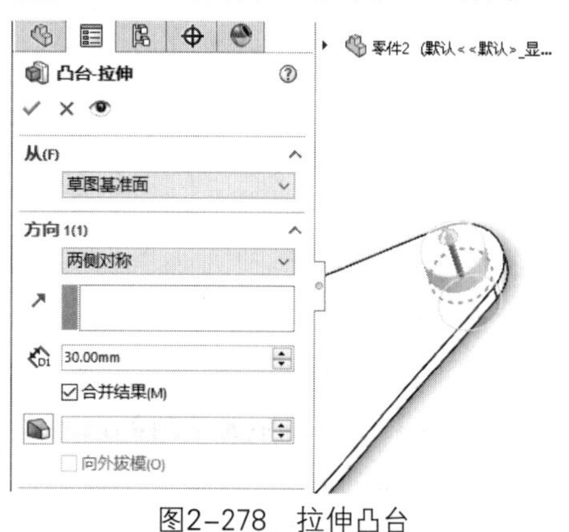

图2-278　拉伸凸台

09 单击【草图】选项卡中的【圆】按钮，绘制圆，如图2-279所示。

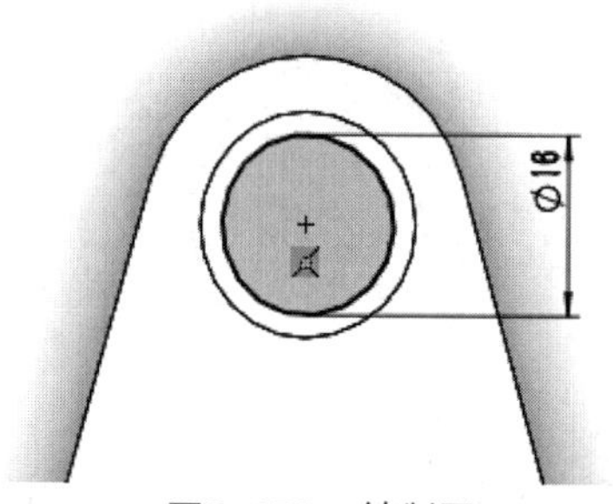

图2-279　绘制圆

10 单击【特征】选项卡中的【拉伸切除】按钮，创建拉伸切除特征，如图2-280所示。

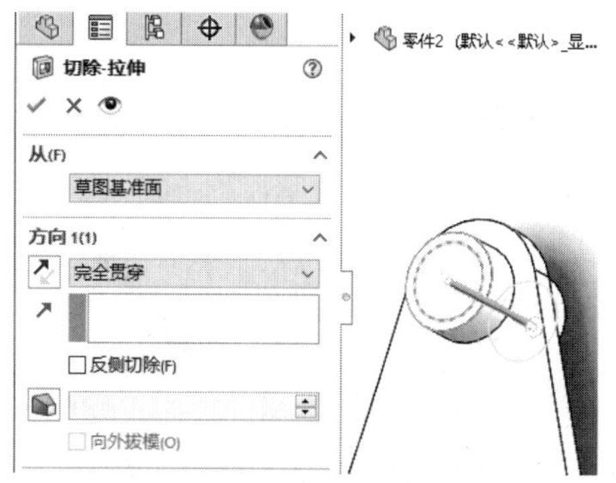

图2-280　创建拉伸切除特征

11 完成拨叉模型的绘制，如图2-281所示。

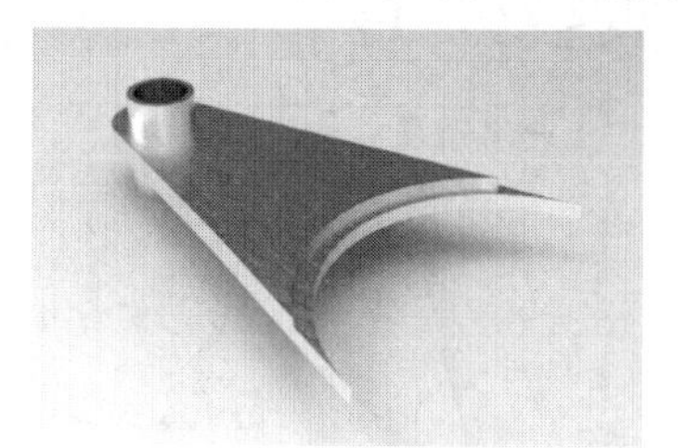

图2-281　完成拨叉模型

实例 045　绘制标准齿轮

案例源文件：ywj\02\045.prt

01 单击【草图】选项卡中的【圆】按钮，绘制圆，如图2-282所示。

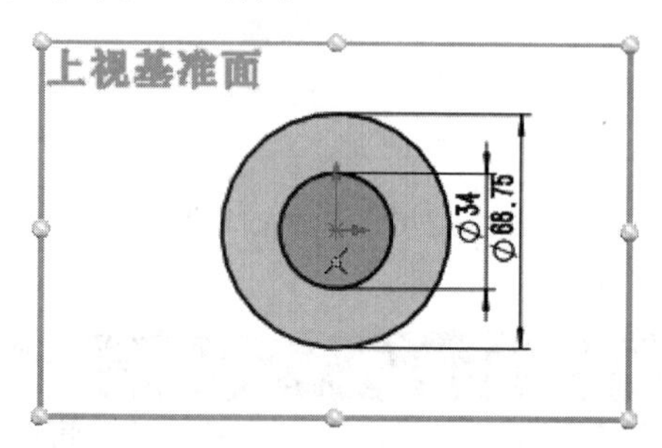

图2-282　绘制圆

02 单击【草图】选项卡中的【边角矩形】按钮，绘制矩形，如图2-283所示。

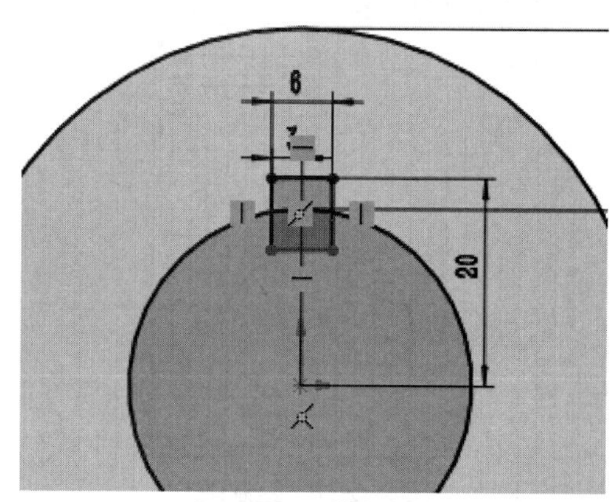

图2-283　绘制矩形

03 单击【草图】选项卡中的【剪裁实体】按钮，剪裁图形，如图2-284所示。

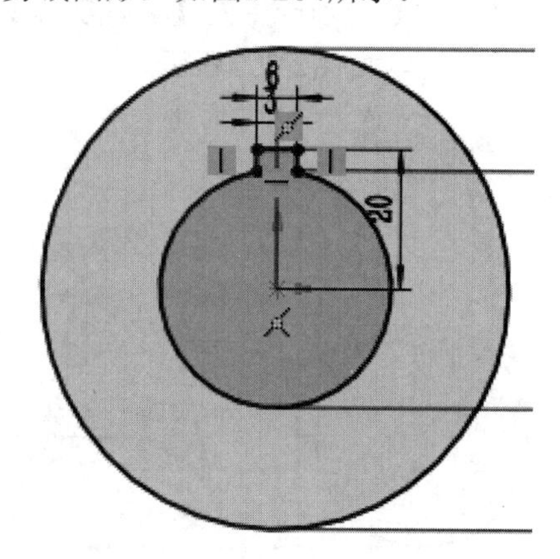

图2-284　剪裁图形

04 单击【特征】选项卡中的【拉伸凸台/基体】按钮，创建拉伸特征，如图2-285所示。

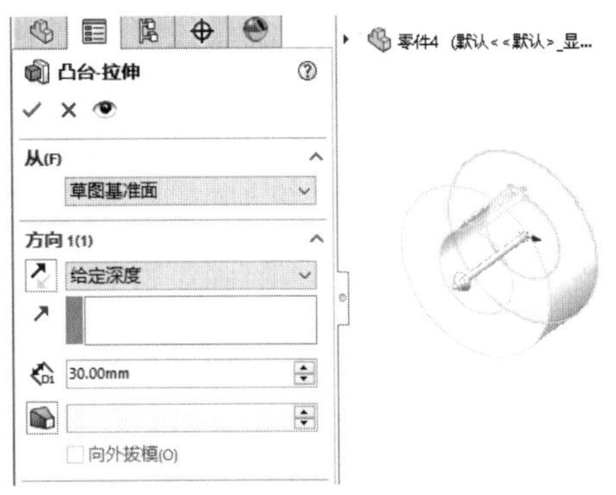

图2-285　拉伸凸台

05 单击【草图】选项卡中的【圆】按钮，绘制圆，并设置为构造线，如图2-286所示。

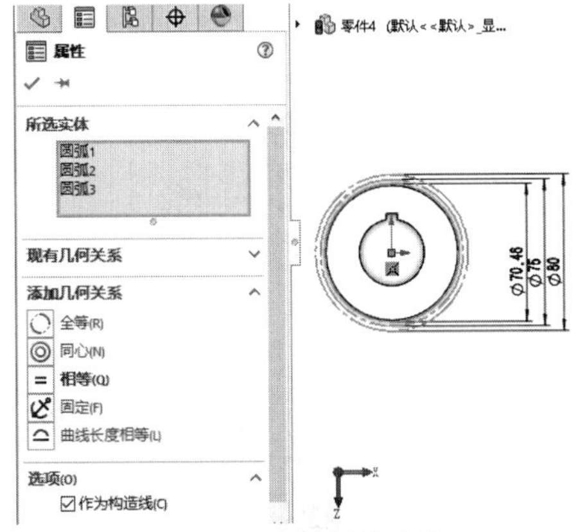

图2-286　绘制构造线

06 单击【草图】选项卡中的【方程式驱动的曲线】按钮，绘制曲线，如图2-287所示。

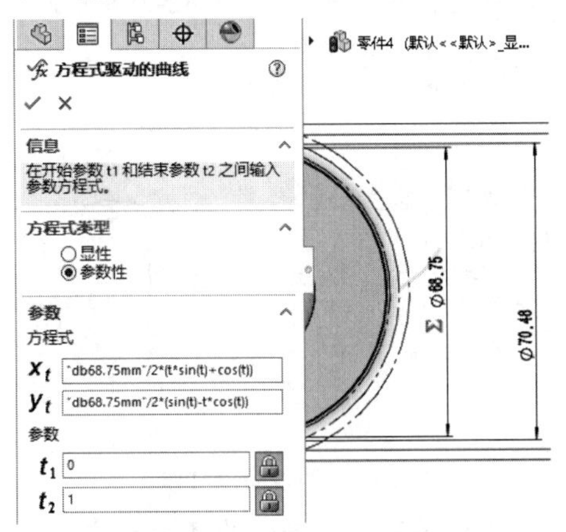

图2-287　创建方程式曲线

07 单击【草图】选项卡中的【镜像实体】按钮，创建镜像图形，如图2-288所示。

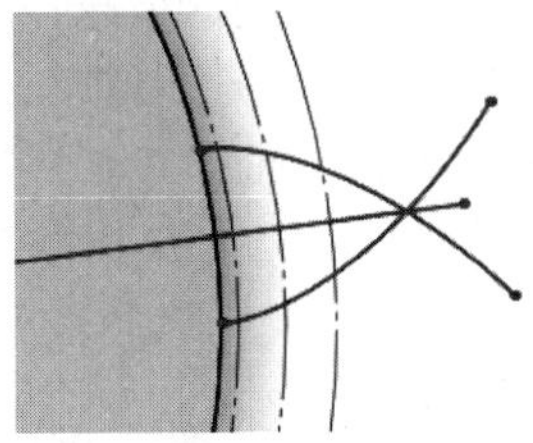

图2-288　镜像图形

08 单击【草图】选项卡中的【剪裁实体】按钮，剪裁图形，如图2-289所示。

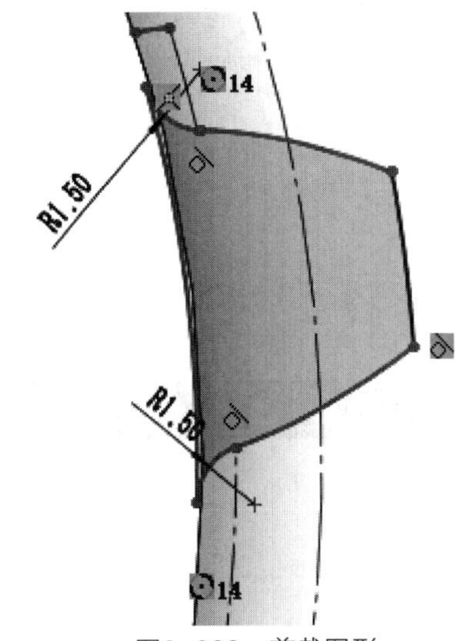

图2-289　剪裁图形

09 单击【特征】选项卡中的【拉伸凸台/基体】按钮，创建拉伸特征，如图2-290所示。

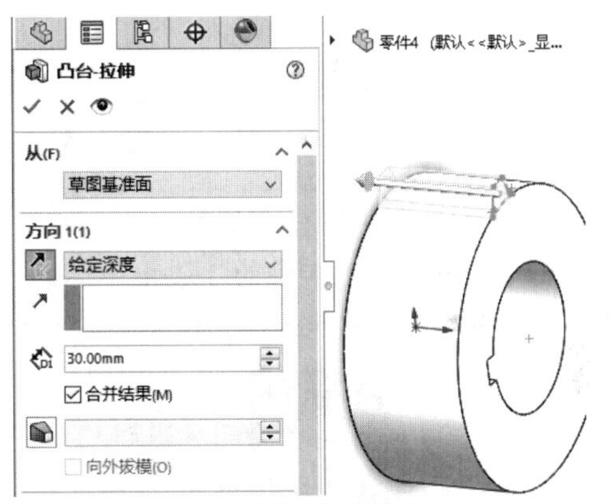

图2-290　拉伸凸台

10 单击【特征】选项卡中的【圆周阵列】按钮，创建圆周阵列特征，如图2-291所示。

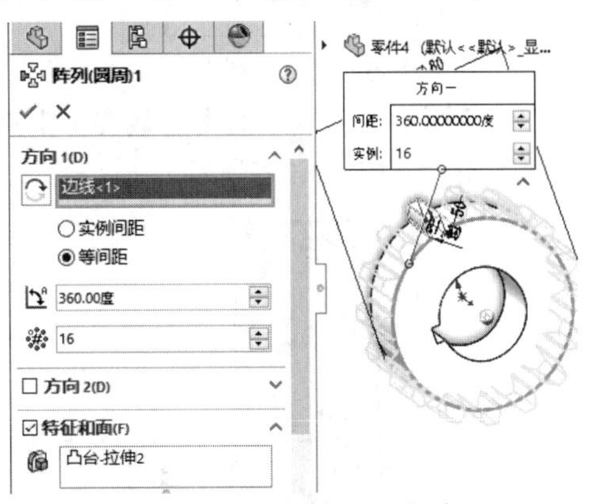

图2-291　创建圆周阵列

11 完成标准齿轮模型的绘制，如图2-292所示。

图2-292　完成标准齿轮模型

实例 046 绘制滑轮

案例源文件：ywj\02\046.prt

01 单击【草图】选项卡中的【圆】按钮，绘制圆，如图2-293所示。

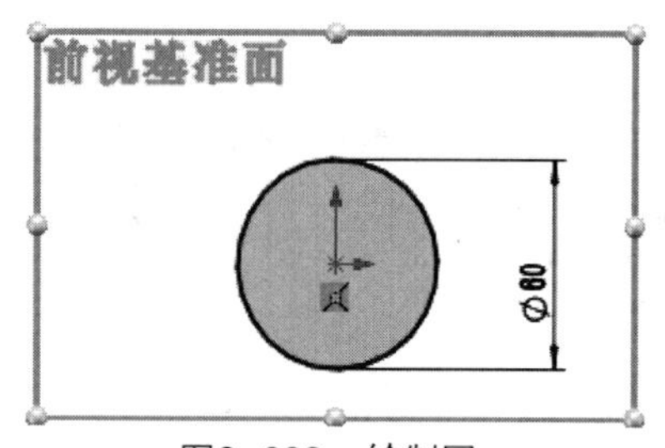

图2-293　绘制圆

02 单击【草图】选项卡中的【边角矩形】按钮，绘制矩形，如图2-294所示。

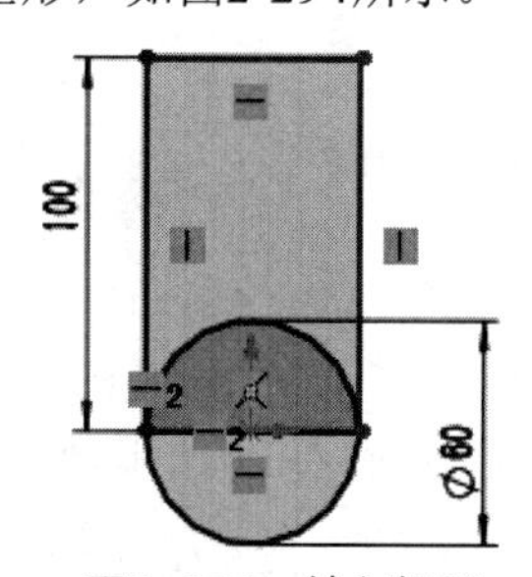

图2-294　绘制矩形

03 单击【草图】选项卡中的【剪裁实体】按钮，剪裁图形，如图2-295所示。

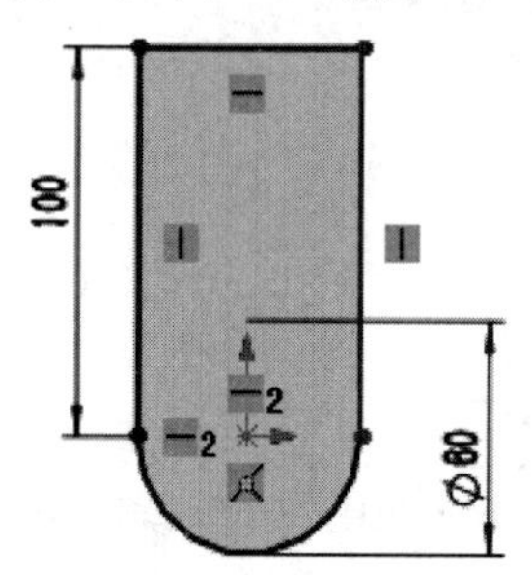

图2-295　剪裁图形

04 单击【特征】选项卡中的【拉伸凸台/基体】按钮，创建拉伸特征，如图2-296所示。

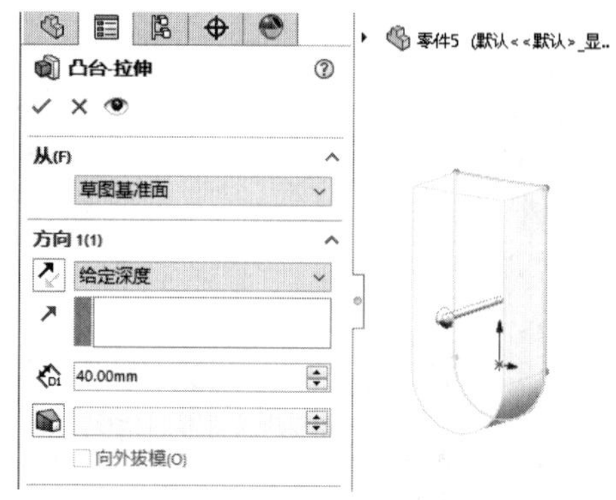

图2-296　拉伸凸台

05 单击【草图】选项卡中的【边角矩形】按钮，绘制矩形，如图2-297所示。

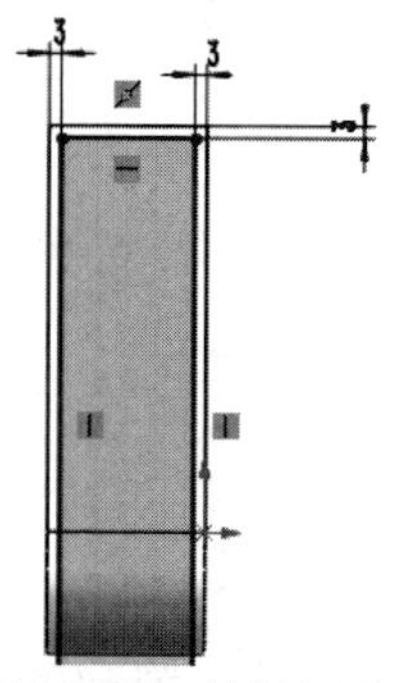

图2-297　绘制矩形

06 单击【特征】选项卡中的【拉伸切除】按钮，创建拉伸切除特征，如图2-298所示。

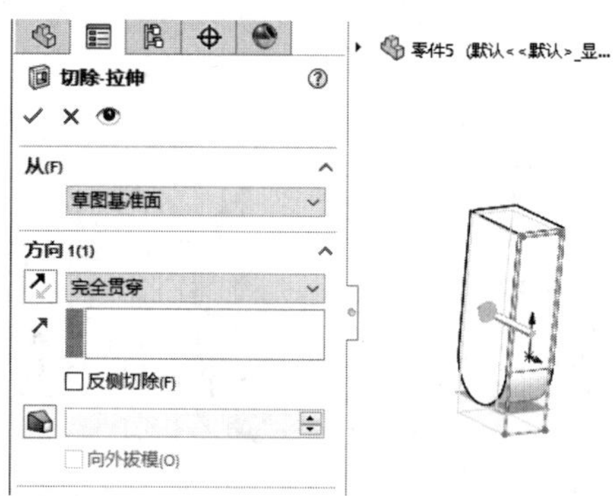

图2-298　创建拉伸切除特征

07 单击【草图】选项卡中的【圆】按钮，绘制圆，如图2-299所示。

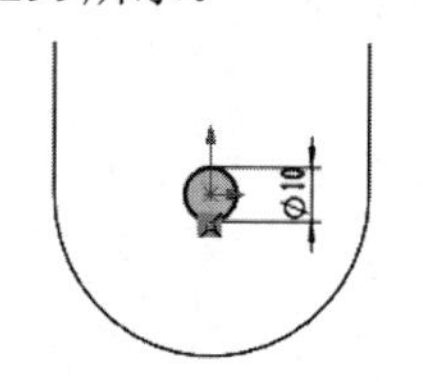

图2-299　绘制圆

08 单击【特征】选项卡中的【拉伸凸台/基体】按钮，创建拉伸特征，如图2-300所示。

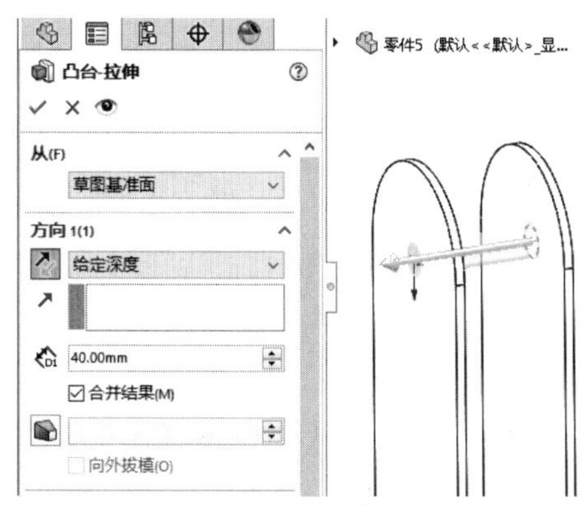

图2-300　拉伸凸台

09 单击【草图】选项卡中的【圆】按钮，绘制圆，如图2-301所示。

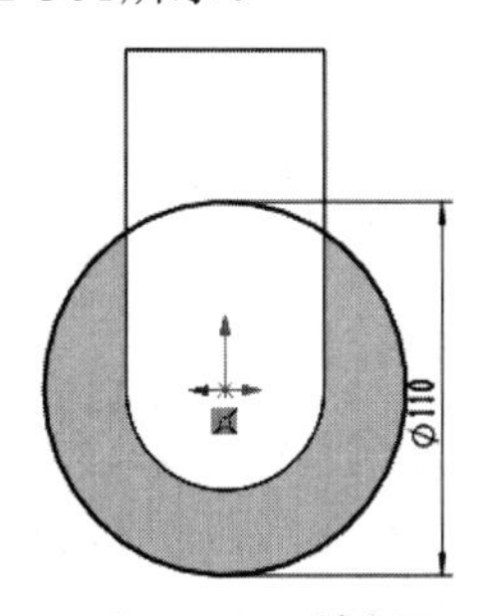

图2-301　绘制圆

10 单击【特征】选项卡中的【拉伸凸台/基体】按钮，创建拉伸特征，如图2-302所示。

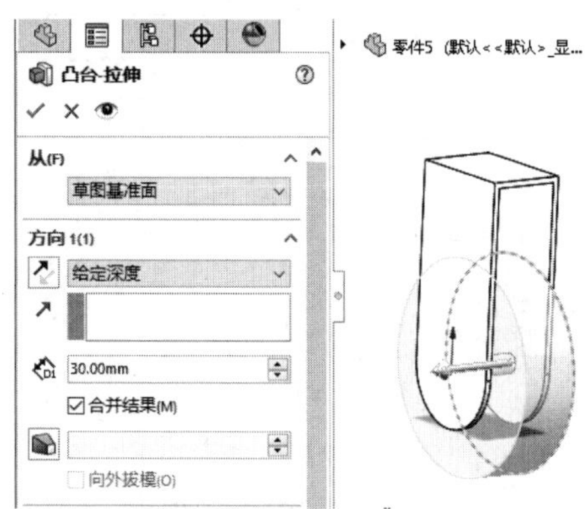

图2-302　拉伸凸台

11 完成滑轮模型的绘制，如图2-303所示。

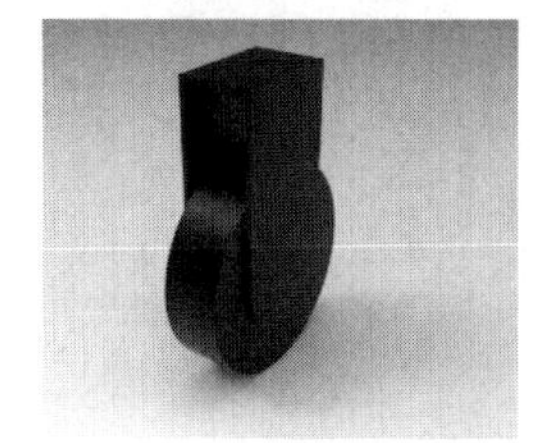

图2-303　完成滑轮模型

实例 047

案例源文件：ywj\02\047.prt

绘制异型缸体

01 单击【草图】选项卡中的【边角矩形】按钮，绘制矩形，如图2-304所示。

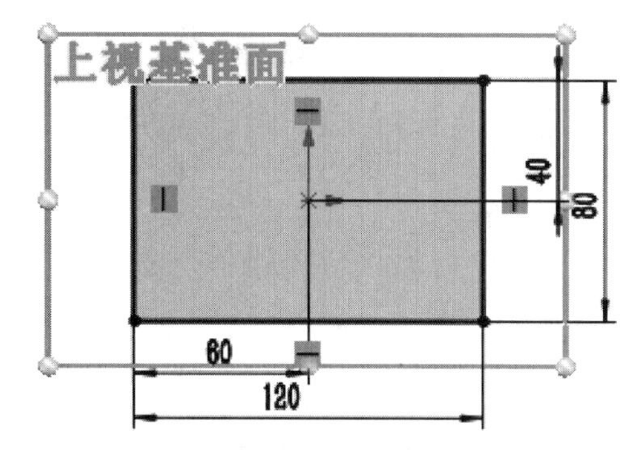

图2-304　绘制矩形

02 单击【特征】选项卡中的【拉伸凸台/基体】按钮，创建拉伸特征，如图2-305所示。

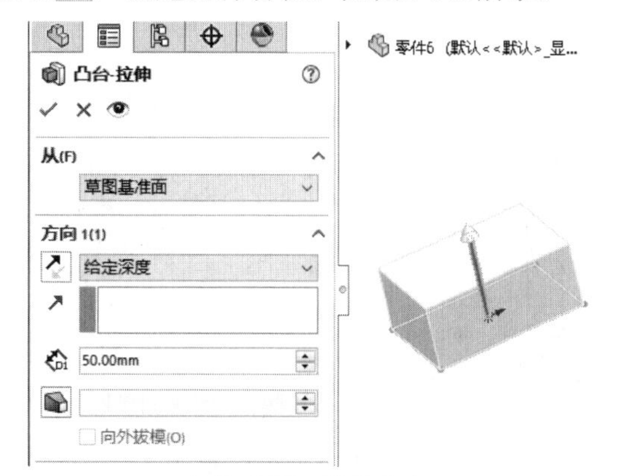

图2-305　拉伸凸台

03 单击【特征】选项卡中的【拔模】按钮，创建拔模特征，如图2-306所示。

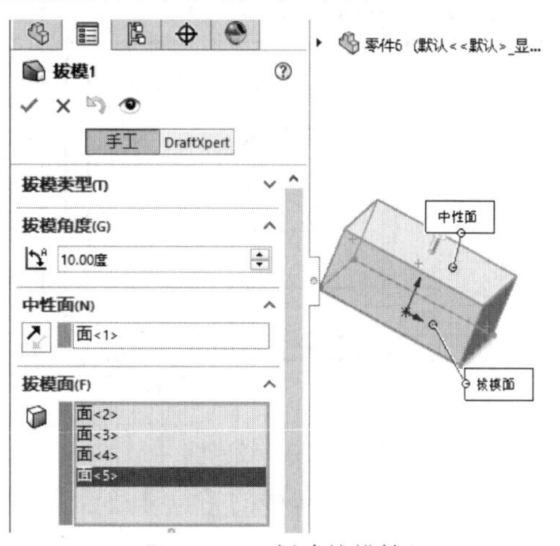

图2-306　创建拔模特征

04 单击【特征】选项卡中的【圆角】按钮，创建圆角特征，如图2-307所示。

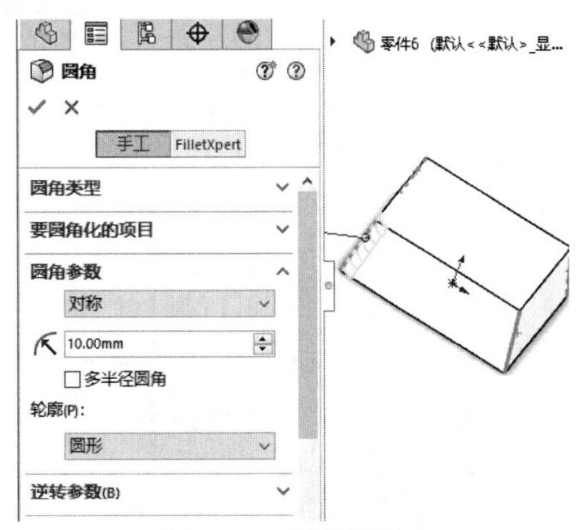

图2-307　创建圆角(1)

05 单击【特征】选项卡中的【圆角】按钮，创建圆角特征，如图2-308所示。

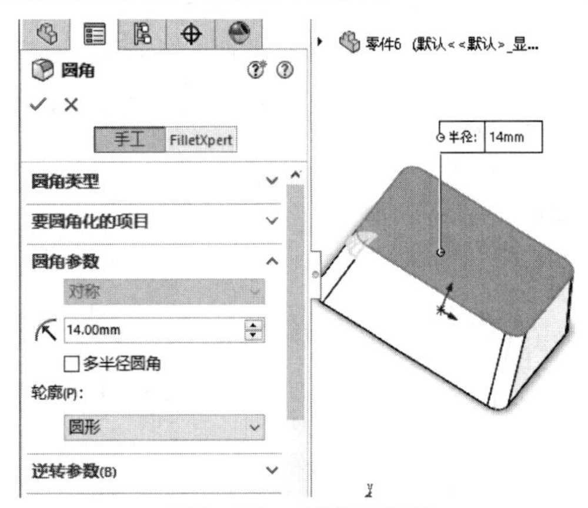

图2-308　创建圆角(2)

06 单击【草图】选项卡中的【圆】按钮，绘制圆，如图2-309所示。

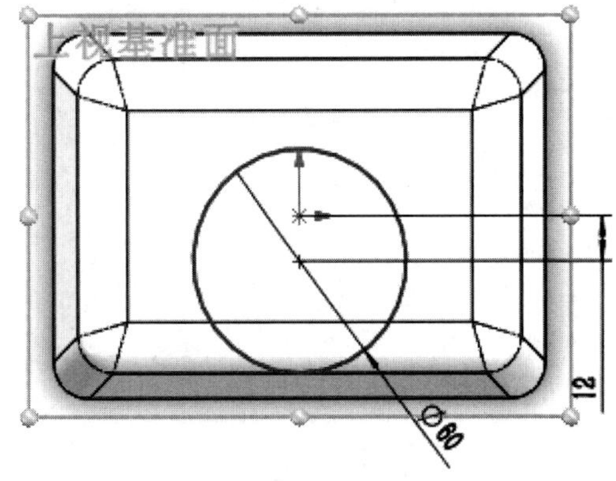

图2-309　绘制圆

07 单击【特征】选项卡中的【拉伸凸台/基体】按钮，创建拉伸特征，如图2-310所示。

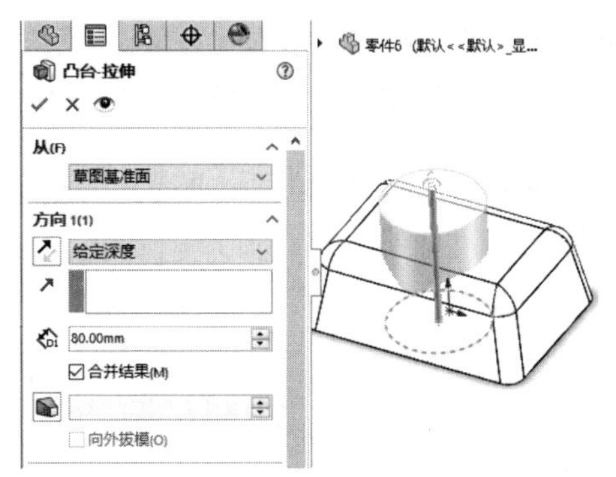

图2-310　拉伸凸台

08 单击【特征】选项卡中的【抽壳】按钮，创建抽壳特征，如图2-311所示。

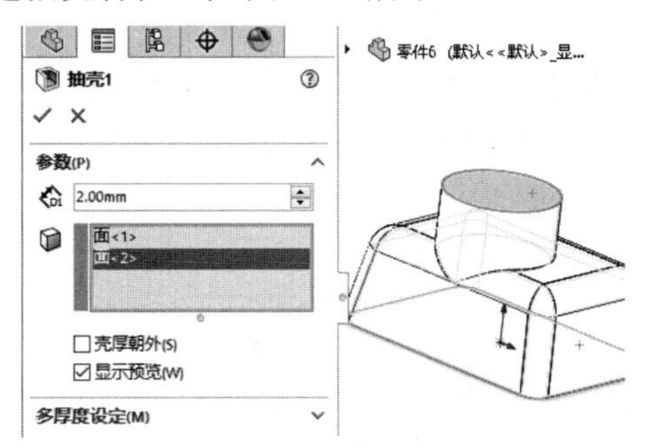

图2-311　创建抽壳特征

09 单击【特征】选项卡中的【倒角】按钮，创建倒角特征，如图2-312所示。

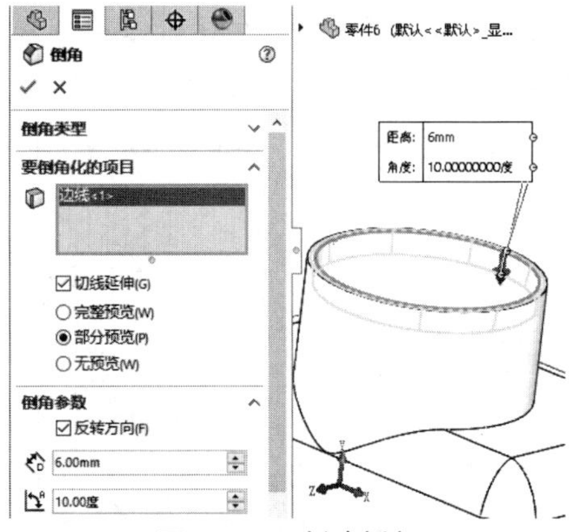

图2-312　创建倒角

10 完成异型缸体模型的绘制，如图2-313所示。

图2-313　完成异型缸体模型

绘制斜齿轮

01 单击【草图】选项卡中的【圆】按钮，绘制圆，如图2-314所示。

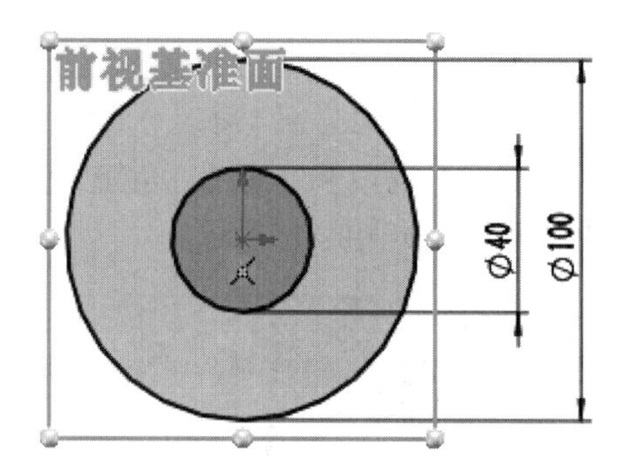

图2-314　绘制圆

02 单击【特征】选项卡中的【拉伸凸台/基体】按钮，创建拉伸特征，如图2-315所示。

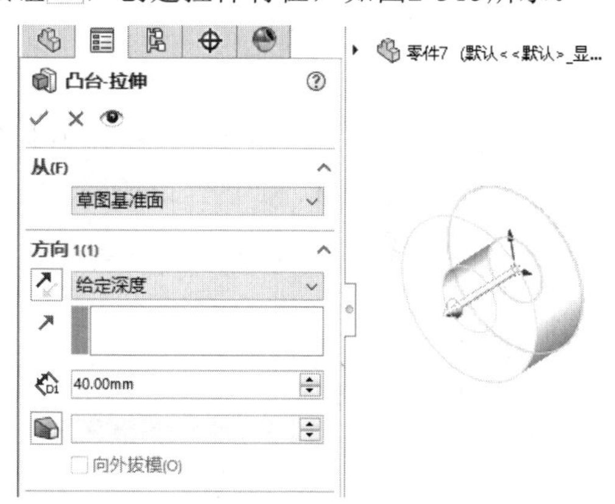

图2-315　拉伸凸台

03 单击【草图】选项卡中的【圆】按钮，绘制圆，如图2-316所示。

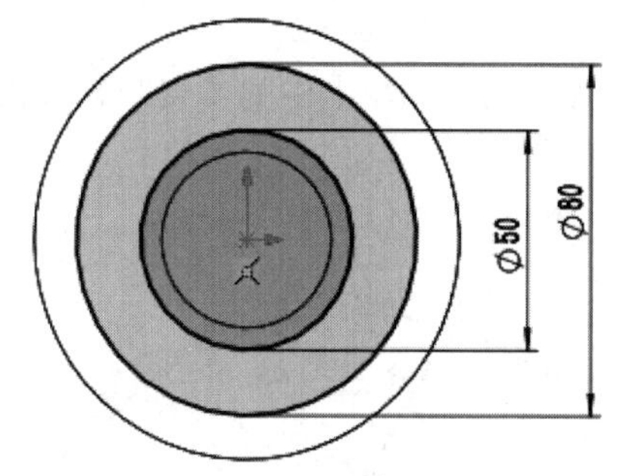

图2-316　绘制圆

04 单击【特征】选项卡中的【拉伸切除】按钮，创建拉伸切除特征，如图2-317所示。

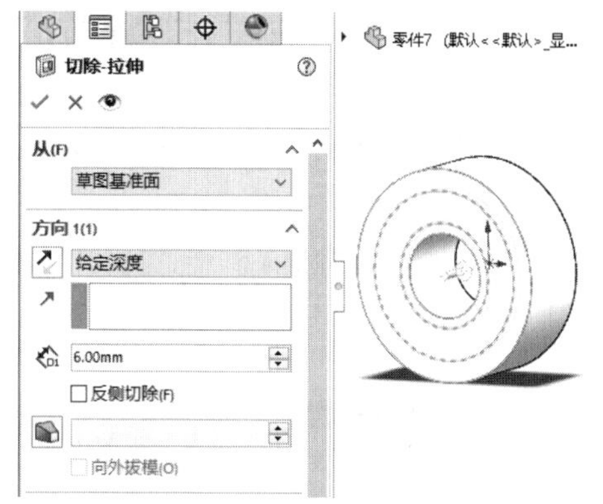

图2-317　创建拉伸切除特征

05 单击【草图】选项卡中的【直线】按钮，绘制梯形，如图2-318所示。

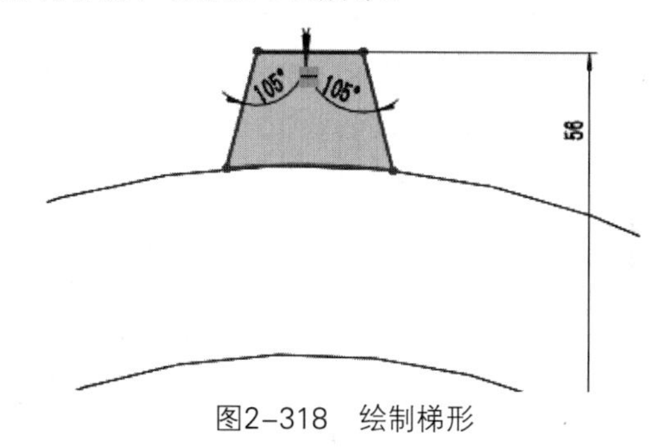

图2-318　绘制梯形

06 单击【草图】选项卡中的【直线】按钮，绘制直线，如图2-319所示。

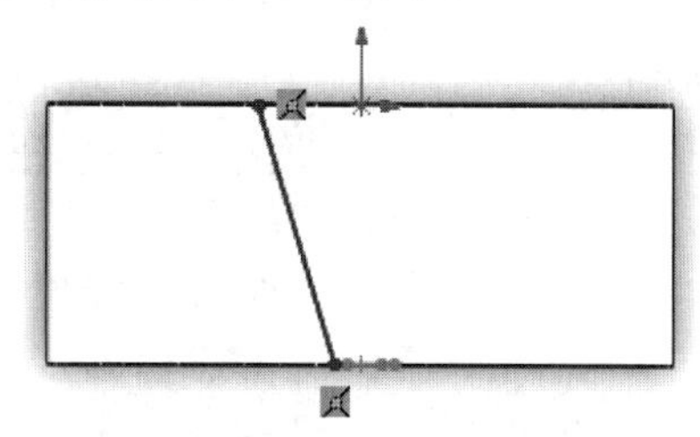

图2-319　绘制直线

07 单击【特征】选项卡中的【投影曲线】按钮，创建投影曲线，如图2-320所示。

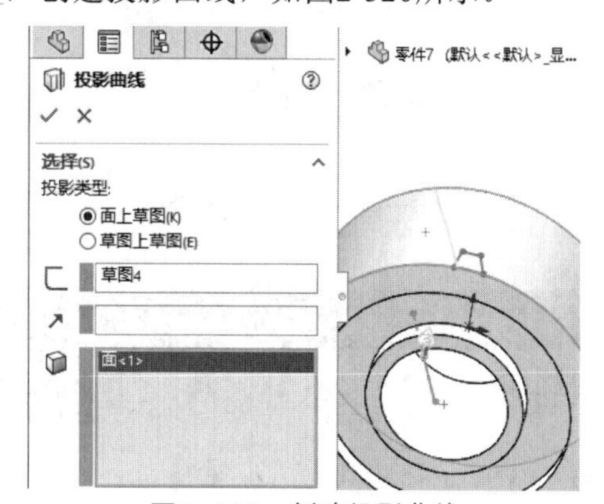

图2-320　创建投影曲线

08 单击【特征】选项卡中的【扫描】按钮，创建扫描特征，如图2-321所示。

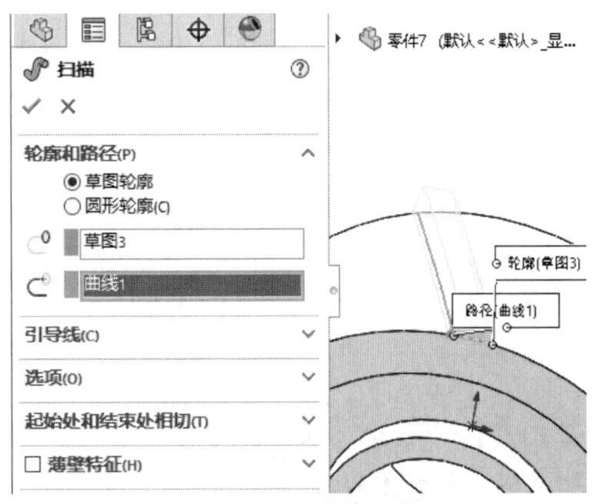

图2-321　创建扫描特征

09 单击【特征】选项卡中的【圆周阵列】按钮，创建圆周阵列特征，如图2-322所示。

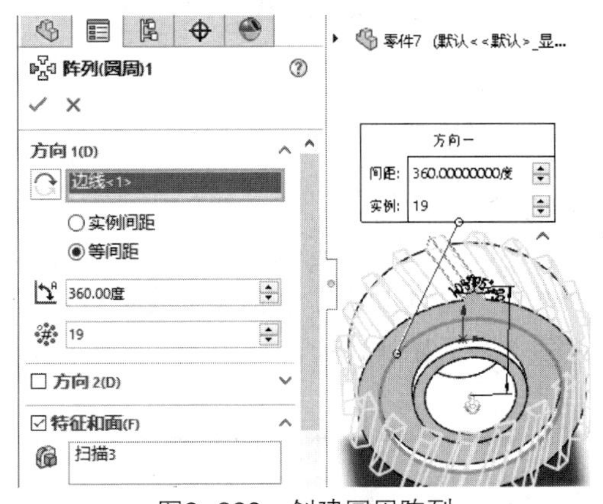

图2-322　创建圆周阵列

10 完成斜齿轮模型的绘制，如图2-323所示。

图2-323　完成斜齿轮模型

实例 049

案例源文件：ywj \02\049.prt

绘制伞齿轮

01 单击【草图】选项卡中的【直线】按钮，绘制梯形，如图2-324所示。

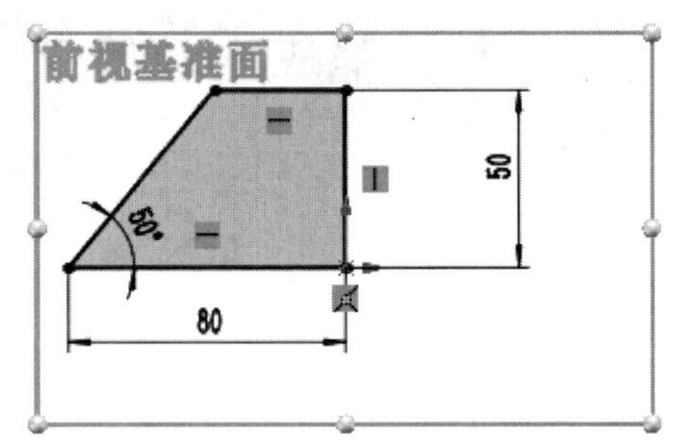

图2-324　绘制梯形

02 单击【草图】选项卡中的【边角矩形】按钮，绘制矩形，如图2-325所示。

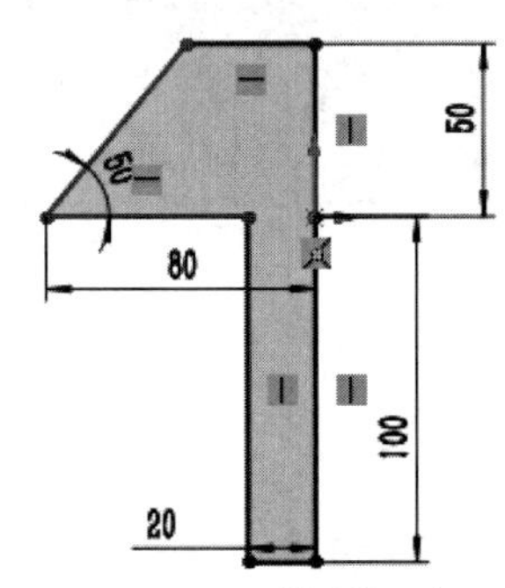

图2-325　绘制矩形

03 单击【特征】选项卡中的【旋转凸台/基体】按钮，创建旋转特征，如图2-326所示。

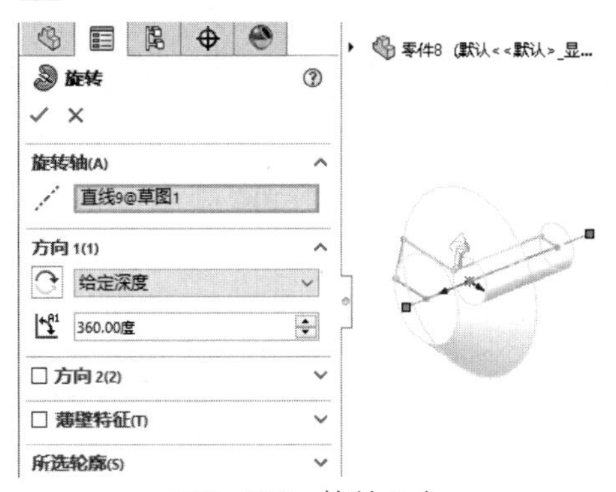

图2-326　旋转凸台

04 单击【草图】选项卡中的【直线】按钮，绘制角度线，如图2-327所示。

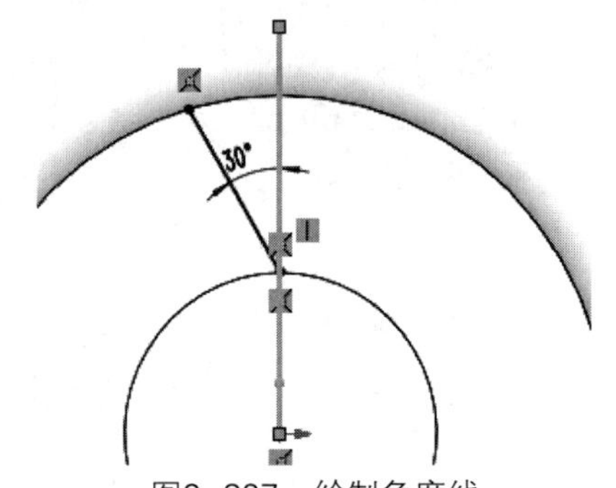

图2-327　绘制角度线

05 单击【特征】选项卡中的【投影曲线】按钮，创建投影曲线，如图2-328所示。

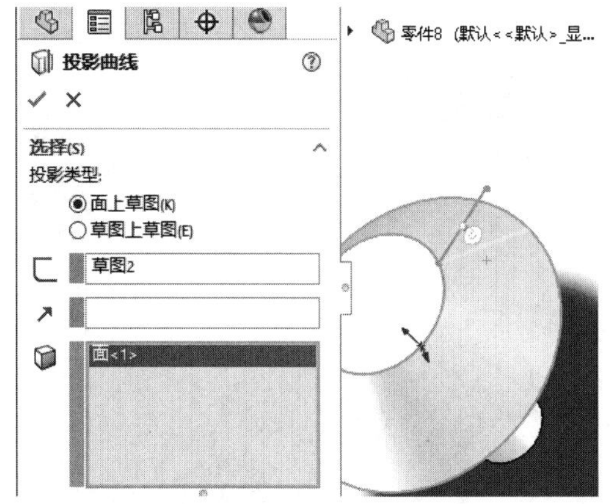

图2-328　创建投影曲线

06 单击【草图】选项卡中的【圆】按钮和【直线】按钮，绘制图形，如图2-329所示。

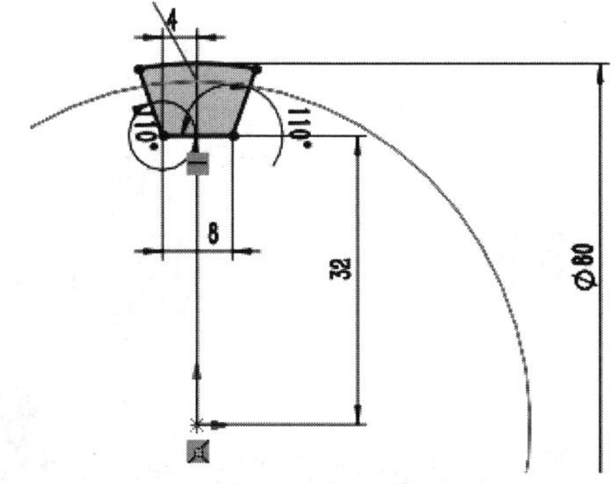

图2-329　绘制草图

07 单击【特征】选项卡中的【扫描切除】按钮，创建扫描切除特征，如图2-330所示。

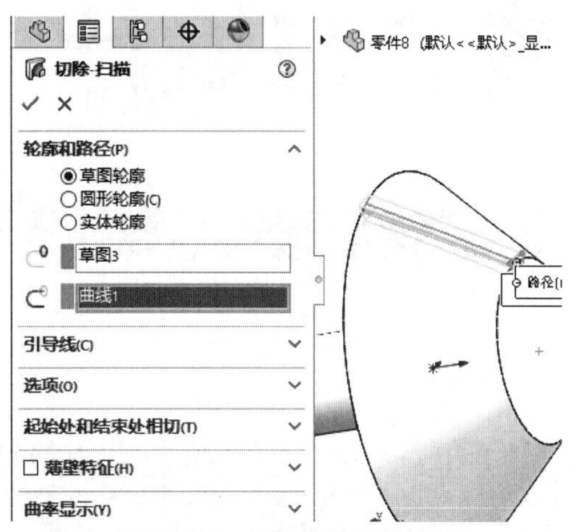

图2-330　创建扫描切除特征

08 单击【特征】选项卡中的【圆周阵列】按钮，创建圆周阵列特征，如图2-331所示。

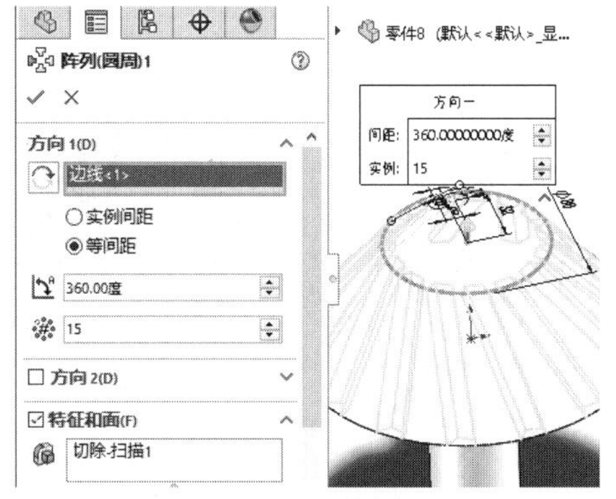

图2-331　创建圆周阵列

09 单击【草图】选项卡中的【圆】按钮，绘制圆，如图2-332所示。

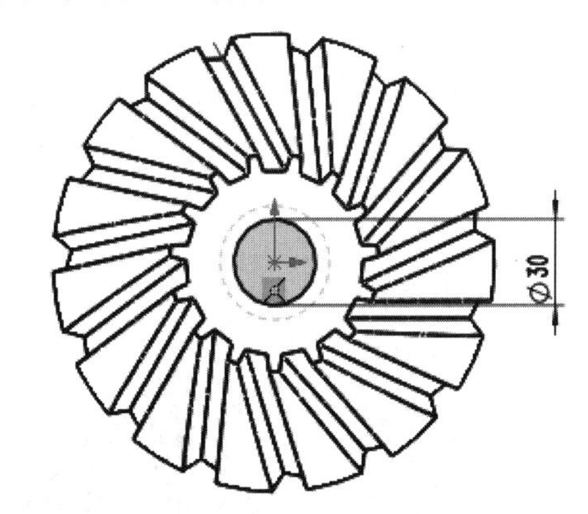

图2-332　绘制圆

10 单击【特征】选项卡中的【拉伸切除】按钮，创建拉伸切除特征，如图2-333所示。

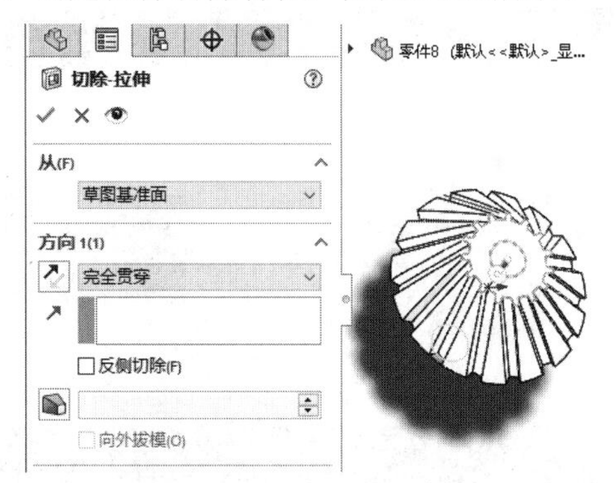

图2-333　创建拉伸切除特征

11 完成伞齿轮模型的绘制，如图2-334所示。

图2-334　完成伞齿轮模型

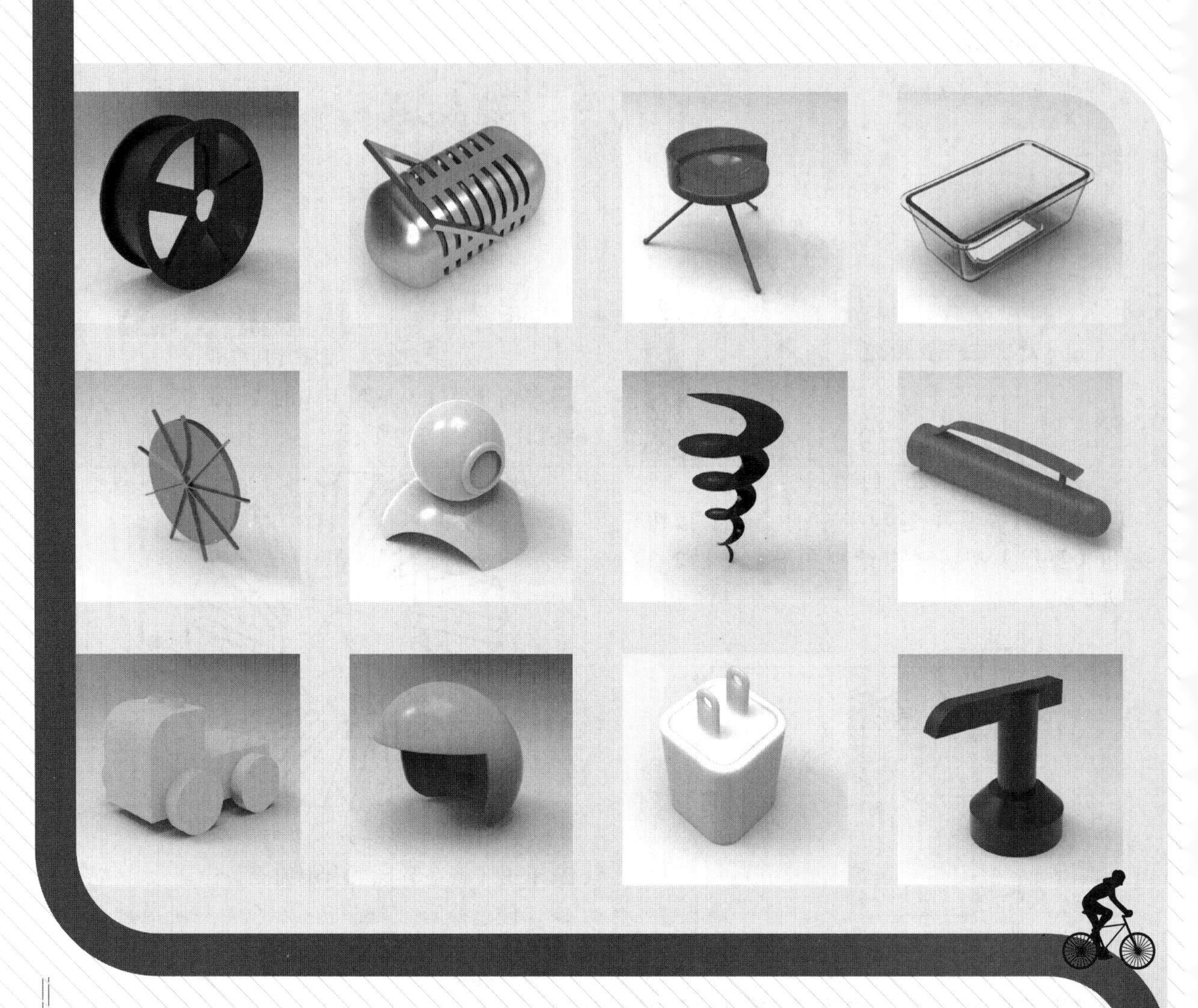

第3章 零件形变特征设计

实例 050 绘制汽车轮毂

案例源文件：ywj\03\050.prt

01 单击【草图】选项卡中的【圆】按钮，绘制圆，如图3-1所示。

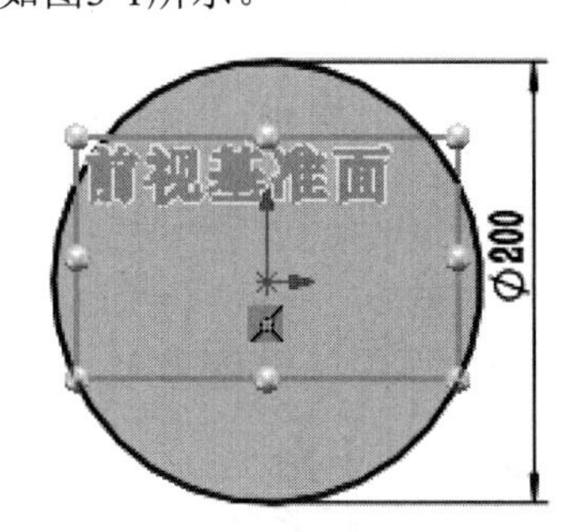

图3-1 绘制圆

02 单击【特征】选项卡中的【拉伸凸台/基体】按钮，创建拉伸特征，如图3-2所示。

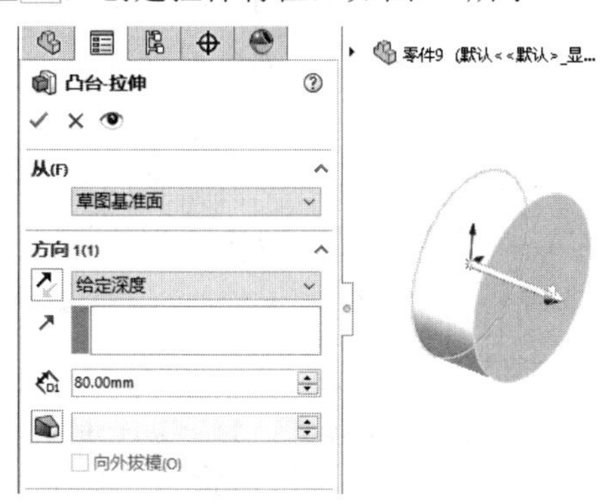

图3-2 拉伸凸台

03 单击【草图】选项卡中的【圆】按钮，绘制圆，如图3-3所示。

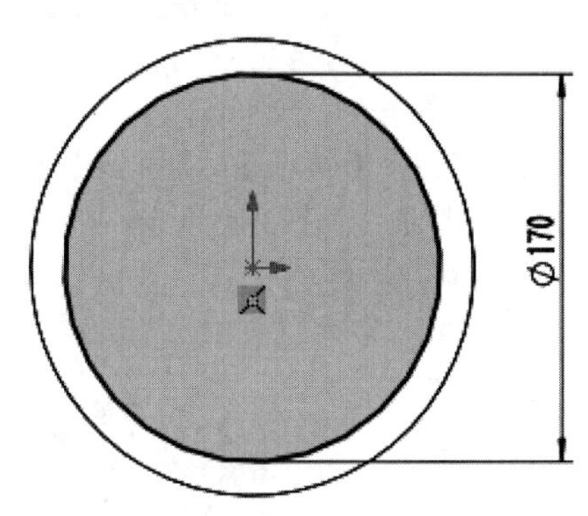

图3-3 绘制圆

04 单击【特征】选项卡中的【拉伸切除】按钮，创建拉伸切除特征，如图3-4所示。

05 单击【草图】选项卡中的【边角矩形】按钮，绘制矩形，如图3-5所示。

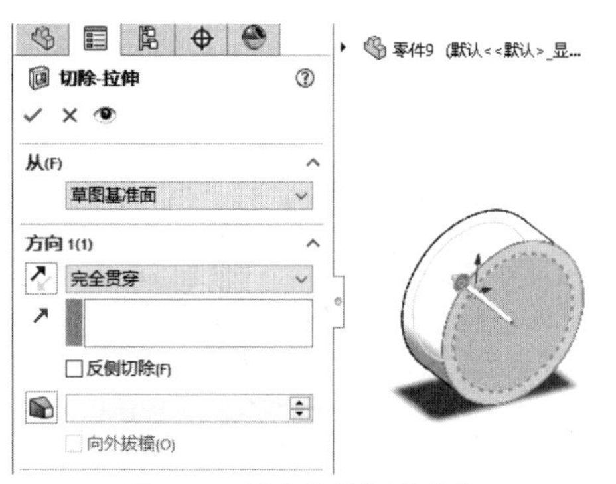

图3-4 创建拉伸切除特征

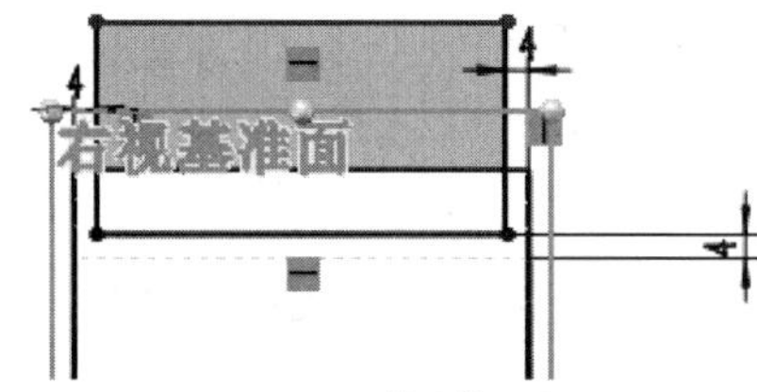

图3-5 绘制矩形

06 单击【特征】选项卡中的【旋转切除】按钮，创建旋转切除特征，如图3-6所示。

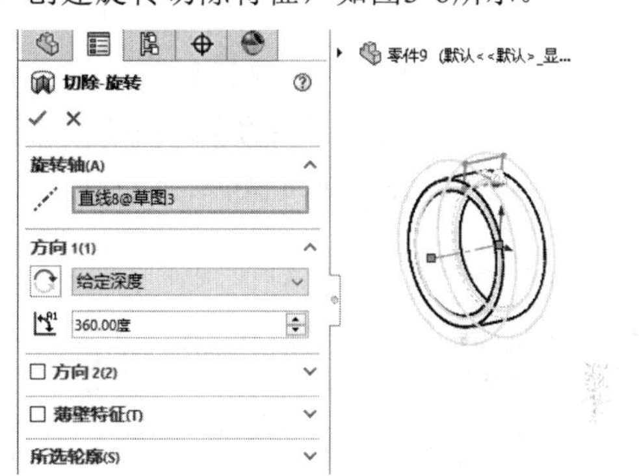

图3-6 创建旋转切除特征

07 单击【特征】选项卡中的【倒角】按钮，创建倒角特征，如图3-7所示。

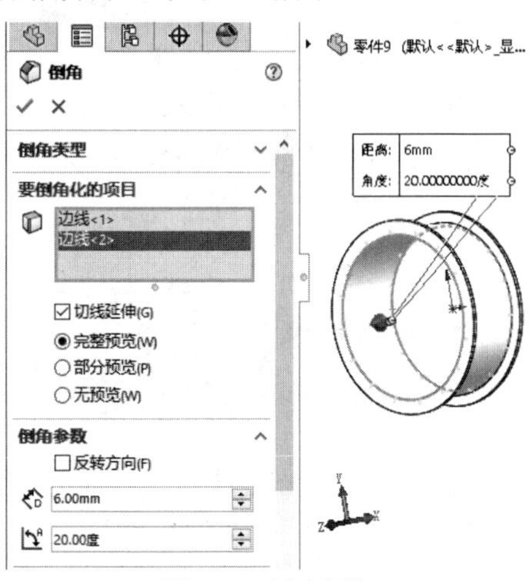

图3-7 创建倒角

08 单击【草图】选项卡中的【圆】按钮，绘制圆，如图3-8所示。

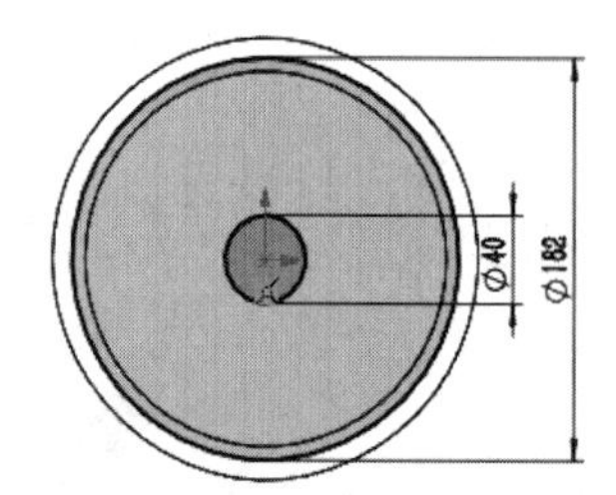

图3-8　绘制圆

09 单击【草图】选项卡中的【直线】按钮，绘制直线，如图3-9所示。

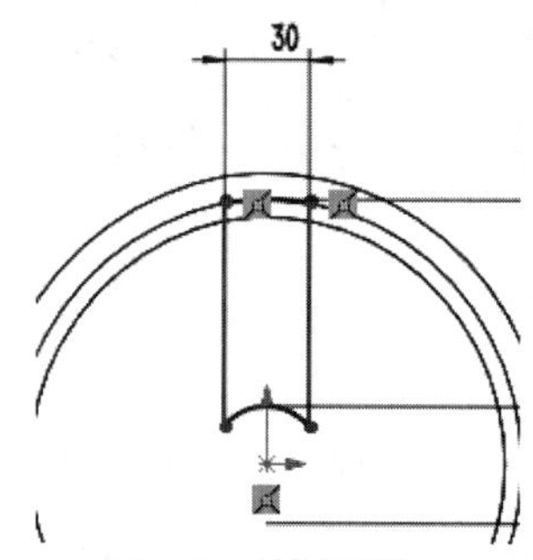

图3-9　绘制直线

10 单击【特征】选项卡中的【拉伸凸台/基体】按钮，创建拉伸特征，如图3-10所示。

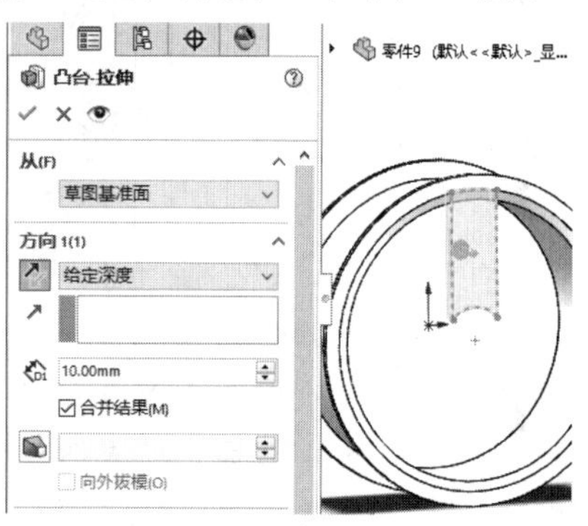

图3-10　拉伸凸台

11 单击【特征】选项卡中的【圆周阵列】按钮，创建圆周阵列特征，如图3-11所示。

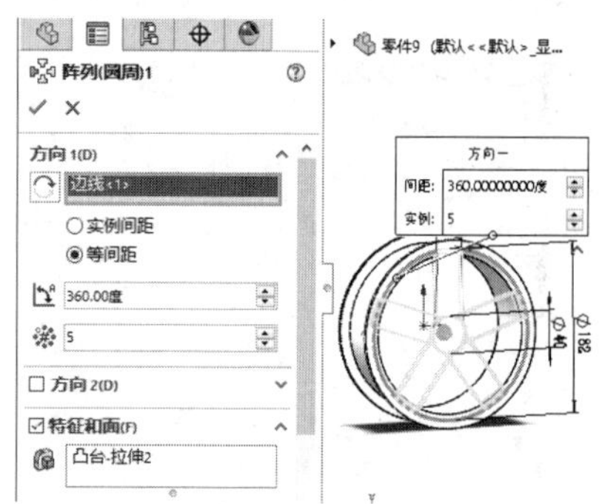

图3-11　创建圆周阵列

12 单击【草图】选项卡中的【直线】按钮，绘制四边形，如图3-12所示。

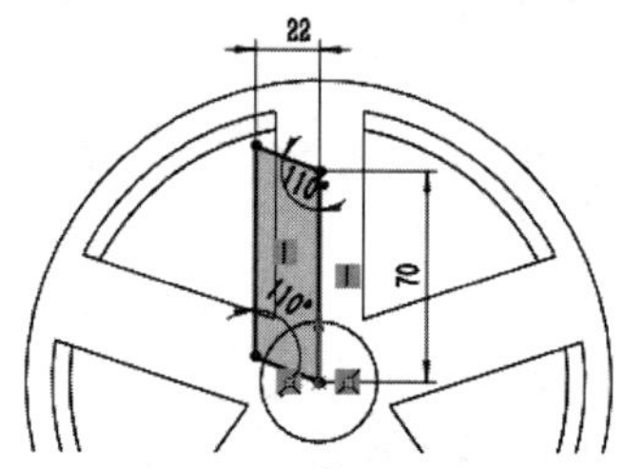

图3-12　绘制四边形

13 单击【特征】选项卡中的【圆角】按钮，创建圆角特征，如图3-13所示。

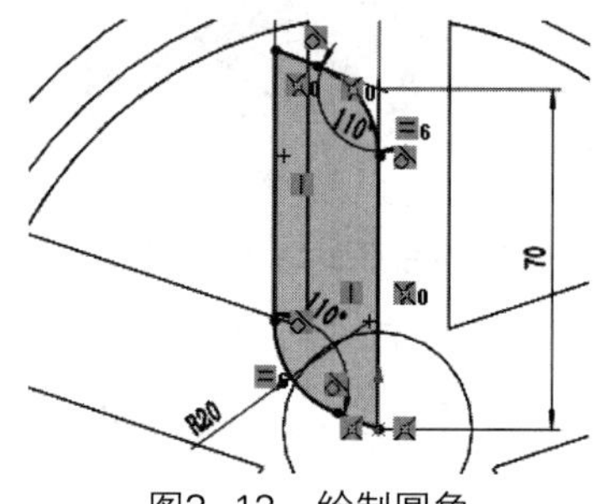

图3-13　绘制圆角

14 单击【特征】选项卡中的【拉伸凸台/基体】按钮，创建拉伸特征，如图3-14所示。

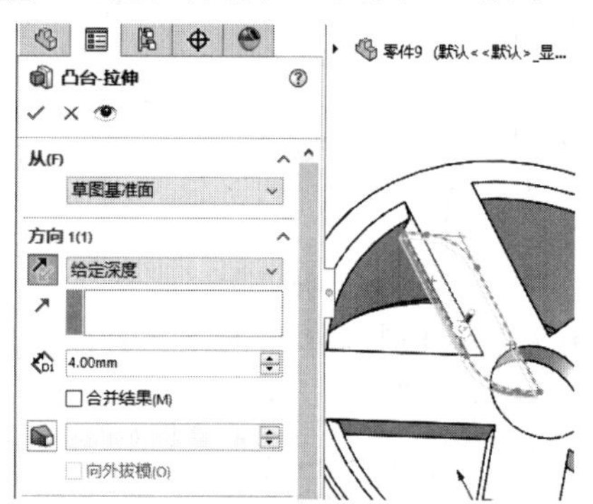

图3-14　拉伸凸台

15 选择【插入】|【特征】|【压凹】菜单命令，创建压凹特征，如图3-15所示。

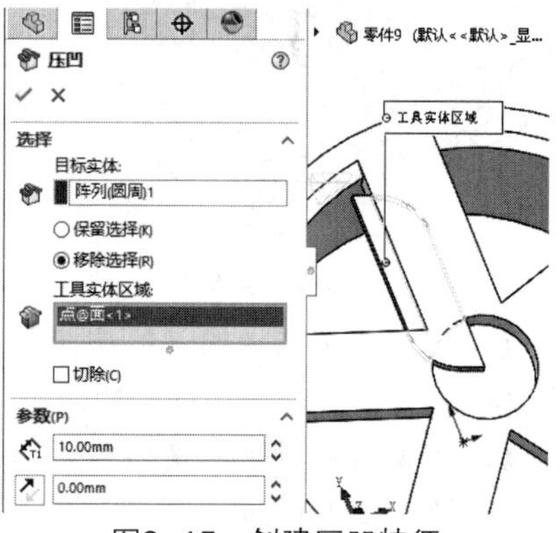

图3-15　创建压凹特征

16 完成汽车轮毂模型的绘制，如图3-16所示。

图3-16　完成汽车轮毂模型

实例 051　绘制叶轮

案例源文件：ywj\03\051.prt

01 单击【草图】选项卡中的【边角矩形】按钮，绘制矩形，如图3-17所示。

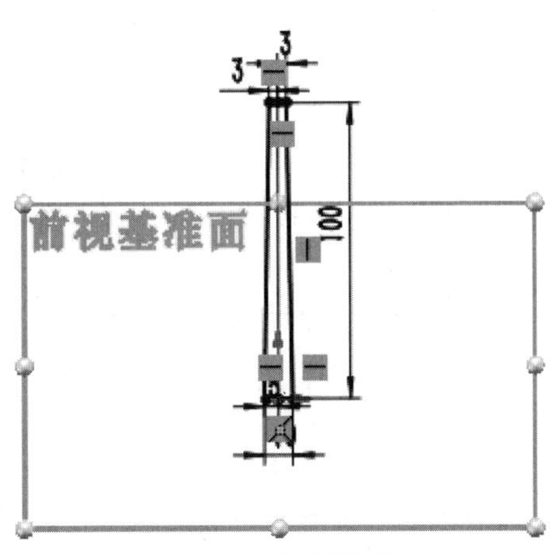

图3-17　绘制矩形

02 单击【草图】选项卡中的【圆】按钮，绘制圆并剪裁，如图3-18所示。

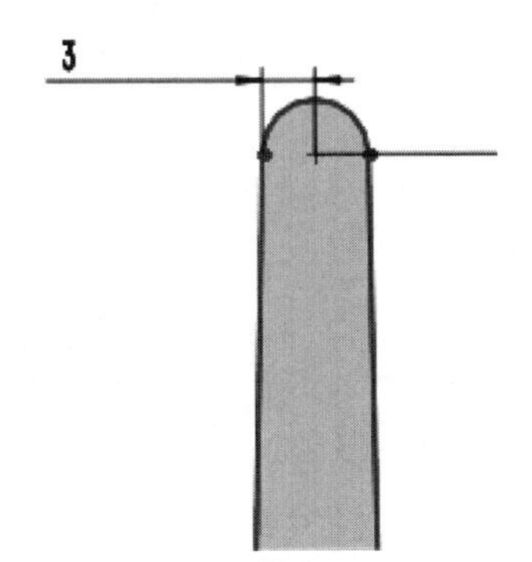

图3-18　绘制圆弧

03 单击【特征】选项卡中的【拉伸凸台/基体】按钮，创建拉伸特征，如图3-19所示。

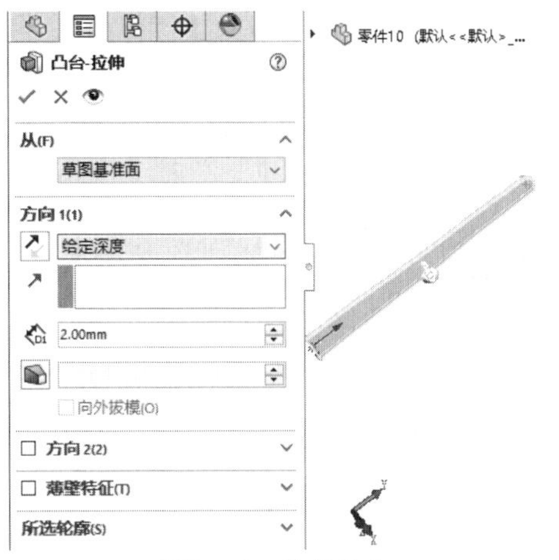

图3-19　拉伸凸台

04 选择【插入】|【特征】|【弯曲】菜单命令，创建弯曲特征，如图3-20所示。

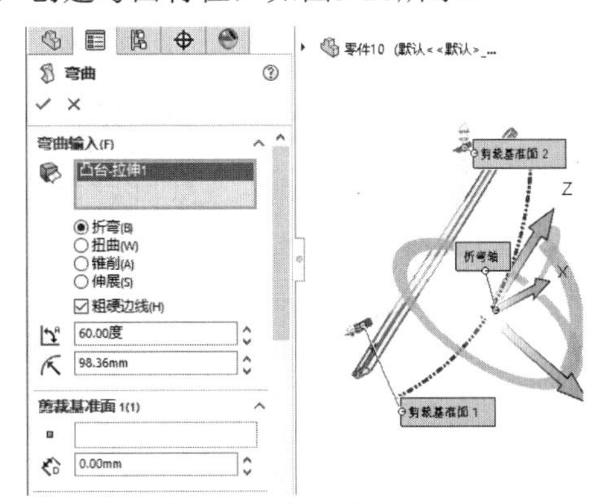

图3-20　创建弯曲特征

> **提示**
>
> 弯曲特征以直观的方式对复杂的模型进行变形。弯曲特征包括4个选项：折弯、扭曲、锥削和伸展。

05 单击【草图】选项卡中的【圆】按钮，绘制圆，如图3-21所示。

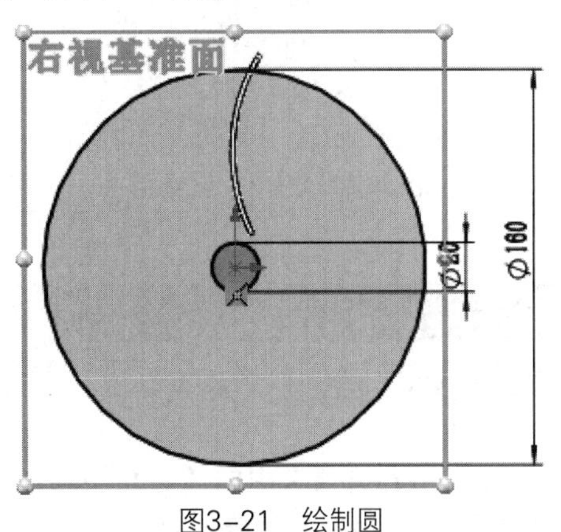

图3-21　绘制圆

06 单击【特征】选项卡中的【拉伸凸台/基体】按钮，创建拉伸特征，如图3-22所示。

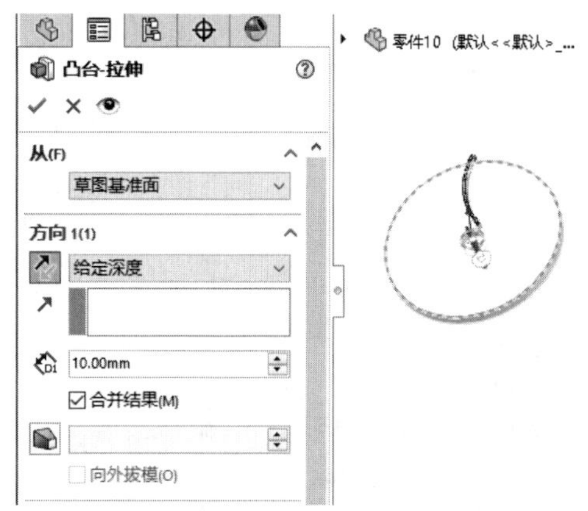

图3-22　拉伸凸台

07 单击【特征】选项卡中的【圆周阵列】按钮，创建圆周阵列特征，如图3-23所示。

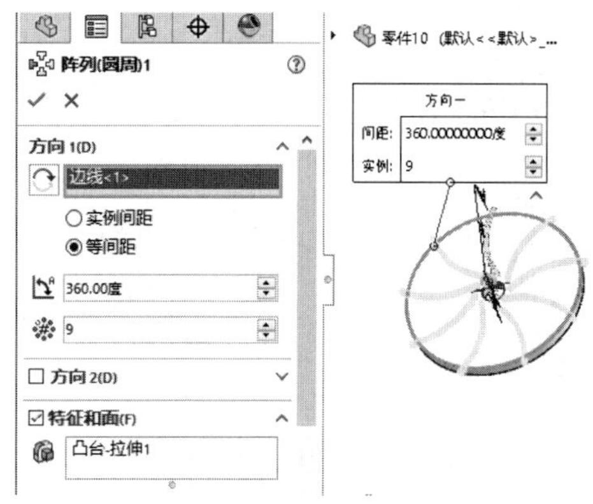

图3-23　创建圆周阵列

08 完成叶轮模型的绘制，如图3-24所示。

图3-24　完成叶轮模型

实例 052

案例源文件：ywj\03\052.prt

绘制塑胶玩具

01 单击【草图】选项卡中的【边角矩形】按钮，绘制矩形，如图3-25所示。

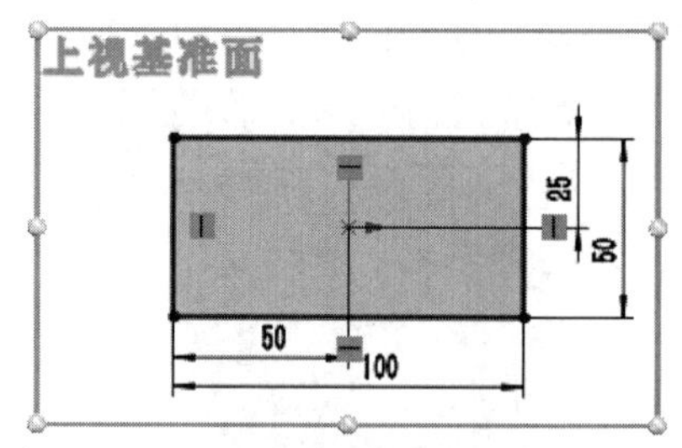

图3-25　绘制矩形

02 单击【特征】选项卡中的【拉伸凸台/基体】按钮，创建拉伸特征，如图3-26所示。

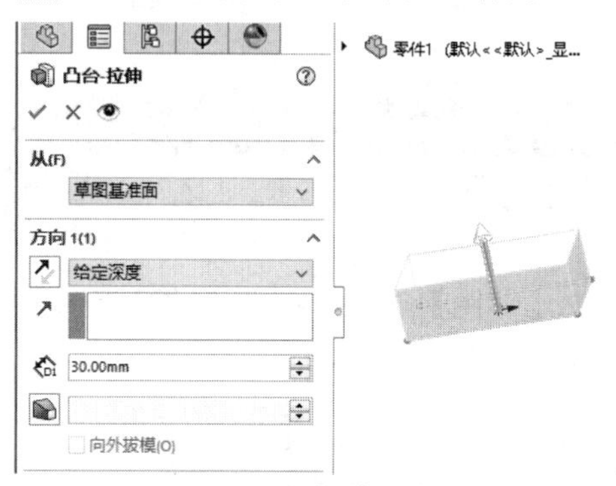

图3-26　拉伸凸台

03 单击【草图】选项卡中的【边角矩形】按钮，绘制矩形，如图3-27所示。

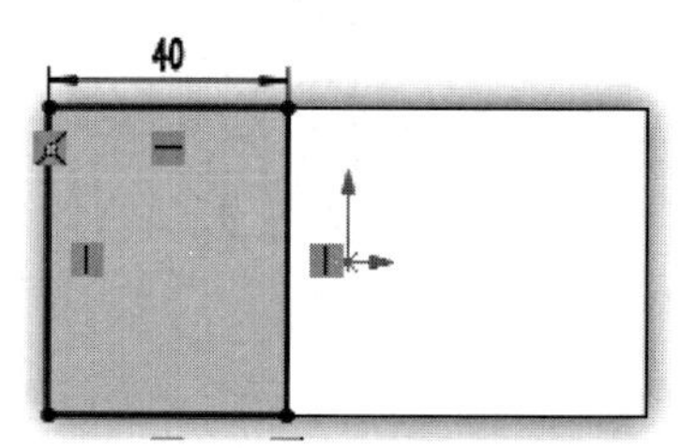

图3-27　绘制矩形

04 单击【特征】选项卡中的【拉伸凸台/基体】按钮，创建拉伸特征，如图3-28所示。

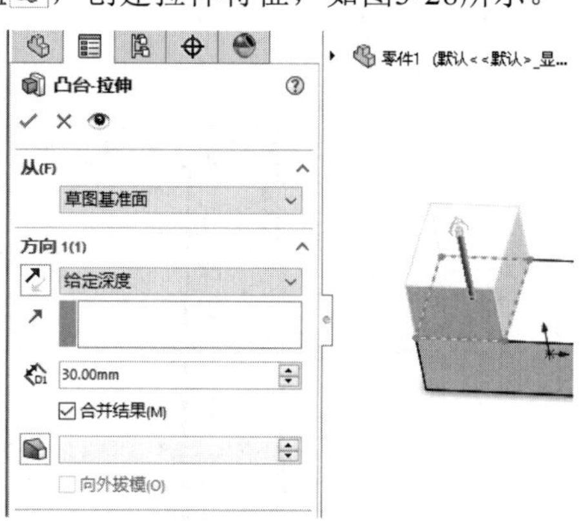

图3-28　拉伸凸台

05 单击【特征】选项卡中的【圆角】按钮，创建圆角特征，如图3-29所示。

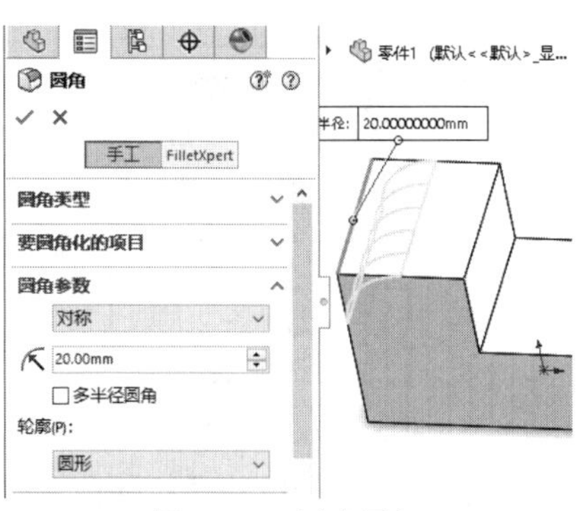

图3-29　创建圆角

06 单击【草图】选项卡中的【圆】按钮，绘制圆，如图3-30所示。

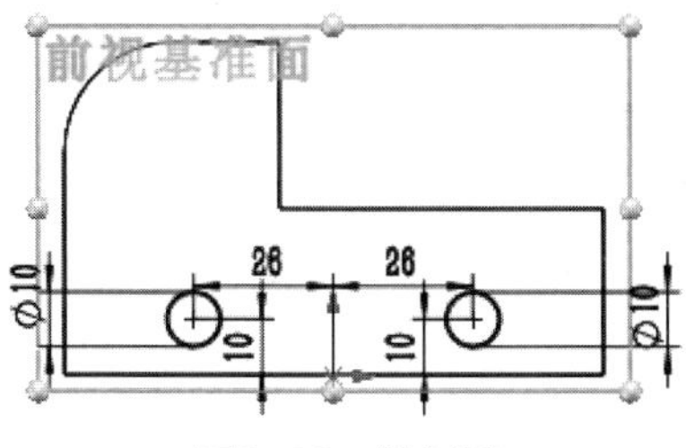

图3-30　绘制圆

07 单击【特征】选项卡中的【拉伸凸台/基体】按钮，创建拉伸特征，如图3-31所示。

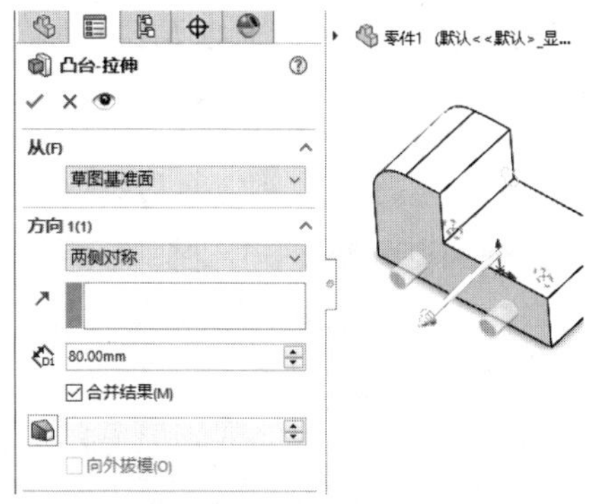

图3-31　拉伸凸台

08 单击【草图】选项卡中的【圆】按钮，绘制圆，如图3-32所示。

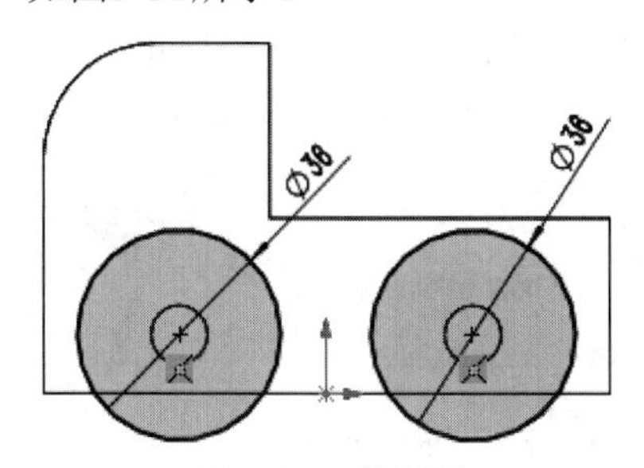

图3-32　绘制圆

09 单击【特征】选项卡中的【拉伸凸台/基体】按钮，创建拉伸特征，如图3-33所示。

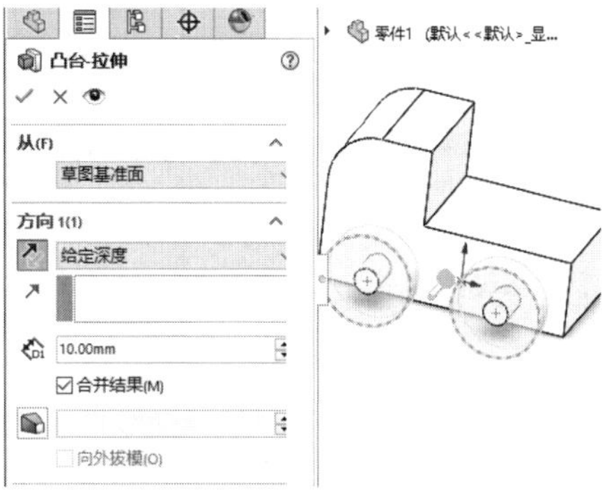

图3-33　拉伸凸台

10 单击【特征】选项卡中的【镜像】按钮，创建镜像特征，如图3-34所示。

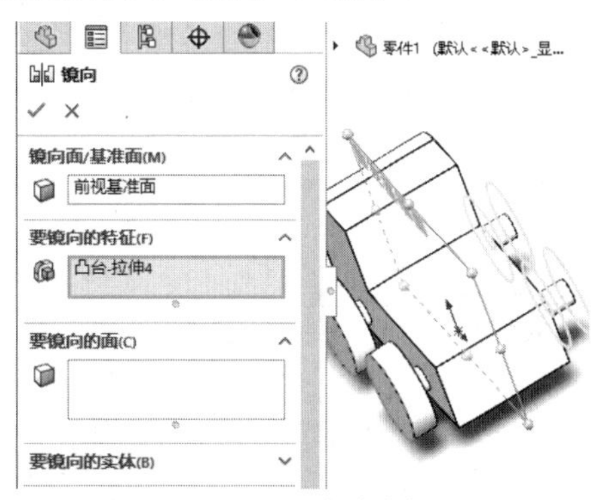

图3-34　创建镜像特征

11 单击【草图】选项卡中的【圆】按钮，绘制圆，如图3-35所示。

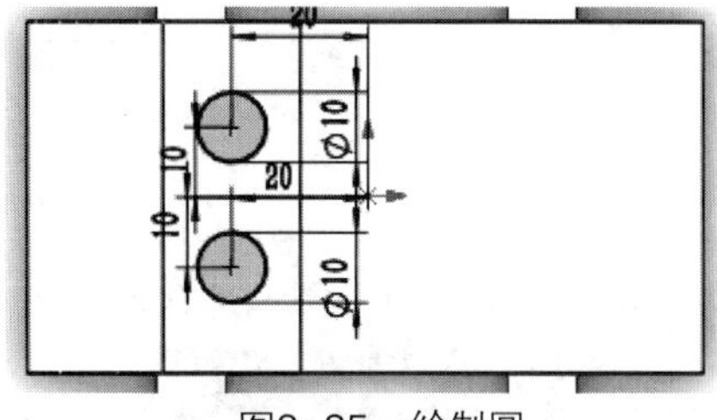

图3-35　绘制圆

12 单击【特征】选项卡中的【拉伸凸台/基体】按钮，创建拉伸特征，如图3-36所示。

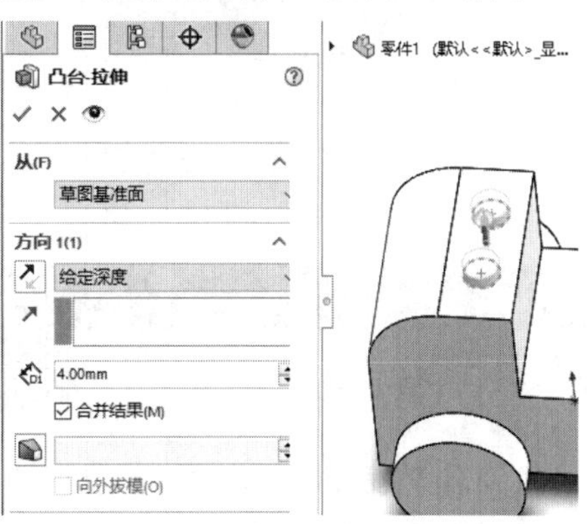

图3-36　拉伸凸台

13 选择【插入】|【特征】|【圆顶】菜单命令，创建圆顶特征，如图3-37所示。

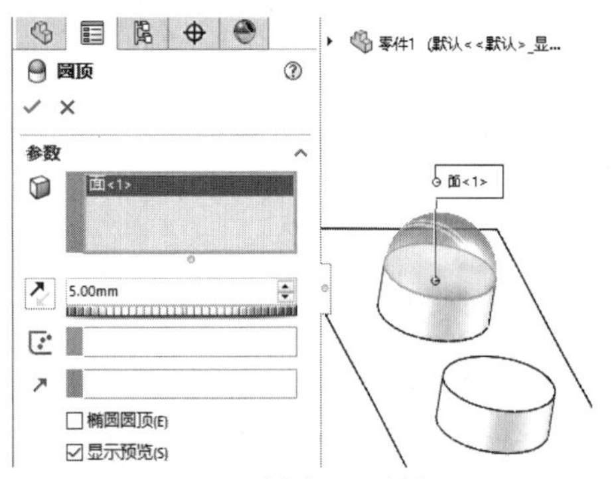

图3-37　创建圆顶特征(1)

14 选择【插入】|【特征】|【圆顶】菜单命令，创建圆顶特征，如图3-38所示。

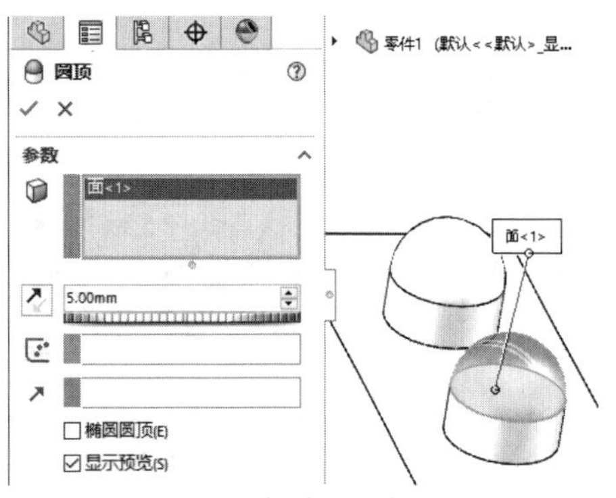

图3-38　创建圆顶特征(2)

> ◎提示·◦
>
> 圆顶特征可以在同一模型上同时生成一个或者多个圆顶。

15 完成塑胶玩具模型的绘制，如图3-39所示。

图3-39　完成塑胶玩具模型

实例 053　绘制麦克风

案例源文件：ywj\03\053.prt

01 单击【草图】选项卡中的【边角矩形】按钮，绘制矩形，如图3-40所示。

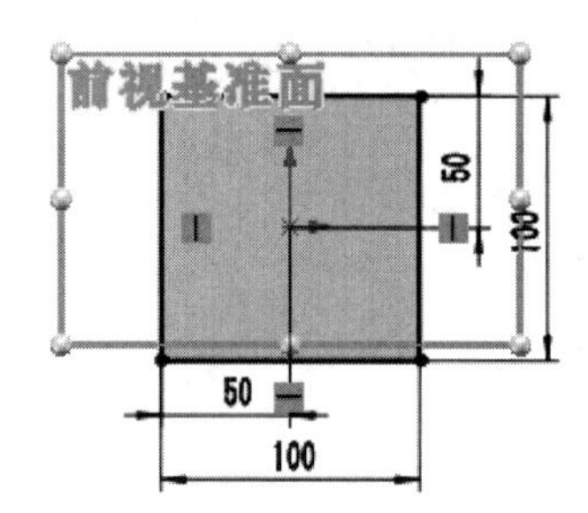

图3-40　绘制矩形

02 单击【特征】选项卡中的【拉伸凸台/基体】按钮，创建拉伸特征，如图3-41所示。

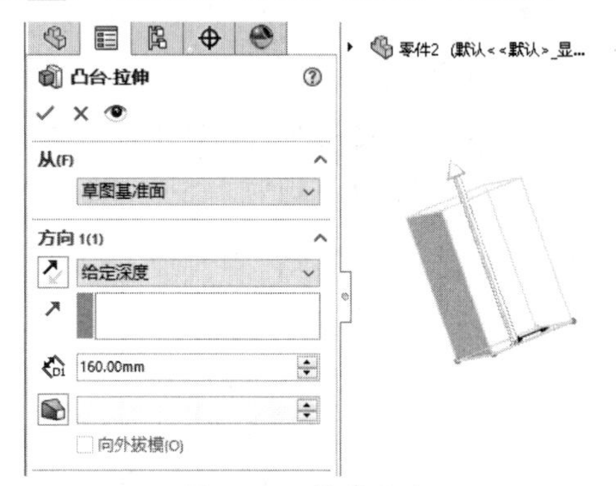

图3-41　拉伸凸台

03 选择【插入】|【特征】|【圆顶】菜单命令，创建圆顶特征，如图3-42所示。

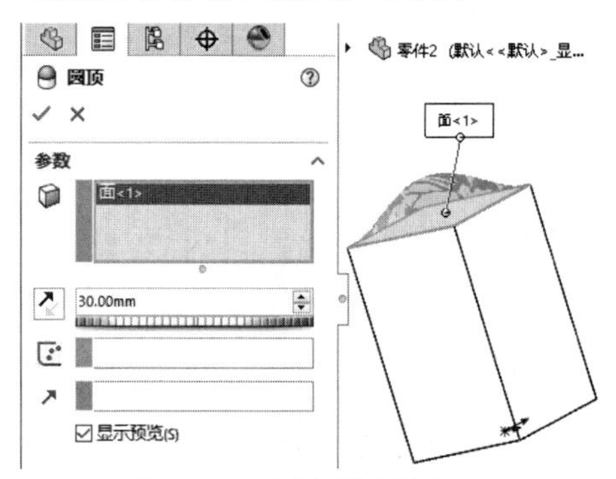

图3-42　创建圆顶特征(1)

04 选择【插入】|【特征】|【圆顶】菜单命令，创建圆顶特征，如图3-43所示。

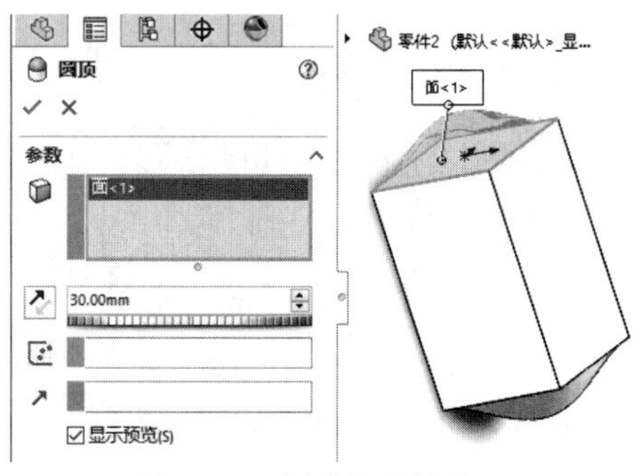

图3-43　创建圆顶特征(2)

05 单击【特征】选项卡中的【圆角】按钮，创建圆角特征，如图3-44所示。

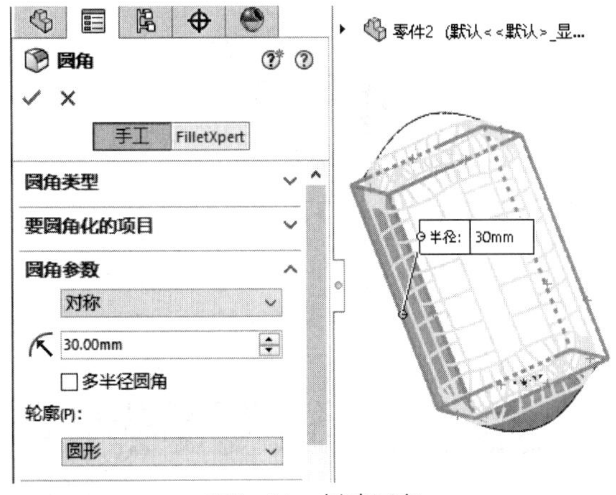

图3-44 创建圆角

06 单击【特征】选项卡中的【抽壳】按钮，创建抽壳特征，如图3-45所示。

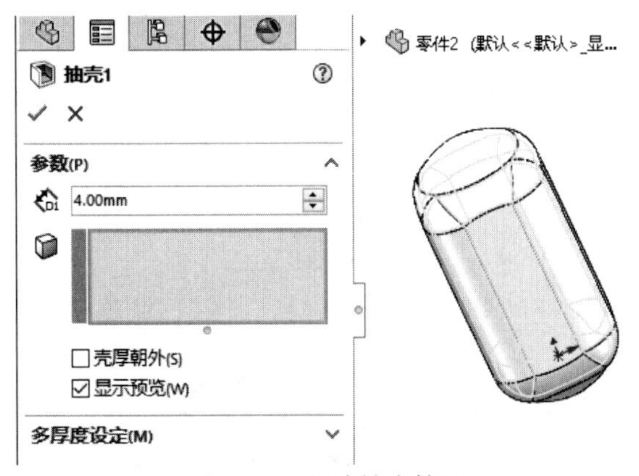

图3-45 创建抽壳特征

07 单击【草图】选项卡中的【边角矩形】按钮，绘制矩形，如图3-46所示。

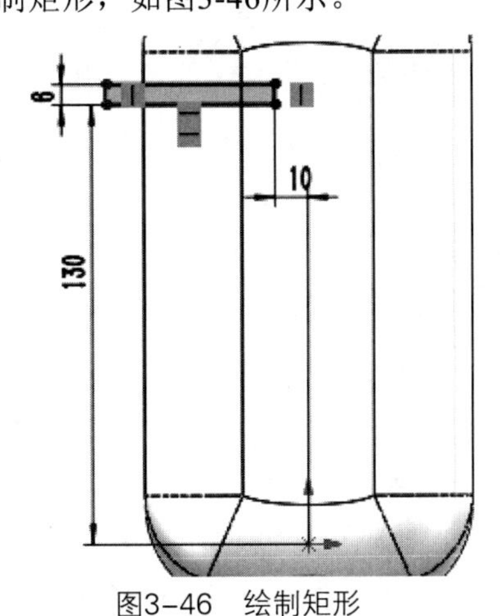

图3-46 绘制矩形

08 单击【特征】选项卡中的【线性阵列】按钮，创建线性阵列特征，如图3-47所示。

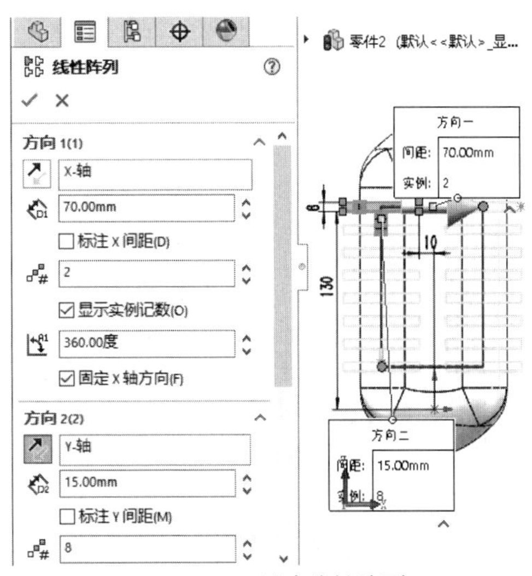

图3-47 创建线性阵列

09 单击【特征】选项卡中的【拉伸切除】按钮，创建拉伸切除特征，如图3-48所示。

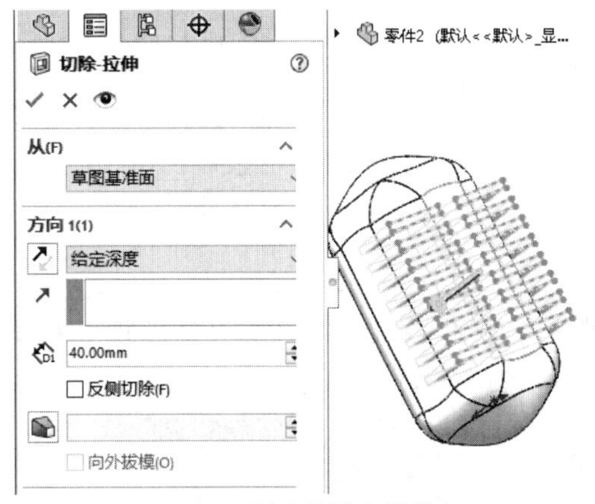

图3-48 创建拉伸切除特征

10 单击【特征】选项卡中的【镜像】按钮，创建镜像特征，如图3-49所示。

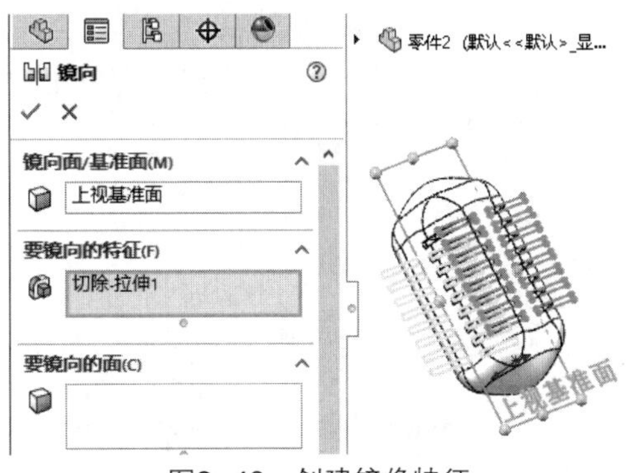

图3-49 创建镜像特征

11 单击【特征】选项卡中的【基准面】按钮，创建基准面，如图3-50所示。

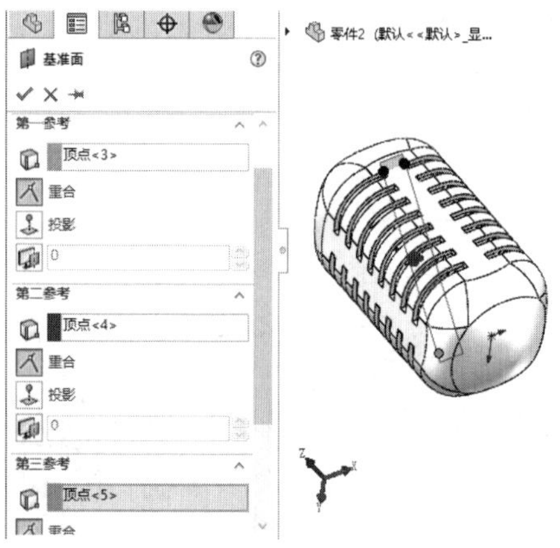

图3-50　创建基准面

12 单击【草图】选项卡中的【直线】按钮，绘制直线，如图3-51所示。

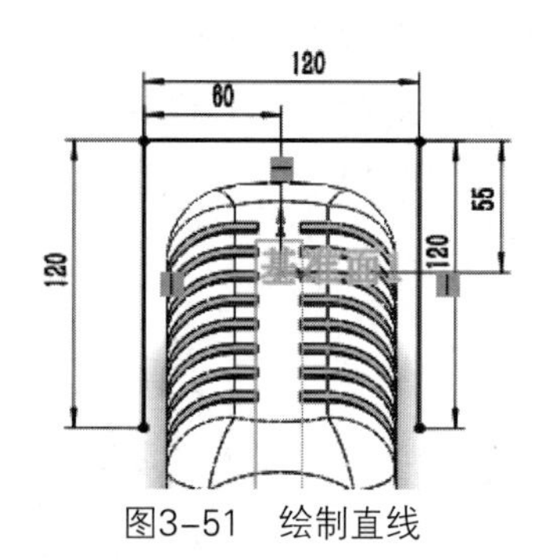

图3-51　绘制直线

13 单击【草图】选项卡中的【边角矩形】按钮，绘制矩形，如图3-52所示。

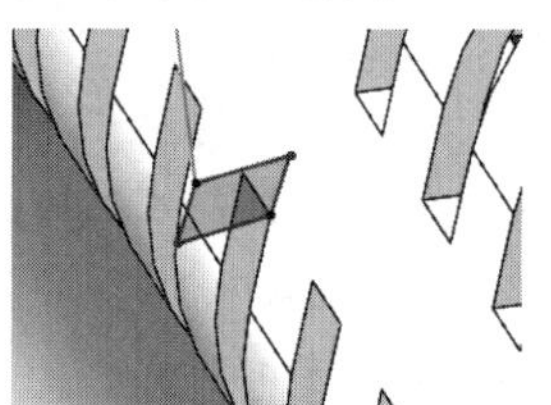
图3-52　绘制矩形

14 单击【特征】选项卡中的【扫描】按钮，创建扫描特征，如图3-53所示。

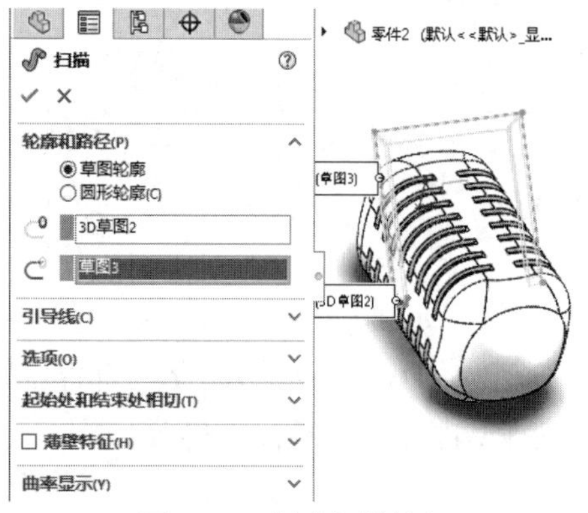

图3-53　创建扫描特征

15 完成麦克风模型的绘制，如图3-54所示。

图3-54　完成麦克风模型

实例 054 绘制金属环

案例源文件：ywj\03\054.prt

01 单击【草图】选项卡中的【圆】按钮，绘制圆，如图3-55所示。

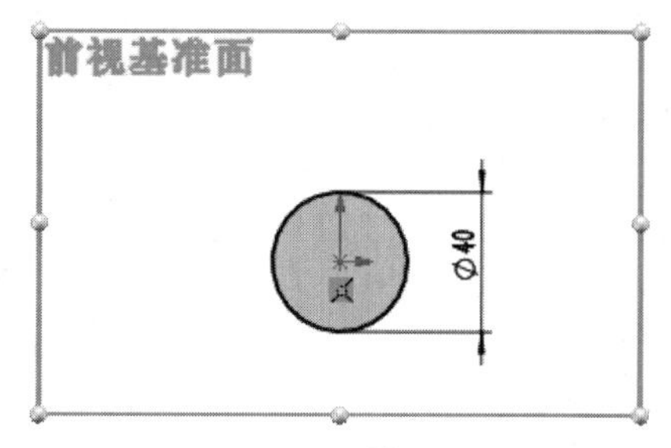

图3-55　绘制圆

02 单击【特征】选项卡中的【拉伸凸台/基体】按钮，创建拉伸特征，如图3-56所示。

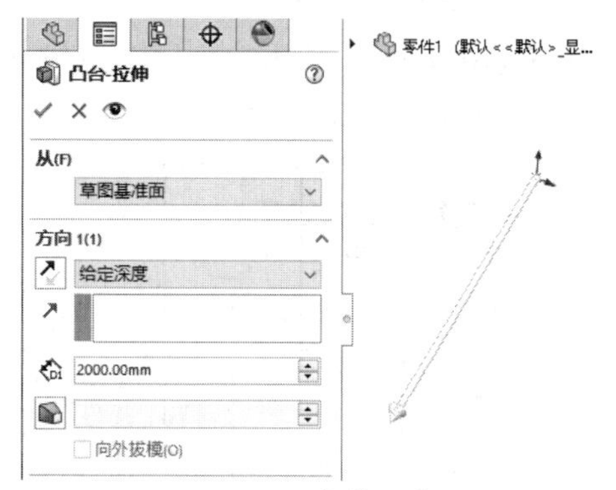

图3-56　拉伸凸台

03 选择【插入】|【特征】|【弯曲】菜单命令，创建弯曲特征，如图3-57所示。

04 选择【插入】|【特征】|【圆顶】菜单命令，创建圆顶特征，如图3-58所示。

05 单击【草图】选项卡中的【圆】按钮，绘制圆，如图3-59所示。

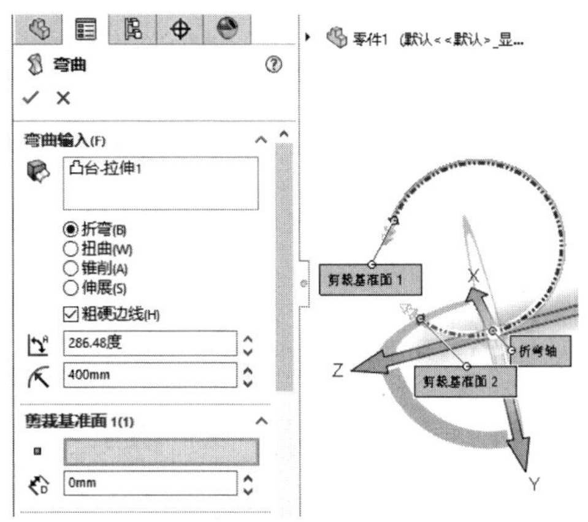

图3-57　创建弯曲特征

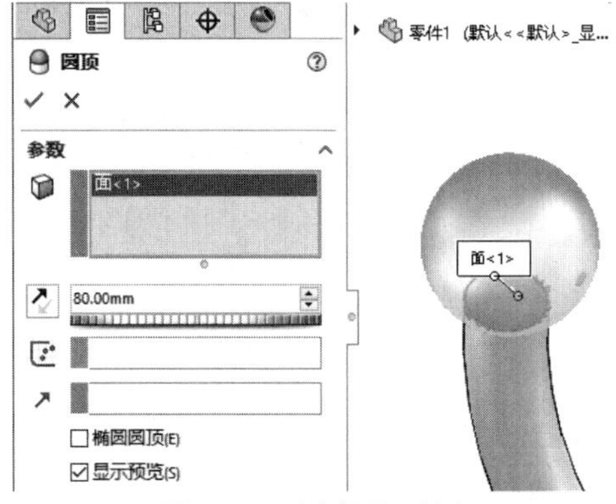

图3-58　创建圆顶特征

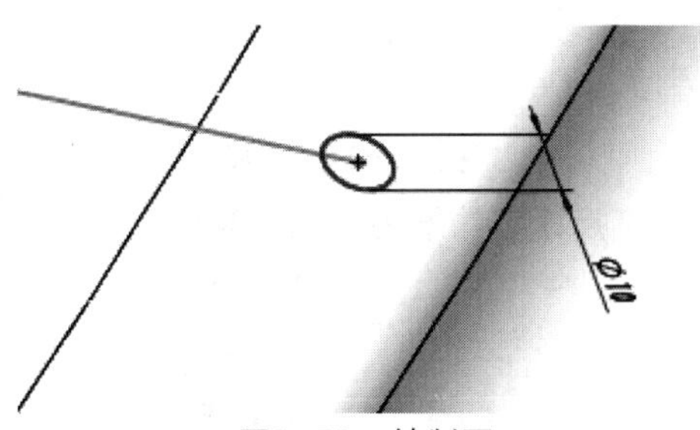

图3-59　绘制圆

06 选择【插入】|【特征】|【圆顶】菜单命令，创建圆顶特征，如图3-60所示。

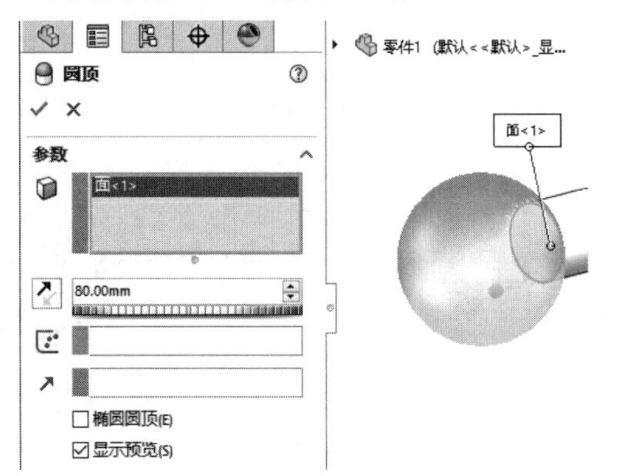

图3-60　创建圆顶特征

07 完成金属环模型的绘制，如图3-61所示。

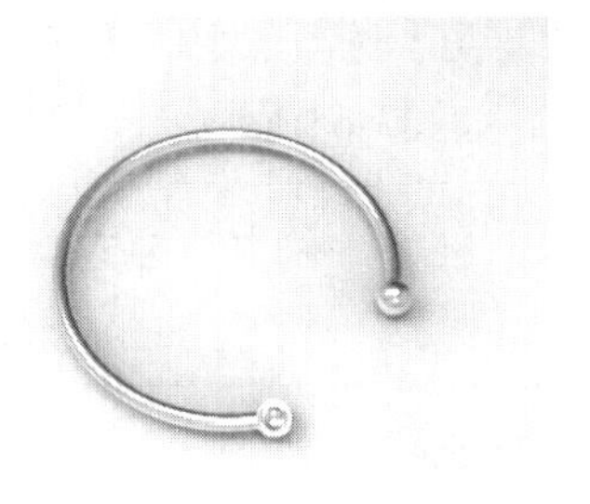
图3-61　完成金属环模型

实例 055

案例源文件：ywj\03\055.prt

绘制直尺

01 单击【草图】选项卡中的【边角矩形】按钮，绘制矩形，如图3-62所示。

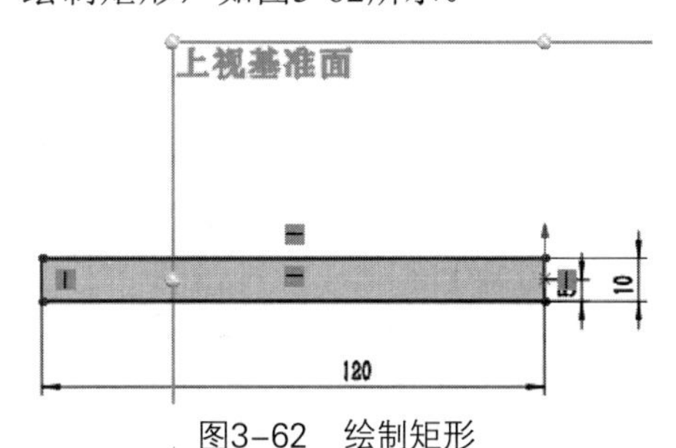

图3-62　绘制矩形

02 单击【草图】选项卡中的【圆】按钮，绘制圆，如图3-63所示。

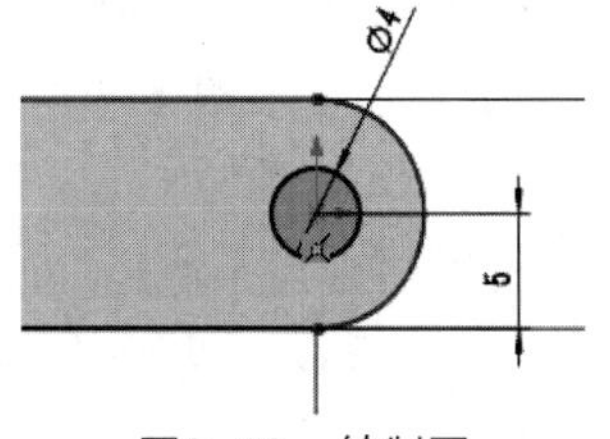

图3-63　绘制圆

03 单击【特征】选项卡中的【拉伸凸台/基体】按钮，创建拉伸特征，如图3-64所示。

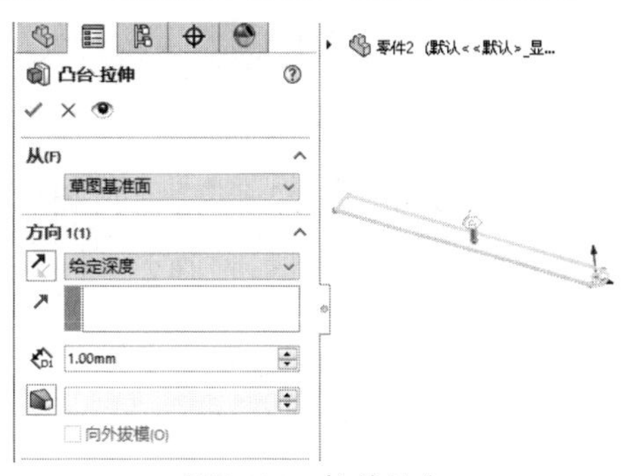

图3-64　拉伸凸台

04 单击【草图】选项卡中的【直线】按钮，绘制直线，如图3-65所示。

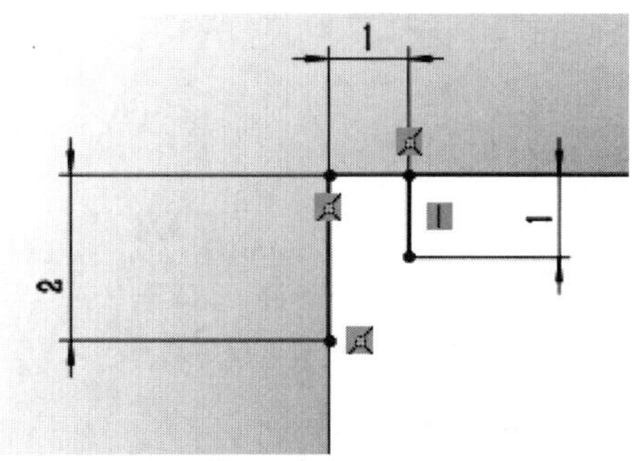

图3-65　绘制直线

05 单击【特征】选项卡中的【线性阵列】按钮，创建线性阵列特征，如图3-66所示。

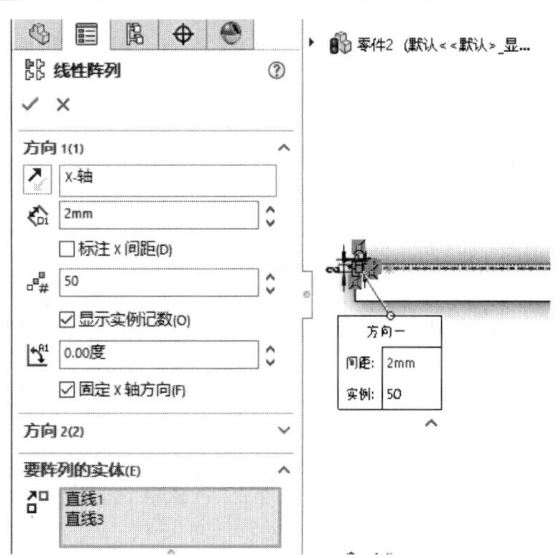

图3-66　创建线性阵列特征

06 单击【草图】选项卡中的【文本】按钮，添加文字内容，如图3-67所示。

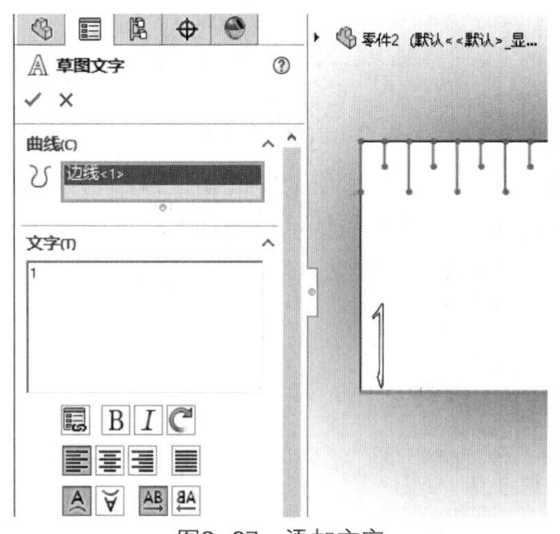

图3-67　添加文字

07 单击【特征】选项卡中的【拉伸凸台/基体】按钮，创建拉伸特征，如图3-68所示。

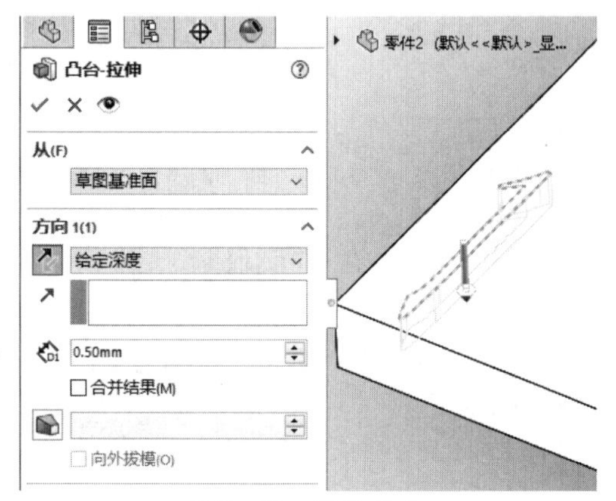

图3-68　拉伸凸台

08 选择【插入】|【特征】|【压凹】菜单命令，创建压凹特征，如图3-69所示。

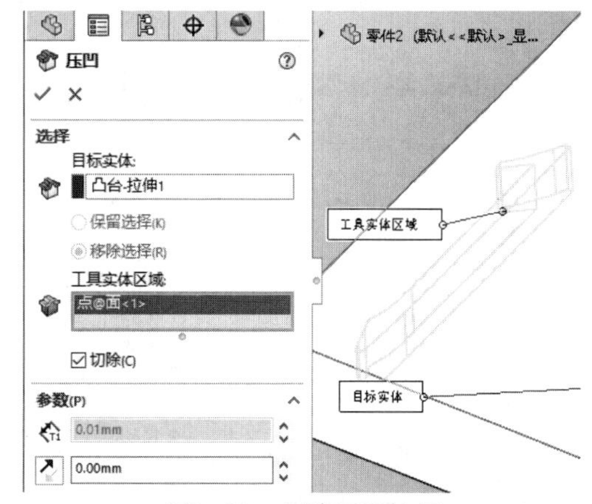

图3-69　创建压凹特征

09 完成直尺模型的绘制，如图3-70所示。

图3-70　完成直尺模型

01 单击【草图】选项卡中的【边角矩形】按钮，绘制矩形，如图3-71所示。

02 单击【草图】选项卡中的【直线】按钮，绘制梯形，如图3-72所示。

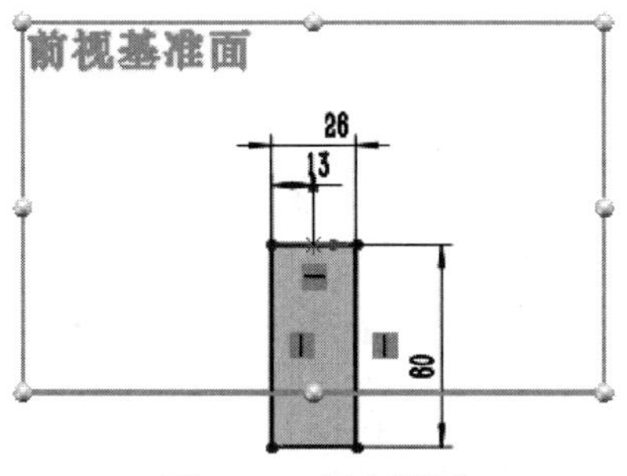

图3-71　绘制矩形

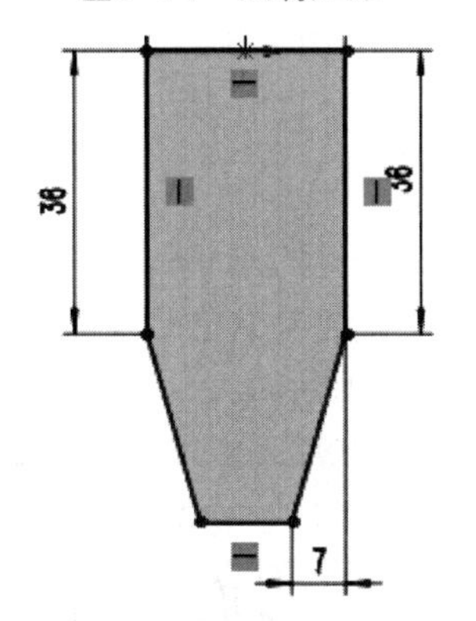

图3-72　绘制梯形

03 单击【特征】选项卡中的【拉伸凸台/基体】按钮，创建拉伸特征，如图3-73所示。

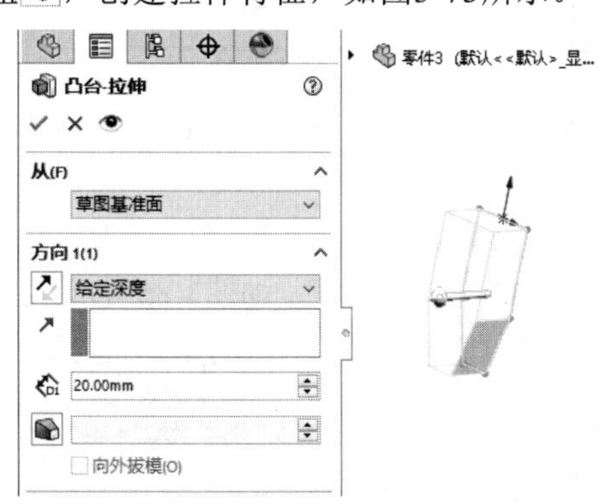

图3-73　拉伸凸台

04 单击【特征】选项卡中的【圆角】按钮，创建圆角特征，如图3-74所示。

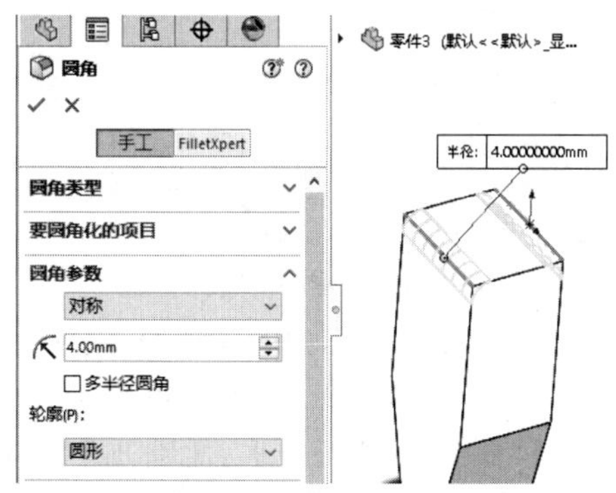

图3-74　创建圆角特征

05 单击【草图】选项卡中的【边角矩形】按钮，绘制矩形，如图3-75所示。

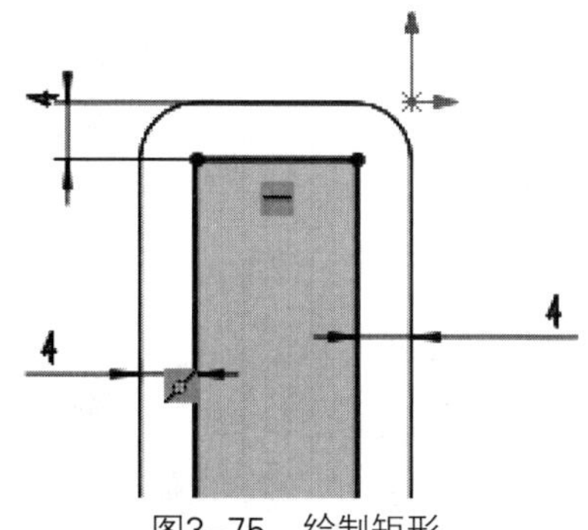

图3-75　绘制矩形

06 单击【特征】选项卡中的【拉伸切除】按钮，创建拉伸切除特征，如图3-76所示。

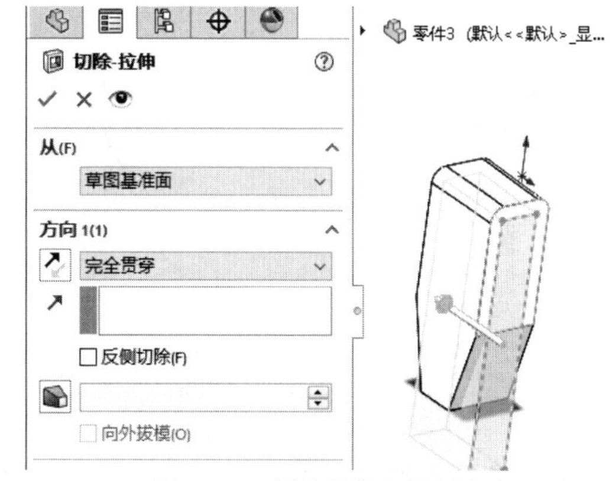

图3-76　创建拉伸切除特征

07 单击【草图】选项卡中的【边角矩形】按钮，绘制矩形，如图3-77所示。

08 单击【草图】选项卡中的【直线】按钮，绘制梯形，如图3-78所示。

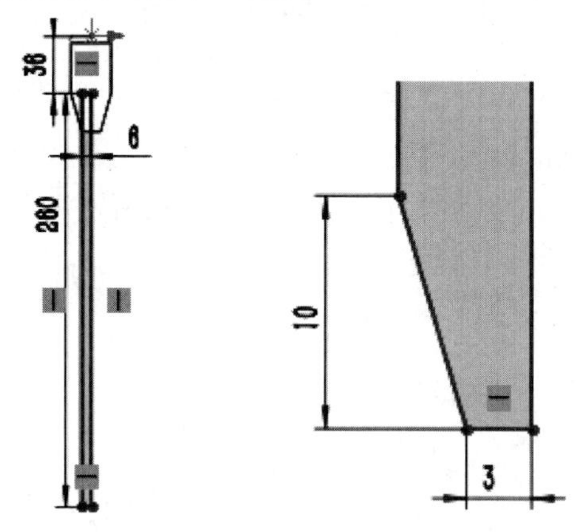

图3-77　绘制矩形　　图3-78　绘制梯形

09 单击【草图】选项卡中的【旋转实体】按钮，旋转图形，如图3-79所示。

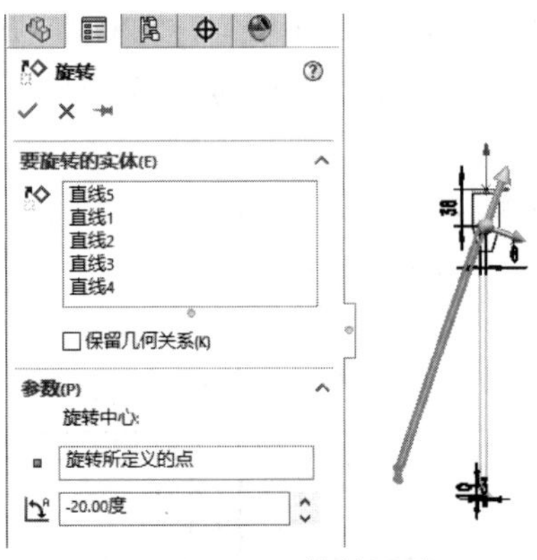

图3-79　旋转图形

10 单击【特征】选项卡中的【拉伸凸台/基体】按钮，创建拉伸特征，如图3-80所示。

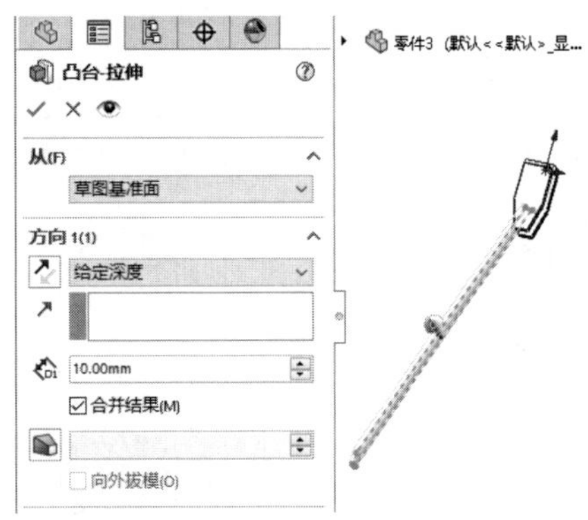

图3-80　拉伸凸台

11 单击【草图】选项卡中的【圆】按钮，绘制圆，如图3-81所示。

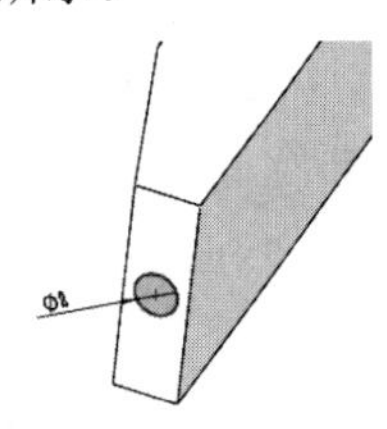
图3-81　绘制圆

12 单击【特征】选项卡中的【拉伸凸台/基体】按钮，创建拉伸特征，如图3-82所示。

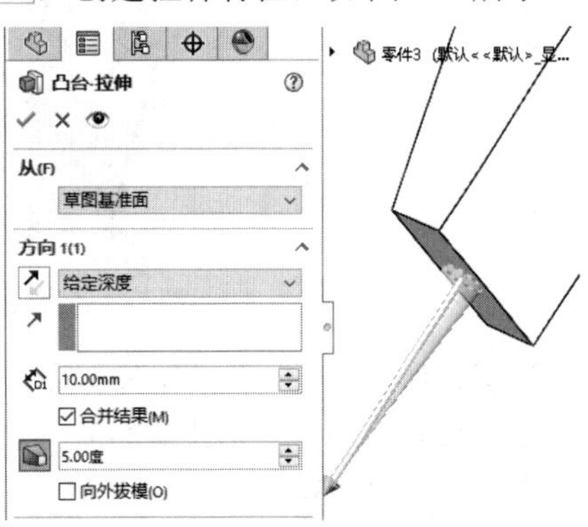

图3-82　拉伸凸台

13 单击【特征】选项卡中的【镜像】按钮，创建镜像特征，如图3-83所示。

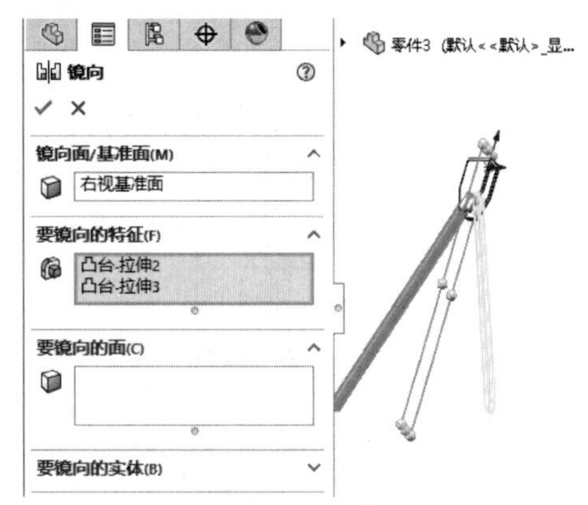

图3-83　创建镜像特征

14 单击【草图】选项卡中的【圆】按钮，绘制圆，如图3-84所示。

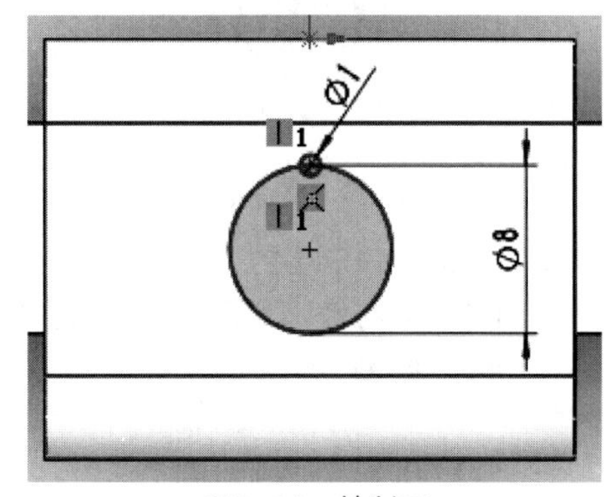

图3-84　绘制圆

15 单击【特征】选项卡中的【圆周阵列】按钮，创建圆周阵列特征，如图3-85所示。

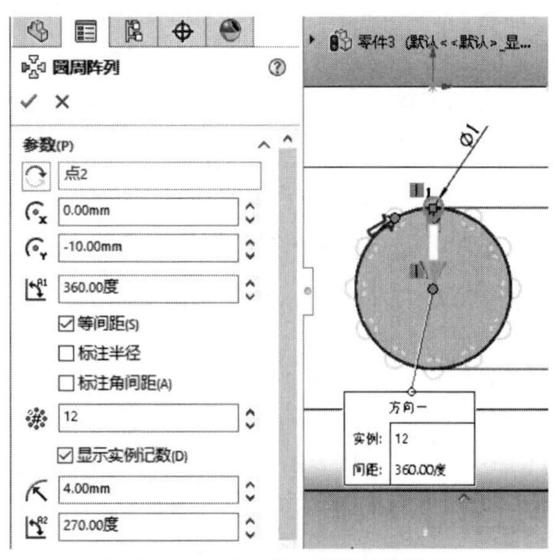

图3-85　创建圆周阵列特征

16 单击【特征】选项卡中的【拉伸凸台/基体】按钮，创建拉伸特征，如图3-86所示。

17 选择【插入】|【特征】|【圆顶】菜单命令，创建圆顶特征，如图3-87所示。

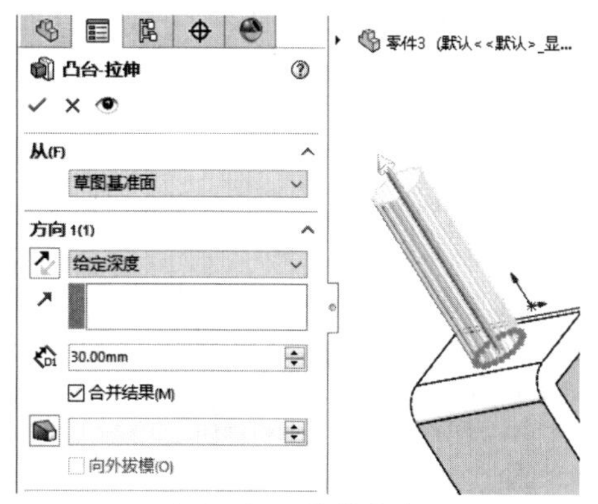

图3-86　拉伸凸台

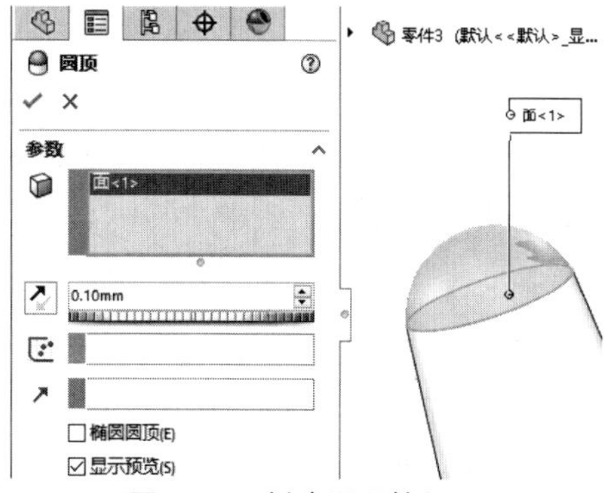

图3-87　创建圆顶特征(1)

18 选择【插入】|【特征】|【圆顶】菜单命令，创建圆顶特征，如图3-88所示。

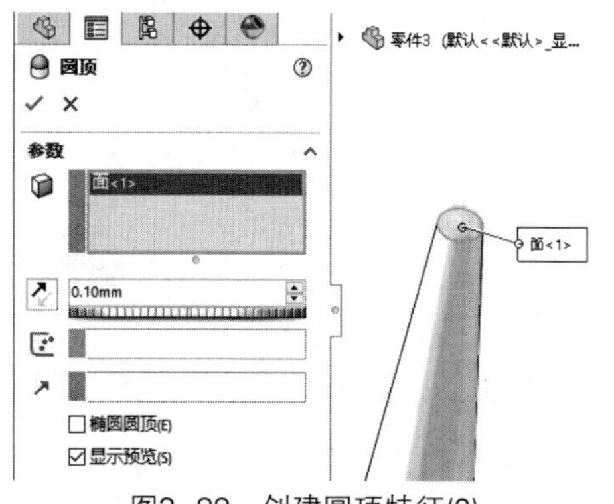

图3-88　创建圆顶特征(2)

19 完成圆规模型的绘制，如图3-89所示。

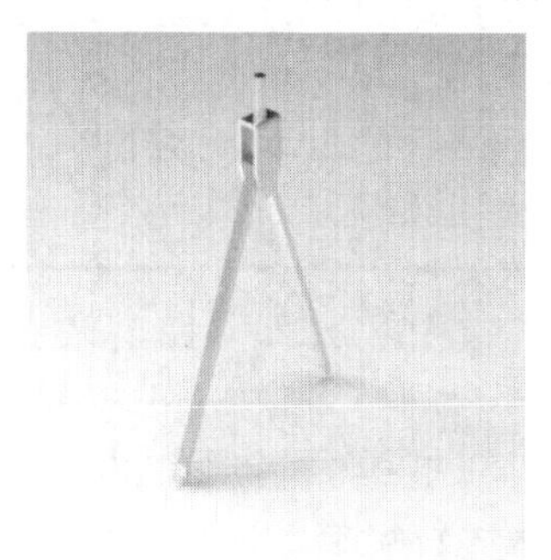

图3-89　完成圆规模型

实例 057 绘制艺术品

01 单击【草图】选项卡中的【圆】按钮，绘制圆，如图3-90所示。

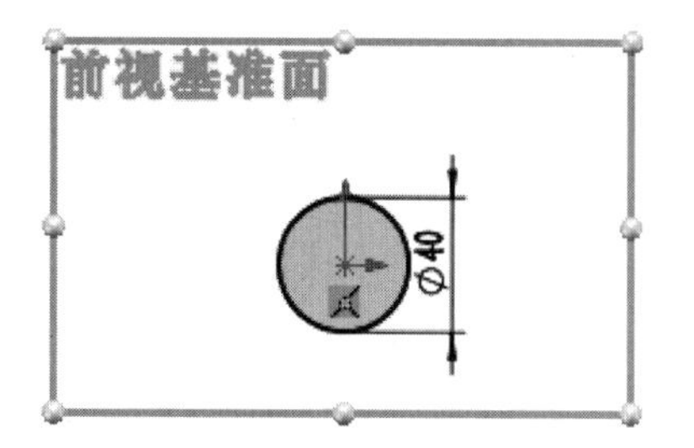

图3-90　绘制圆

02 单击【特征】选项卡中的【基准面】按钮，创建基准面，如图3-91所示。

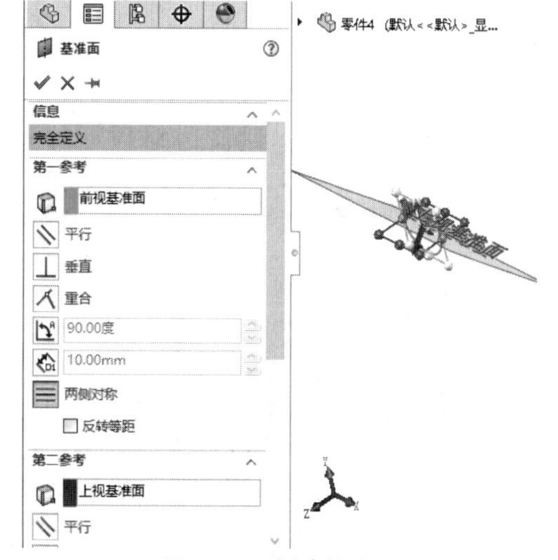

图3-91　创建基准面

03 单击【草图】选项卡中的【圆】按钮，绘制圆，如图3-92所示。

04 单击【草图】选项卡中的【圆】按钮，绘制圆，如图3-93所示。

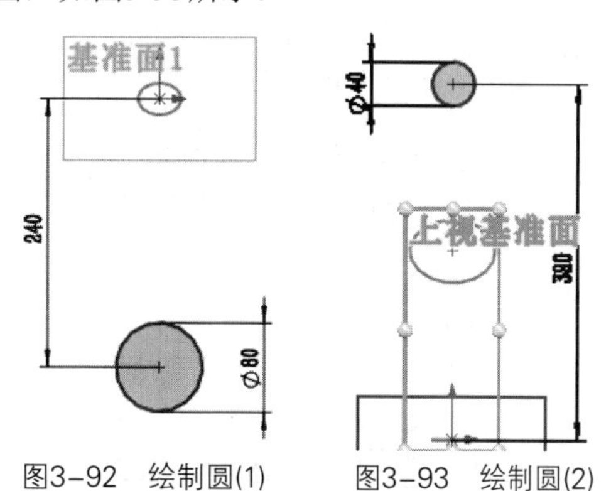

图3-92　绘制圆(1)　　图3-93　绘制圆(2)

05 单击【特征】选项卡中的【放样凸台/基体】按钮，创建放样特征，如图3-94所示。

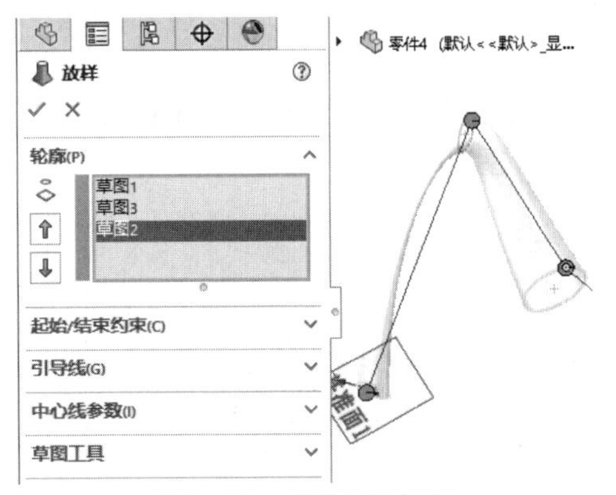

图3-94　创建放样特征

06 选择【插入】|【特征】|【变形】菜单命令，创建变形特征，如图3-95所示。

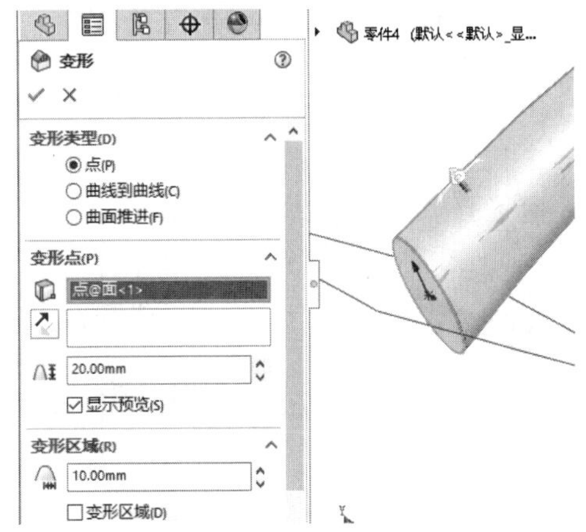

图3-95　创建变形特征(1)

07 选择【插入】|【特征】|【变形】菜单命令，创建变形特征，如图3-96所示。

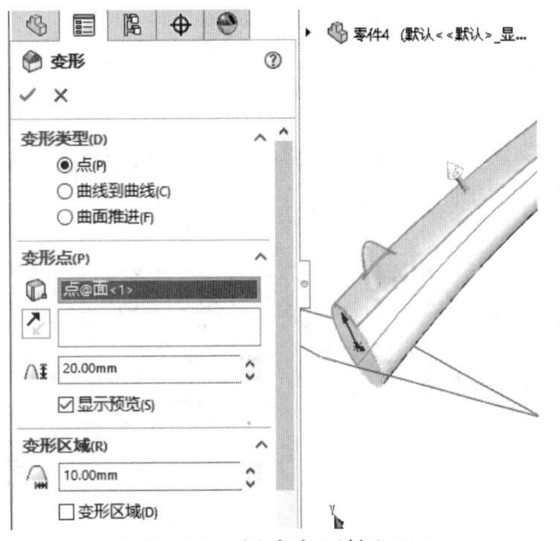

图3-96　创建变形特征(2)

08 选择【插入】|【特征】|【变形】菜单命令，创建变形特征，如图3-97所示。

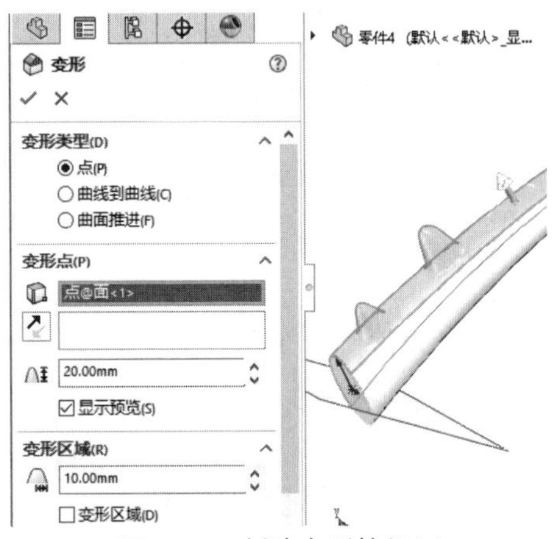

图3-97　创建变形特征(3)

◎提示·◦

变形特征是改变复杂曲面和实体模型的局部或者整体形状，无须考虑用于生成模型的草图或者特征约束。

09 选择【插入】|【特征】|【弯曲】菜单命令，创建弯曲特征，如图3-98所示。

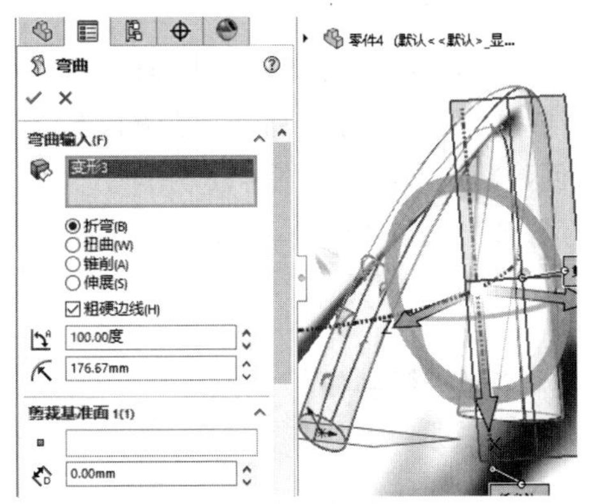

图3-98　创建弯曲特征

10 单击【草图】选项卡中的【边角矩形】按钮，绘制矩形，如图3-99所示。

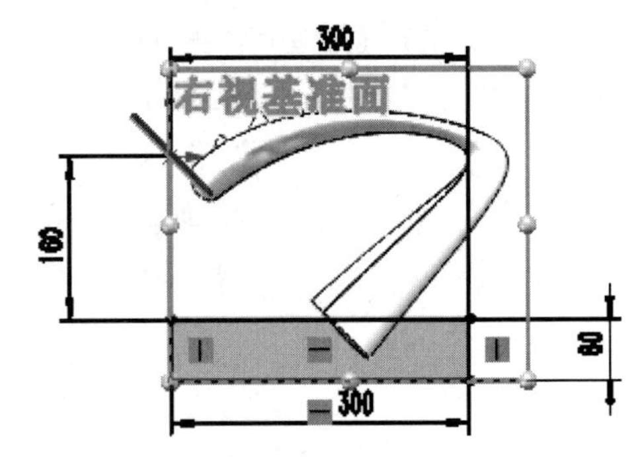

图3-99　绘制矩形

11 单击【特征】选项卡中的【拉伸凸台/基体】按钮，创建拉伸特征，如图3-100所示。

图3-100　拉伸凸台

12 单击【特征】选项卡中的【拔模】按钮，创建拔模特征，如图3-101所示。

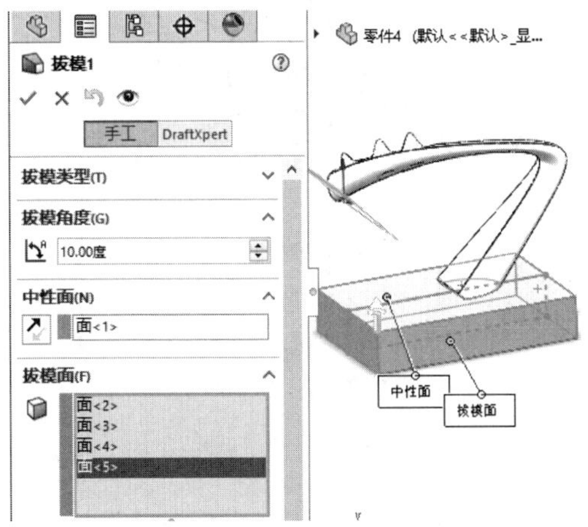

图3-101　创建拔模特征

> **◎提示·◦**
>
> 拔模特征是在指定的角度下切削模型中所选的面，使型腔零件更容易脱出模具，可以在现有的零件中插入拔模，或者在进行拉伸特征时拔模，也可以将拔模应用到实体或者曲面模型中。

13 完成艺术品模型的绘制，如图3-102所示。

图3-102　完成艺术品模型

实例 058　绘制摄像头

案例源文件：ywj\03\058.prt

01 单击【草图】选项卡中的【圆】按钮，绘制半圆形，如图3-103所示。

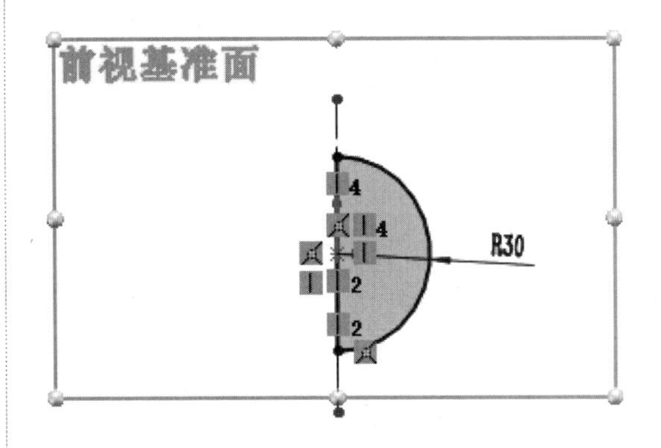

图3-103　绘制半圆

02 单击【特征】选项卡中的【旋转凸台/基体】按钮，创建旋转特征，如图3-104所示。

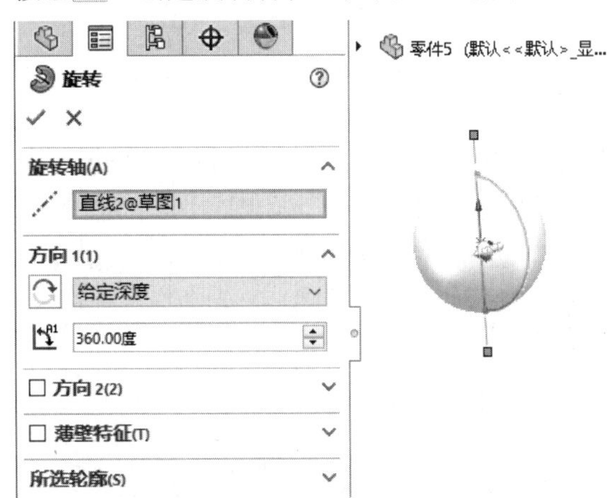

图3-104　旋转凸台

03 单击【草图】选项卡中的【边角矩形】按钮，绘制矩形，如图3-105所示。

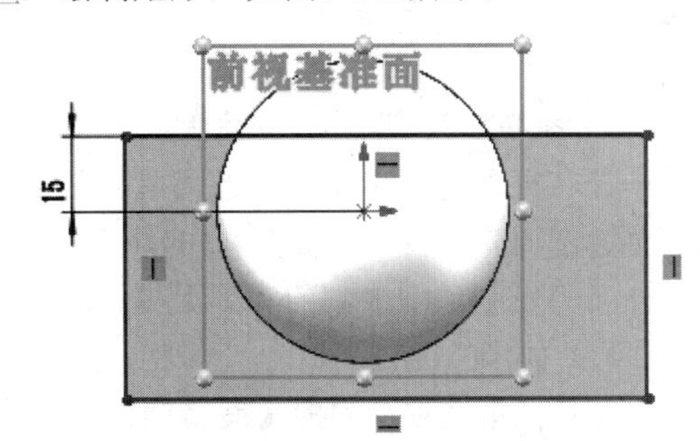

图3-105　绘制矩形

04 单击【特征】选项卡中的【拉伸切除】按钮，创建拉伸切除特征，如图3-106所示。

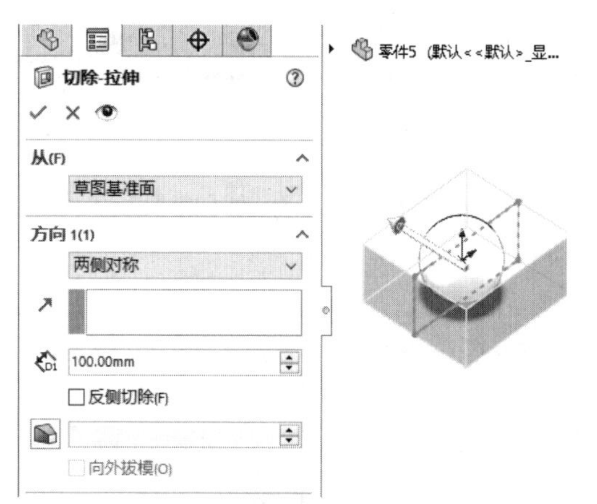

图3-106　创建拉伸切除特征

05 单击【草图】选项卡中的【圆】按钮，绘制圆，如图3-107所示。

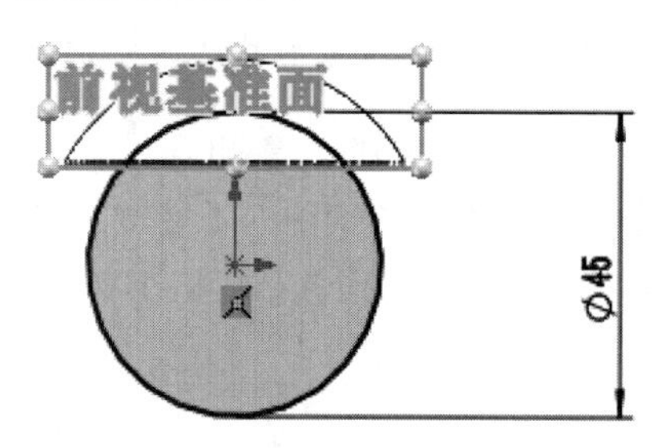

图3-107　绘制圆

06 单击【特征】选项卡中的【拉伸切除】按钮，创建拉伸切除特征，如图3-108所示。

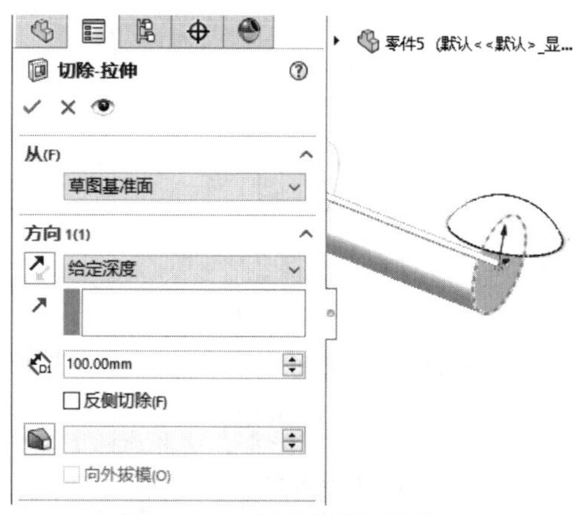

图3-108　创建拉伸切除特征

07 单击【特征】选项卡中的【圆周阵列】按钮，创建圆周阵列特征，如图3-109所示。

08 单击【草图】选项卡中的【圆】按钮，绘制半圆形，如图3-110所示。

09 单击【特征】选项卡中的【旋转凸台/基体】按钮，创建旋转特征，如图3-111所示。

10 单击【草图】选项卡中的【圆】按钮，绘制圆，如图3-112所示。

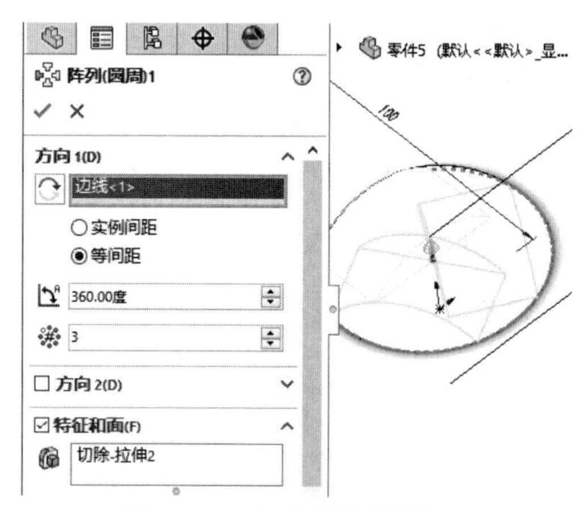

图3-109　创建圆周阵列特征

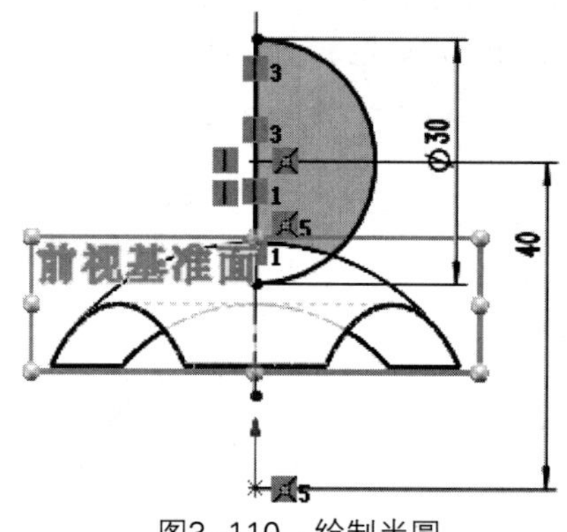

图3-110　绘制半圆

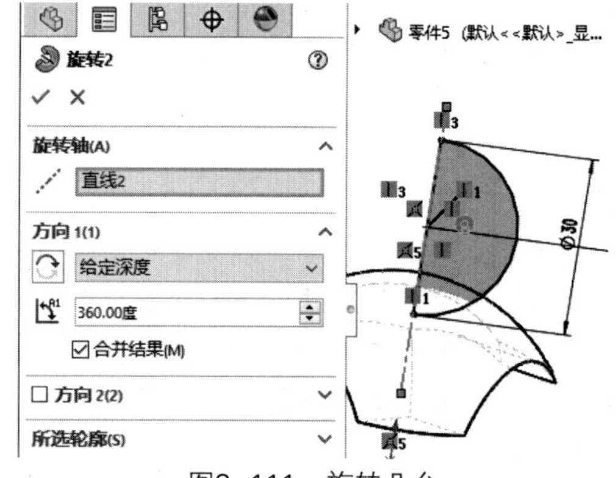

图3-111　旋转凸台

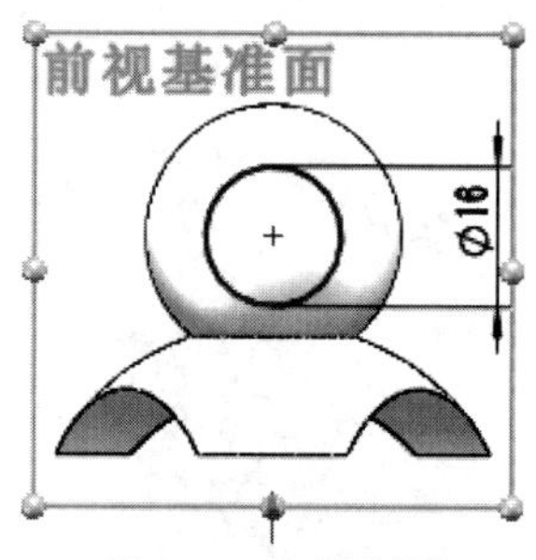

图3-112　绘制圆

11 单击【特征】选项卡中的【拉伸凸台/基体】按钮，创建拉伸特征，如图3-113所示。

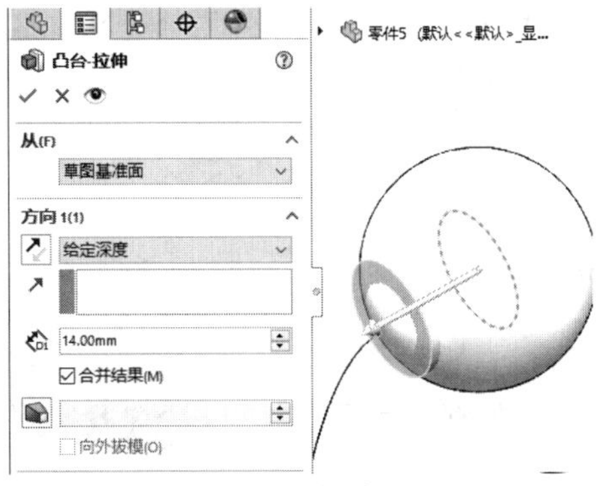

图3–113　拉伸凸台

12 单击【特征】选项卡中的【圆角】按钮，创建圆角特征，如图3-114所示。

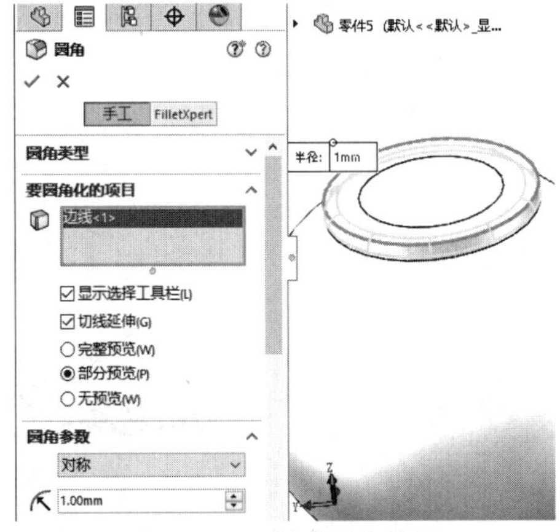

图3–114　创建圆角特征

13 单击【草图】选项卡中的【圆】按钮，绘制圆，如图3-115所示。

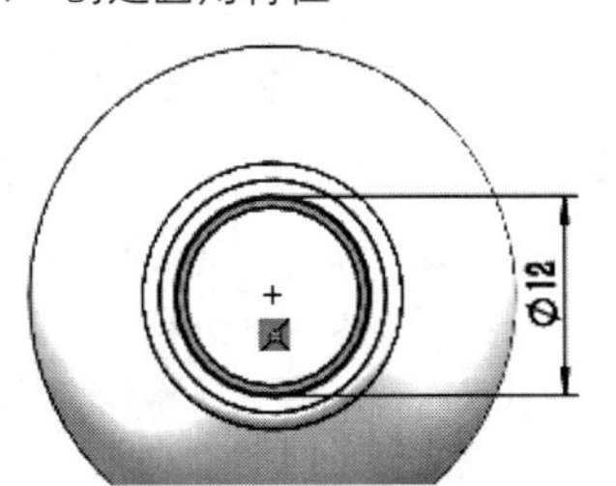

图3–115　绘制圆

14 单击【特征】选项卡中的【拉伸切除】按钮，创建拉伸切除特征，如图3-116所示。

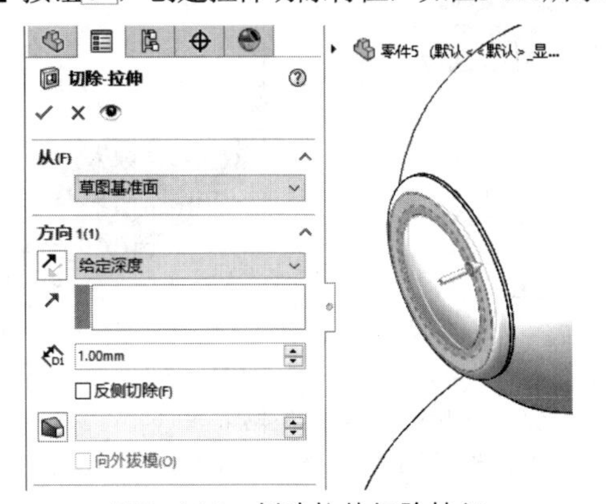

图3–116　创建拉伸切除特征

15 完成摄像头模型的绘制，如图3-117所示。

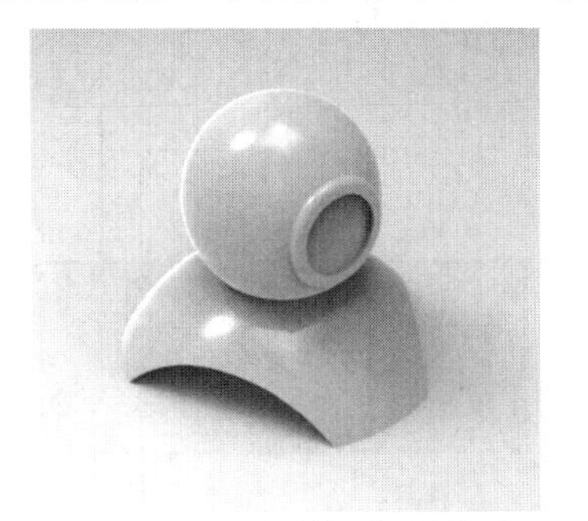
图3–117　完成摄像头模型

实例 059　绘制头盔

案例源文件：ywj\03\059.prt

01 单击【草图】选项卡中的【圆】按钮，绘制半圆形，如图3-118所示。

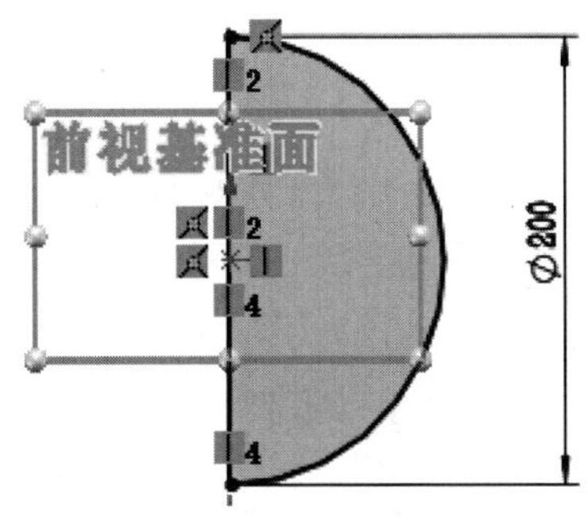

图3–118　绘制半圆

02 单击【特征】选项卡中的【旋转凸台/基体】按钮，创建旋转特征，如图3-119所示。

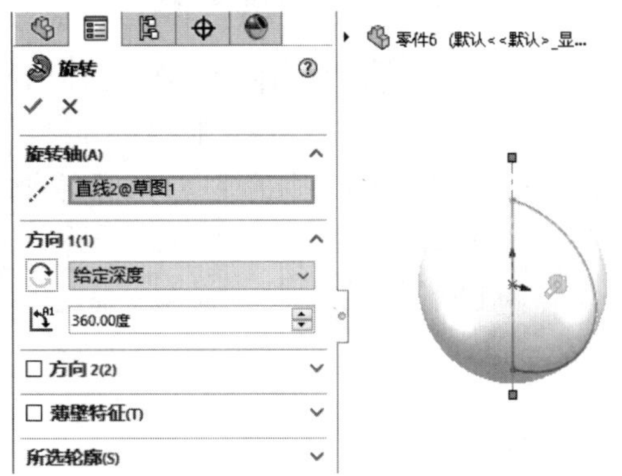

图3–119　旋转凸台

03 单击【草图】选项卡中的【边角矩形】按钮，绘制矩形，如图3-120所示。

04 单击【特征】选项卡中的【拉伸切除】按钮，创建拉伸切除特征，如图3-121所示。

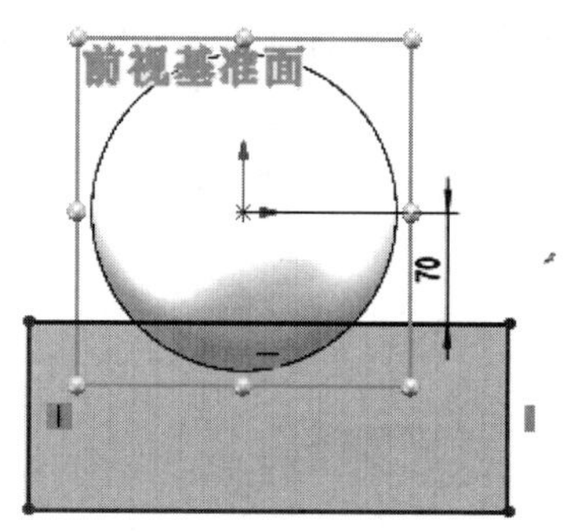

图3-120　绘制矩形

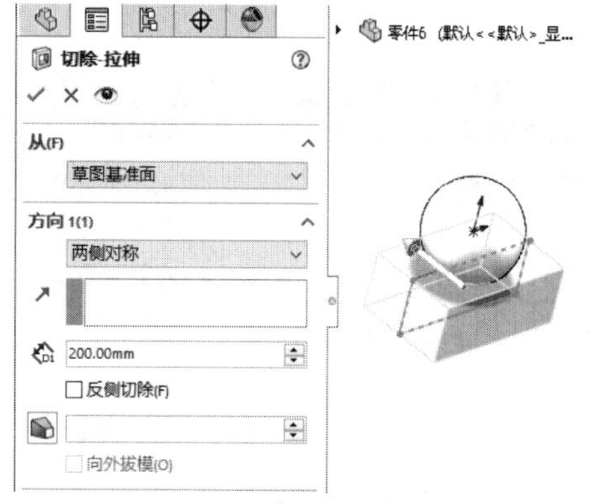

图3-121　创建拉伸切除特征

05 单击【草图】选项卡中的【边角矩形】按钮，绘制矩形，如图3-122所示。

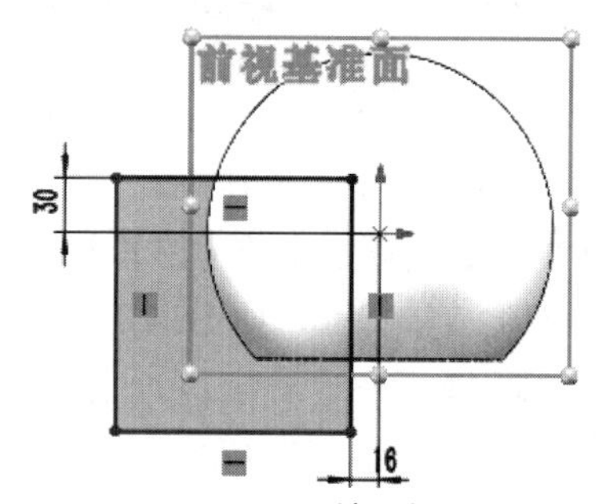

图3-122　绘制矩形

06 单击【特征】选项卡中的【拉伸切除】按钮，创建拉伸切除特征，如图3-123所示。

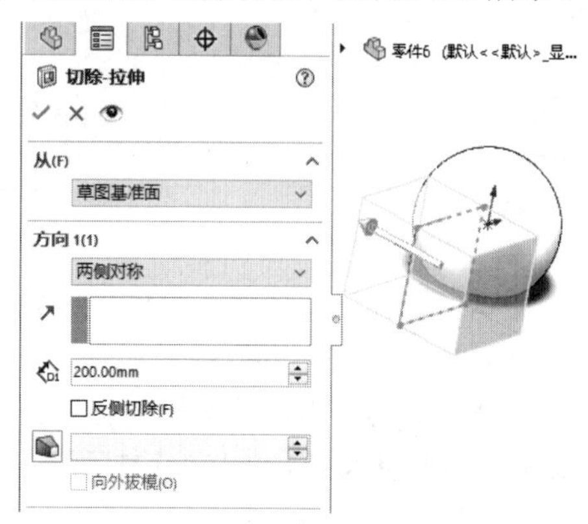

图3-123　创建拉伸切除特征

07 单击【特征】选项卡中的【抽壳】按钮，创建抽壳特征，如图3-124所示。

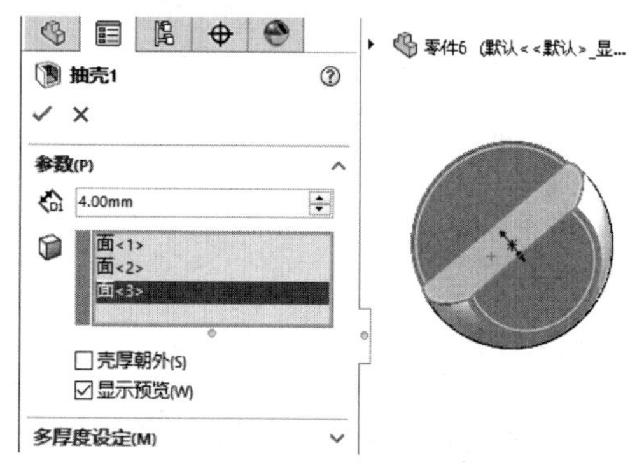

图3-124　创建抽壳特征

08 选择【插入】|【特征】|【弯曲】菜单命令，创建弯曲特征，如图3-125所示。

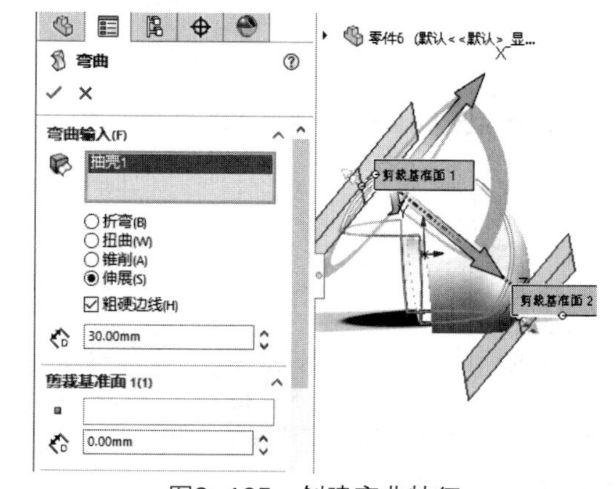

图3-125　创建弯曲特征

09 单击【特征】选项卡中的【圆角】按钮，创建圆角特征，如图3-126所示。

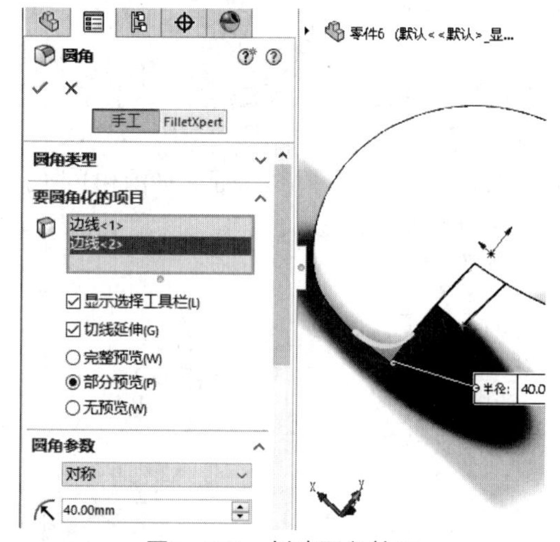

图3-126　创建圆角特征

10 完成头盔模型的绘制，如图3-127所示。

图3-127　完成头盔模型

实例 060　绘制办公椅

01 单击【草图】选项卡中的【圆】按钮，绘制圆，如图3-128所示。

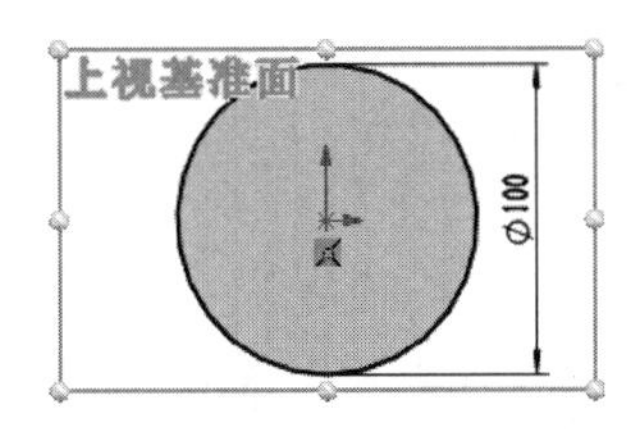

图3-128　绘制圆

02 单击【特征】选项卡中的【拉伸凸台/基体】按钮，创建拉伸特征，如图3-129所示。

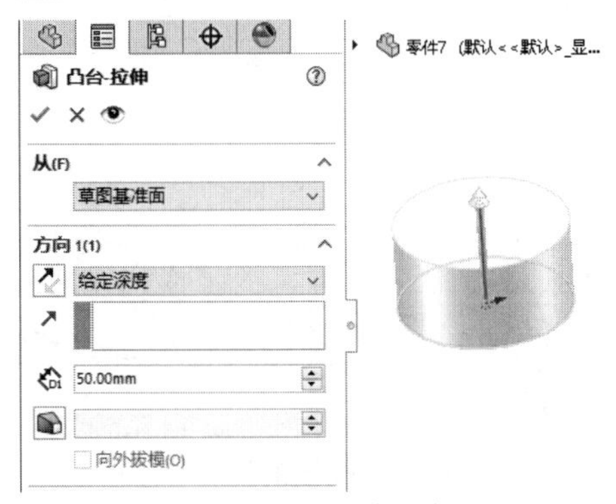

图3-129　拉伸凸台

03 单击【草图】选项卡中的【圆】按钮，绘制圆，如图3-130所示。

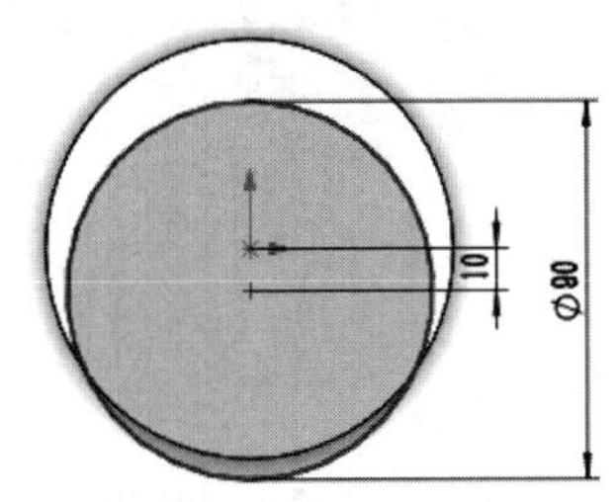

图3-130　绘制圆

04 单击【特征】选项卡中的【拉伸切除】按钮，创建拉伸切除特征，如图3-131所示。

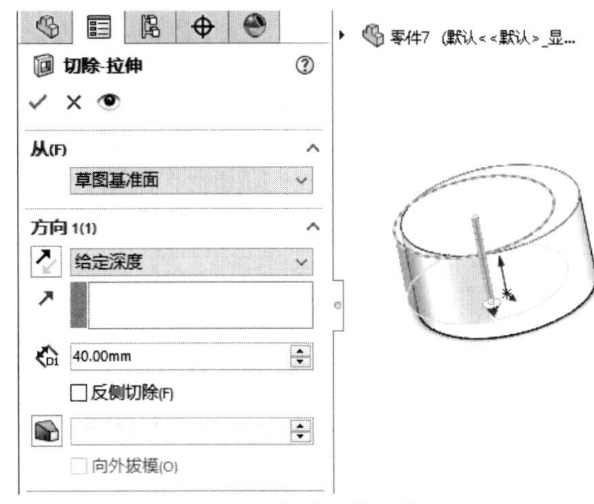

图3-131　创建拉伸切除特征

05 单击【草图】选项卡中的【圆】按钮，绘制半圆形，如图3-132所示。

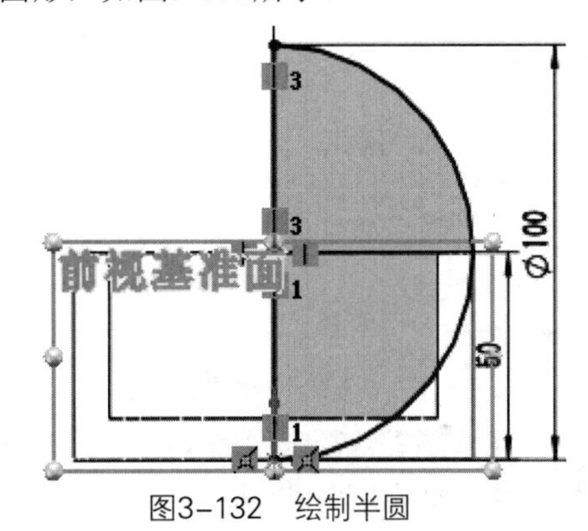

图3-132　绘制半圆

06 单击【特征】选项卡中的【旋转凸台/基体】按钮，创建旋转特征，如图3-133所示。

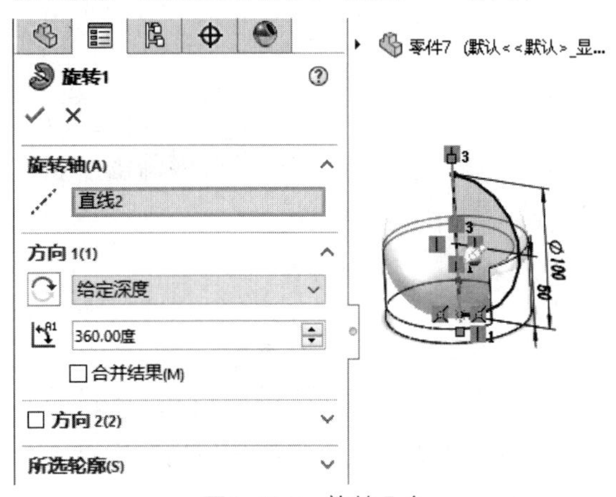

图3-133　旋转凸台

07 选择【插入】|【特征】|【压凹】菜单命令，创建压凹特征，如图3-134所示。

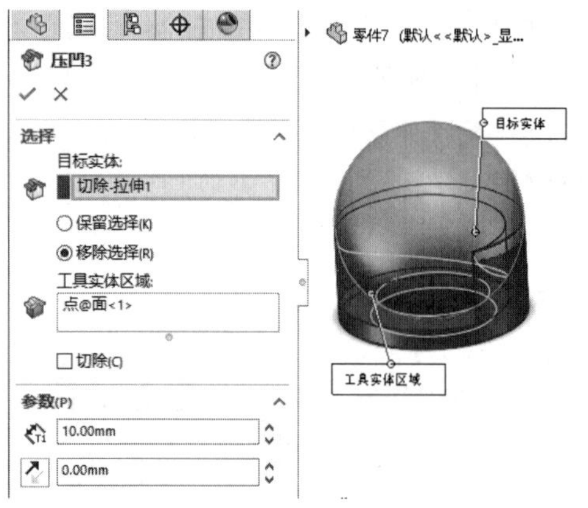

图3-134　创建压凹特征

08 单击【特征】选项卡中的【圆角】按钮，创建圆角特征，如图3-135所示。

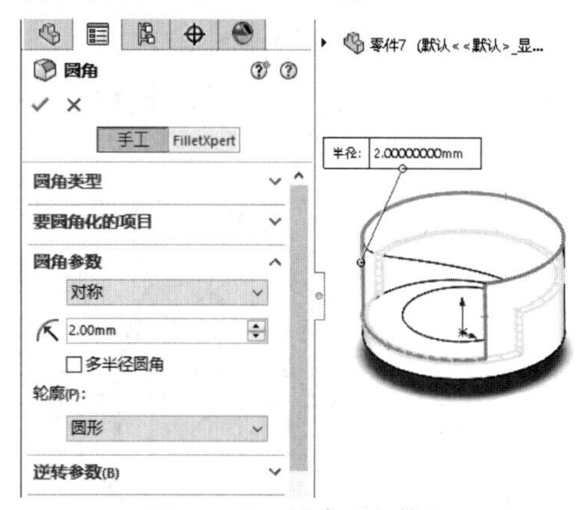

图3-135　创建圆角特征

09 单击【草图】选项卡中的【直线】按钮，绘制直线，如图3-136所示。

10 单击【草图】选项卡中的【圆】按钮，绘制圆，如图3-137所示。

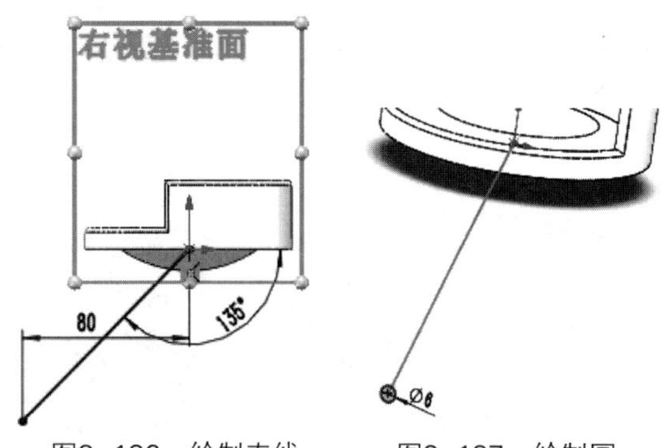

图3-136　绘制直线　　　　图3-137　绘制圆

11 单击【特征】选项卡中的【扫描】按钮，创建扫描特征，如图3-138所示。

12 选择【插入】|【特征】|【圆顶】菜单命令，创建圆顶特征，如图3-139所示。

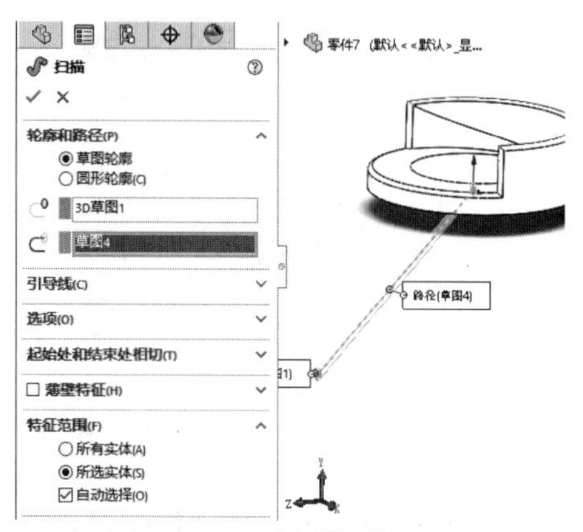

图3-138　创建扫描特征

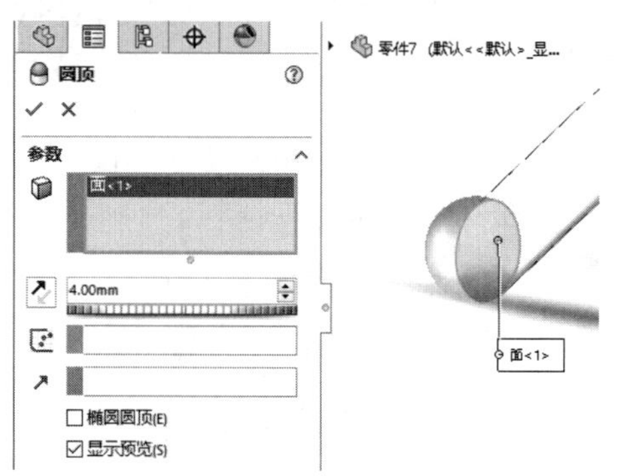

图3-139　创建圆顶特征

13 单击【特征】选项卡中的【圆周阵列】按钮，创建圆周阵列特征，如图3-140所示。

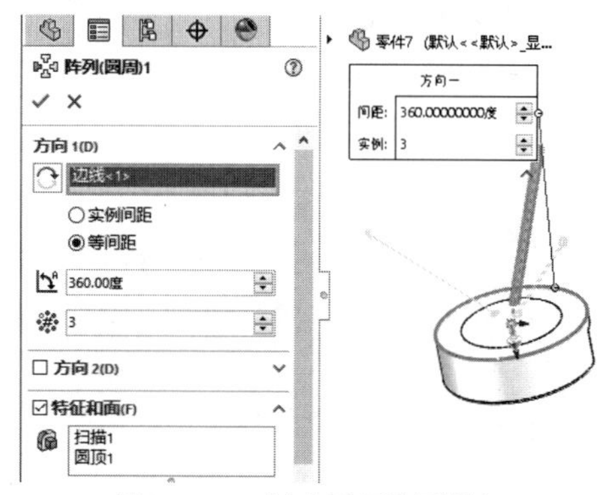

图3-140　创建圆周阵列特征

14 完成办公椅模型的绘制，如图3-141所示。

图3-141　完成办公椅模型

实例 061 绘制异型垫片

案例源文件：ywj\03\061.prt

01 单击【草图】选项卡中的【边角矩形】按钮，绘制矩形，如图3-142所示。

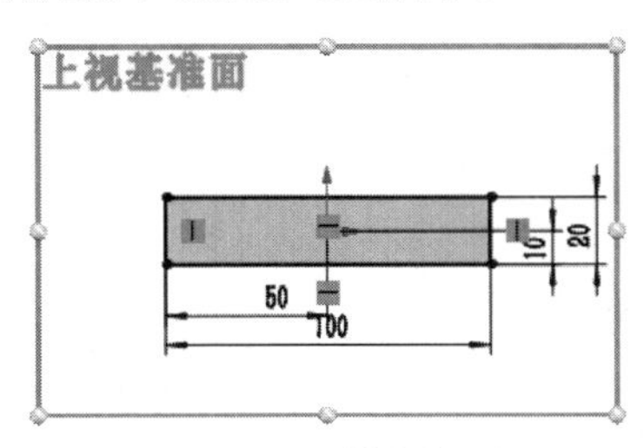

图3-142 绘制矩形

02 单击【特征】选项卡中的【拉伸凸台/基体】按钮，创建拉伸特征，如图3-143所示。

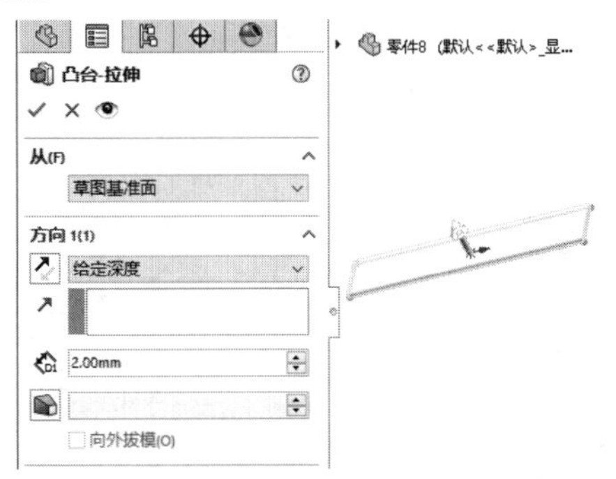

图3-143 拉伸凸台

03 单击【草图】选项卡中的【椭圆】按钮，绘制椭圆，如图3-144所示。

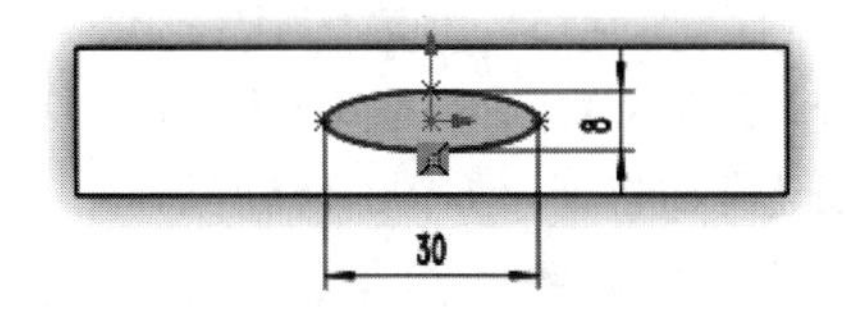

图3-144 绘制椭圆

04 单击【特征】选项卡中的【拉伸切除】按钮，创建拉伸切除特征，如图3-145所示。

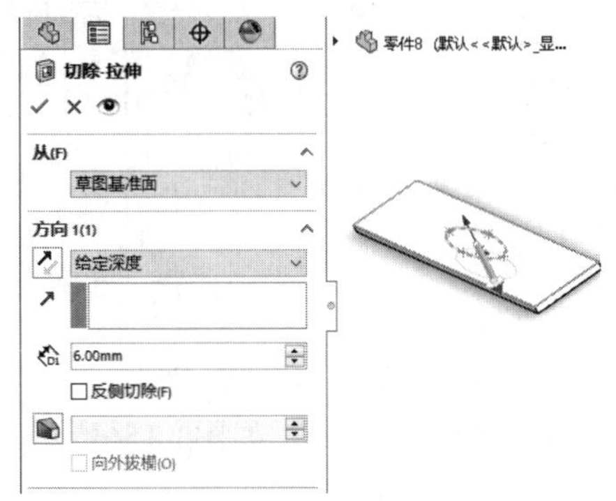

图3-145 创建拉伸切除特征

05 选择【插入】|【特征】|【弯曲】菜单命令，创建弯曲特征，如图3-146所示。

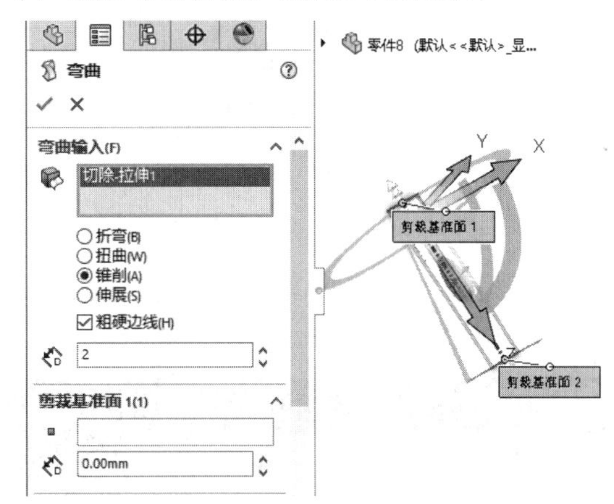

图3-146 创建弯曲特征(1)

06 选择【插入】|【特征】|【弯曲】菜单命令，创建弯曲特征，如图3-147所示。

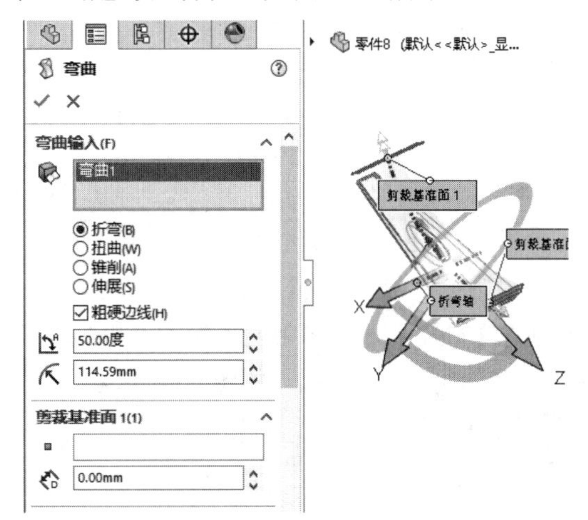

图3-147 创建弯曲特征(2)

07 单击【特征】选项卡中的【圆角】按钮，创建圆角特征，如图3-148所示。

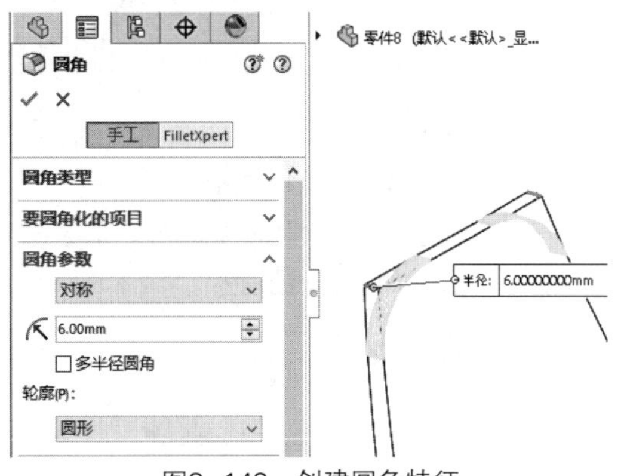

图3-148 创建圆角特征

08 完成异型垫片模型的绘制，如图3-149所示。

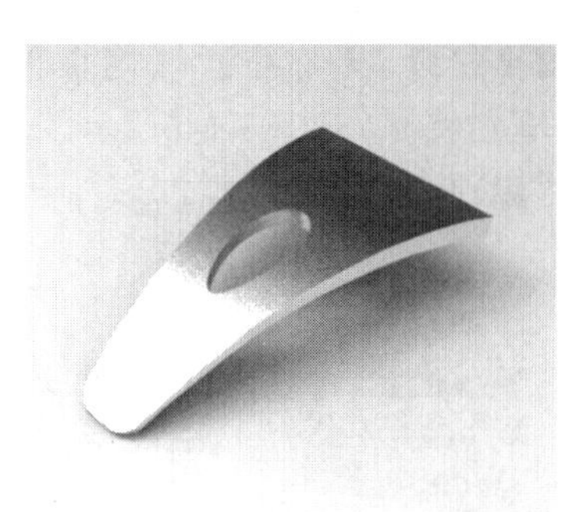

图3-149 完成异型垫片模型

实例 062 绘制叶片

案例源文件：ywj\03\062.prt

01 单击【草图】选项卡中的【圆】按钮，绘制圆，如图3-150所示。

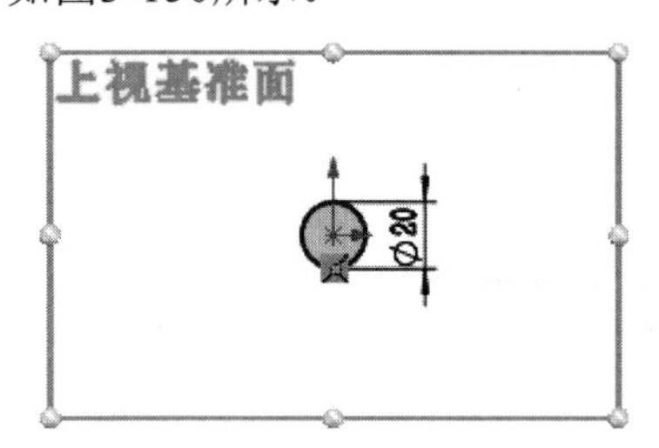

图3-150 绘制圆

02 单击【特征】选项卡中的【拉伸凸台/基体】按钮，创建拉伸特征，如图3-151所示。

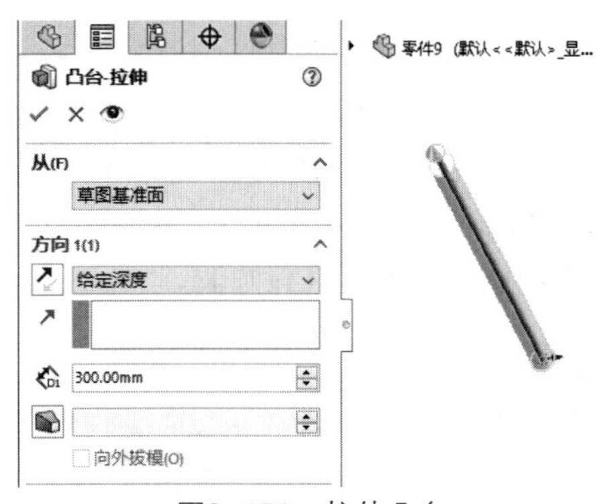

图3-151 拉伸凸台

03 单击【草图】选项卡中的【边角矩形】按钮，绘制矩形，如图3-152所示。

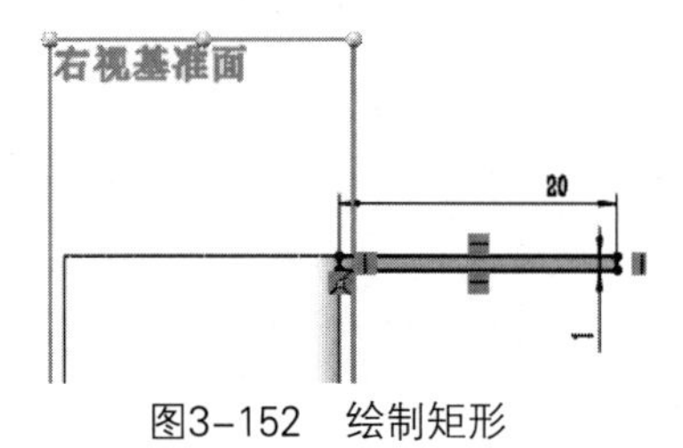

图3-152 绘制矩形

04 单击【特征】选项卡中的【螺旋线/涡状线】按钮，绘制螺旋线，如图3-153所示。

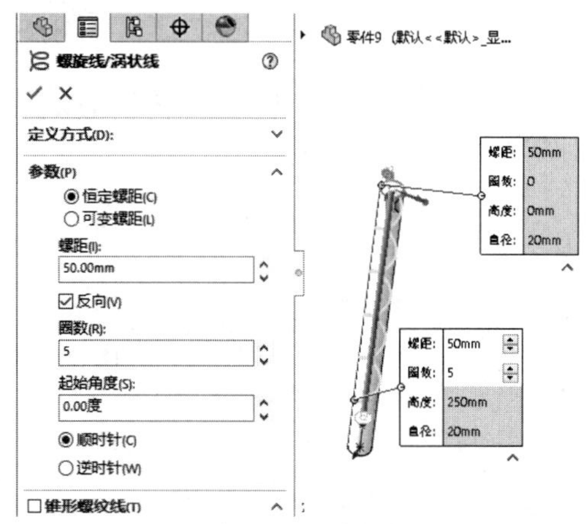

图3-153 创建螺旋线

05 单击【特征】选项卡中的【扫描】按钮，创建扫描特征，如图3-154所示。

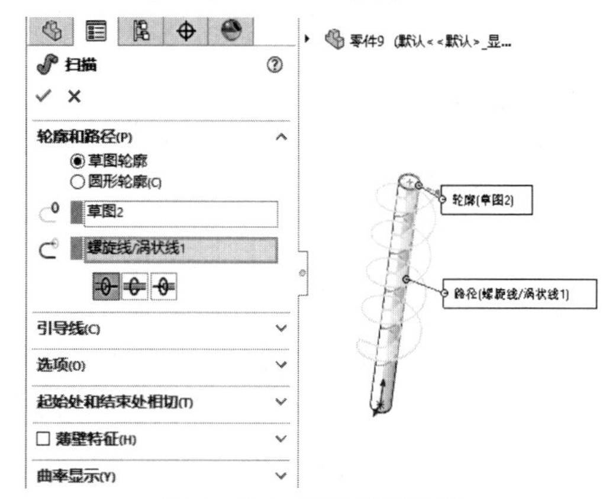

图3-154 创建扫描特征

06 选择【插入】|【特征】|【弯曲】菜单命令，创建弯曲特征，如图3-155所示。

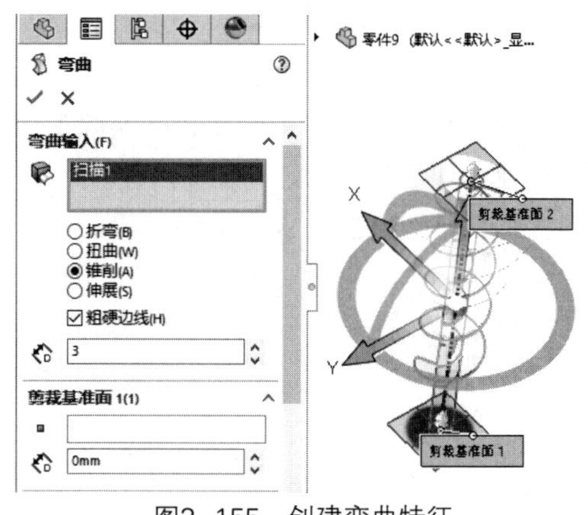

图3-155 创建弯曲特征

07 完成叶片模型的绘制，如图3-156所示。

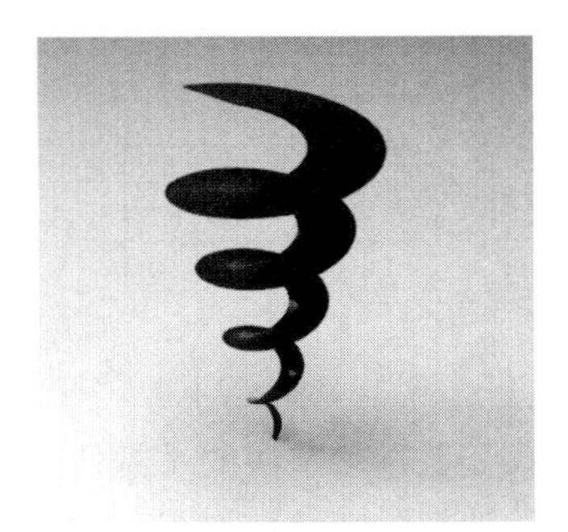

图3-156　完成叶片模型

实例 063　绘制充电器

案例源文件：ywj\03\063.prt

01 单击【草图】选项卡中的【边角矩形】按钮，绘制矩形，如图3-157所示。

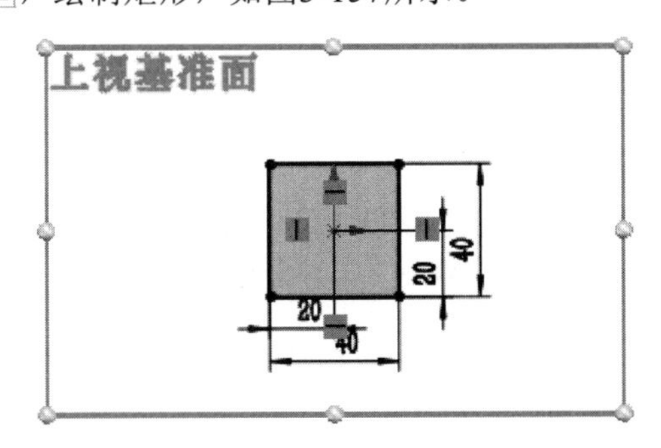

图3-157　绘制矩形

02 单击【特征】选项卡中的【拉伸凸台/基体】按钮，创建拉伸特征，如图3-158所示。

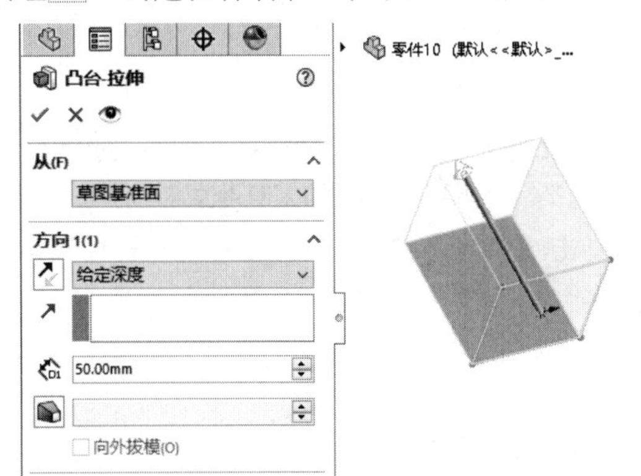

图3-158　拉伸凸台

03 单击【特征】选项卡中的【圆角】按钮，创建圆角特征，如图3-159所示。

04 单击【草图】选项卡中的【等距实体】按钮，创建等距图形，如图3-160所示。

05 单击【草图】选项卡中的【等距实体】按钮，创建等距图形，如图3-161所示。

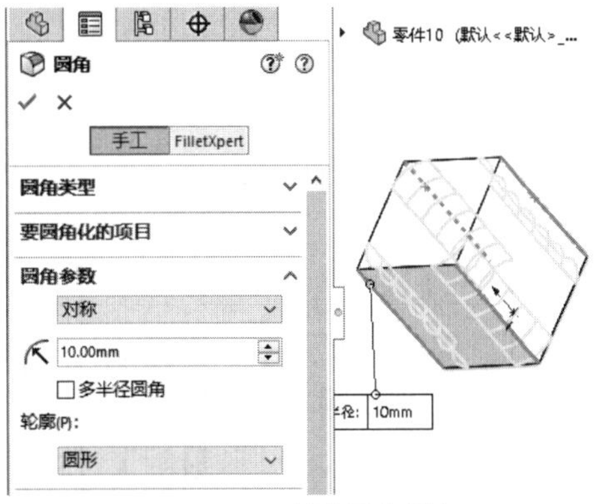

图3-159　创建圆角特征

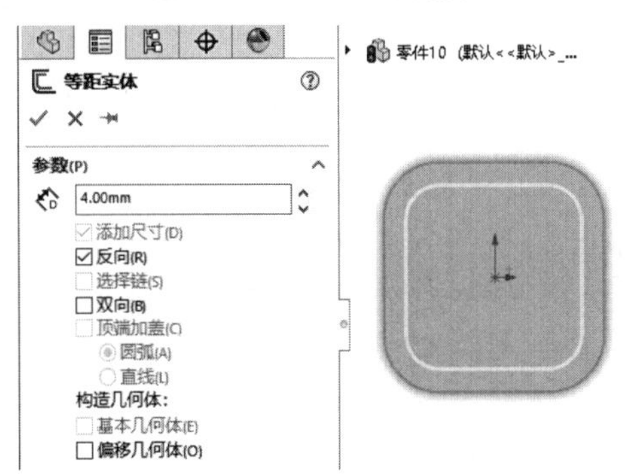

图3-160　绘制等距实体(1)

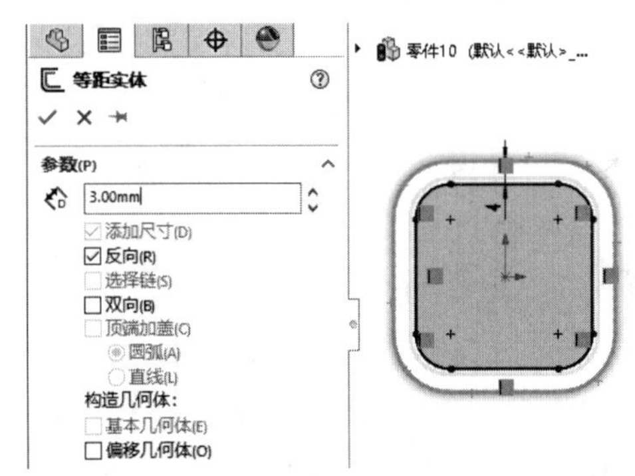

图3-161　绘制等距实体(2)

06 单击【特征】选项卡中的【拉伸切除】按钮，创建拉伸切除特征，如图3-162所示。

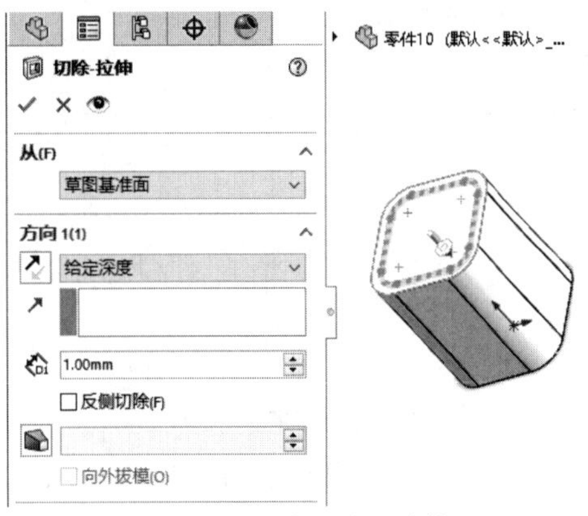

图3-162　创建拉伸切除特征

07 单击【草图】选项卡中的【边角矩形】按钮□，绘制矩形，如图3-163所示。

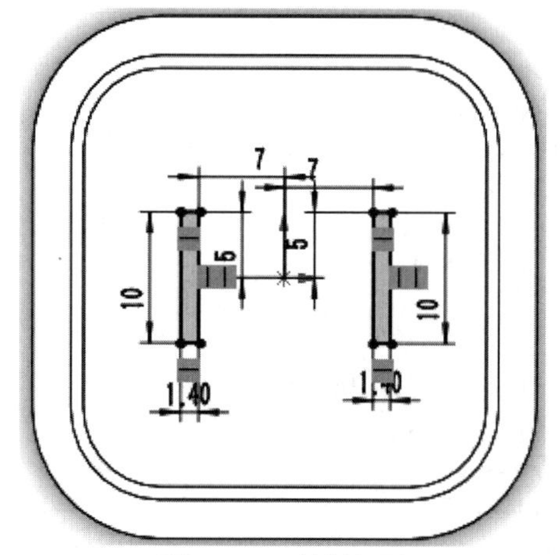

图3-163　绘制矩形

08 单击【特征】选项卡中的【拉伸凸台/基体】按钮，创建拉伸特征，如图3-164所示。

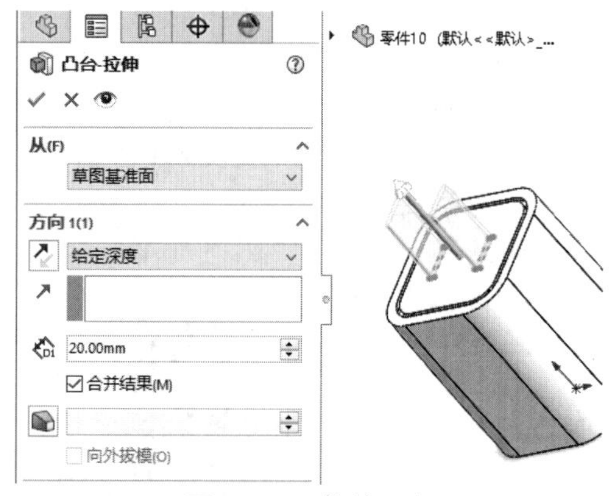

图3-164　拉伸凸台

09 单击【特征】选项卡中的【圆角】按钮，创建圆角特征，如图3-165所示。

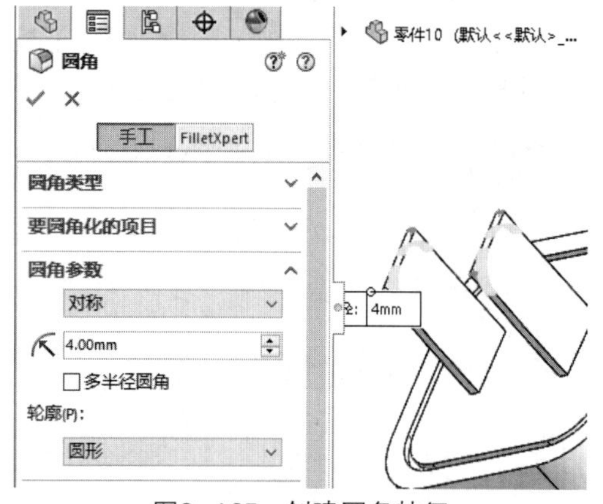

图3-165　创建圆角特征

10 单击【草图】选项卡中的【圆】按钮，绘制圆，如图3-166所示。

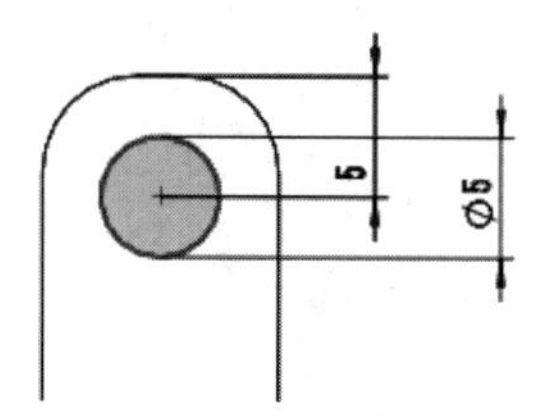

图3-166　绘制圆

11 单击【特征】选项卡中的【拉伸切除】按钮，创建拉伸切除特征，如图3-167所示。

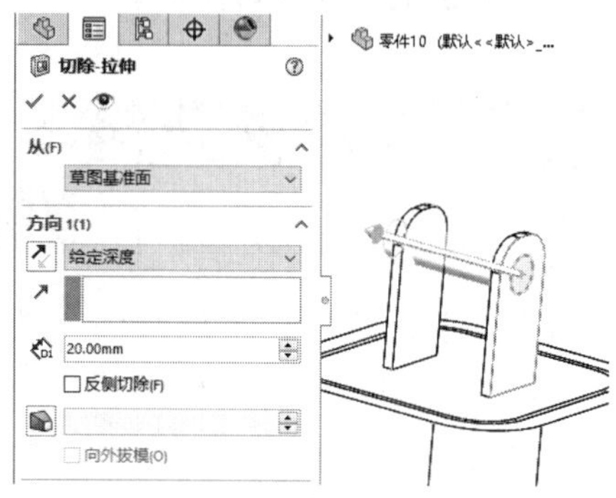

图3-167　创建拉伸切除特征

12 单击【草图】选项卡中的【文本】按钮A，添加文字内容，如图3-168所示。

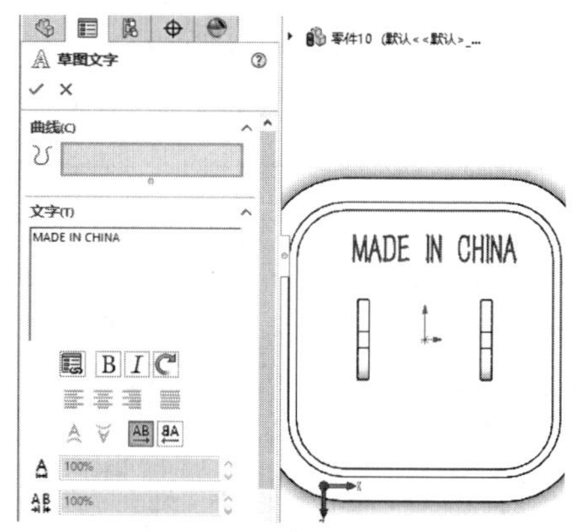

图3-168　绘制草图文字

13 单击【特征】选项卡中的【包覆】按钮，创建包覆特征，如图3-169所示。

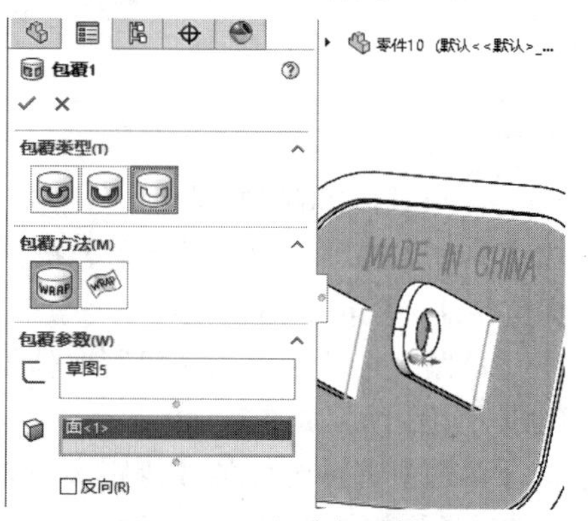

图3-169　创建包覆特征

14 完成充电器模型的绘制，如图3-170所示。

图3-170　完成充电器模型

实例 064　绘制笔帽

案例源文件：ywj\03\064.prt

01 单击【草图】选项卡中的【边角矩形】按钮，在前视基准面上，绘制矩形，如图3-171所示。

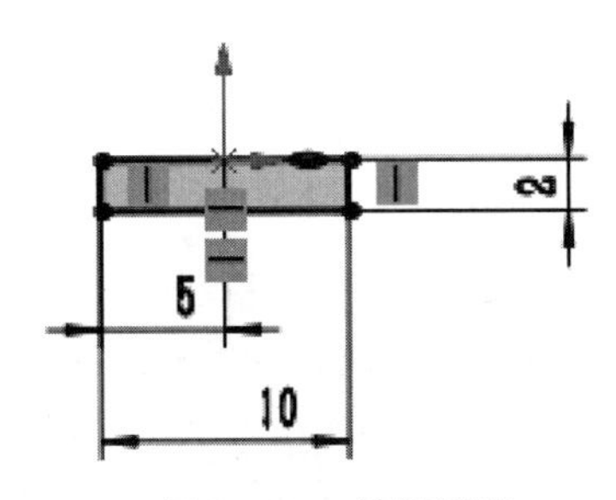

图3-171　绘制矩形

02 单击【特征】选项卡中的【拉伸凸台/基体】按钮，创建拉伸特征，如图3-172所示。

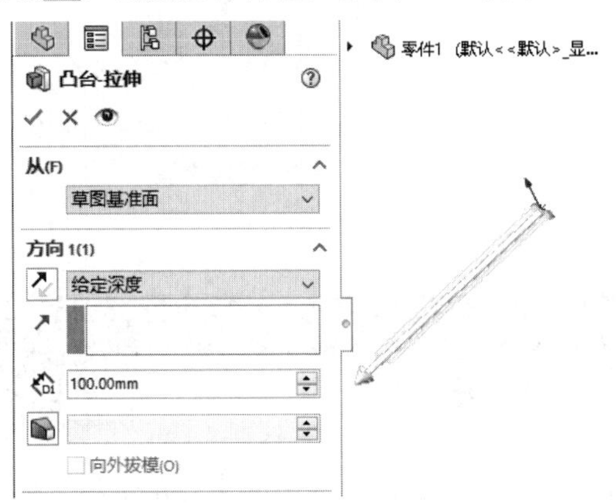

图3-172　拉伸凸台

03 选择【插入】|【特征】|【变形】菜单命令，创建变形特征，如图3-173所示。

04 选择【插入】|【特征】|【弯曲】菜单命令，创建弯曲特征，如图3-174所示。

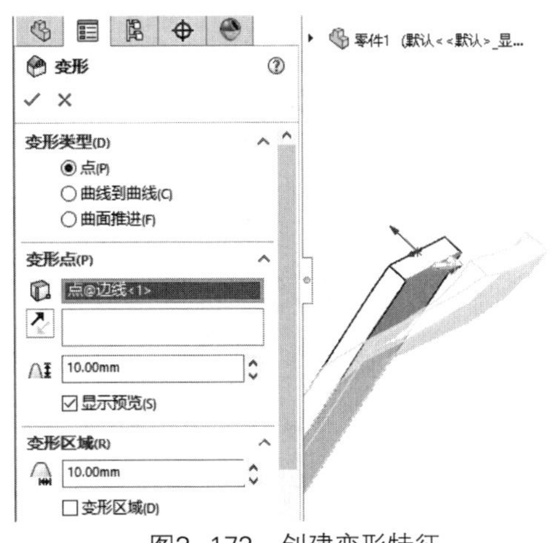

图3-173　创建变形特征

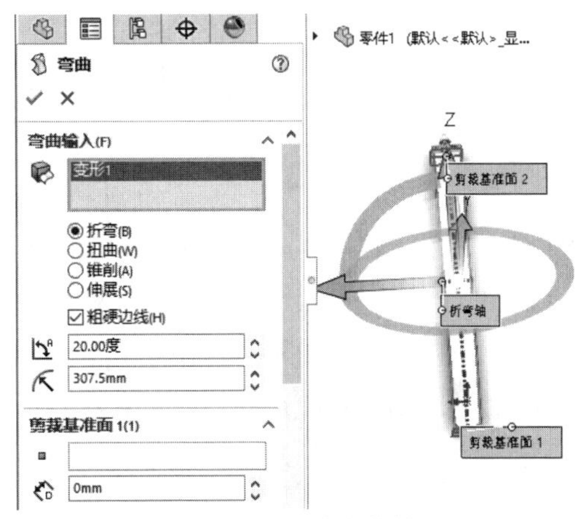

图3-174　创建弯曲特征

05 单击【特征】选项卡中的【基准面】按钮，创建基准面，如图3-175所示。

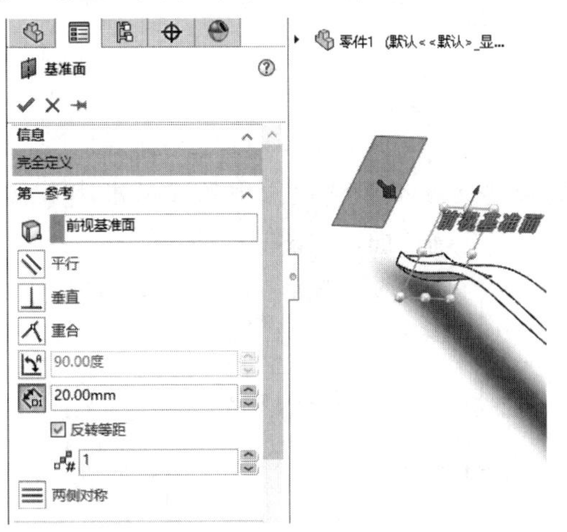

图3-175　创建基准面

06 单击【草图】选项卡中的【圆】按钮，绘制圆，如图3-176所示。

07 单击【特征】选项卡中的【拉伸凸台/基体】按钮，创建拉伸特征，如图3-177所示。

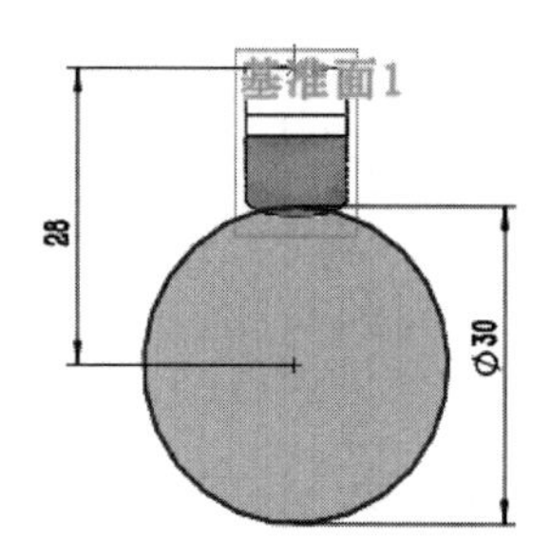

图3-176　绘制圆

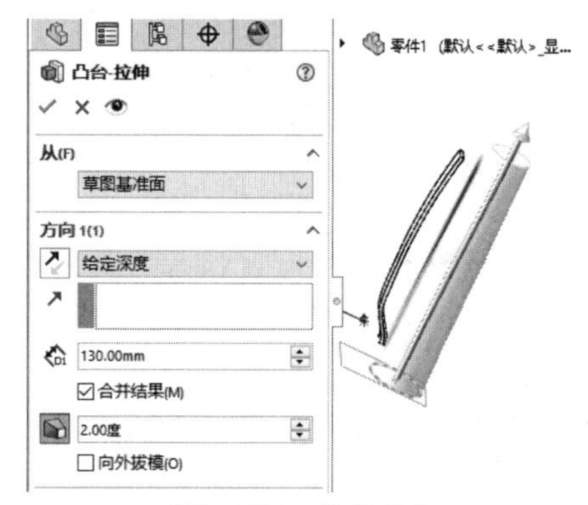

图3-177　拉伸凸台

08 选择【插入】|【特征】|【圆顶】菜单命令，创建圆顶特征，如图3-178所示。

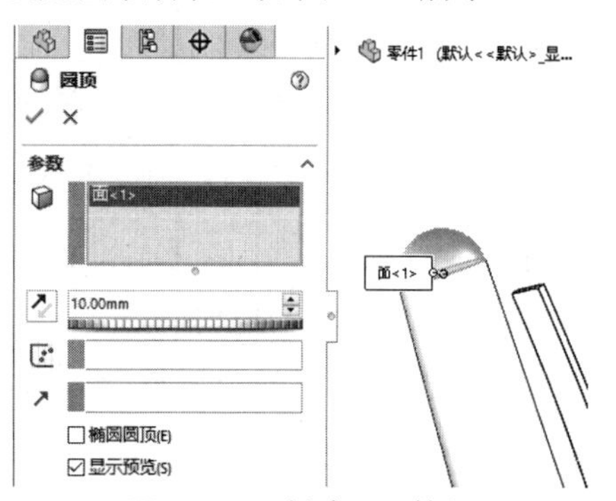

图3-178　创建圆顶特征

09 单击【特征】选项卡中的【基准面】按钮，创建基准面，如图3-179所示。

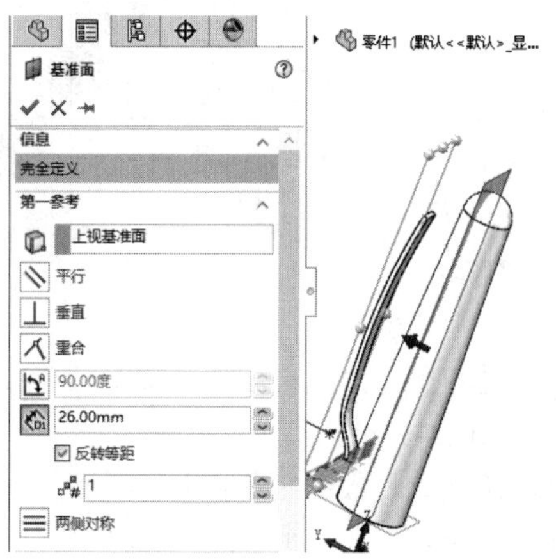

图3-179　创建基准面

10 单击【草图】选项卡中的【圆】按钮，绘制圆，如图3-180所示。

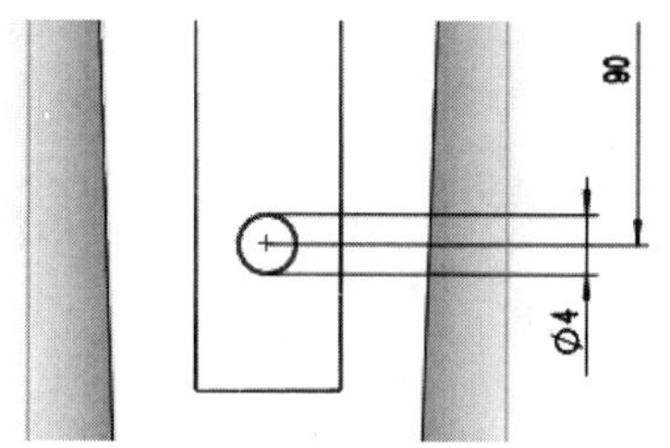

图3-180　绘制圆

11 单击【特征】选项卡中的【拉伸凸台/基体】按钮，创建拉伸特征，如图3-181所示。

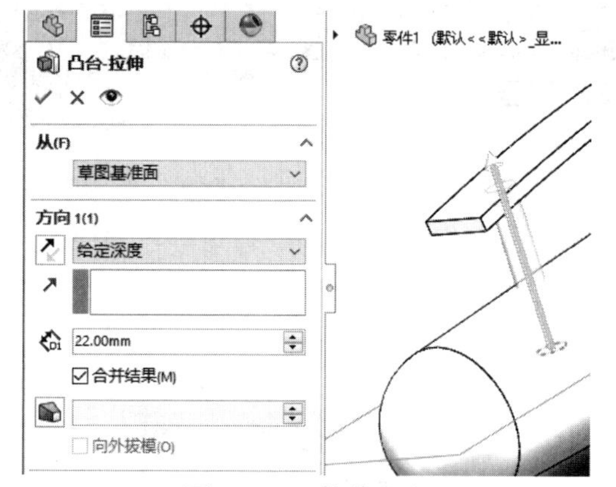

图3-181　拉伸凸台

12 完成笔帽模型的绘制，如图3-182所示。

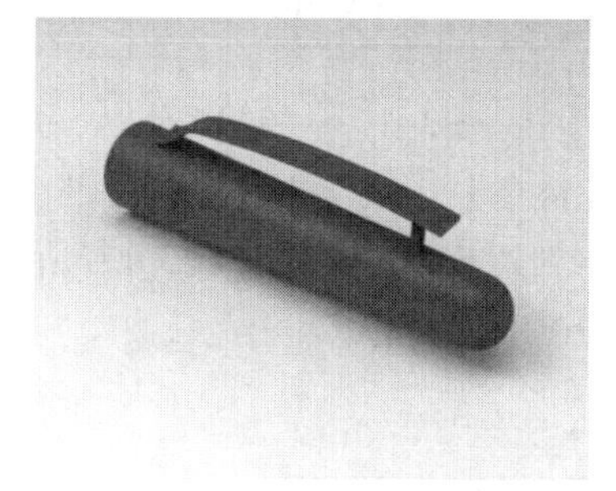
图3-182　完成笔帽模型

实例 065　绘制笔尖

案例源文件：ywj\03\065.prt

01 单击【草图】选项卡中的【边角矩形】按钮，绘制矩形，如图3-183所示。

02 单击【草图】选项卡中的【三点圆弧】按钮，绘制圆弧，如图3-184所示。

03 单击【特征】选项卡中的【拉伸凸台/基体】按钮，创建拉伸特征，如图3-185所示。

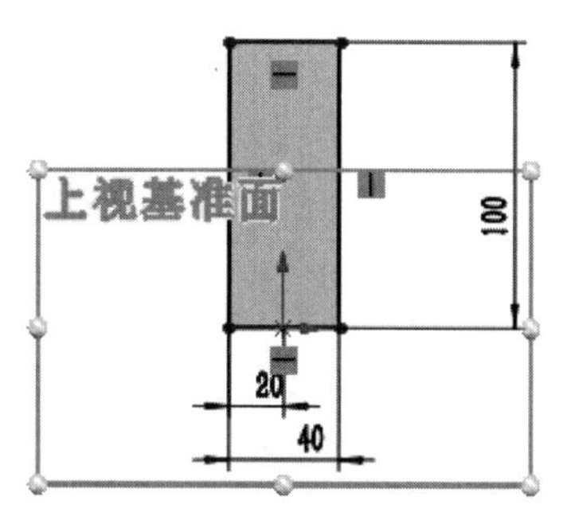

图3-183　绘制矩形

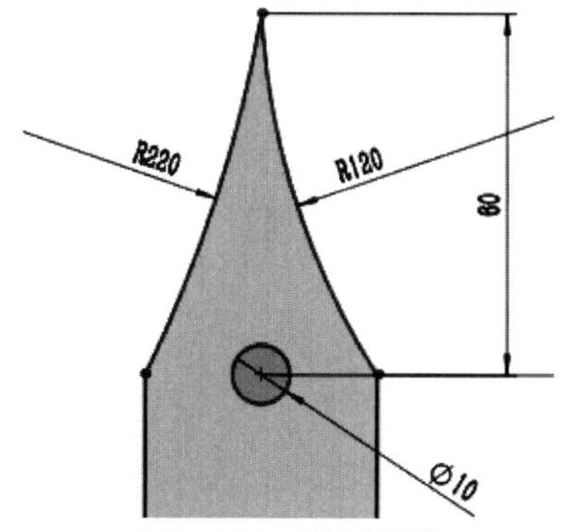

图3-184　绘制圆弧

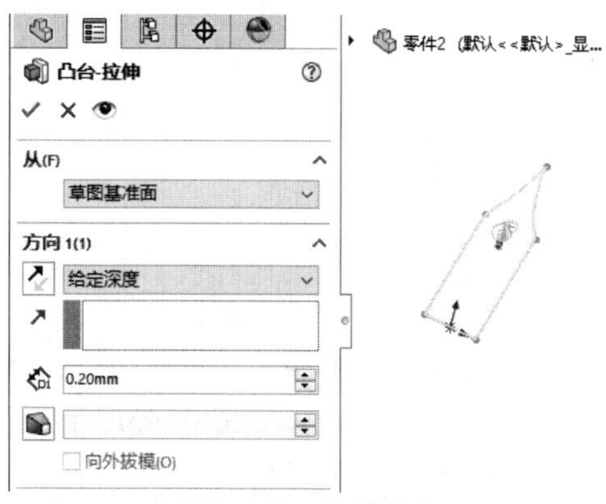

图3-185　拉伸凸台

04 选择【插入】|【特征】|【弯曲】菜单命令，创建弯曲特征，如图3-186所示。

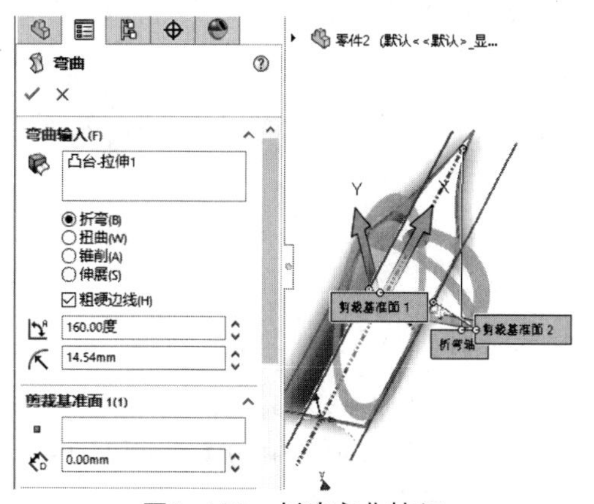

图3-186　创建弯曲特征

05 单击【草图】选项卡中的【边角矩形】按钮▭，绘制矩形，如图3-187所示。

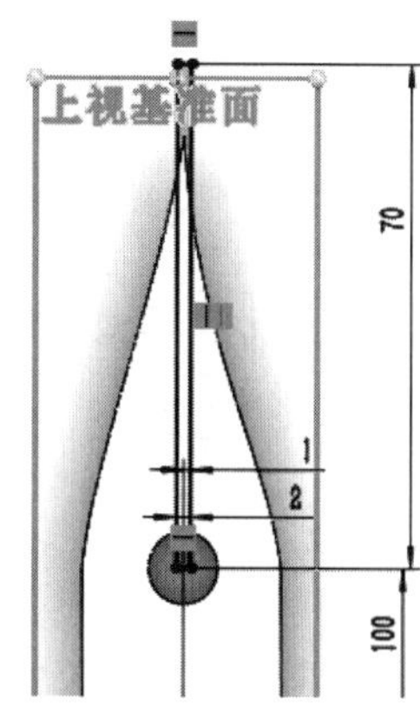

图3-187　绘制矩形

06 单击【特征】选项卡中的【拉伸切除】按钮，创建拉伸切除特征，如图3-188所示。

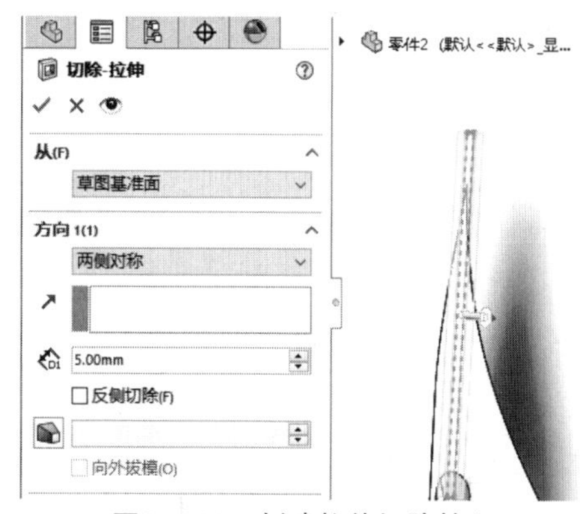

图3-188　创建拉伸切除特征

07 完成笔尖模型的绘制，如图3-189所示。

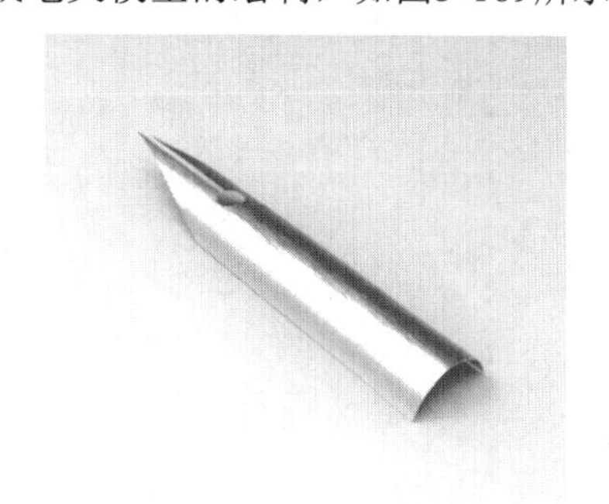

图3-189　完成笔尖模型

实例 066　绘制风扇

案例源文件：ywj\03\066.prt

01 单击【草图】选项卡中的【直线】按钮╱，绘制直线图形，如图3-190所示。

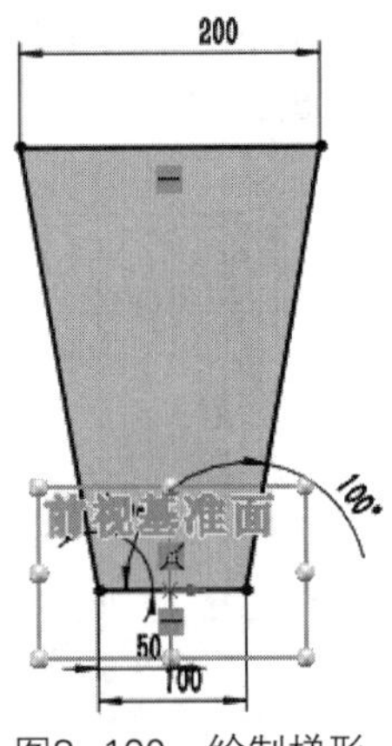

图3-190　绘制梯形

02 单击【特征】选项卡中的【拉伸凸台/基体】按钮，创建拉伸特征，如图3-191所示。

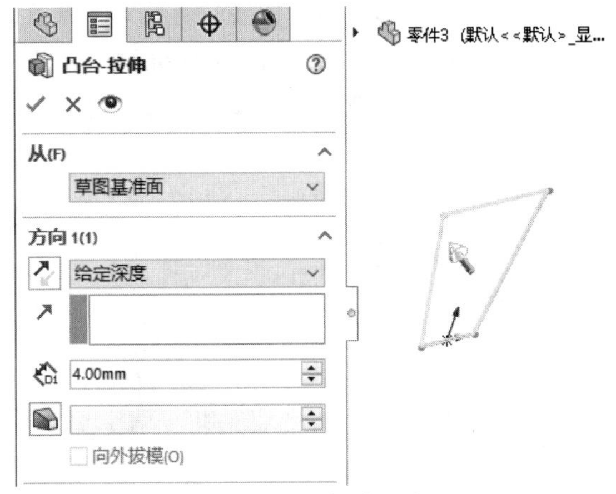

图3-191　拉伸凸台

03 单击【特征】选项卡中的【圆角】按钮，创建圆角特征，如图3-192所示。

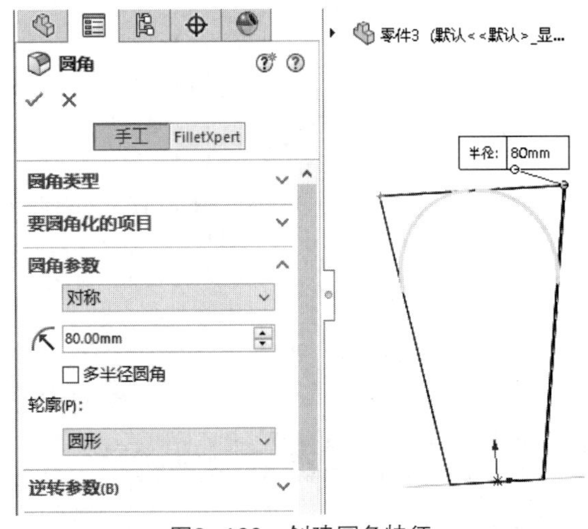

图3-192　创建圆角特征

04 选择【插入】|【特征】|【弯曲】菜单命令，创建弯曲特征，如图3-193所示。

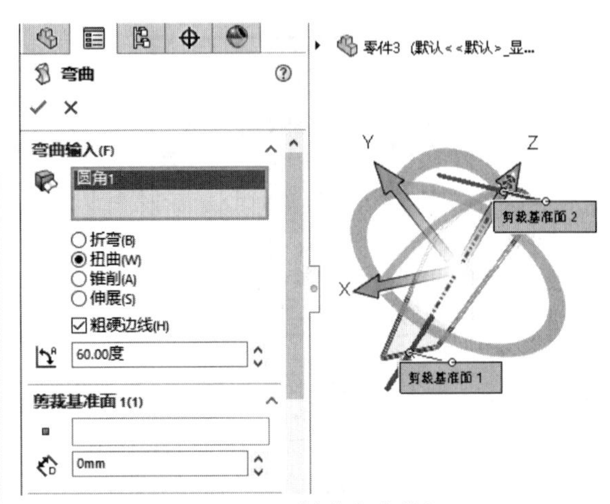

图3-193　创建弯曲特征

05 单击【草图】选项卡中的【圆】按钮，绘制圆，如图3-194所示。

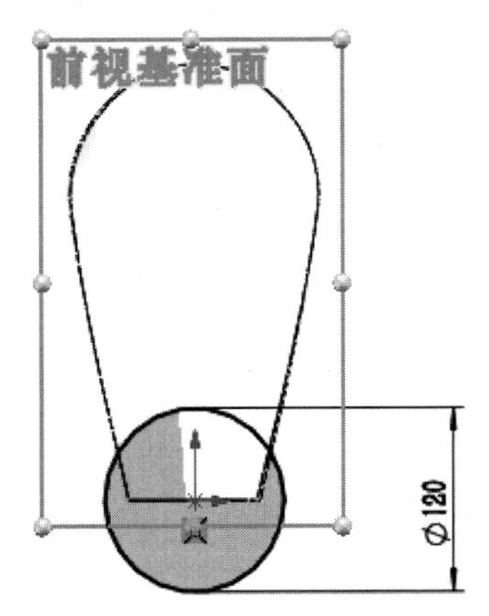

图3-194　绘制圆

06 单击【特征】选项卡中的【拉伸凸台/基体】按钮，创建拉伸特征，如图3-195所示。

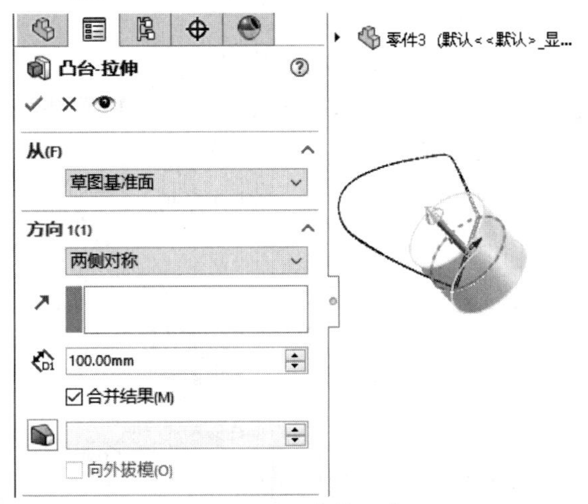

图3-195　拉伸凸台

07 单击【特征】选项卡中的【圆周阵列】按钮，创建圆周阵列特征，如图3-196所示。

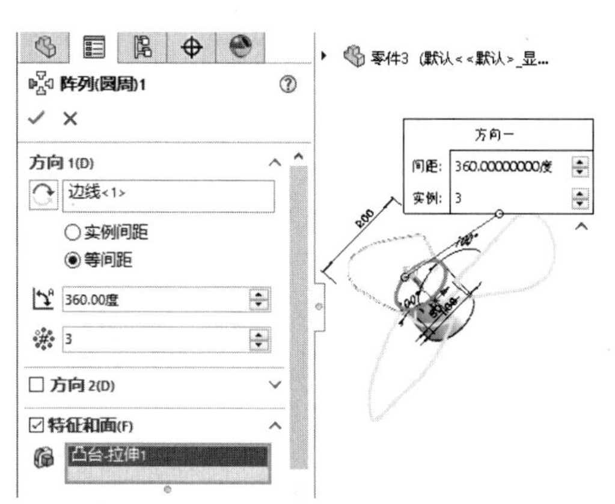

图3-196　创建圆周阵列特征

08 单击【特征】选项卡中的【圆角】按钮，创建圆角特征，如图3-197所示。

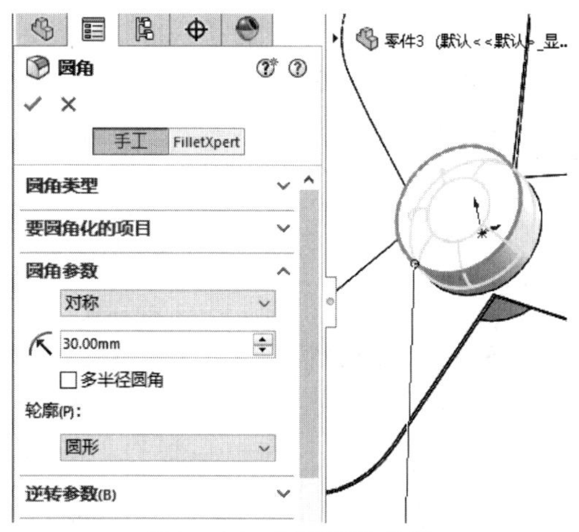

图3-197　创建圆角特征

09 完成风扇模型的绘制，如图3-198所示。

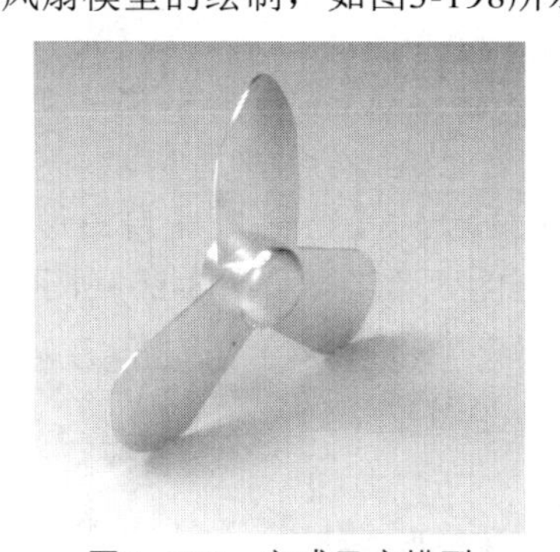

图3-198　完成风扇模型

实例 067

案例源文件：ywj\03\067.prt

绘制固定件

01 单击【草图】选项卡中的【圆】按钮，绘制圆，如图3-199所示。

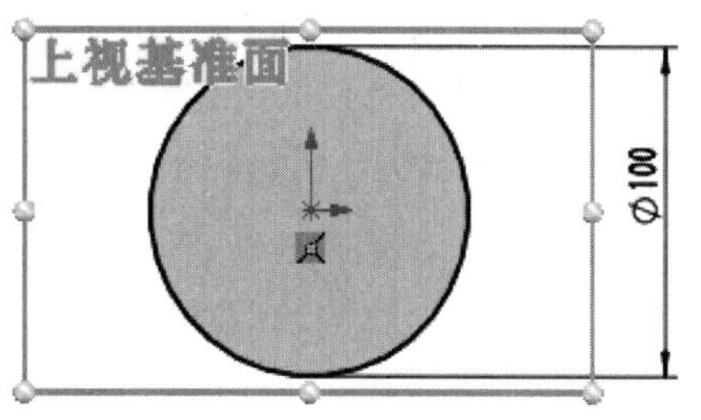

图3-199　绘制圆

02 单击【特征】选项卡中的【拉伸凸台/基体】按钮，创建拉伸特征，如图3-200所示。

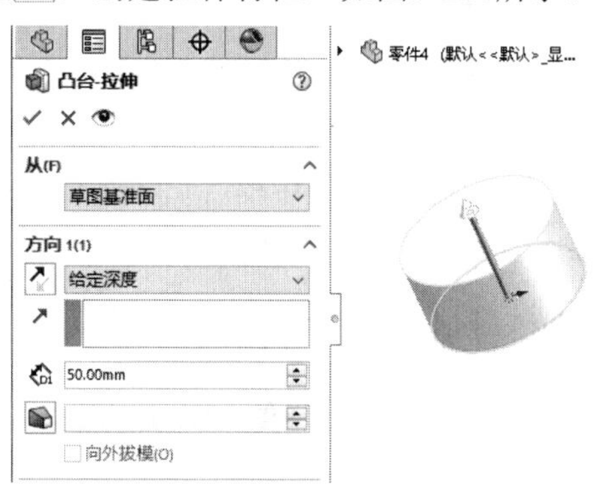

图3-200　拉伸凸台

03 单击【特征】选项卡中的【倒角】按钮，创建倒角特征，如图3-201所示。

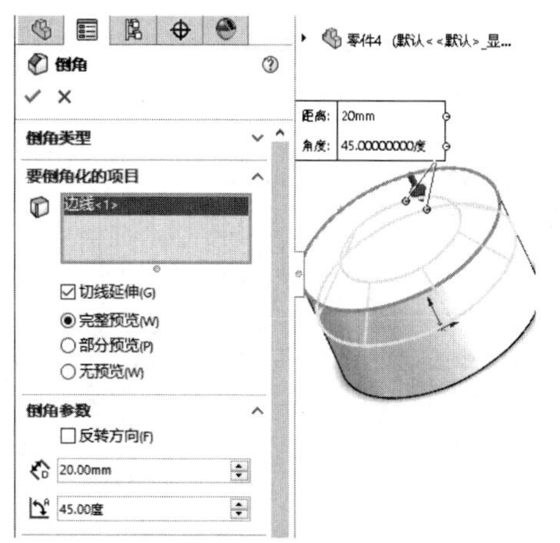

图3-201　创建倒角

04 单击【草图】选项卡中的【圆】按钮，绘制圆，如图3-202所示。

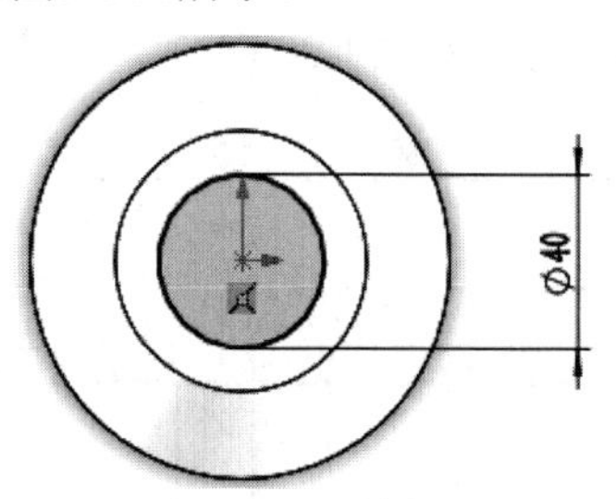

图3-202　绘制圆

05 单击【特征】选项卡中的【拉伸凸台/基体】按钮，创建拉伸特征，如图3-203所示。

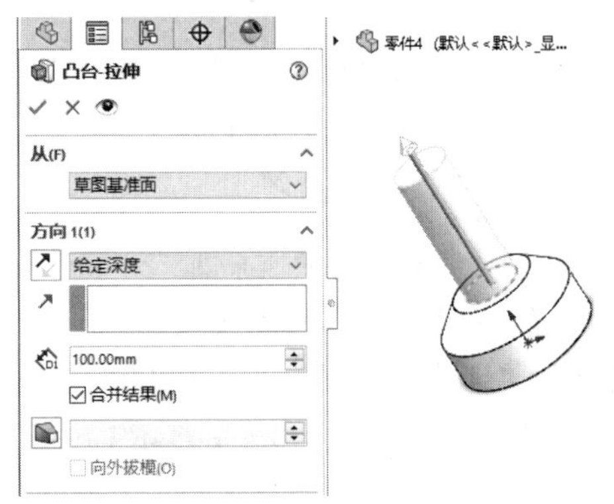

图3-203 拉伸凸台

06 单击【草图】选项卡中的【边角矩形】按钮，绘制矩形，如图3-204所示。

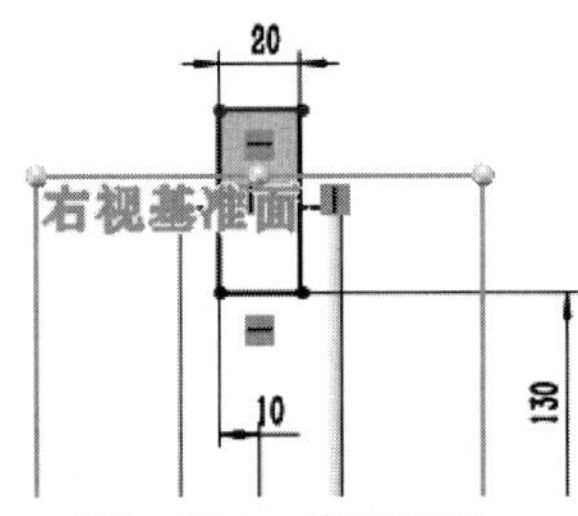

图3-204 绘制矩形

07 单击【特征】选项卡中的【拉伸切除】按钮，创建拉伸切除特征，如图3-205所示。

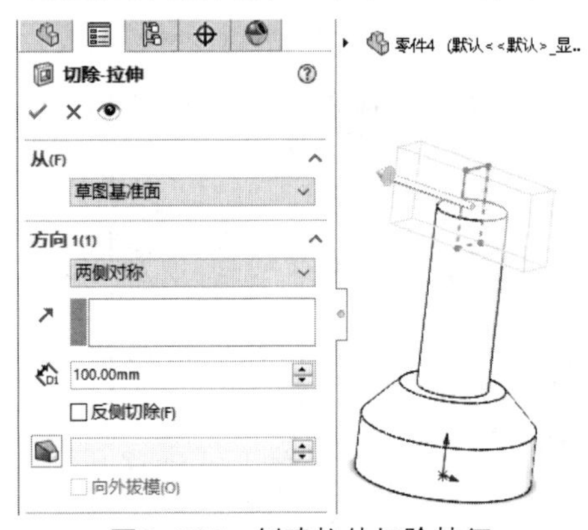

图3-205 创建拉伸切除特征

08 单击【草图】选项卡中的【边角矩形】按钮，绘制矩形，如图3-206所示。

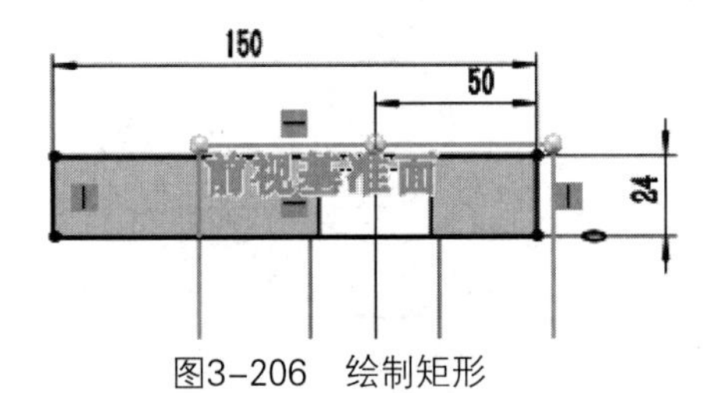

图3-206 绘制矩形

09 单击【特征】选项卡中的【拉伸凸台/基体】按钮，创建拉伸特征，如图3-207所示。

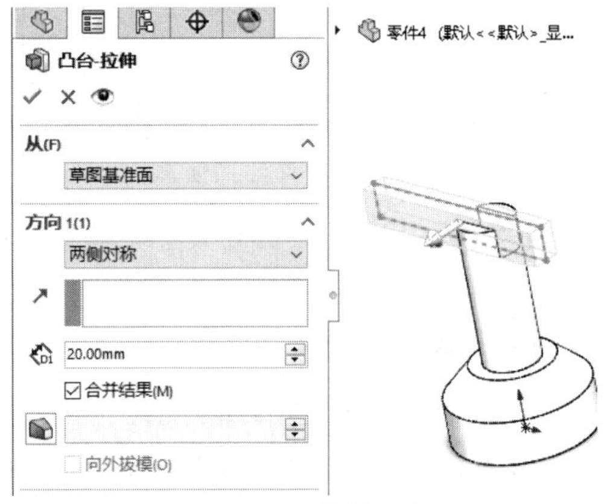

图3-207 拉伸凸台

10 单击【特征】选项卡中的【圆角】按钮，创建圆角特征，如图3-208所示。

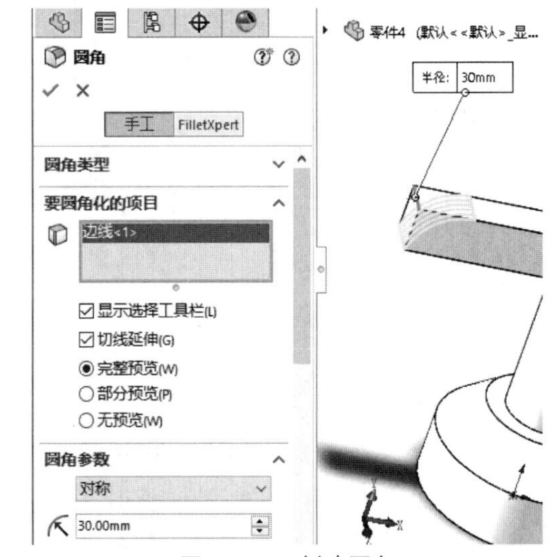

图3-208 创建圆角

11 选择【插入】|【特征】|【自由形】菜单命令，创建自由形特征，如图3-209所示。

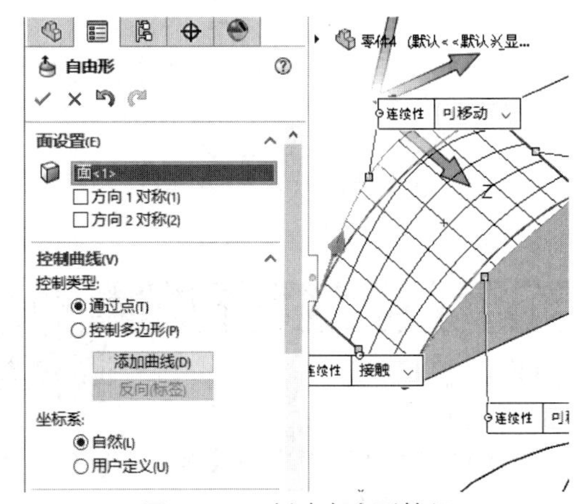

图3-209 创建自由形特征

12 完成固定件模型的绘制，如图3-210所示。

图3-210　完成固定件模型

实例 068 绘制连接件

案例源文件：ywj\03\068.prt

01 单击【草图】选项卡中的【圆】按钮，绘制圆，如图3-211所示。

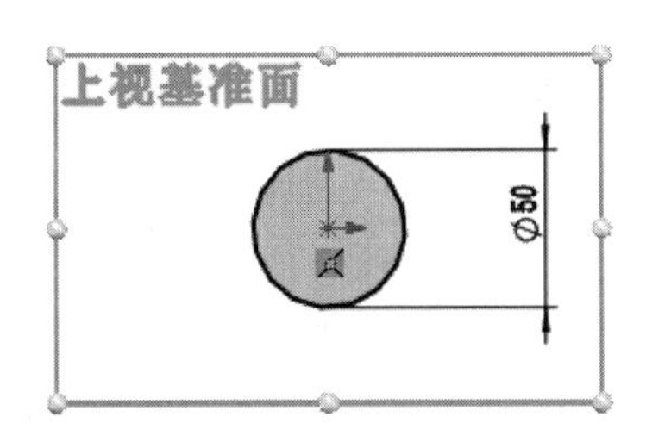

图3-211　绘制圆

02 单击【草图】选项卡中的【直线】按钮，绘制直线，如图3-212所示。

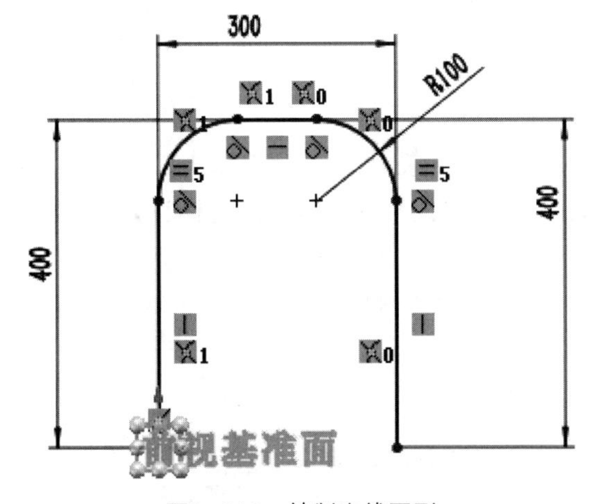

图3-212　绘制直线图形

03 单击【特征】选项卡中的【扫描】按钮，创建扫描特征，如图3-213所示。

04 选择【插入】|【特征】|【圆顶】菜单命令，创建圆顶特征，如图3-214所示。

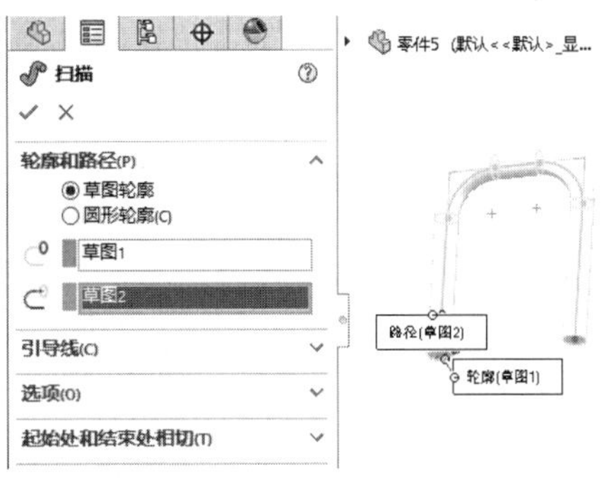

图3-213　创建扫描特征

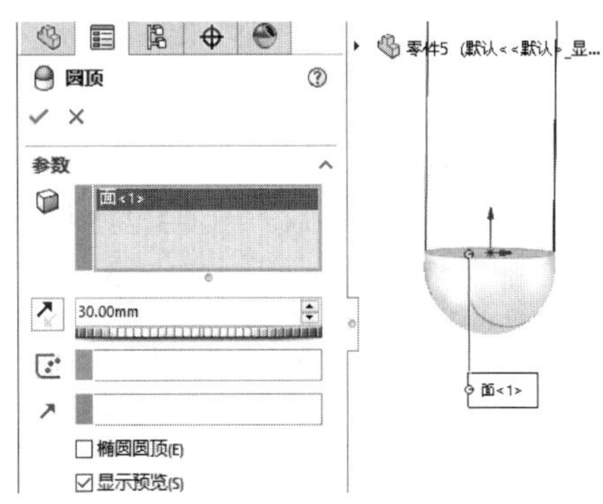

图3-214　创建圆顶特征(1)

05 选择【插入】|【特征】|【圆顶】菜单命令，创建圆顶特征，如图3-215所示。

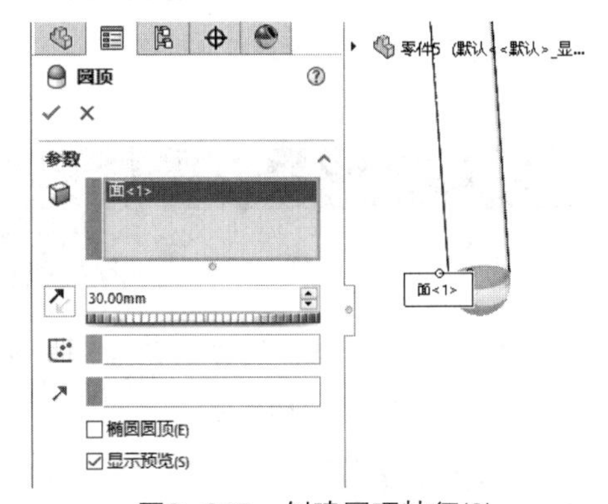

图3-215　创建圆顶特征(2)

06 单击【草图】选项卡中的【多边形】按钮，绘制六边形，如图3-216所示。

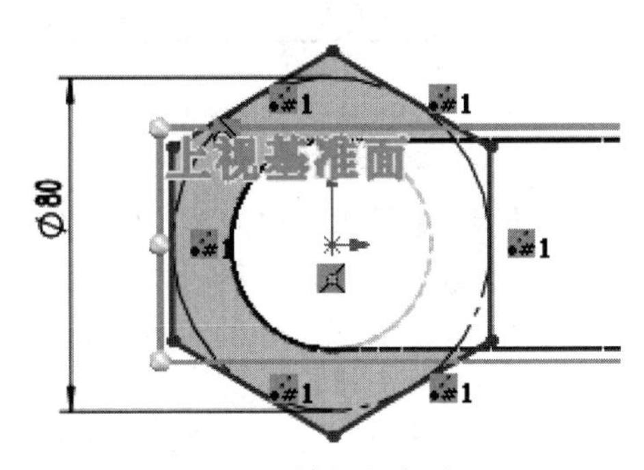

图3-216　绘制六边形

07 单击【特征】选项卡中的【拉伸凸台/基体】按钮，创建拉伸特征，如图3-217所示。

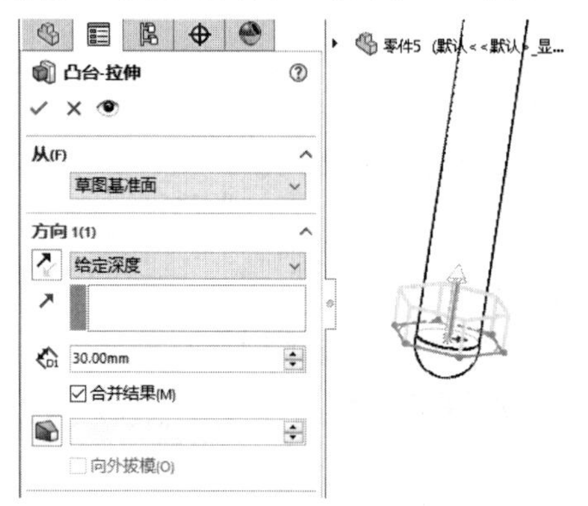

图3-217 拉伸凸台

08 完成连接件模型的绘制，如图3-218所示。

图3-218 完成连接件模型

实例 069 绘制方盒

案例源文件：ywj\03\069.prt

01 单击【草图】选项卡中的【边角矩形】按钮，绘制矩形，如图3-219所示。

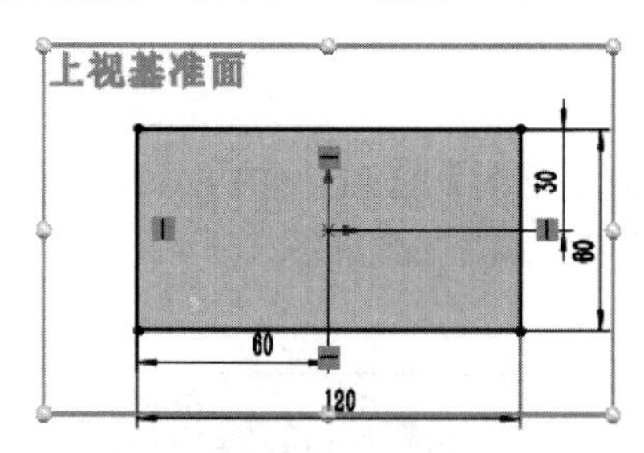

图3-219 绘制矩形

02 单击【特征】选项卡中的【拉伸凸台/基体】按钮，创建拉伸特征，如图3-220所示。

03 单击【特征】选项卡中的【拔模】按钮，创建拔模特征，如图3-221所示。

04 单击【特征】选项卡中的【圆角】按钮，创建圆角特征，如图3-222所示。

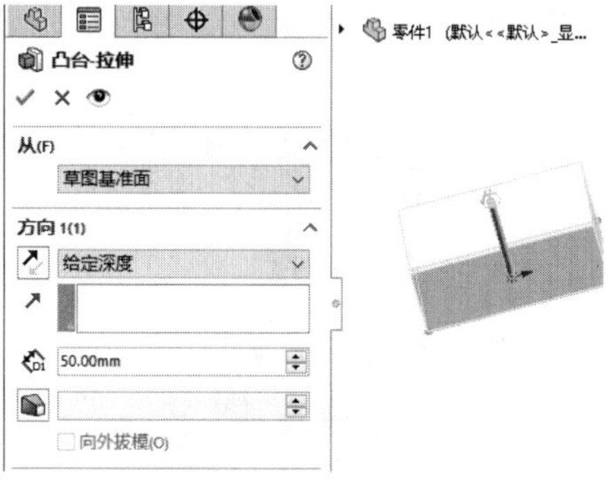

图3-220 拉伸凸台

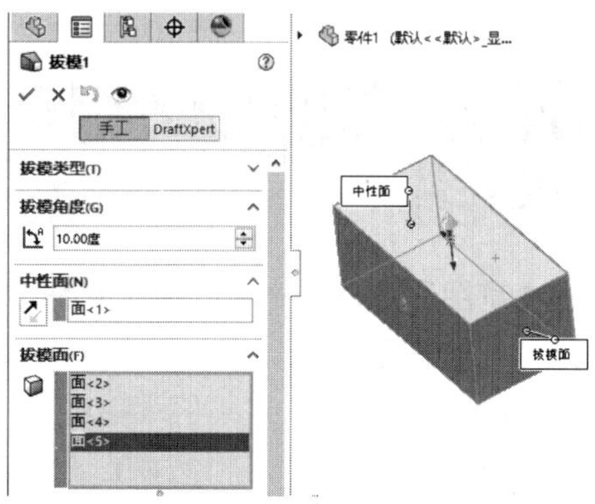

图3-221 创建拔模特征

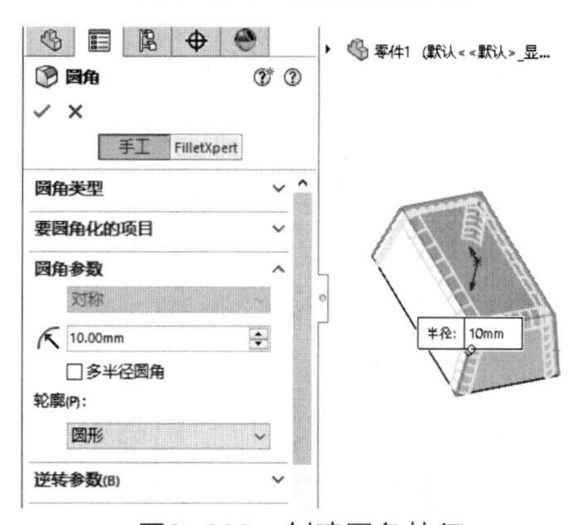

图3-222 创建圆角特征

05 单击【特征】选项卡中的【抽壳】按钮，创建抽壳特征，如图3-223所示。

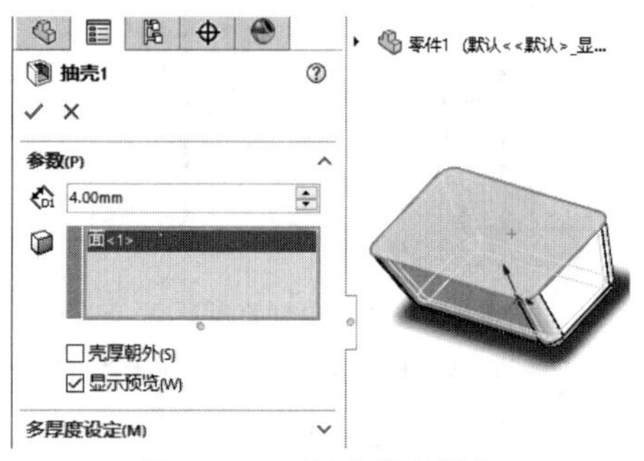

图3-223 创建抽壳特征

06 单击【草图】选项卡中的【等距实体】按钮，创建等距图形，如图3-224所示。

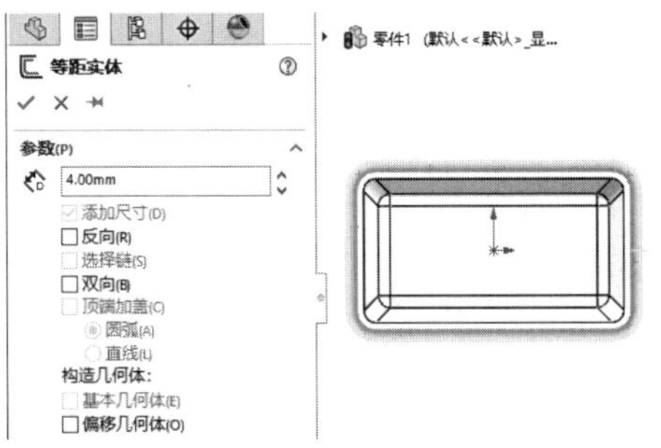

图3-224　绘制等距实体(1)

07 单击【草图】选项卡中的【等距实体】按钮，创建等距图形，如图3-225所示。

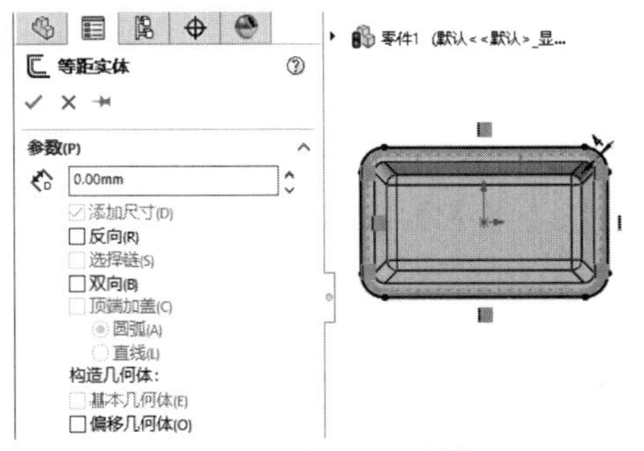

图3-225　绘制等距实体(2)

08 单击【特征】选项卡中的【拉伸凸台/基体】按钮，创建拉伸特征，如图3-226所示。

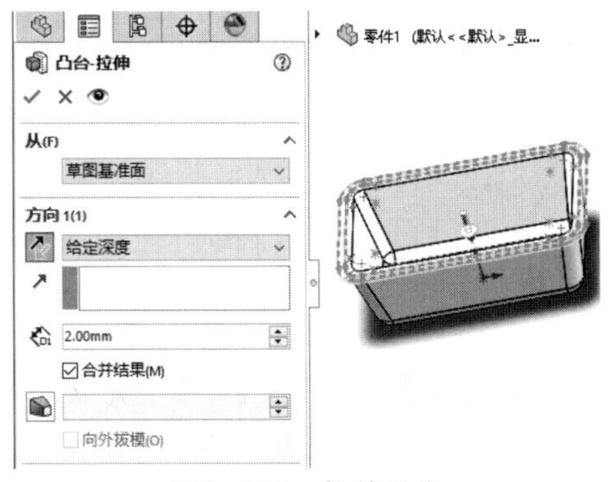

图3-226　拉伸凸台

09 单击【草图】选项卡中的【边角矩形】按钮，绘制矩形，如图3-227所示。

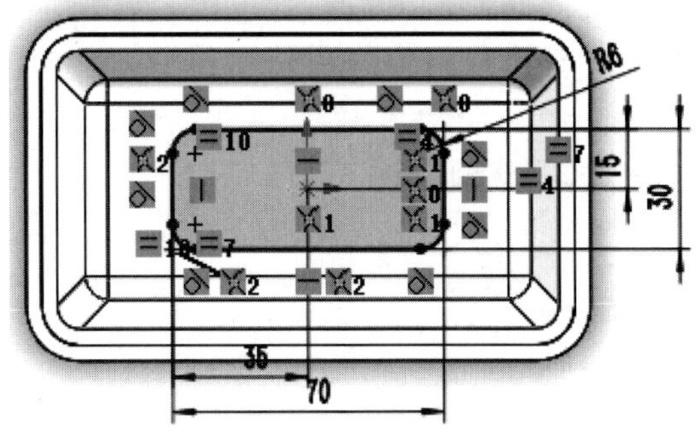

图3-227　绘制矩形

10 单击【特征】选项卡中的【拉伸凸台/基体】按钮，创建拉伸特征，如图3-228所示。

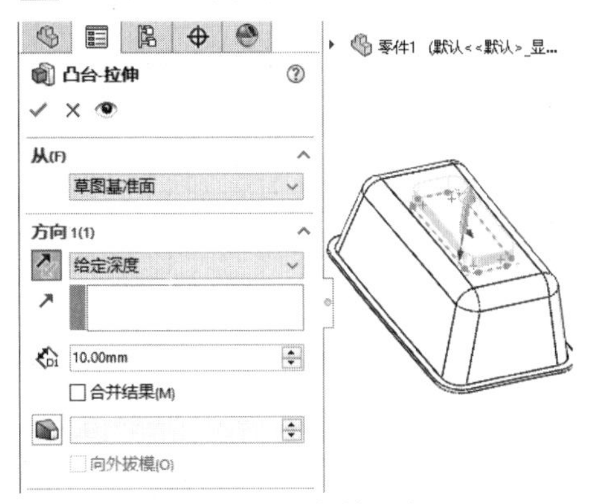

图3-228　拉伸凸台

11 选择【插入】|【特征】|【压凹】菜单命令，创建压凹特征，如图3-229所示。

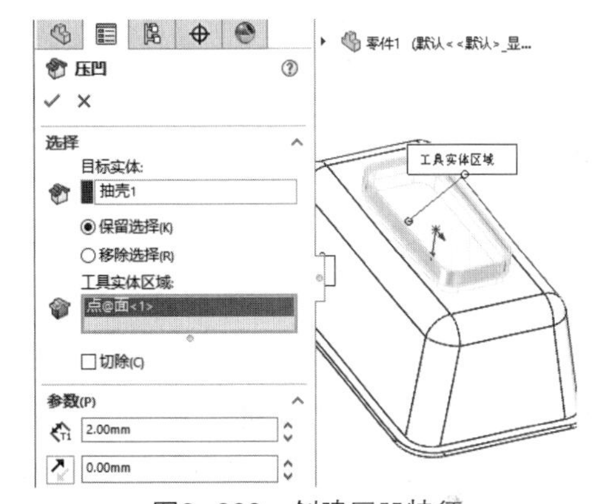

图3-229　创建压凹特征

12 完成方盒模型的绘制，如图3-230所示。

图3-230　完成方盒模型

实例 070　绘制螺栓座

案例源文件：ywj\03\070.prt

01 单击【草图】选项卡中的【边角矩形】按钮，绘制矩形，如图3-231所示。

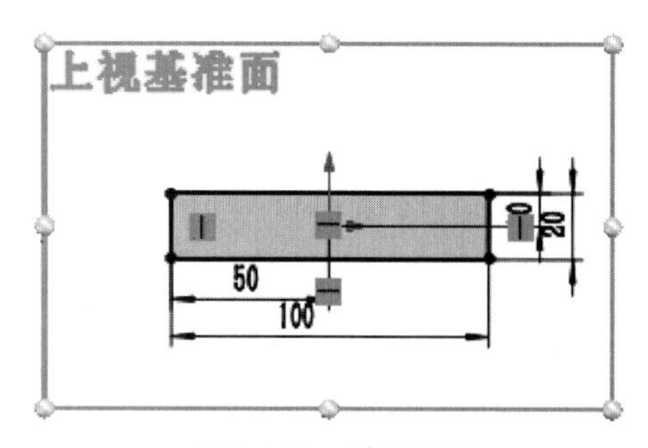

图3-231　绘制矩形

02 单击【特征】选项卡中的【拉伸凸台/基体】按钮，创建拉伸特征，如图3-232所示。

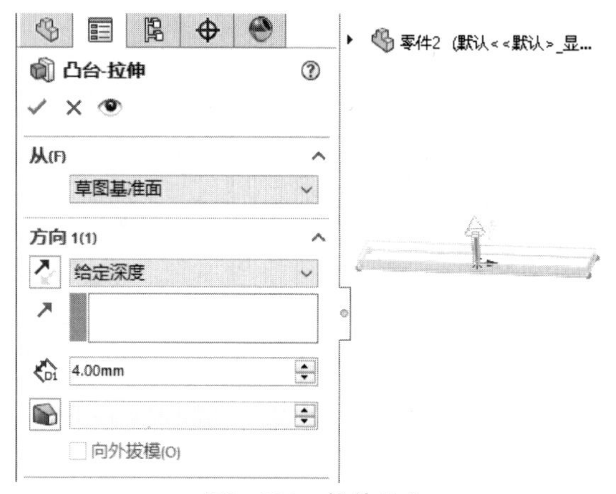

图3-232　拉伸凸台

03 单击【特征】选项卡中的【异型孔向导】按钮，创建孔特征，如图3-233所示。

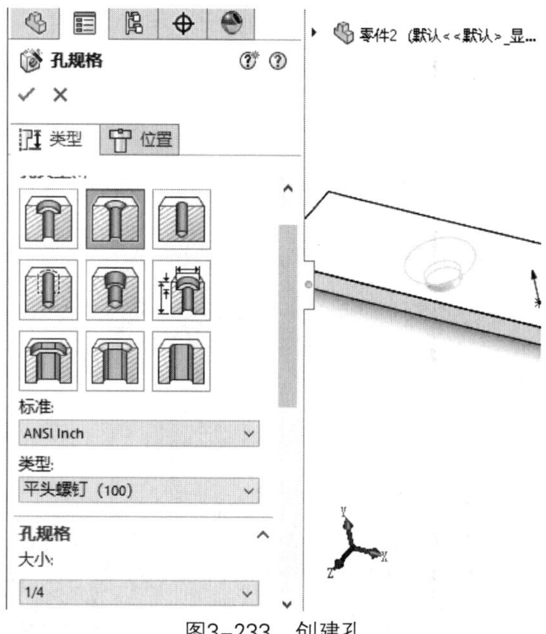

图3-233　创建孔

04 单击【特征】选项卡中的【镜像】按钮，创建镜像特征，如图3-234所示。

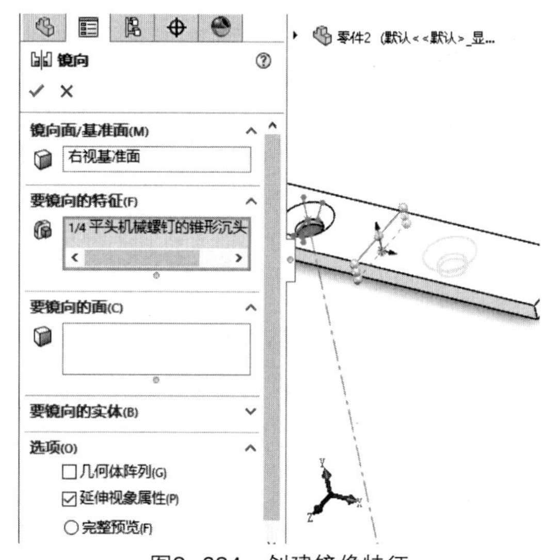

图3-234　创建镜像特征

05 选择【插入】|【特征】|【变形】菜单命令，创建变形特征，如图3-235所示。

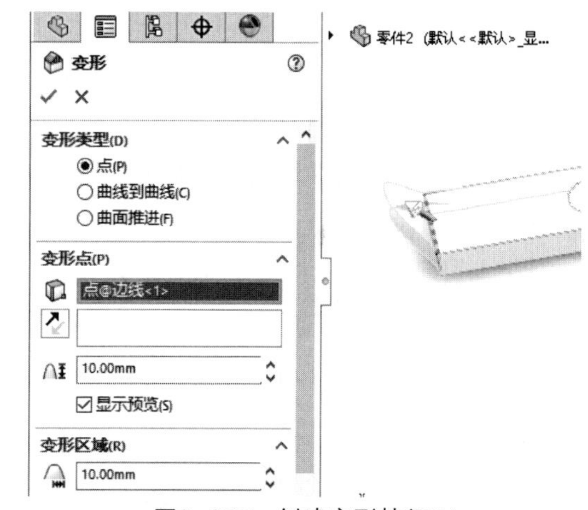

图3-235　创建变形特征(1)

06 选择【插入】|【特征】|【变形】菜单命令，创建变形特征，如图3-236所示。

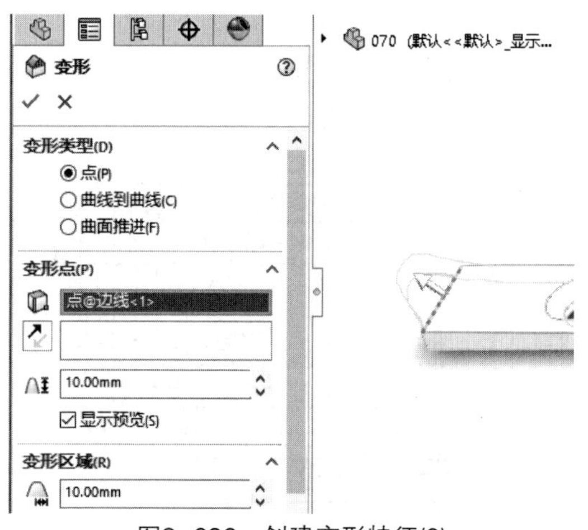

图3-236　创建变形特征(2)

07 完成螺栓座模型的绘制，如图3-237所示。

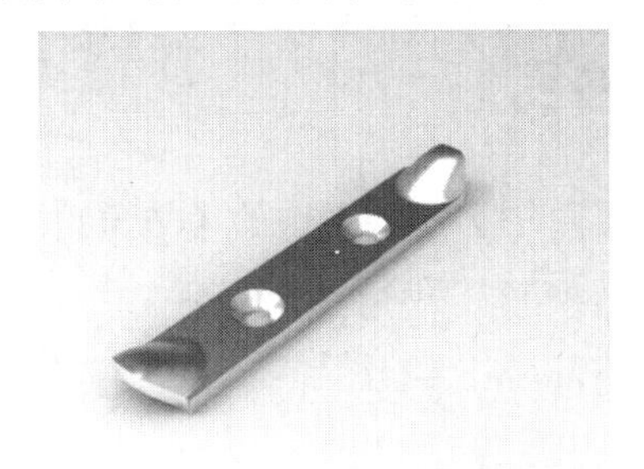

图3-237　完成螺栓座模型

实例 071 绘制振动盘

案例源文件：ywj\03\071.prt

01 单击【草图】选项卡中的【边角矩形】按钮，绘制矩形，如图3-238所示。

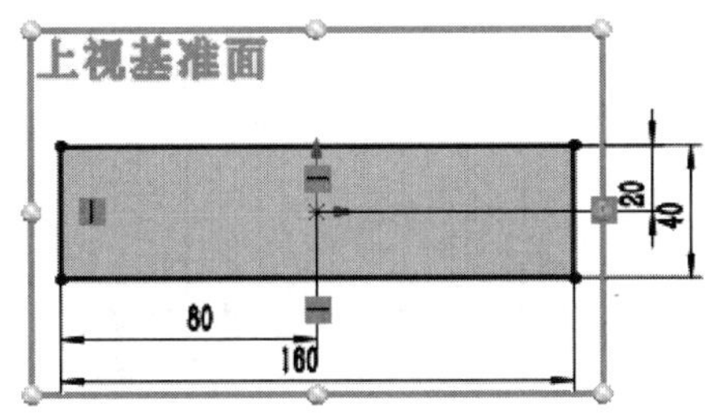

图3-238　绘制矩形

02 单击【特征】选项卡中的【拉伸凸台/基体】按钮，创建拉伸特征，如图3-239所示。

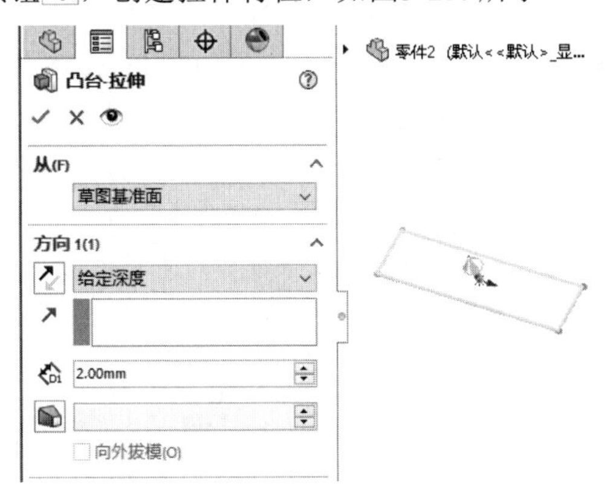

图3-239　拉伸凸台

03 单击【草图】选项卡中的【等距实体】按钮，创建等距图形，如图3-240所示。

04 单击【特征】选项卡中的【拉伸凸台/基体】按钮，创建拉伸特征，如图3-241所示。

05 单击【草图】选项卡中的【圆】按钮，绘制圆，如图3-242所示。

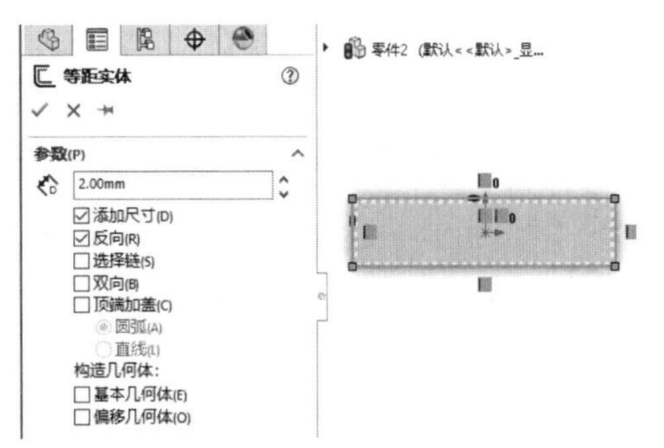

图3-240　绘制等距实体

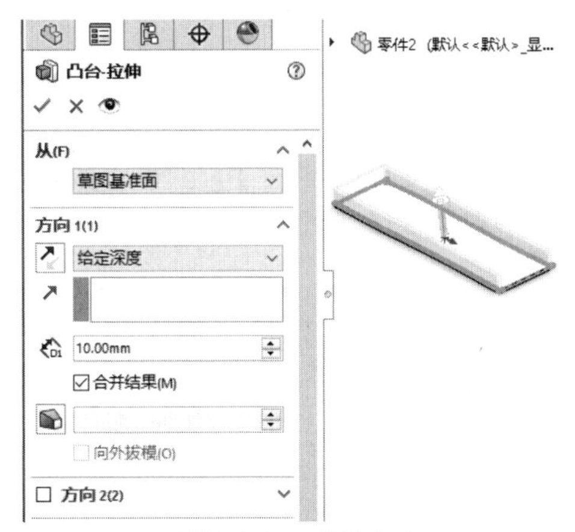

图3-241　拉伸凸台

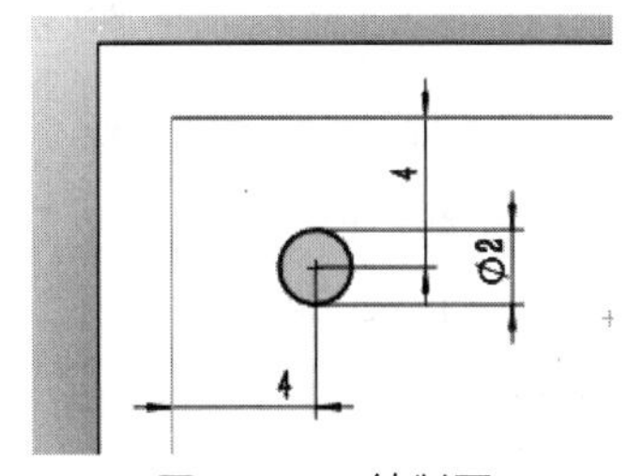

图3-242　绘制圆

06 单击【特征】选项卡中的【线性阵列】按钮，创建线性阵列特征，如图3-243所示。

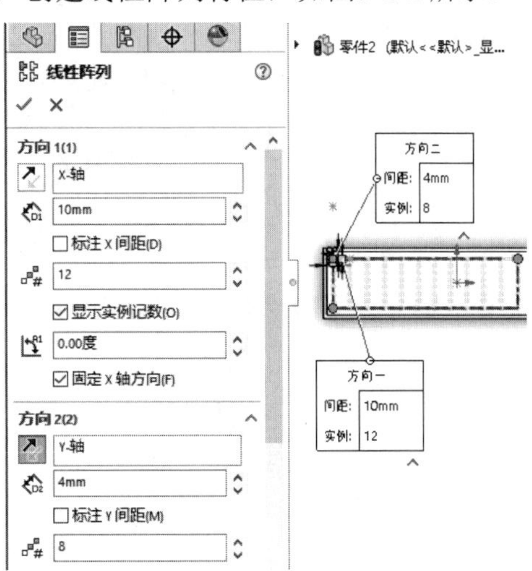

图3-243　创建线性阵列特征

07 单击【特征】选项卡中的【拉伸切除】按钮，创建拉伸切除特征，如图3-244所示。

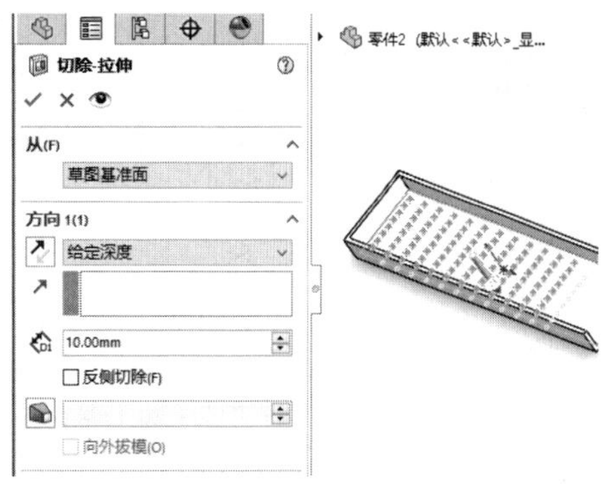

图3-244　创建拉伸切除特征

08 选择【插入】|【特征】|【弯曲】菜单命令，创建弯曲特征，如图3-245所示。

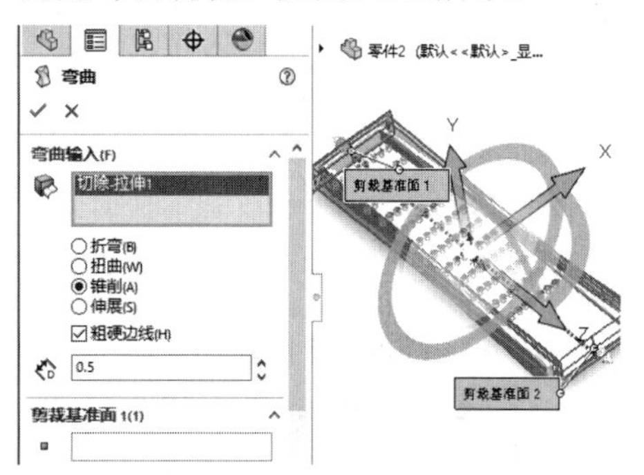

图3-245　创建弯曲特征

09 单击【特征】选项卡中的【圆角】按钮，创建圆角特征，如图3-246所示。

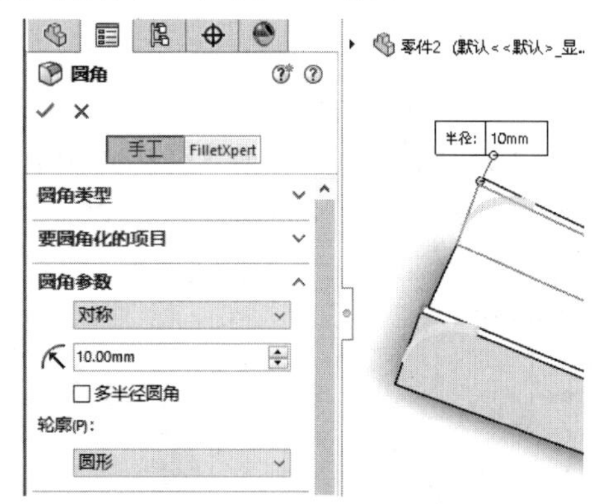

图3-246　创建圆角特征

10 完成振动盘模型的绘制，如图3-247所示。

图3-247　完成振动盘模型

实例 072　绘制轴瓦

案例源文件：ywj\03\072.prt

01 单击【草图】选项卡中的【边角矩形】按钮，绘制矩形，如图3-248所示。

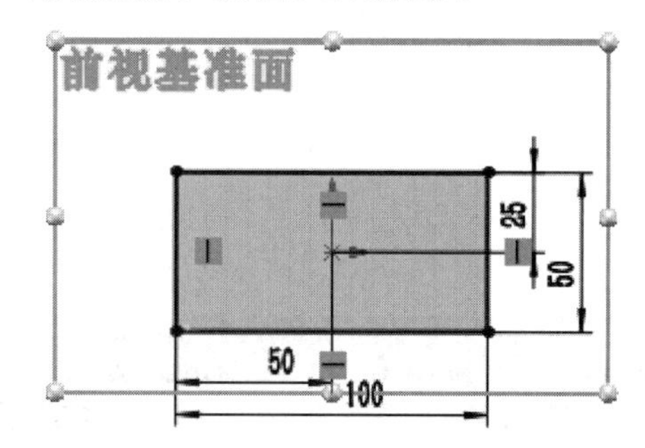

图3-248　绘制矩形

02 单击【草图】选项卡中的【圆】按钮，绘制半圆形，如图3-249所示。

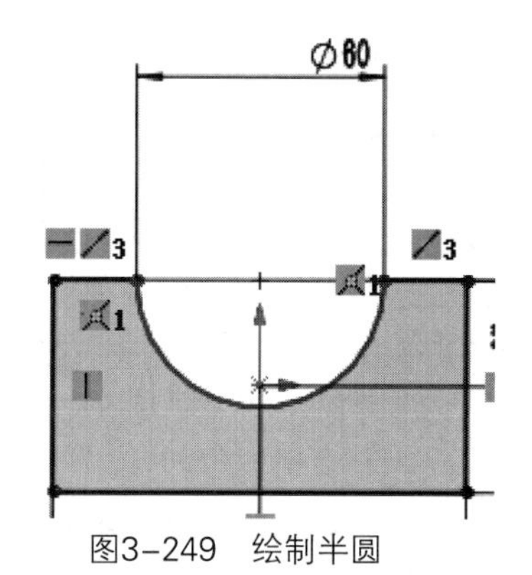

图3-249　绘制半圆

03 单击【特征】选项卡中的【拉伸凸台/基体】按钮，创建拉伸特征，如图3-250所示。

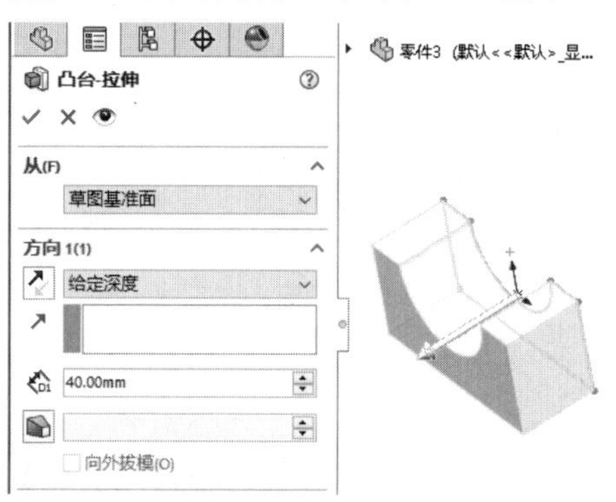

图3-250　拉伸凸台

04 单击【草图】选项卡中的【圆】按钮，绘制圆，如图3-251所示。

05 单击【特征】选项卡中的【拉伸切除】按钮，创建拉伸切除特征，如图3-252所示。

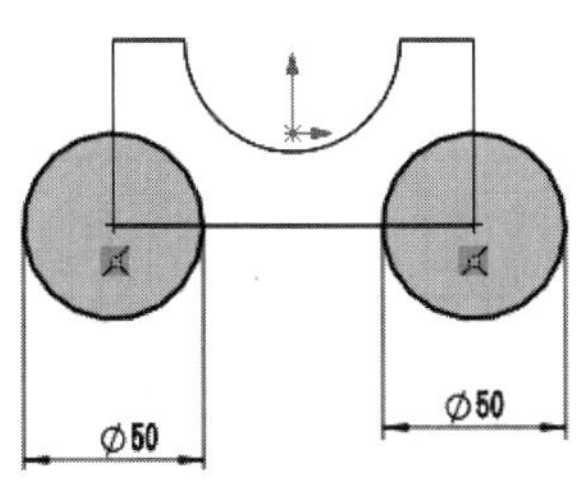

图3-251　绘制圆

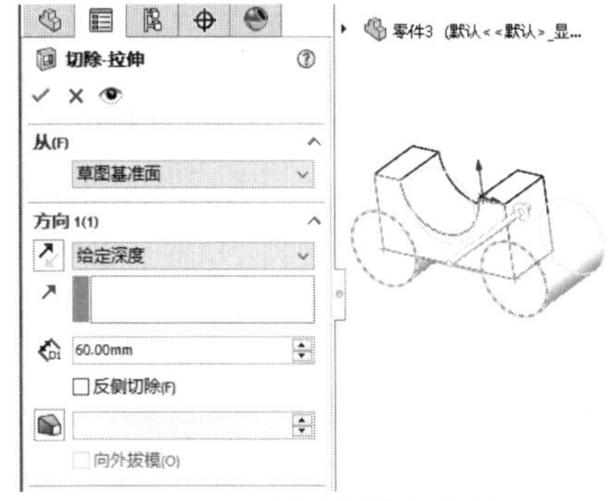

图3-252　创建拉伸切除特征

06 单击【草图】选项卡中的【圆】按钮，绘制圆，如图3-253所示。

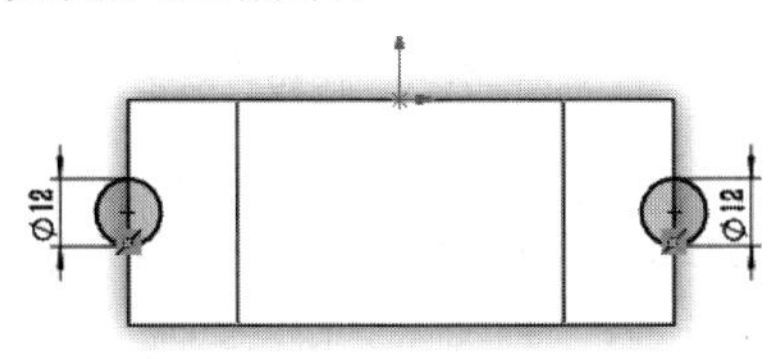

图3-253　绘制圆

07 单击【特征】选项卡中的【拉伸切除】按钮，创建拉伸切除特征，如图3-254所示。

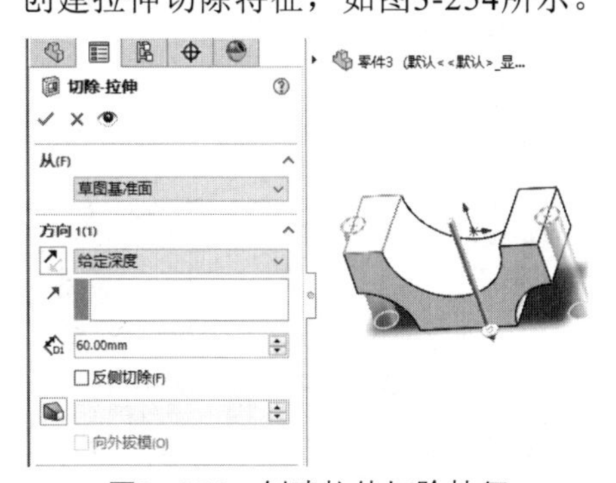

图3-254　创建拉伸切除特征

08 单击【草图】选项卡中的【圆】按钮，绘制圆，如图3-255所示。

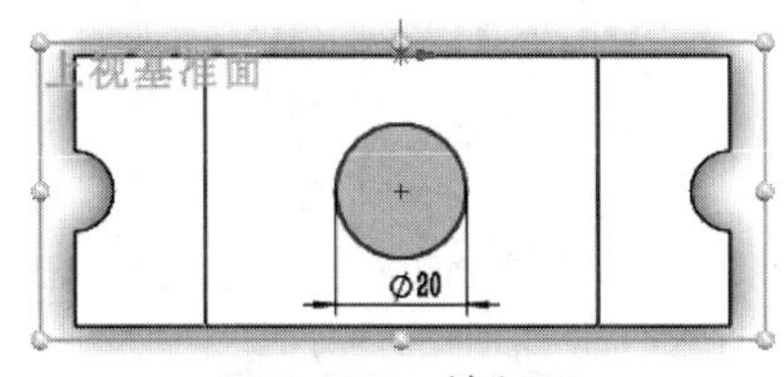

图3-255　绘制圆

09 单击【特征】选项卡中的【拉伸凸台/基体】按钮，创建拉伸特征，如图3-256所示。

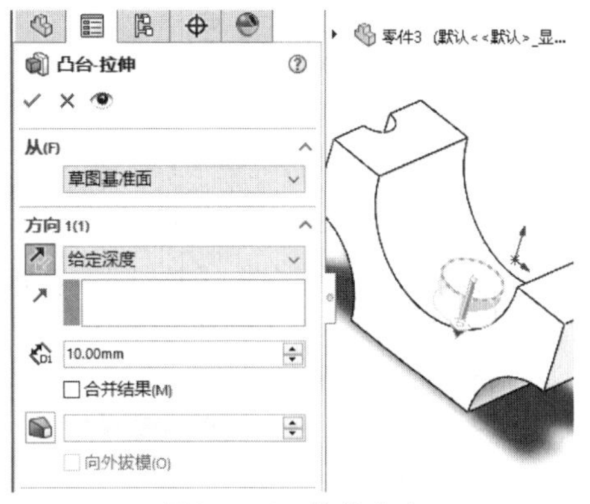

图3-256　拉伸凸台

10 选择【插入】|【特征】|【压凹】菜单命令，创建压凹特征，如图3-257所示。

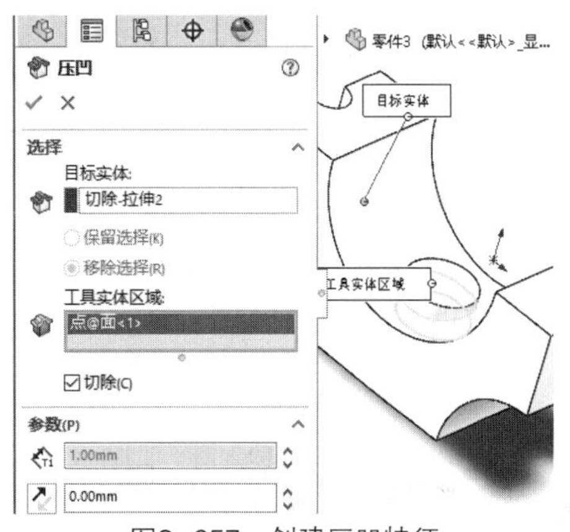

图3-257　创建压凹特征

11 完成轴瓦模型的绘制，如图3-258所示。

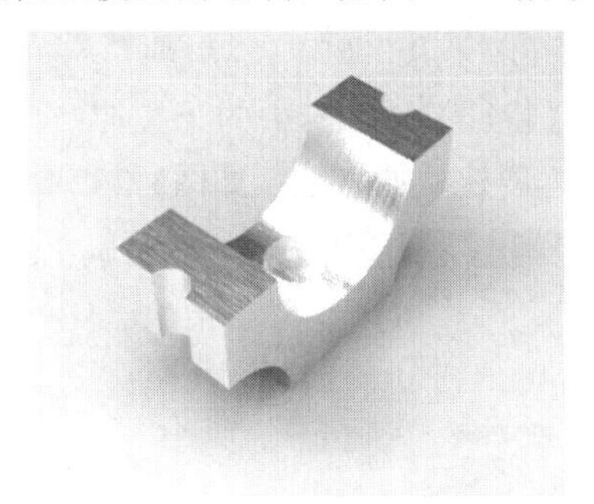

图3-258　完成轴瓦模型

实例 073　绘制连接弯管

案例源文件：ywj\03\073.prt

01 单击【草图】选项卡中的【圆】按钮，绘制圆，如图3-259所示。

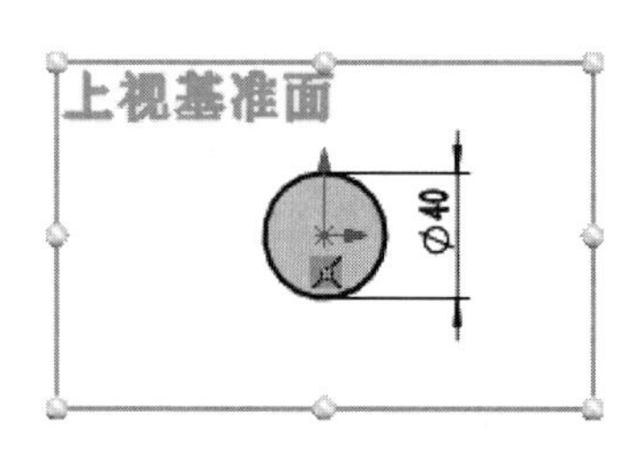

图3-259　绘制圆

02 单击【特征】选项卡中的【拉伸凸台/基体】按钮，创建拉伸特征，如图3-260所示。

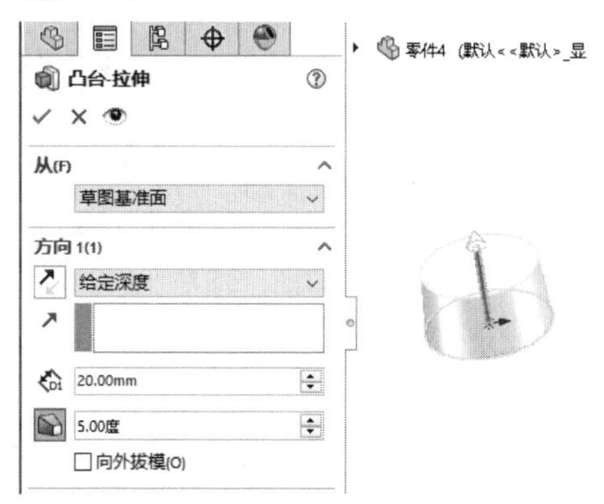

图3-260　拉伸凸台

03 单击【草图】选项卡中的【圆】按钮，绘制圆，如图3-261所示。

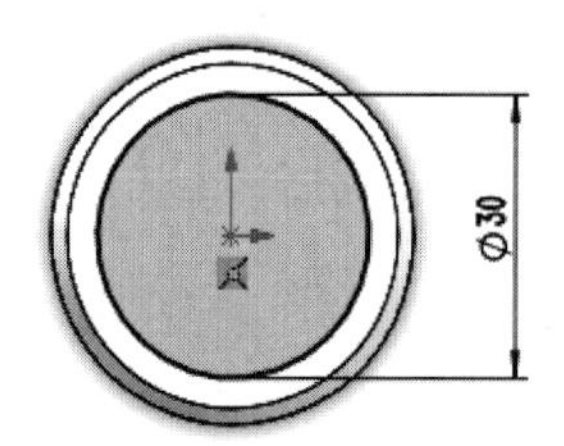

图3-261　绘制圆

04 单击【特征】选项卡中的【拉伸凸台/基体】按钮，创建拉伸特征，如图3-262所示。

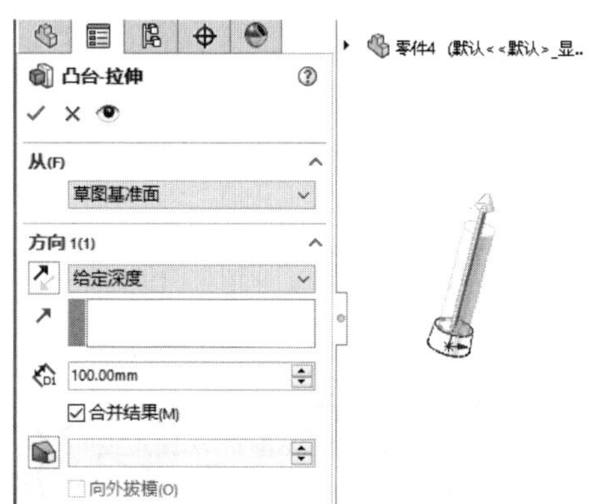

图3-262　拉伸凸台

05 单击【草图】选项卡中的【边角矩形】按钮，绘制矩形，如图3-263所示。

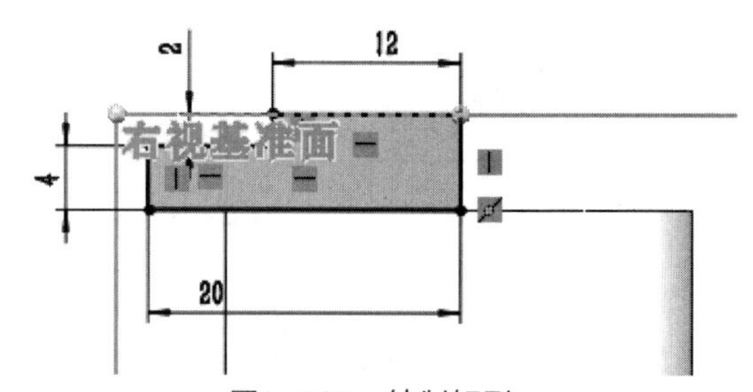

图3-263　绘制矩形

06 单击【特征】选项卡中的【旋转凸台/基体】按钮，创建旋转特征，如图3-264所示。

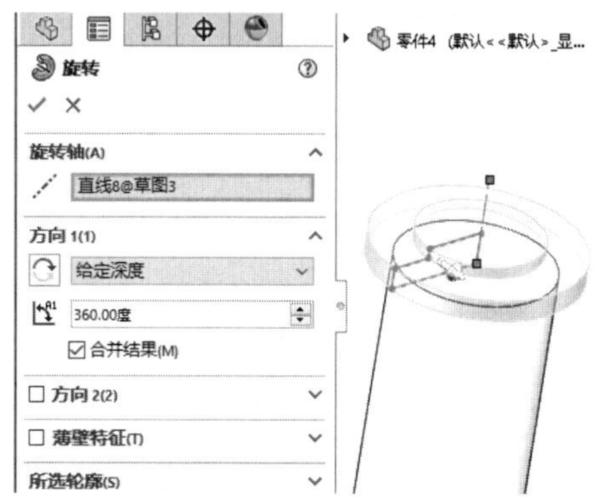

图3-264　旋转凸台

07 单击【特征】选项卡中的【线性阵列】按钮，创建线性阵列特征，如图3-265所示。

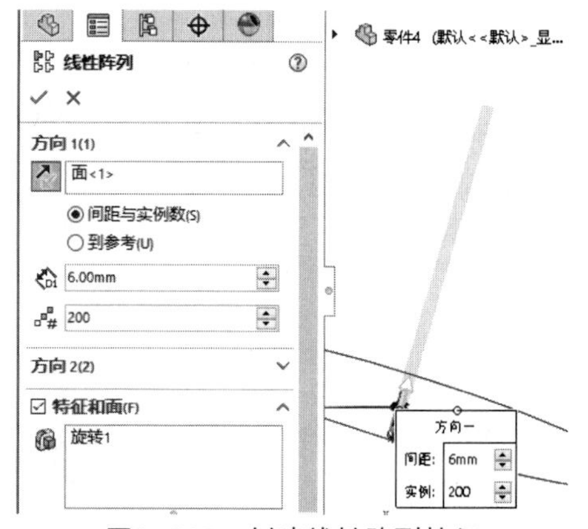

图3-265　创建线性阵列特征

08 单击【草图】选项卡中的【圆】按钮，绘制圆，如图3-266所示。

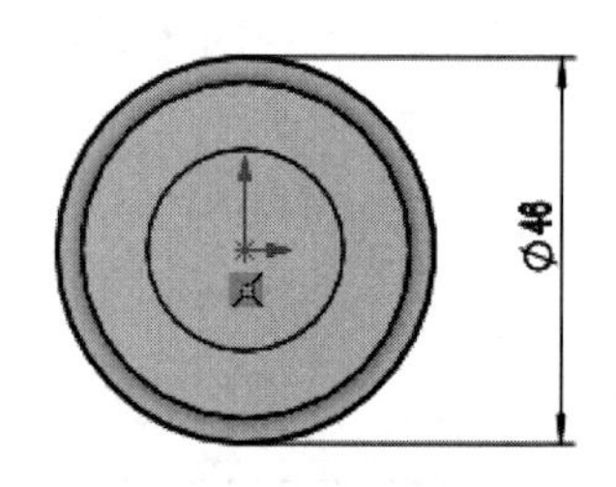

图3-266　绘制圆

09 单击【特征】选项卡中的【拉伸凸台/基体】按钮，创建拉伸特征，如图3-267所示。

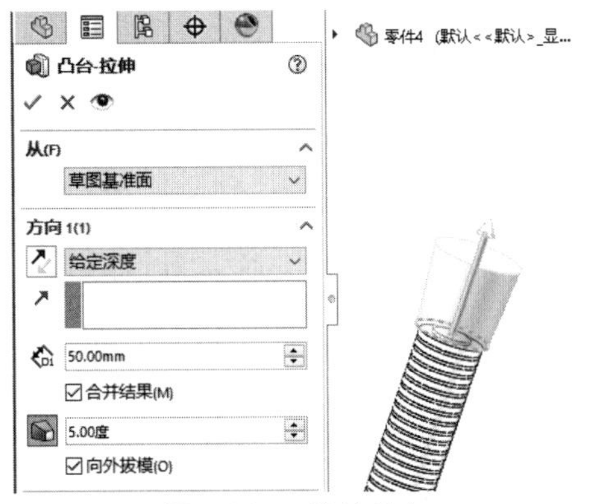

图3-267　拉伸凸台

10 选择【插入】|【特征】|【弯曲】菜单命令，创建弯曲特征，如图3-268所示。

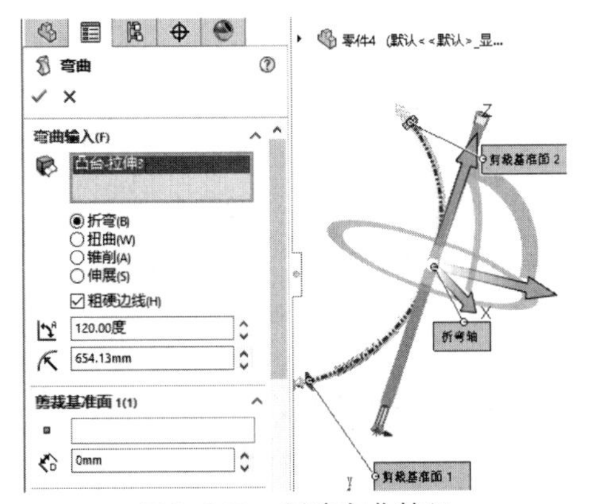

图3-268　创建弯曲特征

11 完成连接弯管模型的绘制，如图3-269所示。

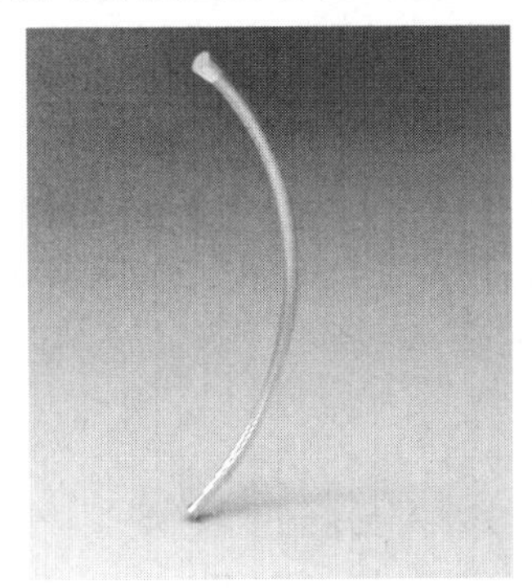

图3-269　完成连接弯管模型

实例 074　绘制滑板

案例源文件：ywj\03\074.prt

01 单击【草图】选项卡中的【边角矩形】按钮，绘制矩形，如图3-270所示。

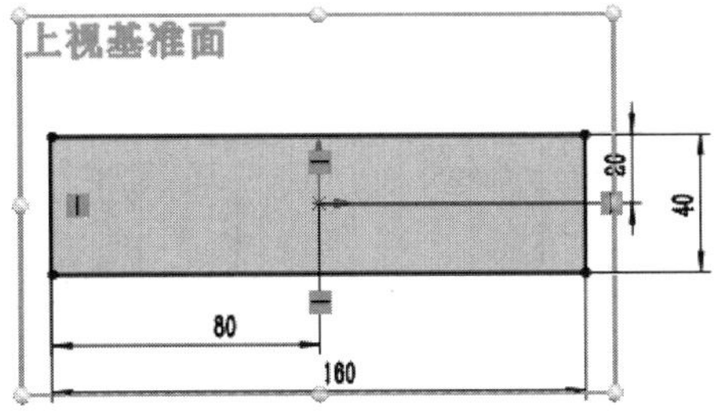

图3-270　绘制矩形

02 单击【草图】选项卡中的【样条曲线】按钮，绘制样条曲线，如图3-271所示。

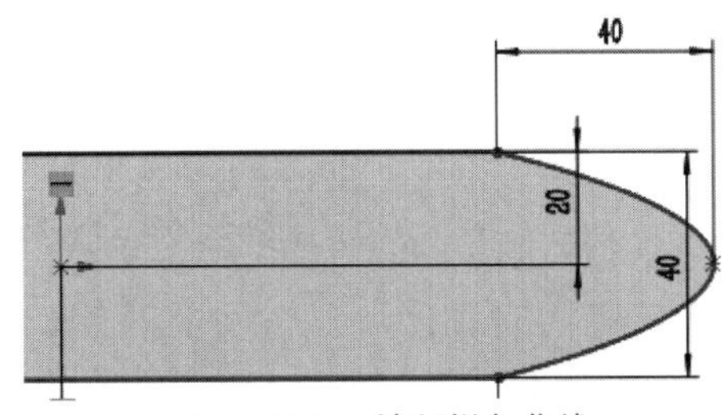

图3-271　绘制样条曲线

03 单击【特征】选项卡中的【拉伸凸台/基体】按钮，创建拉伸特征，如图3-272所示。

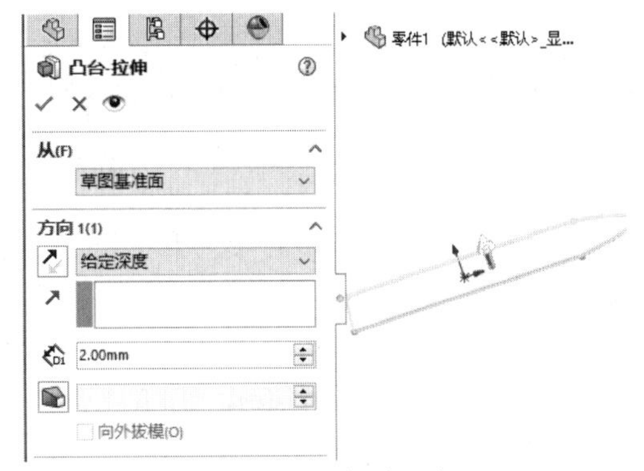

图3-272　拉伸凸台

04 选择【插入】|【特征】|【弯曲】菜单命令，创建弯曲特征，如图3-273所示。

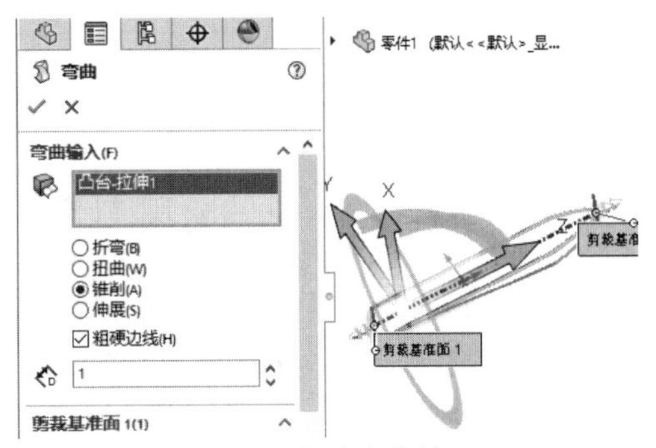

图3-273　创建弯曲特征(1)

05 选择【插入】|【特征】|【弯曲】菜单命令，创建弯曲特征，如图3-274所示。

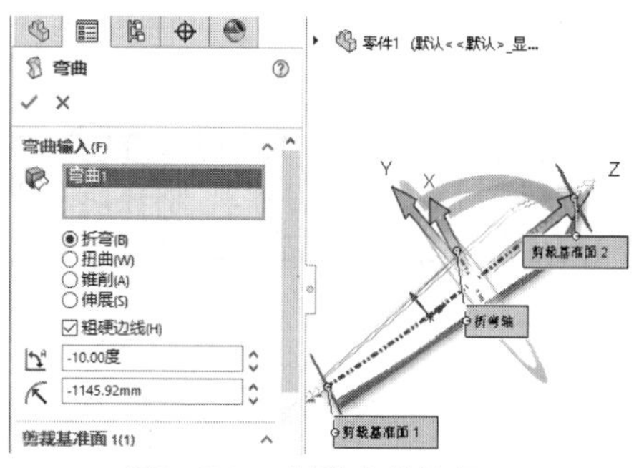

图3-274　创建弯曲特征(2)

06 完成滑板模型的绘制，如图3-275所示。

图3-275　完成滑板模型

实例 075　绘制弯钩

案例源文件：ywj\03\075.prt

01 单击【草图】选项卡中的【圆】按钮，绘制圆，如图3-276所示。

02 单击【草图】选项卡中的【直线】按钮和【三点圆弧】按钮，绘制直线和圆弧，如图3-277所示。

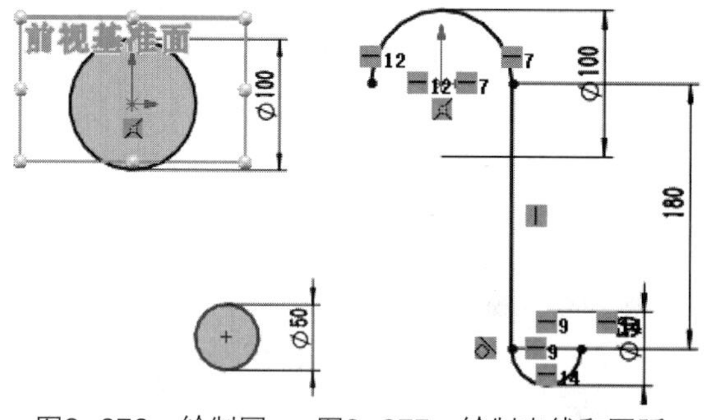

图3-276　绘制圆　　图3-277　绘制直线和圆弧

03 单击【草图】选项卡中的【圆】按钮，绘制圆，如图3-278所示。

04 单击【特征】选项卡中的【扫描】按钮，创建扫描特征，如图3-279所示。

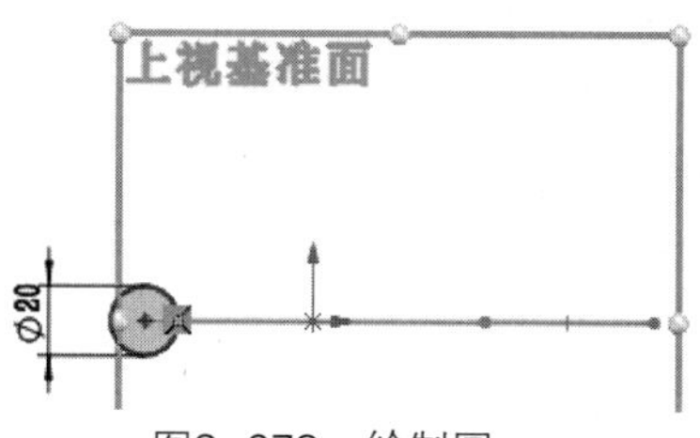

图3-278　绘制圆

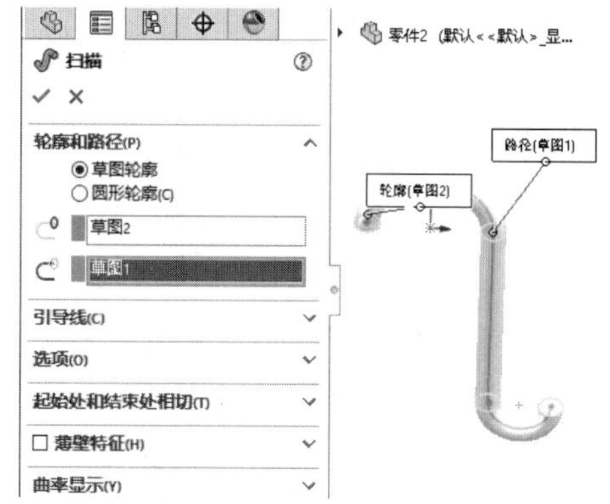

图3-279　创建扫描特征

05 选择【插入】|【特征】|【圆顶】菜单命令，创建圆顶特征，如图3-280所示。

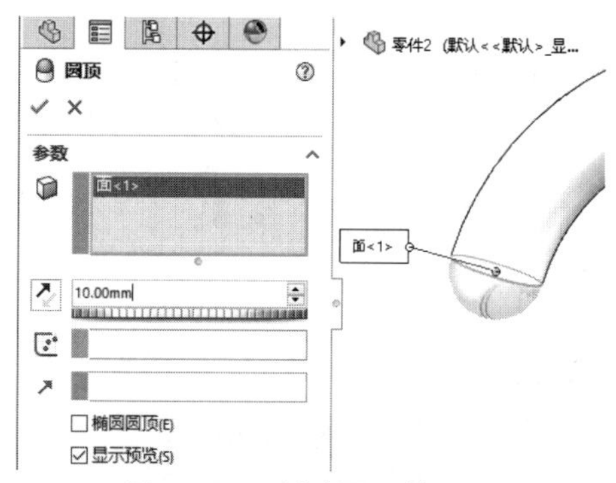

图3-280　创建圆顶特征(1)

06 选择【插入】|【特征】|【圆顶】菜单命令，创建圆顶特征，如图3-281所示。

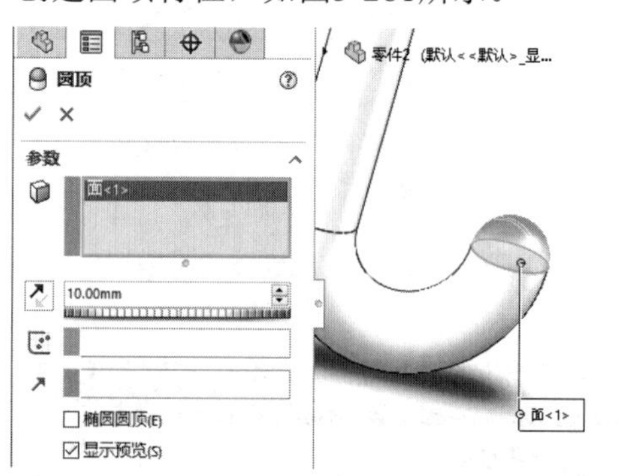

图3-281　创建圆顶特征(2)

07 选择【插入】|【特征】|【弯曲】菜单命令，创建弯曲特征，如图3-282所示。

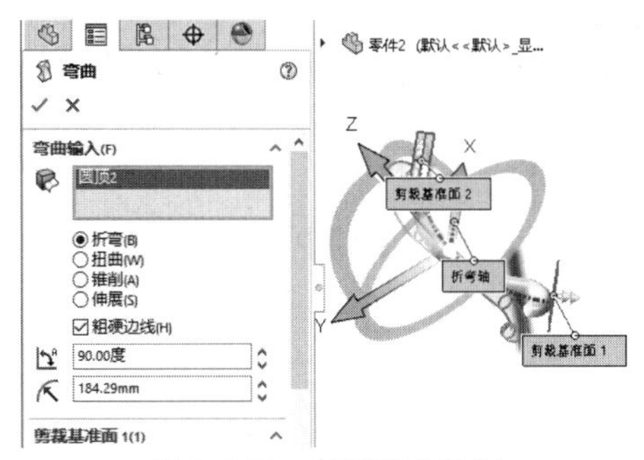

图3-282　创建弯曲特征

08 完成弯钩模型的绘制，如图3-283所示。

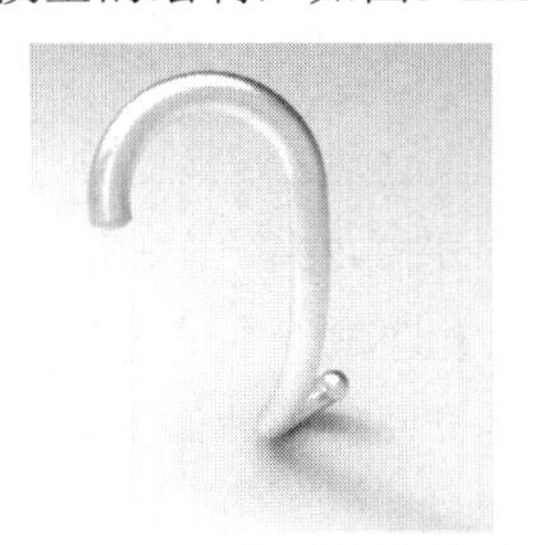

图3-283　完成弯钩模型

实例 076　绘制把手

案例源文件：ywj\03\076.prt

01 单击【草图】选项卡中的【边角矩形】按钮，绘制矩形，如图3-284所示。

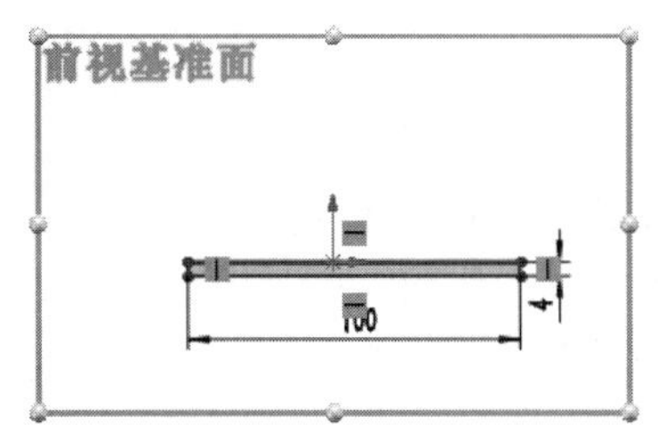

图3-284　绘制矩形

02 单击【特征】选项卡中的【拉伸凸台/基体】按钮，创建拉伸特征，如图3-285所示。

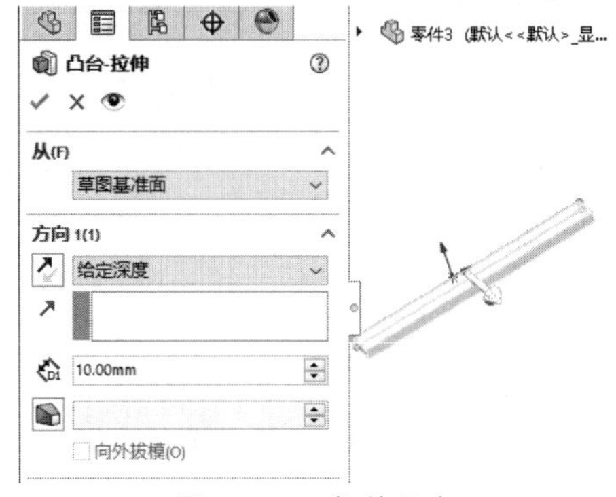

图3-285　拉伸凸台

03 选择【插入】|【特征】|【弯曲】菜单命令，创建弯曲特征，如图3-286所示。

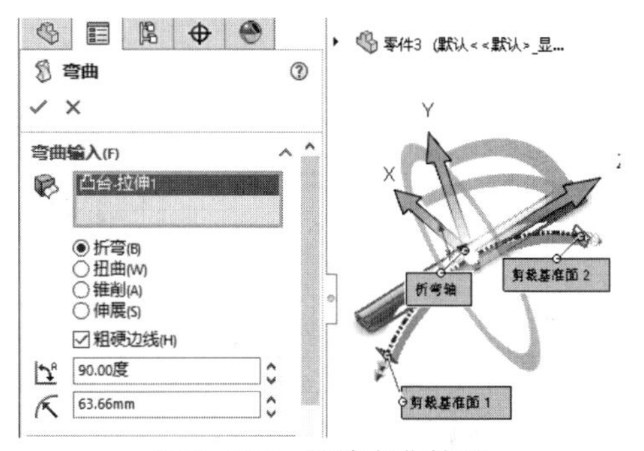

图3-286　创建弯曲特征

04 单击【特征】选项卡中的【基准面】按钮，创建基准面，如图3-287所示。

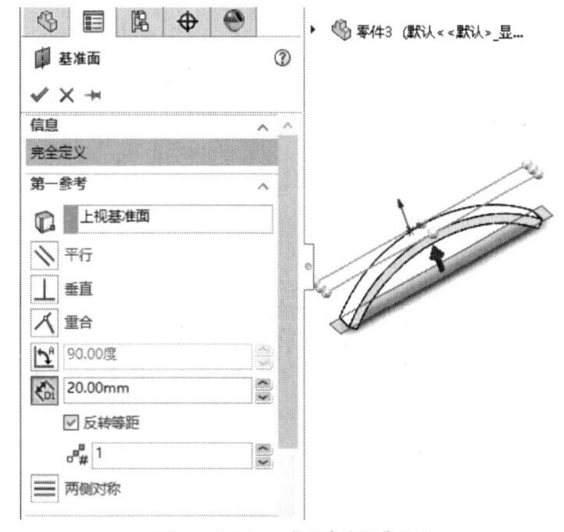

图3-287　创建基准面

05 单击【草图】选项卡中的【圆】按钮，绘制圆，如图3-288所示。

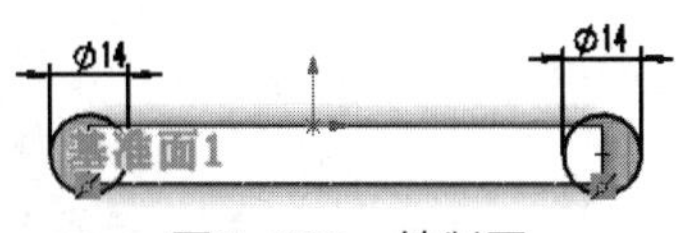

图3-288　绘制圆

06 单击【特征】选项卡中的【拉伸凸台/基体】按钮，创建拉伸特征，如图3-289所示。

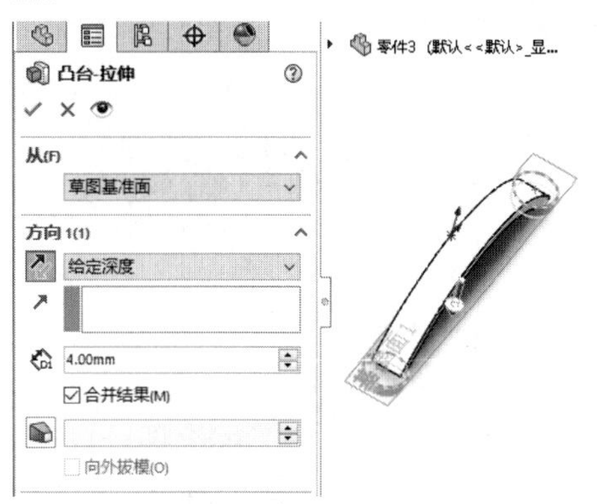

图3-289　拉伸凸台

07 单击【草图】选项卡中的【圆】按钮，绘制圆，如图3-290所示。

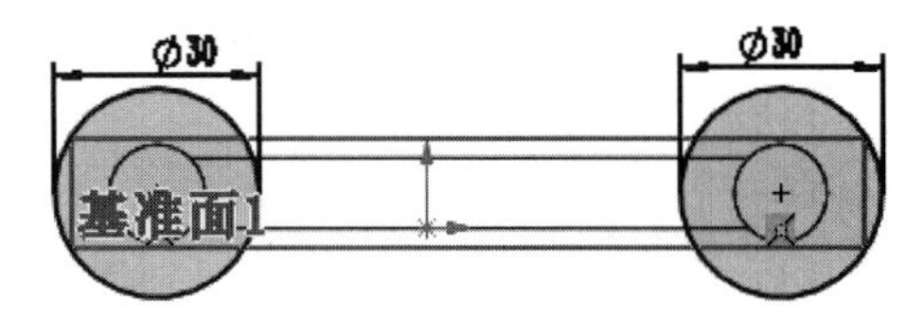

图3-290　绘制圆

08 单击【特征】选项卡中的【拉伸凸台/基体】按钮，创建拉伸特征，如图3-291所示。

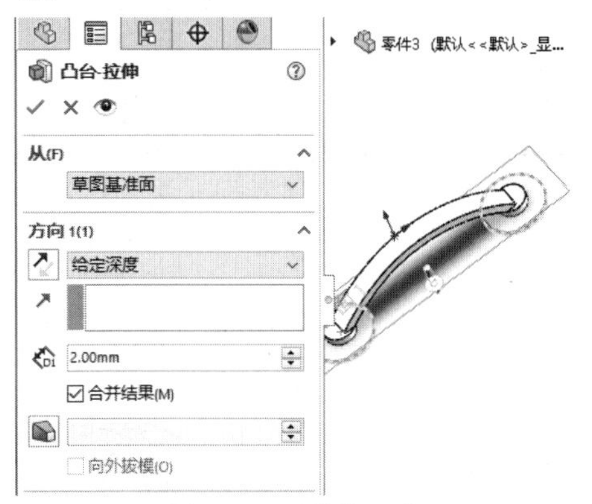

图3-291　拉伸凸台

09 单击【特征】选项卡中的【圆角】按钮，创建圆角特征，如图3-292所示。

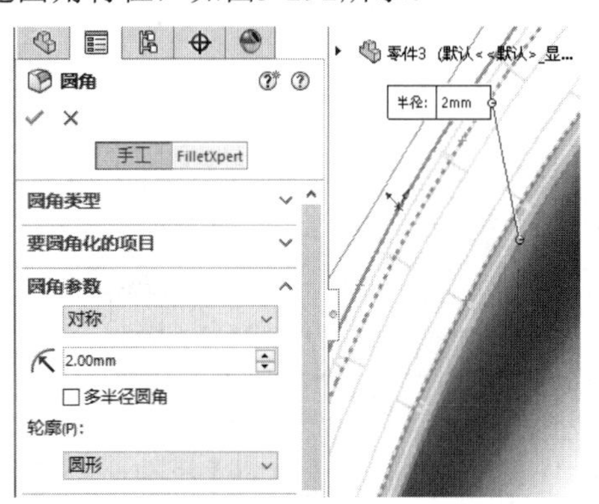

图3-292　创建圆角特征

10 完成把手模型的绘制，如图3-293所示。

图3-293　完成把手模型

实例 077　绘制销轴

案例源文件：ywj\03\077.prt

01 单击【草图】选项卡中的【圆】按钮，绘制圆，如图3-294所示。

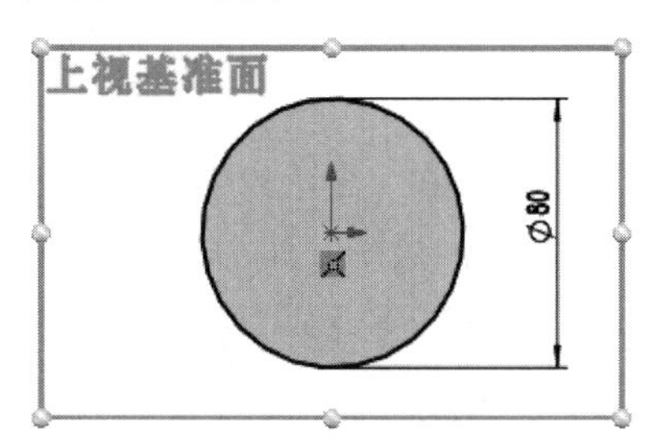

图3-294　绘制圆

02 单击【特征】选项卡中的【拉伸凸台/基体】按钮，创建拉伸特征，如图3-295所示。

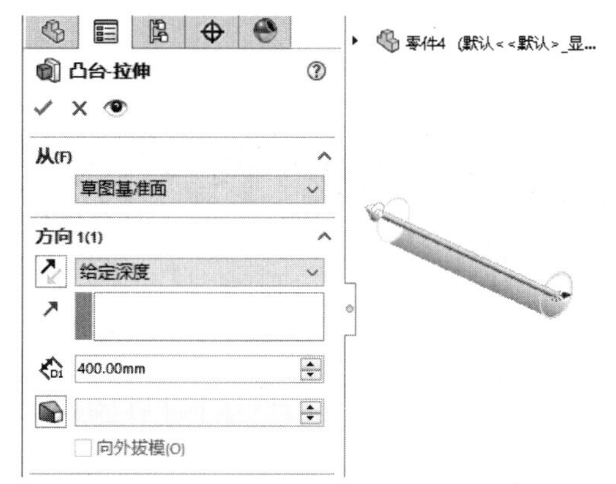

图3-295　拉伸凸台

03 单击【特征】选项卡中的【倒角】按钮，创建倒角特征，如图3-296所示。

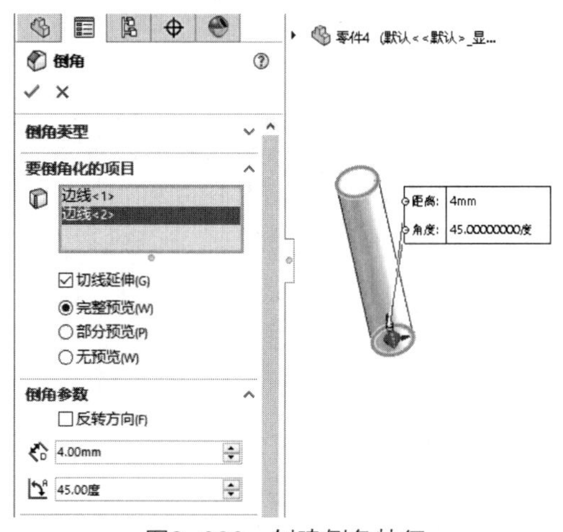

图3-296　创建倒角特征

04 单击【特征】选项卡中的【基准面】按钮，创建基准面，如图3-297所示。

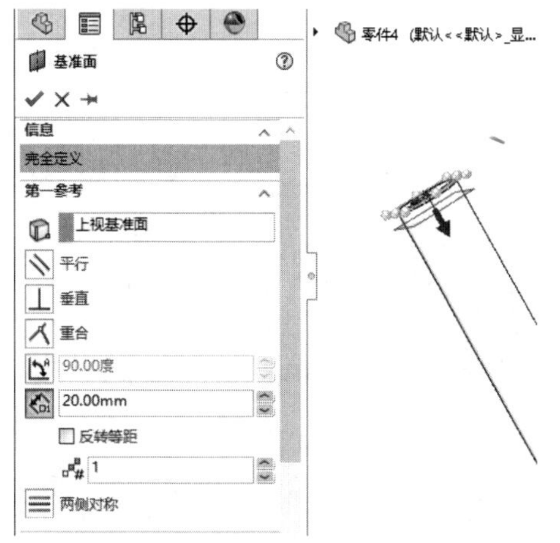

图3-297　创建基准面

05 单击【草图】选项卡中的【圆】按钮，绘制圆，如图3-298所示。

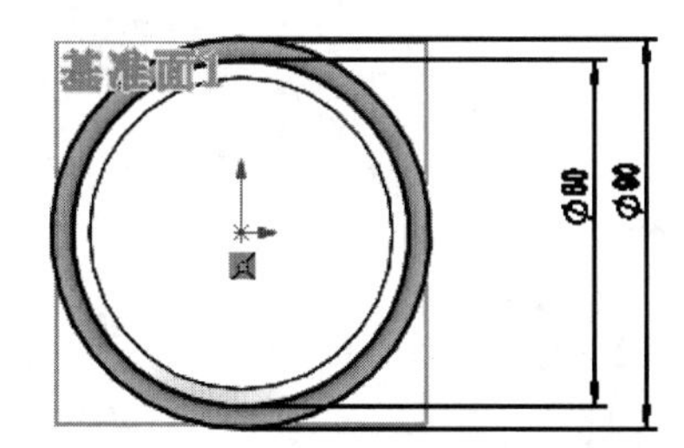

图3-298　绘制圆

06 单击【草图】选项卡中的【边角矩形】按钮，绘制矩形，如图3-299所示。

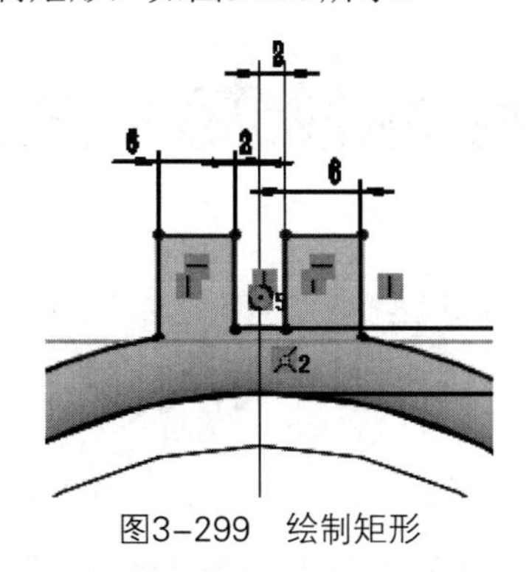
图3-299　绘制矩形

07 单击【特征】选项卡中的【拉伸凸台/基体】按钮，创建拉伸特征，如图3-300所示。

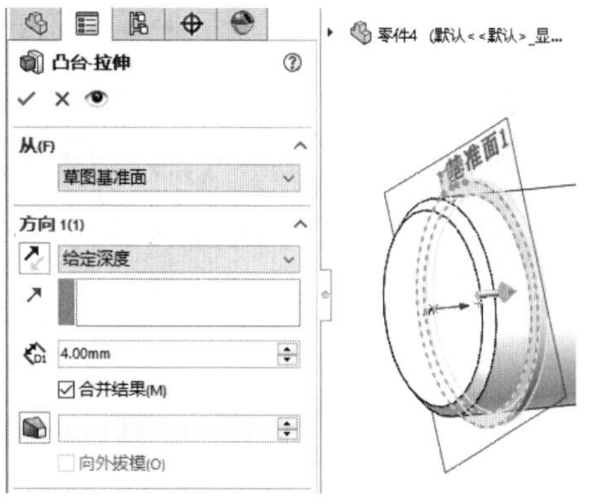

图3-300　拉伸凸台

08 选择【插入】|【特征】|【缩放比例】菜单命令，设置模型缩放比例，如图3-301所示。

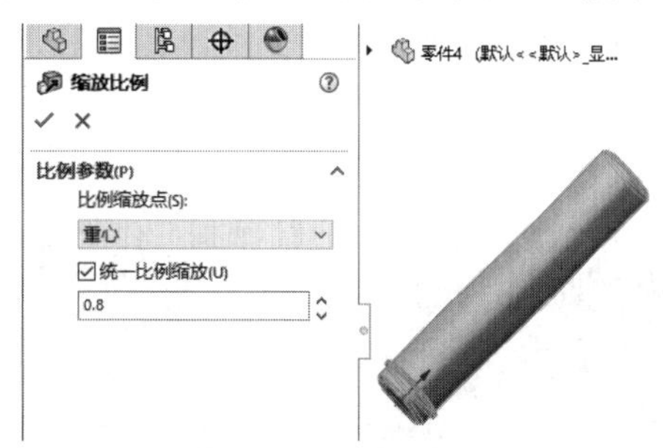

图3-301　缩放模型

09 完成销轴模型的绘制，如图3-302所示。

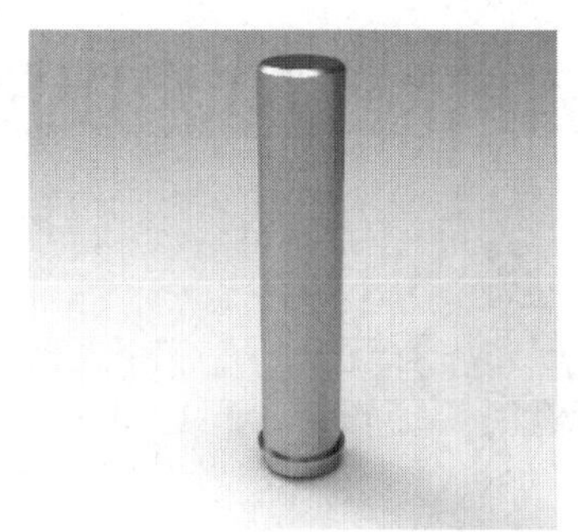
图3-302　完成销轴模型

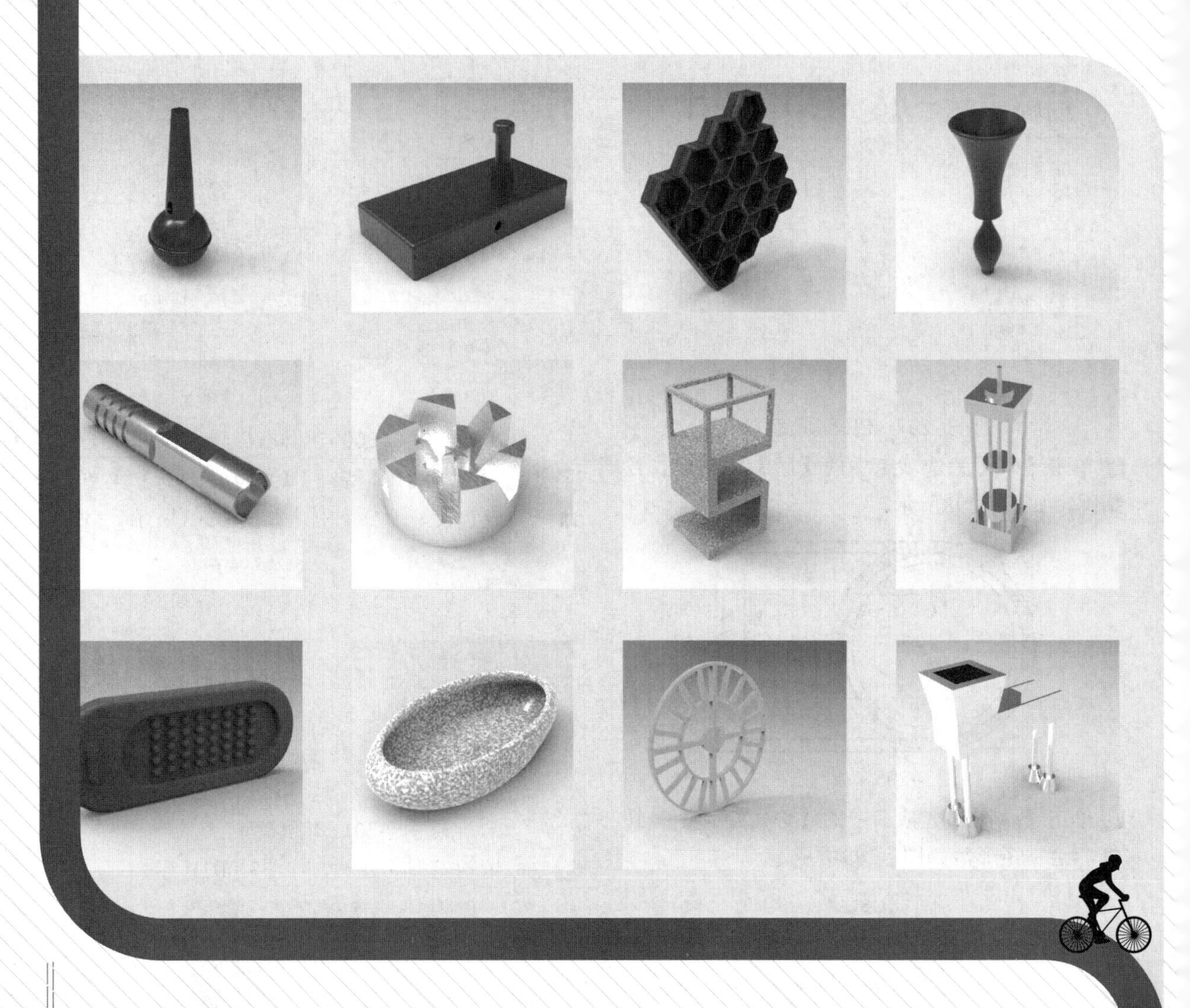

第4章 特征编辑

实例 078 绘制话筒

案例源文件：ywj\04\078.prt

01 单击【草图】选项卡中的【圆】按钮，绘制圆，如图4-1所示。

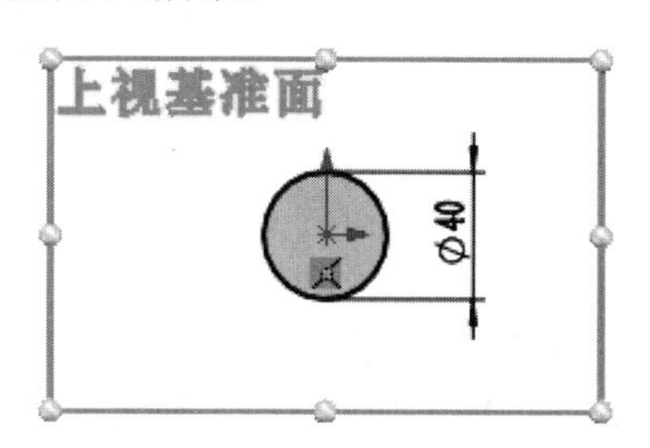

图4-1　绘制圆

02 单击【特征】选项卡中的【拉伸凸台/基体】按钮，创建拉伸特征，如图4-2所示。

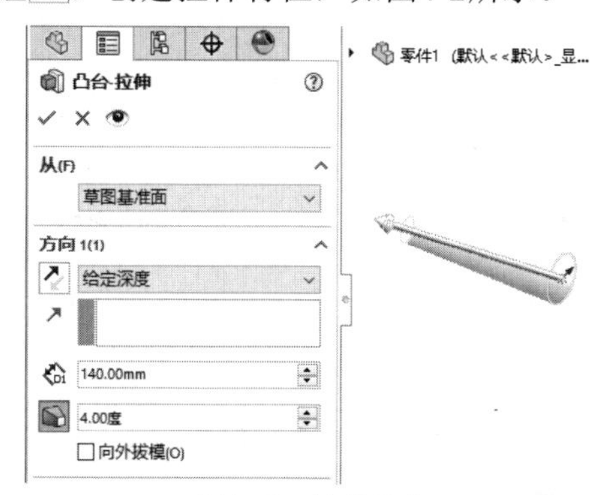

图4-2　拉伸凸台

03 单击【草图】选项卡中的【圆】按钮，绘制半圆形，如图4-3所示。

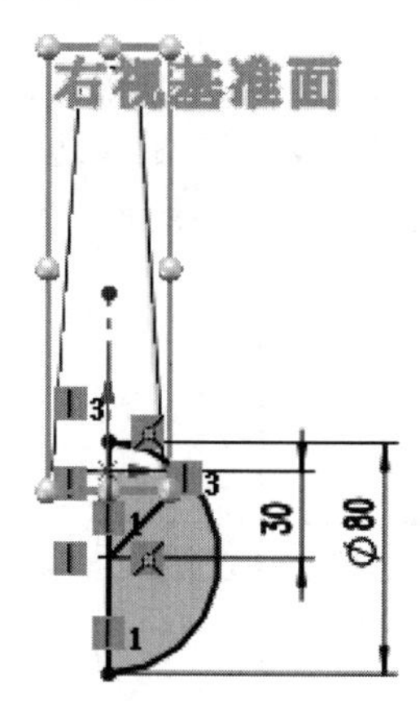

图4-3　绘制半圆

04 单击【特征】选项卡中的【旋转凸台/基体】按钮，创建旋转特征，如图4-4所示。

05 单击【特征】选项卡中的【基准面】按钮，创建基准面，如图4-5所示。

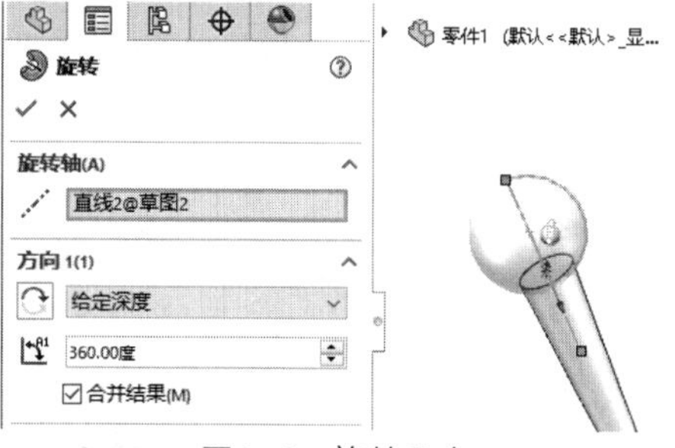

图4-4　旋转凸台

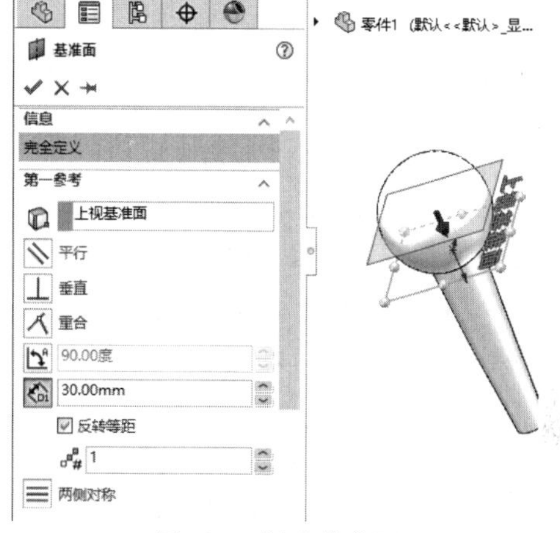

图4-5　创建基准面

06 单击【草图】选项卡中的【圆】按钮，绘制圆，如图4-6所示。

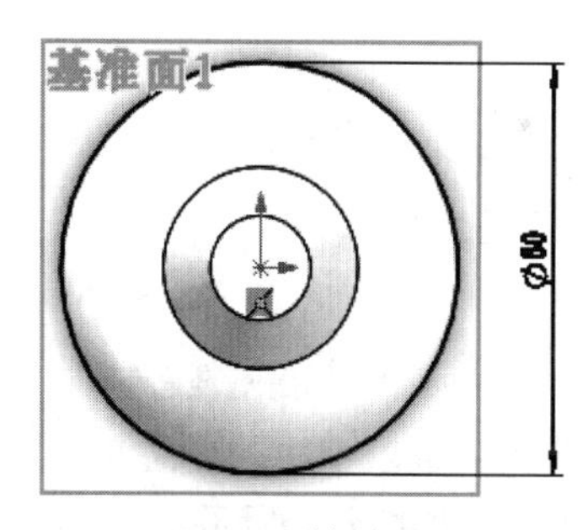

图4-6　绘制圆(1)

07 单击【草图】选项卡中的【圆】按钮，在右视基准面上绘制圆，如图4-7所示。

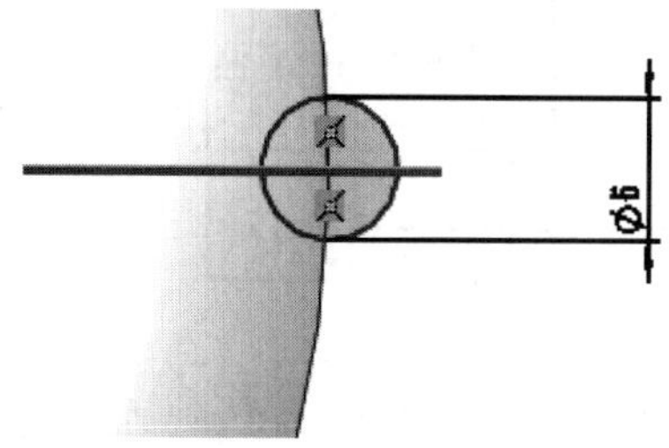

图4-7　绘制圆(2)

08 单击【特征】选项卡中的【扫描】按钮，创建扫描特征，如图4-8所示。

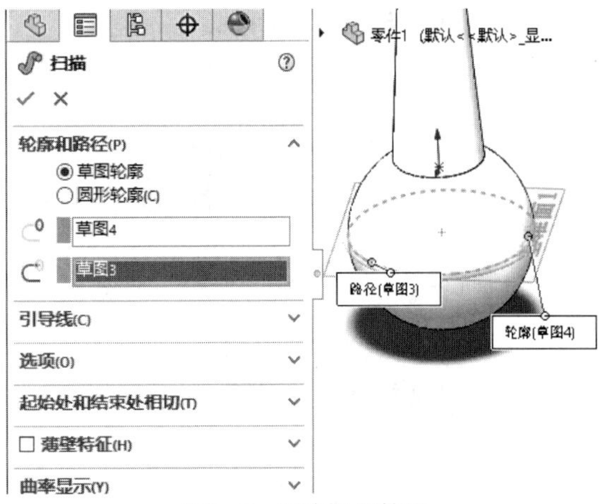

图4–8　创建扫描特征

09 单击【特征】选项卡中的【基准面】按钮，创建基准面，如图4-9所示。

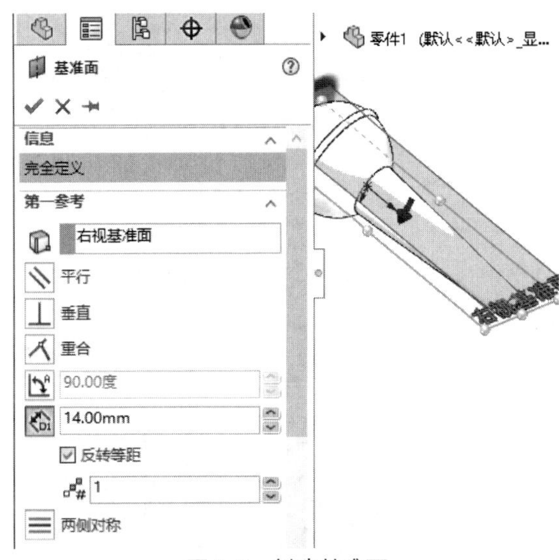

图4–9　创建基准面

10 单击【草图】选项卡中的【边角矩形】按钮，绘制矩形，如图4-10所示。

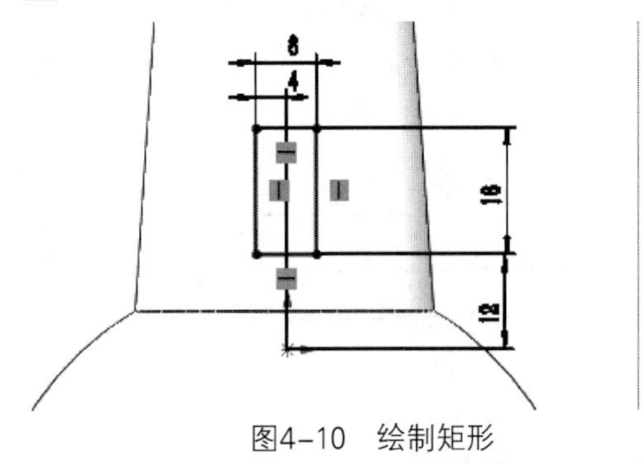

图4–10　绘制矩形

11 单击【特征】选项卡中的【拉伸切除】按钮，创建拉伸切除特征，如图4-11所示。

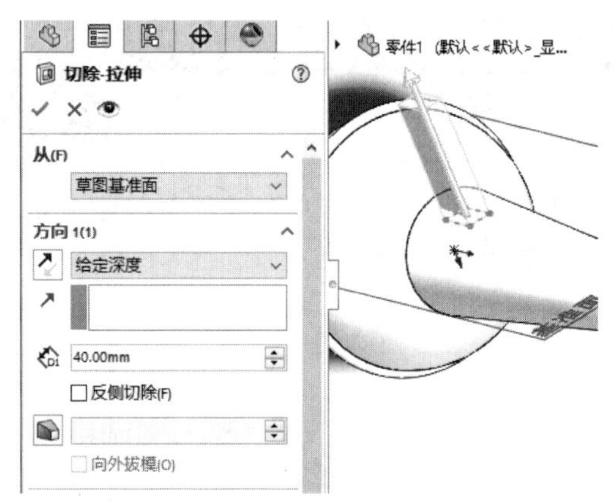

图4–11　创建拉伸切除特征

12 单击【特征】选项卡中的【圆角】按钮，创建圆角特征，如图4-12所示。

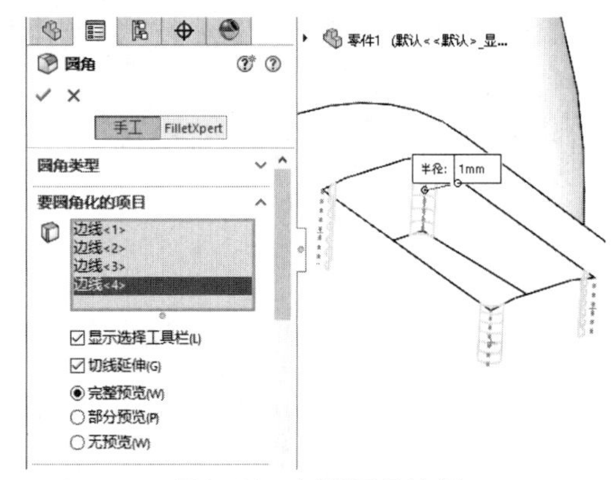

图4–12　创建圆角特征

提示·

在添加小圆角之前添加较大圆角。当有多个圆角汇聚于一个顶点时，先生成较大的圆角。

13 单击【草图】选项卡中的【边角矩形】按钮，绘制矩形，如图4-13所示。

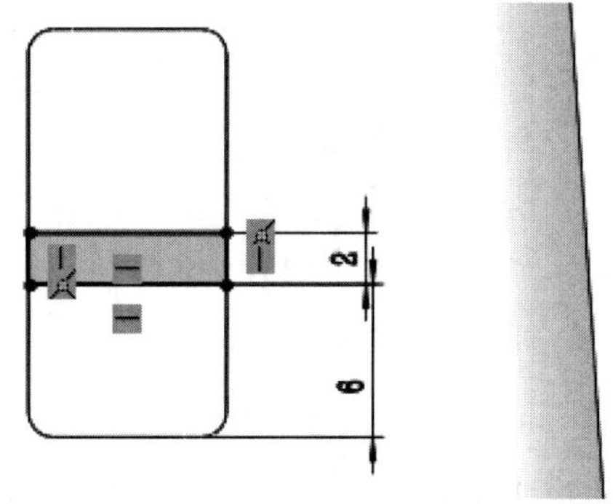

图4–13　绘制矩形

14 单击【特征】选项卡中的【拉伸凸台/基体】按钮，创建拉伸特征，如图4-14所示。

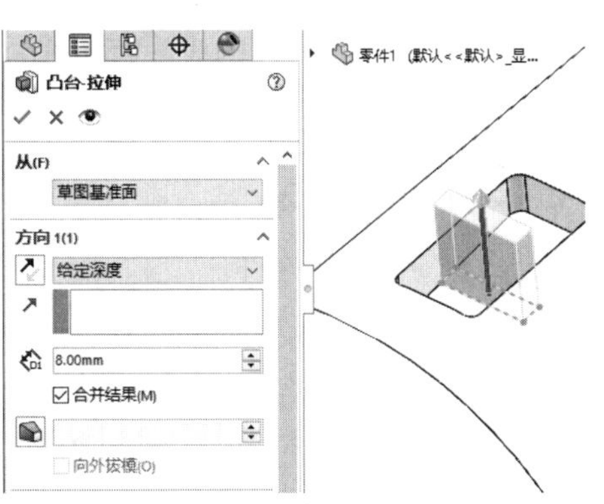

图4-14　拉伸凸台

15 单击【特征】选项卡中的【圆角】按钮，创建圆角特征，如图4-15所示。

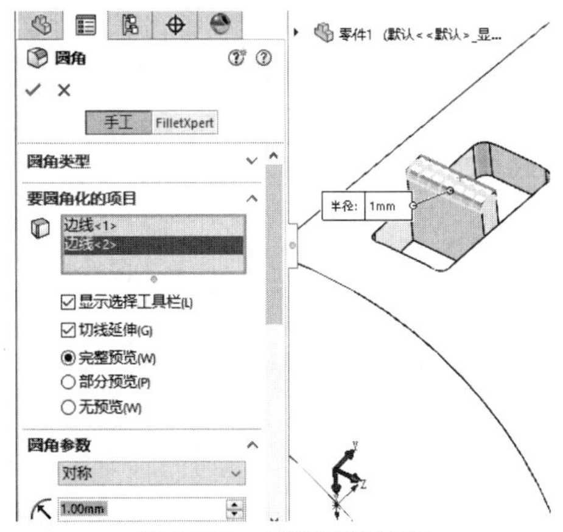

图4-15　创建圆角特征

16 完成话筒模型的绘制，如图4-16所示。

图4-16　完成话筒模型

实例 079 绘制手电

案例源文件：ywj\04\079.prt

01 单击【草图】选项卡中的【圆】按钮，绘制圆，如图4-17所示。

02 单击【特征】选项卡中的【拉伸凸台/基体】按钮，创建拉伸特征，如图4-18所示。

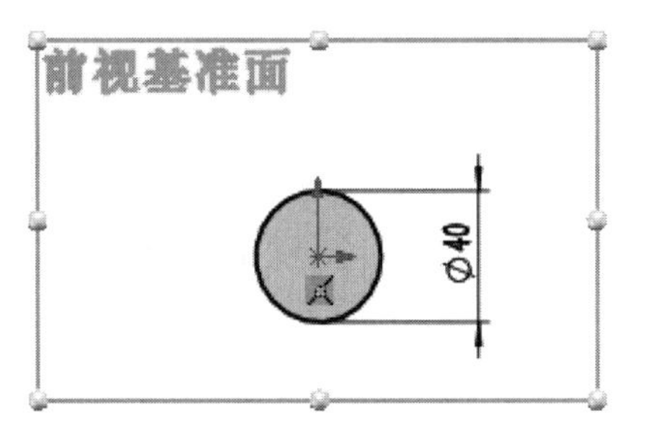

图4-17　绘制圆

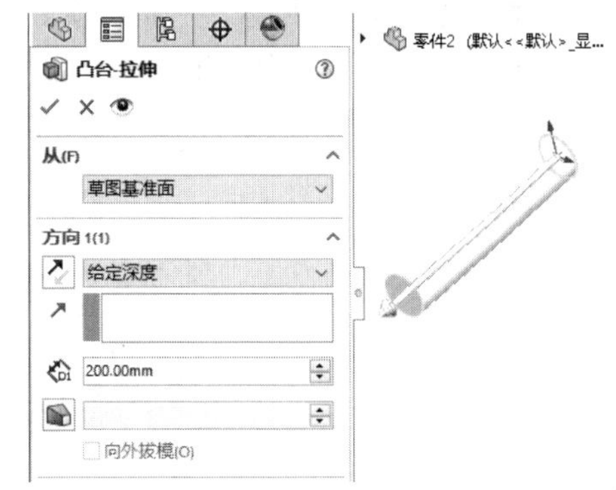

图4-18　拉伸凸台

03 单击【草图】选项卡中的【圆】按钮，绘制圆，如图4-19所示。

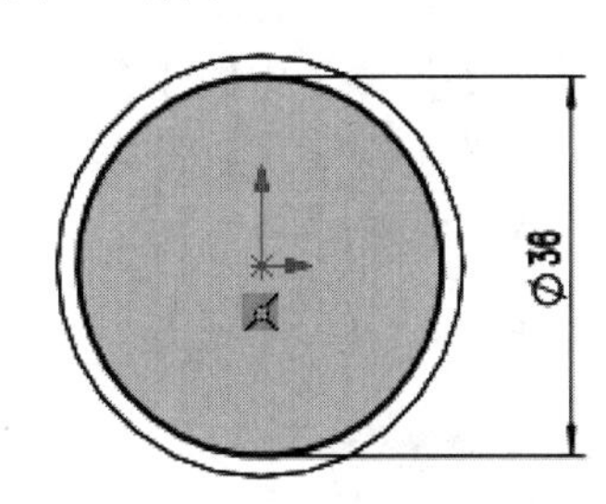

图4-19　绘制圆

04 单击【特征】选项卡中的【拉伸切除】按钮，创建拉伸切除特征，如图4-20所示。

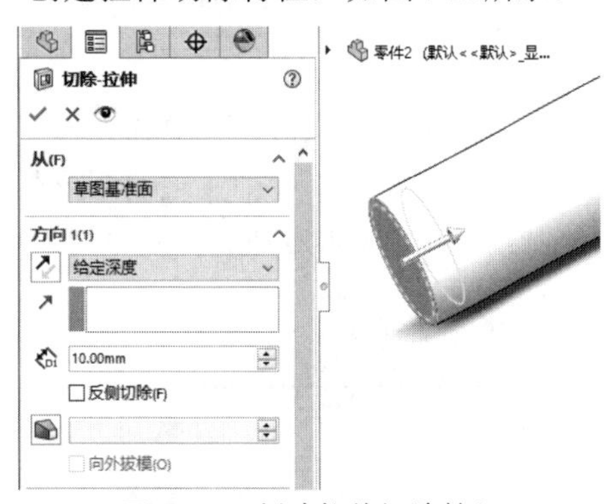

图4-20　创建拉伸切除特征

05 单击【草图】选项卡中的【圆】按钮，绘制圆，如图4-21所示。

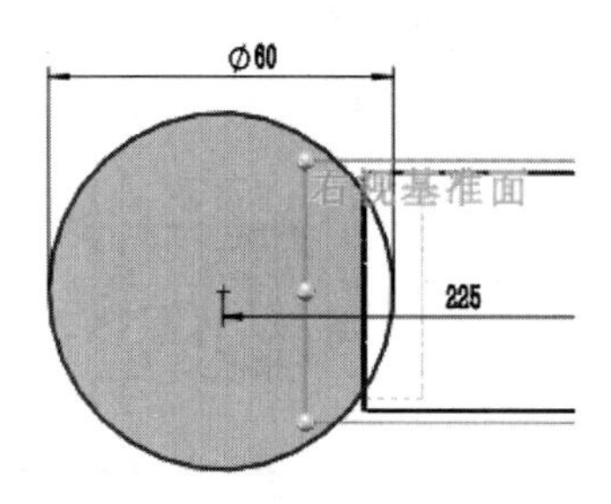

图4-21　绘制圆

06 单击【特征】选项卡中的【拉伸切除】按钮，创建拉伸切除特征，如图4-22所示。

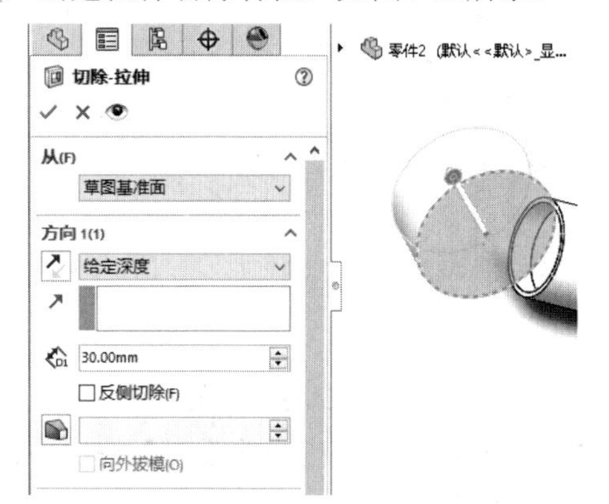

图4-22　创建拉伸切除特征

07 单击【特征】选项卡中的【圆周阵列】按钮，创建圆周阵列特征，如图4-23所示。

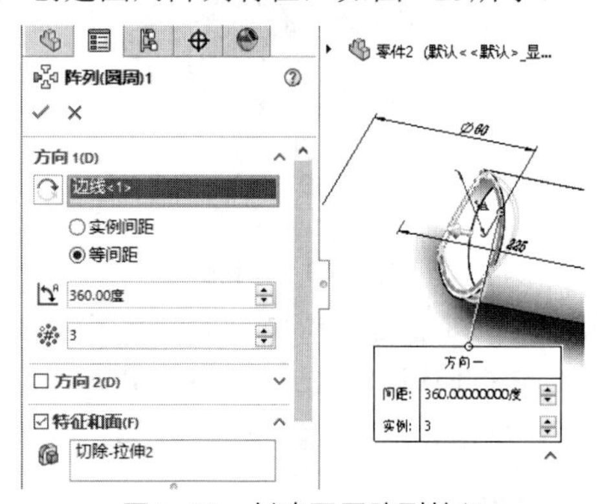

图4-23　创建圆周阵列特征

08 单击【草图】选项卡中的【边角矩形】按钮，绘制矩形，如图4-24所示。

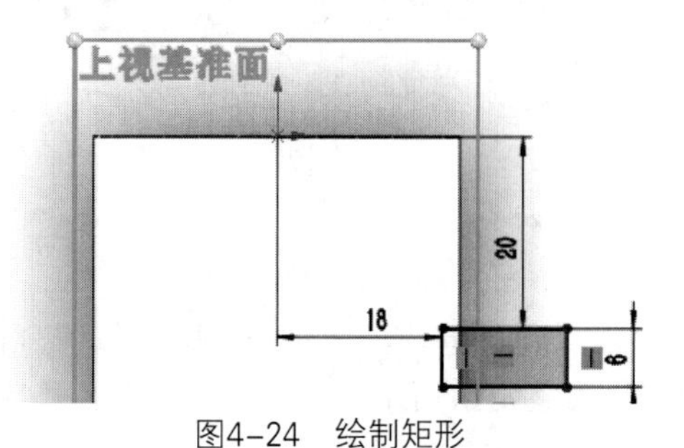

图4-24　绘制矩形

09 单击【特征】选项卡中的【旋转切除】按钮，创建旋转切除特征，如图4-25所示。

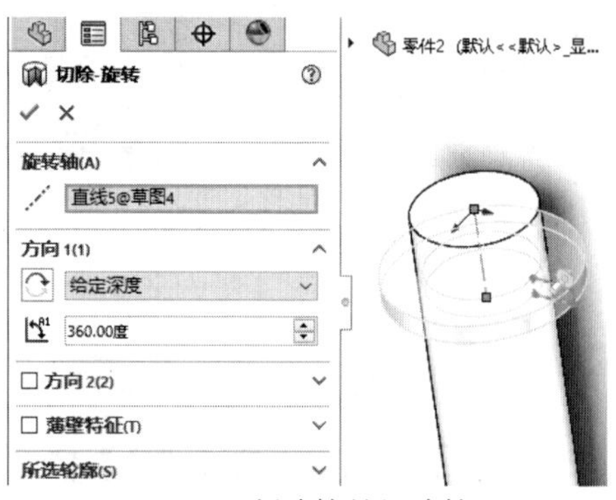

图4-25　创建旋转切除特征

10 单击【特征】选项卡中的【线性阵列】按钮，创建线性阵列特征，如图4-26所示。

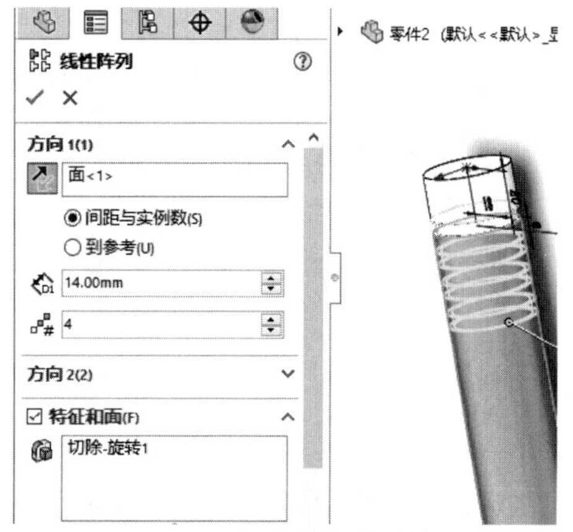

图4-26　创建线性阵列特征

11 单击【草图】选项卡中的【圆】按钮，绘制半圆形，如图4-27所示。

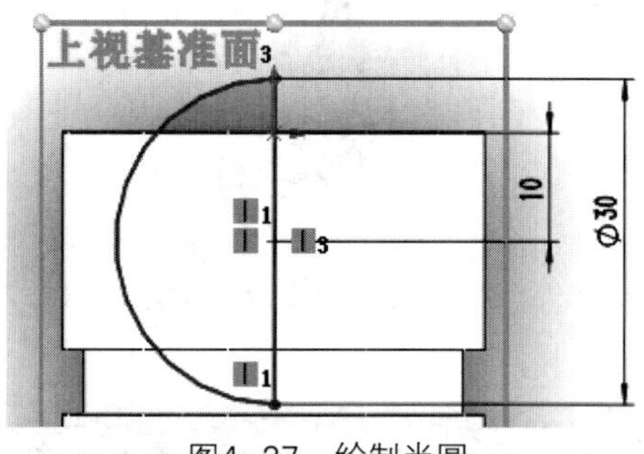

图4-27　绘制半圆

12 单击【特征】选项卡中的【旋转凸台/基体】按钮，创建旋转特征，如图4-28所示。

13 单击【特征】选项卡中的【基准面】按钮，创建基准面，如图4-29所示。

14 单击【草图】选项卡中的【边角矩形】按钮，绘制矩形，如图4-30所示。

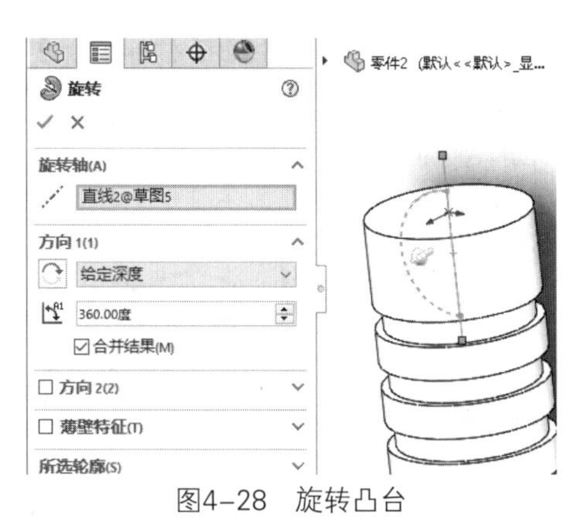

图4-28　旋转凸台

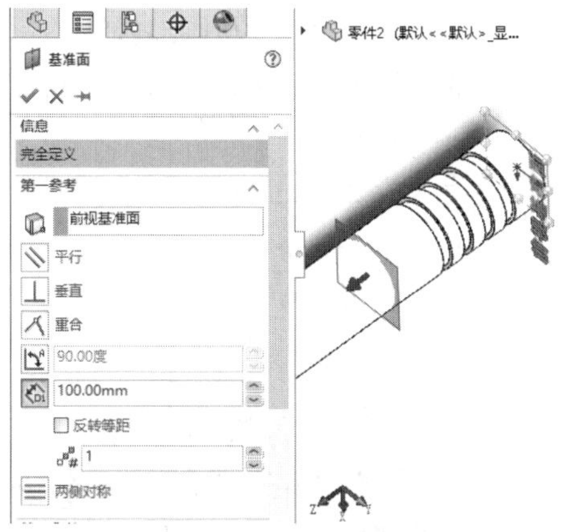

图4-29　创建基准面

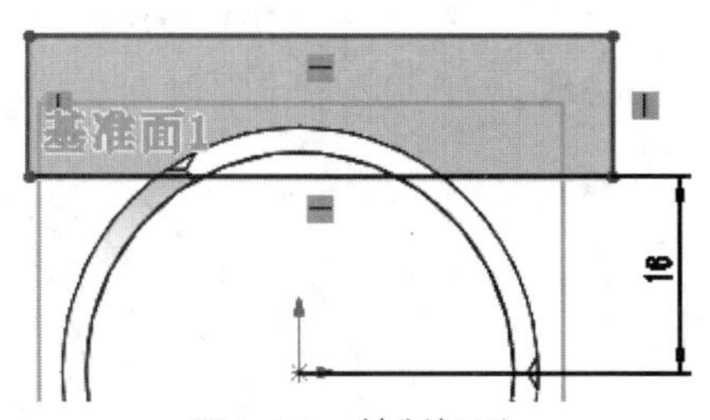

图4-30　绘制矩形

15 单击【特征】选项卡中的【拉伸切除】按钮，创建拉伸切除特征，如图4-31所示。

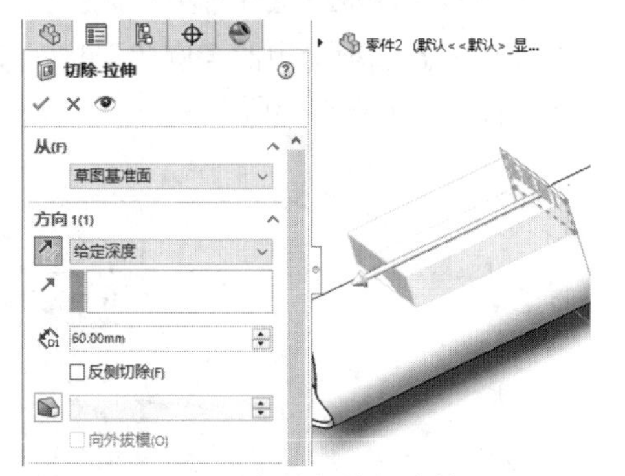

图4-31　创建拉伸切除特征

16 单击【特征】选项卡中的【圆周阵列】按钮，创建圆周阵列特征，如图4-32所示。

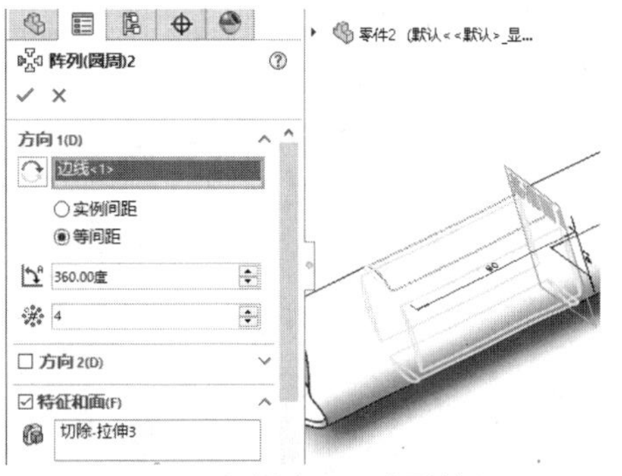

图4-32　创建圆周阵列特征

17 完成手电模型的绘制，如图4-33所示。

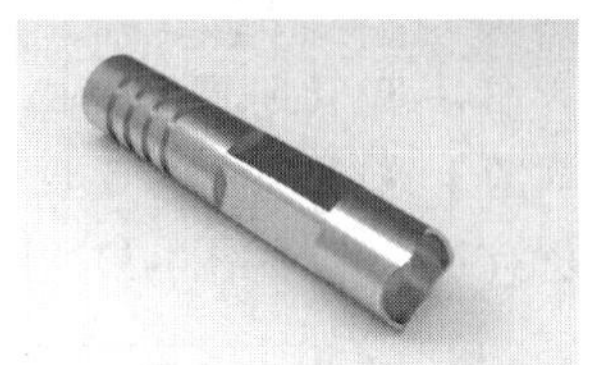

图4-33　完成手电模型

实例 080 绘制便携灯

案例源文件：ywj\04\080.prt

01 单击【草图】选项卡中的【直槽口】按钮，绘制直槽口图形，如图4-34所示。

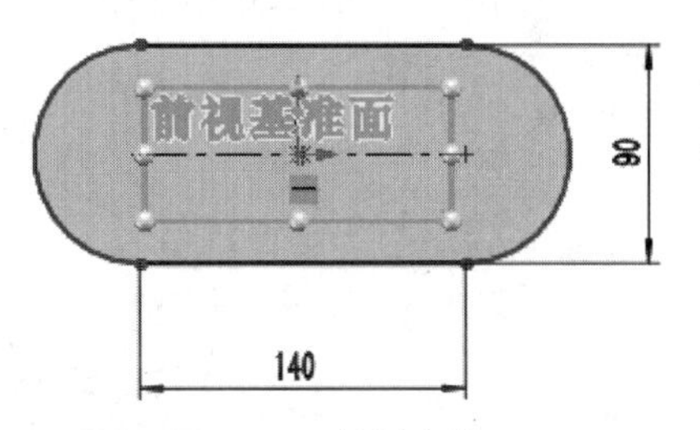

图4-34　绘制直槽口

02 单击【特征】选项卡中的【拉伸凸台/基体】按钮，创建拉伸特征，如图4-35所示。

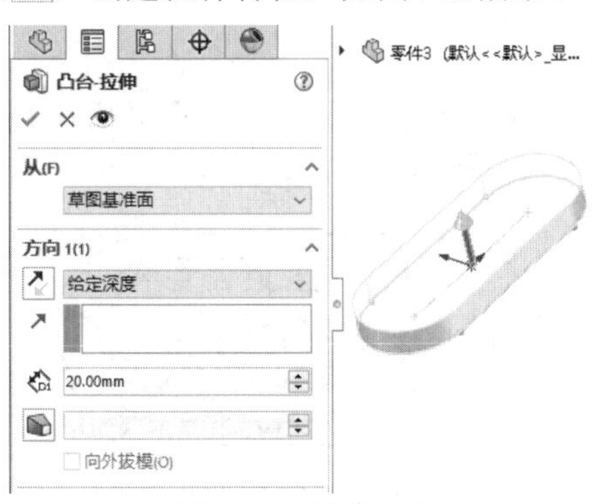

图4-35　拉伸凸台

03 单击【特征】选项卡中的【圆角】按钮，创建圆角特征，如图4-36所示。

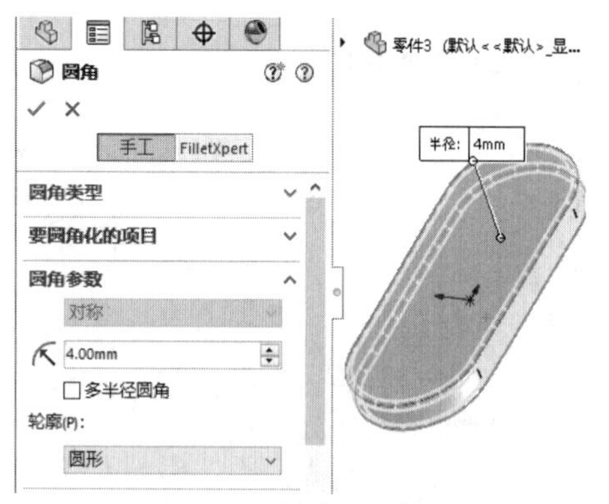

图4-36 创建圆角特征

04 单击【草图】选项卡中的【直槽口】按钮，绘制直槽口图形，如图4-37所示。

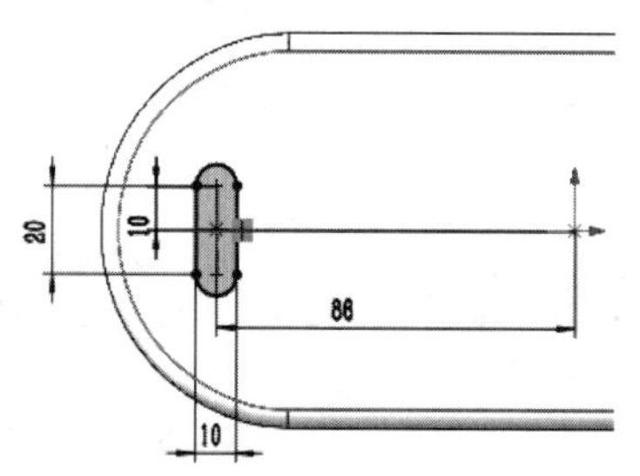

图4-37 绘制直槽口

05 单击【特征】选项卡中的【拉伸凸台/基体】按钮，创建拉伸特征，如图4-38所示。

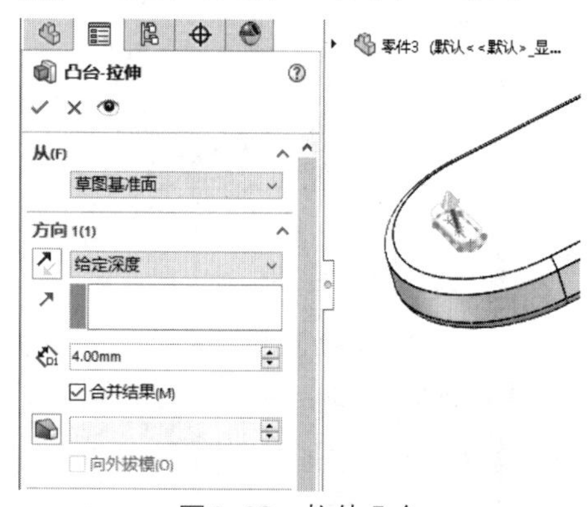

图4-38 拉伸凸台

06 单击【草图】选项卡中的【直槽口】按钮，绘制直槽口图形，如图4-39所示。

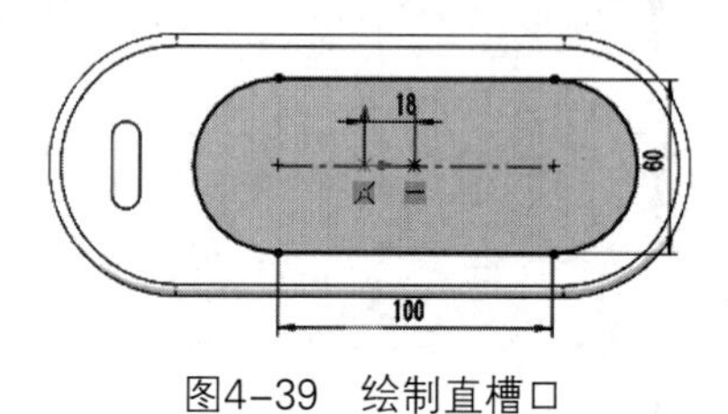

图4-39 绘制直槽口

07 单击【特征】选项卡中的【拉伸切除】按钮，创建拉伸切除特征，如图4-40所示。

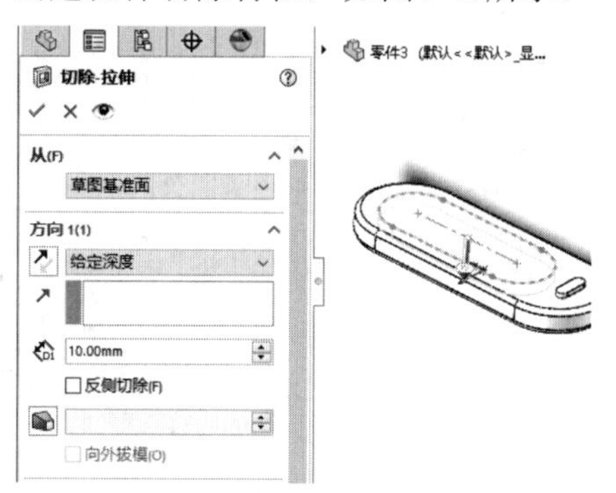

图4-40 创建拉伸切除特征

08 单击【草图】选项卡中的【圆】按钮，绘制圆，如图4-41所示。

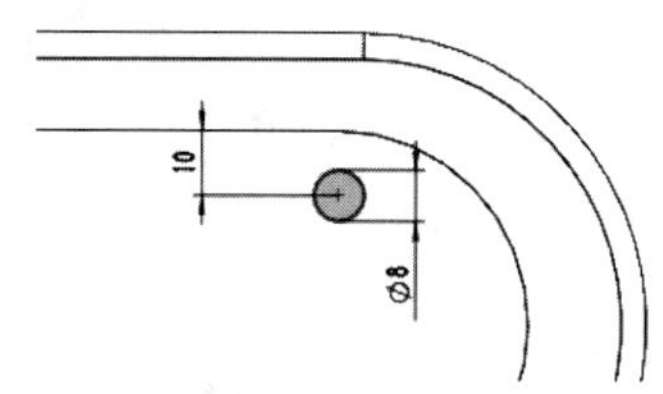

图4-41 绘制圆

09 单击【特征】选项卡中的【拉伸凸台/基体】按钮，创建拉伸特征，如图4-42所示。

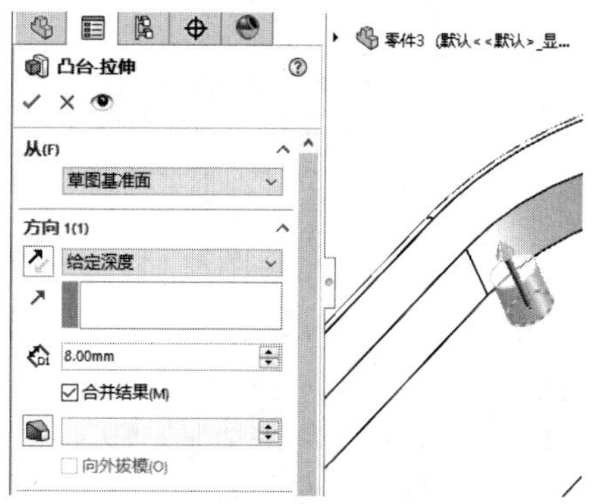

图4-42 拉伸凸台

10 单击【特征】选项卡中的【圆角】按钮，创建圆角特征，如图4-43所示。

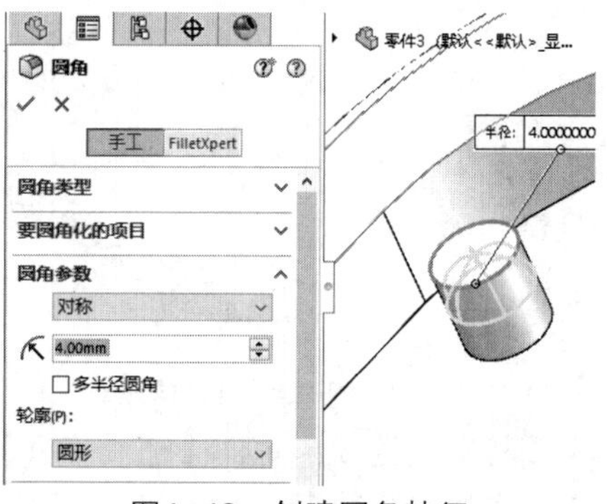

图4-43 创建圆角特征

11 单击【特征】选项卡中的【线性阵列】按钮，创建线性阵列特征，如图4-44所示。

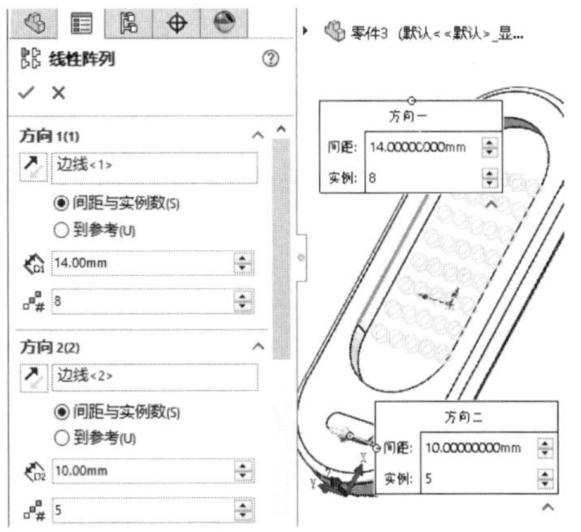

图4-44 创建线性阵列特征

12 完成便携灯模型的绘制，如图4-45所示。

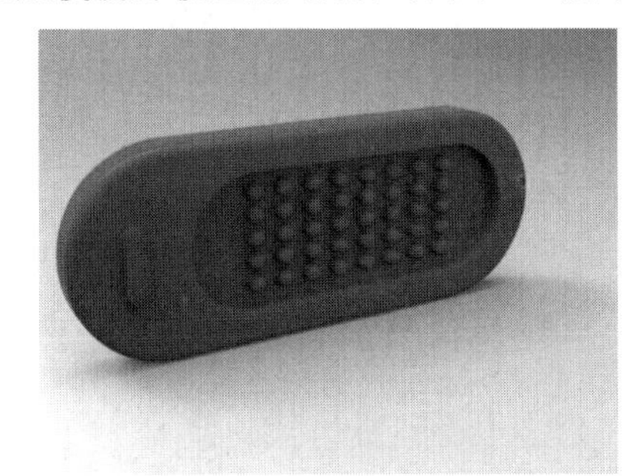

图4-45 完成便携灯模型

实例 081 绘制组合台

案例源文件：ywj\04\081.prt

01 单击【草图】选项卡中的【边角矩形】按钮，绘制矩形，如图4-46所示。

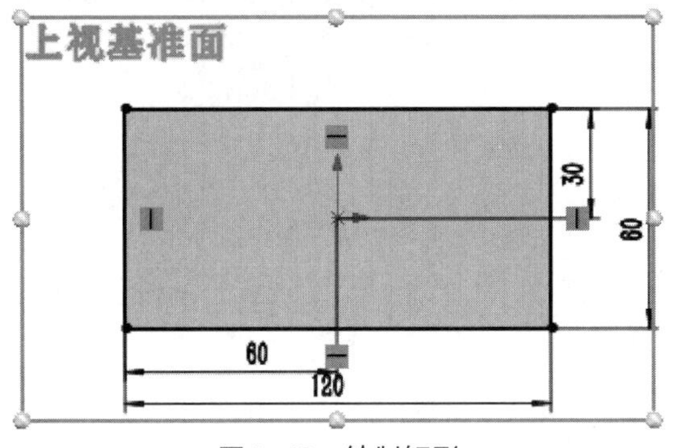

图4-46 绘制矩形

02 单击【特征】选项卡中的【拉伸凸台/基体】按钮，创建拉伸特征，如图4-47所示。

图4-47 拉伸凸台

03 单击【特征】选项卡中的【圆角】按钮，创建圆角特征，如图4-48所示。

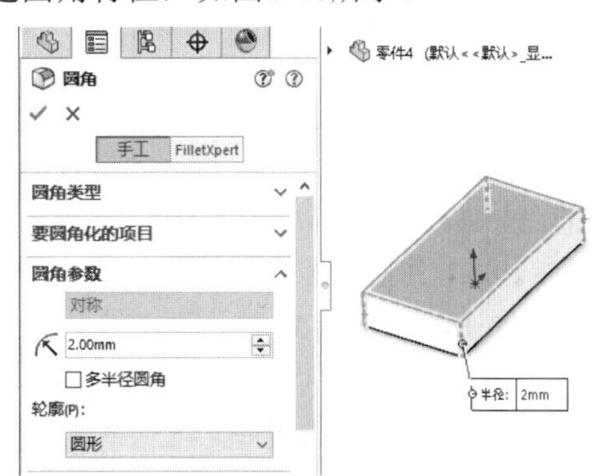

图4-48 创建圆角特征

04 单击【特征】选项卡中的【异型孔向导】按钮，创建孔特征，如图4-49所示。

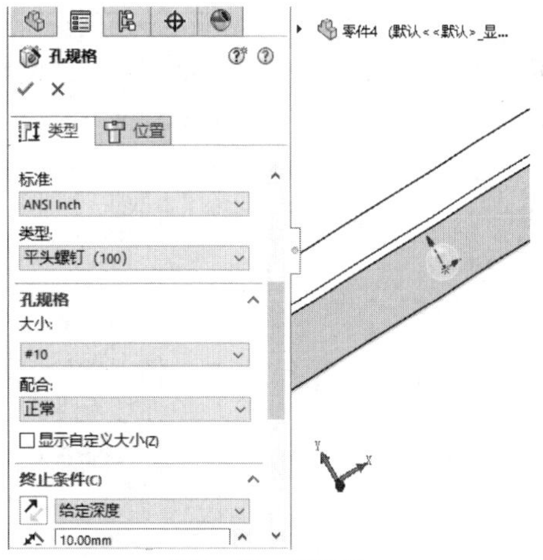

图4-49 创建孔

> **提示**
>
> 如果需要添加不同的孔类型，可以将其添加为单独的异型孔向导特征。

05 单击【特征】选项卡中的【镜像】按钮，创建镜像特征，如图4-50所示。

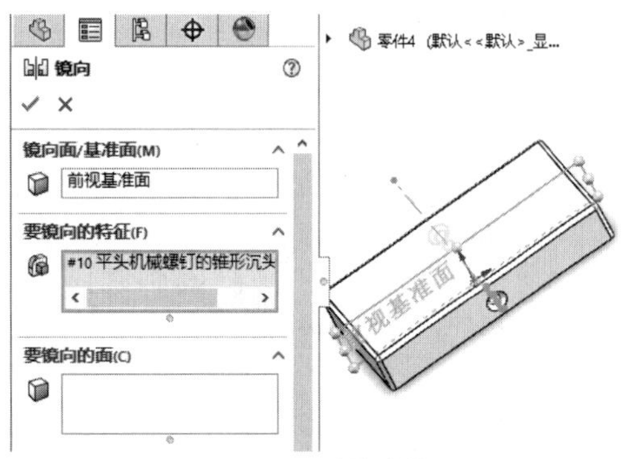

图4-50　创建镜像特征

◎提示·◦

镜像特征是沿面或者基准面镜像，以生成一个特征（或者多个特征）的复制操作。

06 单击【草图】选项卡中的【直线】按钮，绘制直线，如图4-51所示。

07 单击【草图】选项卡中的【边角矩形】按钮，绘制矩形，如图4-52所示。

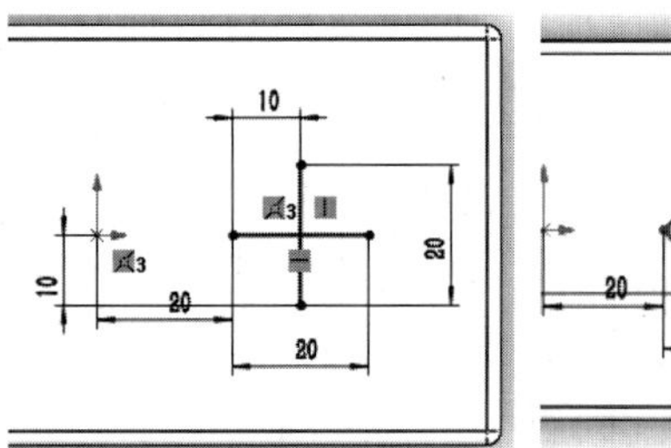

图4-51　绘制直线图形　　图4-52　绘制矩形

08 单击【特征】选项卡中的【拉伸凸台/基体】按钮，创建拉伸特征，如图4-53所示。

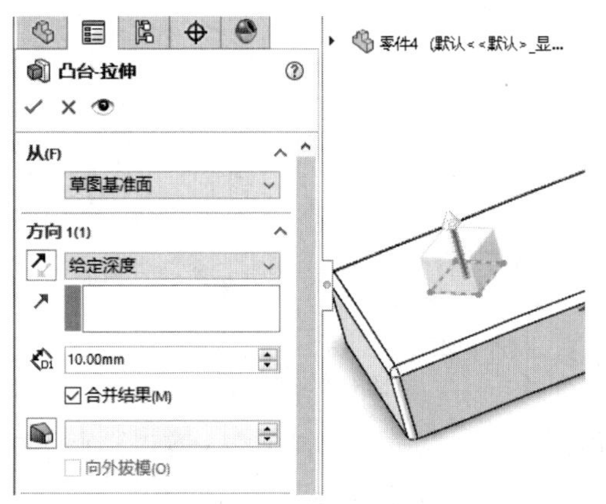

图4-53　拉伸凸台

09 单击【草图】选项卡中的【圆】按钮，绘制圆，如图4-54所示。

10 单击【特征】选项卡中的【拉伸凸台/基体】按钮，创建拉伸特征，如图4-55所示。

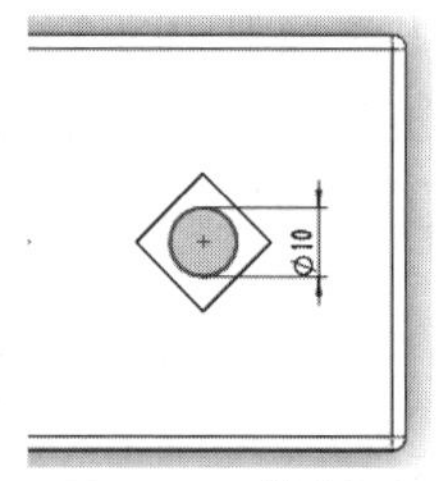

图4-54　绘制圆

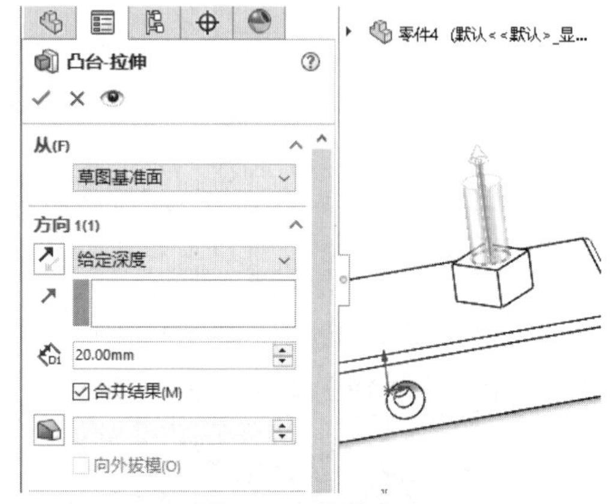

图4-55　拉伸凸台

11 单击【草图】选项卡中的【圆】按钮，绘制圆，如图4-56所示。

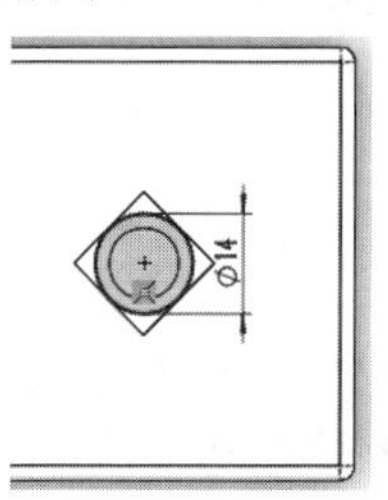

图4-56　绘制圆

12 单击【特征】选项卡中的【拉伸凸台/基体】按钮，创建拉伸特征，如图4-57所示。

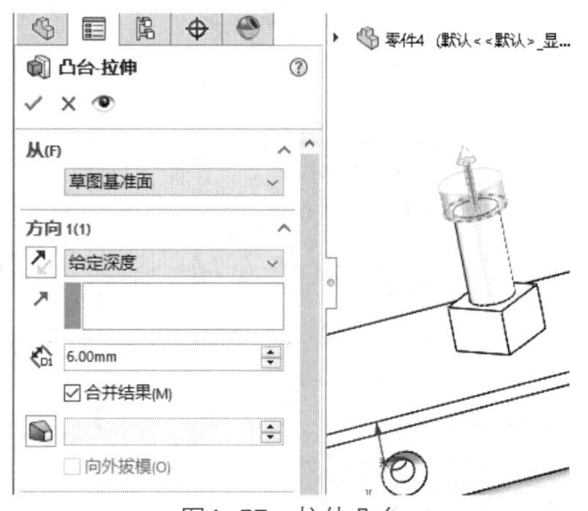

图4-57　拉伸凸台

13 单击【特征】选项卡中的【圆角】按钮，创建圆角特征，如图4-58所示。

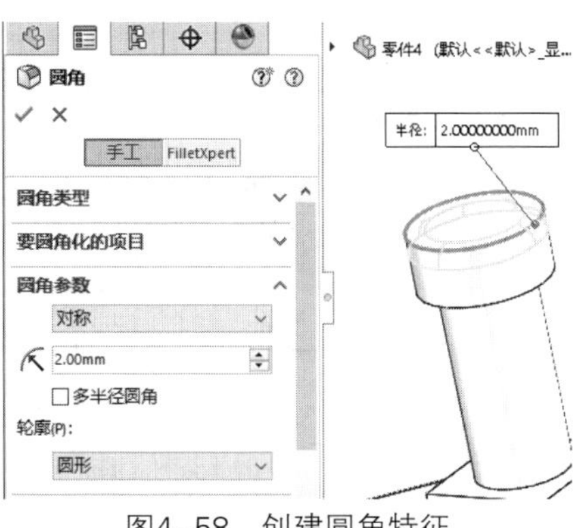

图4-58　创建圆角特征

14 完成组合台模型的绘制，如图4-59所示。

图4-59　完成组合台模型

实例 082　绘制异型台

案例源文件：ywj\04\082.prt

01 单击【草图】选项卡中的【边角矩形】按钮，绘制矩形，如图4-60所示。

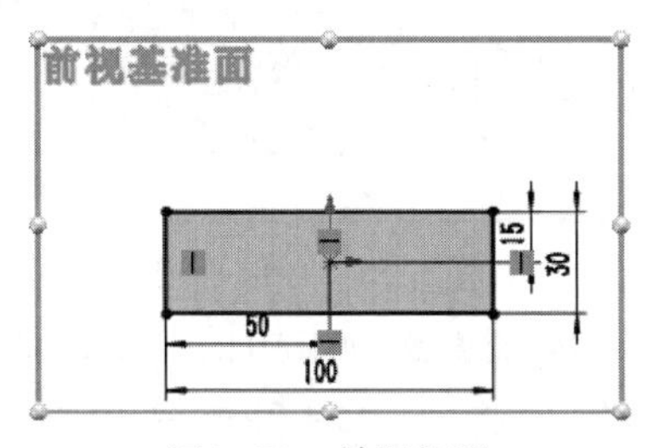

图4-60　绘制矩形

02 单击【特征】选项卡中的【基准面】按钮，创建基准面，如图4-61所示。

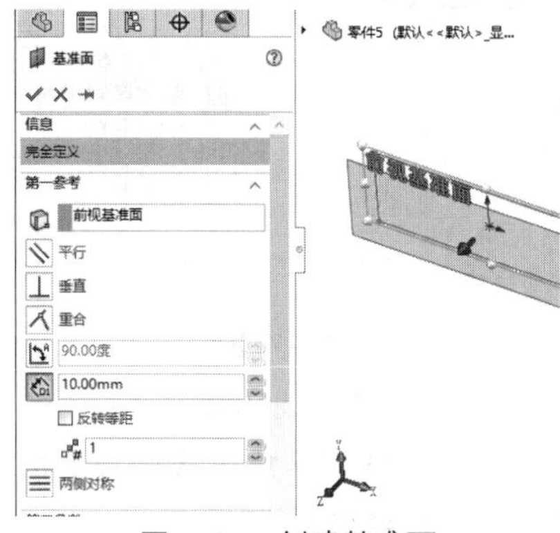

图4-61　创建基准面

03 单击【草图】选项卡中的【点】按钮，绘制点，如图4-62所示。

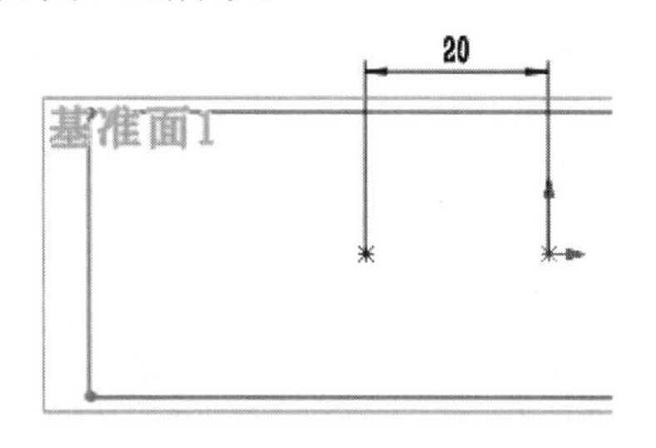

图4-62　绘制点

04 单击【特征】选项卡中的【放样凸台/基体】按钮，创建放样特征，如图4-63所示。

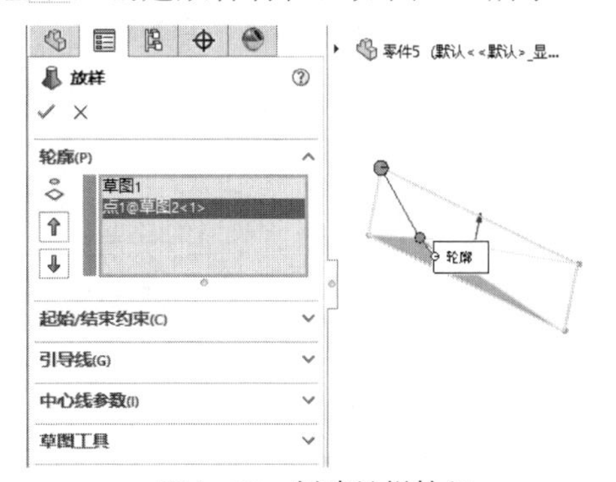

图4-63　创建放样特征

05 单击【特征】选项卡中的【拉伸凸台/基体】按钮，创建拉伸特征，如图4-64所示。

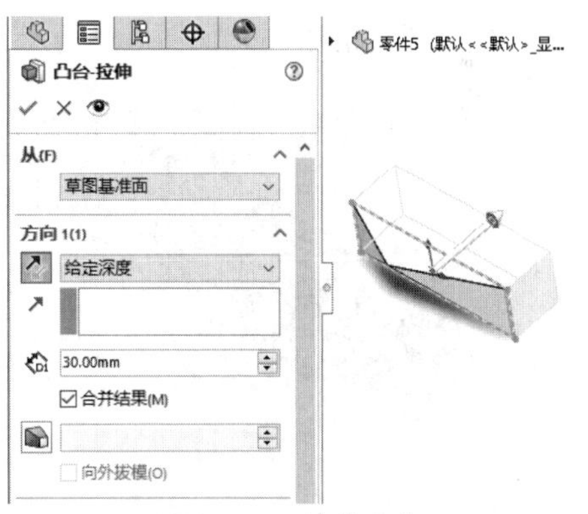

图4-64　拉伸凸台

06 单击【草图】选项卡中的【边角矩形】按钮，绘制矩形，如图4-65所示。

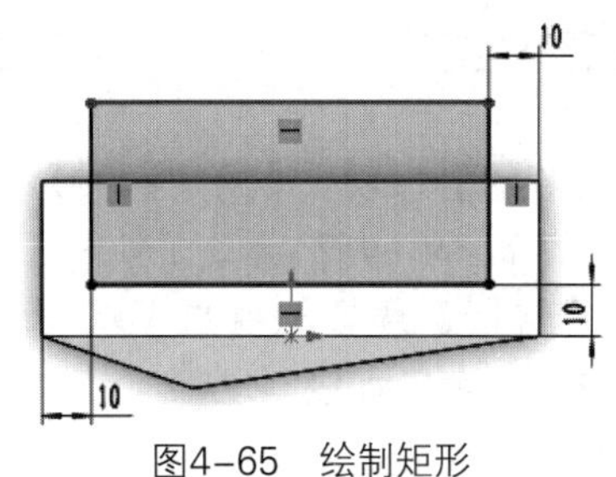

图4-65　绘制矩形

07 单击【特征】选项卡中的【拉伸切除】按钮，创建拉伸切除特征，如图4-66所示。

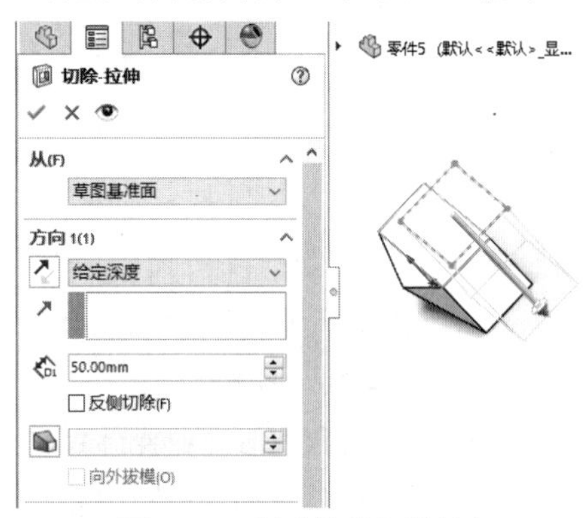

图4-66　创建拉伸切除特征

08 单击【特征】选项卡中的【倒角】按钮，创建倒角特征，如图4-67所示。

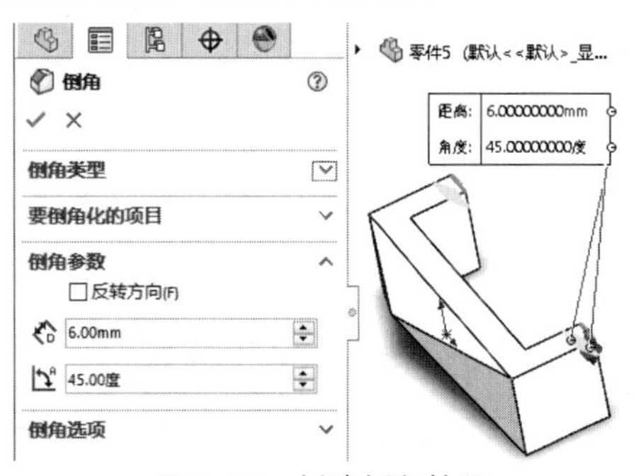

图4-67　创建倒角特征

09 完成异型台模型的绘制，如图4-68所示。

图4-68　完成异型台模型

实例 083 绘制洗手台

案例源文件：ywj\04\083.prt

01 单击【草图】选项卡中的【椭圆】按钮，绘制椭圆，如图4-69所示。

02 单击【特征】选项卡中的【基准面】按钮，创建基准面，如图4-70所示。

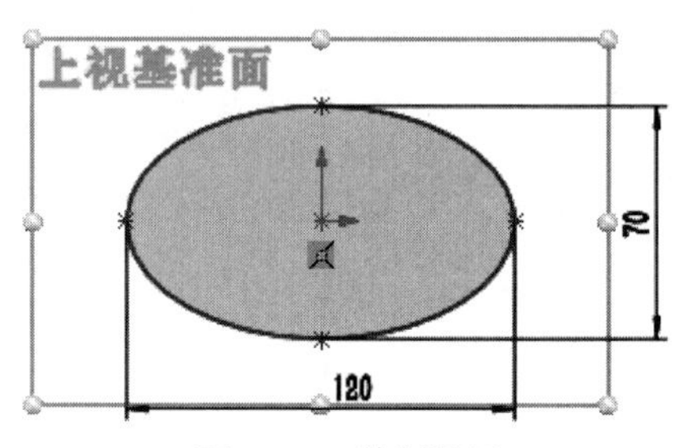

图4-69　绘制椭圆

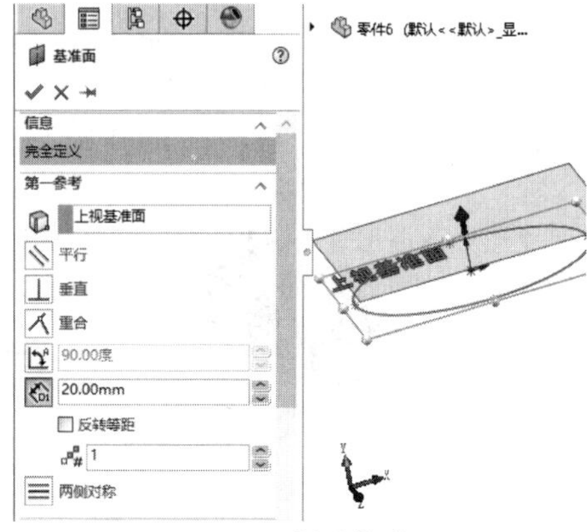

图4-70　创建基准面

03 单击【草图】选项卡中的【椭圆】按钮，绘制椭圆，如图4-71所示。

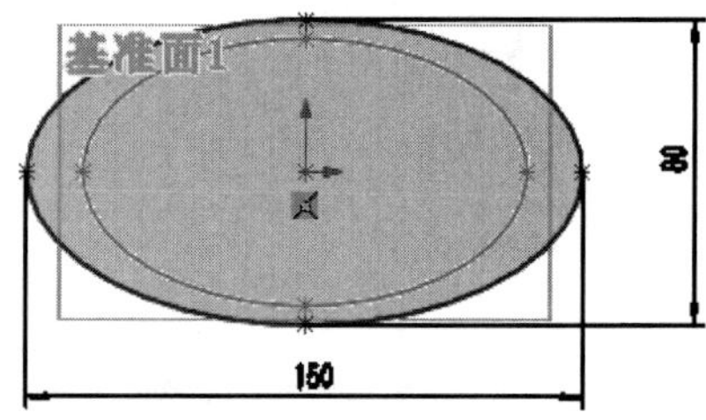

图4-71　绘制椭圆

04 单击【特征】选项卡中的【基准面】按钮，创建基准面，如图4-72所示。

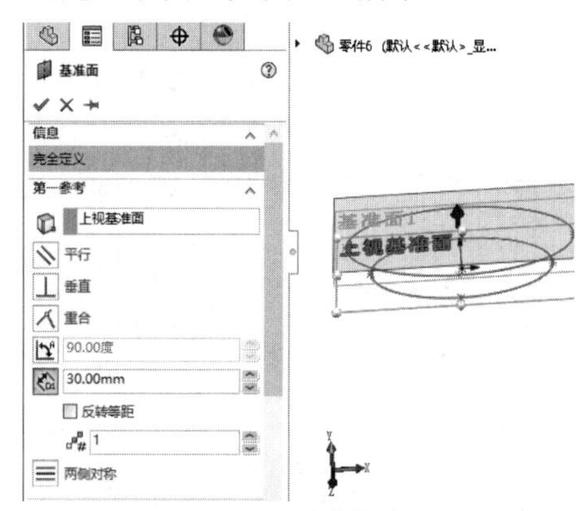

图4-72　创建基准面

05 单击【草图】选项卡中的【椭圆】按钮，绘制椭圆，如图4-73所示。

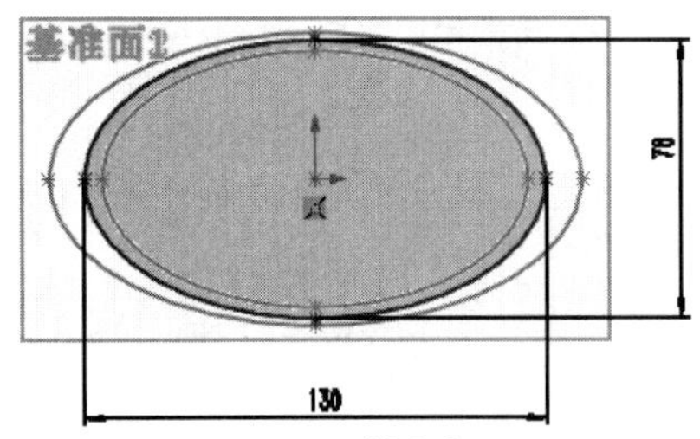

图4-73　绘制椭圆

06 单击【特征】选项卡中的【放样凸台/基体】按钮，创建放样特征，如图4-74所示。

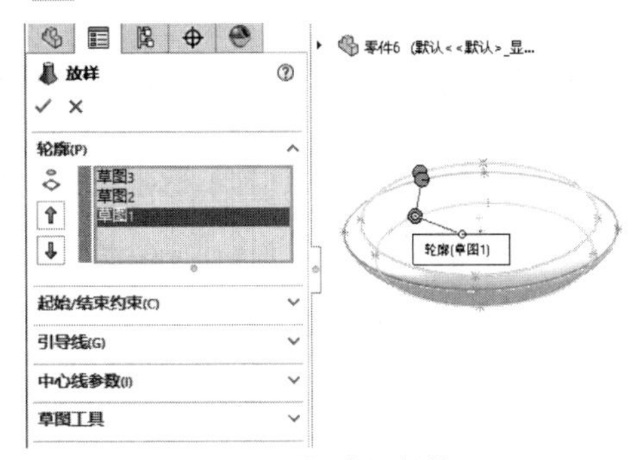

图4-74　创建放样特征

07 单击【特征】选项卡中的【抽壳】按钮，创建抽壳特征，如图4-75所示。

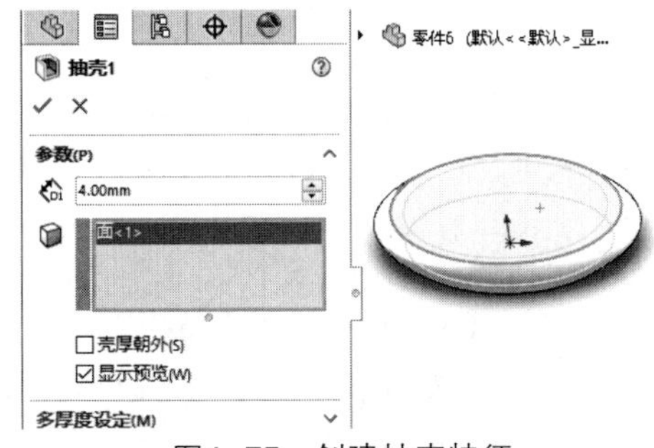

图4-75　创建抽壳特征

◎提示·◦

抽壳特征创建时如果没有选择模型上的任何面，则掏空实体零件，生成闭合的抽壳特征，也可以使用多个厚度以生成抽壳模型。

08 单击【草图】选项卡中的【圆】按钮，绘制圆，如图4-76所示。

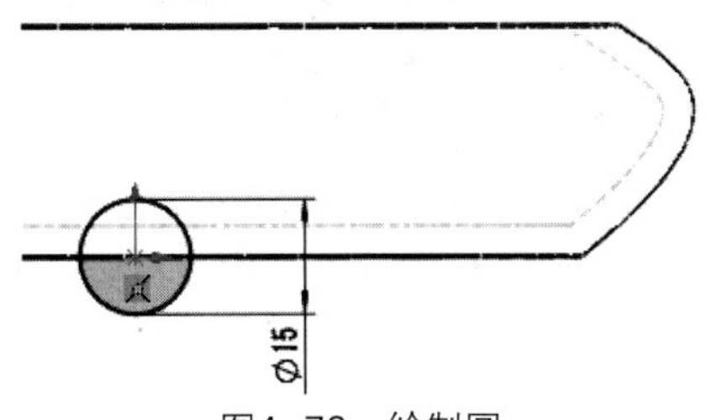

图4-76　绘制圆

09 单击【草图】选项卡中的【剪裁实体】按钮，剪裁图形，如图4-77所示。

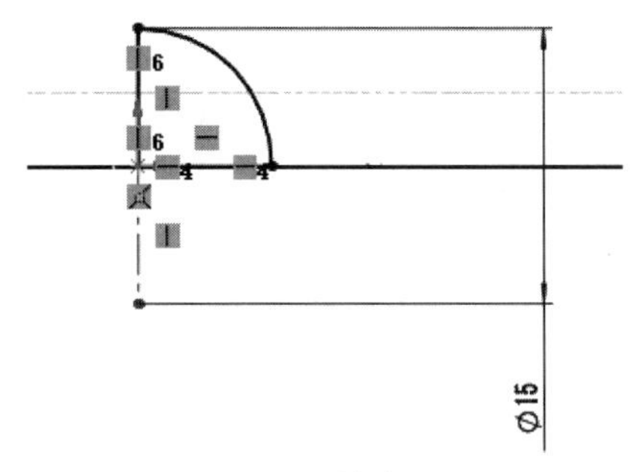

图4-77　剪裁图形

10 单击【特征】选项卡中的【旋转凸台/基体】按钮，创建旋转特征，如图4-78所示。

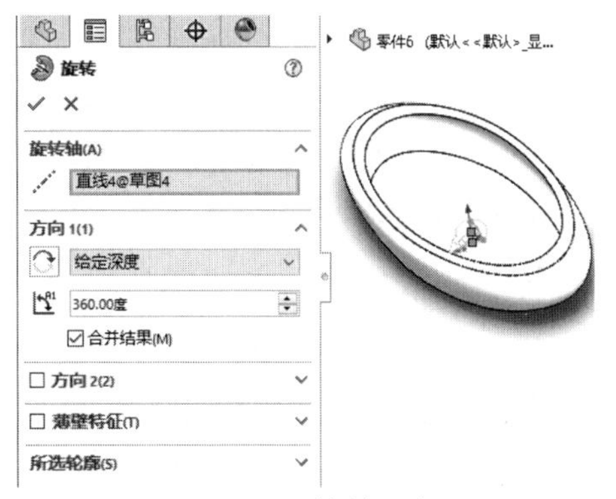

图4-78　旋转凸台

11 单击【特征】选项卡中的【圆角】按钮，创建圆角特征，如图4-79所示。

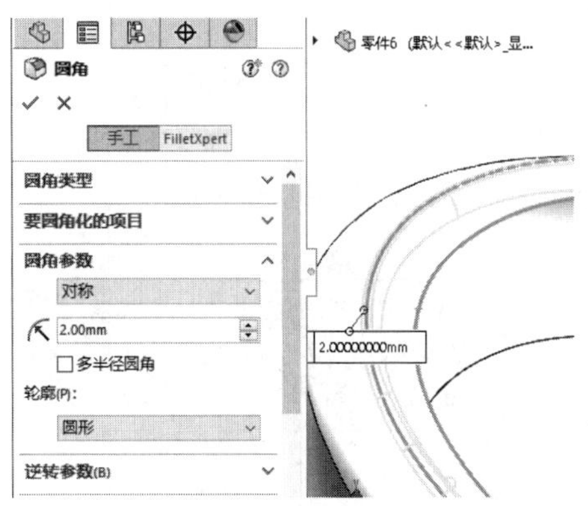

图4-79　创建圆角

12 完成洗手台模型的绘制，如图4-80所示。

图4-80　完成洗手台模型

实例 084 绘制组合置物架

案例源文件：ywj\04\084.prt

01 单击【草图】选项卡中的【多边形】按钮，绘制六边形，如图4-81所示。

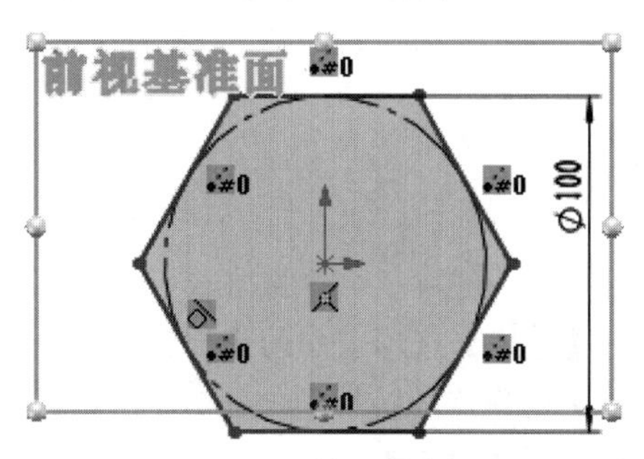

图4-81　绘制六边形

02 单击【特征】选项卡中的【拉伸凸台/基体】按钮，创建拉伸特征，如图4-82所示。

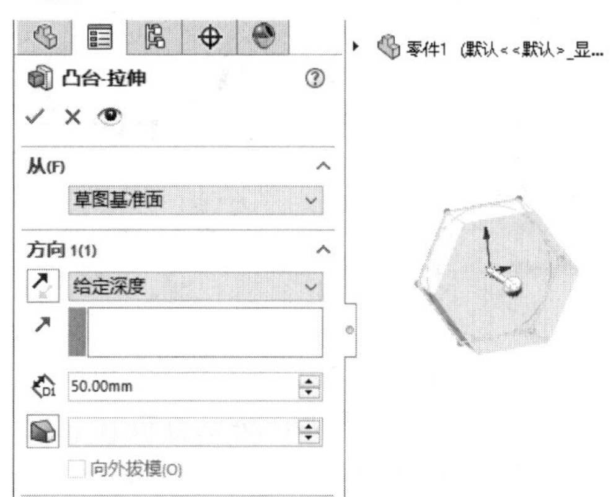

图4-82　拉伸凸台

03 单击【草图】选项卡中的【多边形】按钮，绘制六边形，如图4-83所示。

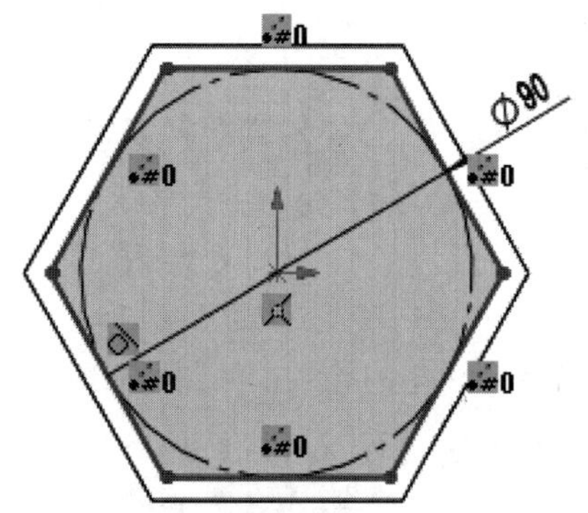

图4-83　绘制六边形

04 单击【特征】选项卡中的【拉伸切除】按钮，创建拉伸切除特征，如图4-84所示。

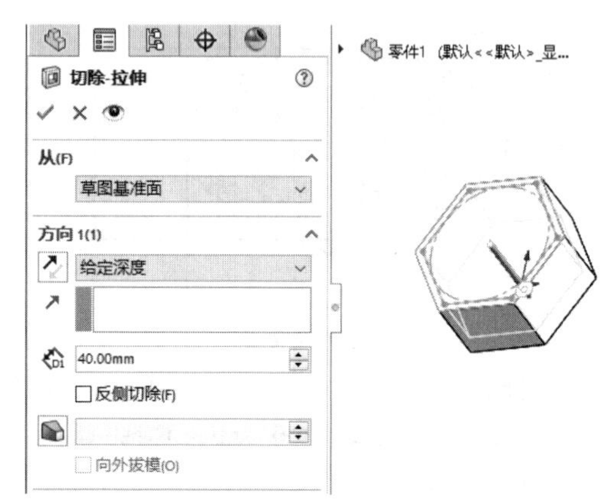

图4-84　创建拉伸切除特征

05 单击【特征】选项卡中的【线性阵列】按钮，创建线性阵列特征，如图4-85所示。

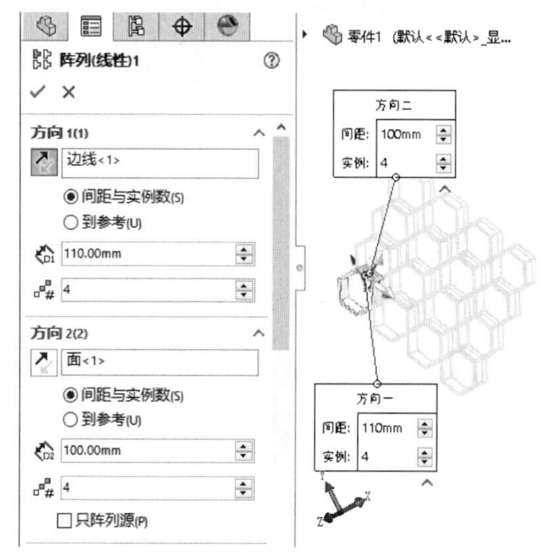

图4-85　创建线性阵列特征

06 单击【草图】选项卡中的【边角矩形】按钮，绘制矩形，如图4-86所示。

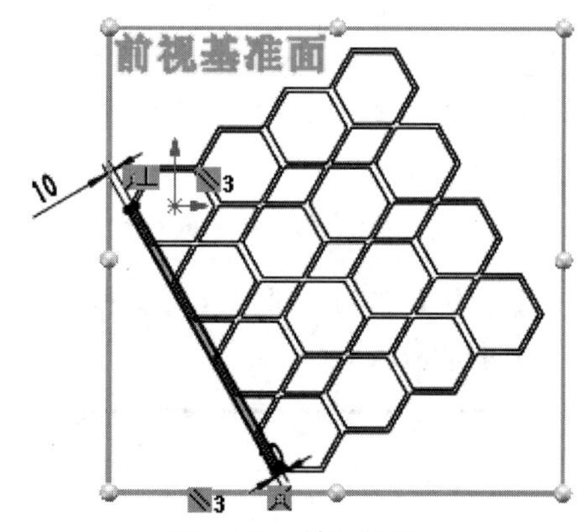

图4-86　绘制矩形

07 单击【特征】选项卡中的【拉伸凸台/基体】按钮，创建拉伸特征，如图4-87所示。

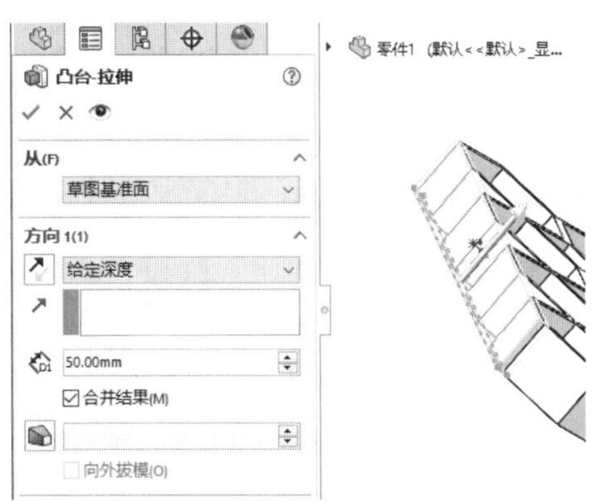

图4-87　拉伸凸台

08 完成组合置物架模型的绘制，如图4-88所示。

图4-88　完成组合置物架模型

实例 085 绘制展示柜

案例源文件：ywj\04\085.prt

01 单击【草图】选项卡中的【边角矩形】按钮，绘制矩形，如图4-89所示。

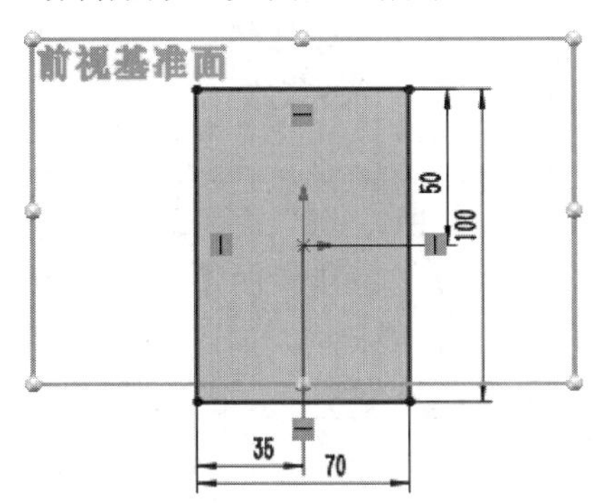

图4-89　绘制矩形

02 单击【草图】选项卡中的【等距实体】按钮，创建等距图形，如图4-90所示。

03 单击【草图】选项卡中的【直线】按钮，绘制直线，如图4-91所示。

04 单击【草图】选项卡中的【剪裁实体】按钮，剪裁图形，如图4-92所示。

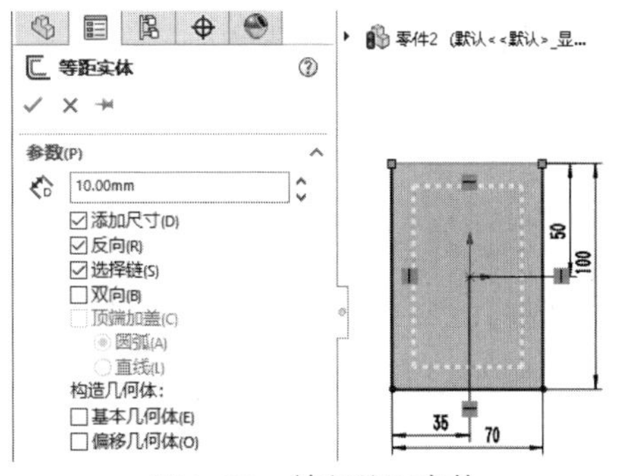

图4-90　绘制等距实体

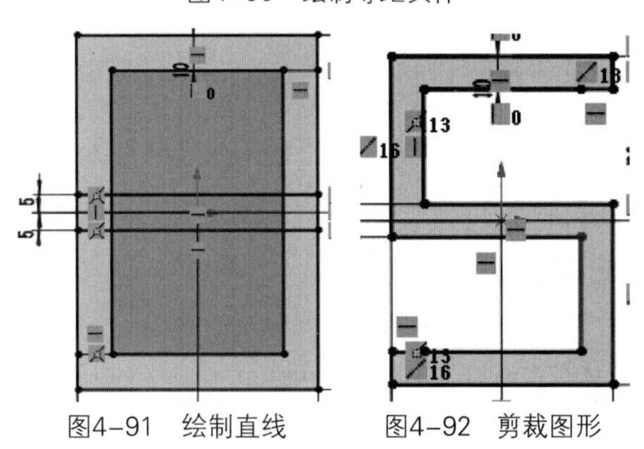

图4-91　绘制直线　　图4-92　剪裁图形

05 单击【特征】选项卡中的【拉伸凸台/基体】按钮，创建拉伸特征，如图4-93所示。

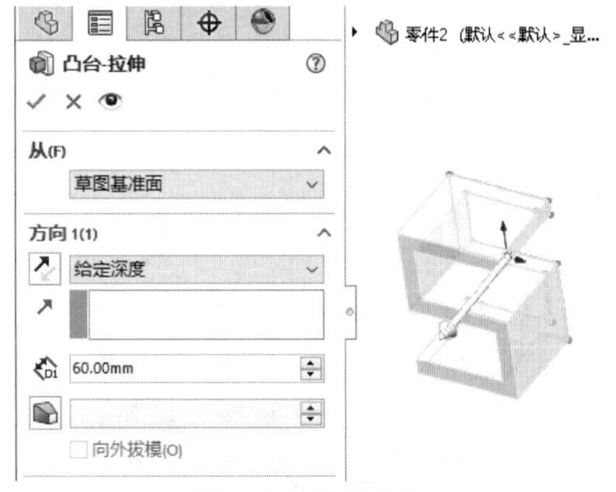

图4-93　拉伸凸台

06 单击【草图】选项卡中的【边角矩形】按钮，绘制矩形，如图4-94所示。

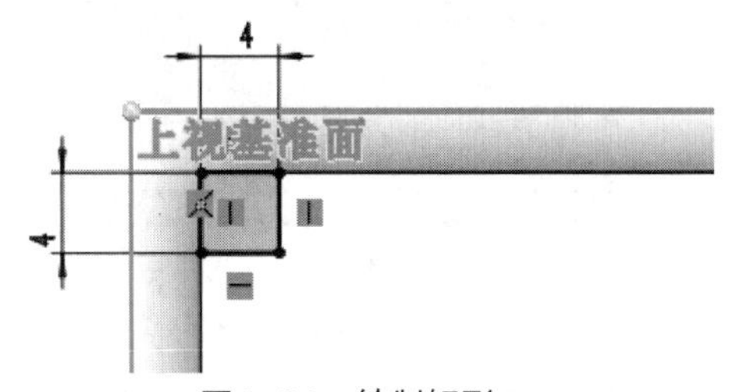

图4-94　绘制矩形

07 单击【特征】选项卡中的【拉伸凸台/基体】按钮，创建拉伸特征，如图4-95所示。

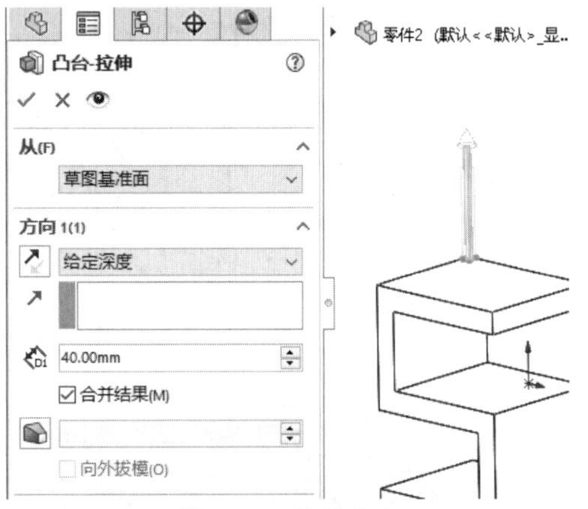
图4–95　拉伸凸台

08 单击【特征】选项卡中的【线性阵列】按钮，创建线性阵列特征，如图4-96所示。

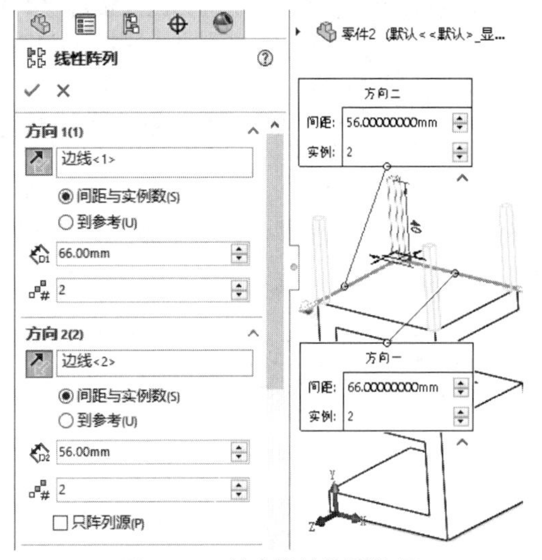
图4–96　创建线性阵列特征

09 单击【草图】选项卡中的【边角矩形】按钮，绘制矩形，如图4-97所示。

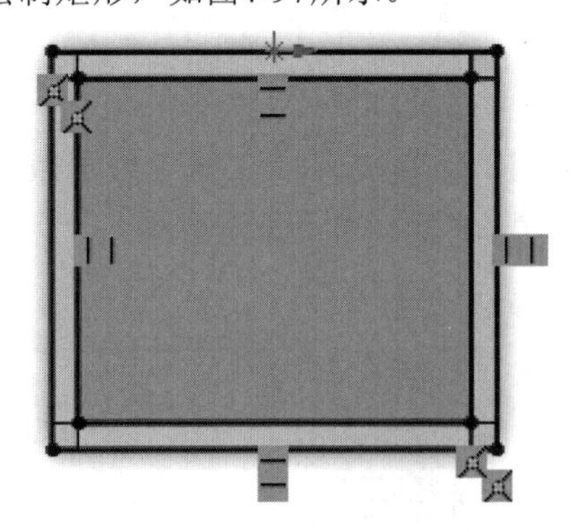
图4–97　绘制矩形

10 单击【特征】选项卡中的【拉伸凸台/基体】按钮，创建拉伸特征，如图4-98所示。

11 完成展示柜模型的绘制，如图4-99所示。

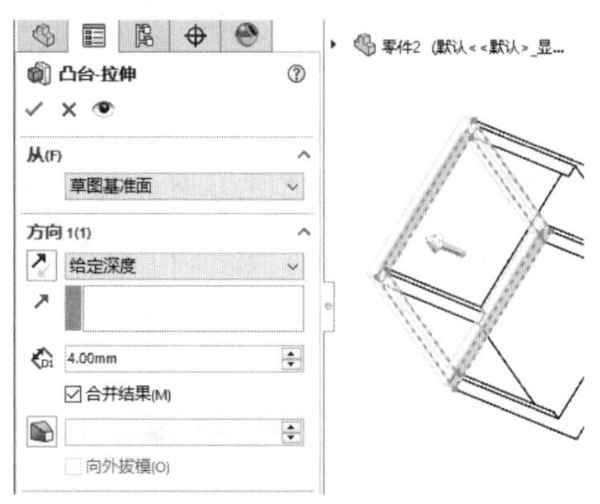
图4–98　拉伸凸台

图4–99　完成展示柜模型

实例 086 绘制桨状轮

案例源文件：ywj\04\086.prt

01 单击【草图】选项卡中的【圆】按钮，绘制圆，如图4-100所示。

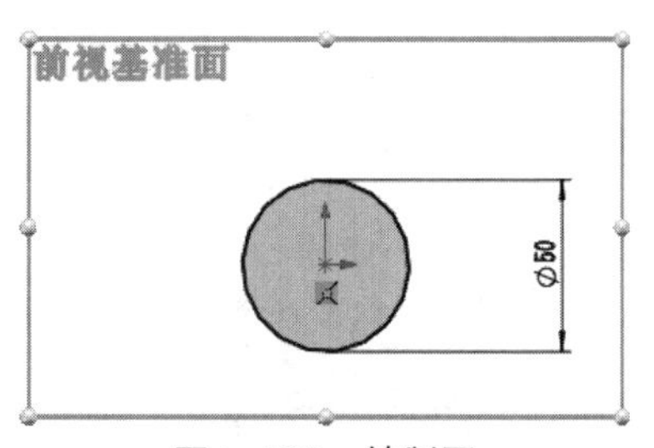

图4–100　绘制圆

02 单击【特征】选项卡中的【拉伸凸台/基体】按钮，创建拉伸特征，如图4-101所示。

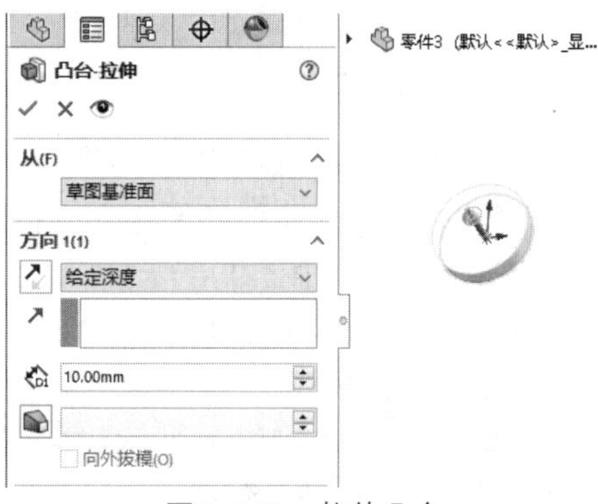
图4–101　拉伸凸台

03 单击【草图】选项卡中的【圆】按钮⊙，绘制圆，如图4-102所示。

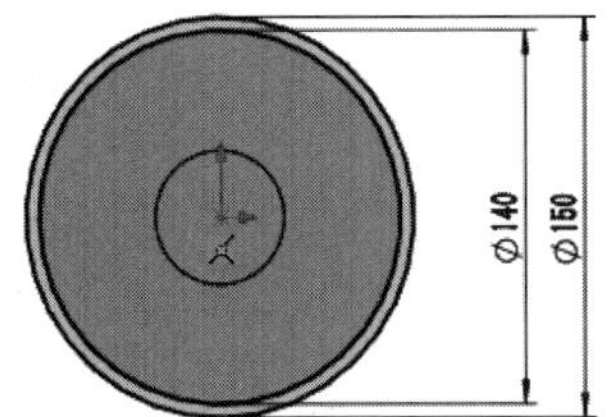

图4-102　绘制圆

04 单击【特征】选项卡中的【拉伸凸台/基体】按钮，创建拉伸特征，如图4-103所示。

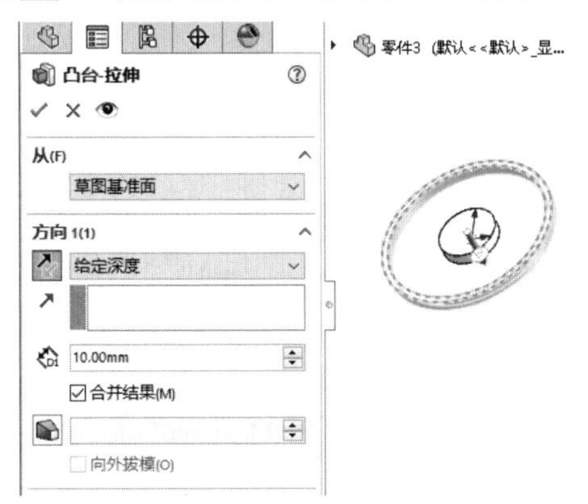

图4-103　拉伸凸台

05 单击【草图】选项卡中的【圆】按钮⊙，绘制圆，如图4-104所示。

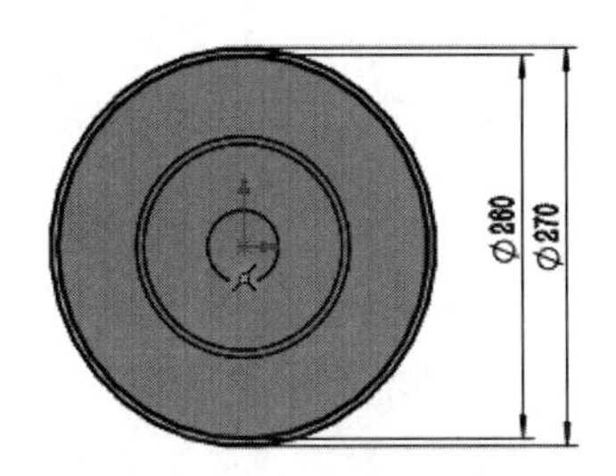

图4-104　绘制圆

06 单击【特征】选项卡中的【拉伸凸台/基体】按钮，创建拉伸特征，如图4-105所示。

图4-105　拉伸凸台

07 单击【草图】选项卡中的【边角矩形】按钮，绘制矩形，如图4-106所示。

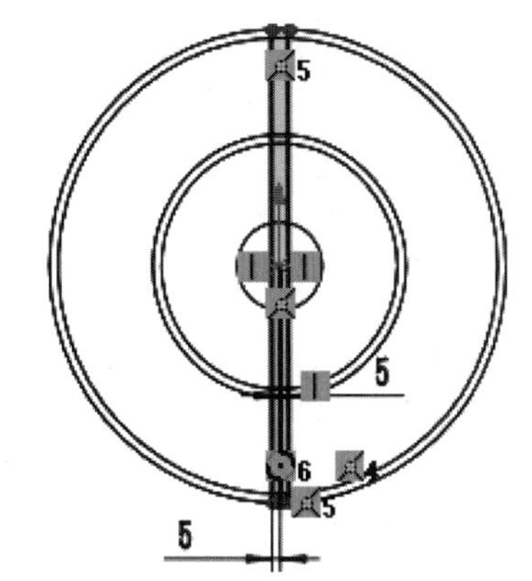

图4-106　绘制矩形

08 单击【特征】选项卡中的【拉伸凸台/基体】按钮，创建拉伸特征，如图4-107所示。

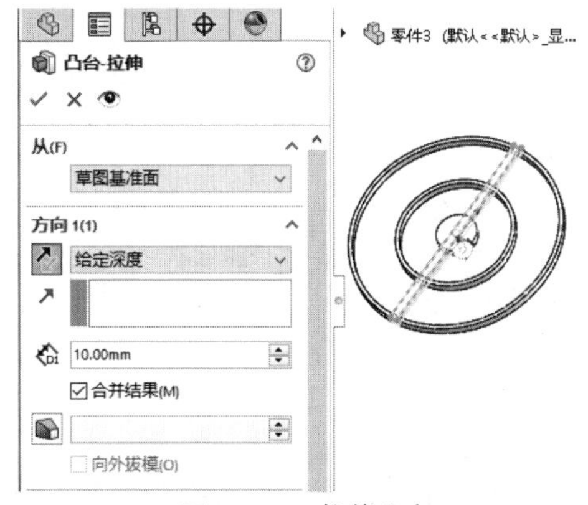

图4-107　拉伸凸台

09 单击【特征】选项卡中的【圆周阵列】按钮，创建圆周阵列特征，如图4-108所示。

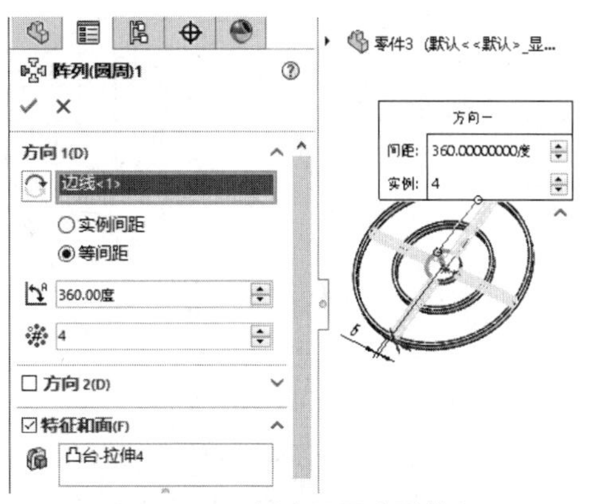

图4-108　创建圆周阵列特征

10 单击【草图】选项卡中的【直线】按钮，绘制直线，如图4-109所示。

11 单击【草图】选项卡中的【剪裁实体】按钮，剪裁图形，如图4-110所示。

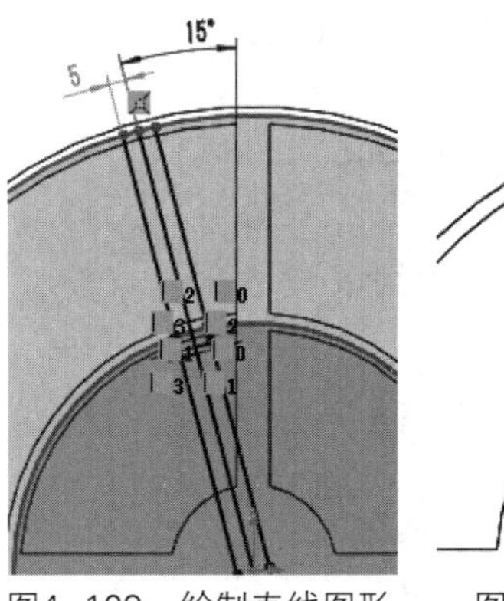

图4-109　绘制直线图形　　图4-110　剪裁图形

12 单击【特征】选项卡中的【拉伸凸台/基体】按钮，创建拉伸特征，如图4-111所示。

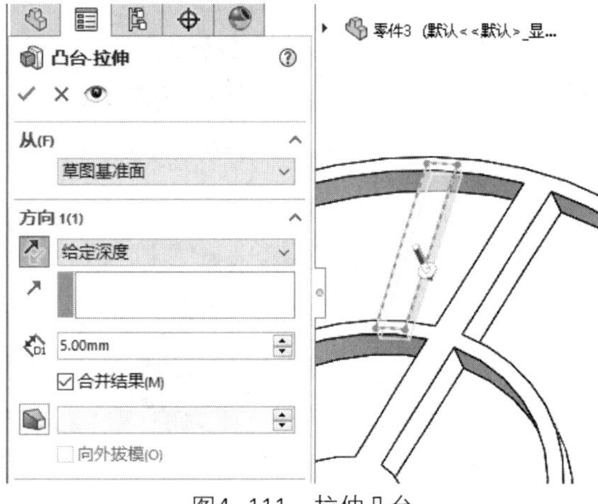

图4-111　拉伸凸台

13 单击【特征】选项卡中的【圆周阵列】按钮，创建圆周阵列特征，如图4-112所示。

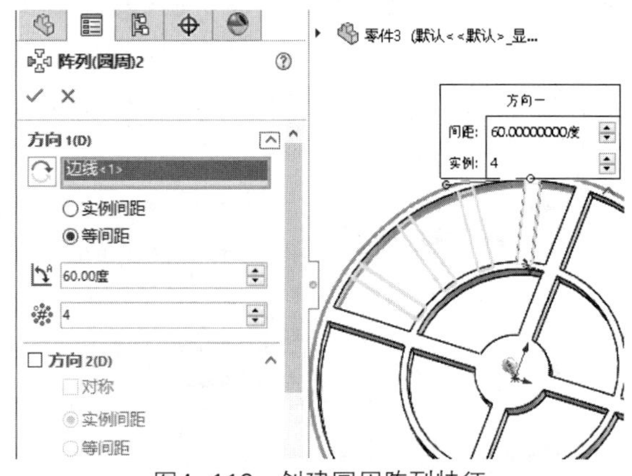

图4-112　创建圆周阵列特征

14 单击【特征】选项卡中的【镜像】按钮，创建镜像特征，如图4-113所示。

15 单击【特征】选项卡中的【镜像】按钮，创建镜像特征，如图4-114所示。

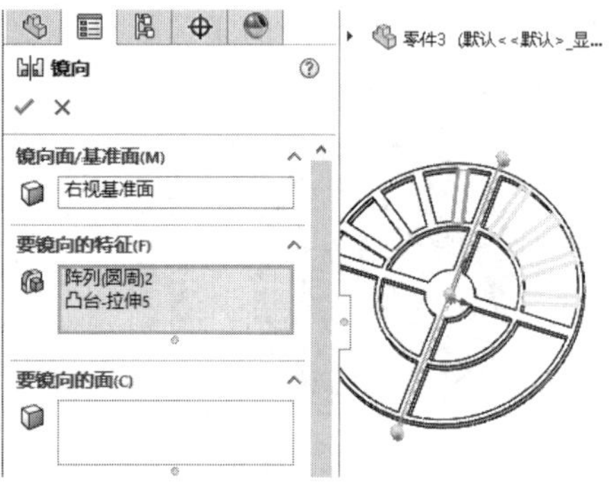

图4-113　创建镜像特征(1)

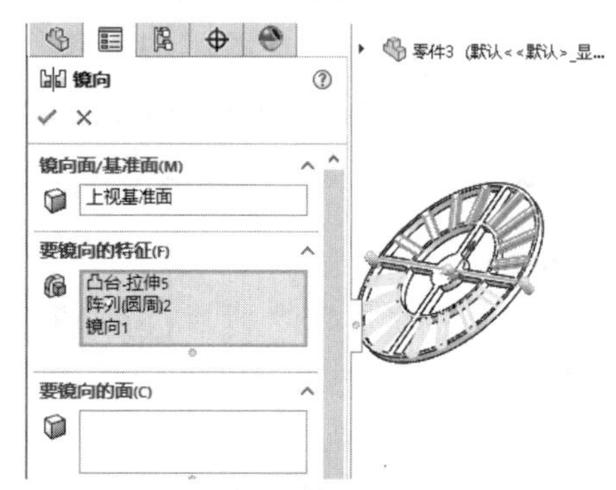

图4-114　创建镜像特征(2)

16 完成桨状轮模型的绘制，如图4-115所示。

图4-115　完成桨状轮模型

实例 087　绘制波纹轮

案例源文件：ywj\04\087.prt

01 单击【草图】选项卡中的【圆】按钮，绘制圆，如图4-116所示。

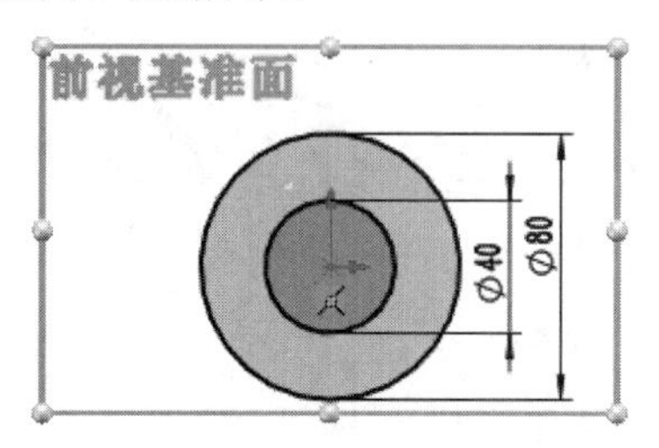

图4-116　绘制圆

02 单击【特征】选项卡中的【拉伸凸台/基体】按钮，创建拉伸特征，如图4-117所示。

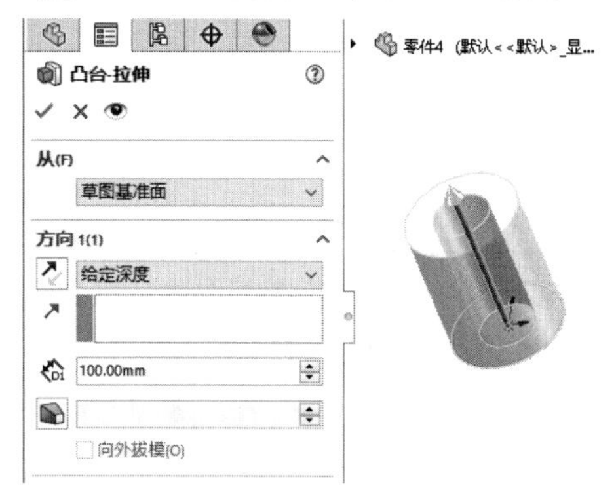

图4-117　拉伸凸台

03 单击【草图】选项卡中的【圆】按钮，绘制圆，如图4-118所示。

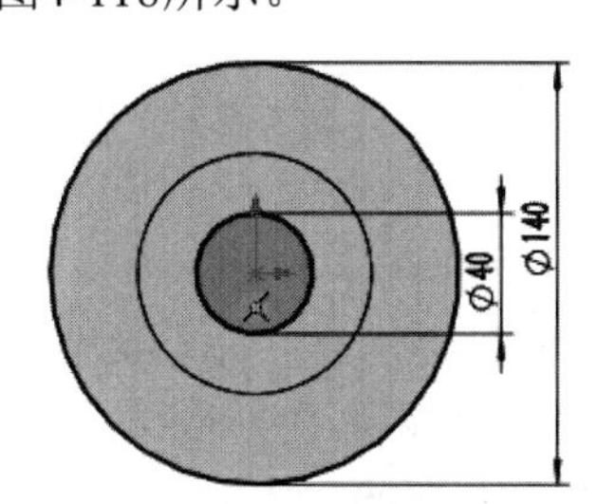

图4-118　绘制圆

04 单击【特征】选项卡中的【拉伸凸台/基体】按钮，创建拉伸特征，如图4-119所示。

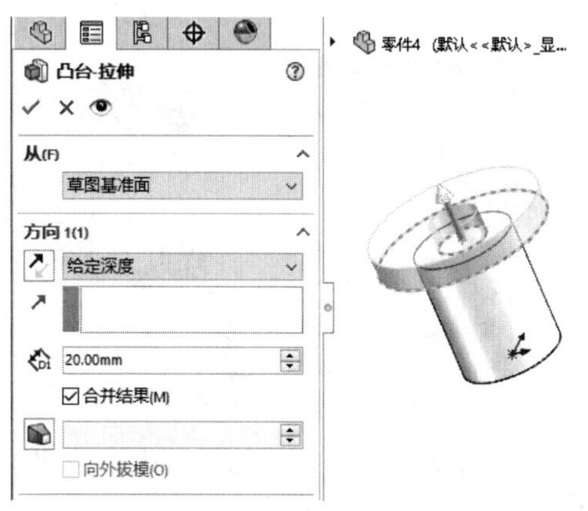

图4-119　拉伸凸台

05 单击【特征】选项卡中的【倒角】按钮，创建倒角特征，如图4-120所示。

06 单击【草图】选项卡中的【圆】按钮，绘制圆，如图4-121所示。

07 单击【特征】选项卡中的【拉伸凸台/基体】按钮，创建拉伸特征，如图4-122所示。

08 单击【草图】选项卡中的【样条曲线】按钮，绘制样条曲线，如图4-123所示。

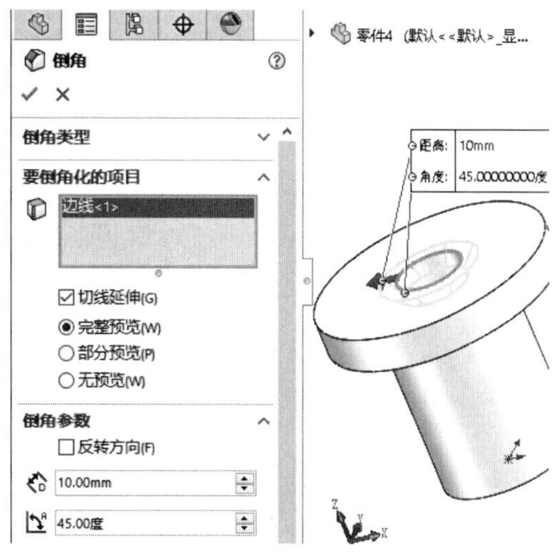

图4-120　创建倒角

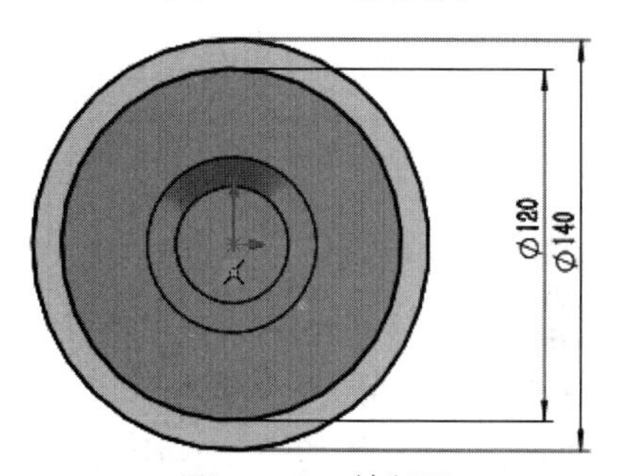

图4-121　绘制圆

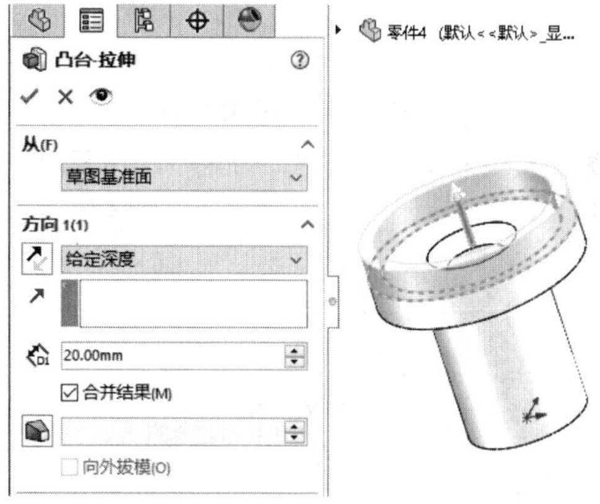

图4-122　拉伸凸台

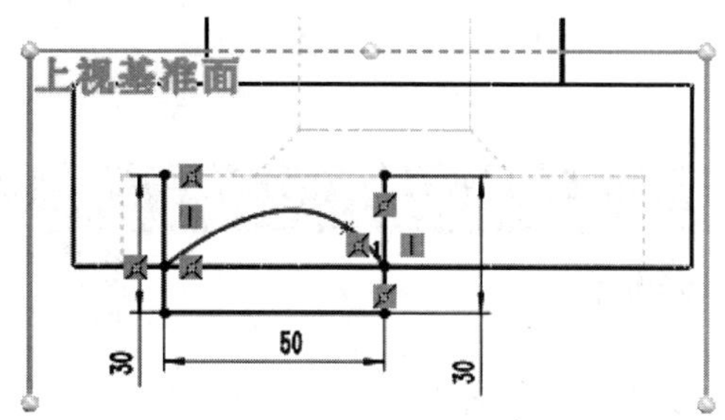

图4-123　绘制样条曲线

09 单击【特征】选项卡中的【拉伸切除】按钮，创建拉伸切除特征，如图4-124所示。

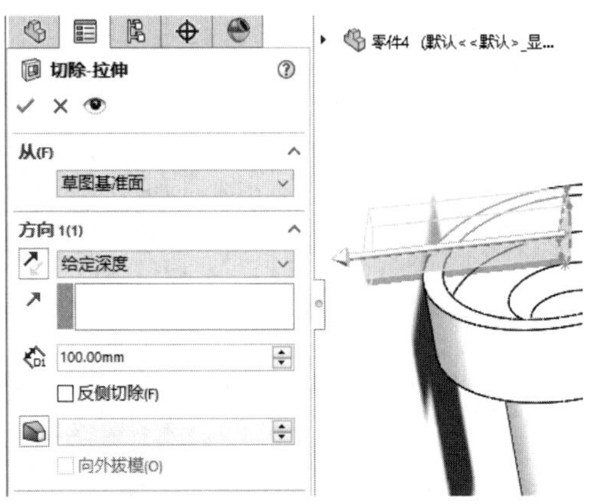

图4-124　创建拉伸切除特征

10 单击【特征】选项卡中的【圆周阵列】按钮，创建圆周阵列特征，如图4-125所示。

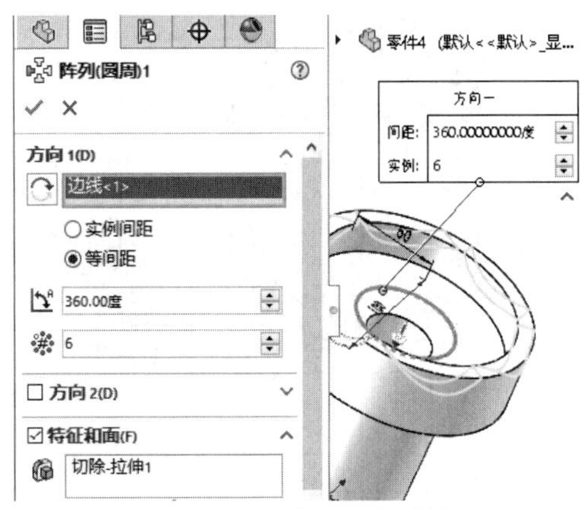

图4-125　创建圆周阵列特征

11 完成波纹轮模型的绘制，如图4-126所示。

图4-126　完成波纹轮模型

实例 088　绘制听筒

案例源文件：ywj\04\088.prt

01 单击【草图】选项卡中的【直线】按钮，绘制直线，如图4-127所示。

02 单击【特征】选项卡中的【旋转凸台/基体】按钮，创建旋转特征，如图4-128所示。

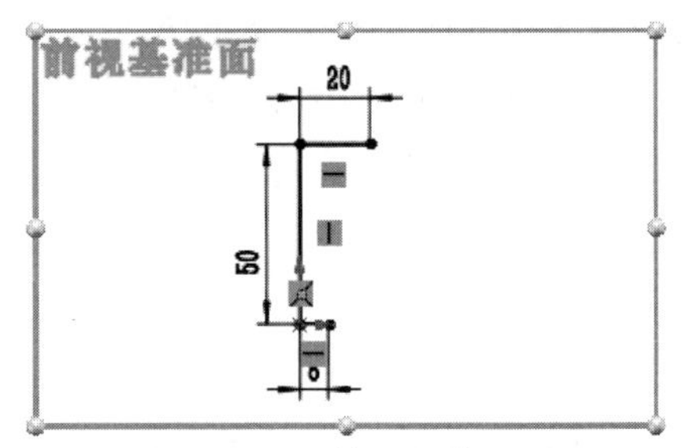

图4-127　绘制直线图形

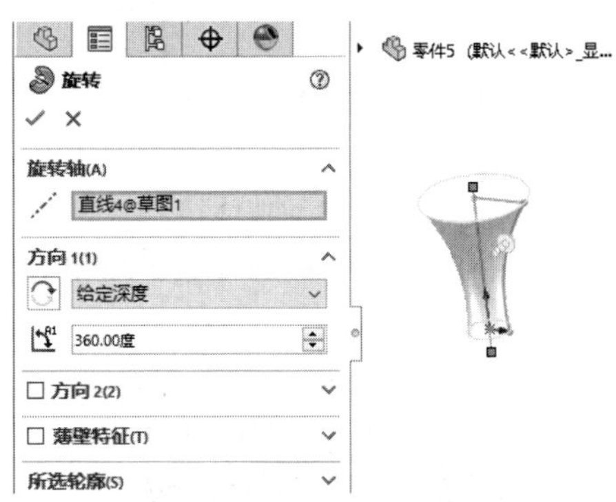

图4-128　旋转凸台

03 单击【特征】选项卡中的【圆角】按钮，创建圆角特征，如图4-129所示。

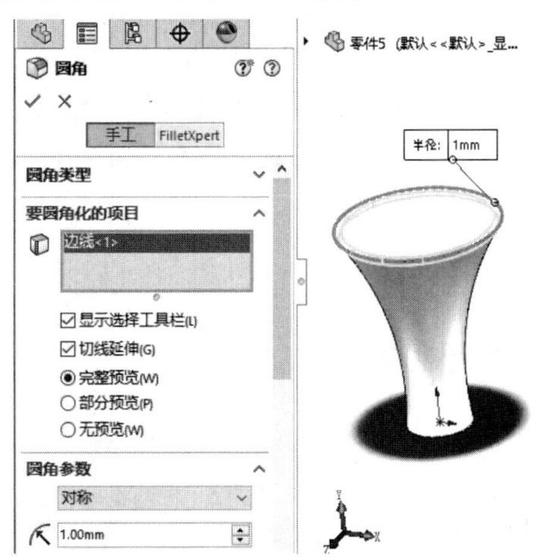

图4-129　创建圆角

04 单击【特征】选项卡中的【抽壳】按钮，创建抽壳特征，如图4-130所示。

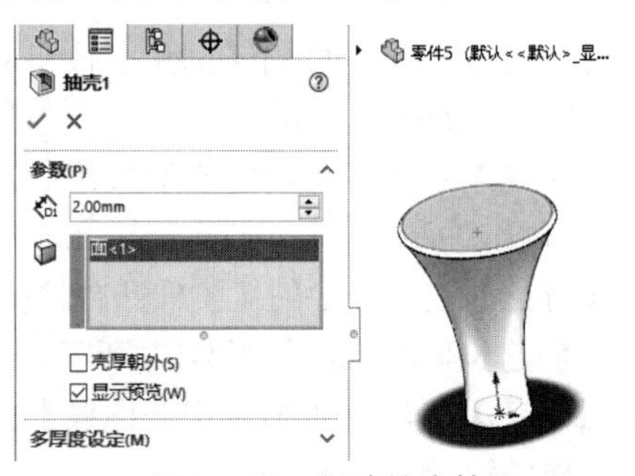

图4-130　创建抽壳特征

05 单击【草图】选项卡中的【样条曲线】按钮 ，绘制样条曲线，如图4-131所示。

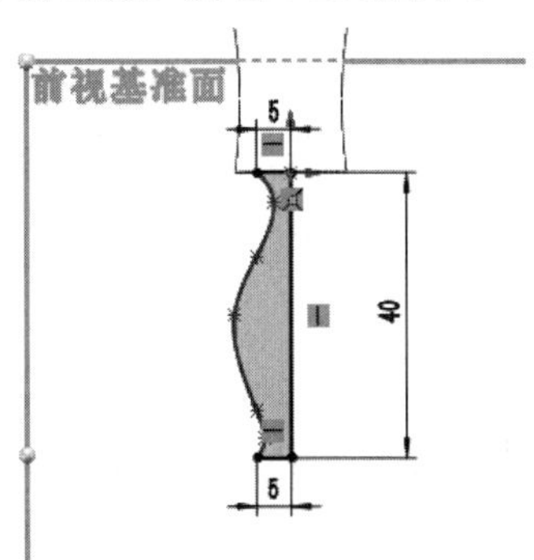

图4-131　绘制样条曲线

06 单击【特征】选项卡中的【旋转凸台/基体】按钮 ，创建旋转特征，如图4-132所示。

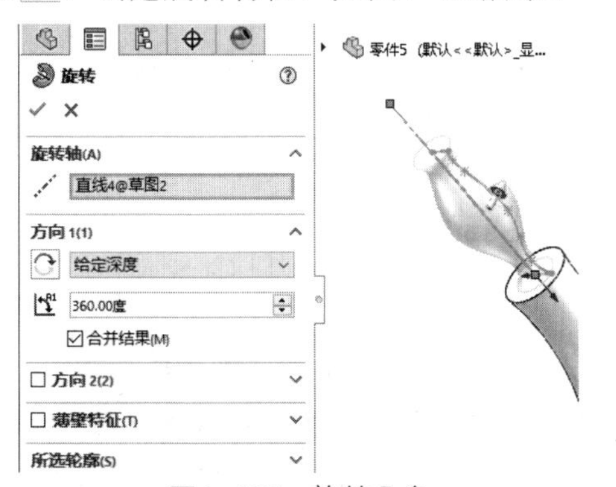

图4-132　旋转凸台

07 单击【特征】选项卡中的【圆角】按钮 ，创建圆角特征，如图4-133所示。

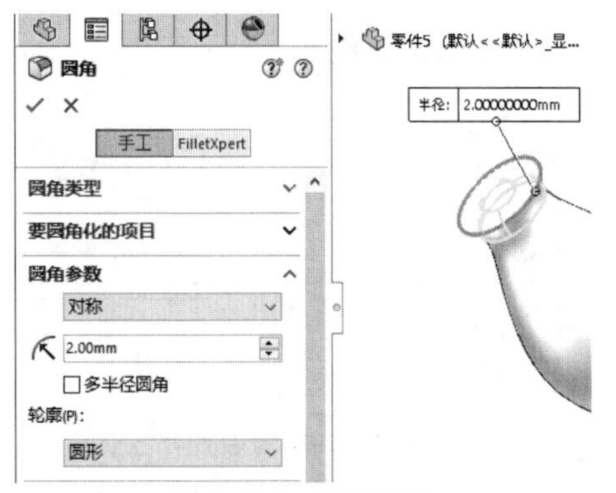

图4-133　创建圆角

08 完成听筒模型的绘制，如图4-134所示。

图4-134　完成听筒模型

实例 089　绘制套筒

案例源文件：ywj\04\089.prt

01 单击【草图】选项卡中的【圆】按钮 ，绘制圆，如图4-135所示。

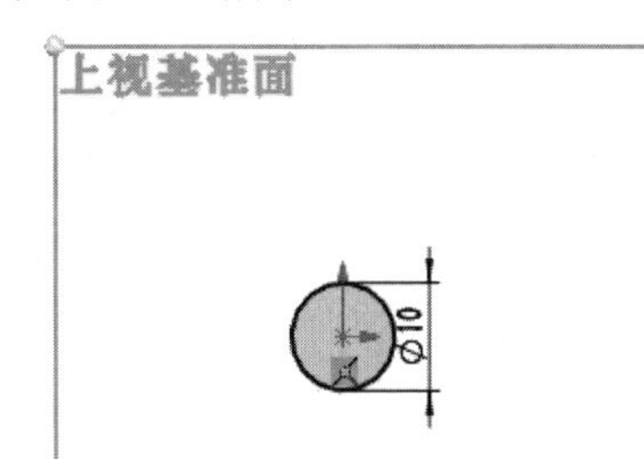

图4-135　绘制圆

02 单击【特征】选项卡中的【拉伸凸台/基体】按钮 ，创建拉伸特征，如图4-136所示。

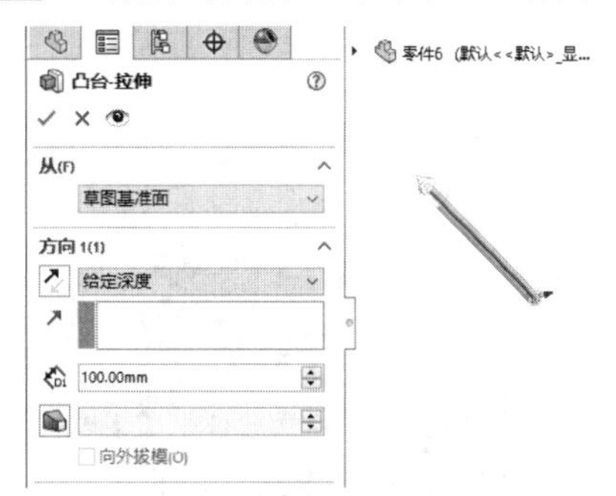

图4-136　拉伸凸台

03 单击【草图】选项卡中的【圆】按钮 ，绘制圆，如图4-137所示。

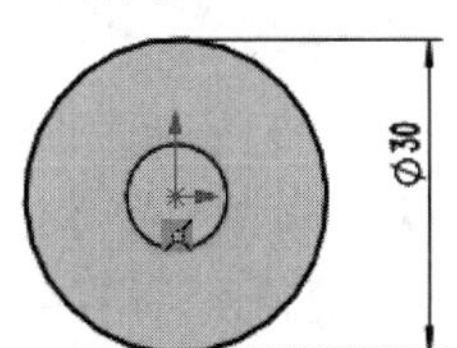

图4-137　绘制圆

04 单击【特征】选项卡中的【拉伸凸台/基体】按钮 ，创建拉伸特征，如图4-138所示。

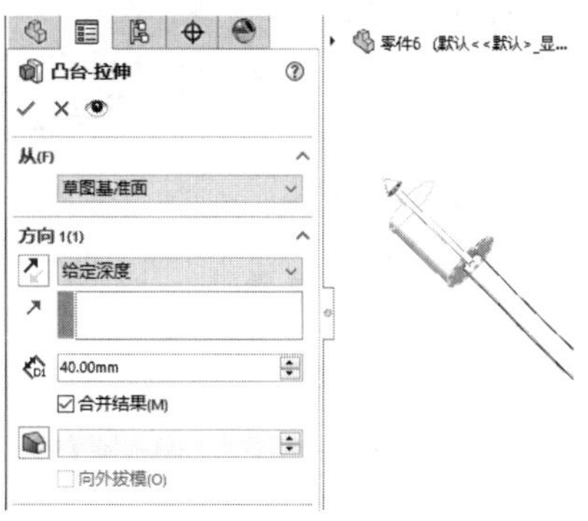

图4-138　拉伸凸台

05 单击【特征】选项卡中的【倒角】按钮，创建倒角特征，如图4-139所示。

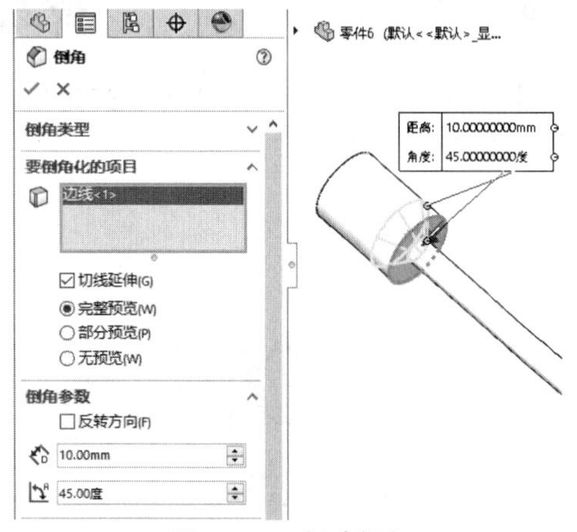

图4-139　创建倒角

06 单击【草图】选项卡中的【多边形】按钮，绘制六边形，如图4-140所示。

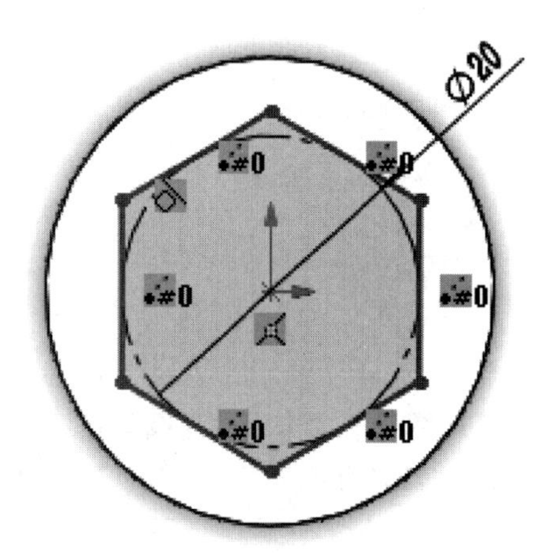

图4-140　绘制六边形

07 单击【特征】选项卡中的【拉伸切除】按钮，创建拉伸切除特征，如图4-141所示。

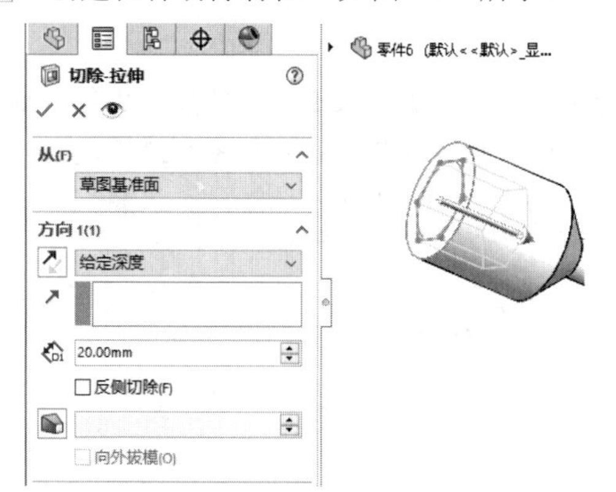

图4-141　创建拉伸切除特征

08 单击【草图】选项卡中的【圆】按钮，绘制圆，如图4-142所示。

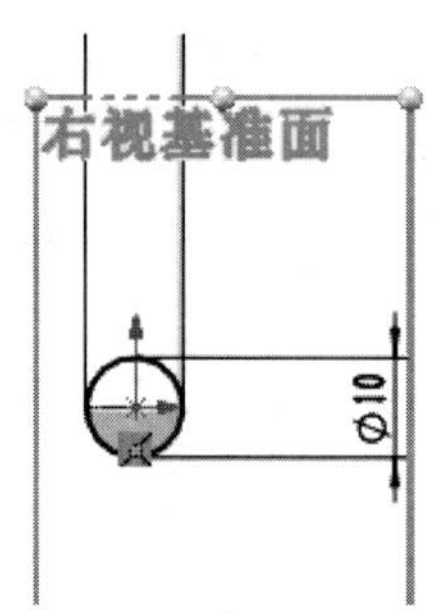

图4-142　绘制圆

09 单击【特征】选项卡中的【拉伸凸台/基体】按钮，创建拉伸特征，如图4-143所示。

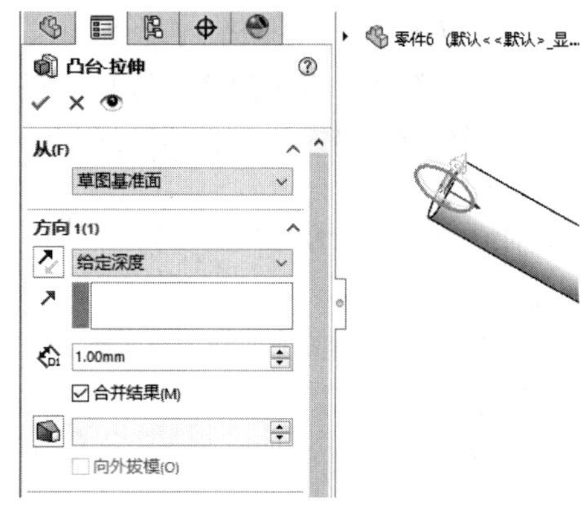

图4-143　拉伸凸台

10 单击【特征】选项卡中的【圆周阵列】按钮，创建圆周阵列特征，如图4-144所示。

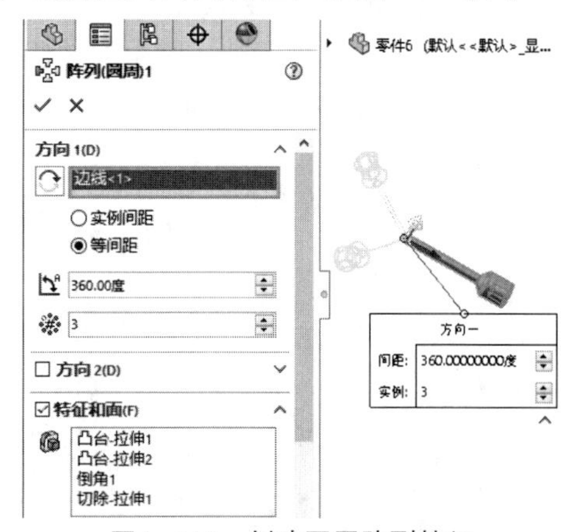

图4-144　创建圆周阵列特征

11 完成套筒模型的绘制，如图4-145所示。

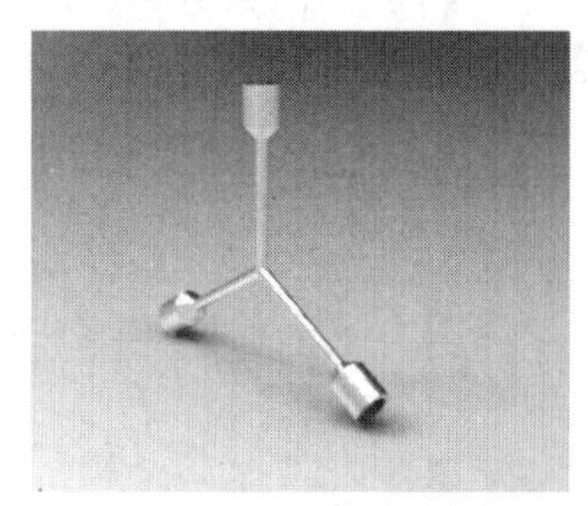

图4-145　完成套筒模型

实例 090 绘制输送带

案例源文件：ywj\04\090.prt

01 单击【草图】选项卡中的【边角矩形】按钮□，绘制矩形，如图4-146所示。

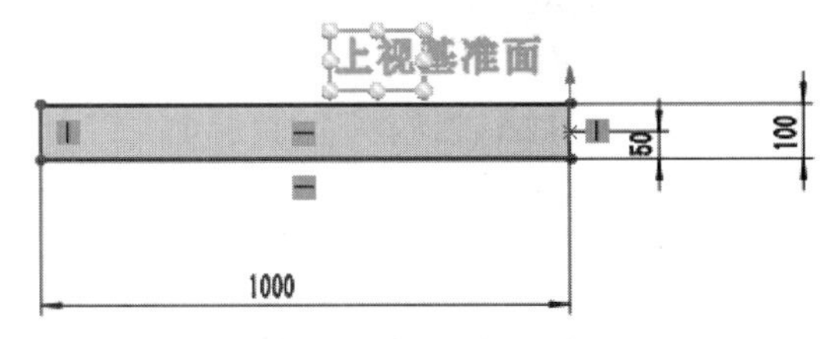

图4-146　绘制矩形

02 单击【特征】选项卡中的【拉伸凸台/基体】按钮，创建拉伸特征，如图4-147所示。

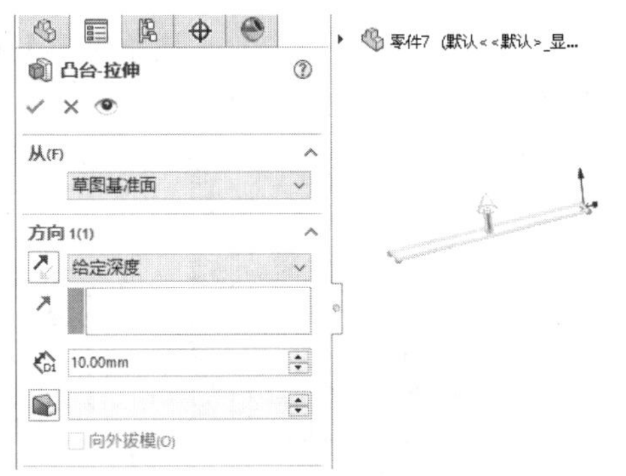

图4-147　拉伸凸台

03 单击【草图】选项卡中的【边角矩形】按钮□，绘制矩形，如图4-148所示。

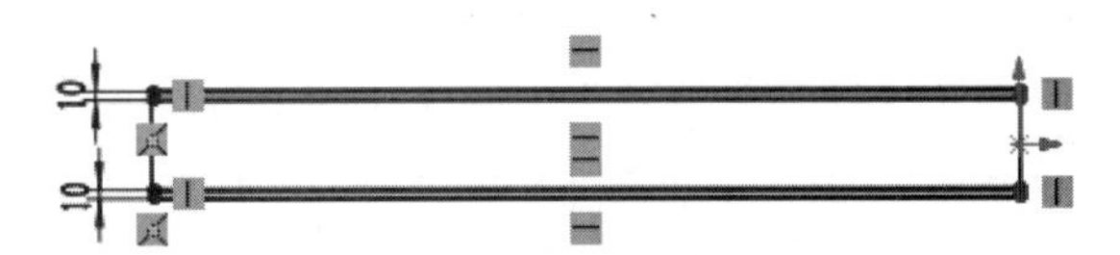

图4-148　绘制矩形

04 单击【特征】选项卡中的【拉伸凸台/基体】按钮，创建拉伸特征，如图4-149所示。

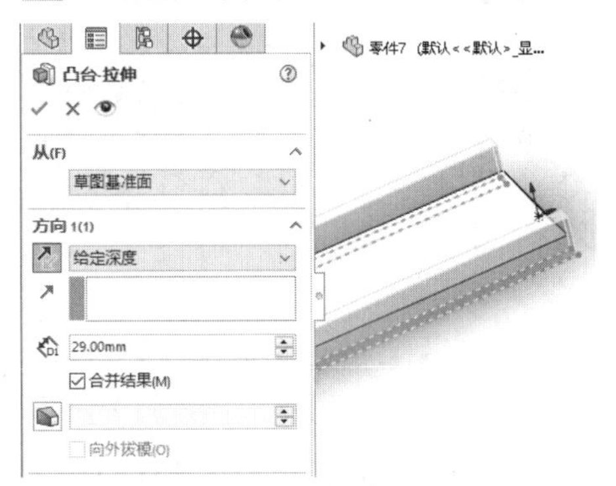

图4-149　拉伸凸台

05 单击【草图】选项卡中的【边角矩形】按钮□，绘制矩形，如图4-150所示。

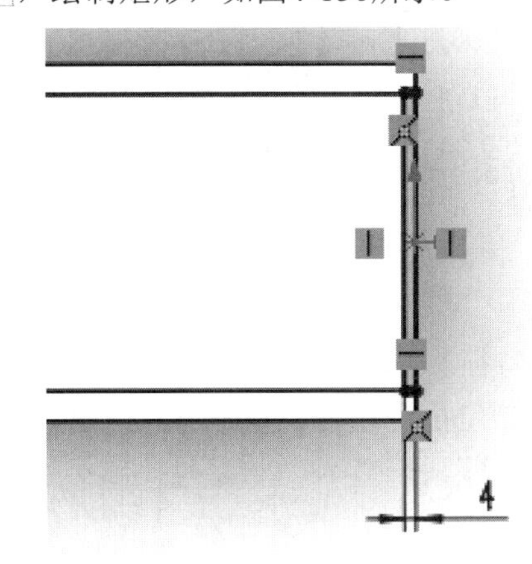

图4-150　绘制矩形

06 单击【特征】选项卡中的【拉伸凸台/基体】按钮，创建拉伸特征，如图4-151所示。

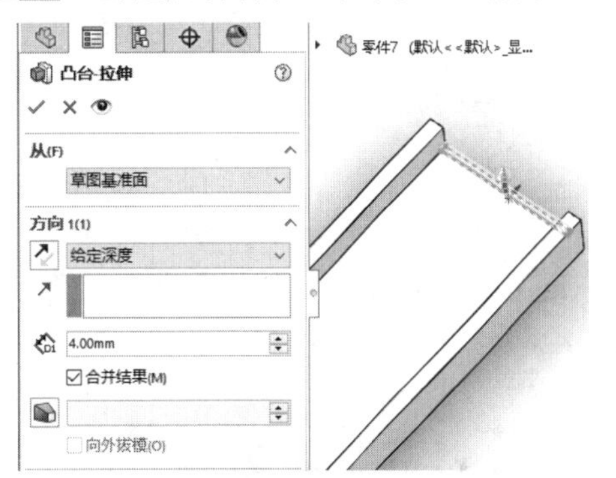

图4-151　拉伸凸台

07 单击【特征】选项卡中的【线性阵列】按钮，创建线性阵列特征，如图4-152所示。

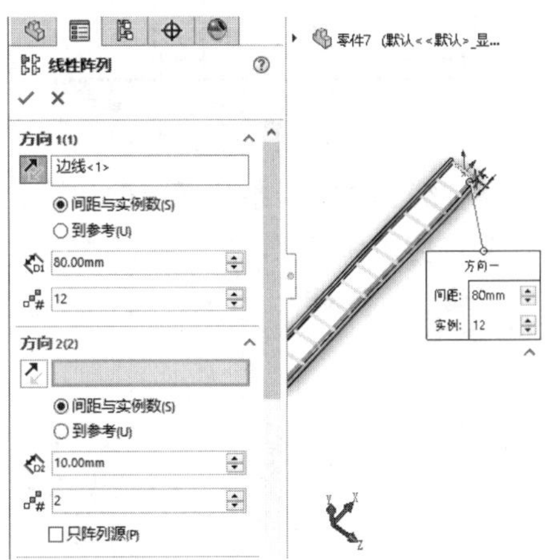

图4-152　创建线性阵列特征

08 单击【草图】选项卡中的【直线】按钮，绘制三角形，如图4-153所示。

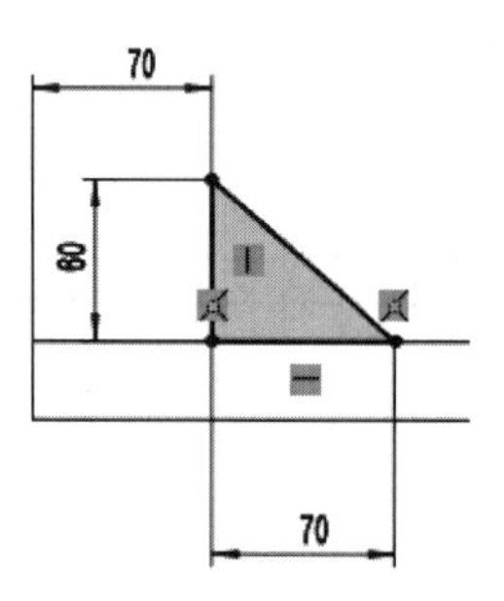

图4-153　绘制三角形

09 单击【特征】选项卡中的【拉伸凸台/基体】按钮，创建拉伸特征，如图4-154所示。

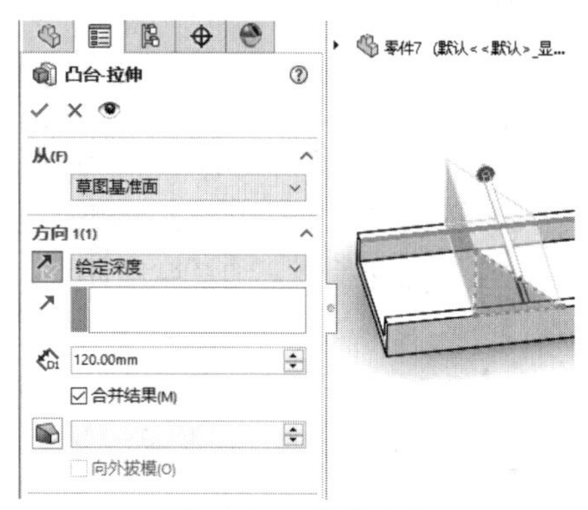

图4-154　拉伸凸台

10 单击【草图】选项卡中的【边角矩形】按钮，绘制矩形，如图4-155所示。

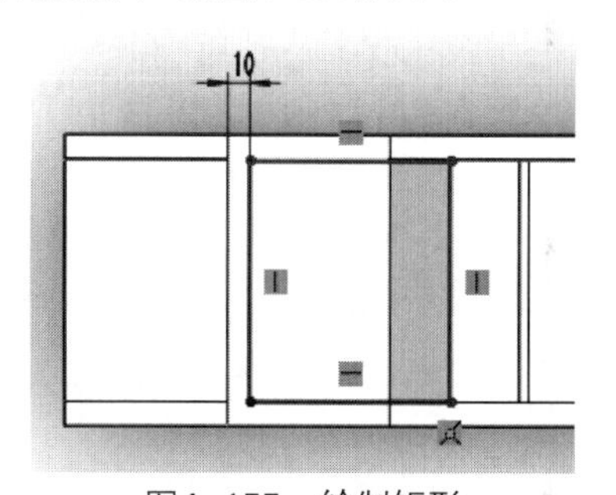

图4-155　绘制矩形

11 单击【特征】选项卡中的【拉伸切除】按钮，创建拉伸切除特征，如图4-156所示。

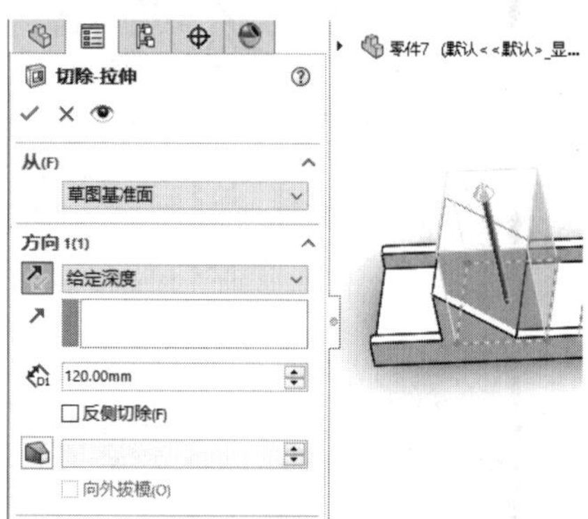

图4-156　创建拉伸切除特征

12 完成输送带模型的绘制，如图4-157所示。

图4-157　完成输送带模型

实例 091 绘制压力机

案例源文件：ywj\04\091.prt

01 单击【草图】选项卡中的【边角矩形】按钮，绘制矩形，如图4-158所示。

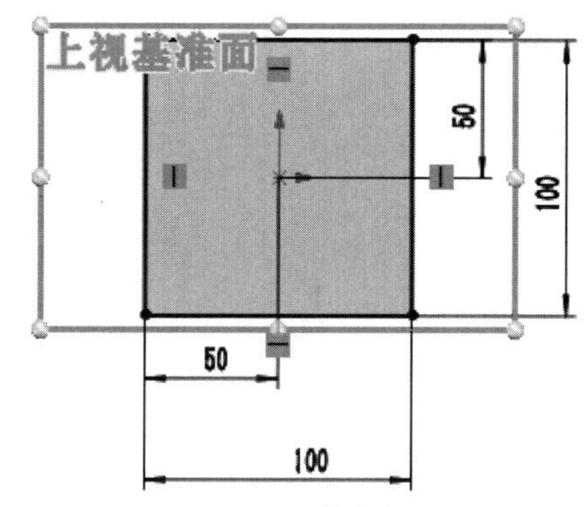

图4-158　绘制矩形

02 单击【特征】选项卡中的【拉伸凸台/基体】按钮，创建拉伸特征，如图4-159所示。

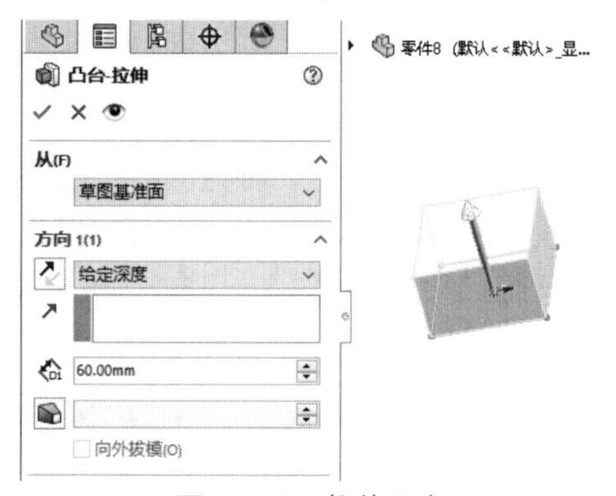

图4-159　拉伸凸台

03 单击【草图】选项卡中的【圆】按钮，绘制圆，如图4-160所示。

04 单击【特征】选项卡中的【拉伸凸台/基体】按钮，创建拉伸特征，如图4-161所示。

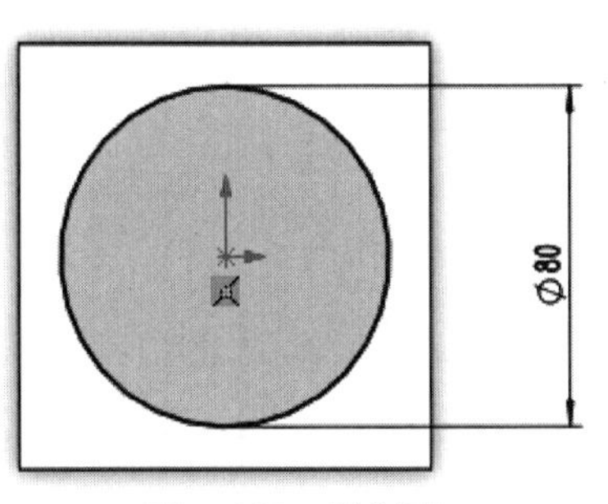

图4-160　绘制圆

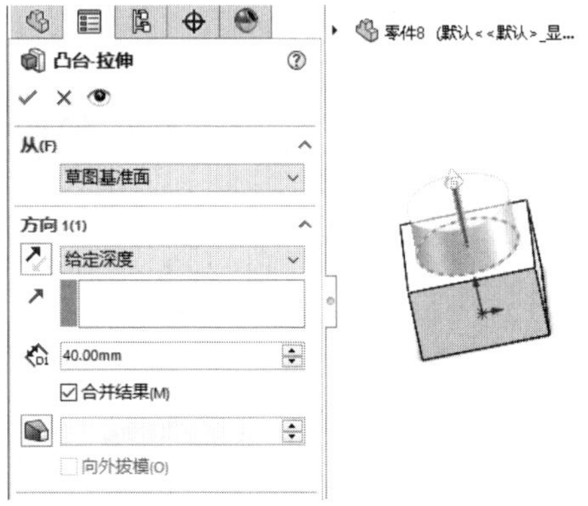

图4-161　拉伸凸台

05 单击【草图】选项卡中的【圆】按钮，绘制圆，如图4-162所示。

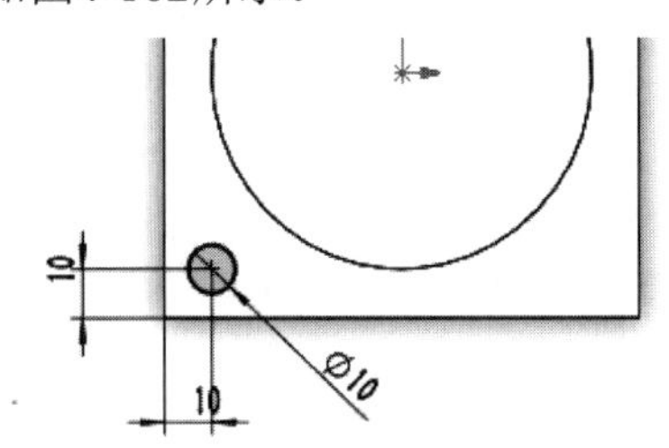

图4-162　绘制圆

06 单击【特征】选项卡中的【拉伸凸台/基体】按钮，创建拉伸特征，如图4-163所示。

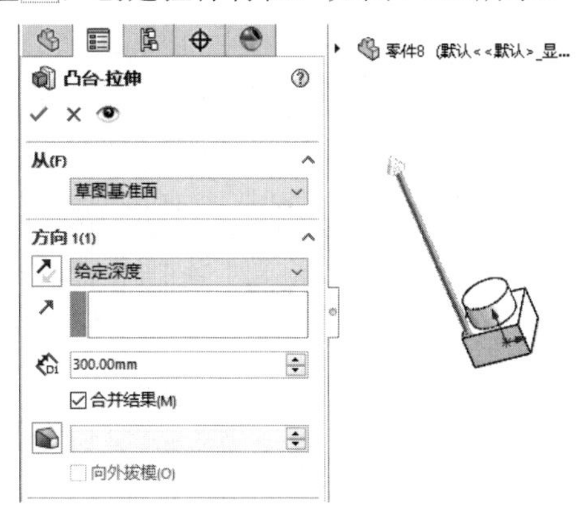

图4-163　拉伸凸台

07 单击【特征】选项卡中的【圆周阵列】按钮，创建圆周阵列特征，如图4-164所示。

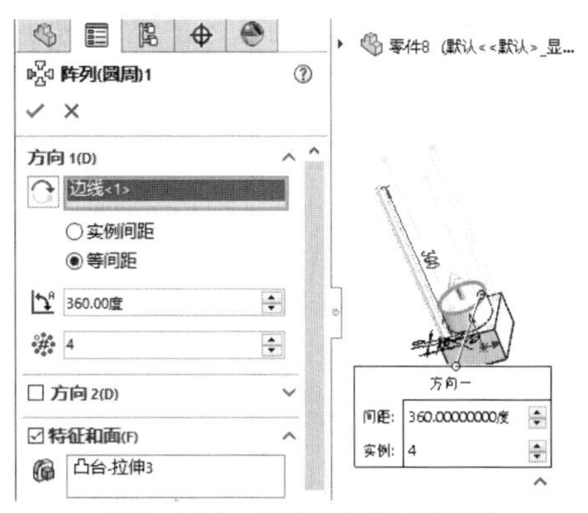

图4-164　创建圆周阵列特征

08 单击【草图】选项卡中的【边角矩形】按钮，绘制矩形，如图4-165所示。

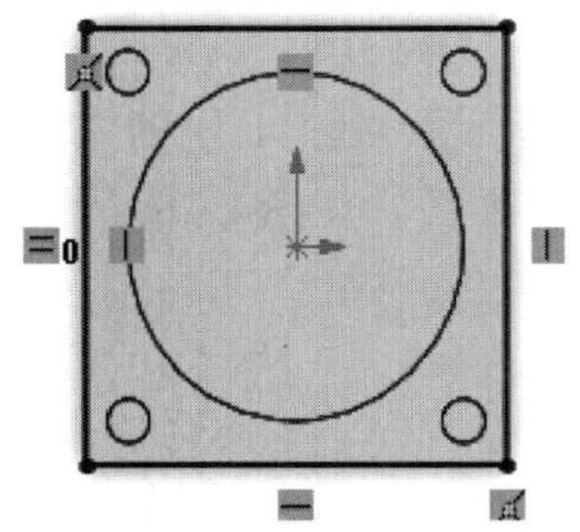

图4-165　绘制矩形

09 单击【特征】选项卡中的【拉伸凸台/基体】按钮，创建拉伸特征，如图4-166所示。

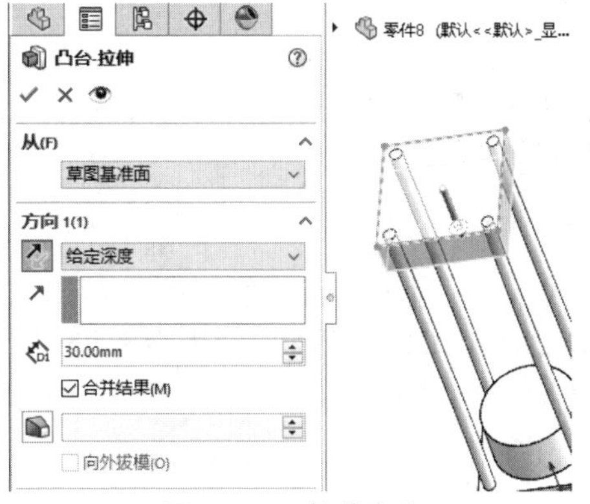

图4-166　拉伸凸台

10 单击【草图】选项卡中的【圆】按钮，绘制圆，如图4-167所示。

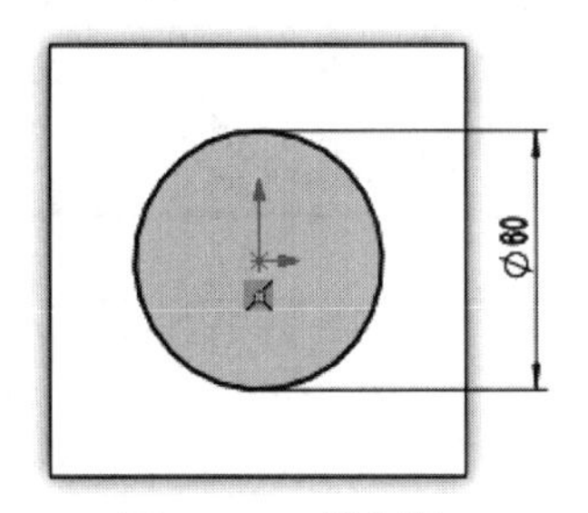

图4-167　绘制圆

11 单击【特征】选项卡中的【拉伸凸台/基体】按钮，创建拉伸特征，如图4-168所示。

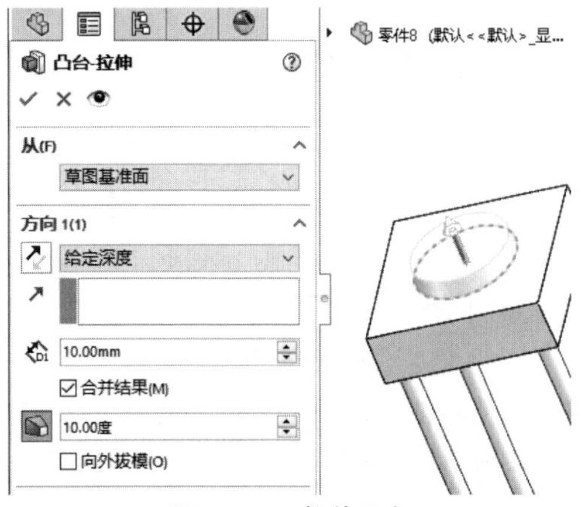

图4-168　拉伸凸台

12 单击【特征】选项卡中的【基准面】按钮，创建基准面，如图4-169所示。

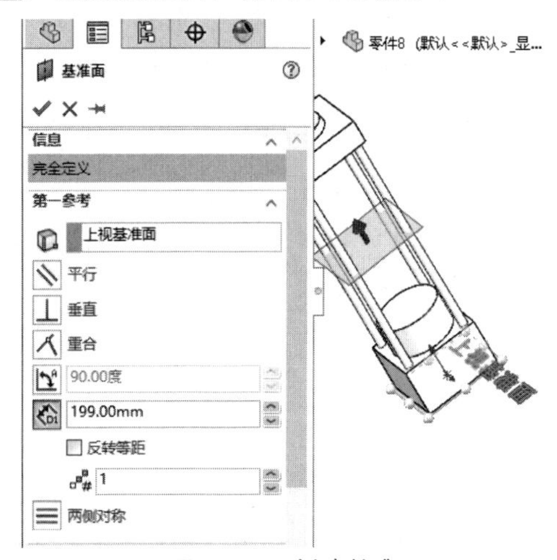

图4-169　创建基准面

13 单击【草图】选项卡中的【圆】按钮，绘制圆，如图4-170所示。

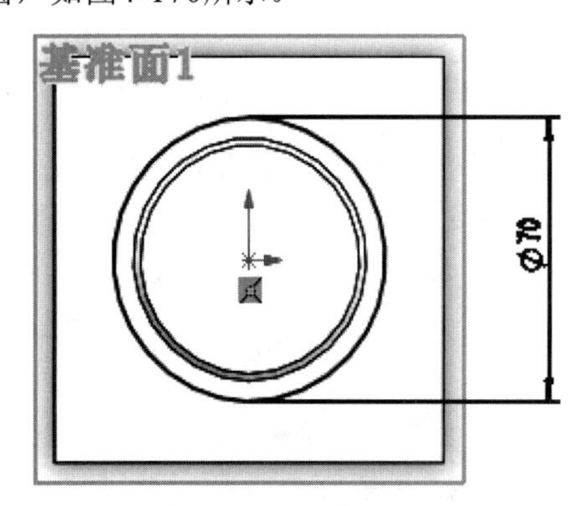

图4-170　绘制圆

14 单击【特征】选项卡中的【拉伸凸台/基体】按钮，创建拉伸特征，如图4-171所示。

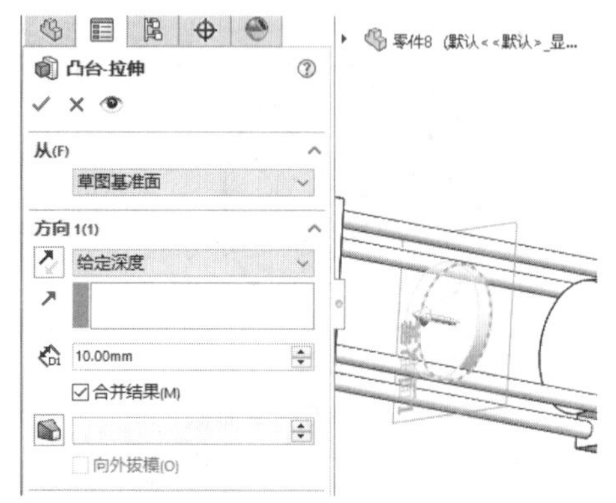

图4-171　拉伸凸台

15 单击【草图】选项卡中的【圆】按钮，绘制圆，如图4-172所示。

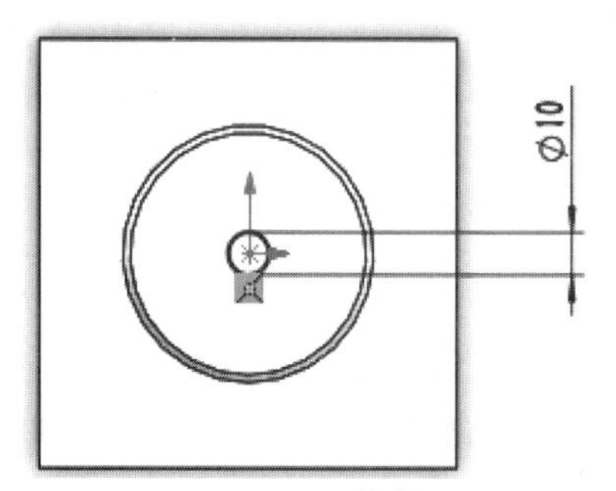

图4-172　绘制圆

16 单击【特征】选项卡中的【拉伸凸台/基体】按钮，创建拉伸特征，如图4-173所示。

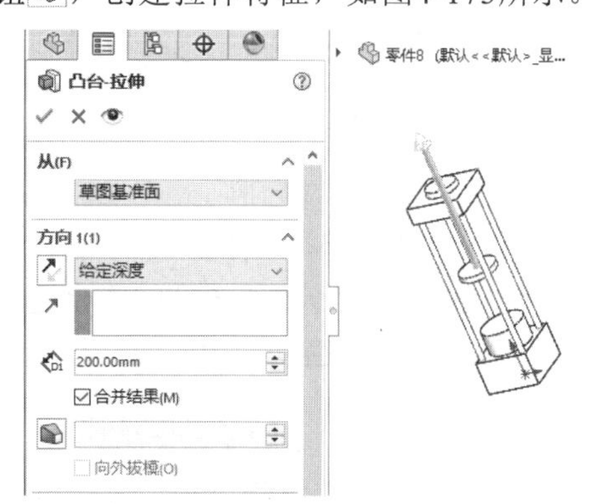

图4-173　拉伸凸台

17 完成压力机模型的绘制，如图4-174所示。

图4-174　完成压力机模型

实例 092　绘制筛选机

案例源文件：ywj\04\092.prt

01 单击【草图】选项卡中的【边角矩形】按钮，绘制矩形，如图4-175所示。

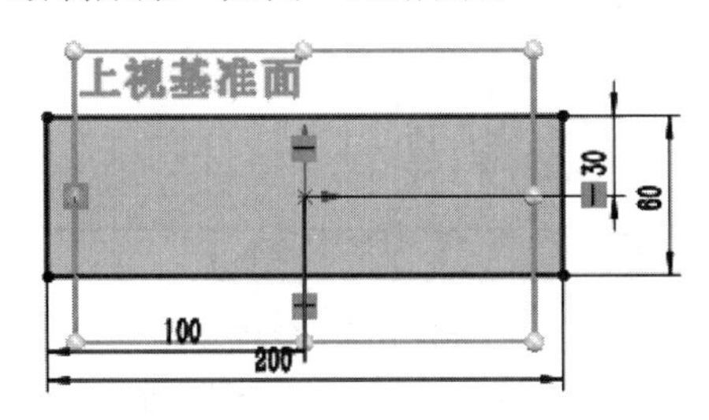

图4-175　绘制矩形

02 单击【特征】选项卡中的【拉伸凸台/基体】按钮，创建拉伸特征，如图4-176所示。

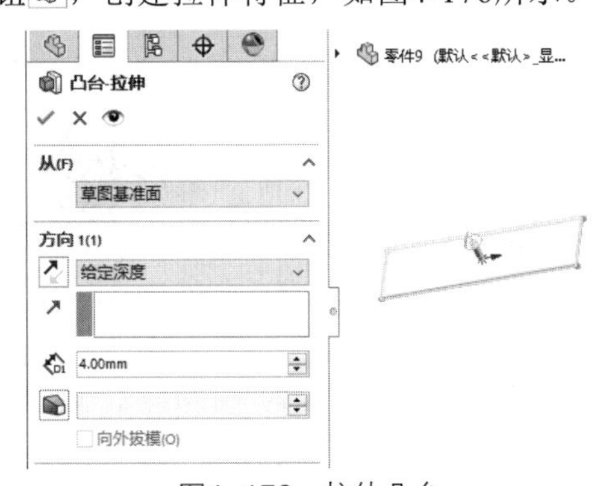

图4-176　拉伸凸台

03 单击【草图】选项卡中的【边角矩形】按钮，绘制矩形，如图4-177所示。

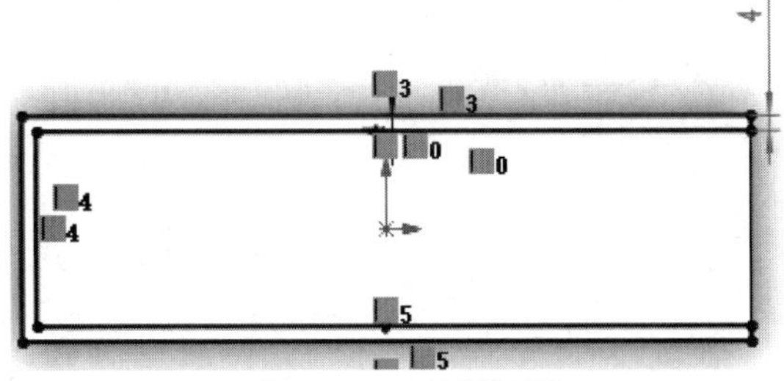

图4-177　绘制矩形

04 单击【特征】选项卡中的【拉伸凸台/基体】按钮，创建拉伸特征，如图4-178所示。

05 单击【草图】选项卡中的【边角矩形】按钮，绘制矩形，如图4-179所示。

06 单击【特征】选项卡中的【拉伸凸台/基体】按钮，创建拉伸特征，如图4-180所示。

07 单击【特征】选项卡中的【拔模】按钮，创建拔模特征，如图4-181所示。

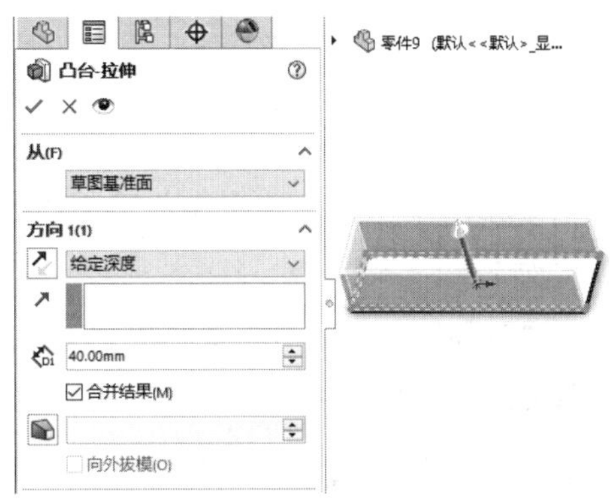

图4-178　拉伸凸台

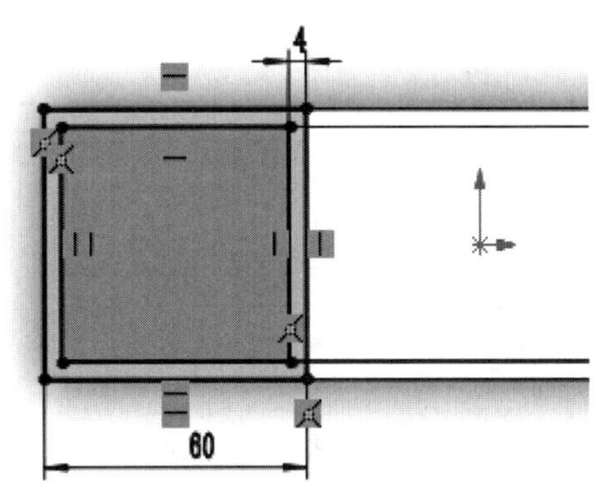

图4-179　绘制矩形

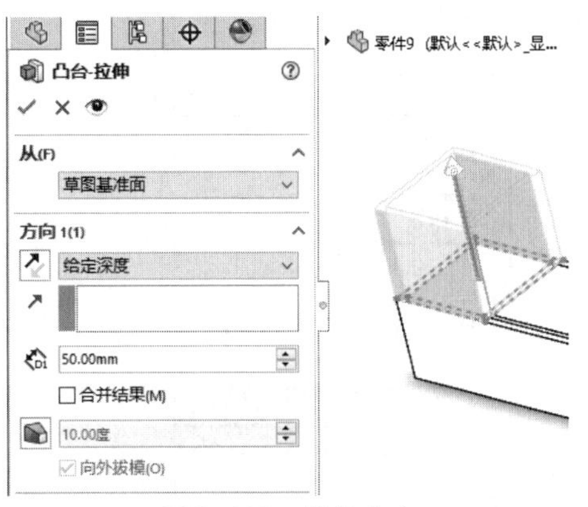

图4-180　拉伸凸台

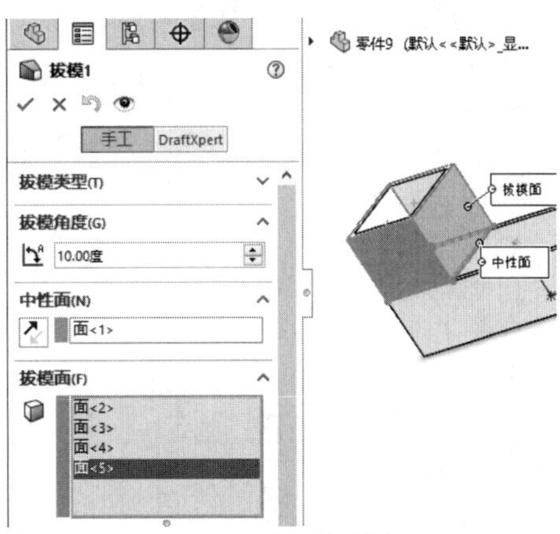

图4-181　创建拔模特征

◎提示·○

在生成圆角前先添加拔模特征。如果要生成具有多个圆角边线及拔模面的铸模零件，在大多数情况下，应在添加圆角之前添加拔模特征。

08 单击【特征】选项卡中的【倒角】按钮，创建倒角特征，如图4-182所示。

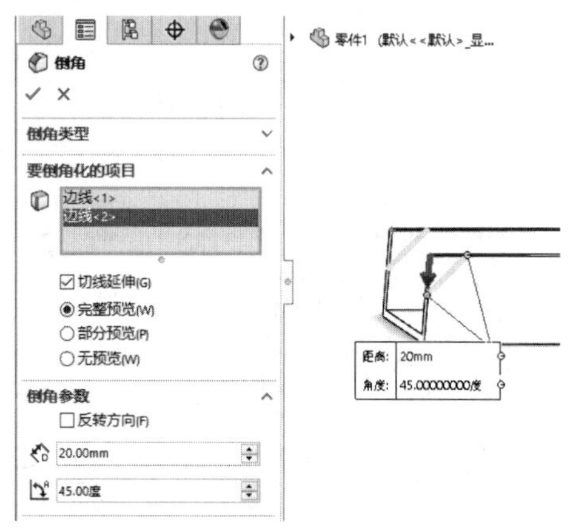

图4-182　创建倒角

09 单击【草图】选项卡中的【圆】按钮，绘制圆，如图4-183所示。

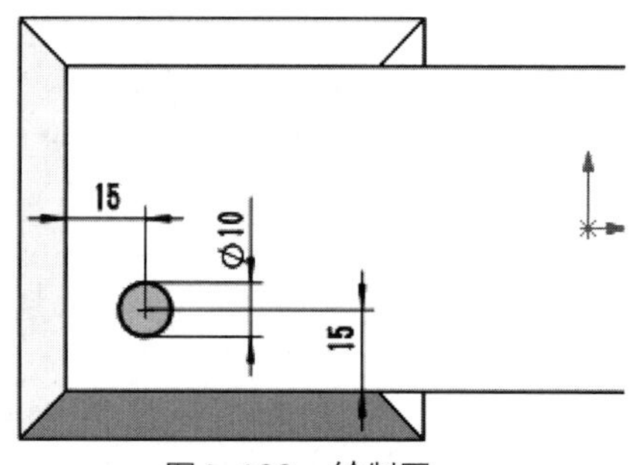

图4-183　绘制圆

10 单击【特征】选项卡中的【拉伸凸台/基体】按钮，创建拉伸特征，如图4-184所示。

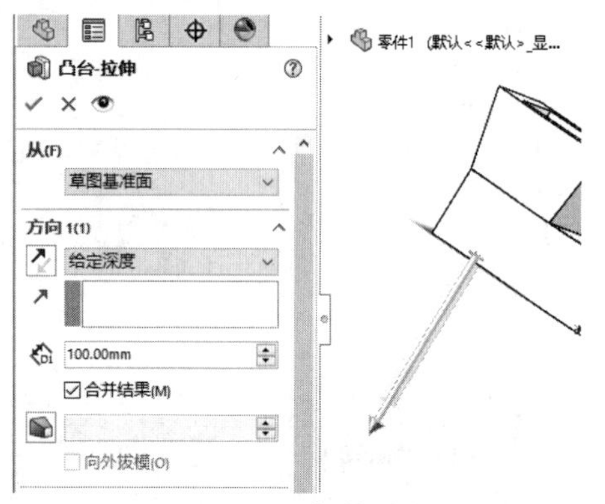

图4-184　拉伸凸台

11 单击【草图】选项卡中的【圆】按钮，绘制圆，如图4-185所示。

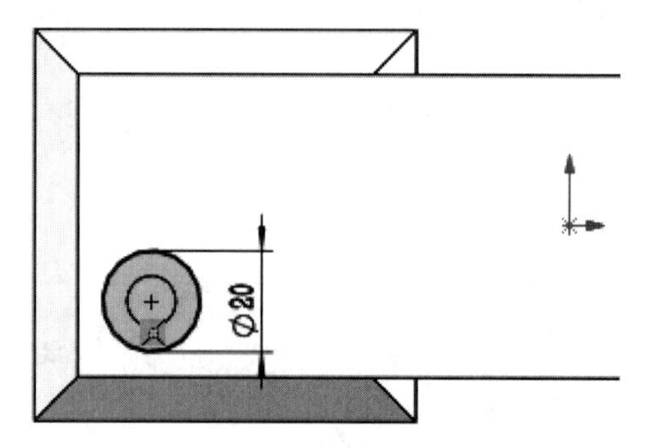

图4-185　绘制圆

12 单击【特征】选项卡中的【拉伸凸台/基体】按钮，创建拉伸特征，如图4-186所示。

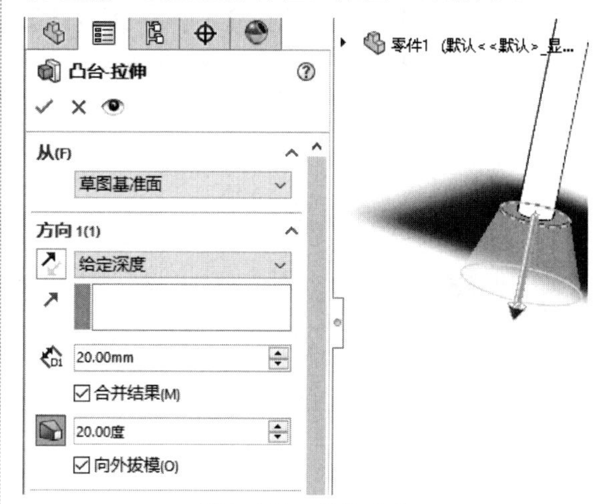

图4-186　拉伸凸台

13 单击【特征】选项卡中的【线性阵列】按钮，创建线性阵列特征，如图4-187所示。

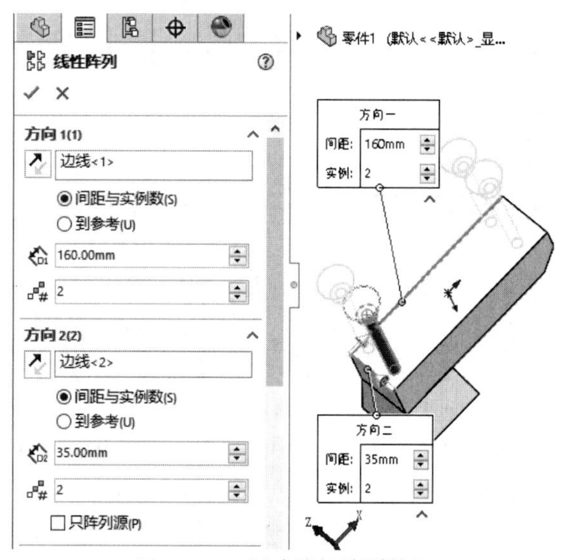

图4-187　创建线性阵列特征

14 完成筛选机模型的绘制，如图4-188所示。

图4-188　完成筛选机模型

实例 093　绘制手表

案例源文件：ywj\04\093.prt

01 单击【草图】选项卡中的【圆】按钮，绘制圆，如图4-189所示。

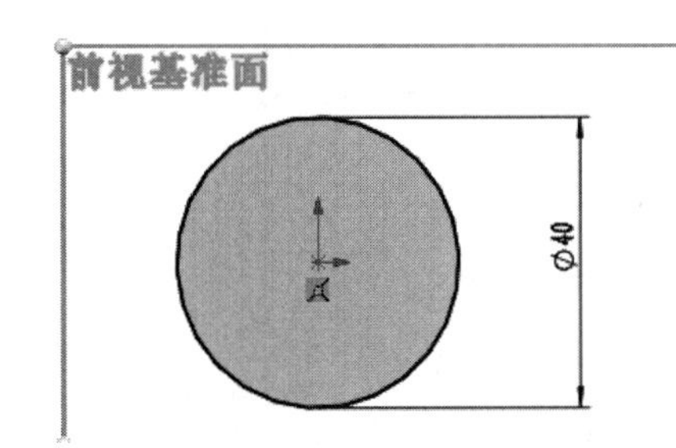

图4-189　绘制圆

02 单击【特征】选项卡中的【拉伸凸台/基体】按钮，创建拉伸特征，如图4-190所示。

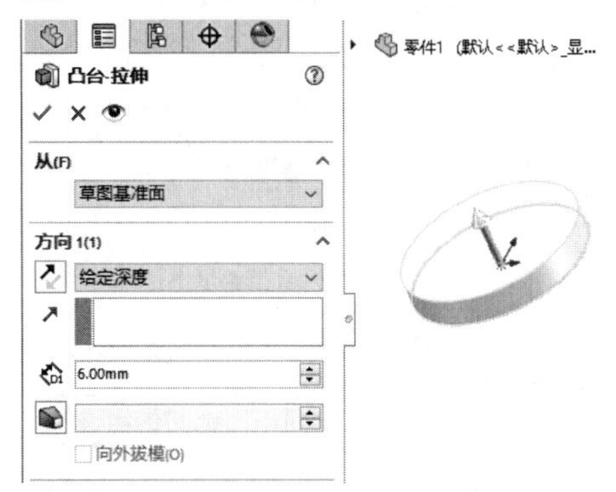

图4-190　拉伸凸台

03 单击【特征】选项卡中的【圆角】按钮，创建圆角特征，如图4-191所示。

04 单击【草图】选项卡中的【圆】按钮，绘制圆，如图4-192所示。

05 单击【特征】选项卡中的【拉伸切除】按钮，创建拉伸切除特征，如图4-193所示。

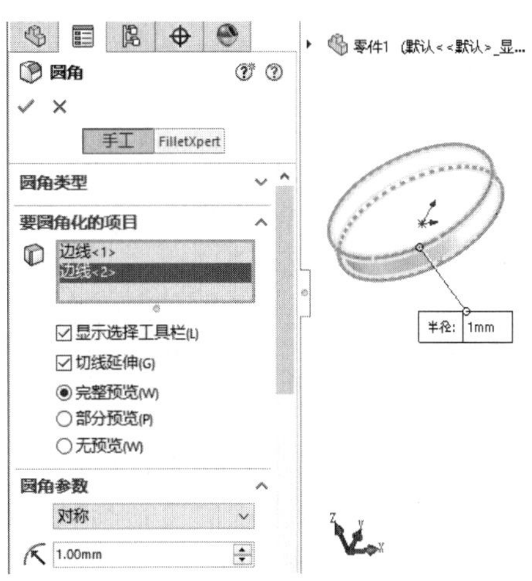

图4-191　创建圆角

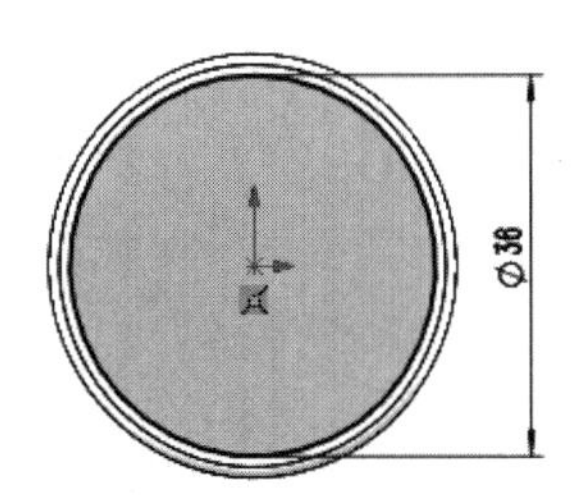

图4-192　绘制圆

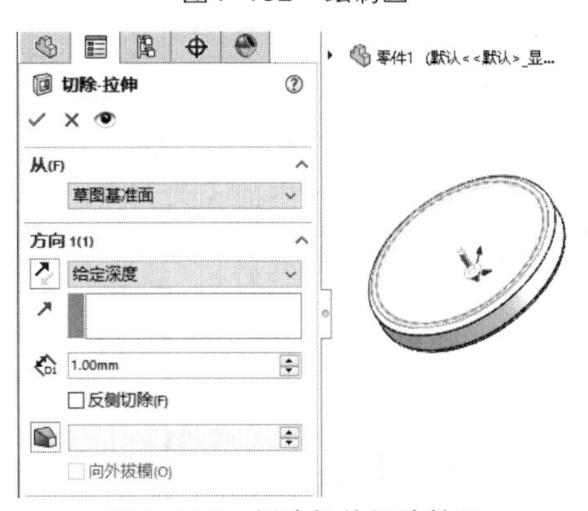

图4-193　创建拉伸切除特征

06 单击【草图】选项卡中的【圆】按钮，绘制圆，如图4-194所示。

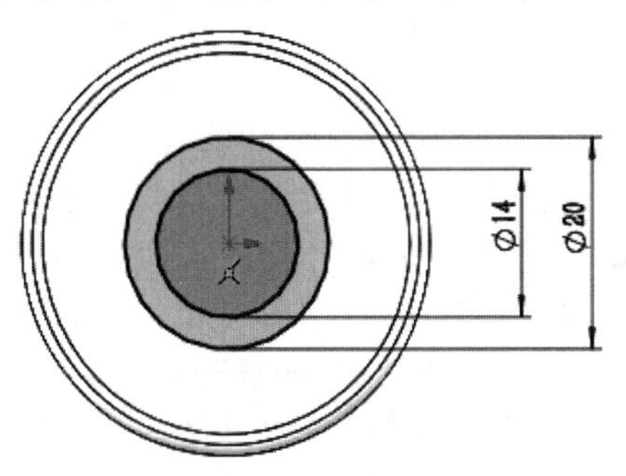

图4-194　绘制圆

07 单击【特征】选项卡中的【拉伸切除】按钮，创建拉伸切除特征，如图4-195所示。

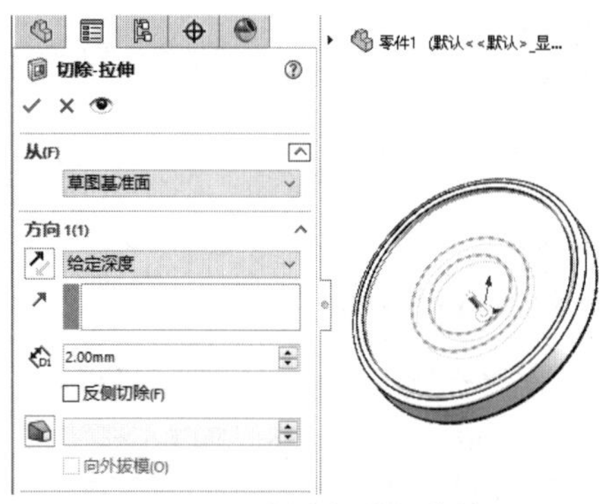

图4-195　创建拉伸切除特征

08 单击【特征】选项卡中的【基准面】按钮，创建基准面，如图4-196所示。

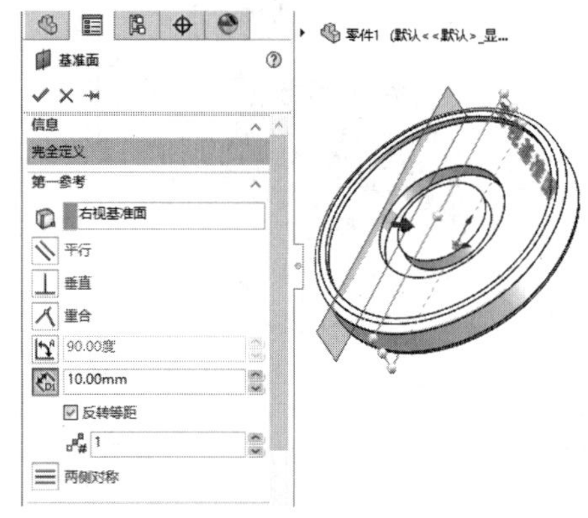

图4-196　创建基准面

09 单击【草图】选项卡中的【圆】按钮，绘制圆，如图4-197所示。

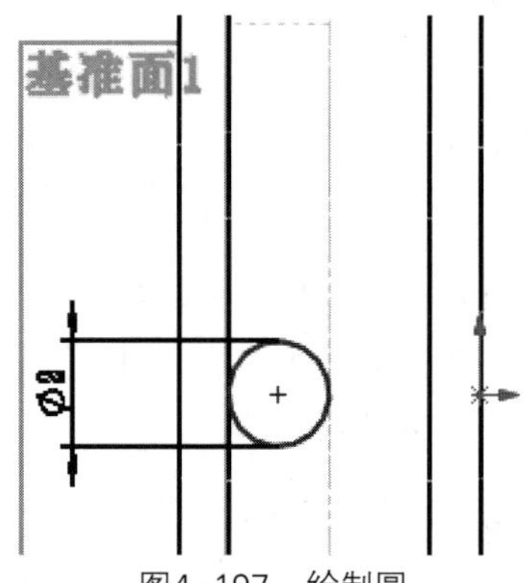

图4-197　绘制圆

10 单击【特征】选项卡中的【拉伸凸台/基体】按钮，创建拉伸特征，如图4-198所示。

11 单击【草图】选项卡中的【边角矩形】按钮，绘制矩形，如图4-199所示。

12 单击【特征】选项卡中的【拉伸凸台/基体】按钮，创建拉伸特征，如图4-200所示。

13 单击【特征】选项卡中的【圆周阵列】按钮，创建圆周阵列特征，如图4-201所示。

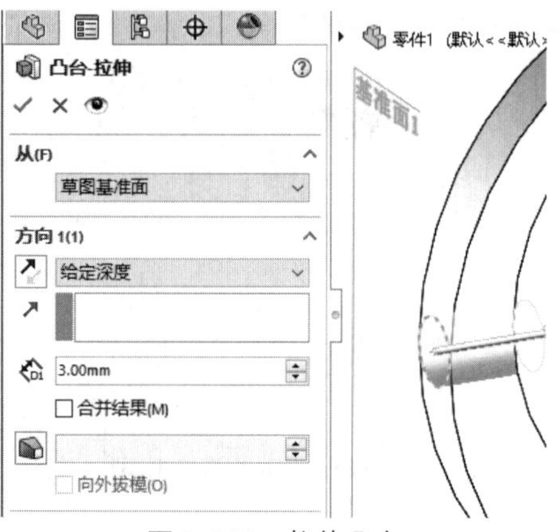

图4-198　拉伸凸台

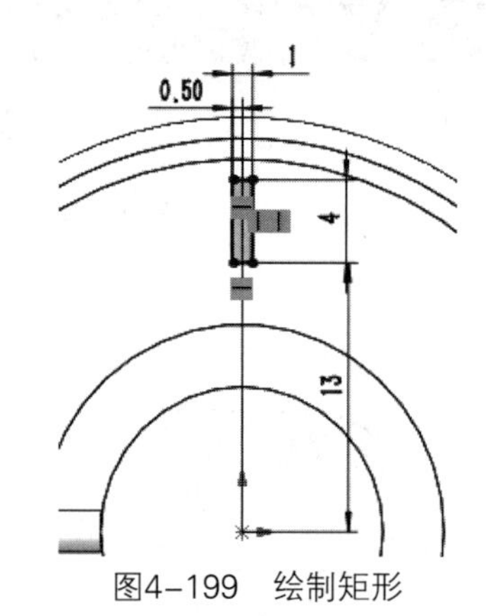

图4-199　绘制矩形

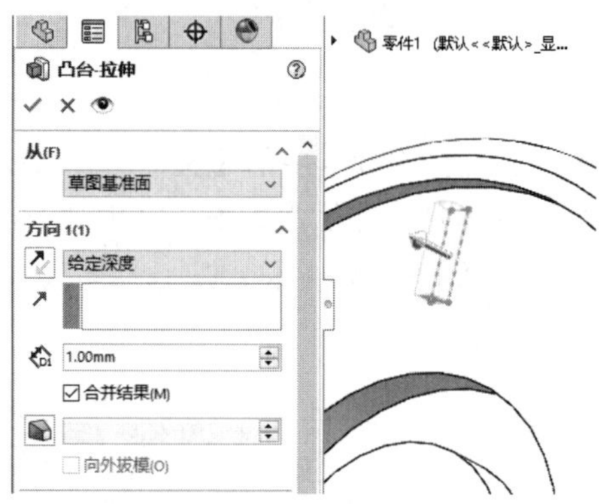

图4-200　拉伸凸台

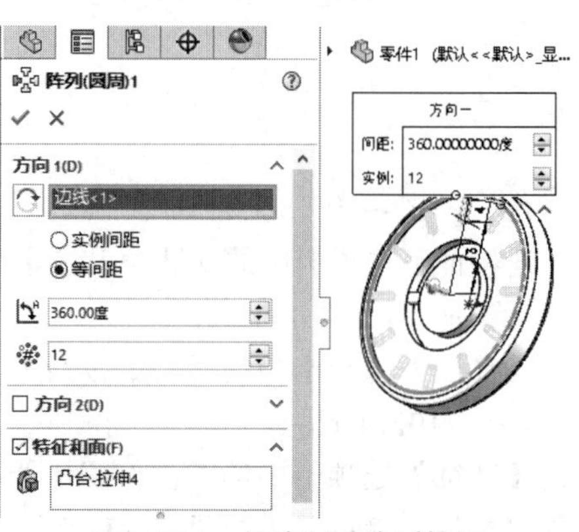

图4-201　创建圆周阵列特征

14 单击【草图】选项卡中的【边角矩形】按钮，绘制矩形，如图4-202所示。

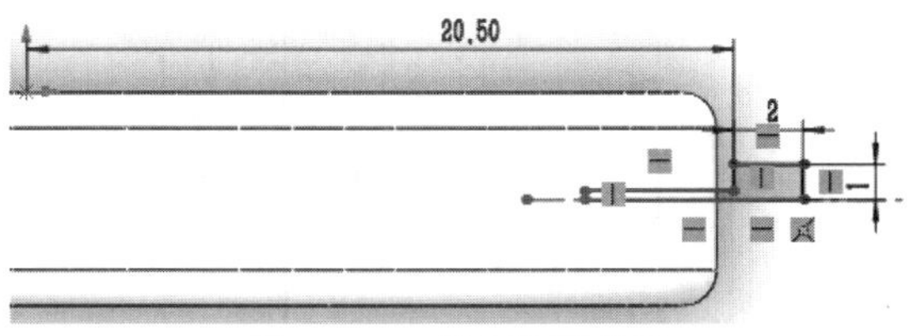

图4-202　绘制矩形草图

15 单击【特征】选项卡中的【旋转凸台/基体】按钮，创建旋转特征，如图4-203所示。

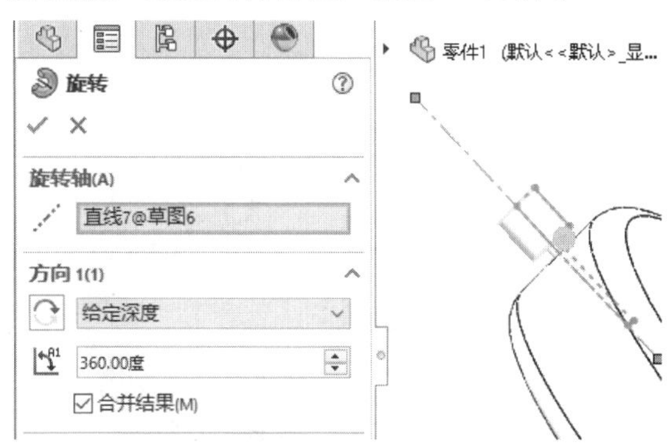

图4-203　旋转凸台

16 单击【特征】选项卡中的【圆角】按钮，创建圆角特征，如图4-204所示。

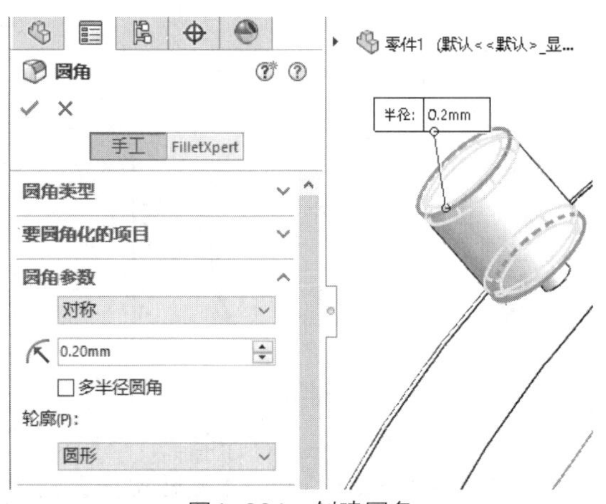

图4-204　创建圆角

17 完成手表模型的绘制，如图4-205所示。

图4-205　完成手表模型

实例 094

绘制笔筒

01 单击【草图】选项卡中的【圆】按钮，绘制圆，如图4-206所示。

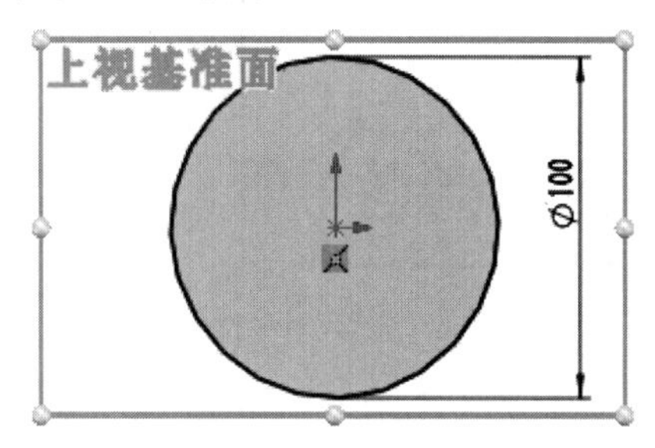

图4-206　绘制圆

02 单击【特征】选项卡中的【拉伸凸台/基体】按钮，创建拉伸特征，如图4-207所示。

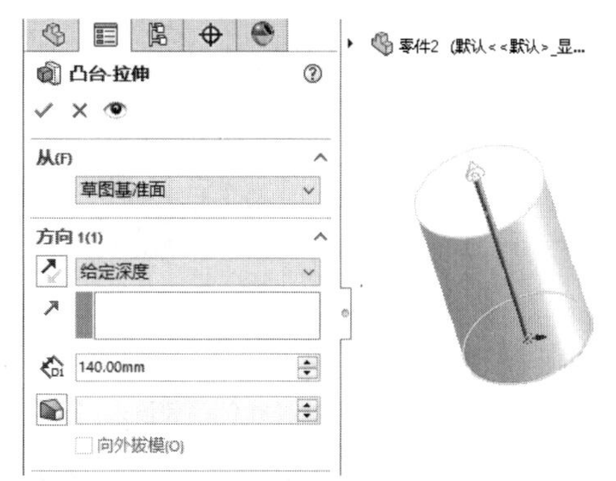

图4-207　拉伸凸台

03 单击【特征】选项卡中的【基准面】按钮，创建基准面，如图4-208所示。

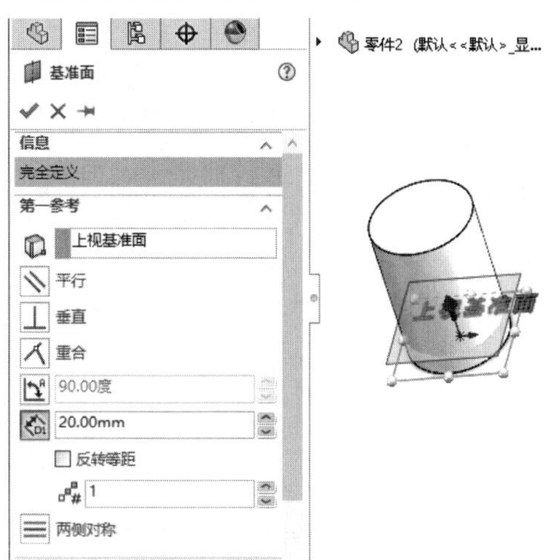

图4-208　创建基准面

04 单击【草图】选项卡中的【边角矩形】按钮，绘制矩形，如图4-209所示。

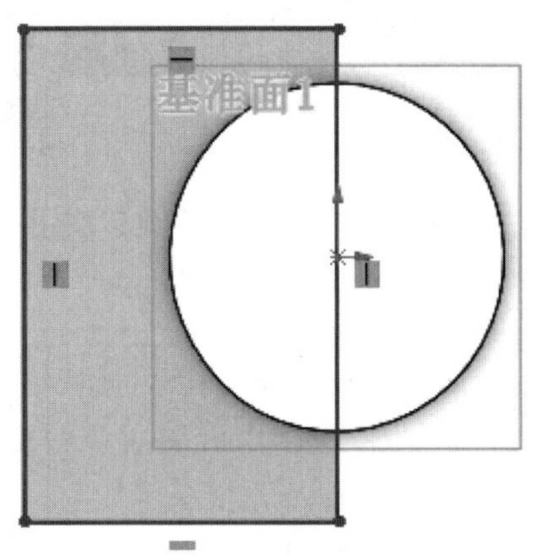

图4-209 绘制矩形

05 单击【特征】选项卡中的【拉伸切除】按钮，创建拉伸切除特征，如图4-210所示。

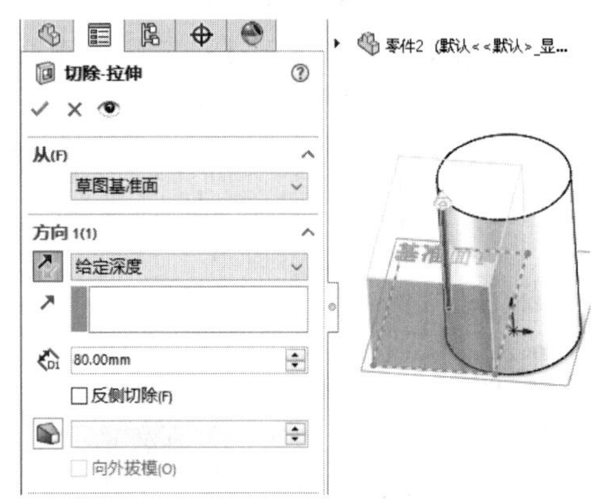

图4-210 创建拉伸切除特征

06 单击【特征】选项卡中的【基准面】按钮，创建基准面，如图4-211所示。

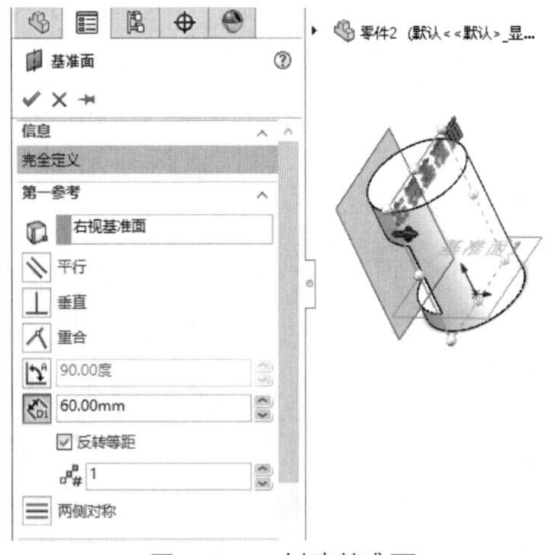

图4-211 创建基准面

07 单击【草图】选项卡中的【边角矩形】按钮，绘制矩形，如图4-212所示。

08 单击【特征】选项卡中的【包覆】按钮，创建包覆特征，如图4-213所示。

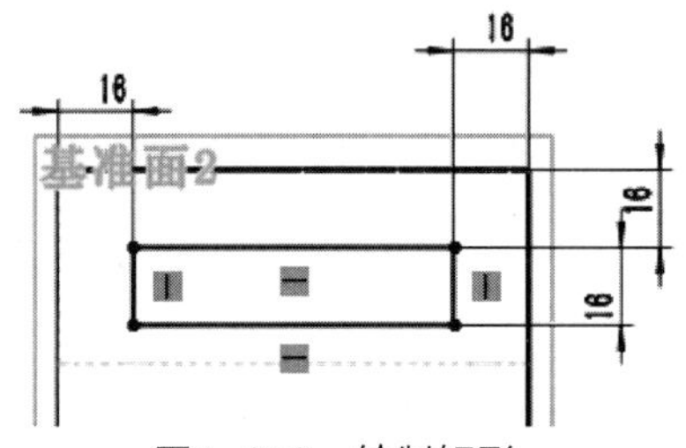

图4-212 绘制矩形

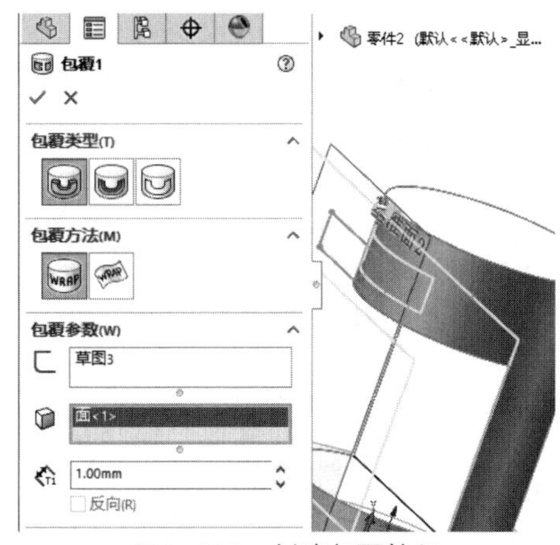

图4-213 创建包覆特征

09 单击【草图】选项卡中的【圆】按钮，绘制半圆形，如图4-214所示。

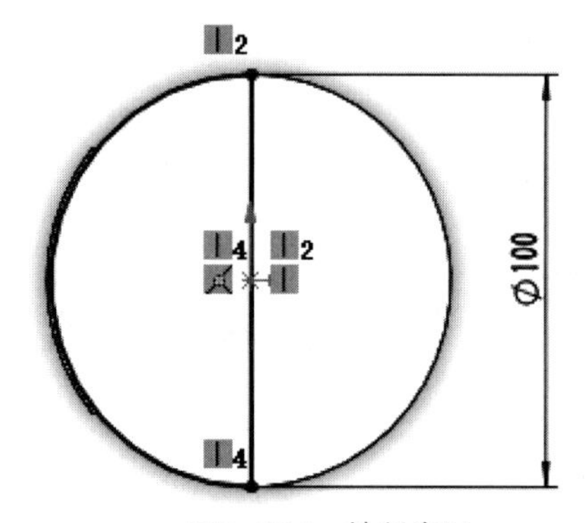

图4-214 绘制半圆

10 单击【草图】选项卡中的【旋转实体】按钮，旋转图形，如图4-215所示。

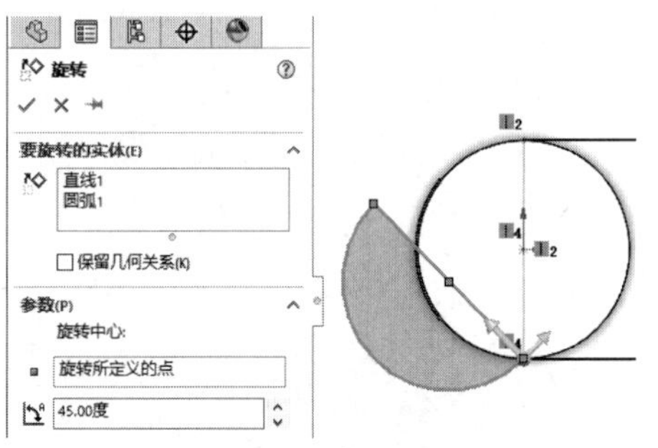

图4-215 旋转图形

11 单击【特征】选项卡中的【拉伸凸台/基体】按钮，创建拉伸特征，如图4-216所示。

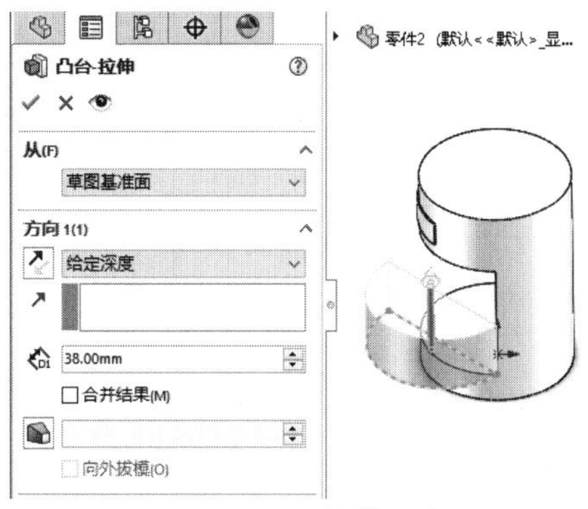

图4-216　拉伸凸台

12 单击【特征】选项卡中的【抽壳】按钮，创建抽壳特征，如图4-217所示。

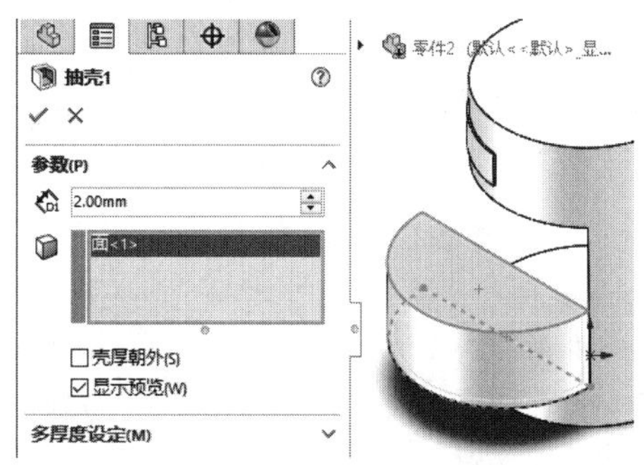

图4-217　创建抽壳特征

13 单击【特征】选项卡中的【圆角】按钮，创建圆角特征，如图4-218所示。

图4-218　创建圆角

14 完成笔筒模型的绘制，如图4-219所示。

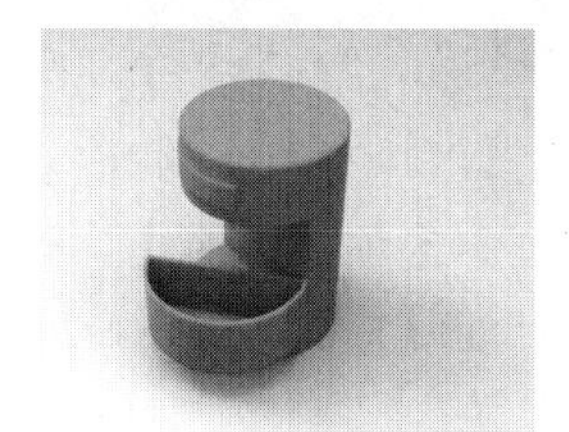
图4-219　完成笔筒模型

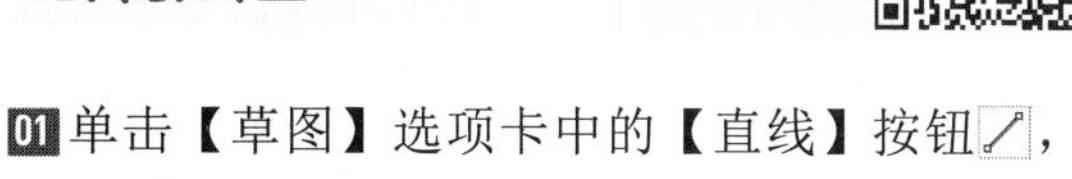

实例 095 绘制烛台

01 单击【草图】选项卡中的【直线】按钮，绘制直线，如图4-220所示。

02 单击【草图】选项卡中的【三点圆弧】按钮，绘制圆弧，如图4-221所示。

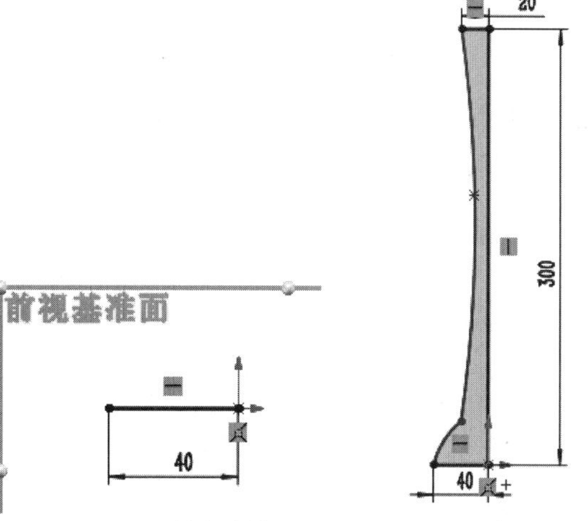

图4-220　绘制直线　　　图4-221　绘制圆弧

03 单击【特征】选项卡中的【旋转凸台/基体】按钮，创建旋转特征，如图4-222所示。

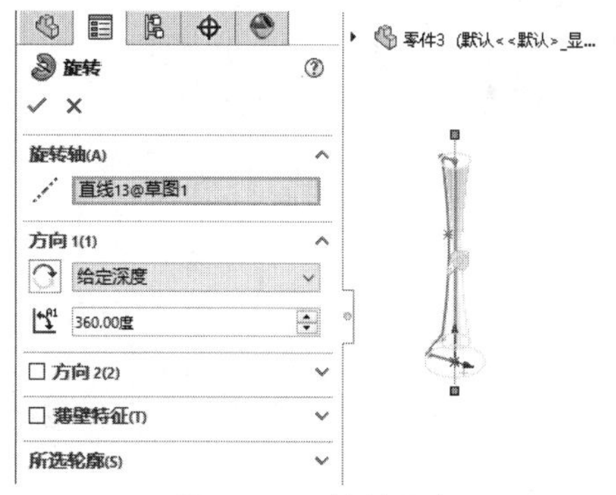

图4-222　旋转凸台

04 单击【草图】选项卡中的【三点圆弧】按钮，绘制圆弧，如图4-223所示。

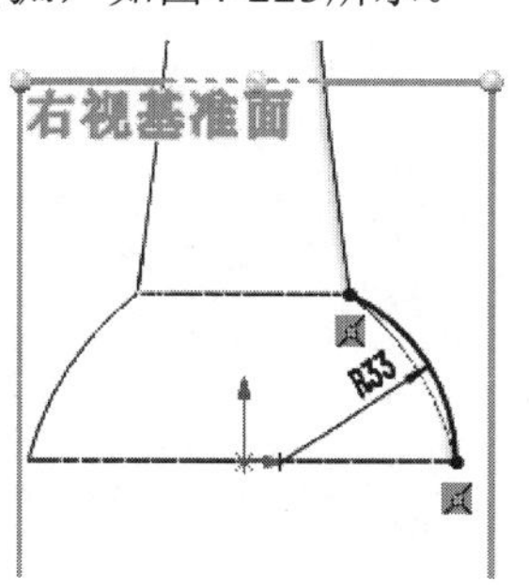

图4-223　绘制圆弧

05 单击【草图】选项卡中的【圆】按钮◎，绘制圆，如图4-224所示。

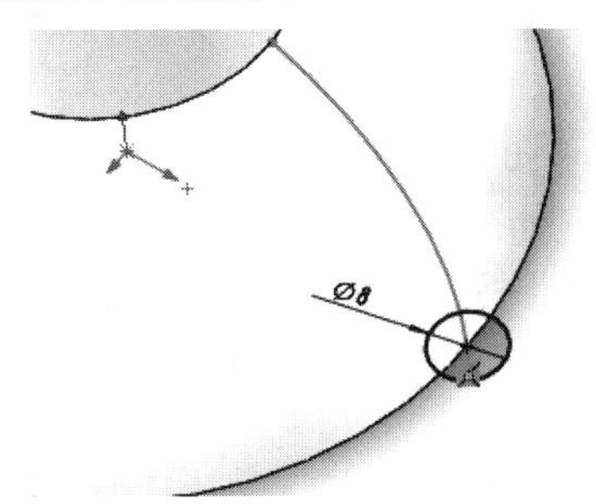

图4-224　绘制圆

06 单击【特征】选项卡中的【扫描】按钮，创建扫描特征，如图4-225所示。

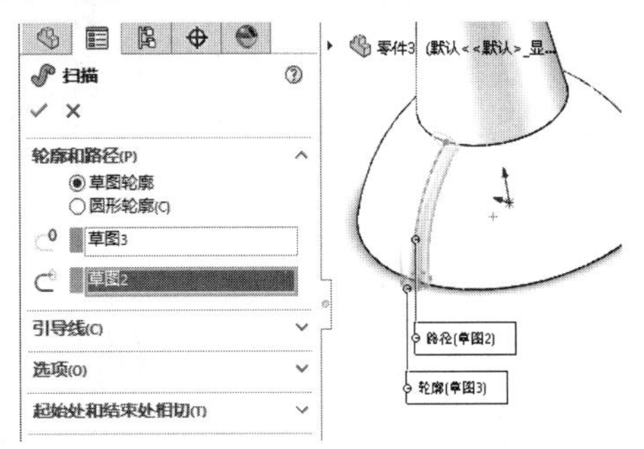

图4-225　创建扫描特征

07 单击【特征】选项卡中的【圆周阵列】按钮，创建圆周阵列特征，如图4-226所示。

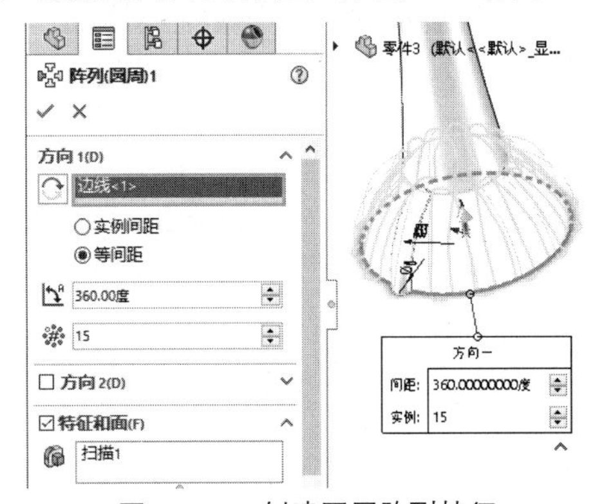

图4-226　创建圆周阵列特征

08 单击【草图】选项卡中的【圆】按钮◎，绘制圆，如图4-227所示。

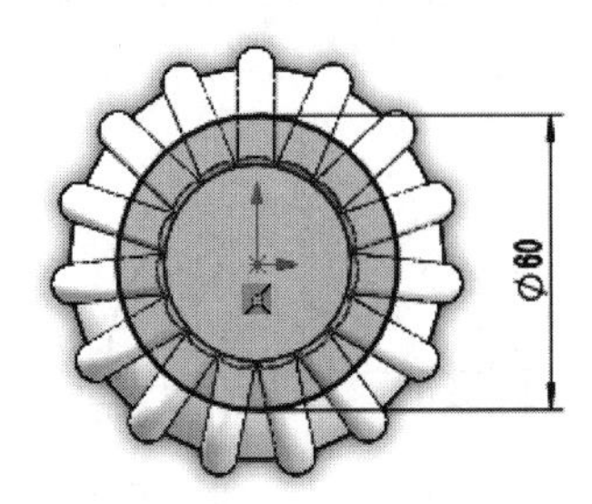

图4-227　绘制圆

09 单击【特征】选项卡中的【拉伸凸台/基体】按钮，创建拉伸特征，如图4-228所示。

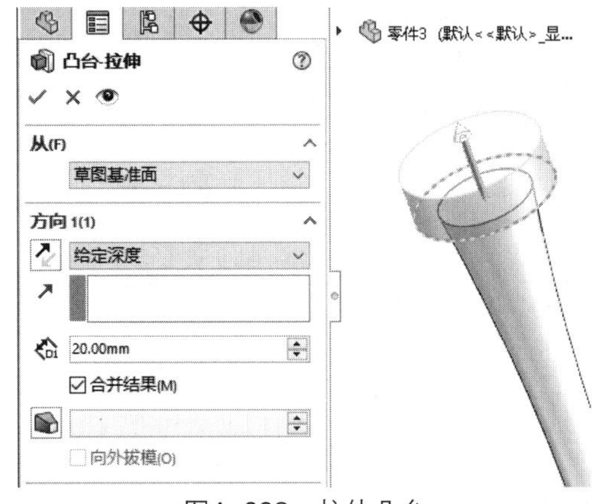

图4-228　拉伸凸台

10 单击【特征】选项卡中的【圆角】按钮，创建圆角特征，如图4-229所示。

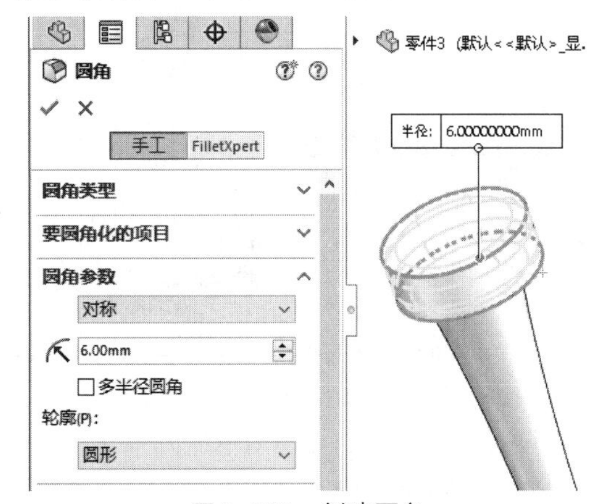

图4-229　创建圆角

11 单击【草图】选项卡中的【圆】按钮◎，绘制圆，如图4-230所示。

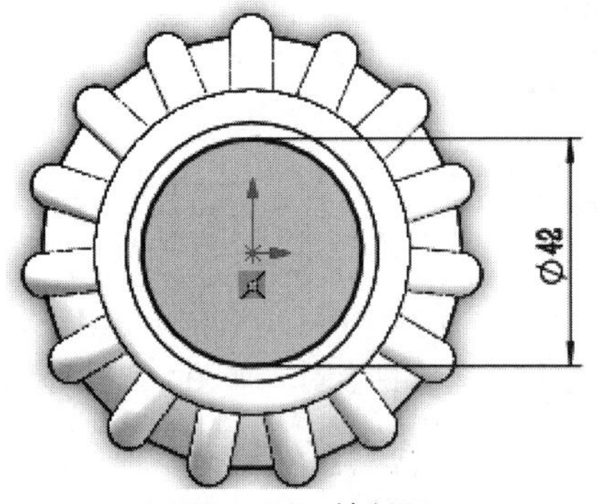

图4-230　绘制圆

12 单击【特征】选项卡中的【拉伸切除】按钮，创建拉伸切除特征，如图4-231所示。

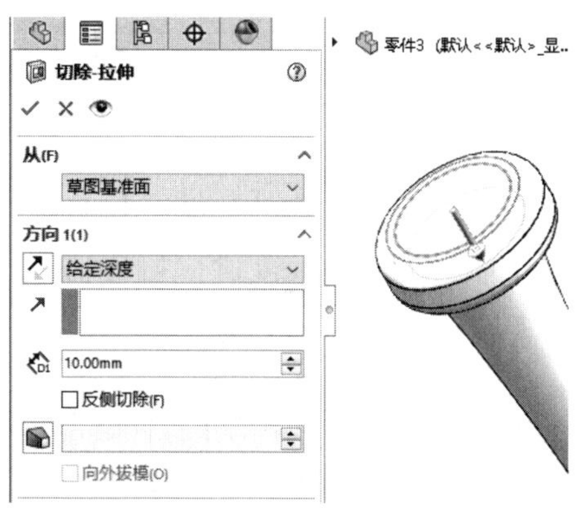

图4-231　创建拉伸切除特征

13 完成烛台模型的绘制，如图4-232所示。

图4-232　完成烛台模型

实例 096　绘制轮零件

案例源文件：ywj\04\096.prt

01 单击【草图】选项卡中的【圆】按钮，绘制圆，如图4-233所示。

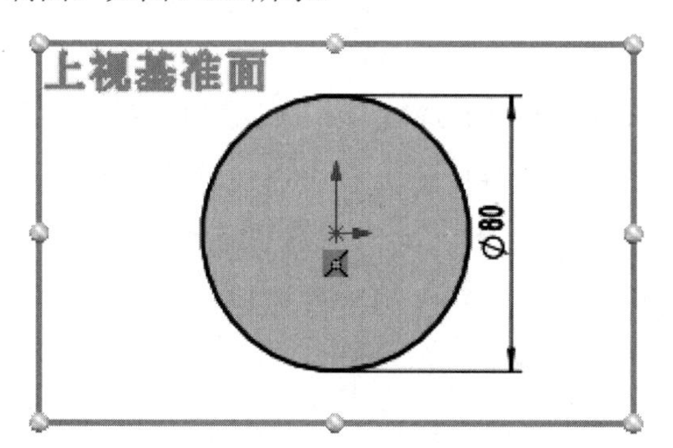

图4-233　绘制圆

02 单击【特征】选项卡中的【拉伸凸台/基体】按钮，创建拉伸特征，如图4-234所示。

03 单击【草图】选项卡中的【圆】按钮，绘制圆，如图4-235所示。

04 单击【特征】选项卡中的【拉伸切除】按钮，创建拉伸切除特征，如图4-236所示。

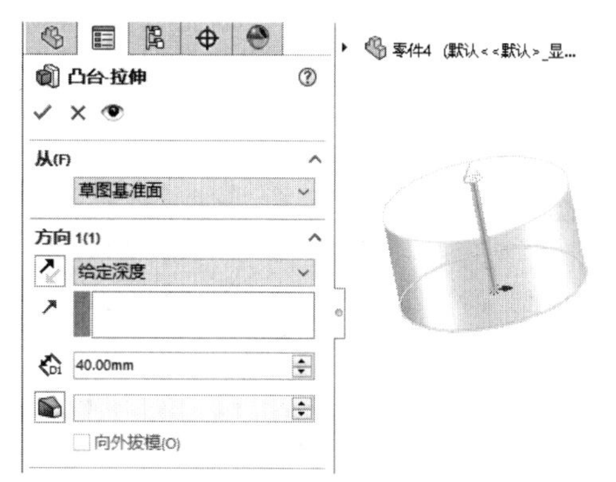

图4-234　拉伸凸台

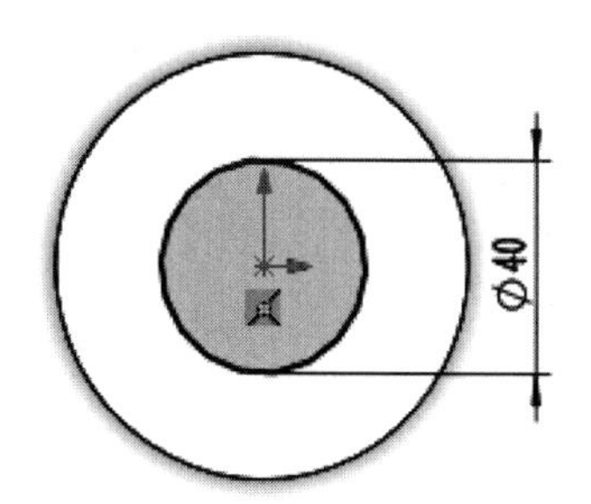

图4-235　绘制圆

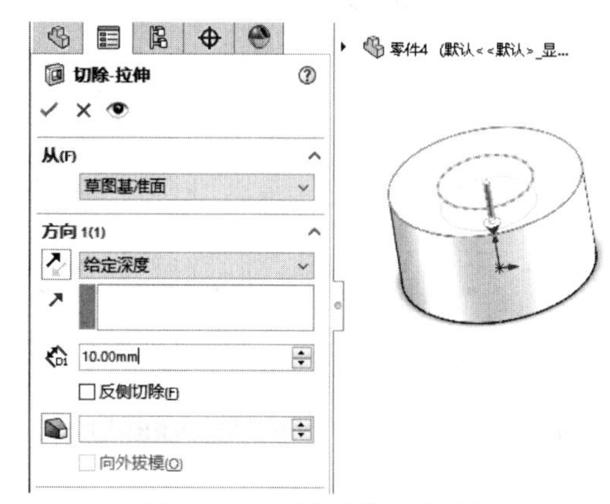

图4-236　创建拉伸切除特征

05 单击【草图】选项卡中的【直线】按钮，绘制梯形，如图4-237所示。

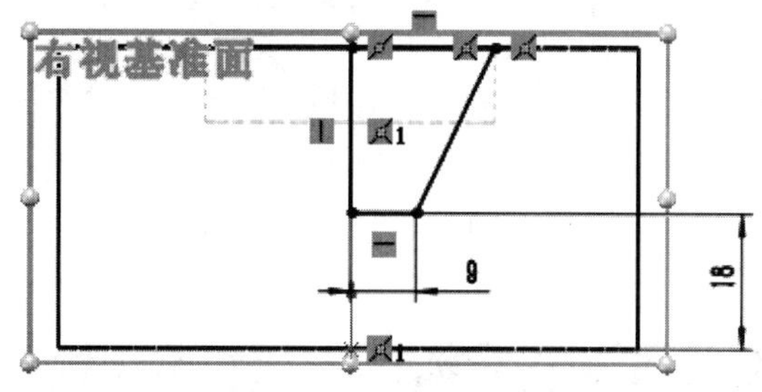

图4-237　绘制梯形

06 单击【特征】选项卡中的【拉伸切除】按钮，创建拉伸切除特征，如图4-238所示。

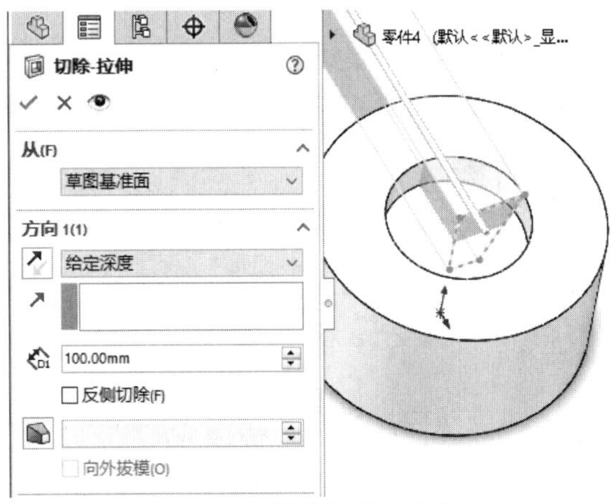

图4-238　创建拉伸切除特征

07 单击【特征】选项卡中的【圆周阵列】按钮，创建圆周阵列特征，如图4-239所示。

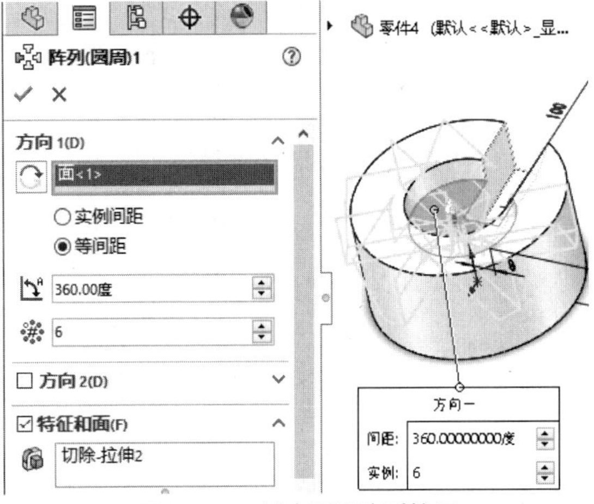

图4-239　创建圆周阵列特征

08 完成轮零件模型的绘制，如图4-240所示。

图4-240　完成轮零件模型

实例 097　绘制配重轮

案例源文件：ywj\04\097.prt

01 单击【草图】选项卡中的【圆】按钮，绘制圆，如图4-241所示。

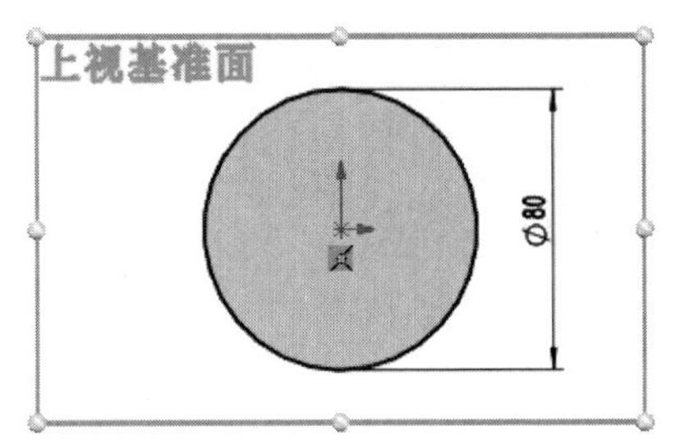

图4-241　绘制圆

02 单击【特征】选项卡中的【拉伸凸台/基体】按钮，创建拉伸特征，如图4-242所示。

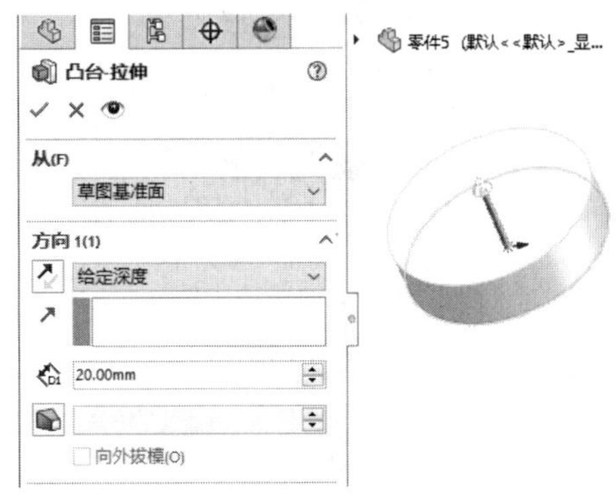

图4-242　拉伸凸台

03 单击【草图】选项卡中的【圆】按钮，绘制圆，如图4-243所示。

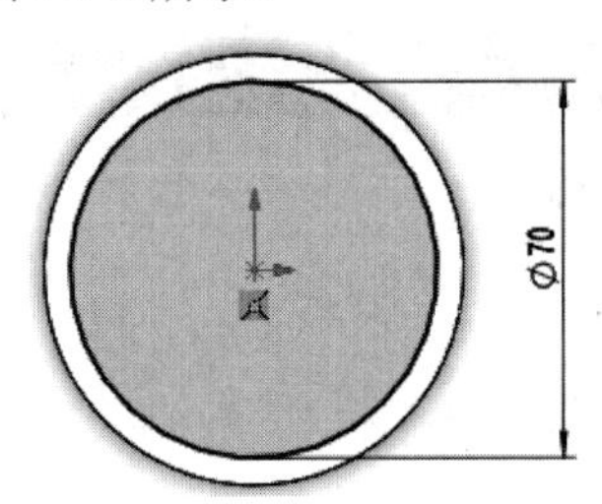

图4-243　绘制圆

04 单击【特征】选项卡中的【拉伸凸台/基体】按钮，创建拉伸特征，如图4-244所示。

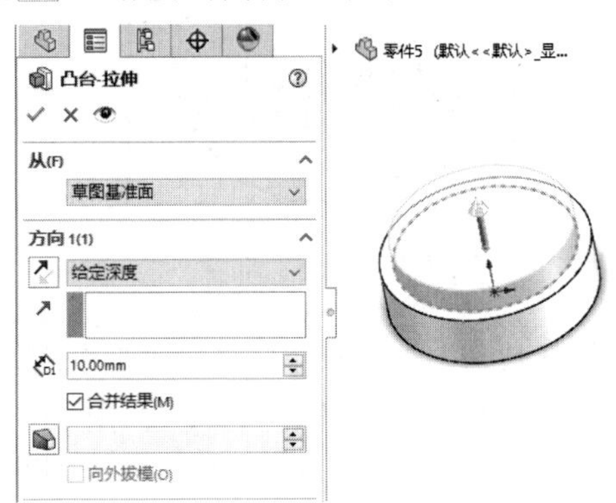

图4-244　拉伸凸台

05 单击【草图】选项卡中的【圆】按钮，绘制圆，如图4-245所示。

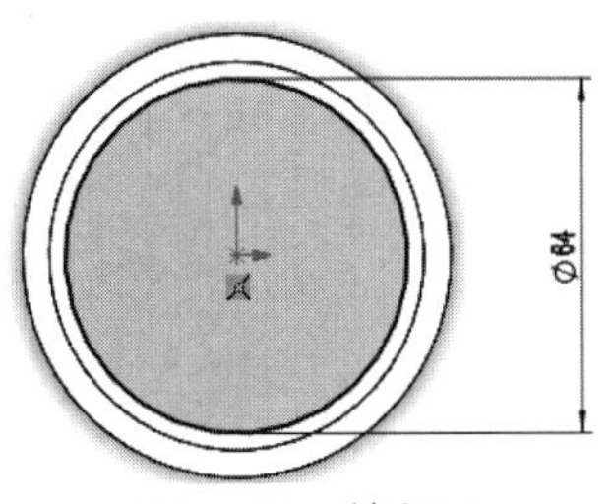

图4-245　绘制圆

06 单击【特征】选项卡中的【拉伸切除】按钮，创建拉伸切除特征，如图4-246所示。

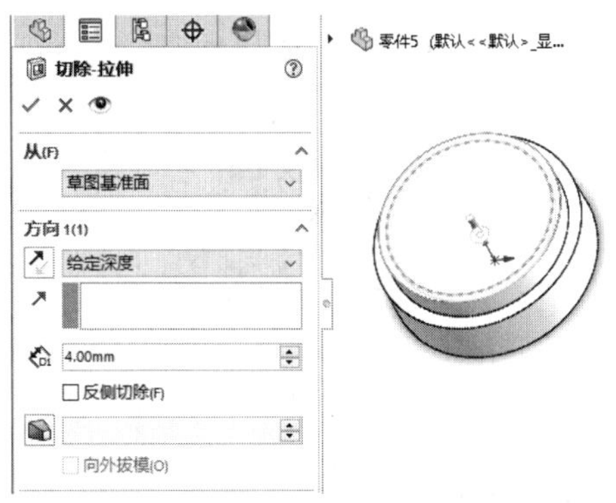

图4-246　创建拉伸切除特征

07 单击【草图】选项卡中的【圆】按钮，绘制圆，如图4-247所示。

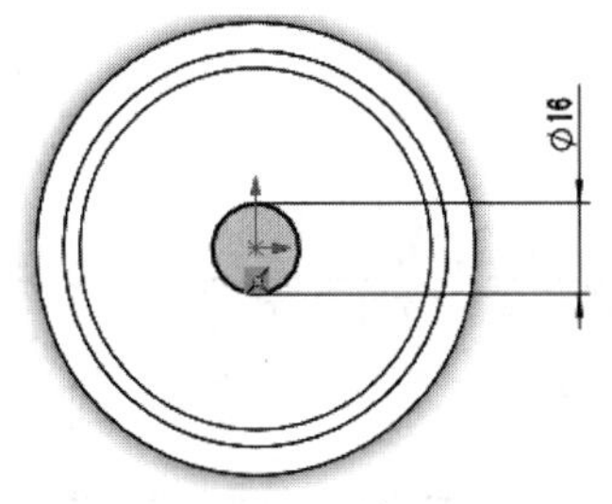

图4-247　绘制圆

08 单击【特征】选项卡中的【拉伸凸台/基体】按钮，创建拉伸特征，如图4-248所示。

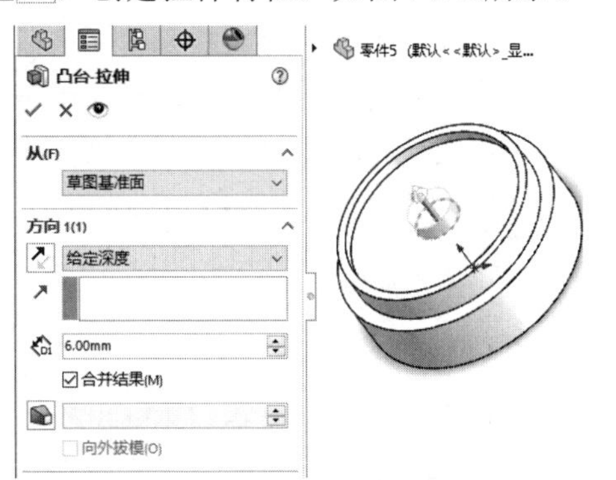

图4-248　拉伸凸台

09 单击【特征】选项卡中的【圆角】按钮，创建圆角特征，如图4-249所示。

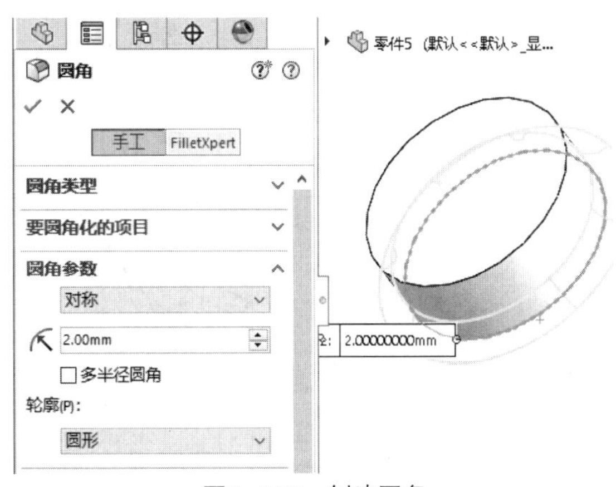

图4-249　创建圆角

10 单击【草图】选项卡中的【边角矩形】按钮，绘制矩形，如图4-250所示。

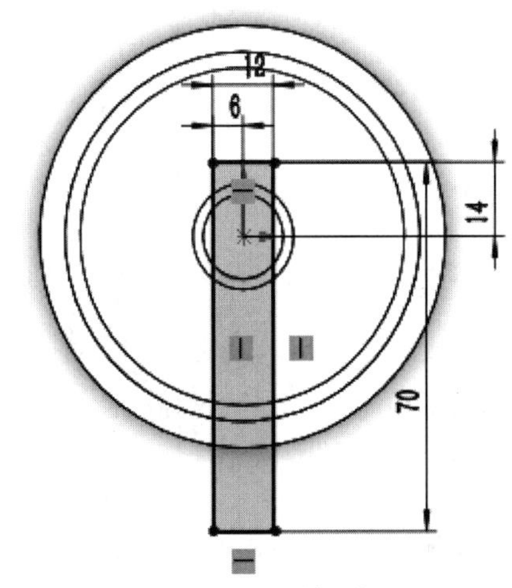

图4-250　绘制矩形

11 单击【特征】选项卡中的【拉伸凸台/基体】按钮，创建拉伸特征，如图4-251所示。

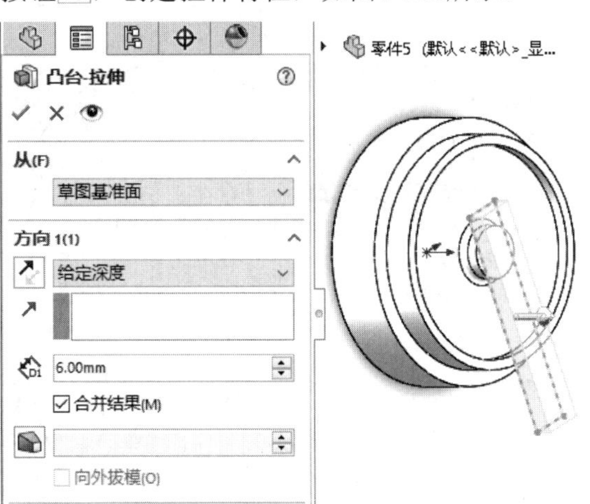

图4-251　拉伸凸台

12 单击【草图】选项卡中的【边角矩形】按钮，绘制矩形，如图4-252所示。

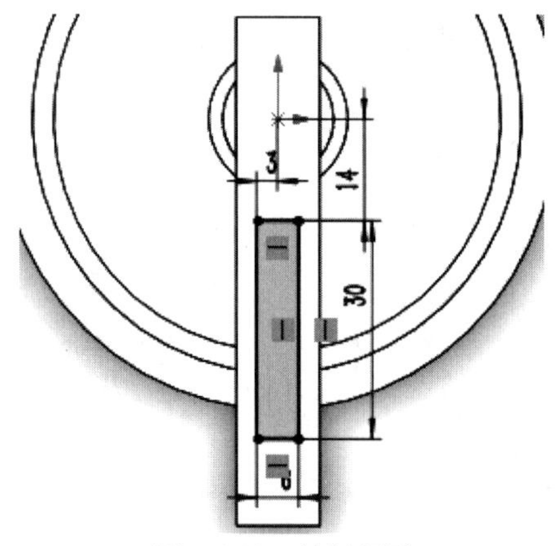

图4-252　绘制矩形

13 单击【特征】选项卡中的【拉伸切除】按钮，创建拉伸切除特征，如图4-253所示。

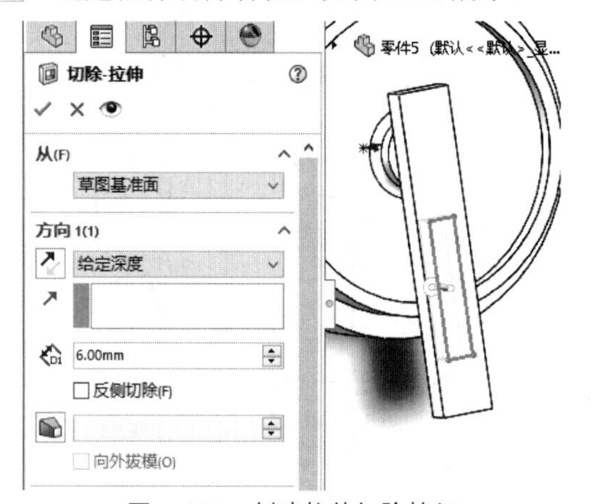

图4-253　创建拉伸切除特征

14 单击【特征】选项卡中的【倒角】按钮，创建倒角特征，如图4-254所示。

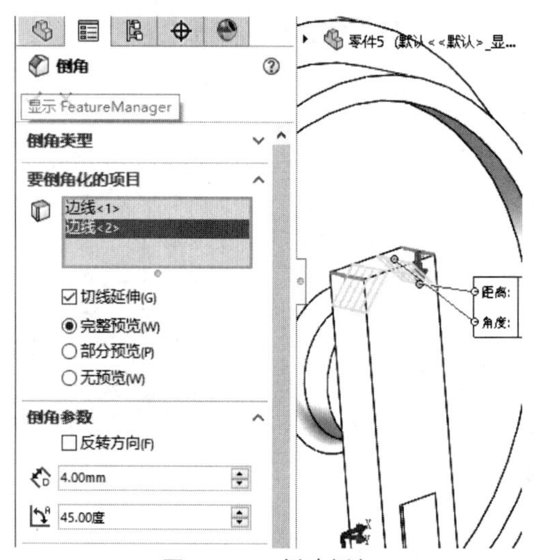

图4-254　创建倒角

15 单击【特征】选项卡中的【圆角】按钮，创建圆角特征，如图4-255所示。

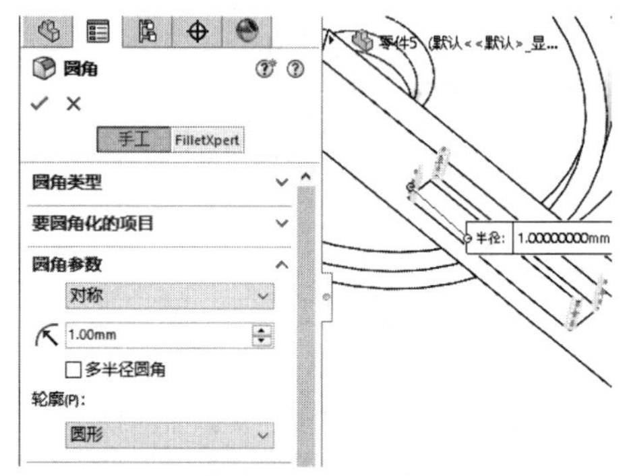

图4-255　创建圆角

16 完成配重轮模型的绘制，如图4-256所示。

图4-256　完成配重轮模型

实例 098 绘制滑车

案例源文件：ywj\04\098.prt

01 单击【草图】选项卡中的【边角矩形】按钮，绘制矩形，如图4-257所示。

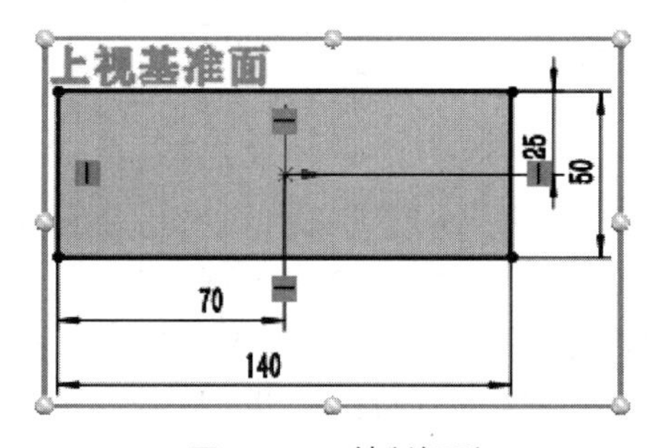

图4-257　绘制矩形

02 单击【特征】选项卡中的【拉伸凸台/基体】按钮，创建拉伸特征，如图4-258所示。

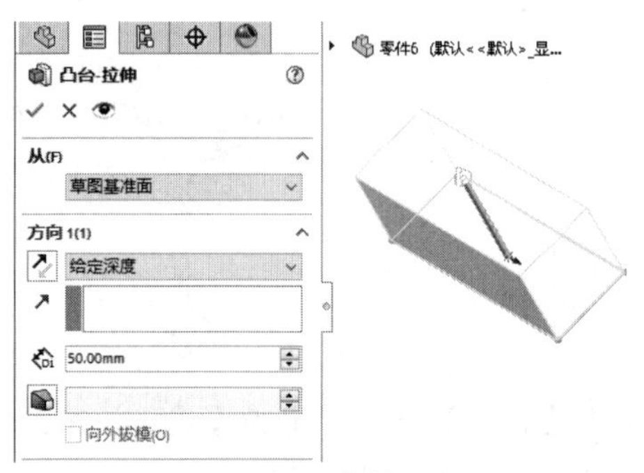

图4-258　拉伸凸台

03 单击【特征】选项卡中的【异型孔向导】按钮，创建孔特征，如图4-259所示。

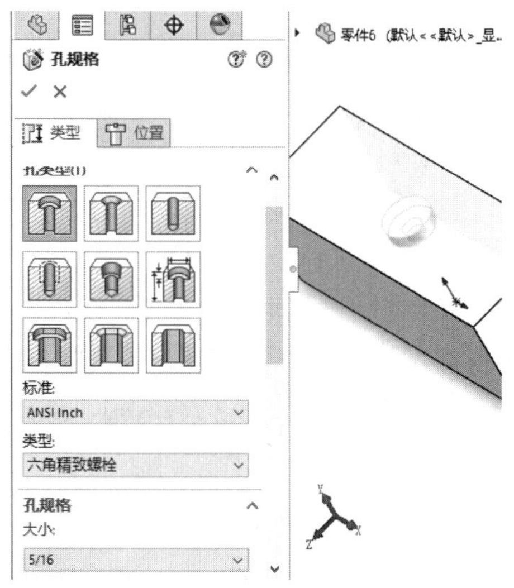

图4-259 创建孔

04 单击【草图】选项卡中的【圆】按钮，绘制圆，如图4-260所示。

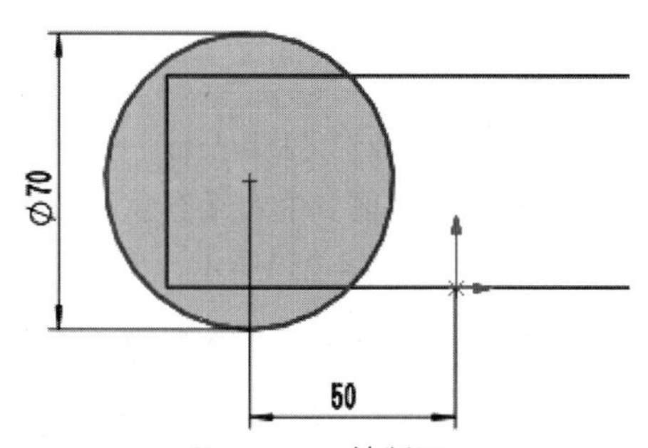

图4-260 绘制圆

05 单击【特征】选项卡中的【拉伸凸台/基体】按钮，创建拉伸特征，如图4-261所示。

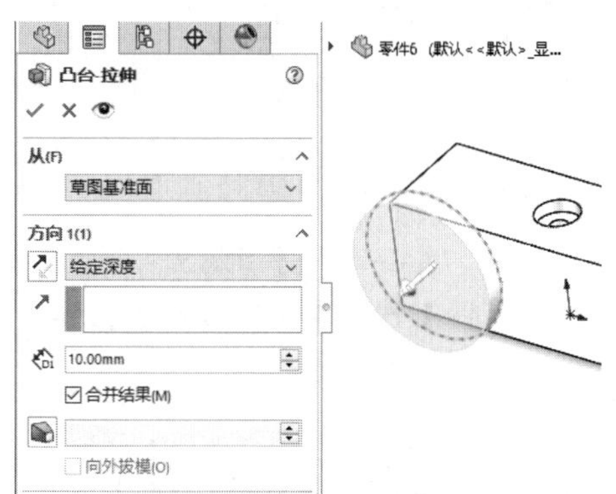

图4-261 拉伸凸台

06 单击【特征】选项卡中的【圆角】按钮，创建圆角特征，如图4-262所示。

07 单击【草图】选项卡中的【圆】按钮，绘制圆，如图4-263所示。

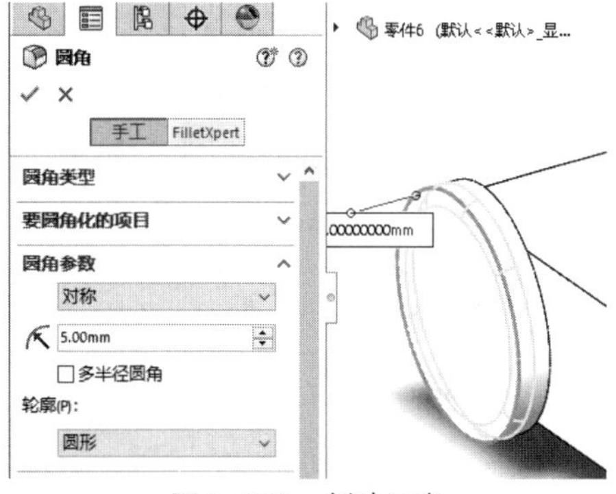

图4-262 创建圆角

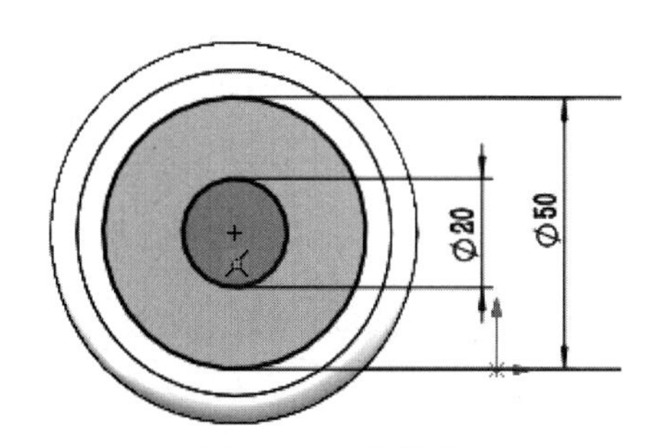

图4-263 绘制圆

08 单击【特征】选项卡中的【拉伸切除】按钮，创建拉伸切除特征，如图4-264所示。

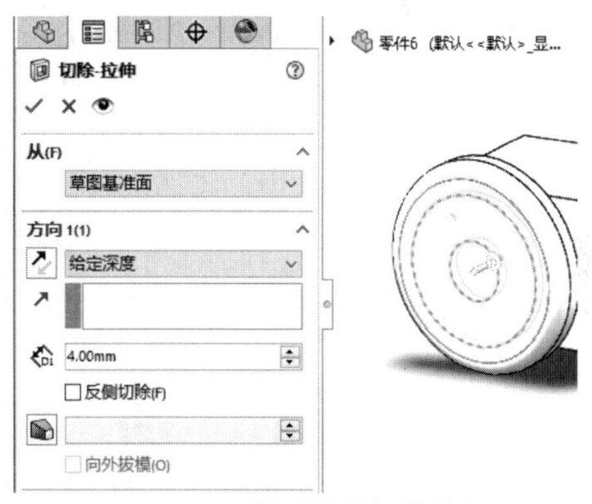

图4-264 创建拉伸切除特征

09 单击【特征】选项卡中的【线性阵列】按钮，创建线性阵列特征，如图4-265所示。

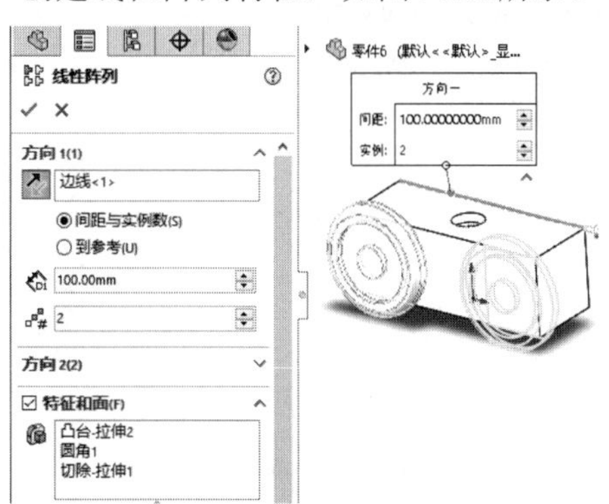

图4-265 创建线性阵列特征

10 单击【特征】选项卡中的【镜像】按钮，创建镜像特征，如图4-266所示。

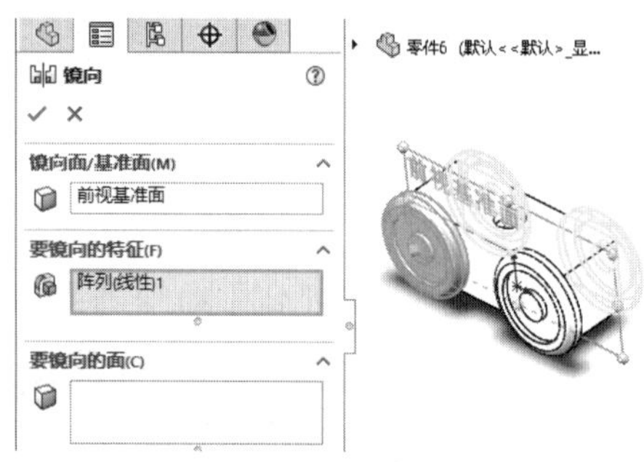

图4-266　创建镜像特征

11 完成滑车模型的绘制，如图4-267所示。

图4-267　完成滑车模型

实例 099　绘制紧固螺栓

案例源文件：ywj \04\099.prt

01 单击【草图】选项卡中的【圆】按钮，绘制圆，如图4-268所示。

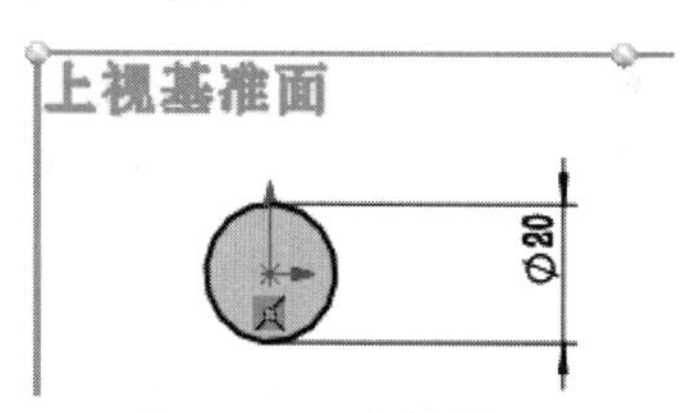

图4-268　绘制圆

02 单击【特征】选项卡中的【拉伸凸台/基体】按钮，创建拉伸特征，如图4-269所示。

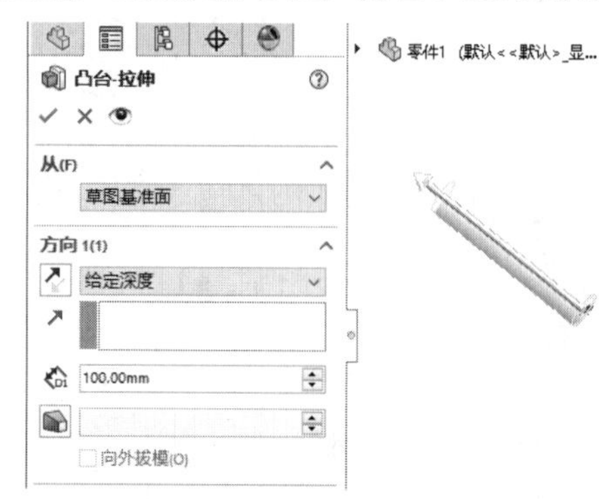

图4-269　拉伸凸台

03 单击【草图】选项卡中的【圆】按钮，绘制圆，如图4-270所示。

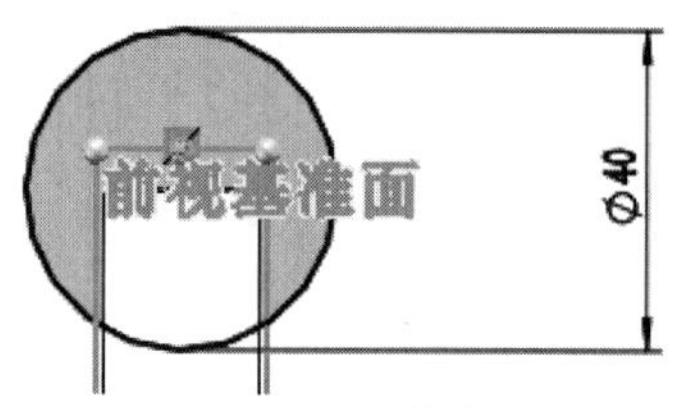

图4-270　绘制圆

04 单击【特征】选项卡中的【拉伸凸台/基体】按钮，创建拉伸特征，如图4-271所示。

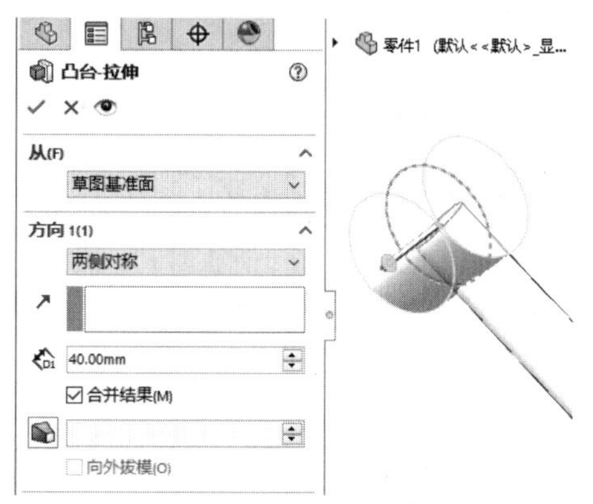

图4-271　拉伸凸台

05 单击【特征】选项卡中的【圆角】按钮，创建圆角特征，如图4-272所示。

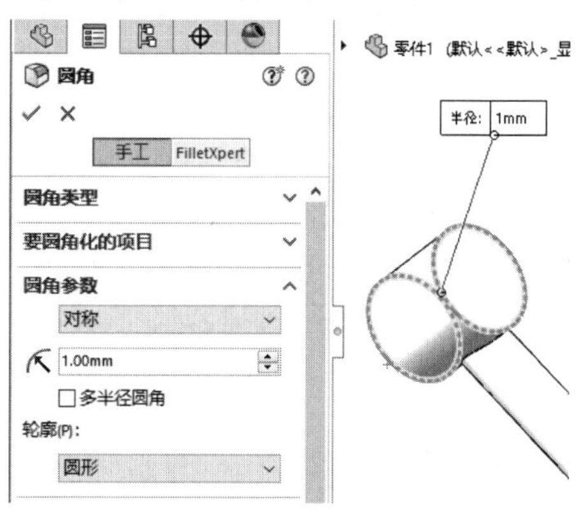

图4-272　创建圆角

06 单击【草图】选项卡中的【圆】按钮，绘制圆，如图4-273所示。

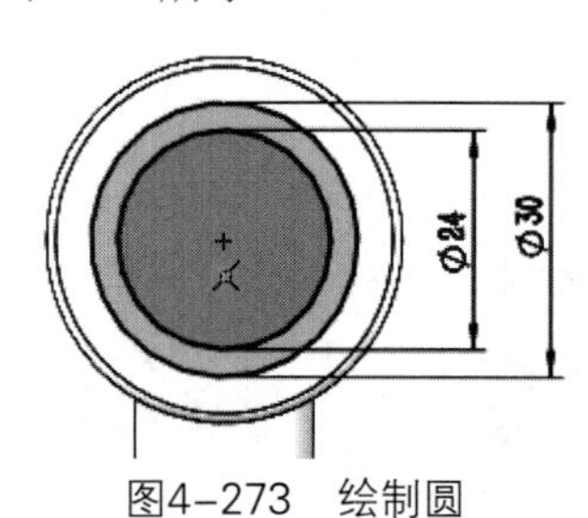

图4-273　绘制圆

07 单击【草图】选项卡中的【直线】按钮，绘制直线，如图4-274所示。

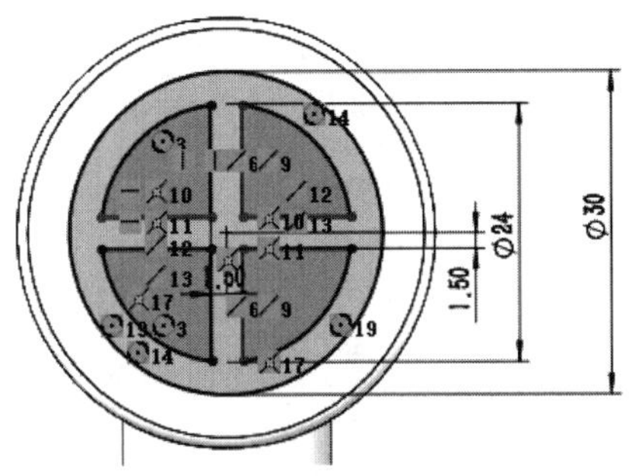

图4-274 绘制直线图形

08 单击【特征】选项卡中的【拉伸切除】按钮，创建拉伸切除特征，如图4-275所示。

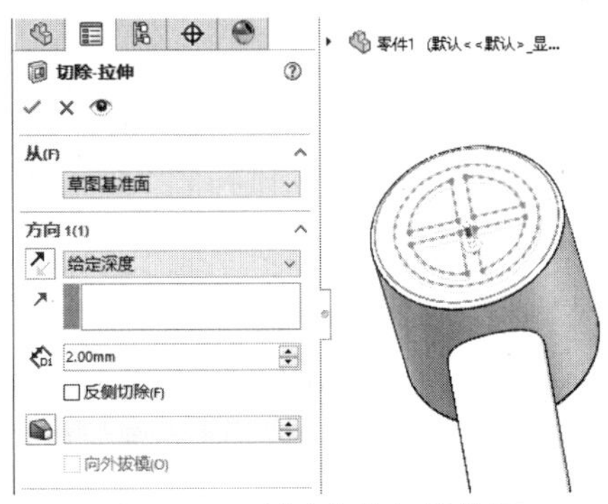

图4-275 创建拉伸切除特征

09 单击【草图】选项卡中的【圆】按钮，绘制圆，如图4-276所示。

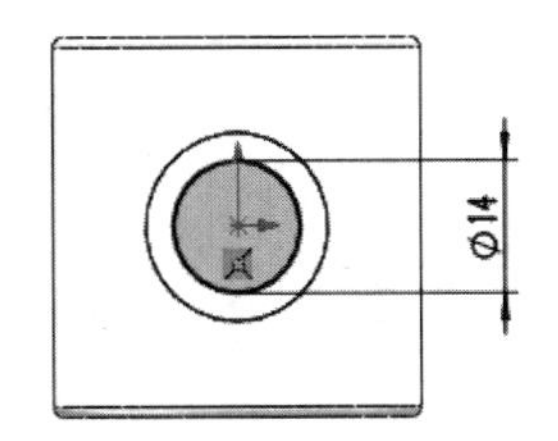

图4-276 绘制圆

10 单击【特征】选项卡中的【拉伸凸台/基体】按钮，创建拉伸特征，如图4-277所示。

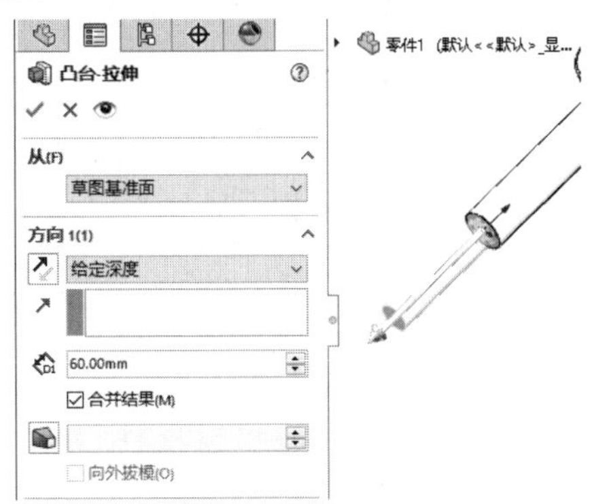

图4-277 拉伸凸台

11 单击【特征】选项卡中的【螺旋线/涡状线】按钮，绘制螺旋线，如图4-278所示。

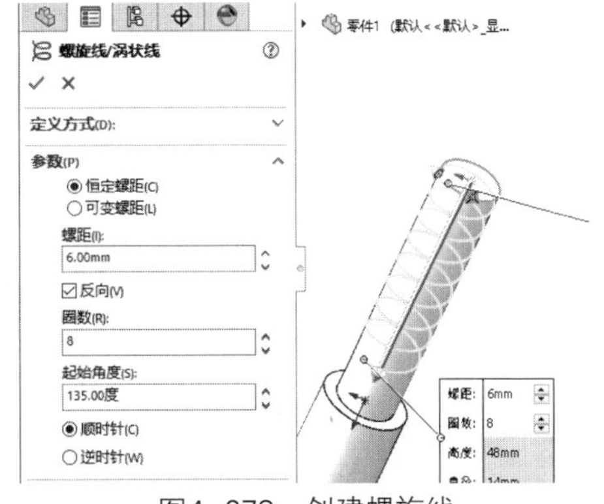

图4-278 创建螺旋线

12 单击【草图】选项卡中的【圆】按钮，绘制圆，如图4-279所示。

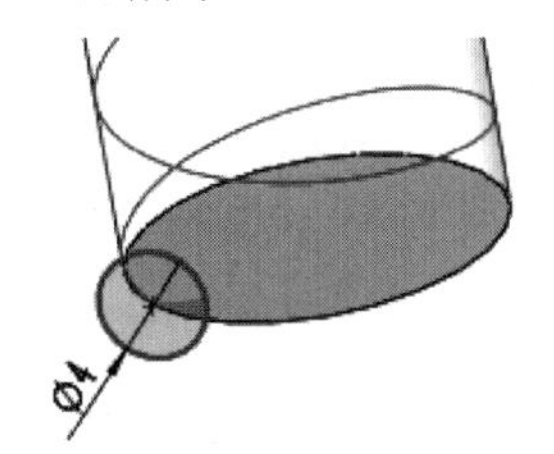

图4-279 绘制圆

13 单击【特征】选项卡中的【扫描】按钮，创建扫描特征，如图4-280所示。

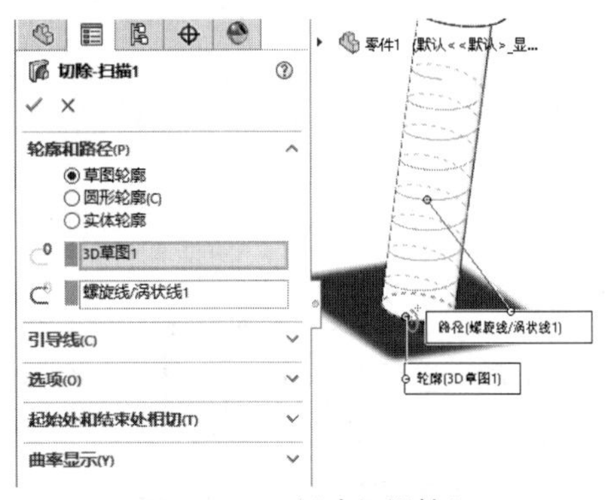

图4-280 创建扫描特征

14 完成紧固螺栓模型的绘制，如图4-281所示。

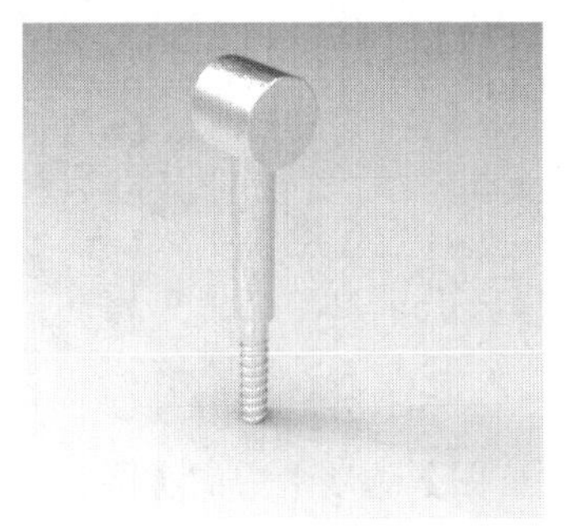

图4-281 完成紧固螺栓模型

实例 100 绘制偏心轮

案例源文件：ywj\04\100.prt

01 单击【草图】选项卡中的【圆】按钮，绘制圆，如图4-282所示。

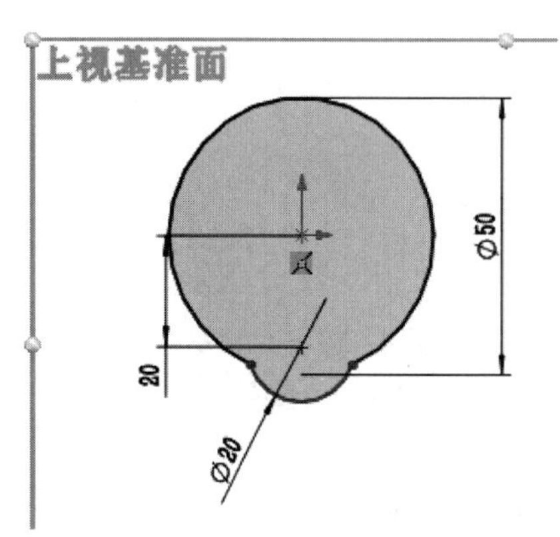

图4-282 绘制圆

02 单击【特征】选项卡中的【拉伸凸台/基体】按钮，创建拉伸特征，如图4-283所示。

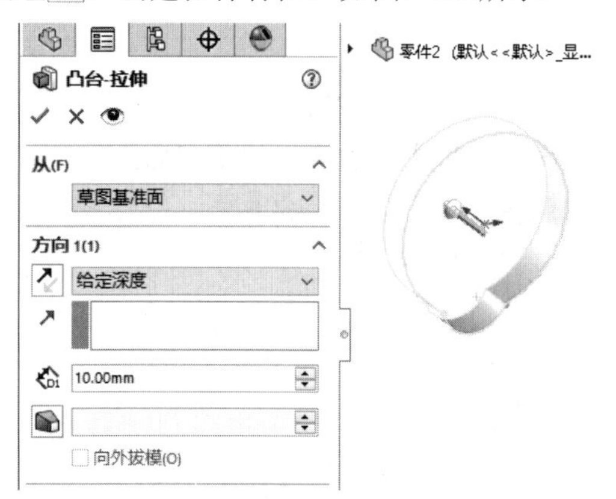

图4-283 拉伸凸台

03 单击【特征】选项卡中的【倒角】按钮，创建倒角特征，如图4-284所示。

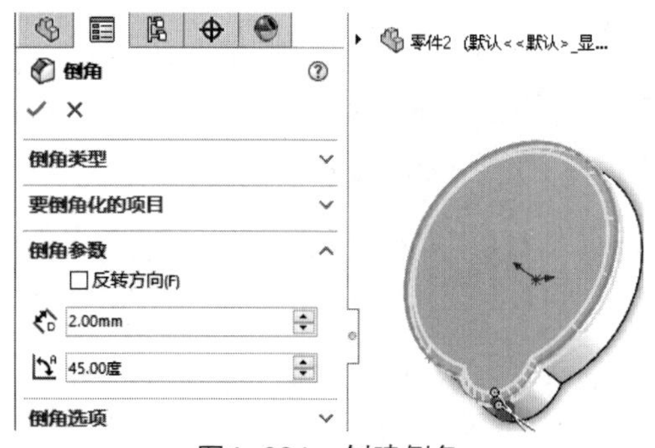

图4-284 创建倒角

04 单击【草图】选项卡中的【圆】按钮，绘制圆，如图4-285所示。

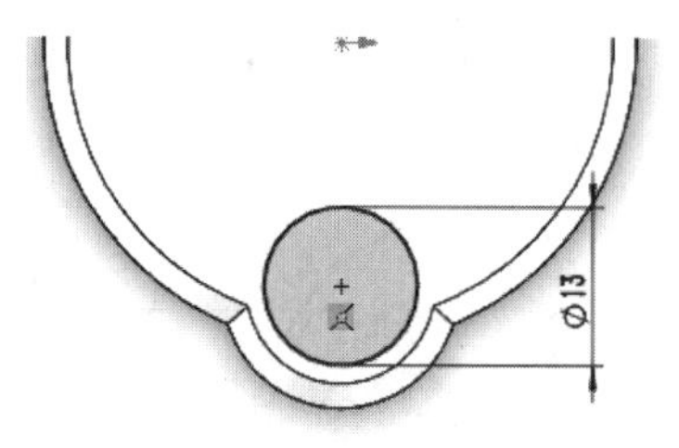

图4-285 绘制圆

05 单击【特征】选项卡中的【拉伸凸台/基体】按钮，创建拉伸特征，如图4-286所示。

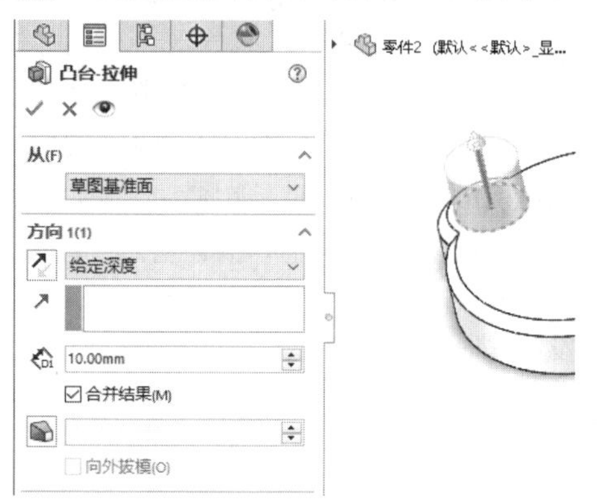

图4-286 拉伸凸台

06 单击【特征】选项卡中的【圆角】按钮，创建圆角特征，如图4-287所示。

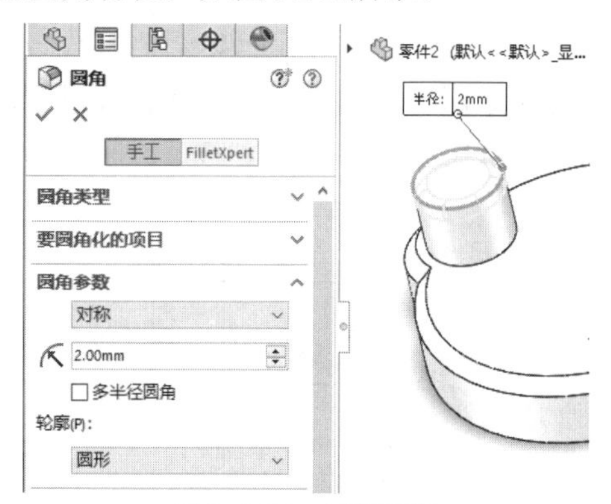

图4-287 创建圆角

07 单击【草图】选项卡中的【圆】按钮，绘制圆，并剪裁为圆弧，如图4-288所示。

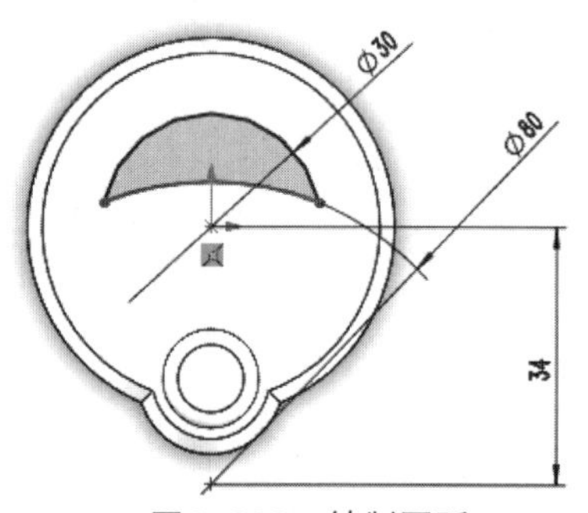

图4-288 绘制圆弧

08 单击【特征】选项卡中的【拉伸切除】按钮，创建拉伸切除特征，如图4-289所示。

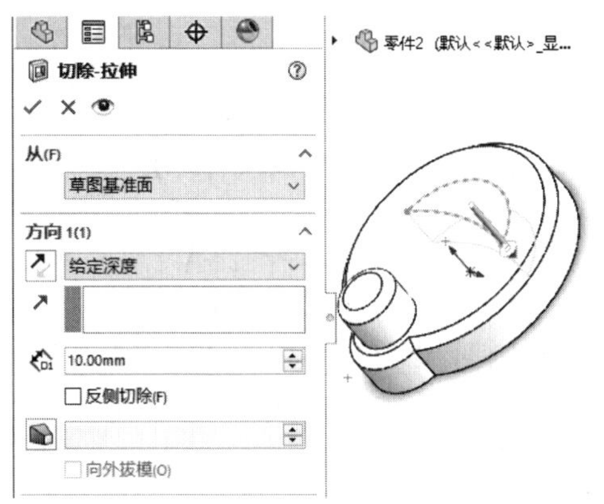

图4-289　创建拉伸切除特征

09 单击【特征】选项卡中的【圆角】按钮，创建圆角特征，如图4-290所示。

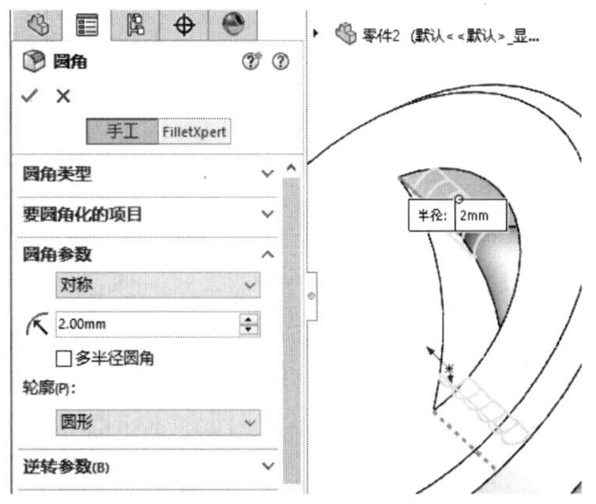

图4-290　创建圆角

10 完成偏心轮模型的绘制，如图4-291所示。

图4-291　完成偏心轮模型

实例 101　绘制手轮

案例源文件：ywj\04\101.prt

01 单击【草图】选项卡中的【圆】按钮，绘制圆，如图4-292所示。

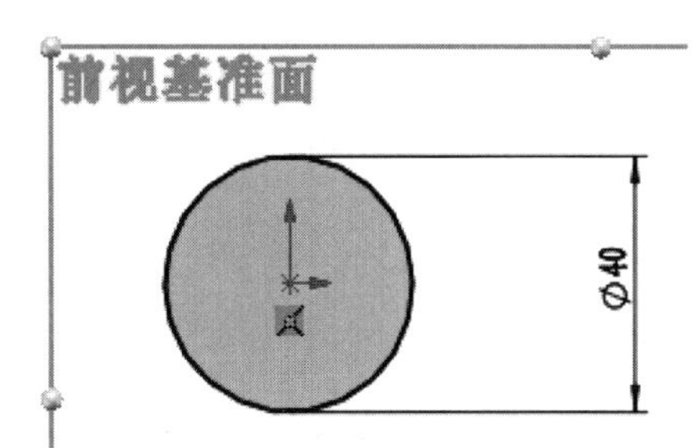

图4-292　绘制圆

02 单击【特征】选项卡中的【拉伸凸台/基体】按钮，创建拉伸特征，如图4-293所示。

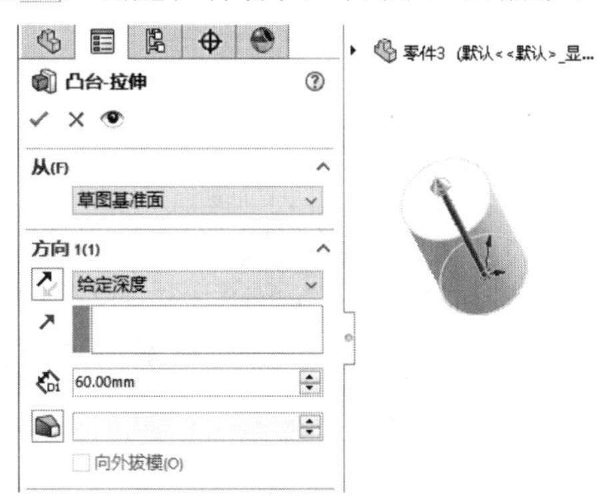

图4-293　拉伸凸台

03 单击【草图】选项卡中的【圆】按钮，绘制圆，如图4-294所示。

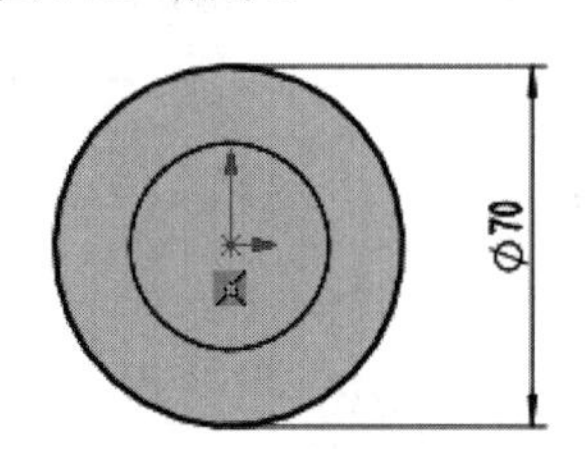

图4-294　绘制圆

04 单击【特征】选项卡中的【拉伸凸台/基体】按钮，创建拉伸特征，如图4-295所示。

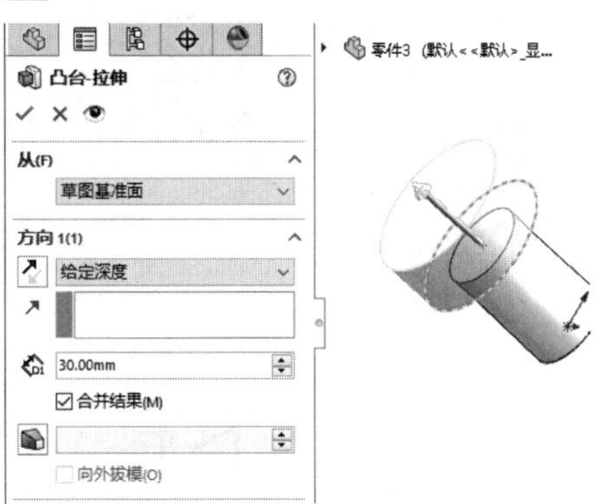

图4-295　拉伸凸台

05 单击【特征】选项卡中的【基准面】按钮，创建基准面，如图4-296所示。

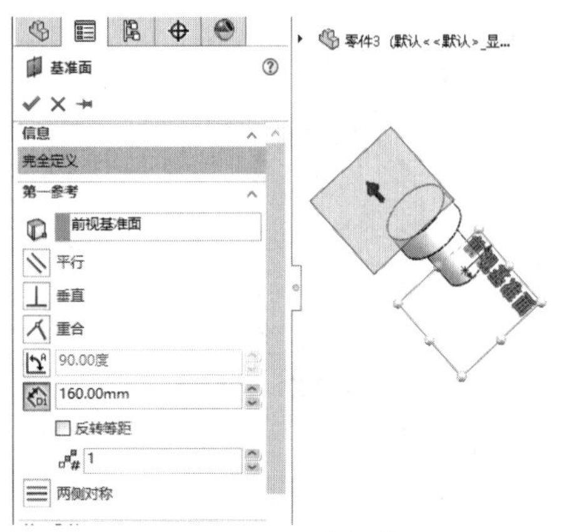

图4-296 创建基准面

06 单击【草图】选项卡中的【圆】按钮，绘制圆，如图4-297所示。

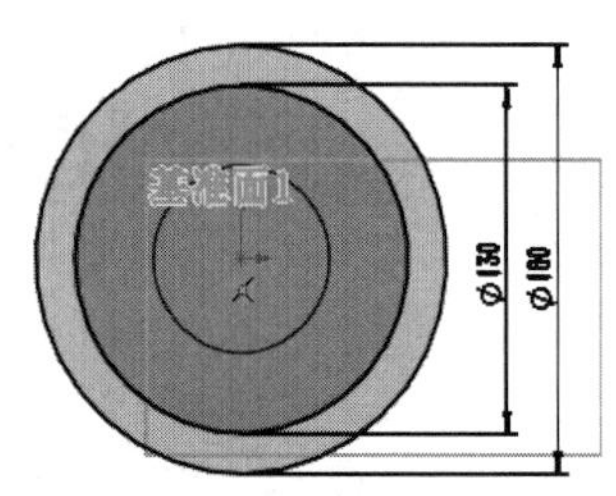

图4-297 绘制圆

07 单击【特征】选项卡中的【拉伸凸台/基体】按钮，创建拉伸特征，如图4-298所示。

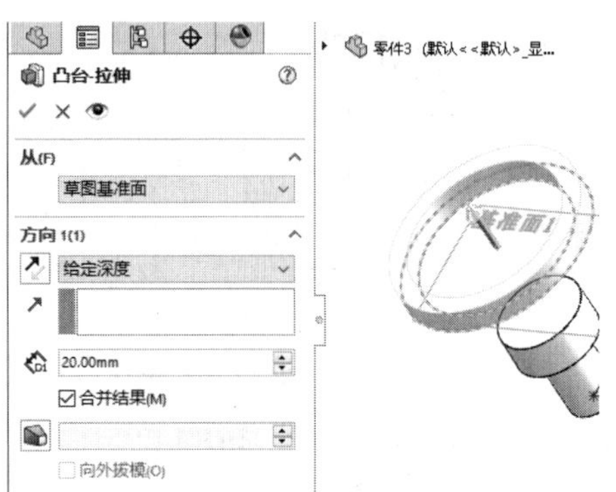

图4-298 拉伸凸台

08 单击【草图】选项卡中的【直线】按钮，绘制直线，如图4-299所示。

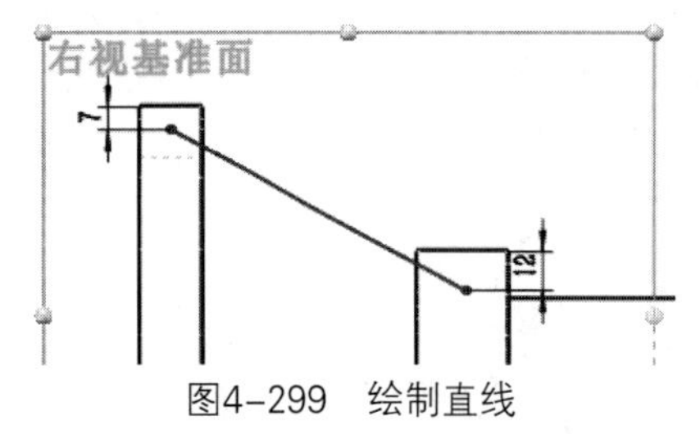

图4-299 绘制直线

09 单击【草图】选项卡中的【圆】按钮，绘制圆，如图4-300所示。

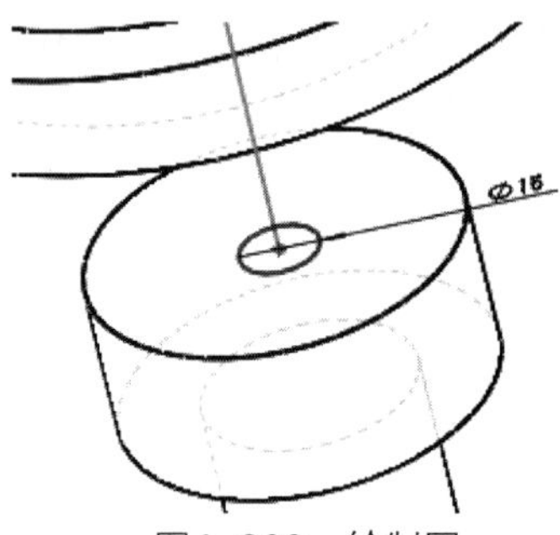

图4-300 绘制圆

10 单击【特征】选项卡中的【扫描】按钮，创建扫描特征，如图4-301所示。

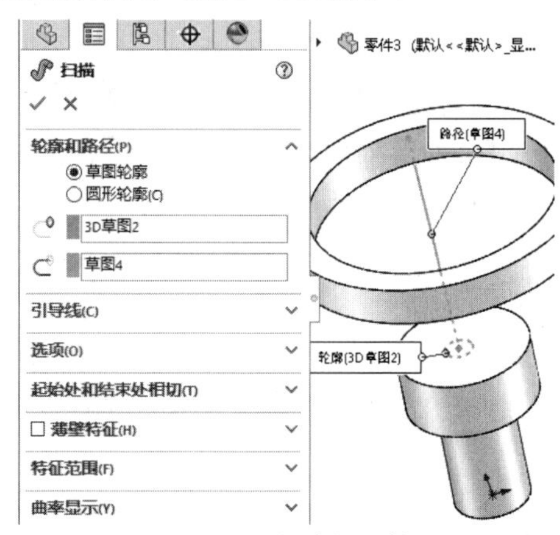

图4-301 创建扫描特征

11 单击【特征】选项卡中的【圆周阵列】按钮，创建圆周阵列特征，如图4-302所示。

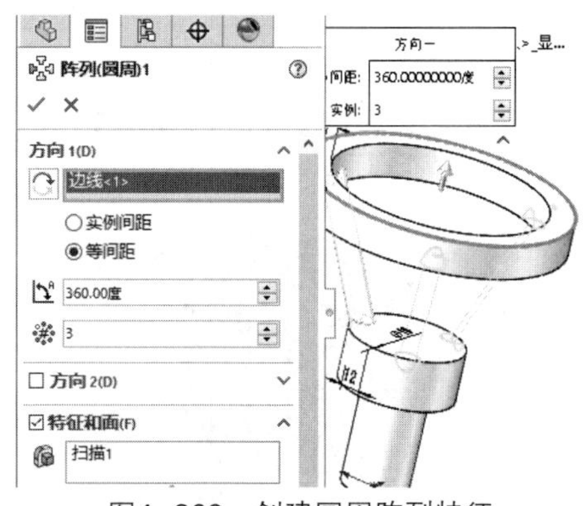

图4-302 创建圆周阵列特征

12 单击【草图】选项卡中的【圆】按钮，绘制圆，如图4-303所示。

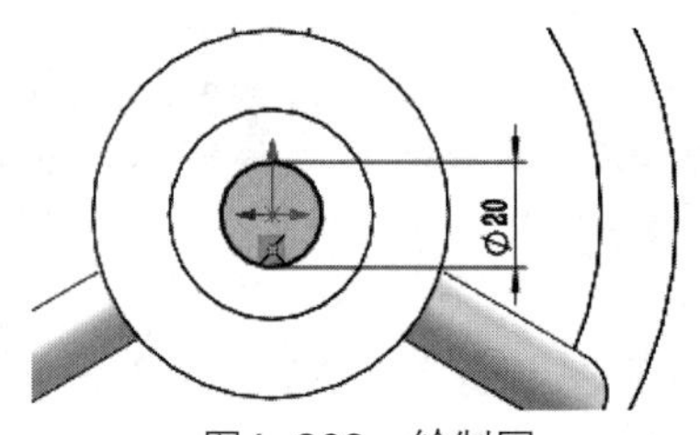

图4-303 绘制圆

13 单击【特征】选项卡中的【拉伸切除】按钮，创建拉伸切除特征，如图4-304所示。

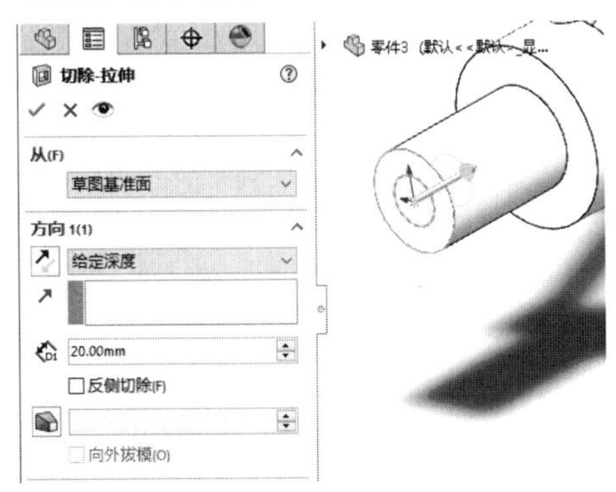

图4-304　创建拉伸切除特征

14 单击【特征】选项卡中的【倒角】按钮，创建倒角特征，如图4-305所示。

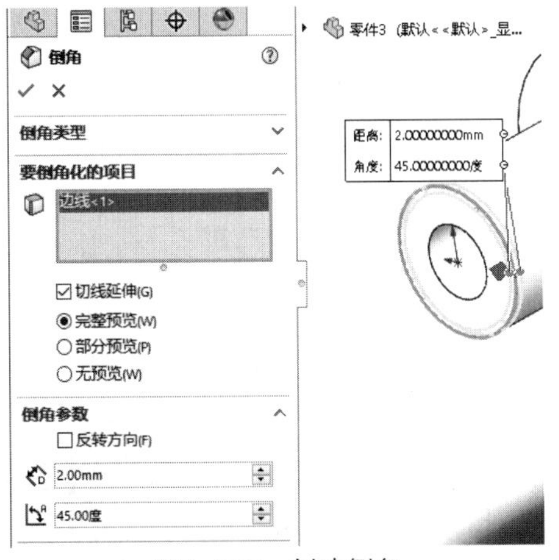

图4-305　创建倒角

15 完成手轮模型的绘制，如图4-306所示。

图4-306　完成手轮模型

实例 102

案例源文件：ywj\04\102.prt

绘制减速器

01 单击【草图】选项卡中的【圆】按钮，绘制圆，如图4-307所示。

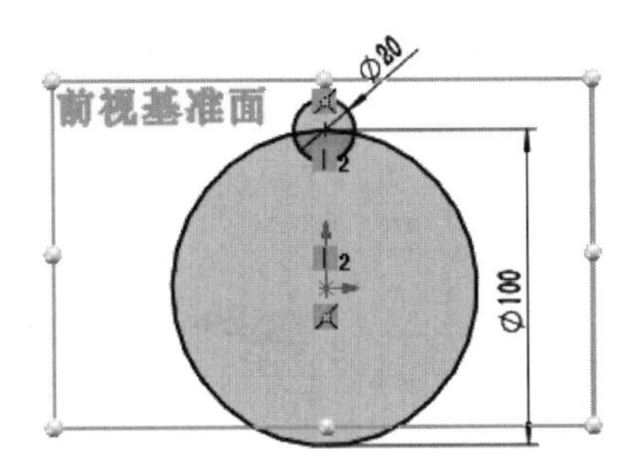

图4-307　绘制圆

02 单击【草图】选项卡中的【剪裁实体】按钮，剪裁图形，如图4-308所示。

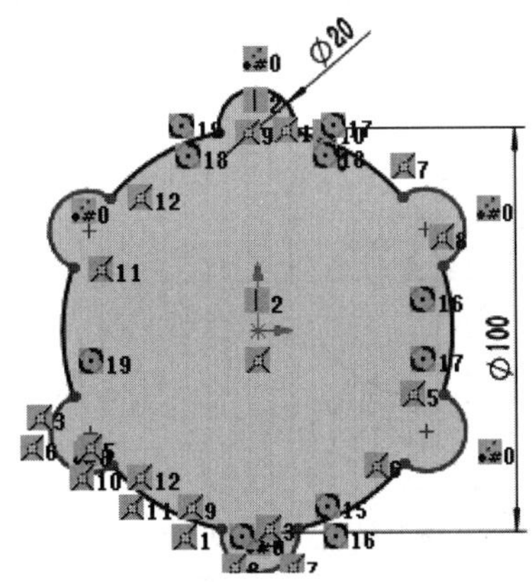

图4-308　剪裁图形

03 单击【特征】选项卡中的【拉伸凸台/基体】按钮，创建拉伸特征，如图4-309所示。

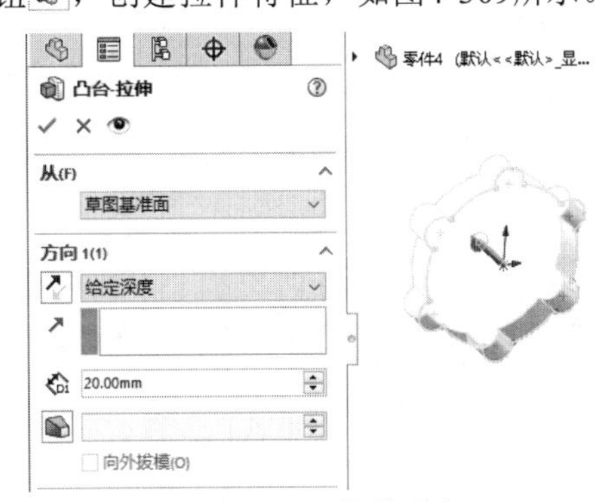

图4-309　拉伸凸台

04 单击【草图】选项卡中的【直线】按钮，绘制草图，如图4-310所示。

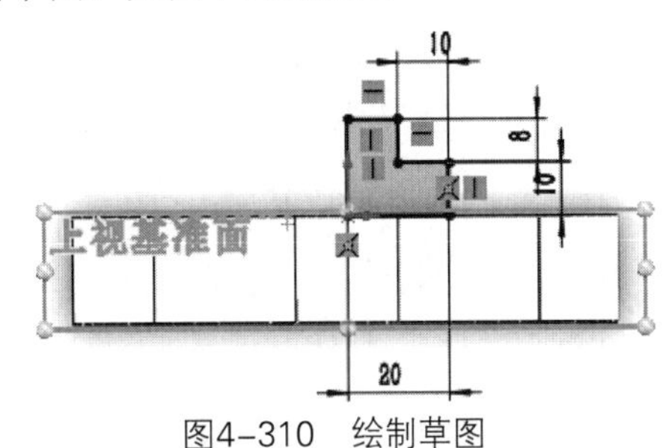

图4-310　绘制草图

05 单击【特征】选项卡中的【旋转凸台/基体】按钮，创建旋转特征，如图4-311所示。

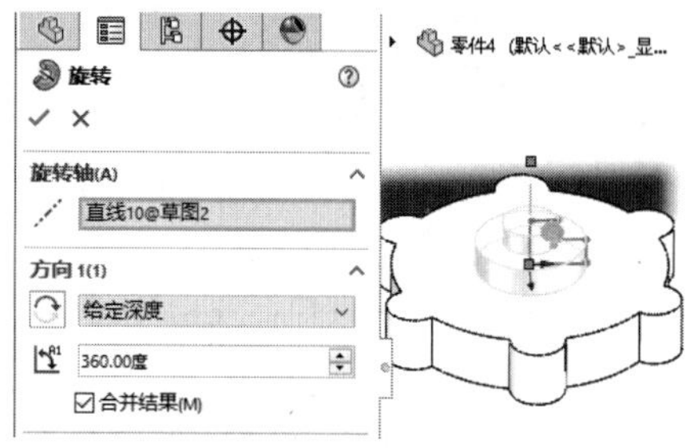

图4-311 旋转凸台

06 单击【草图】选项卡中的【边角矩形】按钮，绘制矩形，如图4-312所示。

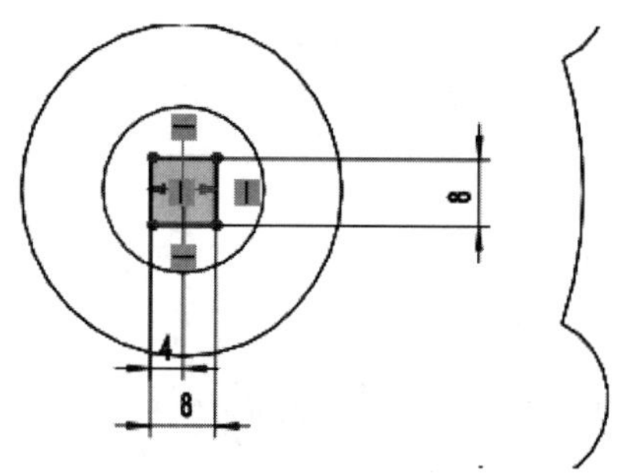

图4-312 绘制矩形

07 单击【特征】选项卡中的【拉伸凸台/基体】按钮，创建拉伸特征，如图4-313所示。

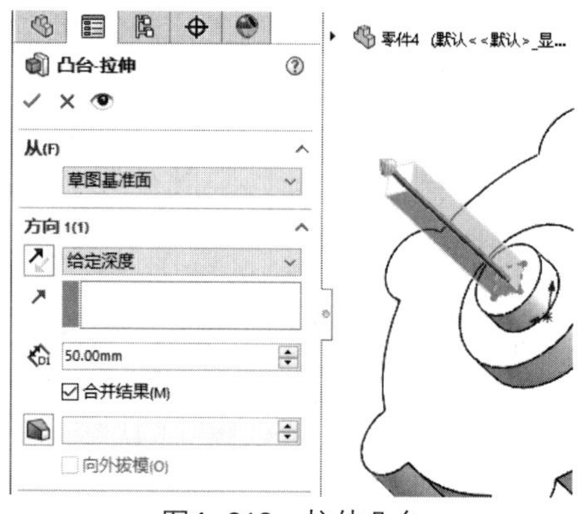

图4-313 拉伸凸台

08 单击【草图】选项卡中的【圆】按钮，绘制圆，如图4-314所示。

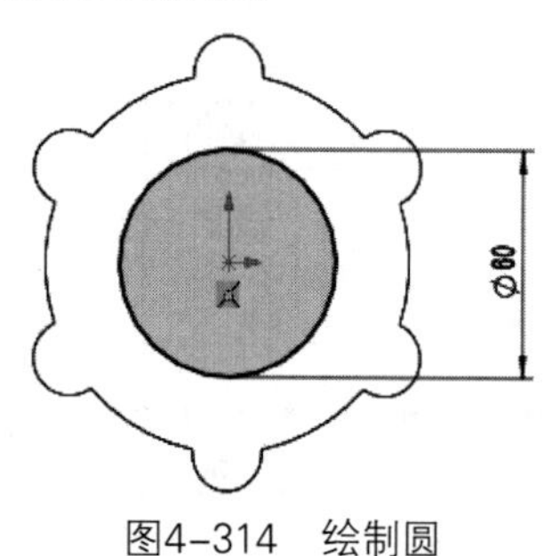

图4-314 绘制圆

09 单击【特征】选项卡中的【拉伸凸台/基体】按钮，创建拉伸特征，如图4-315所示。

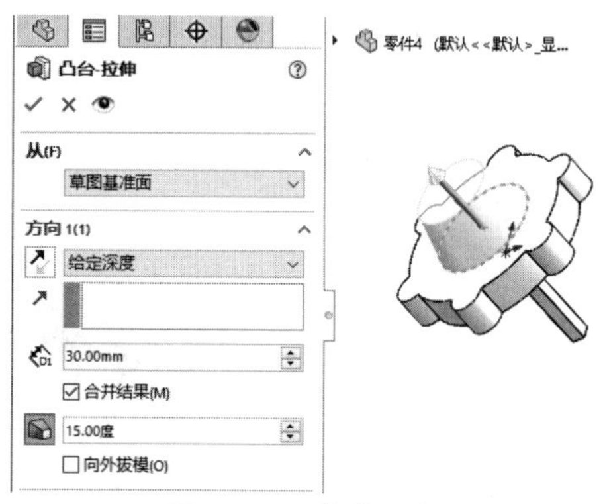

图4-315 拉伸凸台

10 单击【草图】选项卡中的【直线】按钮，绘制直线，如图4-316所示。

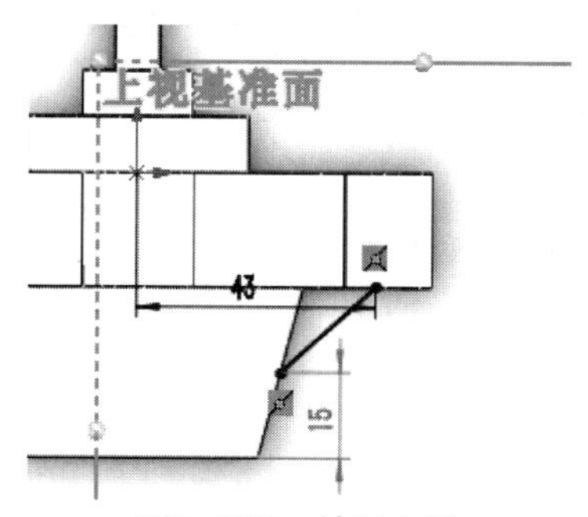

图4-316 绘制直线

11 单击【特征】选项卡中的【筋】按钮，创建筋特征，如图4-317所示。

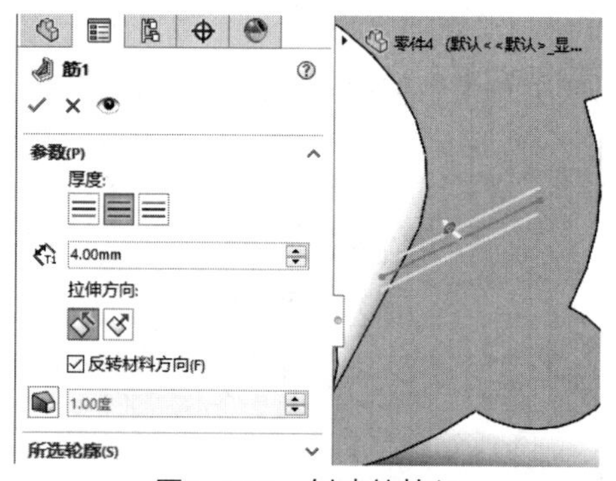

图4-317 创建筋特征

提示

筋特征在轮廓与现有零件之间添加指定方向和厚度的材料，可使用单一或多个草图生成筋，也可以用拔模生成筋特征，或者选择一个要拔模的参考轮廓。

12 单击【特征】选项卡中的【圆周阵列】按钮，创建圆周阵列特征，如图4-318所示。

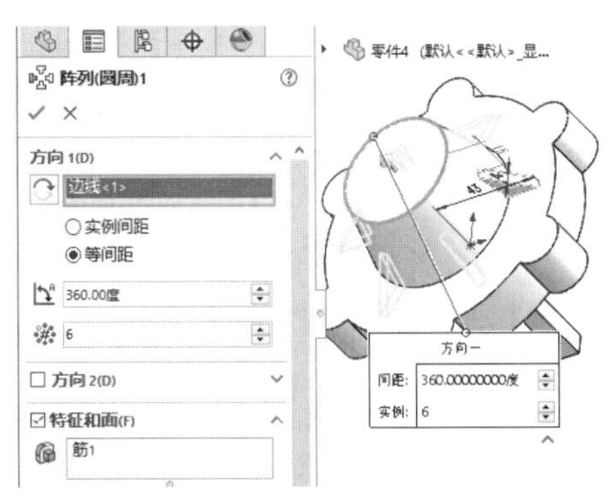

图4-318　创建圆周阵列特征

13 单击【草图】选项卡中的【边角矩形】按钮 ，绘制矩形，如图4-319所示。

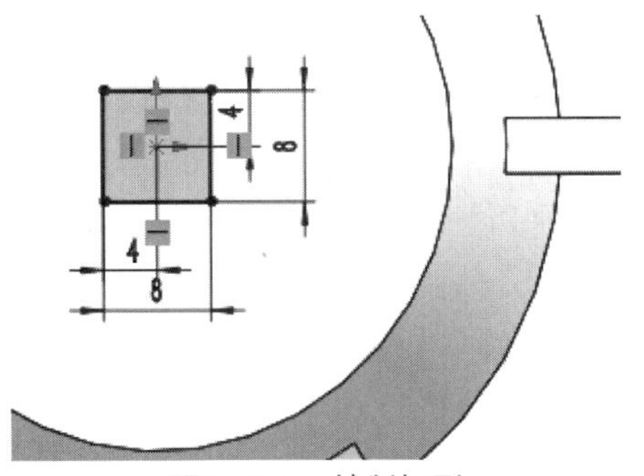

图4-319　绘制矩形

14 单击【特征】选项卡中的【拉伸凸台/基体】按钮 ，创建拉伸特征，如图4-320所示。

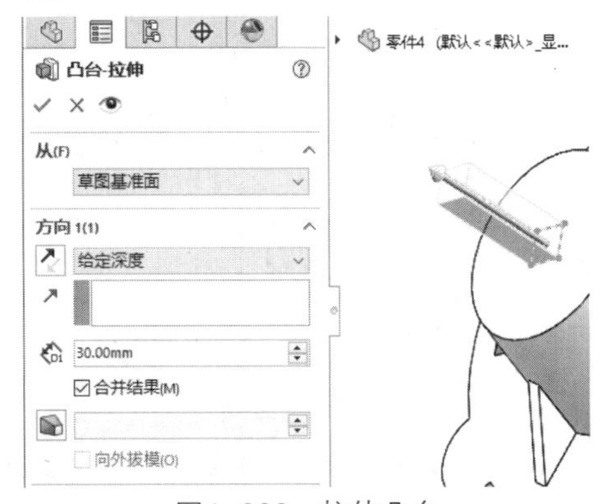

图4-320　拉伸凸台

15 完成减速器模型的绘制，如图4-321所示。

图4-321　完成减速器模型

实例 103

案例源文件：ywj\04\103.prt

绘制支撑臂

01 单击【草图】选项卡中的【圆】按钮 ，绘制圆，如图4-322所示。

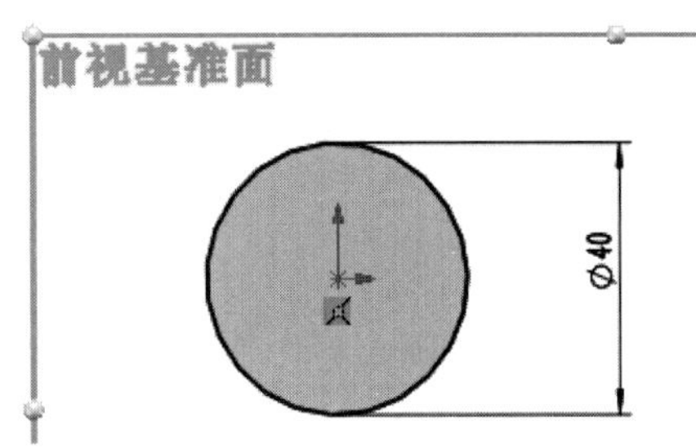

图4-322　绘制圆

02 单击【特征】选项卡中的【拉伸凸台/基体】按钮 ，创建拉伸特征，如图4-323所示。

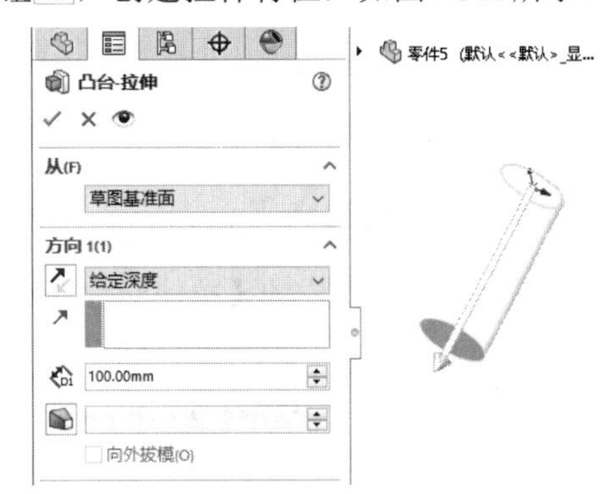

图4-323　拉伸凸台

03 单击【草图】选项卡中的【圆】按钮 ，绘制圆，如图4-324所示。

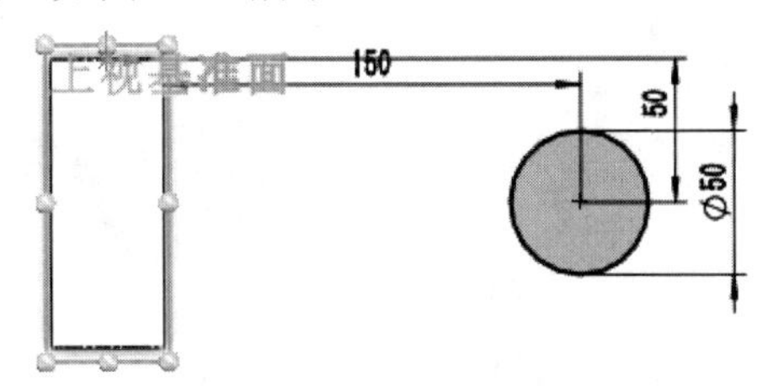

图4-324　绘制圆

04 单击【草图】选项卡中的【三点圆弧】按钮 ，绘制圆弧，如图4-325所示。

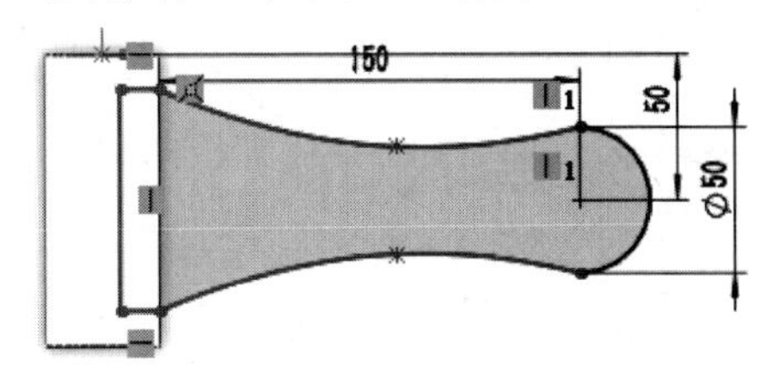

图4-325　绘制圆弧

05 单击【特征】选项卡中的【拉伸凸台/基体】按钮，创建拉伸特征，如图4-326所示。

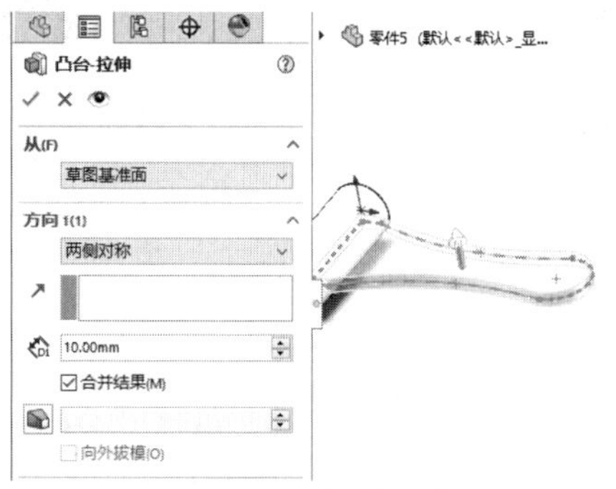

图4-326　拉伸凸台

06 单击【草图】选项卡中的【圆】按钮，绘制圆，如图4-327所示。

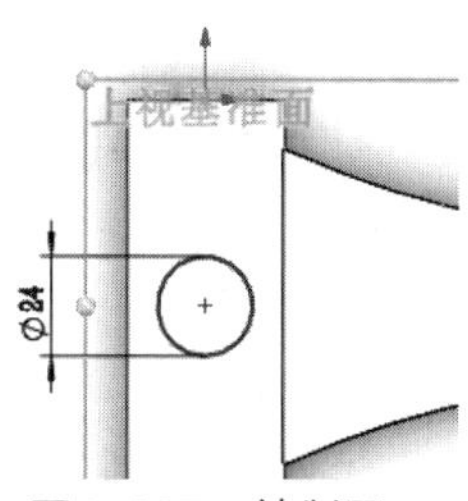

图4-327　绘制圆

07 单击【特征】选项卡中的【拉伸凸台/基体】按钮，创建拉伸特征，如图4-328所示。

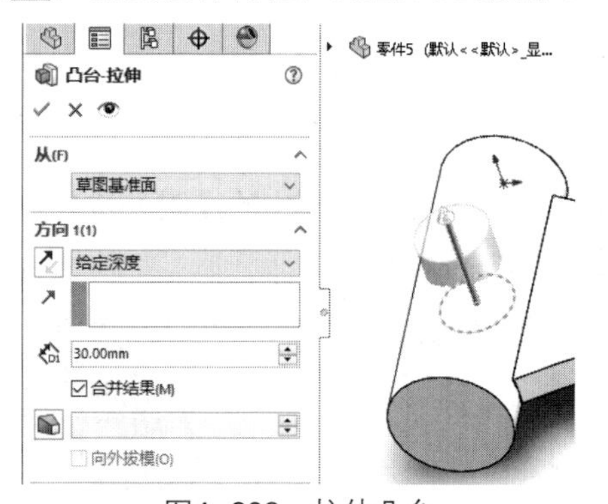

图4-328　拉伸凸台

08 单击【特征】选项卡中的【圆角】按钮，创建圆角特征，如图4-329所示。

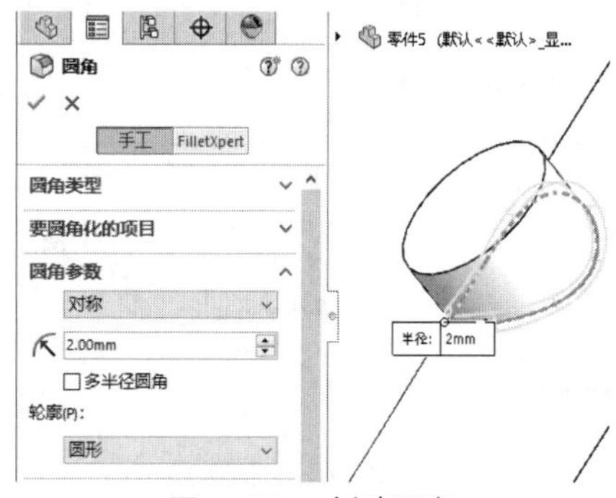

图4-329　创建圆角

09 单击【草图】选项卡中的【圆】按钮，绘制圆，如图4-330所示。

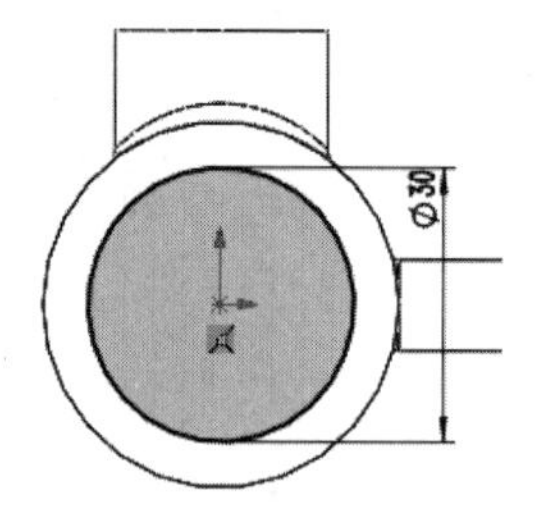

图4-330　绘制圆

10 单击【特征】选项卡中的【拉伸切除】按钮，创建拉伸切除特征，如图4-331所示。

图4-331　创建拉伸切除特征

11 单击【草图】选项卡中的【圆】按钮，绘制圆，如图4-332所示。

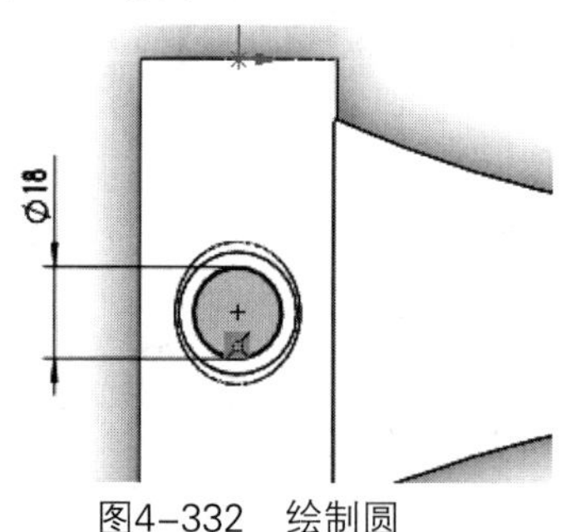

图4-332　绘制圆

12 单击【特征】选项卡中的【拉伸切除】按钮，创建拉伸切除特征，如图4-333所示。

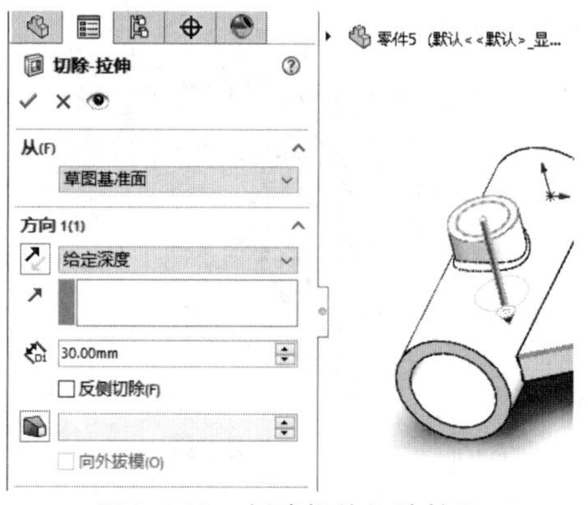

图4-333　创建拉伸切除特征

13 完成支撑臂模型的绘制，如图4-334所示。

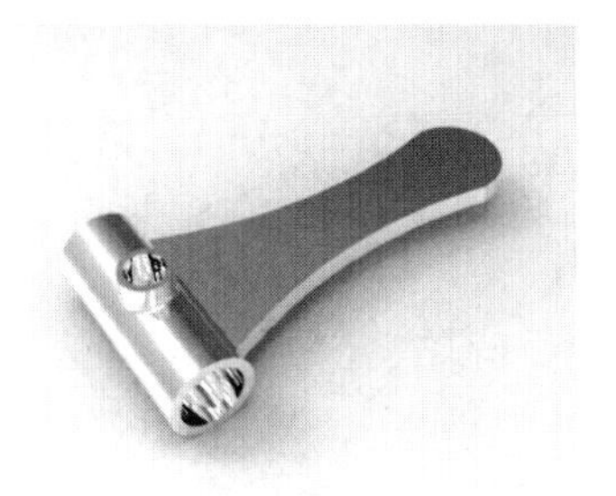

图4-334　完成支撑臂模型

实例 104　绘制万向轴

01 单击【草图】选项卡中的【圆】按钮，绘制圆，如图4-335所示。

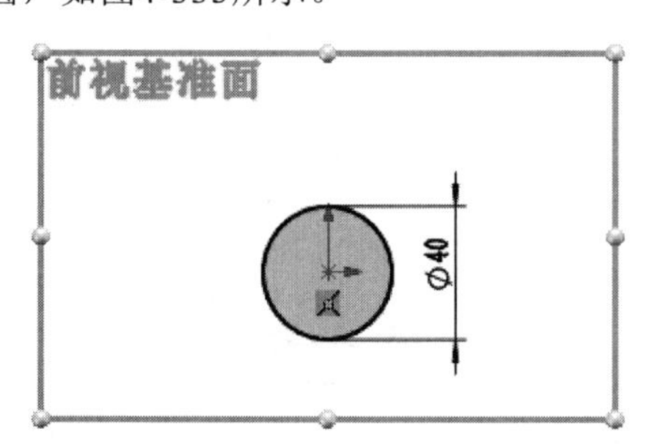

图4-335　绘制圆

02 单击【特征】选项卡中的【拉伸凸台/基体】按钮，创建拉伸特征，如图4-336所示。

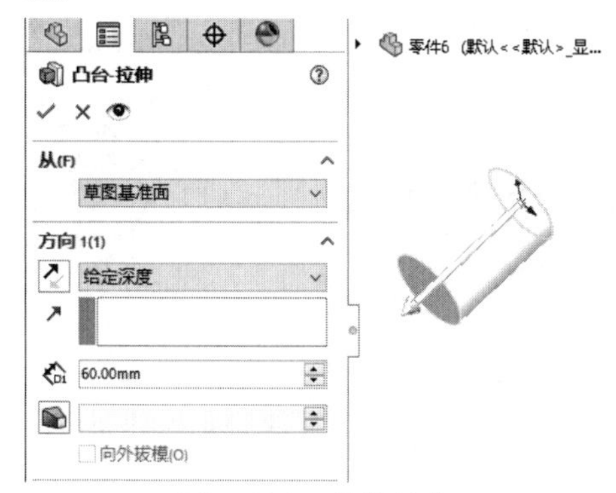

图4-336　拉伸凸台

03 单击【草图】选项卡中的【边角矩形】按钮，绘制矩形，如图4-337所示。

04 单击【特征】选项卡中的【拉伸切除】按钮，创建拉伸切除特征，如图4-338所示。

05 单击【草图】选项卡中的【边角矩形】按钮，绘制矩形，如图4-339所示。

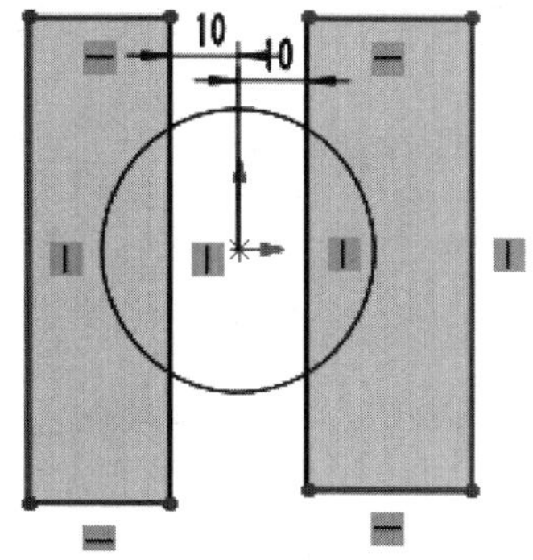

图4-337　绘制矩形

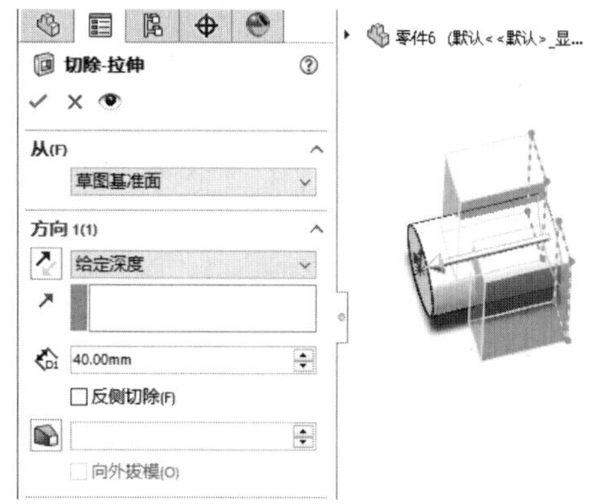

图4-338　创建拉伸切除特征

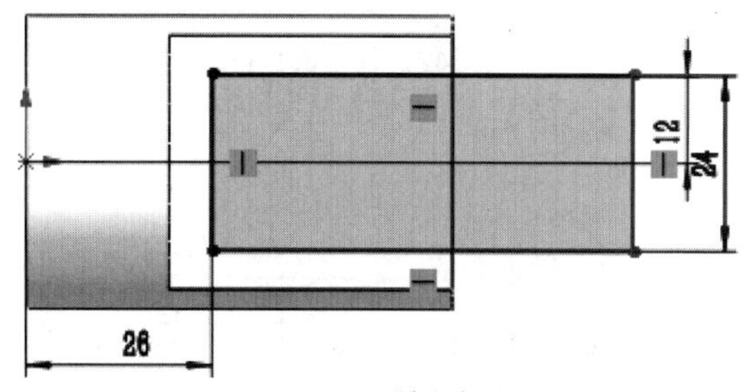

图4-339　绘制矩形

06 单击【特征】选项卡中的【拉伸切除】按钮，创建拉伸切除特征，如图4-340所示。

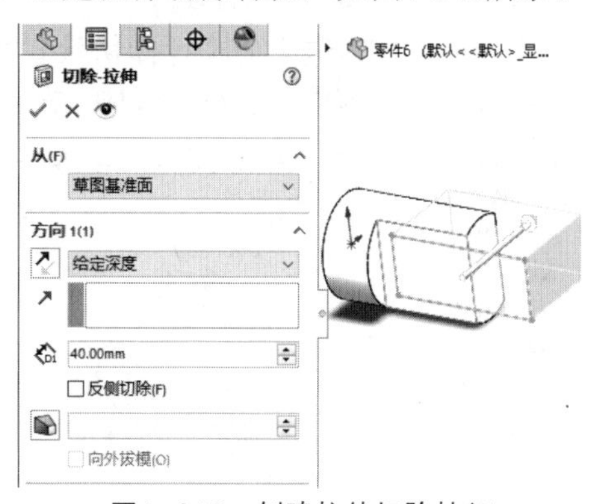

图4-340　创建拉伸切除特征

07 单击【特征】选项卡中的【圆角】按钮，创建圆角特征，如图4-341所示。

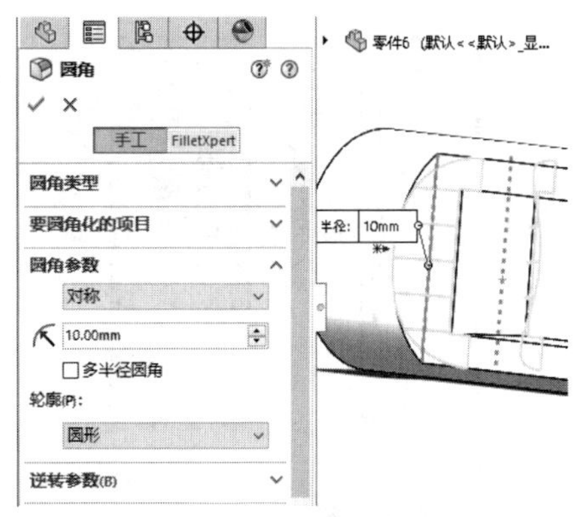

图4-341 创建圆角(1)

08 单击【特征】选项卡中的【圆角】按钮，创建圆角特征，如图4-342所示。

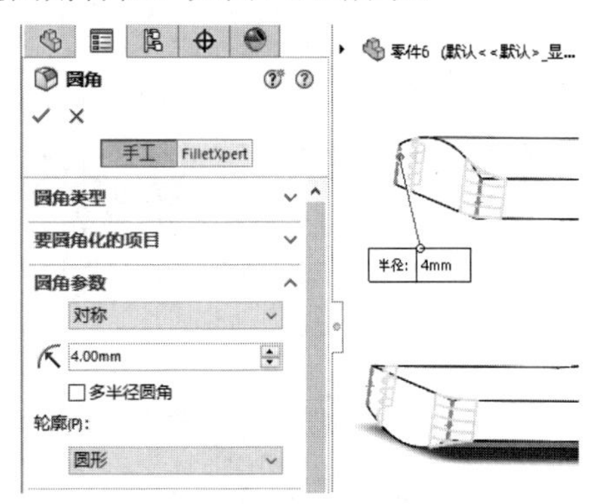

图4-342 创建圆角(2)

09 单击【草图】选项卡中的【圆】按钮，绘制圆，如图4-343所示。

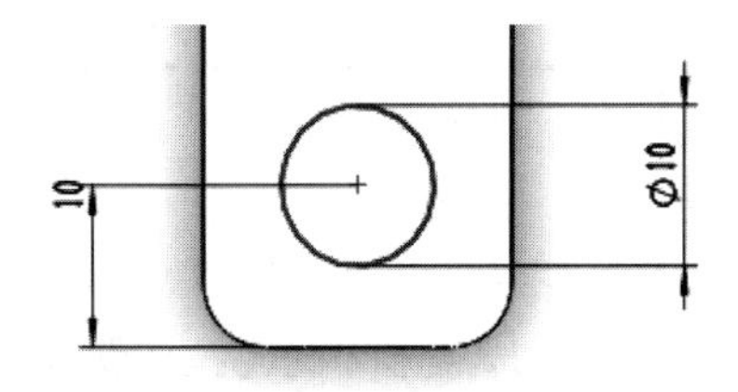

图4-343 绘制圆

10 单击【特征】选项卡中的【拉伸切除】按钮，创建拉伸切除特征，如图4-344所示。

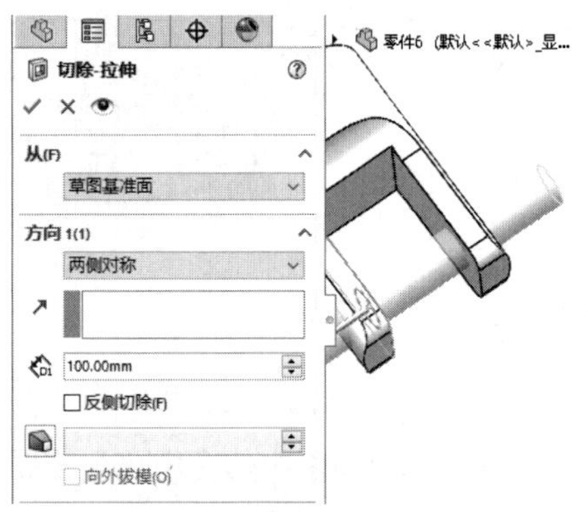

图4-344 创建拉伸切除特征

11 完成万向轴模型的绘制，如图4-345所示。

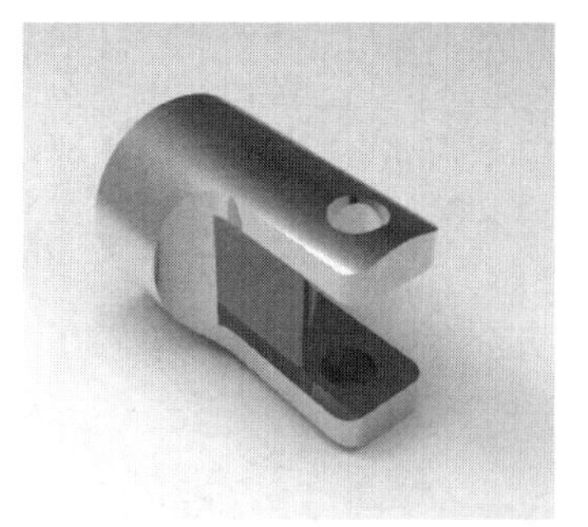

图4-345 完成万向轴模型

实例 105 绘制按键

案例源文件：ywj\04\105.prt

01 单击【草图】选项卡中的【边角矩形】按钮，绘制矩形，如图4-346所示。

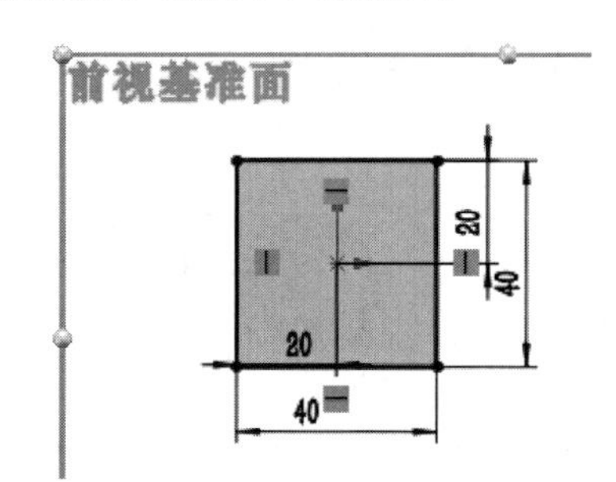

图4-346 绘制矩形

02 单击【特征】选项卡中的【拉伸凸台/基体】按钮，创建拉伸特征，如图4-347所示。

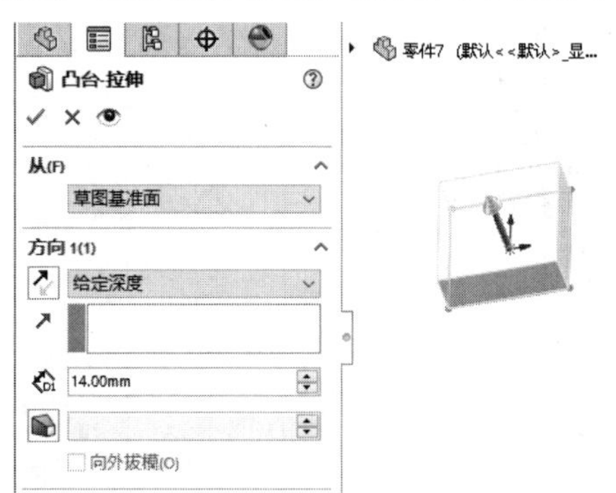

图4-347 拉伸凸台

03 单击【特征】选项卡中的【圆角】按钮，创建圆角特征，如图4-348所示。

04 单击【草图】选项卡中的【圆】按钮，绘制圆，如图4-349所示。

05 单击【特征】选项卡中的【拉伸凸台/基体】按钮，创建拉伸特征，如图4-350所示。

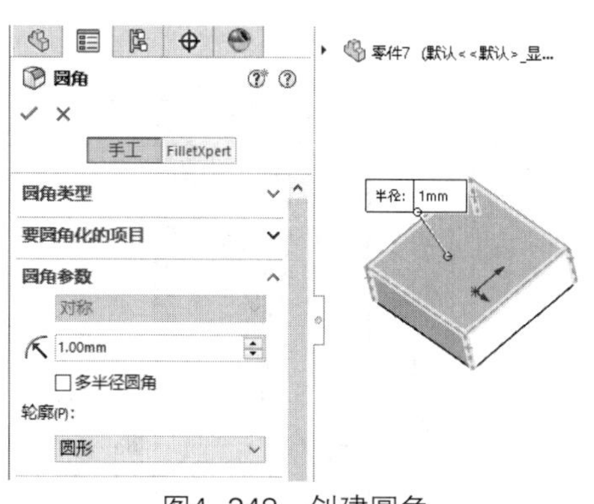

图4-348　创建圆角

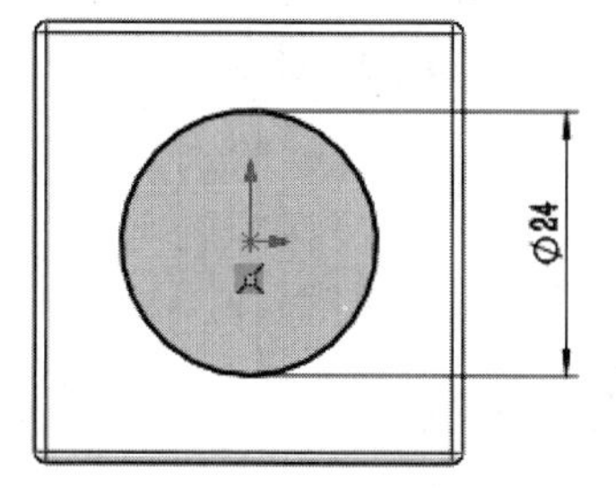

图4-349　绘制圆

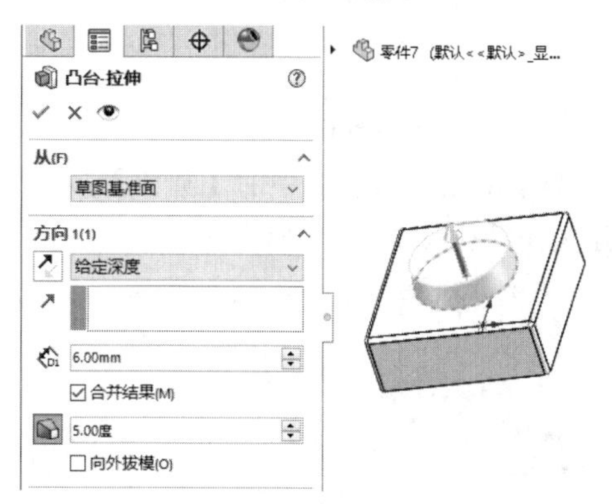

图4-350　拉伸凸台

06 单击【特征】选项卡中的【圆角】按钮，创建圆角特征，如图4-351所示。

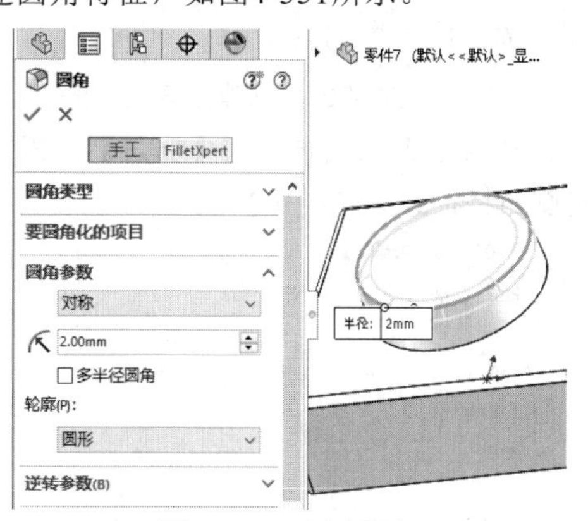

图4-351　创建圆角

07 单击【草图】选项卡中的【圆】按钮，绘制圆，如图4-352所示。

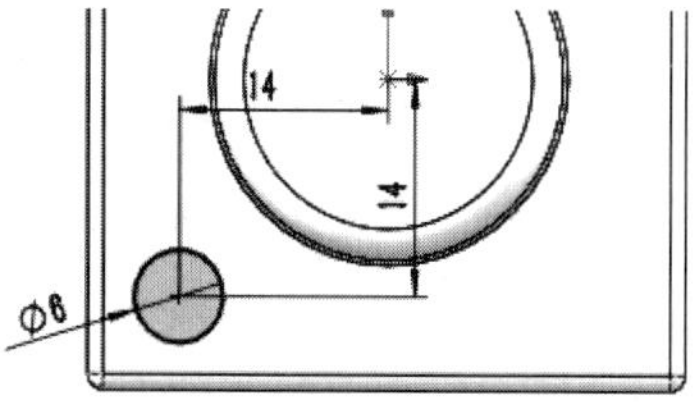

图4-352　绘制圆

08 单击【特征】选项卡中的【拉伸凸台/基体】按钮，创建拉伸特征，如图4-353所示。

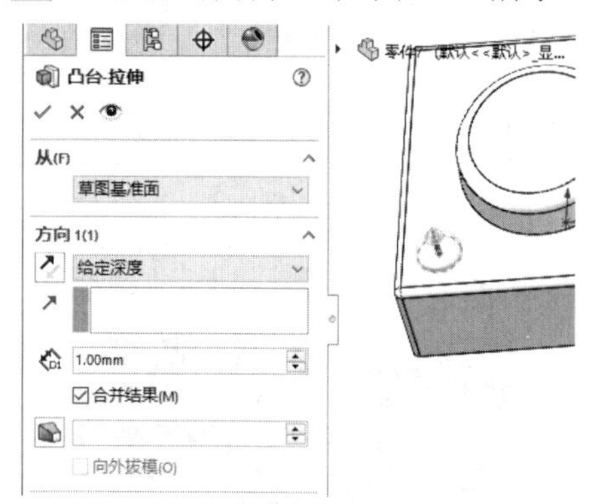

图4-353　拉伸凸台

09 单击【草图】选项卡中的【边角矩形】按钮，绘制矩形，如图4-354所示。

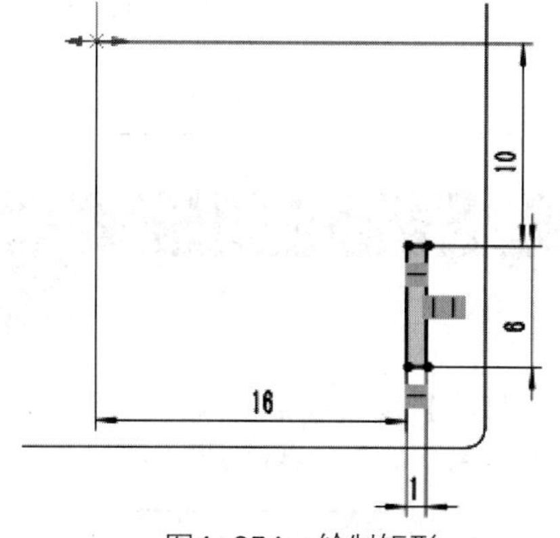

图4-354　绘制矩形

10 单击【特征】选项卡中的【拉伸凸台/基体】按钮，创建拉伸特征，如图4-355所示。

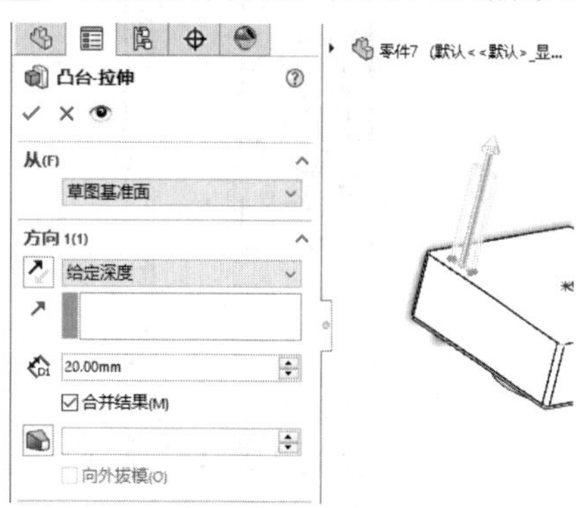

图4-355　拉伸凸台

11 单击【特征】选项卡中的【圆周阵列】按钮，创建圆周阵列特征，如图4-356所示。

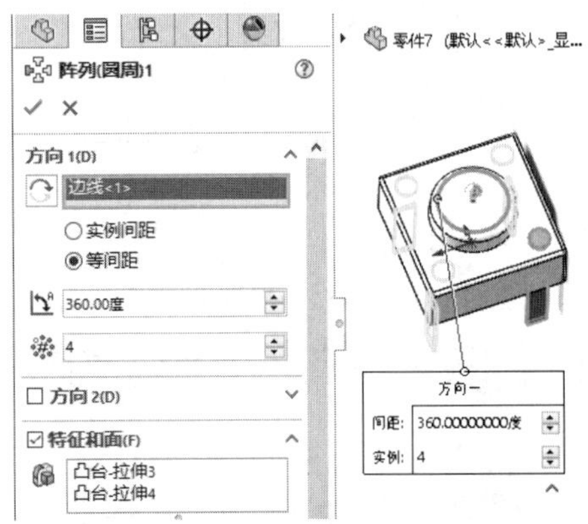

图4-356　创建圆周阵列特征

12 完成按键模型的绘制，如图4-357所示。

图4-357　完成按键模型

实例 106　绘制主板

案例源文件：ywj\04\106.prt

01 单击【草图】选项卡中的【边角矩形】按钮，绘制矩形，如图4-358所示。

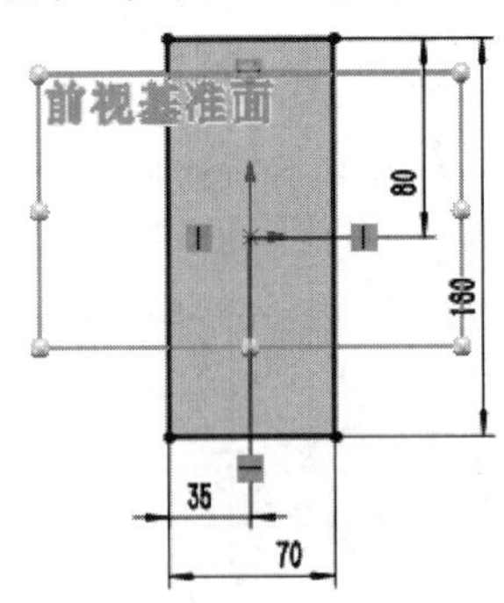

图4-358　绘制矩形

02 单击【草图】选项卡中的【剪裁实体】按钮，剪裁图形，如图4-359所示。

03 单击【特征】选项卡中的【拉伸凸台/基体】按钮，创建拉伸特征，如图4-360所示。

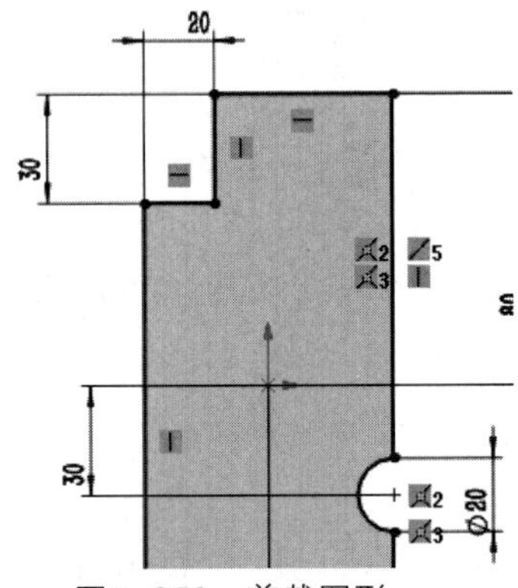

图4-359　剪裁图形

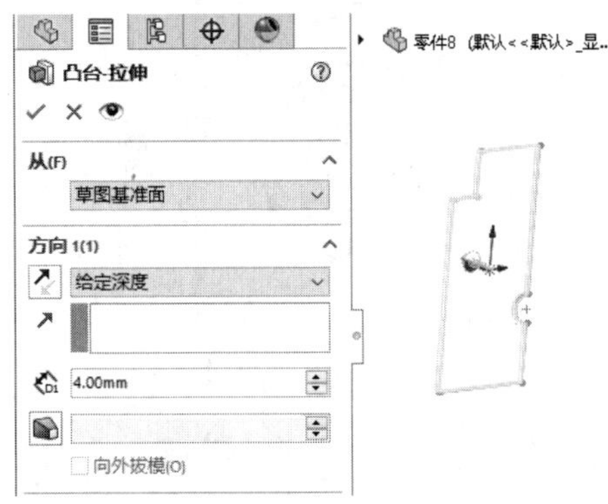

图4-360　拉伸凸台

04 单击【特征】选项卡中的【圆角】按钮，创建圆角特征，如图4-361所示。

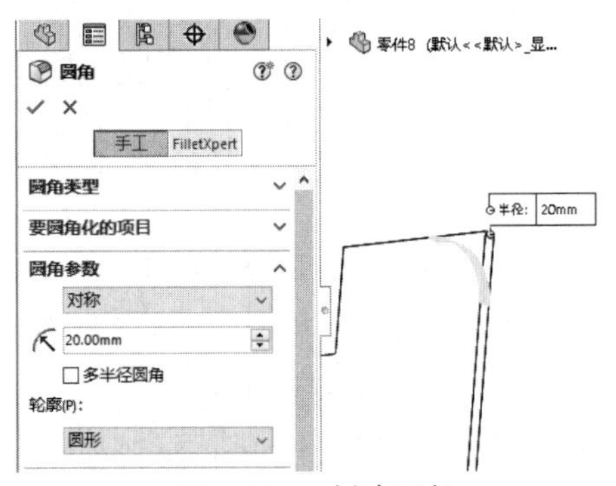

图4-361　创建圆角

05 单击【特征】选项卡中的【倒角】按钮，创建倒角特征，如图4-362所示。

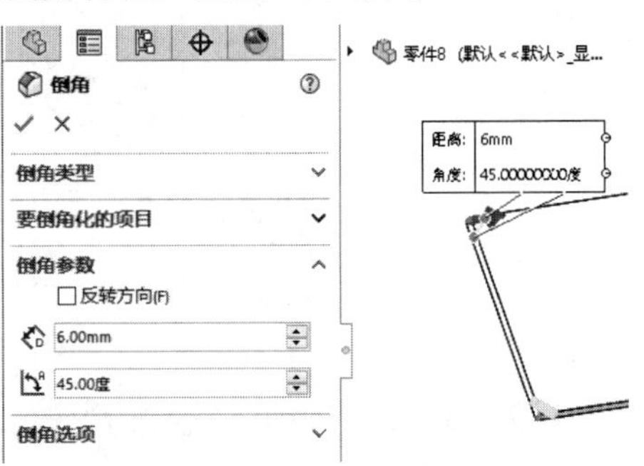

图4-362　创建倒角

06 单击【草图】选项卡中的【圆】按钮⊙，绘制圆，如图4-363所示。

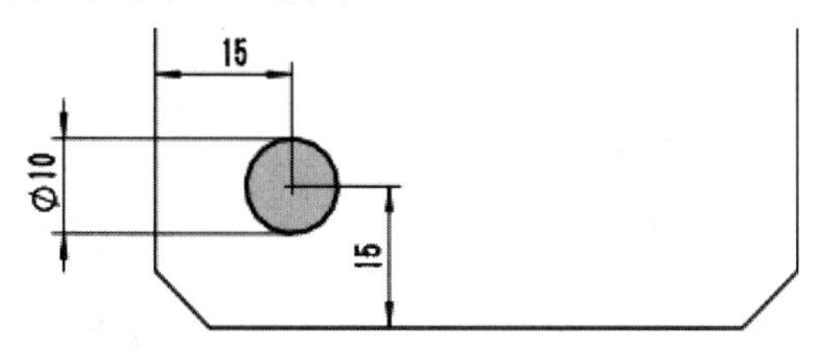

图4-363　绘制圆

07 单击【特征】选项卡中的【拉伸凸台/基体】按钮，创建拉伸特征，如图4-364所示。

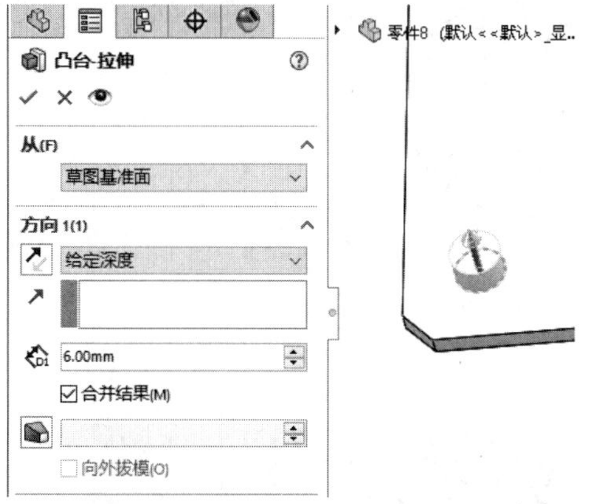

图4-364　拉伸凸台

08 单击【特征】选项卡中的【线性阵列】按钮，创建线性阵列特征，如图4-365所示。

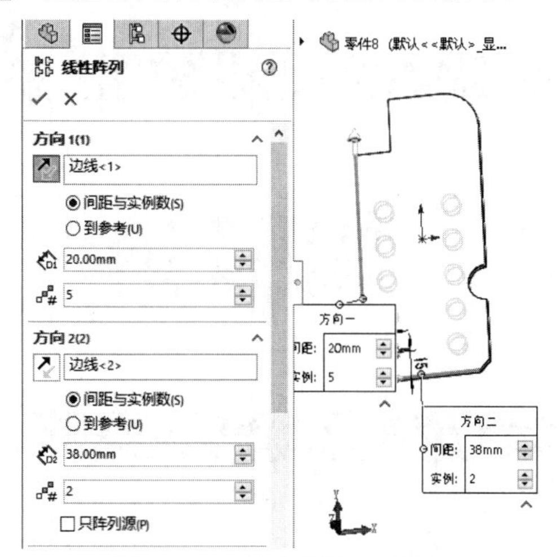

图4-365　创建线性阵列特征

09 单击【草图】选项卡中的【边角矩形】按钮，绘制矩形，如图4-366所示。

10 单击【特征】选项卡中的【拉伸切除】按钮，创建拉伸切除特征，如图4-367所示。

11 单击【特征】选项卡中的【线性阵列】按钮，创建线性阵列特征，如图4-368所示。

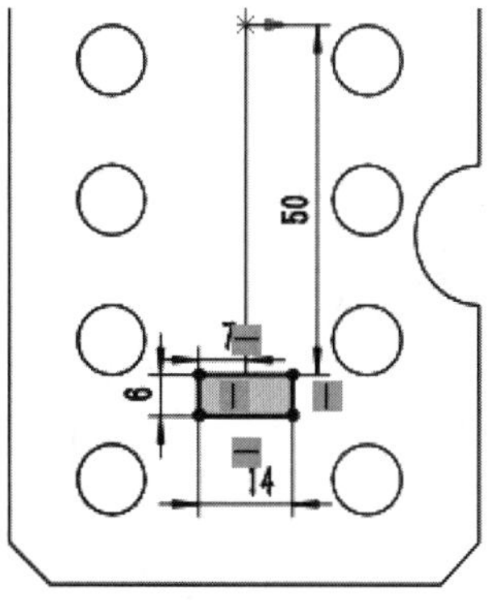

图4-366　绘制矩形

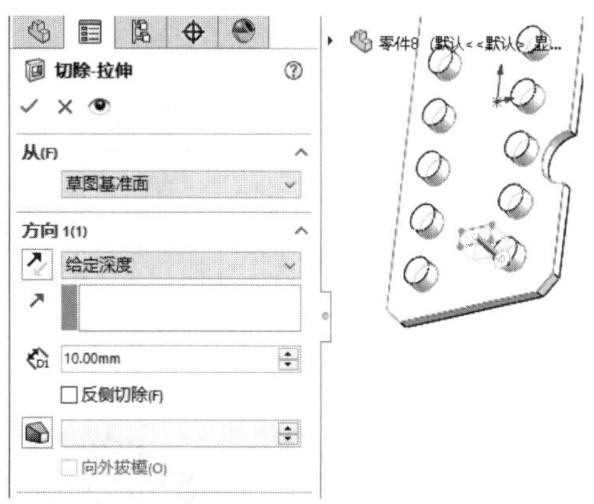

图4-367　创建拉伸切除特征

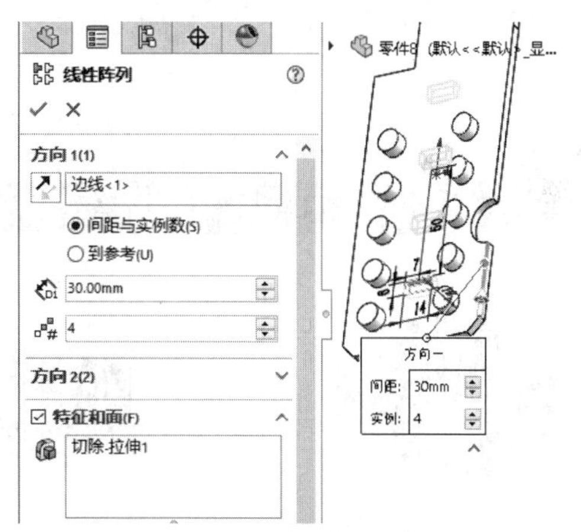

图4-368　创建线性阵列特征

12 完成主板模型的绘制，如图4-369所示。

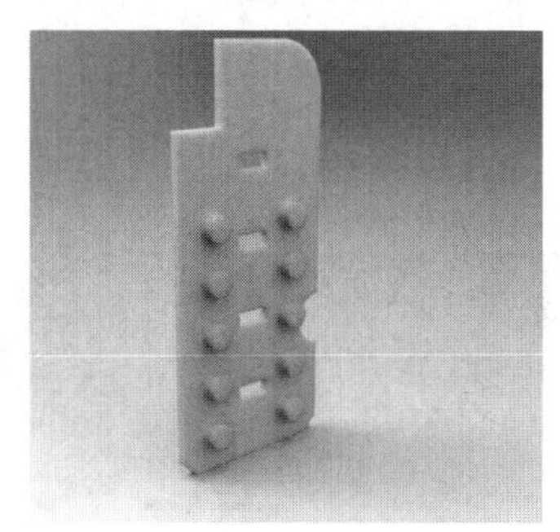

图4-369　完成主板模型

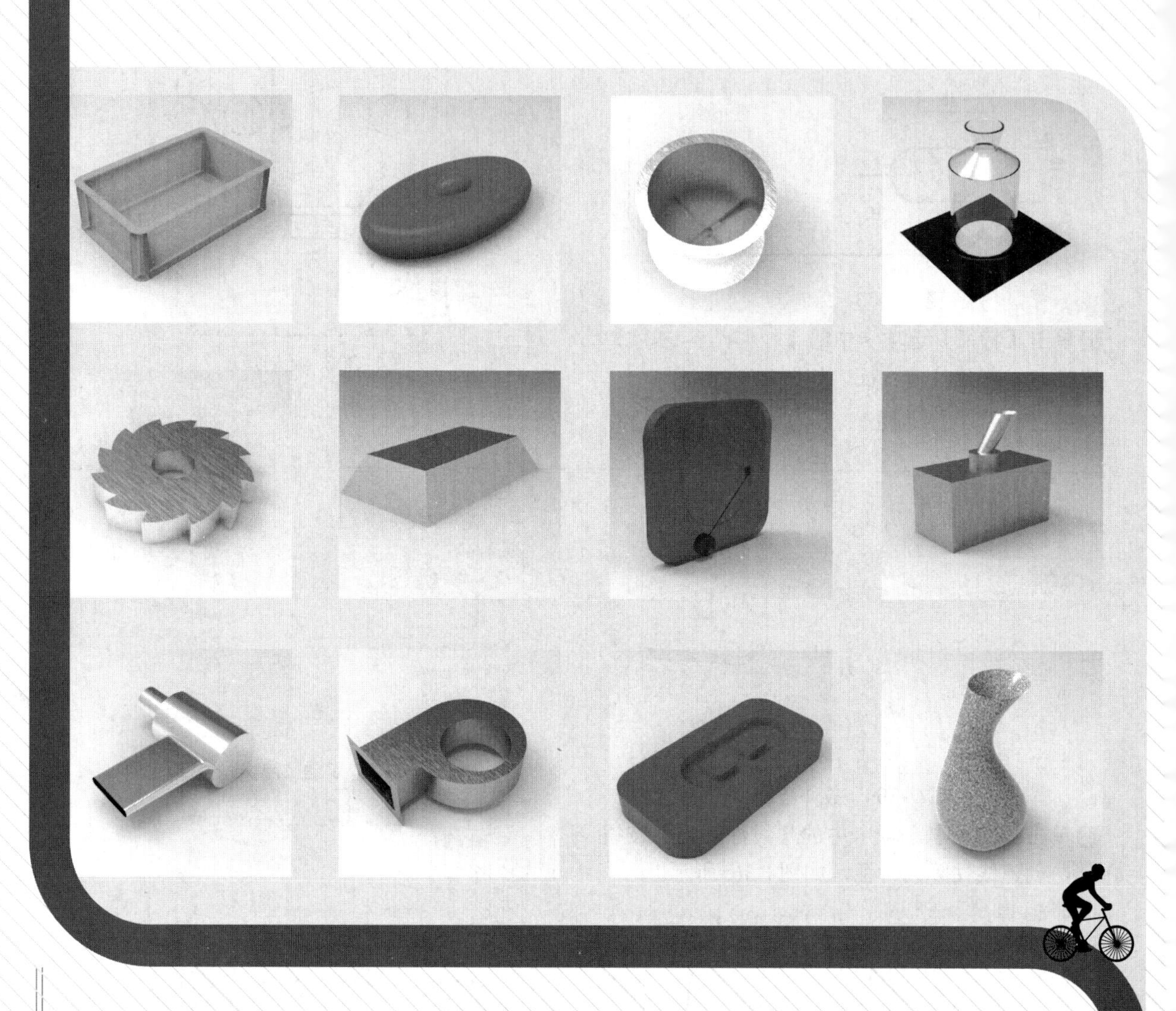

第5章 曲面设计和编辑

实例 107 绘制水龙头

案例源文件：ywj\05\107.prt

01 单击【草图】选项卡中的【圆】按钮，绘制圆，如图5-1所示。

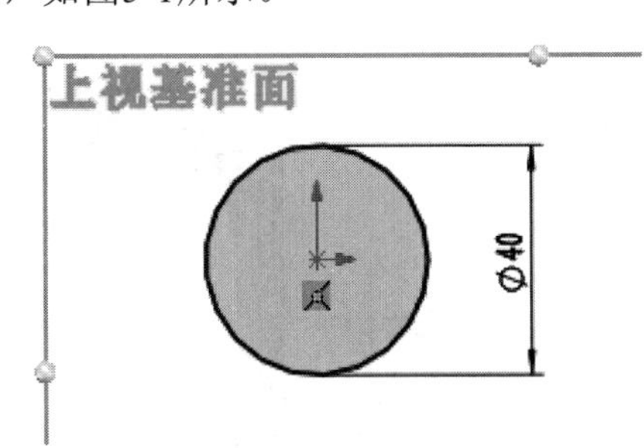

图5-1 绘制圆

02 单击【曲面】选项卡中的【拉伸曲面】按钮，创建拉伸曲面，如图5-2所示。

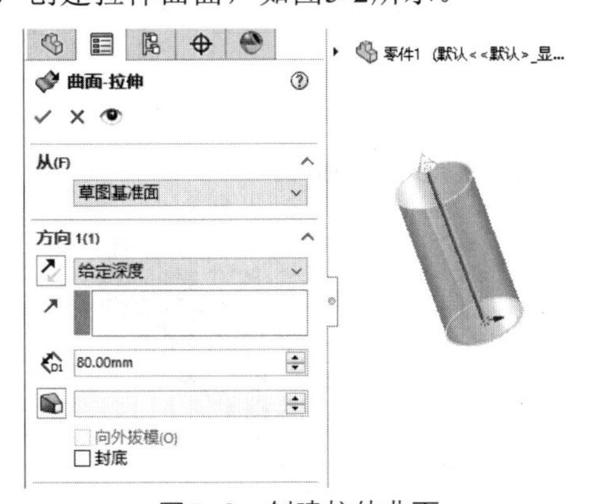

图5-2 创建拉伸曲面

03 单击【草图】选项卡中的【圆】按钮，绘制圆，如图5-3所示。

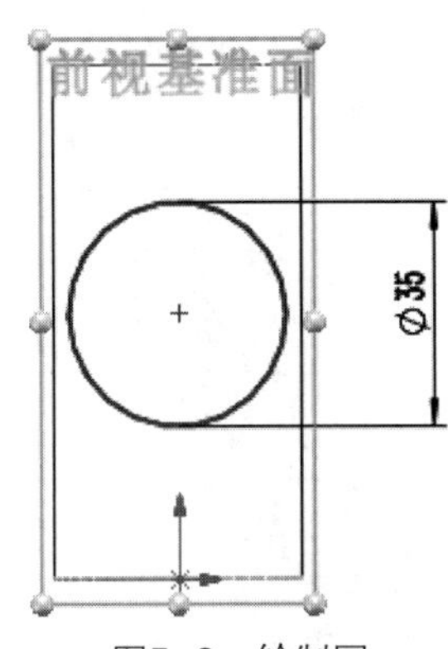

图5-3 绘制圆

04 单击【曲面】选项卡中的【拉伸曲面】按钮，创建拉伸曲面，如图5-4所示。

05 单击【曲面】选项卡中的【剪裁曲面】按钮，剪裁曲面，如图5-5所示。

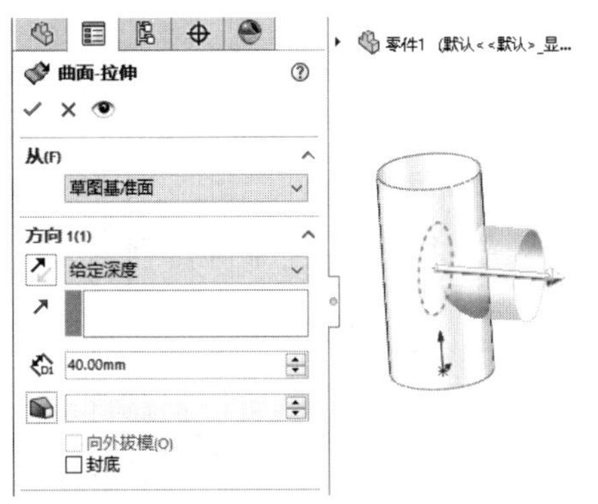

图5-4 创建拉伸曲面

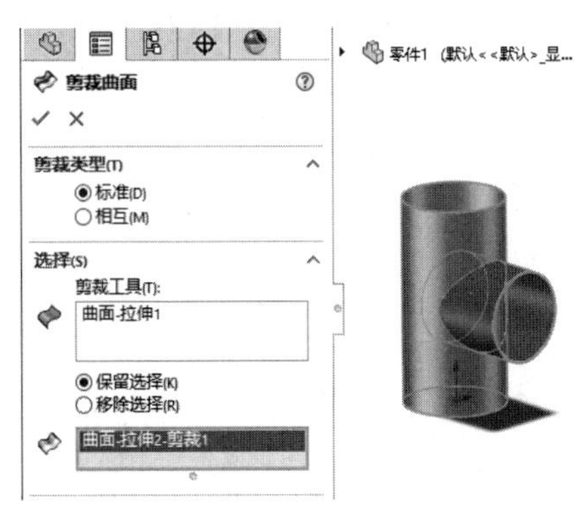

图5-5 剪裁曲面

06 单击【曲面】选项卡中的【填充曲面】按钮，创建填充曲面，如图5-6所示。

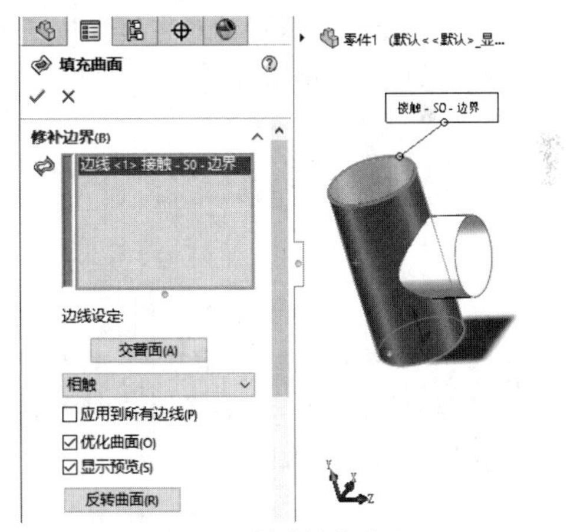

图5-6 创建填充曲面

> **提示**
>
> 填充曲面通常用于纠正没有正确输入到SolidWorks中的零件，以及填充用于型芯和型腔造型的零件中的孔。

07 单击【草图】选项卡中的【圆】按钮，绘制圆，如图5-7所示。

08 单击【草图】选项卡中的【直线】按钮，绘制直线，如图5-8所示。

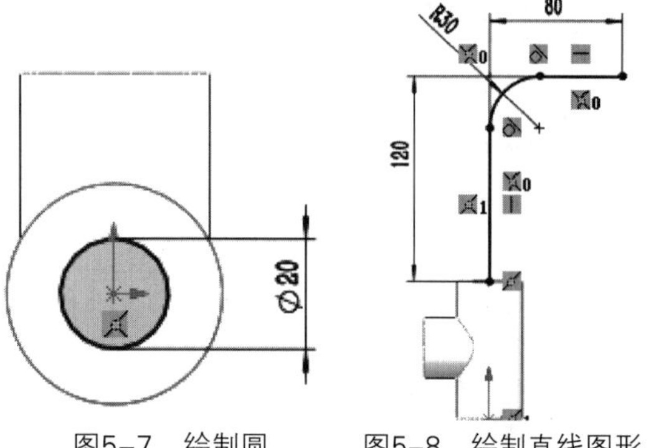

图5–7　绘制圆　　　图5–8　绘制直线图形

09 单击【曲面】选项卡中的【扫描曲面】按钮，创建扫描曲面，如图5-9所示。

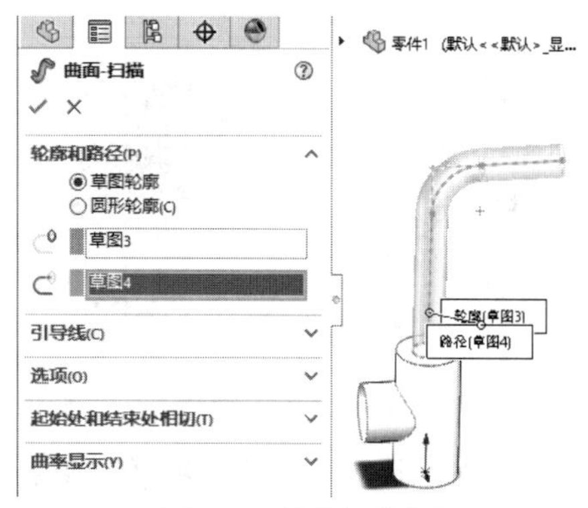

图5–9　创建扫描曲面

10 单击【草图】选项卡中的【直线】按钮，绘制直线，如图5-10所示。

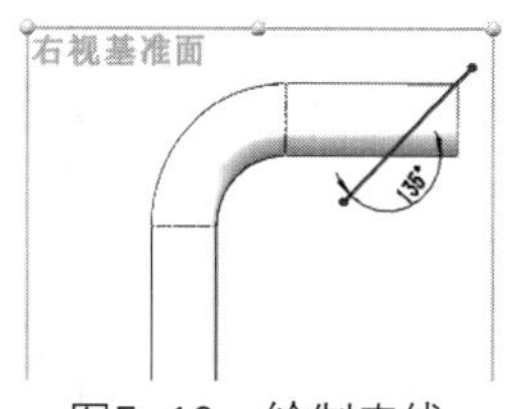

图5–10　绘制直线

11 单击【曲面】选项卡中的【拉伸曲面】按钮，创建拉伸曲面，如图5-11所示。

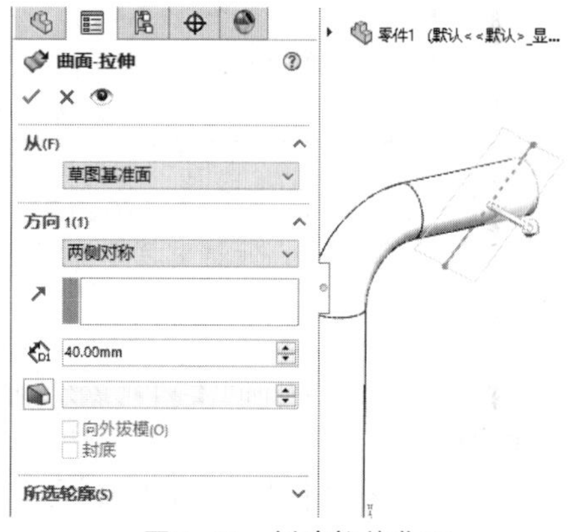

图5–11　创建拉伸曲面

12 单击【曲面】选项卡中的【剪裁曲面】按钮，剪裁曲面，如图5-12所示。

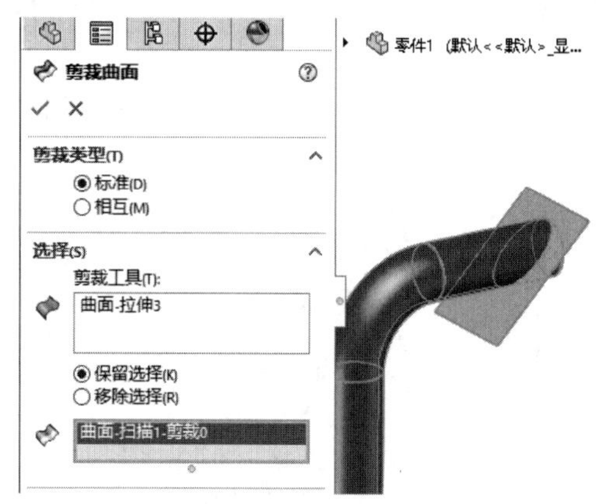

图5–12　剪裁曲面

13 单击【曲面】选项卡中的【填充曲面】按钮，创建填充曲面，如图5-13所示。

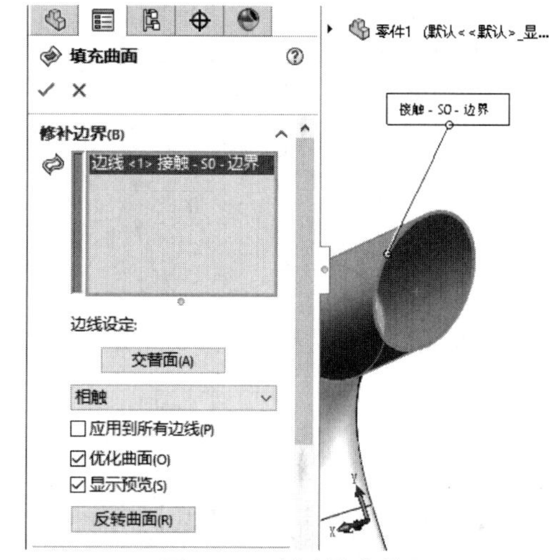

图5–13　创建填充曲面

14 单击【草图】选项卡中的【圆】按钮，绘制圆，如图5-14所示。

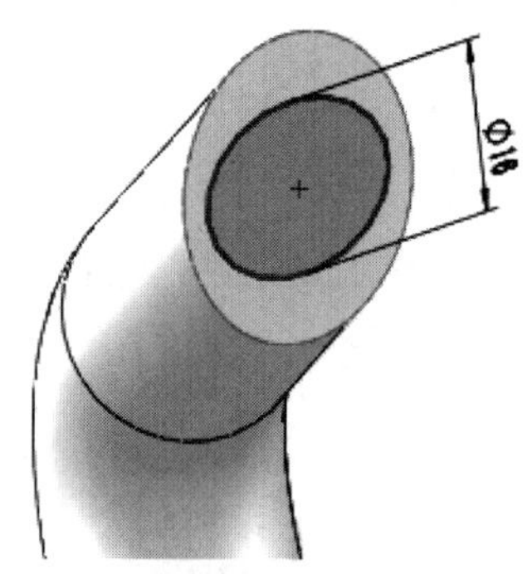

图5–14　绘制圆

15 单击【曲面】选项卡中的【拉伸曲面】按钮，创建拉伸曲面，如图5-15所示。

16 完成水龙头模型的绘制，如图5-16所示。

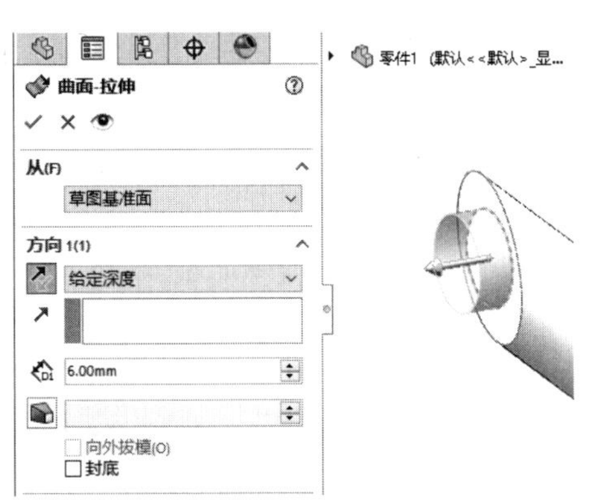

图5-15　创建拉伸曲面

图5-16　完成水龙头模型

实例 108　绘制刀柄

案例源文件：ywj\05\108.prt

01 单击【草图】选项卡中的【直线】按钮，绘制直线，如图5-17所示。

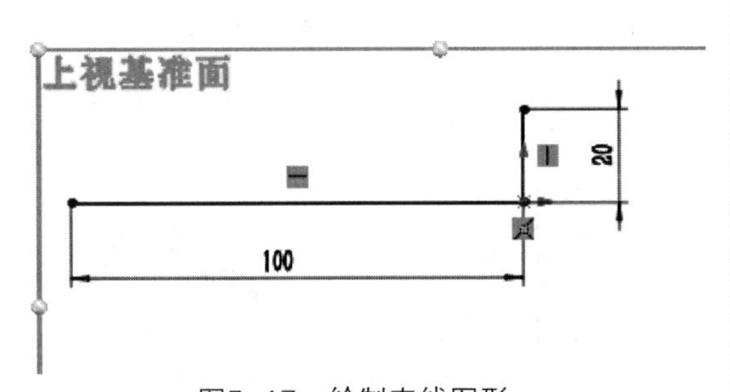

图5-17　绘制直线图形

02 单击【草图】选项卡中的【样条曲线】按钮，绘制样条曲线，如图5-18所示。

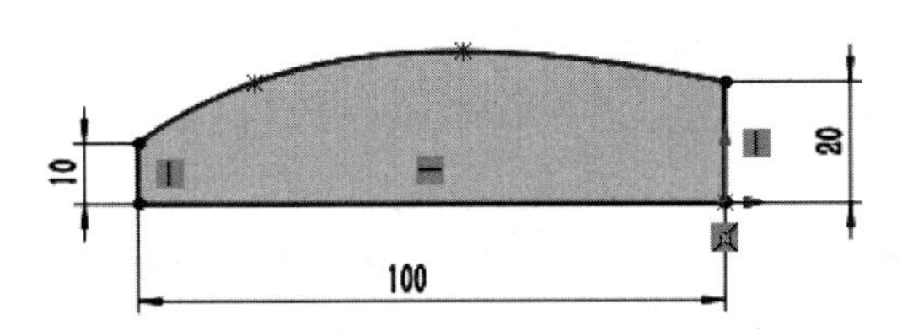

图5-18　绘制样条曲线

03 单击【曲面】选项卡中的【填充曲面】按钮，创建填充曲面，如图5-19所示。

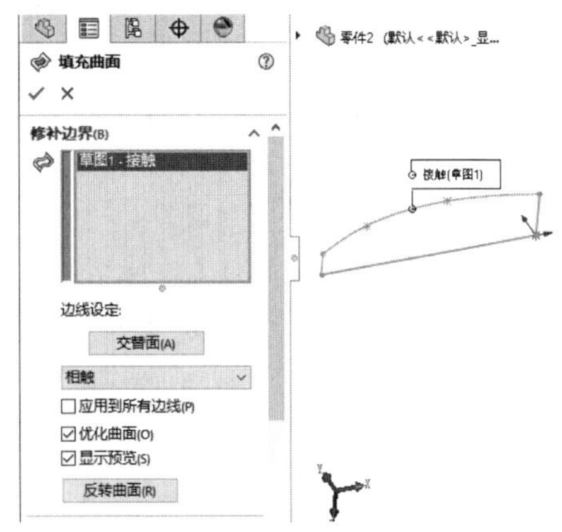

图5-19　创建填充曲面

04 单击【曲面】选项卡中的【加厚】按钮，加厚曲面，如图5-20所示。

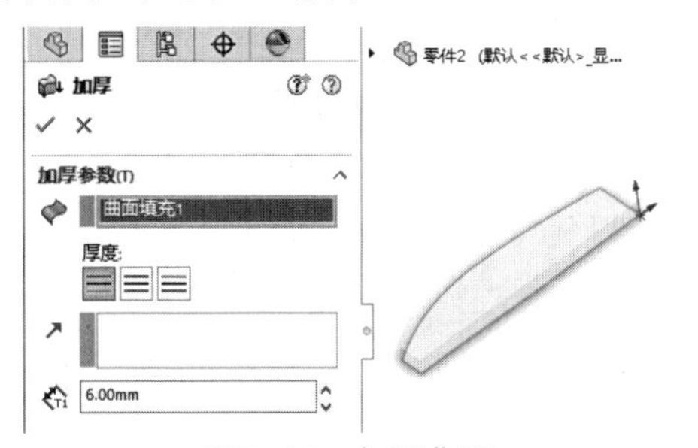

图5-20　加厚曲面

05 单击【曲面】选项卡中的【圆角】按钮，创建圆角特征，如图5-21所示。

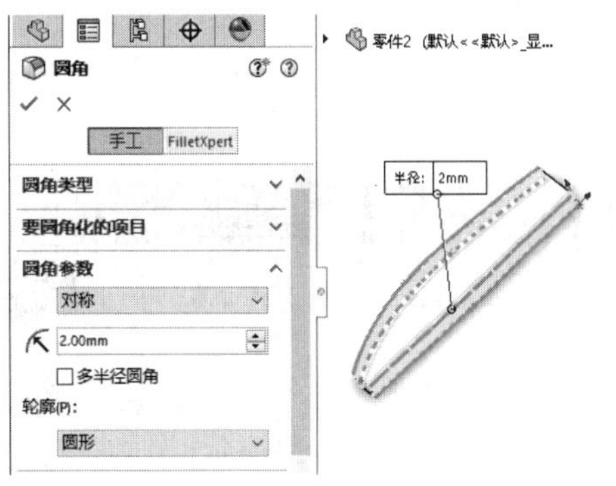

图5-21　创建圆角

提示

在生成圆角曲面时，圆角处理的是曲面实体的边线，可以生成多半径圆角曲面。圆角曲面只能在曲面和曲面之间生成，不能在曲面和实体之间生成。

06 单击【草图】选项卡中的【圆】按钮，绘制圆，如图5-22所示。

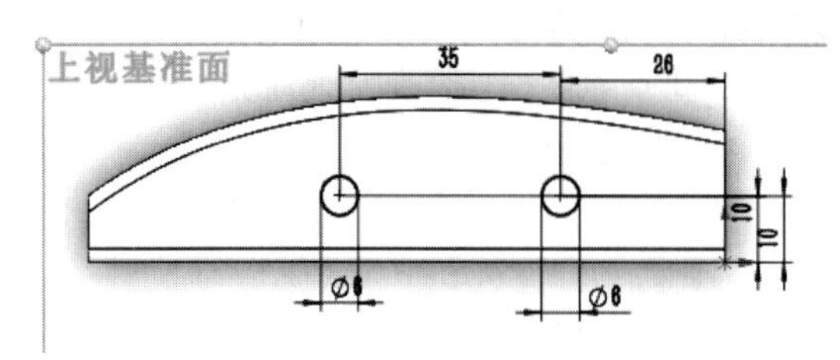
图5-22 绘制圆

07 单击【特征】选项卡中的【拉伸切除】按钮，创建拉伸切除特征，如图5-23所示。

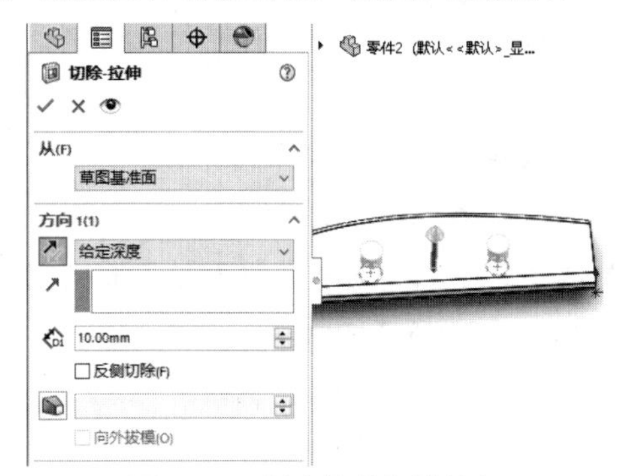
图5-23 创建拉伸切除特征

08 完成刀柄模型的绘制，如图5-24所示。

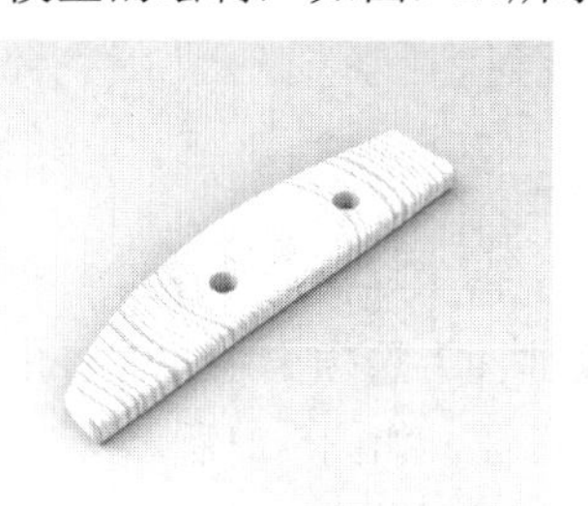
图5-24 完成刀柄模型

实例 109 绘制周转箱

案例源文件：ywj\05\109.prt

01 单击【草图】选项卡中的【边角矩形】按钮，绘制矩形，如图5-25所示。

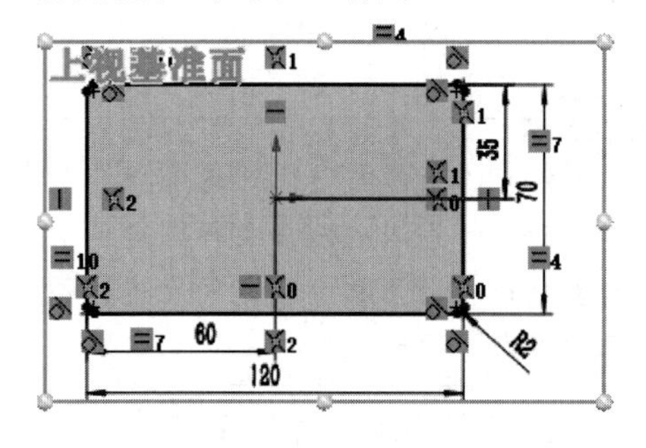
图5-25 绘制矩形

02 单击【曲面】选项卡中的【拉伸曲面】按钮，创建拉伸曲面，如图5-26所示。

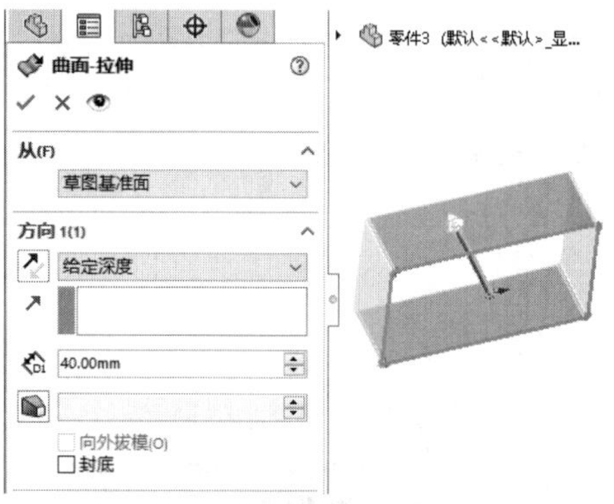
图5-26 创建拉伸曲面

03 单击【曲面】选项卡中的【直纹曲面】按钮，创建直纹曲面，如图5-27所示。

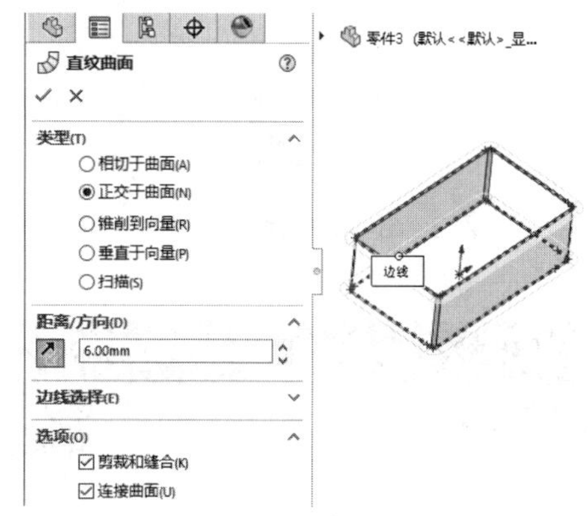
图5-27 创建直纹曲面

04 单击【曲面】选项卡中的【填充曲面】按钮，创建填充曲面，如图5-28所示。

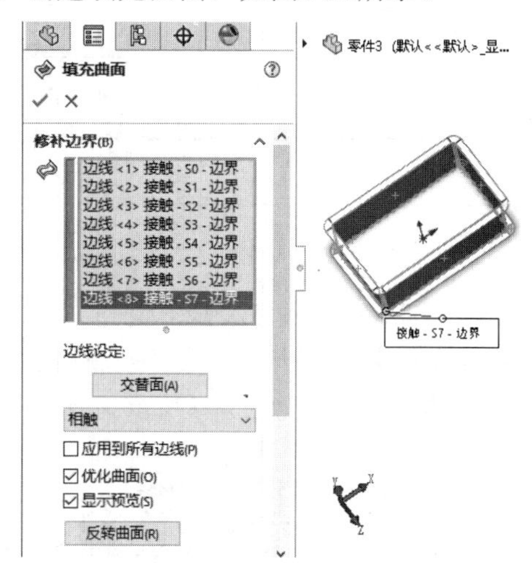
图5-28 创建填充曲面

05 单击【曲面】选项卡中的【直纹曲面】按钮，创建直纹曲面，如图5-29所示。

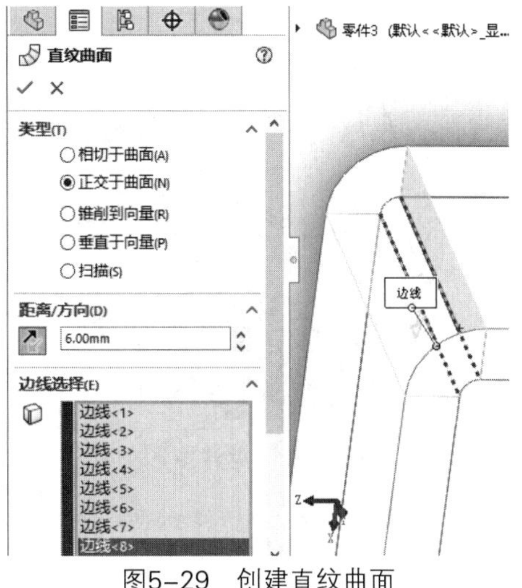

图5-29　创建直纹曲面

06 完成周转箱模型的绘制，如图5-30所示。

图5-30　完成周转箱模型

实例 110　绘制圆盘

案例源文件：ywj\05\110.prt

01 单击【草图】选项卡中的【三点圆弧】按钮，绘制圆弧，如图5-31所示。

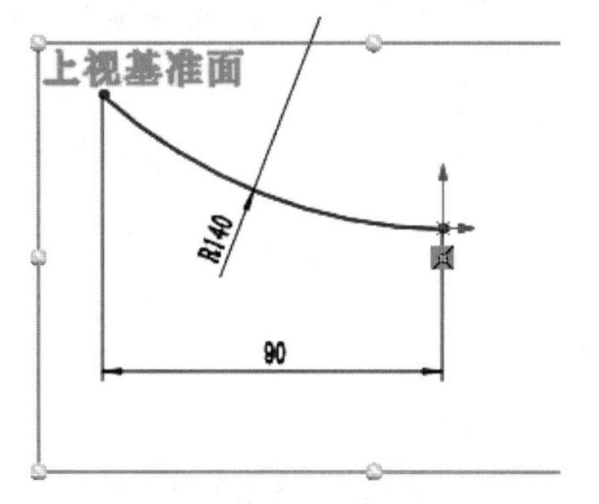

图5-31　绘制圆弧

02 单击【曲面】选项卡中的【旋转曲面】按钮，创建旋转曲面，如图5-32所示。

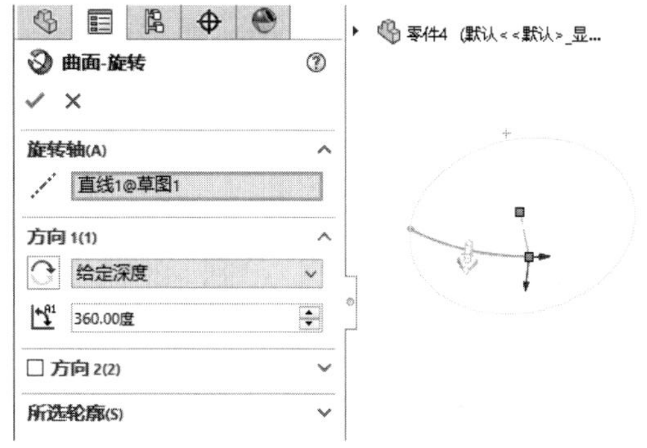

图5-32　创建旋转曲面

提示

旋转曲面是从交叉或者非交叉的草图中选择不同的草图，并用所选轮廓旋转生成的。

03 单击【草图】选项卡中的【圆】按钮，绘制圆，如图5-33所示。

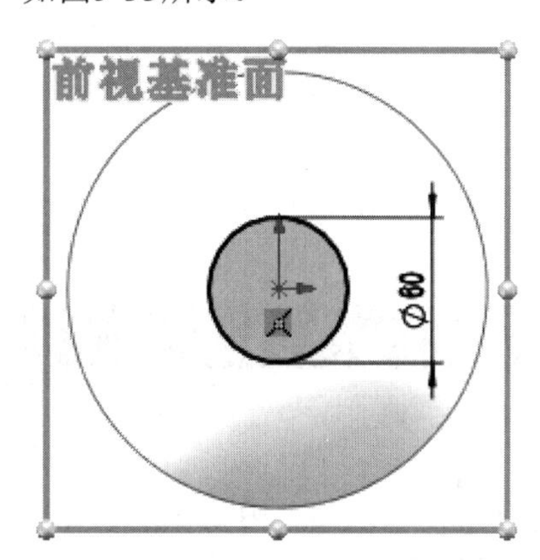

图5-33　绘制圆

04 单击【曲面】选项卡中的【拉伸曲面】按钮，创建拉伸曲面，如图5-34所示。

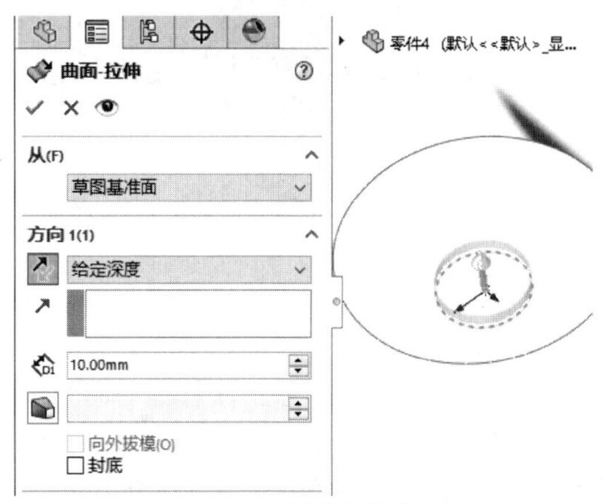

图5-34　创建拉伸曲面

05 单击【曲面】选项卡中的【剪裁曲面】按钮，剪裁曲面，如图5-35所示。

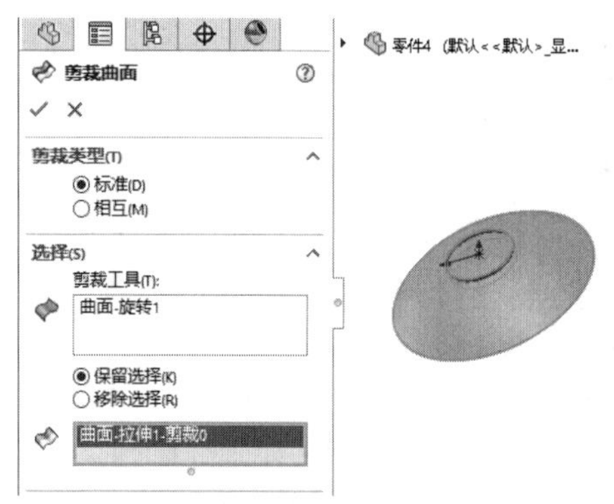

图5-35　剪裁曲面

06 完成圆盘模型的绘制，如图5-36所示。

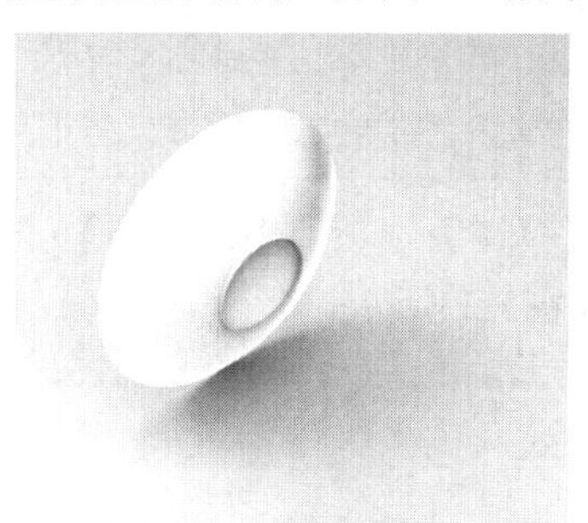

图5-36　完成圆盘模型

实例 111　绘制棘轮

案例源文件：ywj\05\111.prt

01 单击【草图】选项卡中的【圆】按钮，绘制圆，如图5-37所示。

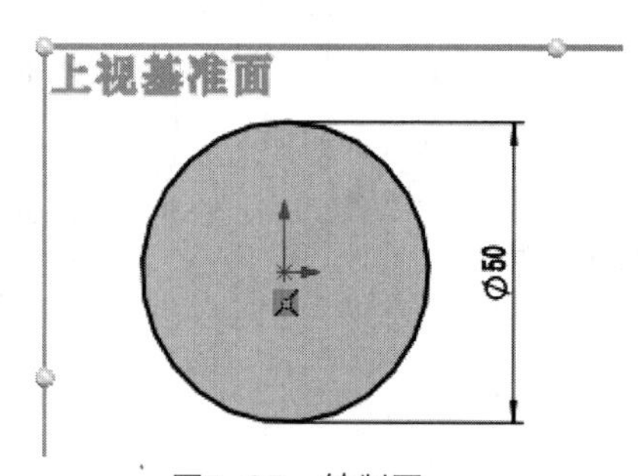

图5-37　绘制圆

02 单击【草图】选项卡中的【剪裁实体】按钮，剪裁图形，如图5-38所示。

03 单击【曲面】选项卡中的【拉伸曲面】按钮，创建拉伸曲面，如图5-39所示。

04 单击【草图】选项卡中的【圆】按钮，绘制圆，如图5-40所示。

05 单击【曲面】选项卡中的【拉伸曲面】按钮，创建拉伸曲面，如图5-41所示。

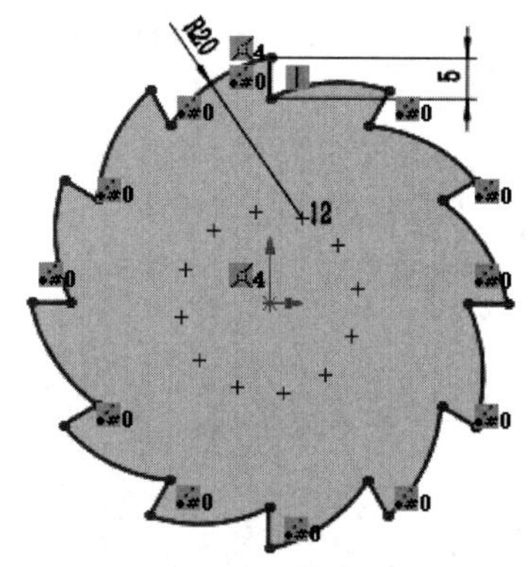

图5-38　剪裁图形

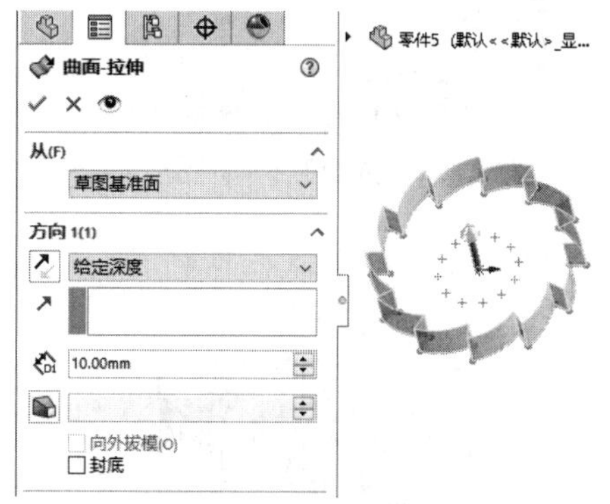

图5-39　创建拉伸曲面

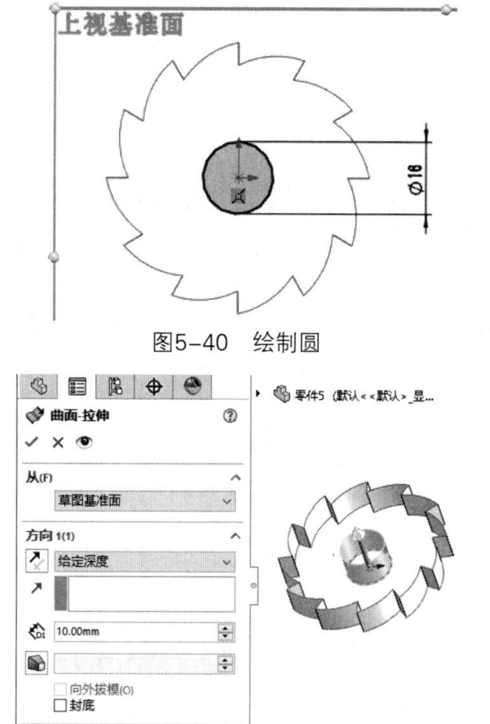

图5-40　绘制圆

图5-41　创建拉伸曲面

06 单击【曲面】选项卡中的【直纹曲面】按钮，创建直纹曲面，如图5-42所示。

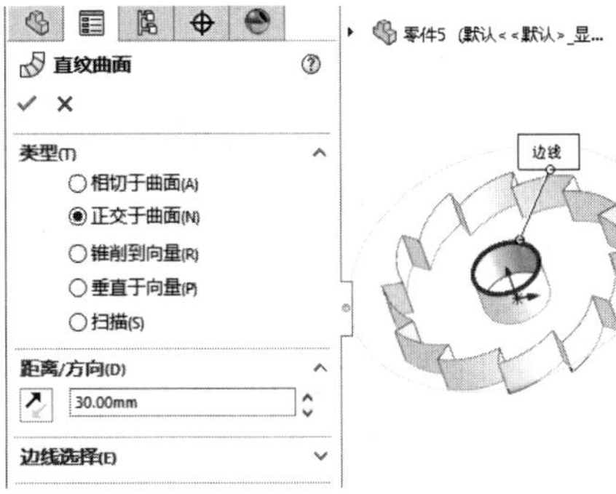

图5-42　创建直纹曲面

07 单击【曲面】选项卡中的【剪裁曲面】按钮，剪裁曲面，如图5-43所示。

图5-43　剪裁曲面

08 单击【曲面】选项卡中的【等距曲面】按钮，创建等距曲面，如图5-44所示。

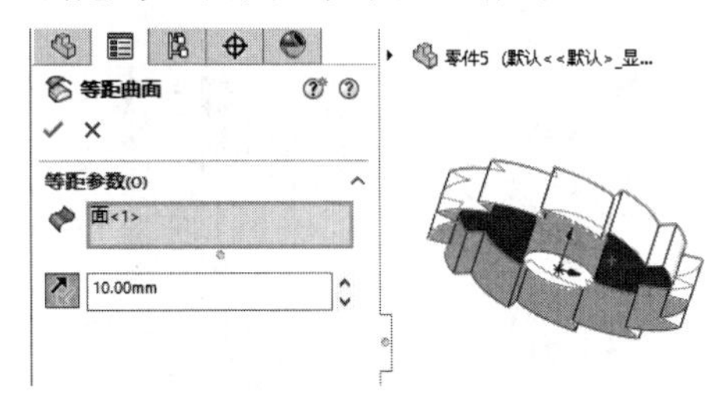

图5-44　创建等距曲面

◎提示·◦

等距曲面既可以是模型的轮廓面，也可以是绘制的曲面。

09 完成棘轮模型的绘制，如图5-45所示。

图5-45　完成棘轮模型

实例 112　绘制显示器

案例源文件：ywj\05\112.prt

01 单击【草图】选项卡中的【边角矩形】按钮，绘制矩形，如图5-46所示。

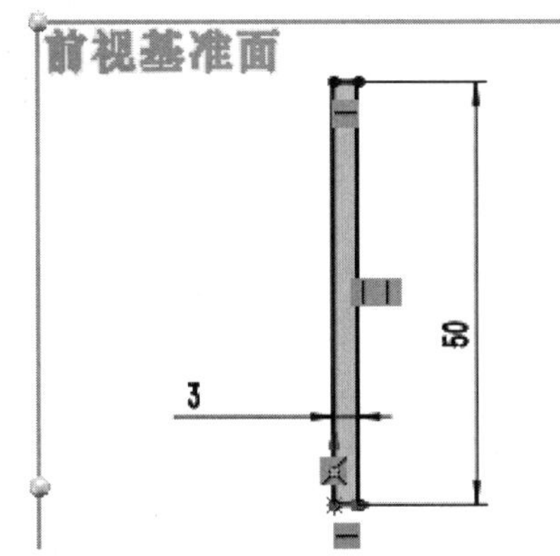

图5-46　绘制矩形

02 单击【草图】选项卡中的【三点圆弧】按钮，绘制圆弧，如图5-47所示。

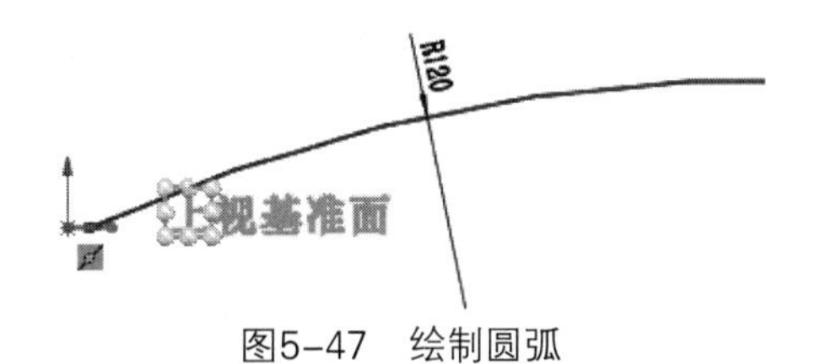

图5-47　绘制圆弧

03 单击【曲面】选项卡中的【扫描曲面】按钮，创建扫描曲面，如图5-48所示。

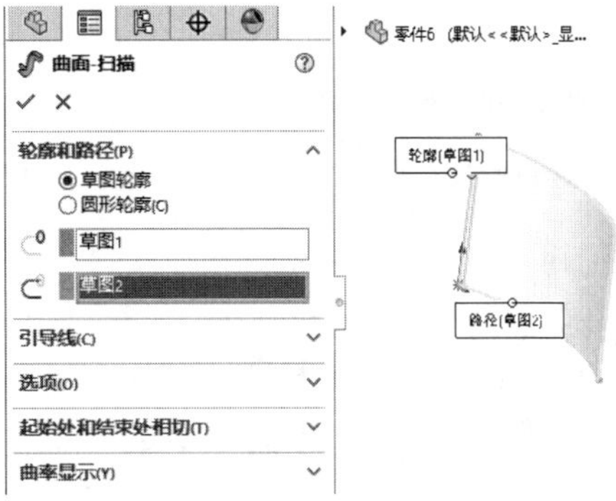

图5-48　创建扫描曲面

04 单击【曲面】选项卡中的【填充曲面】按钮，创建填充曲面，如图5-49所示。

05 单击【曲面】选项卡中的【填充曲面】按钮，创建填充曲面，如图5-50所示。

06 单击【特征】选项卡中的【基准面】按钮，创建基准面，如图5-51所示。

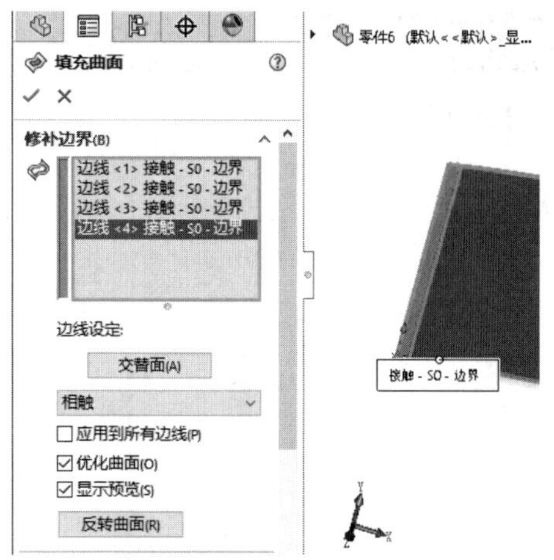
图5-49　创建填充曲面(1)

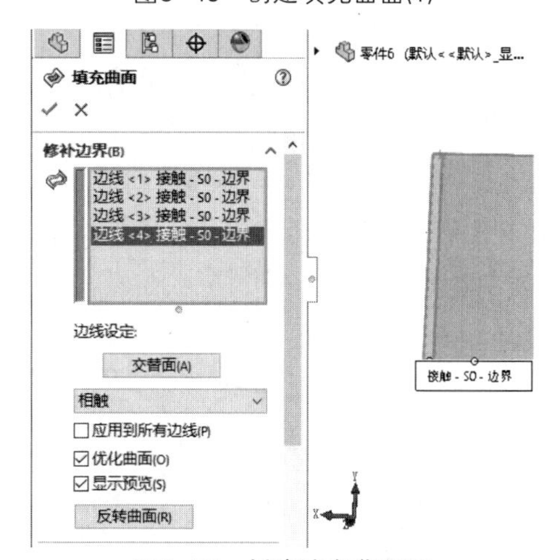
图5-50　创建填充曲面(2)

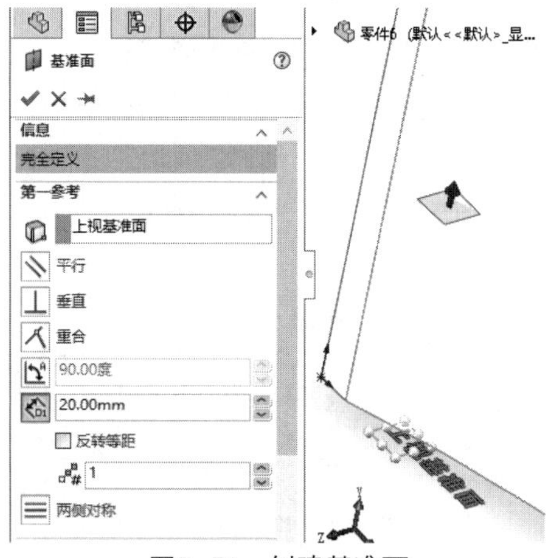
图5-51　创建基准面

07 单击【草图】选项卡中的【边角矩形】按钮，绘制矩形，如图5-52所示。

08 单击【曲面】选项卡中的【拉伸曲面】按钮，创建拉伸曲面，如图5-53所示。

09 单击【曲面】选项卡中的【填充曲面】按钮，创建填充曲面，如图5-54所示。

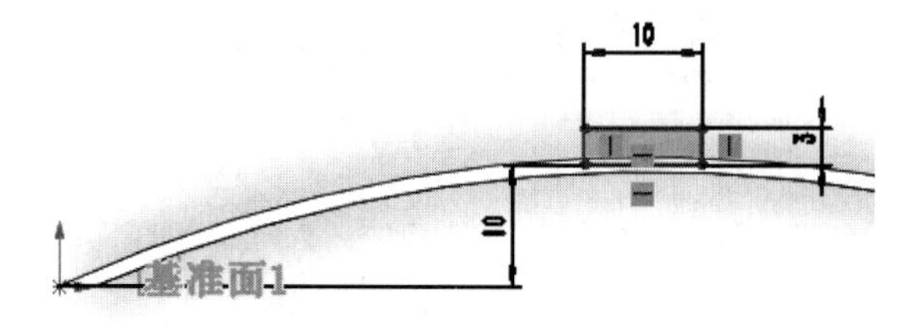
图5-52　绘制矩形

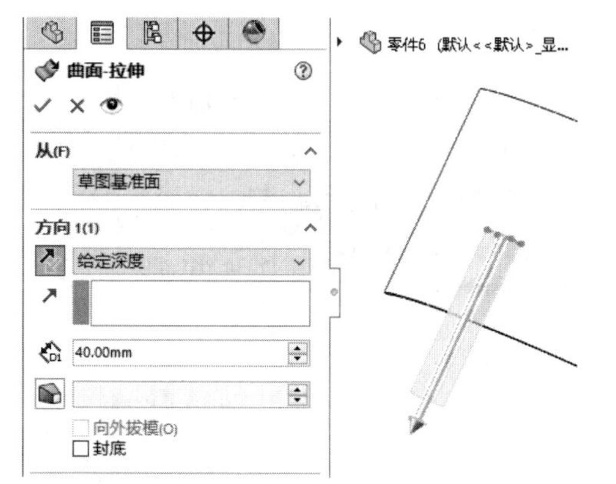
图5-53　创建拉伸曲面

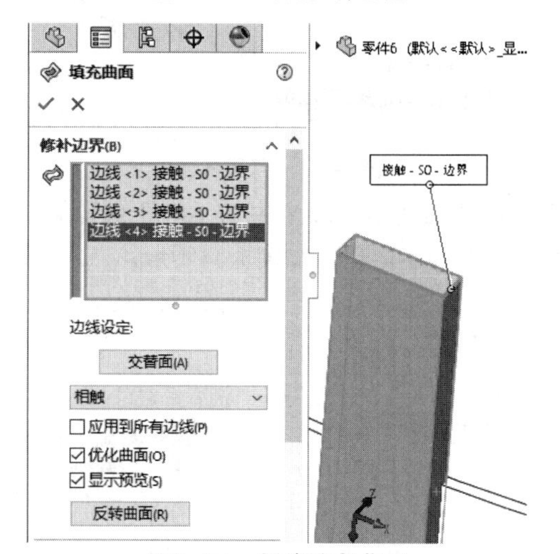
图5-54　创建填充曲面

10 单击【曲面】选项卡中的【延伸曲面】按钮，创建延伸曲面，如图5-55所示。

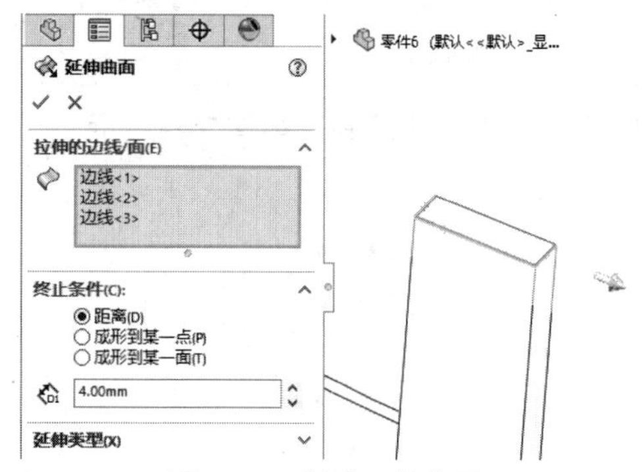
图5-55　创建延伸曲面

11 完成显示器模型的绘制，如图5-56所示。

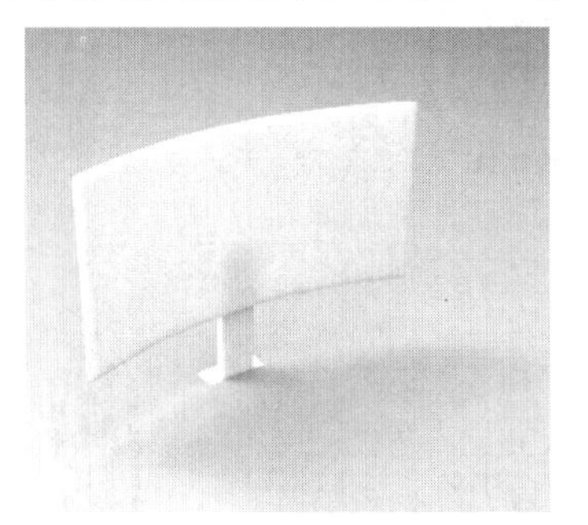

图5-56　完成显示器模型

实例 113　绘制螺丝刀

案例源文件：ywj\05\113.prt

01 单击【草图】选项卡中的【圆】按钮，绘制圆，如图5-57所示。

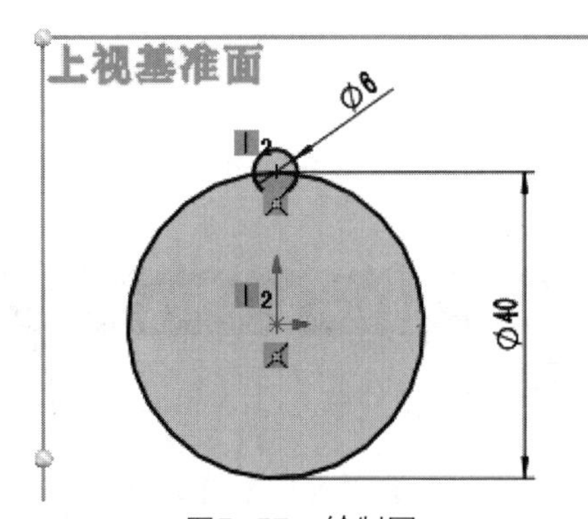

图5-57　绘制圆

02 单击【草图】选项卡中的【剪裁实体】按钮，剪裁图形，如图5-58所示。

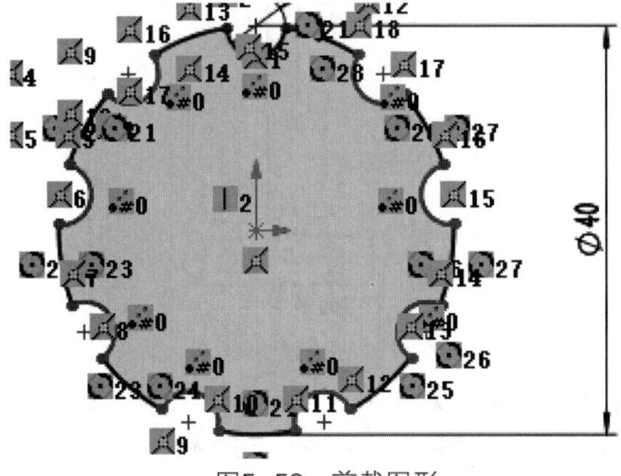

图5-58　剪裁图形

03 单击【曲面】选项卡中的【拉伸曲面】按钮，创建拉伸曲面，如图5-59所示。

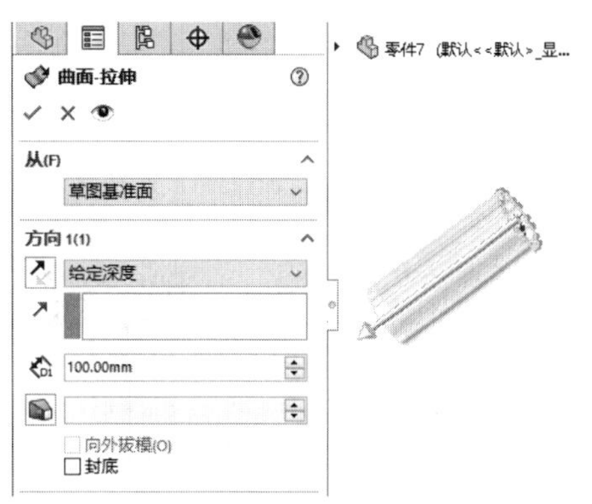

图5-59　创建拉伸曲面

04 单击【曲面】选项卡中的【填充曲面】按钮，创建填充曲面，如图5-60所示。

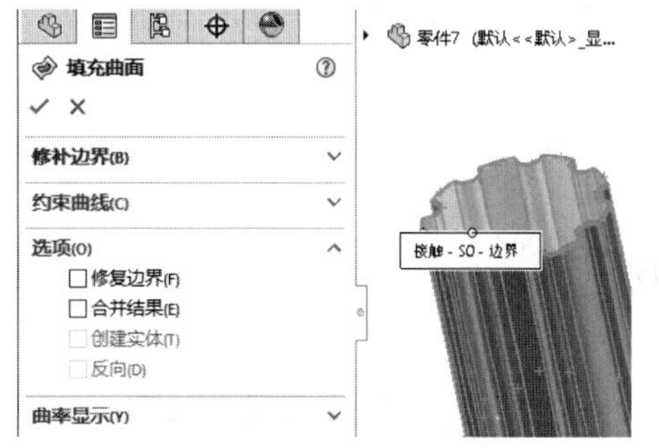

图5-60　创建填充曲面

05 单击【曲面】选项卡中的【等距曲面】按钮，创建等距曲面，如图5-61所示。

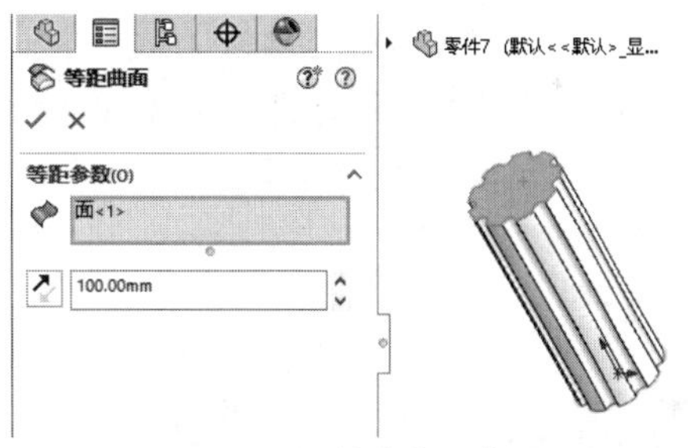

图5-61　创建等距曲面

06 单击【草图】选项卡中的【圆】按钮，绘制圆，如图5-62所示。

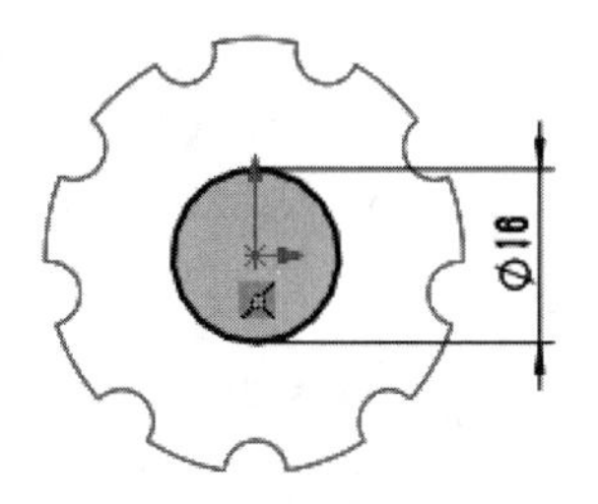

图5-62　绘制圆

07 单击【特征】选项卡中的【基准面】按钮，创建基准面，如图5-63所示。

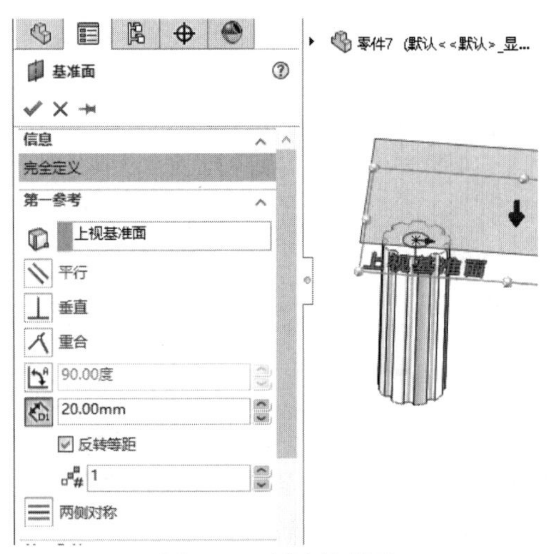

图5-63　创建基准面

08 单击【草图】选项卡中的【圆】按钮，绘制圆，如图5-64所示。

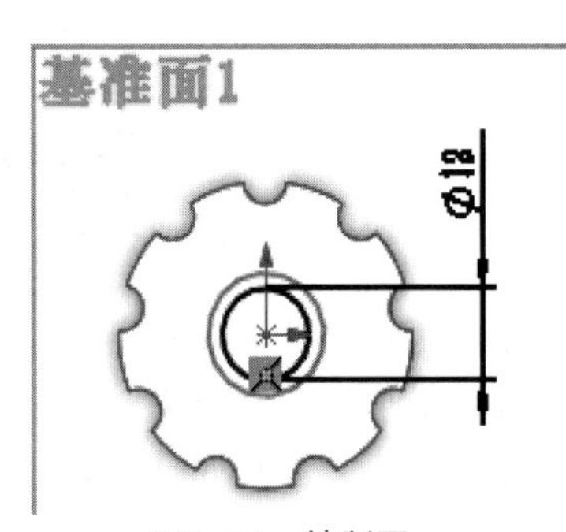

图5-64　绘制圆

09 单击【曲面】选项卡中的【放样曲面】按钮，创建放样曲面，如图5-65所示。

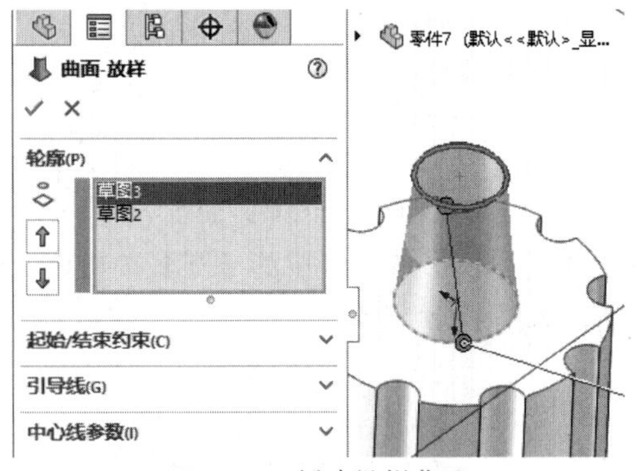

图5-65　创建放样曲面

> **提示**
>
> 放样曲面由放样的轮廓曲线组成，也可以根据需要使用引导线。

10 单击【曲面】选项卡中的【拉伸曲面】按钮，创建拉伸曲面，如图5-66所示。

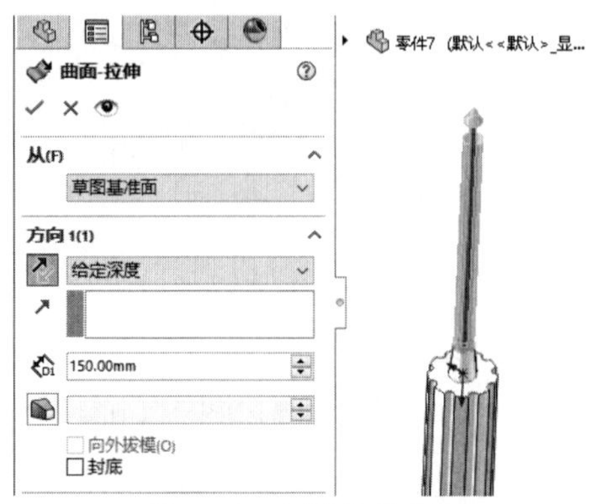

图5-66　创建拉伸曲面

11 完成螺丝刀模型的绘制，如图5-67所示。

图5-67　完成螺丝刀模型

实例 114 绘制电钻

案例源文件：ywj\05\114.prt

01 单击【草图】选项卡中的【直线】按钮，绘制直线，如图5-68所示。

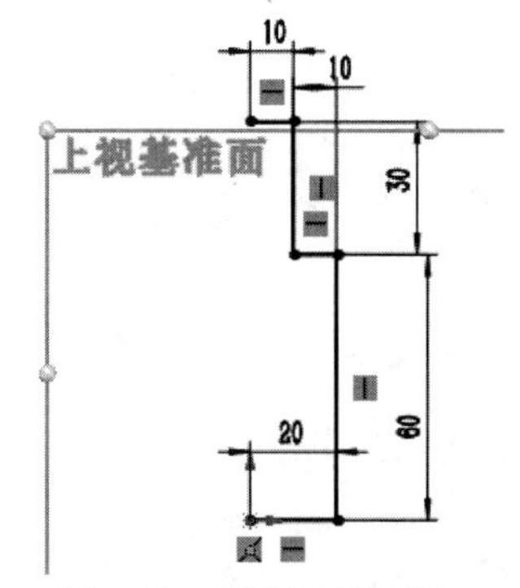

图5-68　绘制直线图形

02 单击【曲面】选项卡中的【旋转曲面】按钮，创建旋转曲面，如图5-69所示。

03 单击【草图】选项卡中的【直槽口】按钮，绘制直槽口图形，如图5-70所示。

04 单击【特征】选项卡中的【基准面】按钮，创建基准面，如图5-71所示。

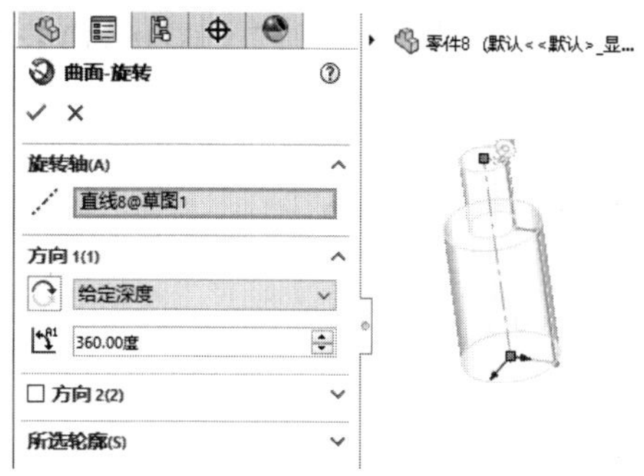

图5-69　创建旋转曲面

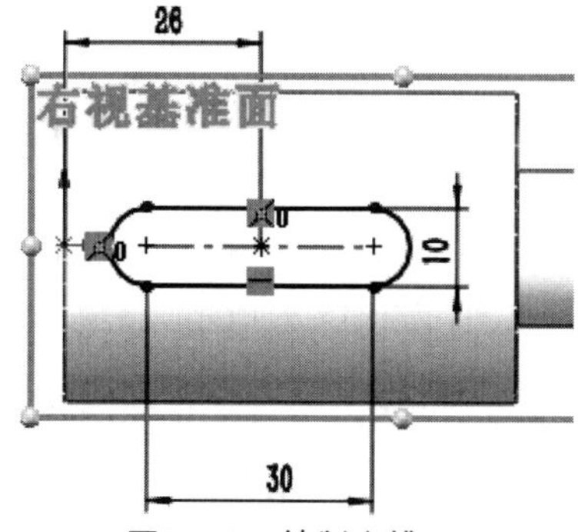

图5-70　绘制直槽口

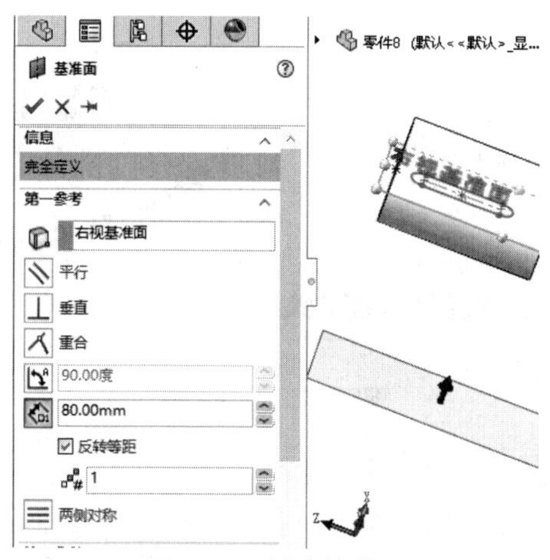

图5-71　创建基准面

05 单击【草图】选项卡中的【等距实体】按钮，创建等距图形，如图5-72所示。

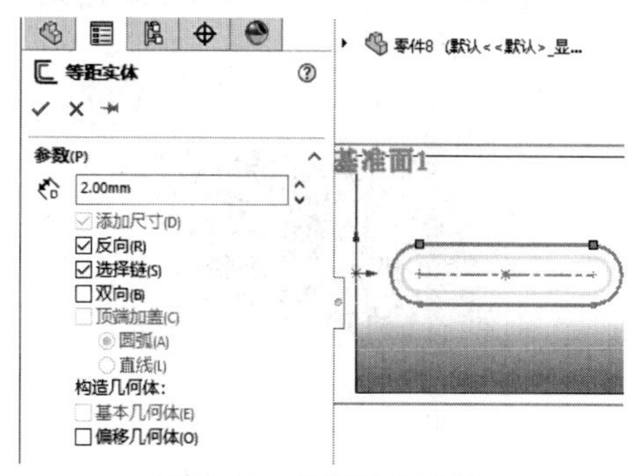

图5-72　绘制等距实体

06 单击【曲面】选项卡中的【放样曲面】按钮，创建放样曲面，如图5-73所示。

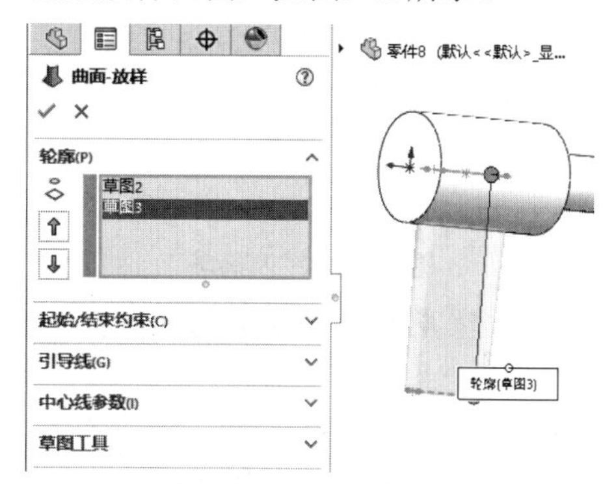

图5-73　创建放样曲面

07 完成电钻模型的绘制，如图5-74所示。

图5-74　完成电钻模型

实例 115 绘制按摩器

案例源文件：ywj\05\115.prt

01 单击【草图】选项卡中的【三点圆弧】按钮，绘制圆弧，如图5-75所示。

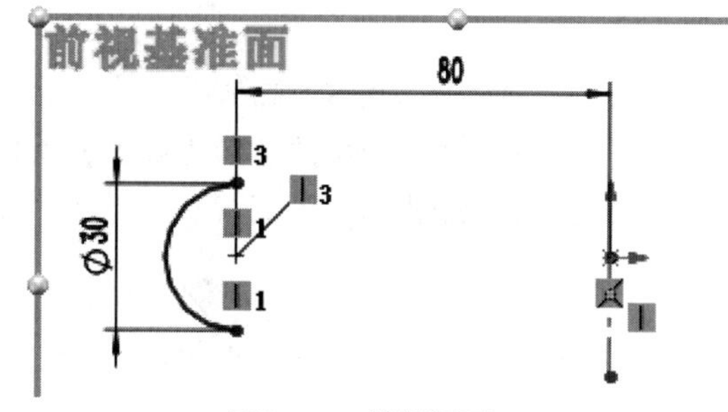

图5-75　绘制圆弧

02 单击【草图】选项卡中的【椭圆】按钮，绘制椭圆，如图5-76所示。

03 单击【曲面】选项卡中的【扫描曲面】按钮，创建扫描曲面，如图5-77所示。

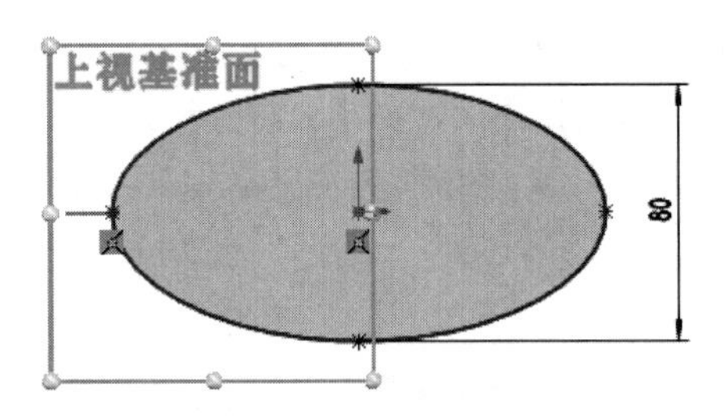

图5-76 绘制椭圆

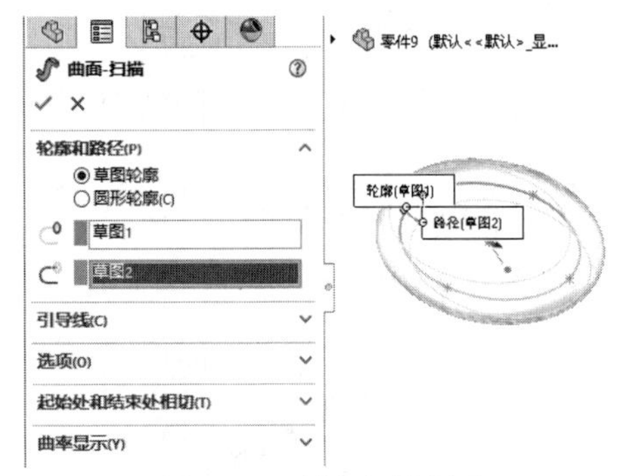

图5-77 创建扫描曲面

04 单击【曲面】选项卡中的【填充曲面】按钮，创建填充曲面，如图5-78所示。

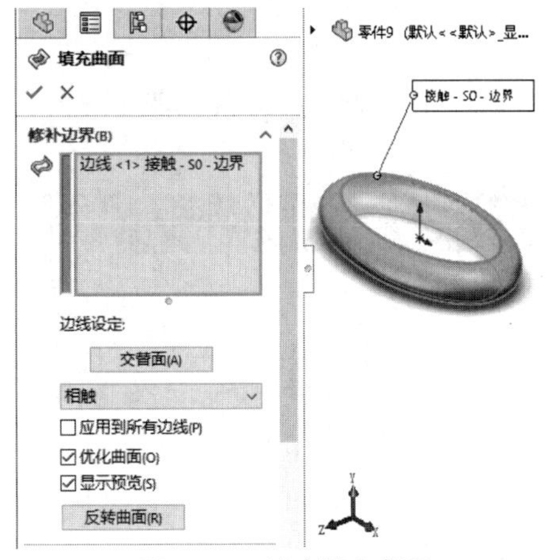

图5-78 创建填充曲面

05 单击【草图】选项卡中的【三点圆弧】按钮，绘制圆弧，如图5-79所示。

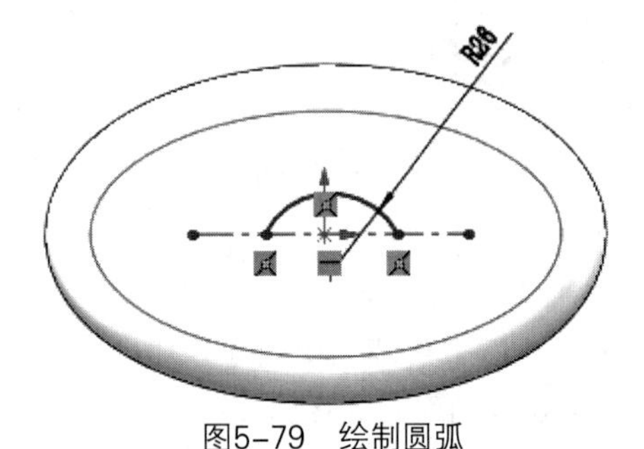

图5-79 绘制圆弧

06 单击【曲面】选项卡中的【旋转曲面】按钮，创建旋转曲面，如图5-80所示。

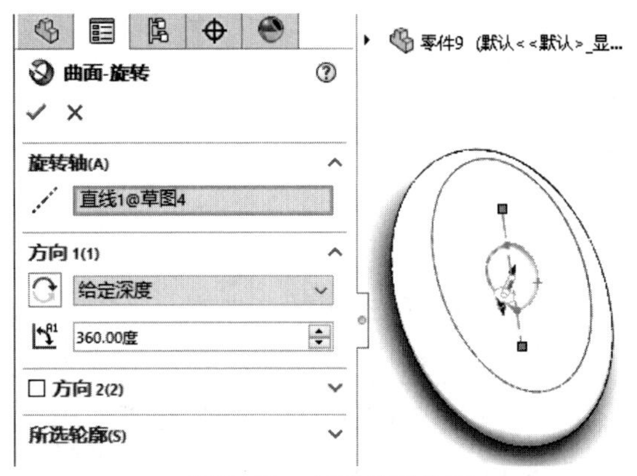

图5-80 创建旋转曲面

07 单击【曲面】选项卡中的【剪裁曲面】按钮，剪裁曲面，如图5-81所示。

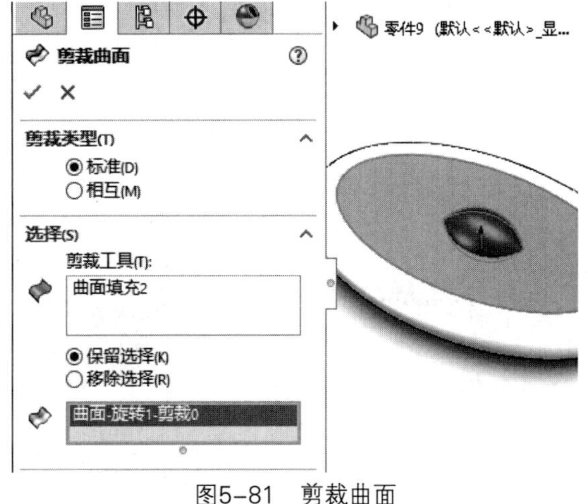

图5-81 剪裁曲面

> **提示**
>
> 可以使用曲面、基准面或者草图作为剪裁工具剪裁相交曲面，也可以将曲面和其他曲面配合使用，相互作为剪裁工具。

08 完成按摩器模型的绘制，如图5-82所示。

图5-82 完成按摩器模型

实例 116 绘制灯盘

案例源文件：ywj\05\116.prt

01 单击【草图】选项卡中的【边角矩形】按钮，绘制矩形，如图5-83所示。

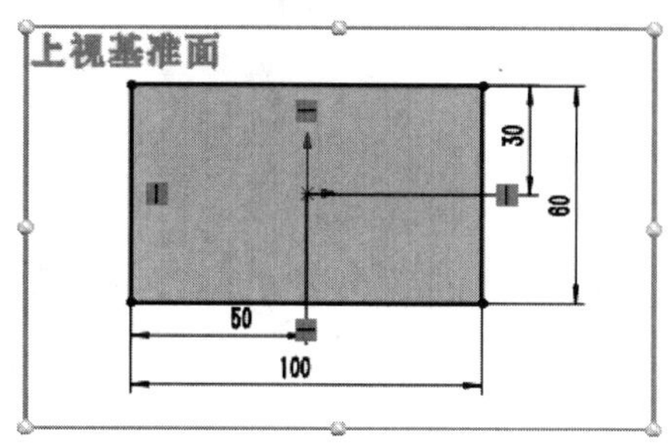

图5-83　绘制矩形

02 单击【特征】选项卡中的【基准面】按钮，创建基准面，如图5-84所示。

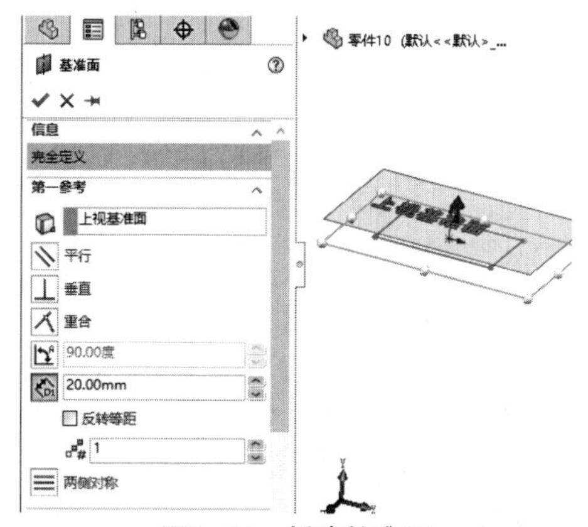

图5-84　创建基准面

03 单击【草图】选项卡中的【等距实体】按钮，创建等距图形，如图5-85所示。

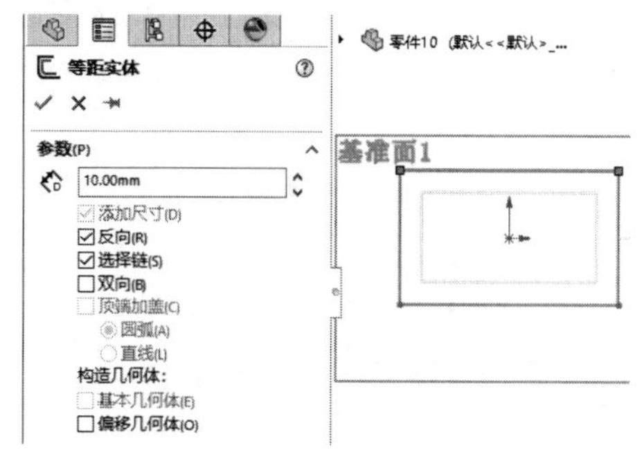

图5-85　绘制等距实体

04 单击【曲面】选项卡中的【放样曲面】按钮，创建放样曲面，如图5-86所示。

05 单击【曲面】选项卡中的【填充曲面】按钮，创建填充曲面，如图5-87所示。

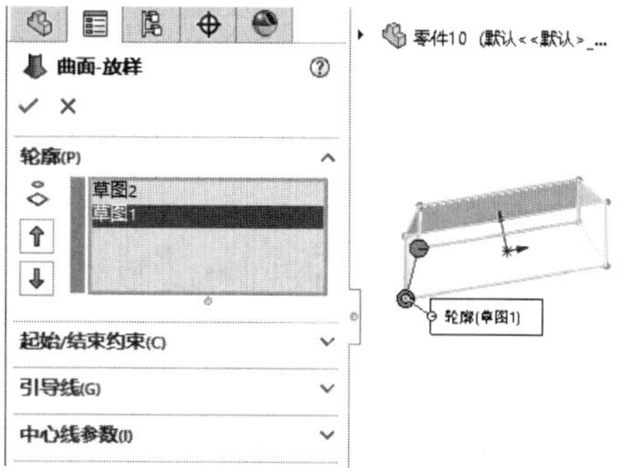

图5-86　创建放样曲面

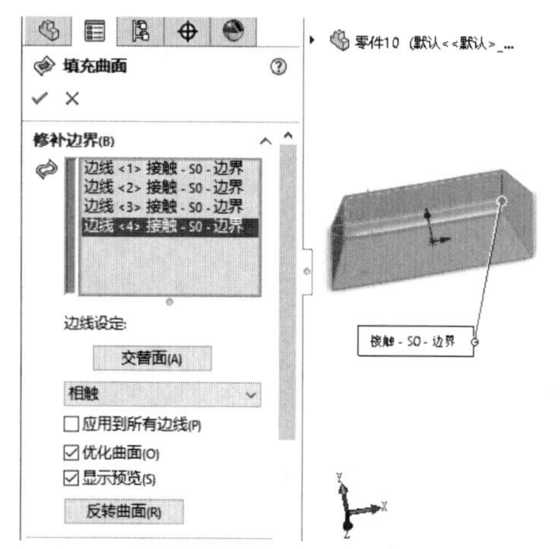

图5-87　创建填充曲面

06 单击【草图】选项卡中的【三点圆弧】按钮，绘制圆弧，如图5-88所示。

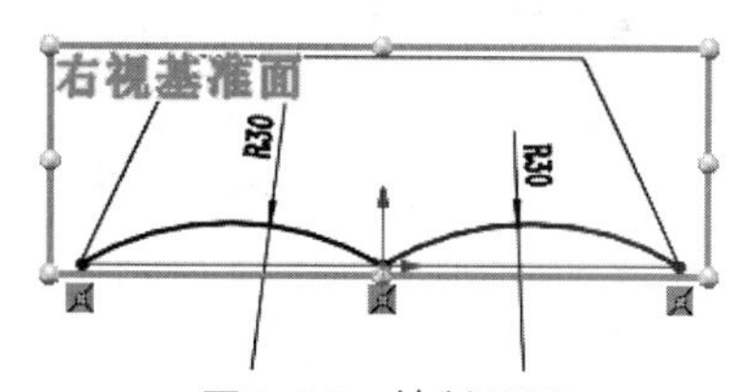

图5-88　绘制圆弧

07 单击【曲面】选项卡中的【拉伸曲面】按钮，创建拉伸曲面，如图5-89所示。

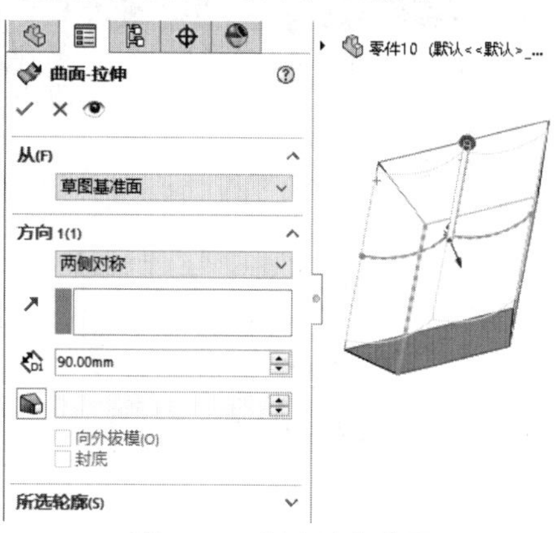

图5-89　创建拉伸曲面

08 单击【草图】选项卡中的【直线】按钮，绘制直线，如图5-90所示。

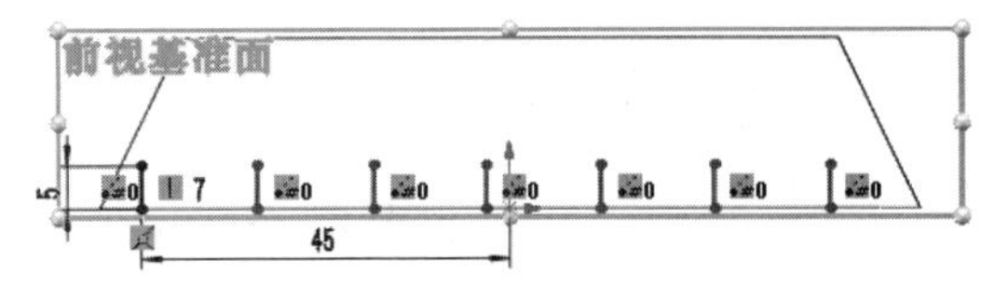

图5-90　绘制直线图形

09 单击【曲面】选项卡中的【拉伸曲面】按钮，创建拉伸曲面，如图5-91所示。

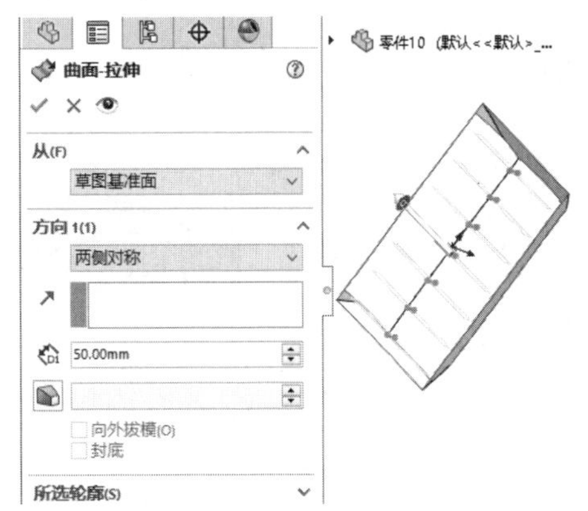

图5-91　拉伸曲面

10 完成灯盘模型的绘制，如图5-92所示。

图5-92　完成灯盘模型

实例 117

案例源文件：ywj\05\117.prt

绘制风机外壳

01 单击【草图】选项卡中的【圆】按钮，绘制圆，如图5-93所示。

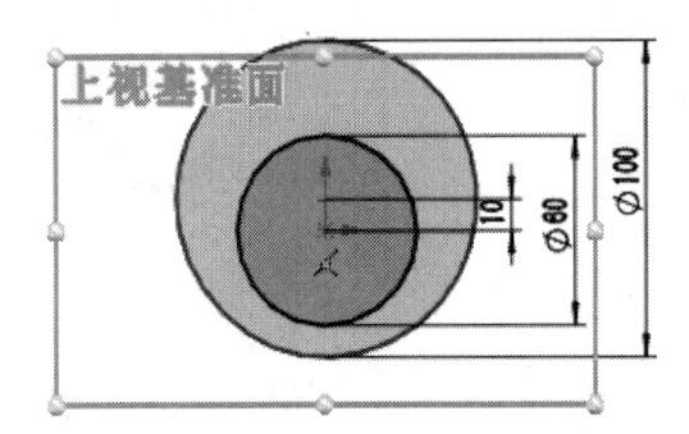

图5-93　绘制圆

02 单击【草图】选项卡中的【剪裁实体】按钮，剪裁图形，如图5-94所示。

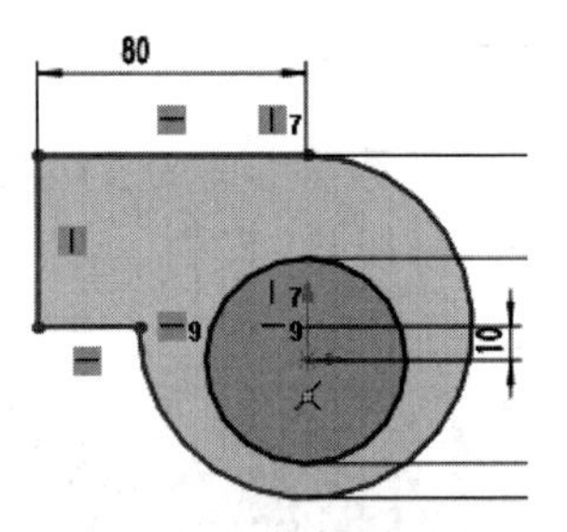

图5-94　剪裁图形

03 单击【曲面】选项卡中的【填充曲面】按钮，创建填充曲面，如图5-95所示。

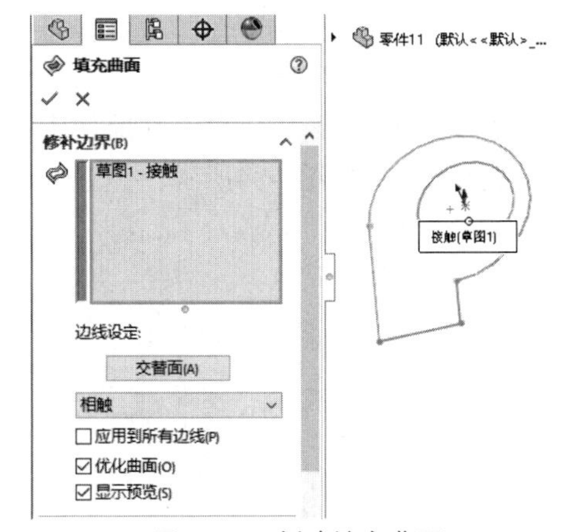

图5-95　创建填充曲面

04 单击【曲面】选项卡中的【等距曲面】按钮，创建等距曲面，如图5-96所示。

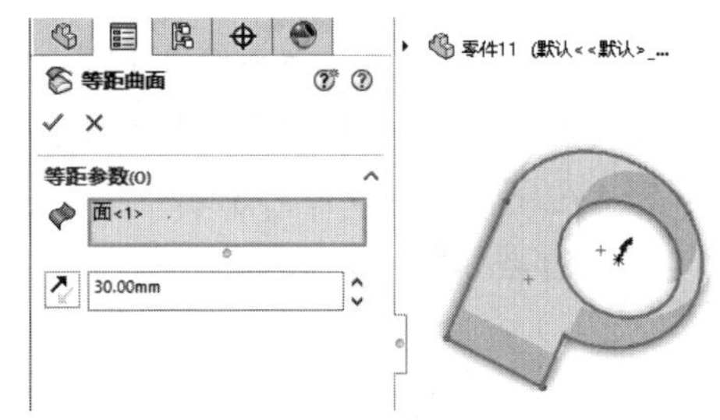

图5-96　创建等距曲面

05 单击【曲面】选项卡中的【平面】按钮，创建平面，如图5-97所示。

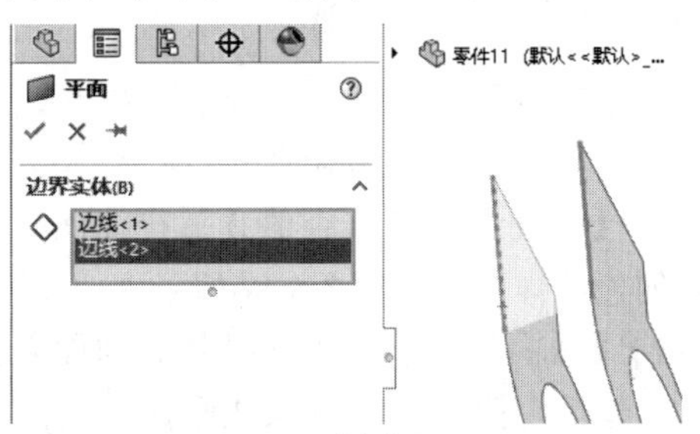

图5-97　创建平面(1)

06 单击【曲面】选项卡中的【平面】按钮，创建平面，如图5-98所示。

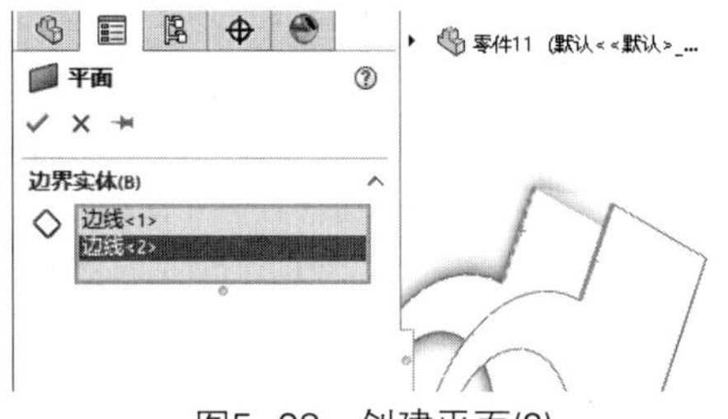

图5-98 创建平面(2)

07 单击【曲面】选项卡中的【直纹曲面】按钮，创建直纹曲面，如图5-99所示。

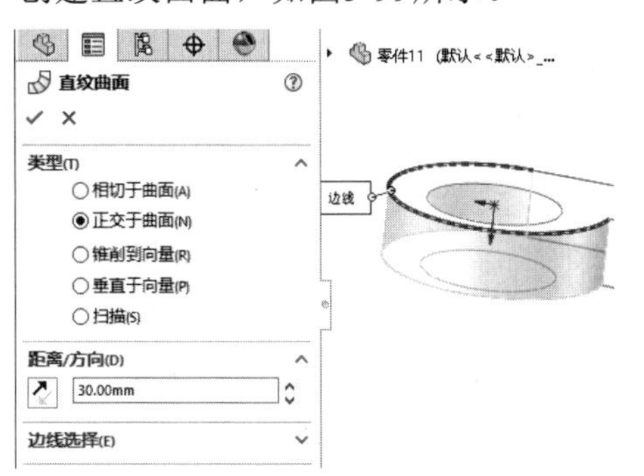

图5-99 创建直纹曲面(1)

08 单击【曲面】选项卡中的【直纹曲面】按钮，创建直纹曲面，如图5-100所示。

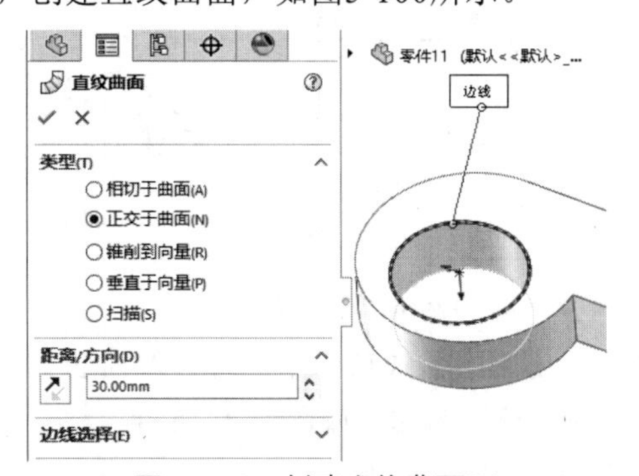

图5-100 创建直纹曲面(2)

09 单击【曲面】选项卡中的【直纹曲面】按钮，创建直纹曲面，如图5-101所示。

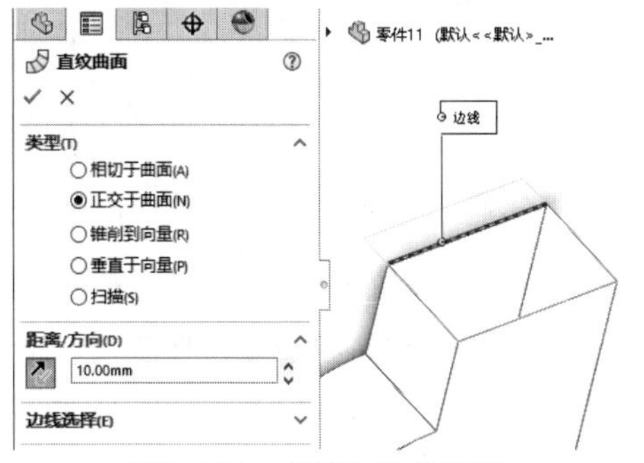

图5-101 创建直纹曲面(3)

10 单击【曲面】选项卡中的【直纹曲面】按钮，创建直纹曲面，如图5-102所示。

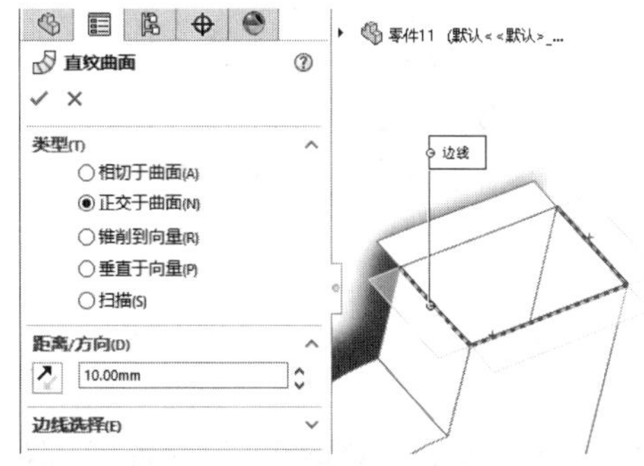

图5-102 创建直纹曲面(4)

11 单击【曲面】选项卡中的【边界曲面】按钮，创建边界曲面，如图5-103所示。

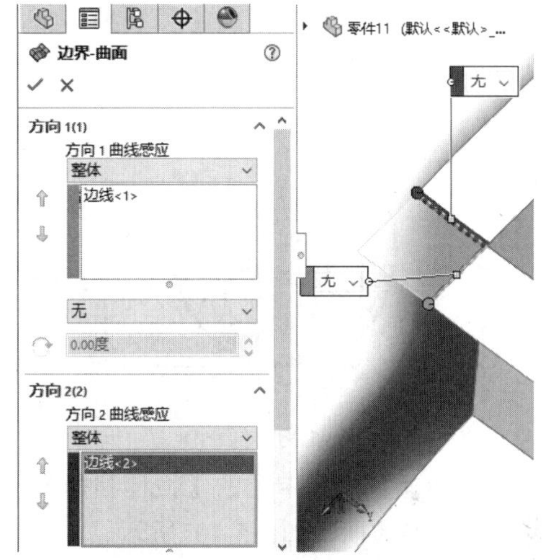

图5-103 创建边界曲面(1)

12 单击【曲面】选项卡中的【边界曲面】按钮，创建边界曲面，如图5-104所示。

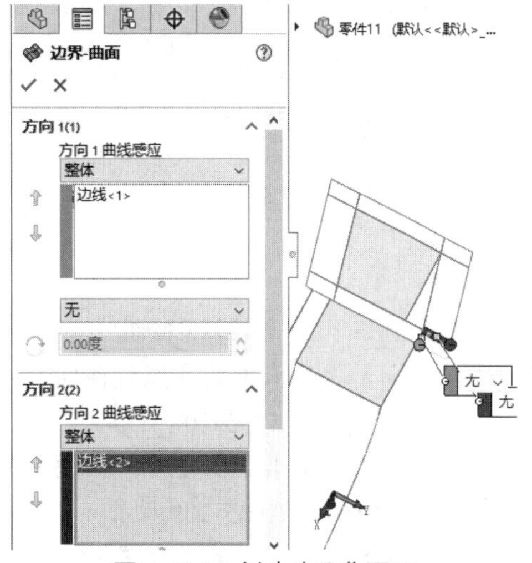

图5-104 创建边界曲面(2)

13 完成风机外壳模型的绘制，如图5-105所示。

图5-105　完成风机外壳模型

实例118 绘制管道

案例源文件：ywj\05\118.prt

01 单击【草图】选项卡中的【圆】按钮，绘制圆，如图5-106所示。

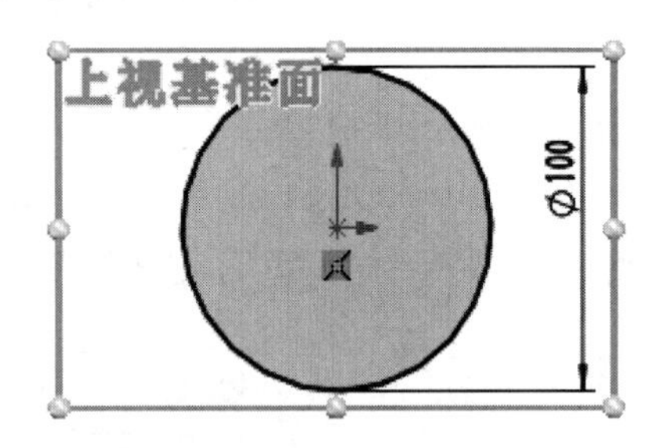

图5-106　绘制圆

02 单击【曲面】选项卡中的【拉伸曲面】按钮，创建拉伸曲面，如图5-107所示。

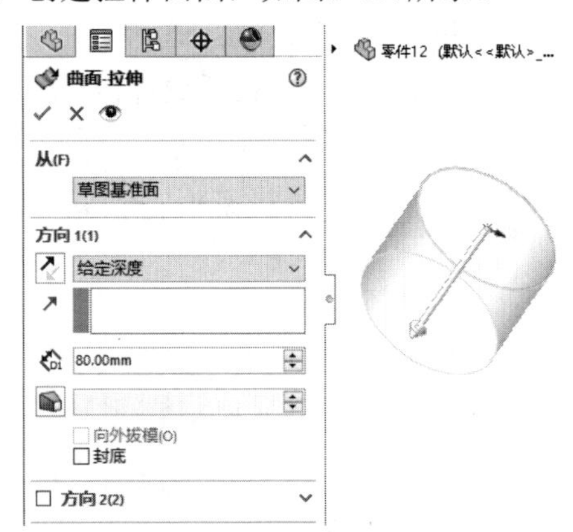

图5-107　创建拉伸曲面

03 单击【曲面】选项卡中的【直纹曲面】按钮，创建直纹曲面，如图5-108所示。

04 单击【曲面】选项卡中的【直纹曲面】按钮，创建直纹曲面，如图5-109所示。

05 单击【草图】选项卡中的【直线】按钮，绘制直线，如图5-110所示。

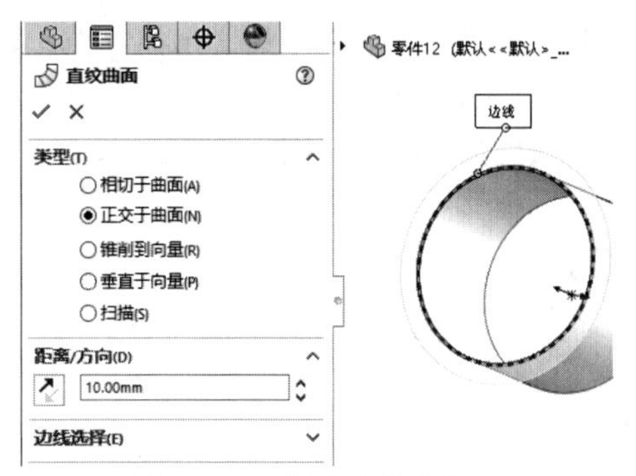

图5-108　创建直纹曲面(1)

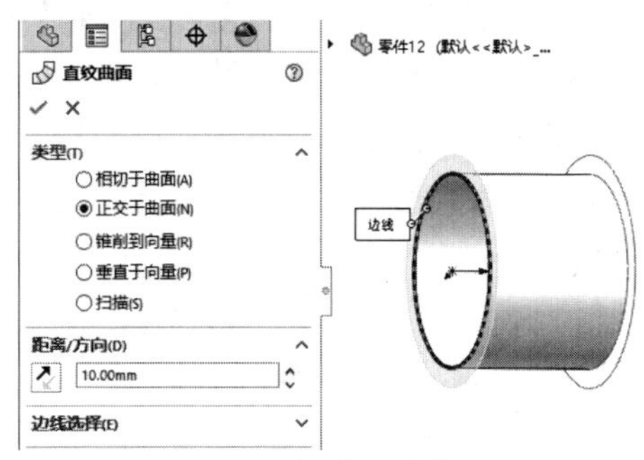

图5-109　创建直纹曲面(2)

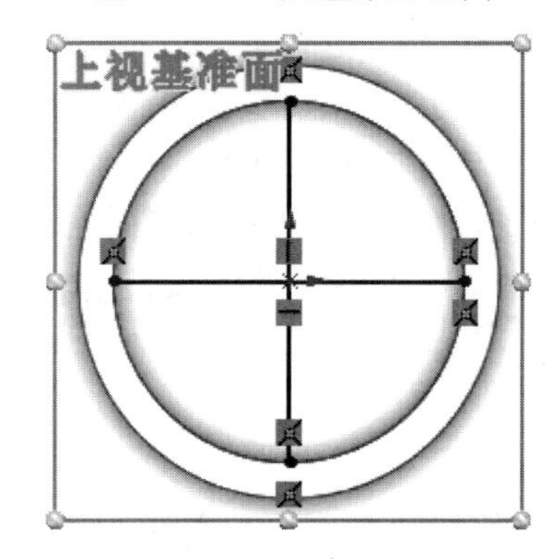

图5-110　绘制直线

06 单击【曲面】选项卡中的【拉伸曲面】按钮，创建拉伸曲面，如图5-111所示。

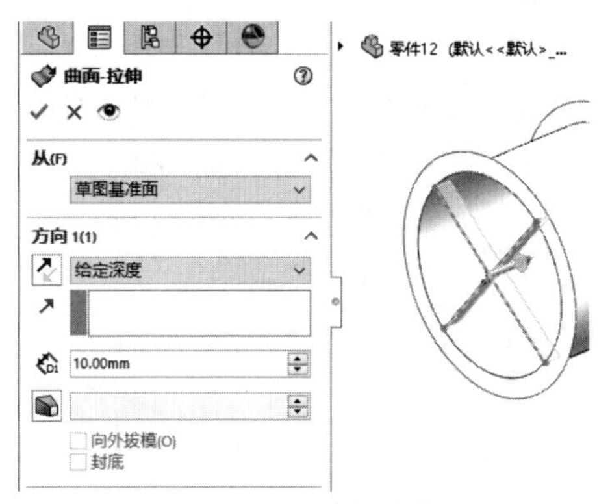

图5-111　创建拉伸曲面

07 单击【草图】选项卡中的【圆】按钮，绘制圆，如图5-112所示。

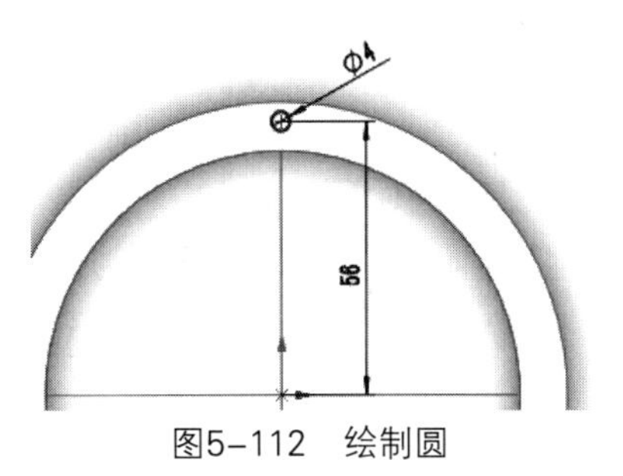

图5-112　绘制圆

08 单击【曲面】选项卡中的【拉伸曲面】按钮，创建拉伸曲面，如图5-113所示。

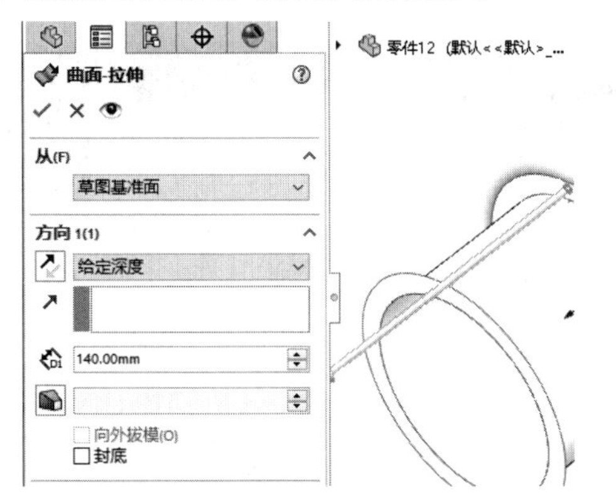

图5-113　创建拉伸曲面

09 单击【曲面】选项卡中的【剪裁曲面】按钮，剪裁曲面，如图5-114所示。

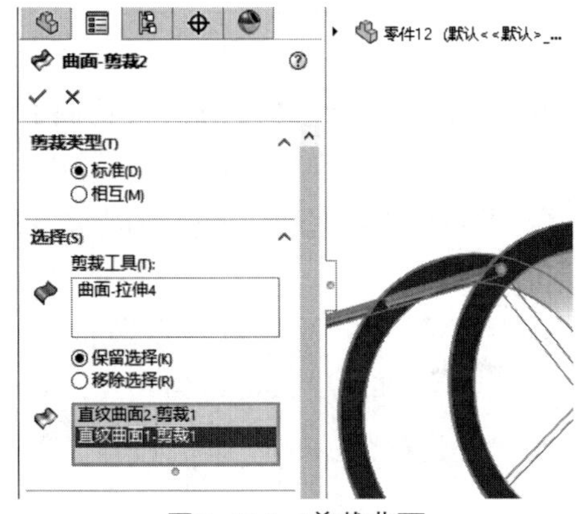

图5-114　剪裁曲面

10 单击【曲面】选项卡中的【删除孔】按钮，删除曲面上的孔，如图5-115所示。

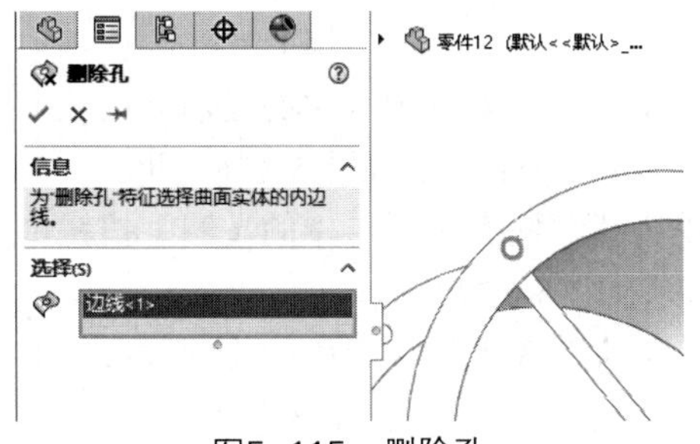

图5-115　删除孔

11 完成管道模型的绘制，如图5-116所示。

图5-116　完成管道模型

实例 119 绘制飞盘玩具

案例源文件：ywj\05\119.prt

01 单击【草图】选项卡中的【直线】按钮，绘制直线，如图5-117所示。

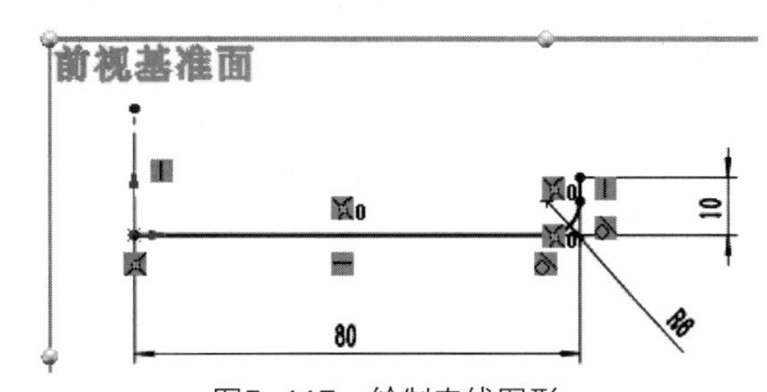

图5-117　绘制直线图形

02 单击【曲面】选项卡中的【旋转曲面】按钮，创建旋转曲面，如图5-118所示。

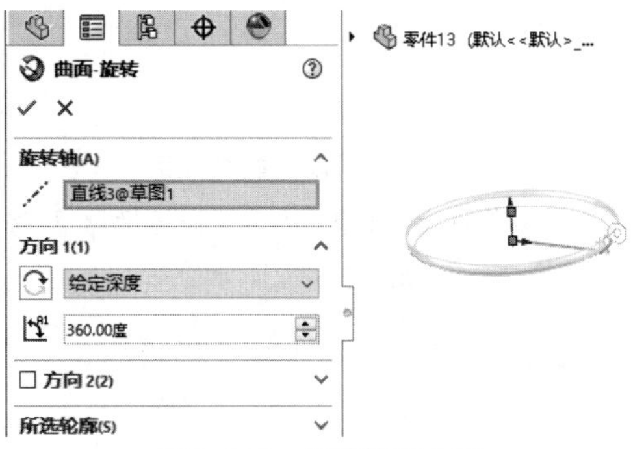

图5-118　创建旋转曲面

03 单击【特征】选项卡中的【基准面】按钮，创建基准面，如图5-119所示。

04 单击【草图】选项卡中的【三点圆弧】按钮，绘制圆弧，如图5-120所示。

05 单击【曲面】选项卡中的【拉伸曲面】按钮，创建拉伸曲面，如图5-121所示。

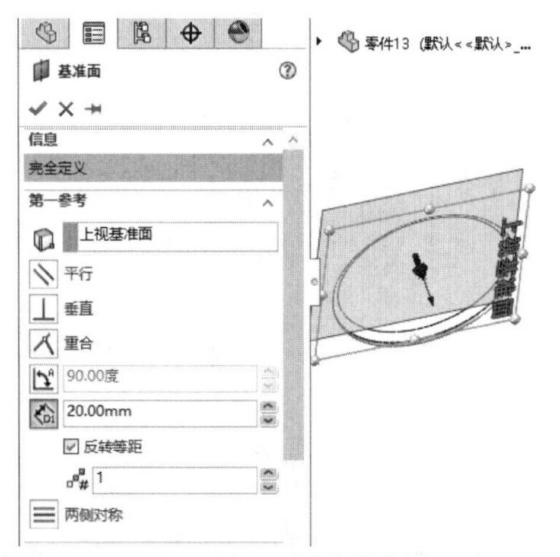

图5-119　创建基准面

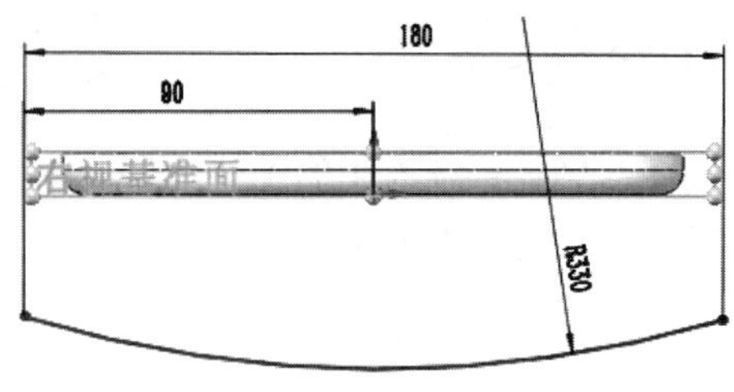

图5-120　绘制圆弧

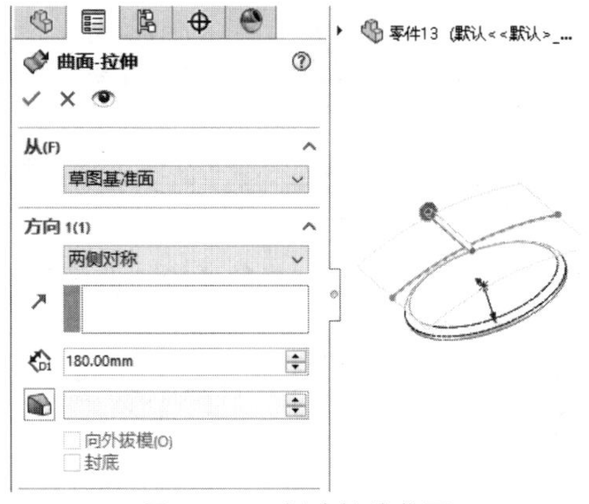

图5-121　创建拉伸曲面

06 单击【曲面】选项卡中的【替换面】按钮，替换曲面，如图5-122所示。

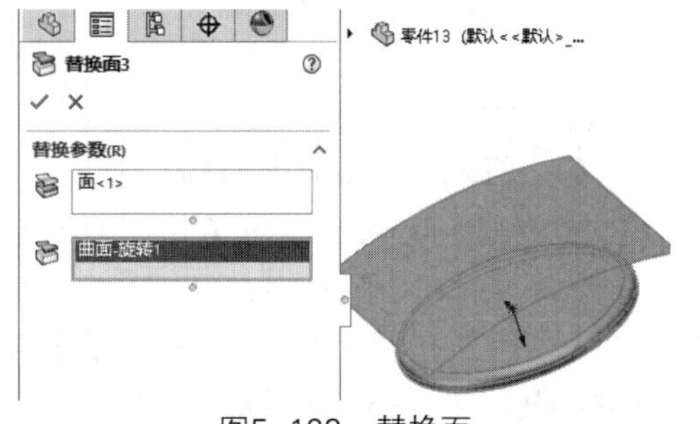

图5-122　替换面

07 完成飞盘玩具模型的绘制，如图5-123所示。

图5-123　完成飞盘玩具模型

实例 120　绘制旋钮

案例源文件：ywj\05\120.prt

01 单击【草图】选项卡中的【圆】按钮，绘制圆，如图5-124所示。

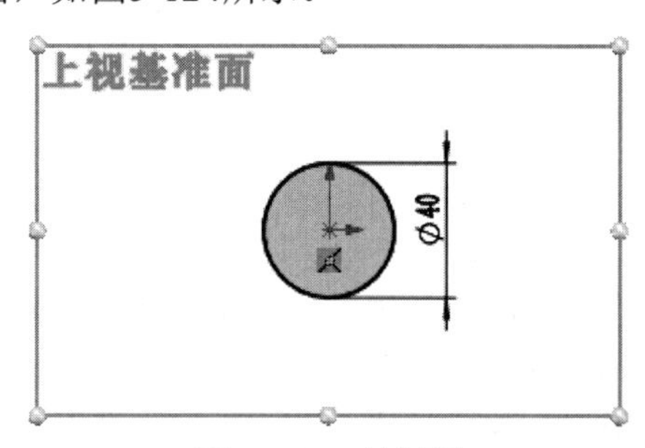

图5-124　绘制圆

02 单击【曲面】选项卡中的【拉伸曲面】按钮，创建拉伸曲面，如图5-125所示。

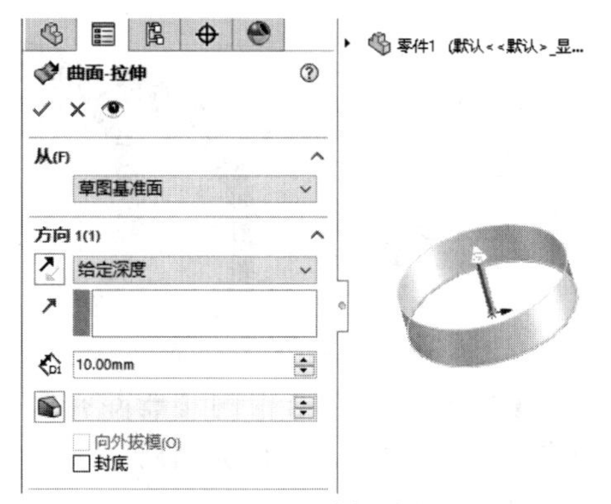

图5-125　创建拉伸曲面

03 单击【曲面】选项卡中的【填充曲面】按钮，创建填充曲面，如图5-126所示。

04 单击【草图】选项卡中的【圆】按钮，绘制圆，如图5-127所示。

05 单击【草图】选项卡中的【剪裁实体】按钮，剪裁图形，如图5-128所示。

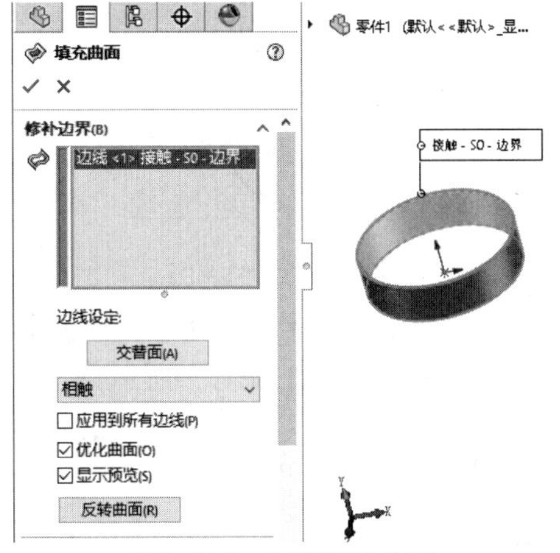

图5-126　创建填充曲面

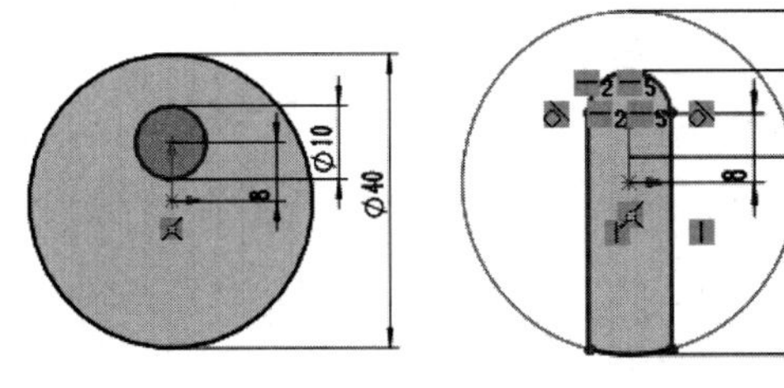

图5-127　绘制圆　　　图5-128　剪裁图形

06 单击【曲面】选项卡中的【拉伸曲面】按钮，创建拉伸曲面，如图5-129所示。

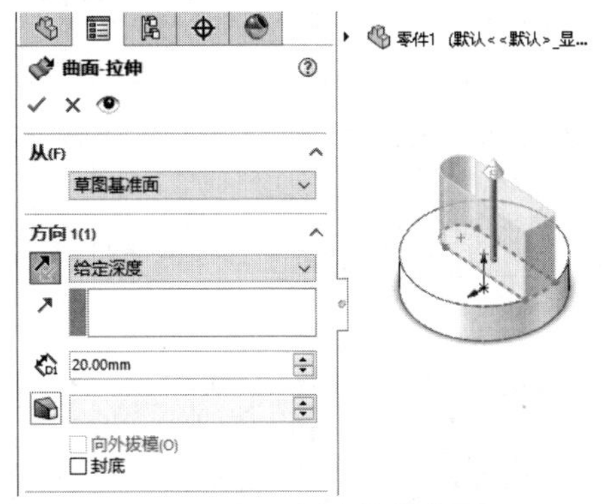

图5-129　创建拉伸曲面

07 单击【草图】选项卡中的【三点圆弧】按钮，绘制圆弧，如图5-130所示。

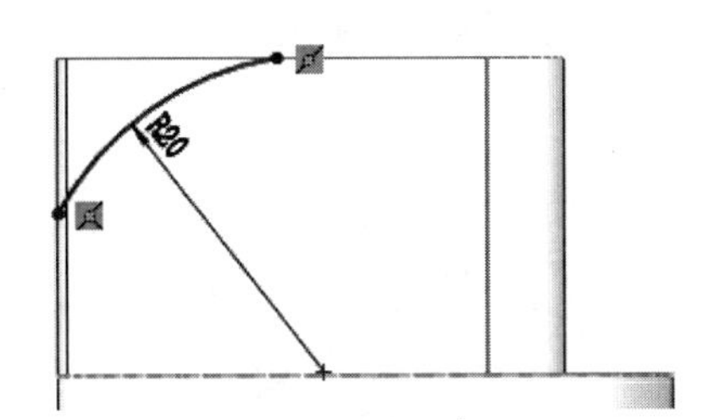

图5-130　绘制圆弧

08 单击【曲面】选项卡中的【拉伸曲面】按钮，创建拉伸曲面，如图5-131所示。

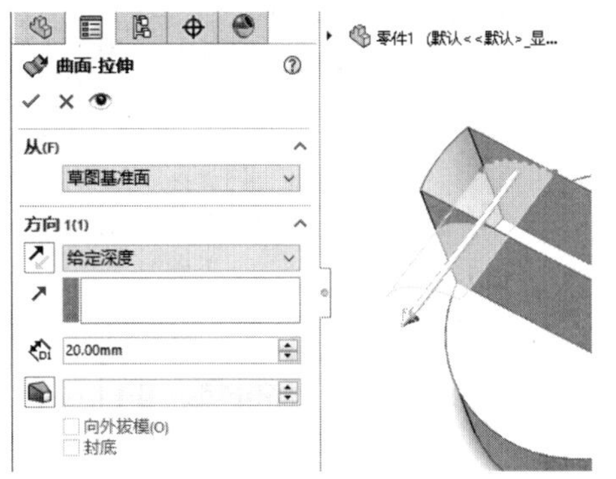

图5-131　创建拉伸曲面

09 单击【曲面】选项卡中的【剪裁曲面】按钮，剪裁曲面，如图5-132所示。

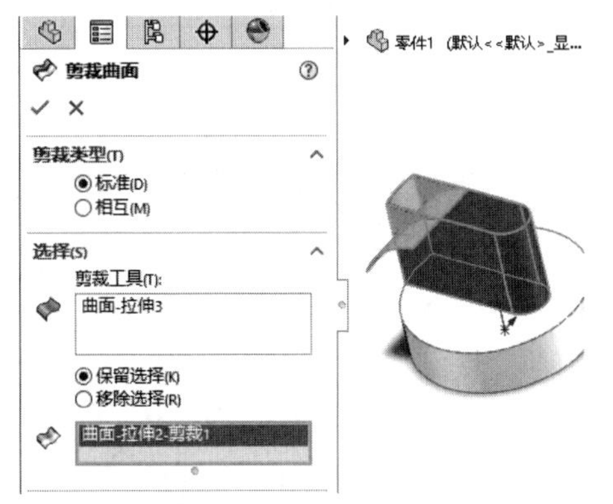

图5-132　剪裁曲面

10 单击【曲面】选项卡中的【填充曲面】按钮，创建填充曲面，如图5-133所示。

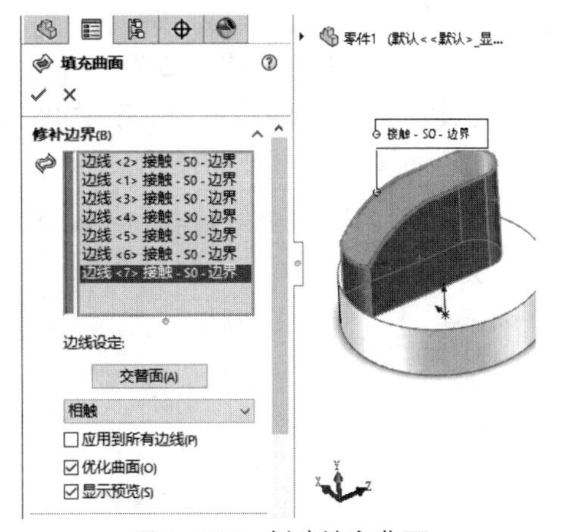

图5-133　创建填充曲面

11 完成旋钮模型的绘制，如图5-134所示。

图5-134　完成旋钮模型

实例 121

案例源文件：ywj\05\121.prt

绘制转盘

01 单击【草图】选项卡中的【圆】按钮，绘制圆，如图5-135所示。

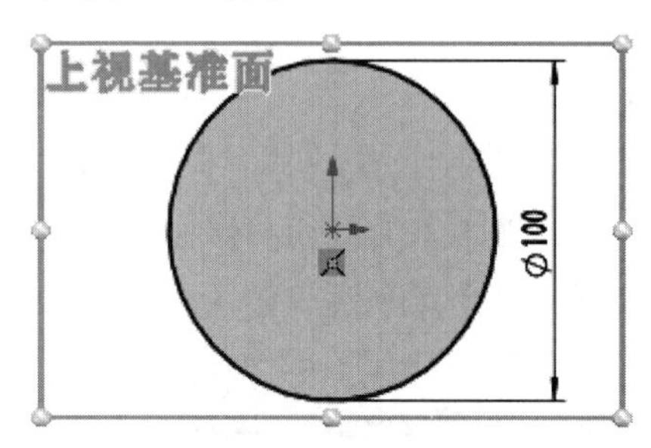

图5-135　绘制圆

02 单击【曲面】选项卡中的【拉伸曲面】按钮，创建拉伸曲面，如图5-136所示。

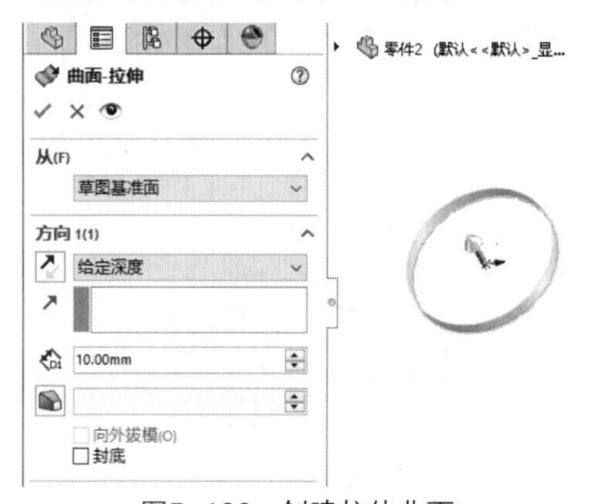

图5-136　创建拉伸曲面

03 单击【曲面】选项卡中的【填充曲面】按钮，创建填充曲面，如图5-137所示。

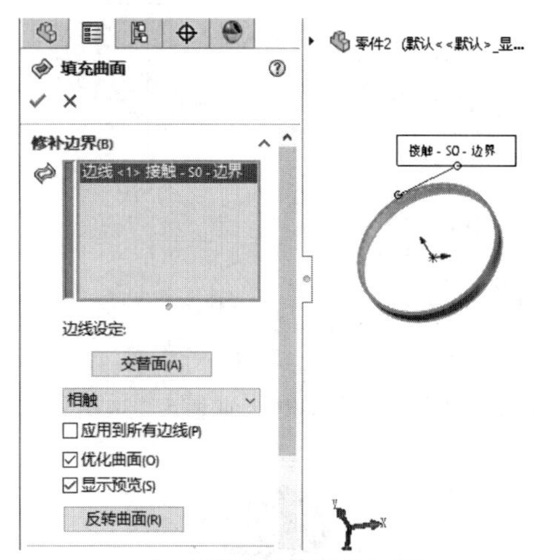

图5-137　创建填充曲面

04 单击【草图】选项卡中的【圆】按钮，绘制圆，如图5-138所示。

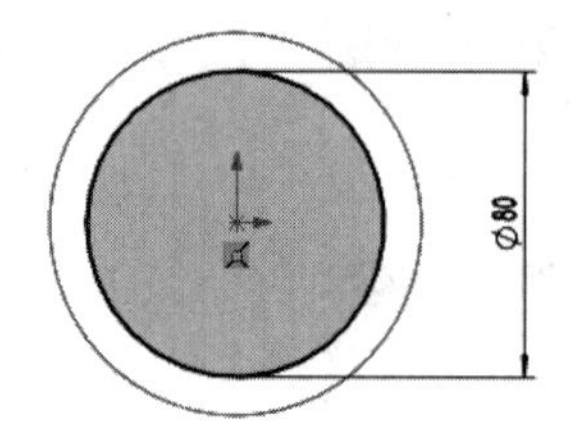

图5-138　绘制圆

05 单击【曲面】选项卡中的【拉伸曲面】按钮，创建拉伸曲面，如图5-139所示。

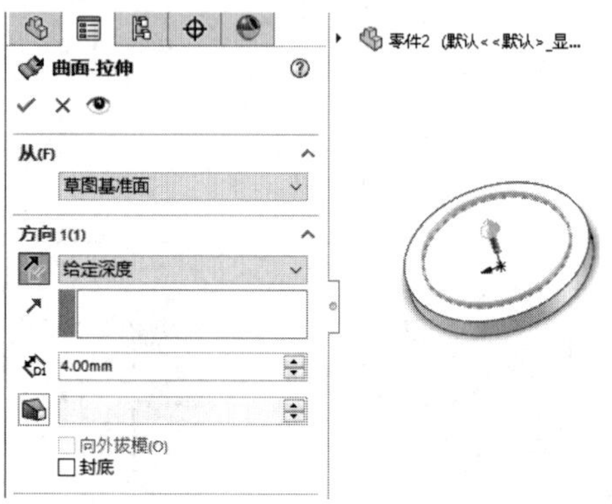

图5-139　创建拉伸曲面

06 单击【曲面】选项卡中的【填充曲面】按钮，创建填充曲面，如图5-140所示。

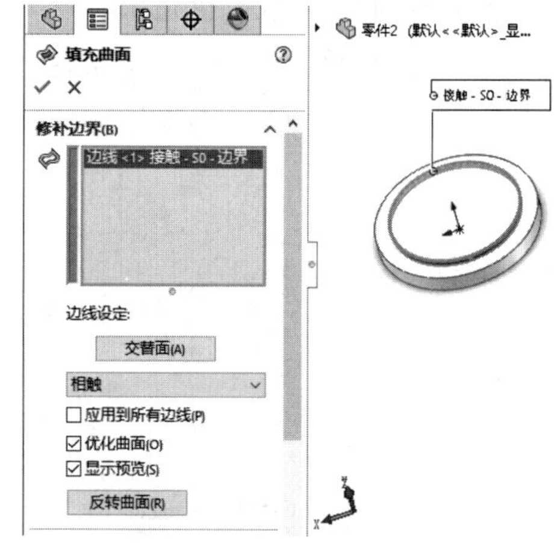

图5-140　创建填充曲面

07 单击【草图】选项卡中的【直线】按钮，绘制直线，如图5-141所示。

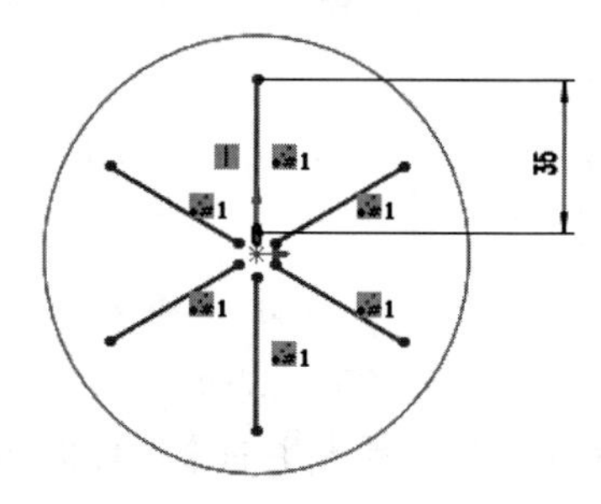

图5-141　绘制直线图形

08 单击【曲面】选项卡中的【拉伸曲面】按钮 ，创建拉伸曲面，如图5-142所示。

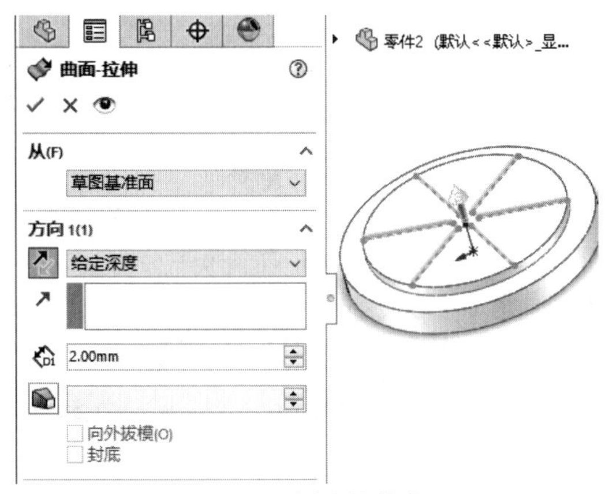

图5-142　创建拉伸曲面

09 单击【草图】选项卡中的【圆】按钮 ，绘制圆，如图5-143所示。

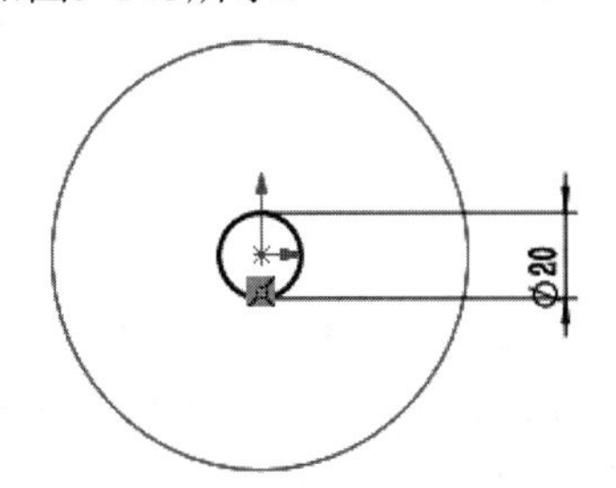

图5-143　绘制圆

10 单击【曲面】选项卡中的【拉伸曲面】按钮 ，创建拉伸曲面，如图5-144所示。

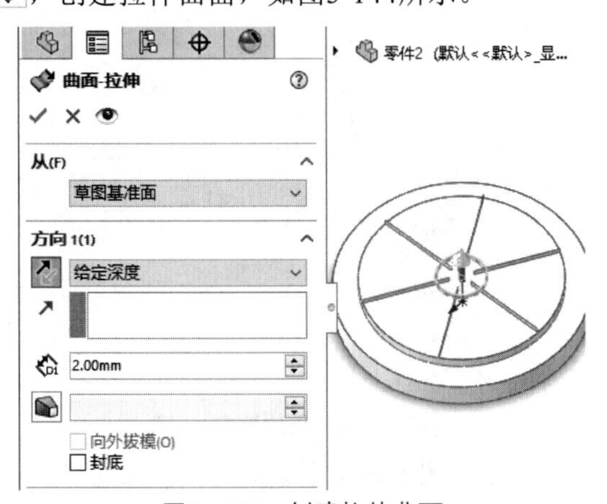

图5-144　创建拉伸曲面

11 单击【曲面】选项卡中的【填充曲面】按钮 ，创建填充曲面，如图5-145所示。

12 单击【草图】选项卡中的【直线】按钮 ，绘制三角形，如图5-146所示。

13 单击【曲面】选项卡中的【填充曲面】按钮 ，创建填充曲面，如图5-147所示。

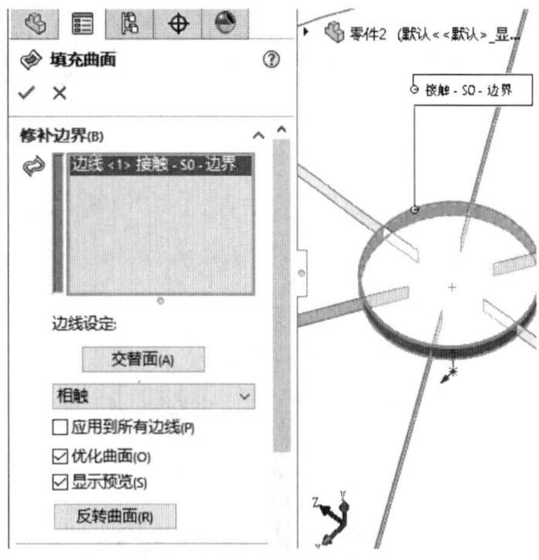

图5-145　创建填充曲面

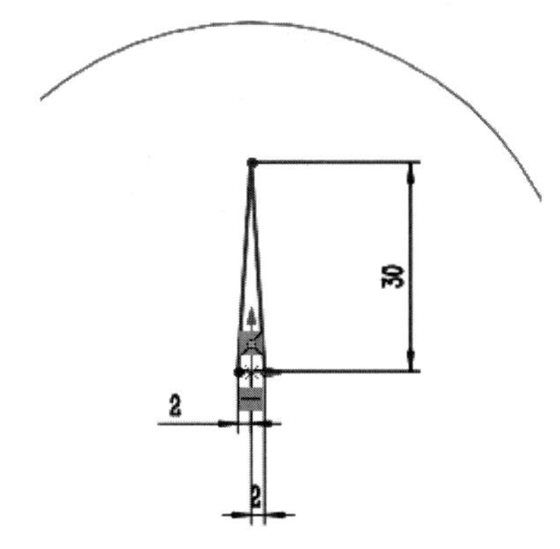

图5-146　绘制三角形

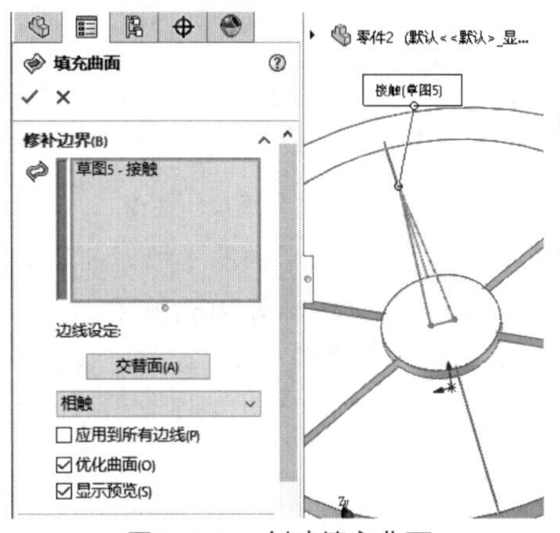

图5-147　创建填充曲面

14 完成转盘模型的绘制，如图5-148所示。

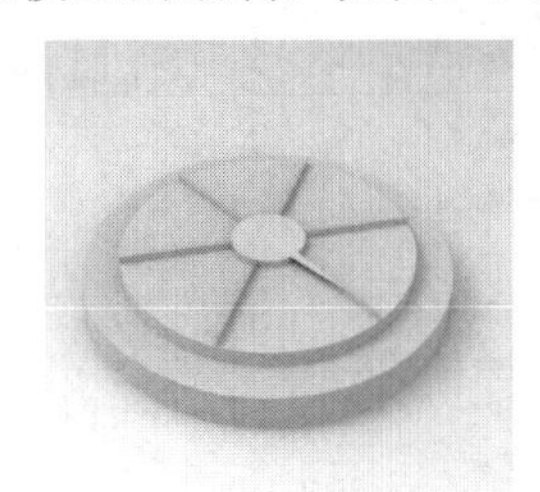

图5-148　完成转盘模型

实例 122 绘制唱针

案例源文件：ywj\05\122.prt

01 单击【草图】选项卡中的【边角矩形】按钮，绘制矩形，如图5-149所示。

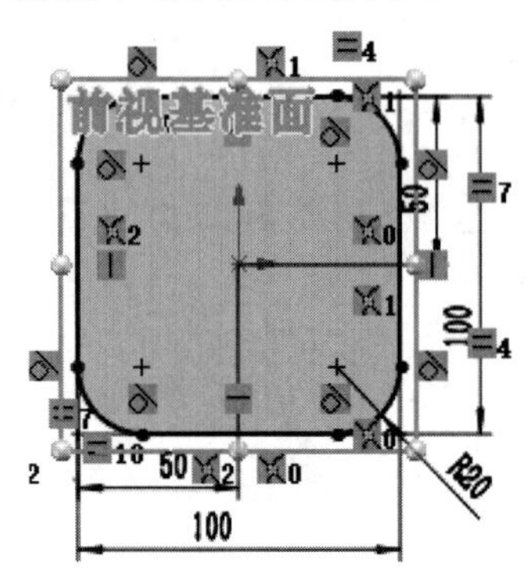

图5-149 绘制矩形草图

02 单击【曲面】选项卡中的【拉伸曲面】按钮，创建拉伸曲面，如图5-150所示。

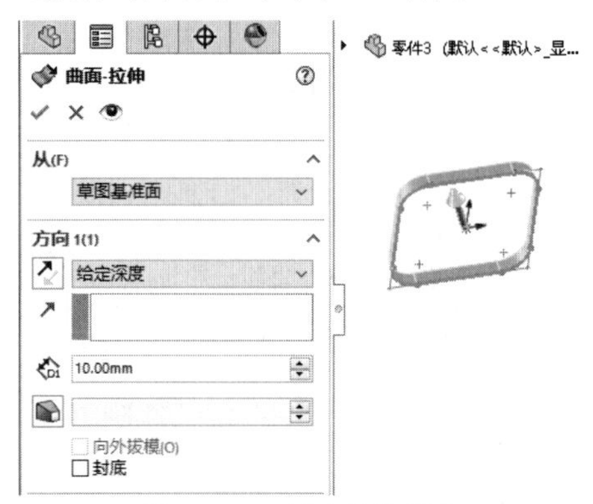

图5-150 创建拉伸曲面

03 单击【曲面】选项卡中的【填充曲面】按钮，创建填充曲面，如图5-151所示。

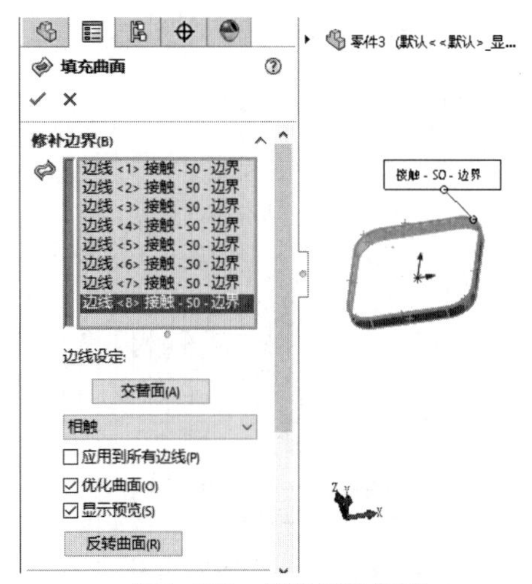

图5-151 创建填充曲面

04 单击【草图】选项卡中的【圆】按钮，绘制圆，如图5-152所示。

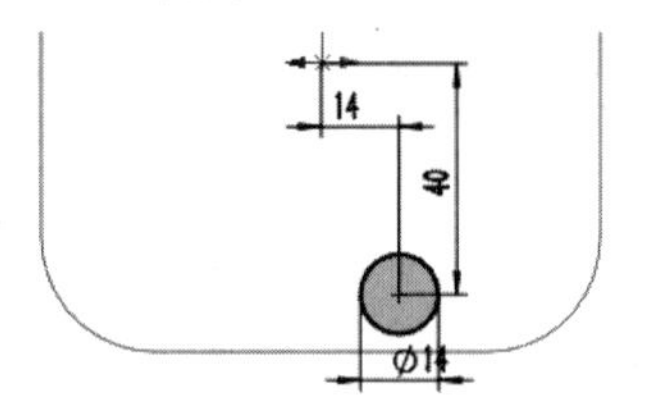

图5-152 绘制圆

05 单击【曲面】选项卡中的【拉伸曲面】按钮，创建拉伸曲面，如图5-153所示。

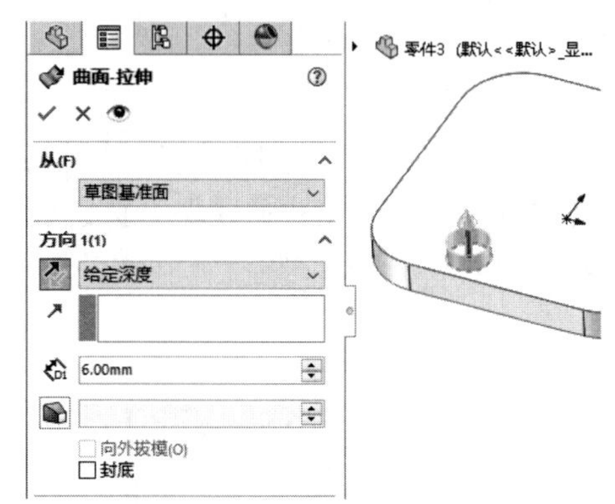

图5-153 创建拉伸曲面

06 单击【曲面】选项卡中的【填充曲面】按钮，创建填充曲面，如图5-154所示。

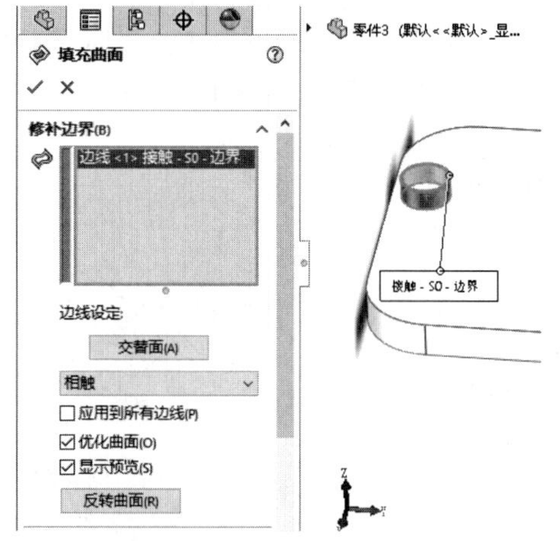

图5-154 创建填充曲面

07 单击【草图】选项卡中的【圆】按钮，绘制圆，如图5-155所示。

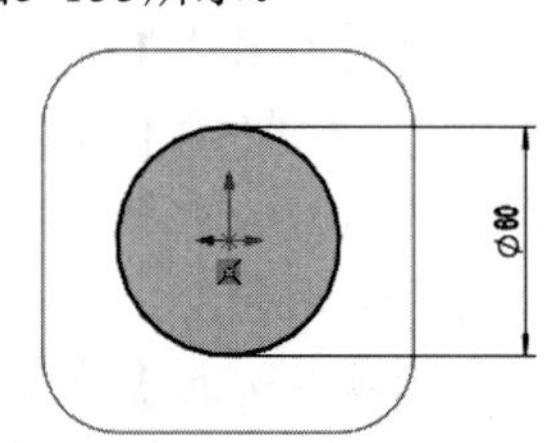

图5-155 绘制圆

08 单击【曲面】选项卡中的【拉伸曲面】按钮，创建拉伸曲面，如图5-156所示。

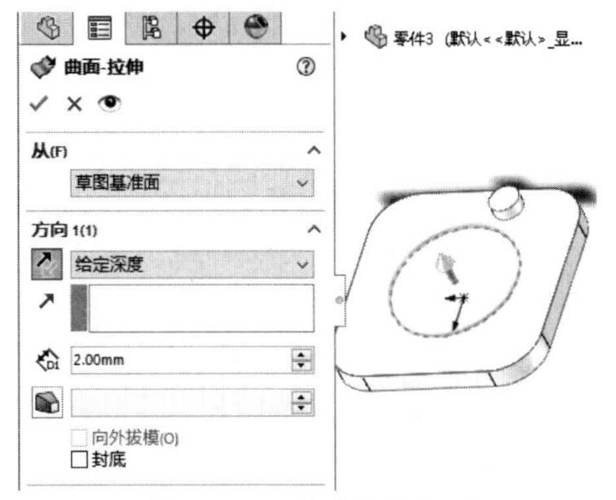

图5-156 创建拉伸曲面

09 单击【特征】选项卡中的【基准面】按钮，创建基准面，如图5-157所示。

图5-157 创建基准面

10 单击【草图】选项卡中的【直线】按钮，绘制直线，如图5-158所示。

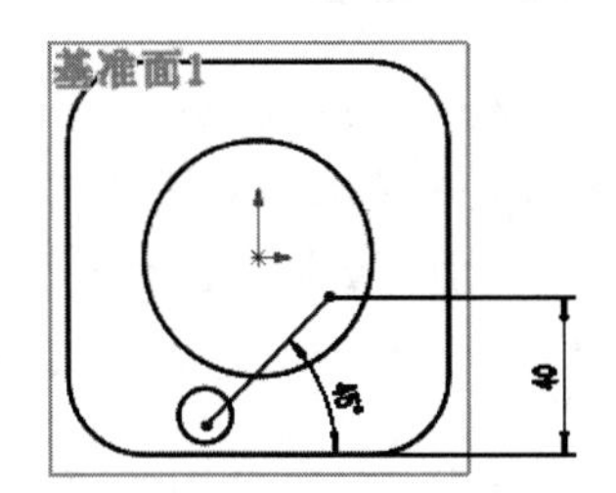

图5-158 绘制直线

11 单击【草图】选项卡中的【圆】按钮，绘制圆，如图5-159所示。

图5-159 绘制圆

12 单击【曲面】选项卡中的【扫描曲面】按钮，创建扫描曲面，如图5-160所示。

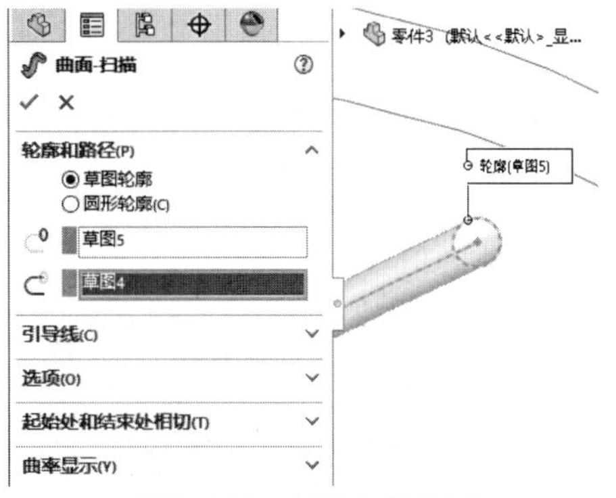

图5-160 创建扫描曲面

13 单击【草图】选项卡中的【边角矩形】按钮，绘制矩形，如图5-161所示。

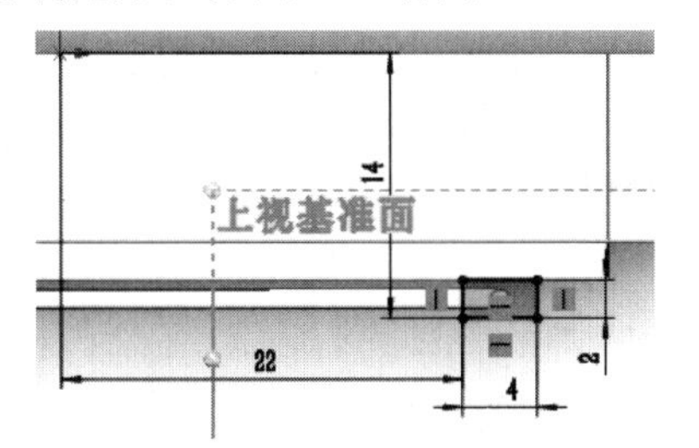

图5-161 绘制矩形

14 单击【曲面】选项卡中的【拉伸曲面】按钮，创建拉伸曲面，如图5-162所示。

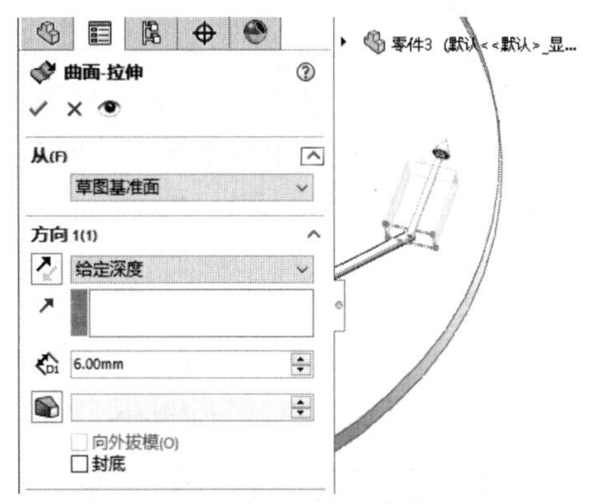

图5-162 创建拉伸曲面

15 完成唱针模型的绘制，如图5-163所示。

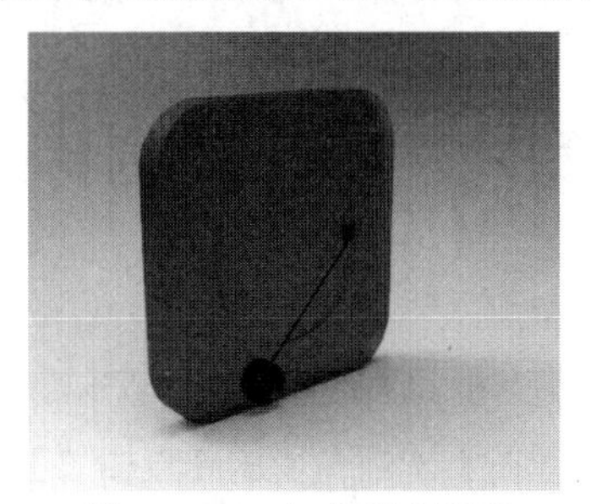

图5-163 完成唱针模型

实例 123

案例源文件：ywj\05\123.prt

绘制控制器开关

01 单击【草图】选项卡中的【边角矩形】按钮，绘制矩形，如图5-164所示。

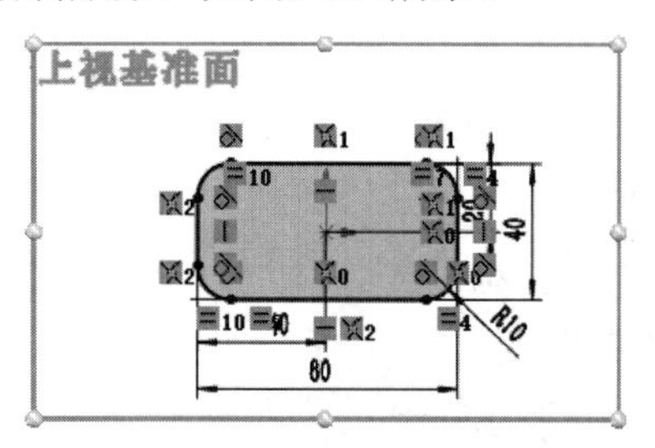

图5-164　绘制矩形草图

02 单击【曲面】选项卡中的【拉伸曲面】按钮，创建拉伸曲面，如图5-165所示。

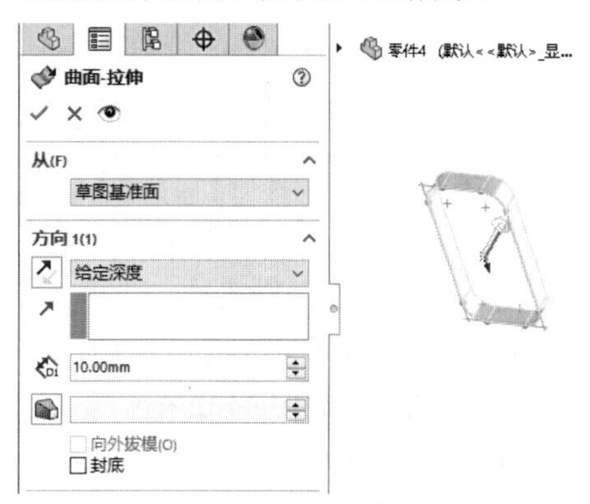

图5-165　创建拉伸曲面

03 单击【曲面】选项卡中的【填充曲面】按钮，创建填充曲面，如图5-166所示。

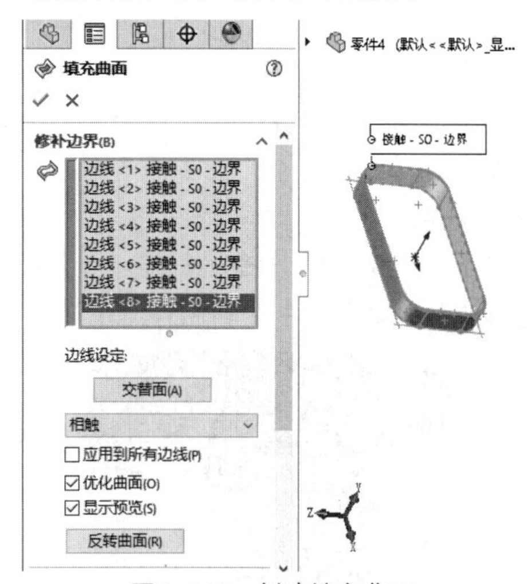

图5-166　创建填充曲面

04 单击【草图】选项卡中的【直槽口】按钮，绘制直槽口图形，如图5-167所示。

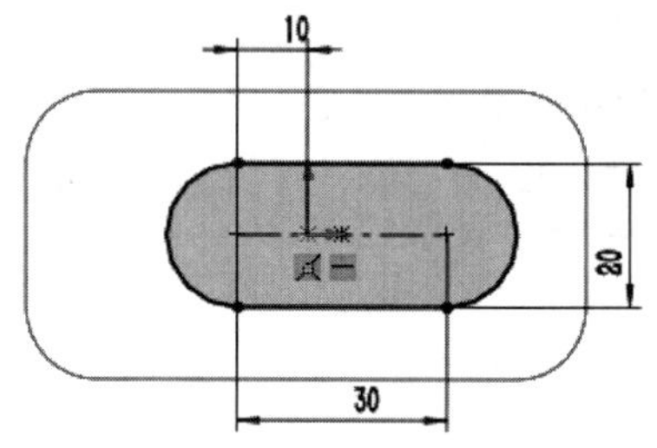

图5-167　绘制直槽口

05 单击【曲面】选项卡中的【拉伸曲面】按钮，创建拉伸曲面，如图5-168所示。

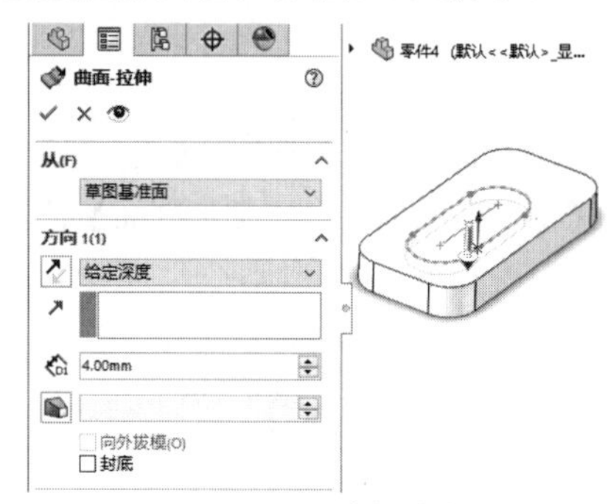

图5-168　创建拉伸曲面

06 单击【曲面】选项卡中的【剪裁曲面】按钮，剪裁曲面，如图5-169所示。

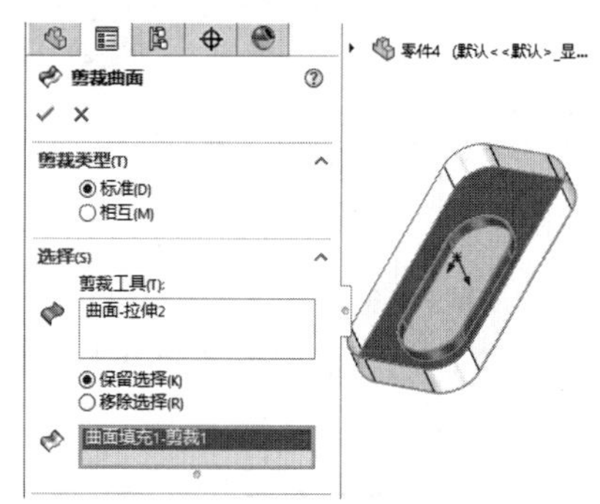

图5-169　剪裁曲面

07 单击【曲面】选项卡中的【填充曲面】按钮，创建填充曲面，如图5-170所示。

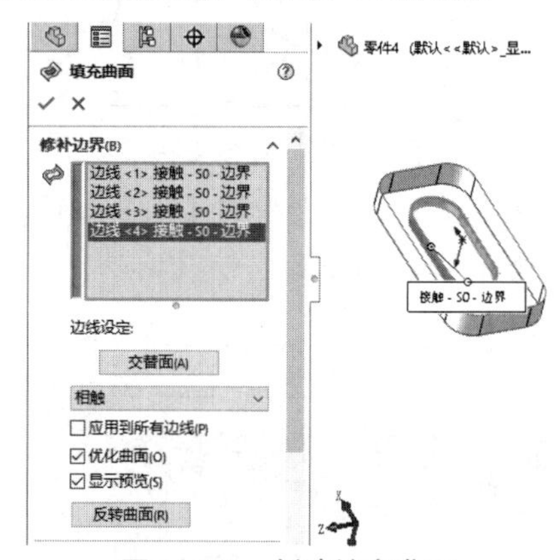

图5-170　创建填充曲面

08 单击【草图】选项卡中的【边角矩形】按钮，绘制矩形，如图5-171所示。

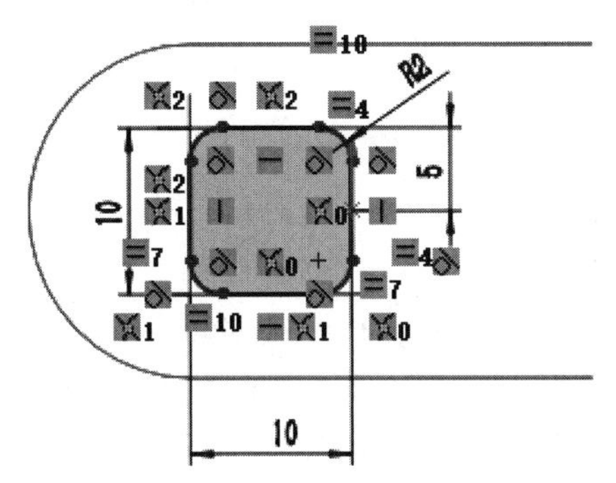

图5-171 绘制矩形草图

09 单击【曲面】选项卡中的【拉伸曲面】按钮，创建拉伸曲面，如图5-172所示。

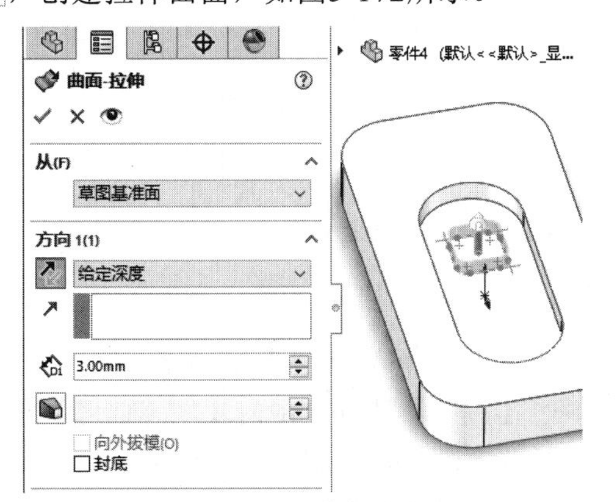

图5-172 创建拉伸曲面

10 单击【曲面】选项卡中的【填充曲面】按钮，创建填充曲面，如图5-173所示。

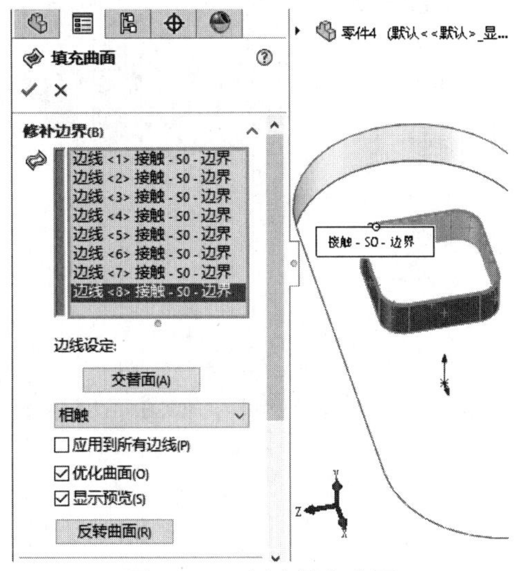

图5-173 创建填充曲面

11 单击【草图】选项卡中的【边角矩形】按钮，绘制矩形，如图5-174所示。

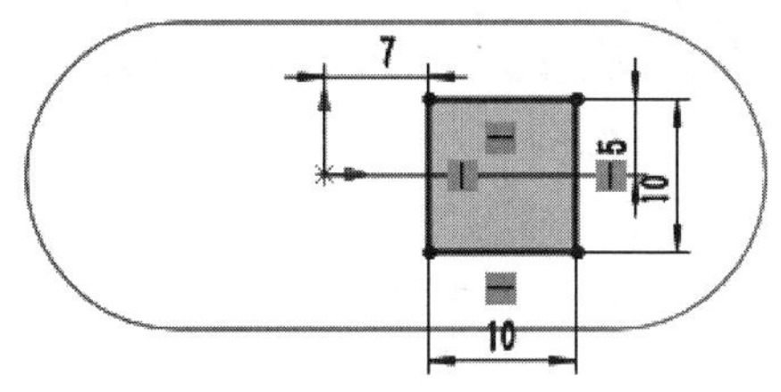

图5-174 绘制矩形

12 单击【曲面】选项卡中的【拉伸曲面】按钮，创建拉伸曲面，如图5-175所示。

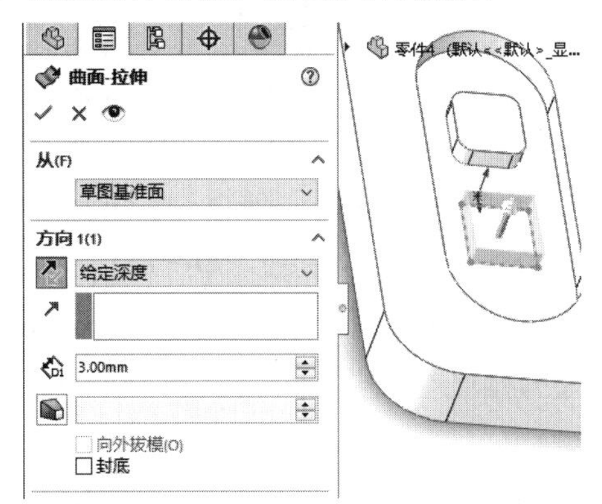

图5-175 创建拉伸曲面

13 单击【曲面】选项卡中的【填充曲面】按钮，创建填充曲面，如图5-176所示。

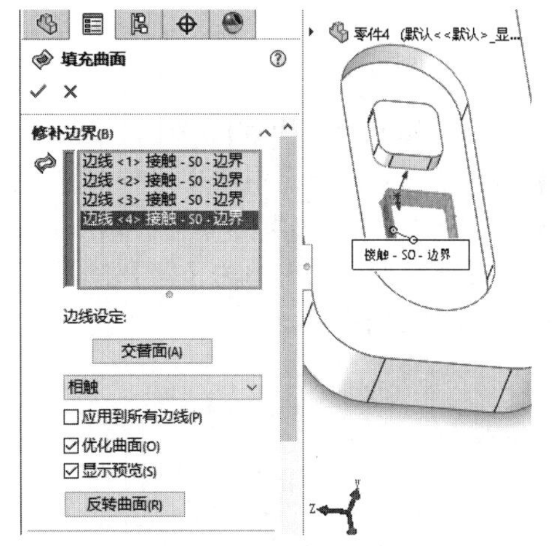

图5-176 创建填充曲面

14 完成控制器开关模型的绘制，如图5-177所示。

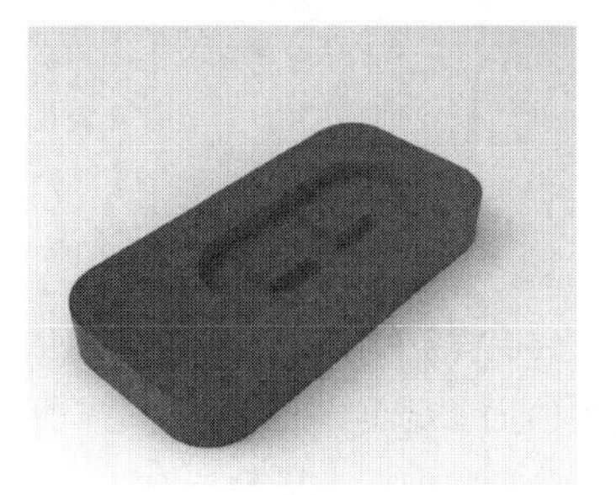

图5-177 完成控制器开关模型

实例 124 绘制打蛋器

案例源文件：ywj\05\124.prt

01 单击【草图】选项卡中的【圆】按钮，绘制圆，如图5-178所示。

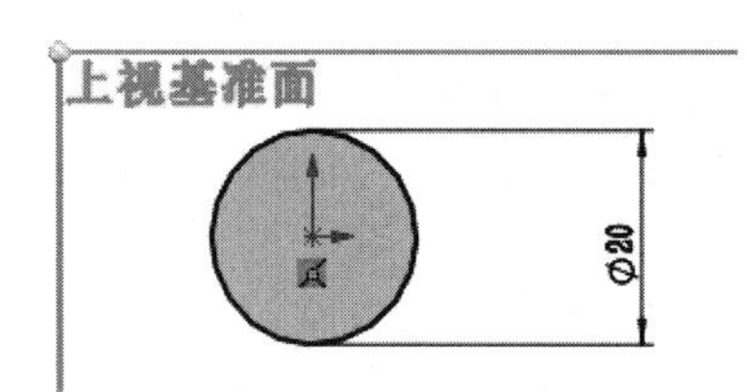

图5-178　绘制圆

02 单击【曲面】选项卡中的【拉伸曲面】按钮，创建拉伸曲面，如图5-179所示。

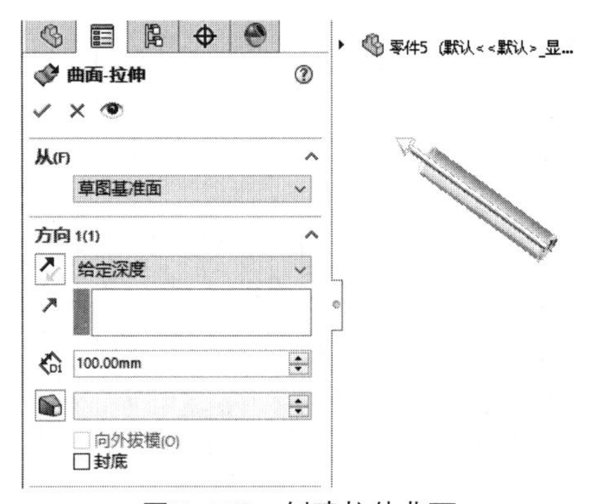

图5-179　创建拉伸曲面

03 单击【草图】选项卡中的【样条曲线】按钮，绘制样条曲线，如图5-180所示。

04 单击【草图】选项卡中的【圆】按钮，绘制圆，如图5-181所示。

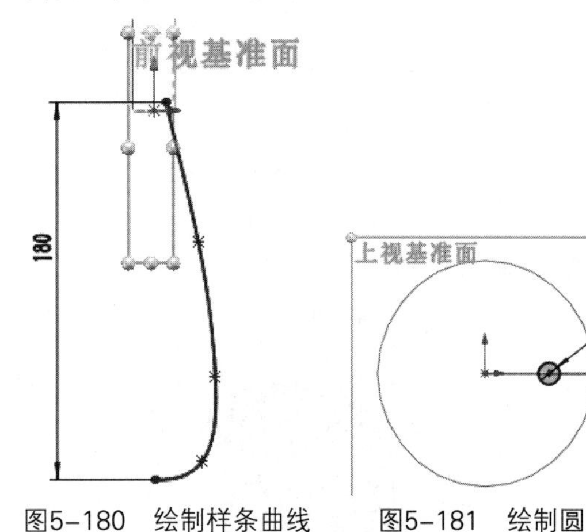

图5-180　绘制样条曲线　　图5-181　绘制圆

05 单击【曲面】选项卡中的【扫描曲面】按钮，创建扫描曲面，如图5-182所示。

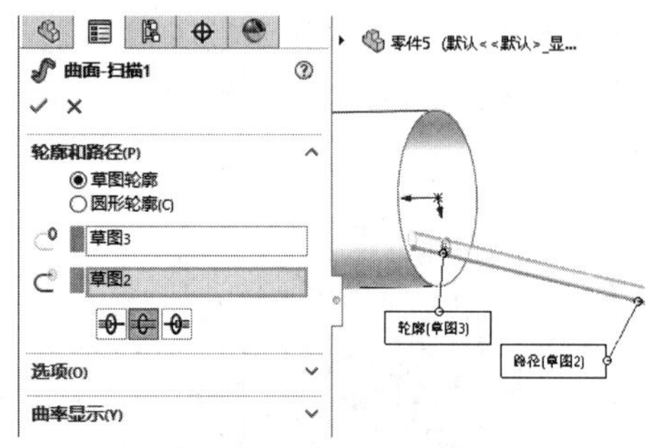

图5-182　创建扫描曲面

06 单击【特征】选项卡中的【圆周阵列】按钮，创建圆周阵列特征，如图5-183所示。

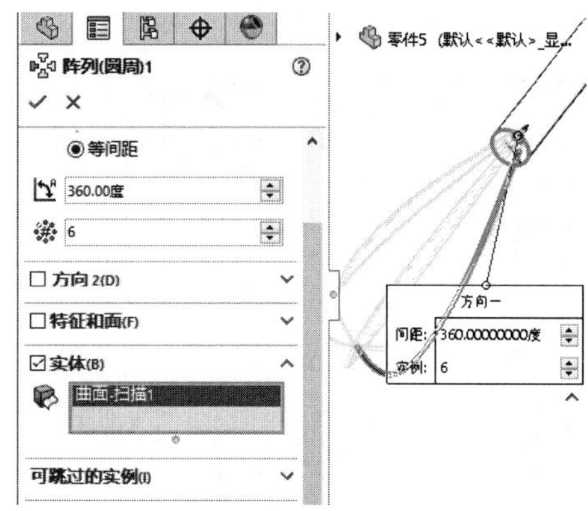

图5-183　创建圆周阵列特征

07 单击【曲面】选项卡中的【填充曲面】按钮，创建填充曲面，如图5-184所示。

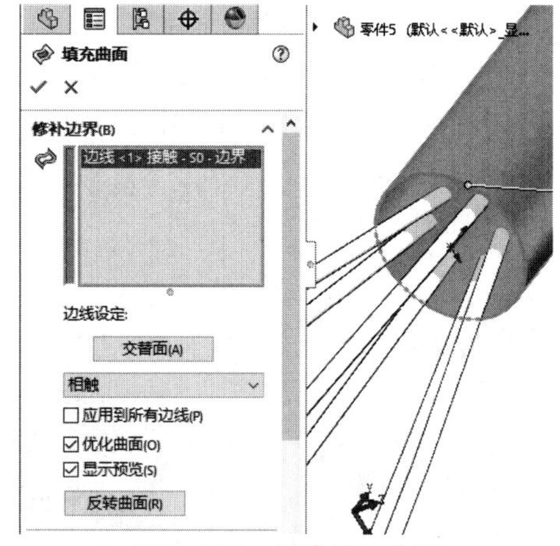

图5-184　创建填充曲面

08 完成打蛋器模型的绘制，如图5-185所示。

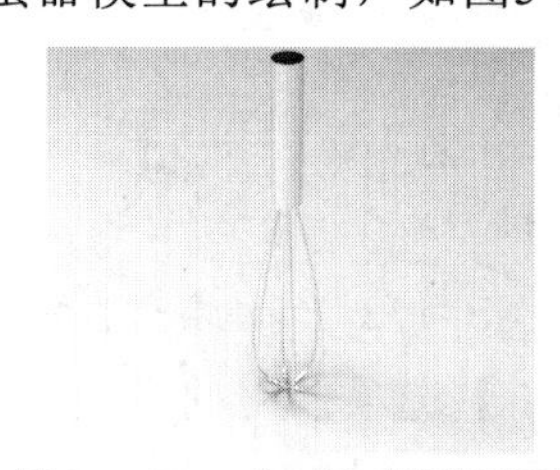

图5-185　完成打蛋器模型

实例 125 绘制水瓶

案例源文件：ywj\05\125.prt

01 单击【草图】选项卡中的【直线】按钮，绘制直线，如图5-186所示。

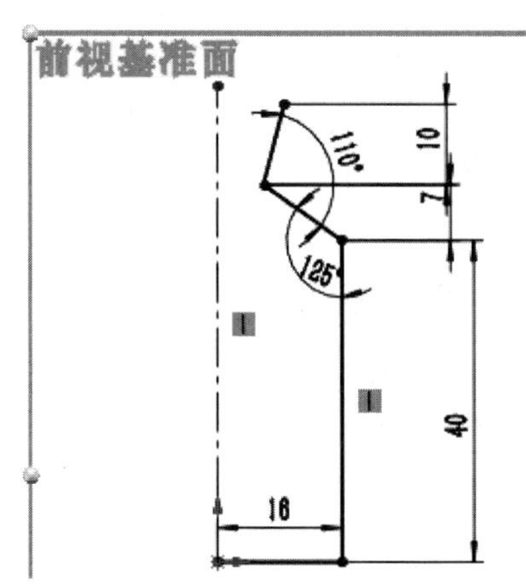

图5-186 绘制直线草图

02 单击【曲面】选项卡中的【旋转曲面】按钮，创建旋转曲面，如图5-187所示。

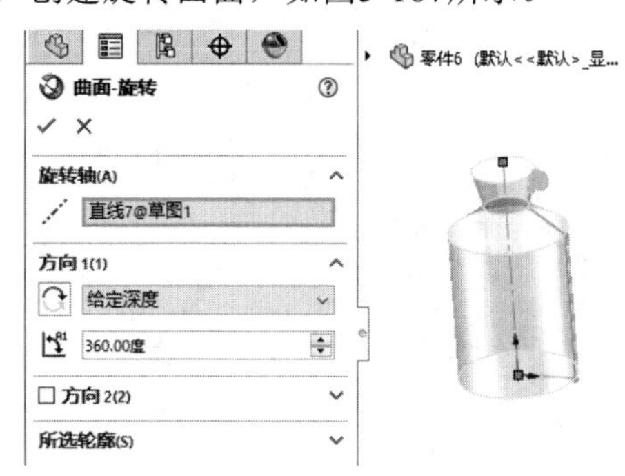

图5-187 创建旋转曲面

03 单击【曲面】选项卡中的【加厚】按钮，加厚曲面，如图5-188所示。

图5-188 加厚曲面

04 单击【特征】选项卡中的【圆角】按钮，创建圆角特征，如图5-189所示。

05 单击【特征】选项卡中的【圆角】按钮，创建圆角特征，如图5-190所示。

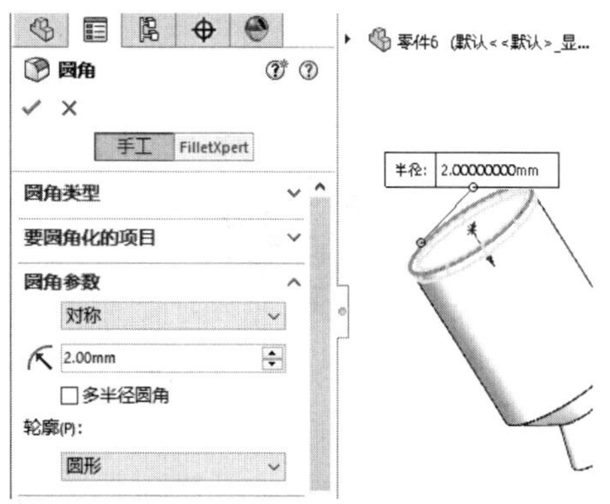

图5-189 创建圆角(1)

图5-190 创建圆角(2)

06 单击【草图】选项卡中的【边角矩形】按钮，绘制矩形，如图5-191所示。

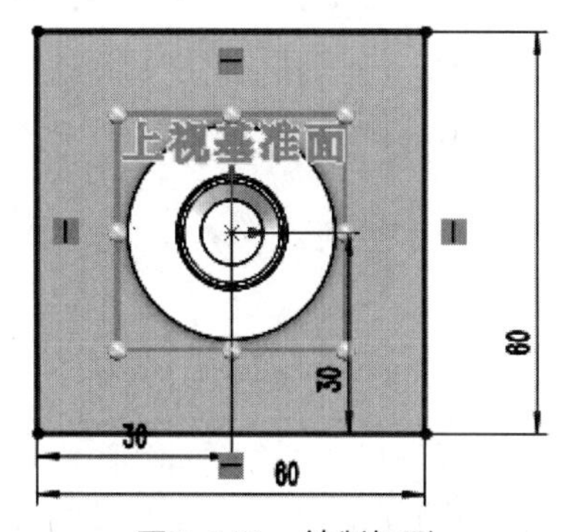

图5-191 绘制矩形

07 单击【曲面】选项卡中的【平面】按钮，创建平面，如图5-192所示。

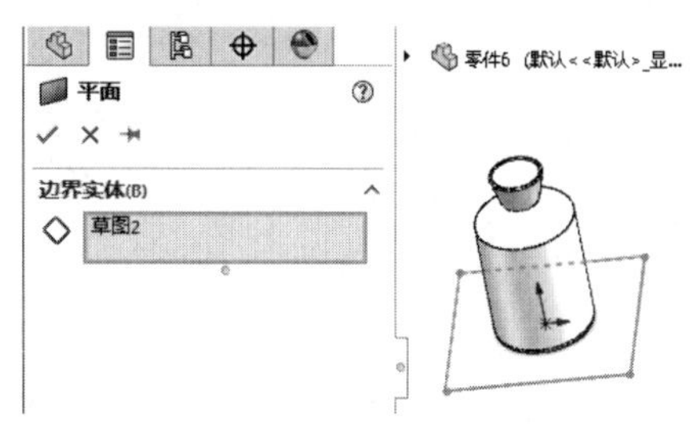

图5-192 创建平面

08 完成水瓶模型的绘制，如图5-193所示。

图5-193　完成水瓶模型

实例 126　绘制钥匙

案例源文件：ywj\05\126.prt

01 单击【草图】选项卡中的【边角矩形】按钮，绘制矩形，如图5-194所示。

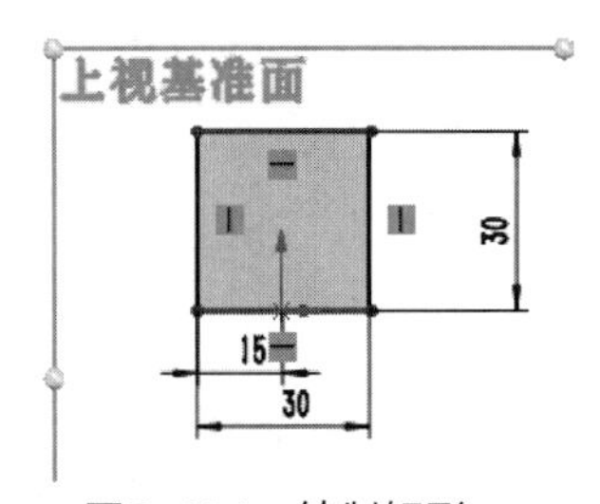

图5-194　绘制矩形

02 单击【草图】选项卡中的【三点圆弧】按钮，绘制圆弧，如图5-195所示。

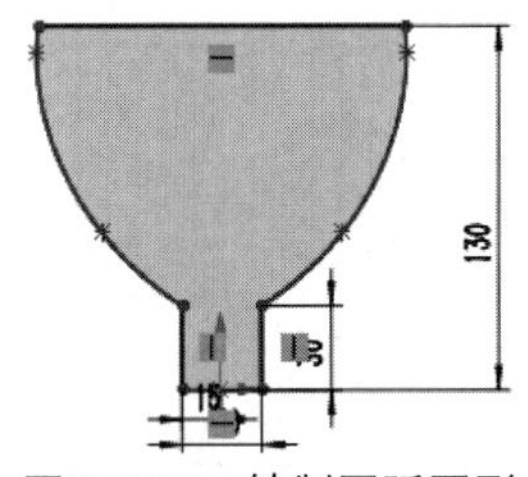

图5-195　绘制圆弧图形

03 单击【曲面】选项卡中的【拉伸曲面】按钮，创建拉伸曲面，如图5-196所示。

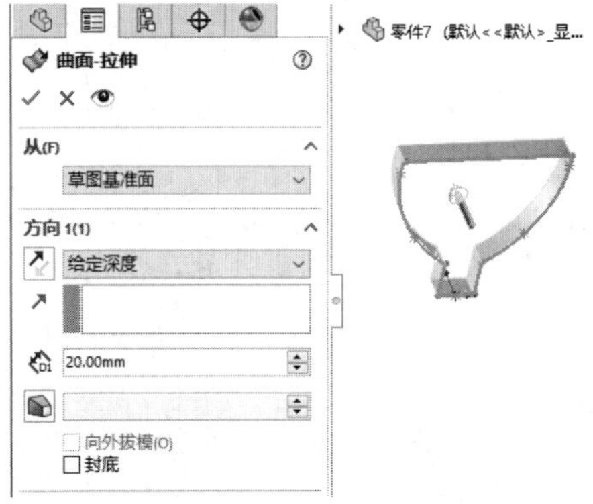

图5-196　创建拉伸曲面

04 单击【曲面】选项卡中的【填充曲面】按钮，创建填充曲面，如图5-197所示。

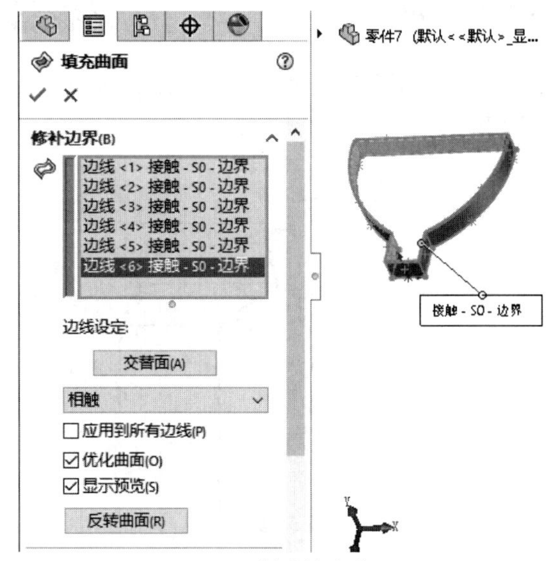

图5-197　创建填充曲面(1)

05 单击【曲面】选项卡中的【填充曲面】按钮，创建填充曲面，如图5-198所示。

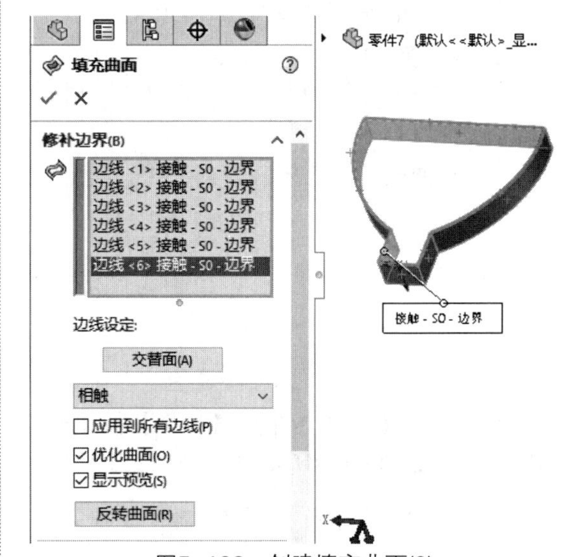

图5-198　创建填充曲面(2)

06 单击【草图】选项卡中的【三点圆弧】按钮，绘制圆弧，如图5-199所示。

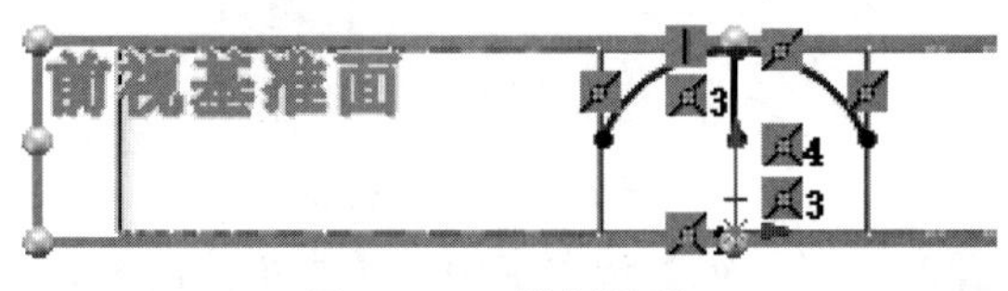

图5-199　绘制圆弧

07 单击【曲面】选项卡中的【拉伸曲面】按钮，创建拉伸曲面，如图5-200所示。

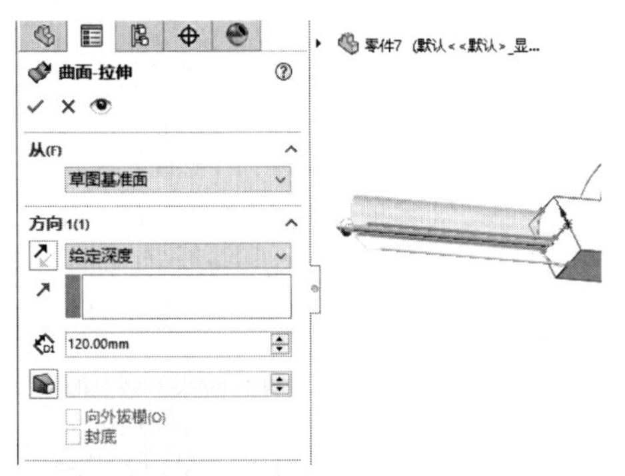

图5-200　创建拉伸曲面

08 完成钥匙模型的绘制，如图5-201所示。

图5-201　完成钥匙模型

实例 127　绘制花瓶

案例源文件：ywj\05\127.prt

01 单击【草图】选项卡中的【圆】按钮，绘制圆，如图5-202所示。

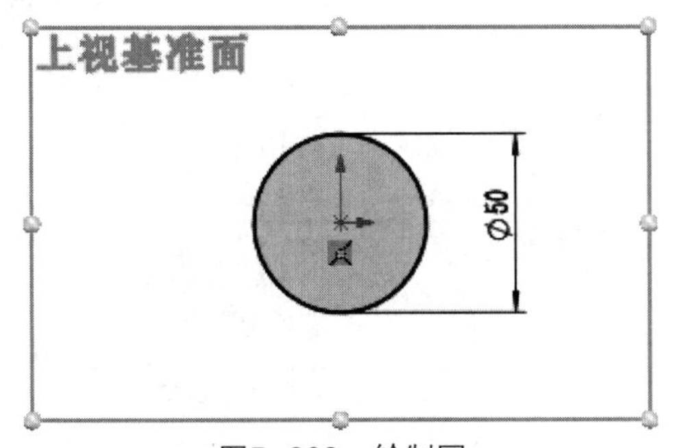

图5-202　绘制圆

02 单击【特征】选项卡中的【基准面】按钮，创建基准面，如图5-203所示。

03 单击【草图】选项卡中的【圆】按钮，绘制圆，如图5-204所示。

04 单击【特征】选项卡中的【基准面】按钮，创建基准面，如图5-205所示。

05 单击【草图】选项卡中的【圆】按钮，绘制圆，如图5-206所示。

图5-203　创建基准面

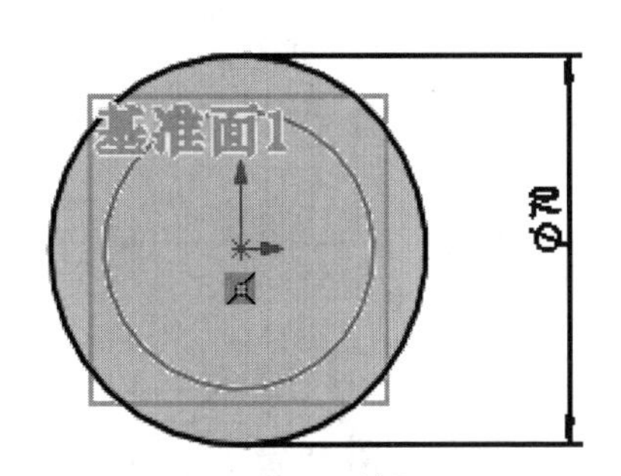

图5-204　绘制圆

图5-205　创建基准面

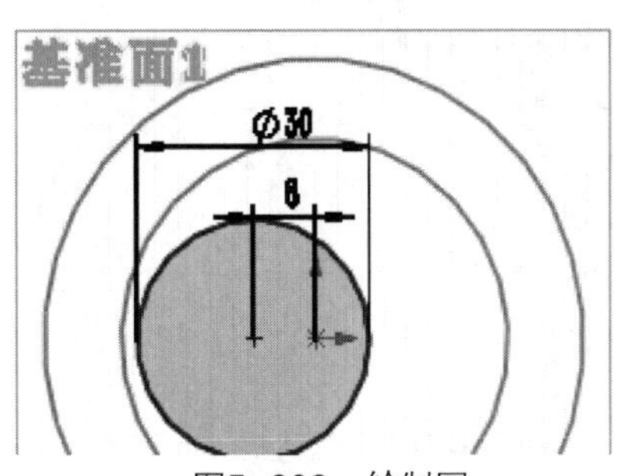

图5-206　绘制圆

06 单击【特征】选项卡中的【基准面】按钮，创建基准面，如图5-207所示。

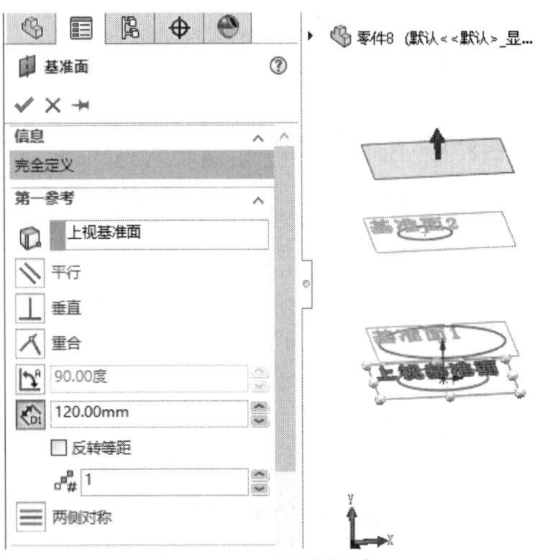

图5-207　创建基准面

07 单击【草图】选项卡中的【圆】按钮，绘制圆，如图5-208所示。

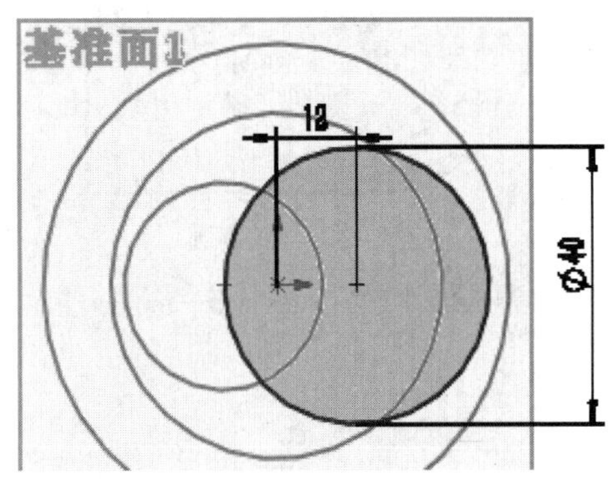

图5-208　绘制圆

08 单击【曲面】选项卡中的【放样曲面】按钮，创建放样曲面，如图5-209所示。

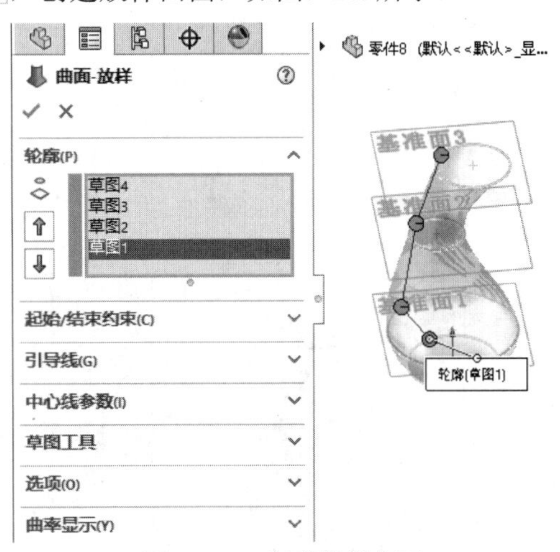

图5-209　创建放样曲面

09 单击【曲面】选项卡中的【填充曲面】按钮，创建填充曲面，如图5-210所示。

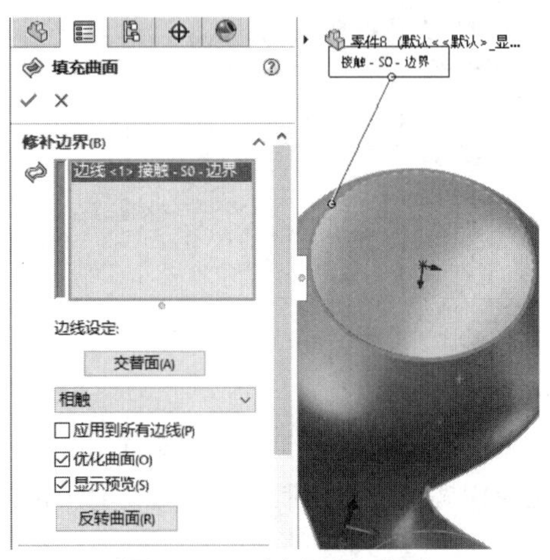

图5-210　创建填充曲面

10 完成花瓶模型的绘制，如图5-211所示。

图5-211　完成花瓶模型

实例 128　绘制饮水机

案例源文件：ywj\05\128.prt

01 单击【草图】选项卡中的【边角矩形】按钮，绘制矩形，如图5-212所示。

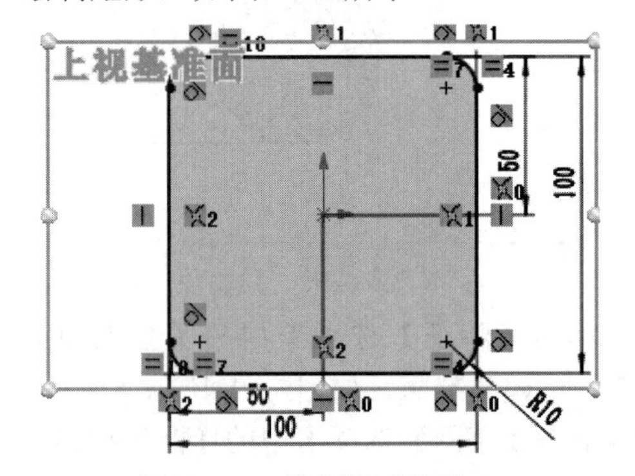

图5-212　绘制矩形草图

02 单击【曲面】选项卡中的【拉伸曲面】按钮，创建拉伸曲面，如图5-213所示。

03 单击【曲面】选项卡中的【填充曲面】按钮，创建填充曲面，如图5-214所示。

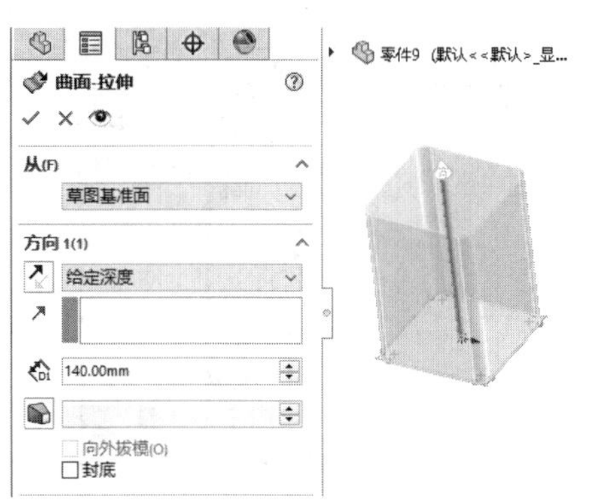

图5-213 创建拉伸曲面

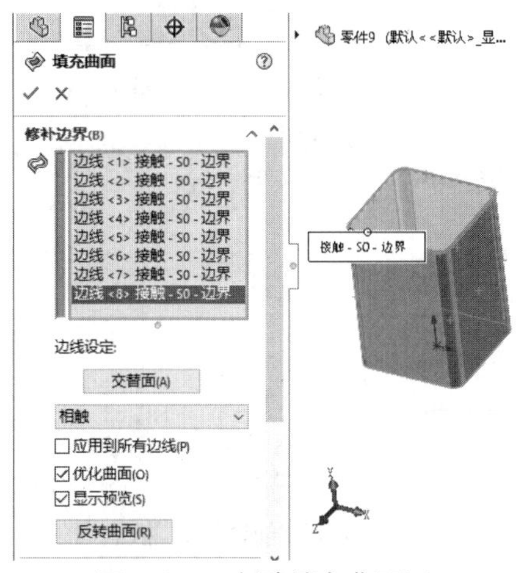

图5-214 创建填充曲面(1)

04 单击【曲面】选项卡中的【填充曲面】按钮 ，创建填充曲面，如图5-215所示。

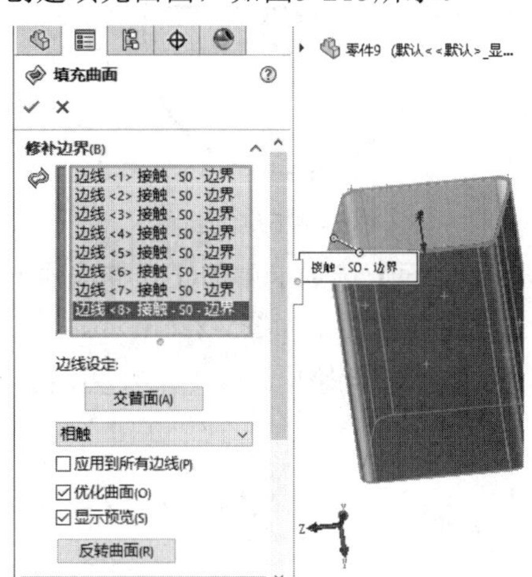

图5-215 创建填充曲面(2)

05 单击【草图】选项卡中的【边角矩形】按钮 ，绘制矩形，如图5-216所示。

06 单击【曲面】选项卡中的【拉伸曲面】按钮 ，创建拉伸曲面，如图5-217所示。

07 单击【曲面】选项卡中的【剪裁曲面】按钮 ，剪裁曲面，如图5-218所示。

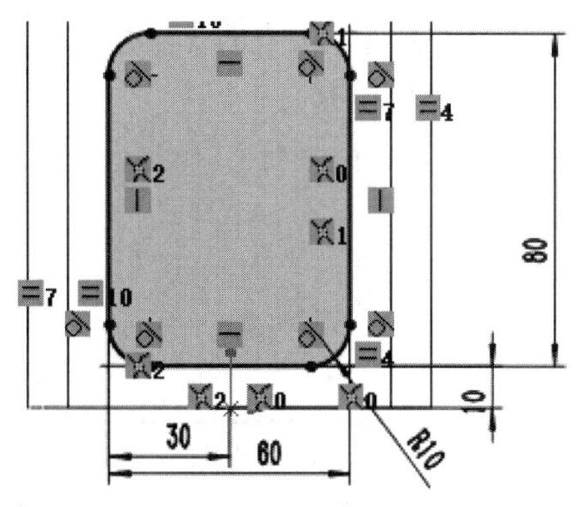

图5-216 绘制矩形草图

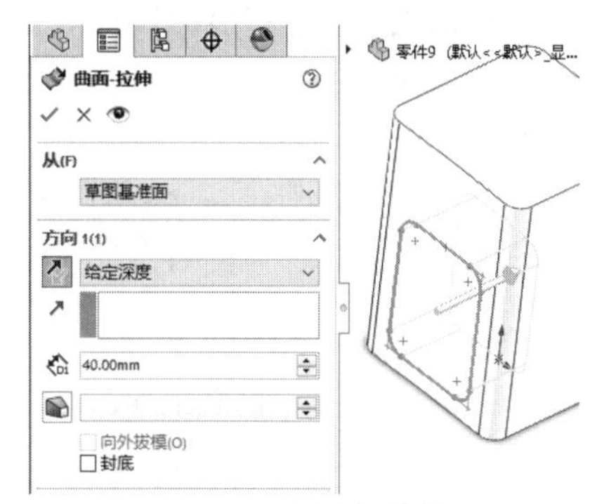

图5-217 创建拉伸曲面

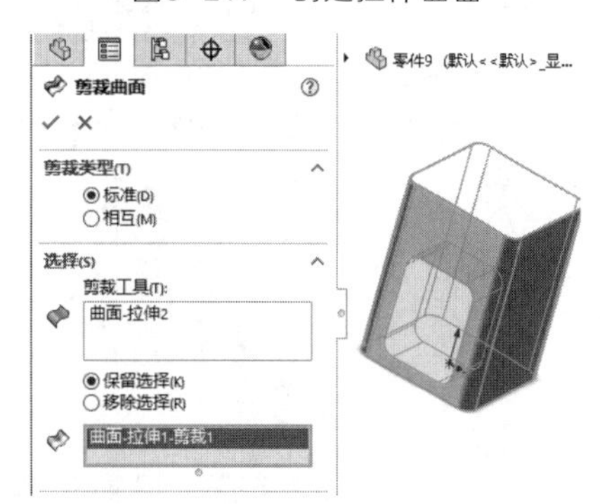

图5-218 剪裁曲面

08 单击【曲面】选项卡中的【填充曲面】按钮 ，创建填充曲面，如图5-219所示。

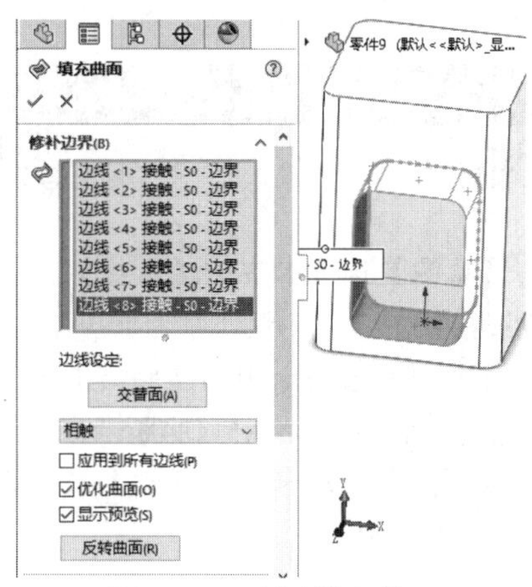

图5-219 创建填充曲面

09 单击【草图】选项卡中的【圆】按钮，绘制圆，如图5-220所示。

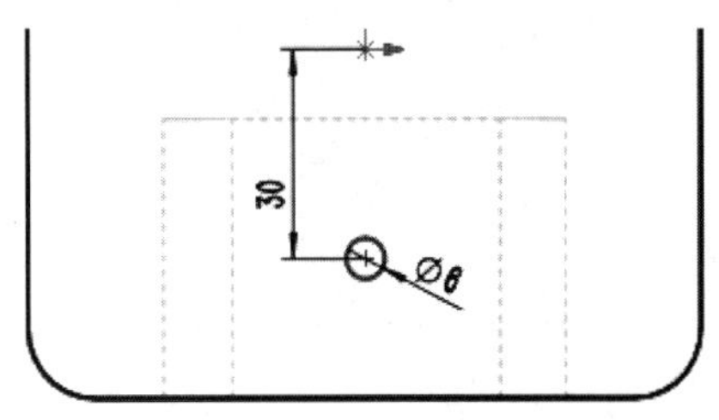

图5-220　绘制圆

10 单击【曲面】选项卡中的【拉伸曲面】按钮，创建拉伸曲面，如图5-221所示。

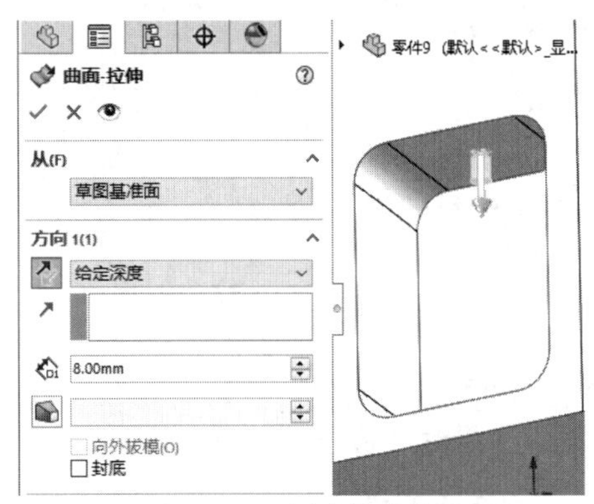

图5-221　创建拉伸曲面

11 完成饮水机模型的绘制，如图5-222所示。

图5-222　完成饮水机模型

实例 129

案例源文件：ywj\05\129.prt

绘制钢瓶

01 单击【草图】选项卡中的【直线】按钮，绘制直线，如图5-223所示。

02 单击【曲面】选项卡中的【旋转曲面】按钮，创建旋转曲面，如图5-224所示。

03 单击【草图】选项卡中的【圆】按钮，绘制圆，如图5-225所示。

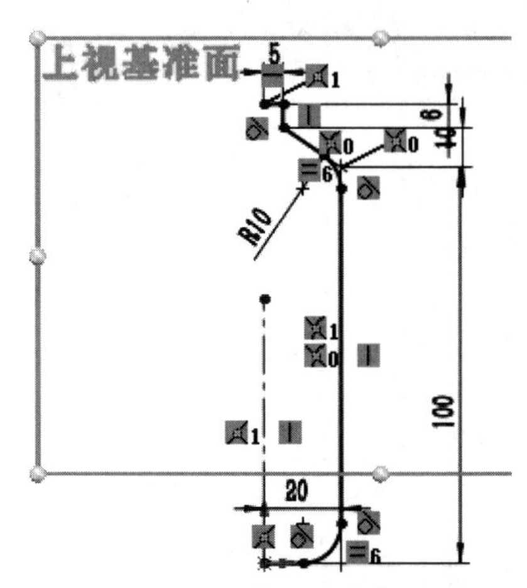

图5-223　绘制直线草图

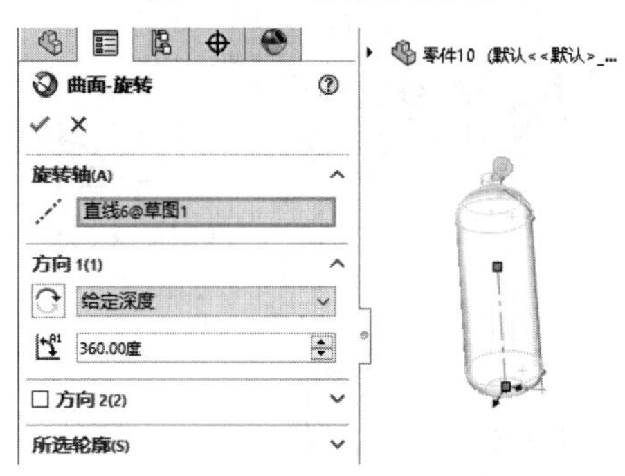

图5-224　创建旋转曲面

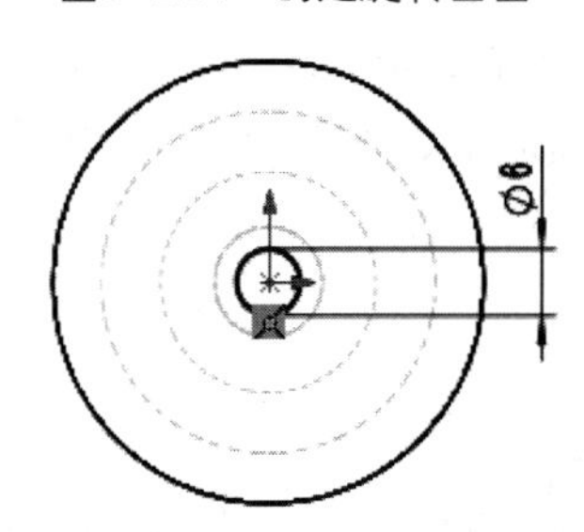

图5-225　绘制圆

04 单击【曲面】选项卡中的【拉伸曲面】按钮，创建拉伸曲面，如图5-226所示。

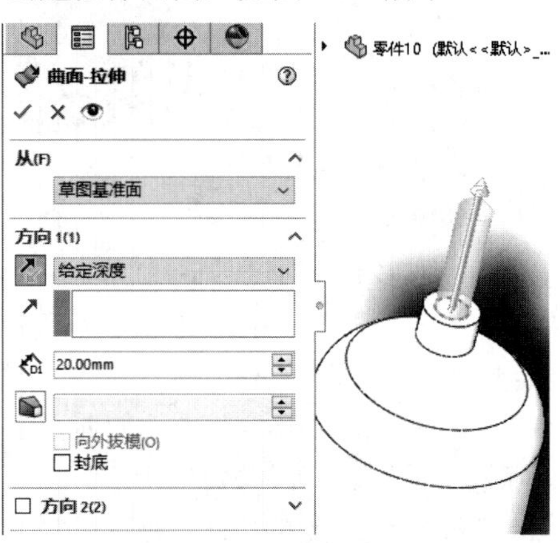

图5-226　创建拉伸曲面

05 单击【草图】选项卡中的【圆】按钮，绘制圆，如图5-227所示。

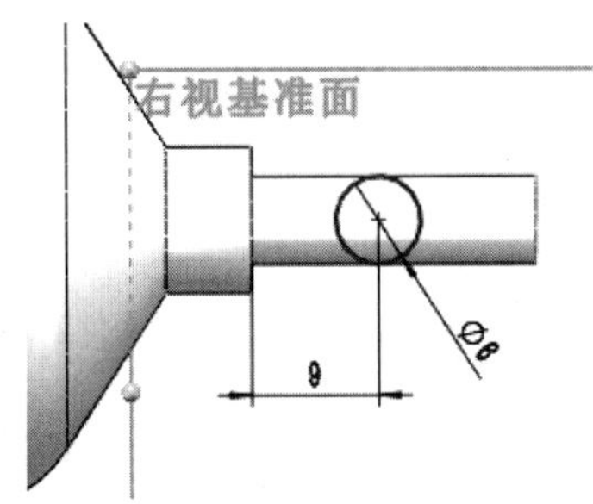

图5-227 绘制圆

06 单击【曲面】选项卡中的【拉伸曲面】按钮，创建拉伸曲面，如图5-228所示。

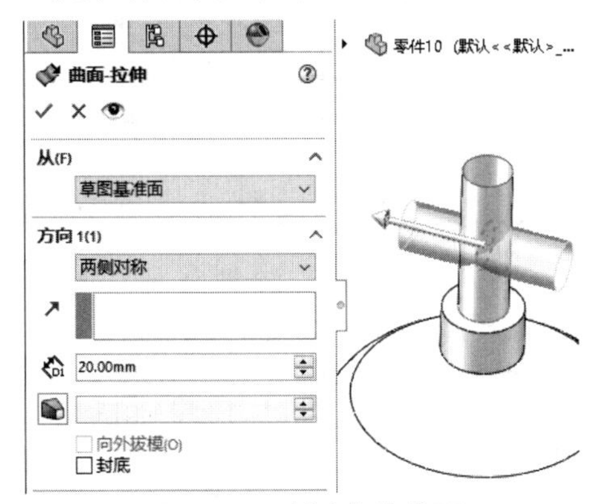

图5-228 创建拉伸曲面

07 单击【曲面】选项卡中的【直纹曲面】按钮，创建直纹曲面，如图5-229所示。

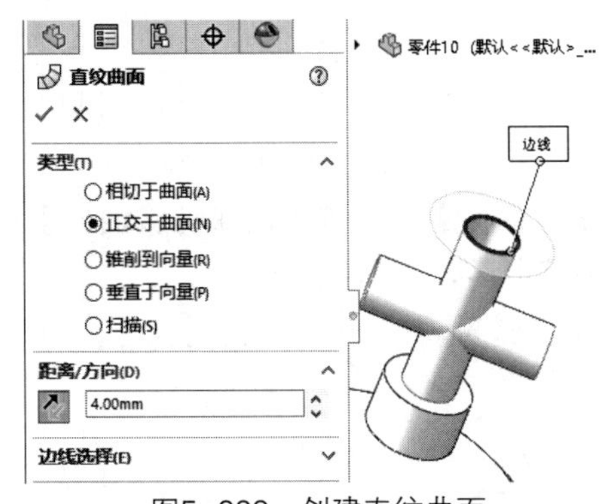

图5-229 创建直纹曲面

08 完成钢瓶模型的绘制，如图5-230所示。

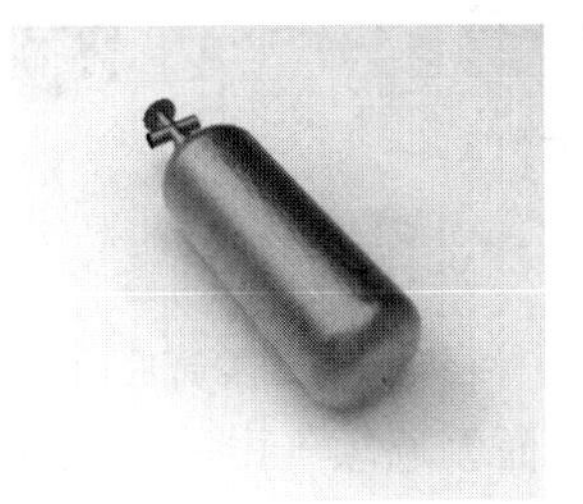

图5-230 完成钢瓶模型

实例 130 绘制秤台

案例源文件：ywj\05\130.prt

01 单击【草图】选项卡中的【边角矩形】按钮，绘制矩形，如图5-231所示。

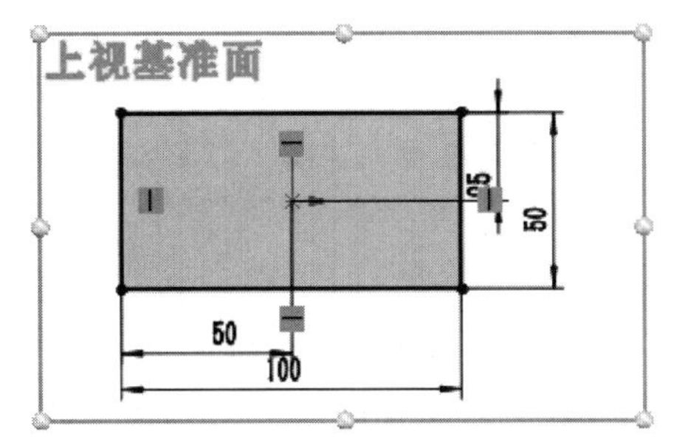

图5-231 绘制矩形

02 单击【曲面】选项卡中的【拉伸曲面】按钮，创建拉伸曲面，如图5-232所示。

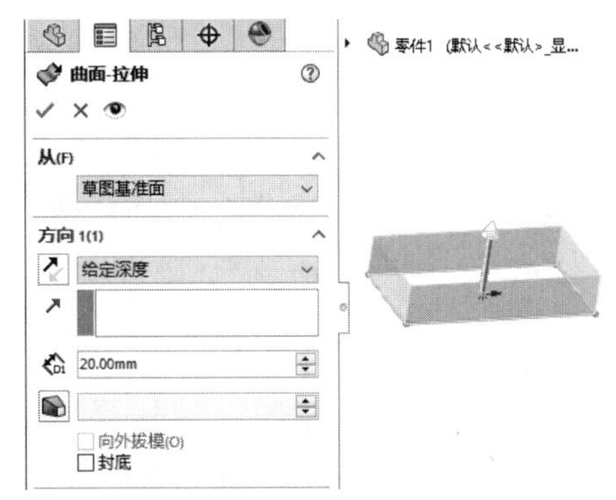

图5-232 创建拉伸曲面

03 单击【曲面】选项卡中的【填充曲面】按钮，创建填充曲面，如图5-233所示。

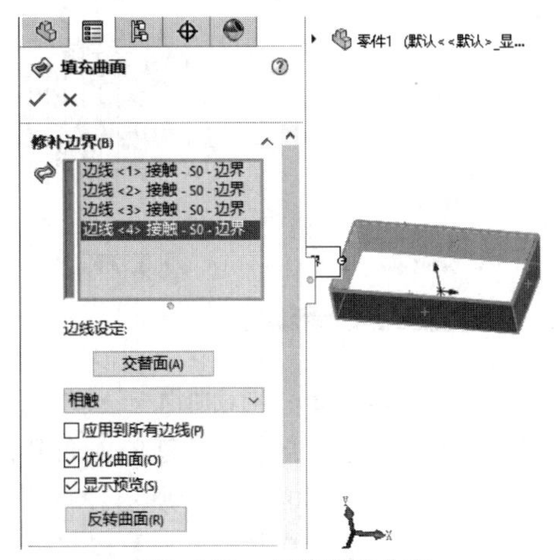

图5-233 创建填充曲面

04 单击【草图】选项卡中的【边角矩形】按钮，绘制矩形，如图5-234所示。

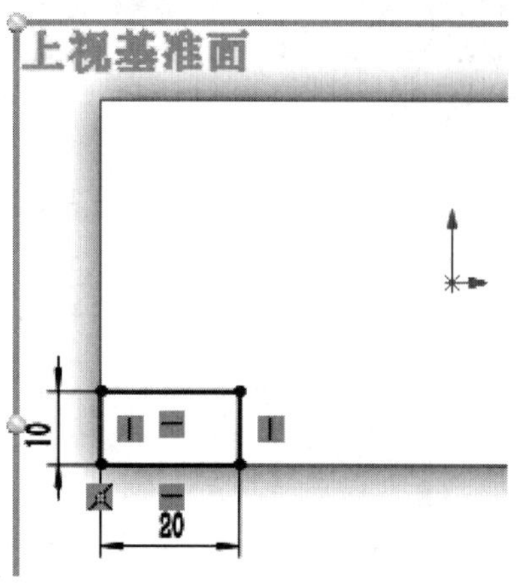

图5-234　绘制矩形

05 单击【曲面】选项卡中的【拉伸曲面】按钮，创建拉伸曲面，如图5-235所示。

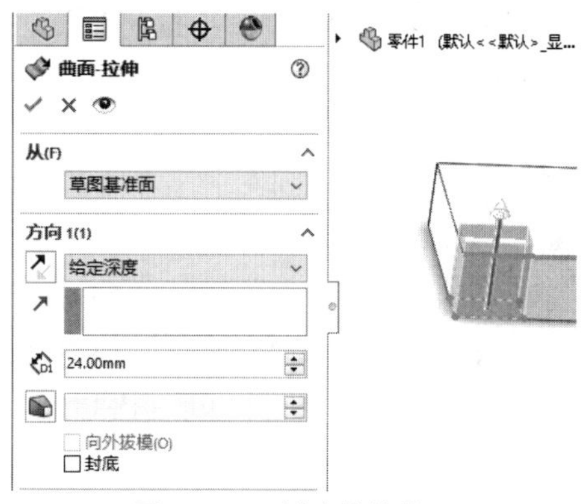

图5-235　创建拉伸曲面

06 单击【曲面】选项卡中的【剪裁曲面】按钮，剪裁曲面，如图5-236所示。

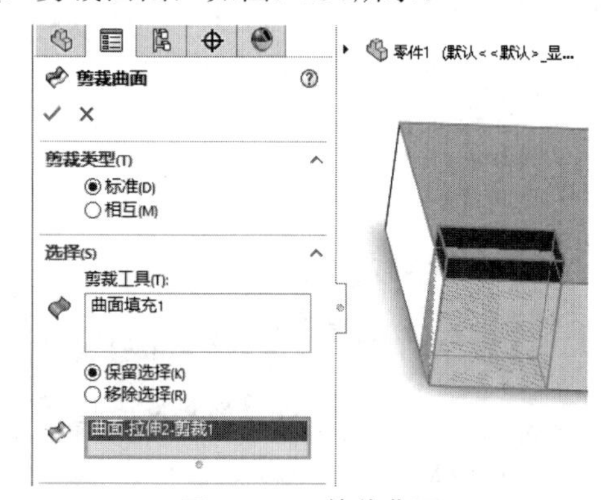

图5-236　剪裁曲面

07 单击【曲面】选项卡中的【延伸曲面】按钮，创建延伸曲面，如图5-237所示。

08 单击【草图】选项卡中的【圆】按钮，绘制圆，如图5-238所示。

09 单击【曲面】选项卡中的【拉伸曲面】按钮，创建拉伸曲面，如图5-239所示。

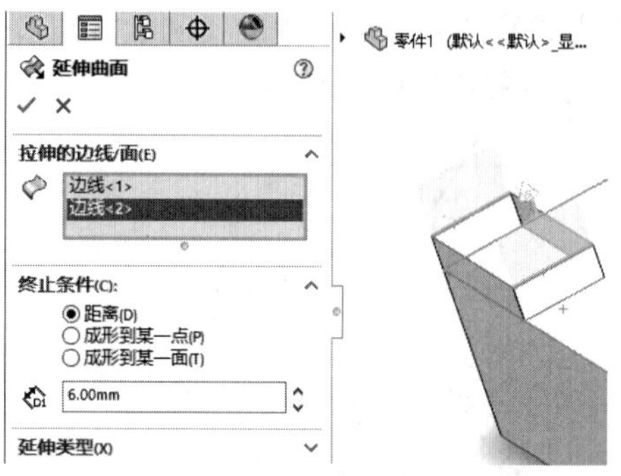

图5-237　创建延伸曲面

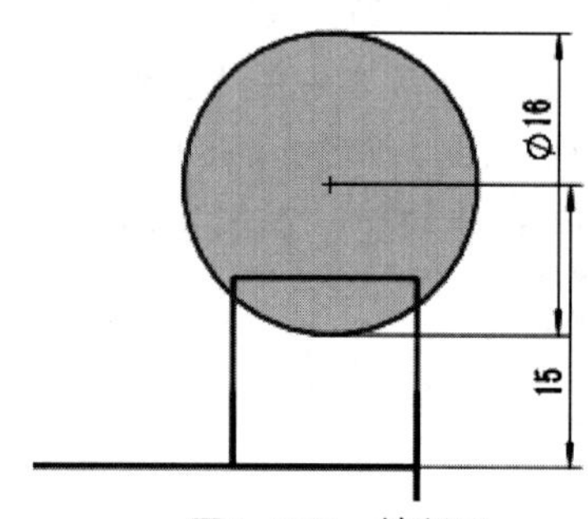

图5-238　绘制圆

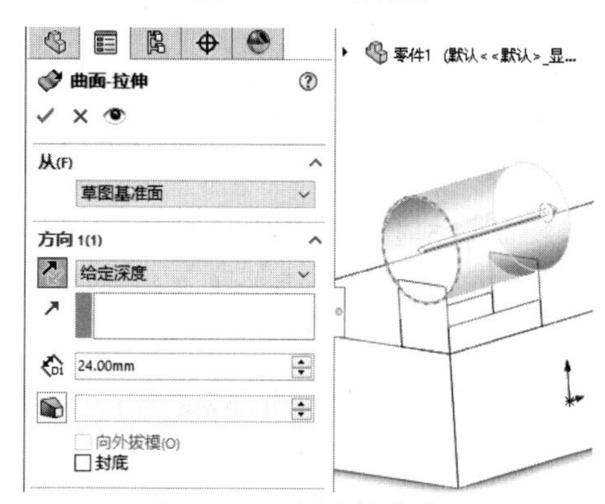

图5-239　创建拉伸曲面

10 单击【曲面】选项卡中的【剪裁曲面】按钮，剪裁曲面，如图5-240所示。

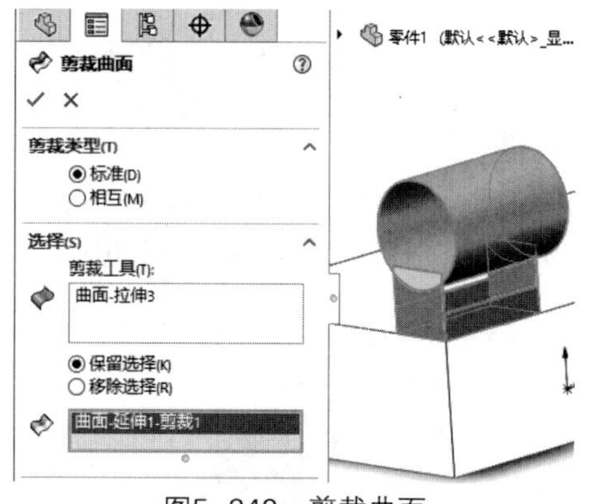

图5-240　剪裁曲面

11 单击【曲面】选项卡中的【延伸曲面】按钮，创建延伸曲面，如图5-241所示。

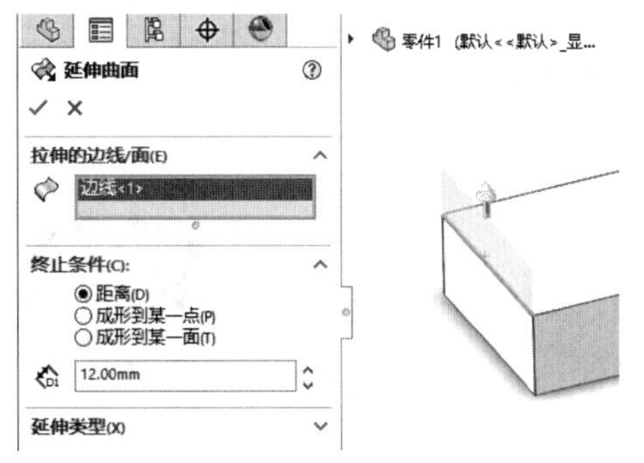

图5-241　创建延伸曲面

12 单击【草图】选项卡中的【圆】按钮，绘制圆，如图5-242所示。

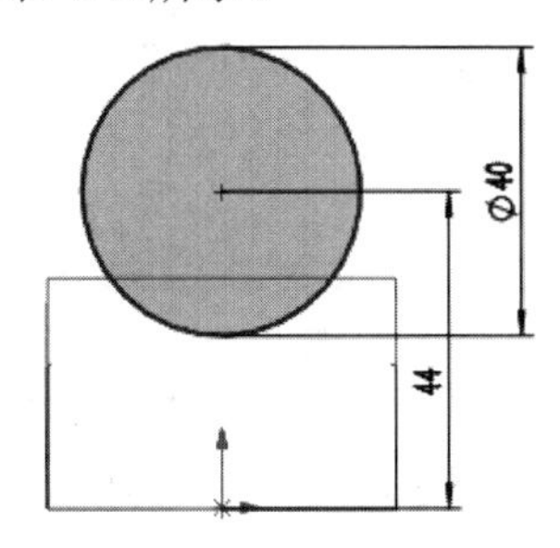

图5-242　绘制圆

13 单击【曲面】选项卡中的【拉伸曲面】按钮，创建拉伸曲面，如图5-243所示。

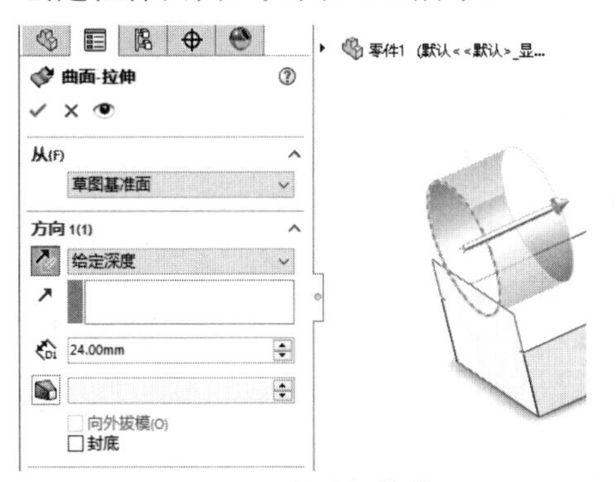

图5-243　创建拉伸曲面

14 单击【曲面】选项卡中的【剪裁曲面】按钮，剪裁曲面，如图5-244所示。

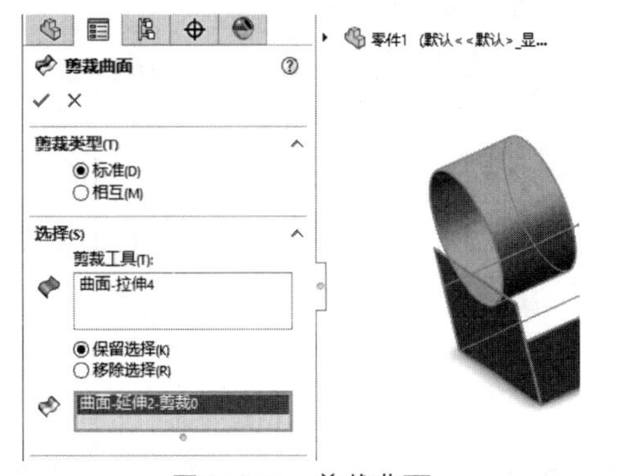

图5-244　剪裁曲面

15 完成秤台模型的绘制，如图5-245所示。

图5-245　完成秤台模型

实例 131

案例源文件：ywj\05\131.prt

绘制电器开关

01 单击【草图】选项卡中的【边角矩形】按钮，绘制矩形，如图5-246所示。

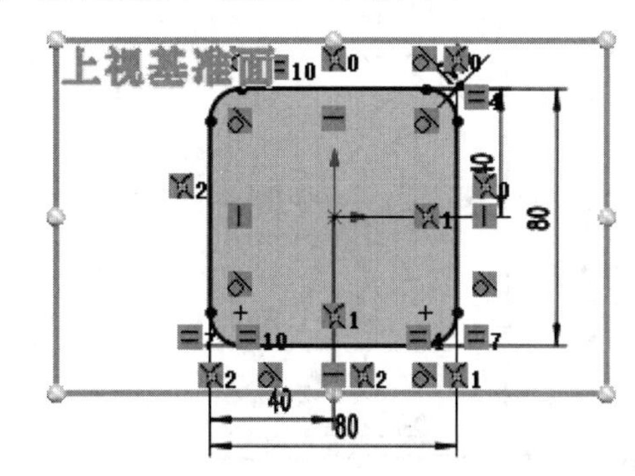

图5-246　绘制矩形草图

02 单击【曲面】选项卡中的【拉伸曲面】按钮，创建拉伸曲面，如图5-247所示。

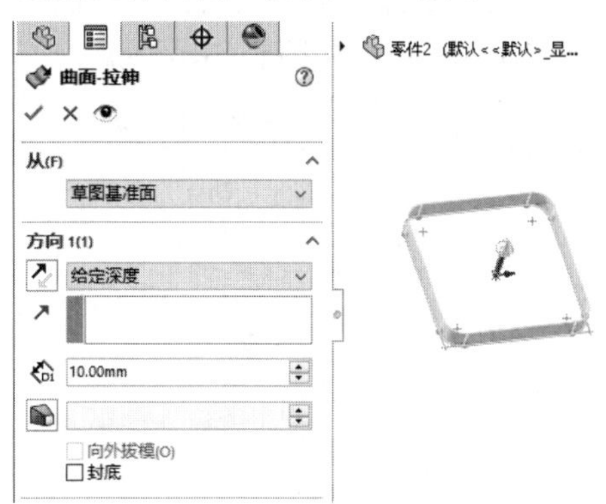

图5-247　创建拉伸曲面

03 单击【曲面】选项卡中的【填充曲面】按钮，创建填充曲面，如图5-248所示。

04 单击【草图】选项卡中的【边角矩形】按钮，绘制矩形，如图5-249所示。

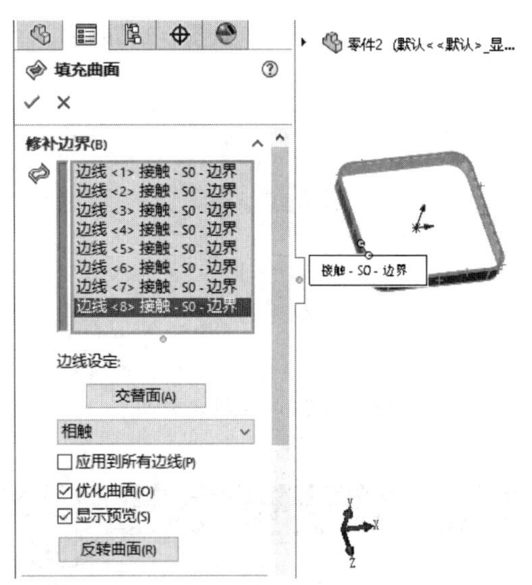

图5-248　创建填充曲面

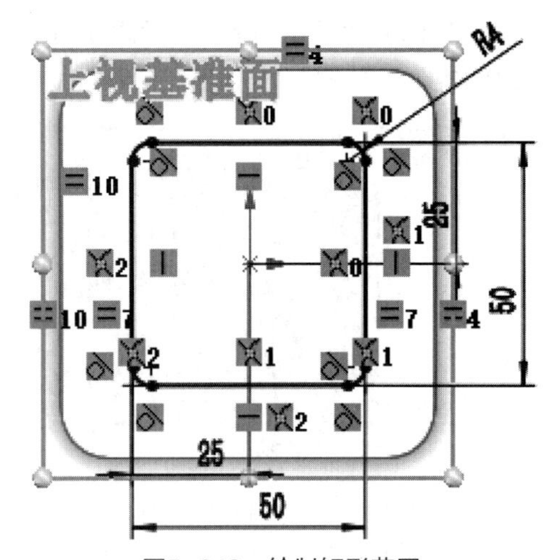

图5-249　绘制矩形草图

05 单击【曲面】选项卡中的【拉伸曲面】按钮，创建拉伸曲面，如图5-250所示。

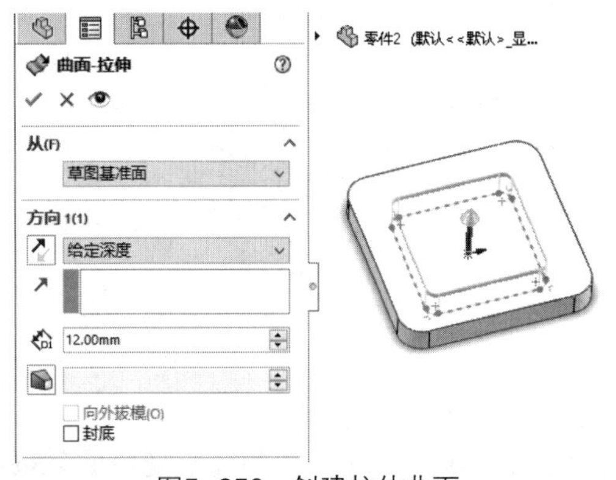

图5-250　创建拉伸曲面

06 单击【曲面】选项卡中的【剪裁曲面】按钮，剪裁曲面，如图5-251所示。

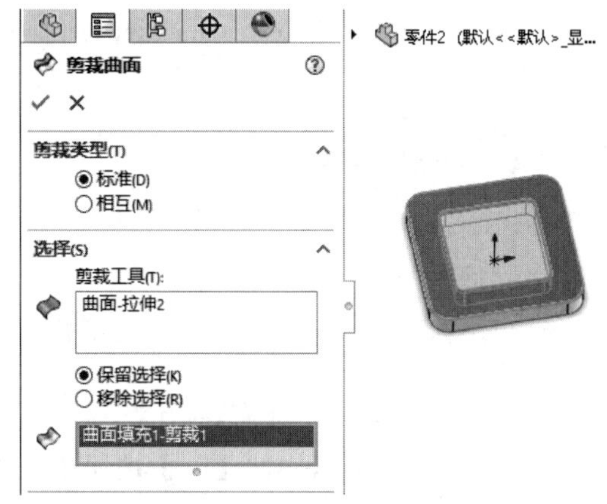

图5-251　剪裁曲面

07 单击【草图】选项卡中的【直线】按钮，绘制直线，如图5-252所示。

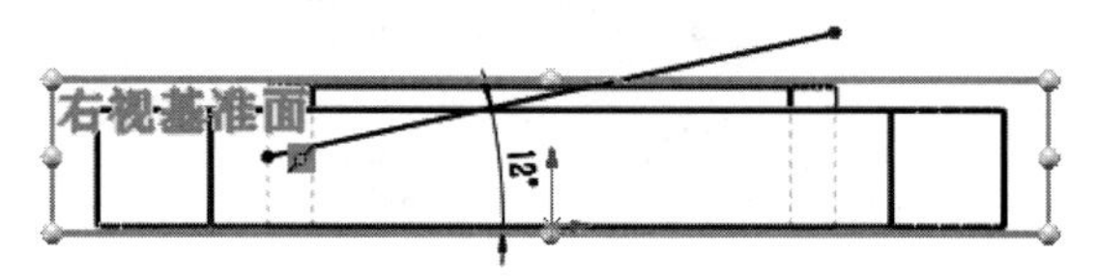

图5-252　绘制直线

08 单击【曲面】选项卡中的【拉伸曲面】按钮，创建拉伸曲面，如图5-253所示。

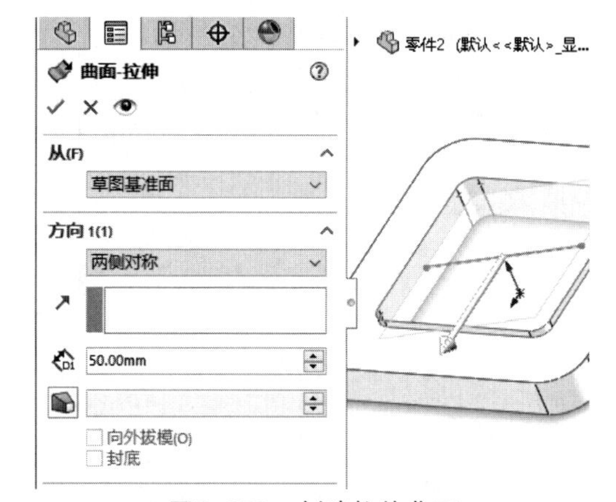

图5-253　创建拉伸曲面

09 单击【曲面】选项卡中的【平面】按钮，创建平面，如图5-254所示。

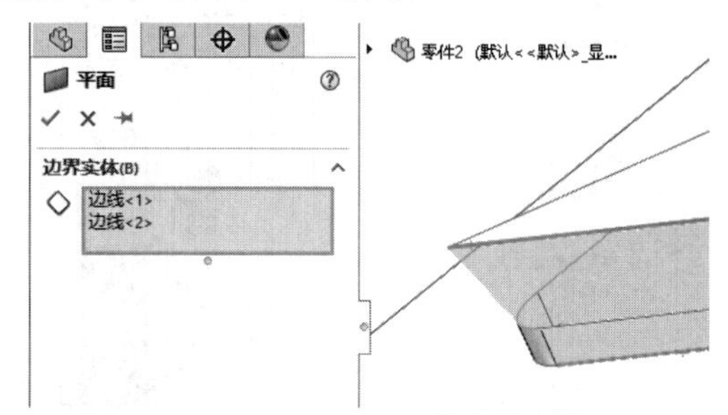

图5-254　创建平面

10 完成电器开关模型的绘制，如图5-255所示。

图5-255　完成电器开关模型

实例 132 绘制摇杆开关

案例源文件：ywj\05\132.prt

01 单击【草图】选项卡中的【边角矩形】按钮，绘制矩形，如图5-256所示。

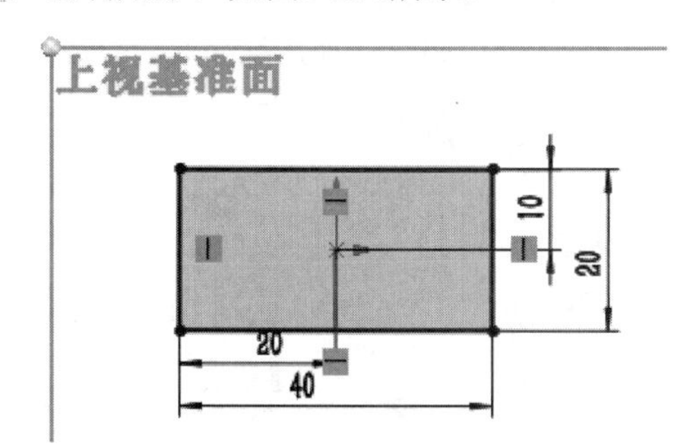

图5-256　绘制矩形

02 单击【曲面】选项卡中的【拉伸曲面】按钮，创建拉伸曲面，如图5-257所示。

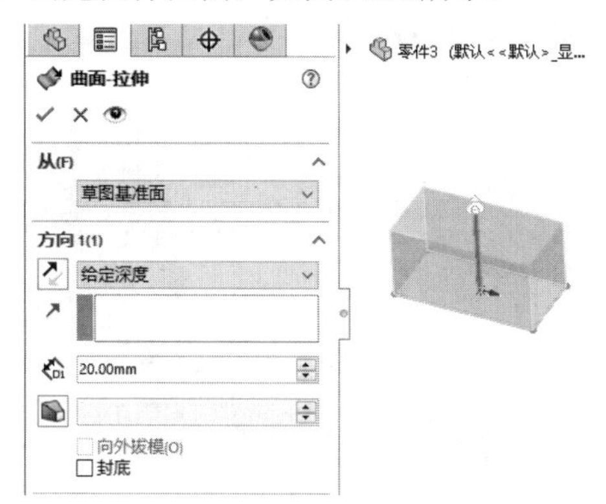

图5-257　创建拉伸曲面

03 单击【曲面】选项卡中的【填充曲面】按钮，创建填充曲面，如图5-258所示。

04 单击【草图】选项卡中的【圆】按钮，绘制圆，如图5-259所示。

05 单击【曲面】选项卡中的【拉伸曲面】按钮，创建拉伸曲面，如图5-260所示。

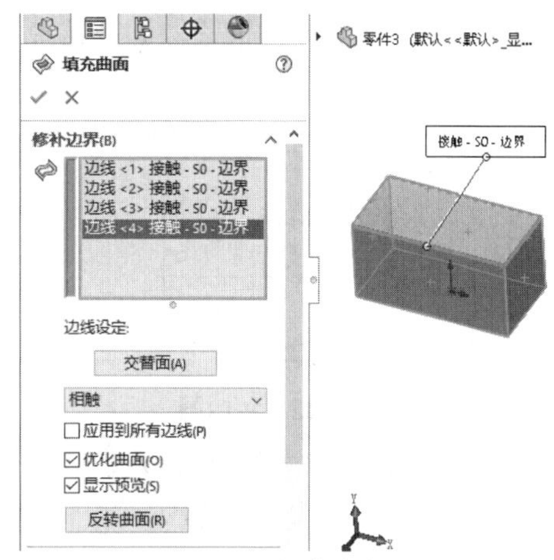

图5-258　创建填充曲面

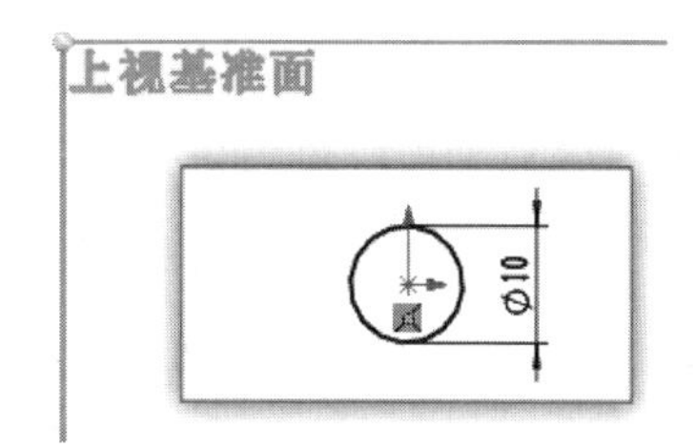

图5-259　绘制圆

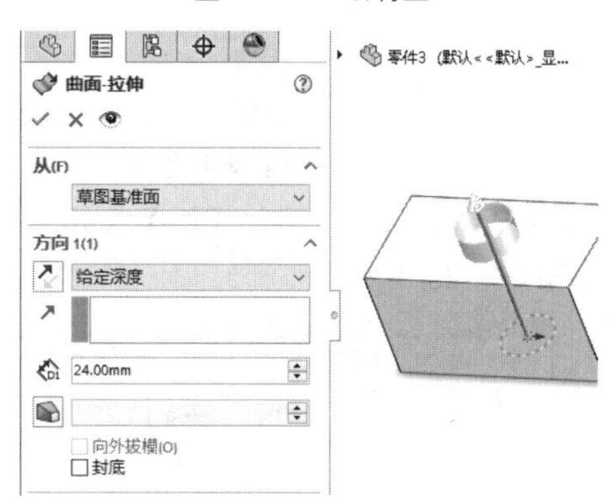

图5-260　创建拉伸曲面

06 单击【曲面】选项卡中的【填充曲面】按钮，创建填充曲面，如图5-261所示。

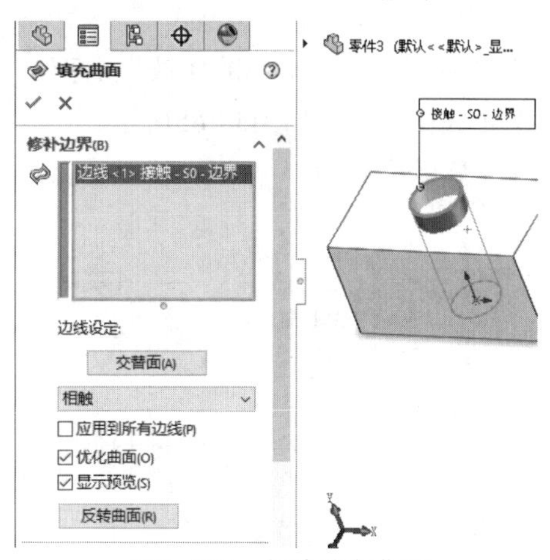

图5-261　创建填充曲面

07 单击【草图】选项卡中的【圆】按钮，绘制圆，如图5-262所示。

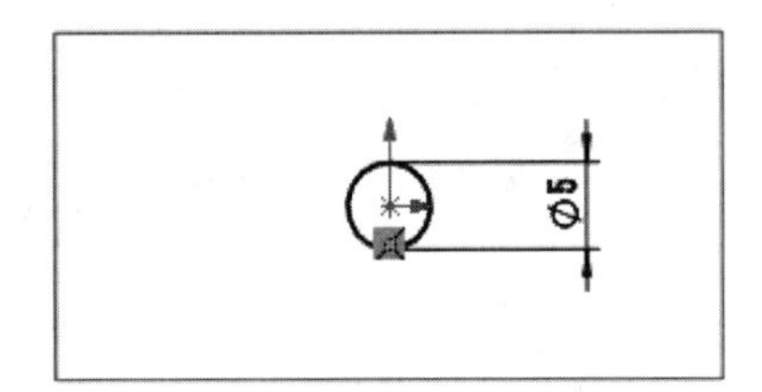

图5-262　绘制圆

08 单击【特征】选项卡中的【基准面】按钮，创建基准面，如图5-263所示。

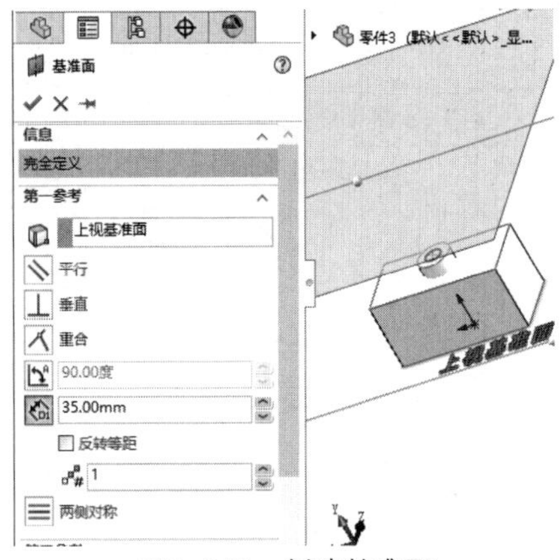

图5-263　创建基准面

09 单击【草图】选项卡中的【圆】按钮，绘制圆，如图5-264所示。

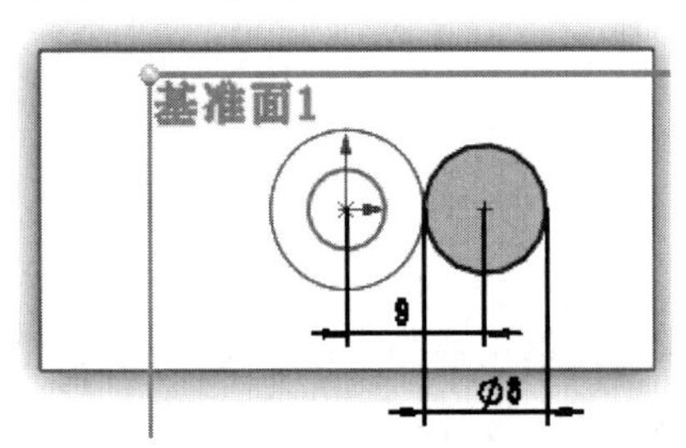

图5-264　绘制圆

10 单击【曲面】选项卡中的【放样曲面】按钮，创建放样曲面，如图5-265所示。

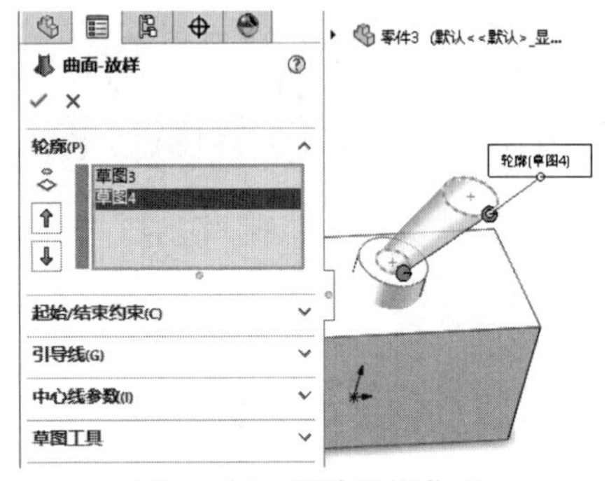

图5-265　创建放样曲面

11 完成摇杆开关模型的绘制，如图5-266所示。

图5-266　完成摇杆开关模型

实例133 绘制接线器

案例源文件：ywj\05\133.prt

01 单击【草图】选项卡中的【直槽口】按钮，绘制直槽口图形，如图5-267所示。

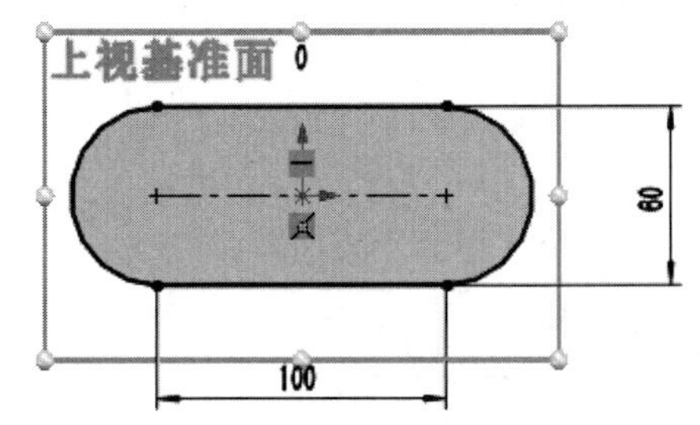

图5-267　绘制直槽口

02 单击【曲面】选项卡中的【拉伸曲面】按钮，创建拉伸曲面，如图5-268所示。

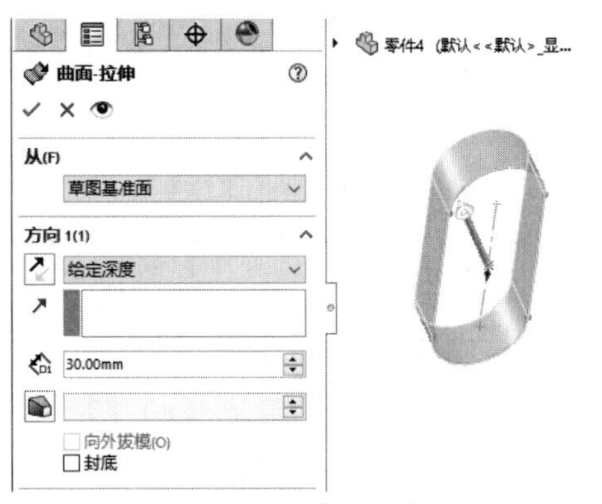

图5-268　创建拉伸曲面

03 单击【曲面】选项卡中的【填充曲面】按钮，创建填充曲面，如图5-269所示。

04 单击【曲面】选项卡中的【填充曲面】按钮，创建填充曲面，如图5-270所示。

05 单击【草图】选项卡中的【圆】按钮，绘制圆，如图5-271所示。

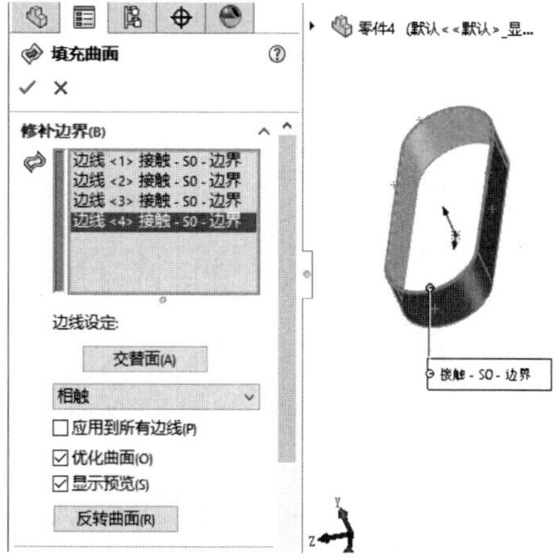

图5-269　创建填充曲面(1)

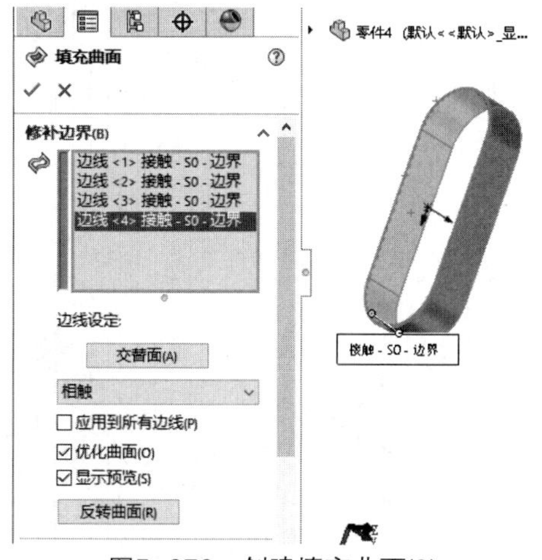

图5-270　创建填充曲面(2)

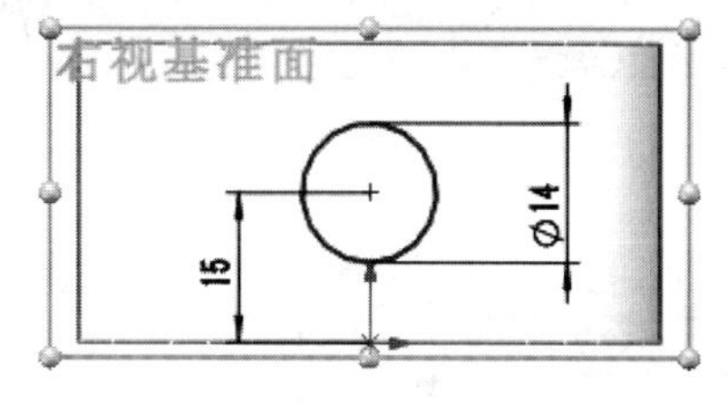

图5-271　绘制圆

06 单击【曲面】选项卡中的【拉伸曲面】按钮，创建拉伸曲面，如图5-272所示。

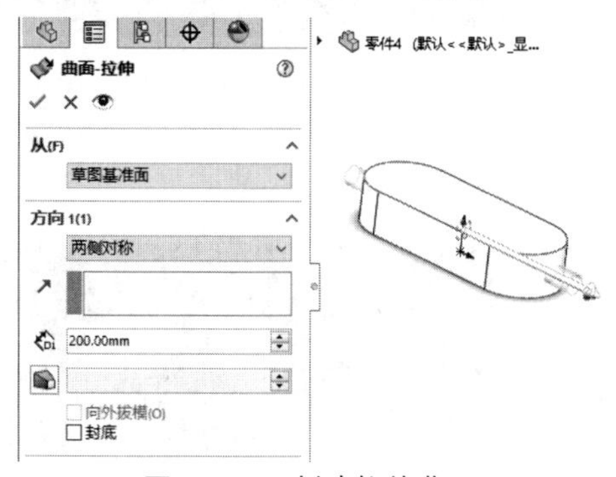

图5-272　创建拉伸曲面

07 单击【曲面】选项卡中的【等距曲面】按钮，创建等距曲面，如图5-273所示。

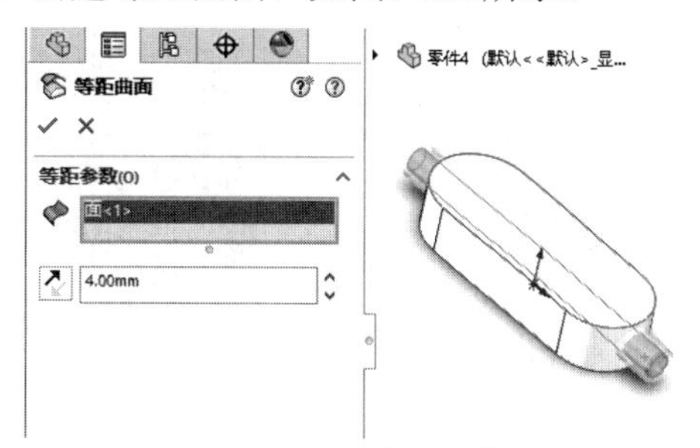

图5-273　创建等距曲面

08 单击【曲面】选项卡中的【直纹曲面】按钮，创建直纹曲面，如图5-274所示。

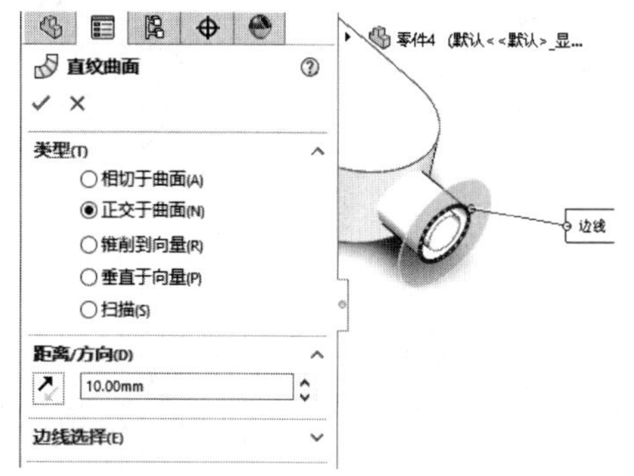

图5-274　创建直纹曲面(1)

09 单击【曲面】选项卡中的【直纹曲面】按钮，创建直纹曲面，如图5-275所示。

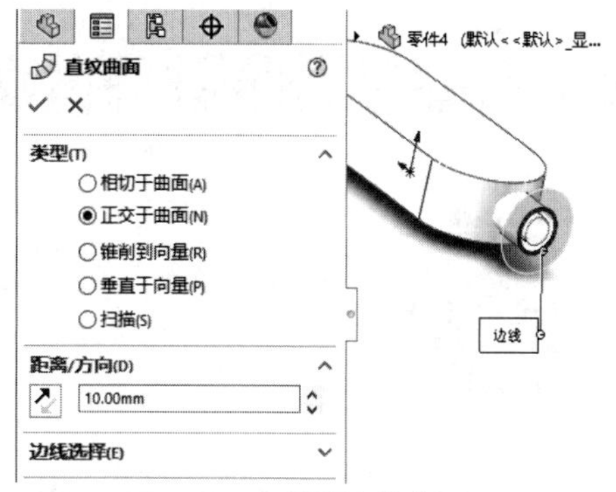

图5-275　创建直纹曲面(2)

10 完成接线器模型的绘制，如图5-276所示。

图5-276　完成接线器模型

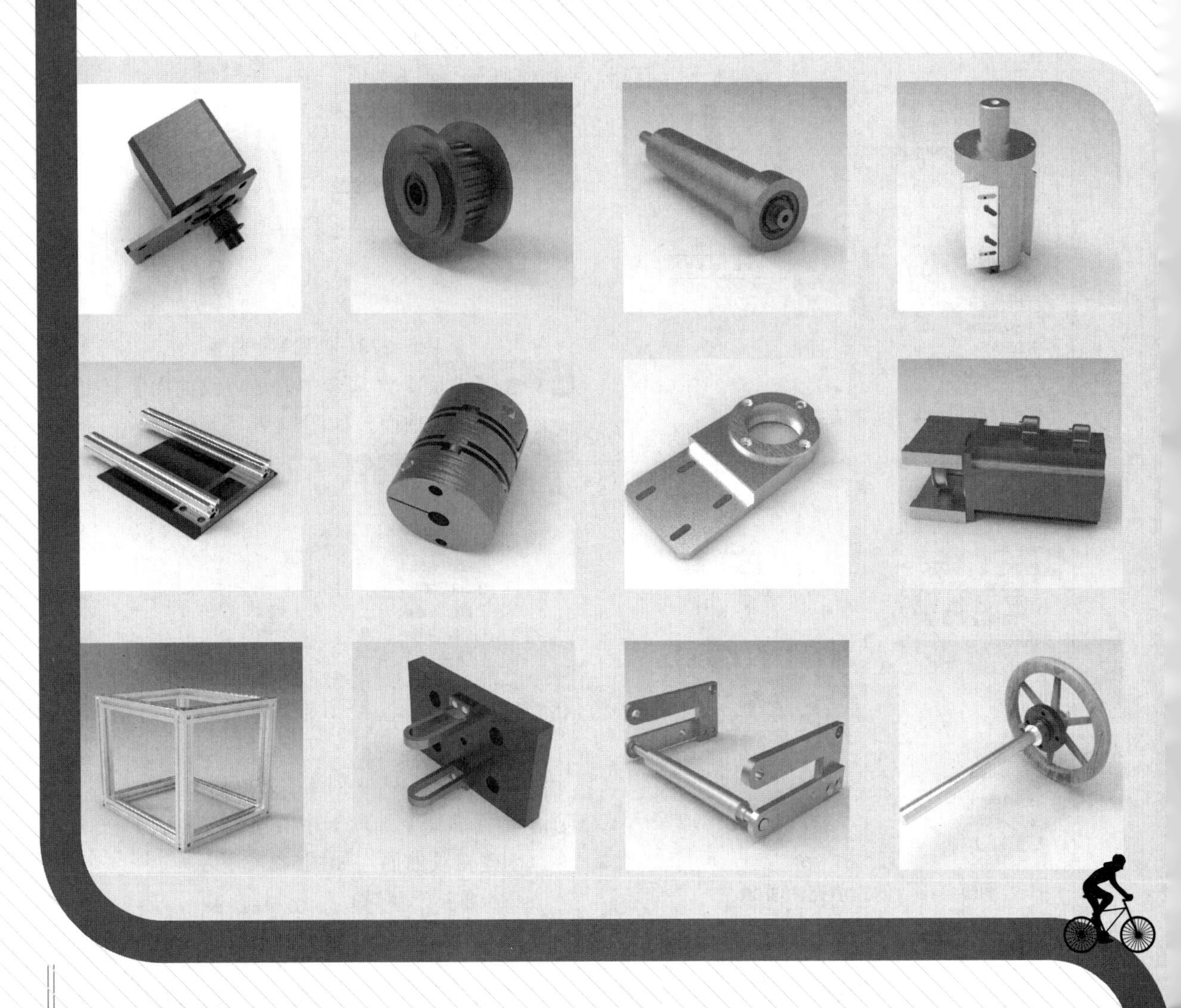

第6章 装配体设计

实例 134 定位器装配

案例源文件：ywj\06\134\1.prt、2.prt、3.prt、4.prt、5.asm

01 单击【装配图】选项卡中的【插入零部件】按钮，打开并放置零部件，如图6-1所示。

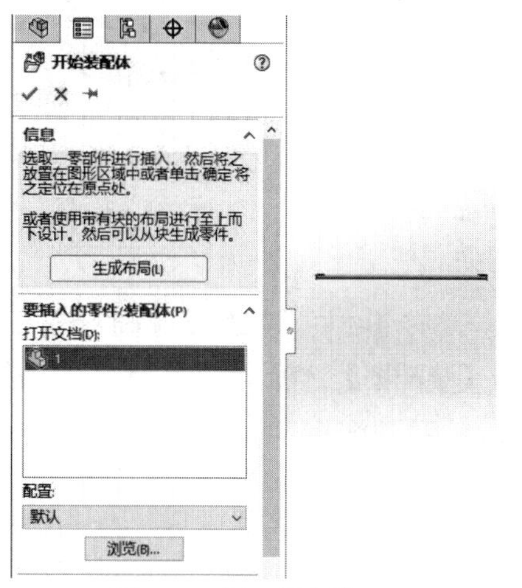

图6-1 插入零部件(1)

02 单击【装配图】选项卡中的【插入零部件】按钮，打开并放置零部件，如图6-2所示。

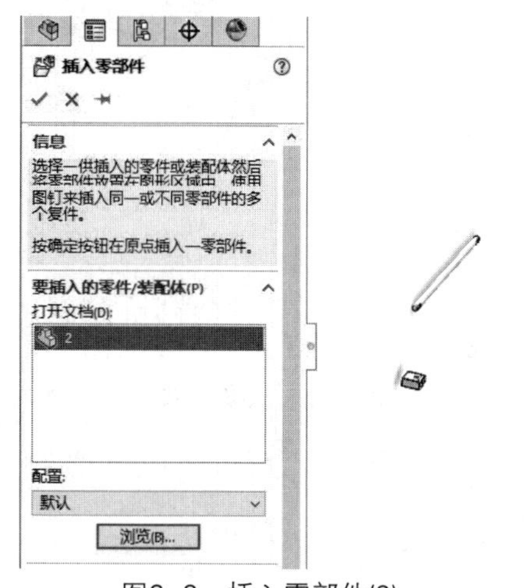

图6-2 插入零部件(2)

◎提示

至少有一个装配体零部件是固定的，或者与装配体基准面（或者原点）具有配合关系，这样可以为其余的配合提供参考，而且可以防止零部件在添加配合关系时意外地被移动。

03 单击【装配图】选项卡中的【配合】按钮，设置零部件的配合约束关系，如图6-3所示。

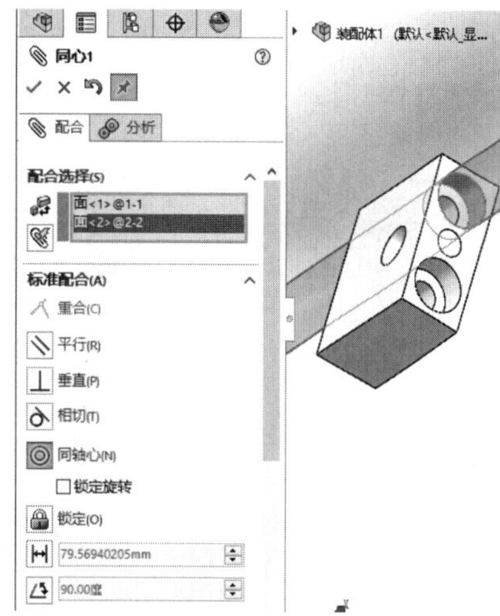

图6-3 设置同心配合

04 单击【装配图】选项卡中的【配合】按钮，设置零部件的配合约束关系，如图6-4所示。

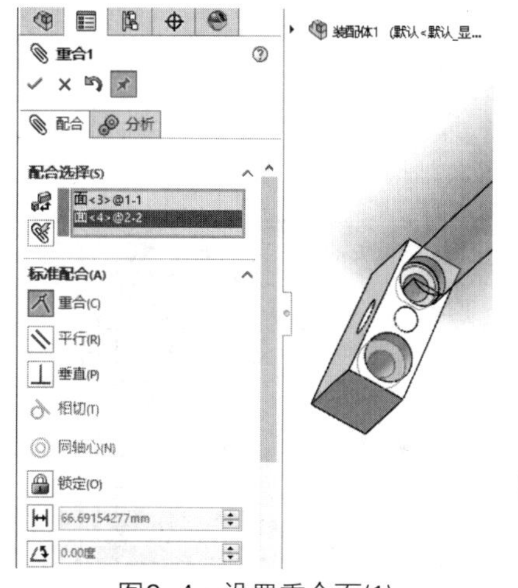

图6-4 设置重合面(1)

05 单击【装配图】选项卡中的【插入零部件】按钮，打开并放置零部件，如图6-5所示。

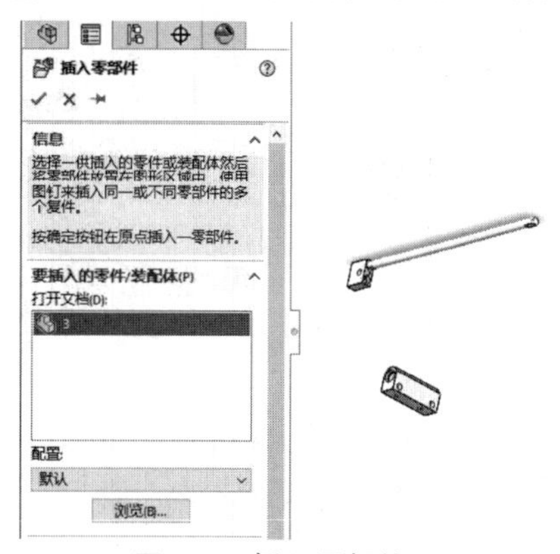

图6-5 插入零部件(3)

06 单击【装配图】选项卡中的【配合】按钮，设置零部件的配合约束关系，如图6-6所示。

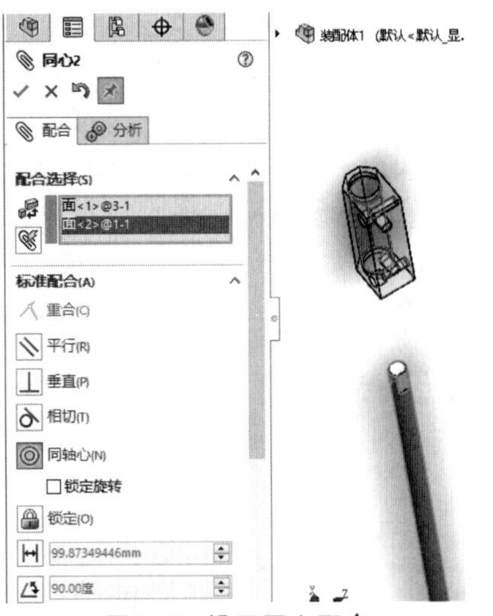

图6-6　设置同心配合

07 单击【装配图】选项卡中的【配合】按钮，设置零部件的配合约束关系，如图6-7所示。

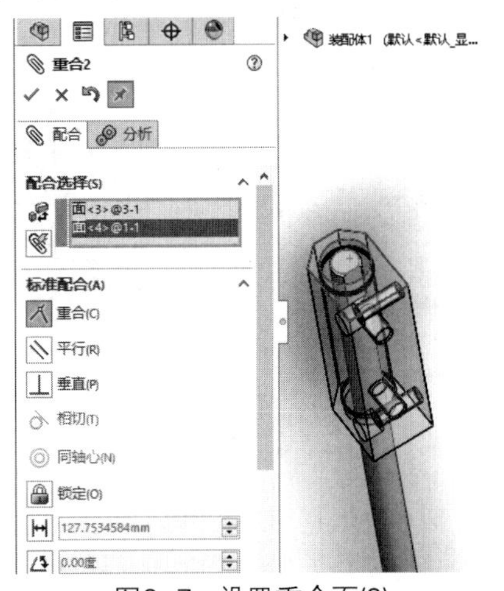

图6-7　设置重合面(2)

08 单击【装配图】选项卡中的【插入零部件】按钮，打开并放置零部件，如图6-8所示。

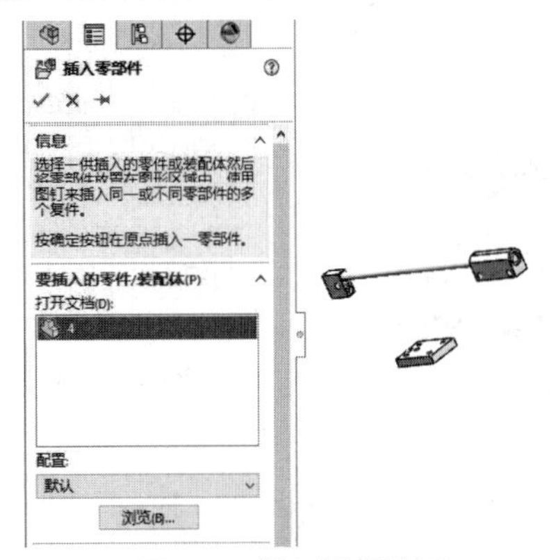

图6-8　插入零部件(4)

09 单击【装配图】选项卡中的【配合】按钮，设置零部件的配合约束关系，如图6-9所示。

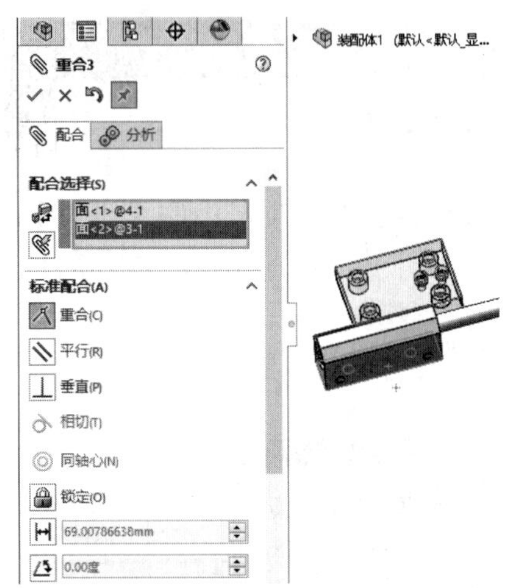

图6-9　设置重合面(3)

10 单击【装配图】选项卡中的【配合】按钮，设置零部件的配合约束关系，如图6-10所示。

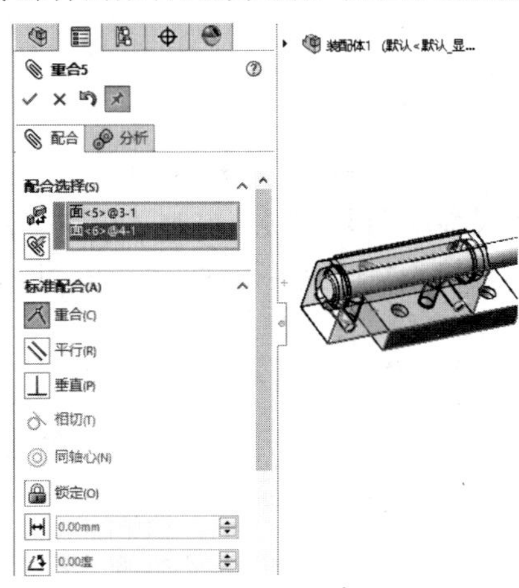

图6-10　设置重合面(4)

11 单击【装配图】选项卡中的【配合】按钮，设置零部件的配合约束关系，如图6-11所示。

图6-11　设置重合面(5)

12 完成定位器装配的绘制，如图6-12所示。

图6-12　完成定位器装配

实例 135　电机装配

案例源文件：ywj\06\135\1.prt、2.prt、3.prt、4.asm

01 单击【装配图】选项卡中的【插入零部件】按钮，打开并放置零部件，如图6-13所示。

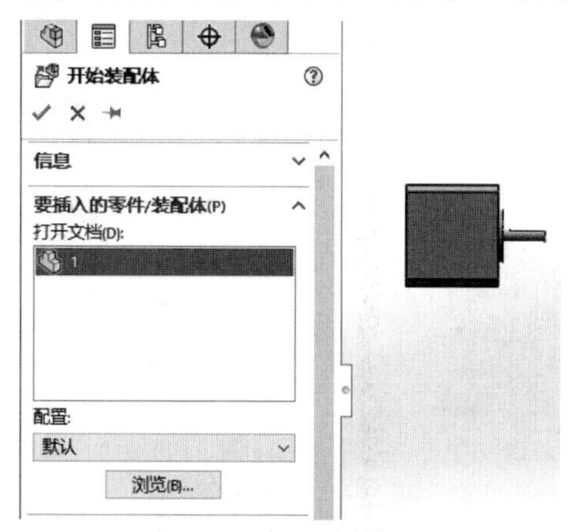

图6-13　插入零部件(1)

02 单击【装配图】选项卡中的【插入零部件】按钮，打开并放置零部件，如图6-14所示。

图6-14　插入零部件(2)

03 单击【装配图】选项卡中的【配合】按钮，设置零部件的配合约束关系，如图6-15所示。

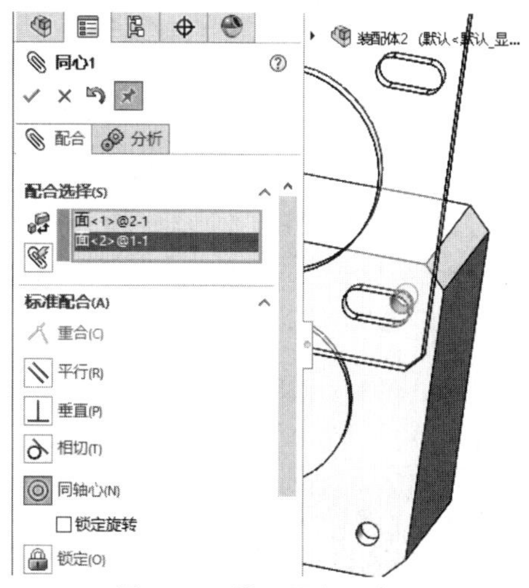

图6-15　设置同心配合(1)

04 单击【装配图】选项卡中的【配合】按钮，设置零部件的配合约束关系，如图6-16所示。

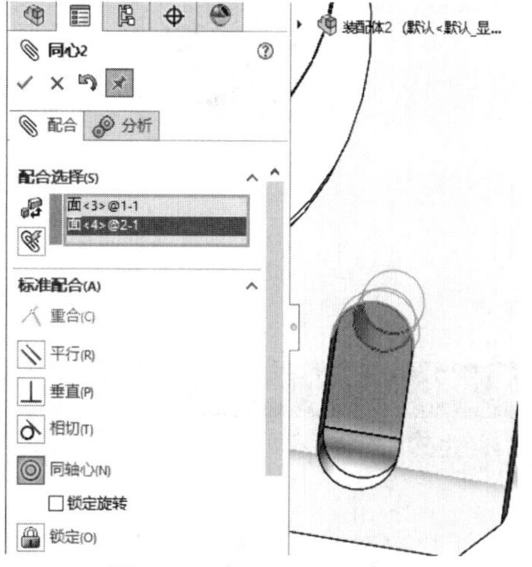

图6-16　设置同心配合(2)

05 单击【装配图】选项卡中的【插入零部件】按钮，打开并放置零部件，如图6-17所示。

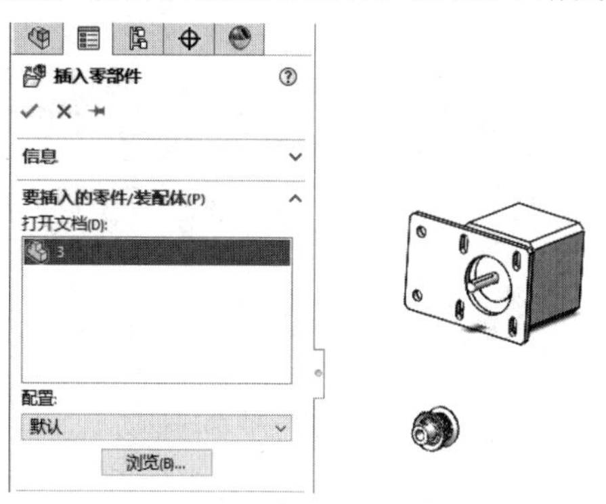

图6-17　插入零部件(3)

06 单击【装配图】选项卡中的【配合】按钮，设置零部件的配合约束关系，如图6-18所示。

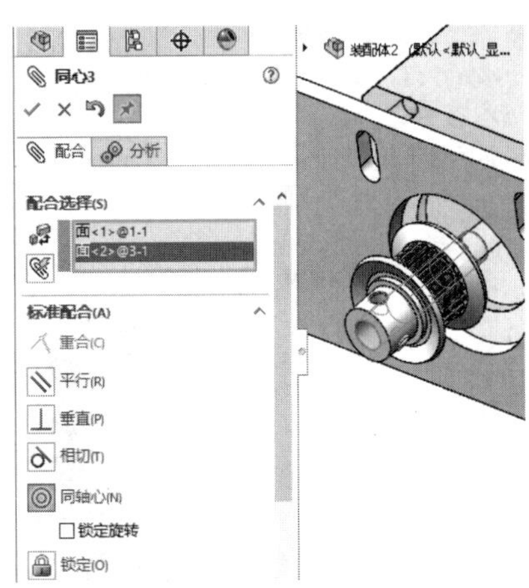

图6-18　设置同心配合(3)

07 完成电机装配，如图6-19所示。

图6-19　完成电机装配

实例 136　导轨装配

案例源文件：ywj\06\136\1.prt、2.prt、3.prt、4.asm

01 单击【装配图】选项卡中的【插入零部件】按钮，打开并放置零部件，如图6-20所示。

图6-20　插入零部件(1)

提示

装配体可以生成由许多零部件所组成的复杂装配体，这些零部件可以是零件或者其他子装配体。

02 单击【装配图】选项卡中的【插入零部件】按钮，打开并放置零部件，如图6-21所示。

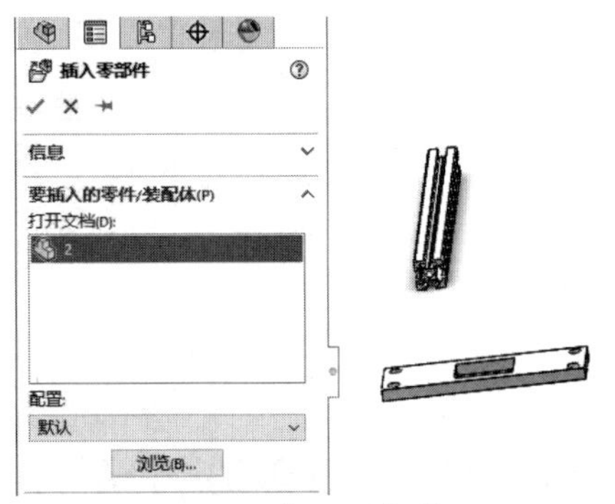

图6-21　插入零部件(2)

03 单击【装配图】选项卡中的【配合】按钮，设置零部件的配合约束关系，如图6-22所示。

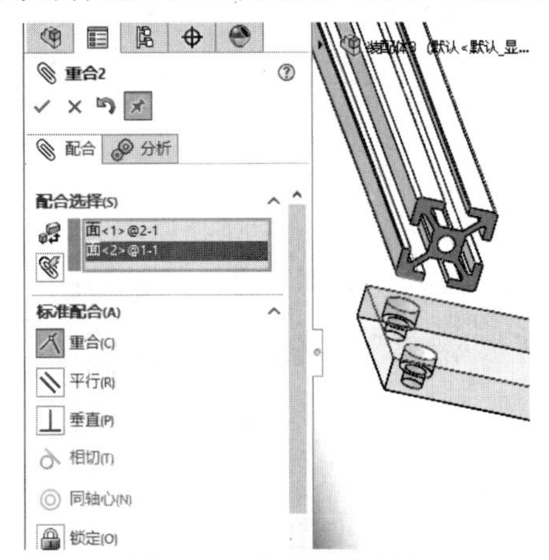

图6-22　设置重合面(1)

04 单击【装配图】选项卡中的【配合】按钮，设置零部件的配合约束关系，如图6-23所示。

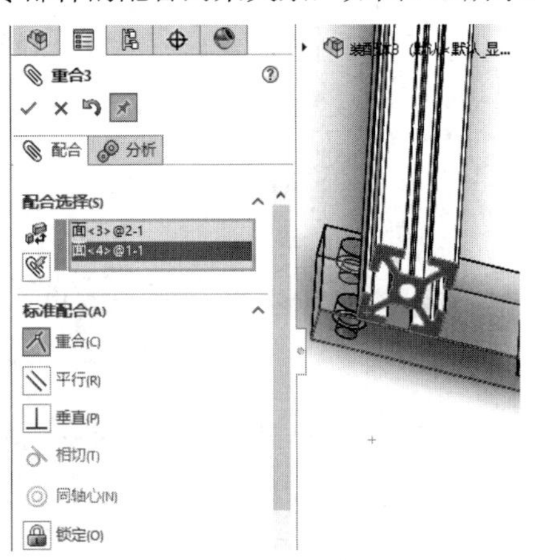

图6-23　设置重合面(2)

05 单击【装配图】选项卡中的【线性零部件阵列】按钮，创建阵列零部件，如图6-24所示。

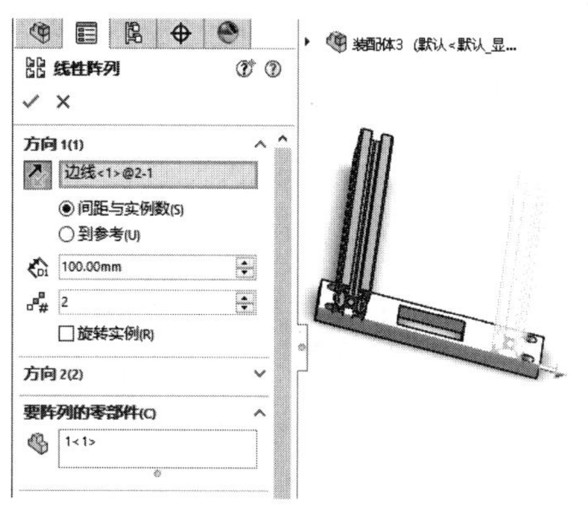

图6-24　创建线性阵列

06 单击【装配图】选项卡中的【插入零部件】按钮，打开并放置零部件，如图6-25所示。

图6-25　插入零部件(3)

07 单击【装配图】选项卡中的【配合】按钮，设置零部件的配合约束关系，如图6-26所示。

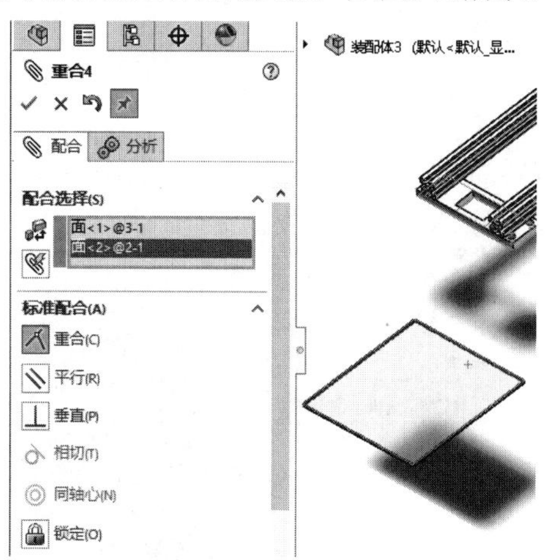

图6-26　设置重合面(3)

08 单击【装配图】选项卡中的【配合】按钮，设置零部件的配合约束关系，如图6-27所示。

09 单击【装配图】选项卡中的【配合】按钮，设置零部件的配合约束关系，如图6-28所示。

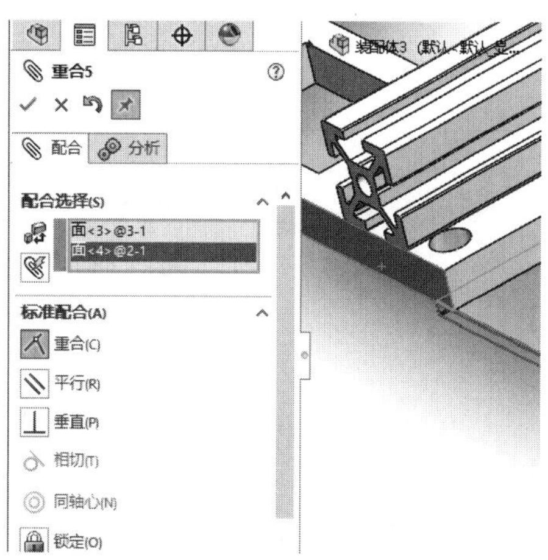

图6-27　设置重合面(4)

图6-28　设置距离约束

10 完成导轨装配，如图6-29所示。

图6-29　完成导轨装配

实例 137　框体装配

案例源文件：ywj\06\137\1.prt、2.asm

01 单击【装配图】选项卡中的【插入零部件】按钮，打开并放置零部件，如图6-30所示。

02 单击【装配图】选项卡中的【线性零部件阵列】按钮，创建阵列零部件，如图6-31所示。

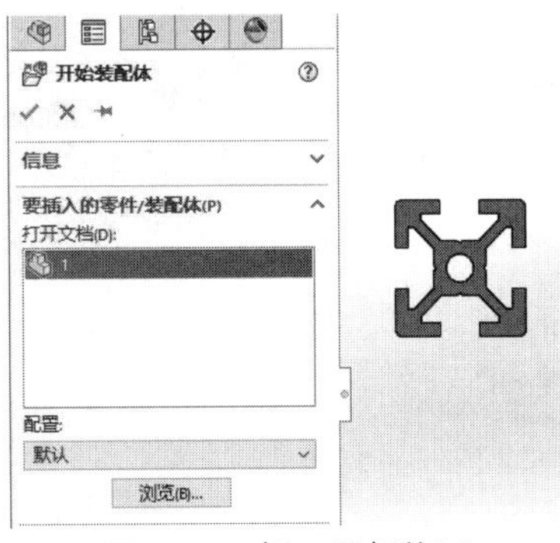

图6-30　插入零部件(1)

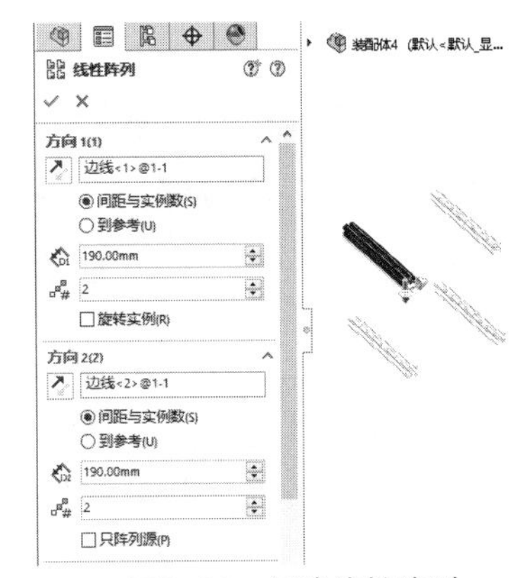

图6-31　创建线性阵列

03 单击【装配图】选项卡中的【插入零部件】按钮，打开并放置零部件，如图6-32所示。

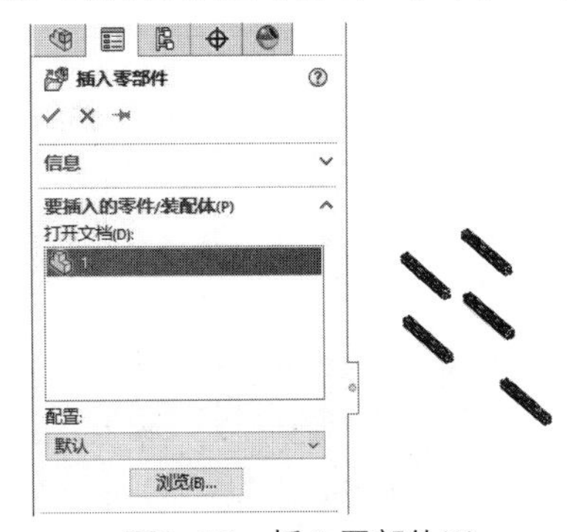

图6-32　插入零部件(2)

04 单击【装配图】选项卡中的【旋转零部件】按钮，旋转零部件，如图6-33所示。

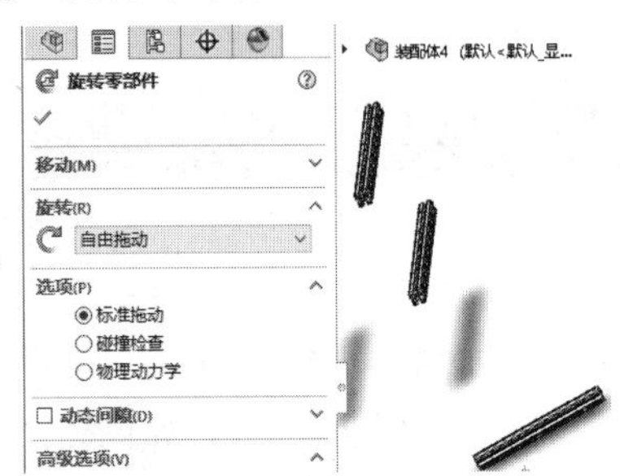

图6-33　旋转零部件

05 单击【装配图】选项卡中的【配合】按钮，设置零部件的配合约束关系，如图6-34所示。

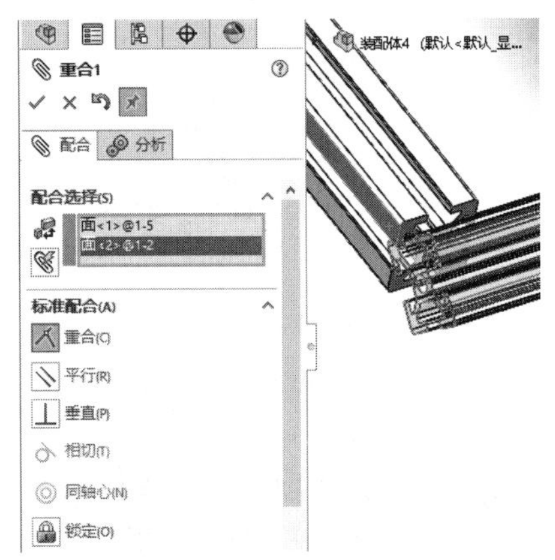

图6-34　设置重合面(1)

06 单击【装配图】选项卡中的【配合】按钮，设置零部件的配合约束关系，如图6-35所示。

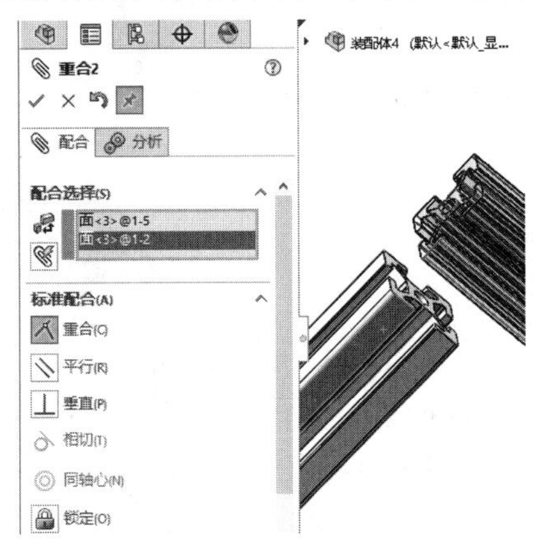

图6-35　设置重合面(2)

07 单击【装配图】选项卡中的【配合】按钮，设置零部件的配合约束关系，如图6-36所示。

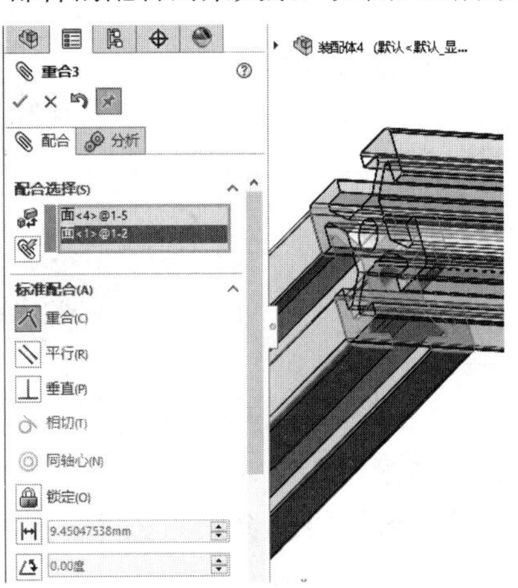

图6-36　设置重合面(3)

08 单击【装配图】选项卡中的【线性零部件阵列】按钮，创建阵列零部件，如图6-37所示。

图6-37　创建线性阵列

09 单击【装配图】选项卡中的【插入零部件】按钮，打开并放置零部件，如图6-38所示。

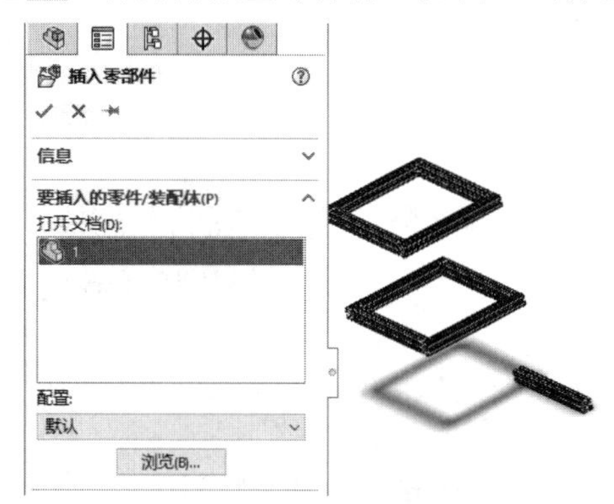

图6-38　插入零部件并设置

10 完成框体装配，如图6-39所示。

图6-39　完成框体装配

实例 138　齿轮装配

案例源文件：ywj\06\138\1.prt、2.prt、3.asm

01 单击【装配图】选项卡中的【插入零部件】按钮，打开并放置零部件，如图6-40所示。

02 单击【装配图】选项卡中的【插入零部件】按钮，打开并放置零部件，如图6-41所示。

图6-40　插入零部件(1)

图6-41　插入零部件(2)

03 单击【装配图】选项卡中的【配合】按钮，设置零部件的配合约束关系，如图6-42所示。

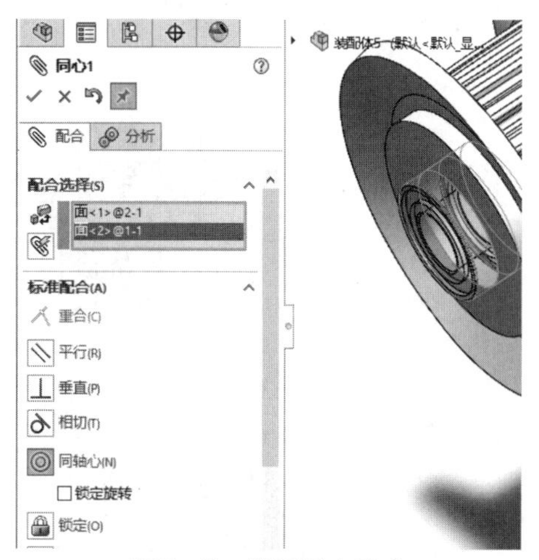

图6-42　设置同心配合

04 单击【装配图】选项卡中的【配合】按钮，设置零部件的配合约束关系，如图6-43所示。

05 单击【装配图】选项卡中的【基准面】按钮，创建基准面，如图6-44所示。

图6-43　设置重合面

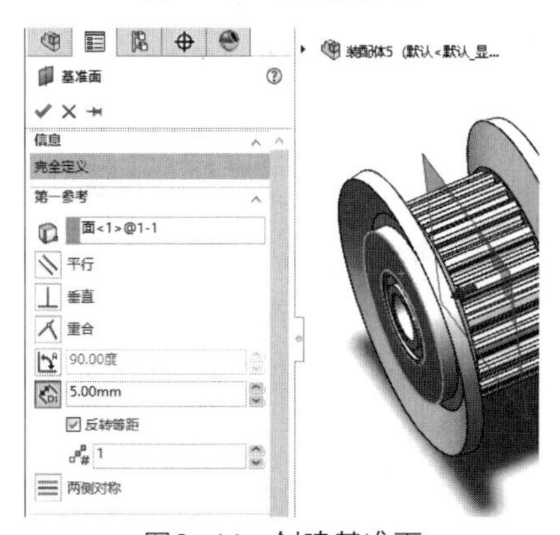

图6-44　创建基准面

06 单击【装配图】选项卡中的【镜像零部件】按钮，创建镜像零部件，如图6-45所示。

图6-45　镜像零部件

07 完成齿轮装配，如图6-46所示。

图6-46　完成齿轮装配

提示

本章主要使用自下而上的装配设计法，即先设计并造型零件，然后将之插入装配体，接着使用配合来定位零件。若想更改零件，必须单独编辑零件，更改完成后可在装配体中看见。

实例 139　缩紧器装配

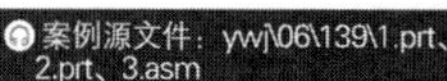

01 单击【装配图】选项卡中的【插入零部件】按钮，打开并放置零部件，如图6-47所示。

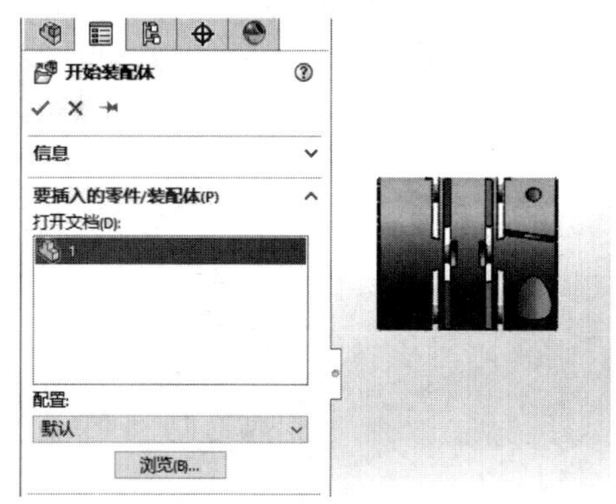

图6-47　插入零部件(1)

02 单击【装配图】选项卡中的【插入零部件】按钮，打开并放置零部件，如图6-48所示。

图6-48　插入零部件(2)

03 单击【装配图】选项卡中的【配合】按钮，设置零部件的配合约束关系，如图6-49所示。

04 单击【装配图】选项卡中的【配合】按钮，设置零部件的配合约束关系，如图6-50所示。

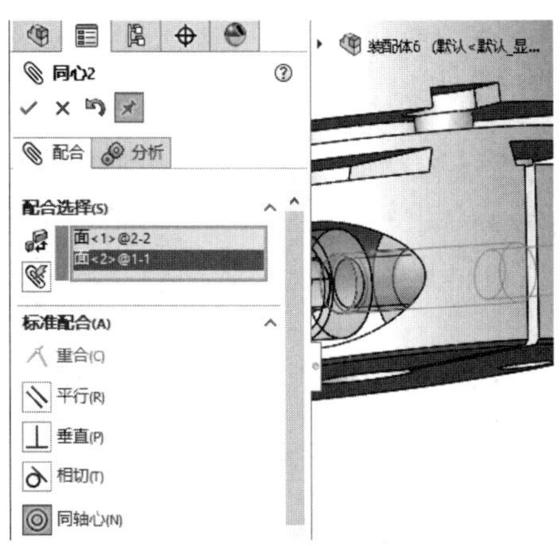

图6-49　设置同心配合

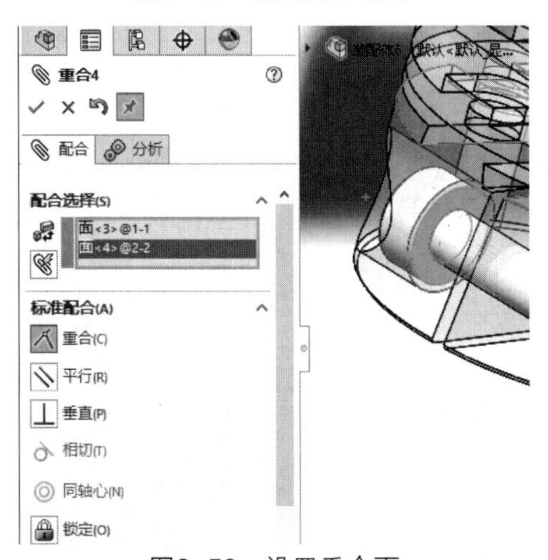

图6-50　设置重合面

05 单击【装配图】选项卡中的【插入零部件】按钮，打开并放置零部件，如图6-51所示。

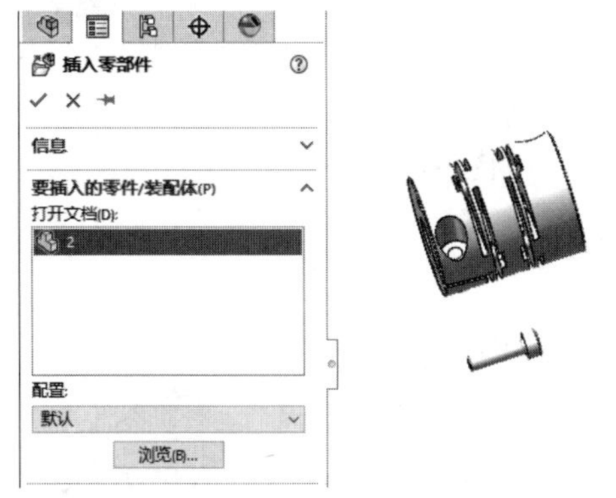

图6-51　插入零部件(3)

06 单击【装配图】选项卡中的【旋转零部件】按钮，旋转零部件，如图6-52所示。

07 单击【装配图】选项卡中的【配合】按钮，设置零部件的配合约束关系，如图6-53所示。

08 单击【装配图】选项卡中的【配合】按钮，设置零部件的配合约束关系，如图6-54所示。

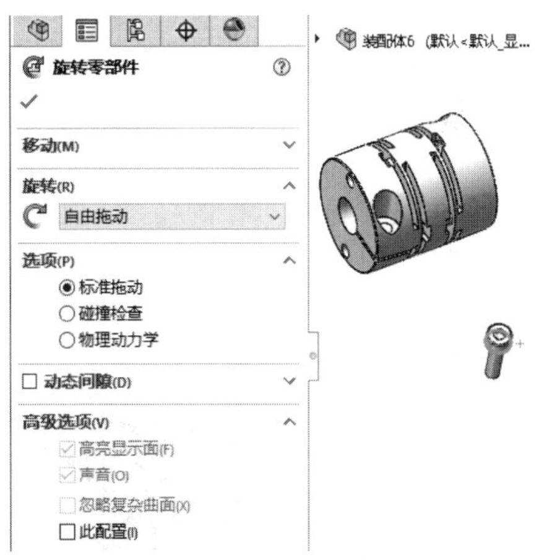

图6-52　旋转零部件

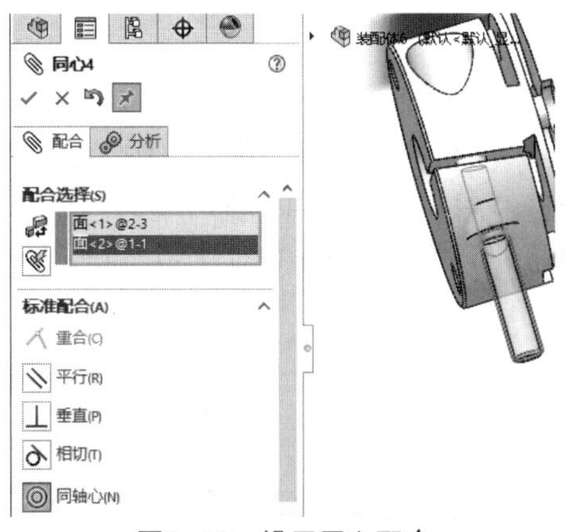

图6-53　设置同心配合

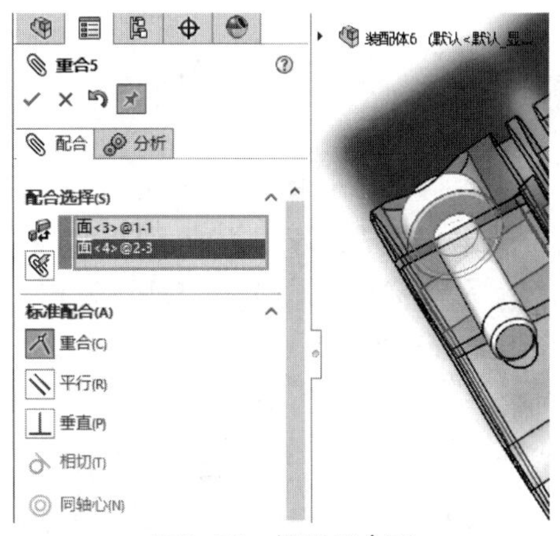

图6-54　设置重合面

09 完成缩紧器装配，如图6-55所示。

图6-55　完成缩紧器装配

案例源文件：ywj\06\140\1.prt、2.prt、3.prt、4.asm

支架装配

01 单击【装配图】选项卡中的【插入零部件】按钮，打开并放置零部件，如图6-56所示。

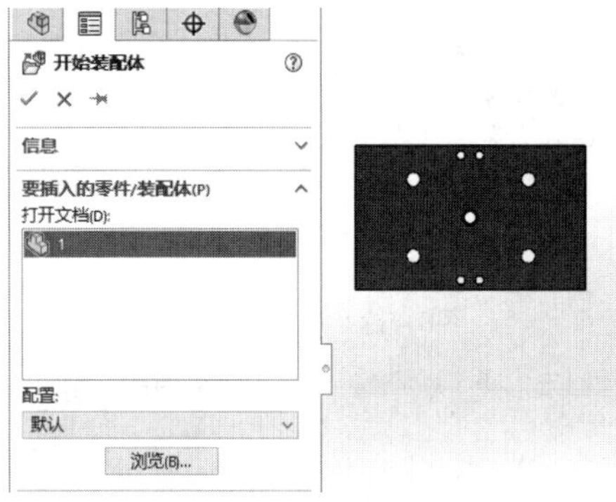

图6-56　插入零部件(1)

02 单击【装配图】选项卡中的【插入零部件】按钮，打开并放置零部件，如图6-57所示。

图6-57　插入零部件(2)

03 单击【装配图】选项卡中的【移动零部件】按钮，移动零部件，如图6-58所示。

图6-58　移动零部件

04 单击【装配图】选项卡中的【配合】按钮，设置零部件的配合约束关系，如图6-59所示。

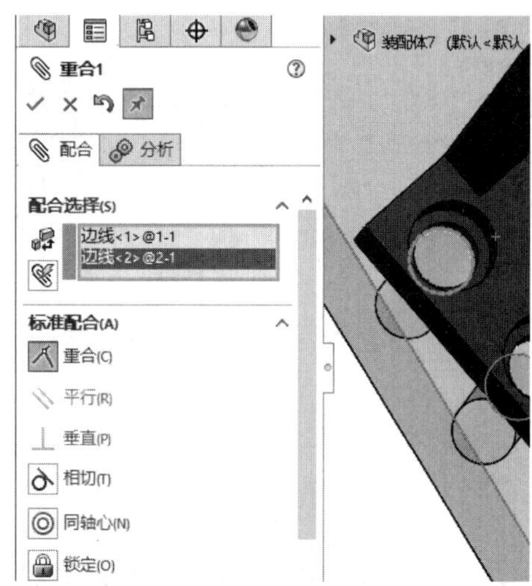

图6-59　设置重合面(1)

05 单击【装配图】选项卡中的【配合】按钮，设置零部件的配合约束关系，如图6-60所示。

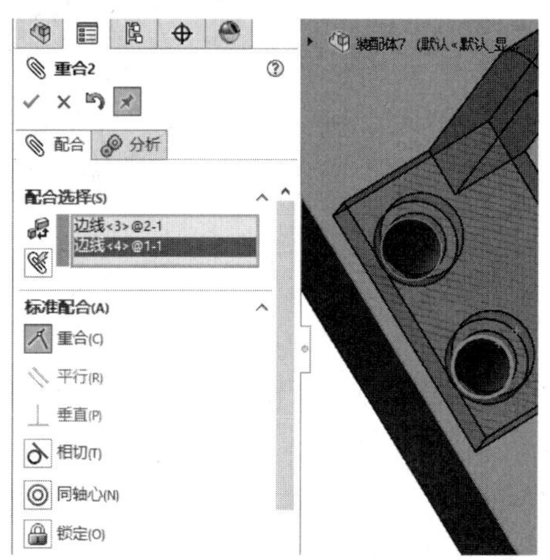

图6-60　设置重合面(2)

06 单击【装配图】选项卡中的【镜像零部件】按钮，创建镜像零部件，如图6-61所示。

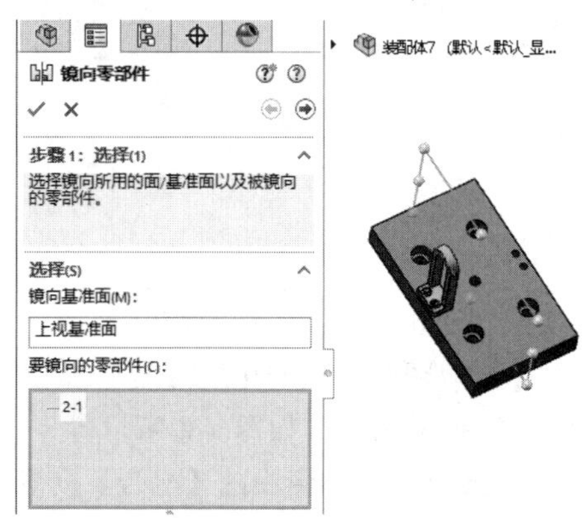

图6-61　镜像零部件

07 单击【装配图】选项卡中的【插入零部件】按钮，打开并放置零部件，如图6-62所示。

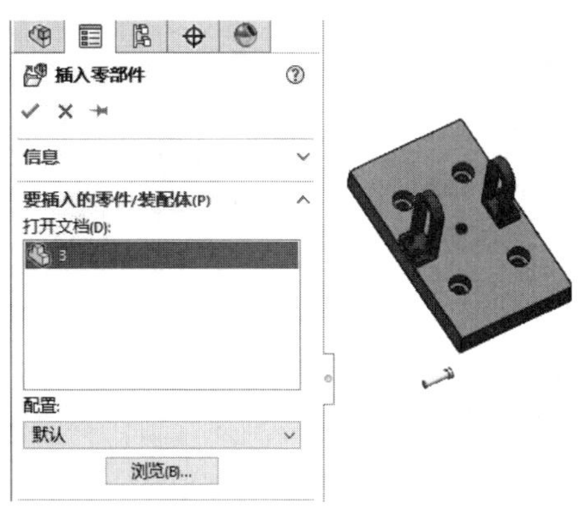

图6-62　插入零部件(3)

08 单击【装配图】选项卡中的【配合】按钮，设置零部件的配合约束关系，如图6-63所示。

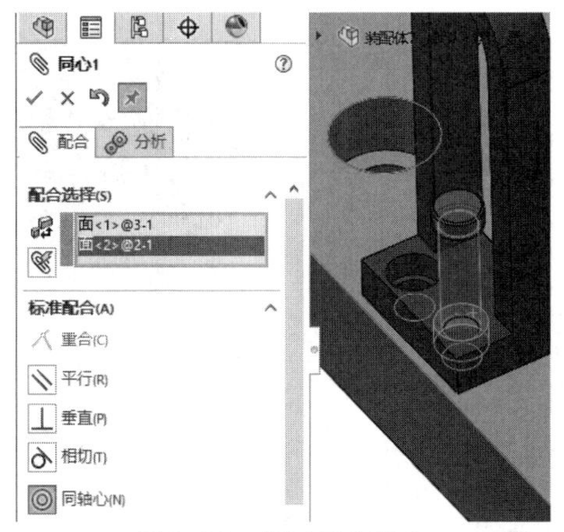

图6-63　设置同心配合

09 单击【装配图】选项卡中的【配合】按钮，设置零部件的配合约束关系，如图6-64所示。

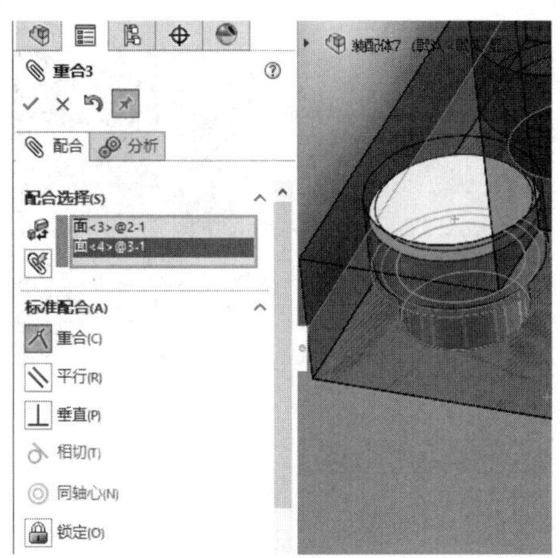

图6-64　设置重合面(3)

10 单击【装配图】选项卡中的【线性零部件阵列】按钮，创建阵列零部件，如图6-65所示。

图6-65　创建线性阵列

11 完成支架装配，如图6-66所示。

图6-66　完成支架装配

实例141　夹板装配

案例源文件：ywj\06\141\1.prt、2.prt、3.prt、4.asm

01 单击【装配图】选项卡中的【插入零部件】按钮，打开并放置零部件，如图6-67所示。

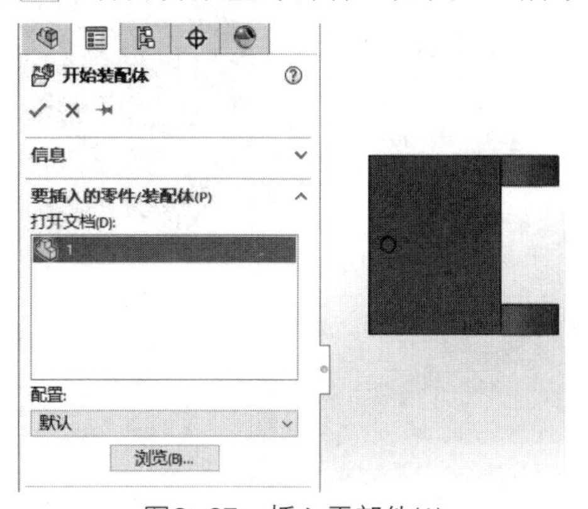

图6-67　插入零部件(1)

02 单击【装配图】选项卡中的【插入零部件】按钮，打开并放置零部件，如图6-68所示。

图6-68　插入零部件(2)

03 单击【装配图】选项卡中的【配合】按钮，设置零部件的配合约束关系，如图6-69所示。

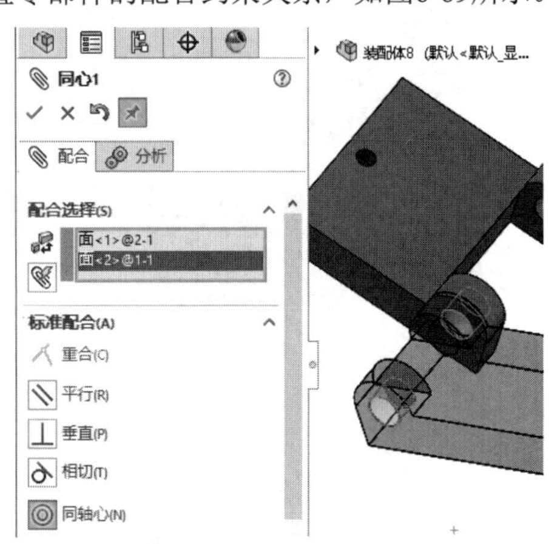

图6-69　设置同心配合

04 单击【装配图】选项卡中的【配合】按钮，设置零部件的配合约束关系，如图6-70所示。

图6-70　设置重合面

05 单击【装配图】选项卡中的【插入零部件】按钮，打开并放置零部件，如图6-71所示。

图6-71　插入零部件(3)

06 单击【装配图】选项卡中的【配合】按钮，设置零部件的配合约束关系，如图6-72所示。

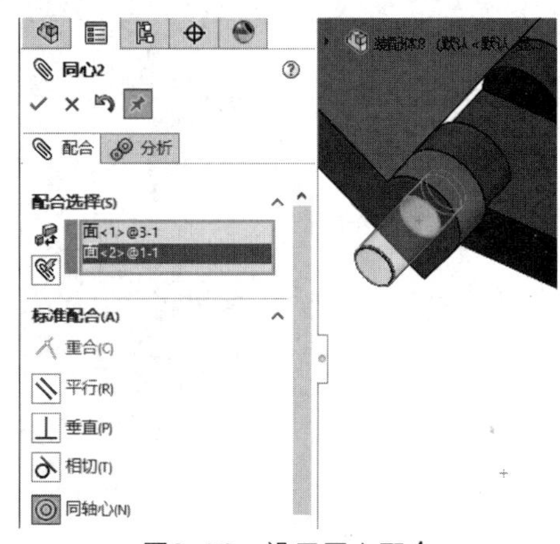

图6-72　设置同心配合

07 单击【装配图】选项卡中的【配合】按钮，设置零部件的配合约束关系，如图6-73所示。

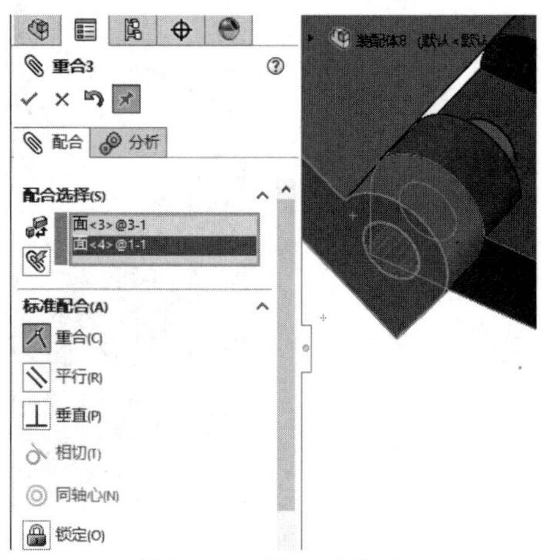

图6-73　设置重合面

08 单击【装配图】选项卡中的【基准面】按钮，创建基准面，如图6-74所示。

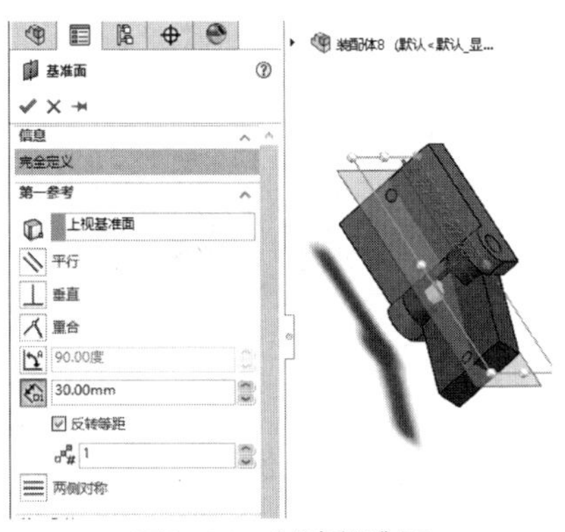

图6-74　创建基准面

09 单击【装配图】选项卡中的【镜像零部件】按钮，创建镜像零部件，如图6-75所示。

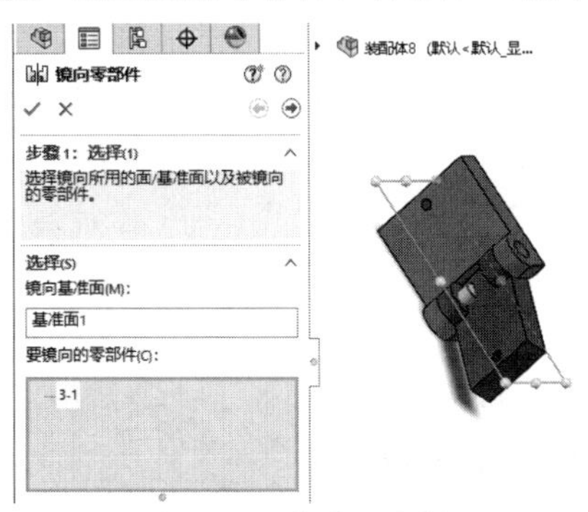

图6-75　镜像零部件

10 完成夹板装配，如图6-76所示。

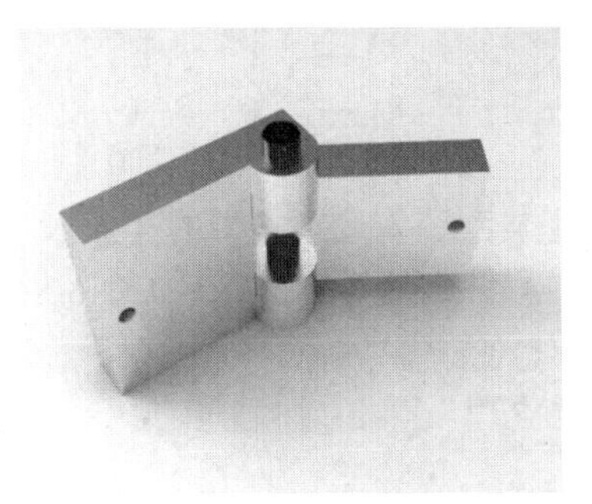

图6-76　完成夹板装配

实例 142　侧减速器装配

案例源文件：ywj\06\142\1.prt、2.prt、3.prt、4.asm

01 单击【装配图】选项卡中的【插入零部件】按钮，打开并放置零部件，如图6-77所示。

02 单击【装配图】选项卡中的【插入零部件】按钮，打开并放置零部件，如图6-78所示。

03 单击【装配图】选项卡中的【配合】按钮，设置零部件的配合约束关系，如图6-79所示。

图6-77　插入零部件(1)

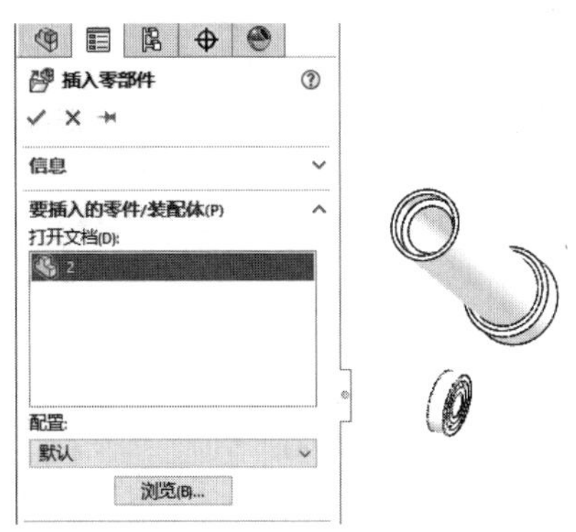

图6-78　插入零部件(2)

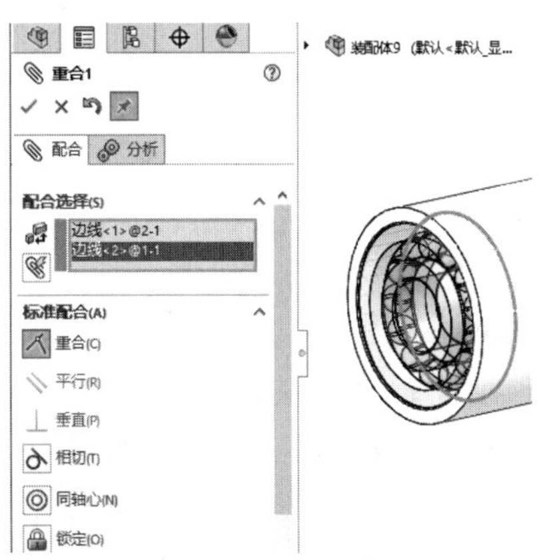

图6-79　设置重合面

04 单击【装配图】选项卡中的【线性零部件阵列】按钮，创建阵列零部件，如图6-80所示。

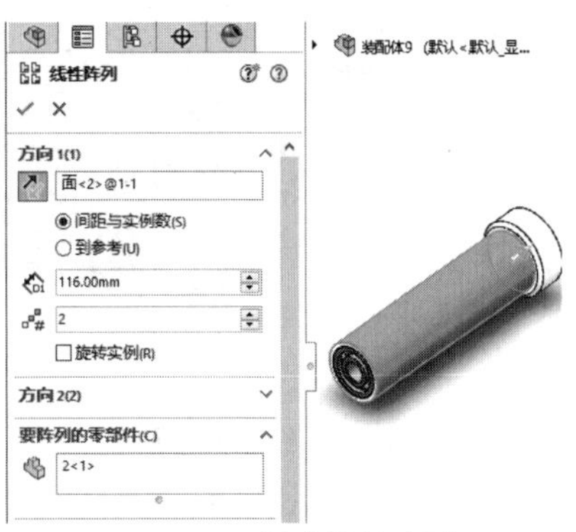

图6-80　创建线性阵列

05 单击【装配图】选项卡中的【插入零部件】按钮，打开并放置零部件，如图6-81所示。

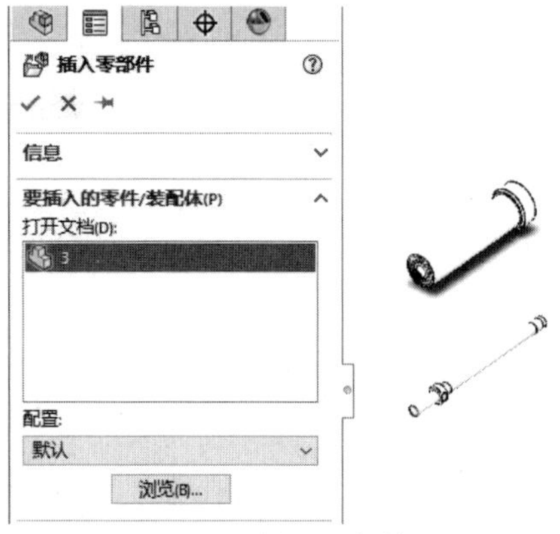

图6-81　插入零部件(3)

06 单击【装配图】选项卡中的【配合】按钮，设置零部件的配合约束关系，如图6-82所示。

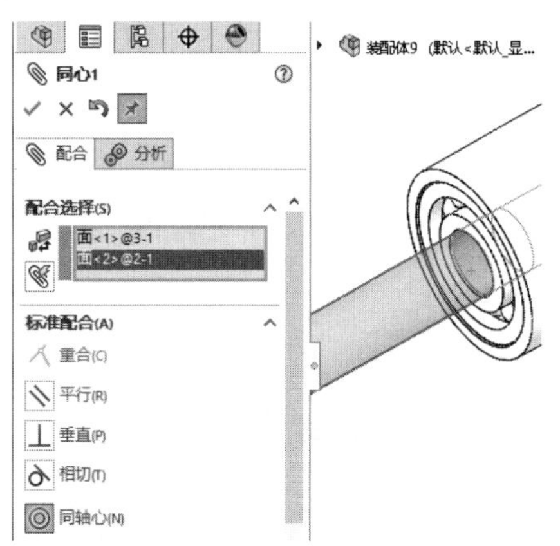

图6-82　设置同心配合

07 单击【装配图】选项卡中的【配合】按钮，设置零部件的配合约束关系，如图6-83所示。

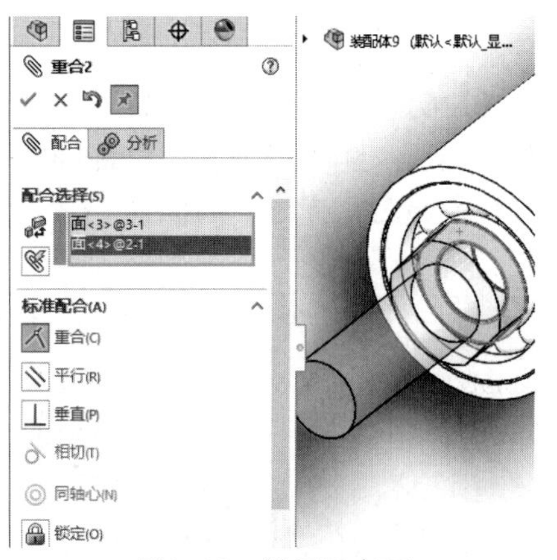

图6-83　设置重合面

08 完成侧减速器装配，如图6-84所示。

图6-84　完成侧减速器装配

实例 143　链条装配

案例源文件：ywj\06\143\1.prt、2.prt、3.prt、4.asm

01 单击【装配图】选项卡中的【插入零部件】按钮，打开并放置零部件，如图6-85所示。

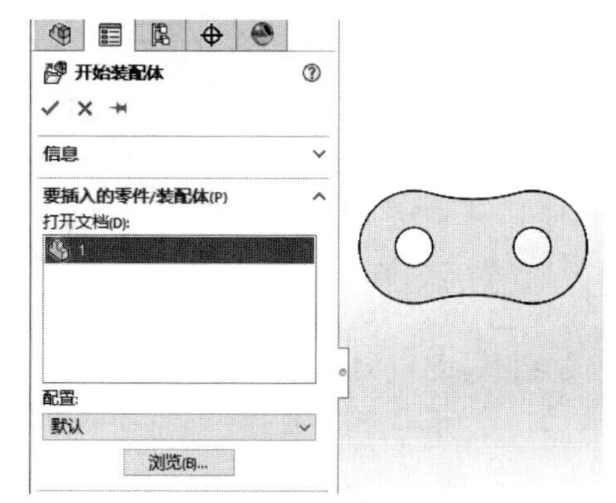

图6-85　插入零部件(1)

02 单击【装配图】选项卡中的【插入零部件】按钮，打开并放置零部件，如图6-86所示。

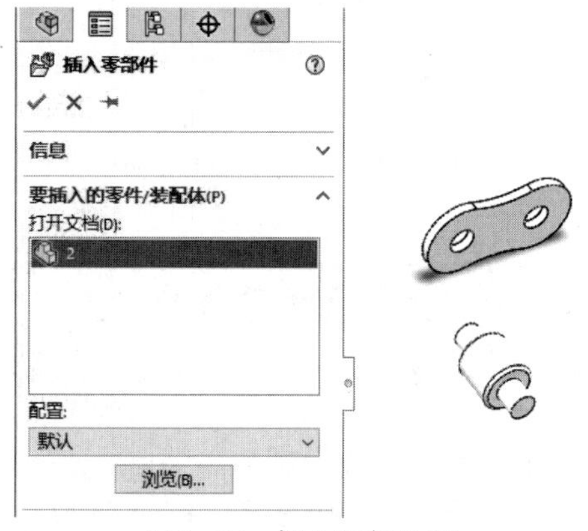

图6-86　插入零部件(2)

03 单击【装配图】选项卡中的【配合】按钮，设置零部件的配合约束关系，如图6-87所示。

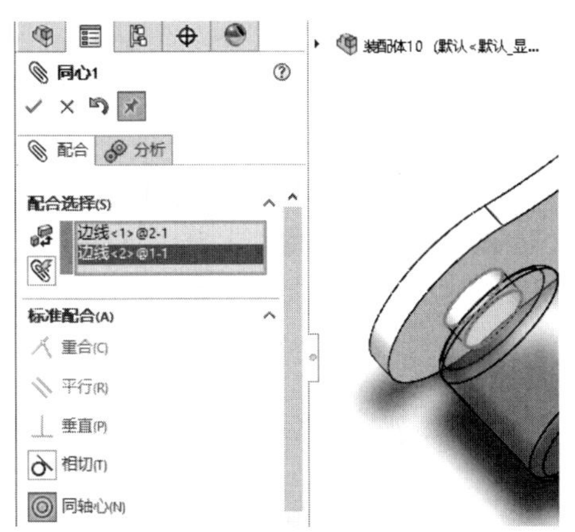

图6-87　设置同心配合

04 单击【装配图】选项卡中的【配合】按钮，设置零部件的配合约束关系，如图6-88所示。

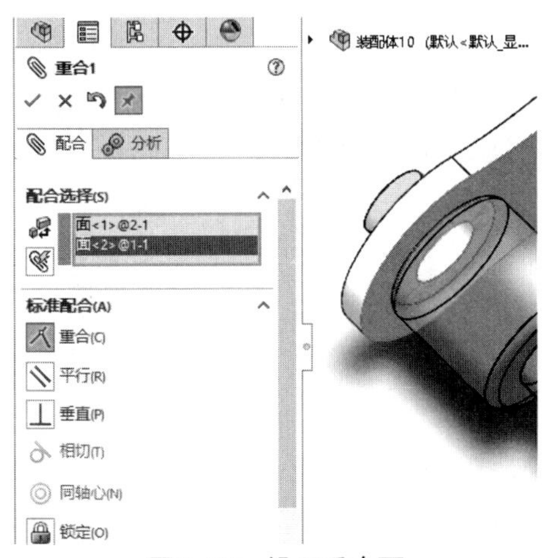

图6-88　设置重合面

05 单击【装配图】选项卡中的【插入零部件】按钮，打开并放置零部件，如图6-89所示。

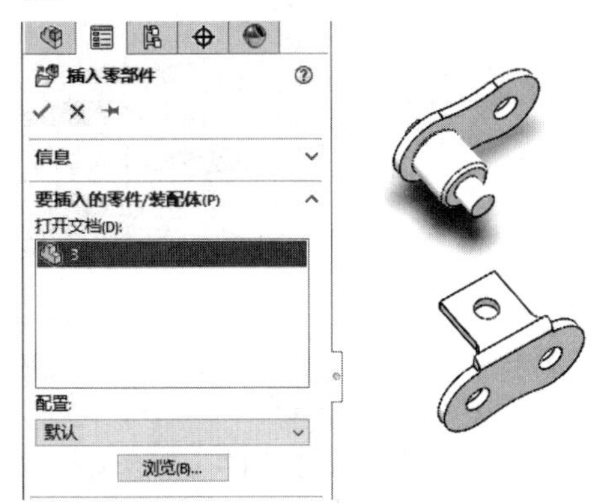

图6-89　插入零部件(3)

06 单击【装配图】选项卡中的【配合】按钮，设置零部件的配合约束关系，如图6-90所示。

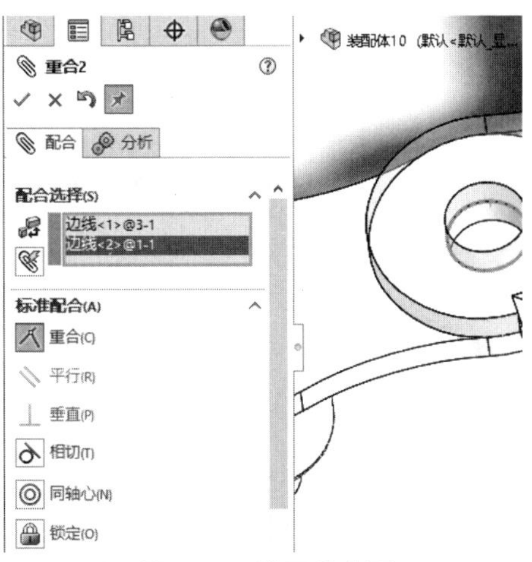

图6-90　设置重合面

07 单击【装配图】选项卡中的【基准面】按钮，创建基准面，如图6-91所示。

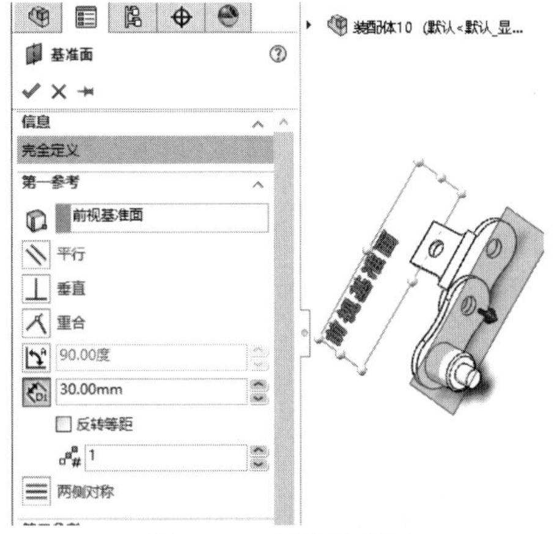

图6-91　创建基准面

08 单击【装配图】选项卡中的【镜像零部件】按钮，创建镜像零部件，如图6-92所示。

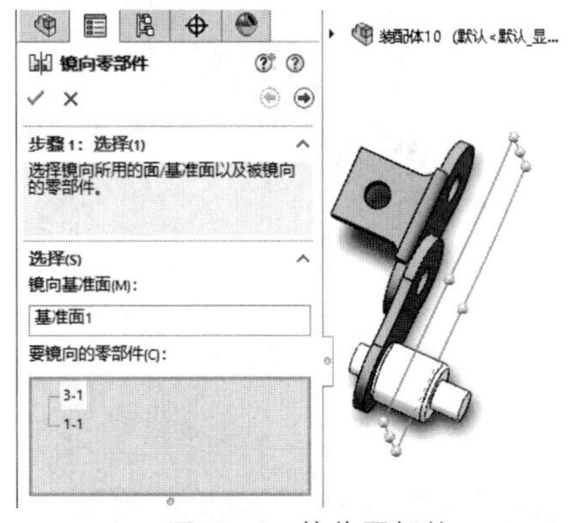

图6-92　镜像零部件

09 单击【装配图】选项卡中的【线性零部件阵列】按钮，创建阵列零部件，如图6-93所示。

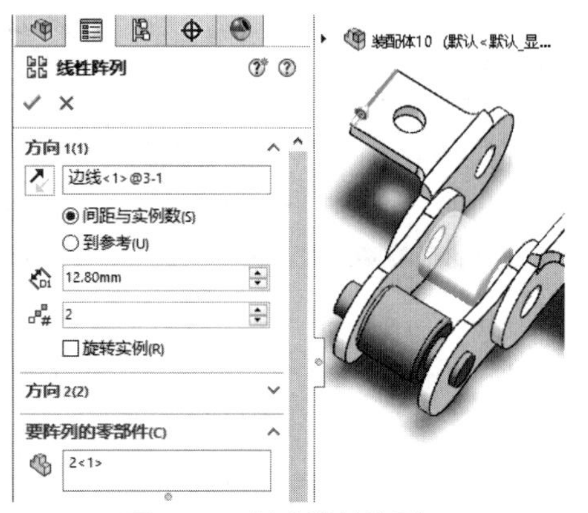

图6-93　创建线性阵列(1)

10 单击【装配图】选项卡中的【线性零部件阵列】按钮，创建阵列零部件，如图6-94所示。

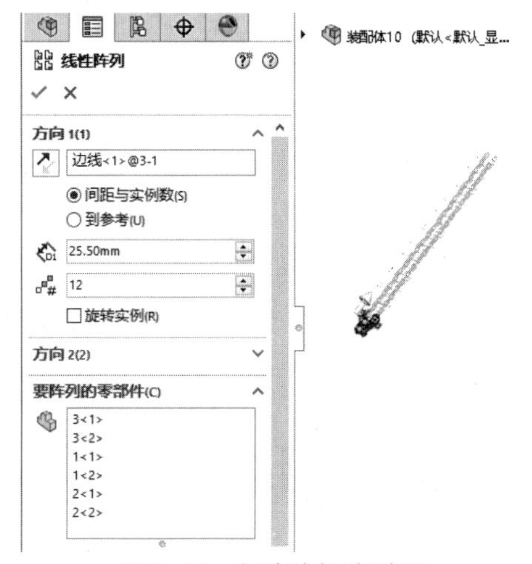

图6-94　创建线性阵列(2)

11 完成链条装配，如图6-95所示。

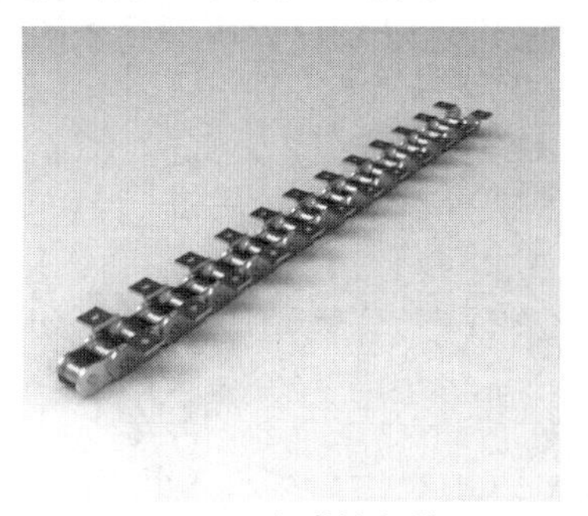

图6-95　完成链条装配

实例 144　固定机构装配

案例源文件：ywj\06\144\1.prt、2.prt、3.asm

01 单击【装配图】选项卡中的【插入零部件】按钮，打开并放置零部件，如图6-96所示。

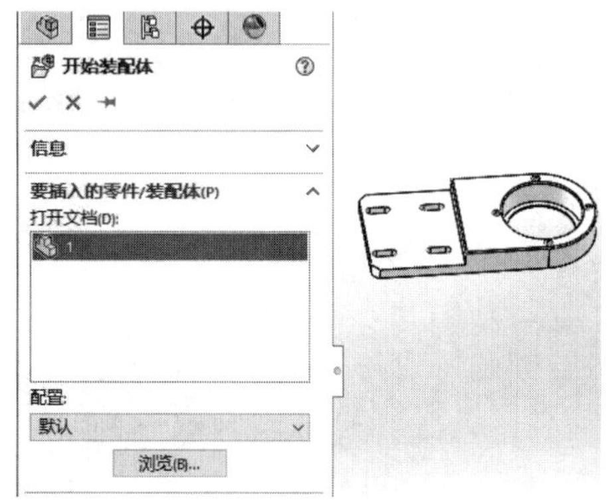

图6-96　插入零部件(1)

02 单击【装配图】选项卡中的【插入零部件】按钮，打开并放置零部件，如图6-97所示。

图6-97　插入零部件(2)

03 单击【装配图】选项卡中的【配合】按钮，设置零部件的配合约束关系，如图6-98所示。

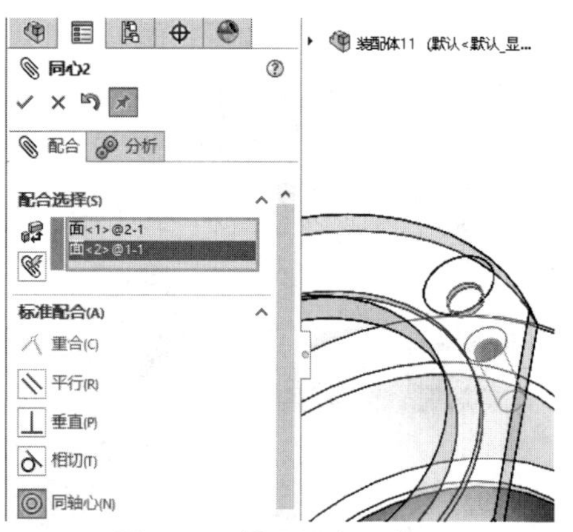

图6-98　设置同心配合(1)

04 单击【装配图】选项卡中的【配合】按钮，设置零部件的配合约束关系，如图6-99所示。

05 单击【装配图】选项卡中的【配合】按钮，设置零部件的配合约束关系，如图6-100所示。

06 进入零部件编辑，单击【草图】选项卡中的【圆】按钮，绘制圆，如图6-101所示。

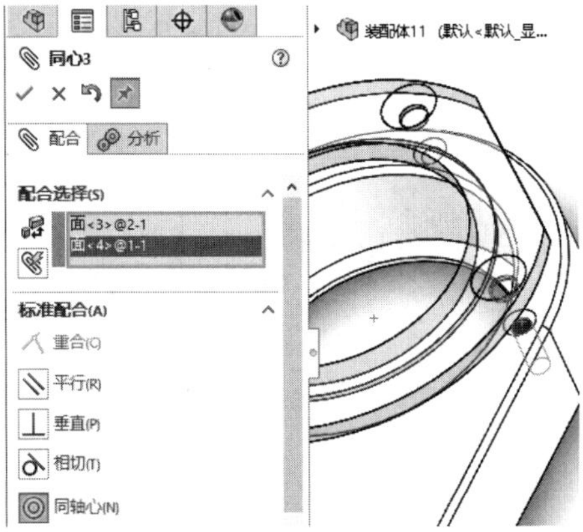

图6-99　设置同心配合(2)

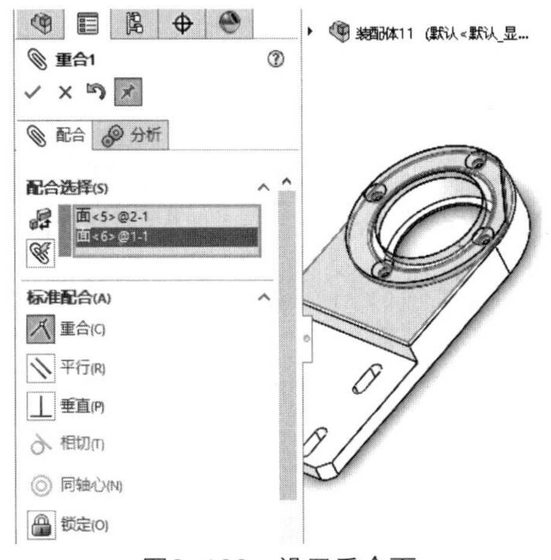

图6-100　设置重合面

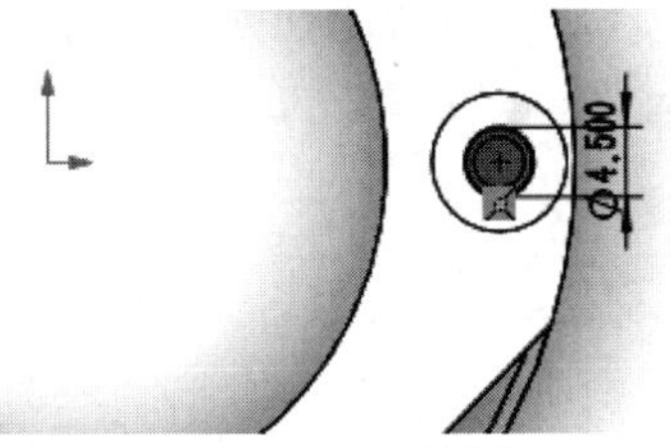

图6-101　绘制圆

07单击【特征】选项卡中的【拉伸凸台/基体】按钮，创建拉伸特征，如图6-102所示。

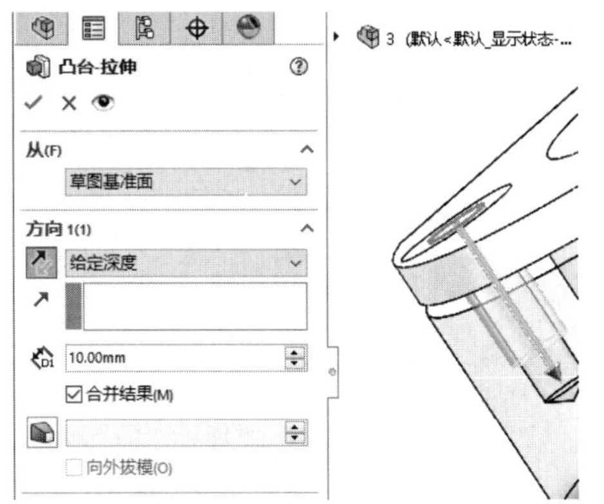

图6-102　拉伸凸台

08完成固定机构装配，如图6-103所示。

图6-103　完成固定机构装配

实例 145

案例源文件：ywj\06\145\1.prt、2.prt、3.prt、4.asm

臂机构装配

01单击【装配图】选项卡中的【插入零部件】按钮，打开并放置零部件，如图6-104所示。

图6-104　插入零部件(1)

02单击【装配图】选项卡中的【插入零部件】按钮，打开并放置零部件，如图6-105所示。

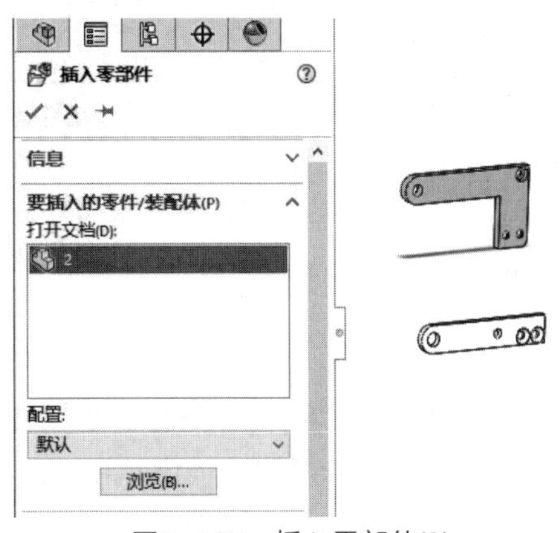

图6-105　插入零部件(2)

03 单击【装配图】选项卡中的【配合】按钮，设置零部件的配合约束关系，如图6-106所示。

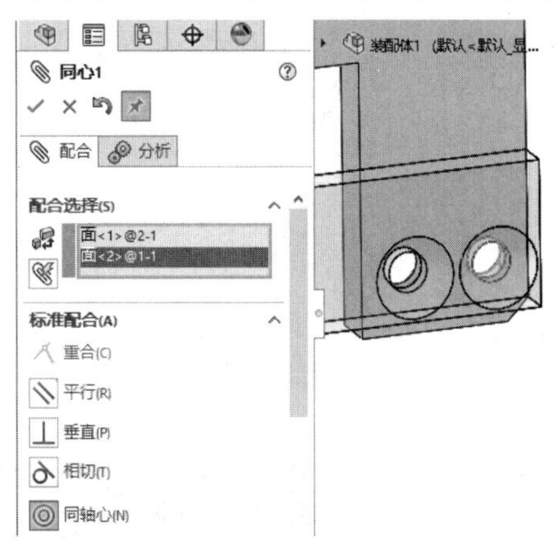

图6-106　设置同心配合(1)

04 单击【装配图】选项卡中的【配合】按钮，设置零部件的配合约束关系，如图6-107所示。

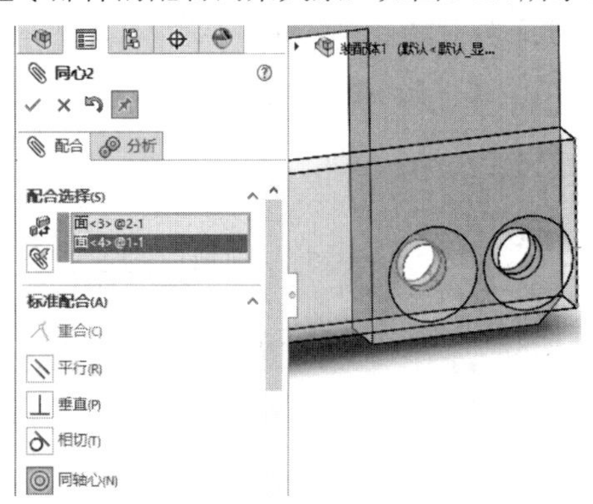

图6-107　设置同心配合(2)

05 单击【装配图】选项卡中的【插入零部件】按钮，打开并放置零部件，如图6-108所示。

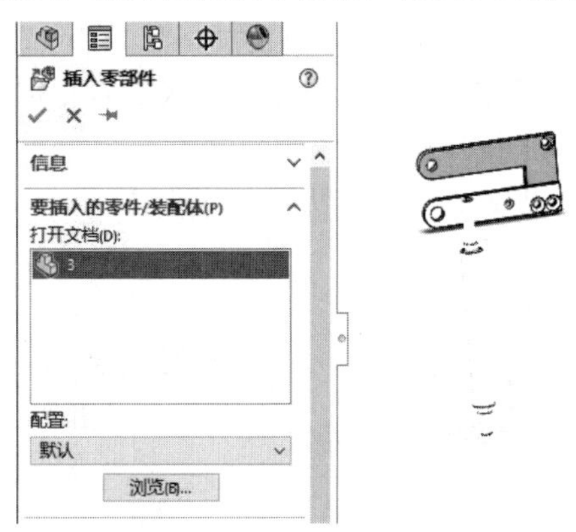

图6-108　插入零部件(3)

06 单击【装配图】选项卡中的【配合】按钮，设置零部件的配合约束关系，如图6-109所示。

07 单击【装配图】选项卡中的【基准面】按钮，创建基准面，如图6-110所示。

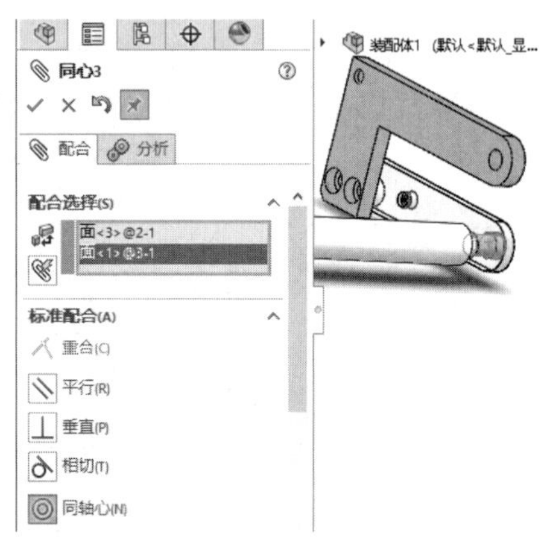

图6-109　设置同心配合(3)

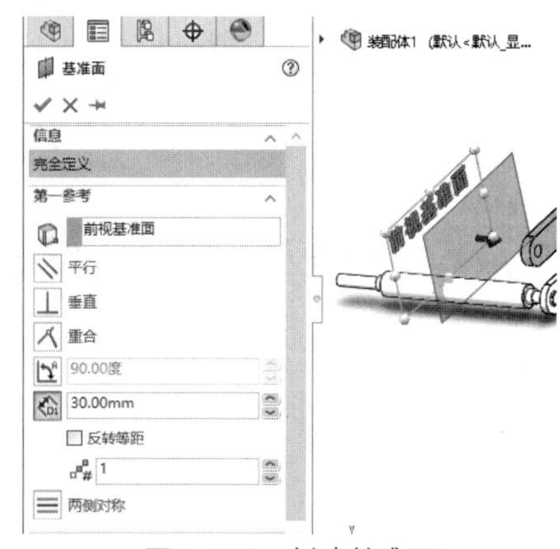

图6-110　创建基准面

08 单击【装配图】选项卡中的【镜像零部件】按钮，创建镜像零部件，如图6-111所示。

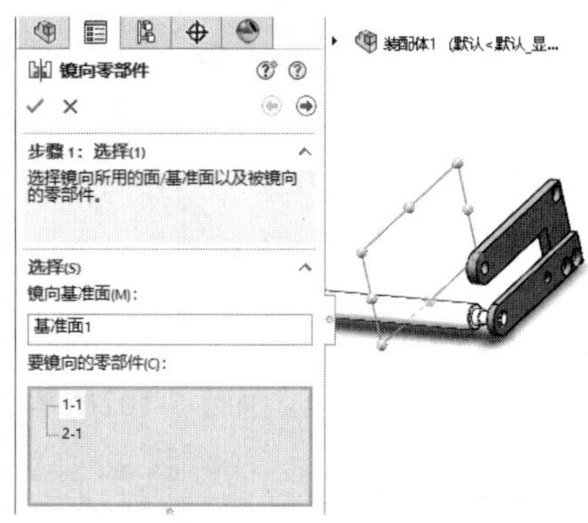

图6-111　镜像零部件

09 完成臂机构装配，如图6-112所示。

图6-112　完成臂机构装配

实例 146

案例源文件：ywj\06\146\1.prt、2.prt、3.prt、4.asm

定心轴机构装配

01 单击【装配图】选项卡中的【插入零部件】按钮，打开并放置零部件，如图6-113所示。

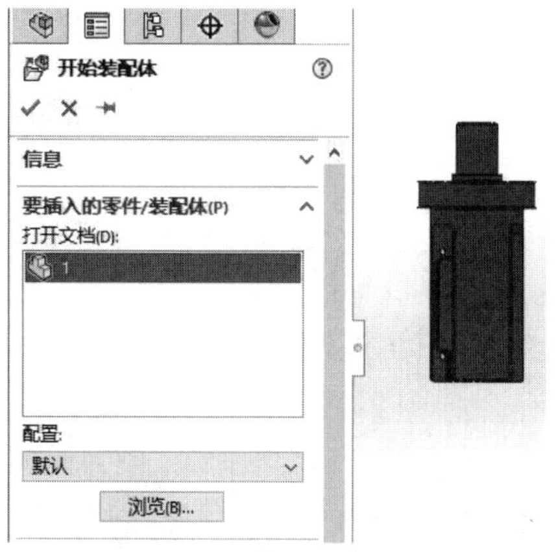

图6-113 插入零部件(1)

02 单击【装配图】选项卡中的【插入零部件】按钮，打开并放置零部件，如图6-114所示。

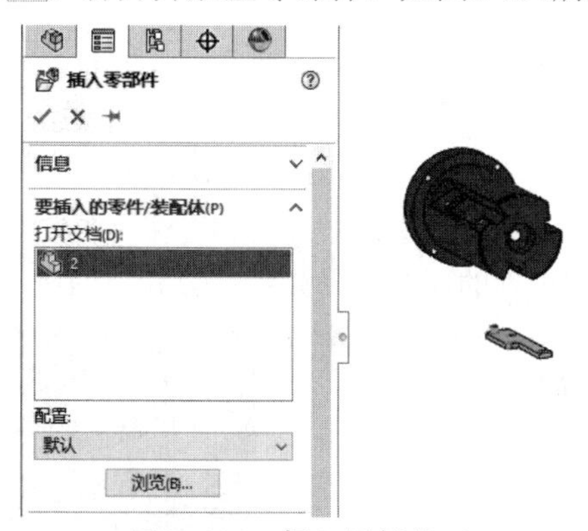

图6-114 插入零部件(2)

03 单击【装配图】选项卡中的【配合】按钮，设置零部件的配合约束关系，如图6-115所示。

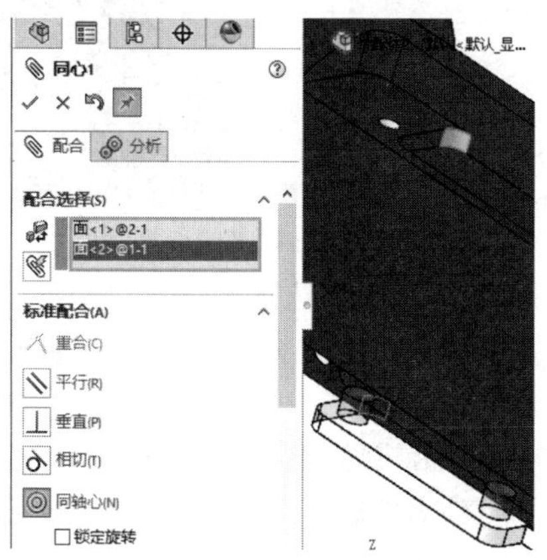

图6-115 设置同心配合

04 单击【装配图】选项卡中的【配合】按钮，设置零部件的配合约束关系，如图6-116所示。

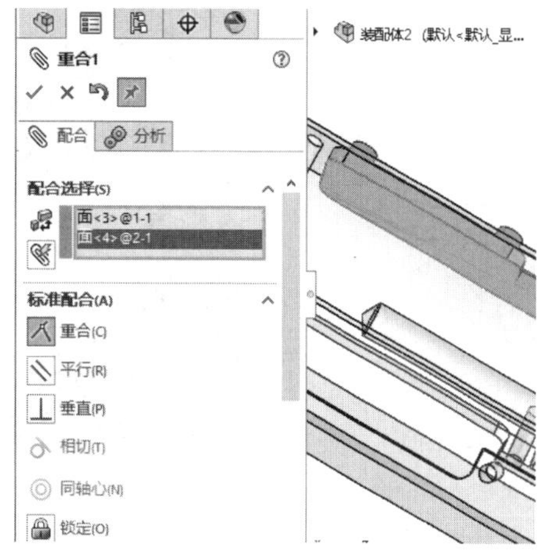

图6-116 设置重合面

05 单击【装配图】选项卡中的【插入零部件】按钮，打开并放置零部件，如图6-117所示。

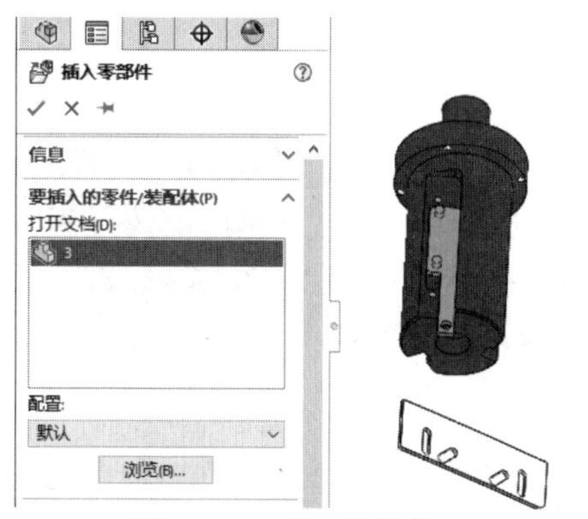

图6-117 插入零部件(3)

06 单击【装配图】选项卡中的【配合】按钮，设置零部件的配合约束关系，如图6-118所示。

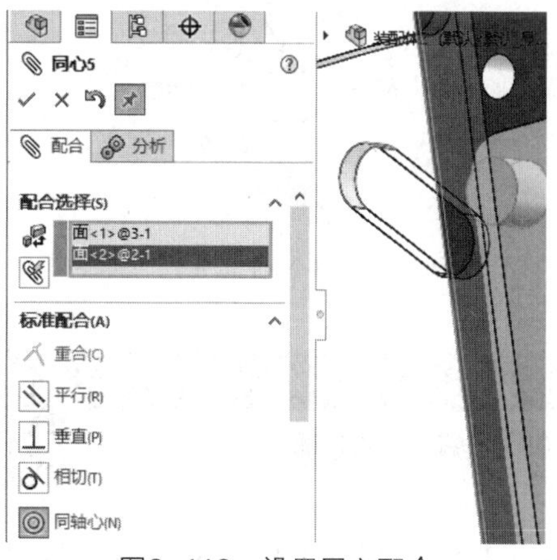

图6-118 设置同心配合

07 单击【装配图】选项卡中的【配合】按钮，设置零部件的配合约束关系，如图6-119所示。

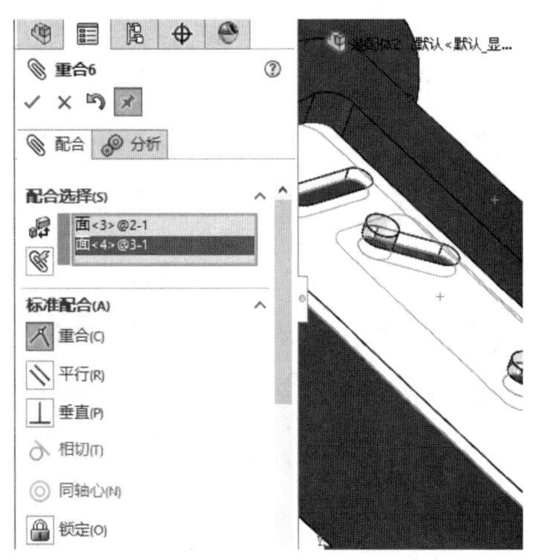

图6-119 设置重合面

08 单击【装配图】选项卡中的【圆周零部件阵列】按钮，创建阵列零部件，如图6-120所示。

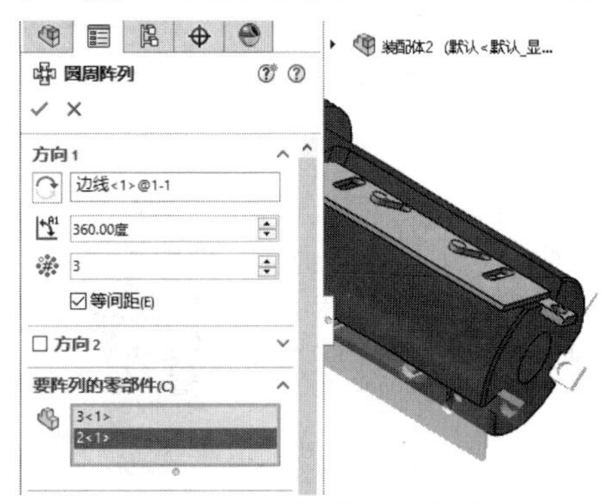

图6-120 创建圆周阵列

09 完成定心轴机构装配，如图6-121所示。

图6-121 完成定心轴机构装配

实例 147 电机固定机构装配

案例源文件：ywj\06\147\1.prt、2.prt、3.prt、4.asm

01 单击【装配图】选项卡中的【插入零部件】按钮，打开并放置零部件，如图6-122所示。

02 单击【装配图】选项卡中的【插入零部件】按钮，打开并放置零部件，如图6-123所示。

图6-122 插入零部件(1)

图6-123 插入零部件(2)

03 单击【装配图】选项卡中的【配合】按钮，设置零部件的配合约束关系，如图6-124所示。

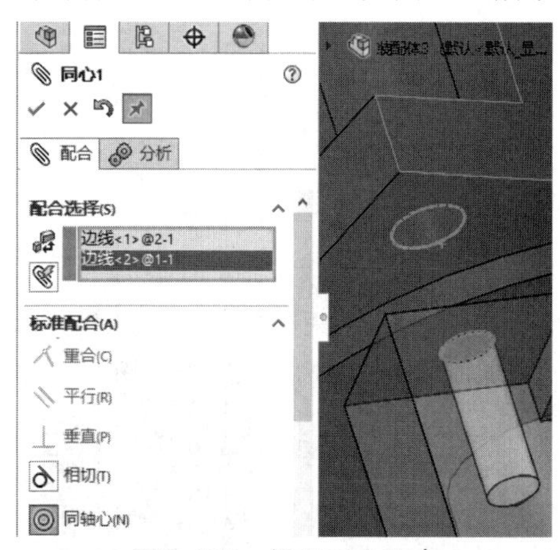

图6-124 设置同心配合

04 单击【装配图】选项卡中的【配合】按钮，设置零部件的配合约束关系，如图6-125所示。

05 单击【装配图】选项卡中的【配合】按钮，设置零部件的配合约束关系，如图6-126所示。

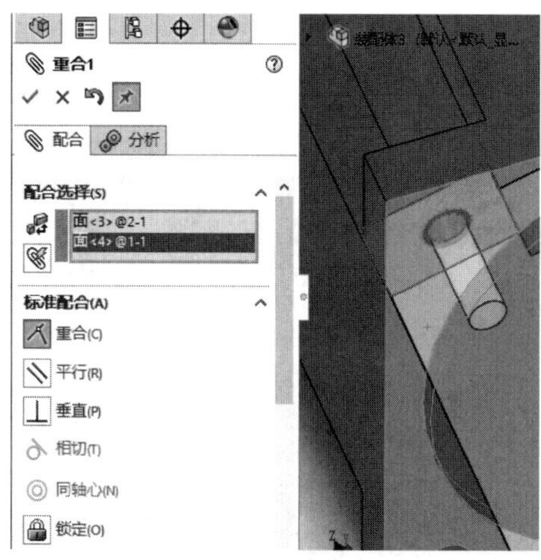

图6-125　设置重合面

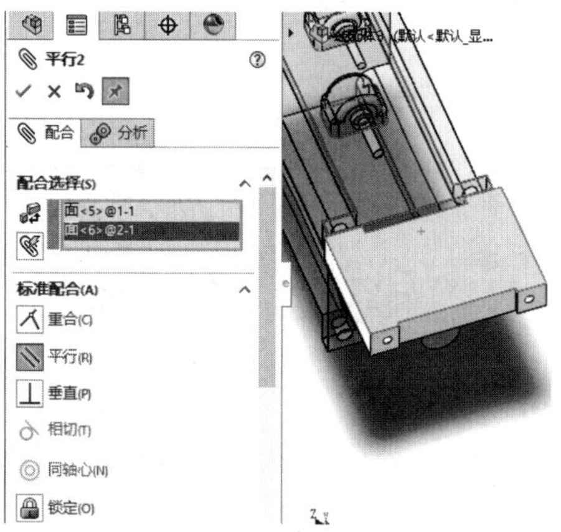

图6-126　设置平行配合

06 单击【装配图】选项卡中的【插入零部件】按钮，打开并放置零部件，如图6-127所示。

图6-127　插入零部件(3)

07 单击【装配图】选项卡中的【配合】按钮，设置零部件的配合约束关系，如图6-128所示。

08 单击【装配图】选项卡中的【配合】按钮，设置零部件的配合约束关系，如图6-129所示。

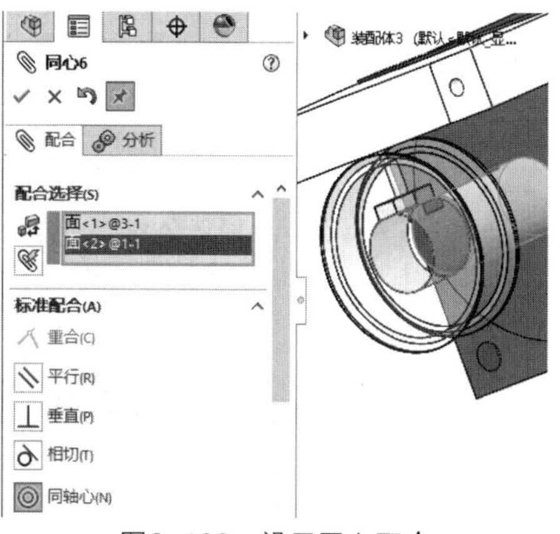

图6-128　设置同心配合

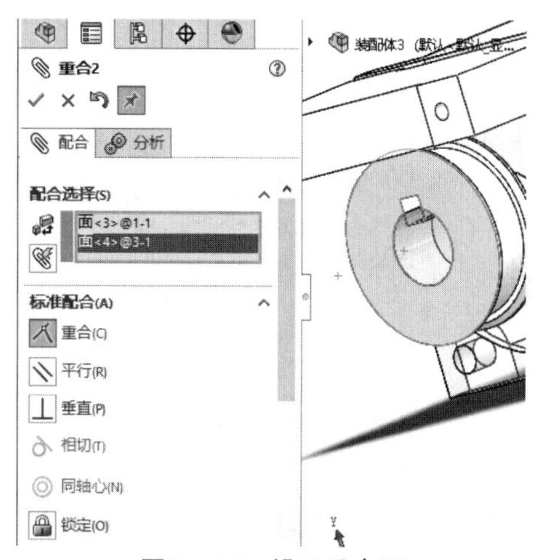

图6-129　设置重合面

09 单击【装配图】选项卡中的【基准面】按钮，创建基准面，如图6-130所示。

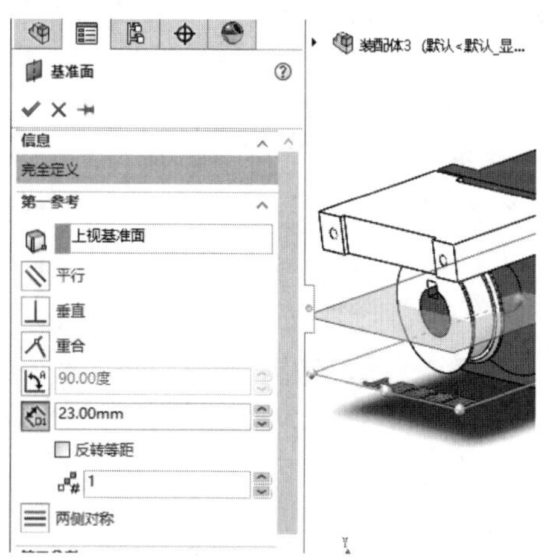

图6-130　创建基准面

10 单击【装配图】选项卡中的【镜像零部件】按钮，创建镜像零部件，如图6-131所示。

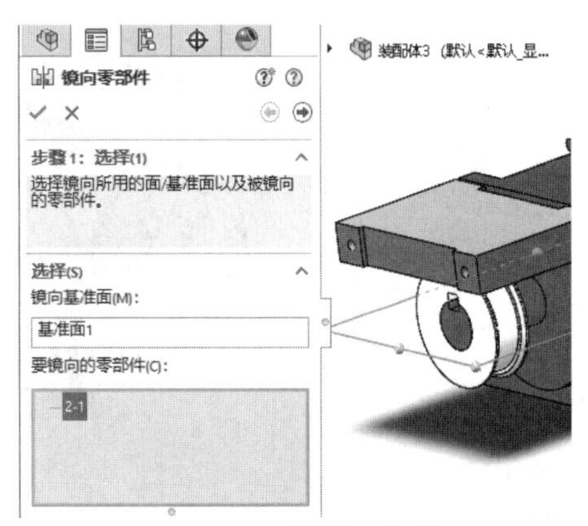

图6-131　镜像零部件

11 完成电机固定机构装配，如图6-132所示。

图6-132　完成电机固定机构装配

实例 148 手轮装配

案例源文件：ywj\06\148\1.prt、2.prt、3.prt、4.prt、5.asm

01 单击【装配图】选项卡中的【插入零部件】按钮，打开并放置零部件，如图6-133所示。

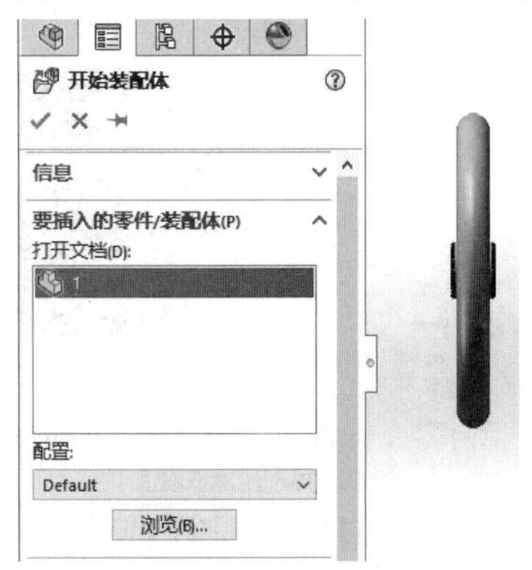

图6-133　插入零部件(1)

02 单击【装配图】选项卡中的【插入零部件】按钮，打开并放置零部件，如图6-134所示。

图6-134　插入零部件(2)

03 单击【装配图】选项卡中的【配合】按钮，设置零部件的配合约束关系，如图6-135所示。

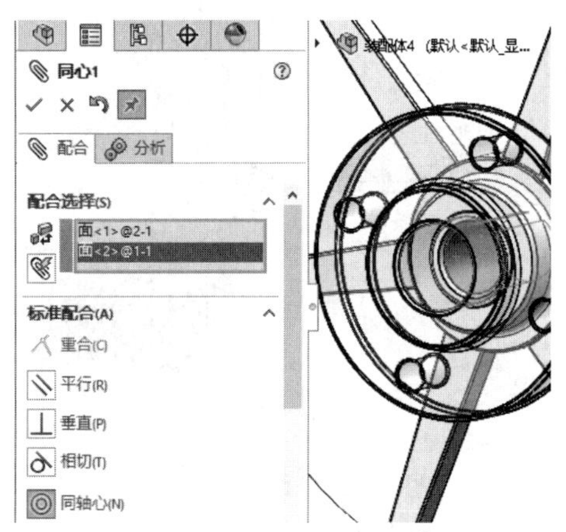

图6-135　设置同心配合

04 单击【装配图】选项卡中的【插入零部件】按钮，打开并放置零部件，如图6-136所示。

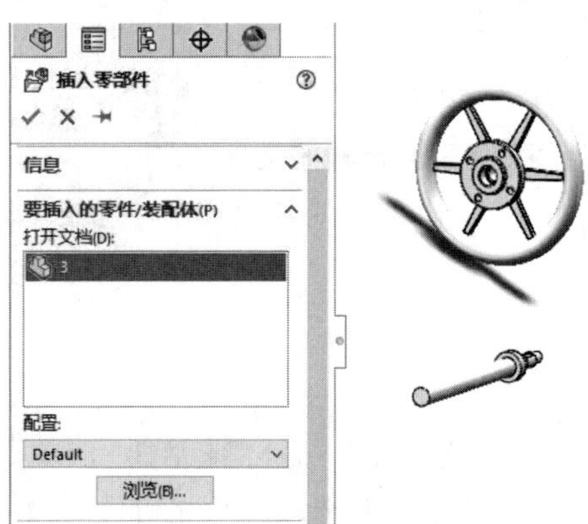

图6-136　插入零部件(3)

05 单击【装配图】选项卡中的【配合】按钮，设置零部件的配合约束关系，如图6-137所示。

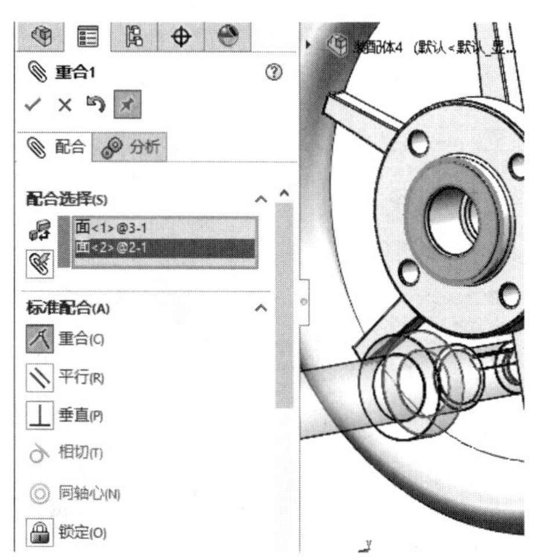

图6-137 设置重合面

06 单击【装配图】选项卡中的【配合】按钮，设置零部件的配合约束关系，如图6-138所示。

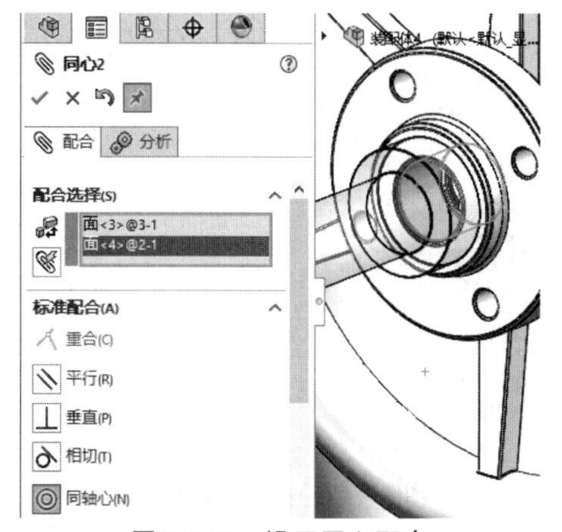

图6-138 设置同心配合

07 单击【装配图】选项卡中的【插入零部件】按钮，打开并放置零部件，如图6-139所示。

图6-139 插入零部件(4)

08 单击【装配图】选项卡中的【配合】按钮，设置零部件的配合约束关系，如图6-140所示。

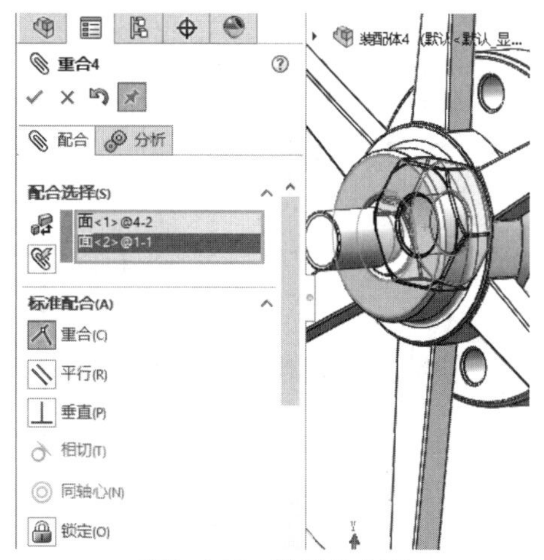

图6-140 设置重合面

09 单击【装配图】选项卡中的【配合】按钮，设置零部件的配合约束关系，如图6-141所示。

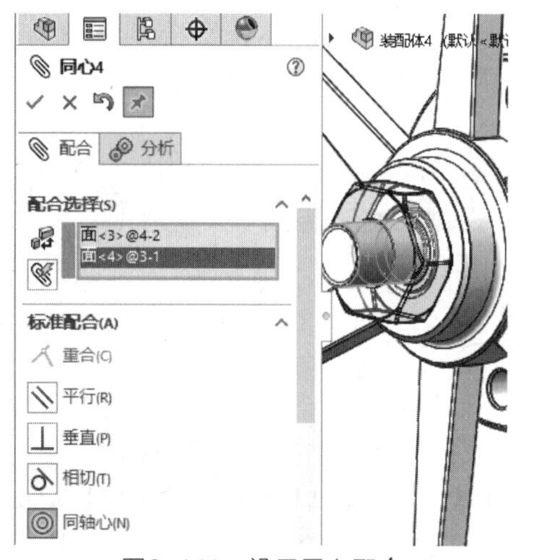

图6-141 设置同心配合

10 完成手轮装配，如图6-142所示。

图6-142 完成手轮装配

实例 149 导轮装配

案例源文件：ywj\06\149\1.prt、2.prt、3.prt、4.asm

01 单击【装配图】选项卡中的【插入零部件】按钮，打开并放置零部件，如图6-143所示。

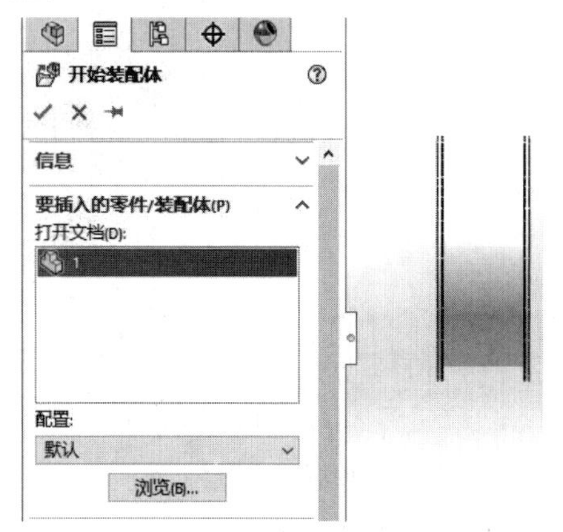

图6-143 插入零部件(1)

02 单击【装配图】选项卡中的【插入零部件】按钮，打开并放置零部件，如图6-144所示。

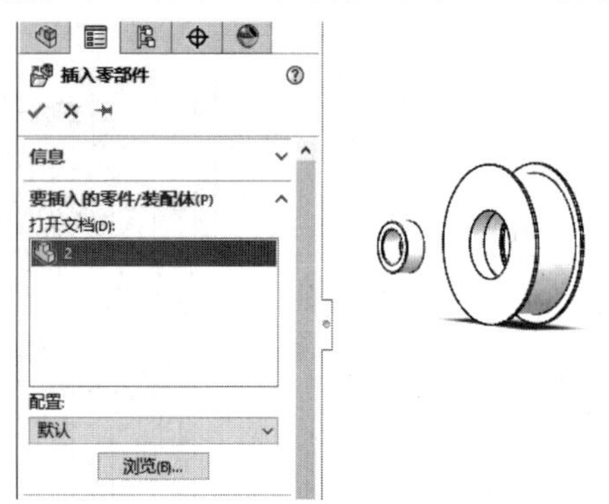

图6-144 插入零部件(2)

03 单击【装配图】选项卡中的【配合】按钮，设置零部件的配合约束关系，如图6-145所示。

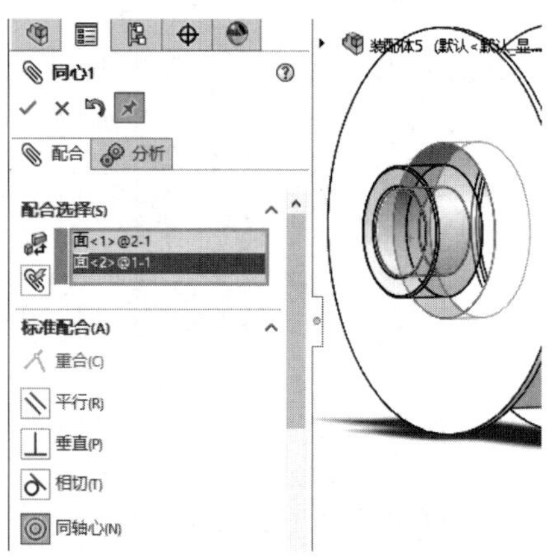

图6-145 设置同心配合

04 单击【装配图】选项卡中的【配合】按钮，设置零部件的配合约束关系，如图6-146所示。

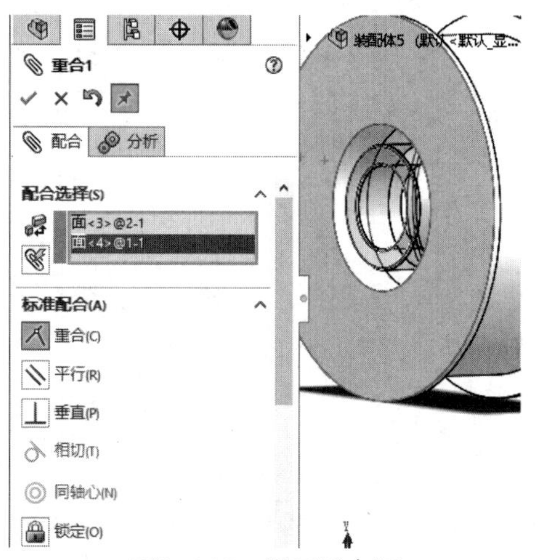

图6-146 设置重合面

05 单击【装配图】选项卡中的【插入零部件】按钮，打开并放置零部件，如图6-147所示。

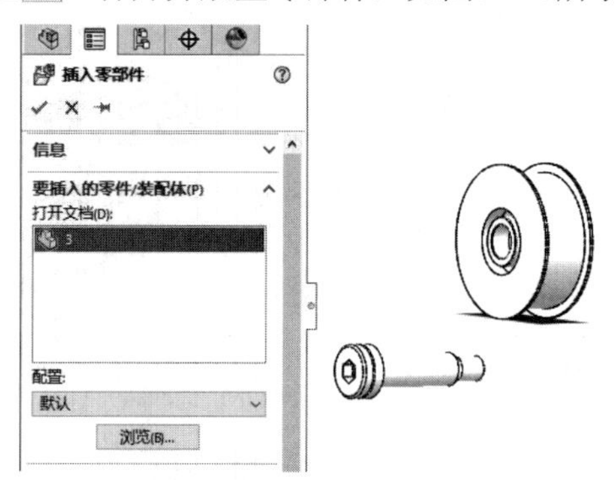

图6-147 插入零部件(3)

06 单击【装配图】选项卡中的【配合】按钮，设置零部件的配合约束关系，如图6-148所示。

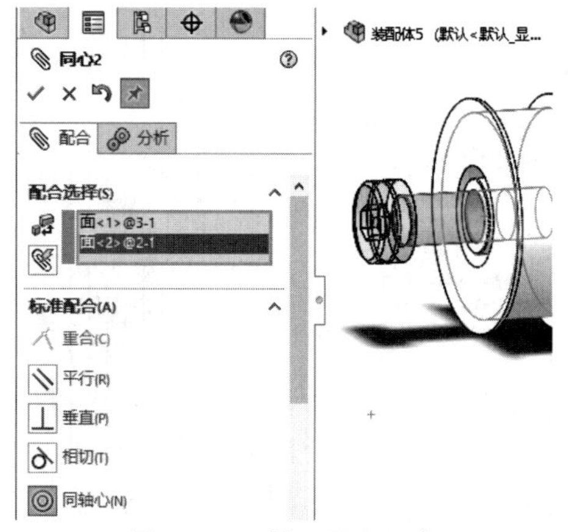

图6-148 设置同心配合

07 单击【装配图】选项卡中的【配合】按钮，设置零部件的配合约束关系，如图6-149所示。

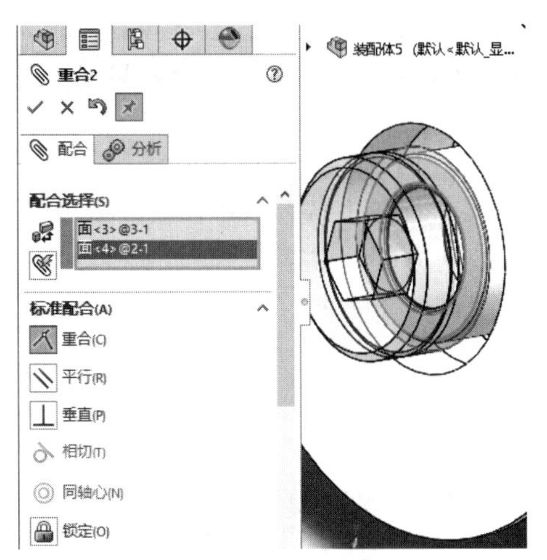

图6-149　设置重合面

08 完成导轮装配，如图6-150所示。

图6-150　完成导轮装配

实例 150　接口装配

案例源文件：ywj\06\150\1.prt、2.prt、3.prt、4.asm

01 单击【装配图】选项卡中的【插入零部件】按钮，打开并放置零部件，如图6-151所示。

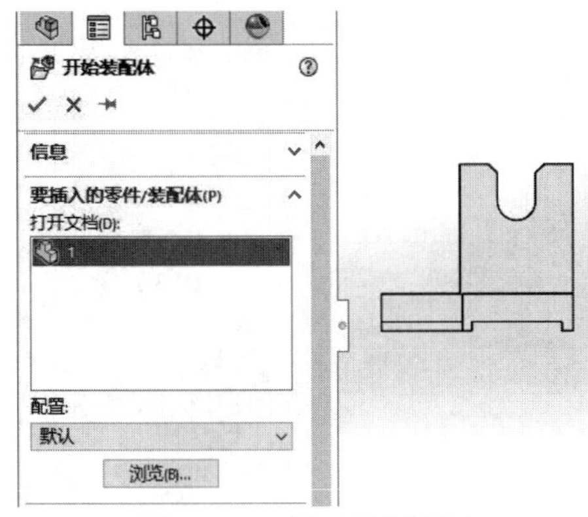

图6-151　插入零部件(1)

02 单击【装配图】选项卡中的【插入零部件】按钮，打开并放置零部件，如图6-152所示。

图6-152　插入零部件(2)

03 单击【装配图】选项卡中的【配合】按钮，设置零部件的配合约束关系，如图6-153所示。

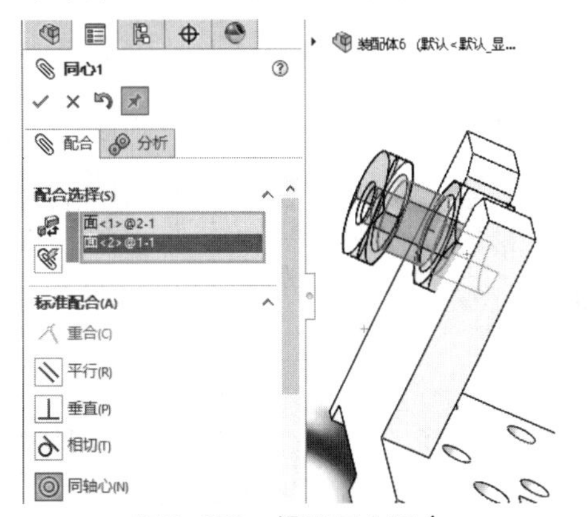

图6-153　设置同心配合

04 单击【装配图】选项卡中的【配合】按钮，设置零部件的配合约束关系，如图6-154所示。

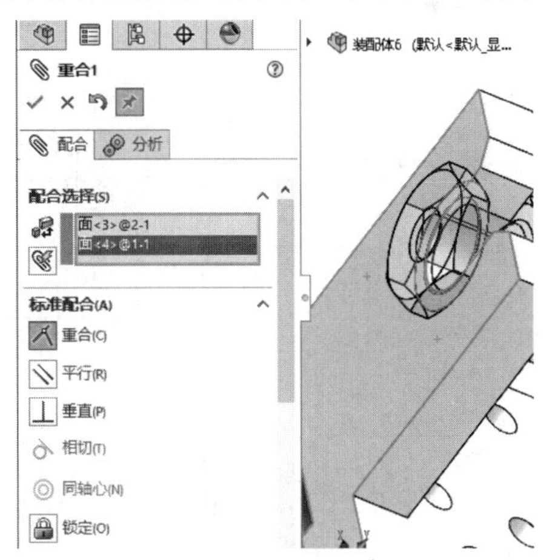

图6-154　设置重合面

05 单击【装配图】选项卡中的【插入零部件】按钮，打开并放置零部件，如图6-155所示。

06 单击【装配图】选项卡中的【配合】按钮，设置零部件的配合约束关系，如图6-156所示。

07 单击【装配图】选项卡中的【配合】按钮，设置零部件的配合约束关系，如图6-157所示。

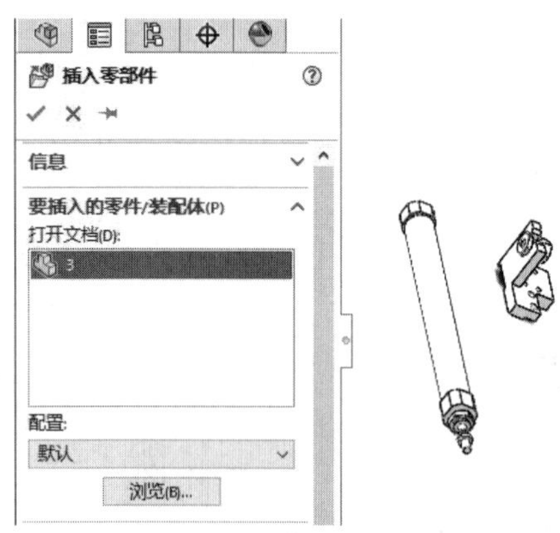

图6-155　插入零部件(3)

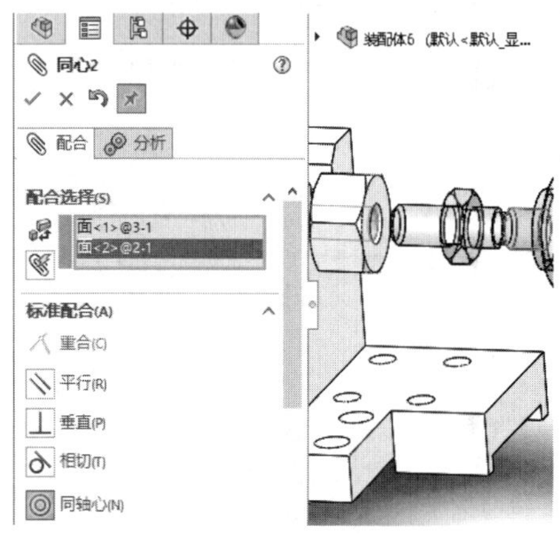

图6-156　设置同心配合

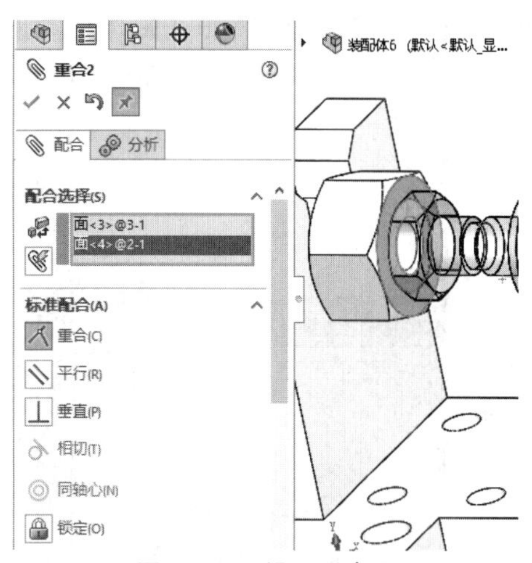

图6-157　设置重合面

08 完成接口装配，如图6-158所示。

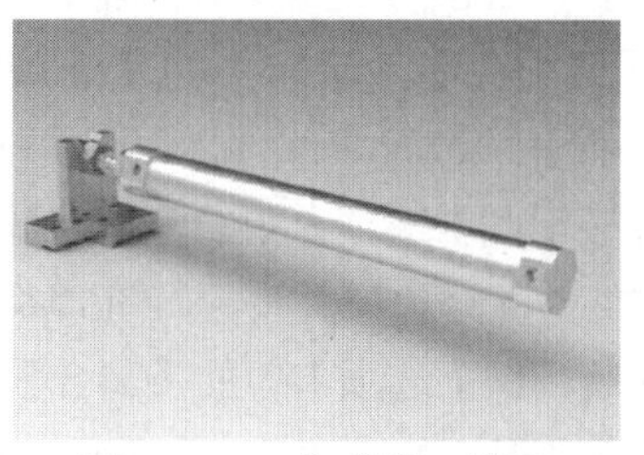

图6-158　完成接口装配

实例 151 气缸组装配

案例源文件：ywj\06\151\1.prt、2.prt、3.asm

01 单击【装配图】选项卡中的【插入零部件】按钮，打开并放置零部件，如图6-159所示。

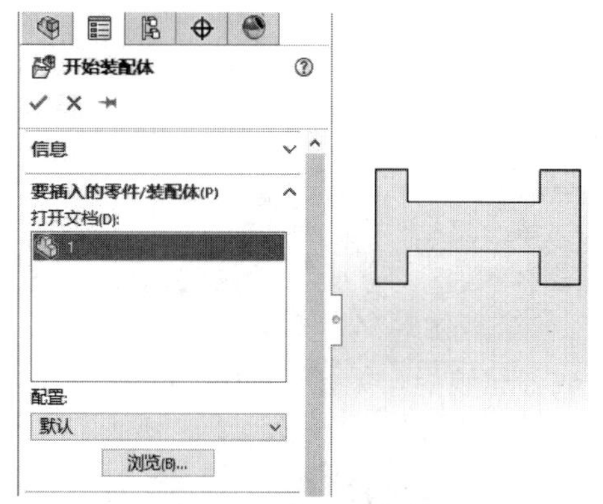

图6-159　插入零部件(1)

02 单击【装配图】选项卡中的【插入零部件】按钮，打开并放置零部件，如图6-160所示。

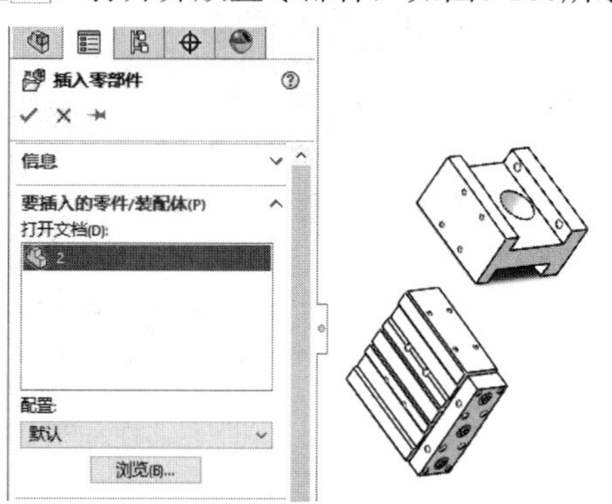

图6-160　插入零部件(2)

03 单击【装配图】选项卡中的【配合】按钮，设置零部件的配合约束关系，如图6-161所示。

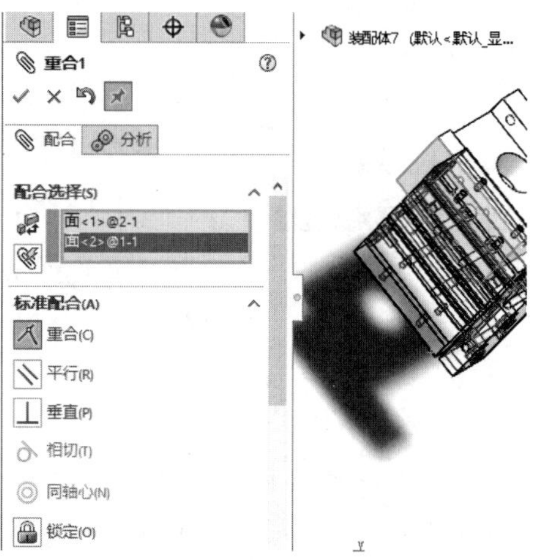

图6-161　设置重合面(1)

04 单击【装配图】选项卡中的【配合】按钮，设置零部件的配合约束关系，如图6-162所示。

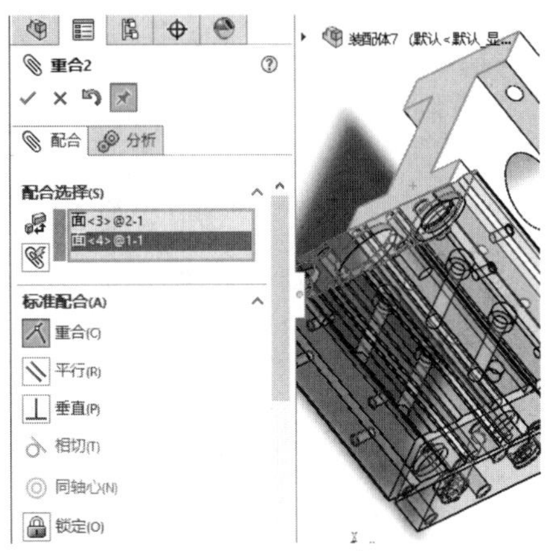

图6-162 设置重合面(2)

05 单击【装配图】选项卡中的【线性零部件阵列】按钮，创建阵列零部件，如图6-163所示。

图6-163 创建线性阵列

06 完成气缸组装配，如图6-164所示。

图6-164 完成气缸组装配

实例 152 桌台装配

案例源文件：ywj\06\152\1.prt、2.prt、3.prt、4.prt、5.asm

01 单击【装配图】选项卡中的【插入零部件】按钮，打开并放置零部件，如图6-165所示。

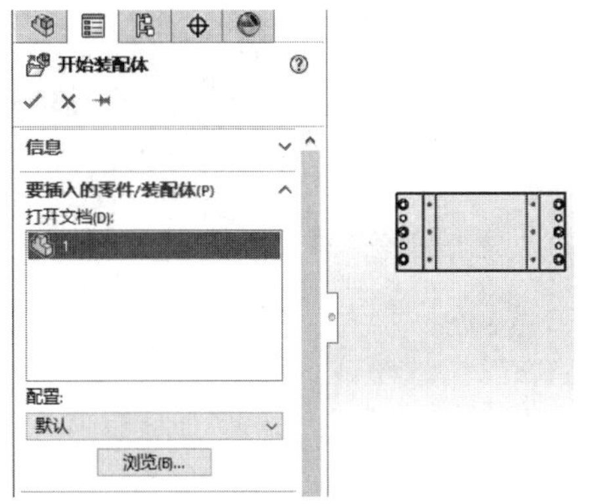

图6-165 插入零部件(1)

02 单击【装配图】选项卡中的【插入零部件】按钮，打开并放置零部件，如图6-166所示。

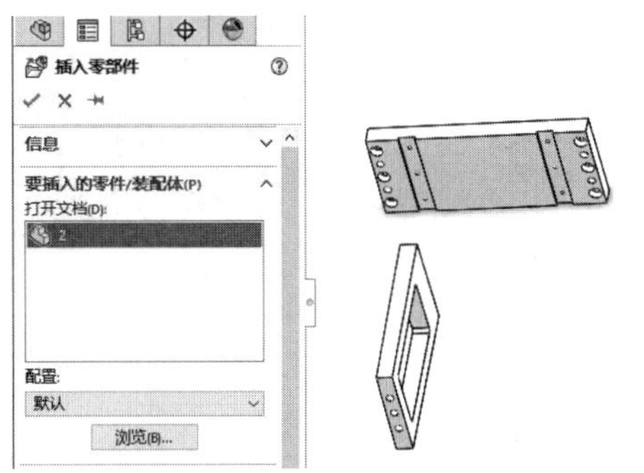

图6-166 插入零部件(2)

03 单击【装配图】选项卡中的【配合】按钮，设置零部件的配合约束关系，如图6-167所示。

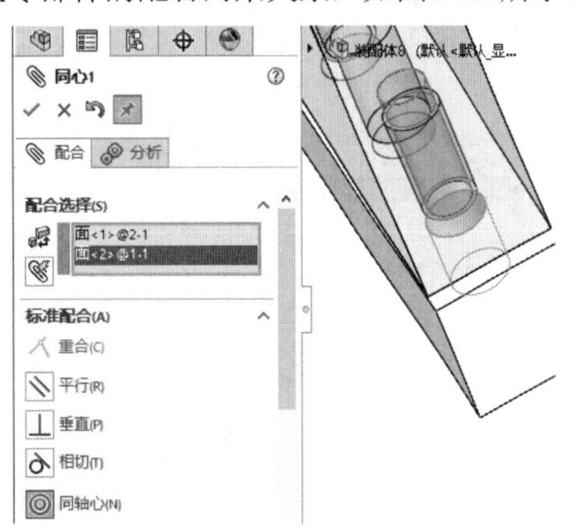

图6-167 设置同心配合

04 单击【装配图】选项卡中的【配合】按钮，设置零部件的配合约束关系，如图6-168所示。

05 单击【装配图】选项卡中的【配合】按钮，设置零部件的配合约束关系，如图6-169所示。

06 单击【装配图】选项卡中的【插入零部件】按钮，打开并放置零部件，如图6-170所示。

07 单击【装配图】选项卡中的【配合】按钮，设置零部件的配合约束关系，如图6-171所示。

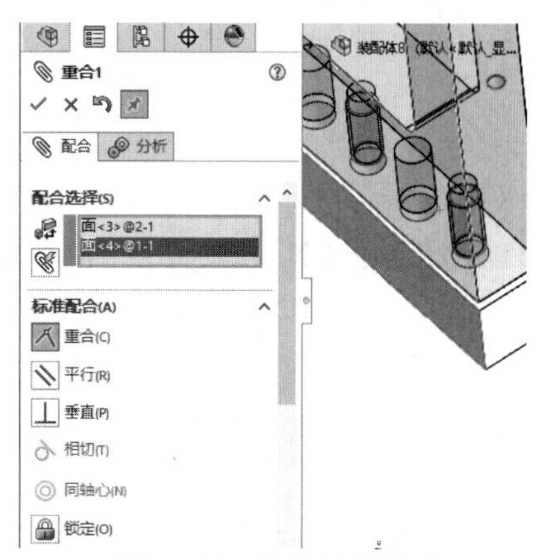

图6-168　设置重合面(1)

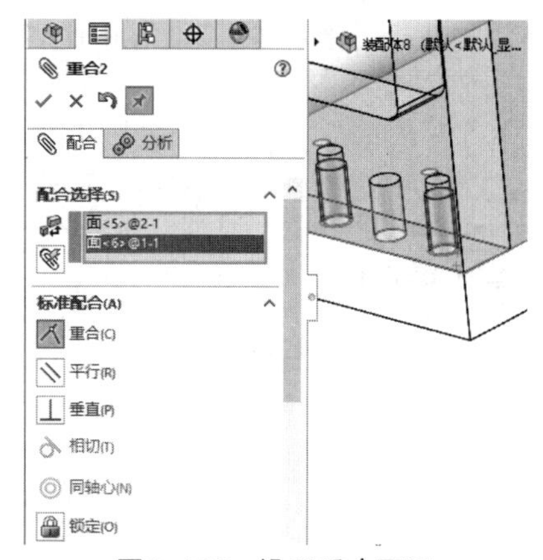

图6-169　设置重合面(2)

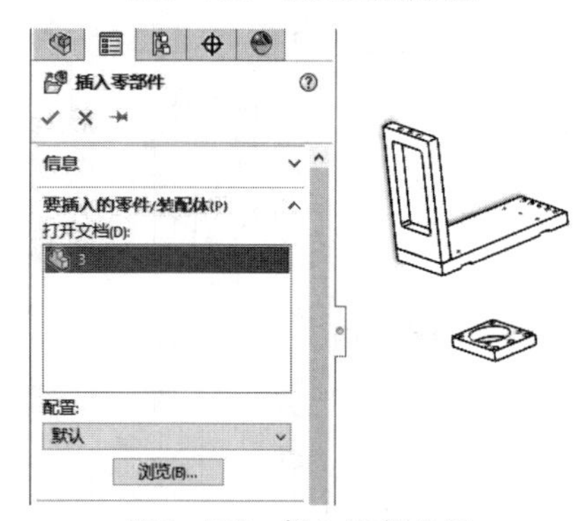

图6-170　插入零部件(3)

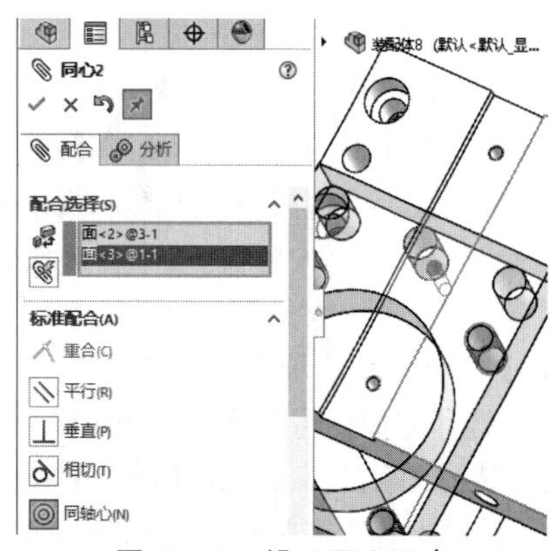

图6-171　设置同心配合

08 单击【装配图】选项卡中的【配合】按钮，设置零部件的配合约束关系，如图6-172所示。

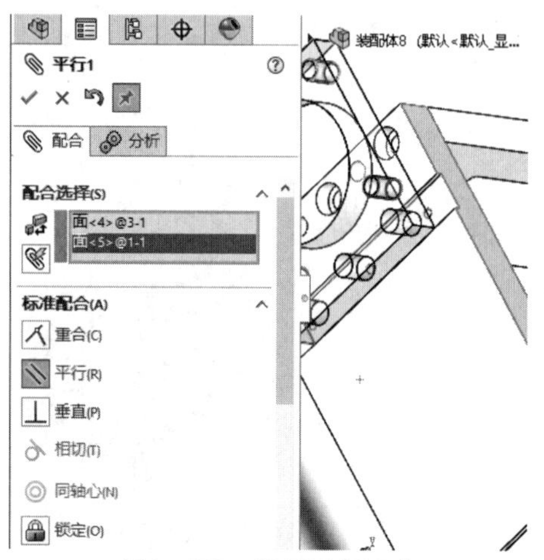

图6-172　设置平行配合

09 单击【装配图】选项卡中的【插入零部件】按钮，打开并放置零部件，如图6-173所示。

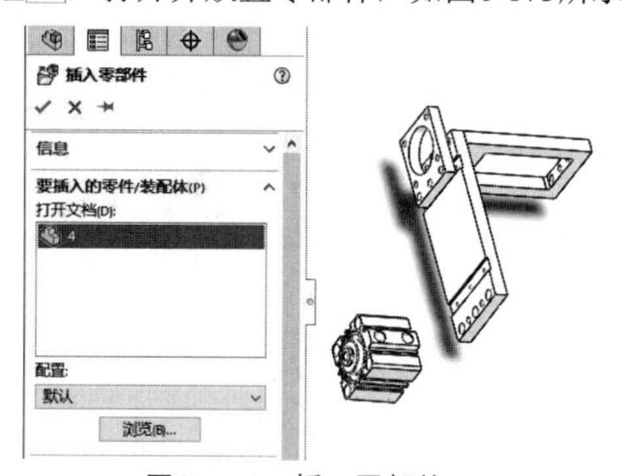

图6-173　插入零部件(4)

10 单击【装配图】选项卡中的【配合】按钮，设置零部件的配合约束关系，如图6-174所示。

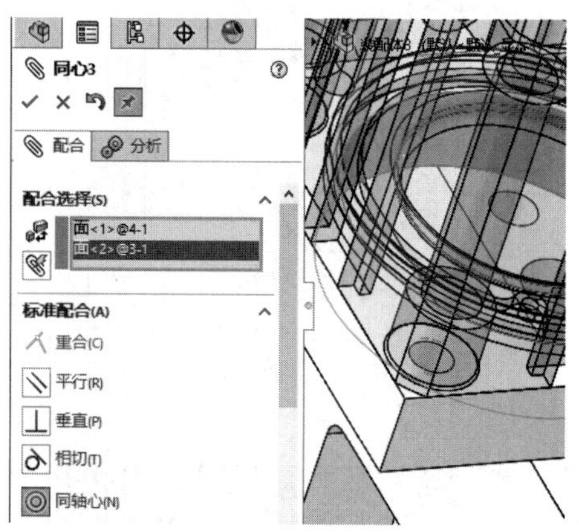

图6-174　设置同心配合

11 单击【装配图】选项卡中的【线性零部件阵列】按钮，创建阵列零部件，如图6-175所示。

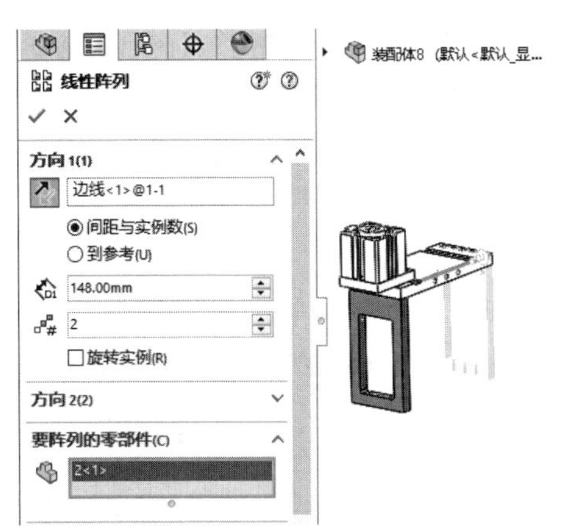

图6-175　创建线性阵列

12 完成桌台装配，如图6-176所示。

图6-176　完成桌台装配

实例 153 减震器装配

案例源文件：ywj\06\153\1.prt、2.prt、3.prt、4.prt、5.asm

01 单击【装配图】选项卡中的【插入零部件】按钮，打开并放置零部件，如图6-177所示。

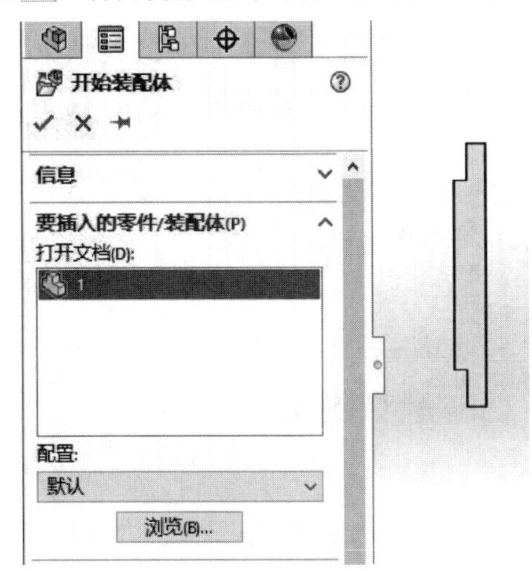

图6-177　插入零部件(1)

02 单击【装配图】选项卡中的【插入零部件】按钮，打开并放置零部件，如图6-178所示。

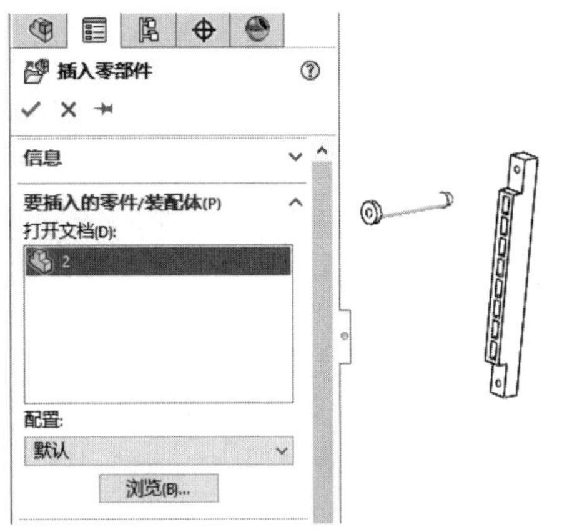

图6-178　插入零部件(2)

03 单击【装配图】选项卡中的【配合】按钮，设置零部件的配合约束关系，如图6-179所示。

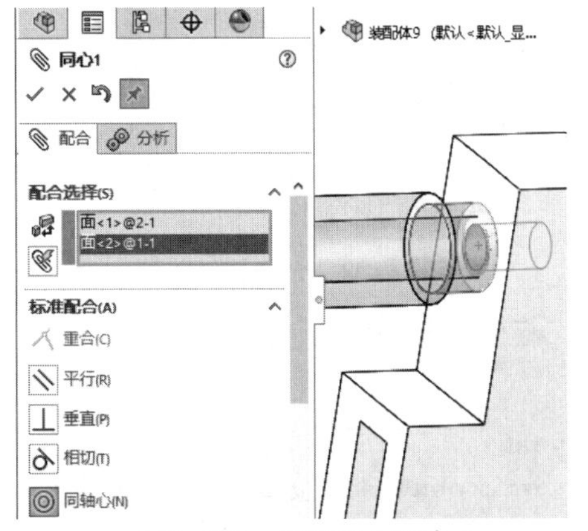

图6-179　设置同心配合

04 单击【装配图】选项卡中的【插入零部件】按钮，打开并放置零部件，如图6-180所示。

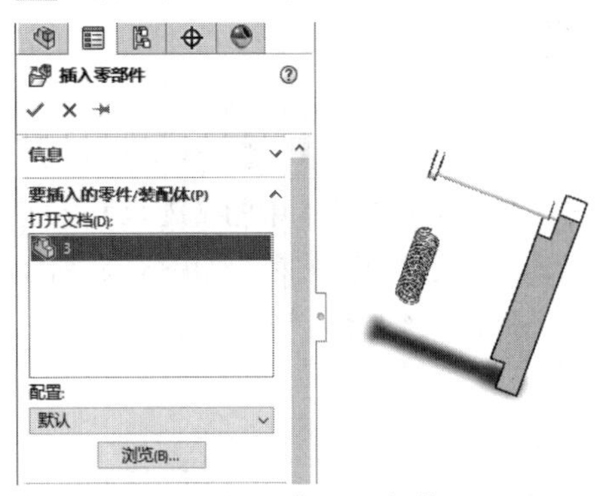

图6-180　插入零部件(3)

05 单击【装配图】选项卡中的【移动零部件】按钮，移动零部件，如图6-181所示。

06 单击【装配图】选项卡中的【线性零部件阵列】按钮，创建阵列零部件，如图6-182所示。

07 单击【装配图】选项卡中的【插入零部件】按钮，打开并放置零部件，如图6-183所示。

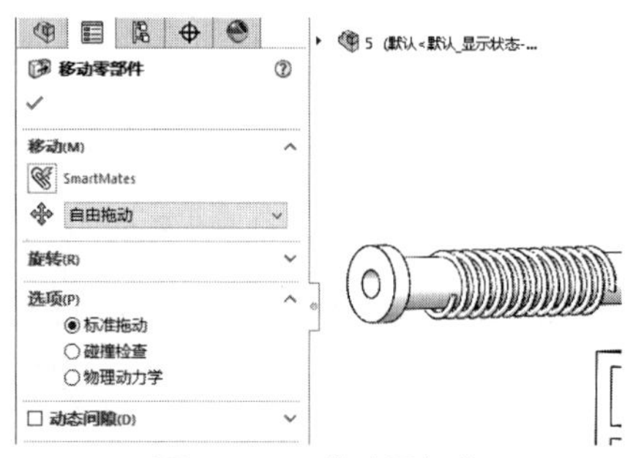

图6-181　移动零部件

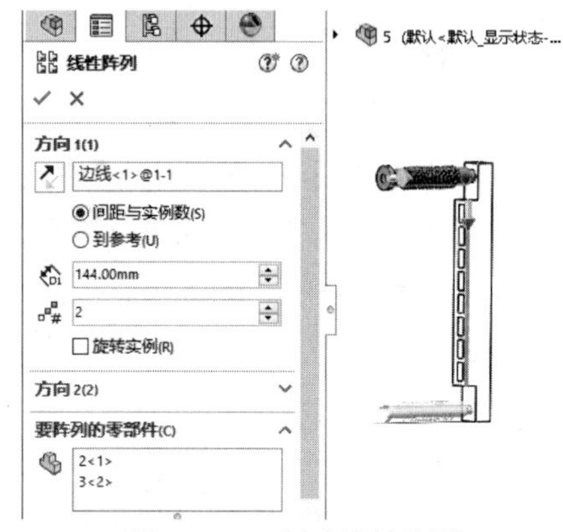

图6-182　创建线性阵列

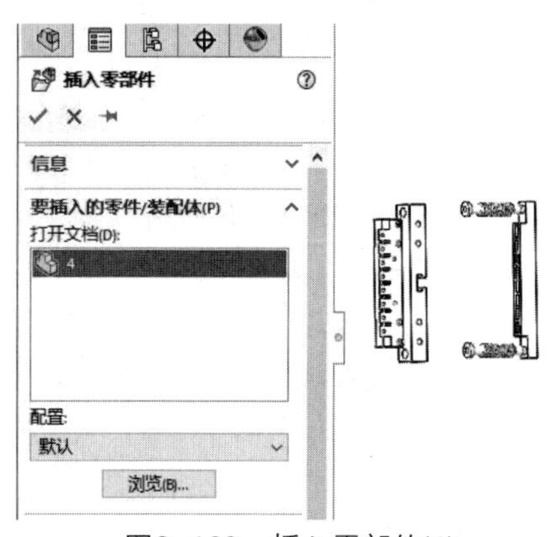

图6-183　插入零部件(4)

08 单击【装配图】选项卡中的【配合】按钮，设置零部件的配合约束关系，如图6-184所示。

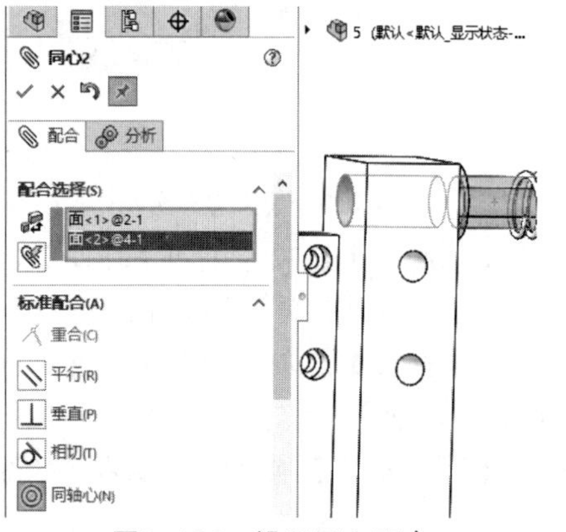

图6-184　设置同心配合

09 单击【装配图】选项卡中的【配合】按钮，设置零部件的配合约束关系，如图6-185所示。

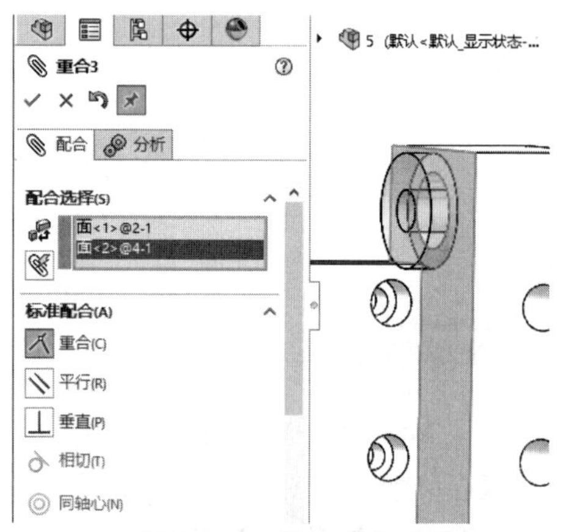

图6-185　设置重合面

10 完成减震器装配，如图6-186所示。

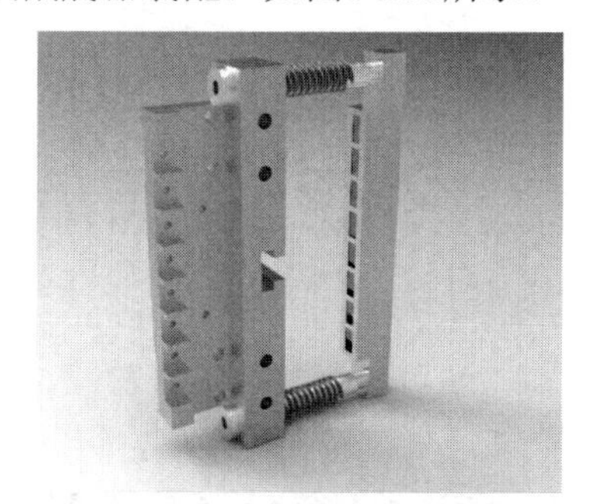

图6-186　完成减震器装配

实例 154 控制器装配

案例源文件：ywj\06\154\1.prt、2.prt、3.prt、4.asm

01 单击【装配图】选项卡中的【插入零部件】按钮，打开并放置零部件，如图6-187所示。

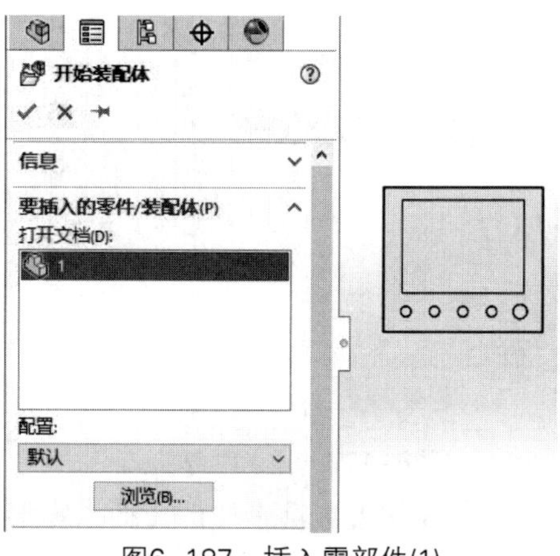

图6-187　插入零部件(1)

02 单击【装配图】选项卡中的【插入零部件】按钮，打开并放置零部件，如图6-188所示。

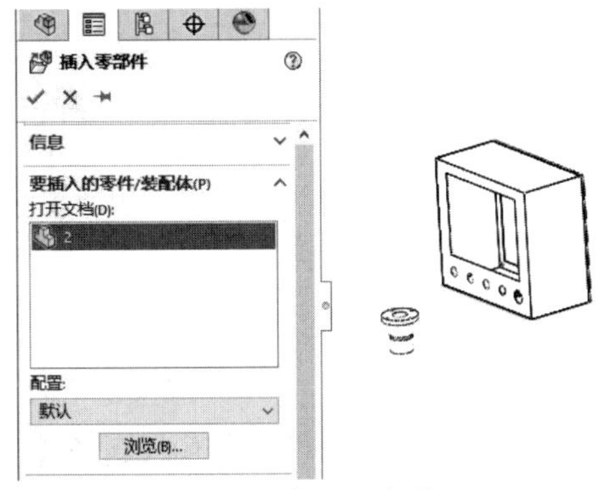

图6-188　插入零部件(2)

03 单击【装配图】选项卡中的【配合】按钮，设置零部件的配合约束关系，如图6-189所示。

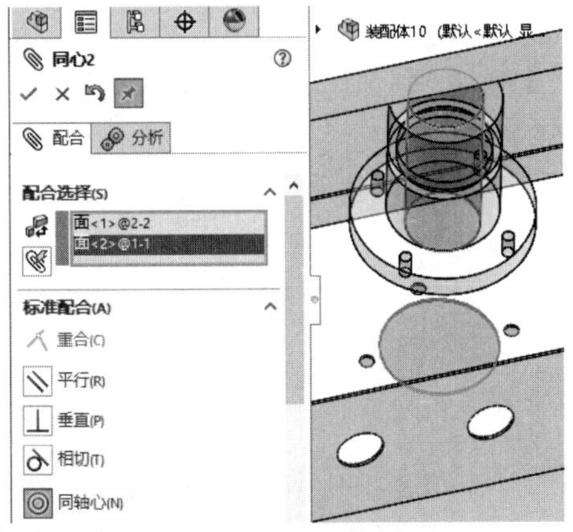

图6-189　设置同心配合

04 单击【装配图】选项卡中的【配合】按钮，设置零部件的配合约束关系，如图6-190所示。

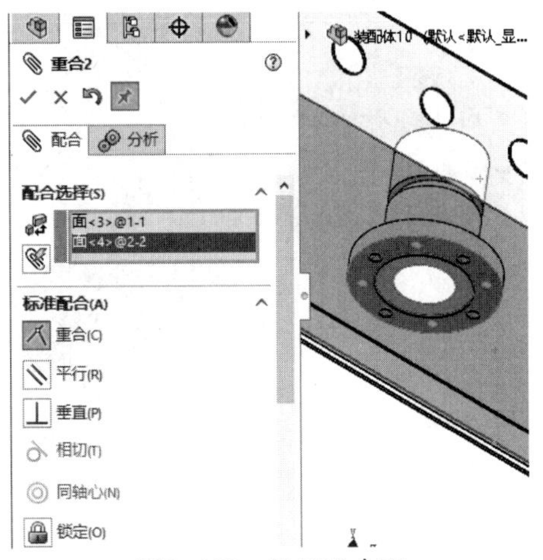

图6-190　设置重合面

05 单击【装配图】选项卡中的【配合】按钮，设置零部件的配合约束关系，如图6-191所示。

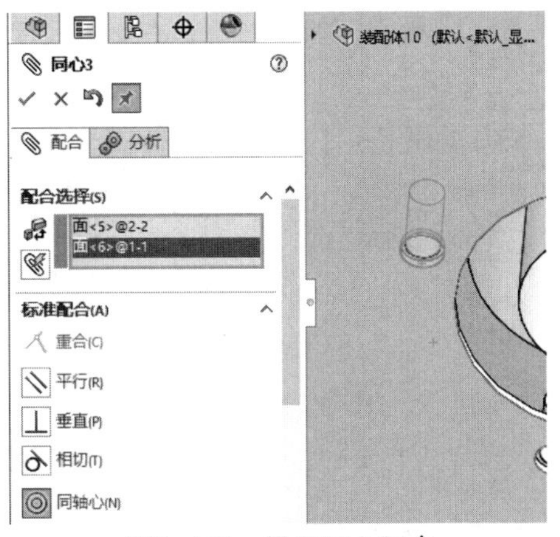

图6-191　设置同心配合

06 单击【装配图】选项卡中的【插入零部件】按钮，打开并放置零部件，如图6-192所示。

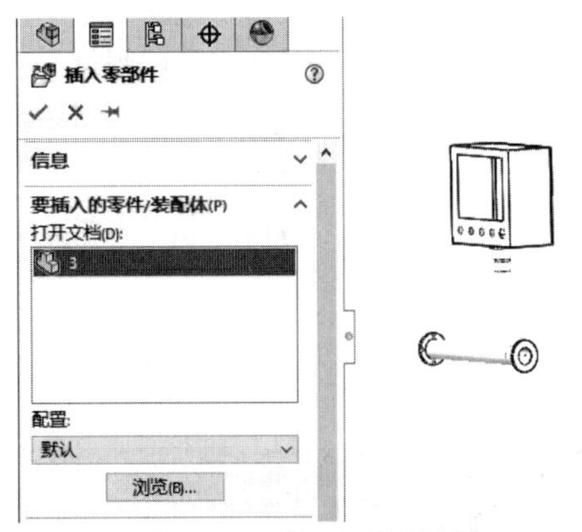

图6-192　插入零部件(3)

07 单击【装配图】选项卡中的【配合】按钮，设置零部件的配合约束关系，如图6-193所示。

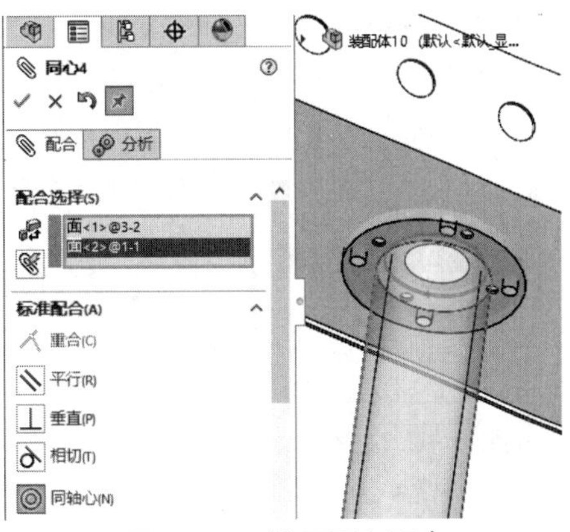

图6-193　设置同心配合

08 单击【装配图】选项卡中的【配合】按钮，设置零部件的配合约束关系，如图6-194所示。

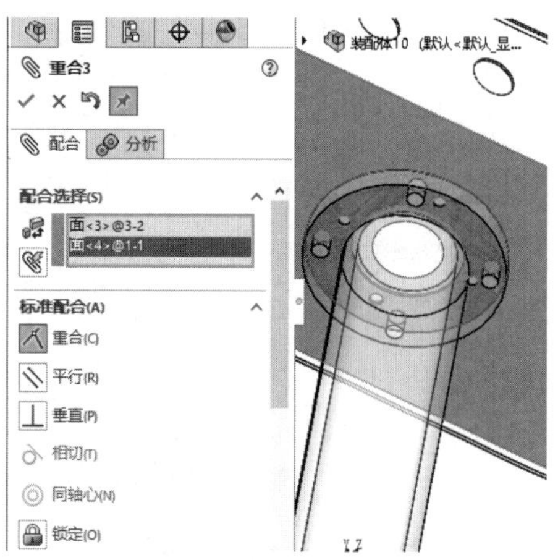

图6-194　设置重合面

09 完成控制器装配，如图6-195所示。

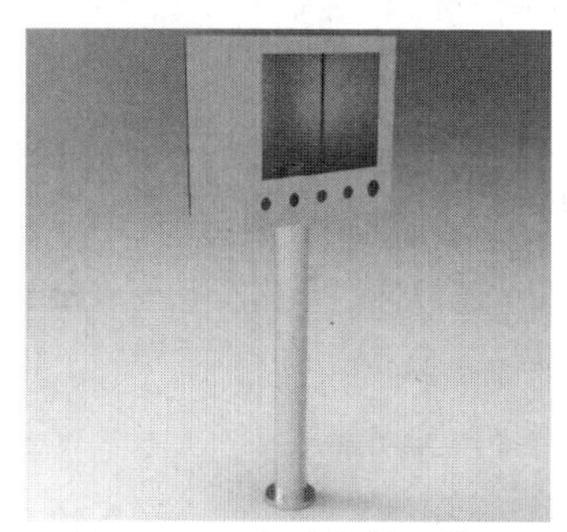
图6-195　完成控制器装配

实例 155　定位器装配

案例源文件：ywj\06\155\1.prt、2.prt、3.asm

01 单击【装配图】选项卡中的【插入零部件】按钮，打开并放置零部件，如图6-196所示。

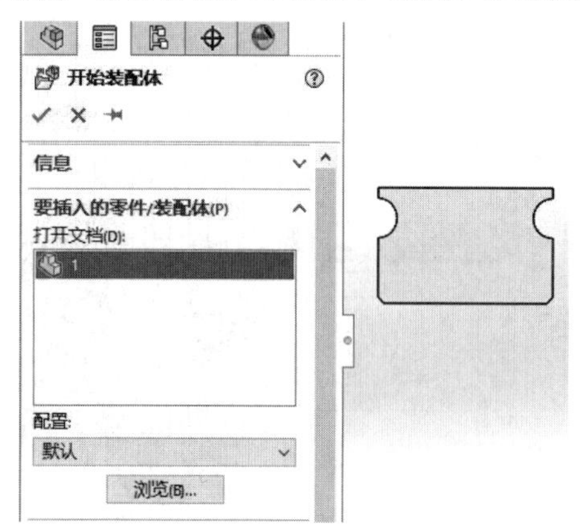

图6-196　插入零部件(1)

02 单击【装配图】选项卡中的【插入零部件】按钮，打开并放置零部件，如图6-197所示。

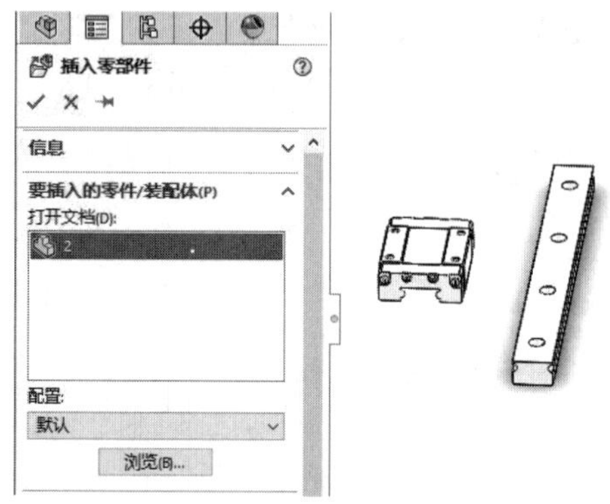

图6-197　插入零部件(2)

03 单击【装配图】选项卡中的【配合】按钮，设置零部件的配合约束关系，如图6-198所示。

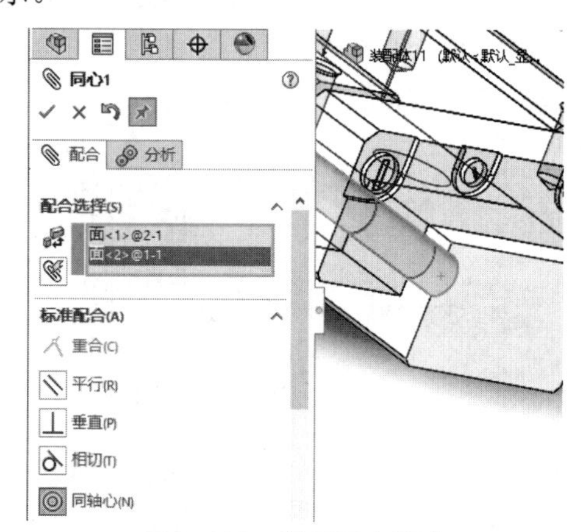

图6-198　设置同心配合

04 单击【装配图】选项卡中的【配合】按钮，设置零部件的配合约束关系，如图6-199所示。

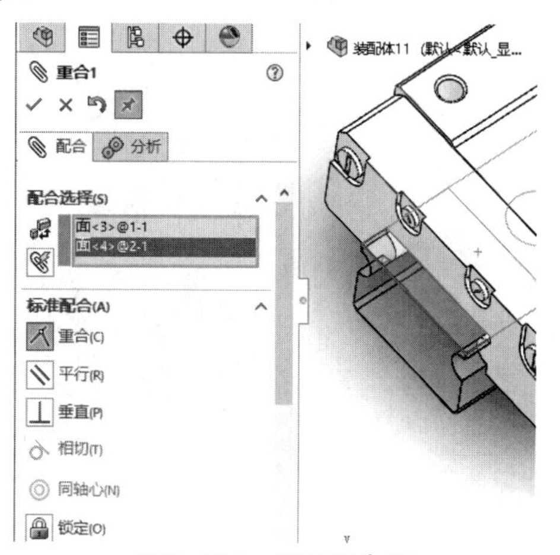

图6-199　设置重合面

05 单击【装配图】选项卡中的【线性零部件阵列】按钮，创建阵列零部件，如图6-200所示。

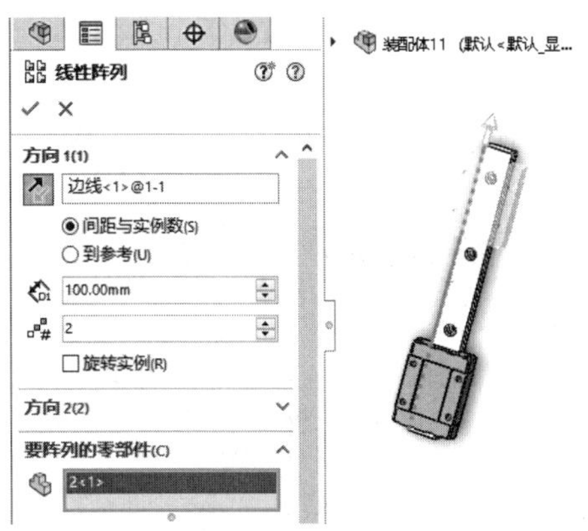

图6-200　创建线性阵列

06 完成定位器装配，如图6-201所示。

图6-201　完成定位器装配

实例 156　继电器装配

案例源文件：ywj\06\156\1.prt、2.prt、3.prt、4.asm

01 单击【装配图】选项卡中的【插入零部件】按钮，打开并放置零部件，如图6-202所示。

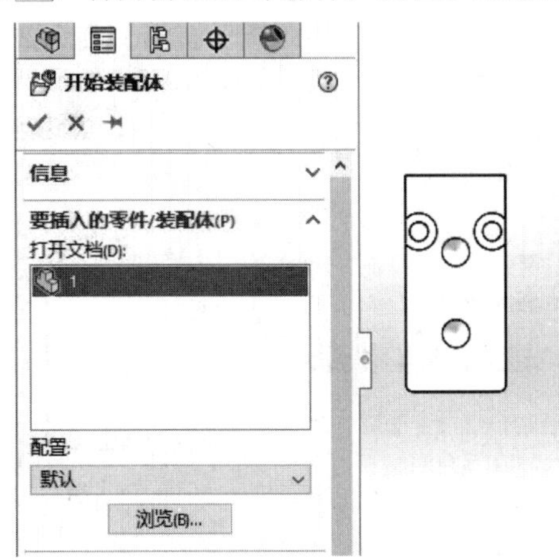

图6-202　插入零部件(1)

02 单击【装配图】选项卡中的【插入零部件】按钮，打开并放置零部件，如图6-203所示。

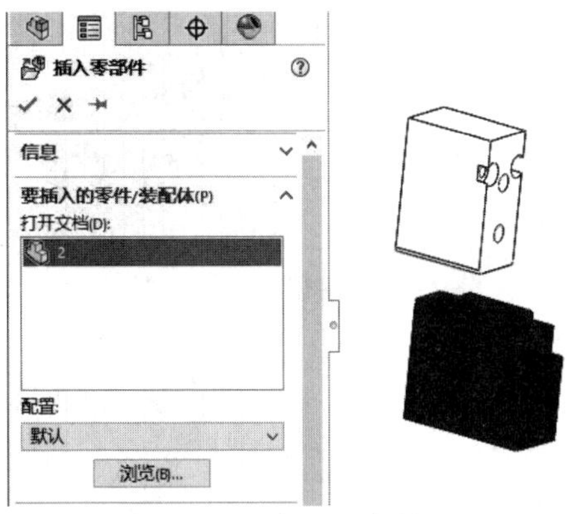

图6-203　插入零部件(2)

03 单击【装配图】选项卡中的【配合】按钮，设置零部件的配合约束关系，如图6-204所示。

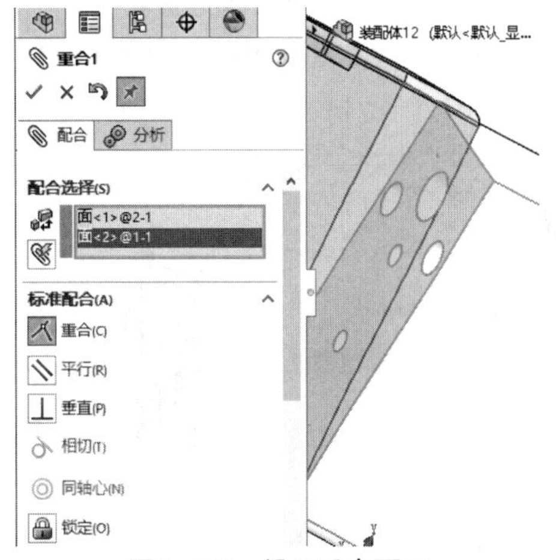

图6-204　设置重合面(1)

04 单击【装配图】选项卡中的【配合】按钮，设置零部件的配合约束关系，如图6-205所示。

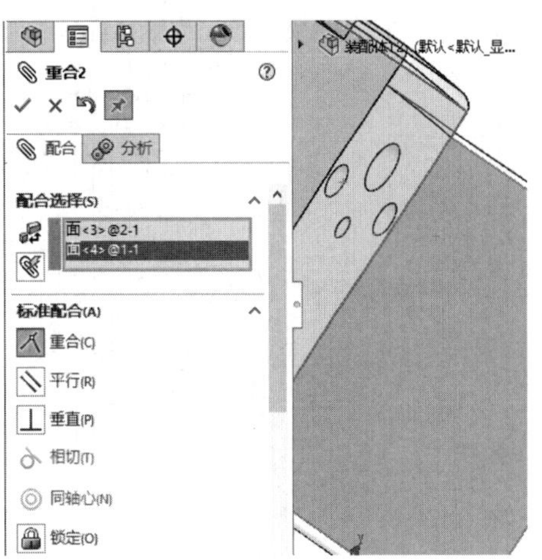

图6-205　设置重合面(2)

05 单击【装配图】选项卡中的【配合】按钮，设置零部件的配合约束关系，如图6-206所示。

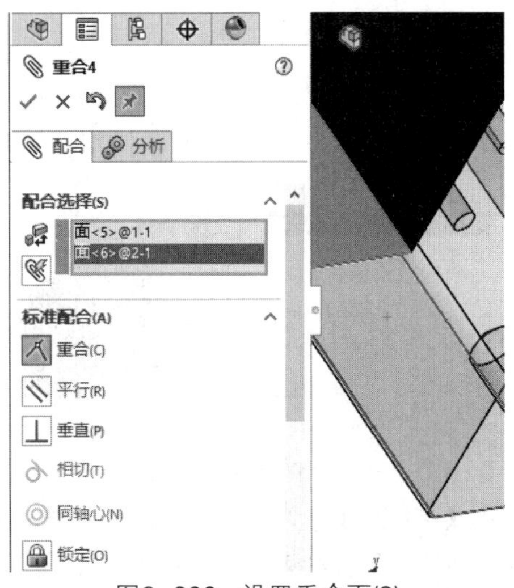

图6-206　设置重合面(3)

06 单击【装配图】选项卡中的【插入零部件】按钮，打开并放置零部件，如图6-207所示。

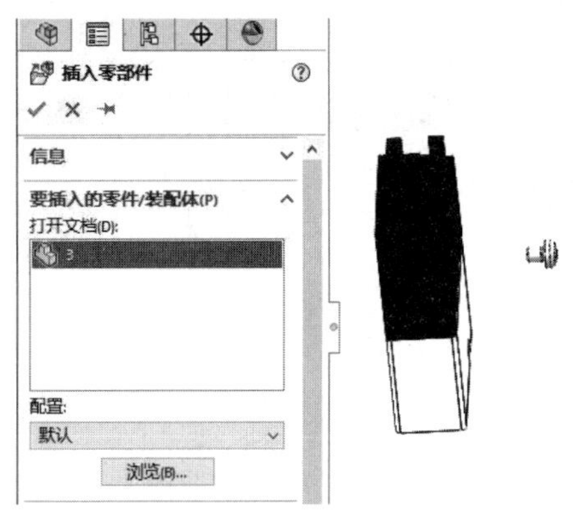

图6-207　插入零部件(3)

07 单击【装配图】选项卡中的【配合】按钮，设置零部件的配合约束关系，如图6-208所示。

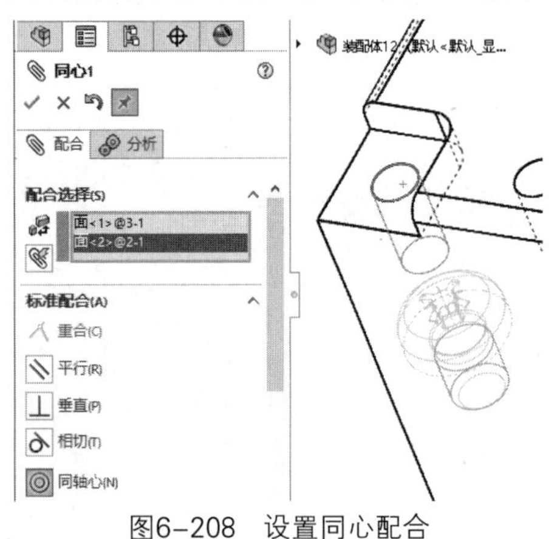

图6-208　设置同心配合

08 单击【装配图】选项卡中的【配合】按钮，设置零部件的配合约束关系，如图6-209所示。

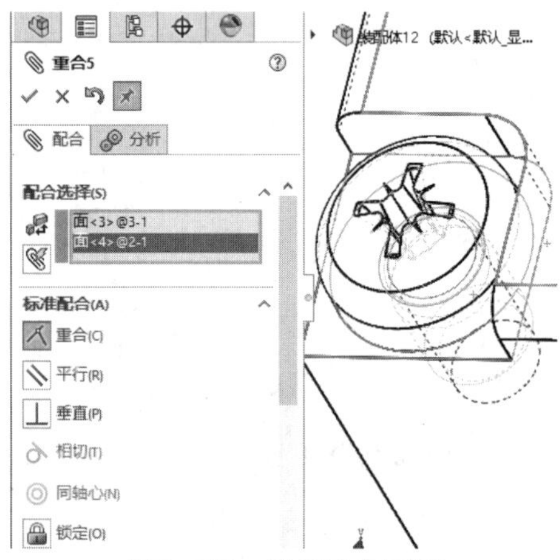

图6-209　设置重合面(4)

09 完成继电器装配，如图6-210所示。

图6-210　完成继电器装配

实例 157　减速器装配

案例源文件：ywj\06\157\1.prt、2.prt、3.prt、4.asm

01 单击【装配图】选项卡中的【插入零部件】按钮，打开并放置零部件，如图6-211所示。

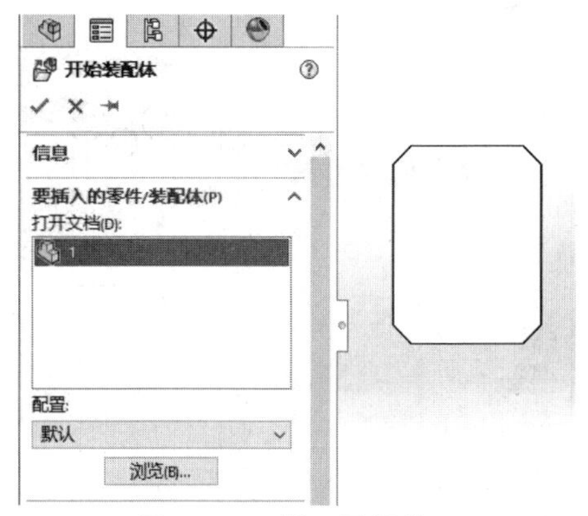

图6-211　插入零部件(1)

02 单击【装配图】选项卡中的【插入零部件】按钮，打开并放置零部件，如图6-212所示。

图6–212　插入零部件(2)

03 单击【装配图】选项卡中的【配合】按钮，设置零部件的配合约束关系，如图6-213所示。

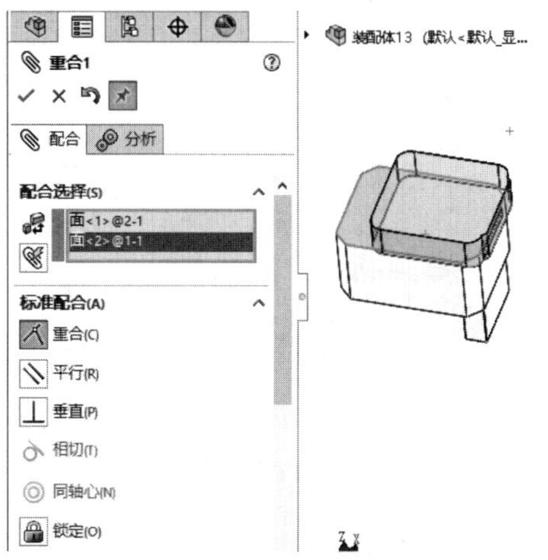

图6–213　设置重合面(1)

04 单击【装配图】选项卡中的【配合】按钮，设置零部件的配合约束关系，如图6-214所示。

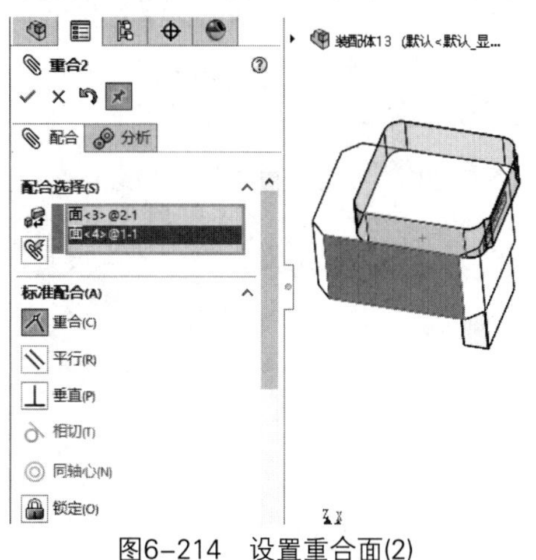

图6–214　设置重合面(2)

05 单击【装配图】选项卡中的【配合】按钮，设置零部件的配合约束关系，如图6-215所示。

06 单击【装配图】选项卡中的【插入零部件】按钮，打开并放置零部件，如图6-216所示。

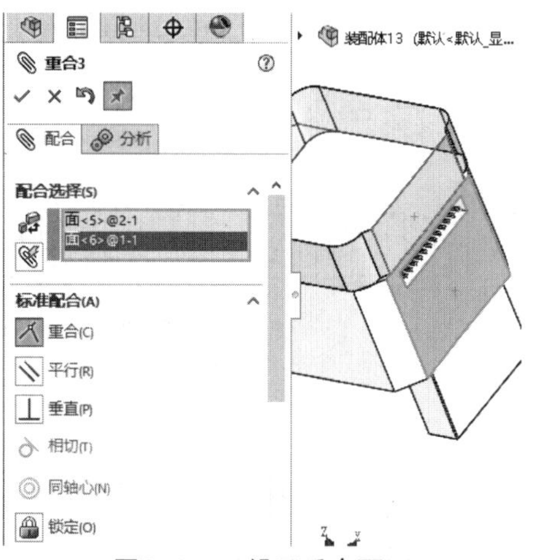

图6–215　设置重合面(3)

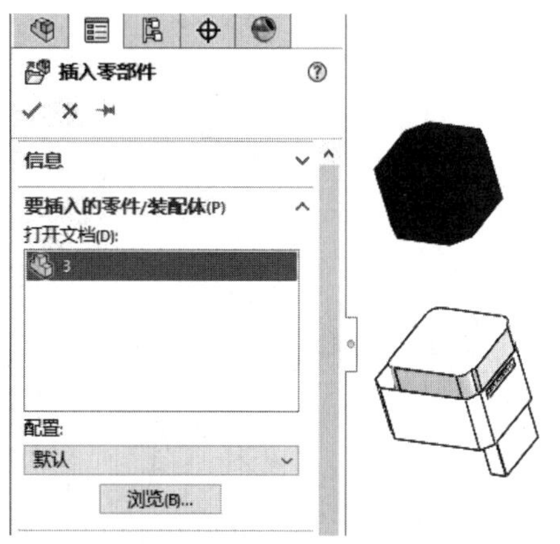

图6–216　插入零部件(3)

07 单击【装配图】选项卡中的【配合】按钮，设置零部件的配合约束关系，如图6-217所示。

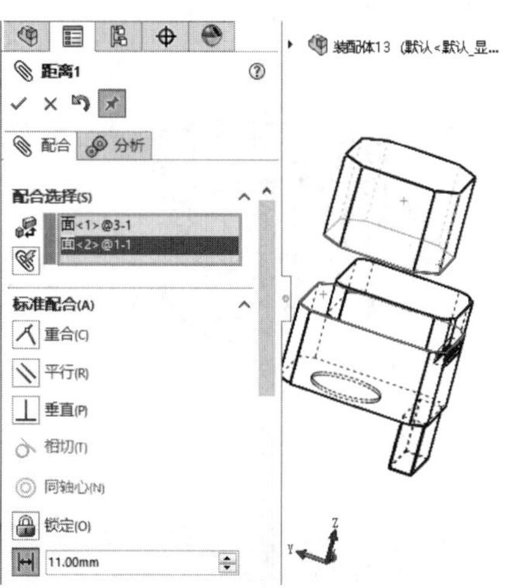

图6–217　设置距离配合

08 单击【装配图】选项卡中的【配合】按钮，设置零部件的配合约束关系，如图6-218所示。

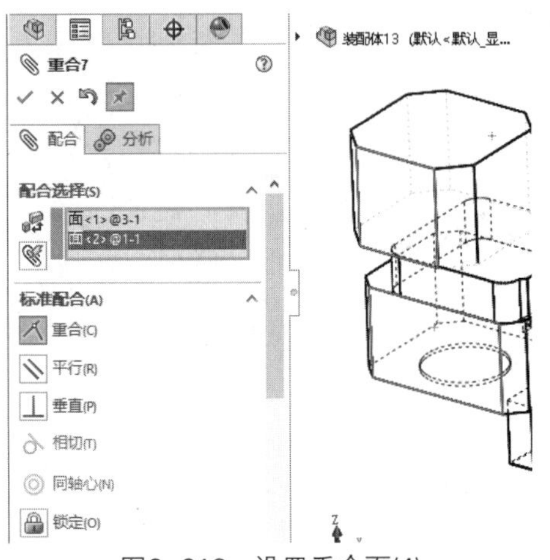

图6-218　设置重合面(4)

09 单击【装配图】选项卡中的【配合】按钮，设置零部件的配合约束关系，如图6-219所示。

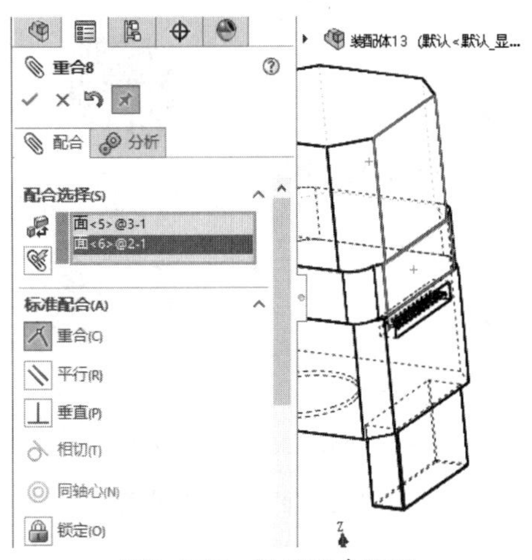

图6-219　设置重合面(5)

10 完成减速器装配，如图6-220所示。

图6-220　完成减速器装配

实例 158 连接机构装配

案例源文件：ywj\06\158\1.prt、2.prt、3.prt、4.asm

01 单击【装配图】选项卡中的【插入零部件】按钮，打开并放置零部件，如图6-221所示。

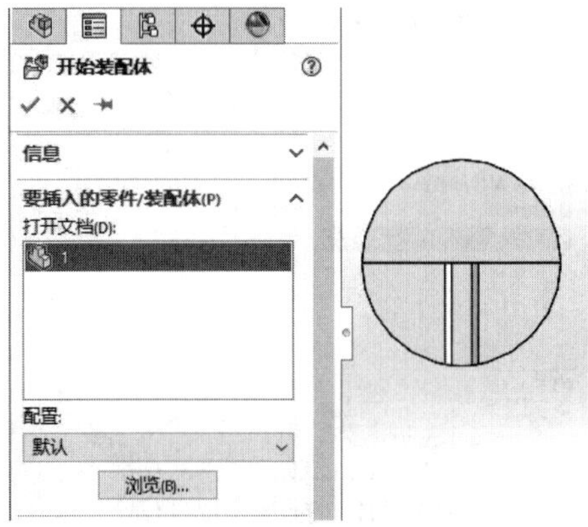

图6-221　插入零部件(1)

02 单击【装配图】选项卡中的【插入零部件】按钮，打开并放置零部件，如图6-222所示。

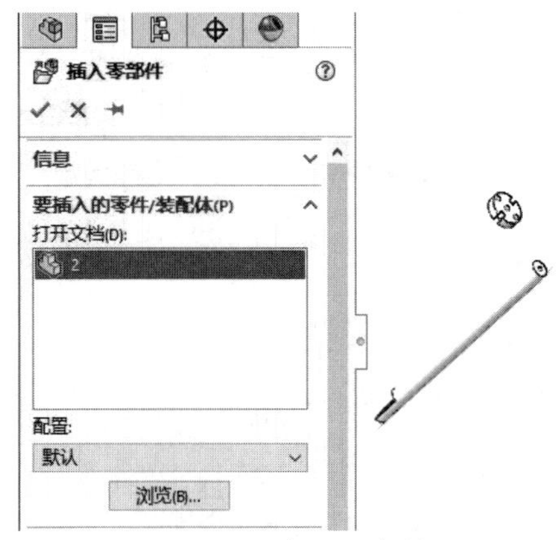

图6-222　插入零部件(2)

03 单击【装配图】选项卡中的【配合】按钮，设置零部件的配合约束关系，如图6-223所示。

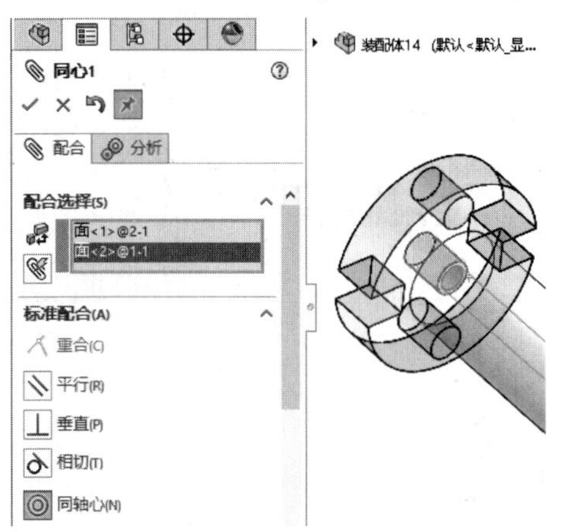

图6-223　设置同心配合

04 单击【装配图】选项卡中的【插入零部件】按钮，打开并放置零部件，如图6-224所示。

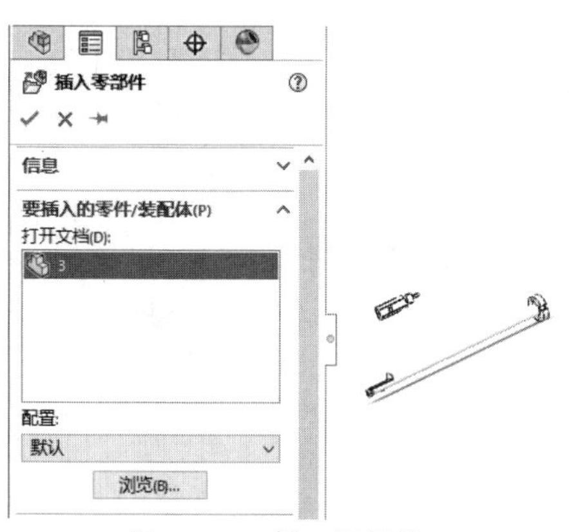

图6-224　插入零部件(3)

05 单击【装配图】选项卡中的【配合】按钮，设置零部件的配合约束关系，如图6-225所示。

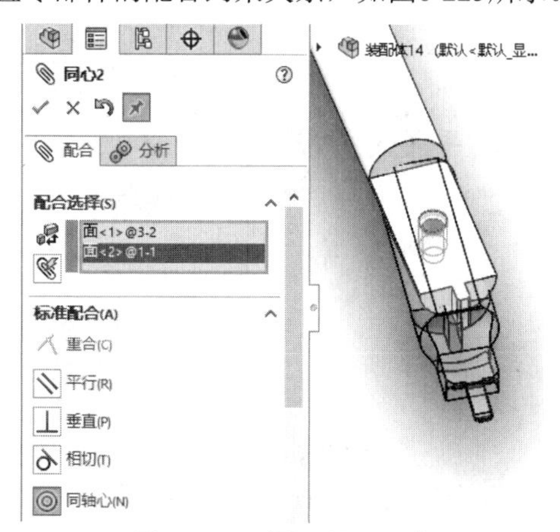

图6-225　设置同心配合

06 单击【装配图】选项卡中的【配合】按钮，设置零部件的配合约束关系，如图6-226所示。

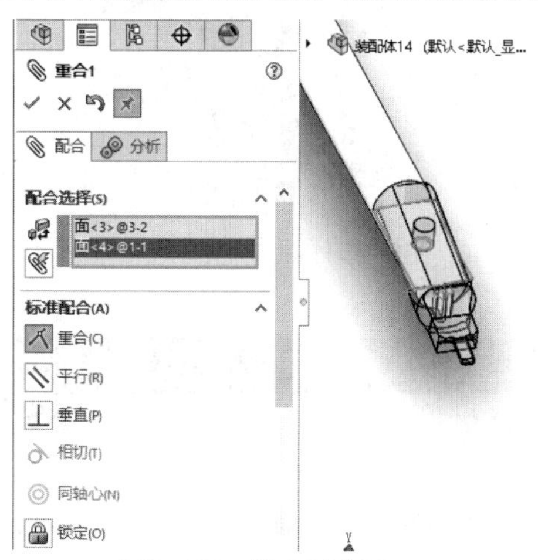

图6-226　设置重合面(1)

07 单击【装配图】选项卡中的【配合】按钮，设置零部件的配合约束关系，如图6-227所示。

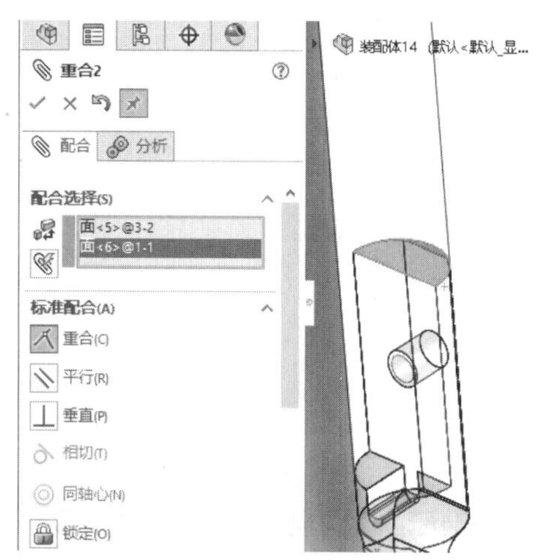

图6-227　设置重合面(2)

08 完成连接机构装配，如图6-228所示。

图6-228　完成连接机构装配

实例 159　混合轴装配

案例源文件：ywj\06\159\1.prt、2.prt、3.prt、4.asm

01 单击【装配图】选项卡中的【插入零部件】按钮，打开并放置零部件，如图6-229所示。

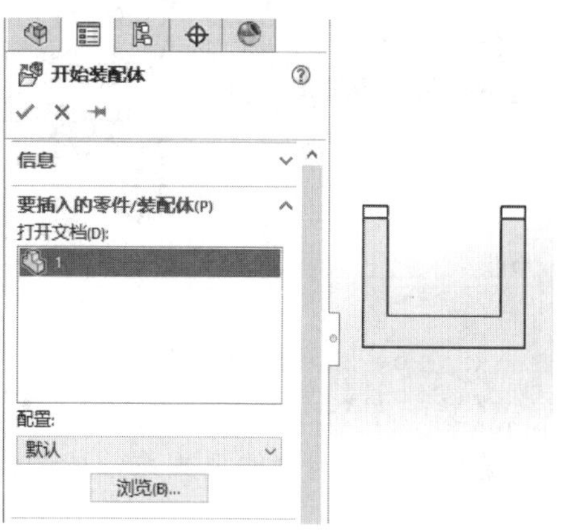

图6-229　插入零部件(1)

02 单击【装配图】选项卡中的【插入零部件】按钮，打开并放置零部件，如图6-230所示。

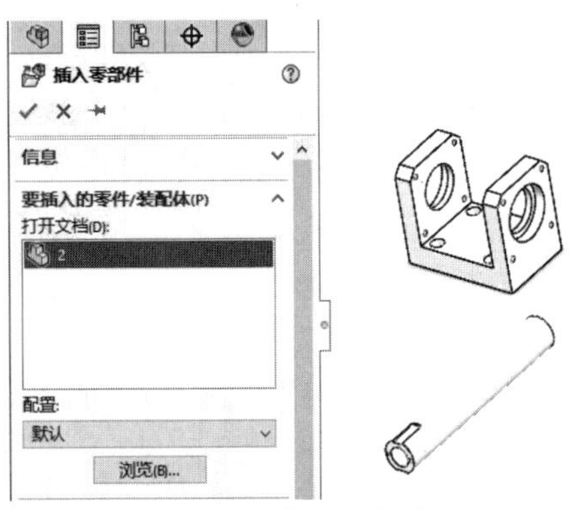

图6-230　插入零部件(2)

03 单击【装配图】选项卡中的【配合】按钮，设置零部件的配合约束关系，如图6-231所示。

图6-231　设置同心配合

04 单击【装配图】选项卡中的【插入零部件】按钮，打开并放置零部件，如图6-232所示。

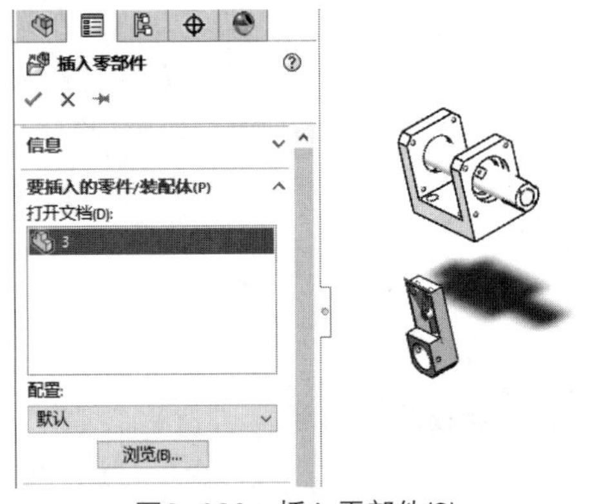

图6-232　插入零部件(3)

05 单击【装配图】选项卡中的【配合】按钮，设置零部件的配合约束关系，如图6-233所示。

06 单击【装配图】选项卡中的【配合】按钮，设置零部件的配合约束关系，如图6-234所示。

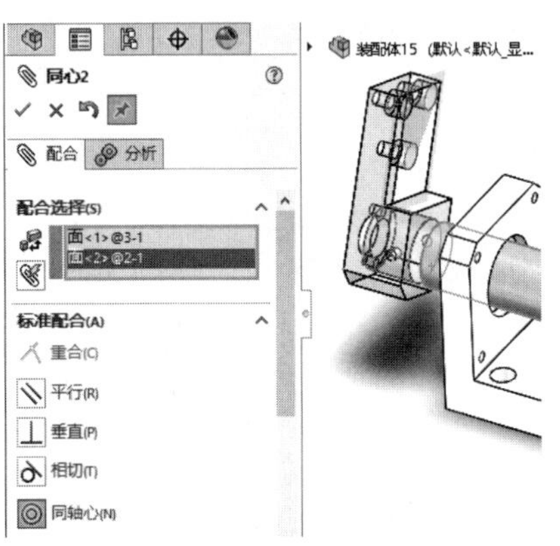

图6-233　设置同心配合

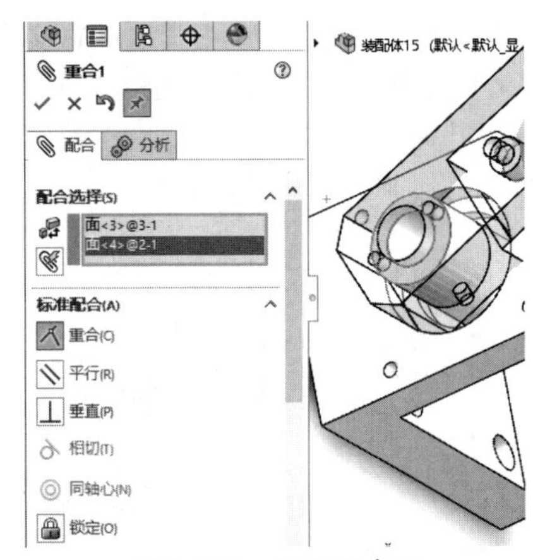

图6-234　设置重合面

07 完成混合轴装配，如图6-235所示。

图6-235　完成混合轴装配

实例 160　脚撑装配

案例源文件：ywj\06\160\1.prt、2.prt、3.prt、4.asm

01 单击【装配图】选项卡中的【插入零部件】按钮，打开并放置零部件，如图6-236所示。

02 单击【装配图】选项卡中的【插入零部件】按钮，打开并放置零部件，如图6-237所示。

03 单击【装配图】选项卡中的【配合】按钮，设置零部件的配合约束关系，如图6-238所示。

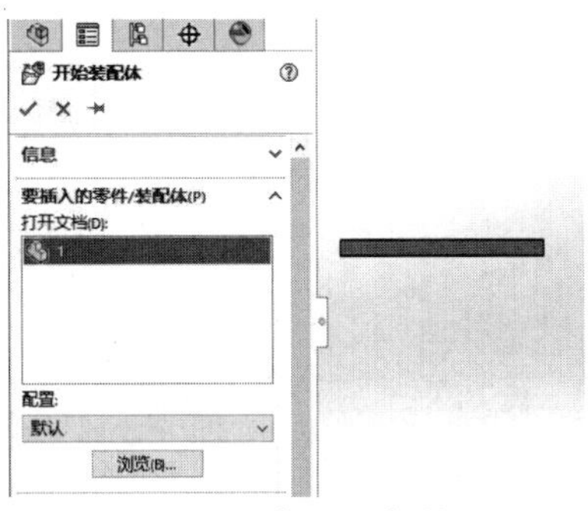

图6-236　插入零部件(1)

图6-237　插入零部件(2)

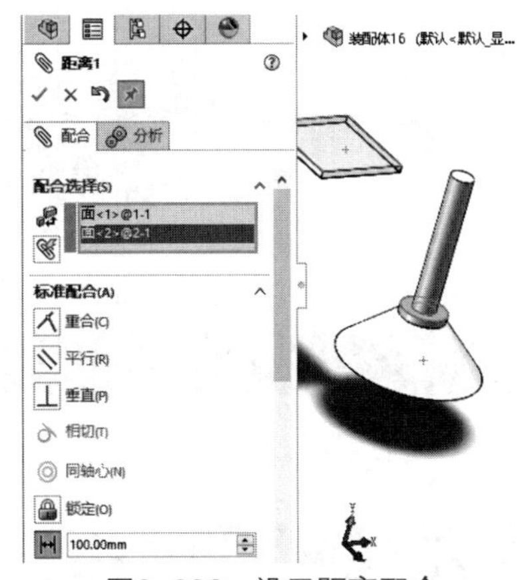

图6-238　设置距离配合

04 单击【装配图】选项卡中的【移动零部件】按钮，移动零部件，如图6-239所示。

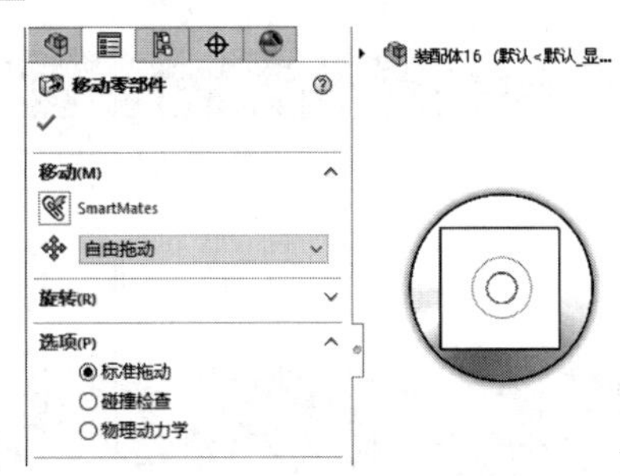

图6-239　移动零部件

05 单击【装配图】选项卡中的【插入零部件】按钮，打开并放置零部件，如图6-240所示。

图6-240　插入零部件(3)

06 单击【装配图】选项卡中的【配合】按钮，设置零部件的配合约束关系，如图6-241所示。

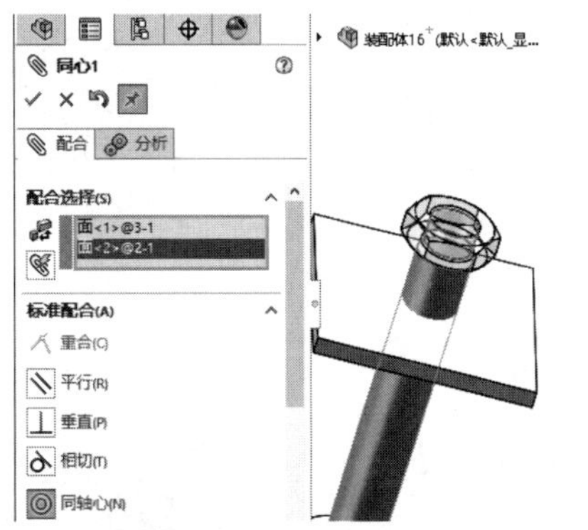

图6-241　设置同心配合

07 单击【装配图】选项卡中的【配合】按钮，设置零部件的配合约束关系，如图6-242所示。

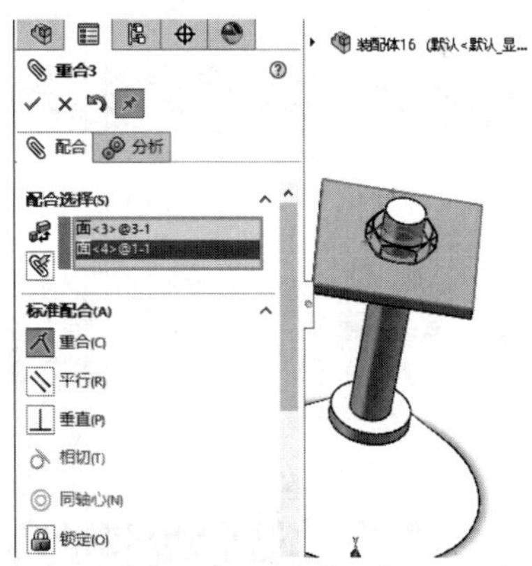

图6-242　设置重合面

08 完成脚撑装配，如图6-243所示。

图6-243　完成脚撑装配

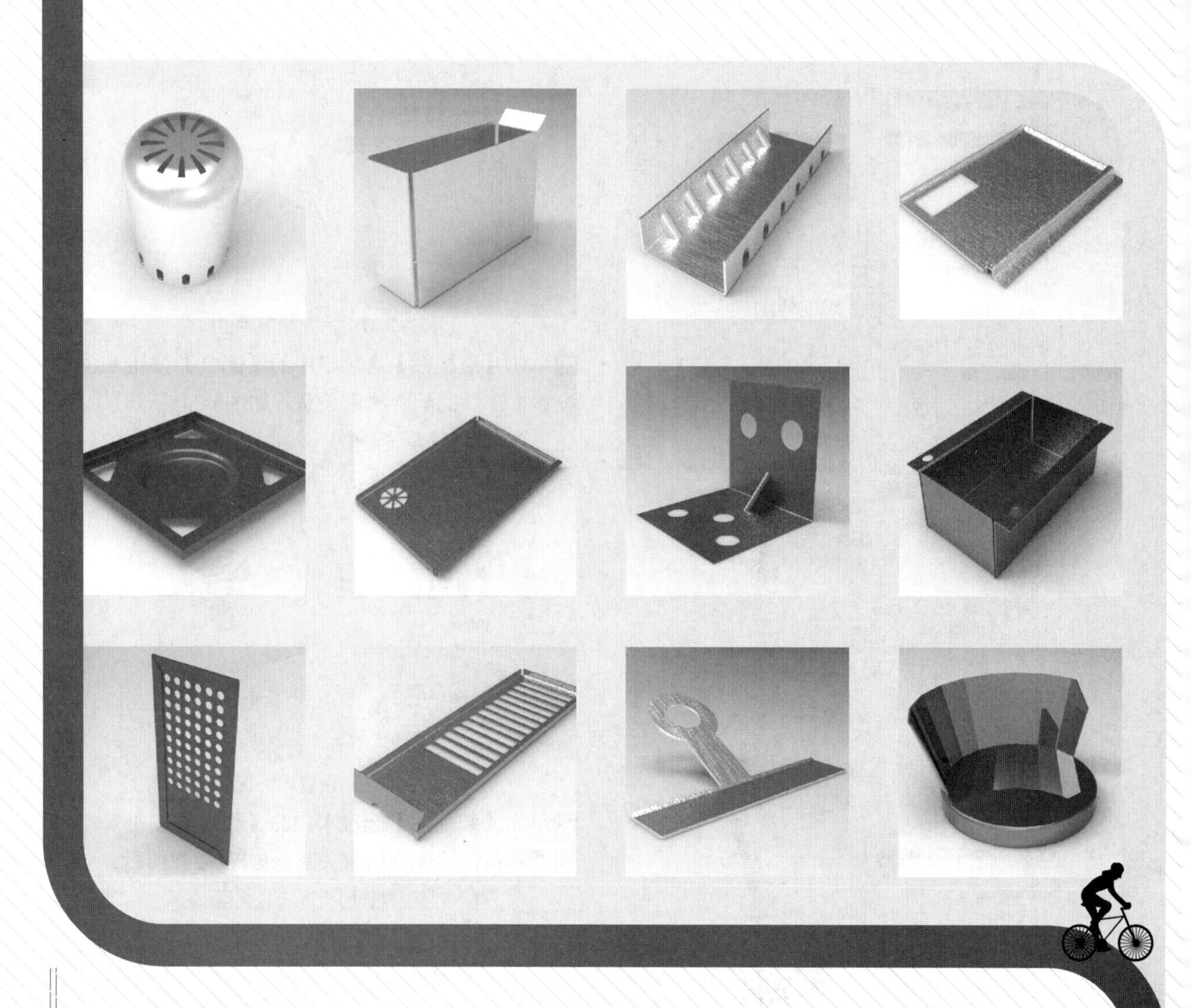

第7章 焊件和钣金设计

实例 161 绘制书挡钣金件

案例源文件：ywj\07\161.prt

01 单击【草图】选项卡中的【边角矩形】按钮，绘制矩形，如图7-1所示。

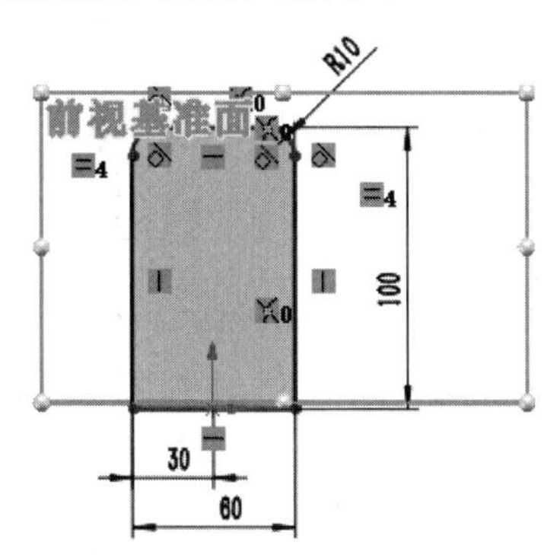

图7-1 绘制矩形草图

02 单击【钣金】选项卡中的【基体法兰/薄片】按钮，创建基体法兰，如图7-2所示。

图7-2 创建基体法兰

03 单击【钣金】选项卡中的【边线法兰】按钮，创建边线法兰，如图7-3所示。

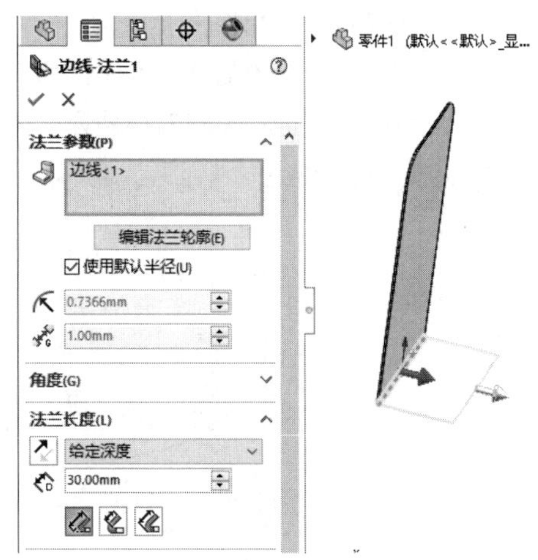

图7-3 创建边线法兰

04 单击【草图】选项卡中的【边角矩形】按钮，绘制矩形，如图7-4所示。

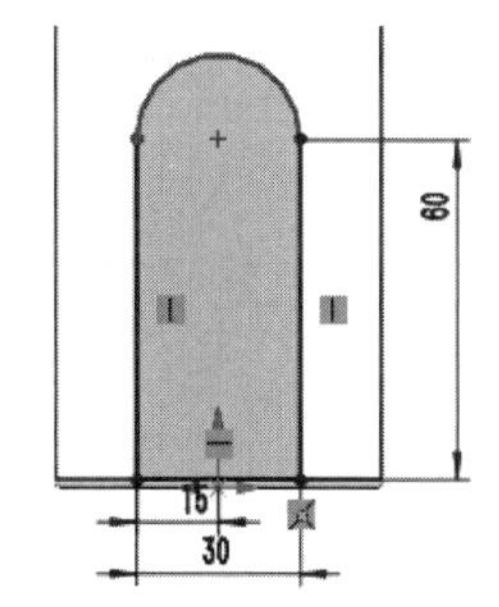

图7-4 绘制矩形草图

05 单击【特征】选项卡中的【拉伸切除】按钮，创建拉伸切除特征，如图7-5所示。

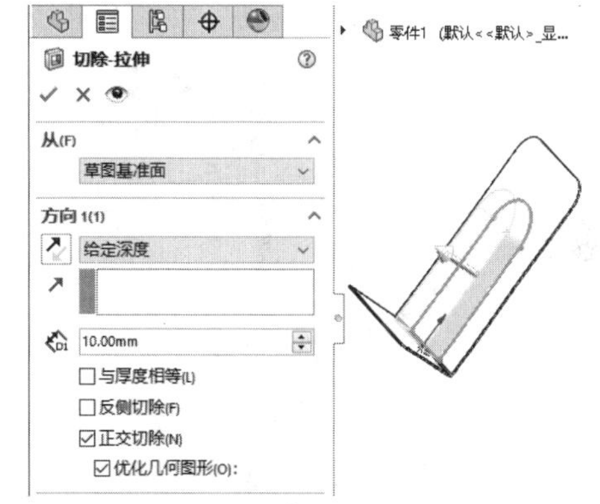

图7-5 创建拉伸切除特征

06 单击【草图】选项卡中的【边角矩形】按钮，绘制矩形，如图7-6所示。

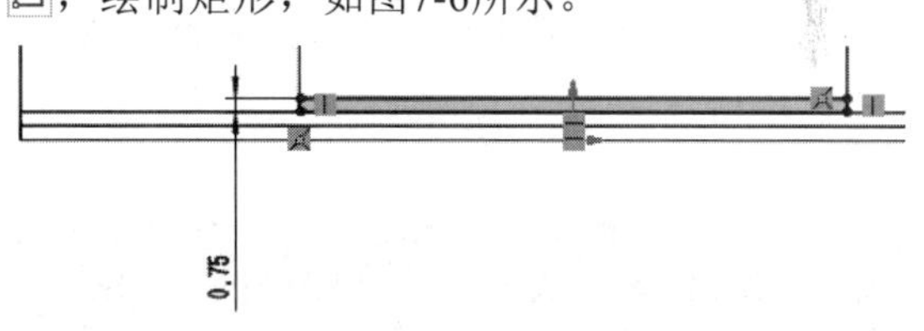

图7-6 绘制矩形

07 单击【特征】选项卡中的【拉伸凸台/基体】按钮，创建拉伸特征，如图7-7所示。

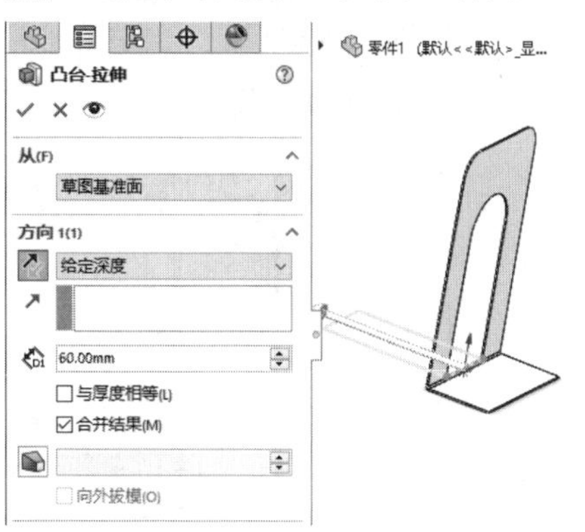

图7-7 拉伸凸台

08 单击【特征】选项卡中的【圆角】按钮，创建圆角特征，如图7-8所示。

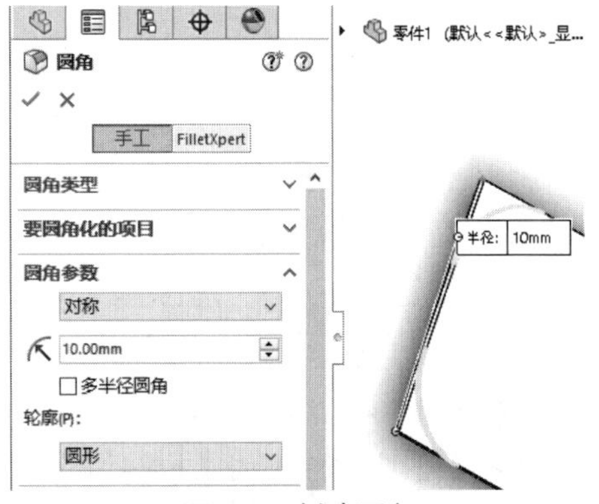

图7-8　创建圆角

09 完成书挡钣金件模型的绘制，如图7-9所示。

图7-9　完成书挡钣金件模型

◎提示

有两种基本方法可以生成钣金零件，一是利用钣金命令直接生成，二是将设计实体进行转换。

实例 162

案例源文件：ywj\07\162.prt

绘制电机后罩钣金件

01 单击【草图】选项卡中的【直线】按钮，绘制直线，如图7-10所示。

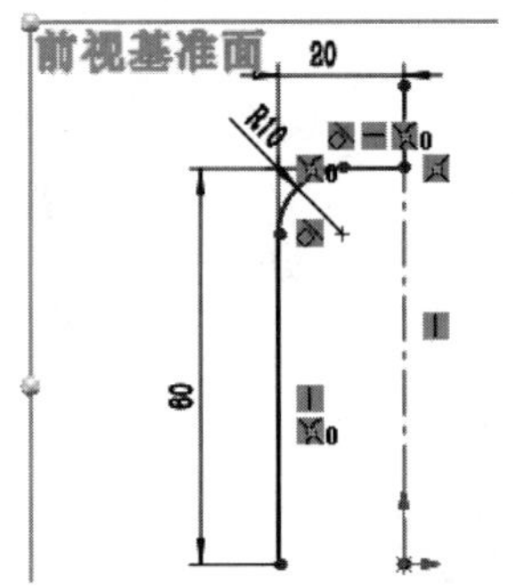

图7-10　绘制直线草图

02 单击【草图】选项卡中的【等距实体】按钮，创建等距图形，如图7-11所示。

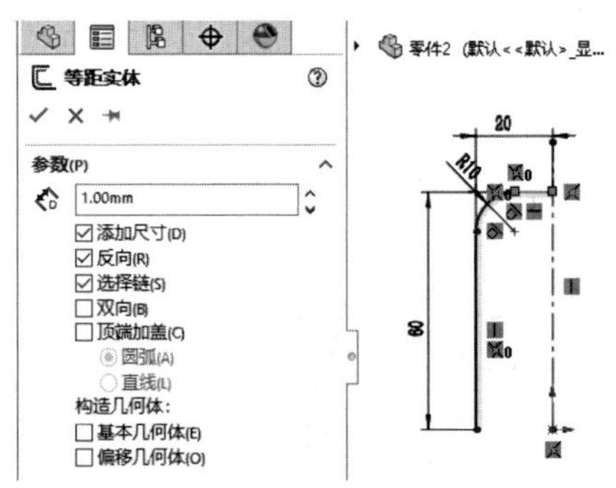

图7-11　绘制等距实体

03 单击【特征】选项卡中的【旋转凸台/基体】按钮，创建旋转特征，如图7-12所示。

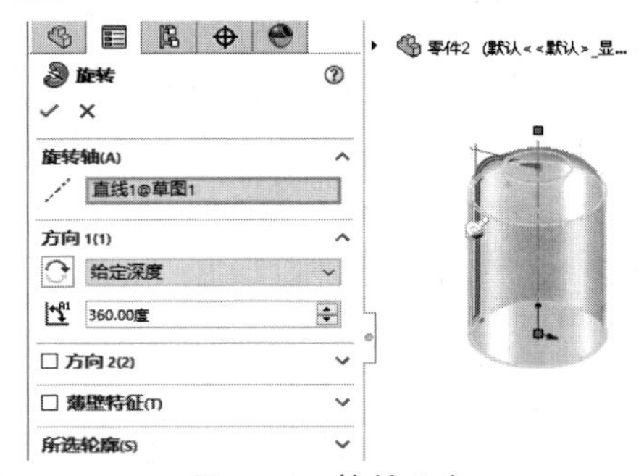

图7-12　旋转凸台

04 单击【草图】选项卡中的【直槽口】按钮，绘制直槽口图形，如图7-13所示。

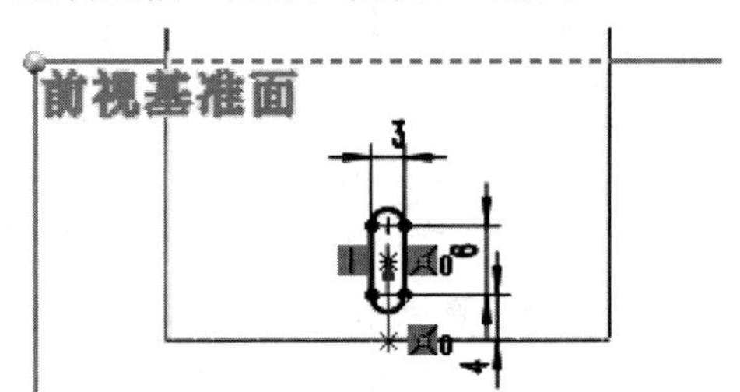

图7-13　绘制直槽口

05 单击【特征】选项卡中的【拉伸切除】按钮，创建拉伸切除特征，如图7-14所示。

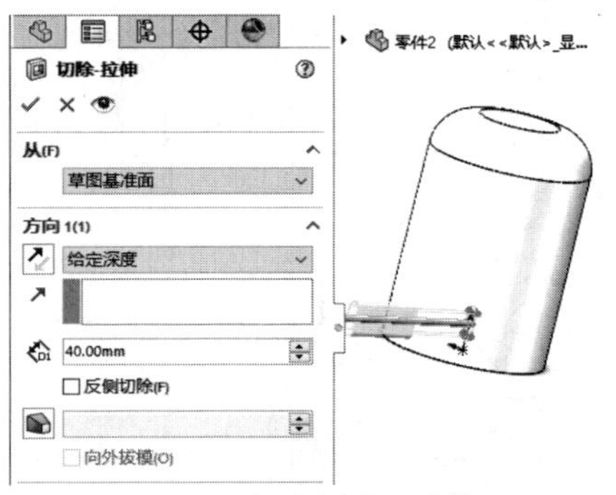

图7-14　创建拉伸切除特征

06 单击【特征】选项卡中的【圆周阵列】按钮，创建圆周阵列特征，如图7-15所示。

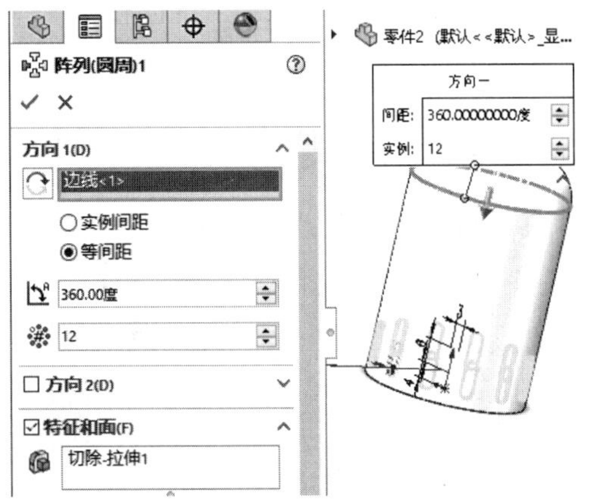

图7-15　创建圆周阵列

07 单击【草图】选项卡中的【直线】按钮，绘制直线，如图7-16所示。

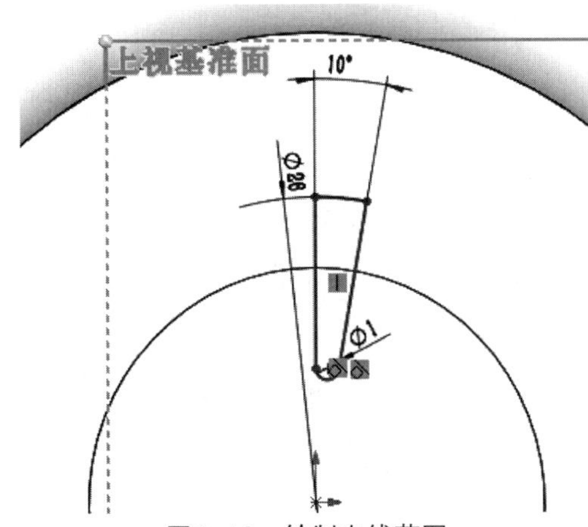

图7-16　绘制直线草图

08 单击【特征】选项卡中的【拉伸切除】按钮，创建拉伸切除特征，如图7-17所示。

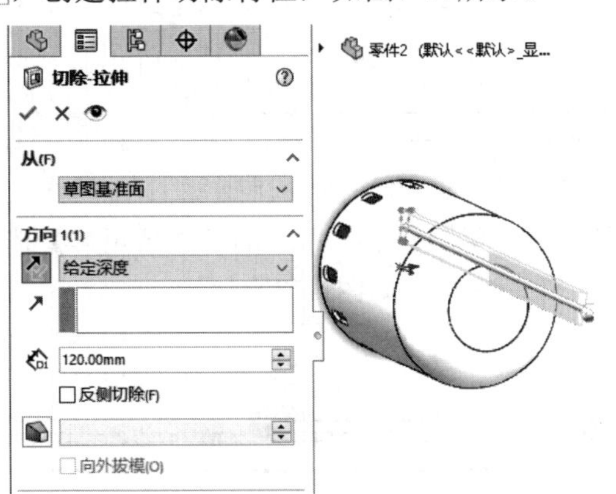

图7-17　创建拉伸切除特征

09 单击【特征】选项卡中的【圆周阵列】按钮，创建圆周阵列特征，如图7-18所示。

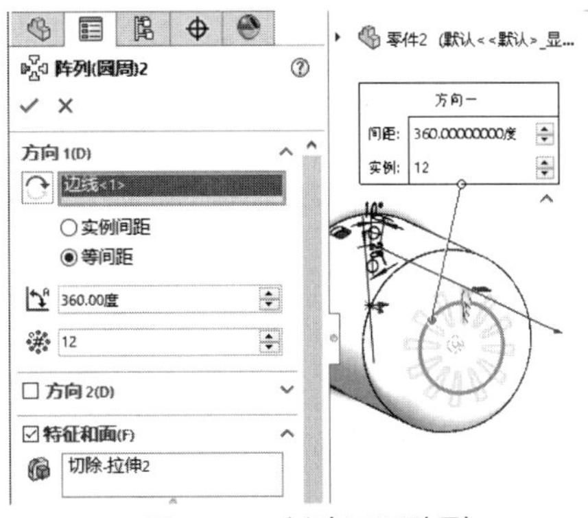

图7-18　创建圆周阵列

10 完成电机后罩钣金件模型的绘制，如图7-19所示。

图7-19　完成电机后罩钣金件模型

实例 163　绘制手机显示面板钣金件

案例源文件：ywj\07\163.prt

01 单击【草图】选项卡中的【边角矩形】按钮，绘制矩形，如图7-20所示。

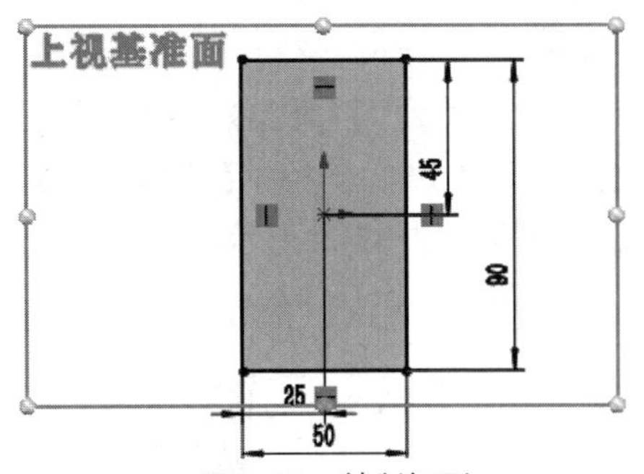

图7-20　绘制矩形

02 单击【钣金】选项卡中的【基体法兰/薄片】按钮，创建基体法兰，如图7-21所示。

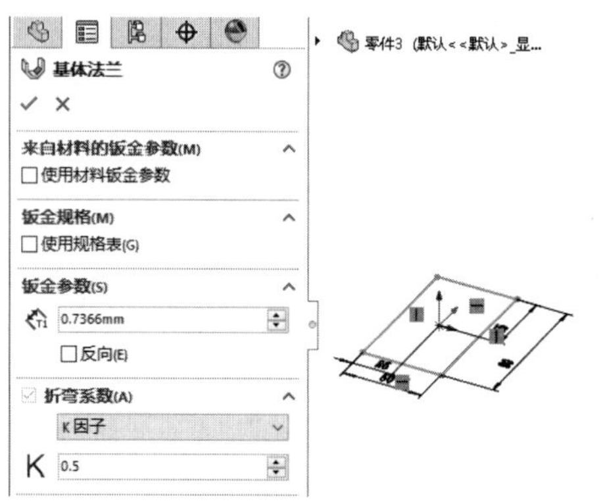

图7-21　创建基体法兰

◎提示·○

基体法兰是钣金零件的第一个特征。当基体法兰被添加到SolidWorks零件后，系统会将该零件标记为钣金零件，在适当位置生成折弯，并且在【特征管理器设计树】中显示特定的钣金特征。

03 单击【钣金】选项卡中的【边线法兰】按钮，创建边线法兰，如图7-22所示。

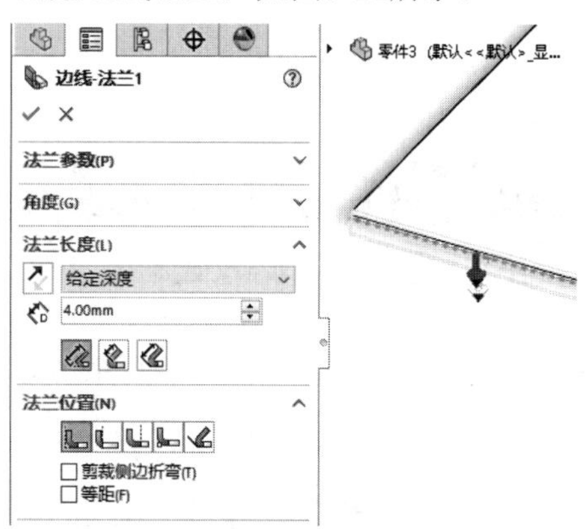

图7-22　创建边线法兰

04 单击【草图】选项卡中的【边角矩形】按钮，绘制矩形，如图7-23所示。

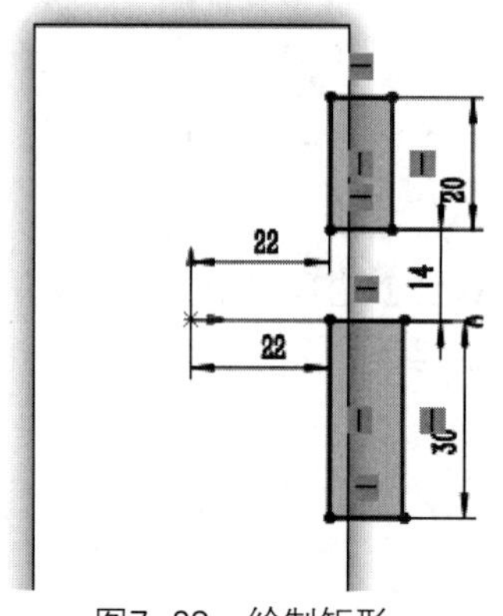

图7-23　绘制矩形

05 单击【特征】选项卡中的【拉伸切除】按钮，创建拉伸切除特征，如图7-24所示。

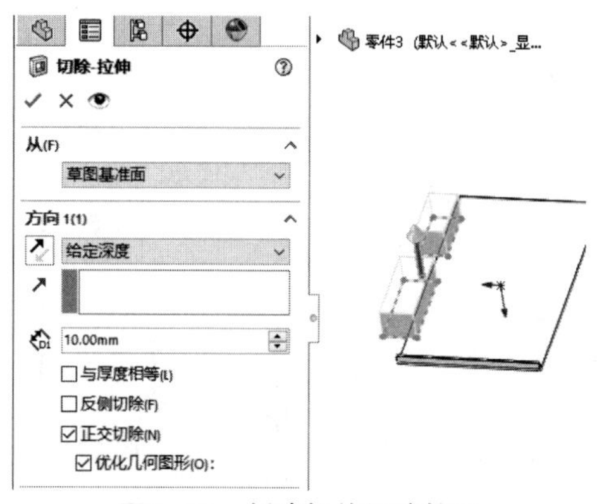

图7-24　创建拉伸切除特征

06 单击【钣金】选项卡中的【简单直孔】按钮，创建简单直孔，如图7-25所示。

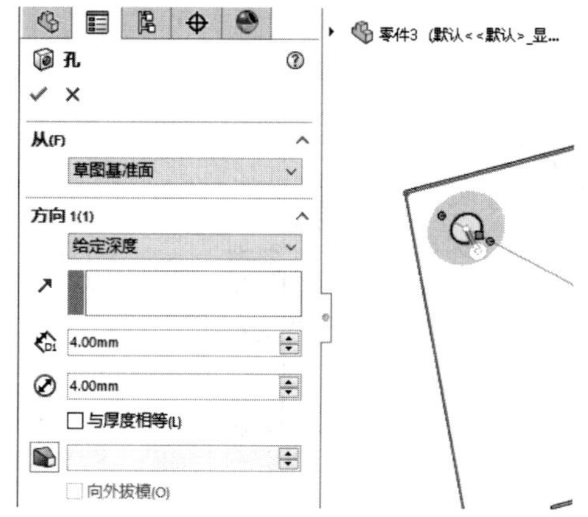

图7-25　创建孔

07 单击【草图】选项卡中的【直线】按钮，绘制直线，如图7-26所示。

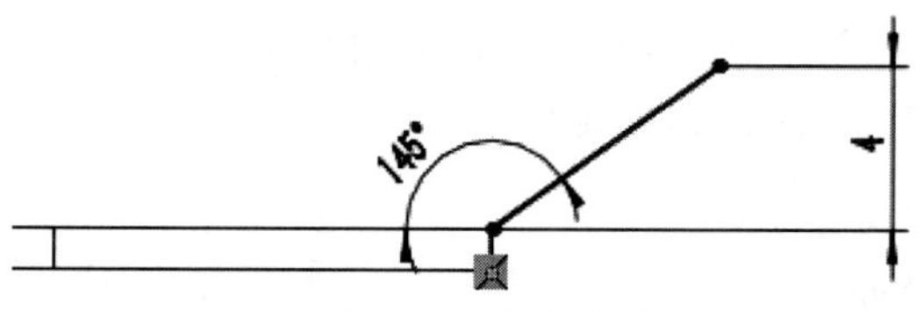

图7-26　绘制直线

08 单击【草图】选项卡中的【边角矩形】按钮，绘制矩形，如图7-27所示。

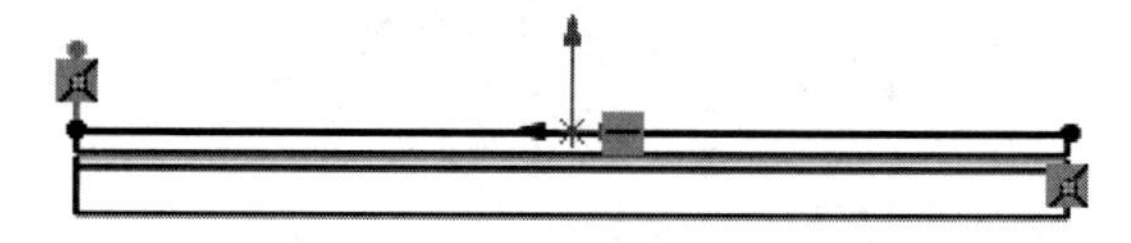

图7-27　绘制矩形

09 单击【钣金】选项卡中的【扫描法兰】按钮，创建扫描法兰，如图7-28所示。

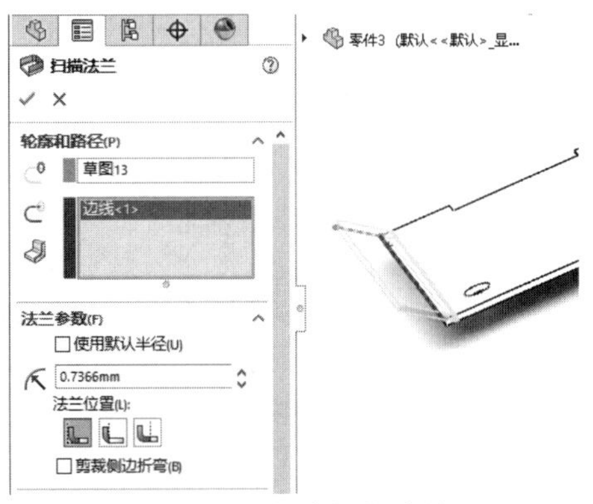

图7-28　创建扫描法兰

10 完成手机显示面板钣金件模型的绘制，如图7-29所示。

图7-29　完成手机显示面板钣金件模型

实例 164 绘制CD盒钣金零件

案例源文件：ywj\07\164.prt

01 单击【草图】选项卡中的【边角矩形】按钮，绘制矩形，如图7-30所示。

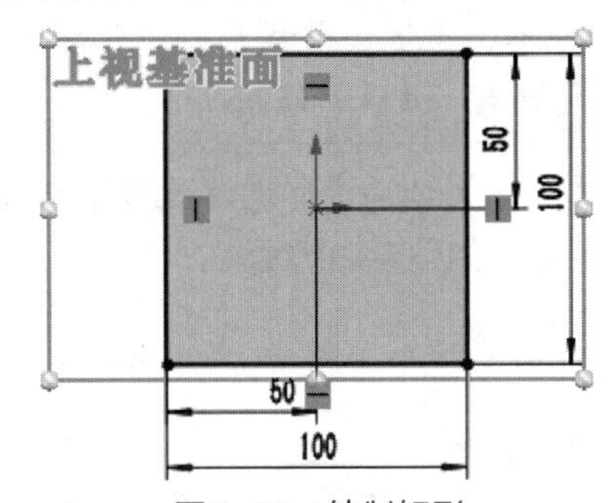

图7-30　绘制矩形

02 单击【钣金】选项卡中的【基体法兰/薄片】按钮，创建基体法兰，如图7-31所示。

03 单击【钣金】选项卡中的【边线法兰】按钮，创建边线法兰，如图7-32所示。

04 单击【钣金】选项卡中的【边线法兰】按钮，创建边线法兰，如图7-33所示。

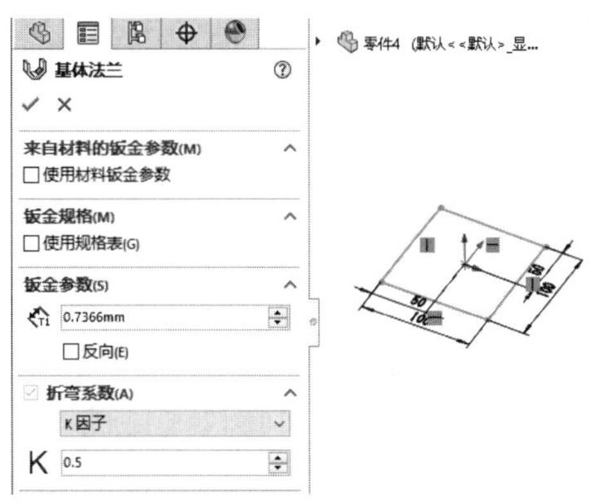

图7-31　创建基体法兰

图7-32　创建边线法兰(1)

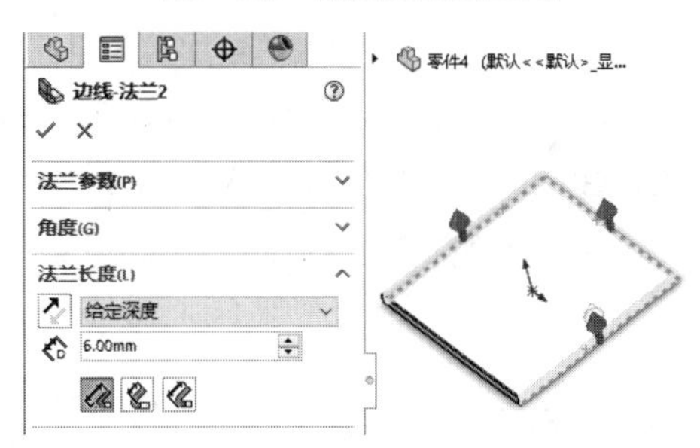

图7-33　创建边线法兰(2)

05 单击【钣金】选项卡中的【闭合角】按钮，创建钣金闭合角，如图7-34所示。

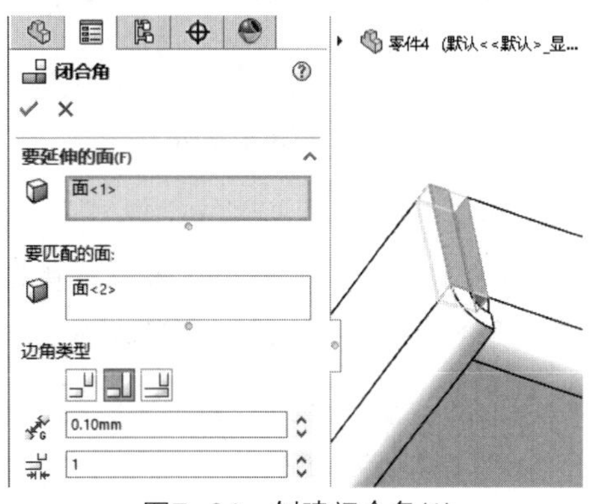

图7-34　创建闭合角(1)

06 单击【钣金】选项卡中的【闭合角】按钮，创建钣金闭合角，如图7-35所示。

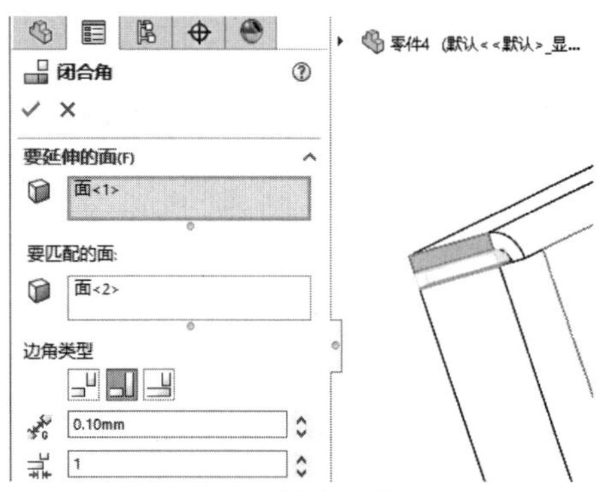

图7-35 创建闭合角(2)

07 单击【钣金】选项卡中的【闭合角】按钮，创建钣金闭合角，如图7-36所示。

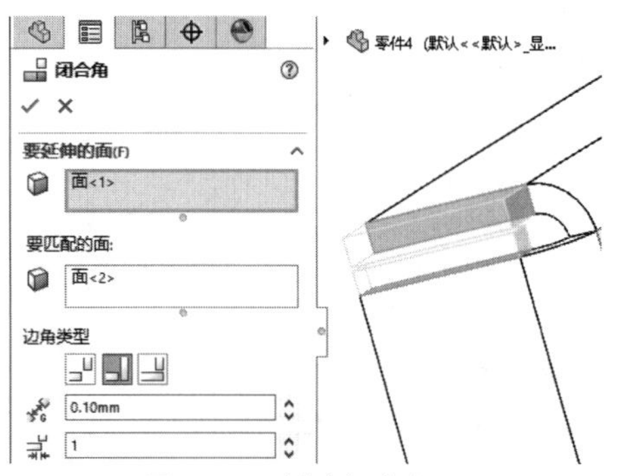

图7-36 创建闭合角(3)

08 单击【钣金】选项卡中的【闭合角】按钮，创建钣金闭合角，如图7-37所示。

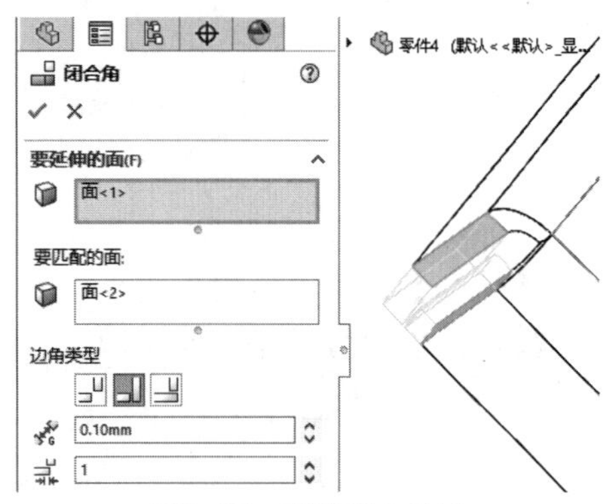

图7-37 创建闭合角(4)

> **提示**
>
> 闭合角通过为想闭合的所有边角选择面以同时闭合多个边角。闭合角可以封闭非垂直边角。

09 在设计库中，选择零件拖动到零件的表面，如图7-38所示。

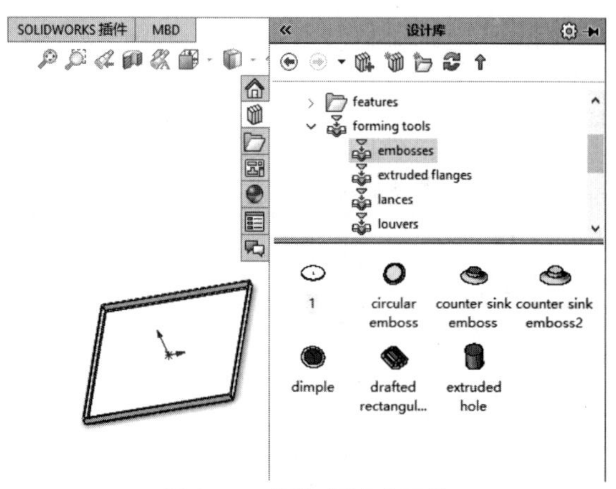

图7-38 添加设计库零件

10 单击【钣金】选项卡中的【成形工具】按钮，创建钣金成形特征，如图7-39所示。

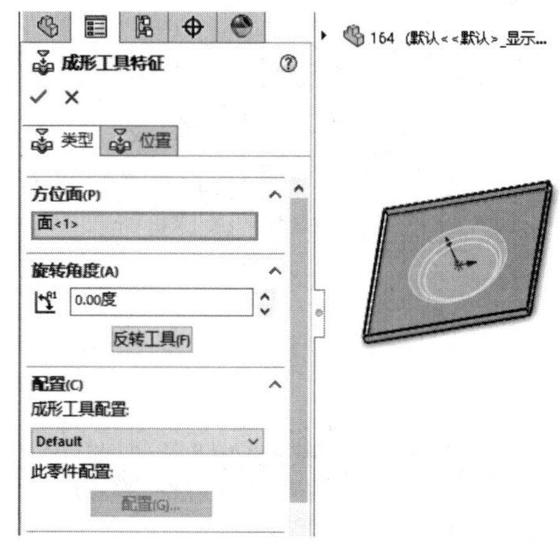

图7-39 创建成形工具特征

> **提示**
>
> 成形工具可以用作折弯、伸展或者成形钣金的冲模，生成一些成形特征，例如百叶窗、矛状器具、法兰和筋等。

11 单击【草图】选项卡中的【直线】按钮，绘制三角形，如图7-40所示。

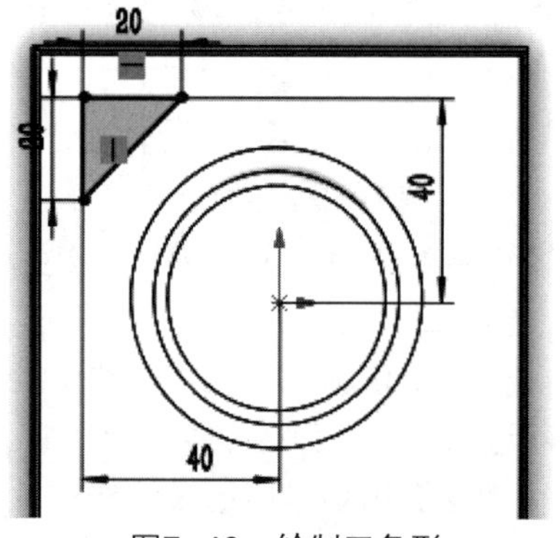

图7-40 绘制三角形

12 单击【草图】选项卡中的【绘制圆角】按钮，绘制圆角，如图7-41所示。

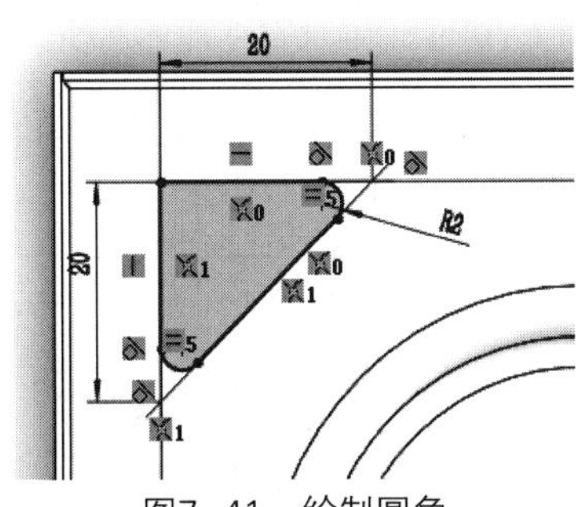

图7-41　绘制圆角

13 单击【特征】选项卡中的【拉伸切除】按钮，创建拉伸切除特征，如图7-42所示。

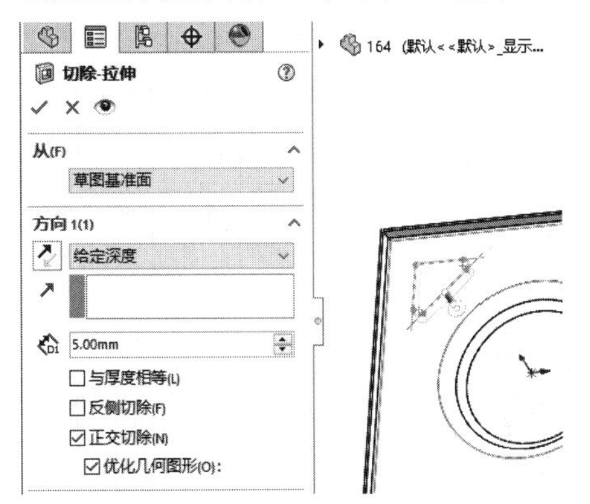

图7-42　创建拉伸切除特征

14 单击【特征】选项卡中的【圆周阵列】按钮，创建圆周阵列特征，如图7-43所示。

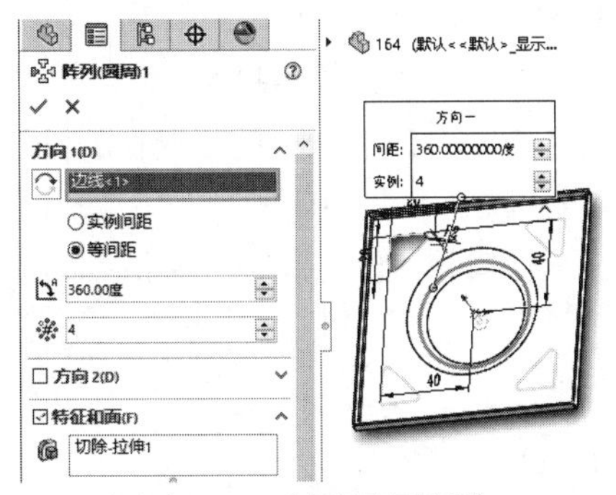

图7-43　创建圆周阵列

15 完成CD盒钣金零件的绘制，如图7-44所示。

图7-44　完成CD盒钣金零件

实例165　绘制打火机壳钣金件

案例源文件：ywj\07\165.prt

01 单击【草图】选项卡中的【边角矩形】按钮，绘制矩形，如图7-45所示。

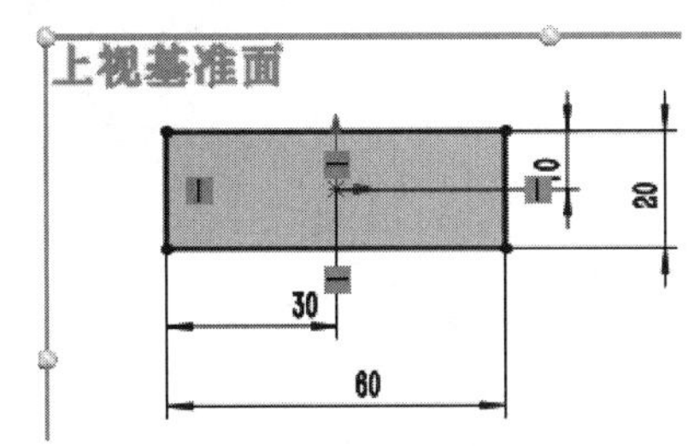

图7-45　绘制矩形

02 单击【钣金】选项卡中的【基体法兰/薄片】按钮，创建基体法兰，如图7-46所示。

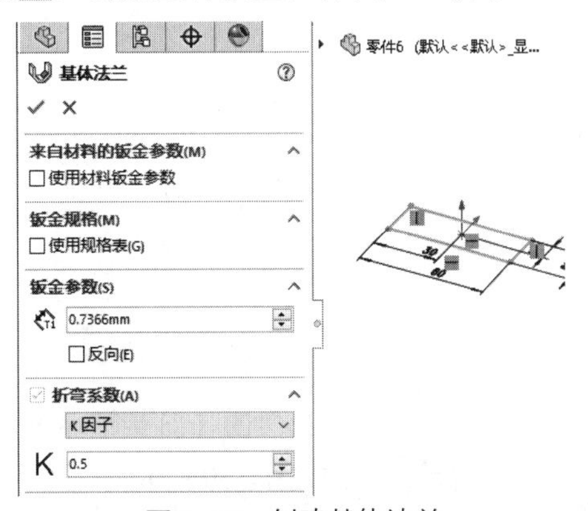

图7-46　创建基体法兰

03 单击【钣金】选项卡中的【边线法兰】按钮，创建边线法兰，如图7-47所示。

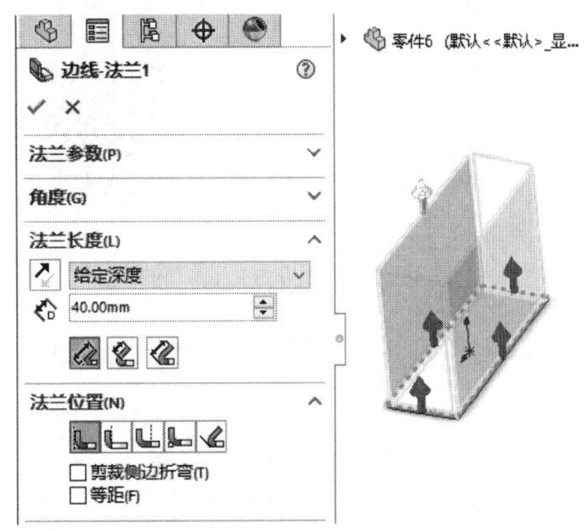

图7-47　创建边线法兰

04 单击【钣金】选项卡中的【边角释放槽】按钮，创建钣金边角释放槽，如图7-48所示。

05 单击【草图】选项卡中的【直线】按钮，绘制直线，如图7-49所示。

图7-48　创建边角释放槽

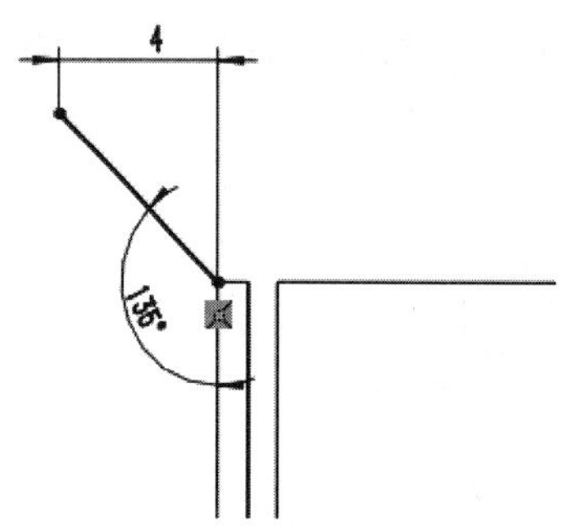

图7-49　绘制直线

06 单击【钣金】选项卡中的【斜接法兰】按钮，创建斜接法兰，如图7-50所示。

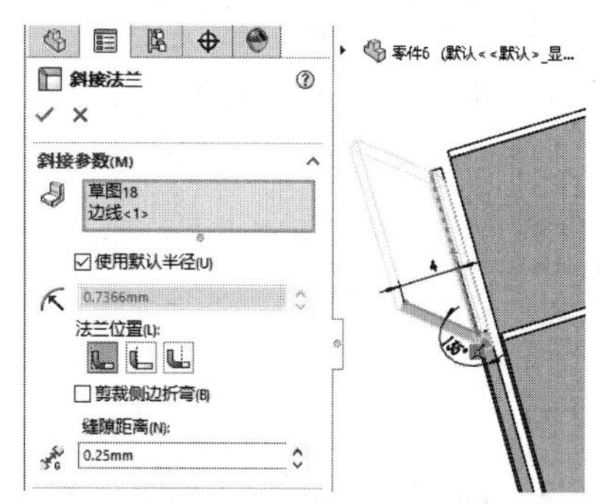

图7-50　创建斜接法兰

07 完成打火机壳钣金件模型的绘制，如图7-51所示。

图7-51　完成打火机壳钣金件模型

实例166

案例源文件：ywj\07\166.prt

绘制机箱前盖钣金

01 单击【草图】选项卡中的【边角矩形】按钮，绘制矩形，如图7-52所示。

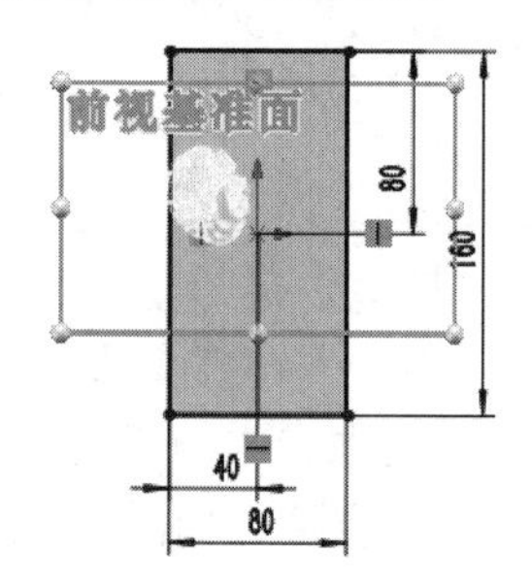

图7-52　绘制矩形

02 单击【钣金】选项卡中的【基体法兰/薄片】按钮，创建基体法兰，如图7-53所示。

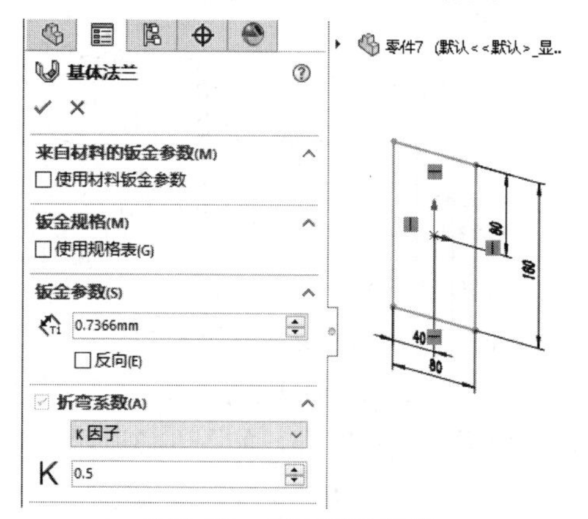

图7-53　创建基体法兰

03 单击【钣金】选项卡中的【褶边】按钮，创建钣金褶边，如图7-54所示。

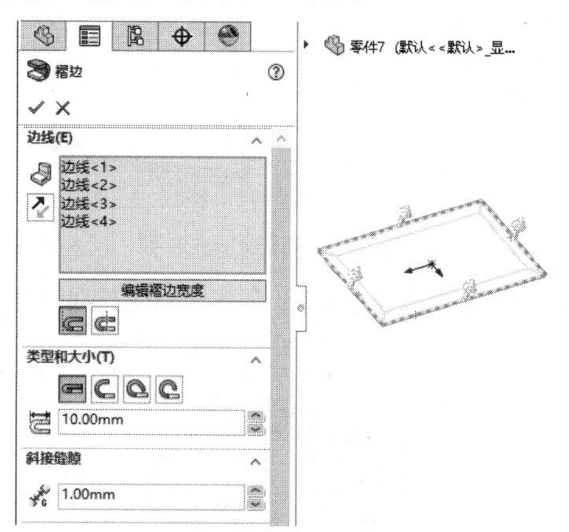

图7-54　创建褶边

04 单击【草图】选项卡中的【圆】按钮，绘制圆，如图7-55所示。

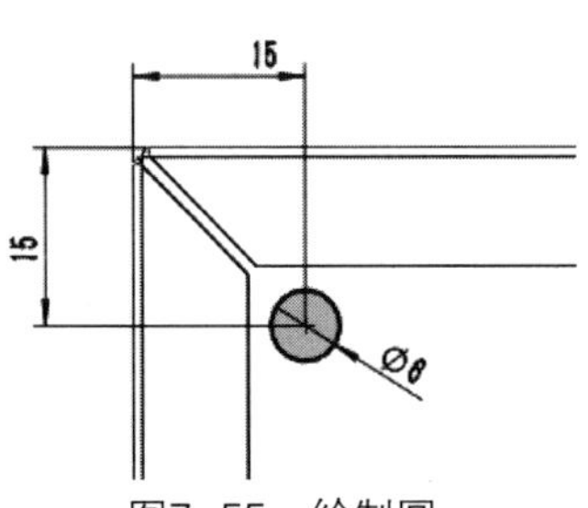

图7-55　绘制圆

05 单击【特征】选项卡中的【拉伸切除】按钮，创建拉伸切除特征，如图7-56所示。

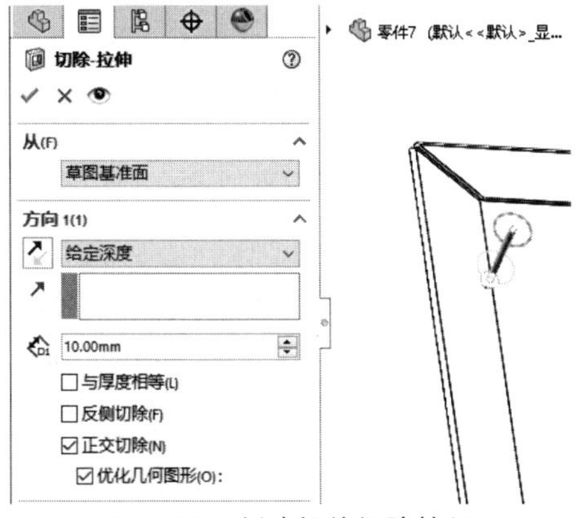

图7-56　创建拉伸切除特征

06 单击【特征】选项卡中的【线性阵列】按钮，创建线性阵列特征，如图7-57所示。

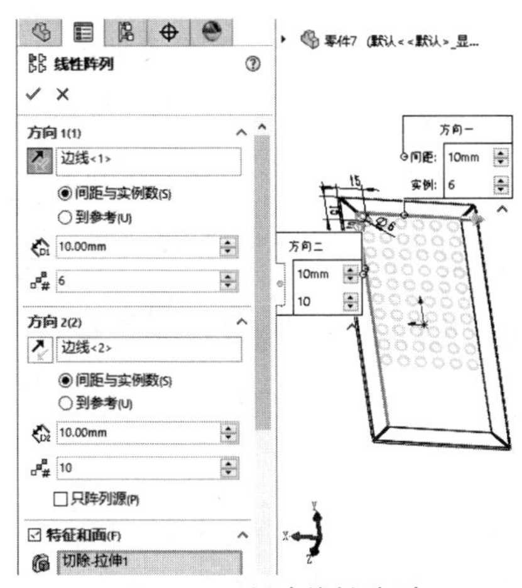

图7-57　创建线性阵列

07 完成机箱前盖钣金模型的绘制，如图7-58所示。

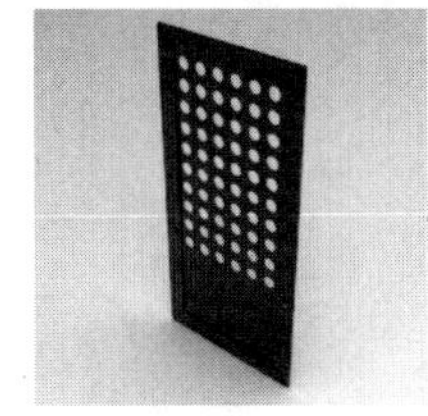
图7-58　完成机箱前盖钣金模型

实例167　绘制箱体钣金

案例源文件：ywj\07\167.prt

01 单击【草图】选项卡中的【边角矩形】按钮，绘制矩形，如图7-59所示。

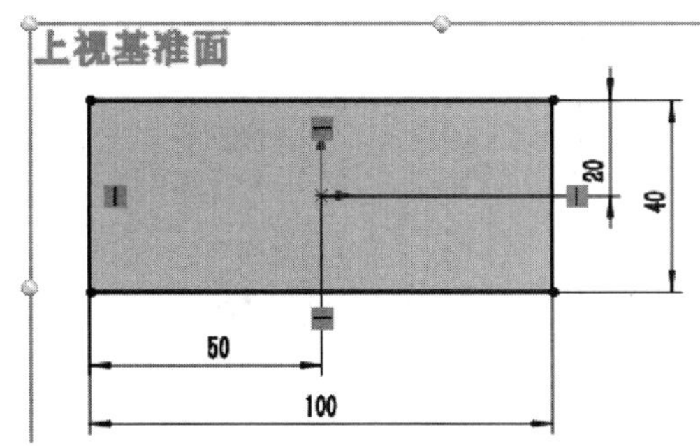

图7-59　绘制矩形

02 单击【钣金】选项卡中的【基体法兰/薄片】按钮，创建基体法兰，如图7-60所示。

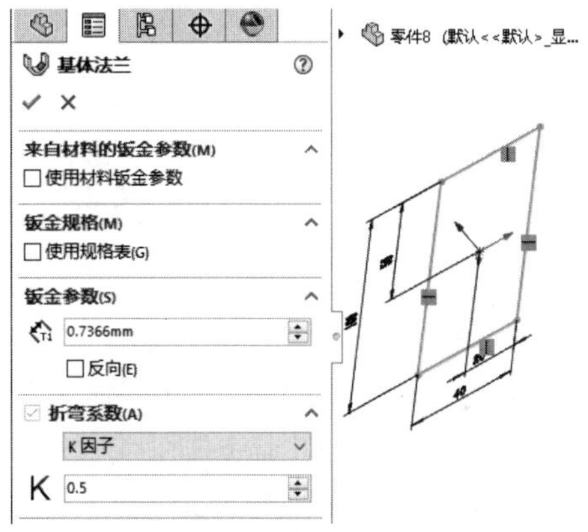

图7-60　创建基体法兰

03 单击【钣金】选项卡中的【边线法兰】按钮，创建边线法兰，如图7-61所示。

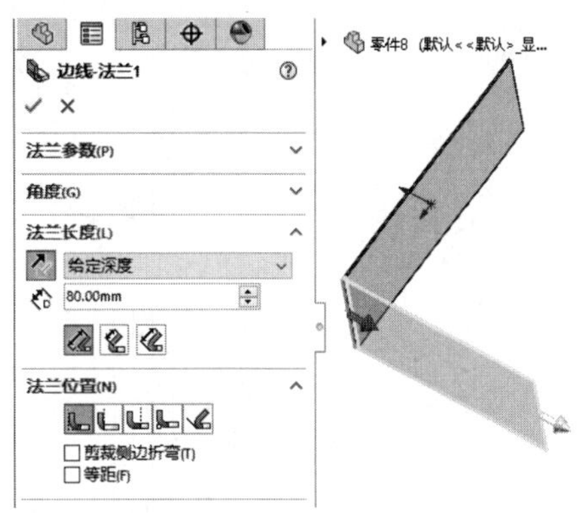

图7-61　创建边线法兰(1)

04 单击【钣金】选项卡中的【边线法兰】按钮，创建边线法兰，如图7-62所示。

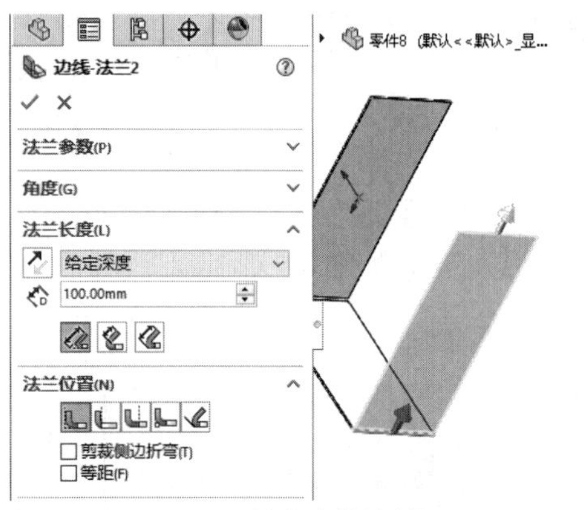

图7-62　创建边线法兰(2)

05 单击【钣金】选项卡中的【边线法兰】按钮，创建边线法兰，如图7-63所示。

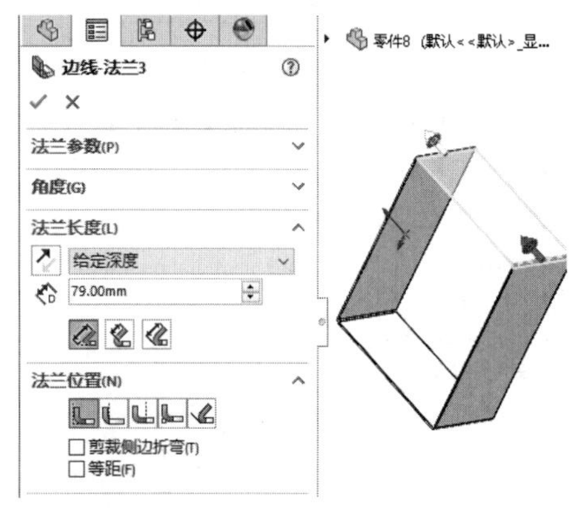

图7-63　创建边线法兰(3)

06 单击【钣金】选项卡中的【边线法兰】按钮，创建边线法兰，如图7-64所示。

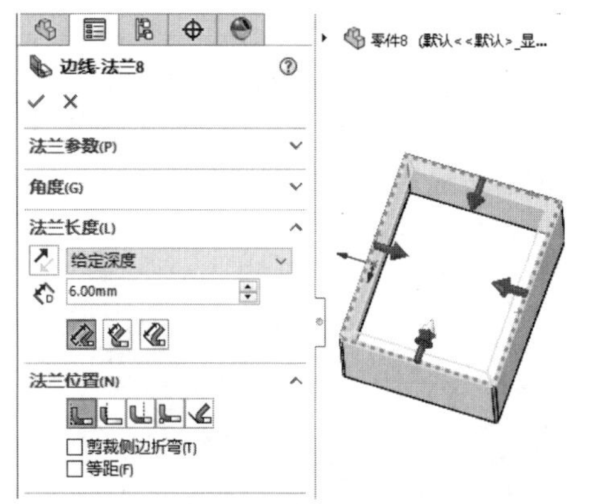

图7-64　创建边线法兰(4)

07 单击【钣金】选项卡中的【边线法兰】按钮，创建边线法兰，如图7-65所示。

08 单击【钣金】选项卡中的【边线法兰】按钮，创建边线法兰，如图7-66所示。

09 单击【钣金】选项卡中的【边线法兰】按钮，创建边线法兰，如图7-67所示。

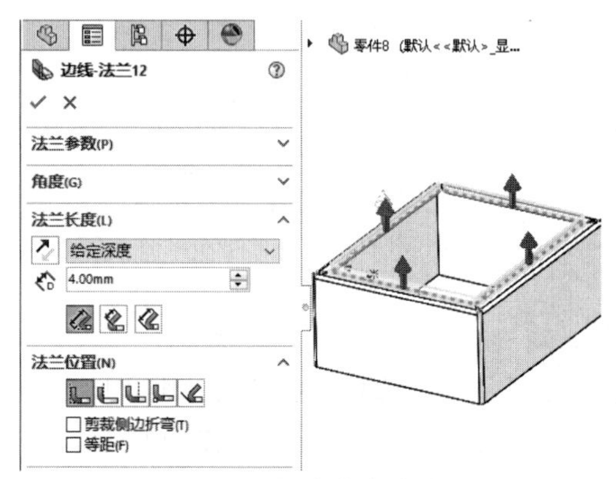

图7-65　创建边线法兰(5)

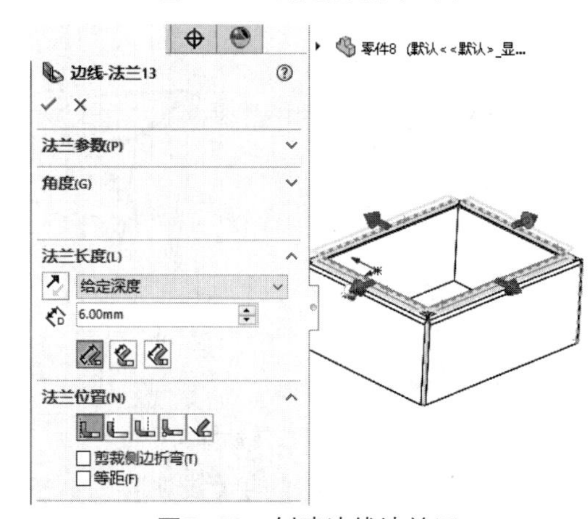

图7-66　创建边线法兰(6)

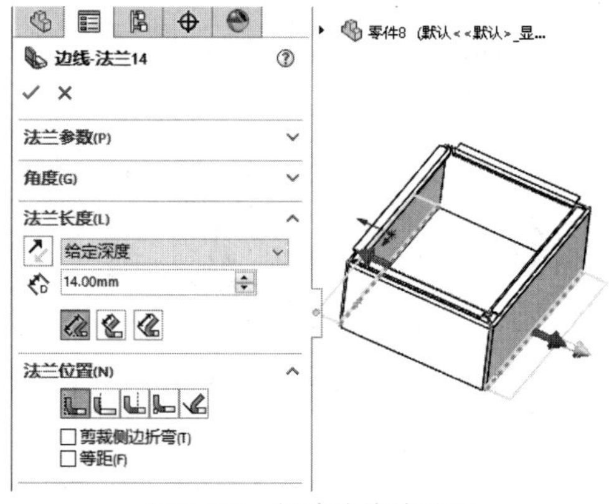

图7-67　创建边线法兰(7)

10 完成箱体钣金模型的绘制，如图7-68所示。

图7-68　完成箱体钣金模型

实例168 绘制机箱后盖钣金

案例源文件：ywj\07\168.prt

01 单击【草图】选项卡中的【边角矩形】按钮，绘制矩形，如图7-69所示。

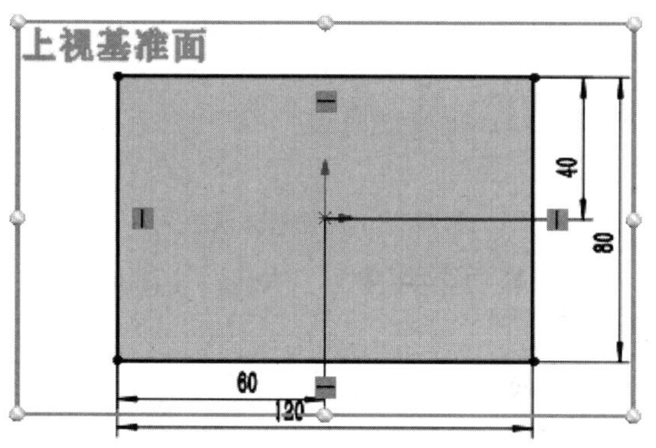

图7-69 绘制矩形

02 单击【钣金】选项卡中的【基体法兰/薄片】按钮，创建基体法兰，如图7-70所示。

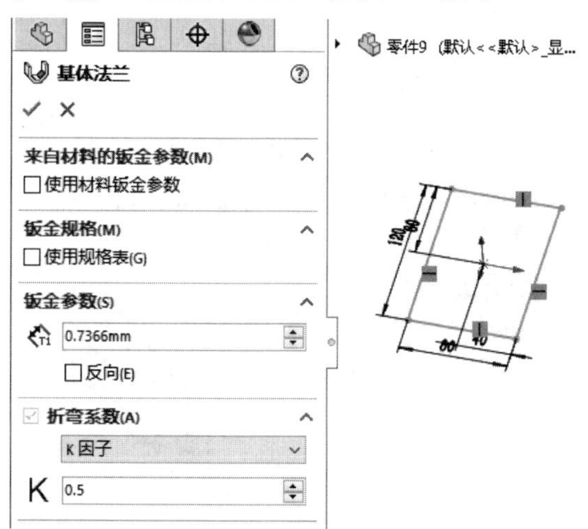

图7-70 创建基体法兰

03 单击【草图】选项卡中的【直线】按钮，绘制直线，如图7-71所示。

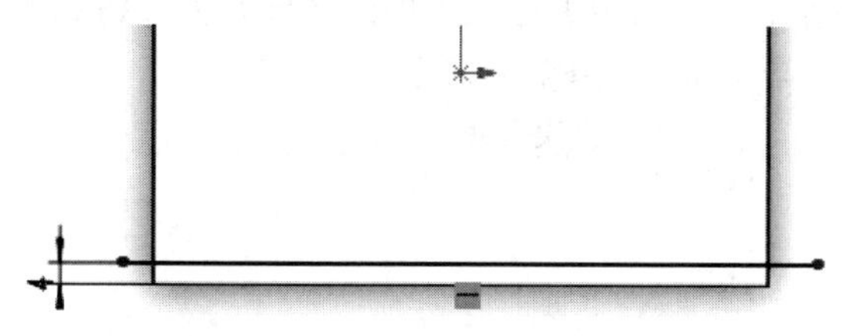

图7-71 绘制直线

04 单击【钣金】选项卡中的【转折】按钮，创建钣金转折，如图7-72所示。

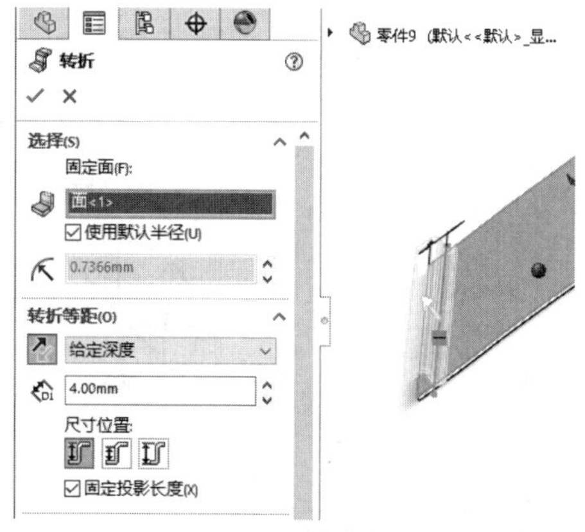

图7-72 创建转折

> **提示**
>
> 转折的草图必须只包含一条直线，直线不一定是水平直线或者垂直直线，折弯线长度不一定与正折弯的面的长度相同。

05 单击【钣金】选项卡中的【边线法兰】按钮，创建边线法兰，如图7-73所示。

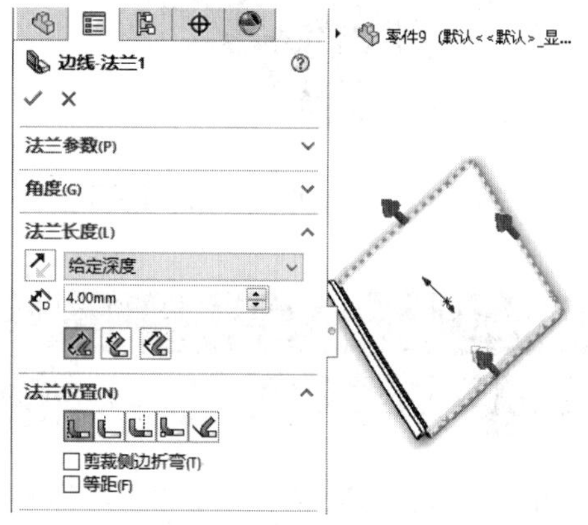

图7-73 创建边线法兰

06 单击【草图】选项卡中的【圆】按钮，绘制圆，如图7-74所示。

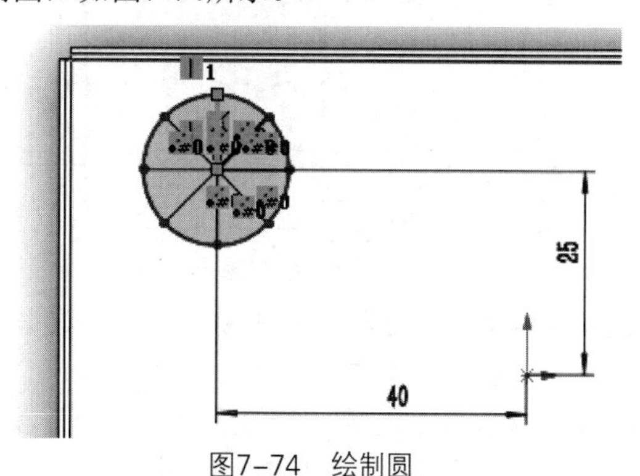

图7-74 绘制圆

07 单击【钣金】选项卡中的【通风口】按钮，创建钣金通风口，如图7-75所示。

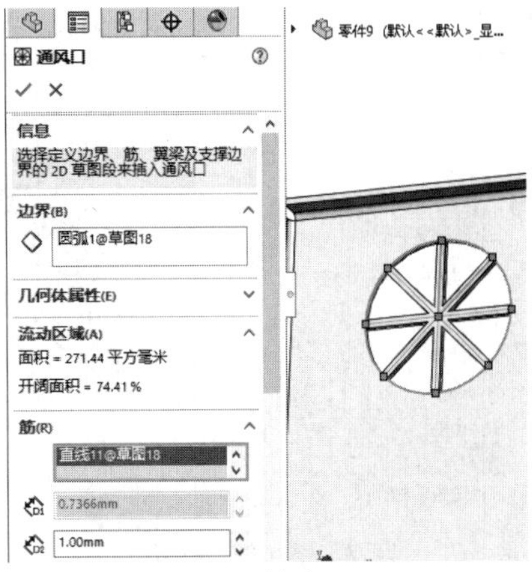

图7-75　创建通风口

08 完成机箱后盖钣金模型的绘制，如图7-76所示。

图7-76　完成机箱后盖钣金模型

实例 169　绘制机箱顶盖钣金

案例源文件：ywj\07\169.prt

01 单击【草图】选项卡中的【边角矩形】按钮，绘制矩形，如图7-77所示。

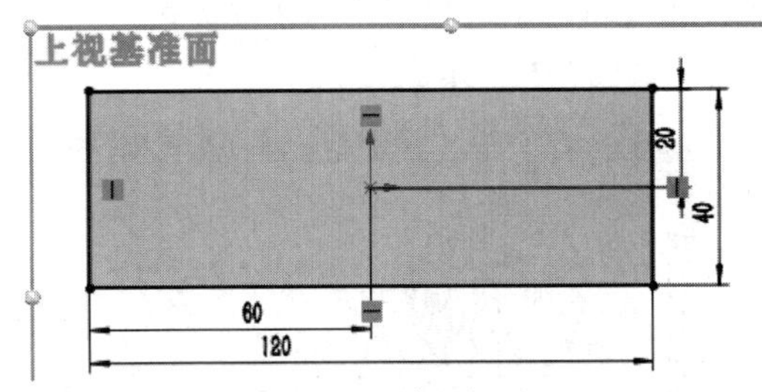

图7-77　绘制矩形

02 单击【钣金】选项卡中的【基体法兰/薄片】按钮，创建基体法兰，如图7-78所示。

03 单击【钣金】选项卡中的【边线法兰】按钮，创建边线法兰，如图7-79所示。

04 单击【钣金】选项卡中的【边线法兰】按钮，创建边线法兰，如图7-80所示。

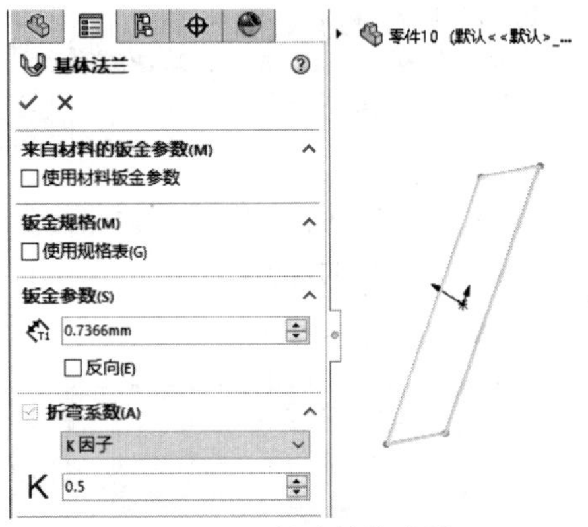

图7-78　创建基体法兰

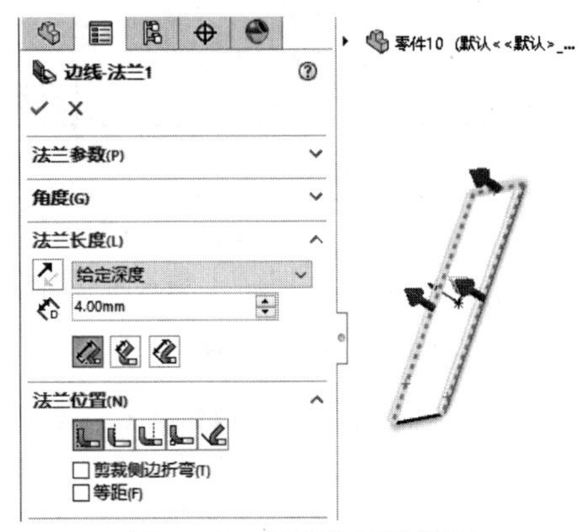

图7-79　创建边线法兰(1)

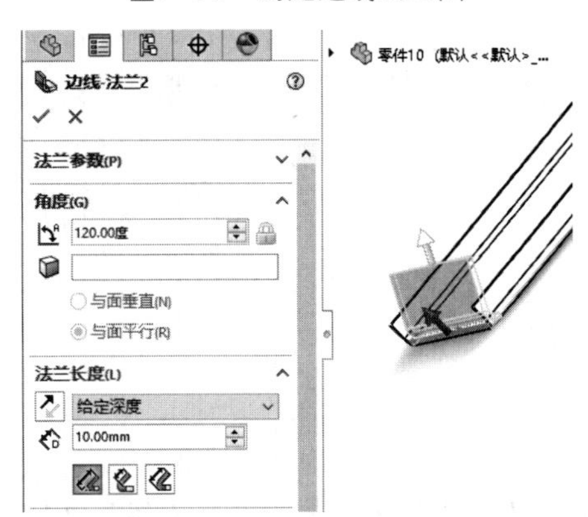

图7-80　创建边线法兰(2)

05 单击【钣金】选项卡中的【展开】按钮，展开钣金，如图7-81所示。

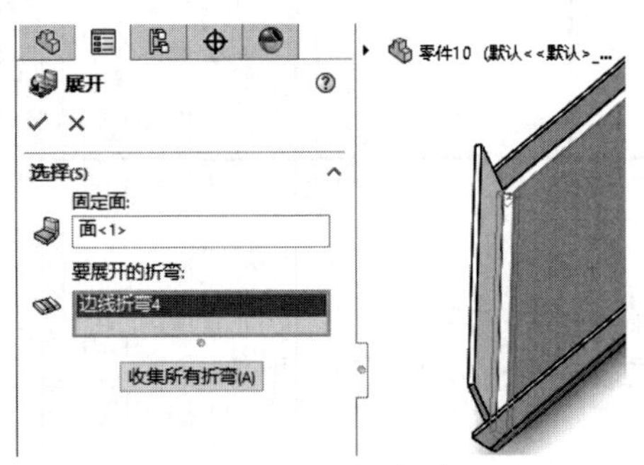

图7-81　展开钣金

06 单击【钣金】选项卡中的【简单直孔】按钮，创建简单直孔，如图7-82所示。

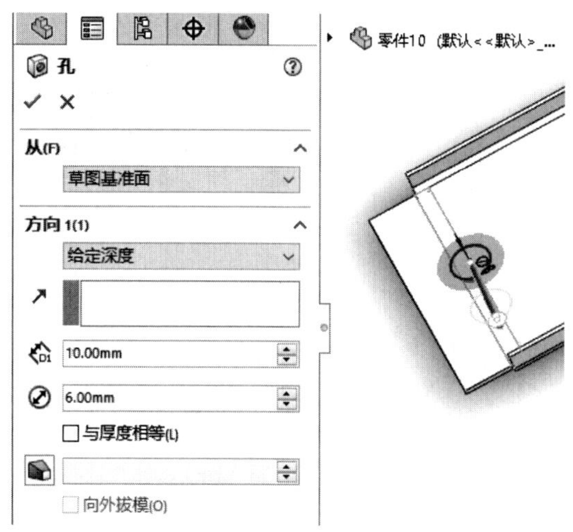

图7-82　创建孔

07 单击【钣金】选项卡中的【折叠】按钮，折叠钣金，如图7-83所示。

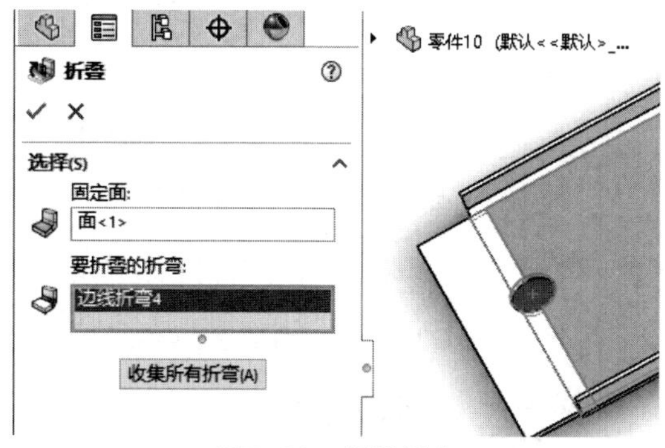

图7-83　折叠钣金

08 单击【草图】选项卡中的【边角矩形】按钮，绘制矩形，如图7-84所示。

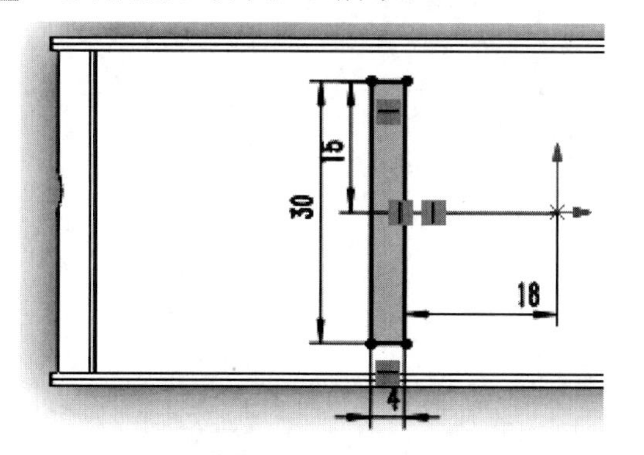

图7-84　绘制矩形

09 单击【特征】选项卡中的【线性阵列】按钮，创建线性阵列特征，如图7-85所示。

10 单击【特征】选项卡中的【拉伸切除】按钮，创建拉伸切除特征，如图7-86所示。

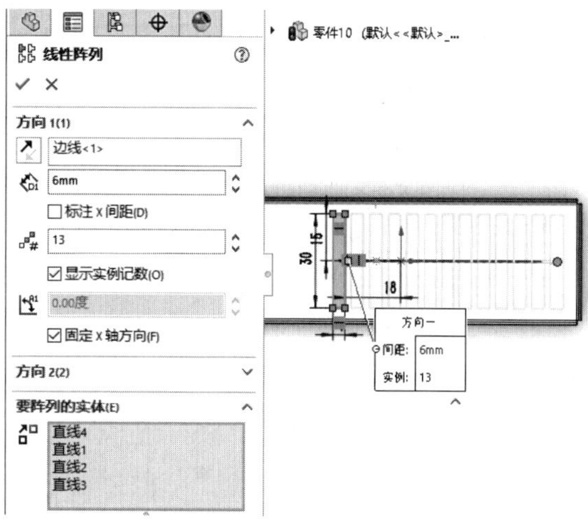

图7-85　创建线性阵列

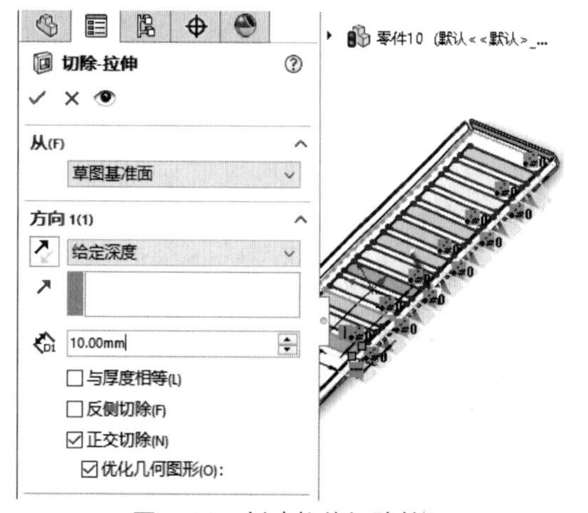

图7-86　创建拉伸切除特征

11 完成机箱顶盖钣金模型的绘制，如图7-87所示。

图7-87　完成机箱顶盖钣金模型

实例 170　绘制机箱底座钣金

案例源文件：ywj\07\170.prt

01 单击【草图】选项卡中的【边角矩形】按钮，绘制矩形，如图7-88所示。

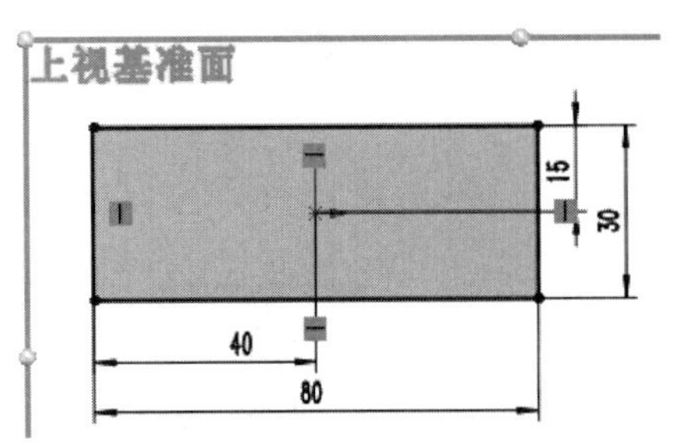

图7-88　绘制矩形

02 单击【钣金】选项卡中的【基体法兰/薄片】按钮，创建基体法兰，如图7-89所示。

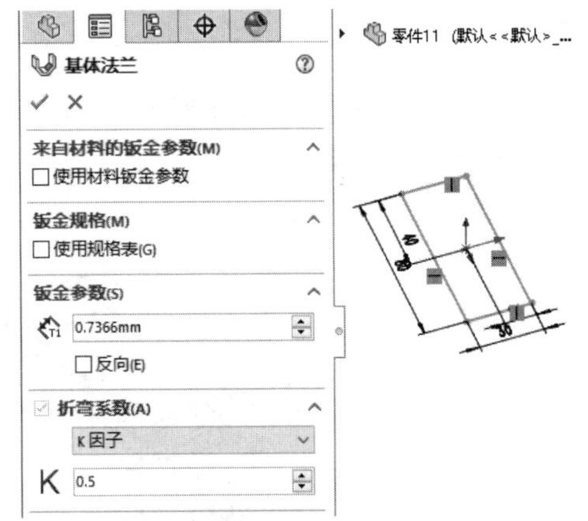

图7-89　创建基体法兰

03 单击【钣金】选项卡中的【边线法兰】按钮，创建边线法兰，如图7-90所示。

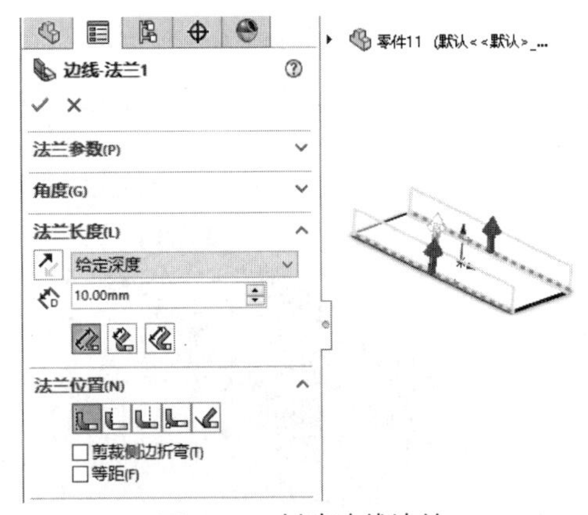

图7-90　创建边线法兰

04 单击【焊件】选项卡中的【钣金角撑板】按钮，创建钣金角撑板，如图7-91所示。

05 单击【焊件】选项卡中的【钣金角撑板】按钮，创建钣金角撑板，如图7-92所示。

06 单击【特征】选项卡中的【线性阵列】按钮，创建线性阵列特征，如图7-93所示。

07 完成机箱底座钣金模型的绘制，如图7-94所示。

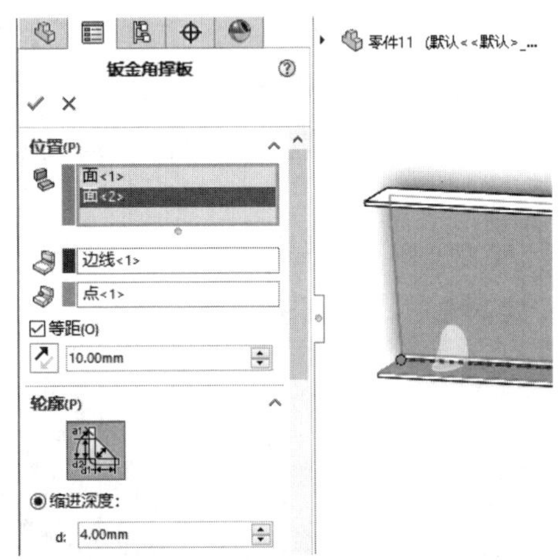

图7-91　创建钣金角撑板(1)

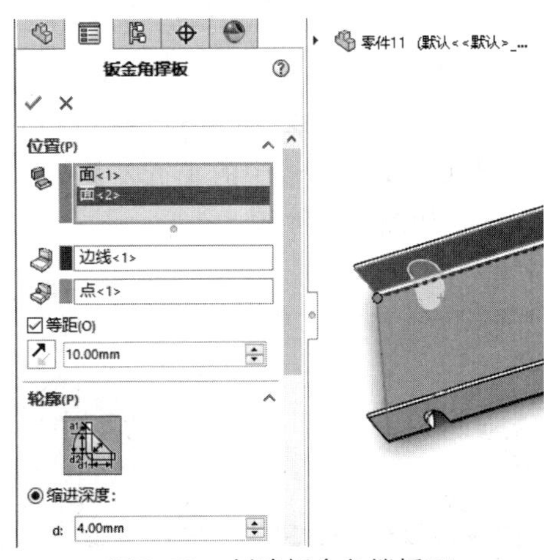

图7-92　创建钣金角撑板(2)

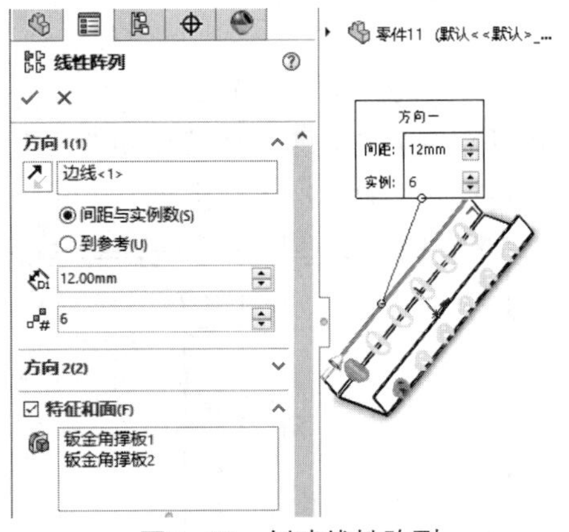

图7-93　创建线性阵列

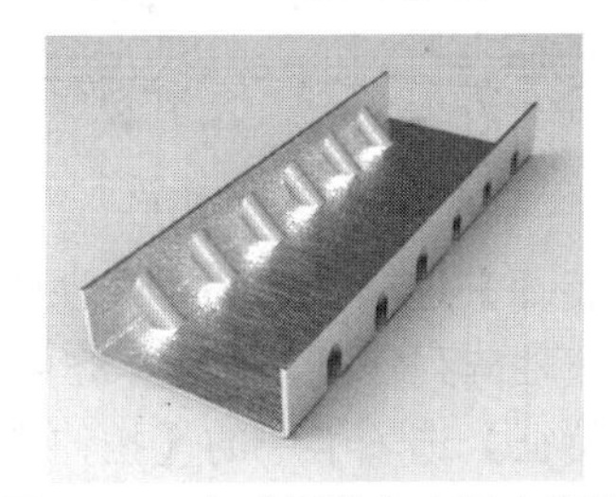

图7-94　完成机箱底座钣金模型

实例 171 绘制固定件钣金

案例源文件：ywj\07\171.prt

01 单击【草图】选项卡中的【边角矩形】按钮，绘制矩形，如图7-95所示。

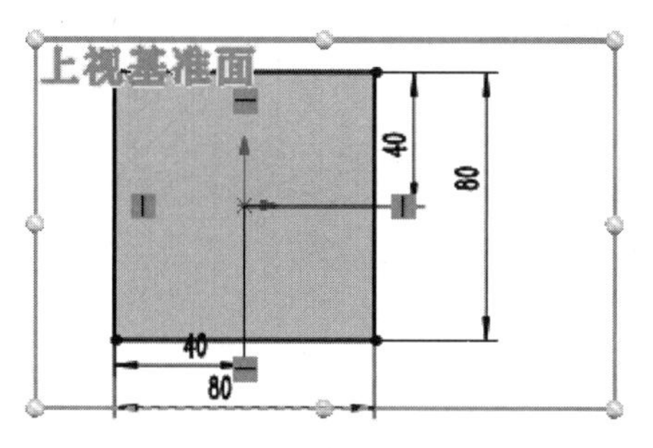

图7-95 绘制矩形

02 单击【钣金】选项卡中的【基体法兰/薄片】按钮，创建基体法兰，如图7-96所示。

图7-96 创建基体法兰

03 单击【钣金】选项卡中的【边线法兰】按钮，创建边线法兰，如图7-97所示。

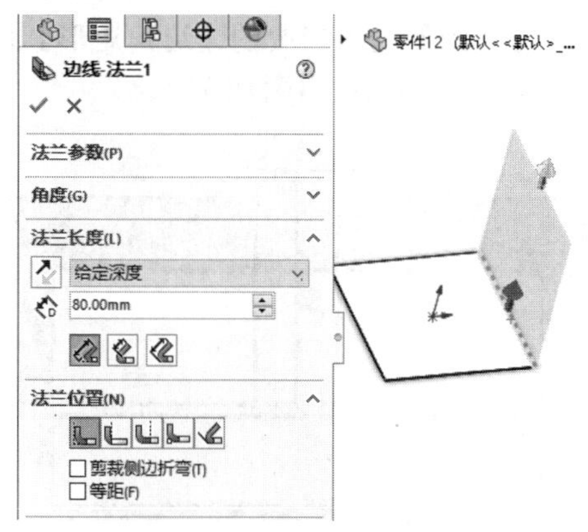

图7-97 创建边线法兰

04 单击【焊件】选项卡中的【钣金角撑板】按钮，创建钣金角撑板，如图7-98所示。

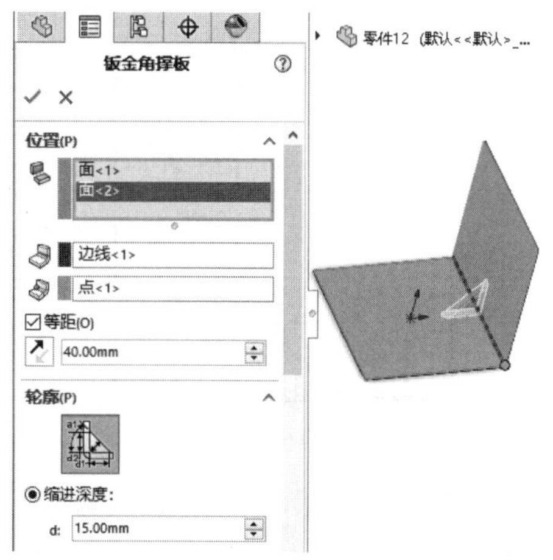

图7-98 创建钣金角撑板

05 单击【草图】选项卡中的【圆】按钮，绘制圆，如图7-99所示。

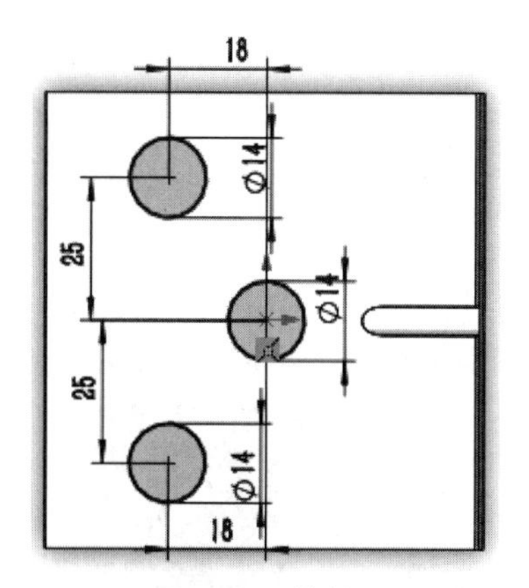

图7-99 绘制圆

06 单击【特征】选项卡中的【拉伸切除】按钮，创建拉伸切除特征，如图7-100所示。

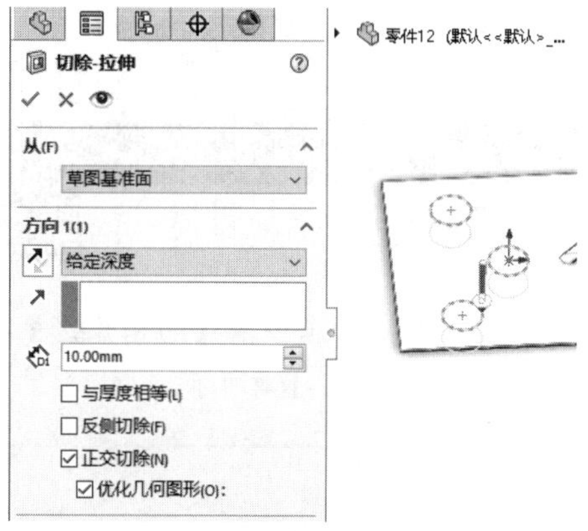

图7-100 创建拉伸切除特征

07 单击【草图】选项卡中的【圆】按钮，绘制圆，如图7-101所示。

08 单击【特征】选项卡中的【拉伸切除】按钮，创建拉伸切除特征，如图7-102所示。

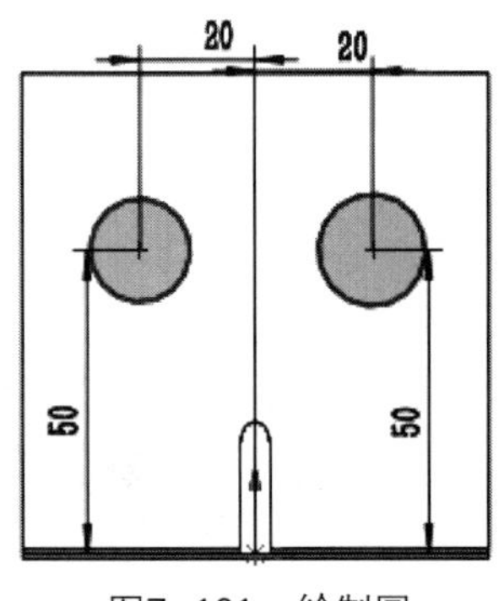

图7-101　绘制圆

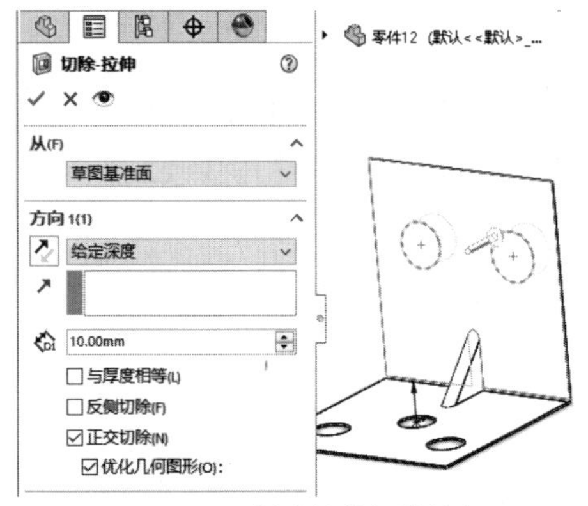

图7-102　创建拉伸切除特征

09 完成固定件钣金模型的绘制，如图7-103所示。

图7-103　完成固定件钣金

实例 172 绘制夹子钣金

案例源文件：ywj\07\172.prt

01 单击【草图】选项卡中的【边角矩形】按钮，绘制矩形，如图7-104所示。

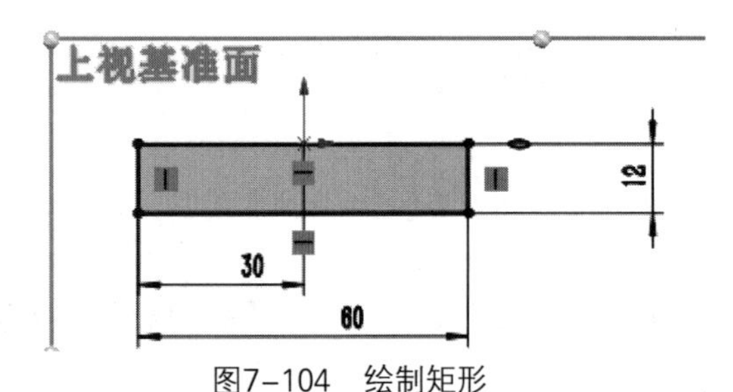

图7-104　绘制矩形

02 单击【钣金】选项卡中的【基体法兰/薄片】按钮，创建基体法兰，如图7-105所示。

图7-105　创建基体法兰

03 单击【钣金】选项卡中的【边线法兰】按钮，创建边线法兰，如图7-106所示。

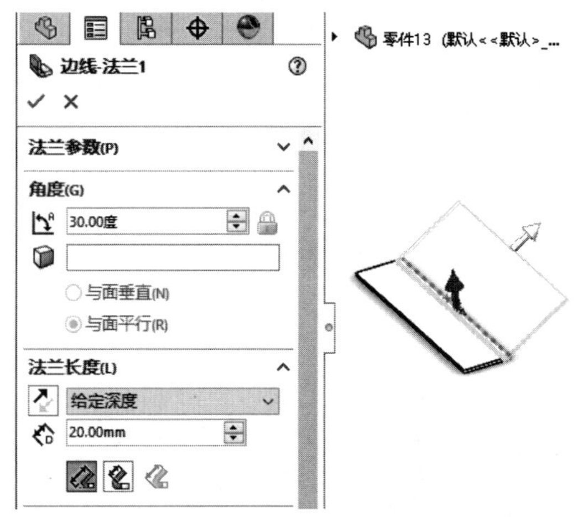

图7-106　创建边线法兰

04 单击【草图】选项卡中的【边角矩形】按钮，绘制矩形，如图7-107所示。

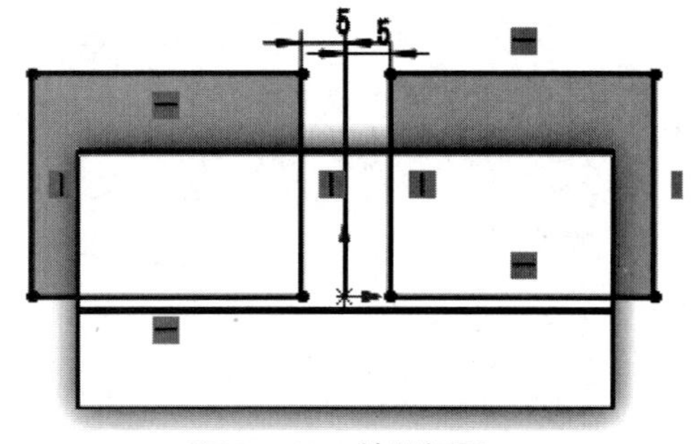

图7-107　绘制矩形

05 单击【特征】选项卡中的【拉伸切除】按钮，创建拉伸切除特征，如图7-108所示。

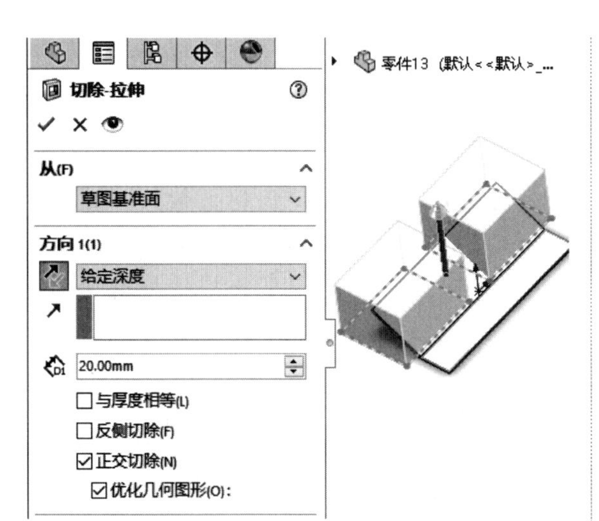

图7-108　创建拉伸切除特征

06 单击【草图】选项卡中的【圆】按钮，绘制圆，如图7-109所示。

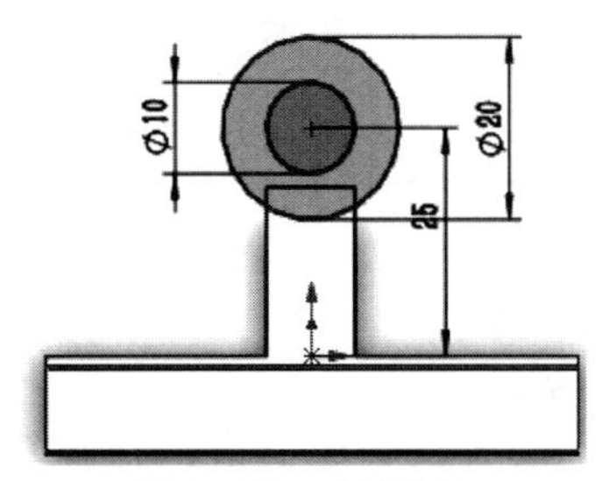

图7-109　绘制圆

07 单击【钣金】选项卡中的【基体法兰/薄片】按钮，创建基体法兰，如图7-110所示。

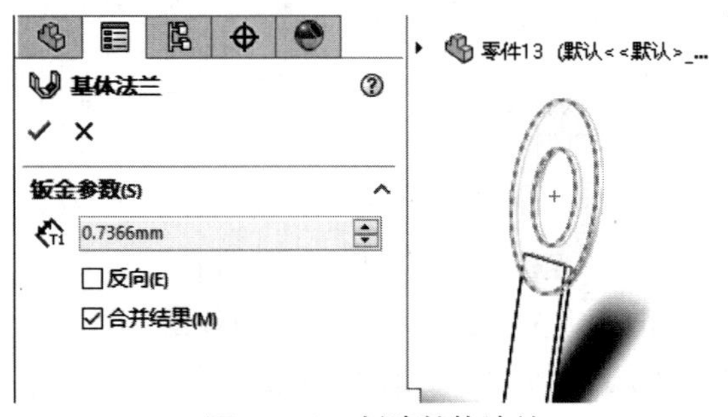

图7-110　创建基体法兰

08 完成夹子钣金模型的绘制，如图7-111所示。

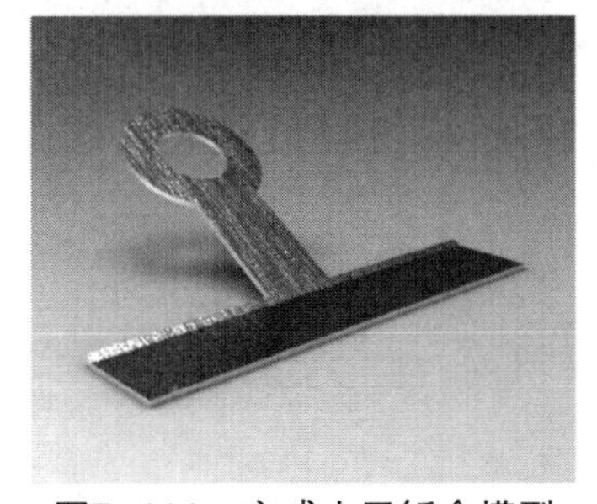

图7-111　完成夹子钣金模型

实例 173　绘制液晶显示器钣金件

案例源文件：ywj\07\173.prt

01 单击【草图】选项卡中的【边角矩形】按钮，绘制矩形，如图7-112所示。

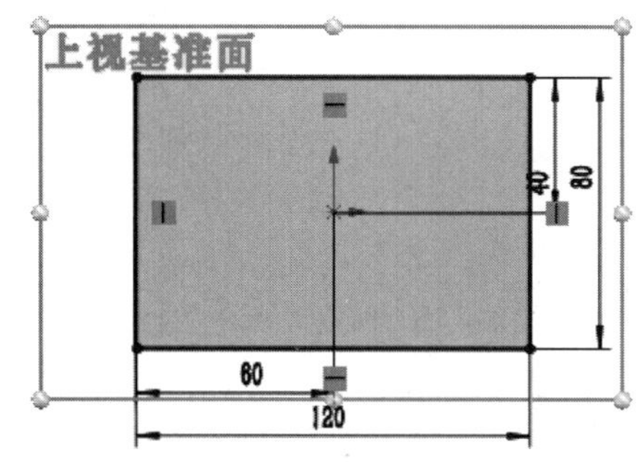

图7-112　绘制矩形

02 单击【钣金】选项卡中的【基体法兰/薄片】按钮，创建基体法兰，如图7-113所示。

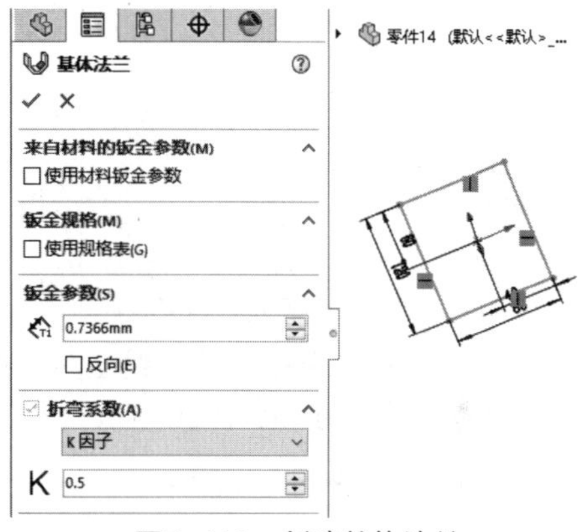

图7-113　创建基体法兰

03 单击【钣金】选项卡中的【交叉-折断】按钮，创建交叉-折断，如图7-114所示。

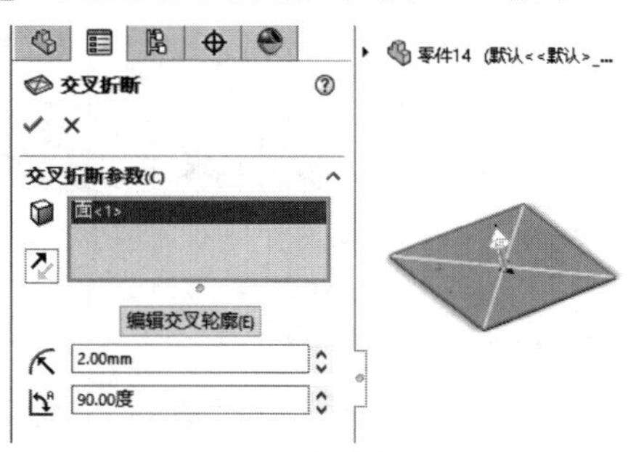

图7-114　创建交叉-折断

04 单击【钣金】选项卡中的【边线法兰】按钮，创建边线法兰，如图7-115所示。

05 单击【钣金】选项卡中的【边线法兰】按钮，创建边线法兰，如图7-116所示。

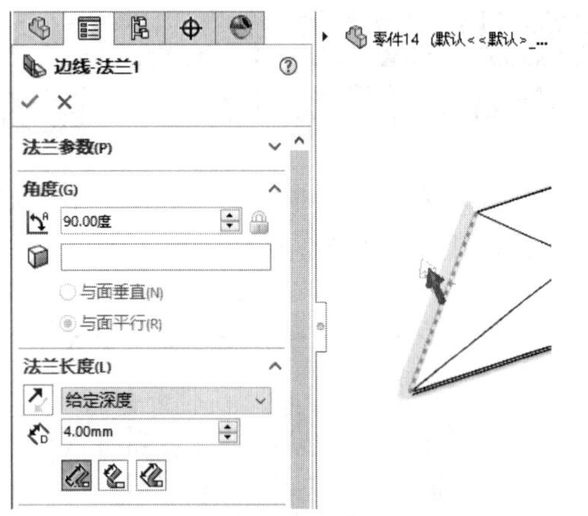

图7–115　创建边线法兰(1)

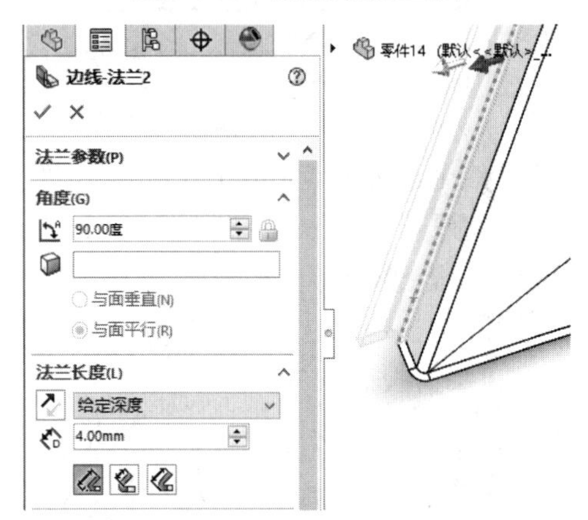

图7–116　创建边线法兰(2)

06 单击【钣金】选项卡中的【边线法兰】按钮，创建边线法兰，如图7-117所示。

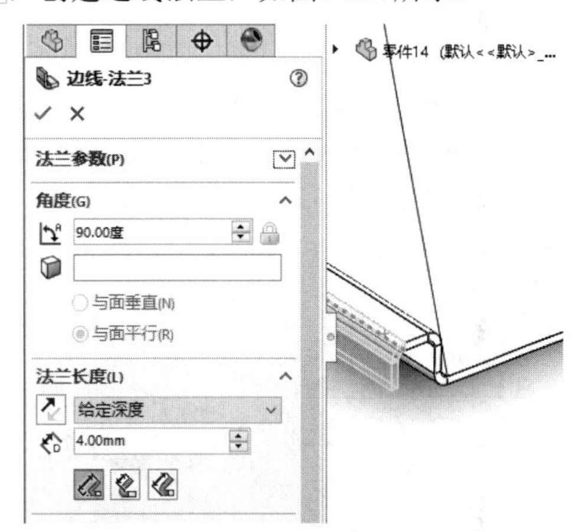

图7–117　创建边线法兰(3)

07 单击【钣金】选项卡中的【边线法兰】按钮，创建边线法兰，如图7-118所示。

08 单击【草图】选项卡中的【边角矩形】按钮，绘制矩形，如图7-119所示。

09 单击【特征】选项卡中的【拉伸切除】按钮，创建拉伸切除特征，如图7-120所示。

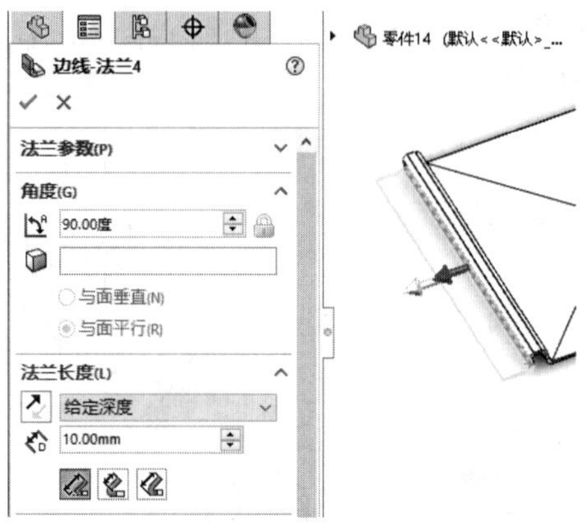

图7–118　创建边线法兰(4)

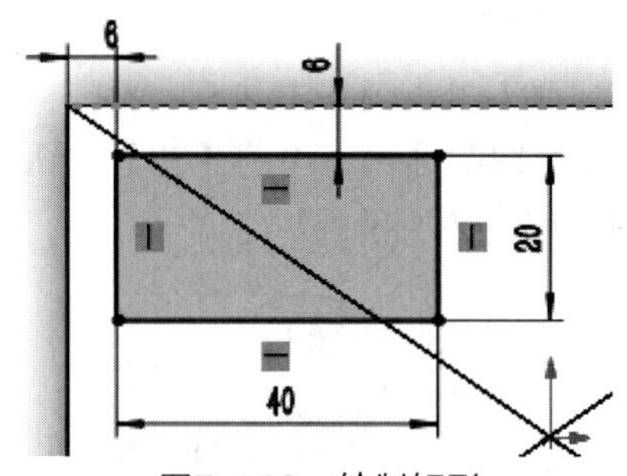

图7–119　绘制矩形

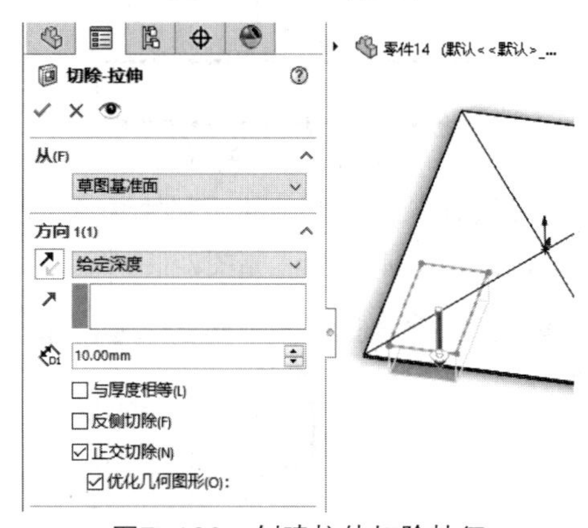

图7–120　创建拉伸切除特征

10 单击【钣金】选项卡中的【边线法兰】按钮，创建边线法兰，如图7-121所示。

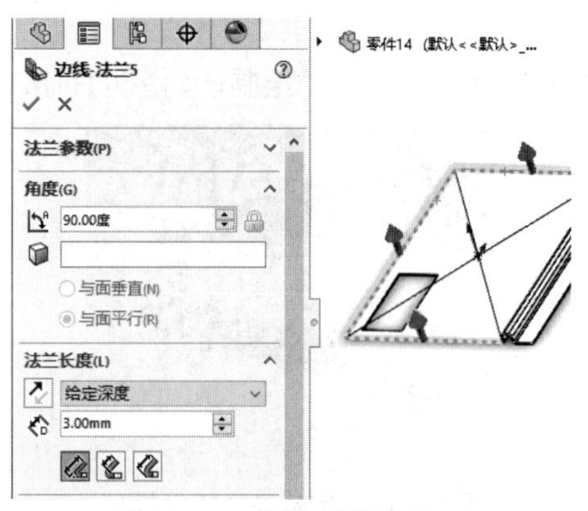

图7–121　创建边线法兰(5)

11 完成液晶显示器钣金件模型的绘制，如图7-122所示。

图7-122 完成液晶显示器钣金件模型

实例 174 绘制壳体钣金件

案例源文件：ywj\07\174.prt

01 单击【草图】选项卡中的【边角矩形】按钮，绘制矩形，如图7-123所示。

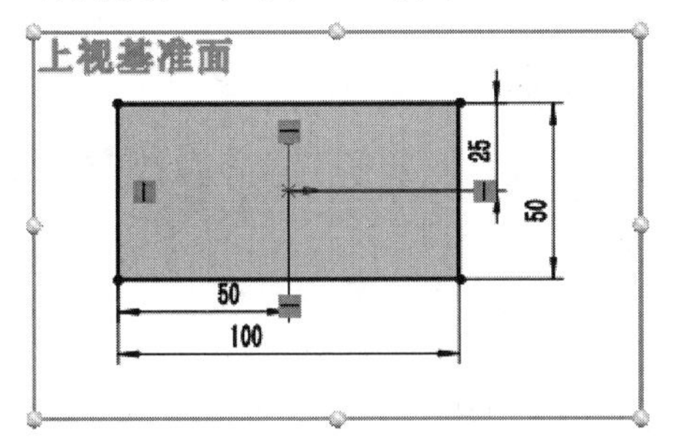

图7-123 绘制矩形

02 单击【钣金】选项卡中的【基体法兰/薄片】按钮，创建基体法兰，如图7-124所示。

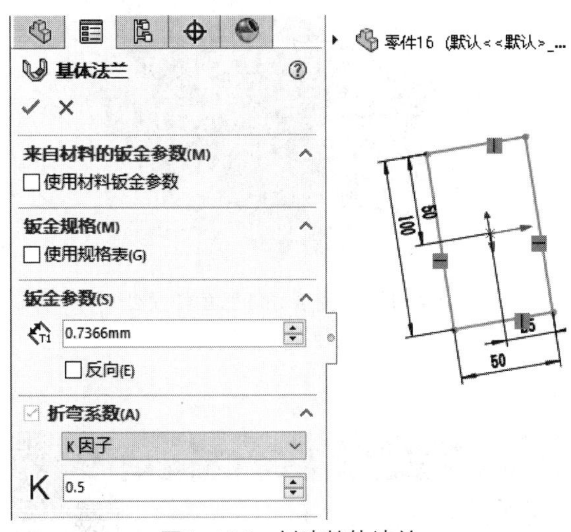

图7-124 创建基体法兰

03 单击【钣金】选项卡中的【边线法兰】按钮，创建边线法兰，如图7-125所示。

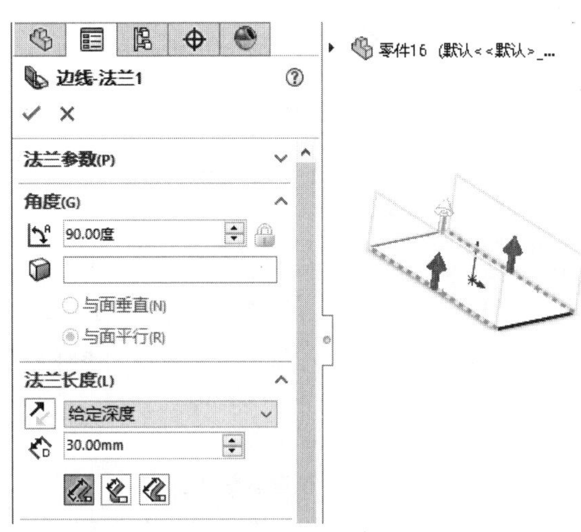

图7-125 创建边线法兰(1)

04 单击【钣金】选项卡中的【边线法兰】按钮，创建边线法兰，如图7-126所示。

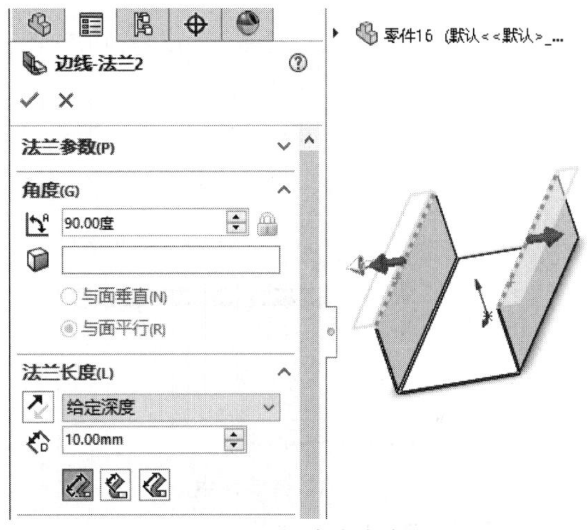

图7-126 创建边线法兰(2)

05 单击【草图】选项卡中的【直线】按钮，绘制直线，如图7-127所示。

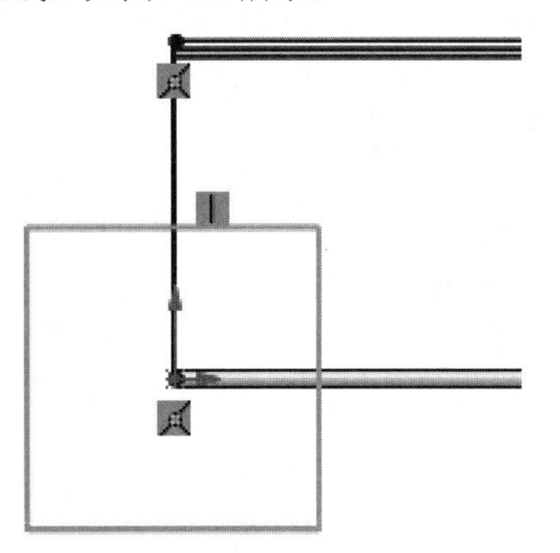

图7-127 绘制直线

06 单击【钣金】选项卡中的【斜接法兰】按钮，创建斜接法兰，如图7-128所示。

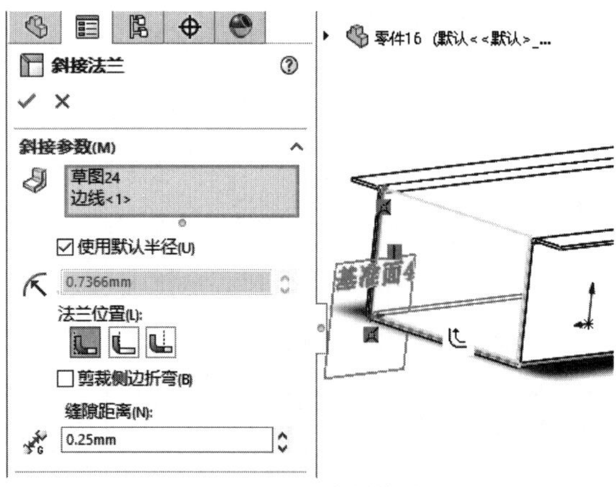

图7-128　创建斜接法兰

07 单击【草图】选项卡中的【直线】按钮，绘制直线，如图7-129所示。

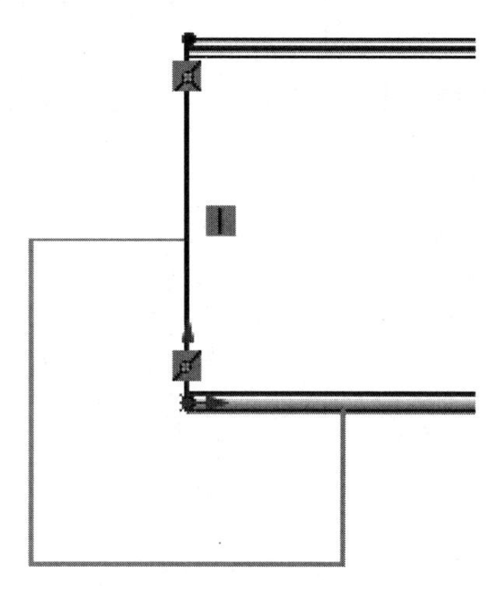

图7-129　绘制直线

08 单击【钣金】选项卡中的【斜接法兰】按钮，创建斜接法兰，如图7-130所示。

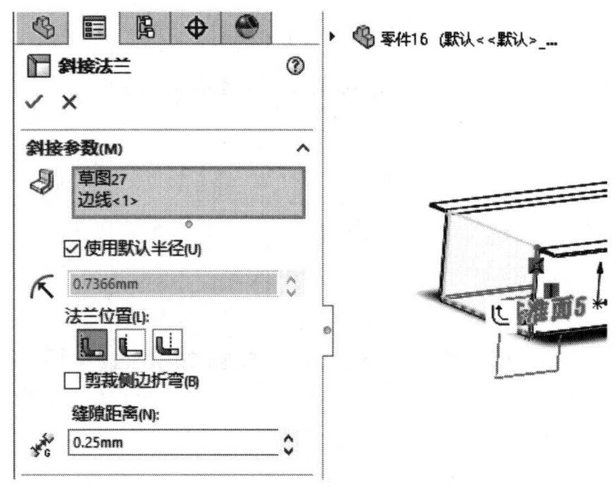

图7-130　创建斜接法兰

09 单击【草图】选项卡中的【圆】按钮，绘制圆，如图7-131所示。

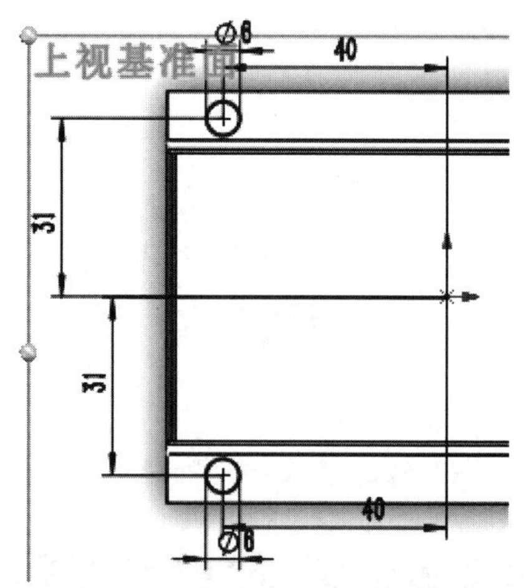

图7-131　绘制圆

10 单击【特征】选项卡中的【拉伸切除】按钮，创建拉伸切除特征，如图7-132所示。

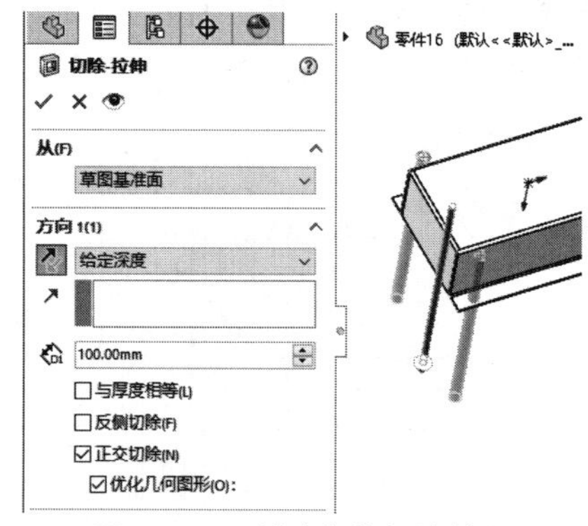

图7-132　创建拉伸切除特征

11 完成壳体钣金件模型的绘制，如图7-133所示。

图7-133　完成壳体钣金件模型

实例 175　绘制灯罩钣金件

案例源文件：ywj\07\175.prt

01 单击【草图】选项卡中的【圆】按钮，绘制圆，如图7-134所示。

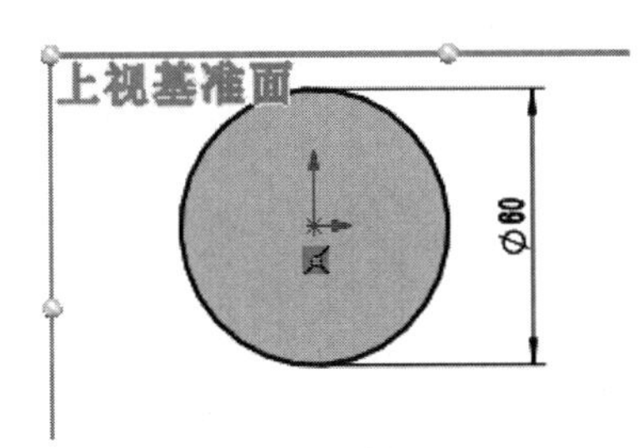

图7–134　绘制圆

02 单击【钣金】选项卡中的【基体法兰/薄片】按钮，创建基体法兰，如图7-135所示。

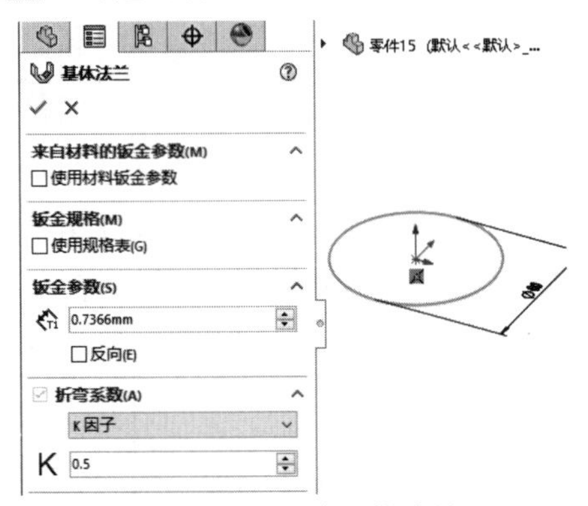

图7–135　创建基体法兰

03 单击【草图】选项卡中的【圆】按钮，绘制圆，如图7-136所示。

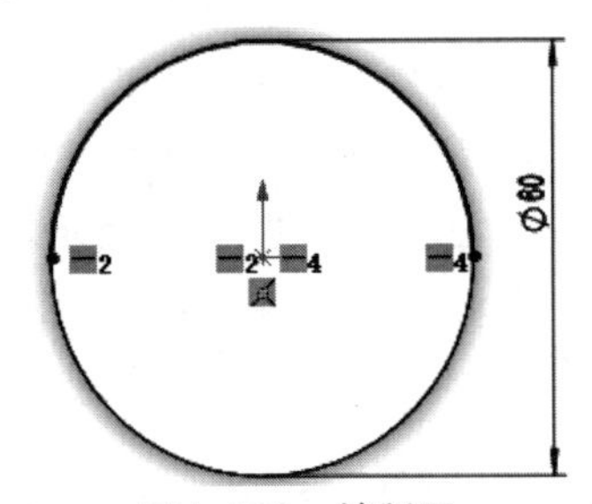

图7–136　绘制圆

04 单击【特征】选项卡中的【基准面】按钮，创建基准面，如图7-137所示。

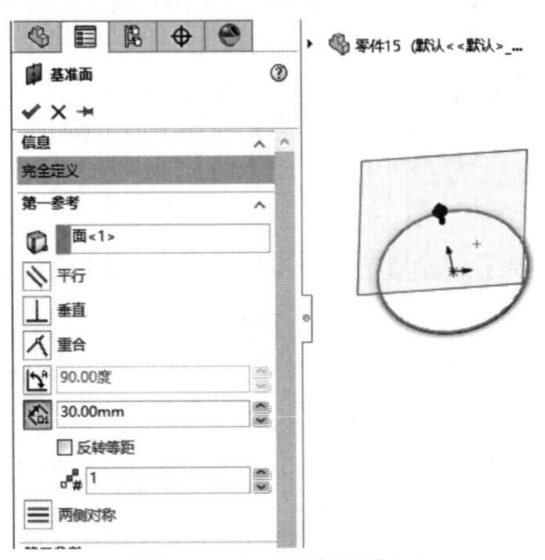

图7–137　创建基准面

05 单击【草图】选项卡中的【圆】按钮，绘制半圆，如图7-138所示。

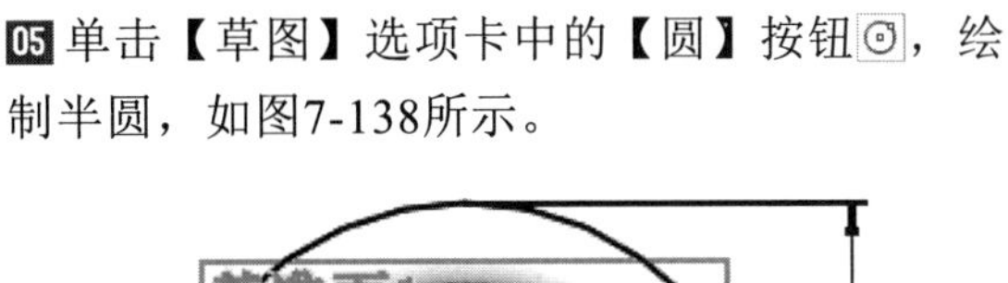

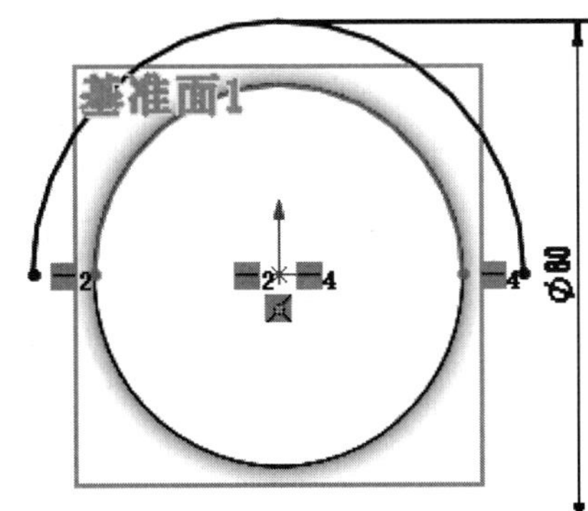

图7–138　绘制半圆

06 单击【钣金】选项卡中的【放样折弯】按钮，创建放样折弯，如图7-139所示。

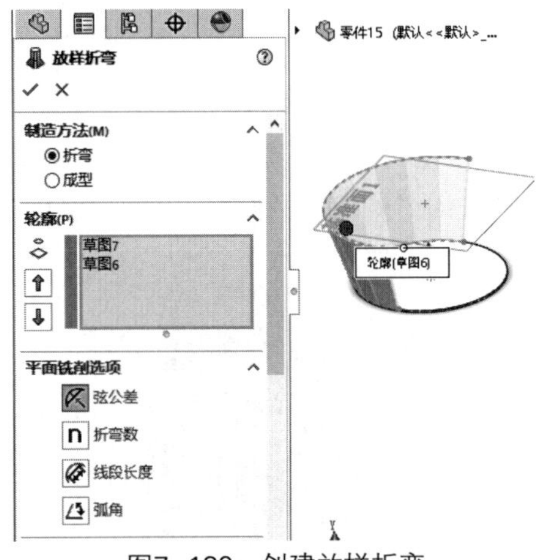

图7–139　创建放样折弯

07 单击【钣金】选项卡中的【边线法兰】按钮，创建边线法兰，如图7-140所示。

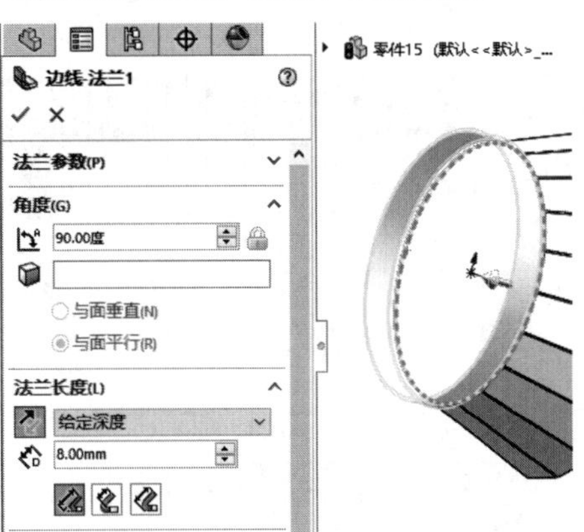

图7–140　创建边线法兰

08 单击【钣金】选项卡中的【断裂边角/边角剪裁】按钮，创建钣金断开边角，如图7-141所示。

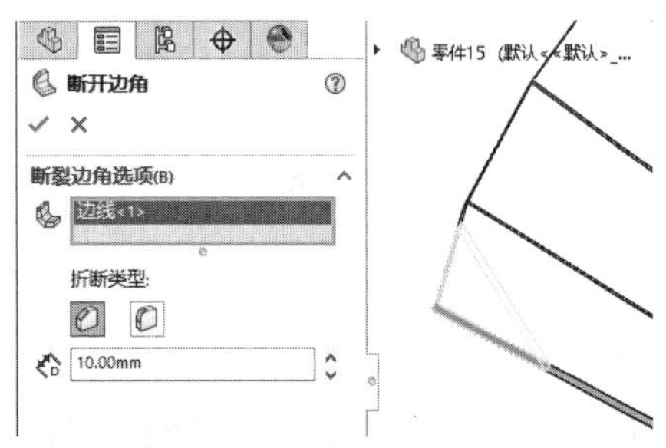

图7-141　创建断开边角(1)

09 单击【钣金】选项卡中的【断裂边角/边角剪裁】按钮，创建钣金断开边角，如图7-142所示。

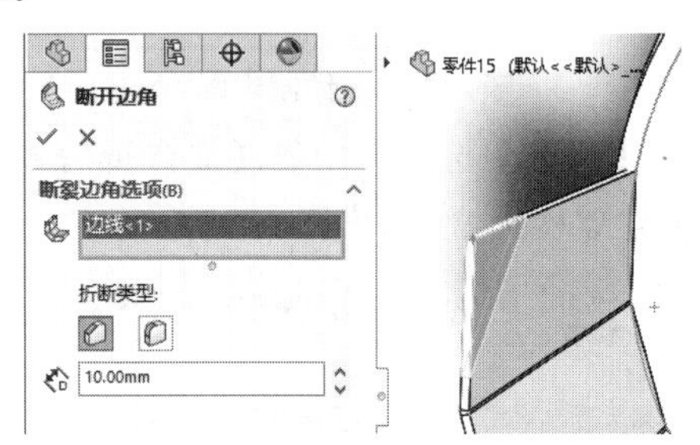

图7-142　创建断开边角(2)

10 完成灯罩钣金件模型的绘制，如图7-143所示。

图7-143　完成灯罩钣金件模型

实例 176 绘制扣板钣金件

案例源文件：ywj\07\176.prt

01 单击【草图】选项卡中的【边角矩形】按钮，绘制矩形，如图7-144所示。

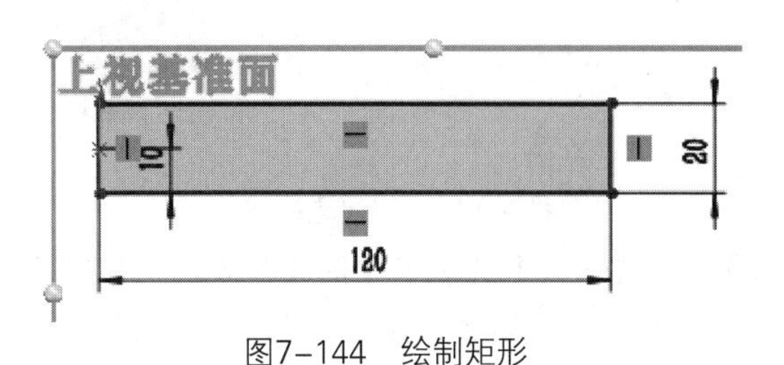

图7-144　绘制矩形

02 单击【钣金】选项卡中的【基体法兰/薄片】按钮，创建基体法兰，如图7-145所示。

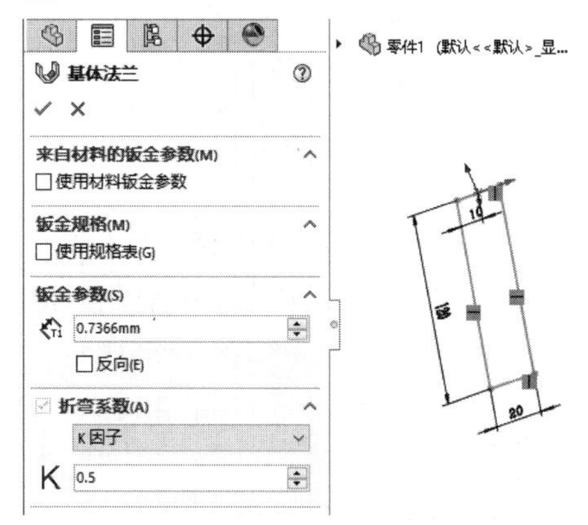

图7-145　创建基体法兰

03 单击【草图】选项卡中的【直线】按钮，绘制直线，如图7-146所示。

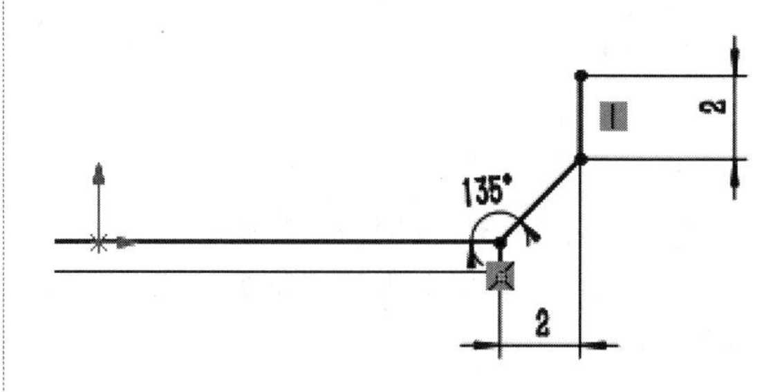

图7-146　绘制直线图形

04 单击【钣金】选项卡中的【扫描法兰】按钮，创建扫描法兰，如图7-147所示。

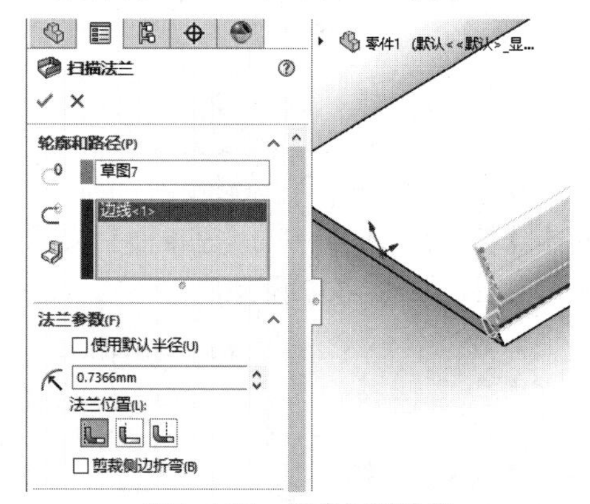

图7-147　创建扫描法兰

05 单击【钣金】选项卡中的【褶边】按钮，创建钣金褶边，如图7-148所示。

06 单击【草图】选项卡中的【直线】按钮，绘制三角形，如图7-149所示。

07 单击【特征】选项卡中的【拉伸切除】按钮，创建拉伸切除特征，如图7-150所示。

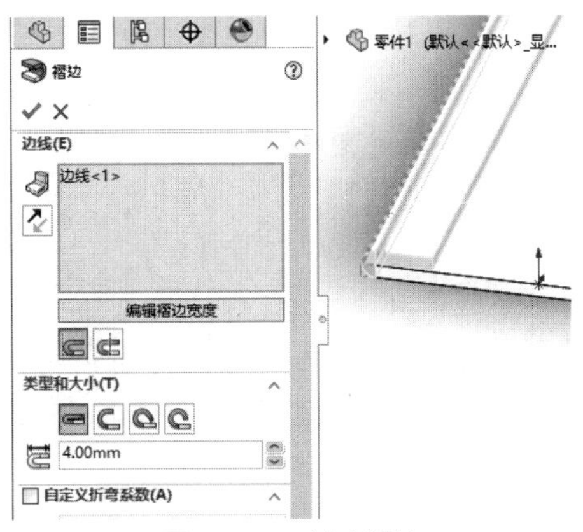

图7-148　创建褶边

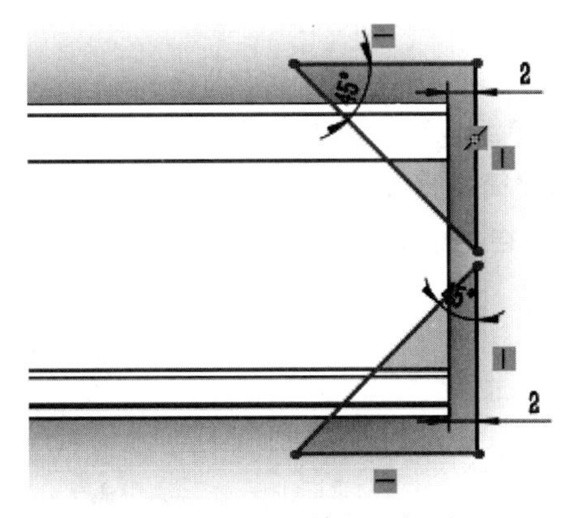

图7-149　绘制三角形

图7-150　创建拉伸切除特征

08 单击【钣金】选项卡中的【断裂边角/边角剪裁】按钮，创建钣金断开边角，如图7-151所示。

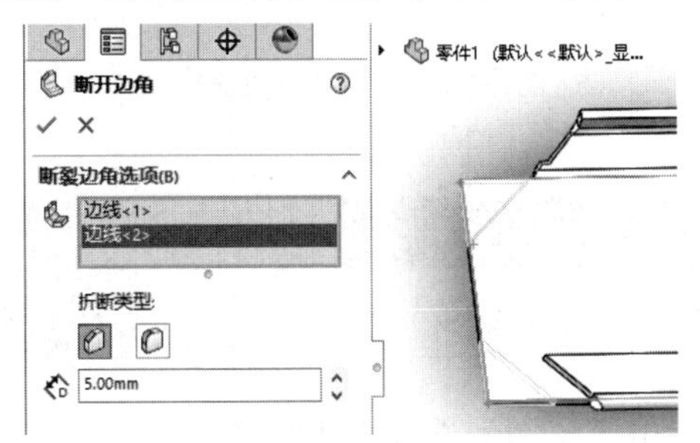

图7-151　创建断开边角

09 完成扣板钣金件模型的绘制，如图7-152所示。

图7-152　完成扣板钣金件模型

实例 177　绘制钣金槽

案例源文件：ywj\07\177.prt

01 单击【草图】选项卡中的【边角矩形】按钮，绘制矩形，如图7-153所示。

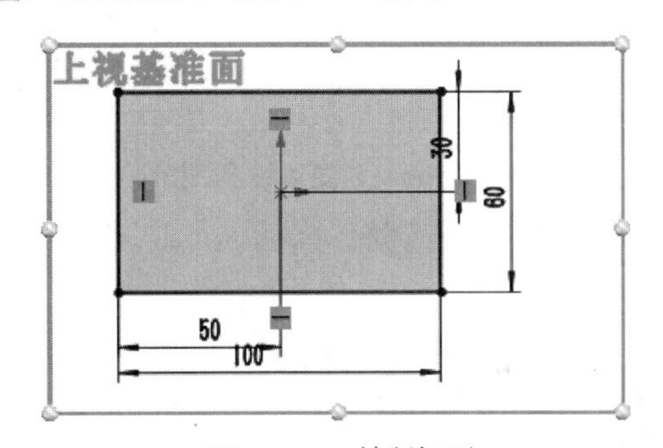

图7-153　绘制矩形

02 单击【钣金】选项卡中的【基体法兰/薄片】按钮，创建基体法兰，如图7-154所示。

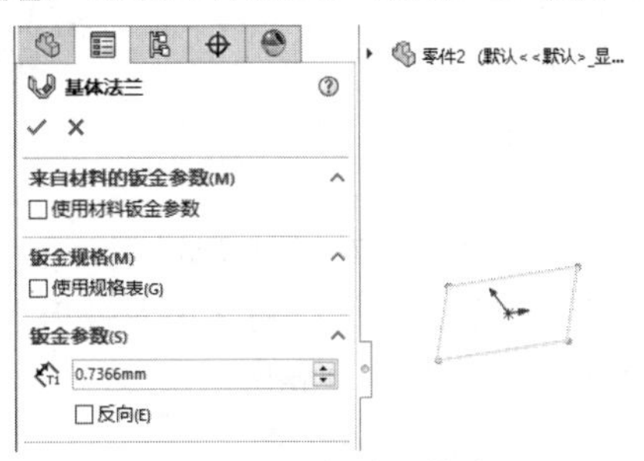

图7-154　创建基体法兰

03 单击【钣金】选项卡中的【边线法兰】按钮，创建边线法兰，如图7-155所示。

04 单击【钣金】选项卡中的【边线法兰】按钮，创建边线法兰，如图7-156所示。

05 单击【钣金】选项卡中的【褶边】按钮，创建钣金褶边，如图7-157所示。

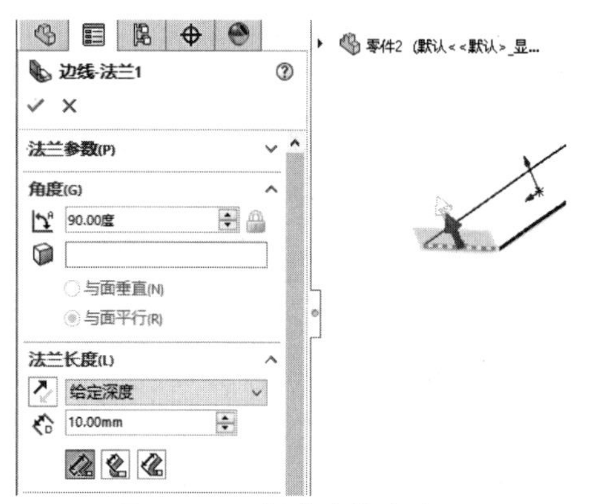
图7-155　创建边线法兰(1)

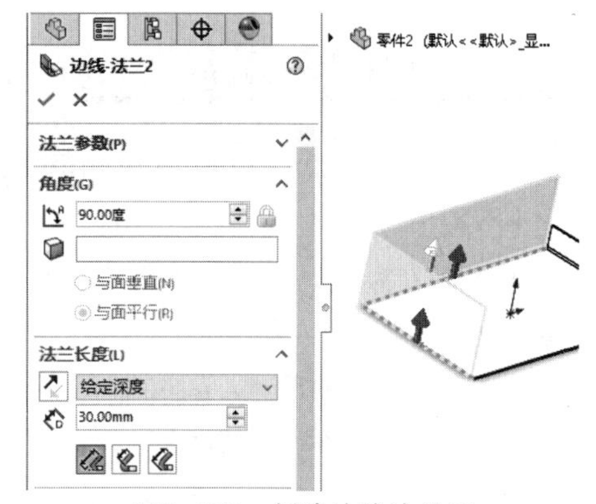
图7-156　创建边线法兰(2)

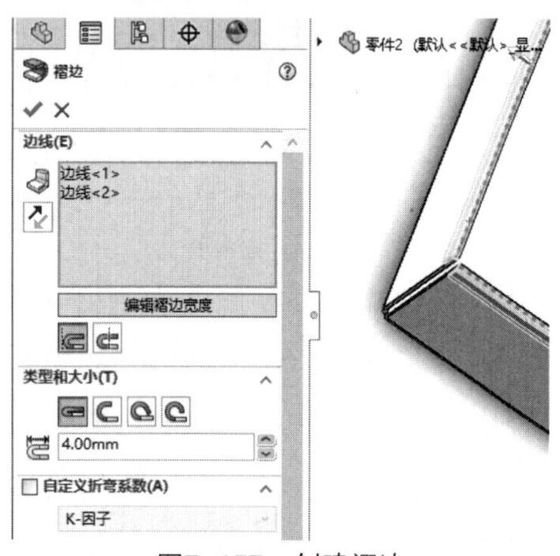
图7-157　创建褶边

06 单击【草图】选项卡中的【边角矩形】按钮，绘制矩形，如图7-158所示。

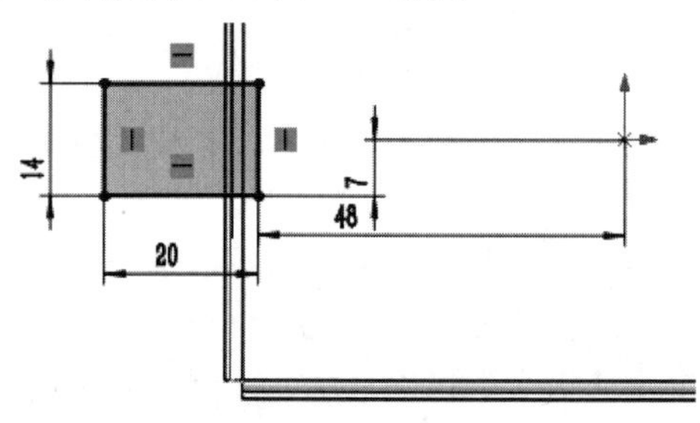
图7-158　绘制矩形

07 单击【特征】选项卡中的【拉伸凸台/基体】按钮，创建拉伸特征，如图7-159所示。

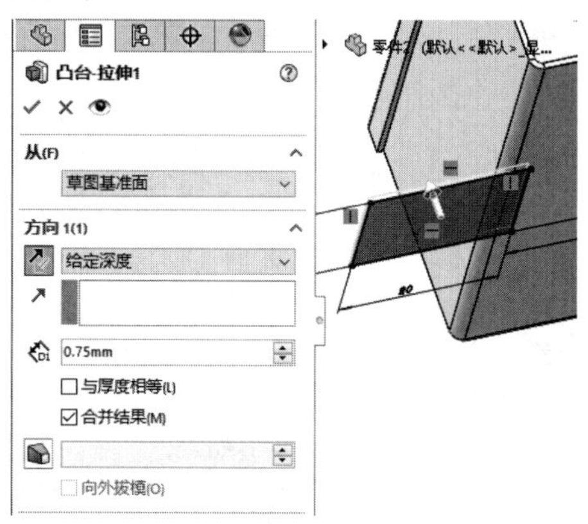
图7-159　拉伸凸台

08 单击【钣金】选项卡中的【简单直孔】按钮，创建简单直孔，如图7-160所示。

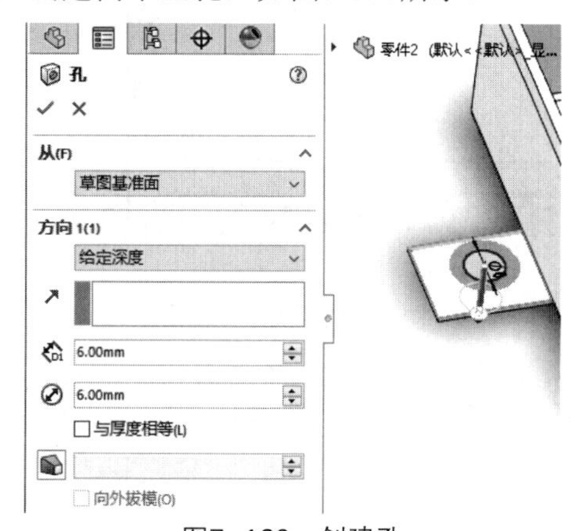
图7-160　创建孔

09 完成钣金槽模型的绘制，如图7-161所示。

图7-161　完成钣金槽模型

实例 178 绘制钣金支架

案例源文件：ywj\07\178.prt

01 单击【草图】选项卡中的【边角矩形】按钮，绘制矩形，如图7-162所示。

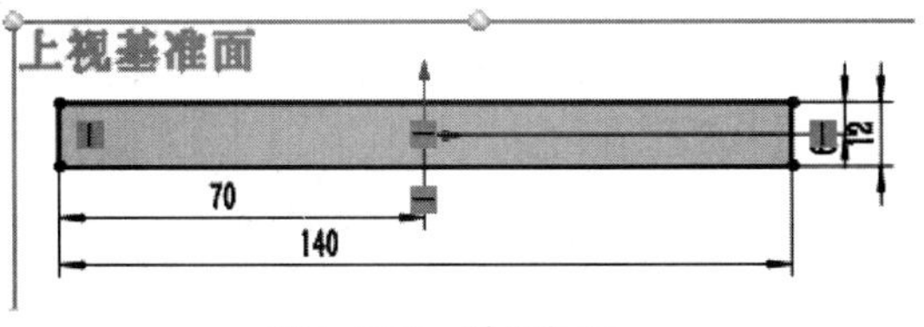

图7-162 绘制矩形

02 单击【钣金】选项卡中的【基体法兰/薄片】按钮，创建基体法兰，如图7-163所示。

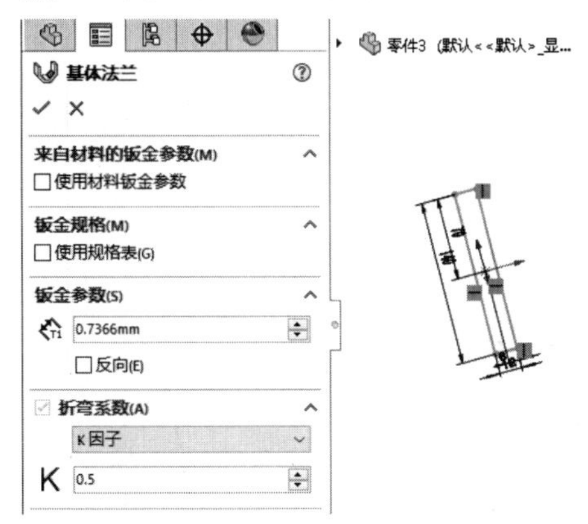

图7-163 创建基体法兰

03 单击【钣金】选项卡中的【褶边】按钮，创建钣金褶边，如图7-164所示。

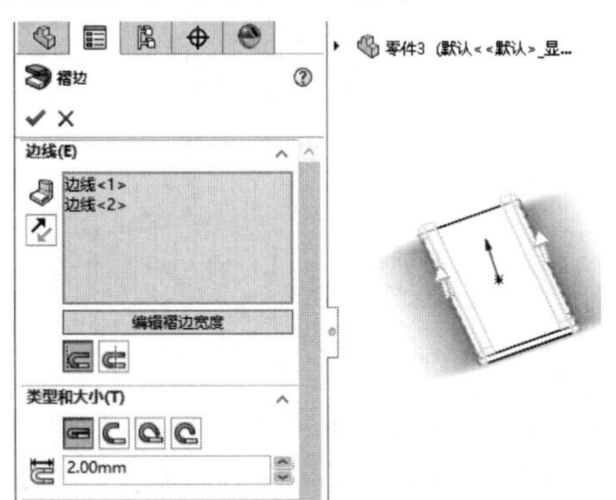

图7-164 创建褶边

04 单击【草图】选项卡中的【圆】按钮，绘制圆，如图7-165所示。

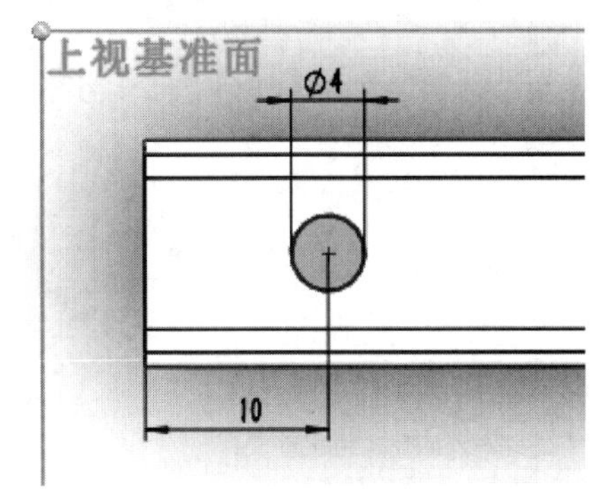

图7-165 绘制圆

05 单击【特征】选项卡中的【拉伸切除】按钮，创建拉伸切除特征，如图7-166所示。

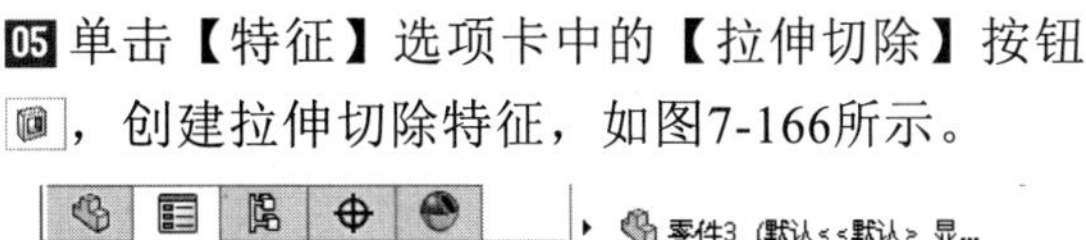

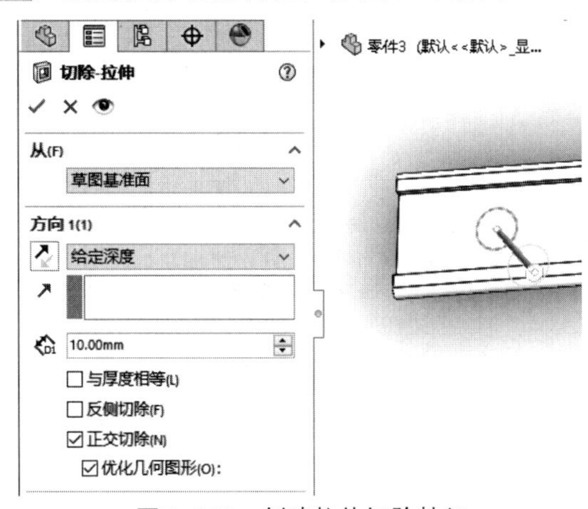

图7-166 创建拉伸切除特征

06 单击【特征】选项卡中的【线性阵列】按钮，创建线性阵列特征，如图7-167所示。

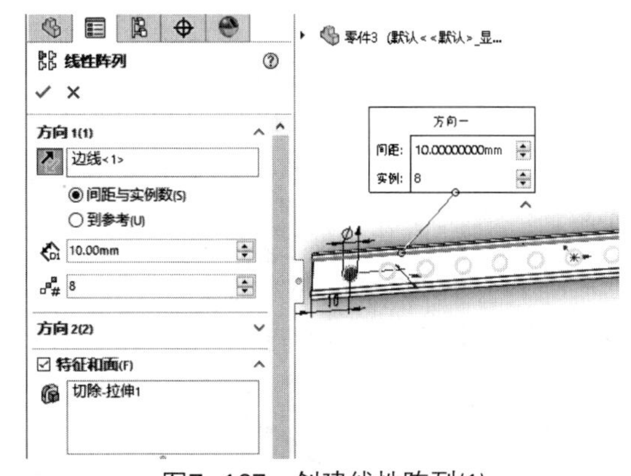

图7-167 创建线性阵列(1)

07 单击【特征】选项卡中的【线性阵列】按钮，创建线性阵列特征，如图7-168所示。

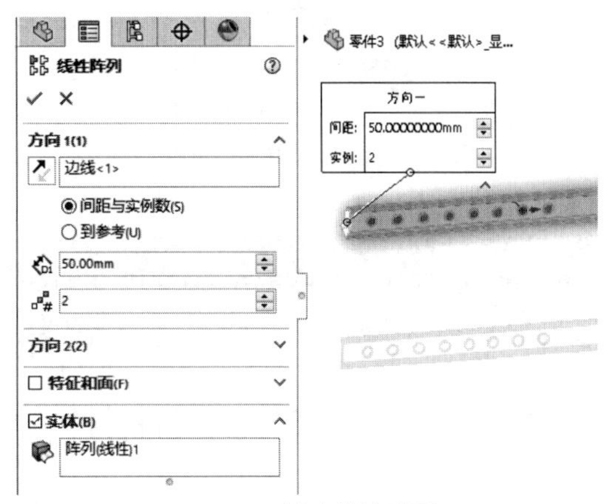

图7-168 创建线性阵列(2)

08 单击【草图】选项卡中的【边角矩形】按钮，绘制矩形，如图7-169所示。

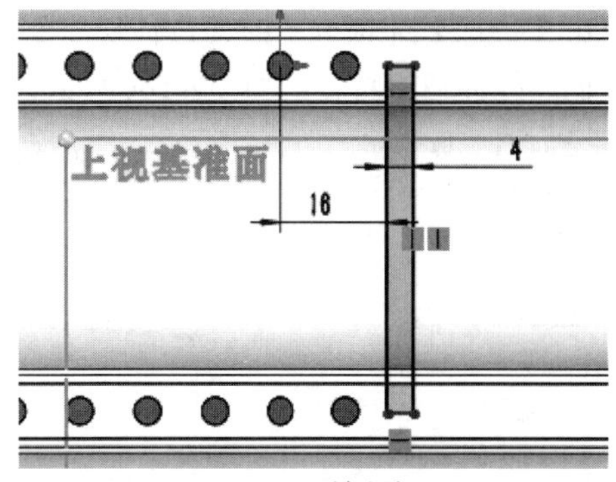

图7-169　绘制矩形

09 单击【特征】选项卡中的【拉伸凸台/基体】按钮，创建拉伸特征，如图7-170所示。

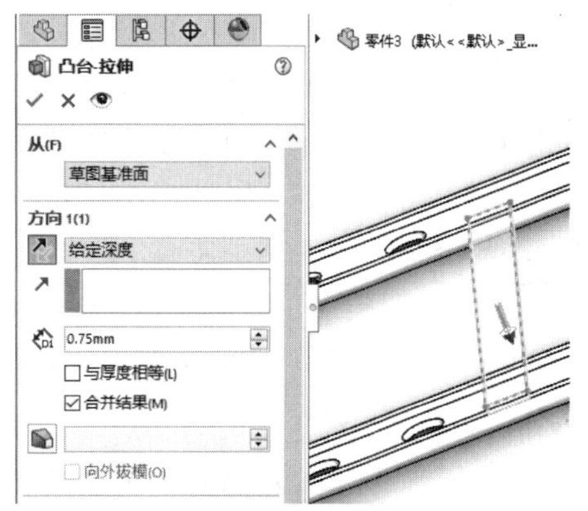

图7-170　拉伸凸台

10 完成钣金支架模型的绘制，如图7-171所示。

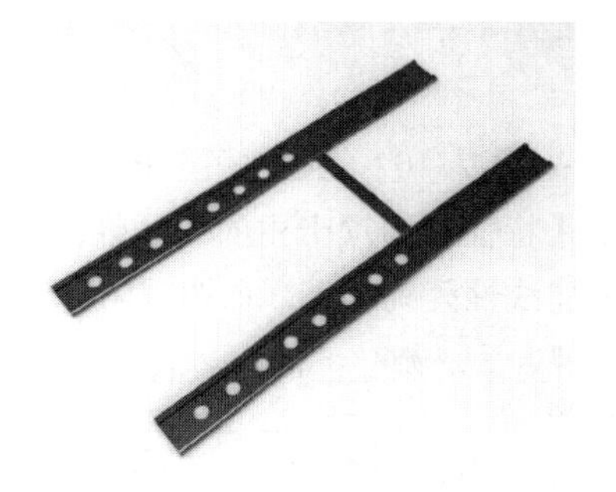

图7-171　完成钣金支架模型

实例179 绘制支架焊件

案例源文件：ywj\07\179.prt

01 单击【草图】选项卡中的【边角矩形】按钮，绘制矩形，如图7-172所示。

02 单击【草图】选项卡中的【直线】按钮，绘制直线，如图7-173所示。

03 单击【草图】选项卡中的【边角矩形】按钮，绘制矩形，如图7-174所示。

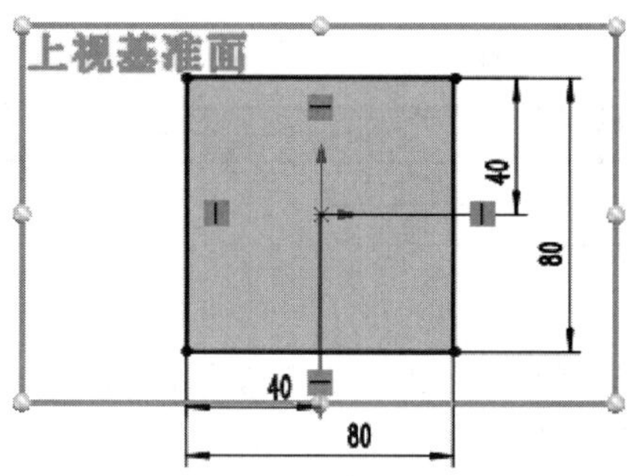

图7-172　绘制矩形

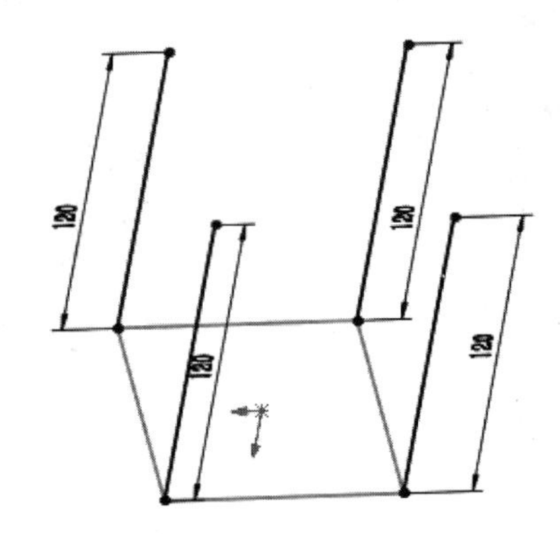

图7-173　绘制3D直线

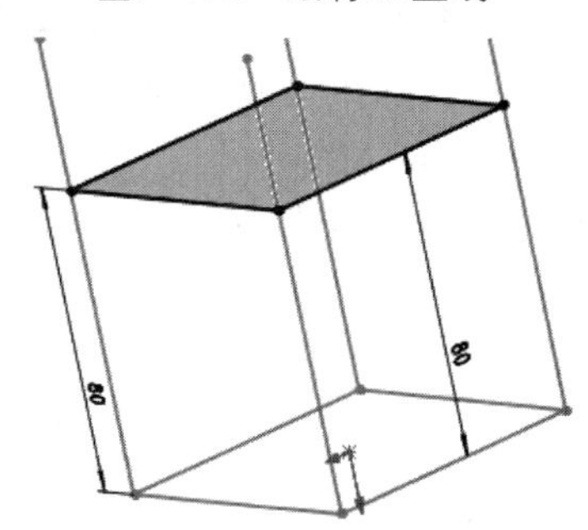

图7-174　绘制矩形

04 单击【焊件】选项卡中的【焊件】按钮，进入焊件环境，再单击【焊件】选项卡中的【结构构件】按钮，创建结构构件，如图7-175所示。

图7-175　创建结构构件(1)

05 单击【焊件】选项卡中的【结构构件】按钮，创建结构构件，如图7-176所示。

图7-176　创建结构构件(2)

06 单击【焊件】选项卡中的【结构构件】按钮，创建结构构件，如图7-177所示。

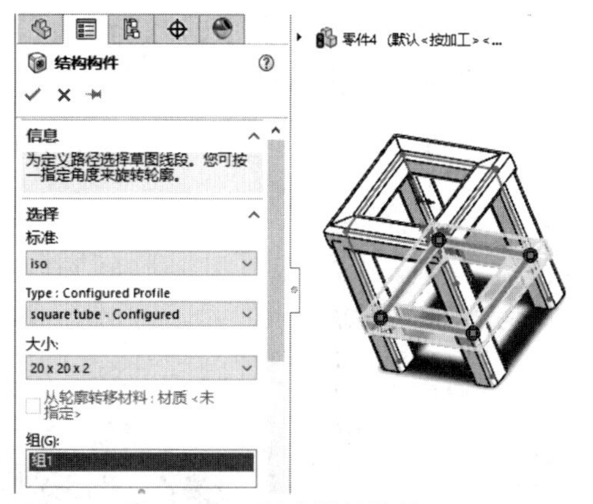

图7-177　创建结构构件(3)

07 单击【焊件】选项卡中的【剪裁/延伸】按钮，剪裁结构构件，如图7-178所示。

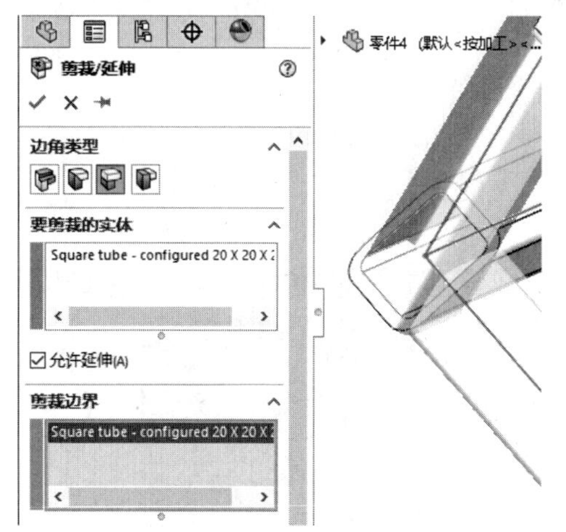

图7-178　剪裁构件(1)

08 单击【焊件】选项卡中的【剪裁/延伸】按钮，剪裁结构构件，如图7-179所示。

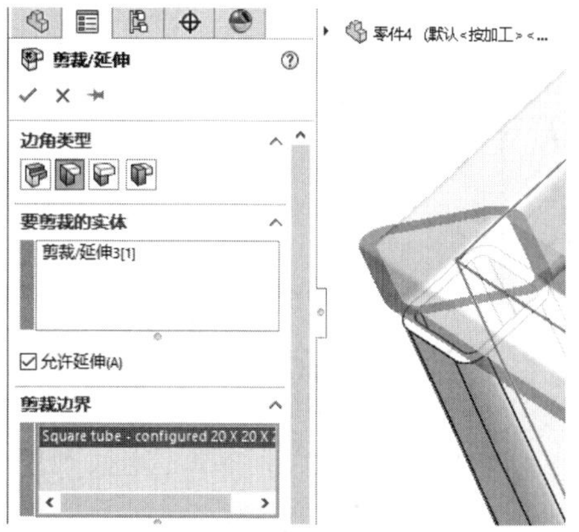

图7-179　剪裁构件(2)

09 单击【焊件】选项卡中的【顶端盖】按钮，创建顶端盖，如图7-180所示。

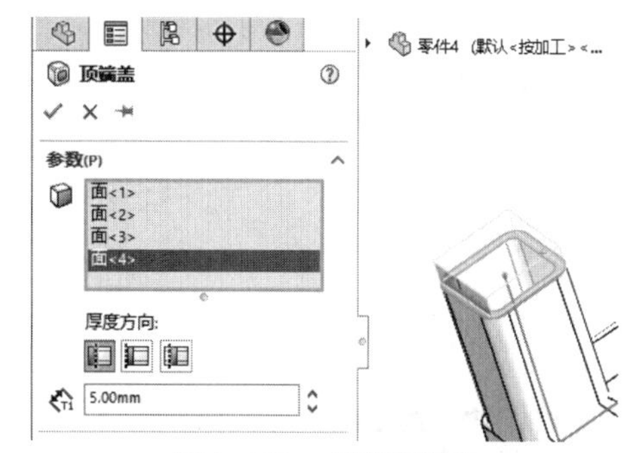

图7-180　创建顶端盖

10 完成支架焊件模型的绘制，如图7-181所示。

图7-181　完成支架焊件模型

实例180　绘制管子焊件

案例源文件：ywj\07\180.prt

01 单击【草图】选项卡中的【直线】按钮，绘制直线，如图7-182所示。

02 单击【焊件】选项卡中的【焊件】按钮，进入焊件环境，再单击【焊件】选项卡中的【结构构件】按钮，创建结构构件，如图7-183所示。

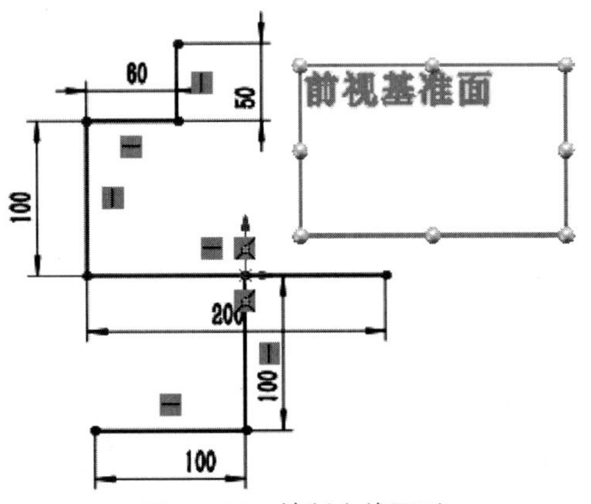

图7-182　绘制直线图形

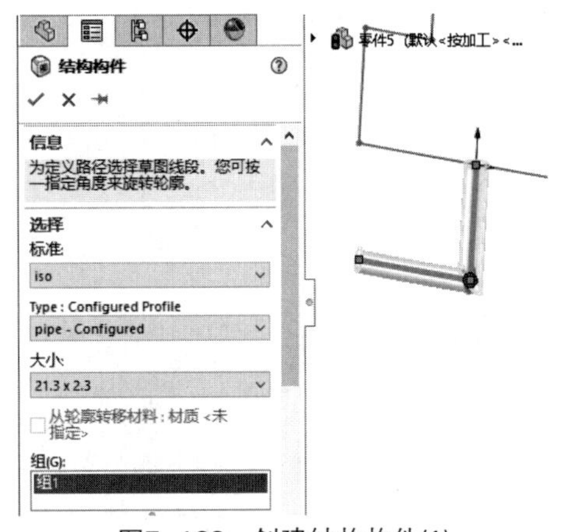

图7-183　创建结构构件(1)

03 单击【焊件】选项卡中的【结构构件】按钮，创建结构构件，如图7-184所示。

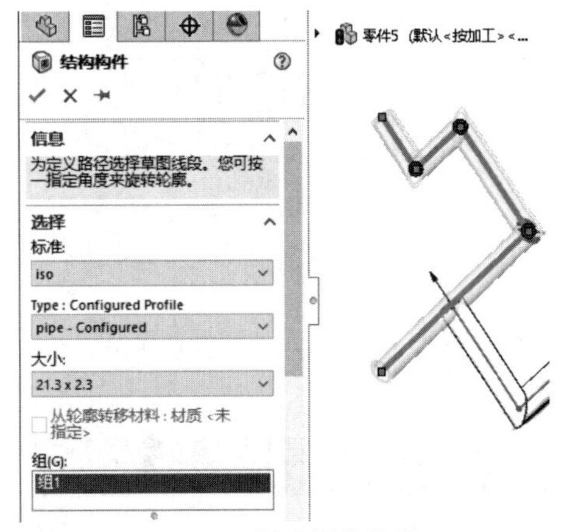

图7-184　创建结构构件(2)

◎提示·◦

剪裁焊件模型中的所有边角，以确定结构构件的长度可以被精确计算。

04 单击【焊件】选项卡中的【剪裁/延伸】按钮，剪裁结构构件，如图7-185所示。

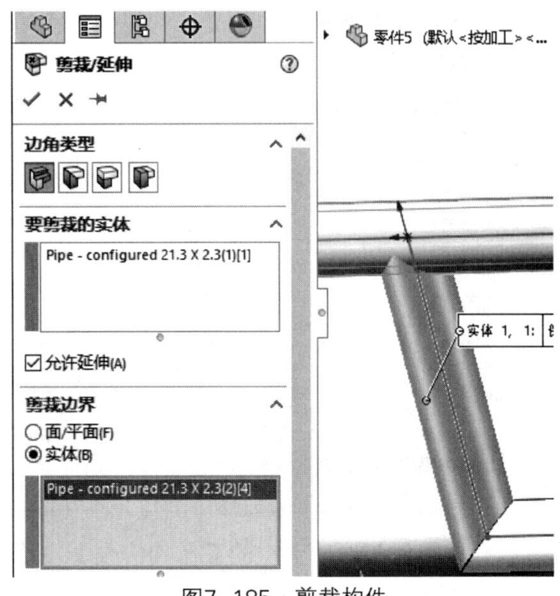

图7-185　剪裁构件

05 单击【焊件】选项卡中的【焊缝】按钮，创建构件焊缝，如图7-186所示。

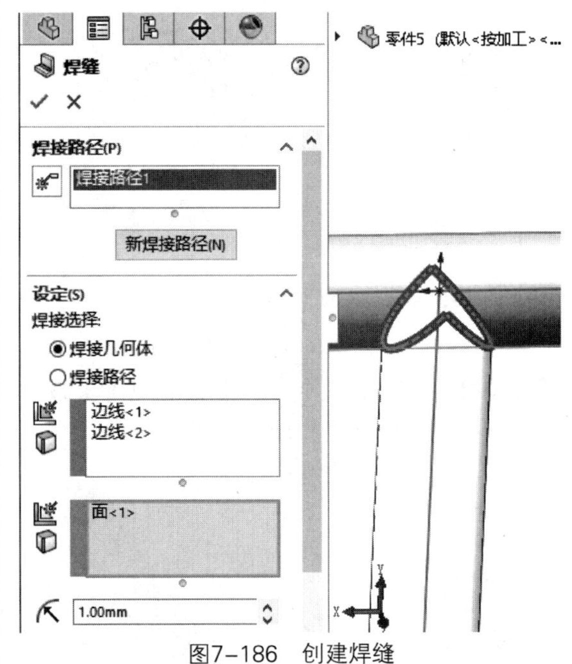

图7-186　创建焊缝

06 完成管子焊件模型的绘制，如图7-187所示。

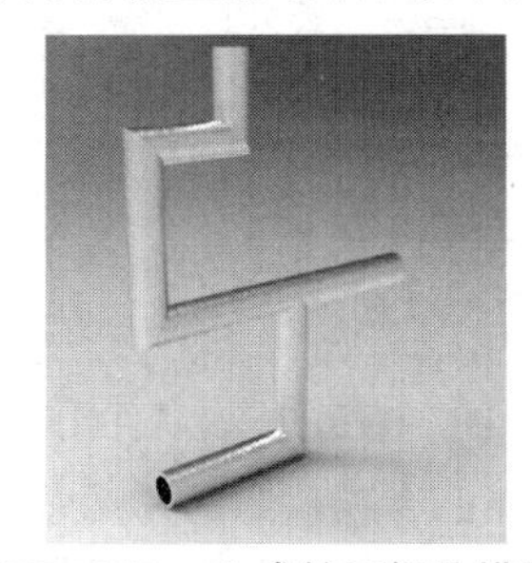

图7-187　完成管子焊件模型

实例 181 绘制法兰焊件

案例源文件：ywj\07\181.prt

01 单击【草图】选项卡中的【圆】按钮，绘制圆，如图7-188所示。

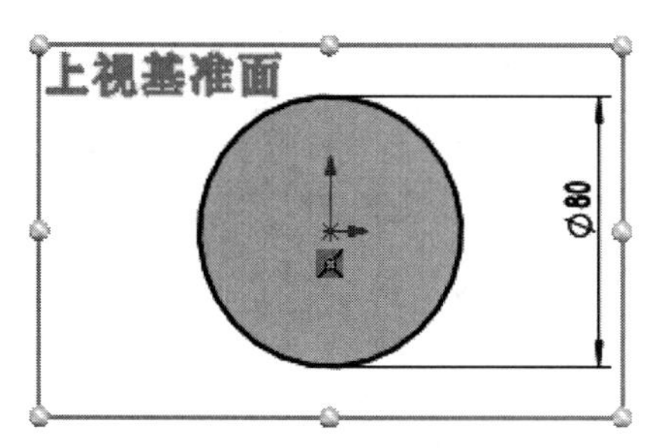

图7-188 绘制圆

02 单击【特征】选项卡中的【拉伸凸台/基体】按钮，创建拉伸特征，如图7-189所示。

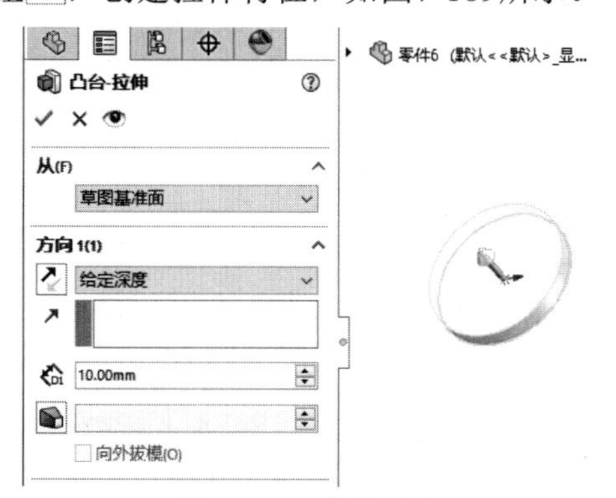

图7-189 拉伸凸台

03 单击【草图】选项卡中的【圆】按钮，绘制圆，如图7-190所示。

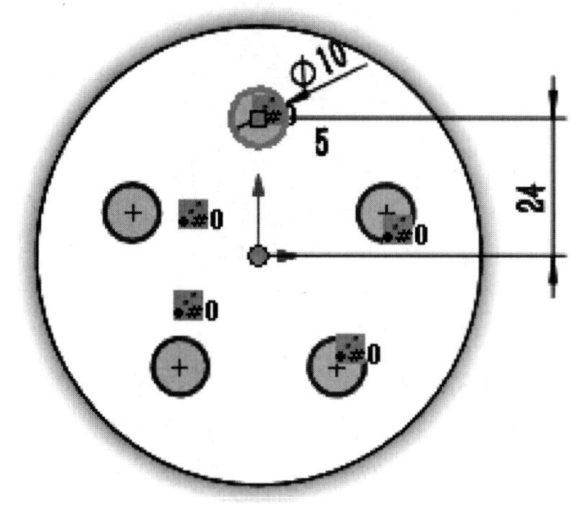

图7-190 绘制圆

04 单击【特征】选项卡中的【拉伸切除】按钮，创建拉伸切除特征，如图7-191所示。

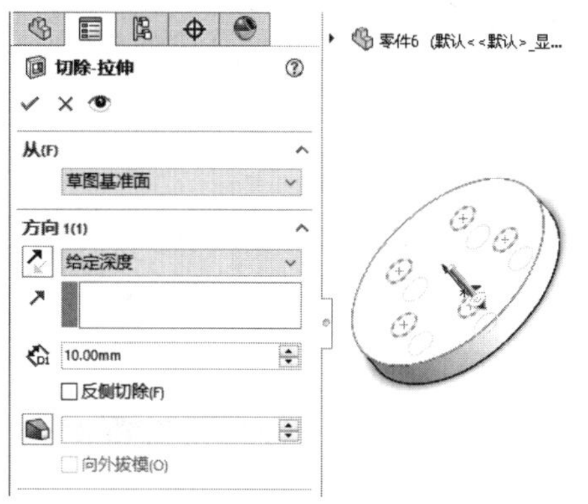

图7-191 创建拉伸切除

05 单击【草图】选项卡中的【直线】按钮，绘制直线，如图7-192所示。

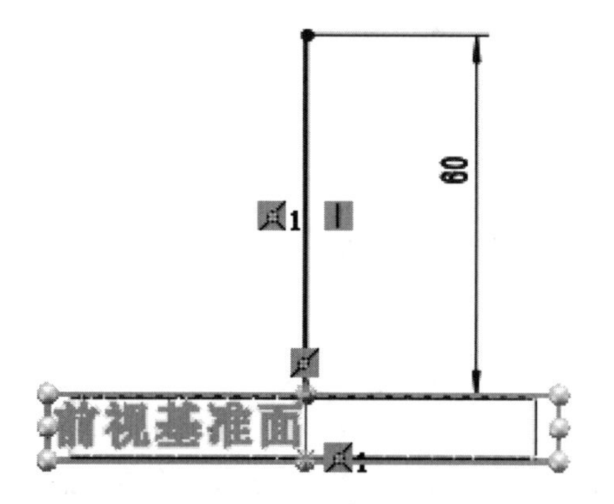

图7-192 绘制直线

06 单击【焊件】选项卡中的【焊件】按钮，进入焊件环境，再单击【焊件】选项卡中的【结构构件】按钮，创建结构构件，如图7-193所示。

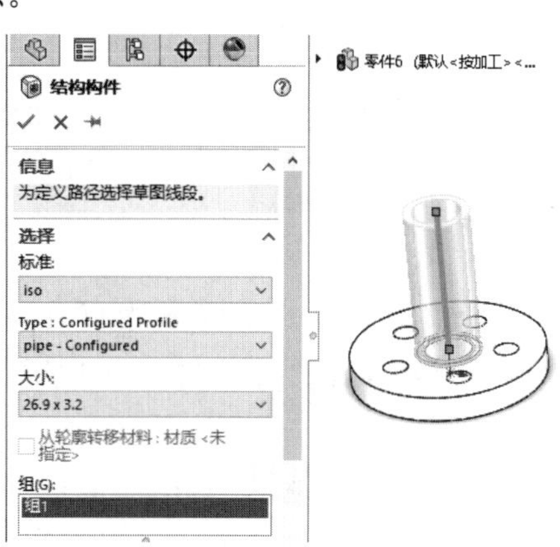

图7-193 创建结构构件

07 单击【焊件】选项卡中的【焊缝】按钮，创建构件焊缝，如图7-194所示。

08 单击【草图】选项卡中的【圆】按钮，绘制圆，如图7-195所示。

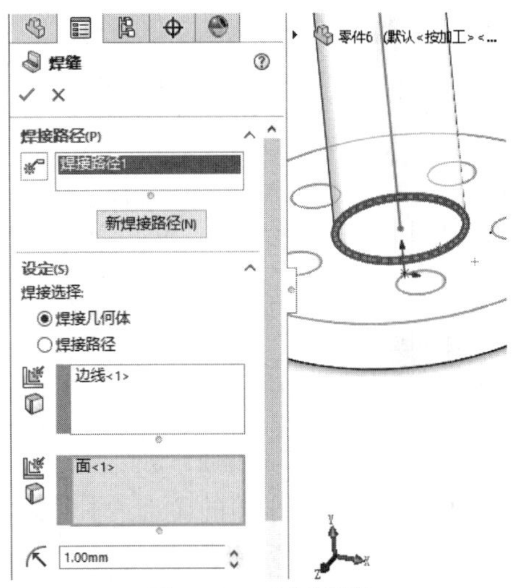

图7-194　创建焊缝

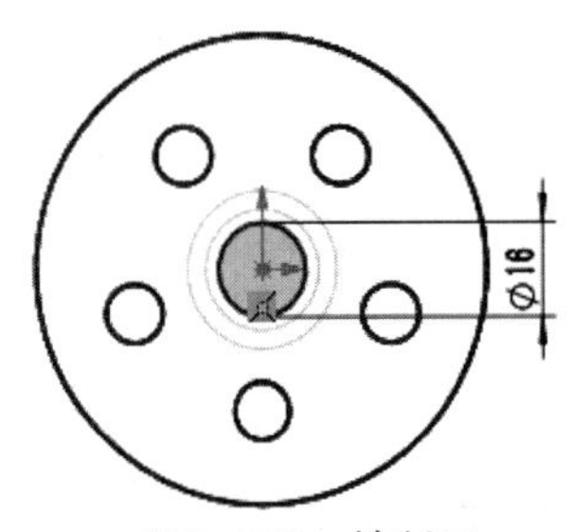

图7-195　绘制圆

09 单击【特征】选项卡中的【拉伸切除】按钮，创建拉伸切除特征，如图7-196所示。

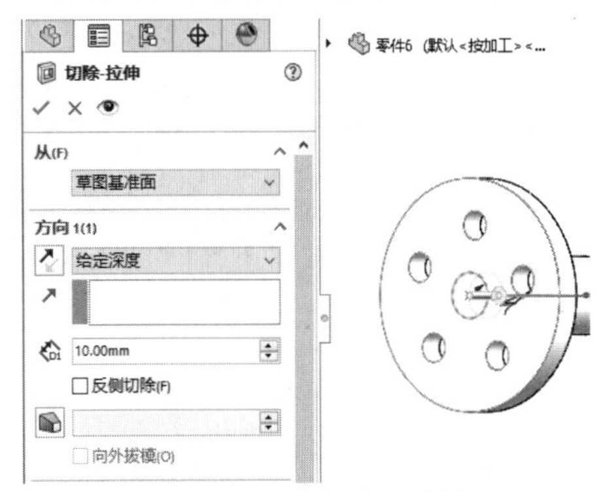

图7-196　创建拉伸切除特征

10 完成法兰焊件模型的绘制，如图7-197所示。

图7-197　完成法兰焊件模型

实例 182　案例源文件：ywj\07\182.prt

绘制圆筒焊件

01 单击【草图】选项卡中的【边角矩形】按钮，绘制矩形，如图7-198所示。

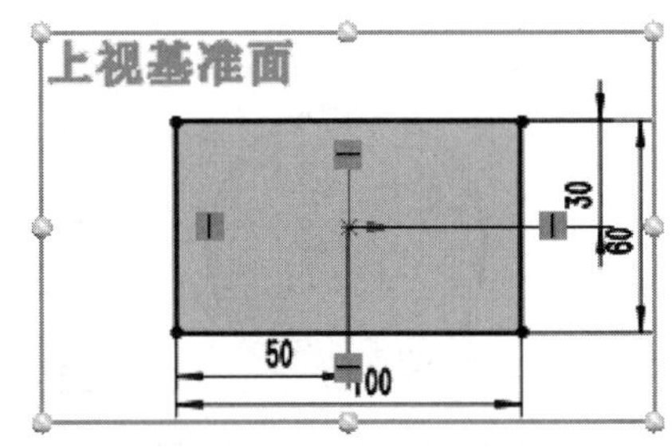

图7-198　绘制矩形

02 单击【特征】选项卡中的【拉伸凸台/基体】按钮，创建拉伸特征，如图7-199所示。

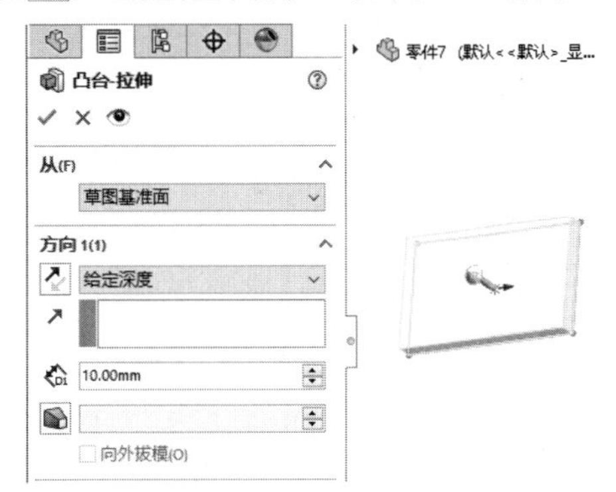

图7-199　拉伸凸台

03 单击【草图】选项卡中的【圆】按钮，绘制圆，如图7-200所示。

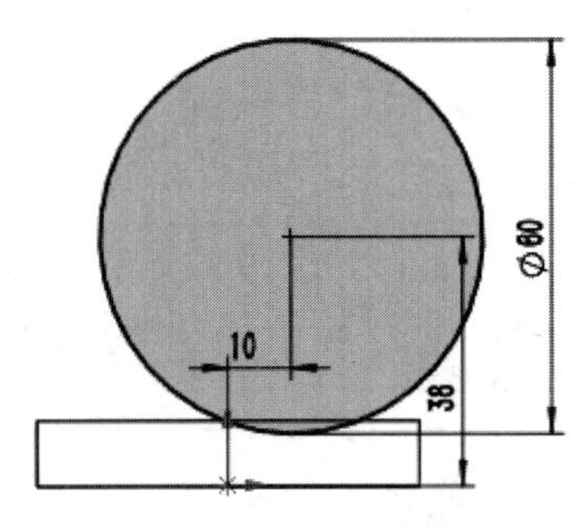

图7-200　绘制圆

04 单击【特征】选项卡中的【拉伸凸台/基体】按钮，创建拉伸特征，如图7-201所示。

05 单击【特征】选项卡中的【线性阵列】按钮，创建线性阵列特征，如图7-202所示。

06 单击【草图】选项卡中的【直线】按钮，绘制直线，如图7-203所示。

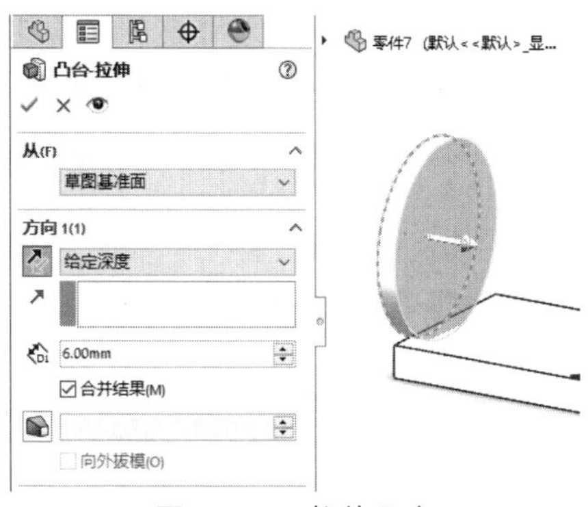

图7-201　拉伸凸台

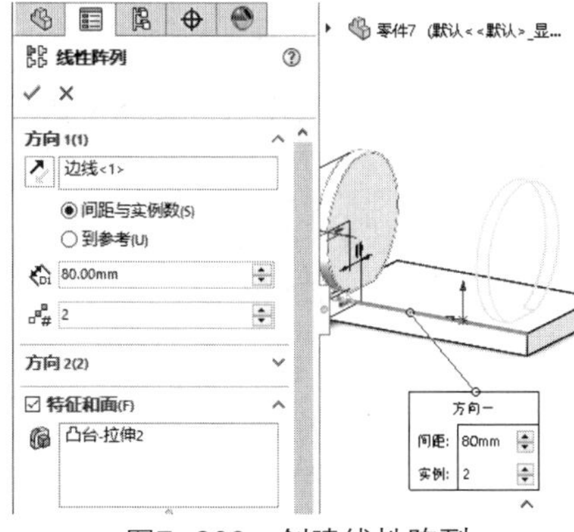

图7-202　创建线性阵列

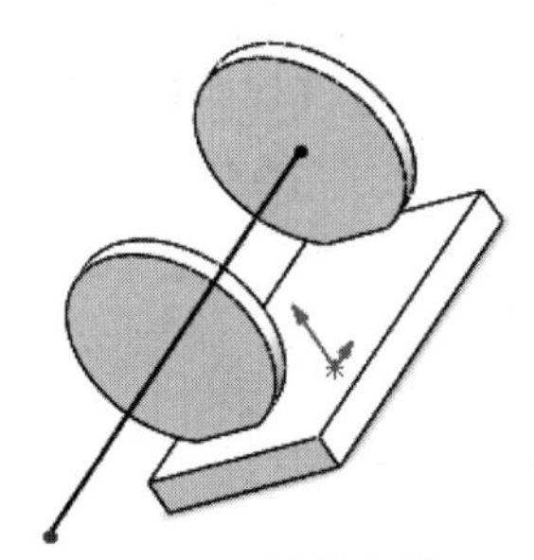

图7-203　绘制直线

07 单击【焊件】选项卡中的【焊件】按钮，进入焊件环境，再单击【焊件】选项卡中的【结构构件】按钮，创建结构构件，如图7-204所示。

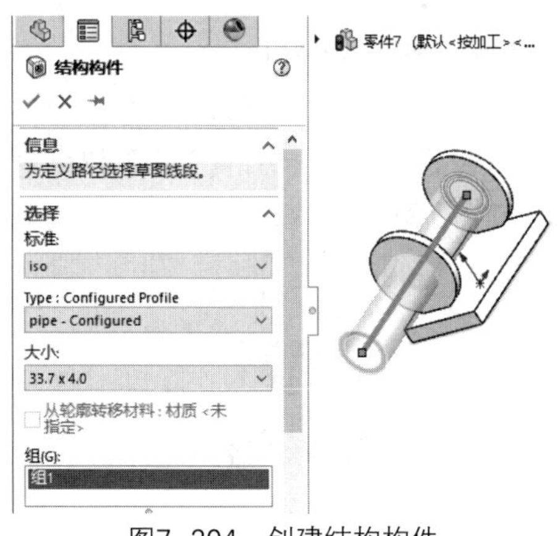

图7-204　创建结构构件

08 单击【焊件】选项卡中的【焊缝】按钮，创建构件焊缝，如图7-205所示。

图7-205　创建焊缝(1)

09 单击【焊件】选项卡中的【焊缝】按钮，创建构件焊缝，如图7-206所示。

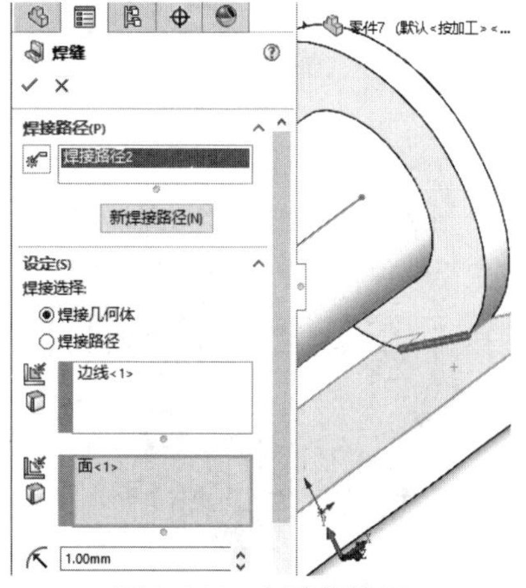

图7-206　创建焊缝(2)

10 单击【焊件】选项卡中的【焊缝】按钮，创建构件焊缝，如图7-207所示。

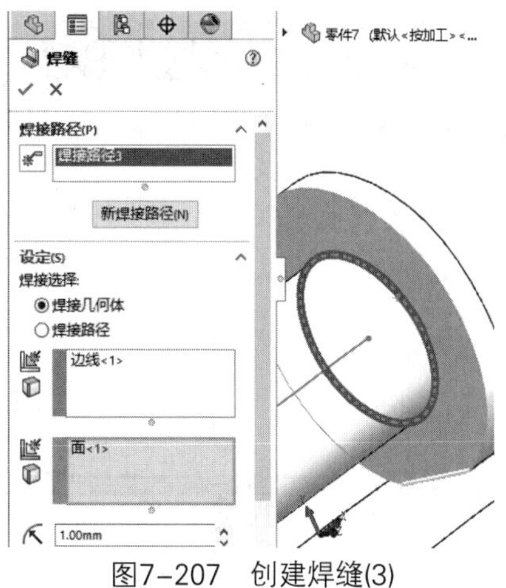

图7-207　创建焊缝(3)

11 单击【草图】选项卡中的【圆】按钮，绘制圆，如图7-208所示。

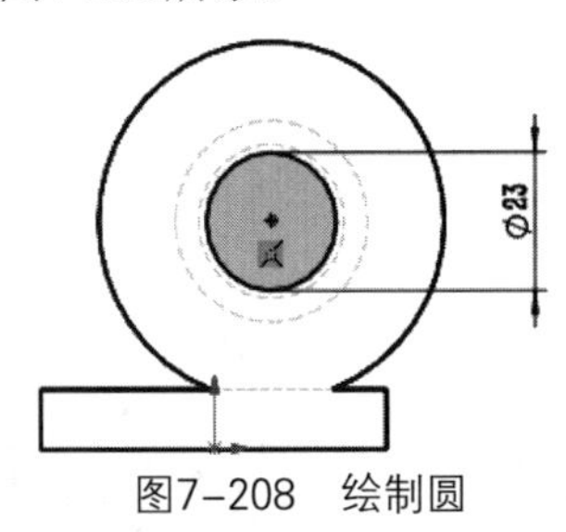

图7-208　绘制圆

12 单击【特征】选项卡中的【拉伸切除】按钮，创建拉伸切除特征，如图7-209所示。

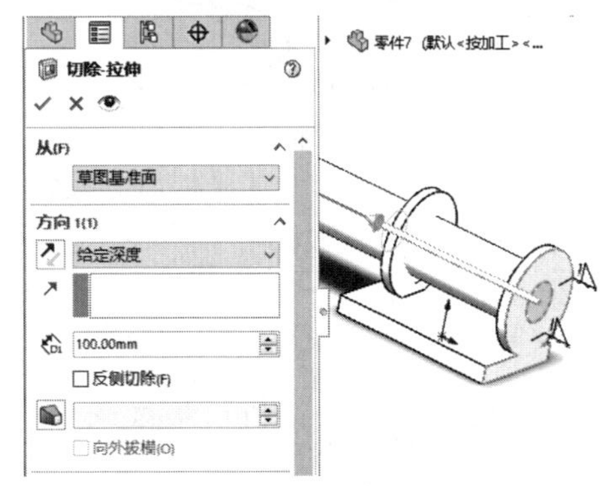

图7-209　创建拉伸切除特征

13 完成圆筒焊件模型的绘制，如图7-210所示。

图7-210　完成圆筒焊件模型

实例 183　绘制圆盘焊件

案例源文件：ywj\07\183.prt

01 单击【草图】选项卡中的【直线】按钮，绘制直线，如图7-211所示。

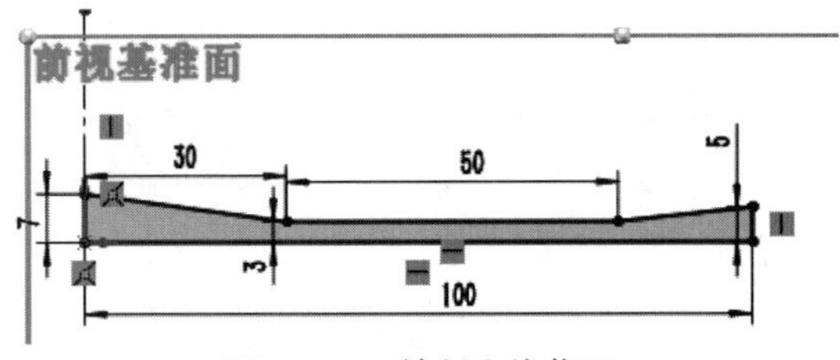

图7-211　绘制直线草图

02 单击【特征】选项卡中的【旋转凸台/基体】按钮，创建旋转特征，如图7-212所示。

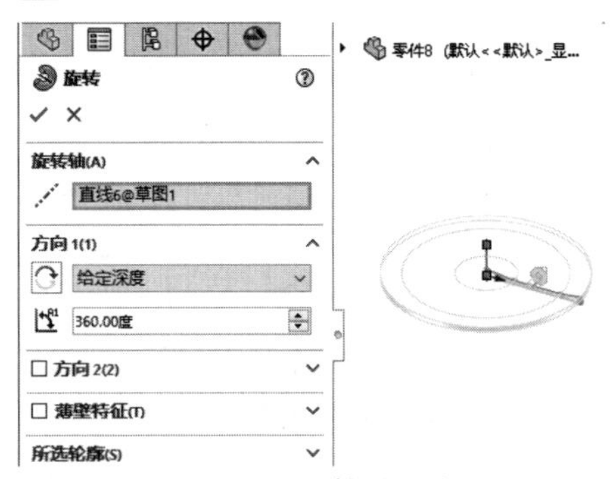

图7-212　旋转凸台

03 单击【草图】选项卡中的【直线】按钮，绘制直线，如图7-213所示。

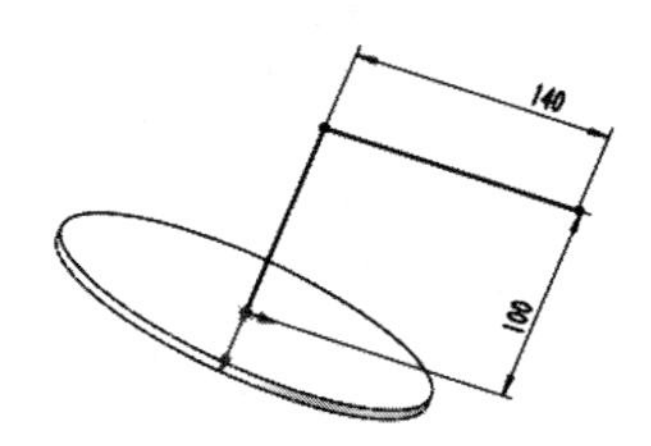

图7-213　绘制直线草图

04 单击【焊件】选项卡中的【焊件】按钮，进入焊件环境，再单击【焊件】选项卡中的【结构构件】按钮，创建结构构件，如图7-214所示。

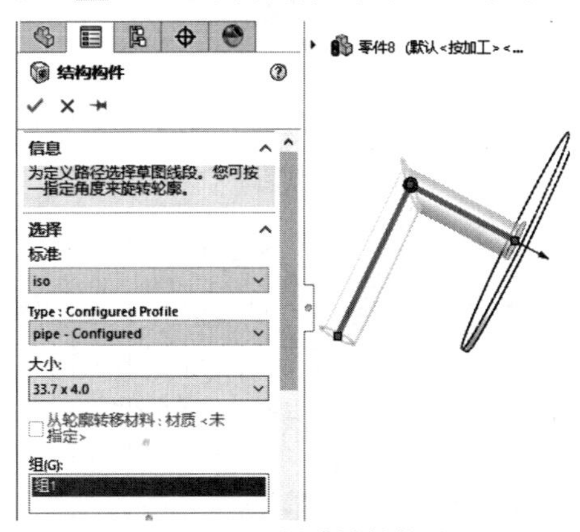

图7-214　创建结构构件

05 单击【草图】选项卡中的【圆】按钮，绘制圆，如图7-215所示。

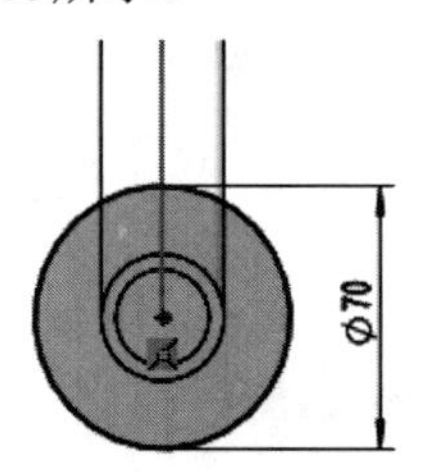

图7-215　绘制圆

06 单击【特征】选项卡中的【拉伸凸台/基体】按钮，创建拉伸特征，如图7-216所示。

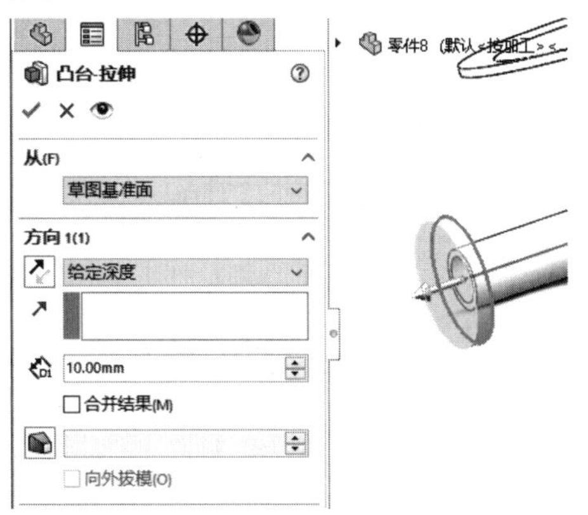

图7-216　拉伸凸台

07 完成圆盘焊件模型的绘制，如图7-217所示。

图7-217　完成圆盘焊件模型

实例 184 绘制框焊件

案例源文件：ywj\07\184.prt

01 单击【草图】选项卡中的【边角矩形】按钮，绘制矩形，如图7-218所示。

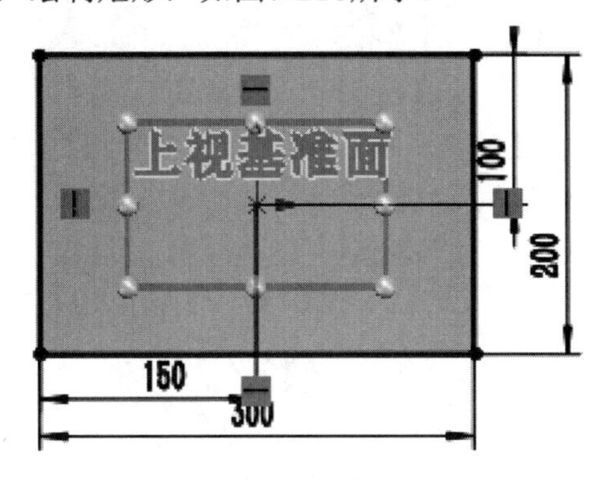

图7-218　绘制矩形

02 单击【草图】选项卡中的【直线】按钮，绘制直线，如图7-219所示。

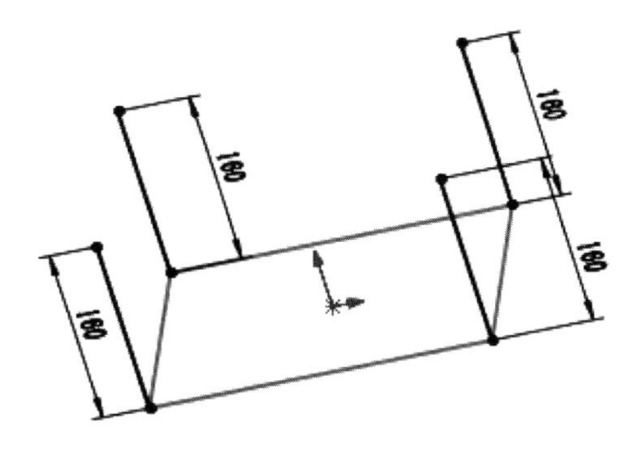

图7-219　绘制3D直线

03 单击【焊件】选项卡中的【焊件】按钮，进入焊件环境，再单击【焊件】选项卡中的【结构构件】按钮，创建结构构件，如图7-220所示。

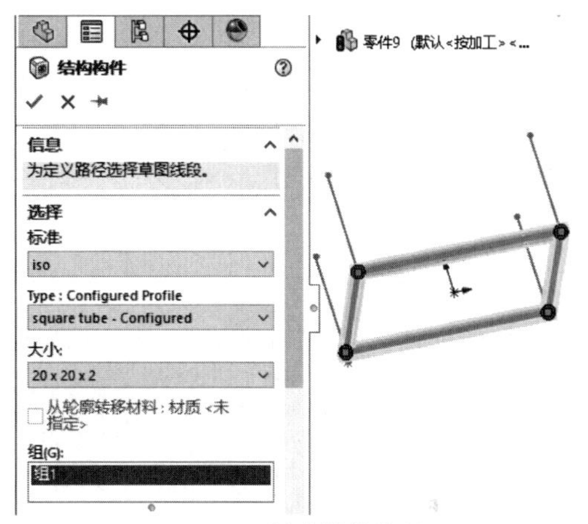

图7-220　创建结构构件(1)

04 单击【焊件】选项卡中的【结构构件】按钮，创建结构构件，如图7-221所示。

图7-221　创建结构构件(2)

05 单击【焊件】选项卡中的【剪裁/延伸】按钮，剪裁结构构件，如图7-222所示。

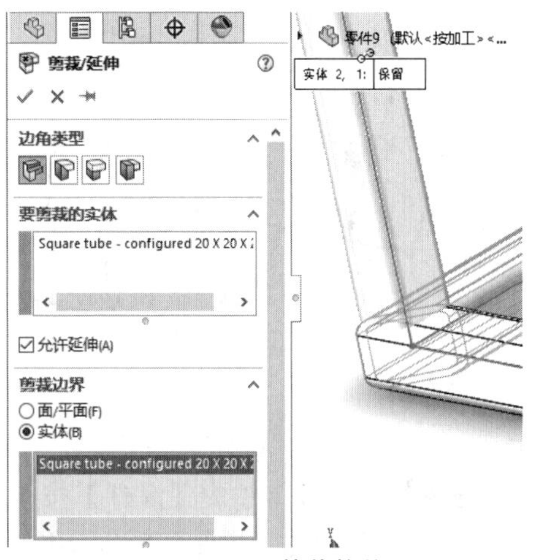

图7-222　剪裁构件

06 单击【焊件】选项卡中的【焊缝】按钮，创建构件焊缝，如图7-223所示。

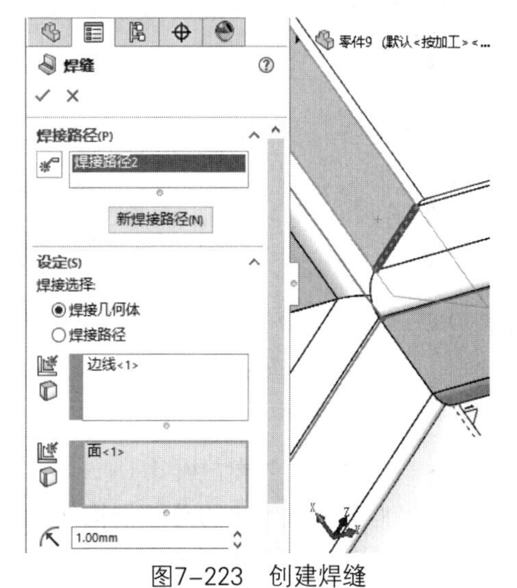

图7-223　创建焊缝

07 单击【焊件】选项卡中的【顶端盖】按钮，创建顶端盖，如图7-224所示。

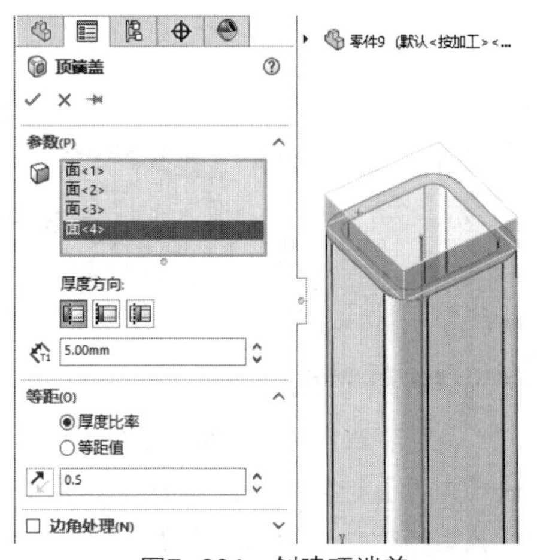

图7-224　创建顶端盖

08 单击【草图】选项卡中的【直线】按钮，绘制三角形，如图7-225所示。

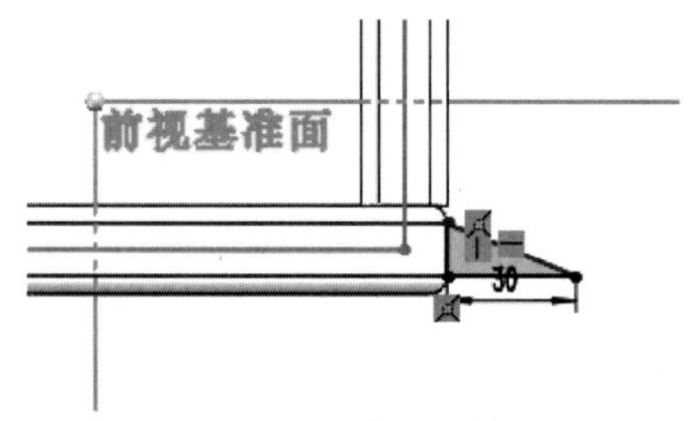

图7-225　绘制三角形

09 单击【特征】选项卡中的【拉伸凸台/基体】按钮，创建拉伸特征，如图7-226所示。

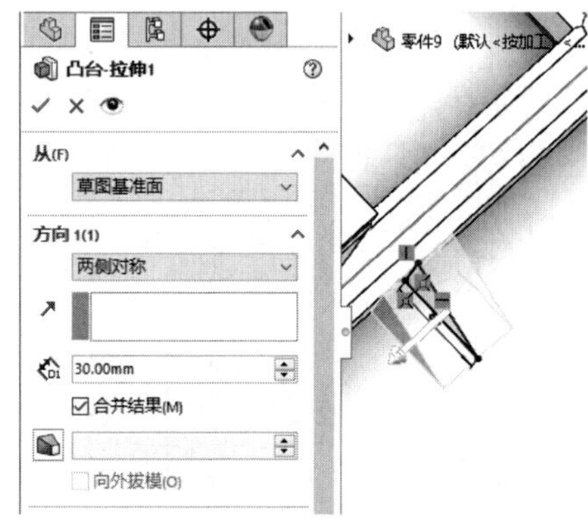

图7-226　拉伸凸台

10 单击【草图】选项卡中的【边角矩形】按钮，绘制矩形，如图7-227所示。

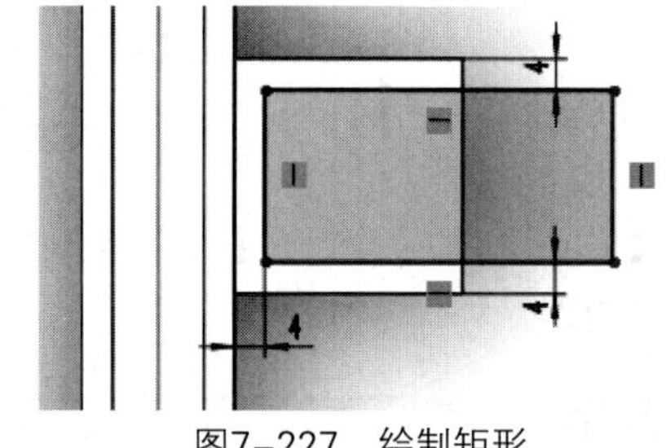

图7-227　绘制矩形

11 单击【特征】选项卡中的【拉伸切除】按钮，创建拉伸切除特征，如图7-228所示。

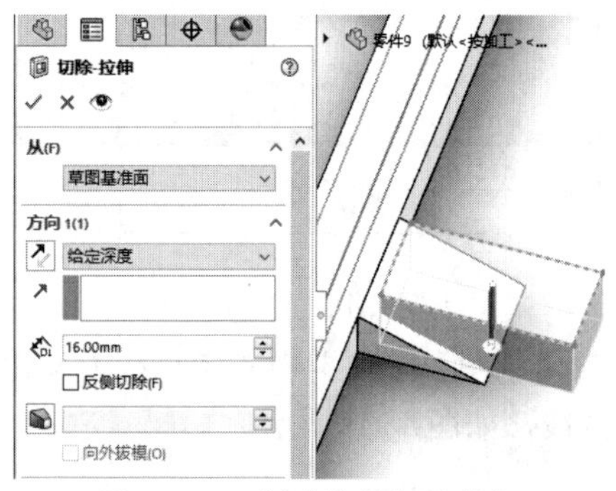

图7-228　创建拉伸切除特征

12 完成框焊件模型的绘制，如图7-229所示。

图7-229　完成框焊件模型

实例 185　绘制构件焊件

案例源文件：ywj\07\185.prt

01 单击【草图】选项卡中的【边角矩形】按钮，绘制矩形，如图7-230所示。

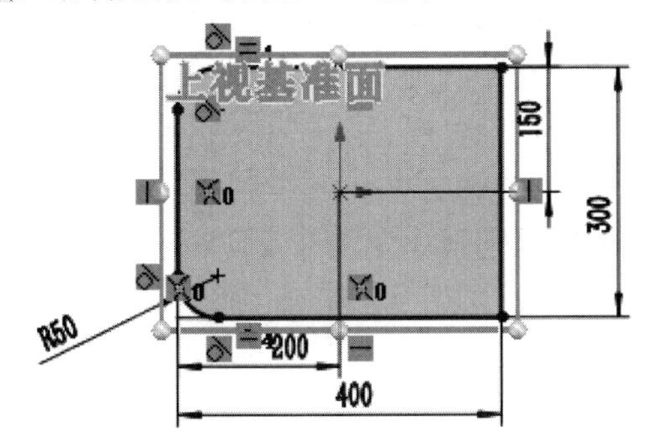

图7-230　绘制矩形草图

02 单击【焊件】选项卡中的【焊件】按钮，进入焊件环境，再单击【焊件】选项卡中的【结构构件】按钮，创建结构构件，如图7-231所示。

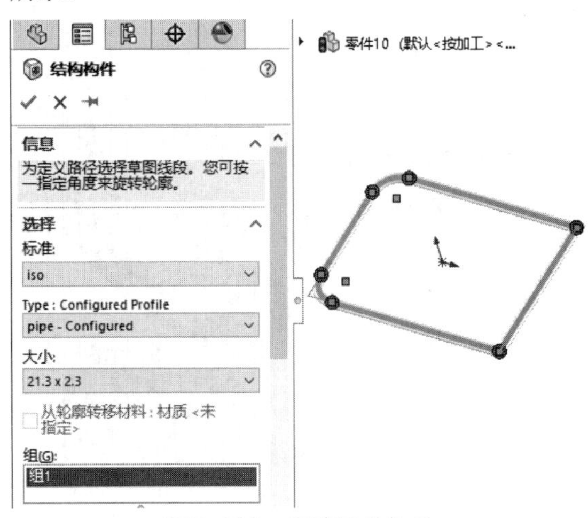

图7-231　创建结构构件

03 单击【草图】选项卡中的【直线】按钮，绘制直线，如图7-232所示。

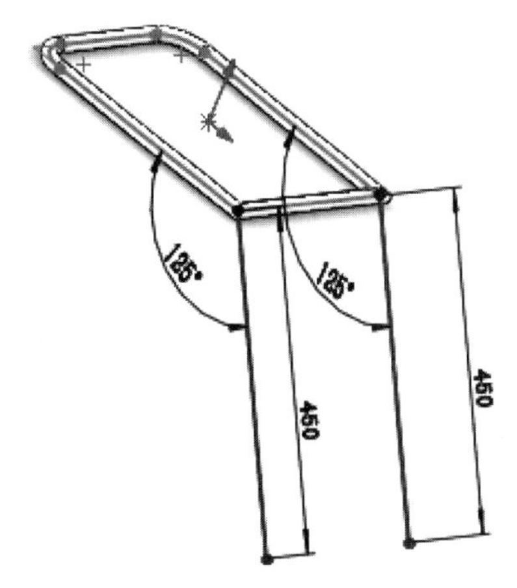

图7-232　绘制3D直线

04 单击【焊件】选项卡中的【结构构件】按钮，创建结构构件，如图7-233所示。

图7-233　创建结构构件

05 单击【草图】选项卡中的【直线】按钮，绘制直线，如图7-234所示。

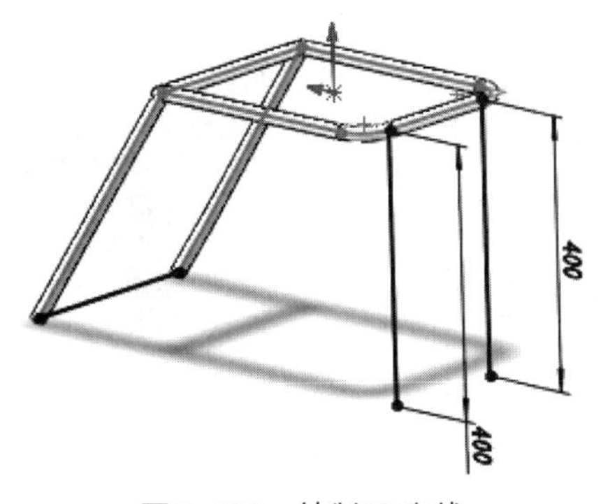

图7-234　绘制3D直线

06 单击【焊件】选项卡中的【结构构件】按钮，创建结构构件，如图7-235所示。

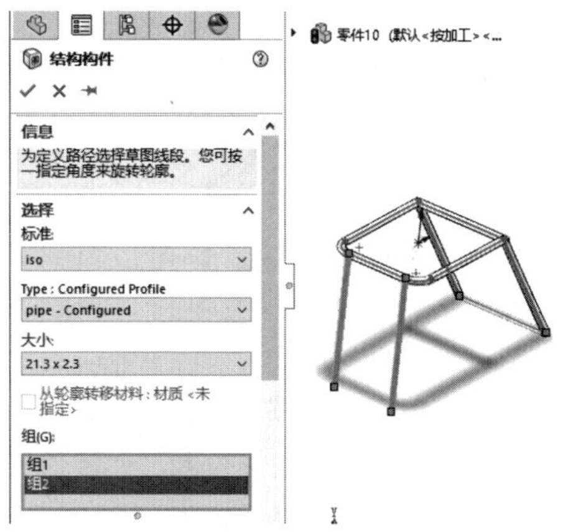

图7-235　创建结构构件

07 单击【焊件】选项卡中的【剪裁/延伸】按钮，剪裁结构构件，如图7-236所示。

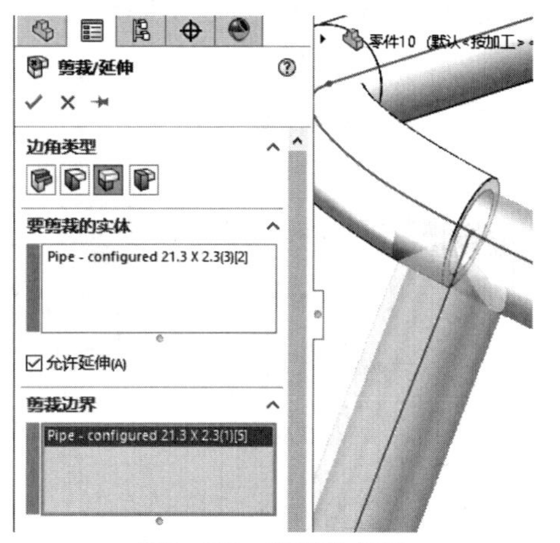

图7-236　剪裁构件(1)

08 单击【焊件】选项卡中的【剪裁/延伸】按钮，剪裁结构构件，如图7-237所示。

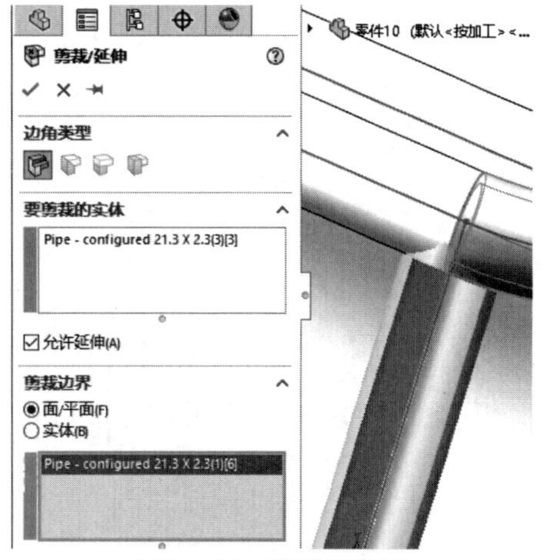

图7-237　剪裁构件(2)

09 单击【焊件】选项卡中的【剪裁/延伸】按钮，剪裁结构构件，如图7-238所示。

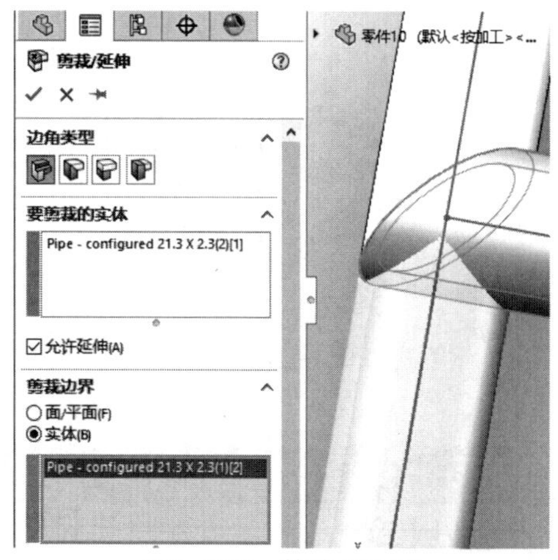

图7-238　剪裁构件(3)

10 单击【焊件】选项卡中的【剪裁/延伸】按钮，剪裁结构构件，如图7-239所示。

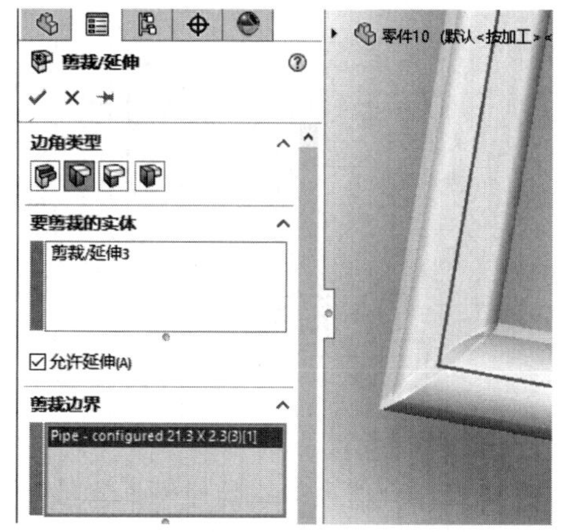

图7-239　剪裁构件(4)

11 单击【焊件】选项卡中的【焊缝】按钮，创建构件焊缝，如图7-240所示。

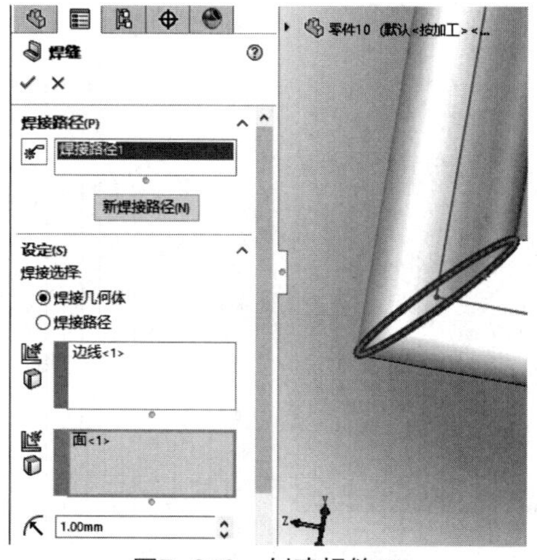

图7-240　创建焊缝(1)

12 单击【焊件】选项卡中的【焊缝】按钮，创建构件焊缝，如图7-241所示。

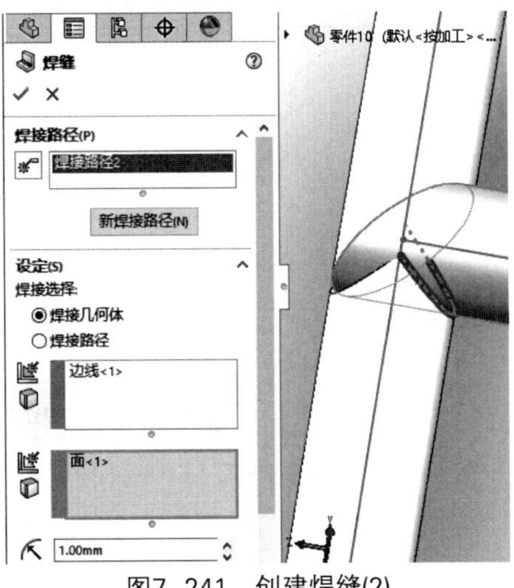

图7-241　创建焊缝(2)

13 完成构件焊件模型的绘制，如图7-242所示。

图7-242　完成构件焊件模型

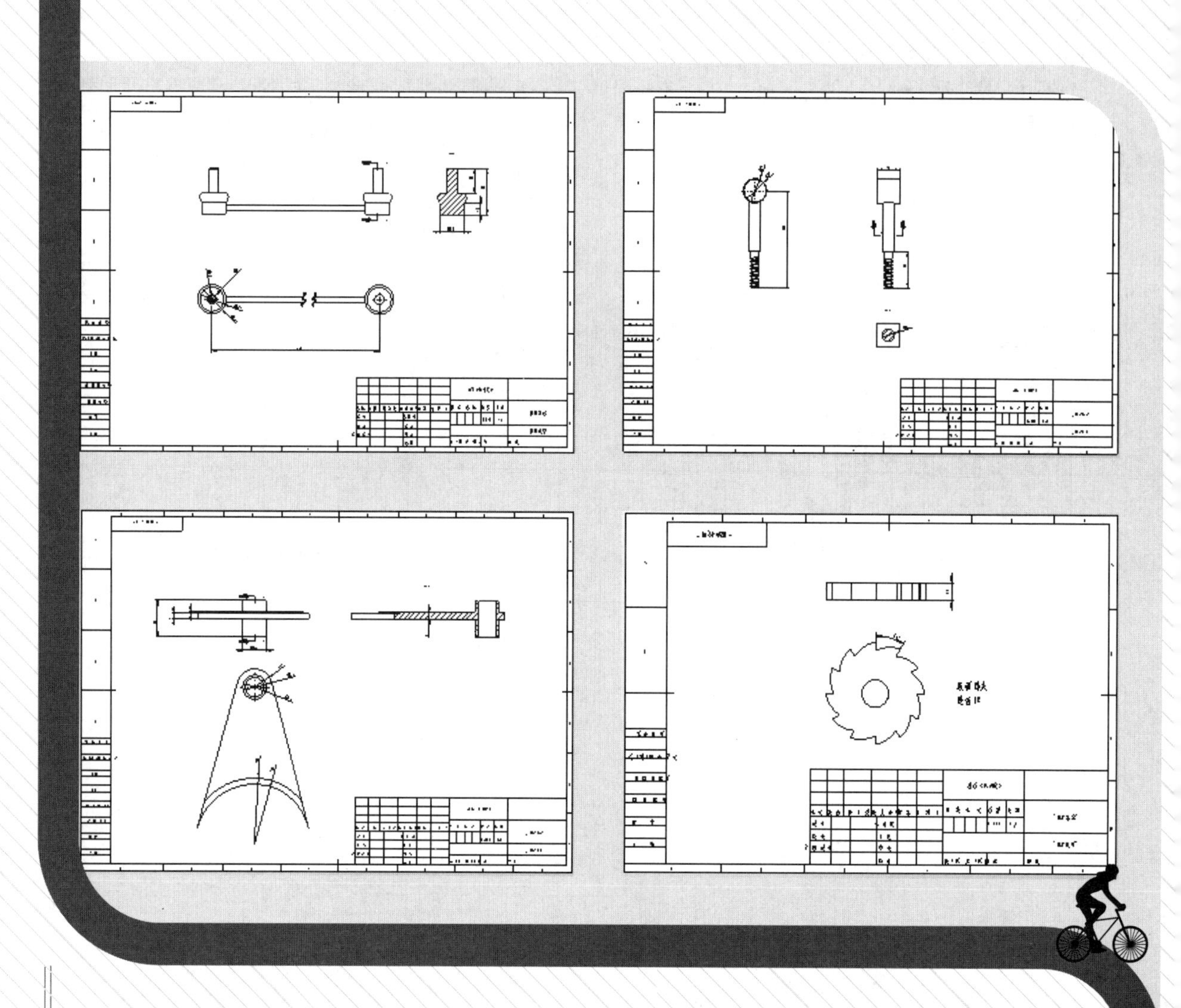

第8章 工程图设计

实例 186 案例源文件：ywj\08\186.prt、186.drw

绘制连杆工程图

01 单击【工程图】选项卡中的【模型视图】按钮，创建主视图，如图8-1所示。

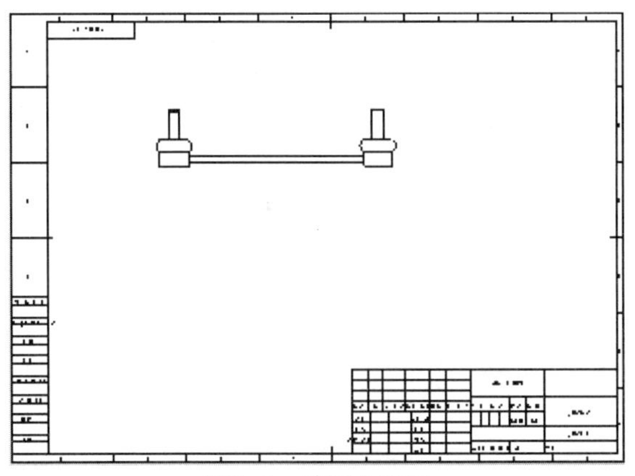

图8-1 绘制主视图

02 单击【工程图】选项卡中的【投影视图】按钮，创建投影视图，如图8-2所示。

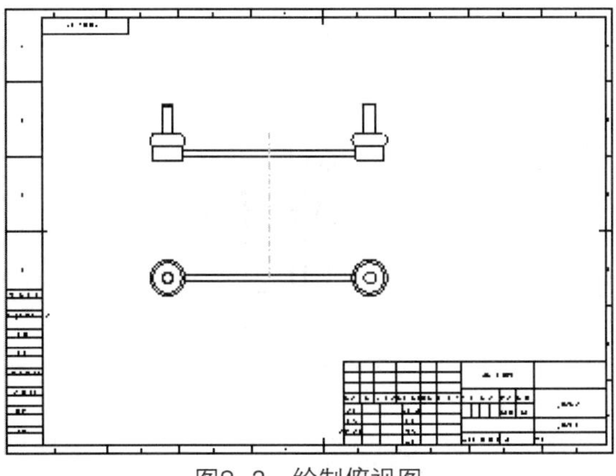

图8-2 绘制俯视图

◎提示·◦

投影视图可以从主、俯、左三个方向插入视图。

03 单击【工程图】选项卡中的【剖面视图】按钮，创建剖面视图，如图8-3所示。

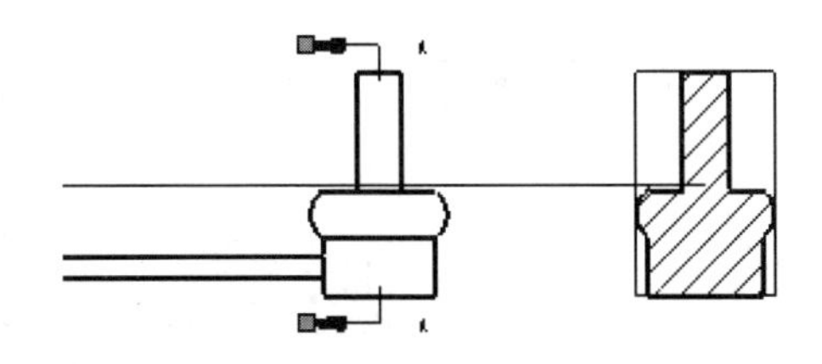

图8-3 绘制剖面视图

04 单击【工程图】选项卡中的【断裂视图】按钮，创建断裂视图，如图8-4所示。

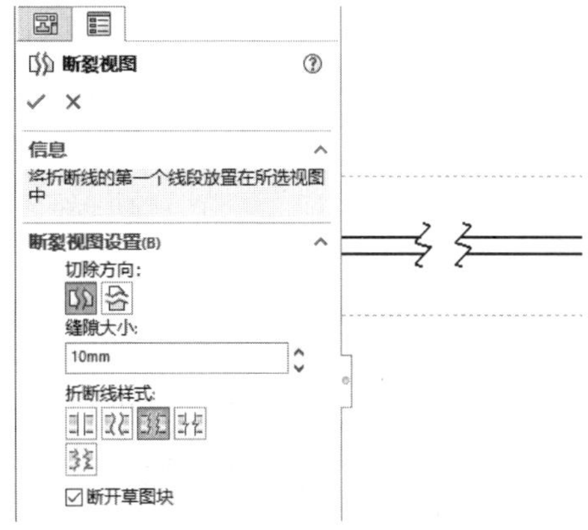

图8-4 绘制断裂视图

◎提示·◦

断裂视图也称为中断视图。断裂视图可以将工程图视图以较大比例显示在较小的工程图纸上。

05 单击【注解】选项卡中的【智能尺寸】按钮，标注视图，如图8-5所示。

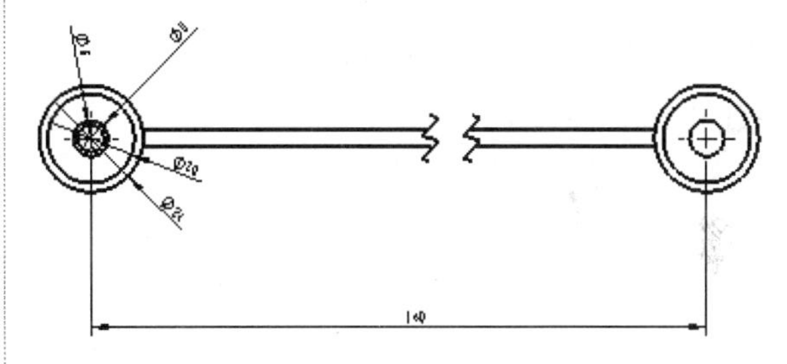

图8-5 标注主视图

06 单击【注解】选项卡中的【智能尺寸】按钮，标注视图，如图8-6所示。

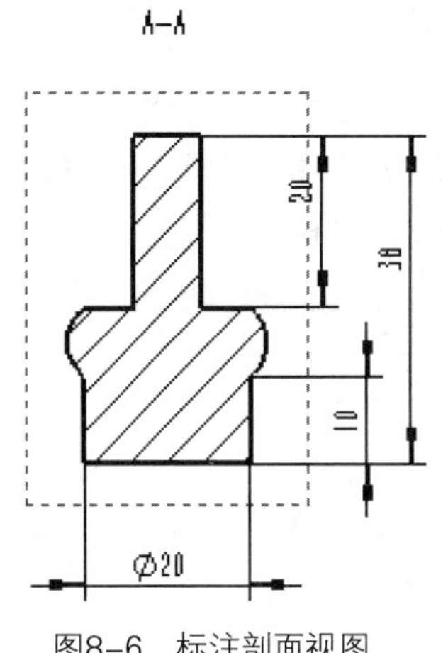

图8-6 标注剖面视图

07 完成连杆工程图的绘制，如图8-7所示。

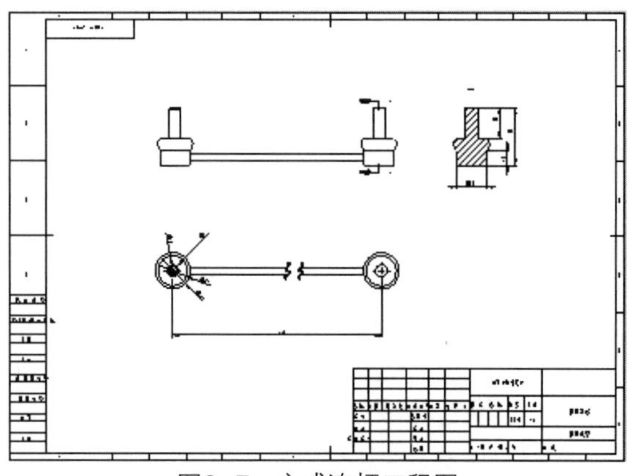

图8-7　完成连杆工程图

实例 187 绘制螺纹紧固件工程图

案例源文件：ywj\08\187.prt、187.drw

01 单击【工程图】选项卡中的【模型视图】按钮，创建主视图，如图8-8所示。

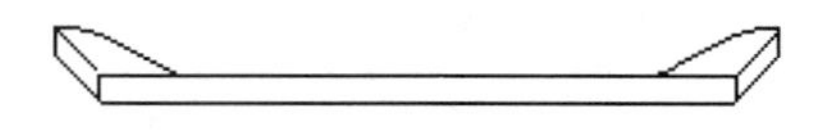

图8-8　绘制主视图

02 单击【工程图】选项卡中的【投影视图】按钮，创建投影视图，如图8-9所示。

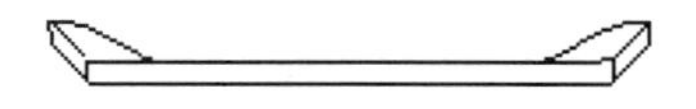

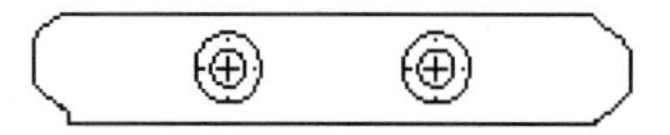

图8-9　绘制俯视图

03 单击【工程图】选项卡中的【剖面视图】按钮，创建剖面视图，如图8-10所示。

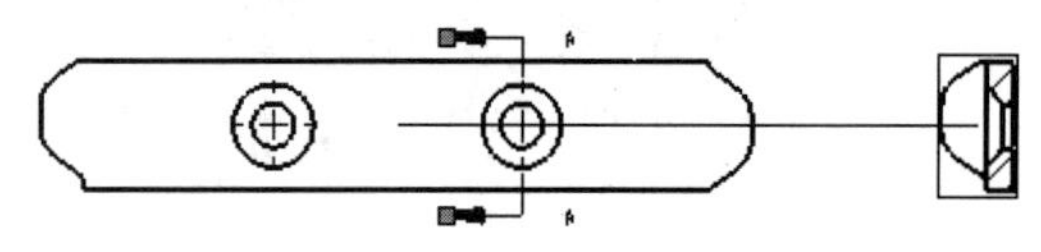

图8-10　绘制剖面视图

04 单击【注解】选项卡中的【智能尺寸】按钮，标注视图，如图8-11所示。

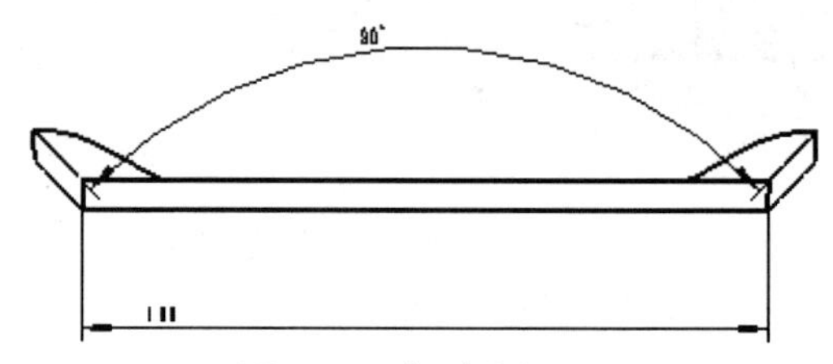

图8-11　标注主视图

05 单击【注解】选项卡中的【智能尺寸】按钮，标注视图，如图8-12所示。

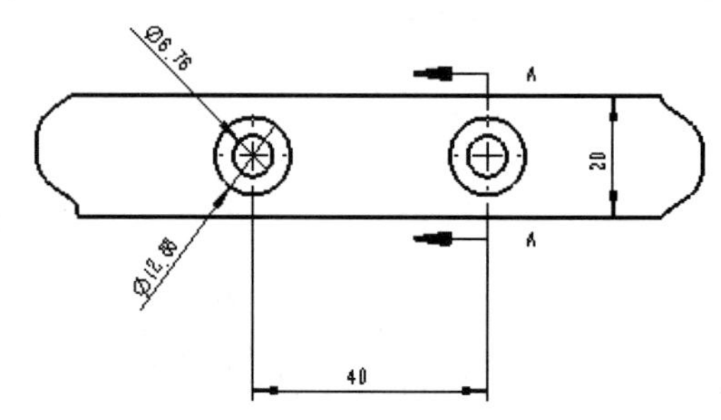

图8-12　标注俯视图

06 单击【注解】选项卡中的【智能尺寸】按钮，标注视图，如图8-13所示。

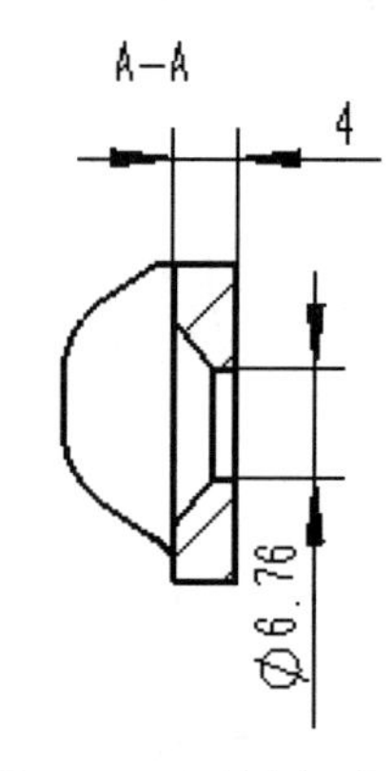

图8-13　标注剖面视图

07 完成螺纹紧固件工程图的绘制，如图8-14所示。

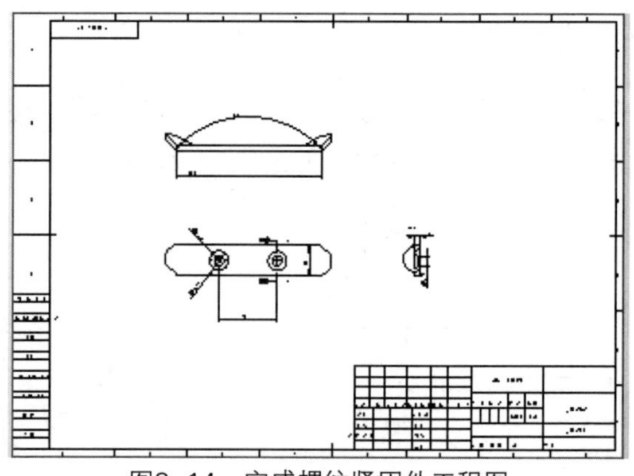

图8-14　完成螺纹紧固件工程图

实例 188 案例源文件：ywj\08\188.prt、188.drw

绘制叉架零件工程图

01 单击【工程图】选项卡中的【模型视图】按钮，创建主视图，如图8-15所示。

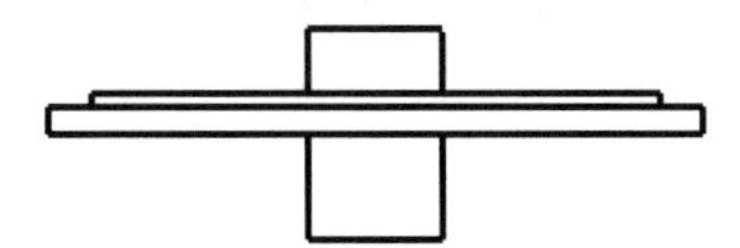

图8-15　绘制主视图

02 单击【工程图】选项卡中的【投影视图】按钮，创建投影视图，如图8-16所示。

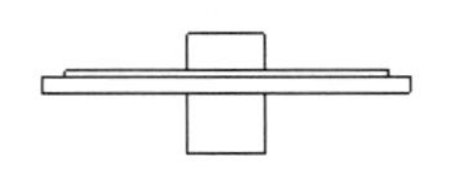

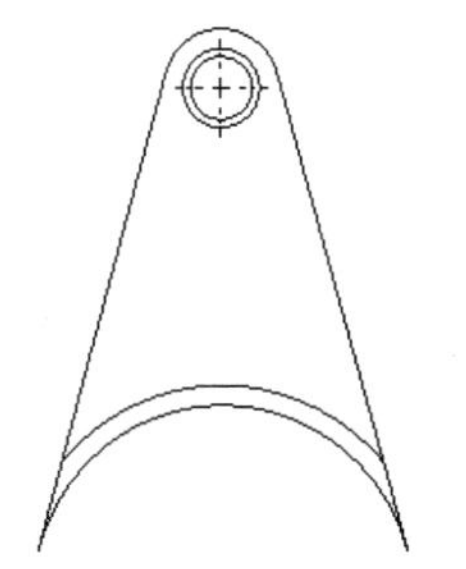

图8-16　绘制俯视图

03 单击【工程图】选项卡中的【剖面视图】按钮，创建剖面视图，如图8-17所示。

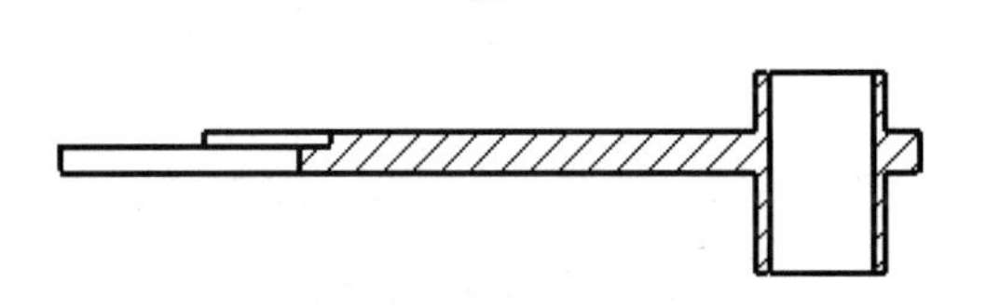

图8-17　绘制剖面视图

04 单击【注解】选项卡中的【智能尺寸】按钮，标注视图，如图8-18所示。

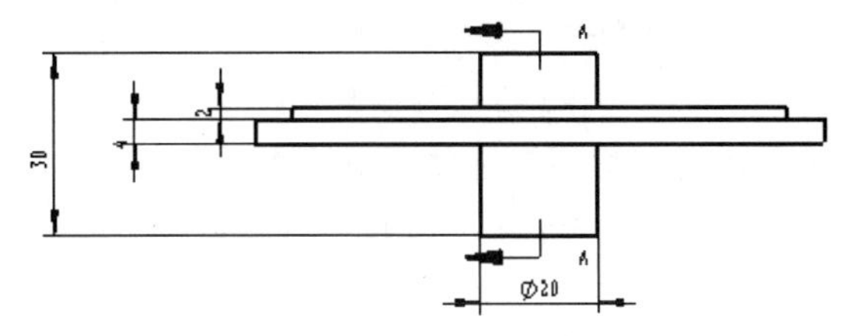

图8-18　标注主视图

05 单击【注解】选项卡中的【智能尺寸】按钮，标注视图，如图8-19所示。

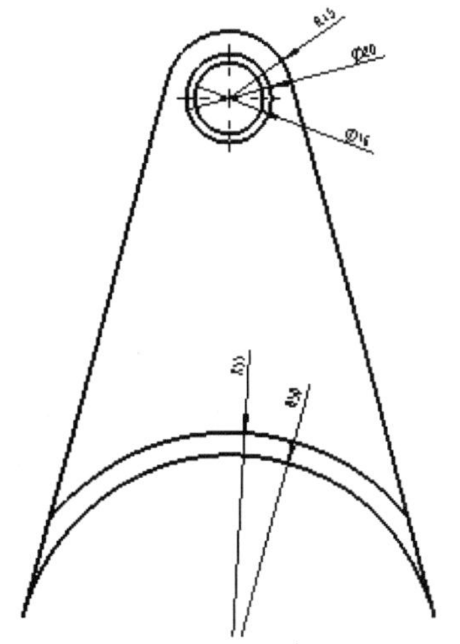

图8-19　标注俯视图

06 单击【注解】选项卡中的【智能尺寸】按钮，标注视图，如图8-20所示。

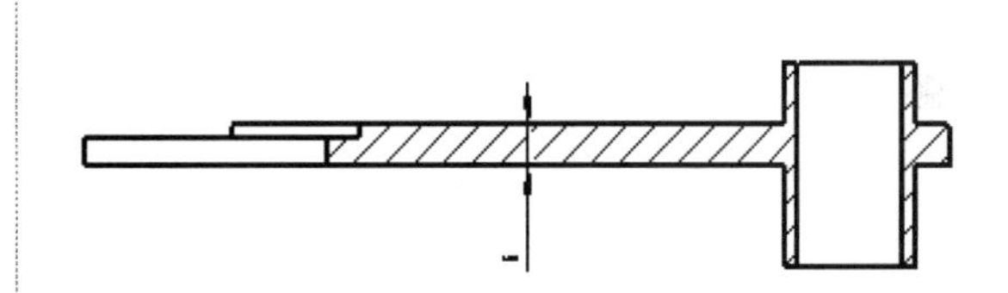

图8-20　标注剖面视图

07 完成叉架零件工程图的绘制，如图8-21所示。

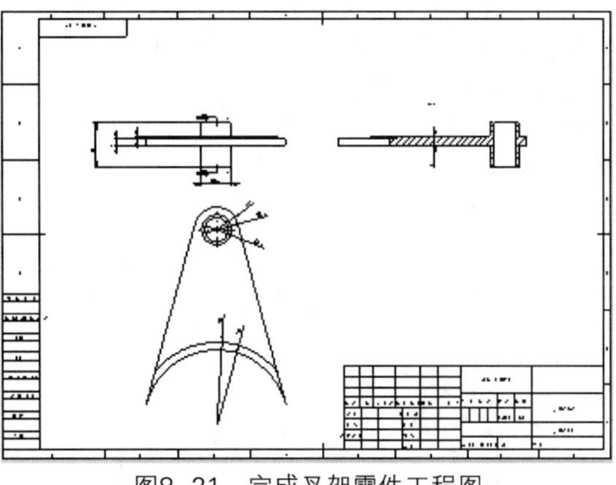

图8-21　完成叉架零件工程图

实例 189 案例源文件：ywj\08\189.prt、189.drw

绘制螺钉工程图

01 单击【工程图】选项卡中的【模型视图】按钮，创建主视图，如图8-22所示。

02 单击【工程图】选项卡中的【投影视图】按钮，创建投影视图，如图8-23所示。

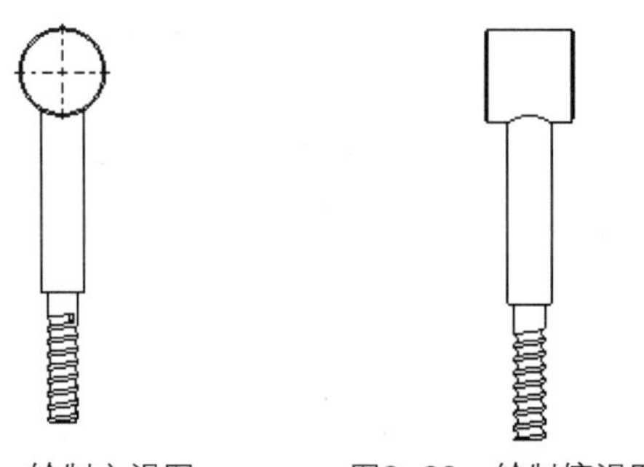

图8-22　绘制主视图　　　图8-23　绘制俯视图

03 单击【工程图】选项卡中的【剖面视图】按钮，创建剖面视图，如图8-24所示。

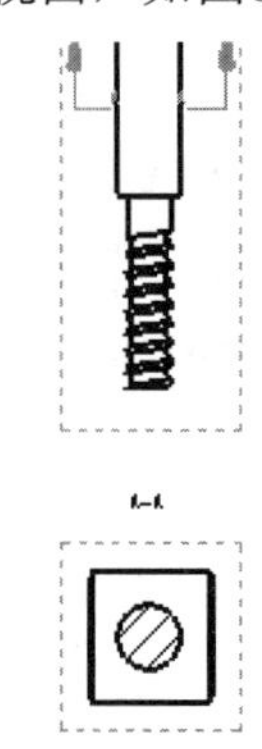

图8-24　绘制剖面视图

> ◎提示·∘
>
> 剖面视图可以用一条剖切线分割父视图。剖面视图可以是直切剖面或者是用阶梯剖切线定义的等距剖面。

04 单击【注解】选项卡中的【智能尺寸】按钮，标注视图，如图8-25所示。

05 单击【注解】选项卡中的【智能尺寸】按钮，标注视图，如图8-26所示。

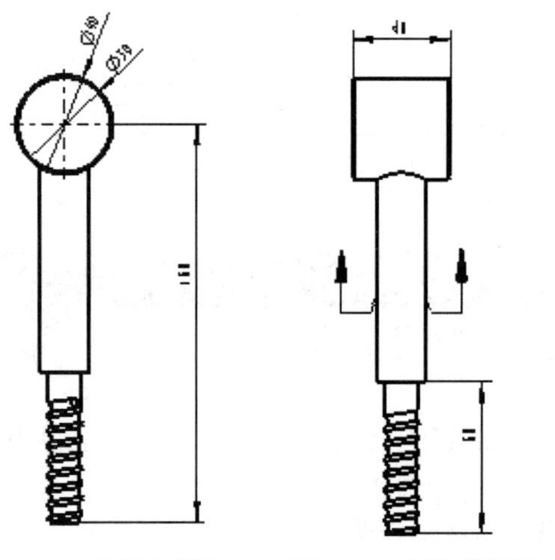

图8-25　标注主视图　　　图8-26　标注俯视图

06 单击【注解】选项卡中的【智能尺寸】按钮，标注视图，如图8-27所示。

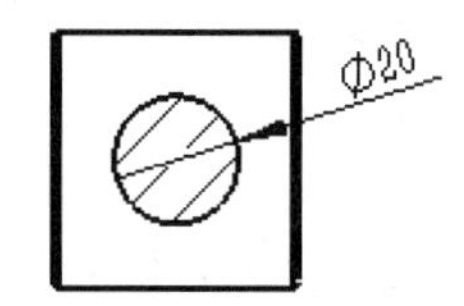

图8-27　标注剖面视图

07 完成螺钉工程图的绘制，如图8-28所示。

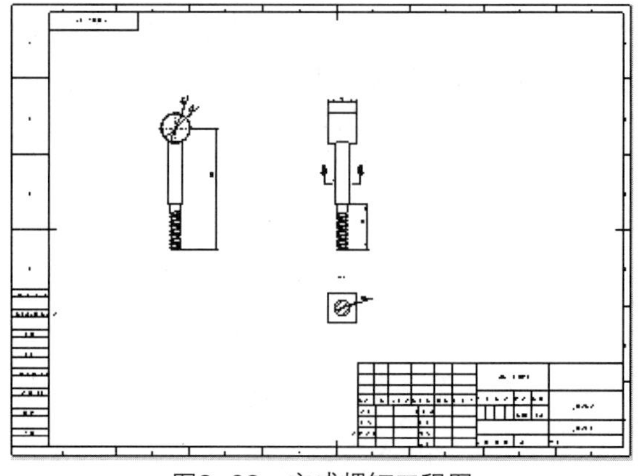

图8-28　完成螺钉工程图

实例 190 绘制输送机工程图

案例源文件：ywj\08\190.prt、190.drw

01 单击【工程图】选项卡中的【模型视图】按钮，创建主视图，如图8-29所示。

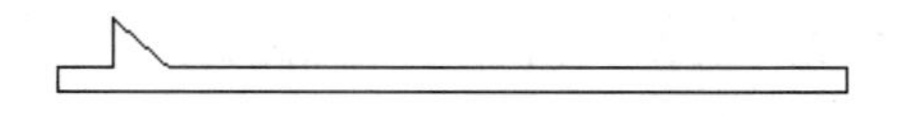

图8-29　绘制主视图

02 单击【工程图】选项卡中的【投影视图】按钮，创建投影视图，如图8-30所示。

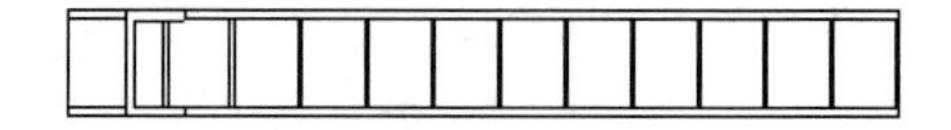

图8-30　绘制俯视图

03 单击【工程图】选项卡中的【断裂视图】按钮，创建断裂视图，如图8-31所示。

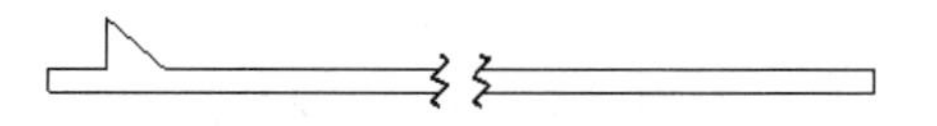

图8-31　绘制断开视图

04 单击【注解】选项卡中的【智能尺寸】按钮

，标注视图，如图8-32所示。

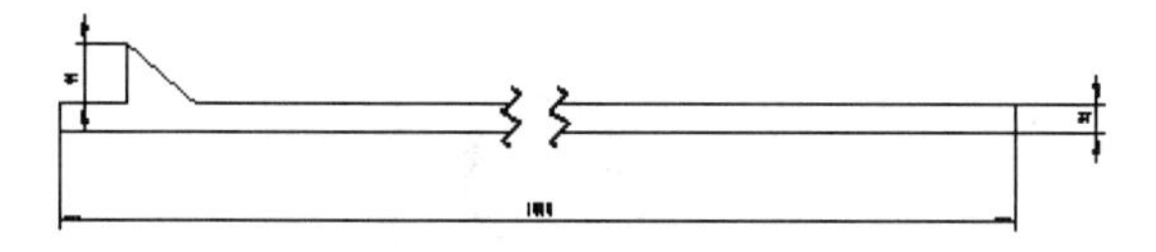

图8-32　标注主视图

05 单击【注解】选项卡中的【智能尺寸】按钮，标注视图，如图8-33所示。

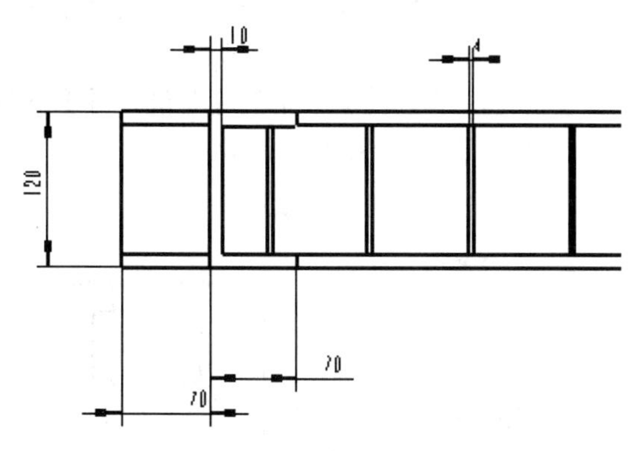

图8-33　标注俯视图

06 完成输送机工程图的绘制，如图8-34所示。

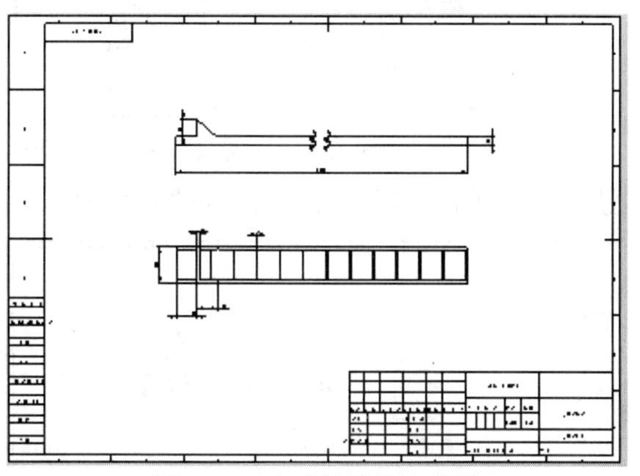

图8-34　完成输送机工程图

实例 191　案例源文件：ywj\08\191.prt、191.drw

绘制扳手工程图

01 单击【工程图】选项卡中的【模型视图】按钮，创建主视图，如图8-35所示。

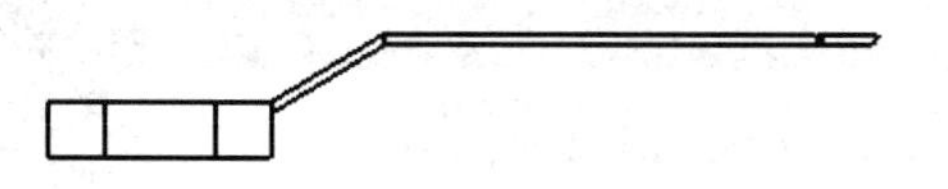

图8-35　绘制主视图

02 单击【工程图】选项卡中的【投影视图】按钮，创建投影视图，如图8-36所示。

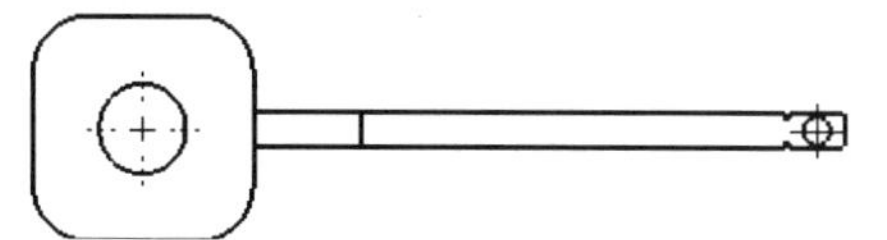

图8-36　绘制俯视图

03 单击【工程图】选项卡中的【投影视图】按钮，创建投影视图，如图8-37所示。

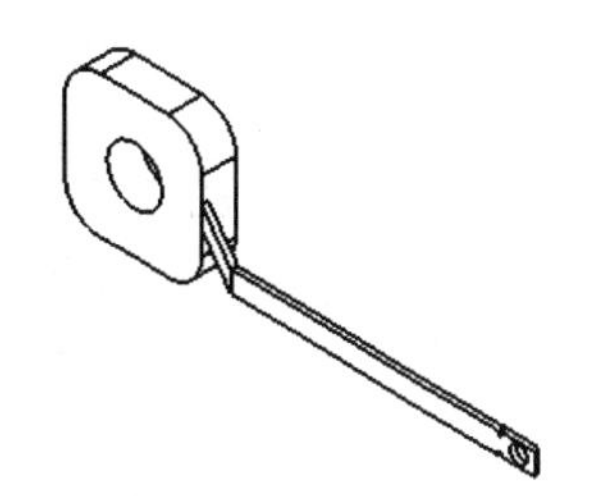

图8-37　绘制立体图

04 单击【工程图】选项卡中的【剖面视图】按钮，创建剖面视图，如图8-38所示。

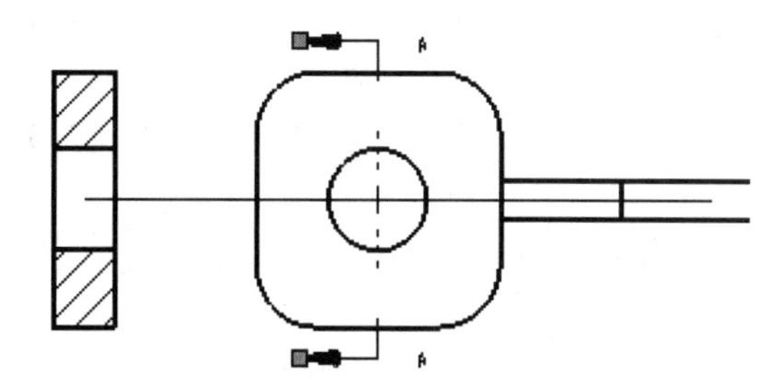

图8-38　绘制剖面视图

05 单击【注解】选项卡中的【智能尺寸】按钮，标注视图，如图8-39所示。

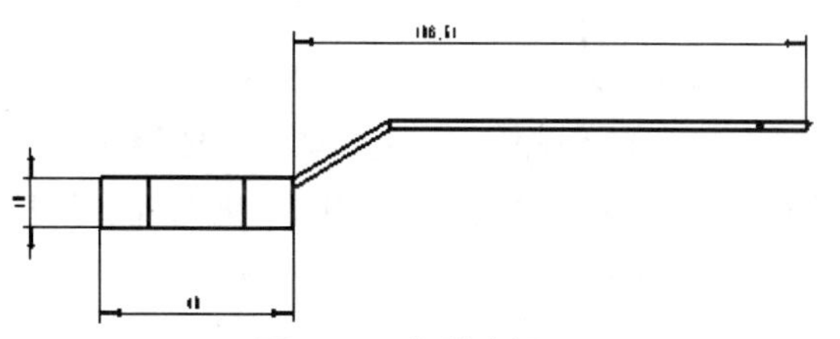

图8-39　标注主视图

06 单击【注解】选项卡中的【智能尺寸】按钮，标注视图，如图8-40所示。

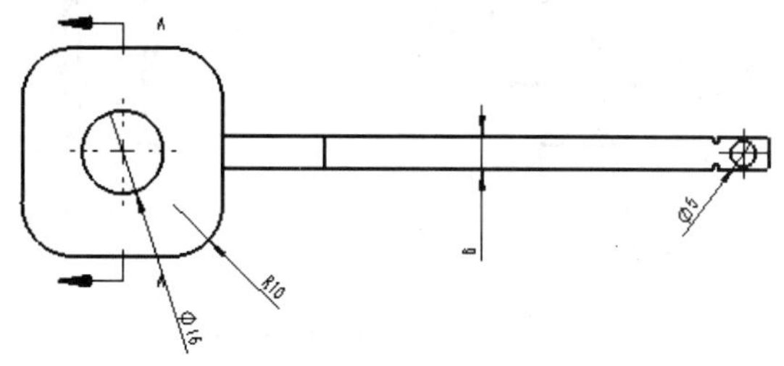

图8-40　标注俯视图

07 完成扳手工程图的绘制，如图8-41所示。

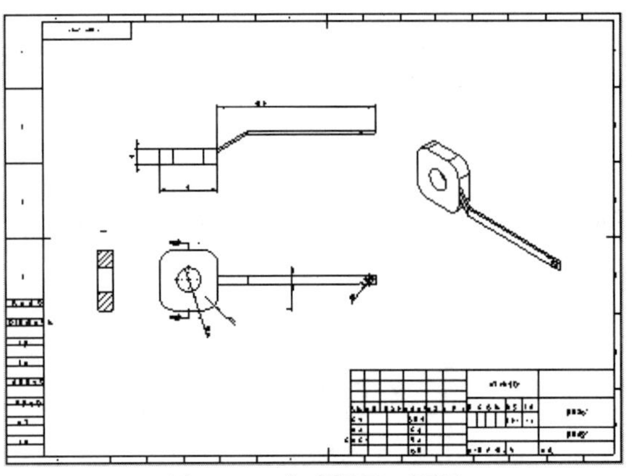

图8-41　完成扳手工程图

实例 192

案例源文件：ywj08\192.prt、192.drw

绘制联轴器工程图

01 单击【工程图】选项卡中的【模型视图】按钮，创建主视图，如图8-42所示。

02 单击【工程图】选项卡中的【投影视图】按钮，创建投影视图，如图8-43所示。

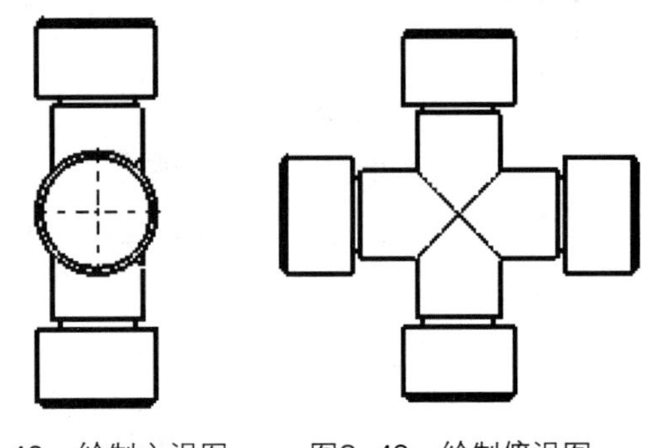

图8-42　绘制主视图　　图8-43　绘制俯视图

03 单击【工程图】选项卡中的【剖面视图】按钮，创建剖面视图，如图8-44所示。

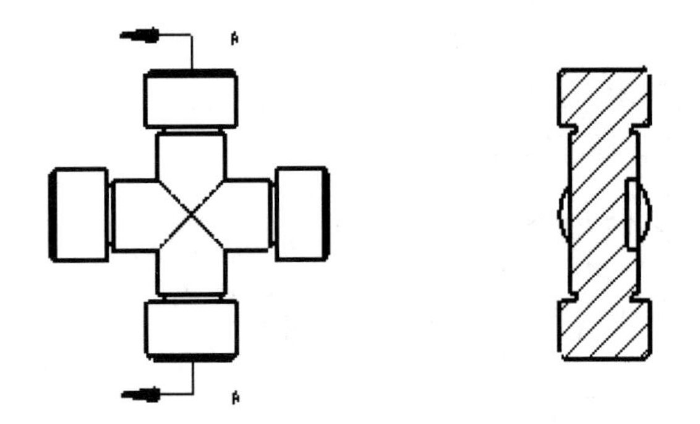

图8-44　绘制剖面视图

04 单击【注解】选项卡中的【智能尺寸】按钮，标注视图，如图8-45所示。

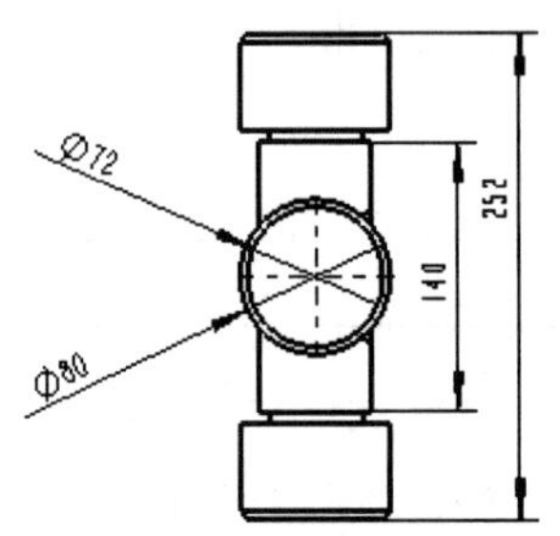

图8-45　标注主视图

05 单击【注解】选项卡中的【智能尺寸】按钮，标注视图，如图8-46所示。

06 单击【注解】选项卡中的【智能尺寸】按钮，标注视图，如图8-47所示。

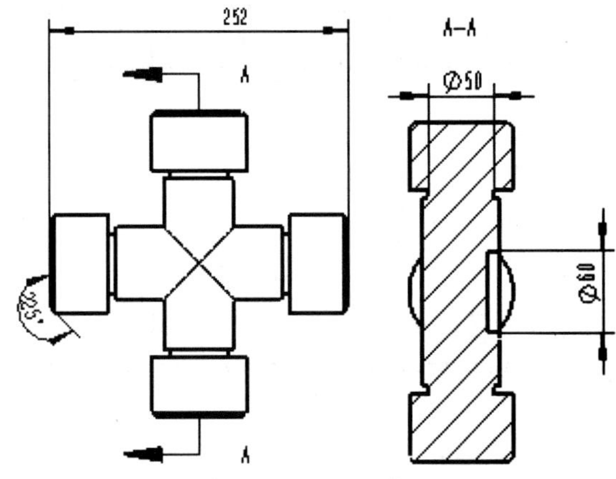

图8-46　标注俯视图　　图8-47　标注剖面视图

07 完成联轴器工程图的绘制，如图8-48所示。

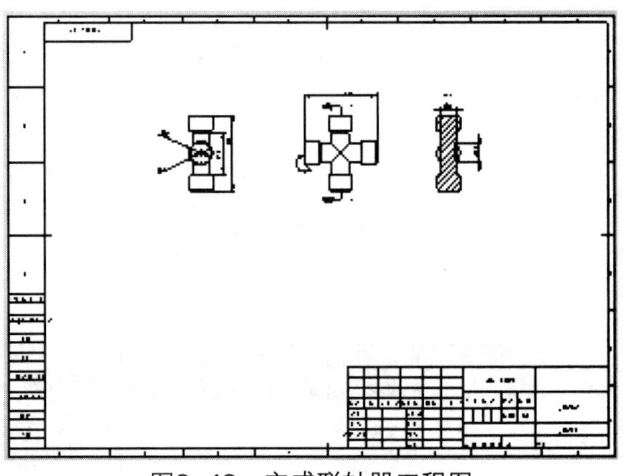

图8-48　完成联轴器工程图

实例 193

案例源文件：ywj\08\193.prt、193.drw

绘制充电器工程图

01 单击【工程图】选项卡中的【模型视图】按钮，创建主视图，如图8-49所示。

02 单击【工程图】选项卡中的【投影视图】按钮，创建投影视图，如图8-50所示。

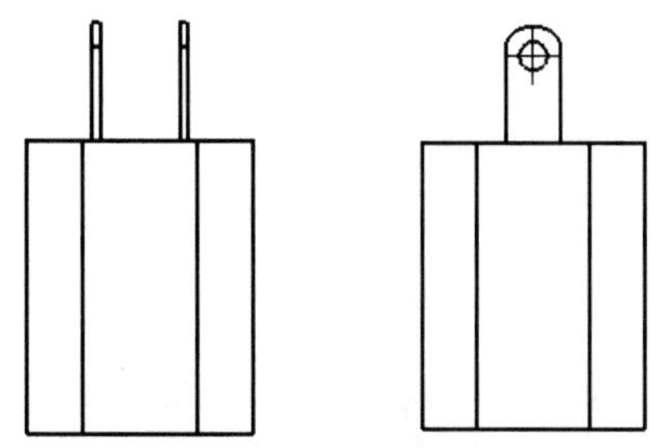

图8-49　绘制主视图　　图8-50　绘制侧视图

03 单击【工程图】选项卡中的【投影视图】按钮，创建投影视图，如图8-51所示。

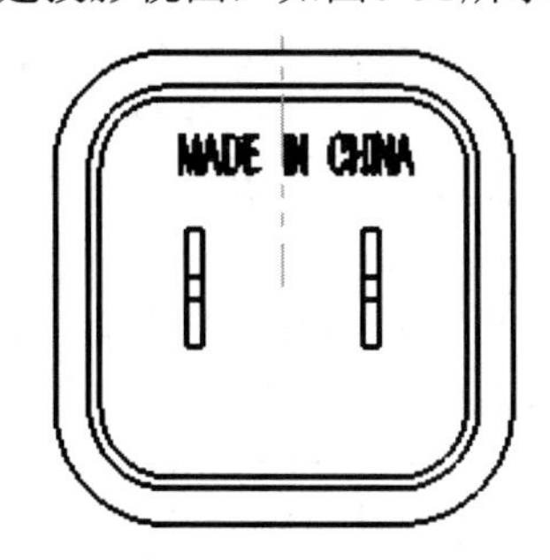

图8-51　绘制俯视图

04 单击【注解】选项卡中的【智能尺寸】按钮，标注视图，如图8-52所示。

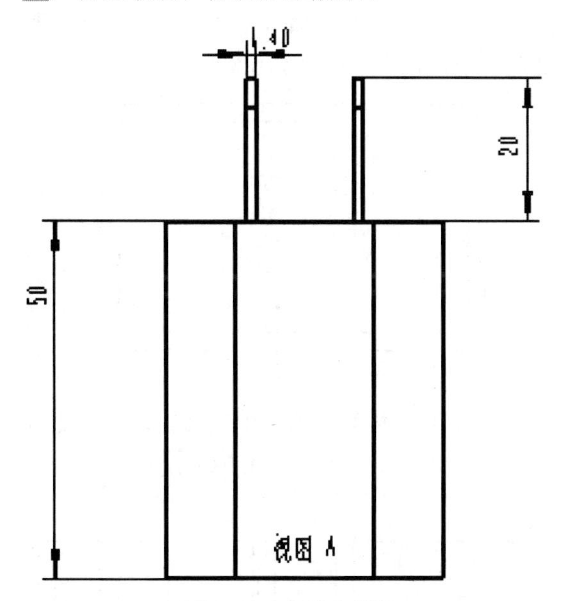

图8-52　标注主视图

05 单击【注解】选项卡中的【智能尺寸】按钮，标注视图，如图8-53所示。

06 单击【注解】选项卡中的【智能尺寸】按钮，标注视图，如图8-54所示。

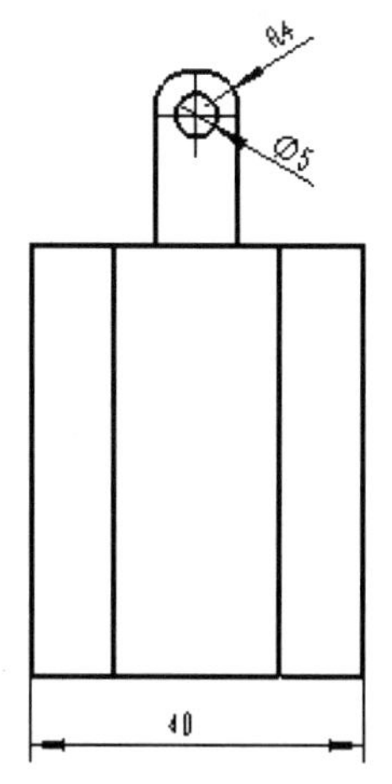

图8-53　标注侧视图

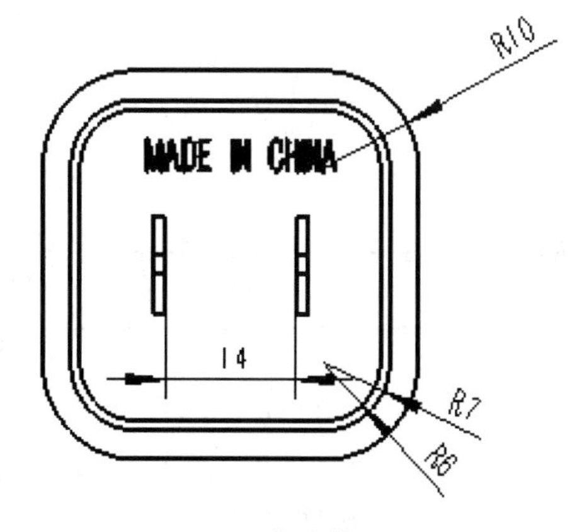

图8-54　标注俯视图

07 完成充电器工程图的绘制，如图8-55所示。

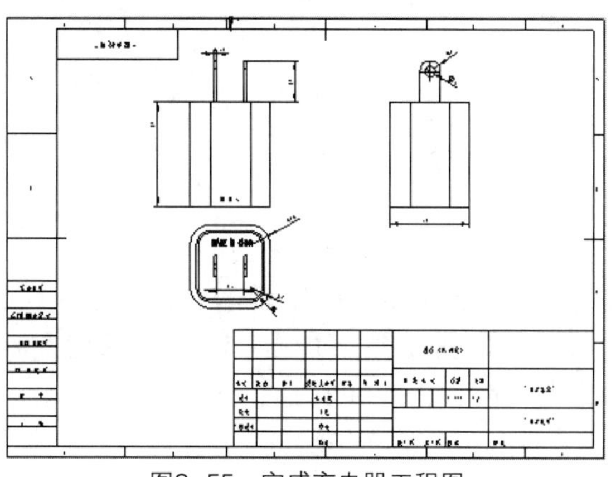

图8-55　完成充电器工程图

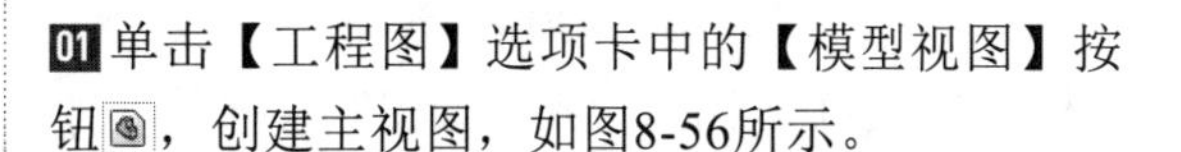

实例 194　案例源文件：ywj\08\194.prt、194.drw

绘制棘轮工程图

01 单击【工程图】选项卡中的【模型视图】按钮，创建主视图，如图8-56所示。

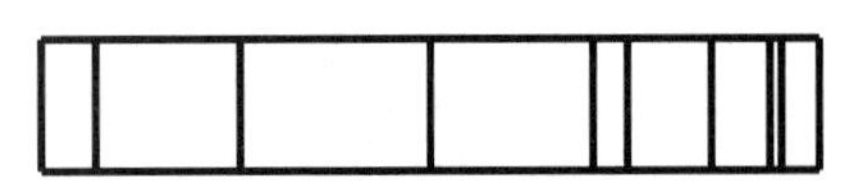

图8-56　绘制主视图

02 单击【工程图】选项卡中的【投影视图】按钮，创建投影视图，如图8-57所示。

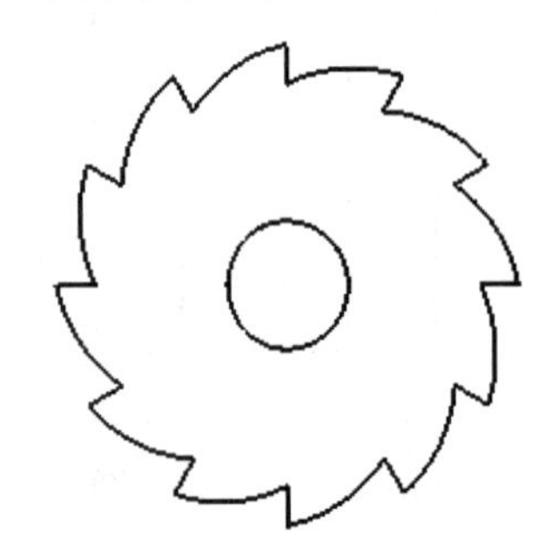

图8-57　绘制俯视图

03 单击【注解】选项卡中的【智能尺寸】按钮，标注视图，如图8-58所示。

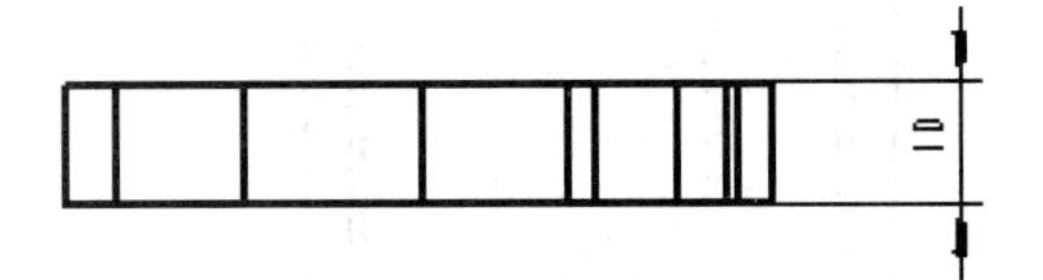

图8-58　标注主视图

04 单击【注解】选项卡中的【智能尺寸】按钮，标注视图，如图8-59所示。

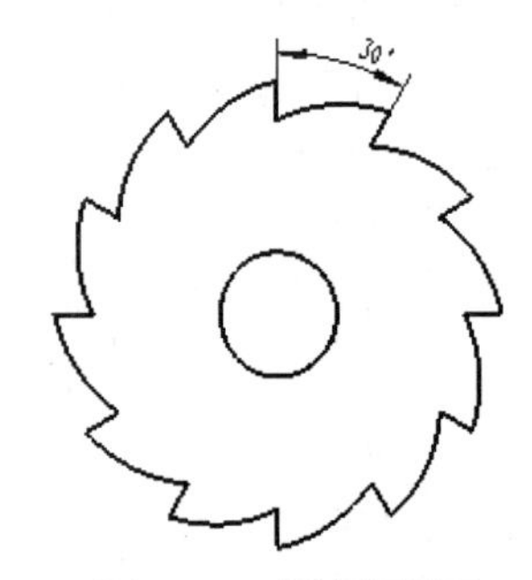

图8-59　标注俯视图

05 单击【注解】选项卡中的【注释】按钮A，标注文字，如图8-60所示。

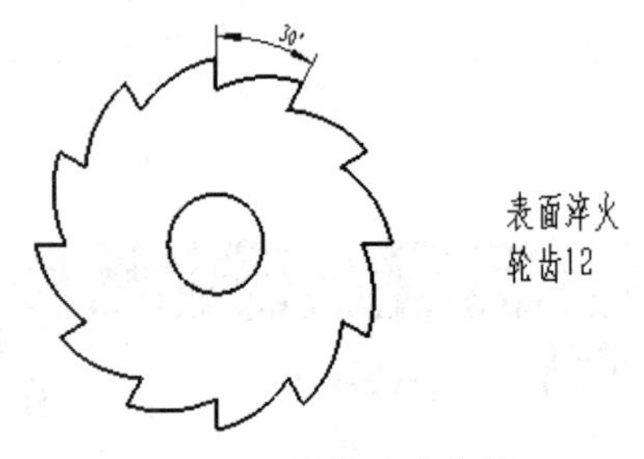

图8-60　添加文字注释

06 完成棘轮工程图的绘制，如图8-61所示。

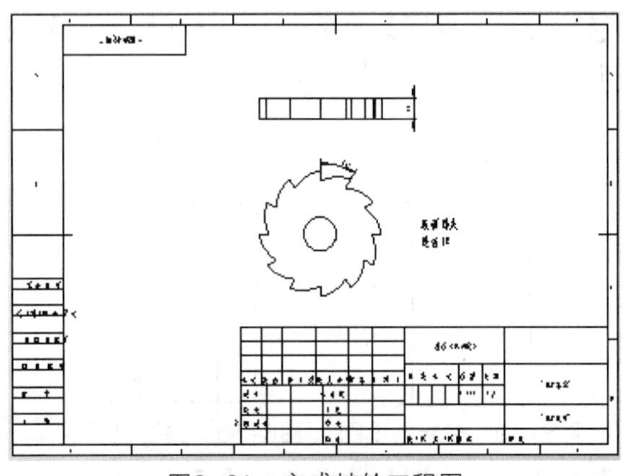

图8-61　完成棘轮工程图

实例 195 案例源文件：ywj\08\195.prt、195.drw

绘制周转箱工程图

01 单击【工程图】选项卡中的【模型视图】按钮，创建主视图，如图8-62所示。

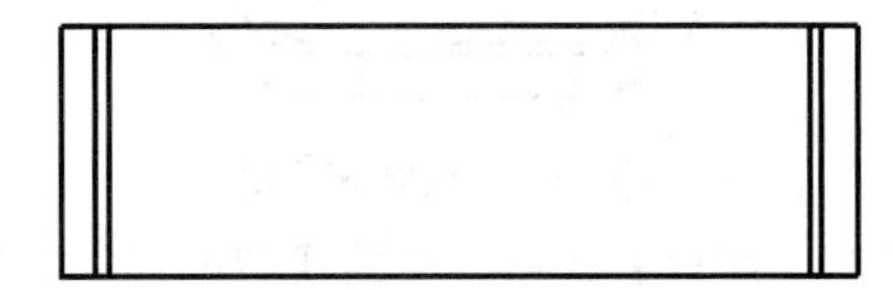

图8-62　绘制主视图

02 单击【工程图】选项卡中的【投影视图】按钮，创建投影视图，如图8-63所示。

图8-63　绘制俯视图

03 单击【工程图】选项卡中的【投影视图】按钮，创建投影视图，如图8-64所示。

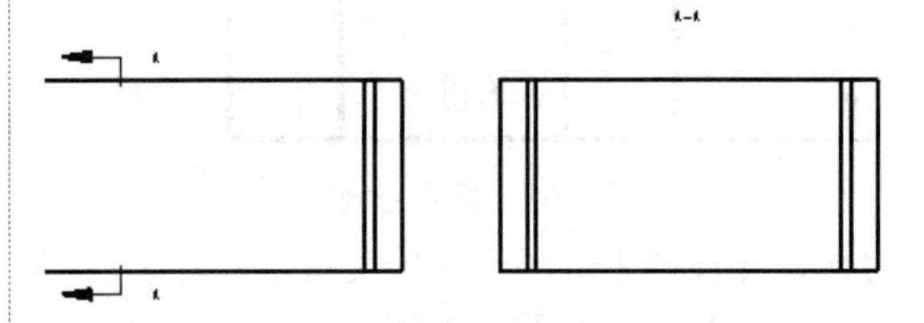

图8-64　绘制侧视图

04 单击【注解】选项卡中的【智能尺寸】按钮，标注视图，如图8-65所示。

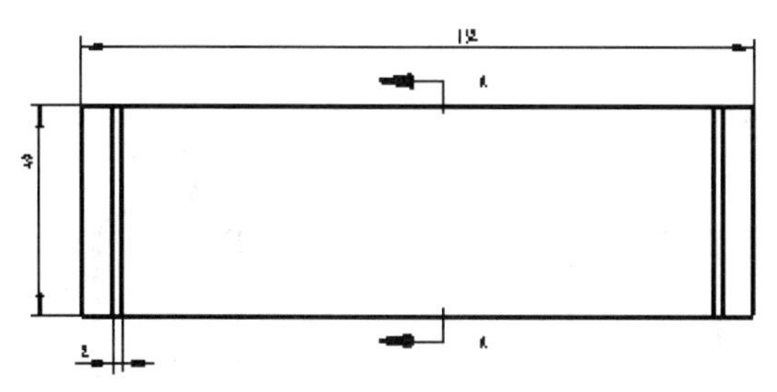

图8-65　标注主视图

05 单击【注解】选项卡中的【智能尺寸】按钮，标注视图，如图8-66所示。

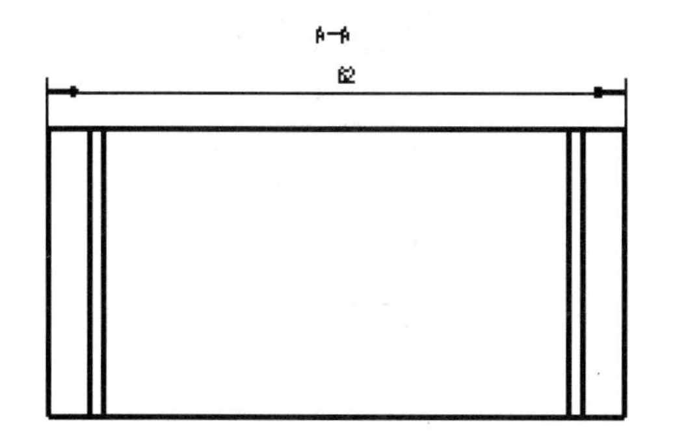

图8-66　标注侧视图

06 单击【注解】选项卡中的【智能尺寸】按钮，标注视图，如图8-67所示。

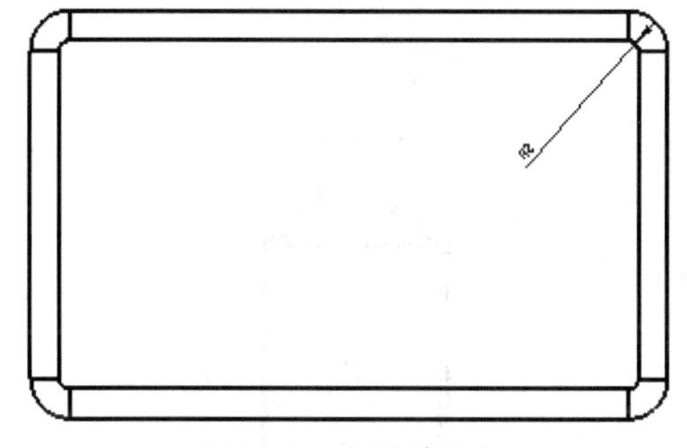

图8-67　标注俯视图

07 完成周转箱工程图的绘制，如图8-68所示。

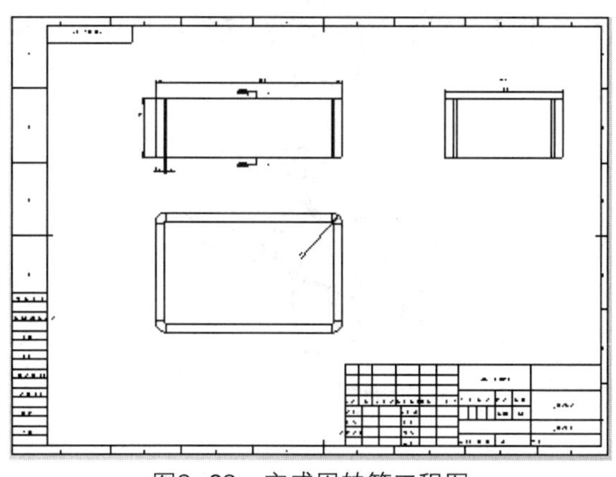

图8-68　完成周转箱工程图

实例 196　绘制花瓶工程图

案例源文件：ywj\08\196.prt、196.drw

01 单击【工程图】选项卡中的【模型视图】按钮，创建主视图，如图8-69所示。

02 单击【工程图】选项卡中的【投影视图】按钮，创建投影视图，如图8-70所示。

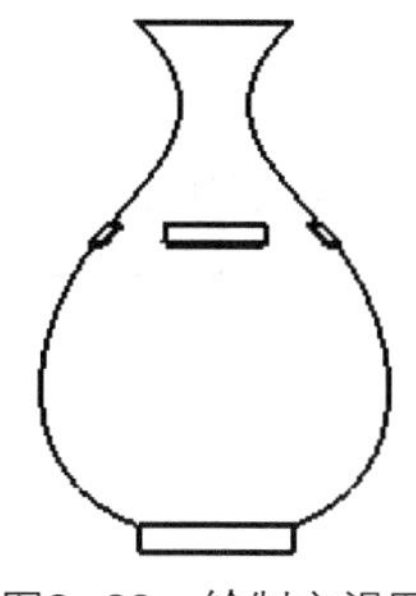

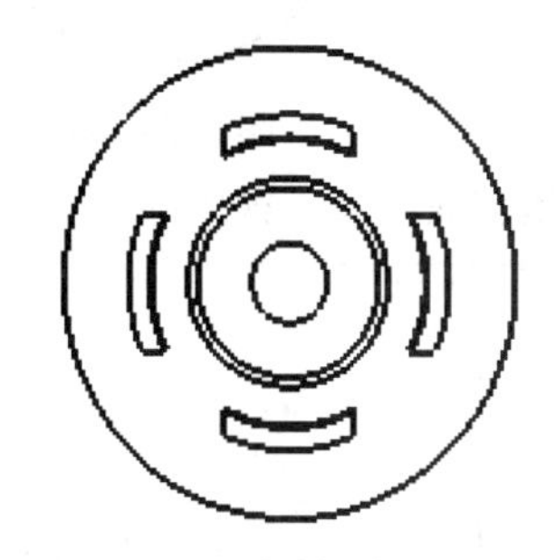

图8-69　绘制主视图　　　图8-70　绘制俯视图

03 单击【工程图】选项卡中的【剖面视图】按钮，创建剖面视图，如图8-71所示。

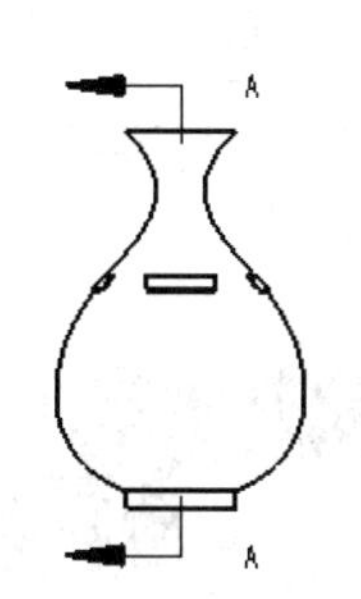

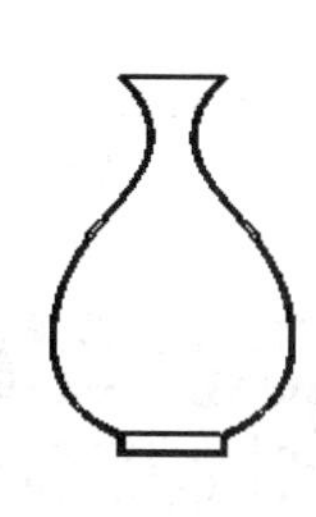

图8-71　绘制剖面视图

04 单击【注解】选项卡中的【智能尺寸】按钮，标注视图，如图8-72所示。

05 单击【注解】选项卡中的【智能尺寸】按钮，标注视图，如图8-73所示。

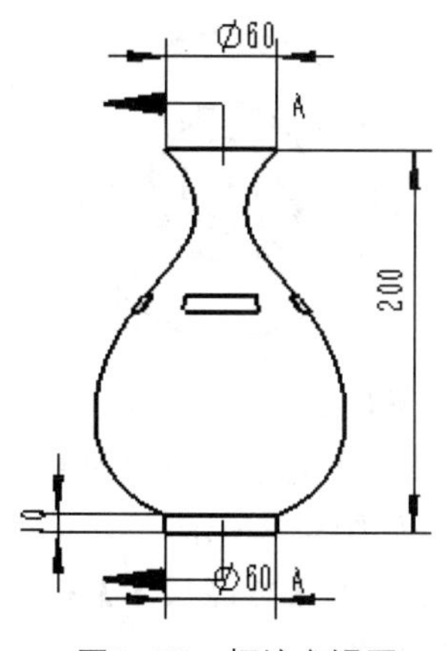

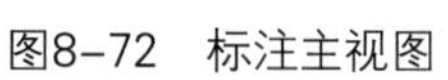

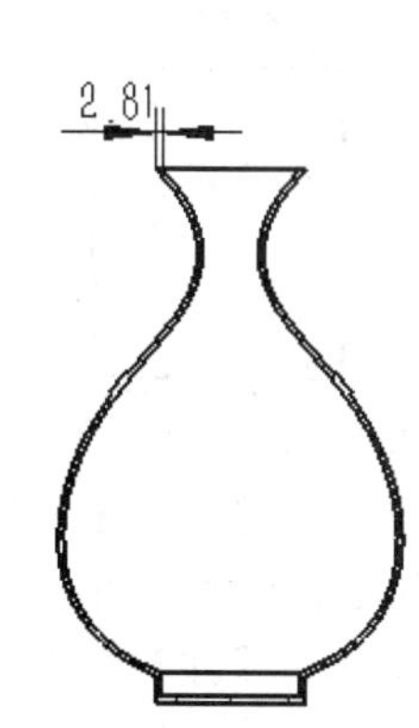

图8-72　标注主视图　　　图8-73　标注剖面视图

06 单击【注解】选项卡中的【智能尺寸】按钮，标注视图，如图8-74所示。

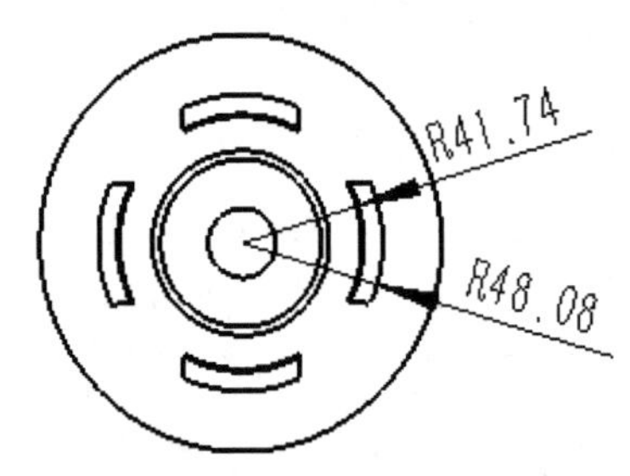

图8-74　标注俯视图

07 完成花瓶工程图的绘制，如图8-75所示。

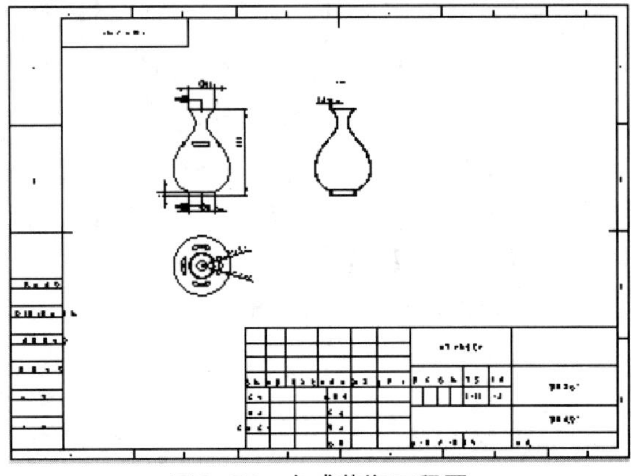

图8-75　完成花瓶工程图

实例 197　绘制水瓶工程图

案例源文件：ywj\08\197.prt、197.drw

01 单击【工程图】选项卡中的【模型视图】按钮，创建主视图，如图8-76所示。

02 单击【工程图】选项卡中的【投影视图】按钮，创建投影视图，如图8-77所示。

图8-76　绘制主视图

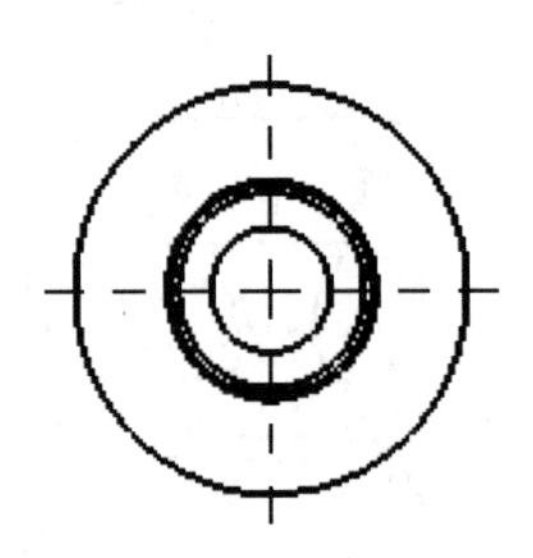

图8-77　绘制俯视图

03 单击【工程图】选项卡中的【剖面视图】按钮，创建剖面视图，如图8-78所示。

04 单击【注解】选项卡中的【智能尺寸】按钮，标注视图，如图8-79所示。

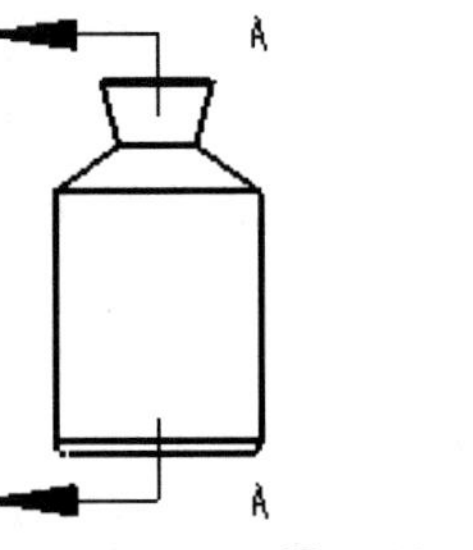

图8-78　绘制剖面视图

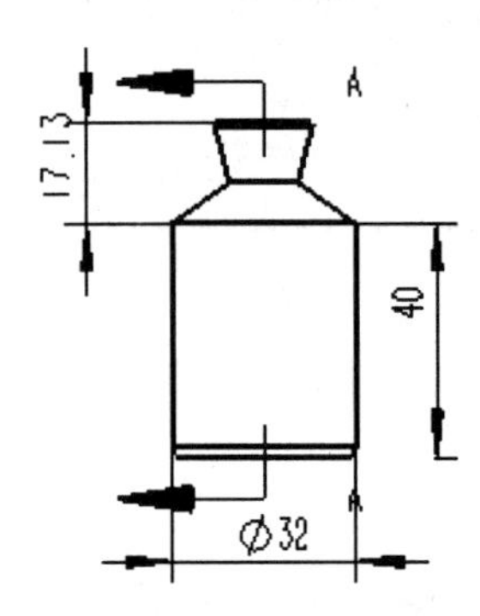

图8-79　标注主视图

05 单击【注解】选项卡中的【智能尺寸】按钮，标注视图，如图8-80所示。

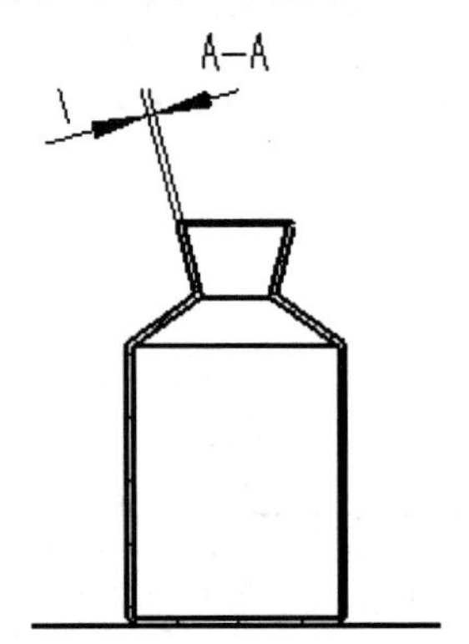

图8-80　标注剖面视图

06 单击【注解】选项卡中的【智能尺寸】按钮，标注视图，如图8-81所示。

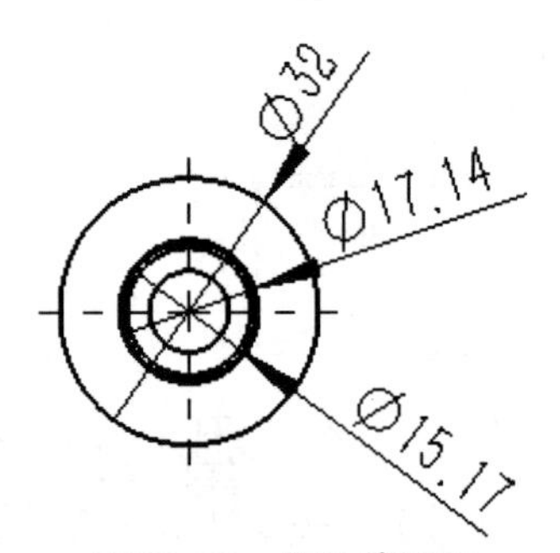

图8-81　标注俯视图

07 完成水瓶工程图的绘制，如图8-82所示。

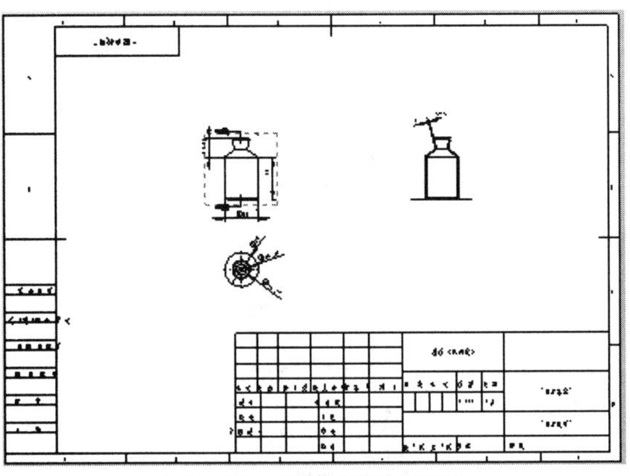

图8-82　完成水瓶工程图

实例 198　绘制球阀工程图

案例源文件：ywj\08\198.prt、198.drw

01 单击【工程图】选项卡中的【模型视图】按钮，创建主视图，如图8-83所示。

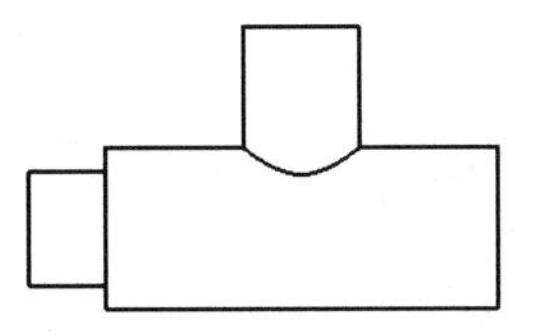

图8-83　绘制主视图

02 单击【工程图】选项卡中的【投影视图】按钮，创建投影视图，如图8-84所示。

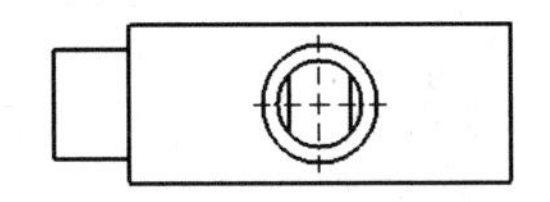

图8-84　绘制俯视图

03 单击【工程图】选项卡中的【投影视图】按钮，创建投影视图，如图8-85所示。

04 单击【工程图】选项卡中的【剖面视图】按钮，创建剖面视图，如图8-86所示。

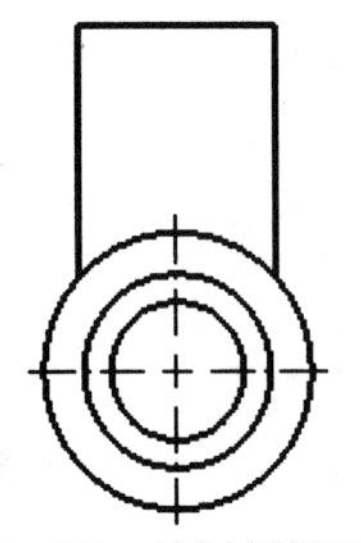

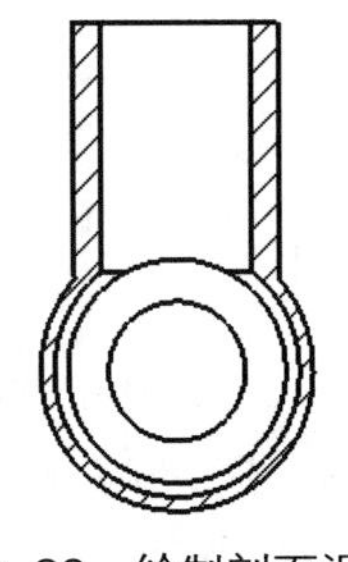

图8-85　绘制侧视图　图8-86　绘制剖面视图

05 单击【注解】选项卡中的【智能尺寸】按钮，标注视图，如图8-87所示。

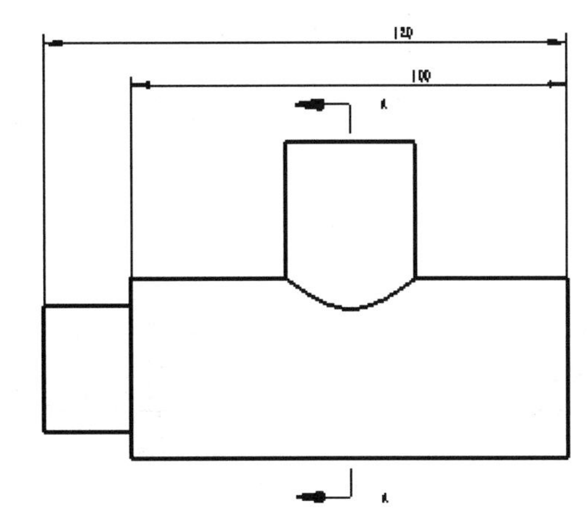

图8-87　标注主视图

06 单击【注解】选项卡中的【智能尺寸】按钮，标注视图，如图8-88所示。

07 单击【注解】选项卡中的【智能尺寸】按钮，标注视图，如图8-89所示。

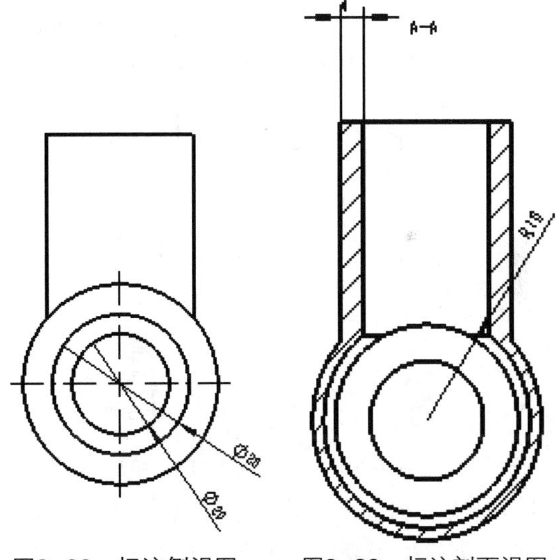

图8-88　标注侧视图　图8-89　标注剖面视图

08 单击【注解】选项卡中的【智能尺寸】按钮，标注视图，如图8-90所示。

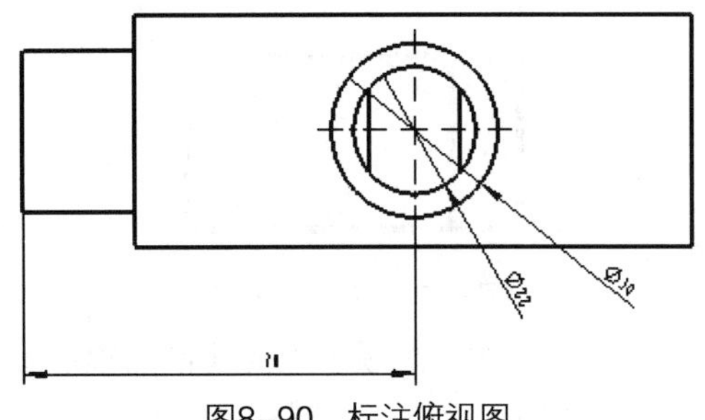

图8-90　标注俯视图

09 完成球阀工程图的绘制，如图8-91所示。

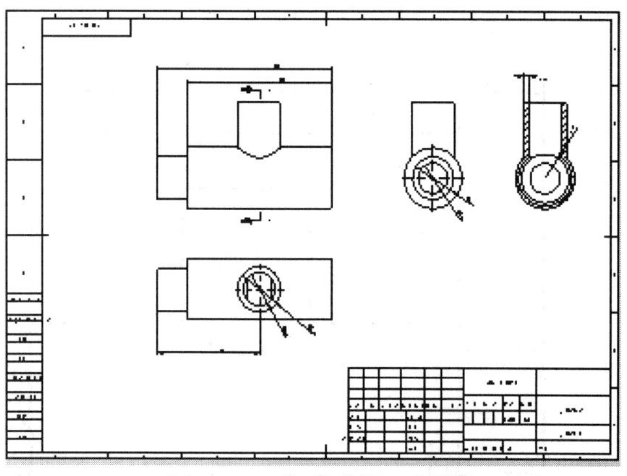

图8-91　完成球阀工程图

实例 199 绘制螺栓组件工程图

案例源文件：ywj\08\199.prt、199.drw

01 单击【工程图】选项卡中的【模型视图】按钮，创建主视图，如图8-92所示。

02 单击【工程图】选项卡中的【投影视图】按钮，创建投影视图，如图8-93所示。

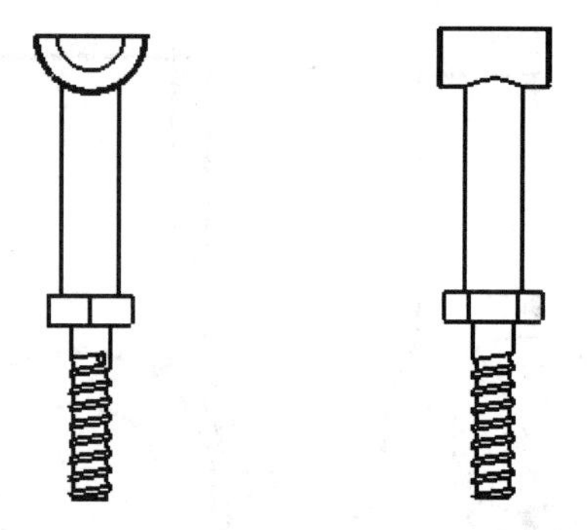

图8-92　绘制主视图　　图8-93　绘制侧视图

03 单击【工程图】选项卡中的【投影视图】按钮，创建投影视图，如图8-94所示。

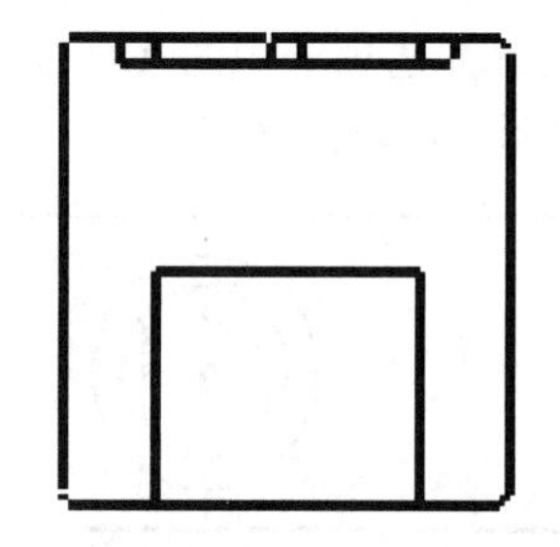

图8-94　绘制俯视图

04 单击【工程图】选项卡中的【剖面视图】按钮，创建剖面视图，如图8-95所示。

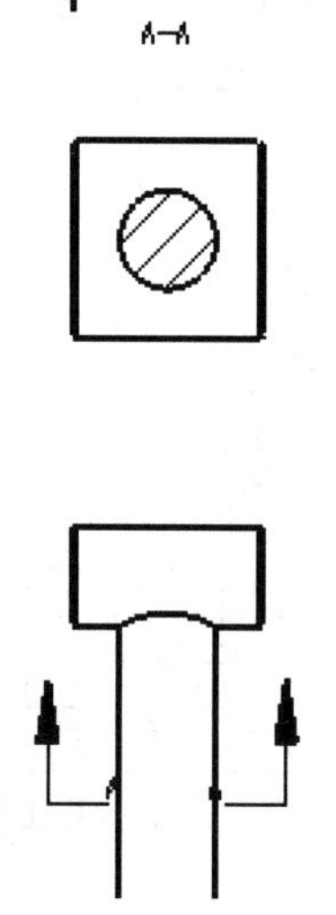

图8-95　绘制剖面视图

05 单击【注解】选项卡中的【智能尺寸】按钮，标注视图，如图8-96所示。

06 单击【注解】选项卡中的【智能尺寸】按钮，标注视图，如图8-97所示。

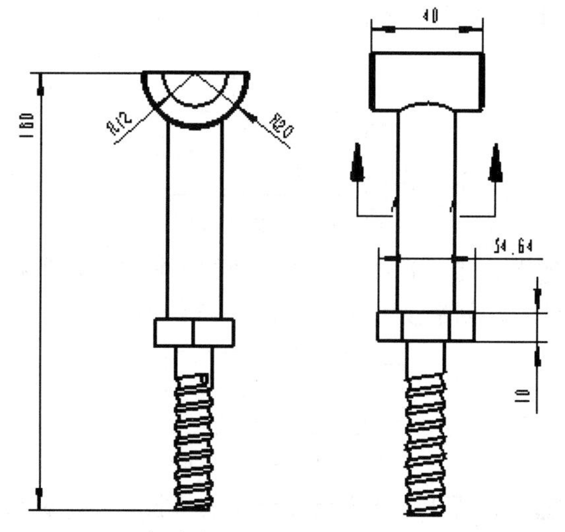

图8-96　标注主视图　　图8-97　标注侧视图

07 单击【注解】选项卡中的【智能尺寸】按钮，标注视图，如图8-98所示。

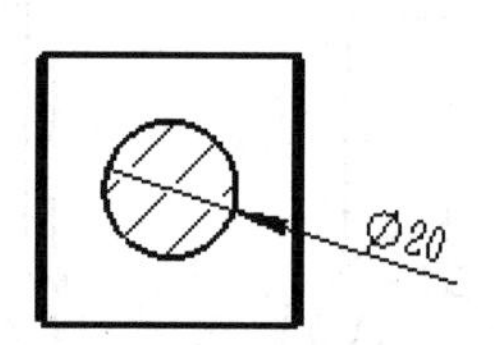

图8-98　标注剖面视图

08 单击【注解】选项卡中的【智能尺寸】按钮，标注视图，如图8-99所示。

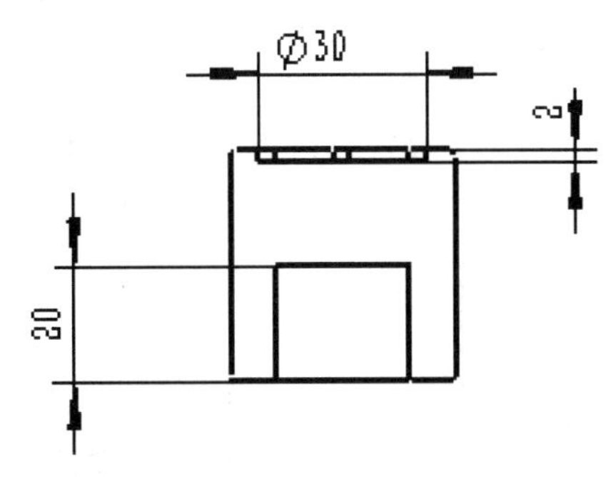

图8-99　标注俯视图

09 完成螺栓组件工程图的绘制，如图8-100所示。

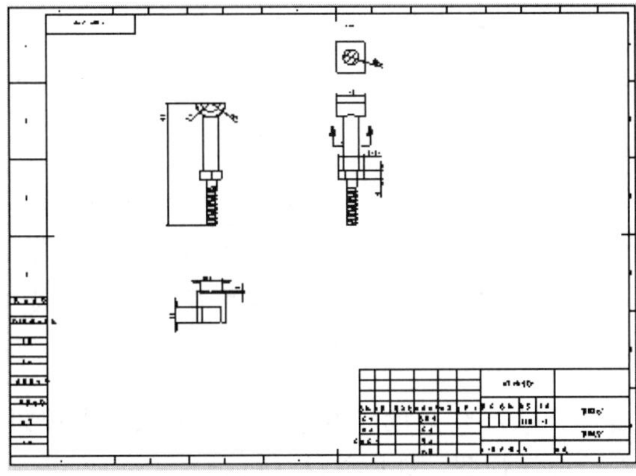

图8-100　完成螺栓组件工程图

实例 200 案例源文件：ywj\08\200.prt、200.drw

绘制卡盘工程图

01 单击【工程图】选项卡中的【模型视图】按钮，创建主视图，如图8-101所示。

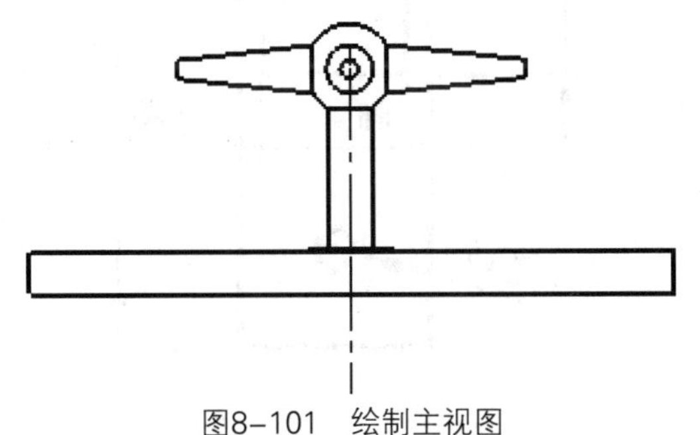

图8-101　绘制主视图

02 单击【工程图】选项卡中的【投影视图】按钮，创建投影视图，如图8-102所示。

03 单击【工程图】选项卡中的【剖面视图】按钮，创建剖面视图，如图8-103所示。

04 单击【注解】选项卡中的【智能尺寸】按钮，标注视图，如图8-104所示。

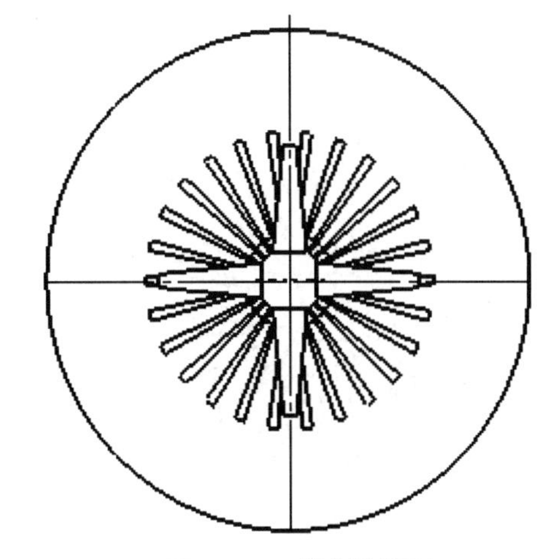

图8-102　绘制俯视图

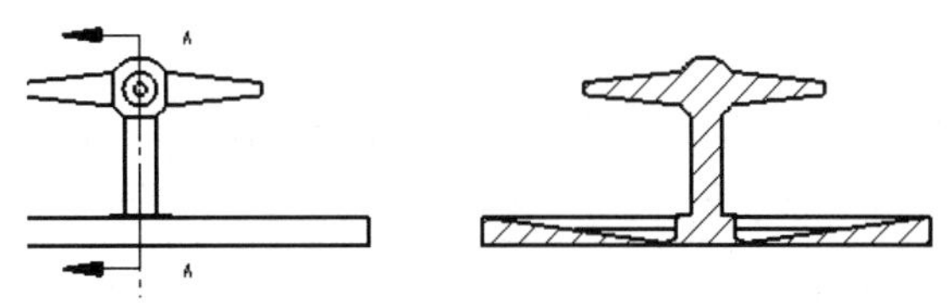

图8-103　绘制剖面视图

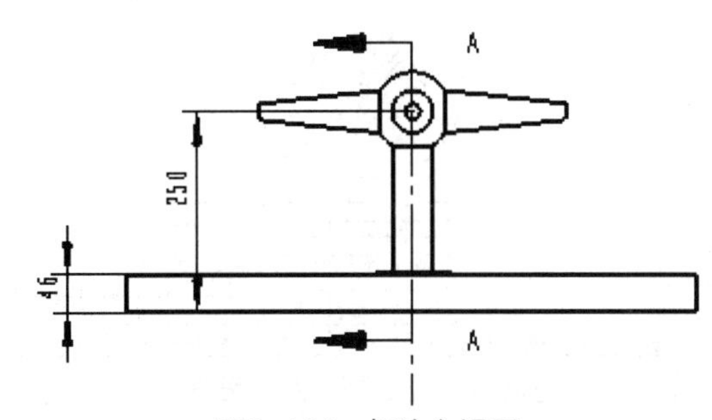

图8-104　标注主视图

05 单击【注解】选项卡中的【智能尺寸】按钮，标注视图，如图8-105所示。

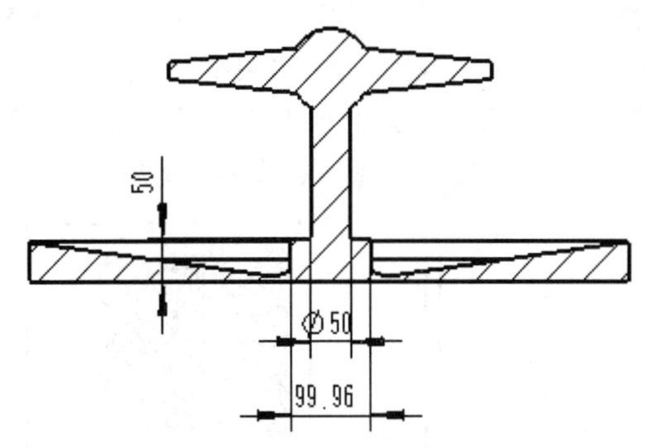

图8-105　标注剖面视图

06 单击【注解】选项卡中的【智能尺寸】按钮，标注视图，如图8-106所示。

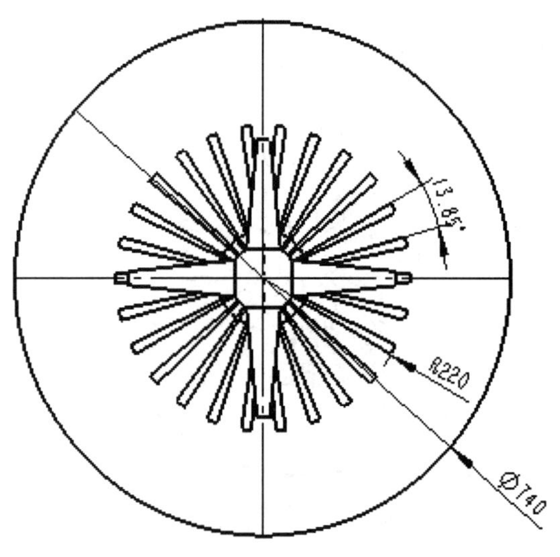

图8-106 标注俯视图

07 完成卡盘工程图的绘制，如图8-107所示。

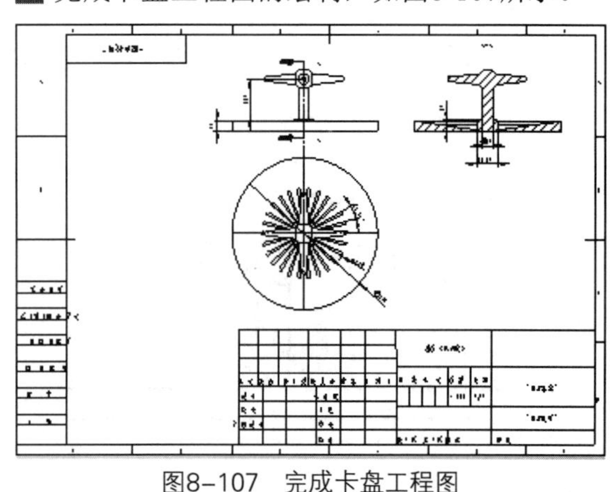

图8-107 完成卡盘工程图

实例 201

案例源文件：ywj\08\201.prt、201.drw

绘制机箱工程图

01 单击【工程图】选项卡中的【模型视图】按钮，创建主视图，如图8-108所示。

02 单击【工程图】选项卡中的【投影视图】按钮，创建投影视图，如图8-109所示。

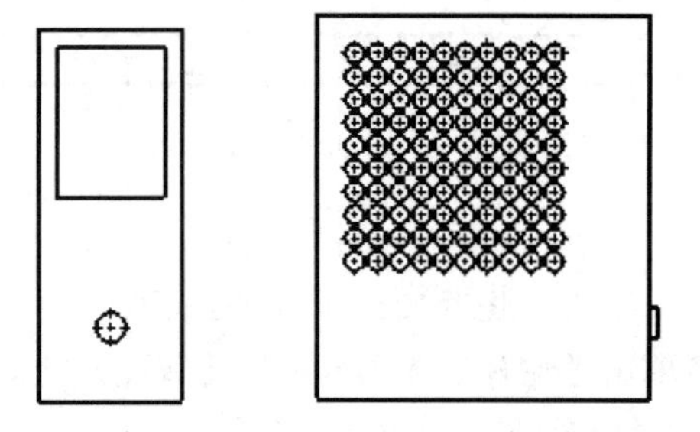

图8-108 绘制主视图 图8-109 绘制侧视图

03 单击【工程图】选项卡中的【投影视图】按钮，创建投影视图，如图8-110所示。

04 单击【工程图】选项卡中的【局部视图】按钮，创建局部放大视图，如图8-111所示。

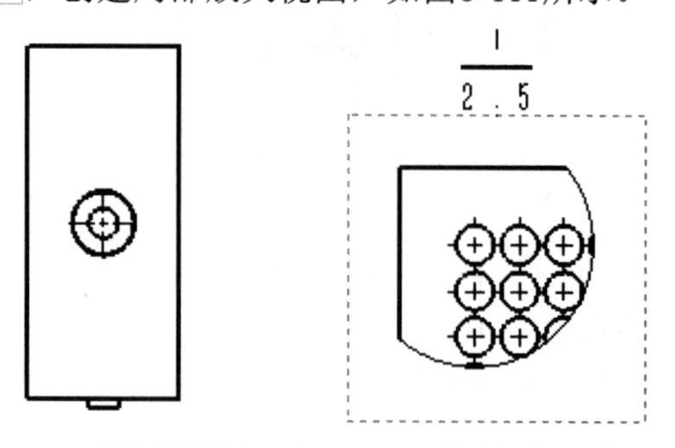

图8-110 绘制俯视图 图8-111 绘制局部放大视图

◎提示·∘

局部视图通常是以放大比例显示一个视图的某个部分，可以是正交视图、空间（等轴测）视图、剖面视图、裁剪视图、爆炸装配体视图或者另一局部视图等。

05 单击【注解】选项卡中的【智能尺寸】按钮，标注视图，如图8-112所示。

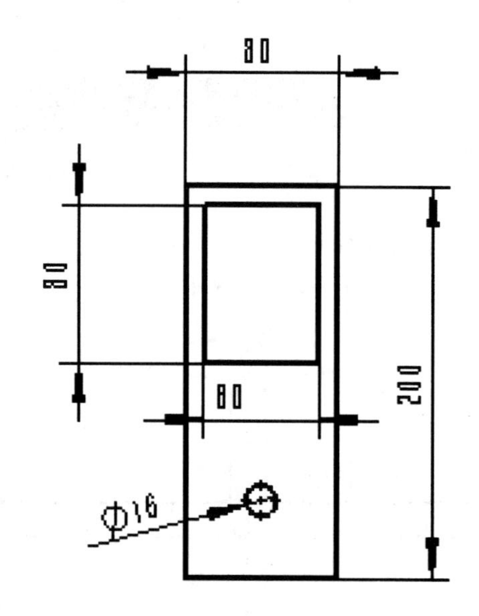

图8-112 标注主视图

06 单击【注解】选项卡中的【智能尺寸】按钮，标注视图，如图8-113所示。

07 单击【注解】选项卡中的【智能尺寸】按钮，标注视图，如图8-114所示。

08 单击【注解】选项卡中的【智能尺寸】按钮，标注视图，如图8-115所示。

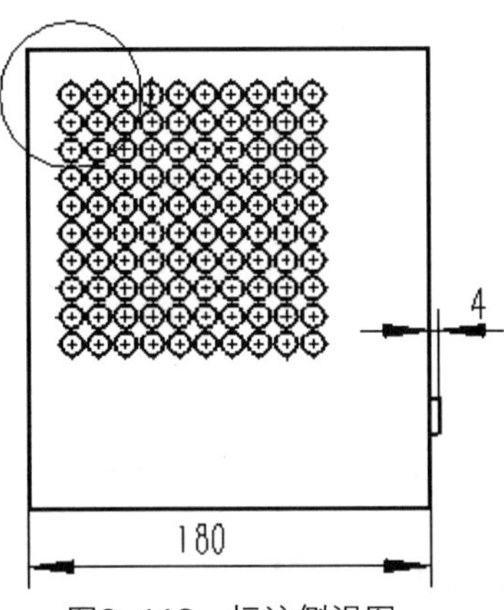

图8-113　标注侧视图

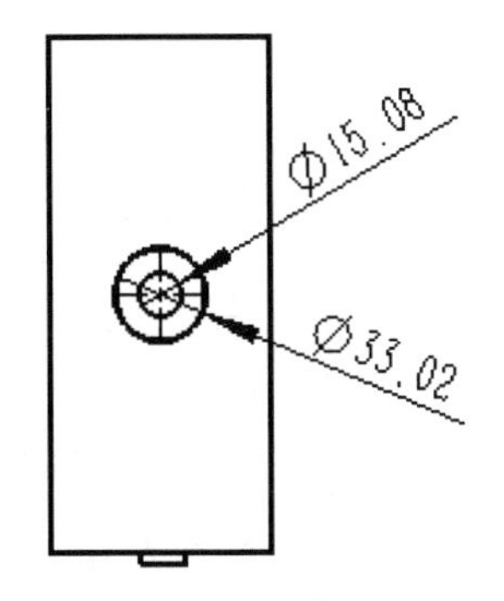

图8-114　标注俯视图

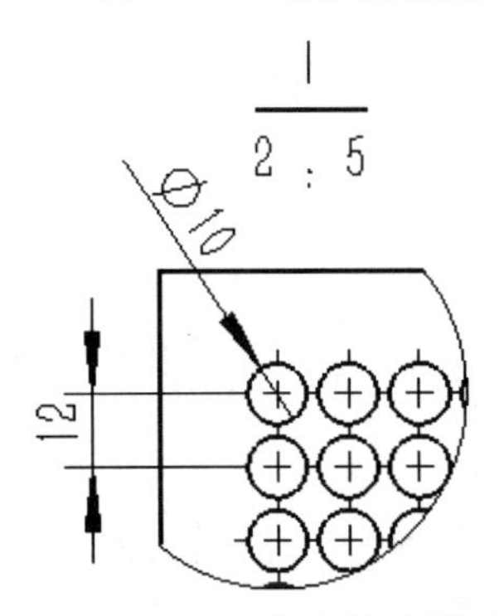

图8-115　标注放大视图

09 完成机箱工程图的绘制，如图8-116所示。

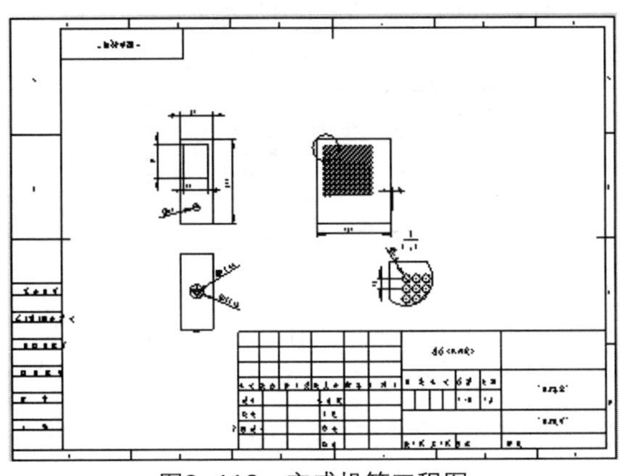

图8-116　完成机箱工程图

实例 202

案例源文件：ywj\08\202.prt、202.drw

绘制麦克风工程图

01 单击【工程图】选项卡中的【模型视图】按钮，创建主视图，如图8-117所示。

02 单击【工程图】选项卡中的【投影视图】按钮，创建投影视图，如图8-118所示。

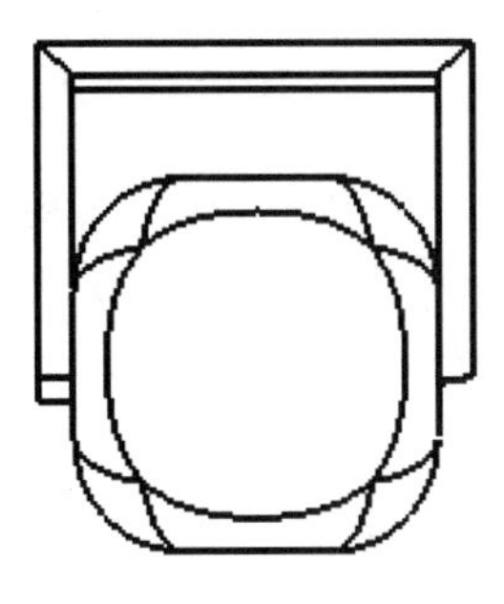

图8-117　绘制主视图

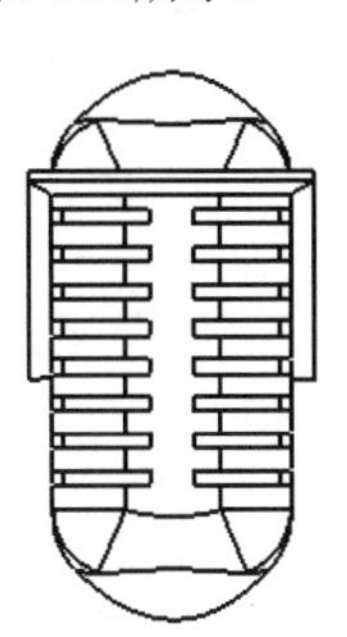

图8-118　绘制俯视图

03 单击【工程图】选项卡中的【投影视图】按钮，创建投影视图，如图8-119所示。

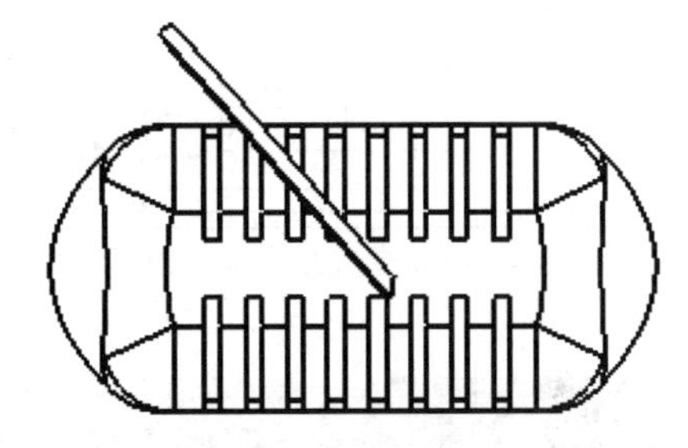

图8-119　绘制侧视图

04 单击【工程图】选项卡中的【投影视图】按钮，创建投影视图，如图8-120所示。

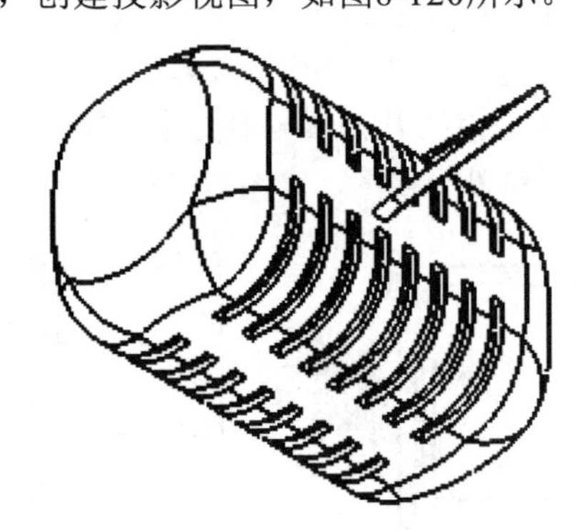

图8-120　绘制立体图

05 单击【注解】选项卡中的【智能尺寸】按钮，标注视图，如图8-121所示。

06 单击【注解】选项卡中的【智能尺寸】按钮，标注视图，如图8-122所示。

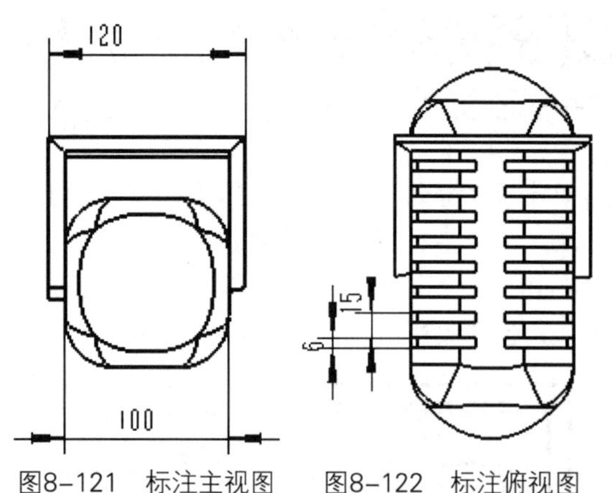

图8-121　标注主视图　　图8-122　标注俯视图

07 完成麦克风工程图的绘制，如图8-123所示。

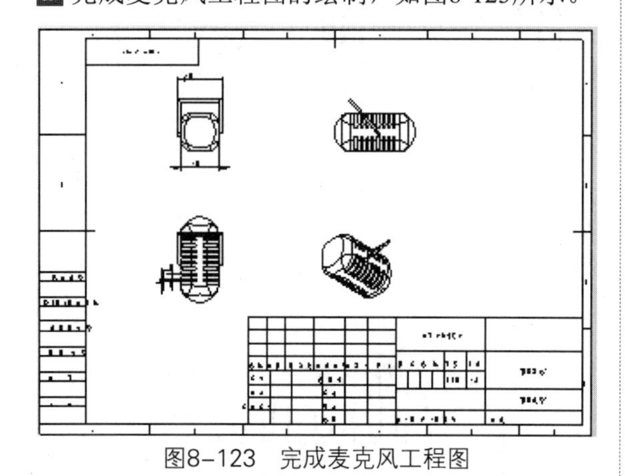

图8-123　完成麦克风工程图

实例 203　绘制电机工程图

案例源文件：ywj\08\203.prt、203.drw

01 单击【工程图】选项卡中的【模型视图】按钮，创建主视图，如图8-124所示。

02 单击【工程图】选项卡中的【投影视图】按钮，创建投影视图，如图8-125所示。

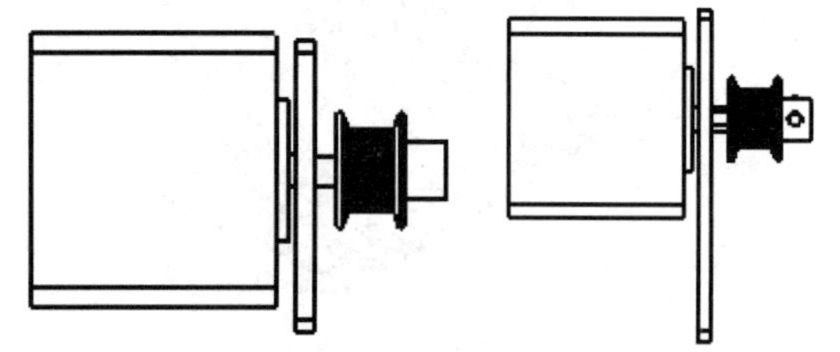

图8-124　绘制主视图　　图8-125　绘制俯视图

03 单击【工程图】选项卡中的【投影视图】按钮，创建投影视图，如图8-126所示。

04 单击【工程图】选项卡中的【剖面视图】按钮，创建剖面视图，如图8-127所示。

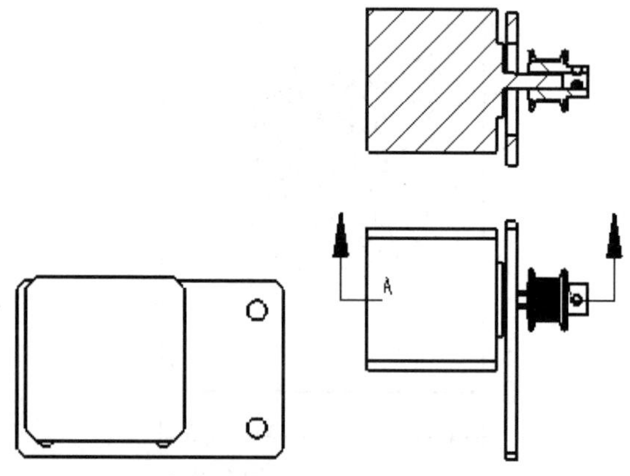

图8-126　绘制侧视图　　图8-127　绘制剖面视图

05 单击【注解】选项卡中的【智能尺寸】按钮，标注视图，如图8-128所示。

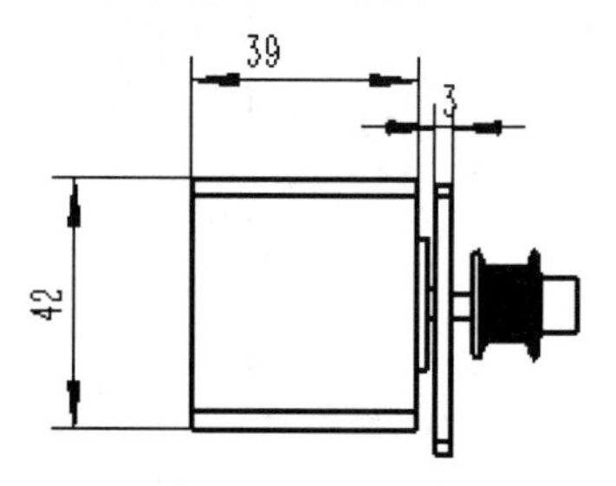

图8-128　标注主视图

06 单击【注解】选项卡中的【智能尺寸】按钮，标注视图，如图8-129所示。

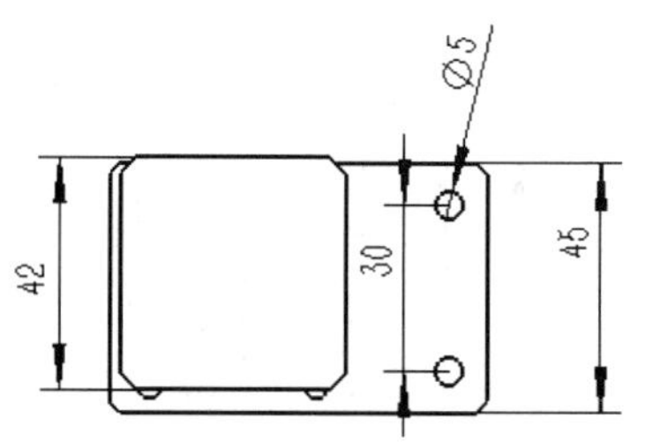

图8-129　标注侧视图

07 单击【注解】选项卡中的【智能尺寸】按钮，标注视图，如图8-130所示。

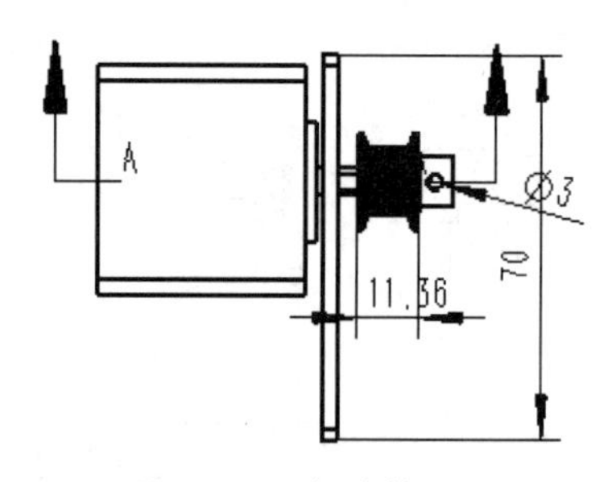

图8-130　标注俯视图

08 单击【注解】选项卡中的【智能尺寸】按钮，标注视图，如图8-131所示。

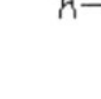

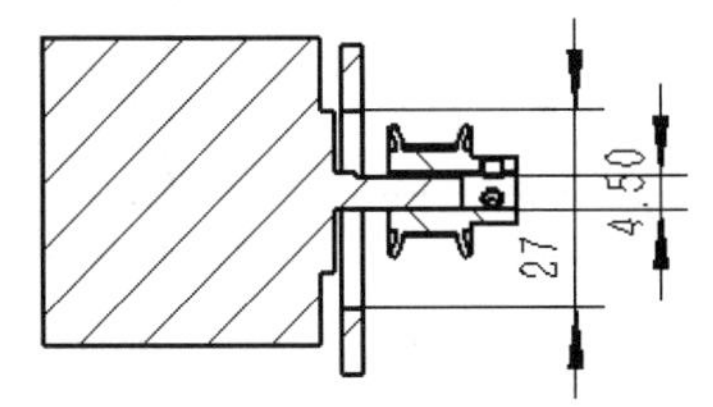

图8–131 标注剖面视图

09 完成电机工程图的绘制，如图8-132所示。

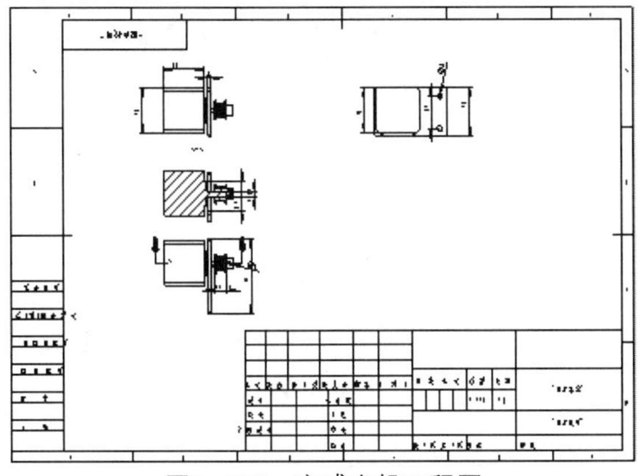

图8–132 完成电机工程图

实例 204 绘制灯罩工程图

案例源文件：ywj\08\204.prt、204.drw

01 单击【工程图】选项卡中的【模型视图】按钮，创建主视图，如图8-133所示。

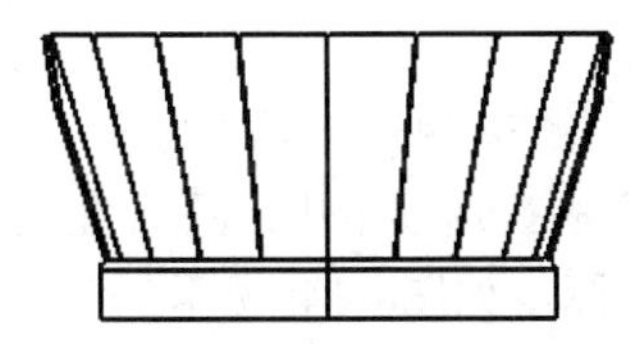

图8–133 绘制主视图

02 单击【工程图】选项卡中的【投影视图】按钮，创建投影视图，如图8-134所示。

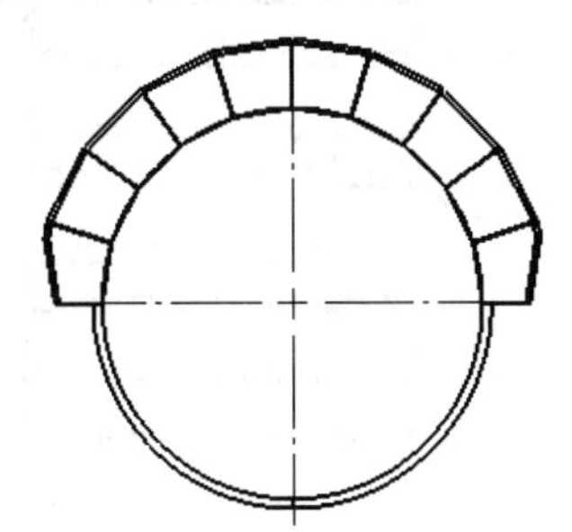

图8–134 绘制俯视图

03 单击【工程图】选项卡中的【投影视图】按钮，创建投影视图，如图8-135所示。

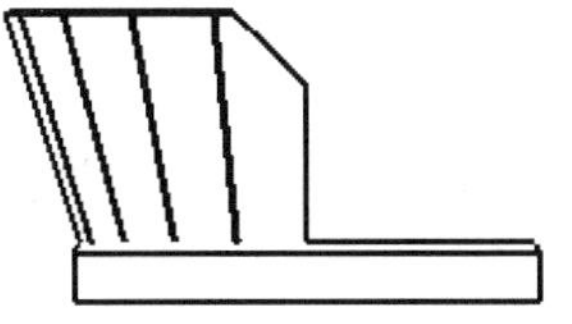

图8–135 绘制侧视图

04 单击【注解】选项卡中的【智能尺寸】按钮，标注视图，如图8-136所示。

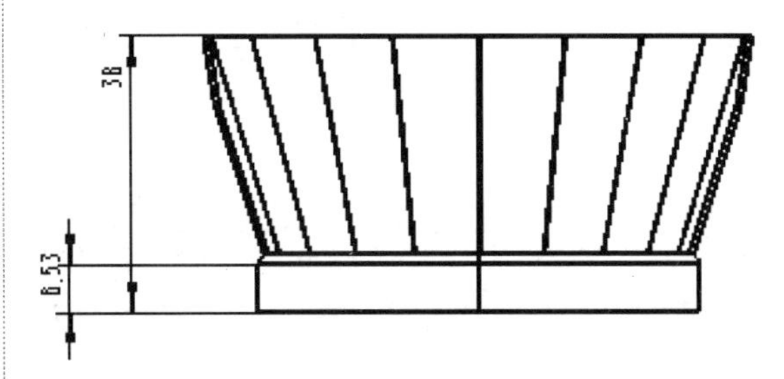

图8–136 标注主视图

05 单击【注解】选项卡中的【智能尺寸】按钮，标注视图，如图8-137所示。

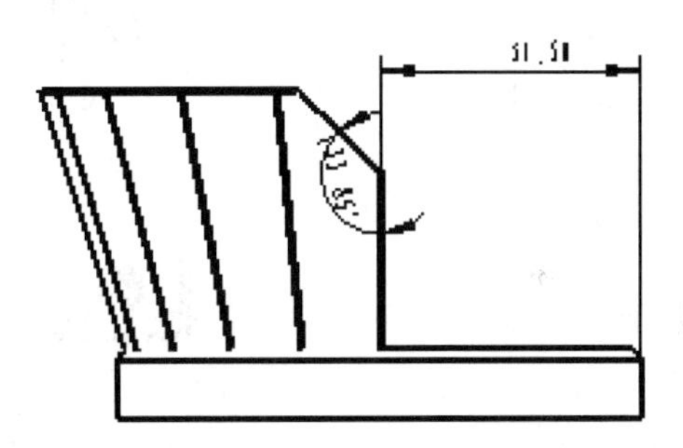

图8–137 标注侧视图

06 单击【注解】选项卡中的【智能尺寸】按钮，标注视图，如图8-138所示。

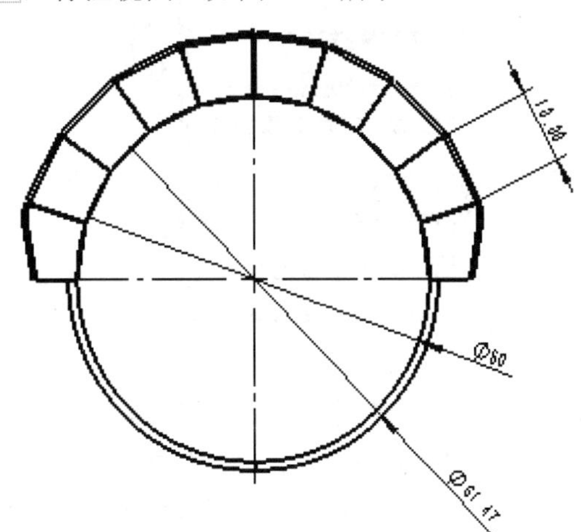

图8–138 标注俯视图

07 完成灯罩工程图的绘制，如图8-139所示。

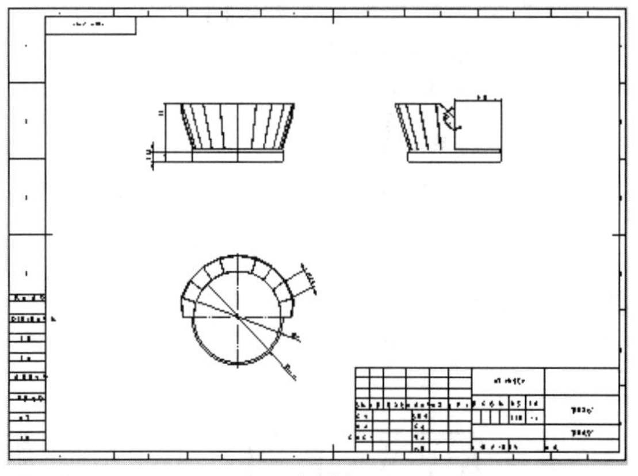

图8-139　完成灯罩工程图

实例 205 绘制泵组装配工程图

案例源文件：ywj\08\205.prt、205.drw

01 单击【工程图】选项卡中的【模型视图】按钮，创建主视图，如图8-140所示。

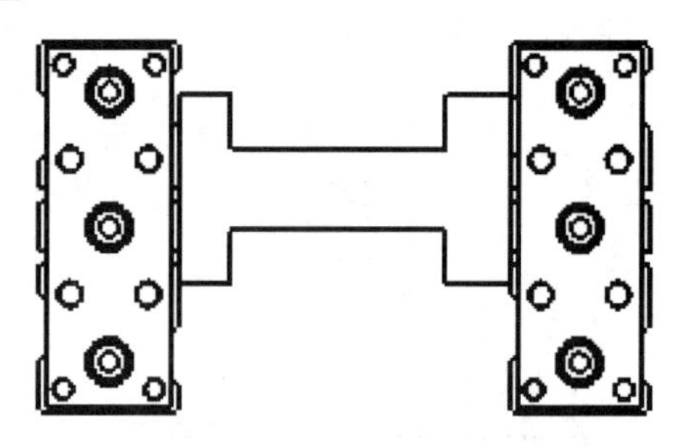

图8-140　绘制主视图

02 单击【工程图】选项卡中的【投影视图】按钮，创建投影视图，如图8-141所示。

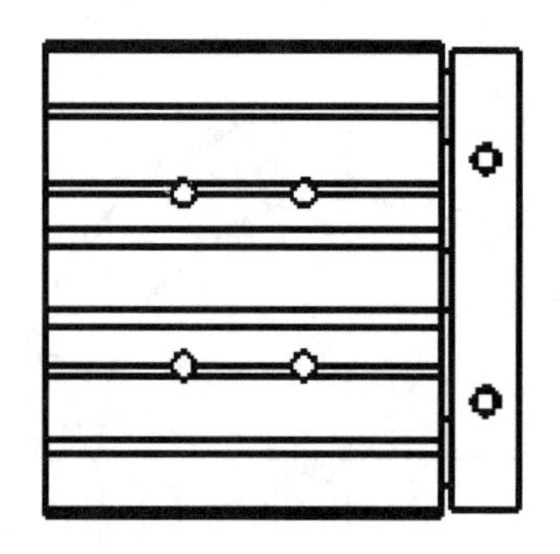

图8-141　绘制侧视图

03 单击【工程图】选项卡中的【投影视图】按钮，创建投影视图，如图8-142所示。

04 单击【工程图】选项卡中的【投影视图】按钮，创建投影视图，如图8-143所示。

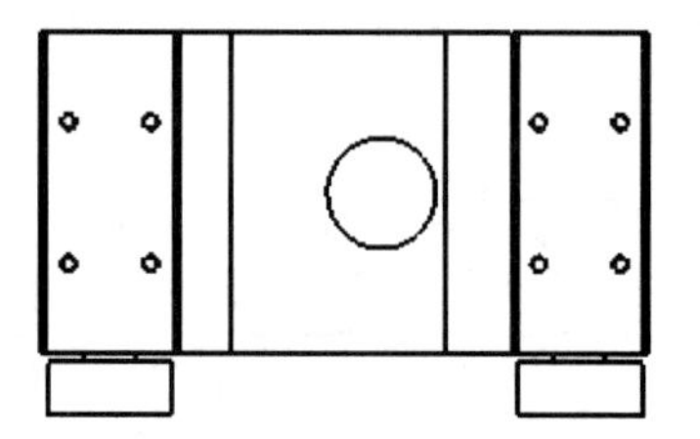

图8-142　绘制俯视图

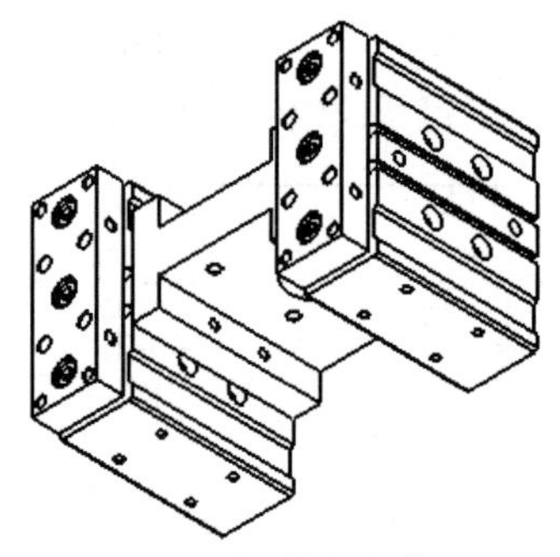

图8-143　绘制立体图

05 单击【注解】选项卡中的【智能尺寸】按钮，标注视图，如图8-144所示。

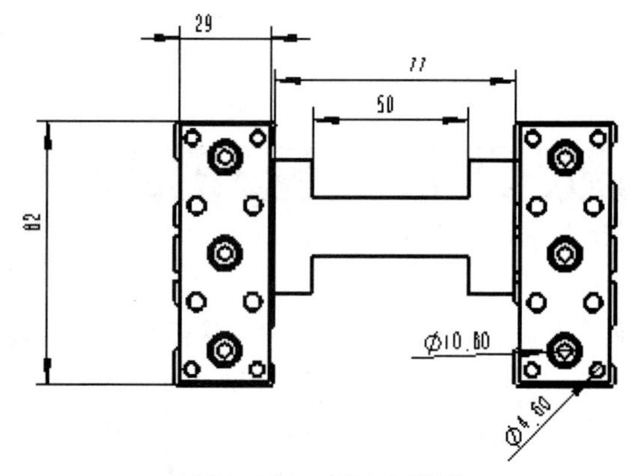

图8-144　标注主视图

06 单击【注解】选项卡中的【智能尺寸】按钮，标注视图，如图8-145所示。

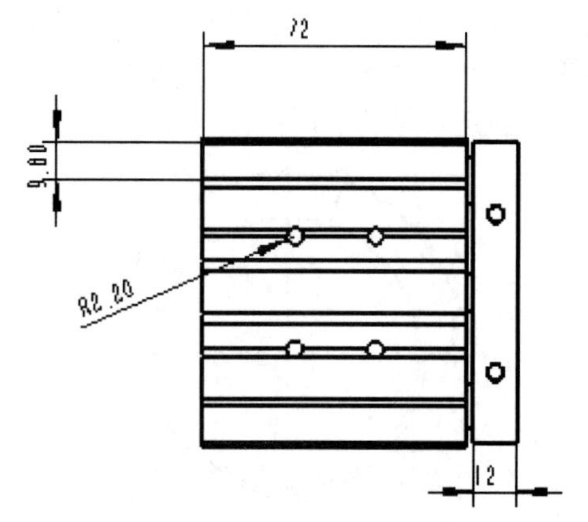

图8-145　标注侧视图

07 单击【注解】选项卡中的【智能尺寸】按钮，标注视图，如图8-146所示。

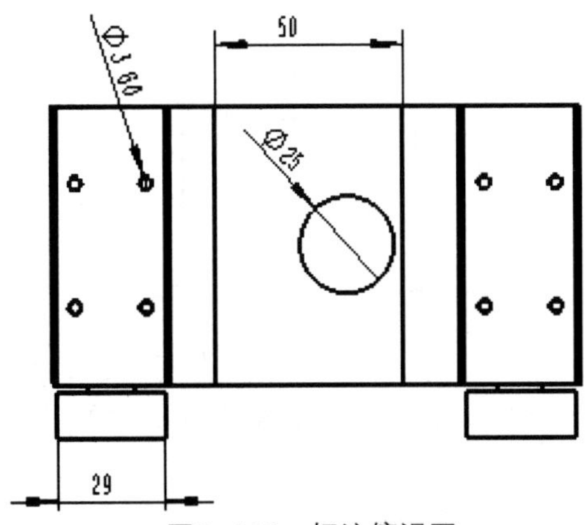

图8-146　标注俯视图

08 完成泵组装配工程图的绘制，如图8-147所示。

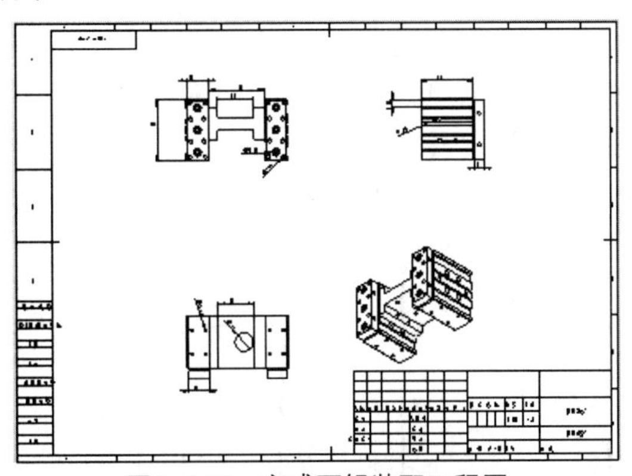

图8-147　完成泵组装配工程图

实例 206 绘制控制器装配体工程图

案例源文件：ywj\08\206.prt、206.drw

01 单击【工程图】选项卡中的【模型视图】按钮，创建主视图，如图8-148所示。

02 单击【工程图】选项卡中的【投影视图】按钮，创建投影视图，如图8-149所示。

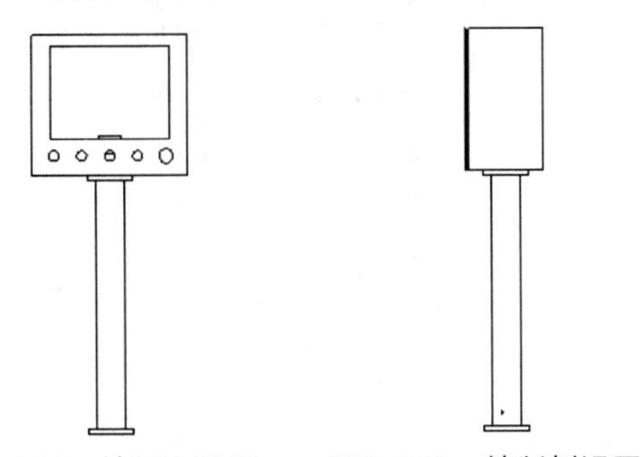

图8-148　绘制主视图　　图8-149　绘制侧视图

03 单击【工程图】选项卡中的【投影视图】按钮，创建投影视图，如图8-150所示。

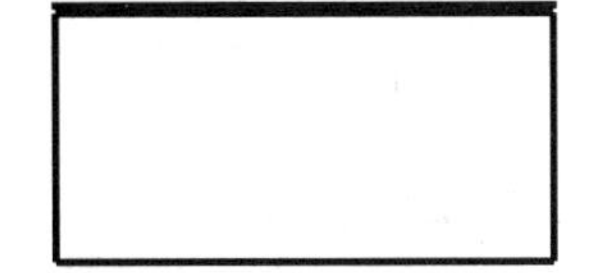

图8-150　绘制俯视图

04 单击【工程图】选项卡中的【剖面视图】按钮，创建剖面视图，如图8-151所示。

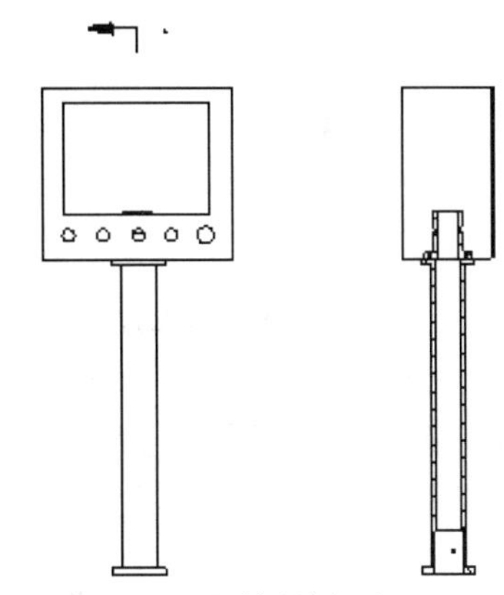

图8-151　绘制剖面视图

05 单击【注解】选项卡中的【智能尺寸】按钮，标注视图，如图8-152所示。

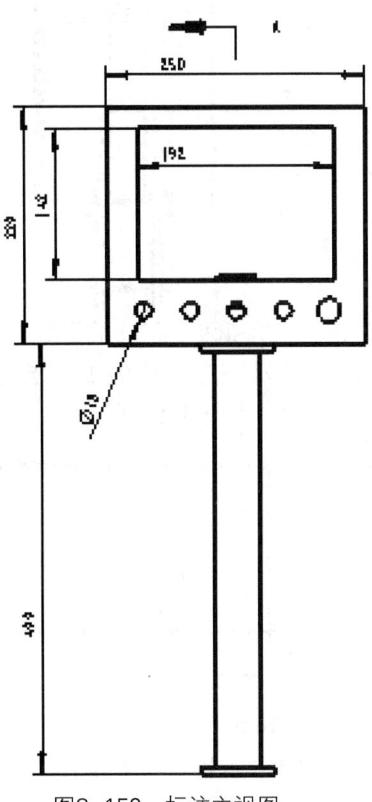

图8-152　标注主视图

06 单击【注解】选项卡中的【智能尺寸】按钮，标注视图，如图8-153所示。

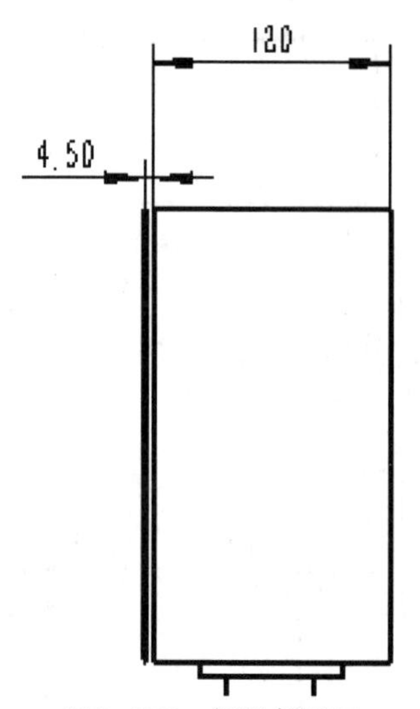

图8-153　标注侧视图

07 单击【注解】选项卡中的【智能尺寸】按钮，标注视图，如图8-154所示。

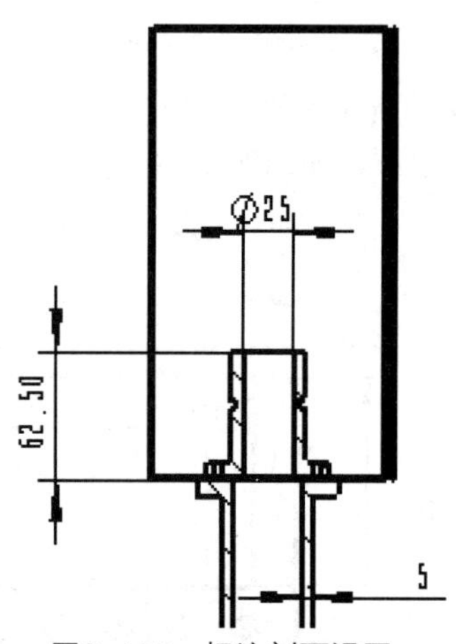

图8-154　标注剖面视图

08 单击【注解】选项卡中的【智能尺寸】按钮，标注视图，如图8-155所示。

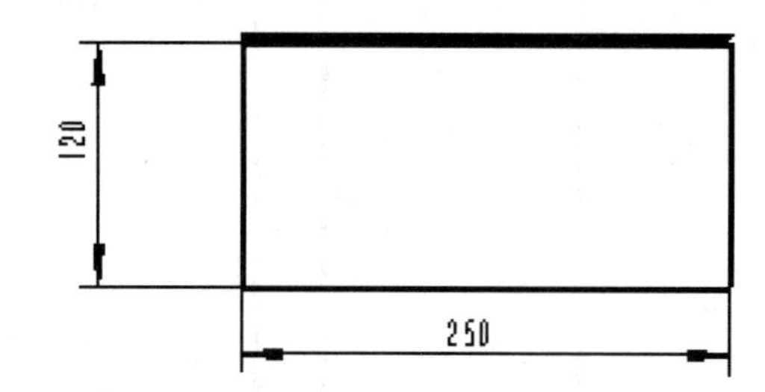

图8-155　标注俯视图

09 完成控制器装配体工程图的绘制，如图8-156所示。

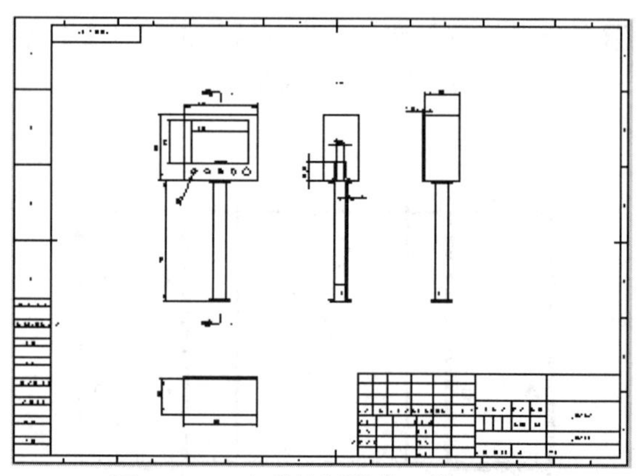

图8-156　完成控制器装配体工程图

实例 207　绘制减速器装配体工程图

案例源文件：ywj\08\207.prt、207.drw

01 单击【工程图】选项卡中的【模型视图】按钮，创建主视图，如图8-157所示。

02 单击【工程图】选项卡中的【投影视图】按钮，创建投影视图，如图8-158所示。

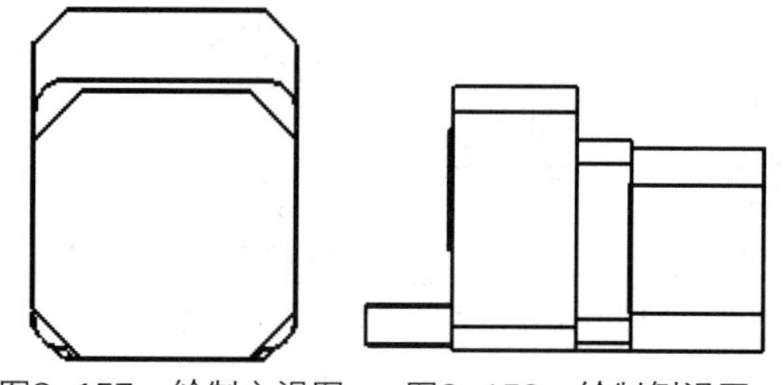

图8-157　绘制主视图　　图8-158　绘制侧视图

03 单击【工程图】选项卡中的【投影视图】按钮，创建投影视图，如图8-159所示。

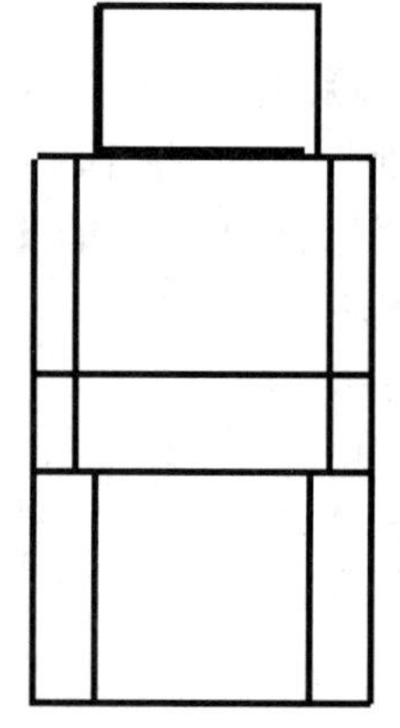

图8-159　绘制俯视图

04 单击【工程图】选项卡中的【投影视图】按钮，创建投影视图，如图8-160所示。

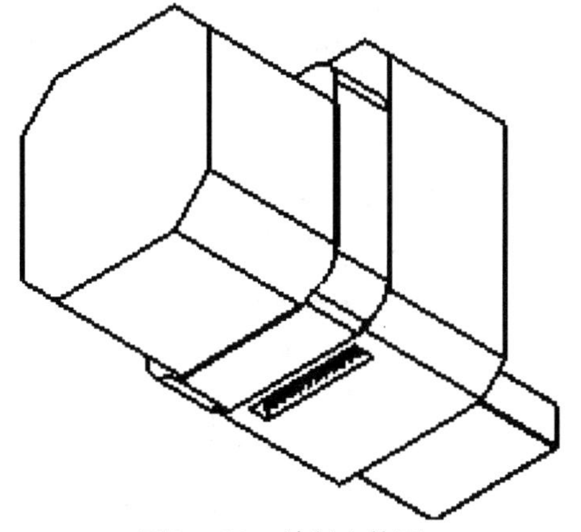

图8-160　绘制立体图

05 单击【注解】选项卡中的【智能尺寸】按钮，标注视图，如图8-161所示。

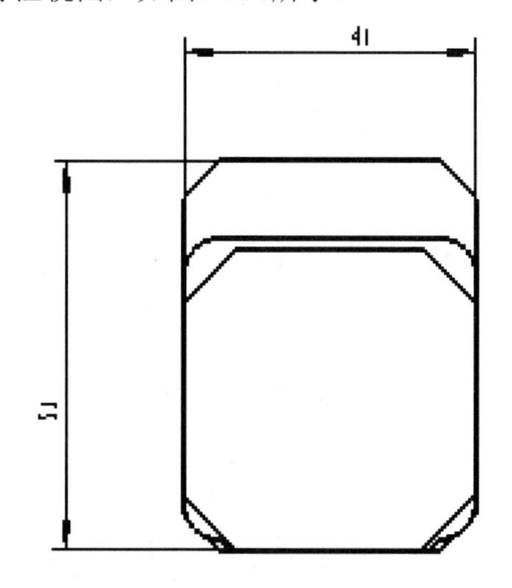

图8-161　标注主视图

06 单击【注解】选项卡中的【智能尺寸】按钮，标注视图，如图8-162所示。

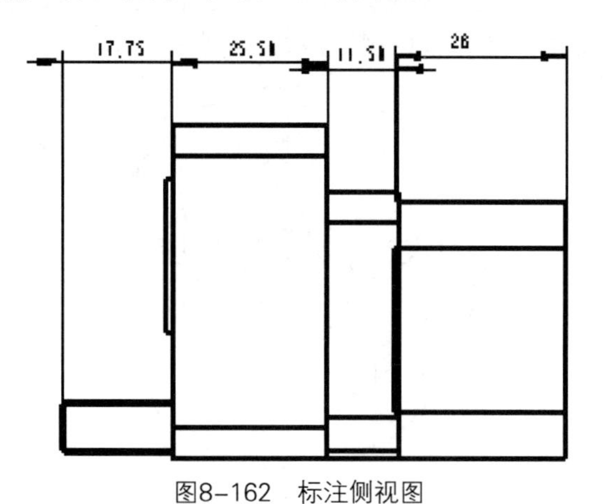

图8-162　标注侧视图

07 单击【注解】选项卡中的【智能尺寸】按钮，标注视图，如图8-163所示。

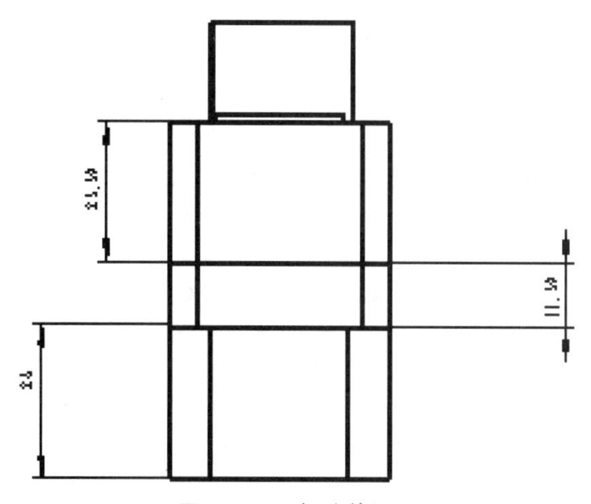

图8-163　标注俯视图

08 完成减速器装配体工程图的绘制，如图8-164所示。

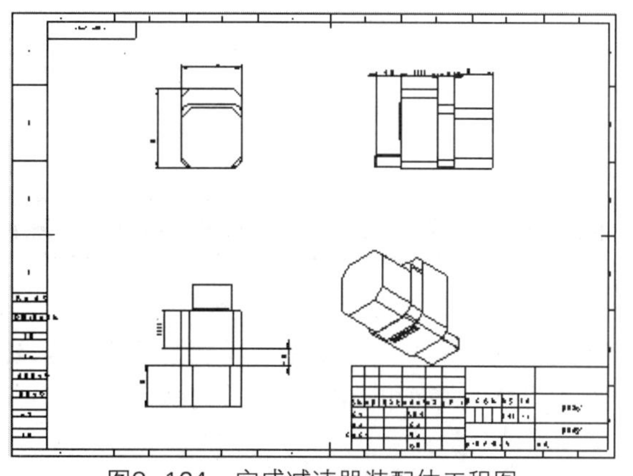

图8-164　完成减速器装配体工程图

实例 208　案例源文件：ywj\08\208.prt、208.drw

绘制导轨工程图

01 单击【工程图】选项卡中的【模型视图】按钮，创建主视图，如图8-165所示。

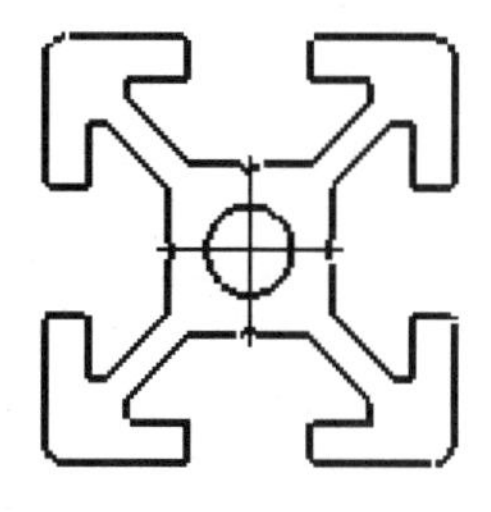

图8-165　绘制主视图

02 单击【工程图】选项卡中的【投影视图】按钮，创建投影视图，如图8-166所示。

图8-166 绘制侧视图

03 单击【注解】选项卡中的【智能尺寸】按钮，标注视图，如图8-167所示。

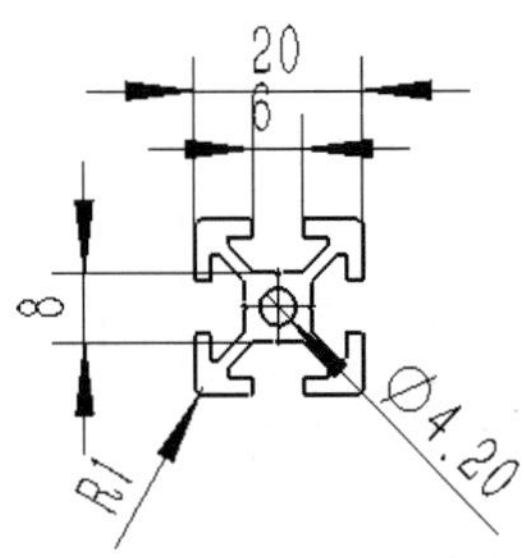

图8-167 标注主视图

04 单击【注解】选项卡中的【智能尺寸】按钮，标注视图，如图8-168所示。

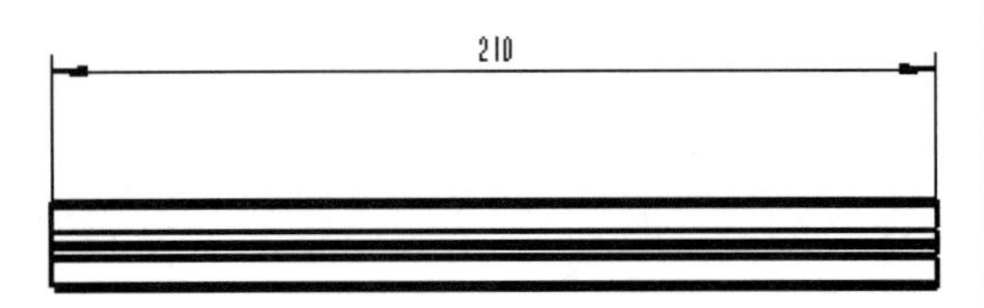

图8-168 标注侧视图

05 单击【注解】选项卡中的【表面粗糙度】按钮，标注表面粗糙度，如图8-169所示。

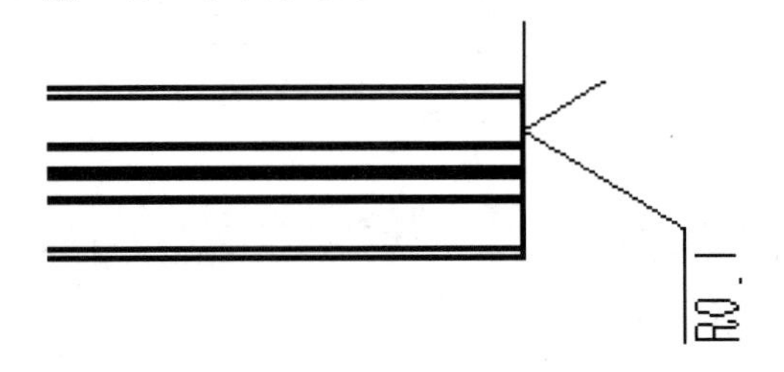

图8-169 标注粗糙度

06 完成导轨工程图的绘制，如图8-170所示。

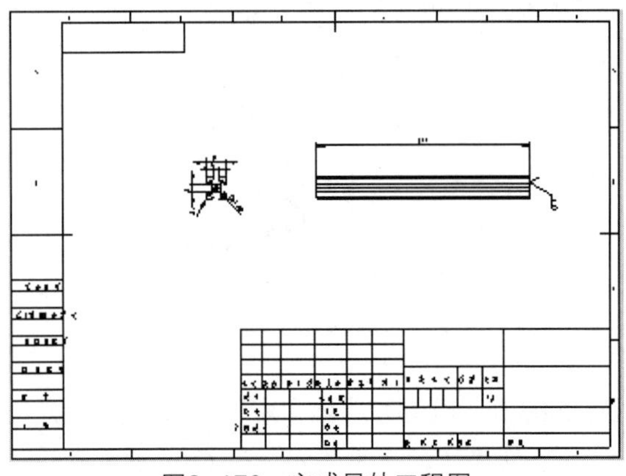

图8-170 完成导轨工程图

实例 209 绘制法兰工程图

案例源文件：ywj\08\209.prt、209.drw

01 单击【工程图】选项卡中的【模型视图】按钮，创建主视图，如图8-171所示。

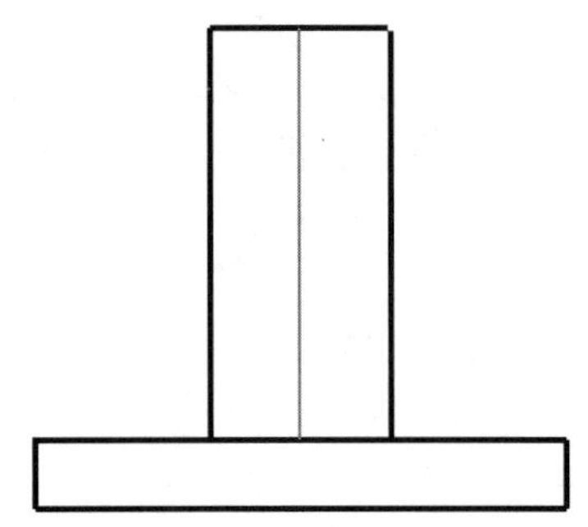

图8-171 绘制主视图

02 单击【工程图】选项卡中的【剖面视图】按钮，创建剖面视图，如图8-172所示。

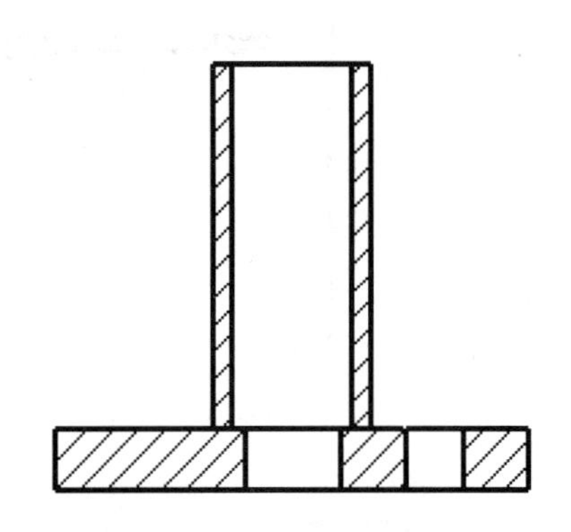

图8-172 绘制剖面视图

03 单击【工程图】选项卡中的【投影视图】按钮，创建投影视图，如图8-173所示。

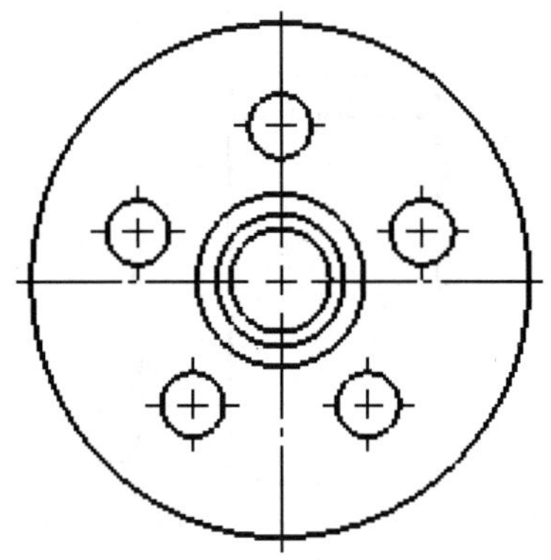

图8-173 绘制俯视图

04 单击【注解】选项卡中的【智能尺寸】按钮，标注视图，如图8-174所示。

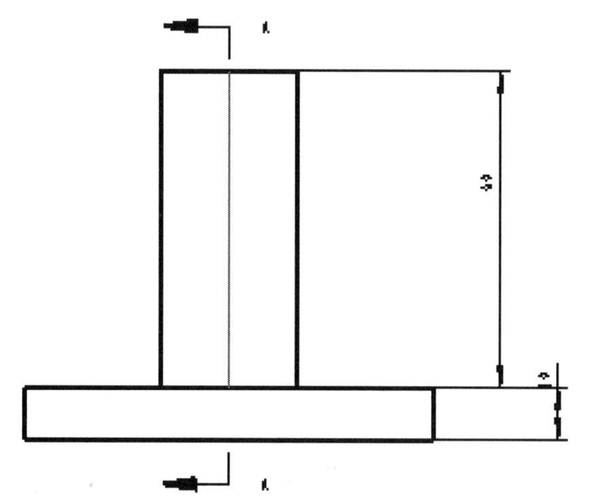

图8-174　标注主视图

05 单击【注解】选项卡中的【智能尺寸】按钮，标注视图，如图8-175所示。

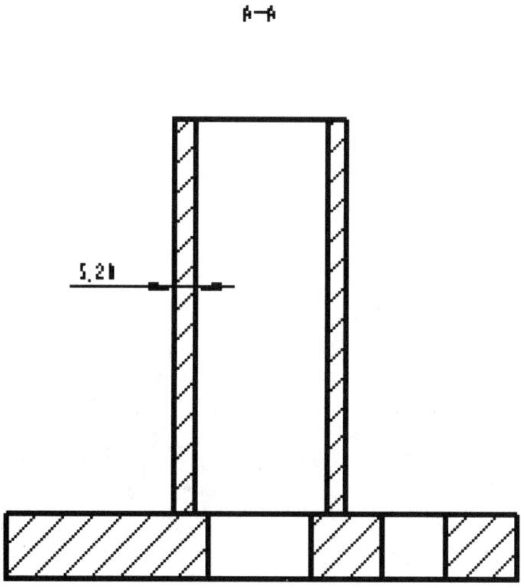

图8-175　标注剖面视图

06 单击【注解】选项卡中的【智能尺寸】按钮，标注视图，如图8-176所示。

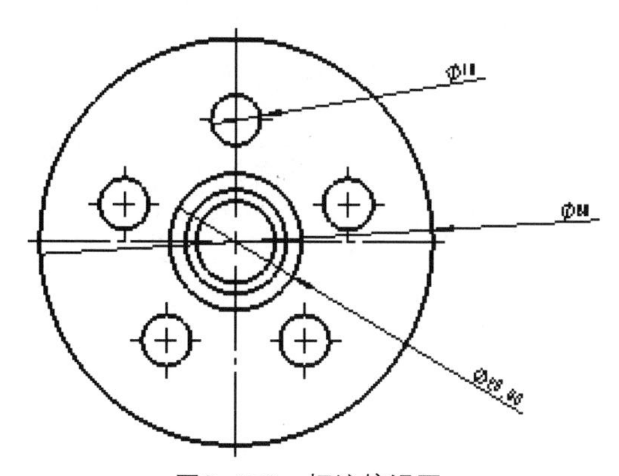

图8-176　标注俯视图

07 完成法兰工程图的绘制，如图8-177所示。

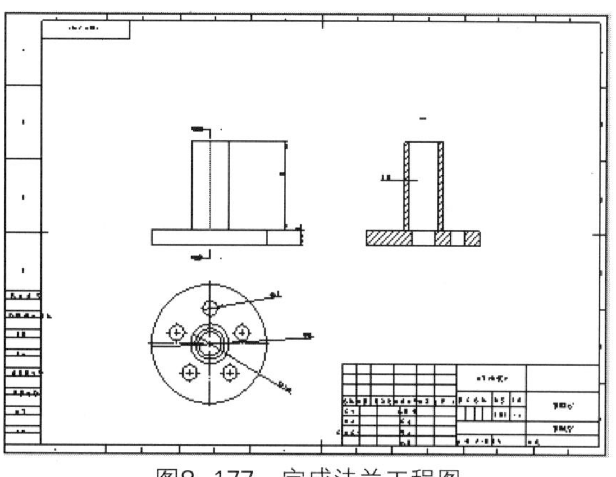

图8-177　完成法兰工程图

实例 210 绘制扣板工程图

案例源文件：ywj\08\210.prt、210.drw

01 单击【工程图】选项卡中的【模型视图】按钮，创建主视图，如图8-178所示。

图8-178　绘制主视图

02 单击【工程图】选项卡中的【投影视图】按钮，创建投影视图，如图8-179所示。

图8-179　绘制俯视图

03 单击【工程图】选项卡中的【投影视图】按钮，创建投影视图，如图8-180所示。

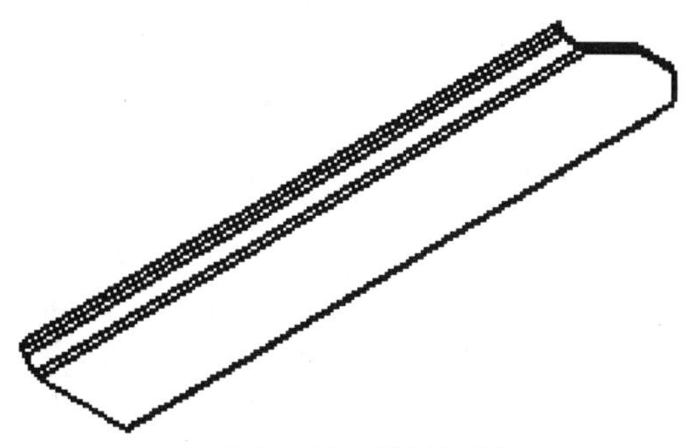

图8-180　绘制立体图

04 单击【工程图】选项卡中的【局部视图】按钮，创建局部放大视图，如图8-181所示。

05 单击【注解】选项卡中的【智能尺寸】按钮，标注视图，如图8-182所示。

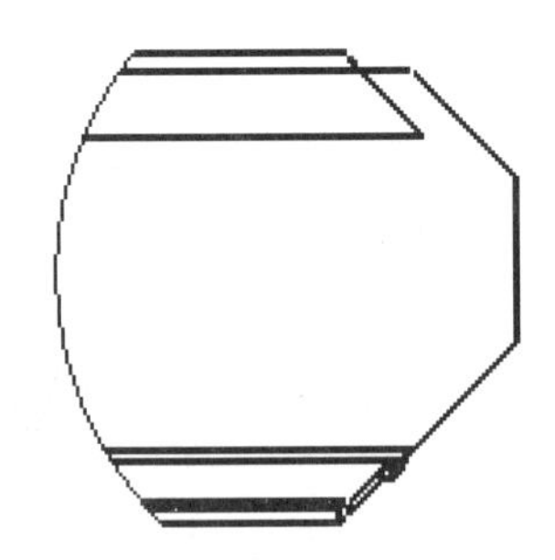

图8-181　绘制局部放大视图

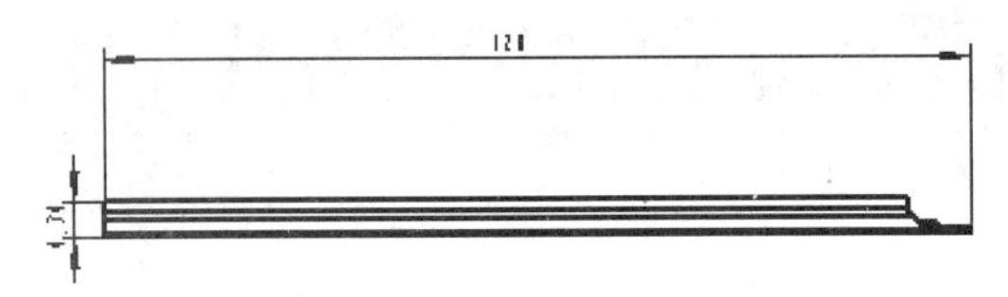
图8-182　标注主视图

06 单击【注解】选项卡中的【智能尺寸】按钮，标注视图，如图8-183所示。

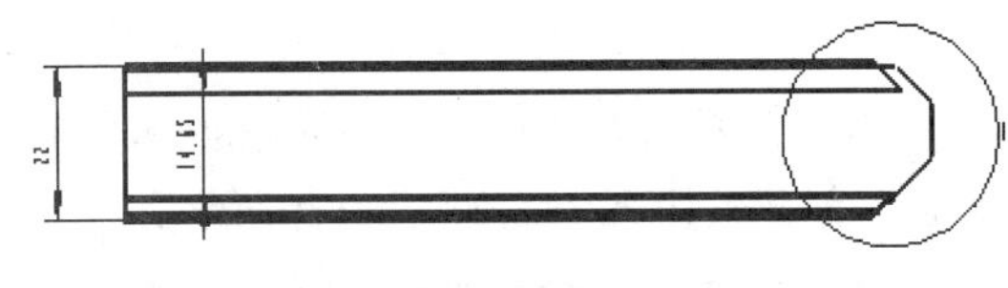
图8-183　标注俯视图

07 单击【注解】选项卡中的【智能尺寸】按钮，标注视图，如图8-184所示。

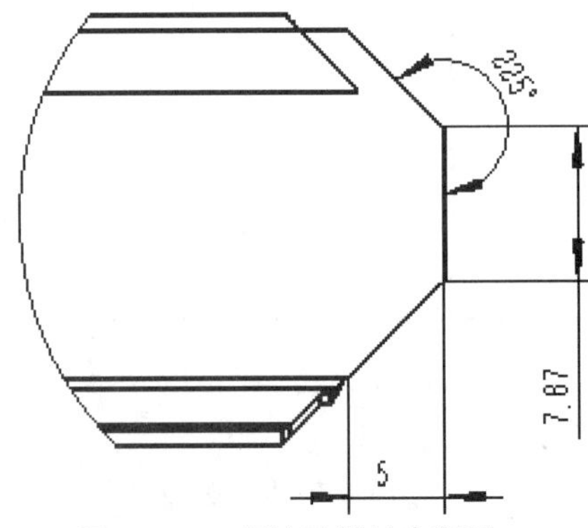

图8-184　标注局部放大视图

08 完成扣板工程图的绘制，如图8-185所示。

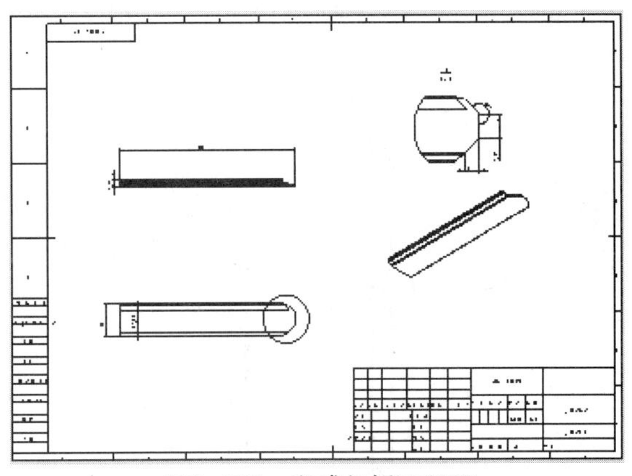
图8-185　完成扣板工程图

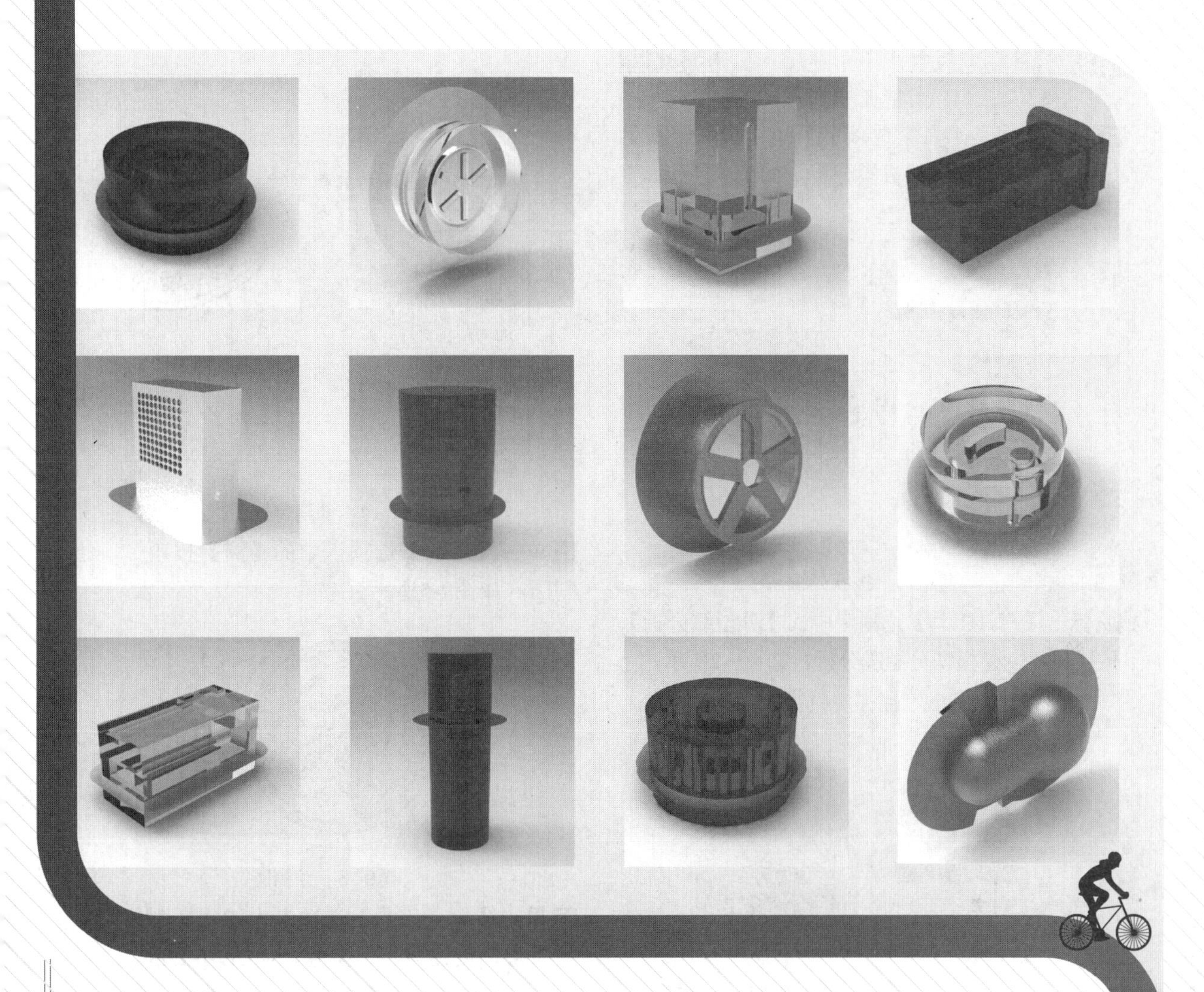

第9章 模具设计

实例 211

轮盘模具设计

01 单击【模具工具】选项卡中的【拔模分析】按钮，创建模型的拔模分析，如图9-1所示。

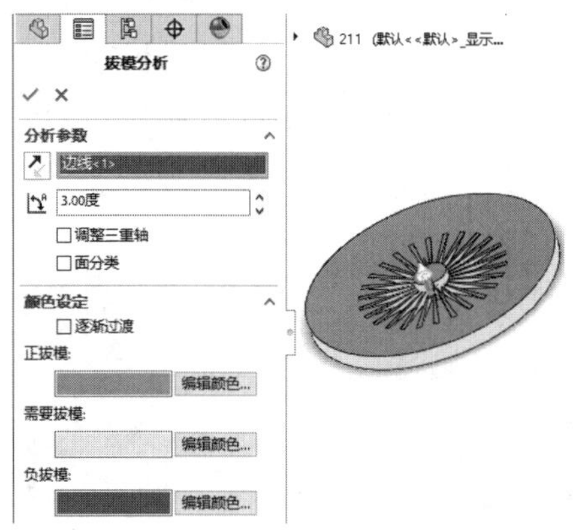

图9-1　拔模分析

02 单击【模具工具】选项卡中的【分型线分析】按钮，创建模型分型线分析，如图9-2所示。

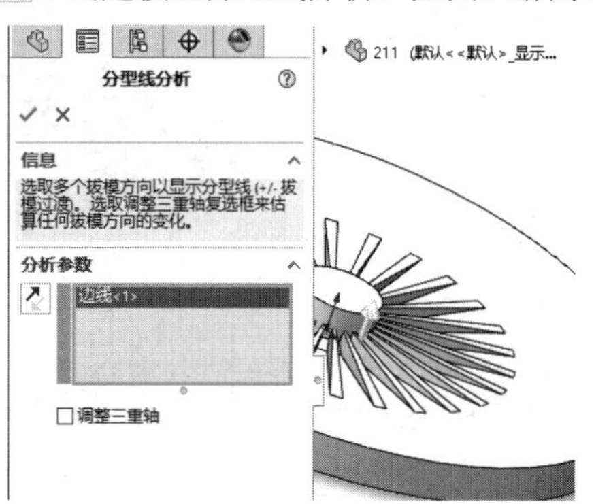

图9-2　分型线分析

03 单击【模具工具】选项卡中的【分型线】按钮，创建分型线，如图9-3所示。

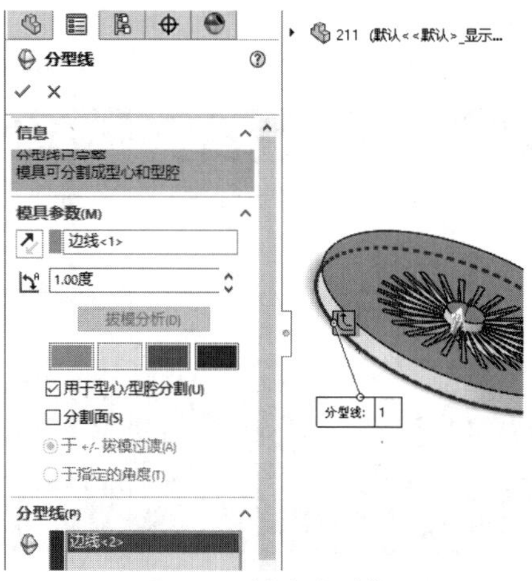

图9-3　创建分型线

04 单击【模具工具】选项卡中的【分型面】按钮，创建分型面，如图9-4所示。

图9-4　创建分型面

05 单击【草图】选项卡中的【圆】按钮，绘制圆，如图9-5所示。

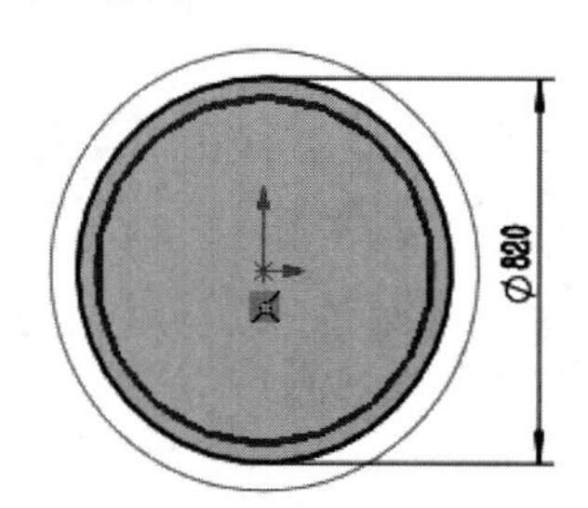

图9-5　绘制圆

06 单击【模具工具】选项卡中的【切削分割】按钮，创建型芯、型腔，如图9-6所示。

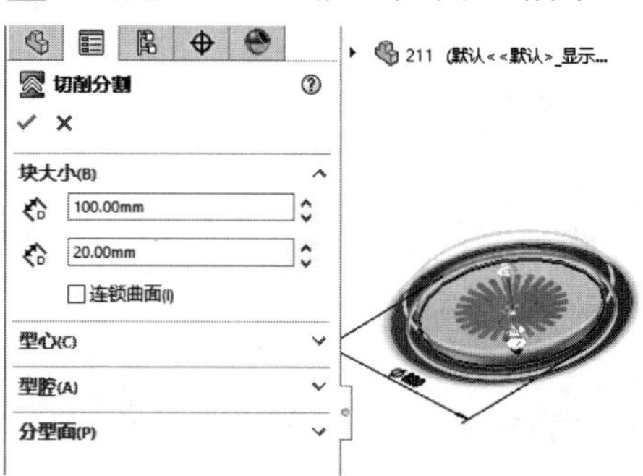

图9-6　创建切削分割

07 完成轮盘模具的设计，如图9-7所示。

图9-7　完成轮盘模具设计

实例212 轮圈模具设计

案例源文件：ywj\09\212.prt

01 单击【模具工具】选项卡中的【拔模分析】按钮，创建模型的拔模分析，如图9-8所示。

图9-8 拔模分析

02 单击【模具工具】选项卡中的【分型线分析】按钮，创建模型分型线分析，如图9-9所示。

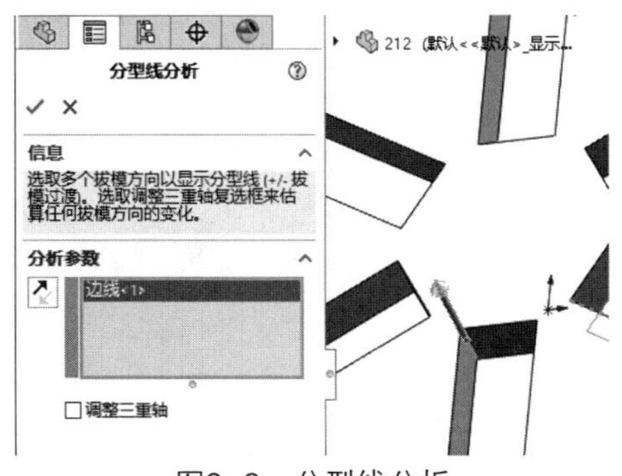

图9-9 分型线分析

> **提示**
>
> 分析诊断工具给出产品模型不适合模具设计的区域，然后提交给修正工具对产品模型进行修改。

03 单击【模具工具】选项卡中的【分型线】按钮，创建分型线，如图9-10所示。

04 单击【模具工具】选项卡中的【分型面】按钮，创建分型面，如图9-11所示。

05 单击【草图】选项卡中的【圆】按钮，绘制圆，如图9-12所示。

06 单击【模具工具】选项卡中的【切削分割】按钮，创建型芯、型腔，如图9-13所示。

图9-10 创建分型线

图9-11 创建分型面

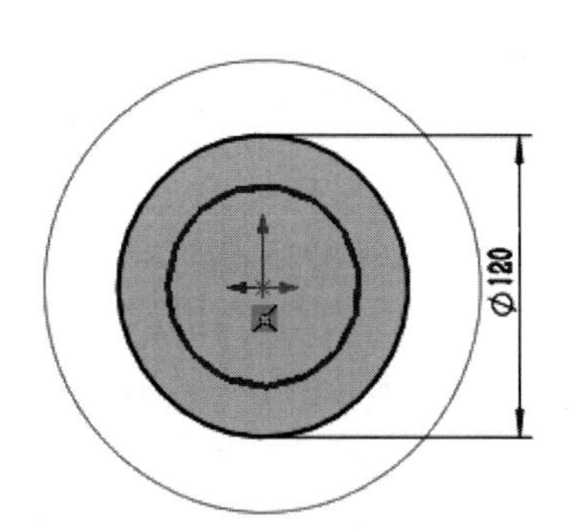

图9-12 绘制圆

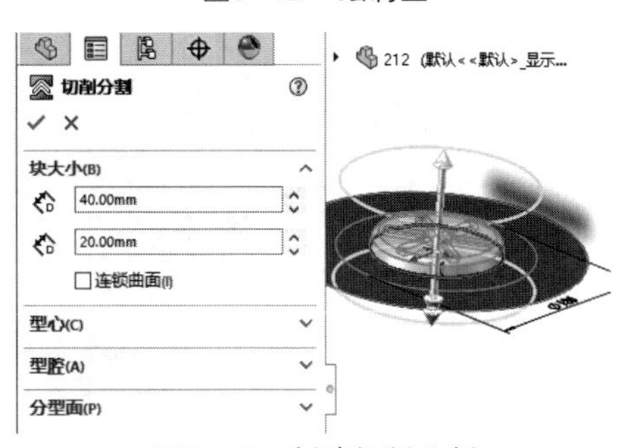

图9-13 创建切削分割

07 完成轮圈模具设计，如图9-14所示。

图9-14　完成轮圈模具设计

实例 213　机箱模具设计

案例源文件：ywj\09\213.prt

01 单击【模具工具】选项卡中的【拔模分析】按钮，创建模型的拔模分析，如图9-15所示。

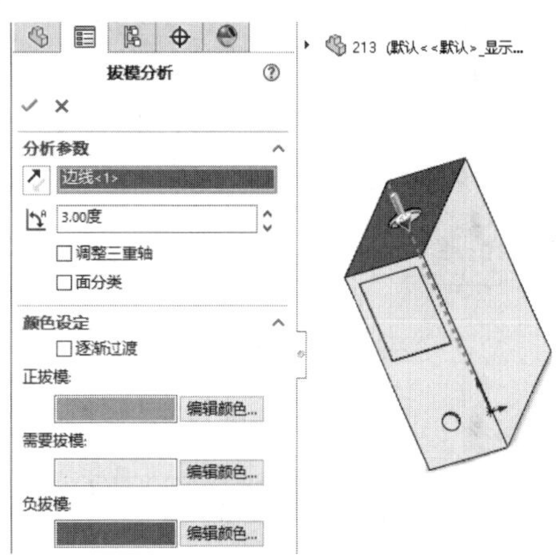

图9-15　拔模分析

02 单击【模具工具】选项卡中的【分型线分析】按钮，创建模型分型线分析，如图9-16所示。

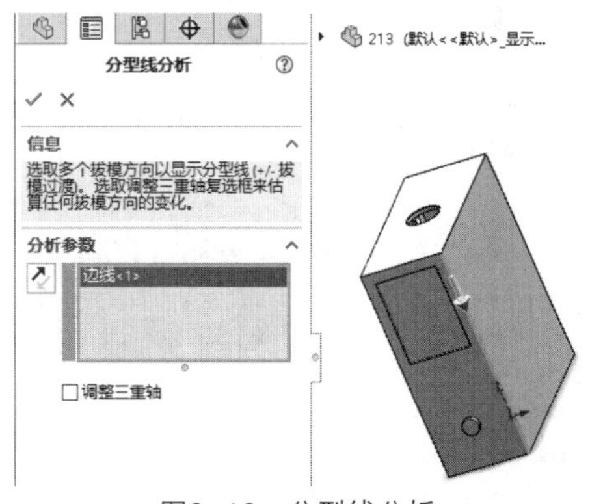

图9-16　分型线分析

03 单击【模具工具】选项卡中的【分型线】按钮，创建分型线，如图9-17所示。

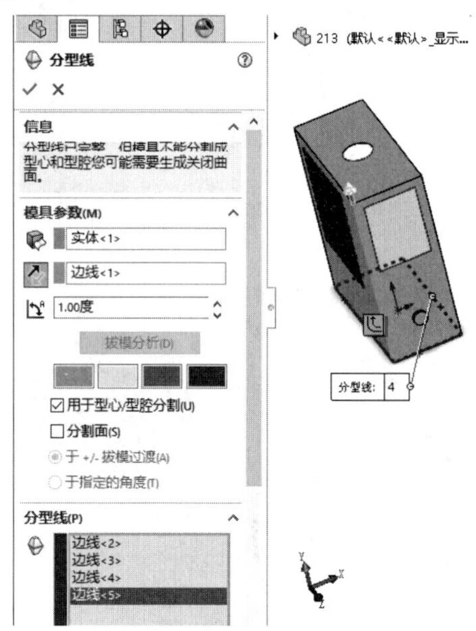

图9-17　创建分型线

04 单击【模具工具】选项卡中的【分型面】按钮，创建分型面，如图9-18所示。

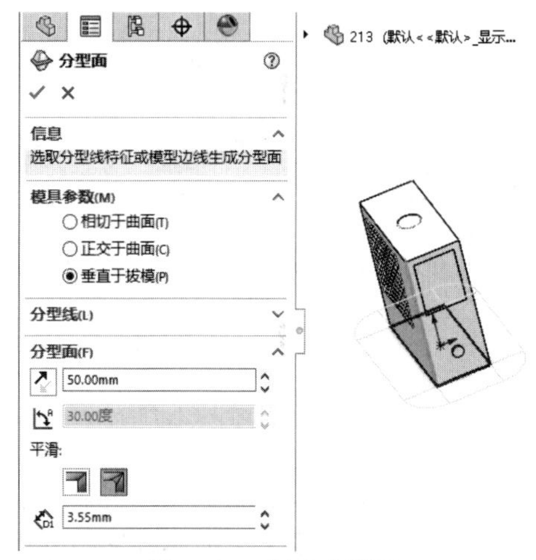

图9-18　创建分型面

05 完成机箱模具设计，如图9-19所示。

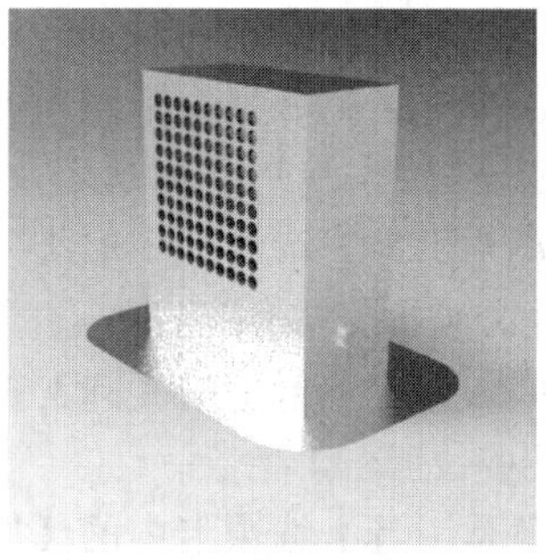

图9-19　完成机箱模具设计

实例 214

案例源文件：ywj\09\214.prt

机箱盖模具设计

01 单击【模具工具】选项卡中的【拔模分析】按钮，创建模型的拔模分析，如图9-20所示。

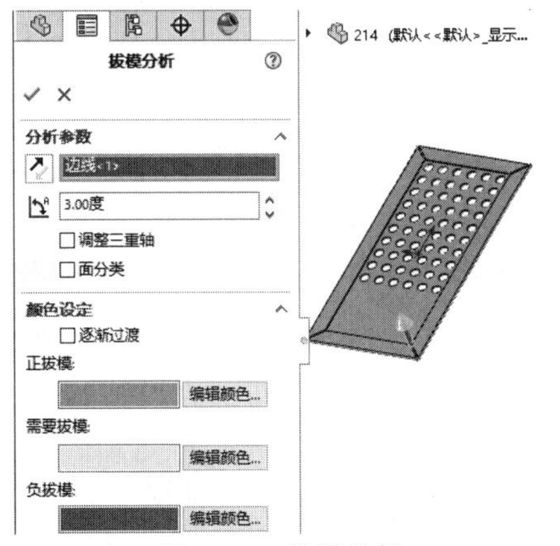

图9-20　拔模分析

02 单击【模具工具】选项卡中的【分型线分析】按钮，创建模型分型线分析，如图9-21所示。

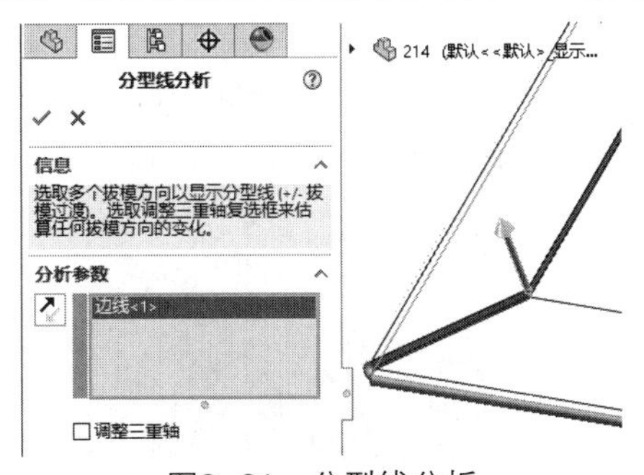

图9-21　分型线分析

03 单击【模具工具】选项卡中的【分型线】按钮，创建分型线，如图9-22所示。

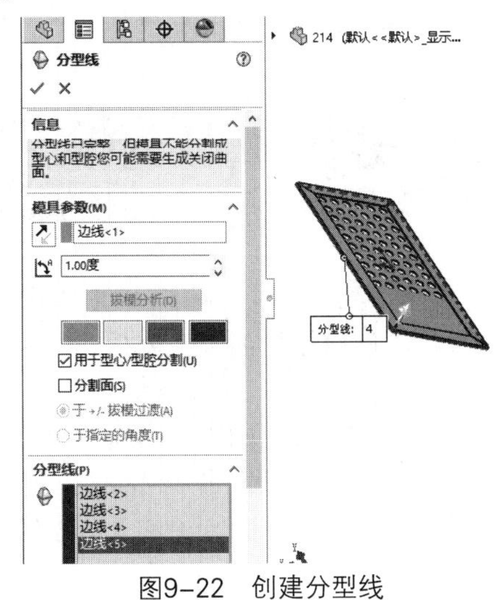

图9-22　创建分型线

04 单击【曲面】选项卡中的【填充曲面】按钮，创建填充曲面，如图9-23所示。

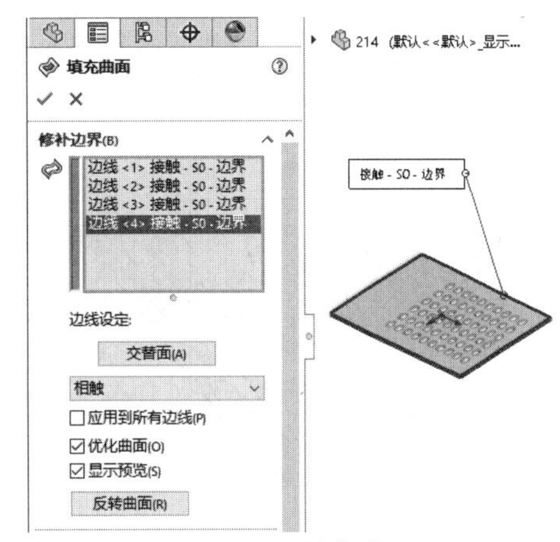

图9-23　填充曲面

05 完成机箱盖模具设计，如图9-24所示。

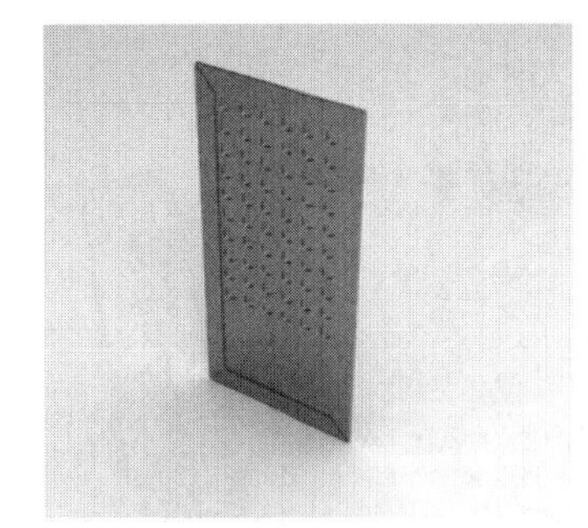

图9-24　完成机箱盖模具设计

实例 215

导块模具设计

01 单击【模具工具】选项卡中的【拔模分析】按钮，创建模型的拔模分析，如图9-25所示。

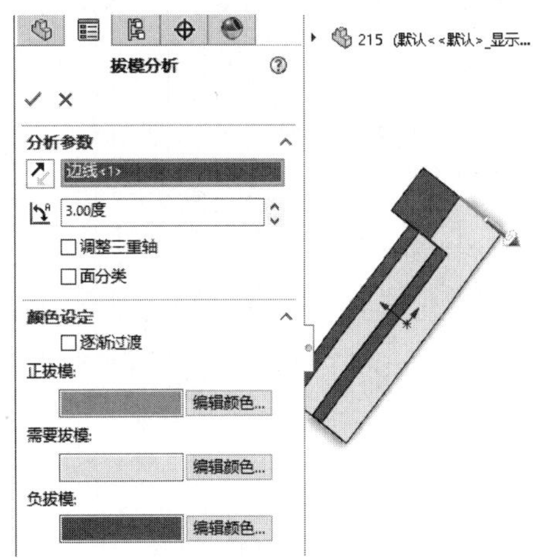

图9-25　拔模分析

02 单击【模具工具】选项卡中的【分型线分析】按钮，创建模型分型线分析，如图9-26所示。

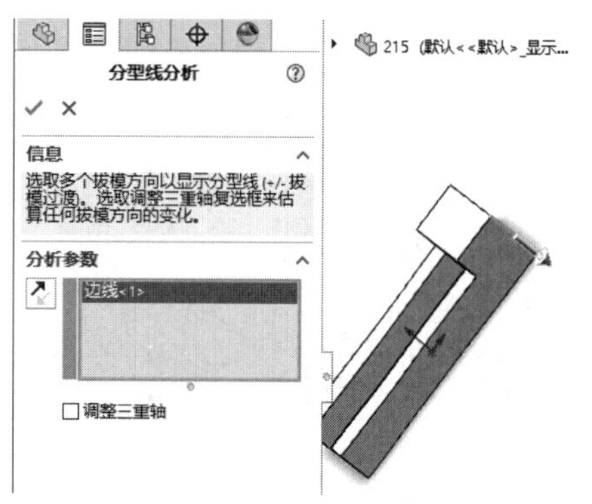

图9–26　分型线分析

03 单击【模具工具】选项卡中的【分型线】按钮，创建分型线，如图9-27所示。

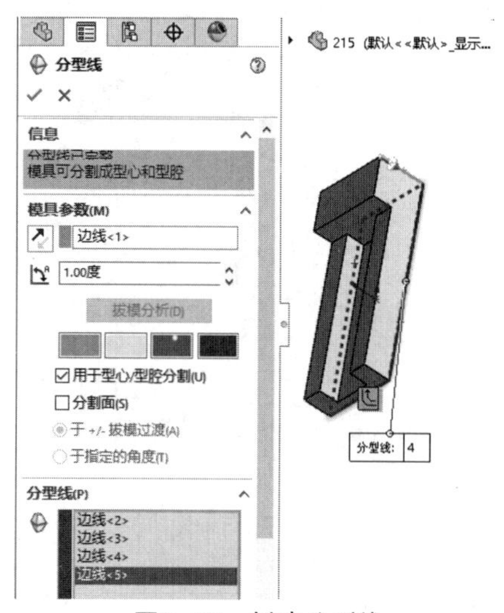

图9–27　创建分型线

04 单击【模具工具】选项卡中的【分型面】按钮，创建分型面，如图9-28所示。

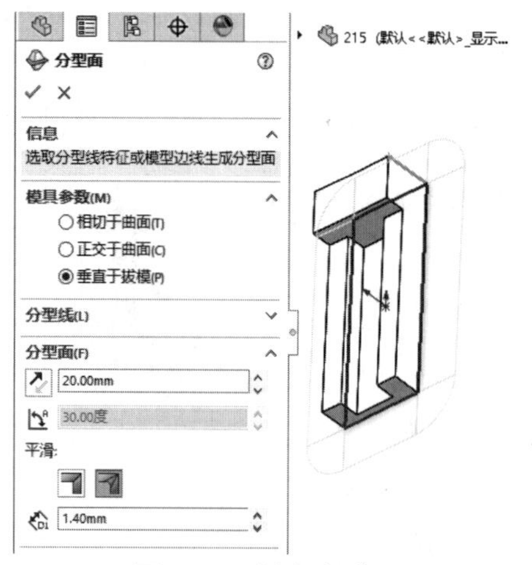

图9–28　创建分型面

05 单击【草图】选项卡中的【边角矩形】按钮，绘制矩形，如图9-29所示。

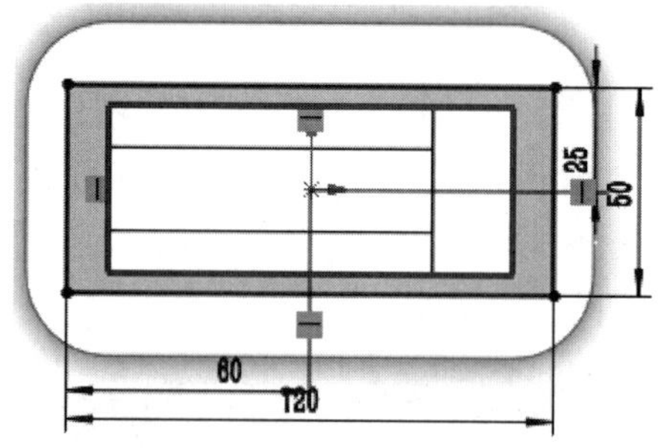

图9–29　绘制矩形

06 单击【模具工具】选项卡中的【切削分割】按钮，创建型芯、型腔，如图9-30所示。

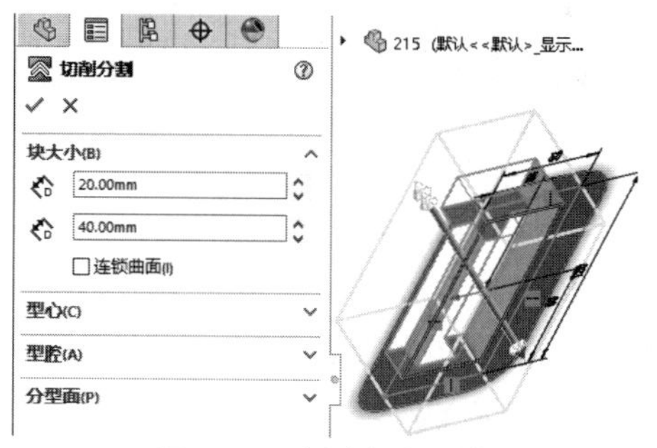

图9–30　创建切削分割

07 完成导块模具设计，如图9-31所示。

图9–31　完成导块模具设计

实例 216　端盖模具设计

案例源文件：ywj\09\216.prt

01 单击【模具工具】选项卡中的【拔模分析】按钮，创建模型的拔模分析，如图9-32所示。

02 单击【模具工具】选项卡中的【分型线分析】按钮，创建模型分型线分析，如图9-33所示。

03 单击【模具工具】选项卡中的【分型线】按钮，创建分型线，如图9-34所示。

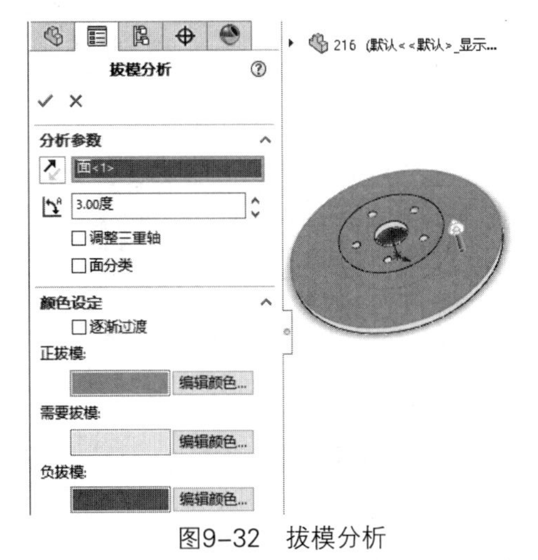
图9-32　拔模分析

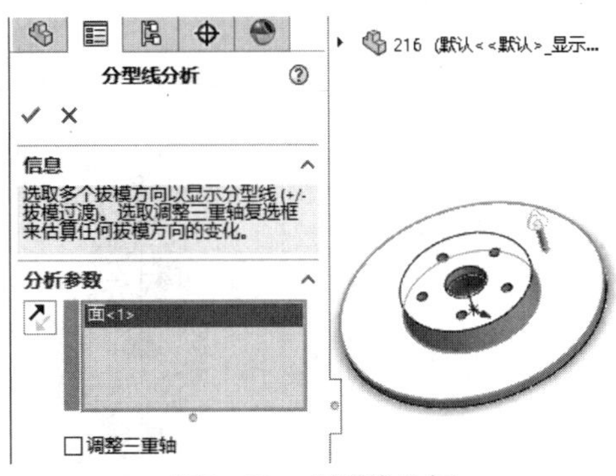
图9-33　分型线分析

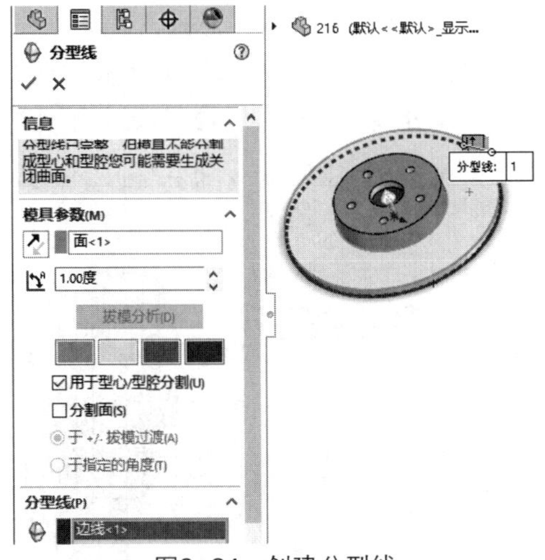
图9-34　创建分型线

◎提示·◦

分型线位于模具零件的边线上，在型芯和型腔曲面之间。用分型线来生成分型面并建立模仁的分开曲面。

04 单击【模具工具】选项卡中的【关闭曲面】按钮，封闭模型上的孔，如图9-35所示。

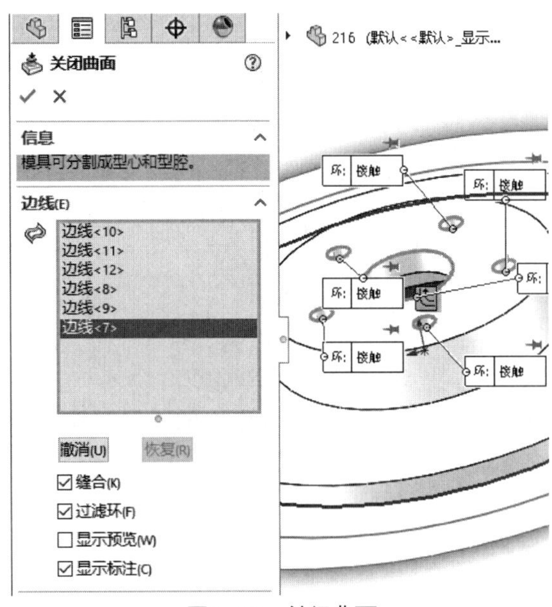
图9-35　关闭曲面

◎提示·◦

若想将切削块切除为两块，需要两个无任何通孔的完整曲面，即型芯曲面和型腔曲面。【关闭曲面】功能可关闭这样的通孔，该通孔会联结型芯曲面和型腔曲面，一般称作破孔。

05 单击【模具工具】选项卡中的【分型面】按钮，创建分型面，如图9-36所示。

图9-36　创建分型面

06 单击【草图】选项卡中的【圆】按钮，绘制圆，如图9-37所示。

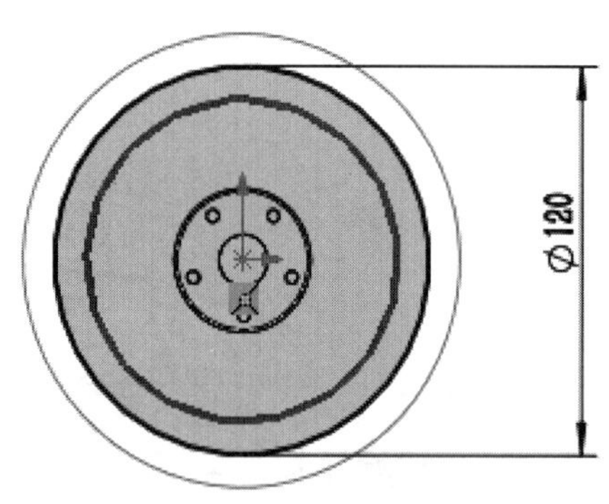

图9-37 绘制圆

07 单击【模具工具】选项卡中的【切削分割】按钮，创建型芯、型腔，如图9-38所示。

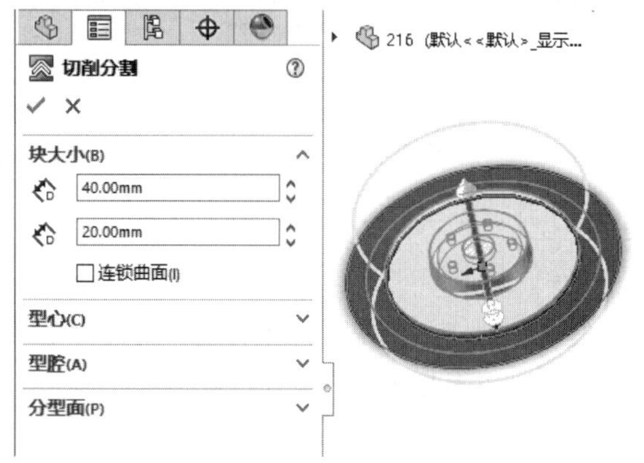

图9-38 创建切削分割

08 完成端盖模具设计，如图9-39所示。

图9-39 完成端盖模具设计

实例 217 接头模具设计

案例源文件：ywj\09\217.prt

01 单击【模具工具】选项卡中的【拔模分析】按钮，创建模型的拔模分析，如图9-40所示。

02 单击【模具工具】选项卡中的【分型线分析】按钮，创建模型分型线分析，如图9-41所示。

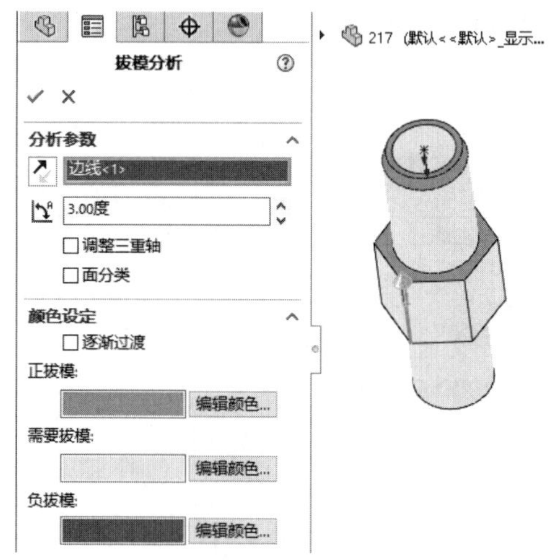

图9-40 拔模分析

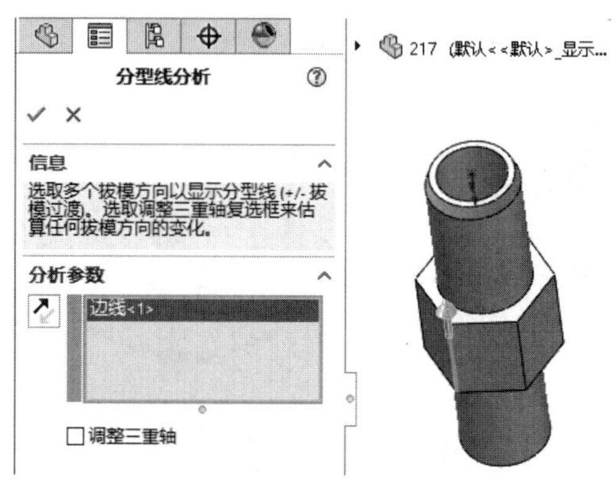

图9-41 分型线分析

03 单击【模具工具】选项卡中的【分型线】按钮，创建分型线，如图9-42所示。

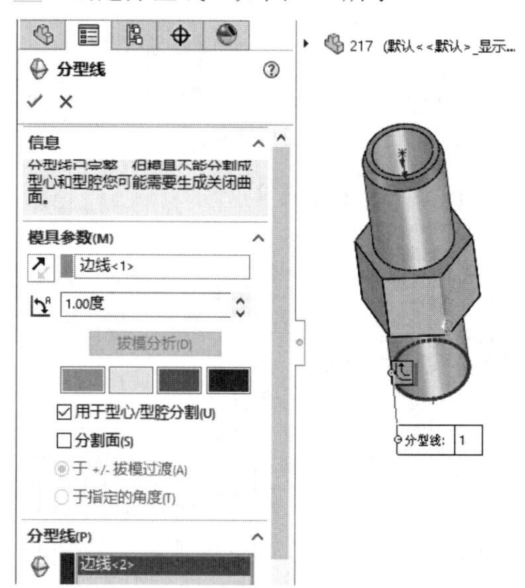

图9-42 创建分型线

04 单击【模具工具】选项卡中的【关闭曲面】按钮，封闭模型上的孔，如图9-43所示。

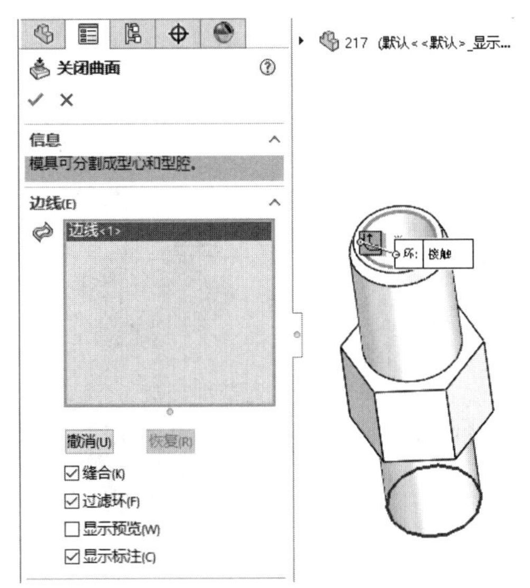

图9-43　关闭曲面

05 单击【模具工具】选项卡中的【分型面】按钮，创建分型面，如图9-44所示。

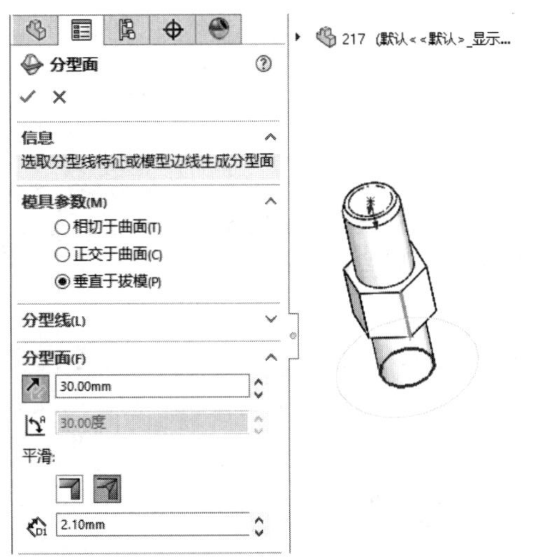

图9-44　创建分型面

06 单击【模具工具】选项卡中的【切削分割】按钮，创建型芯、型腔，如图9-45所示。

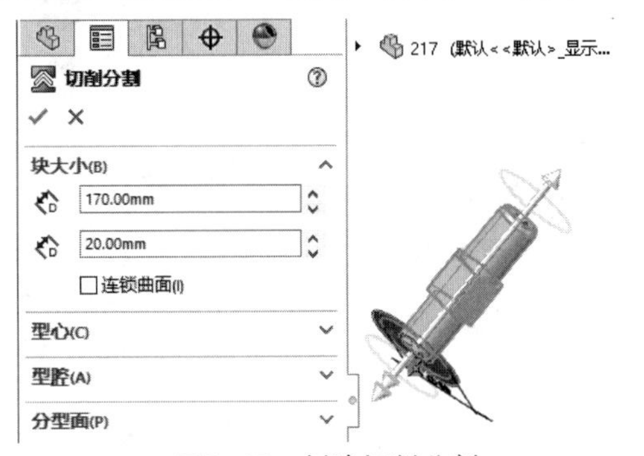

图9-45　创建切削分割

07 完成接头模具设计，如图9-46所示。

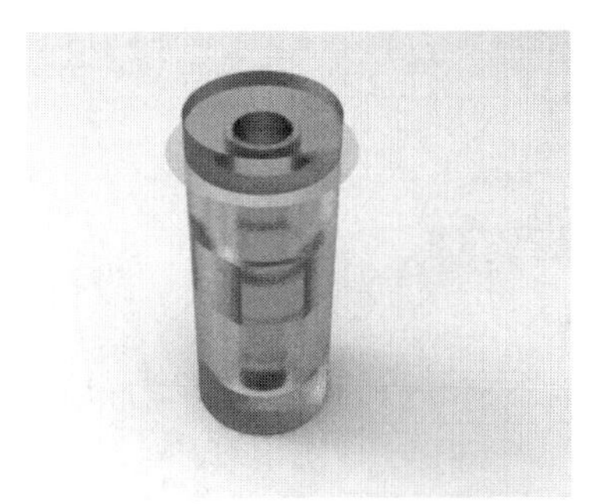
图9-46　完成接头模具设计

实例 218　球阀芯模具设计

案例源文件：ywj\09\218.prt

01 单击【模具工具】选项卡中的【拔模分析】按钮，创建模型的拔模分析，如图9-47所示。

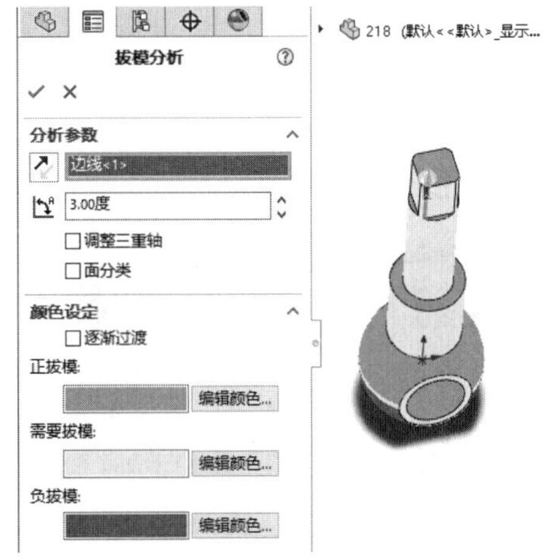

图9-47　拔模分析

02 单击【模具工具】选项卡中的【分型线分析】按钮，创建模型分型线分析，如图9-48所示。

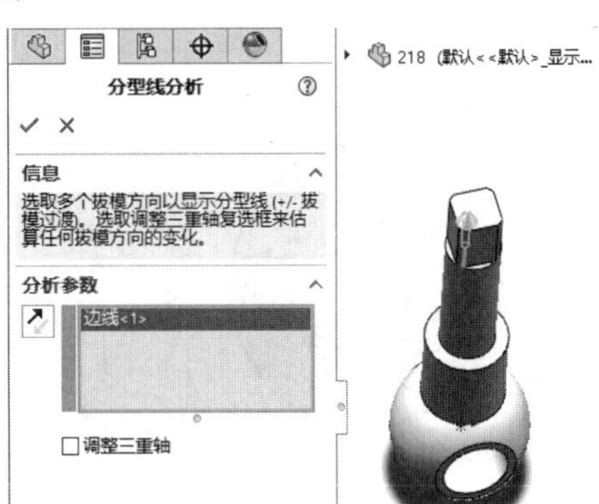

图9-48　分型线分析

03 单击【模具工具】选项卡中的【分型线】按钮，创建分型线，如图9-49所示。

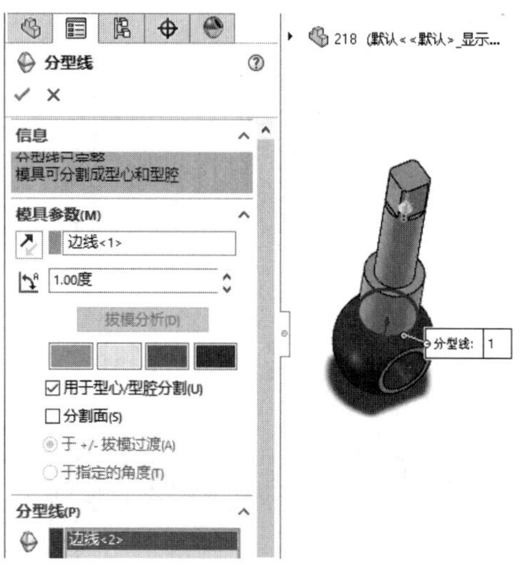

图9-49　创建分型线

04 单击【模具工具】选项卡中的【分型面】按钮，创建分型面，如图9-50所示。

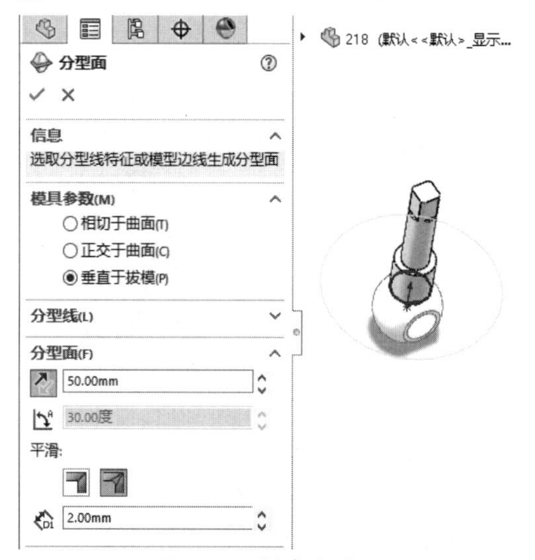

图9-50　创建分型面

05 单击【草图】选项卡中的【圆】按钮，绘制圆，如图9-51所示。

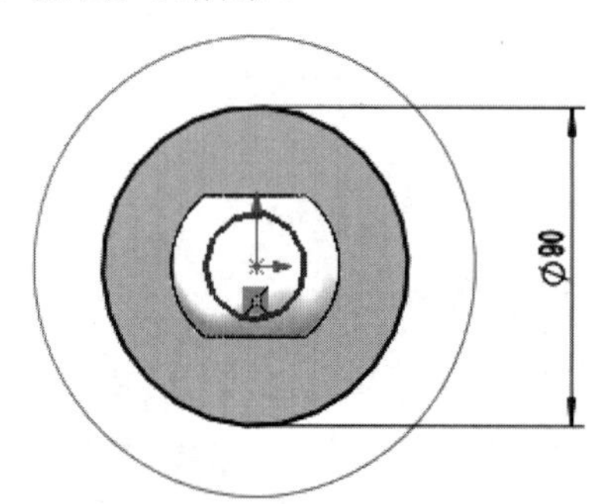

图9-51　绘制圆

06 单击【模具工具】选项卡中的【切削分割】按钮，创建型芯、型腔，如图9-52所示。

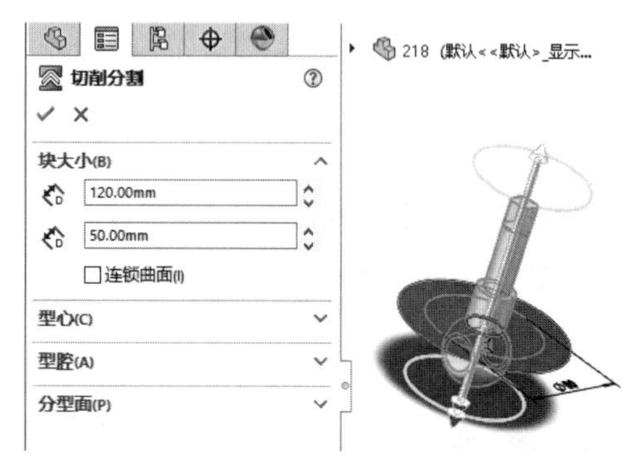

图9-52　创建切削分割

07 完成球阀芯模具设计，如图9-53所示。

图9-53　完成球阀芯模具设计

实例 219　阶梯轴模具设计

案例源文件：ywj\09\219.prt

01 单击【模具工具】选项卡中的【拔模分析】按钮，创建模型的拔模分析，如图9-54所示。

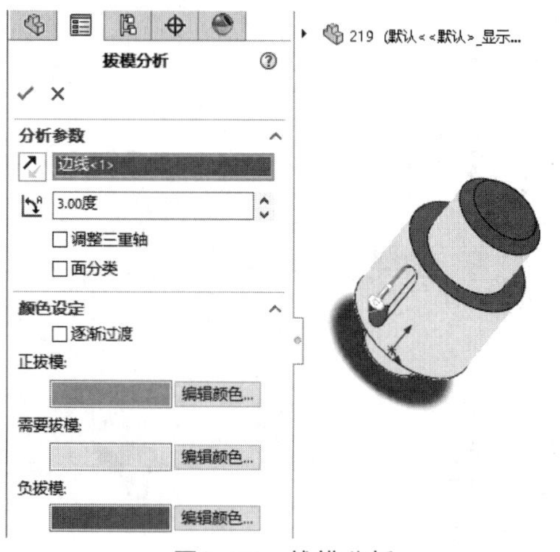

图9-54　拔模分析

02 单击【模具工具】选项卡中的【分型线分析】按钮，创建模型分型线分析，如图9-55所示。

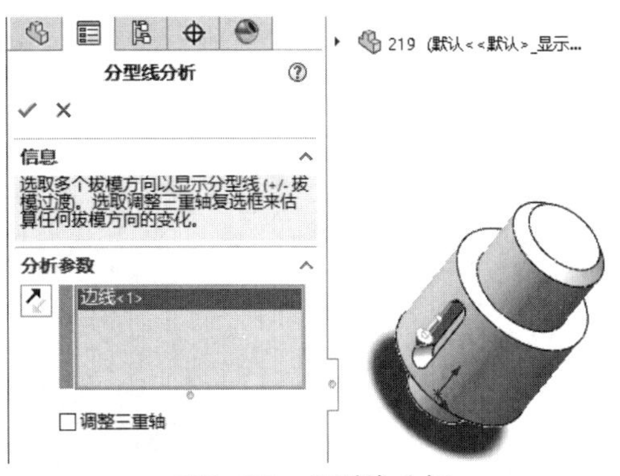

图9-55　分型线分析

03 单击【模具工具】选项卡中的【分型线】按钮，创建分型线，如图9-56所示。

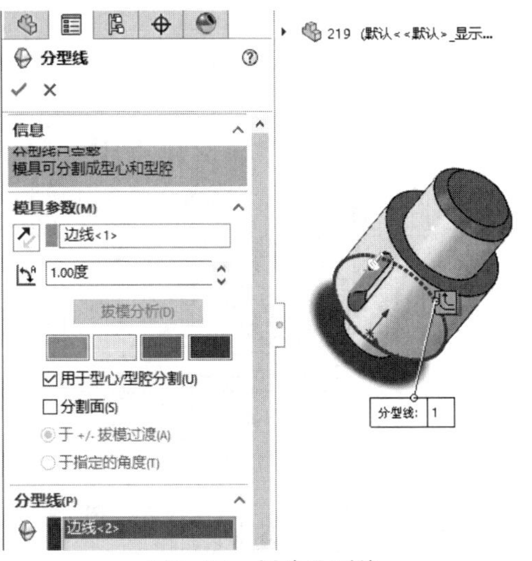

图9-56　创建分型线

04 单击【模具工具】选项卡中的【分型面】按钮，创建分型面，如图9-57所示。

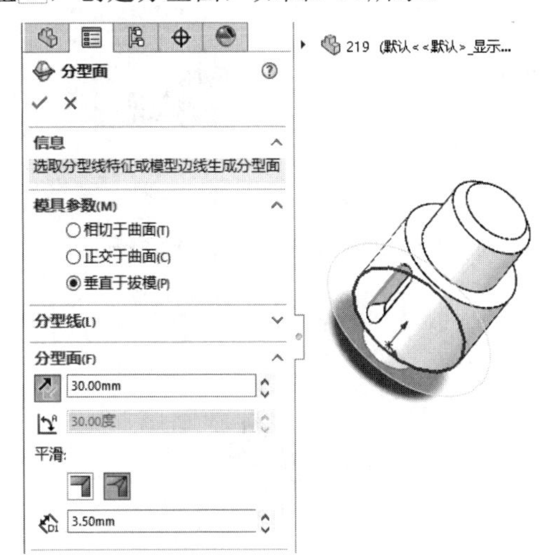

图9-57　创建分型面

05 单击【草图】选项卡中的【圆】按钮，绘制圆，如图9-58所示。

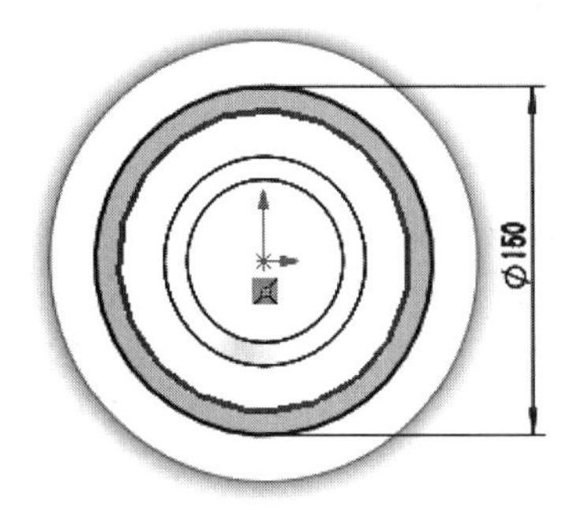

图9-58　绘制圆

06 单击【模具工具】选项卡中的【切削分割】按钮，创建型芯、型腔，如图9-59所示。

图9-59　创建切削分割

07 完成阶梯轴模具设计，如图9-60所示。

图9-60　完成阶梯轴模具设计

实例 220　球零件模具设计

案例源文件：ywj\09\220.prt

01 单击【模具工具】选项卡中的【拔模分析】按钮，创建模型的拔模分析，如图9-61所示。

02 单击【模具工具】选项卡中的【分型线分析】按钮，创建模型分型线分析，如图9-62所示。

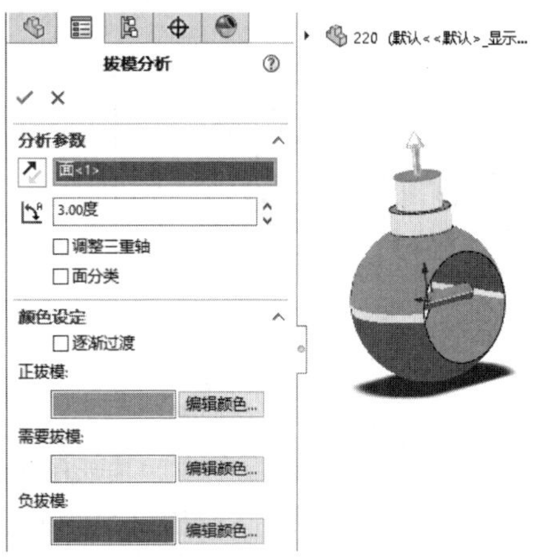

图9-61　拔模分析

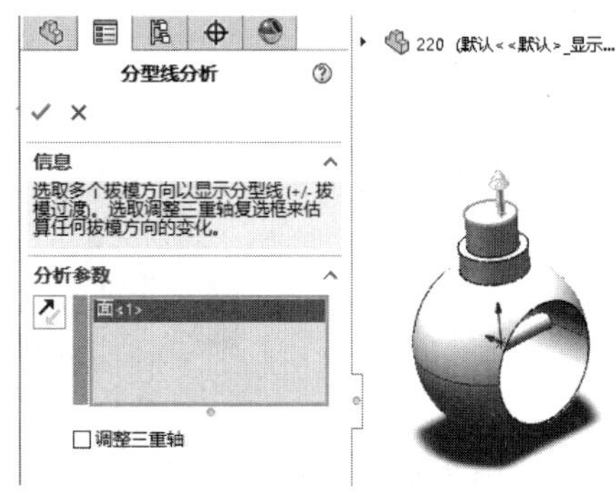

图9-62　分型线分析

03 单击【模具工具】选项卡中的【分型线】按钮，创建分型线，如图9-63所示。

图9-63　创建分型线

04 单击【模具工具】选项卡中的【分型面】按钮，创建分型面，如图9-64所示。

05 单击【草图】选项卡中的【圆】按钮，绘制圆，如图9-65所示。

06 单击【模具工具】选项卡中的【切削分割】按钮，创建型芯、型腔，如图9-66所示。

图9-64　创建分型面

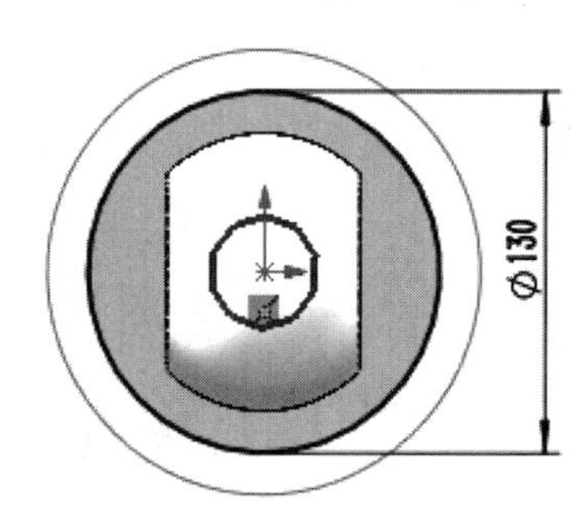

图9-65　绘制圆

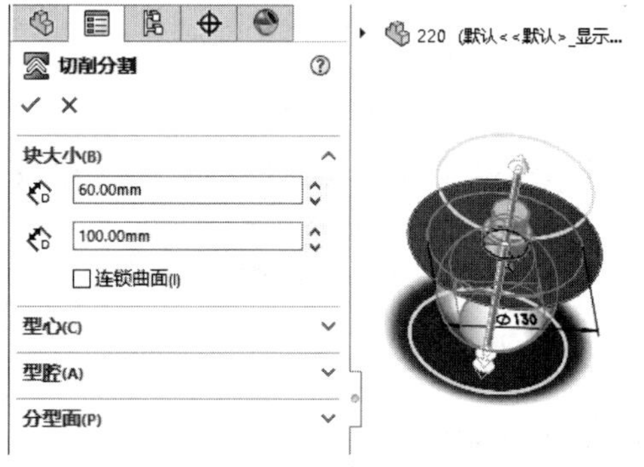

图9-66　创建切削分割

07 完成球零件模具设计，如图9-67所示。

图9-67　完成球零件模具设计

实例 221

案例源文件：ywj\09\221.prt

手柄模具设计

01 单击【模具工具】选项卡中的【拔模分析】按钮，创建模型的拔模分析，如图9-68所示。

图9-68　拔模分析

02 单击【模具工具】选项卡中的【分型线分析】按钮，创建模型分型线分析，如图9-69所示。

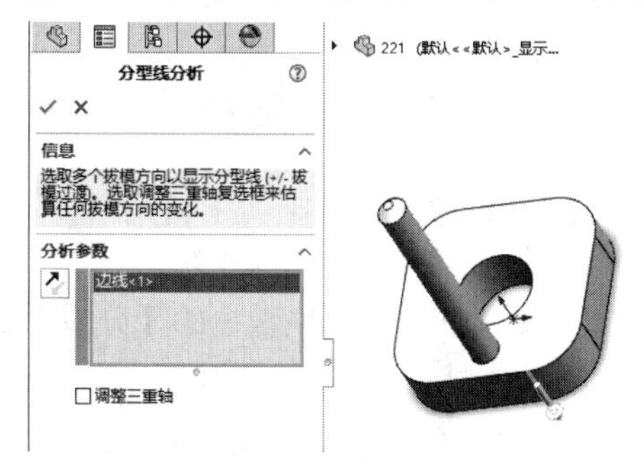

图9-69　分型线分析

03 单击【模具工具】选项卡中的【分型线】按钮，创建分型线，如图9-70所示。

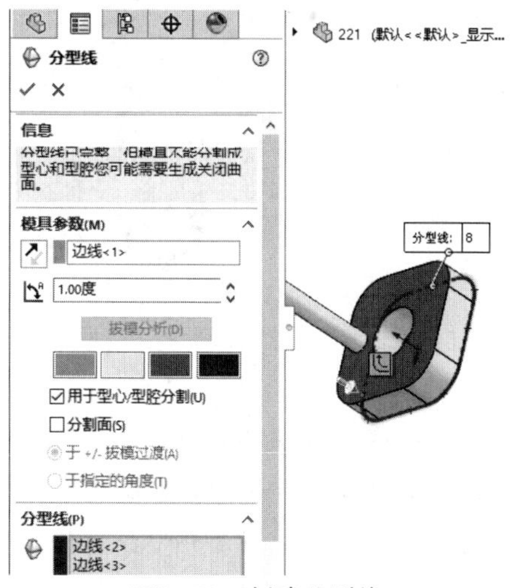

图9-70　创建分型线

04 单击【模具工具】选项卡中的【分型面】按钮，创建分型面，如图9-71所示。

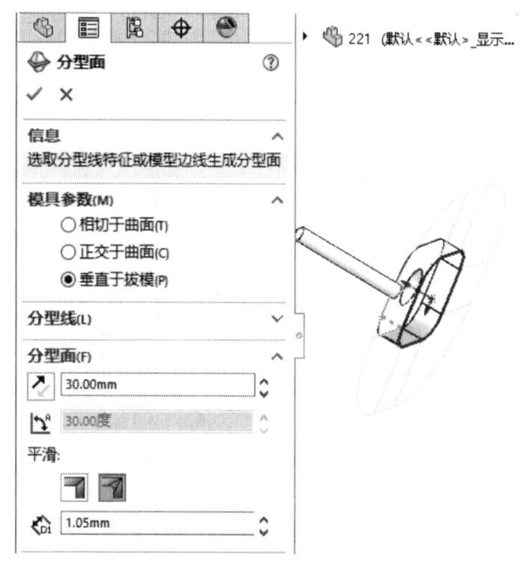

图9-71　创建分型面

05 单击【模具工具】选项卡中的【关闭曲面】按钮，封闭模型上的孔，如图9-72所示。

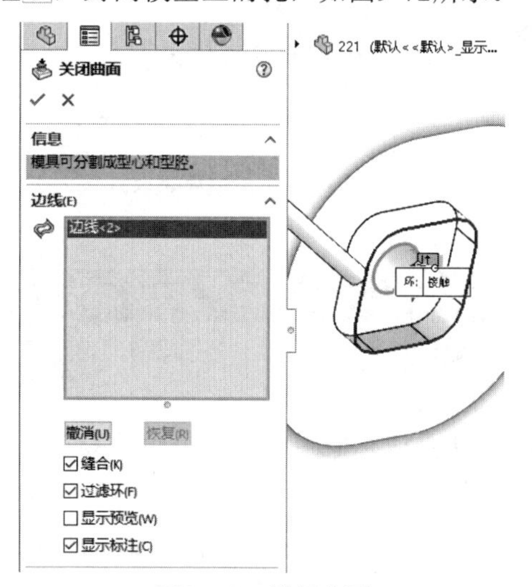

图9-72　关闭曲面

06 单击【草图】选项卡中的【边角矩形】按钮，绘制矩形，如图9-73所示。

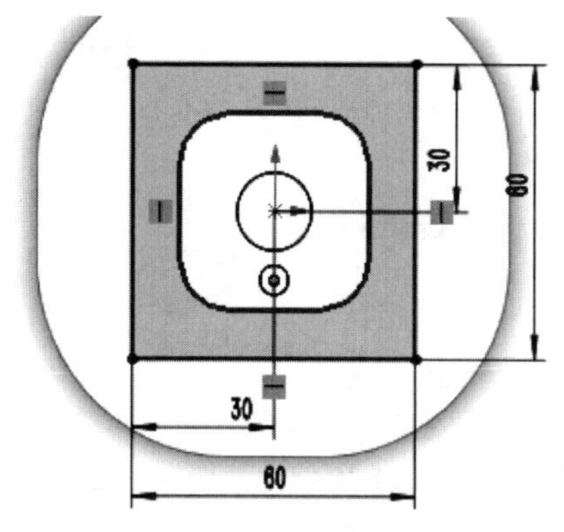

图9-73　绘制矩形

07 单击【模具工具】选项卡中的【切削分割】按钮，创建型芯、型腔，如图9-74所示。

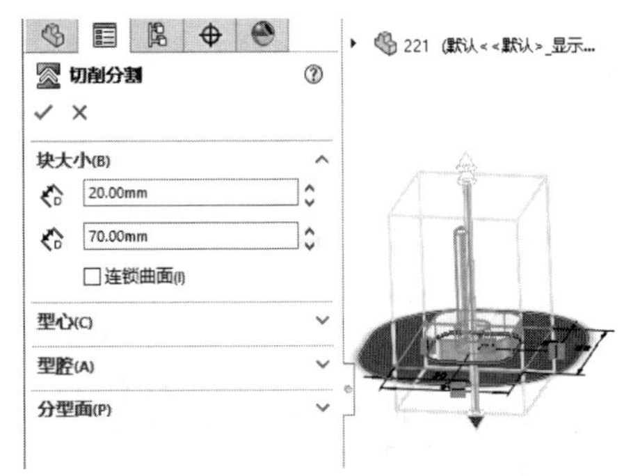

图9-74　创建切削分割

08 完成手柄模具设计，如图9-75所示。

图9-75　完成手柄模具设计

实例 222　连杆模具设计

案例源文件：ywj\09\222.prt

01 单击【模具工具】选项卡中的【拔模分析】按钮，创建模型的拔模分析，如图9-76所示。

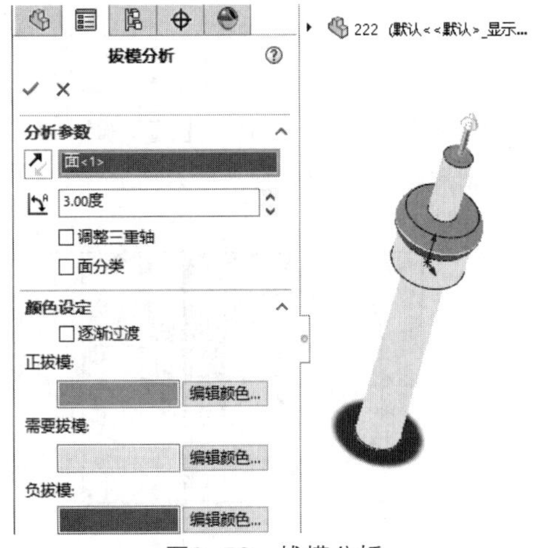

图9-76　拔模分析

02 单击【模具工具】选项卡中的【分型线分析】按钮，创建模型分型线分析，如图9-77所示。

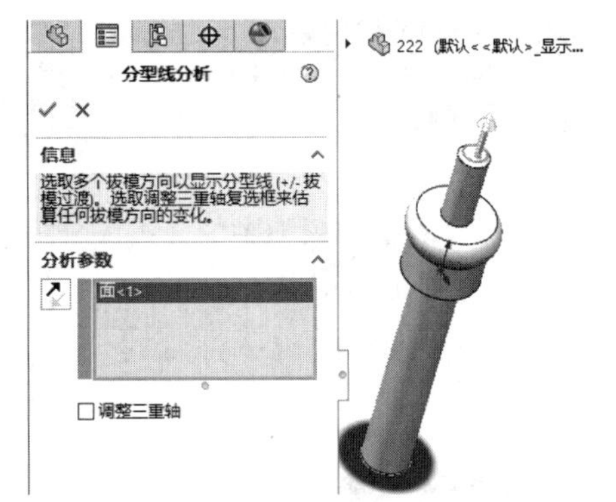

图9-77　分型线分析

03 单击【模具工具】选项卡中的【分型线】按钮，创建分型线，如图9-78所示。

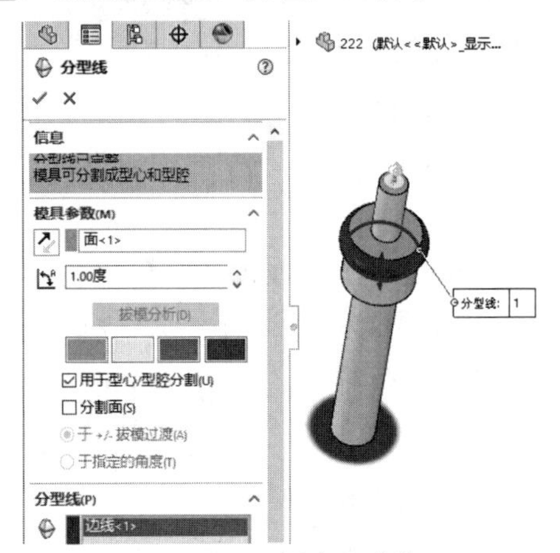

图9-78　创建分型线

04 单击【模具工具】选项卡中的【分型面】按钮，创建分型面，如图9-79所示。

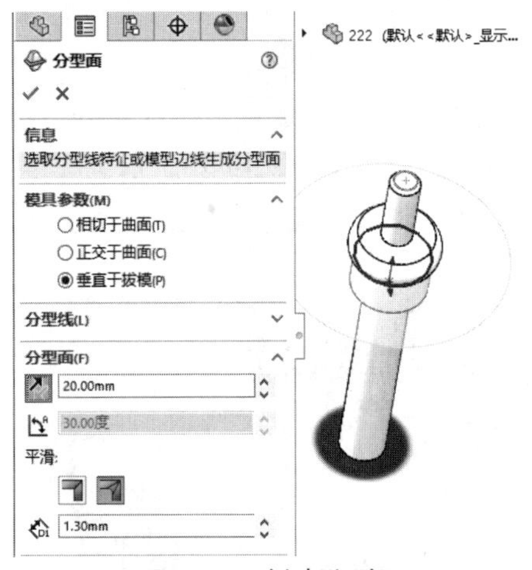

图9-79　创建分型面

> **提示**
>
> 在创建分型线并生成关闭曲面后，就可以生成分型面。分型面从分型线拉伸，用来把模具型腔从型芯中分离。

05 单击【草图】选项卡中的【圆】按钮⊙，绘制圆，如图9-80所示。

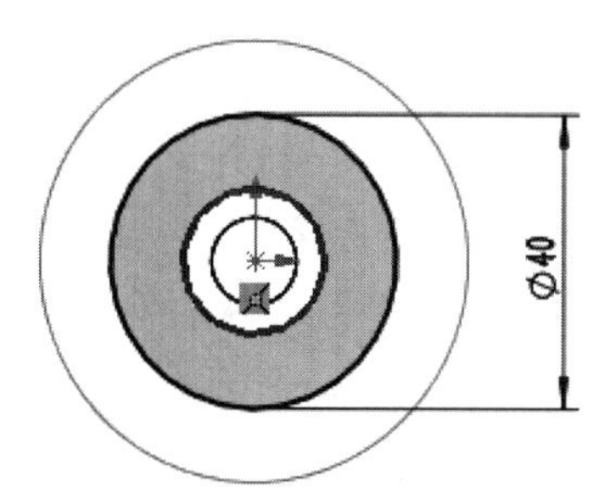

图9-80　绘制圆

06 单击【模具工具】选项卡中的【切削分割】按钮，创建型芯、型腔，如图9-81所示。

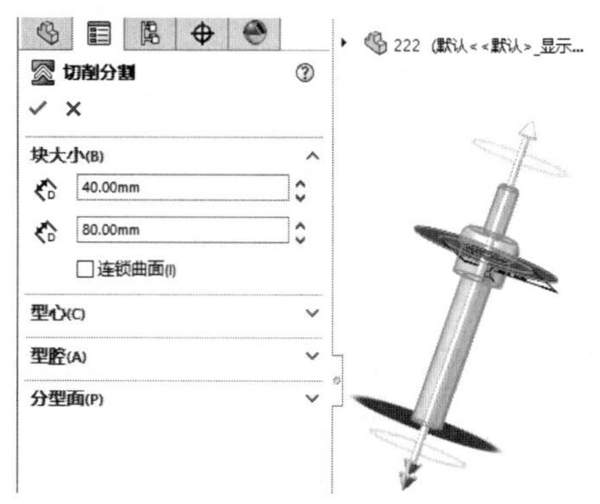

图9-81　创建切削分割

07 完成连杆模具设计，如图9-82所示。

图9-82　完成连杆模具设计

实例 223　阶梯轴模具设计

案例源文件：ywj\09\223.prt

01 单击【模具工具】选项卡中的【拔模分析】按钮，创建模型的拔模分析，如图9-83所示。

02 单击【模具工具】选项卡中的【分型线分析】按钮，创建模型分型线分析，如图9-84所示。

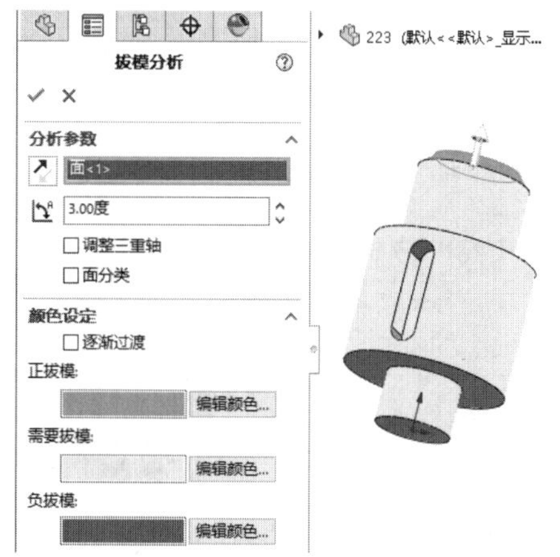

图9-83　拔模分析

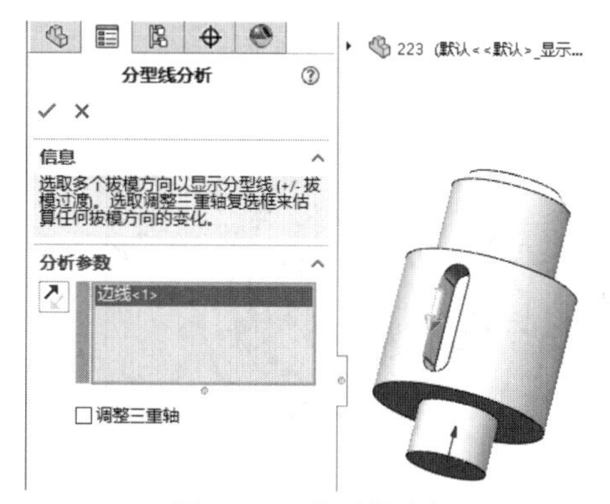

图9-84　分型线分析

03 单击【模具工具】选项卡中的【分型线】按钮，创建分型线，如图9-85所示。

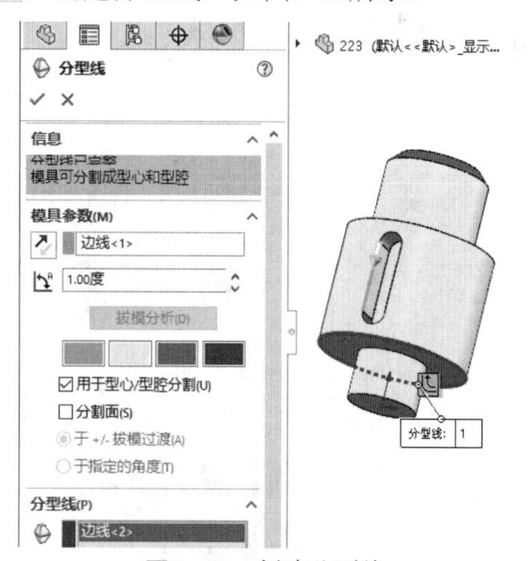

图9-85　创建分型线

04 单击【模具工具】选项卡中的【分型面】按钮，创建分型面，如图9-86所示。

05 单击【草图】选项卡中的【圆】按钮⊙，绘制圆，如图9-87所示。

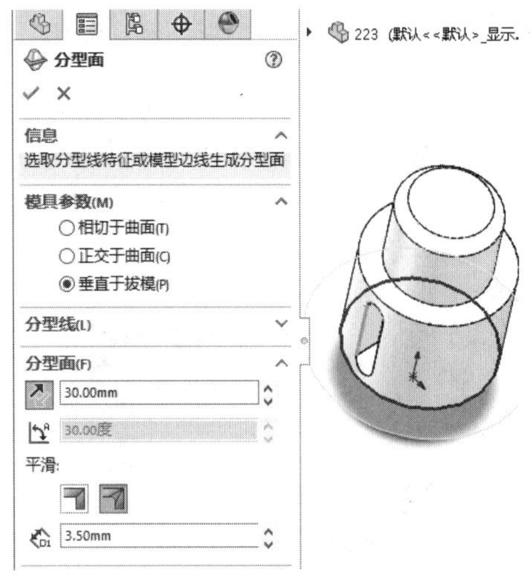

图9-86　创建分型面

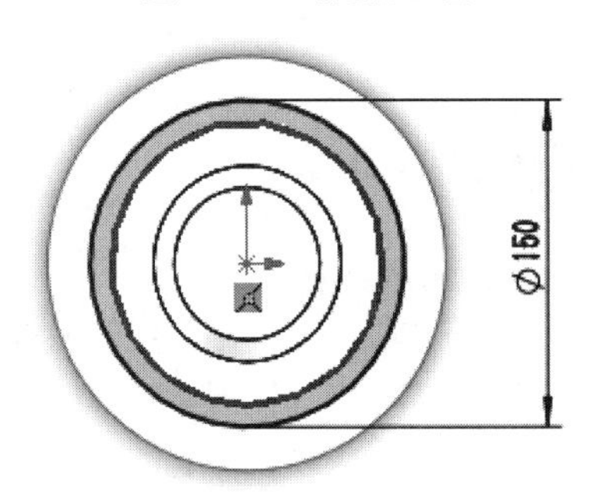

图9-87　绘制圆

06 单击【模具工具】选项卡中的【切削分割】按钮，创建型芯、型腔，如图9-88所示。

图9-88　创建切削分割

07 完成阶梯轴模具设计，如图9-89所示。

图9-89　完成阶梯轴模具设计

实例 224

轮毂模具设计

01 单击【模具工具】选项卡中的【拔模分析】按钮，创建模型的拔模分析，如图9-90所示。

图9-90　拔模分析

02 单击【模具工具】选项卡中的【分型线分析】按钮，创建模型分型线分析，如图9-91所示。

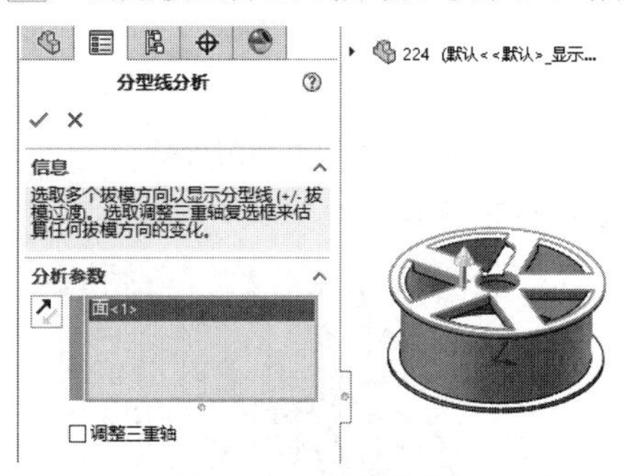

图9-91　分型线分析

03 单击【模具工具】选项卡中的【分型线】按钮，创建分型线，如图9-92所示。

图9-92　创建分型线

04 单击【模具工具】选项卡中的【分型面】按钮，创建分型面，如图9-93所示。

图9-93　创建分型面

05 完成轮毂模具设计，如图9-94所示。

图9-94　完成轮毂模具设计

实例 225　电池盒模具设计

案例源文件：ywj\09\225.prt

01 单击【模具工具】选项卡中的【拔模分析】按钮，创建模型的拔模分析，如图9-95所示。

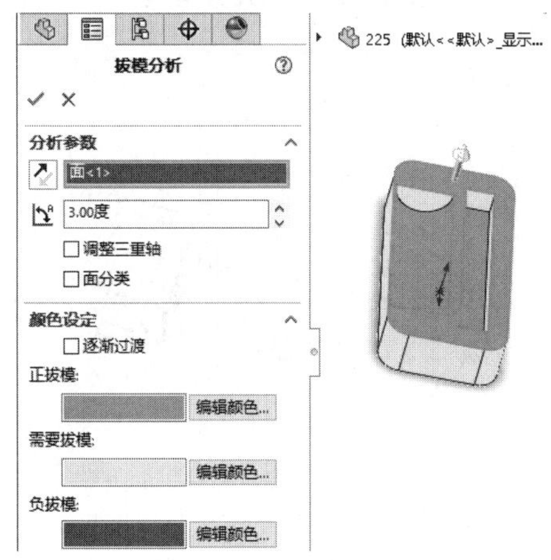

图9-95　拔模分析

02 单击【模具工具】选项卡中的【分型线分析】按钮，创建模型分型线分析，如图9-96所示。

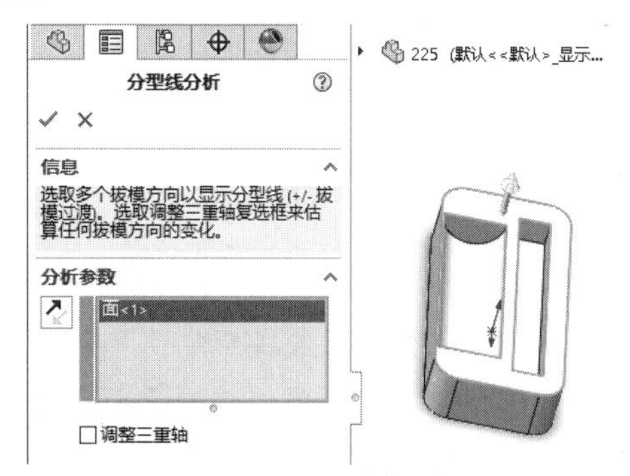

图9-96　分型线分析

03 单击【模具工具】选项卡中的【分型线】按钮，创建分型线，如图9-97所示。

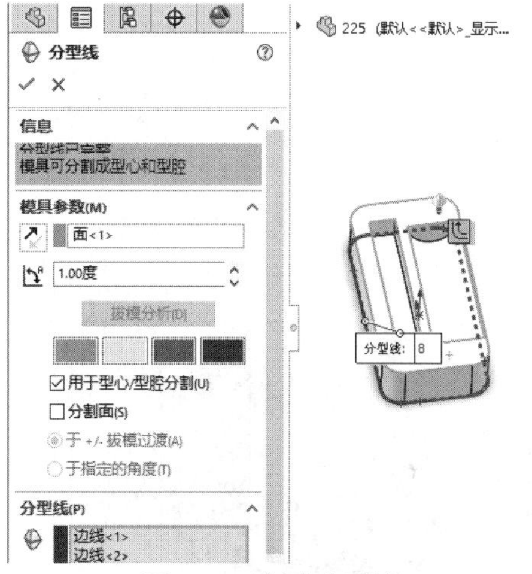

图9-97　创建分型线

04 单击【模具工具】选项卡中的【分型面】按钮，创建分型面，如图9-98所示。

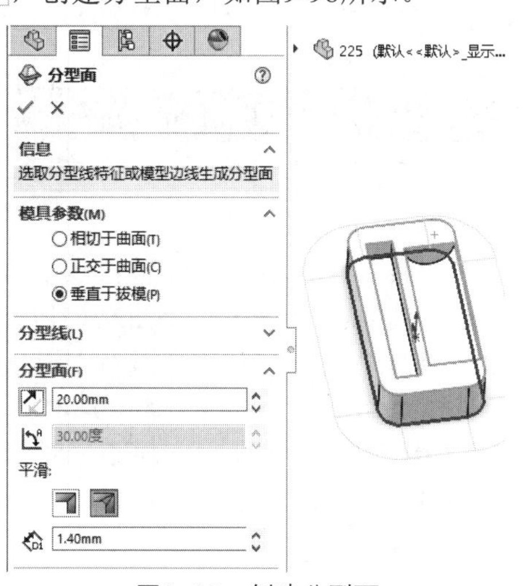

图9-98　创建分型面

05 单击【草图】选项卡中的【边角矩形】按钮，绘制矩形，如图9-99所示。

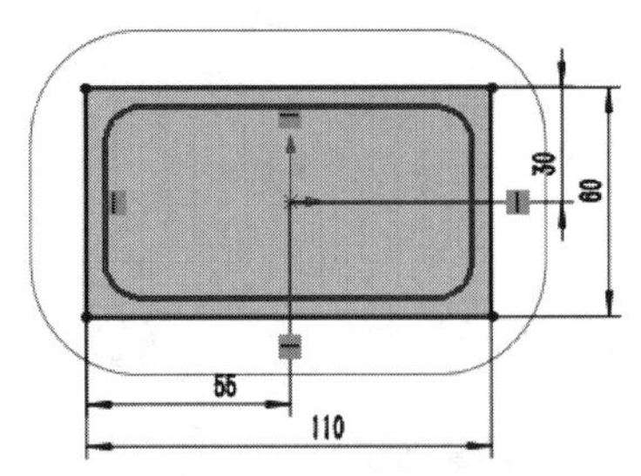

图9-99　绘制矩形

06 单击【模具工具】选项卡中的【切削分割】按钮，创建型芯、型腔，如图9-100所示。

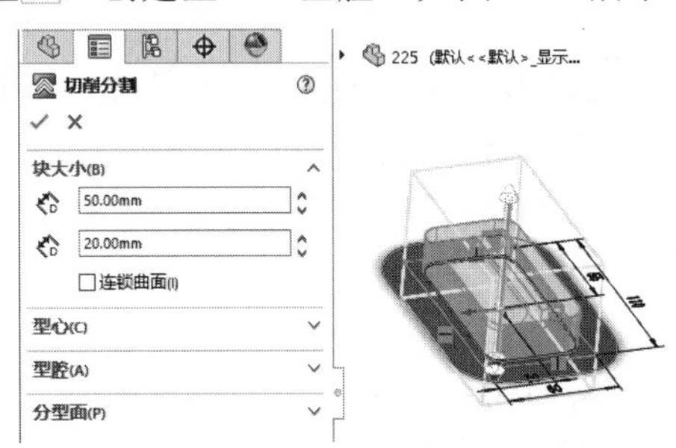

图9-100　创建切削分割

07 完成电池盒模具设计，如图9-101所示。

图9-101　完成电池盒模具设计

实例 226　异型台模具设计

案例源文件：ywj\09\226.prt

01 单击【模具工具】选项卡中的【拔模分析】按钮，创建模型的拔模分析，如图9-102所示。

02 单击【模具工具】选项卡中的【分型线分析】按钮，创建模型分型线分析，如图9-103所示。

03 单击【模具工具】选项卡中的【分型线】按钮，创建分型线，如图9-104所示。

04 单击【模具工具】选项卡中的【分型面】按钮，创建分型面，如图9-105所示。

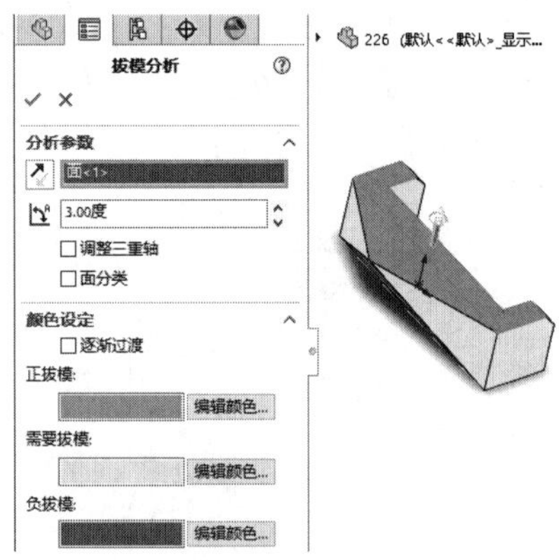

图9-102　拔模分析

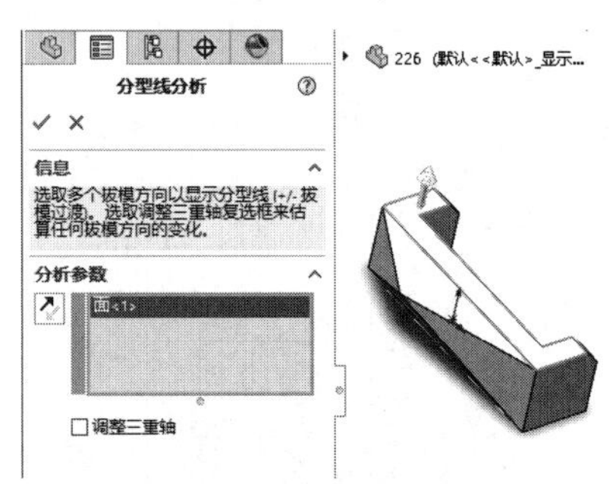

图9-103　分型线分析

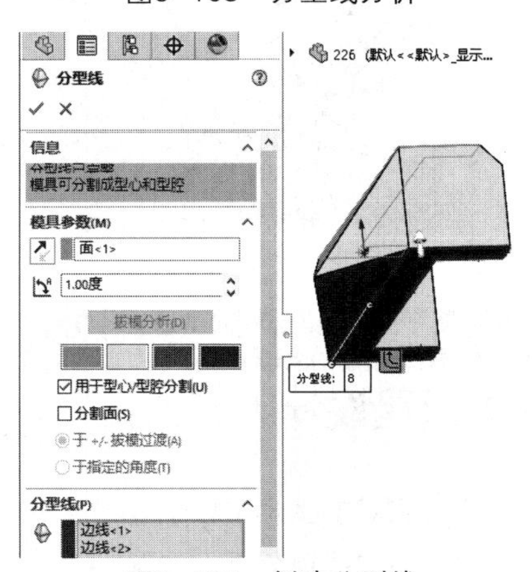

图9-104　创建分型线

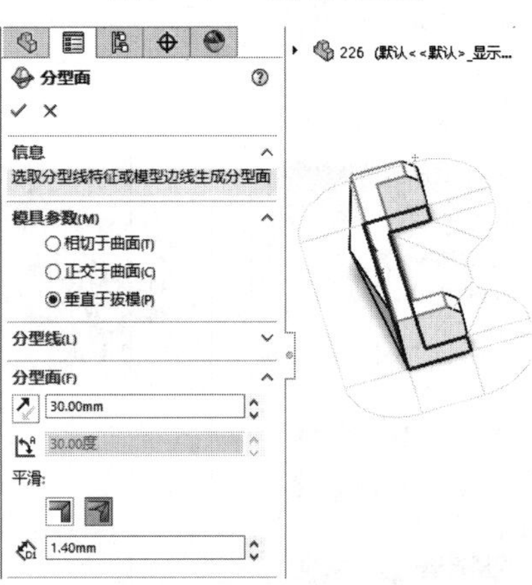

图9-105　创建分型面

05 单击【草图】选项卡中的【边角矩形】按钮▭，绘制矩形，如图9-106所示。

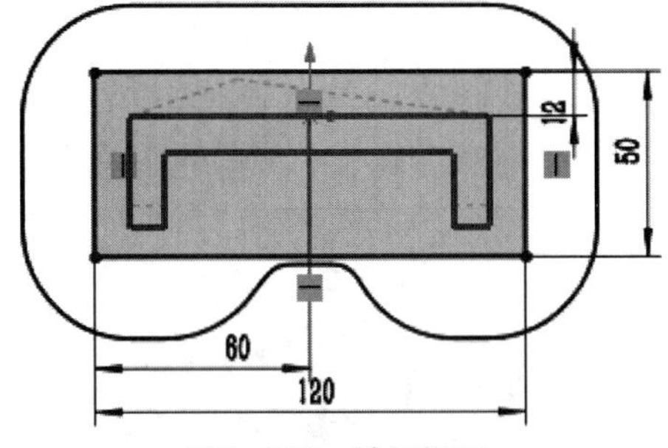

图9-106　绘制矩形

06 单击【模具工具】选项卡中的【切削分割】按钮，创建型芯、型腔，如图9-107所示。

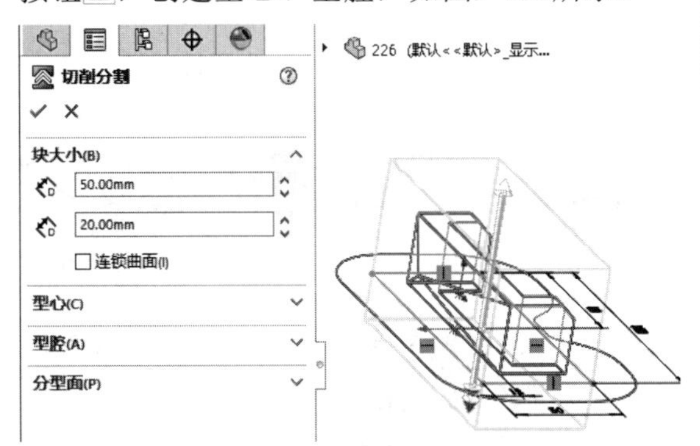

图9-107　创建切削分割

07 完成异型台模具设计，如图9-108所示。

图9-108　完成异型台模具设计

实例 227

案例源文件：ywj\09\227.prt

空心轴模具设计

01 单击【模具工具】选项卡中的【拔模分析】按钮，创建模型的拔模分析，如图9-109所示。

02 单击【模具工具】选项卡中的【分型线分析】按钮，创建模型分型线分析，如图9-110所示。

03 单击【模具工具】选项卡中的【分型线】按钮，创建分型线，如图9-111所示。

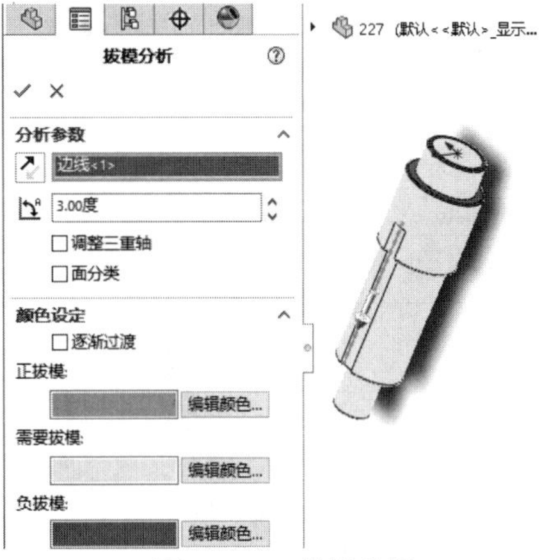

图9-109　拔模分析

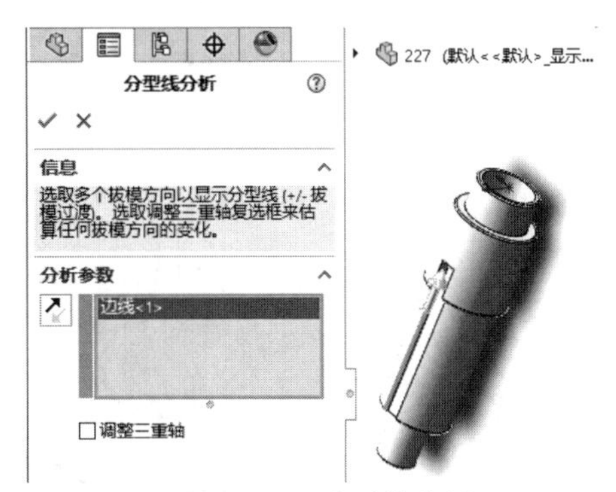

图9-110　分型线分析

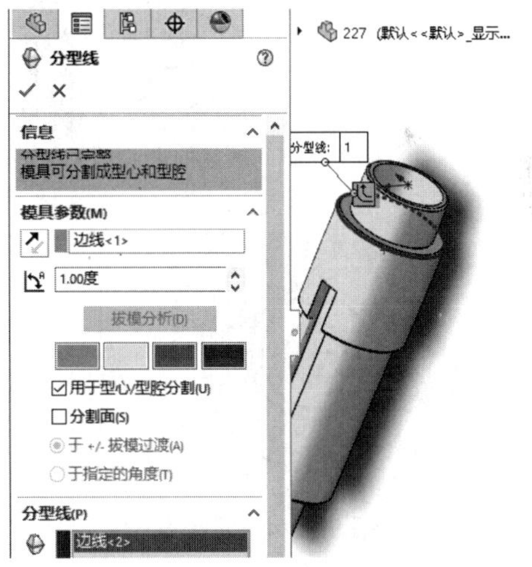

图9-111　创建分型线

04 单击【模具工具】选项卡中的【分型面】按钮，创建分型面，如图9-112所示。

05 单击【模具工具】选项卡中的【关闭曲面】按钮，封闭模型上的孔，如图9-113所示。

06 单击【草图】选项卡中的【圆】按钮⊙，绘制圆，如图9-114所示。

07 单击【模具工具】选项卡中的【切削分割】按钮，创建型芯、型腔，如图9-115所示。

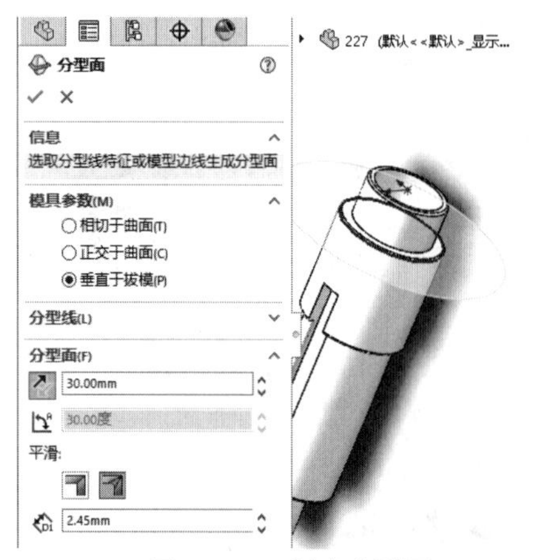

图9-112　创建分型面

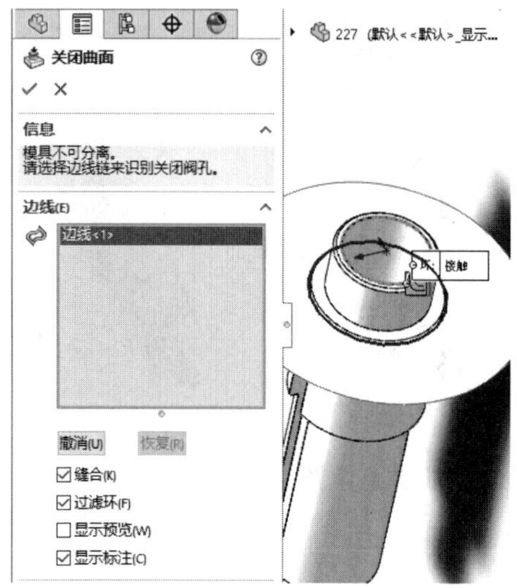

图9-113　关闭曲面

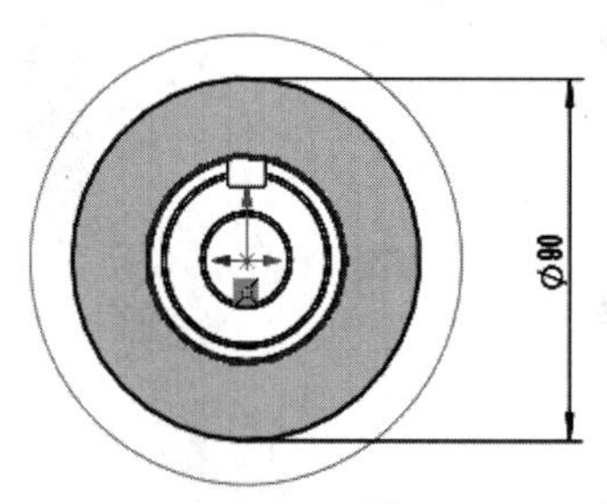

图9-114　绘制圆

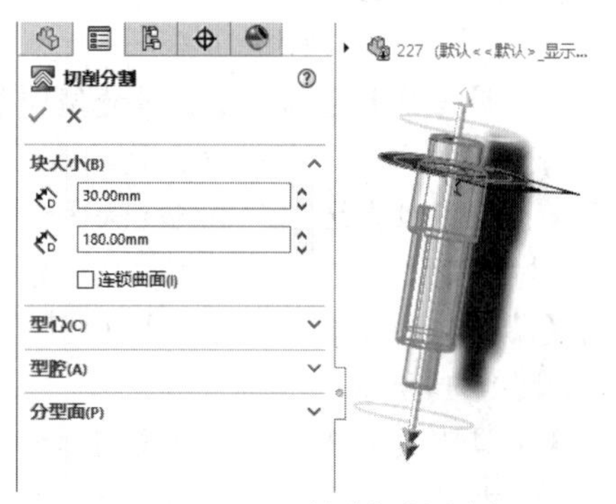

图9-115　创建切削分割

◎提示·∘

当定义完分型面以后，便可以使用【切削分割】工具为模型生成型芯和型腔块。可生成切削分割用于多个实体，例如多件模。

08 完成空心轴模具设计，如图9-116所示。

图9-116　完成空心轴模具设计

实例 228　齿轮模具设计

案例源文件：ywj\09\228.prt

01 单击【模具工具】选项卡中的【拔模分析】按钮，创建模型的拔模分析，如图9-117所示。

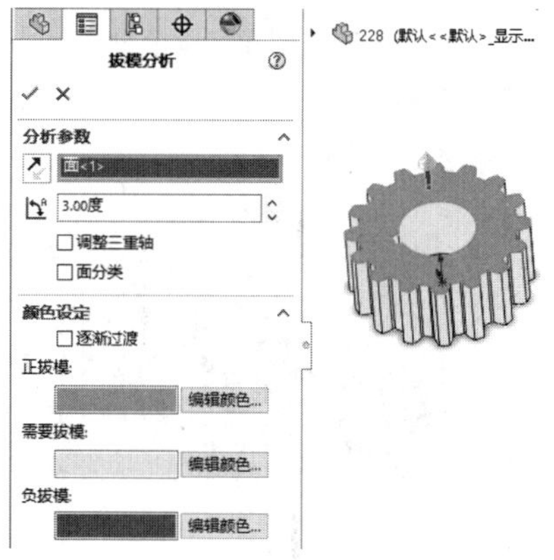

图9-117　拔模分析

02 单击【模具工具】选项卡中的【分型线分析】按钮，创建模型分型线分析，如图9-118所示。

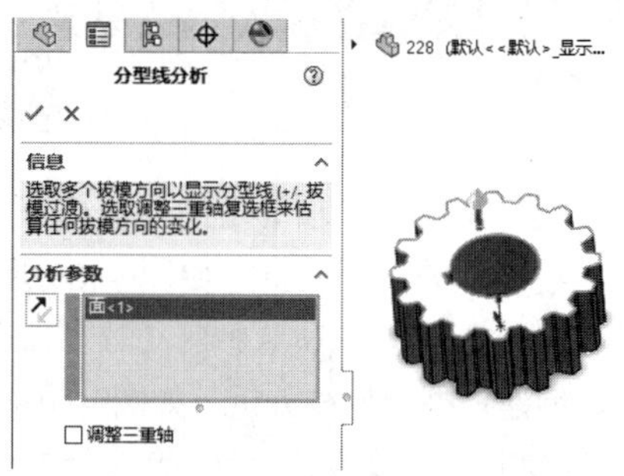

图9-118　分型线分析

03 单击【模具工具】选项卡中的【分型线】按钮，创建分型线，如图9-119所示。

图9–119　创建分型线

04 单击【模具工具】选项卡中的【分型面】按钮，创建分型面，如图9-120所示。

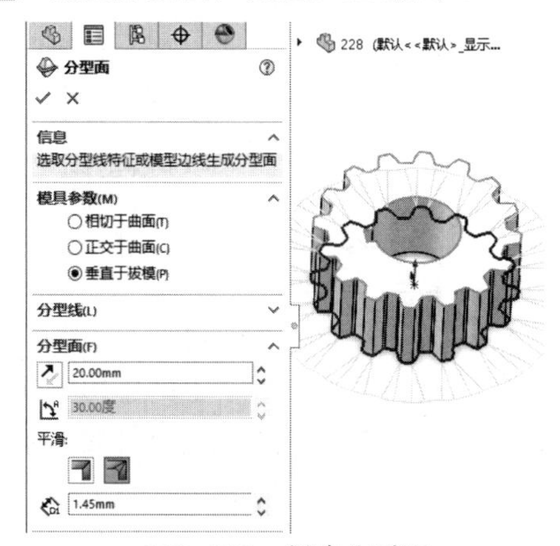

图9–120　创建分型面

05 单击【模具工具】选项卡中的【关闭曲面】按钮，封闭模型上的孔，如图9-121所示。

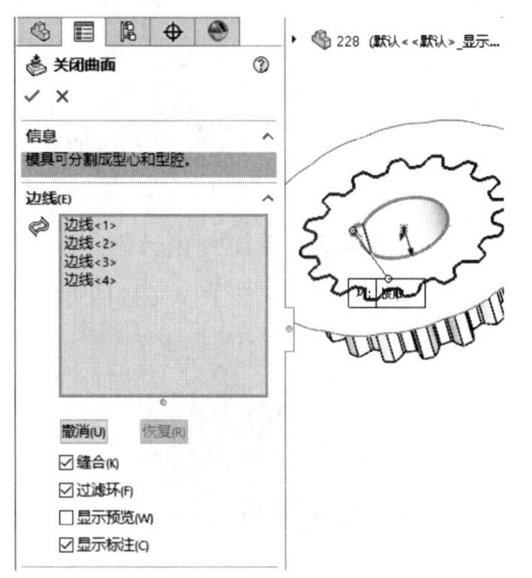

图9–121　关闭曲面

06 单击【草图】选项卡中的【圆】按钮，绘制圆，如图9-122所示。

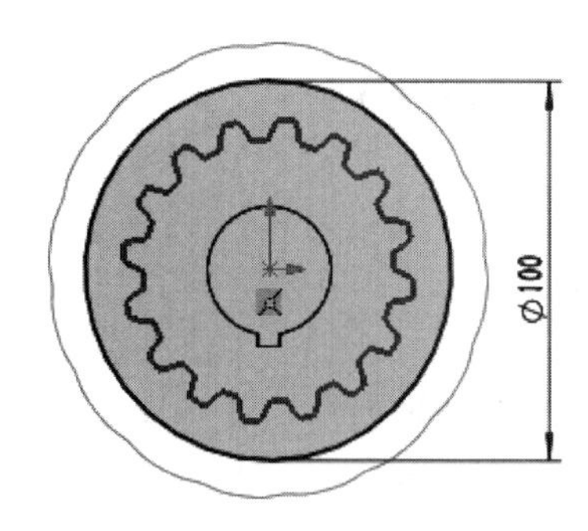

图9–122　绘制圆

07 单击【模具工具】选项卡中的【切削分割】按钮，创建型芯、型腔，如图9-123所示。

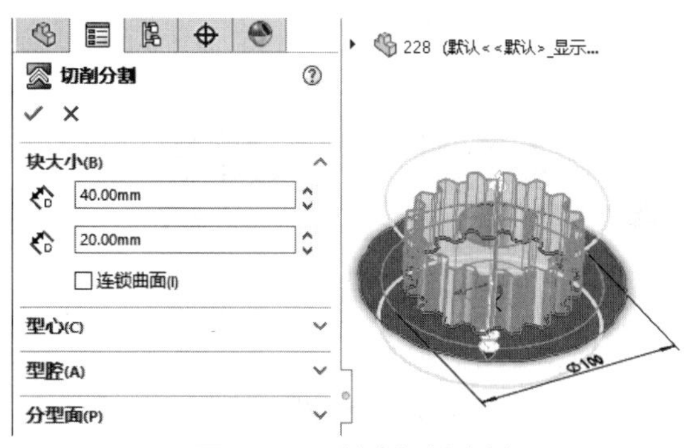

图9–123　创建切削分割

08 完成齿轮模具设计，如图9-124所示。

图9–124　完成齿轮模具设计

实例 229　箱体模具设计

案例源文件：ywj\09\229.prt

01 单击【模具工具】选项卡中的【拔模分析】按钮，创建模型的拔模分析，如图9-125所示。

02 单击【模具工具】选项卡中的【分型线分析】按钮，创建模型分型线分析，如图9-126所示。

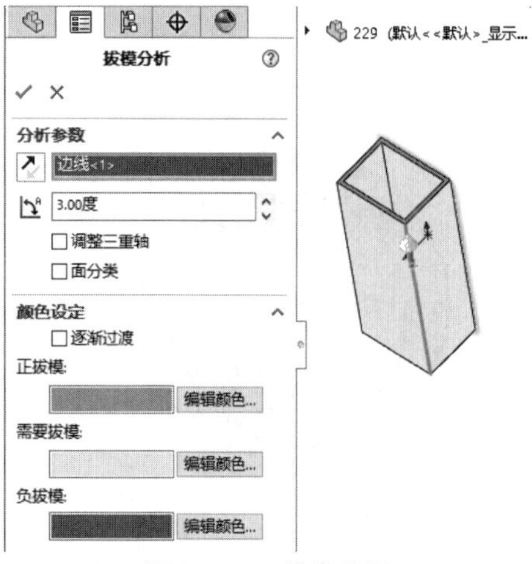

图9-125　拔模分析

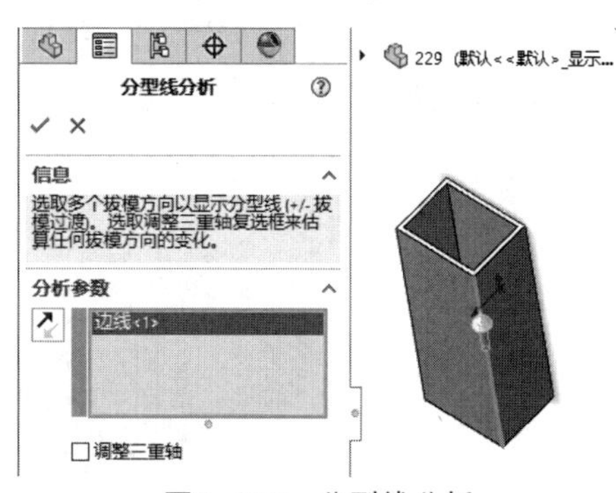

图9-126　分型线分析

03 单击【模具工具】选项卡中的【分型线】按钮，创建分型线，如图9-127所示。

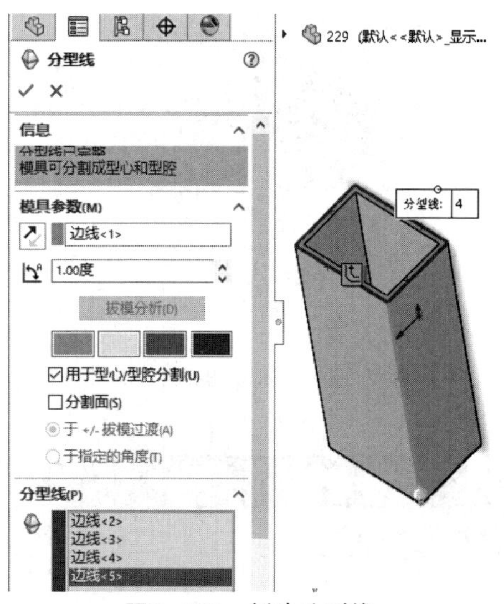

图9-127　创建分型线

04 单击【模具工具】选项卡中的【分型面】按钮，创建分型面，如图9-128所示。

05 单击【草图】选项卡中的【边角矩形】按钮，绘制矩形，如图9-129所示。

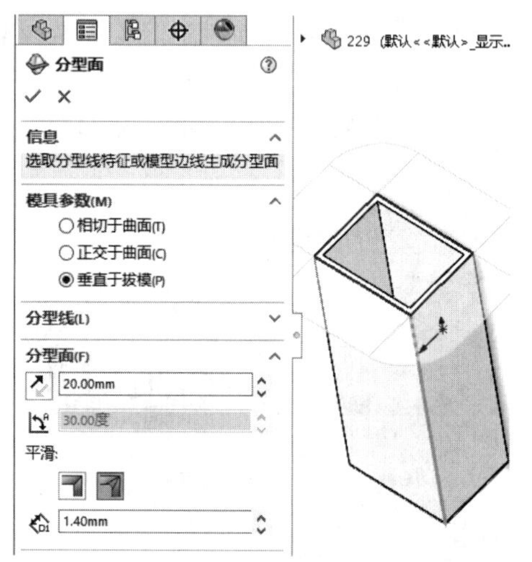

图9-128　创建分型面

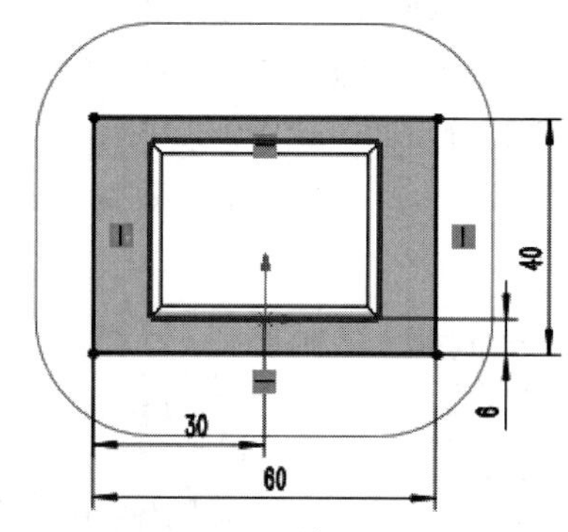

图9-129　绘制矩形

06 单击【模具工具】选项卡中的【切削分割】按钮，创建型芯、型腔，如图9-130所示。

图9-130　创建切削分割

07 完成箱体模具设计，如图9-131所示。

图9-131　完成箱体模具设计

实例 230 缸体模具设计

案例源文件：ywj\09\230.prt

01 单击【模具工具】选项卡中的【拔模分析】按钮，创建模型的拔模分析，如图9-132所示。

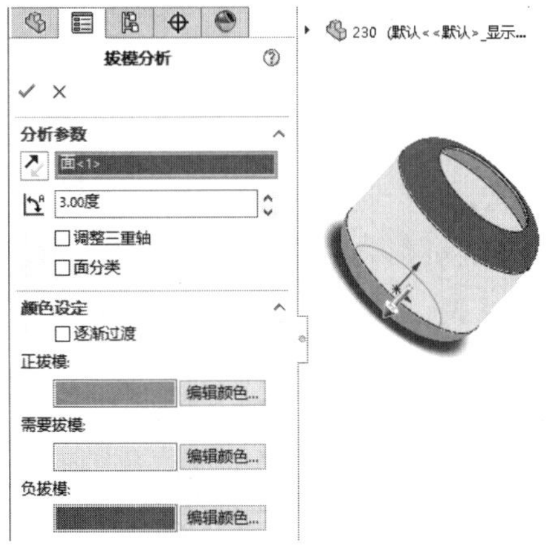

图9-132 拔模分析

02 单击【模具工具】选项卡中的【分型线分析】按钮，创建模型分型线分析，如图9-133所示。

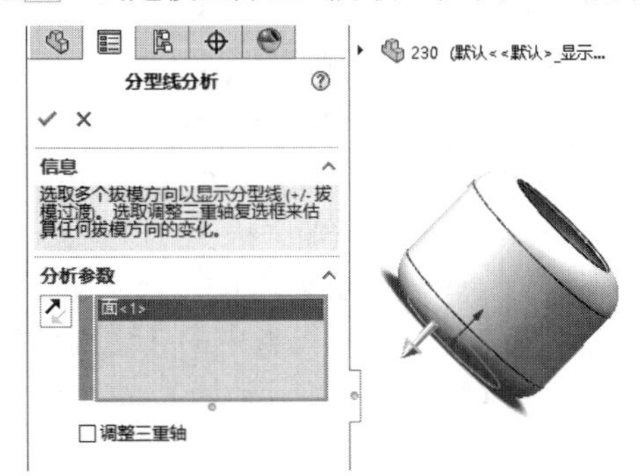

图9-133 分型线分析

03 单击【模具工具】选项卡中的【分型线】按钮，创建分型线，如图9-134所示。

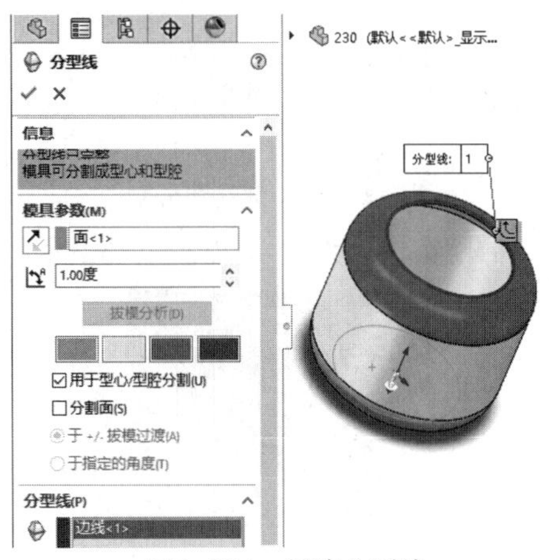

图9-134 创建分型线

04 单击【模具工具】选项卡中的【分型面】按钮，创建分型面，如图9-135所示。

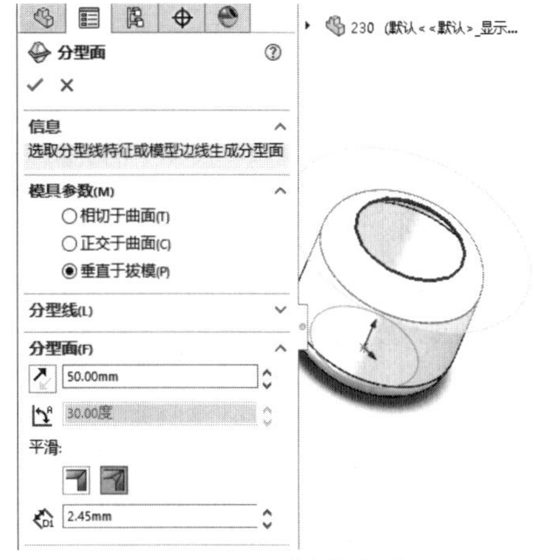

图9-135 创建分型面

05 单击【草图】选项卡中的【圆】按钮，绘制圆，如图9-136所示。

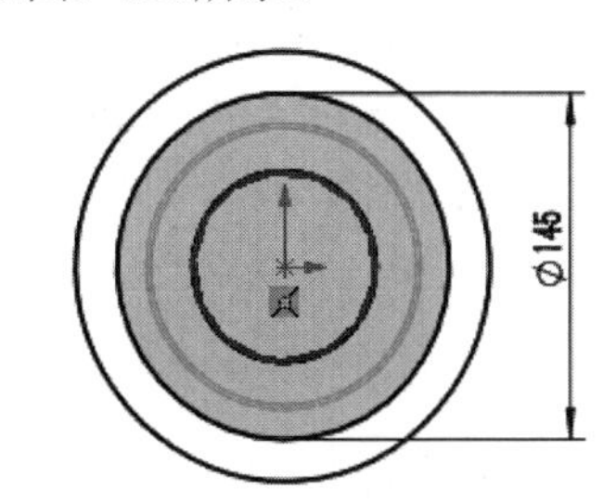

图9-136 绘制圆

06 单击【模具工具】选项卡中的【切削分割】按钮，创建型芯、型腔，如图9-137所示。

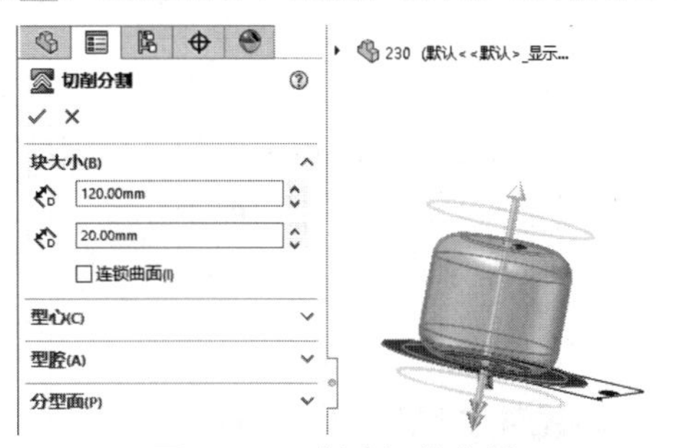

图9-137 创建切削分割

07 完成缸体模具设计，如图9-138所示。

图9-138 完成缸体模具设计

实例 231

案例源文件：ywj\09\231.prt

插座头模具设计

01 单击【模具工具】选项卡中的【拔模分析】按钮，创建模型的拔模分析，如图9-139所示。

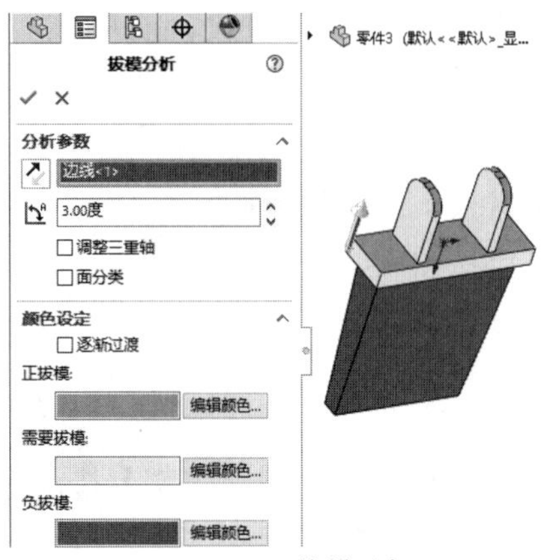

图9-139 拔模分析

02 单击【模具工具】选项卡中的【分型线分析】按钮，创建模型分型线分析，如图9-140所示。

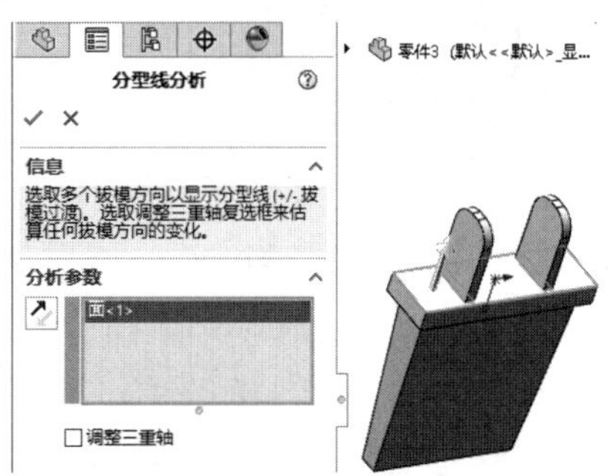

图9-140 分型线分析

03 单击【模具工具】选项卡中的【分型线】按钮，创建分型线，如图9-141所示。

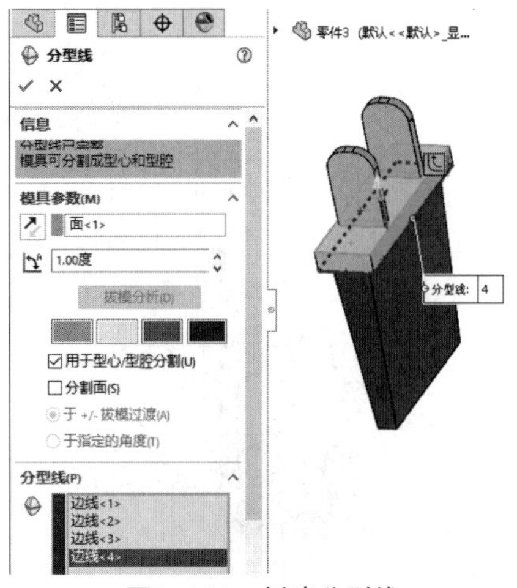

图9-141 创建分型线

04 单击【模具工具】选项卡中的【分型面】按钮，创建分型面，如图9-142所示。

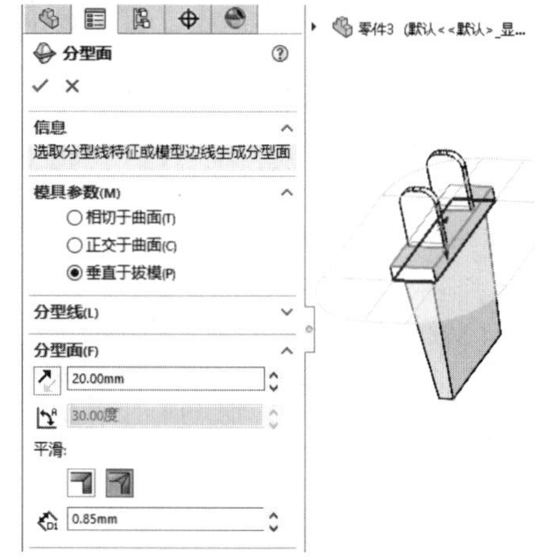

图9-142 创建分型面

05 单击【草图】选项卡中的【边角矩形】按钮，绘制矩形，如图9-143所示。

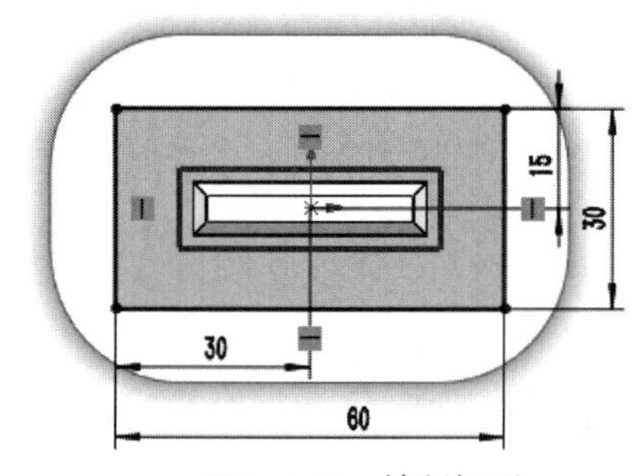

图9-143 绘制矩形

06 单击【模具工具】选项卡中的【切削分割】按钮，创建型芯、型腔，如图9-144所示。

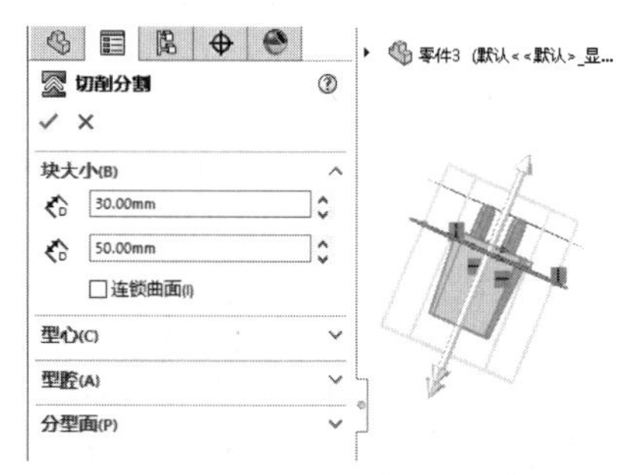

图9-144 创建切削分割

07 完成插座头模具设计，如图9-145所示。

图9-145 完成插座头模具设计

实例 232 电机壳模具设计

案例源文件：ywj\09\232.prt

01 单击【模具工具】选项卡中的【拔模分析】按钮，创建模型的拔模分析，如图9-146所示。

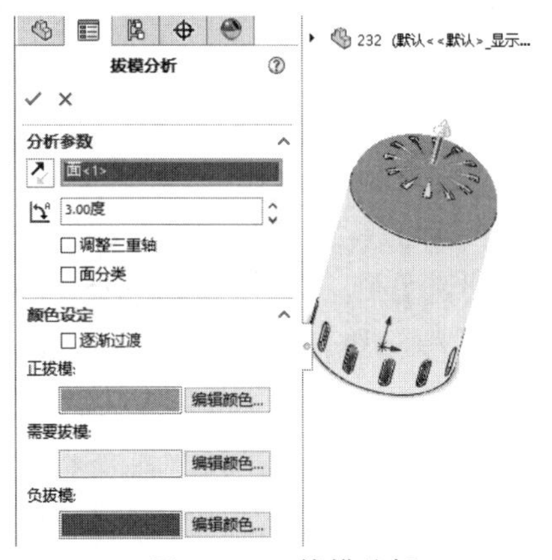

图9-146 拔模分析

02 单击【模具工具】选项卡中的【分型线分析】按钮，创建模型分型线分析，如图9-147所示。

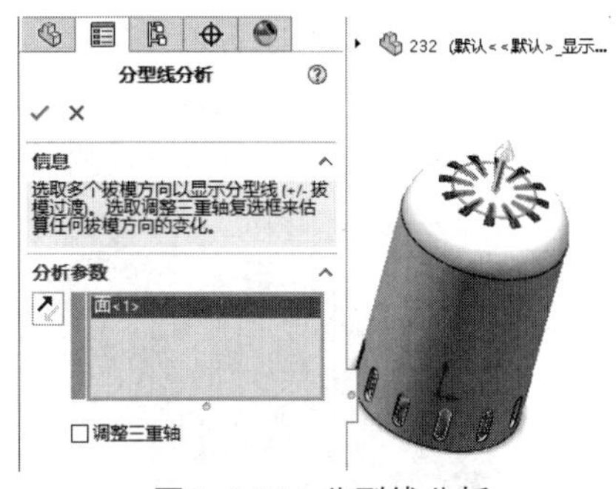

图9-147 分型线分析

03 单击【模具工具】选项卡中的【分型线】按钮，创建分型线，如图9-148所示。

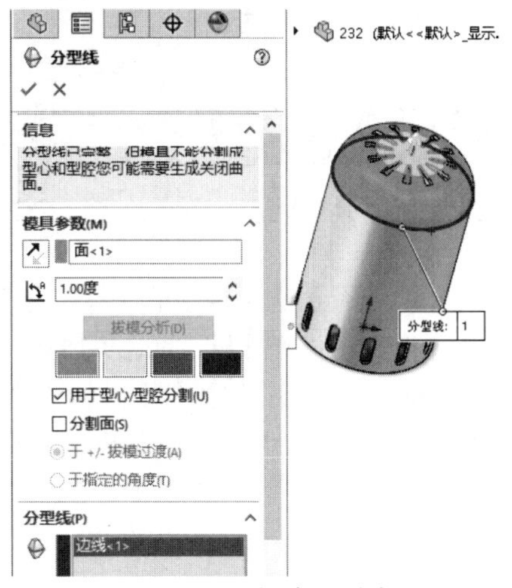

图9-148 创建分型线

04 单击【模具工具】选项卡中的【分型面】按钮，创建分型面，如图9-149所示。

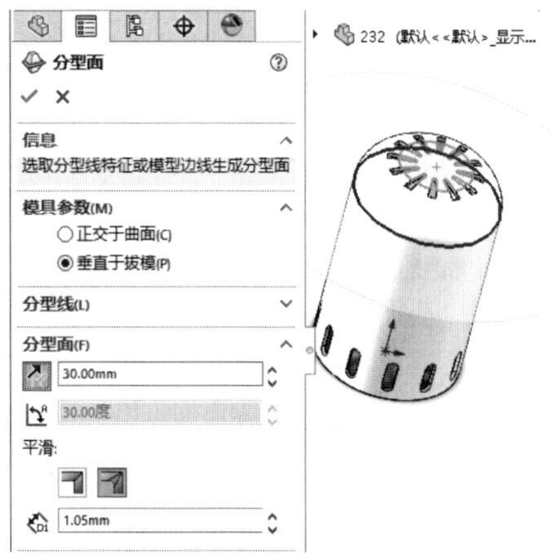

图9-149 创建分型面

05 完成电机壳模具设计，如图9-150所示。

图9-150 完成电机壳模具设计

实例 233 减速器壳模具设计

案例源文件：ywj\09\233.prt

01 单击【模具工具】选项卡中的【拔模分析】按钮，创建模型的拔模分析，如图9-151所示。

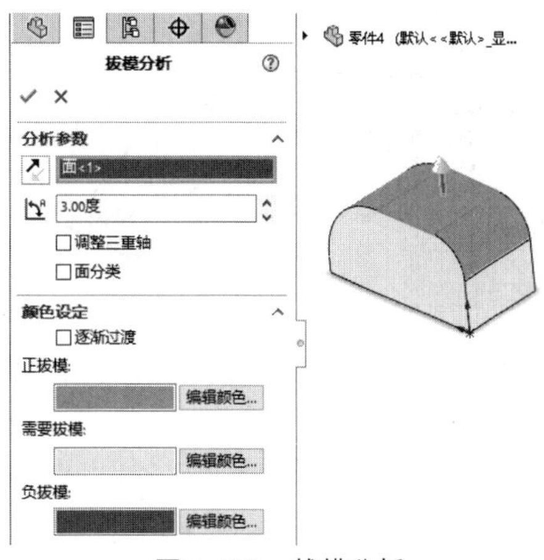

图9-151 拔模分析

02 单击【模具工具】选项卡中的【分型线分析】按钮，创建模型分型线分析，如图9-152所示。

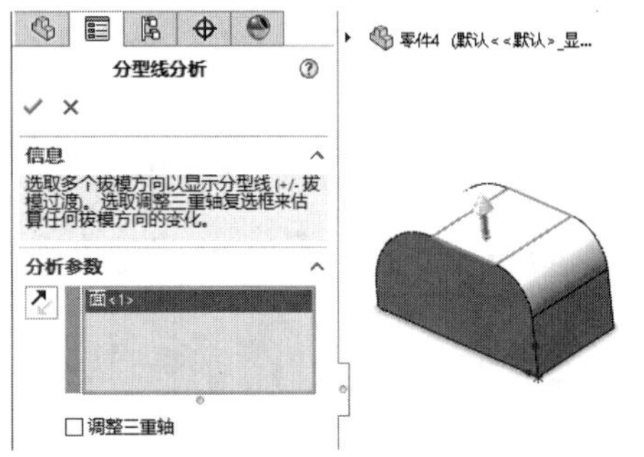

图9-152　分型线分析

03 单击【模具工具】选项卡中的【分型线】按钮，创建分型线，如图9-153所示。

图9-153　创建分型线

04 单击【模具工具】选项卡中的【分型面】按钮，创建分型面，如图9-154所示。

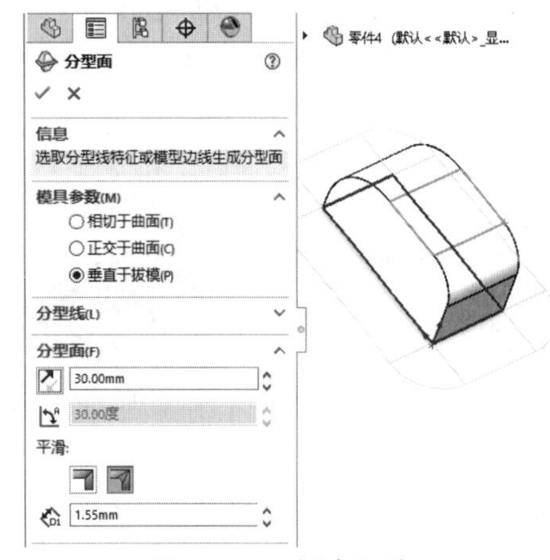

图9-154　创建分型面

05 单击【草图】选项卡中的【边角矩形】按钮，绘制矩形，如图9-155所示。

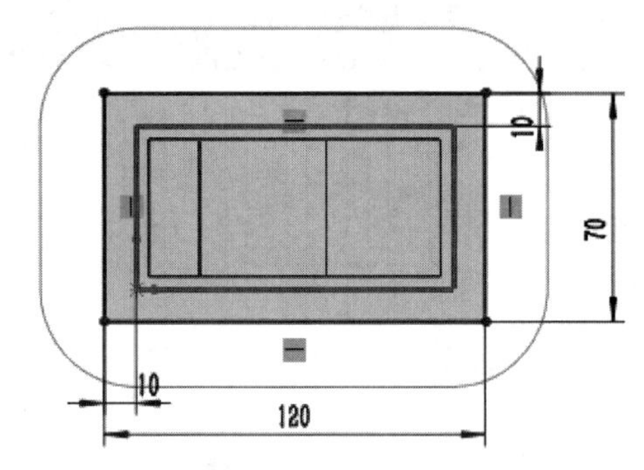

图9-155　绘制矩形

06 单击【模具工具】选项卡中的【切削分割】按钮，创建型芯、型腔，如图9-156所示。

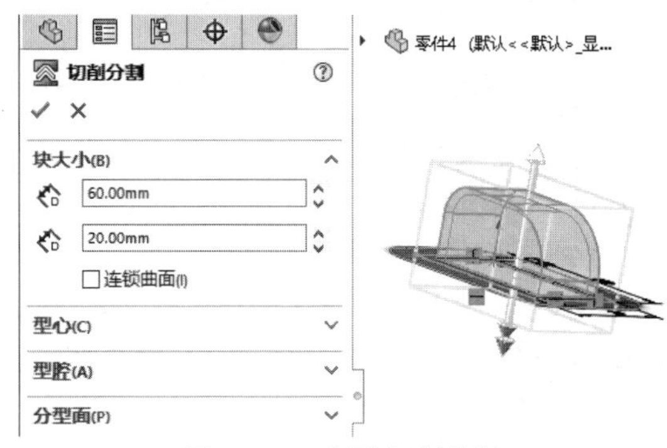

图9-156　创建切削分割

07 完成减速器壳模具设计，如图9-157所示。

图9-157　完成减速器壳模具设计

实例 234 连接壳模具设计

案例源文件：ywj\09\234.prt

01 单击【模具工具】选项卡中的【拔模分析】按钮，创建模型的拔模分析，如图9-158所示。

02 单击【模具工具】选项卡中的【分型线分析】按钮，创建模型分型线分析，如图9-159所示。

03 单击【模具工具】选项卡中的【分型线】按钮，创建分型线，如图9-160所示。

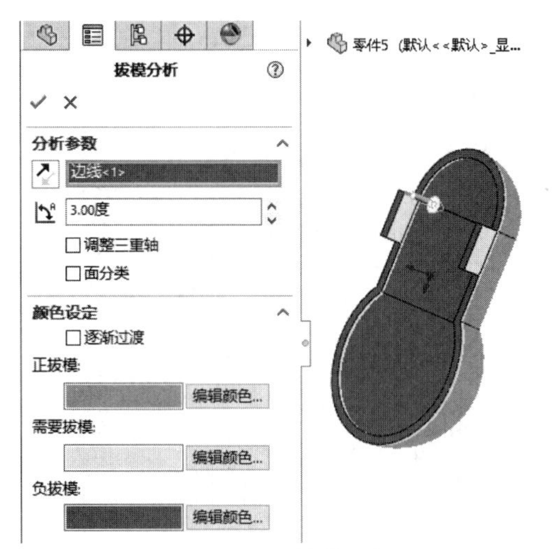

图9-158　拔模分析

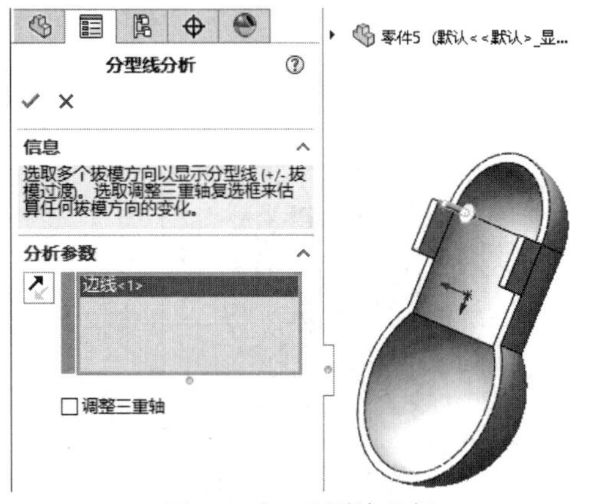

图9-159　分型线分析

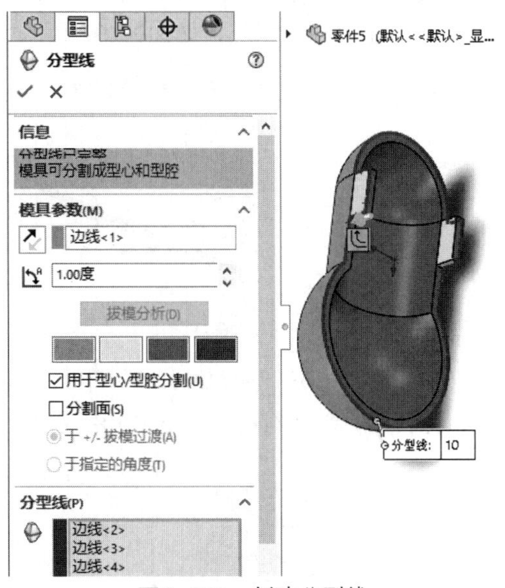

图9-160　创建分型线

04 单击【模具工具】选项卡中的【分型面】按钮，创建分型面，如图9-161所示。

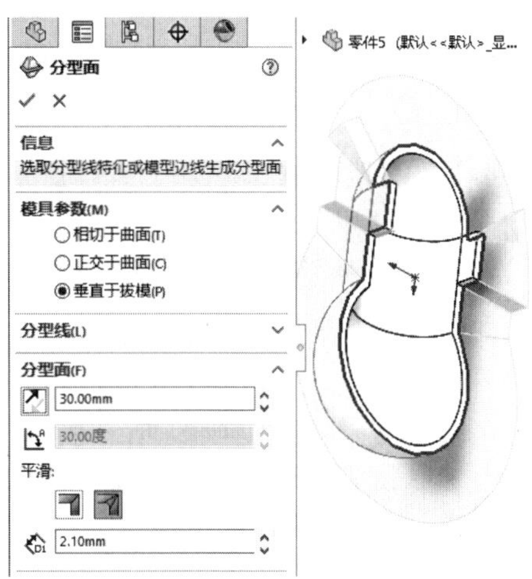

图9-161　创建分型面

05 完成连接壳模具设计，如图9-162所示。

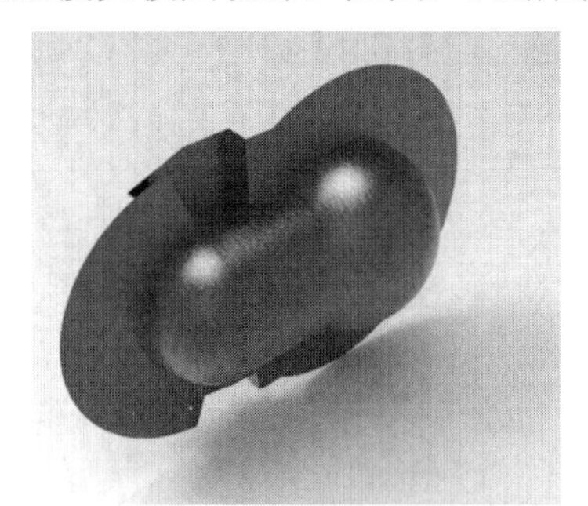

图9-162　完成连接壳模具设计

实例 235　偏心轮模具设计

案例源文件：ywj\09\235.prt

01 单击【模具工具】选项卡中的【拔模分析】按钮，创建模型的拔模分析，如图9-163所示。

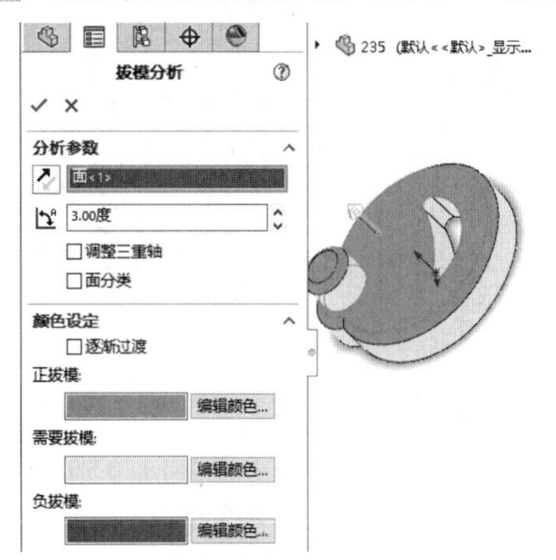

图9-163　拔模分析

02 单击【模具工具】选项卡中的【分型线分析】按钮，创建模型分型线分析，如图9-164所示。

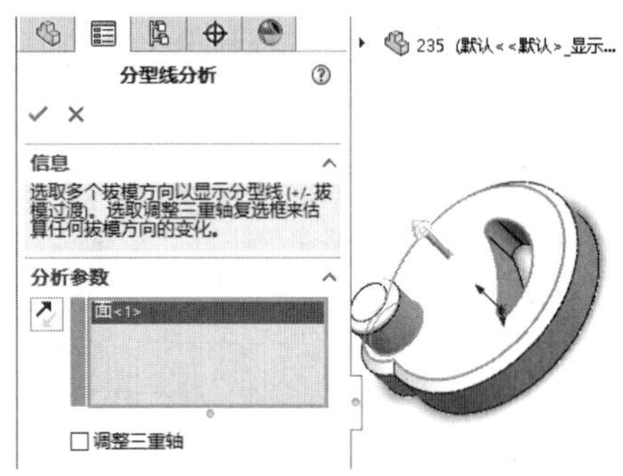
图9-164　分型线分析

03 单击【模具工具】选项卡中的【分型线】按钮，创建分型线，如图9-165所示。

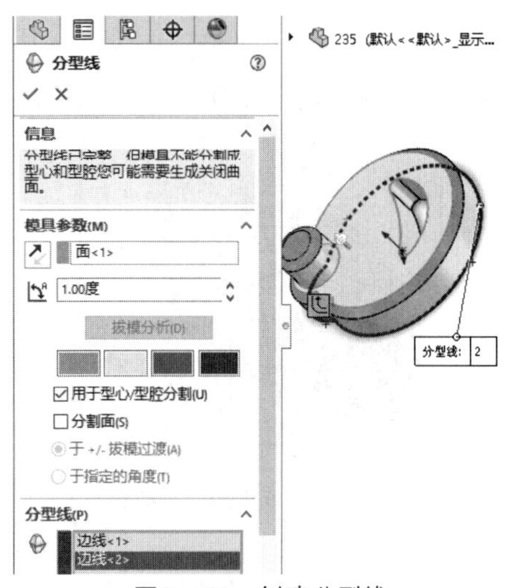
图9-165　创建分型线

04 单击【模具工具】选项卡中的【分型面】按钮，创建分型面，如图9-166所示。

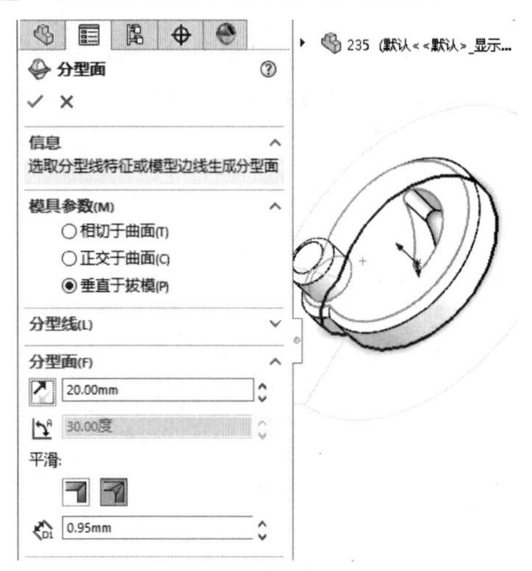
图9-166　创建分型面

05 单击【模具工具】选项卡中的【关闭曲面】按钮，封闭模型上的孔，如图9-167所示。

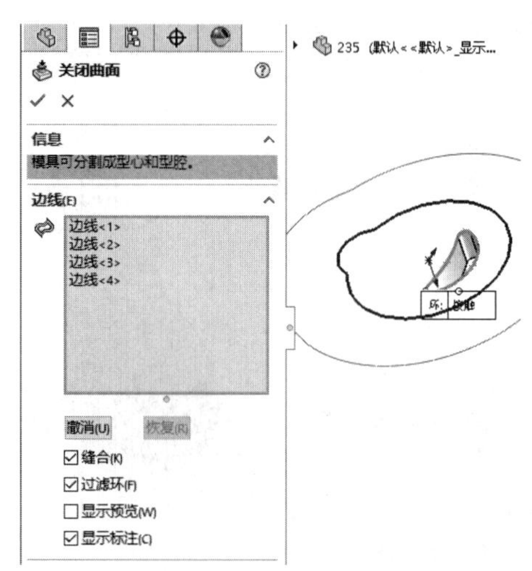
图9-167　关闭曲面

06 单击【草图】选项卡中的【圆】按钮，绘制圆，如图9-168所示。

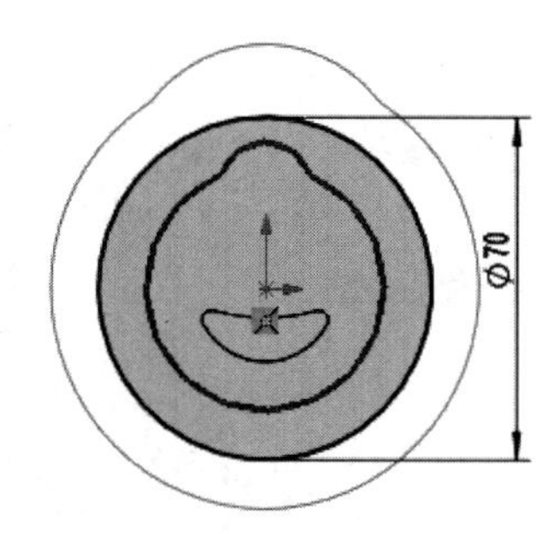
图9-168　绘制圆

07 单击【模具工具】选项卡中的【切削分割】按钮，创建型芯、型腔，如图9-169所示。

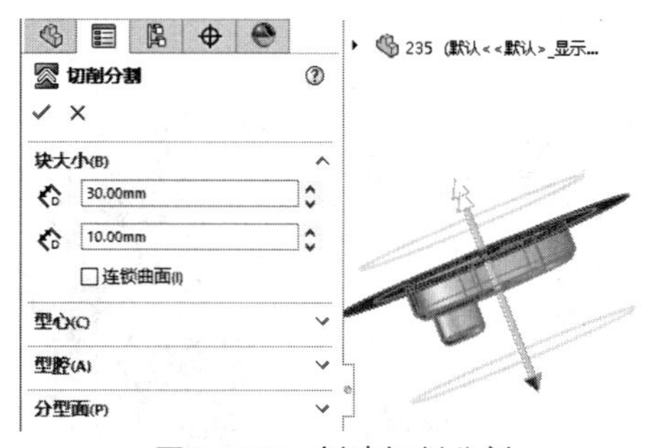
图9-169　创建切削分割

08 完成偏心轮模具设计，如图9-170所示。

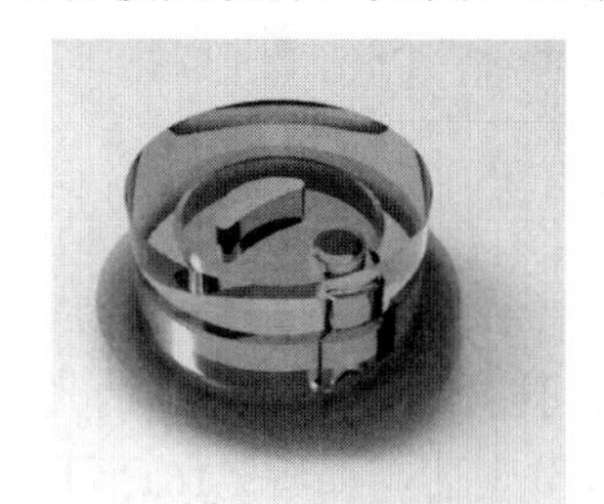
图9-170　完成偏心轮模具设计

实例 236

案例源文件：ywj\09\236.prt

万向轴模具设计

01 单击【模具工具】选项卡中的【拔模分析】按钮，创建模型的拔模分析，如图9-171所示。

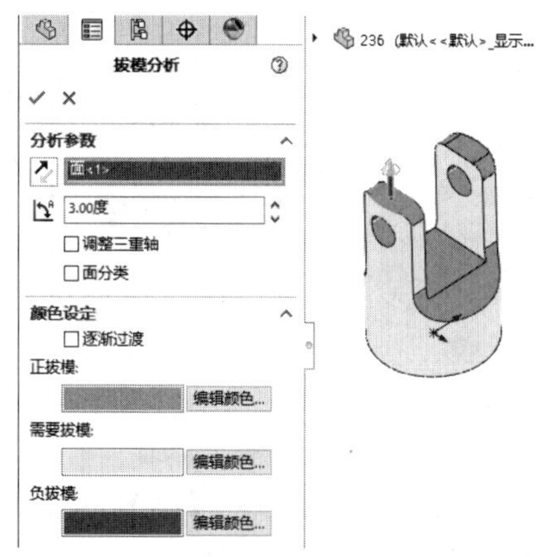

图9-171 拔模分析

02 单击【模具工具】选项卡中的【分型线分析】按钮，创建模型分型线分析，如图9-172所示。

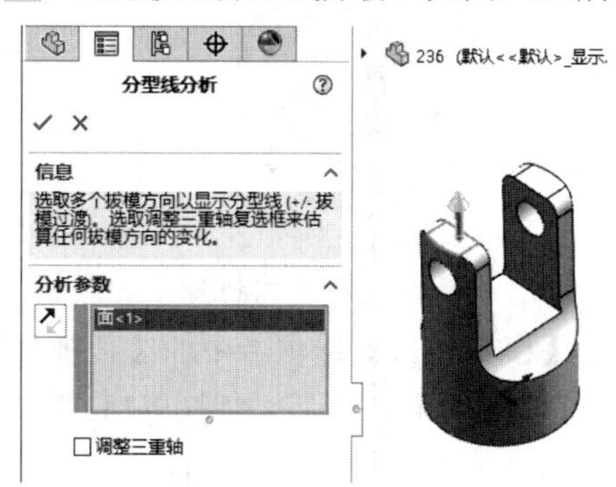

图9-172 分型线分析

03 单击【模具工具】选项卡中的【分型线】按钮，创建分型线，如图9-173所示。

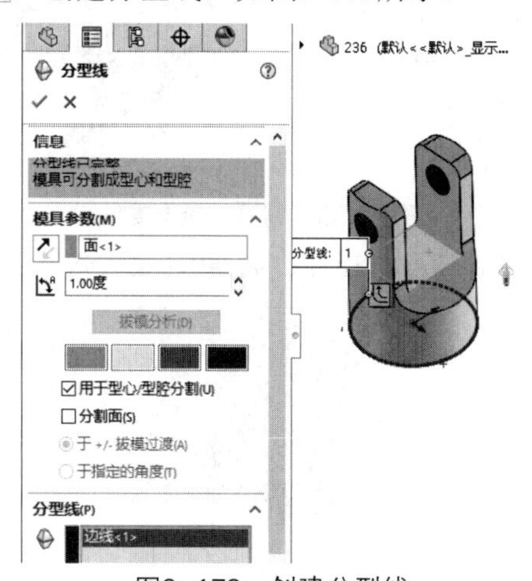

图9-173 创建分型线

04 单击【模具工具】选项卡中的【分型面】按钮，创建分型面，如图9-174所示。

图9-174 创建分型面

05 单击【草图】选项卡中的【圆】按钮，绘制圆，如图9-175所示。

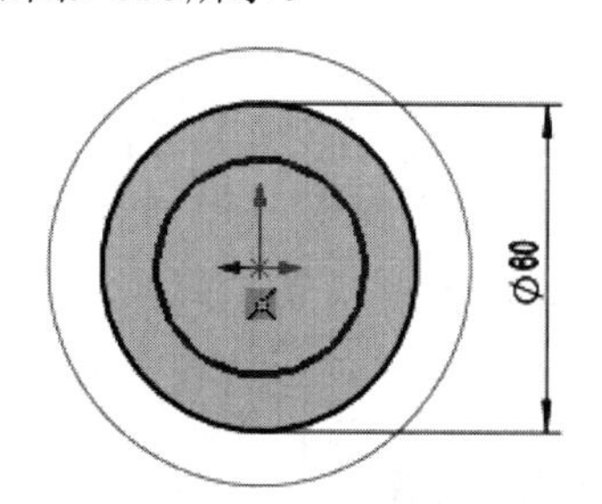

图9-175 绘制圆

06 单击【模具工具】选项卡中的【切削分割】按钮，创建型芯、型腔，如图9-176所示。

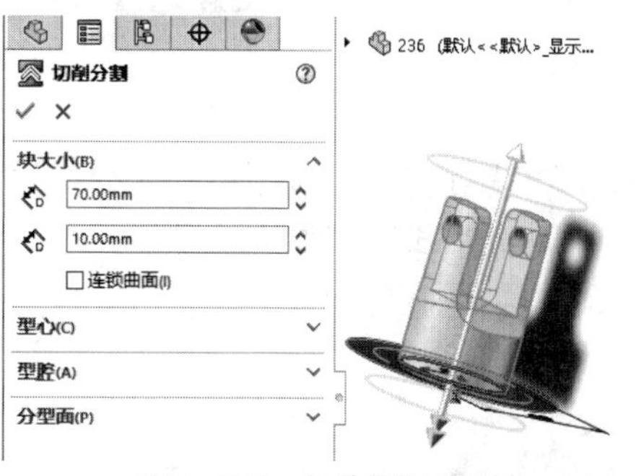

图9-176 创建切削分割

07 完成万向轴模具设计，如图9-177所示。

图9-177 完成万向轴模具设计

实例 237 旋钮模具设计

案例源文件：ywj\09\237.prt

01 单击【模具工具】选项卡中的【拔模分析】按钮，创建模型的拔模分析，如图9-178所示。

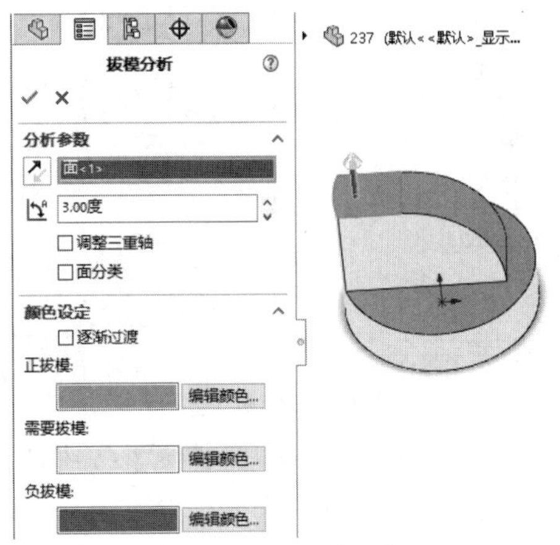

图9-178 拔模分析

02 单击【模具工具】选项卡中的【分型线分析】按钮，创建模型分型线分析，如图9-179所示。

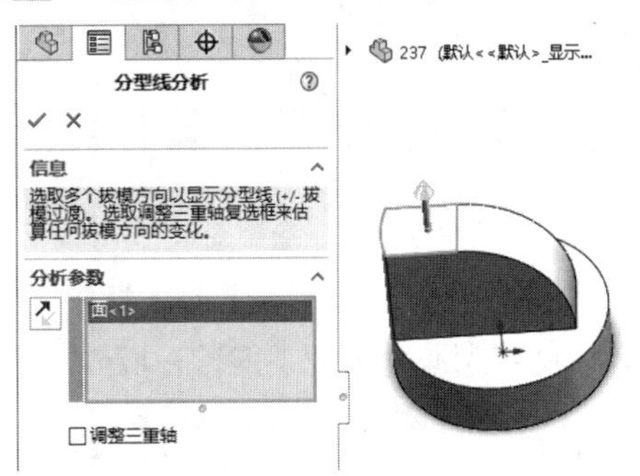

图9-179 分型线分析

03 单击【模具工具】选项卡中的【分型线】按钮，创建分型线，如图9-180所示。

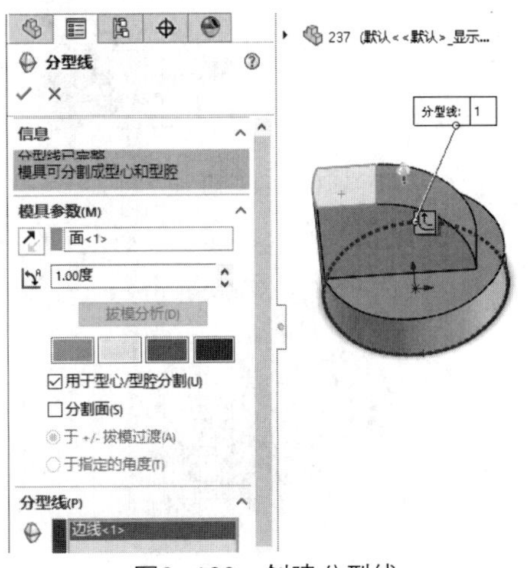

图9-180 创建分型线

04 单击【模具工具】选项卡中的【分型面】按钮，创建分型面，如图9-181所示。

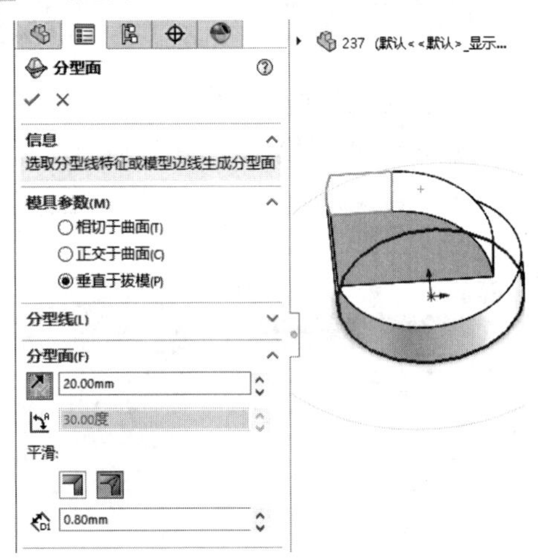

图9-181 创建分型面

05 单击【草图】选项卡中的【圆】按钮，绘制圆，如图9-182所示。

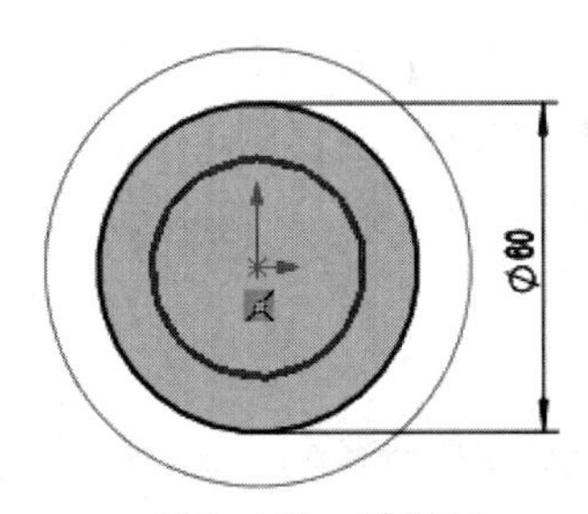

图9-182 绘制圆

06 单击【模具工具】选项卡中的【切削分割】按钮，创建型芯、型腔，如图9-183所示。

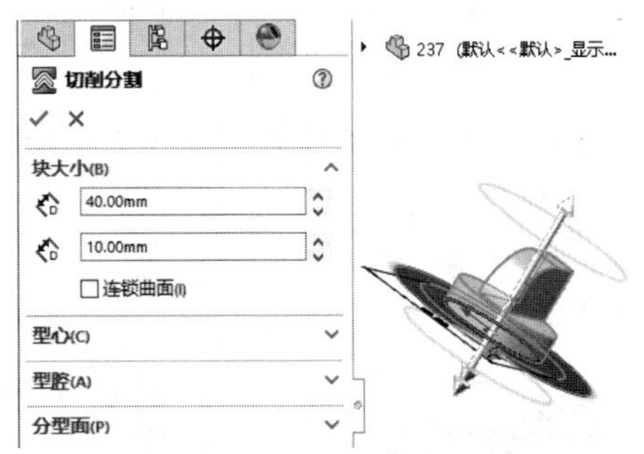

图9-183 创建切削分割

07 完成旋钮模具设计，如图9-184所示。

图9-184 完成旋钮模具设计

实例 238 案例源文件：ywj\09\238.prt

圆瓶模具设计

01 单击【模具工具】选项卡中的【拔模分析】按钮，创建模型的拔模分析，如图9-185所示。

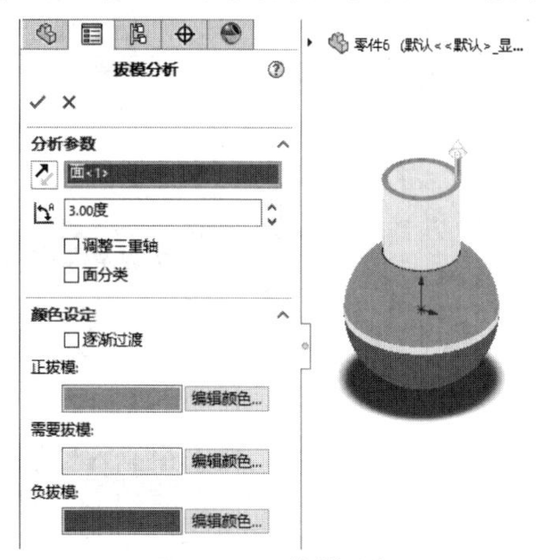

图9-185　拔模分析

02 单击【模具工具】选项卡中的【分型线分析】按钮，创建模型分型线分析，如图9-186所示。

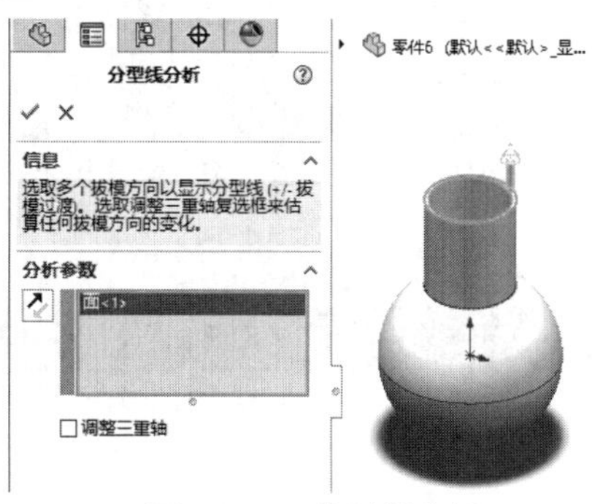

图9-186　分型线分析

03 单击【模具工具】选项卡中的【分型线】按钮，创建分型线，如图9-187所示。

图9-187　创建分型线

04 单击【模具工具】选项卡中的【分型面】按钮，创建分型面，如图9-188所示。

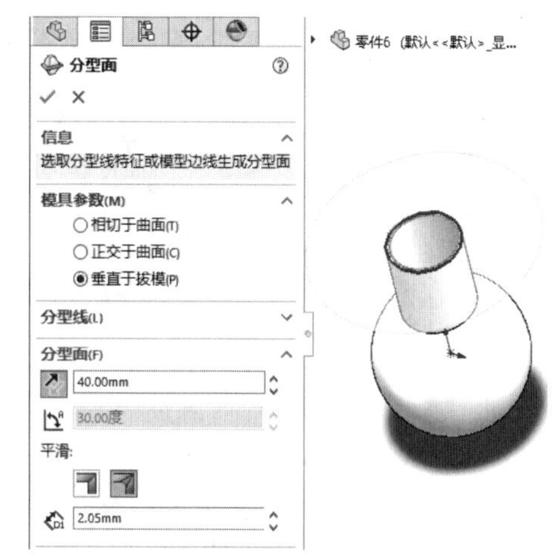

图9-188　创建分型面

05 单击【草图】选项卡中的【圆】按钮，绘制圆，如图9-189所示。

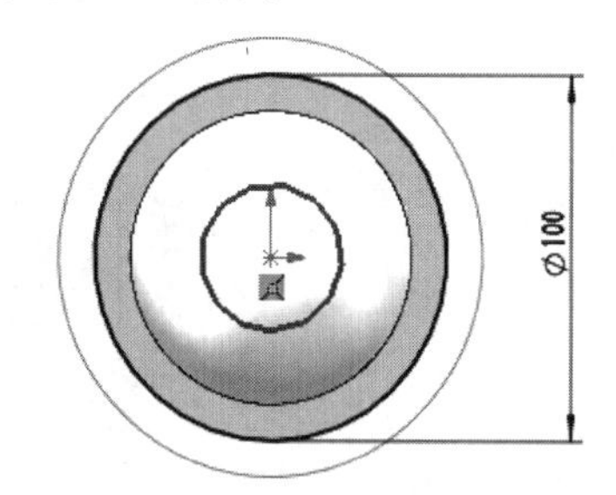

图9-189　绘制圆

06 单击【模具工具】选项卡中的【切削分割】按钮，创建型芯、型腔，如图9-190所示。

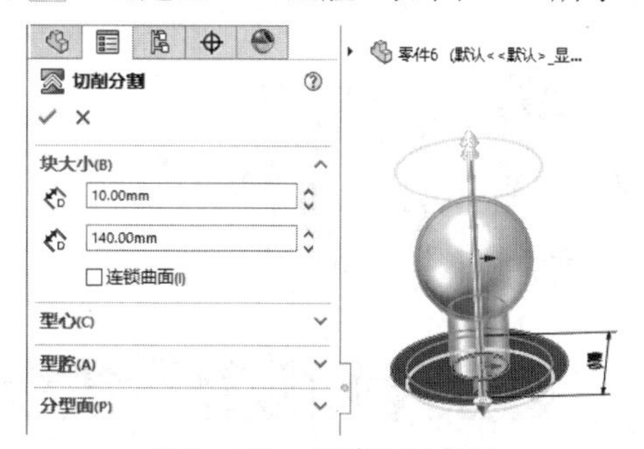

图9-190　创建切削分割

07 完成圆瓶模具设计，如图9-191所示。

图9-191　完成圆瓶模具设计

第10章 设计综合实例

实例 239 绘制轴承圈

案例源文件：ywj\10\239.prt

01 单击【草图】选项卡中的【圆】按钮，绘制圆，如图10-1所示。

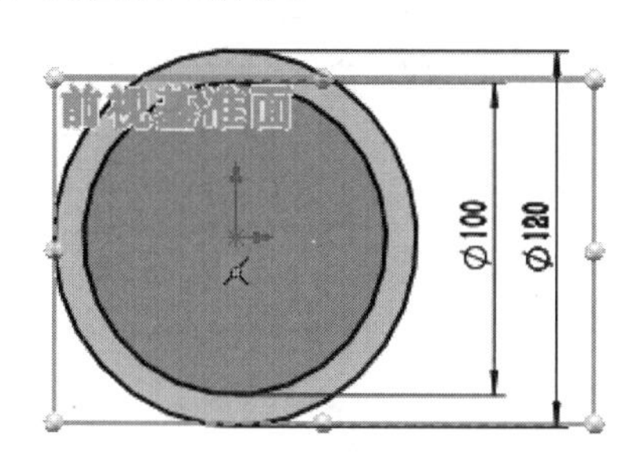

图10-1 绘制圆

02 单击【特征】选项卡中的【拉伸凸台/基体】按钮，创建拉伸特征，如图10-2所示。

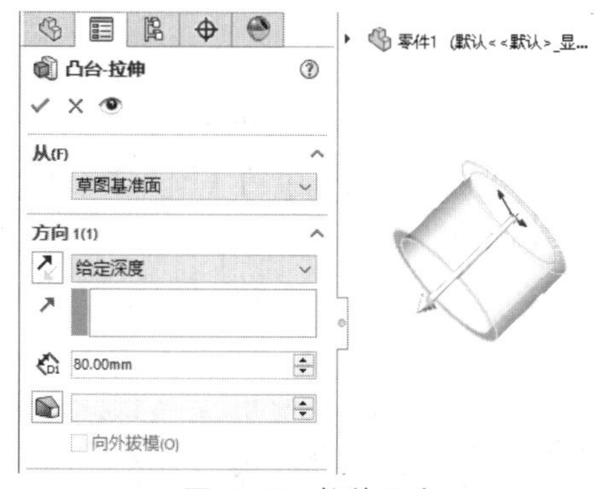

图10-2 拉伸凸台

03 单击【特征】选项卡中的【圆角】按钮，创建圆角特征，如图10-3所示。

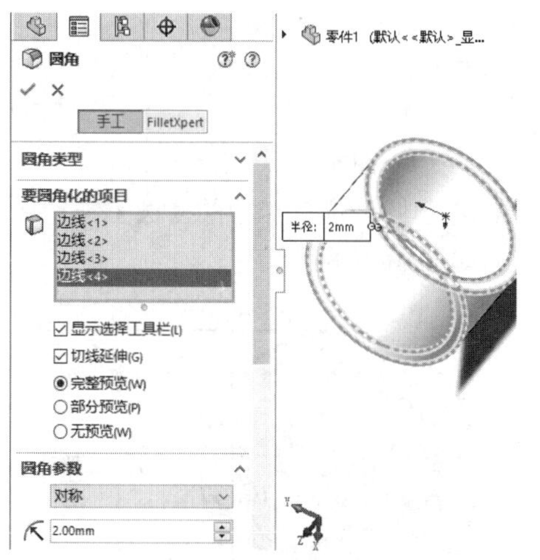

图10-3 创建圆角

04 单击【草图】选项卡中的【多边形】按钮，绘制三角形，如图10-4所示。

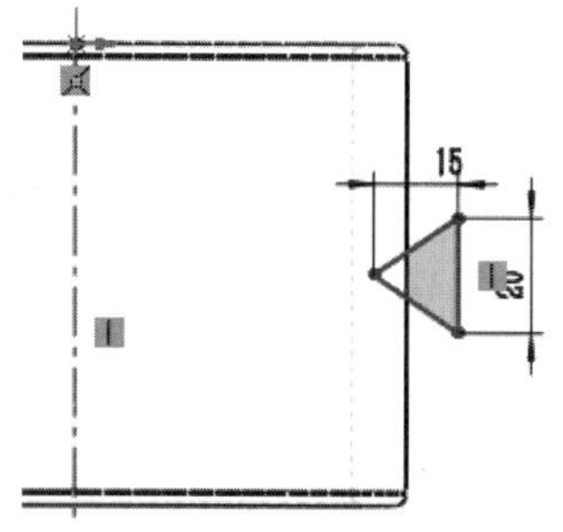

图10-4 绘制三角形

05 单击【特征】选项卡中的【旋转切除】按钮，创建旋转切除特征，如图10-5所示。

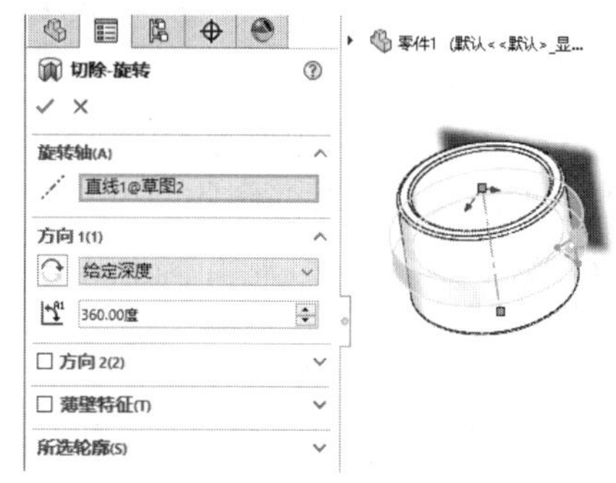

图10-5 创建旋转切除特征

06 单击【特征】选项卡中的【基准面】按钮，创建基准面，如图10-6所示。

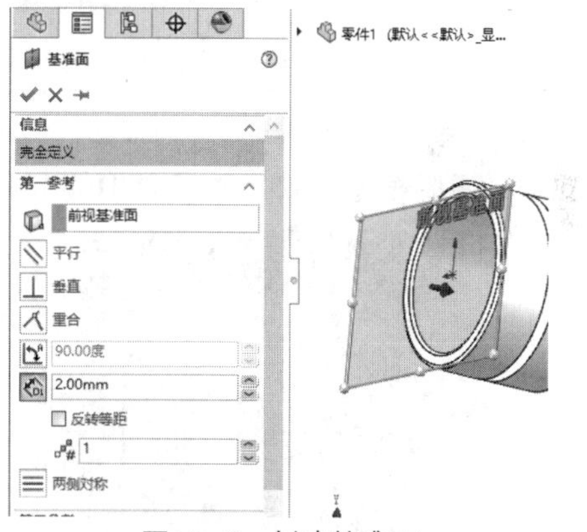

图10-6 创建基准面

07 单击【草图】选项卡中的【直线】按钮，绘制梯形，如图10-7所示。

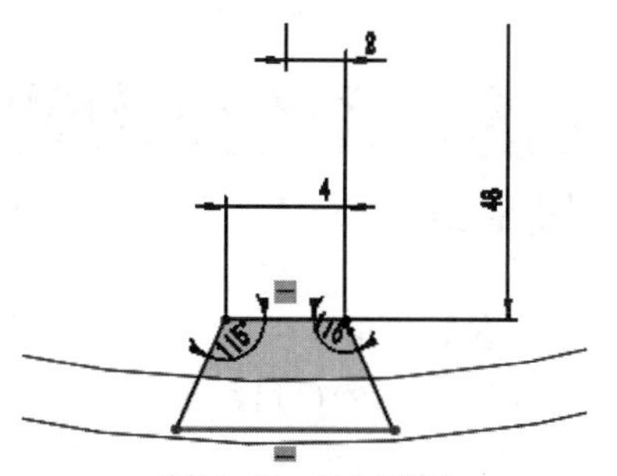

图10-7 绘制梯形

08 单击【特征】选项卡中的【拉伸凸台/基体】按钮，创建拉伸特征，如图10-8所示。

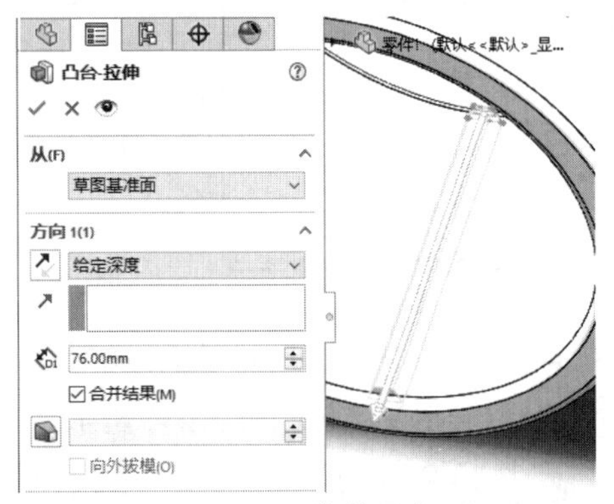

图10-8 拉伸凸台

09 单击【特征】选项卡中的【圆周阵列】按钮，创建圆周阵列特征，如图10-9所示。

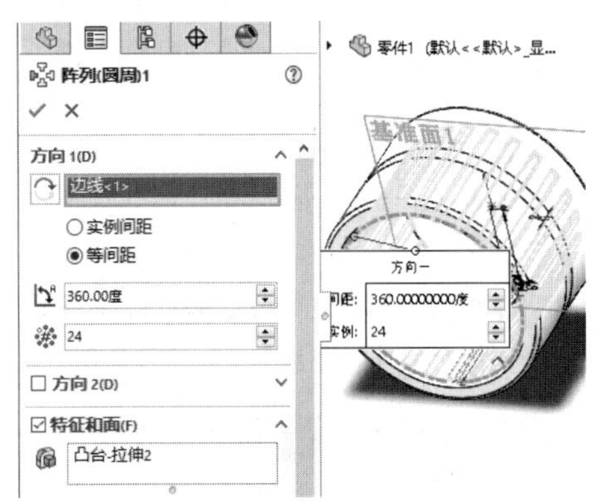

图10-9 创建圆周阵列特征

10 完成轴承圈模型绘制，如图10-10所示。

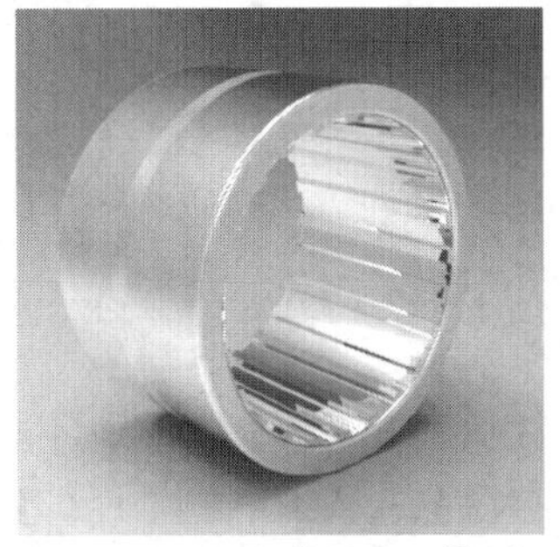
图10-10 完成轴承圈模型

实例 240 绘制调速器

案例源文件：ywj\10\240.prt

01 单击【草图】选项卡中的【边角矩形】按钮，绘制矩形，如图10-11所示。

02 单击【特征】选项卡中的【拉伸凸台/基体】按钮，创建拉伸特征，如图10-12所示。

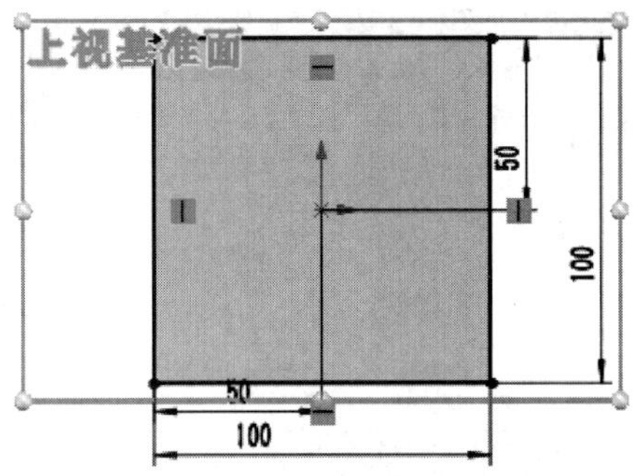

图10-11 绘制矩形

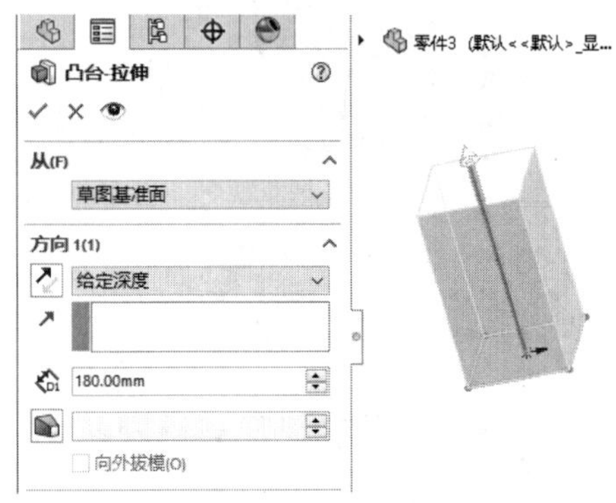

图10-12 拉伸凸台

03 单击【特征】选项卡中的【圆角】按钮，创建圆角特征，如图10-13所示。

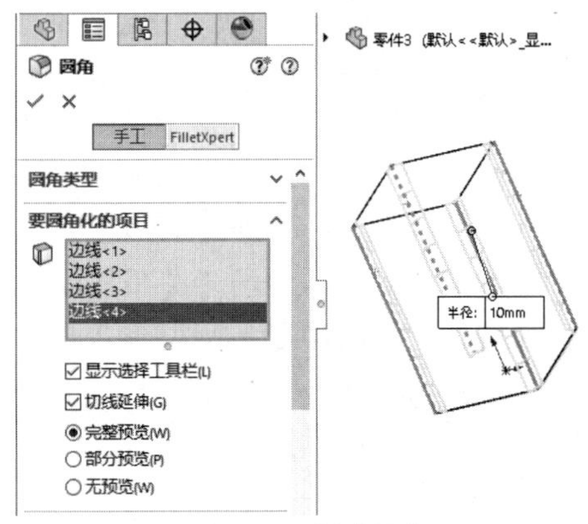

图10-13 创建圆角

04 单击【草图】选项卡中的【圆】按钮，绘制圆，如图10-14所示。

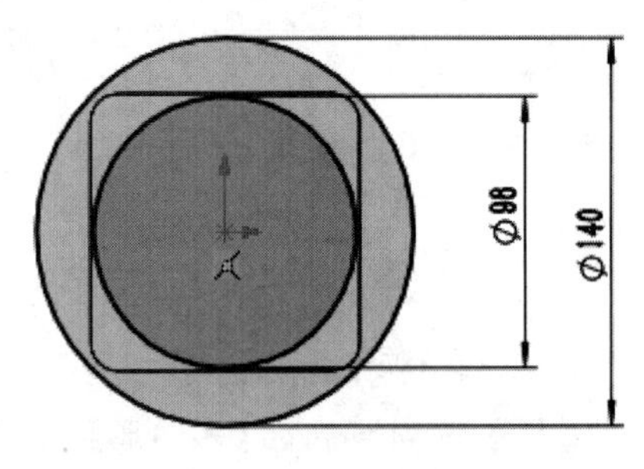

图10-14 绘制圆

05 单击【特征】选项卡中的【拉伸切除】按钮，创建拉伸切除特征，如图10-15所示。

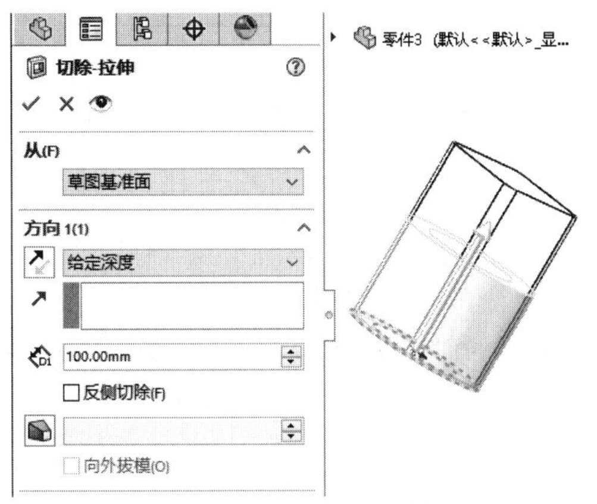

图10-15　创建拉伸切除特征

06 单击【草图】选项卡中的【边角矩形】按钮，绘制矩形，如图10-16所示。

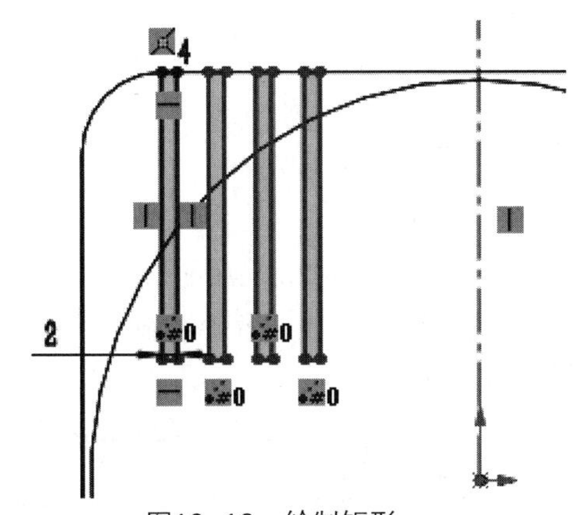

图10-16　绘制矩形

07 单击【特征】选项卡中的【拉伸凸台/基体】按钮，创建拉伸特征，如图10-17所示。

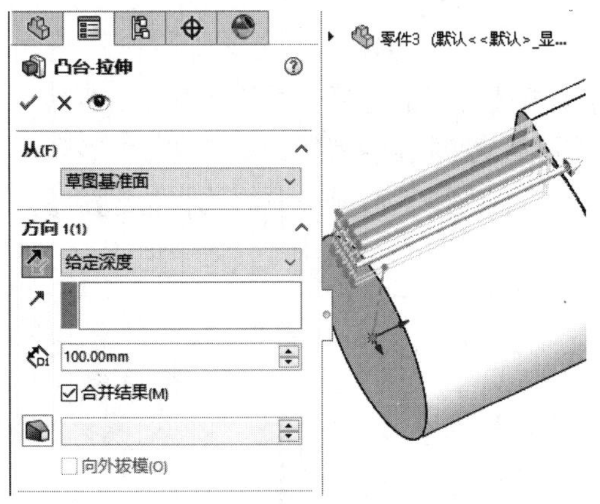

图10-17　拉伸凸台

08 单击【特征】选项卡中的【镜像】按钮，创建镜像特征，如图10-18所示。

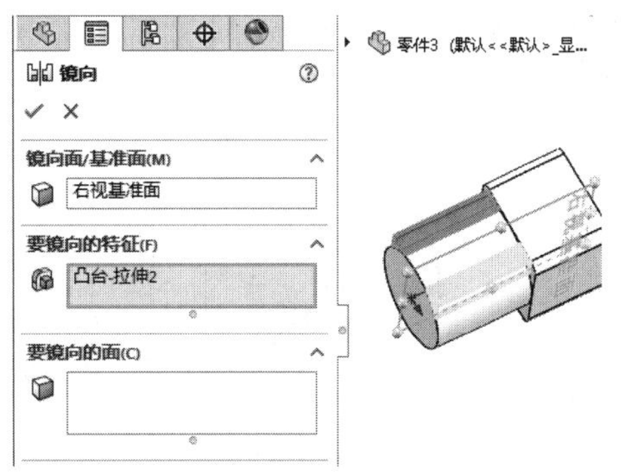

图10-18　创建镜像特征(1)

09 单击【特征】选项卡中的【镜像】按钮，创建镜像特征，如图10-19所示。

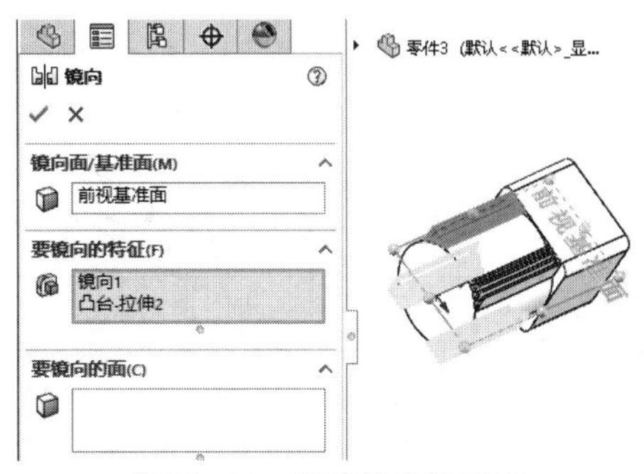

图10-19　创建镜像特征(2)

10 单击【草图】选项卡中的【圆】按钮，绘制圆，如图10-20所示。

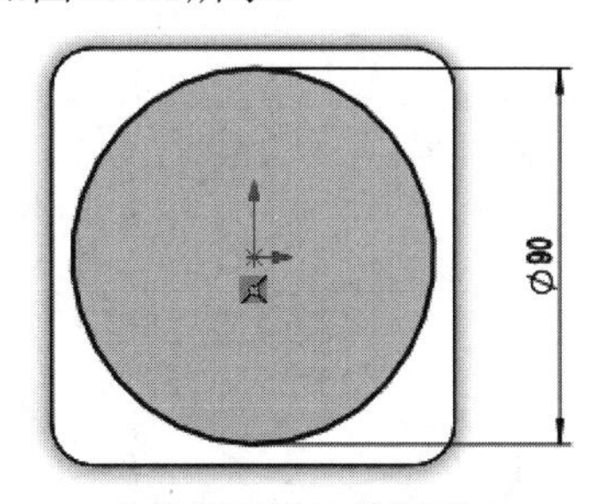

图10-20　绘制圆

11 单击【特征】选项卡中的【拉伸切除】按钮，创建拉伸切除特征，如图10-21所示。

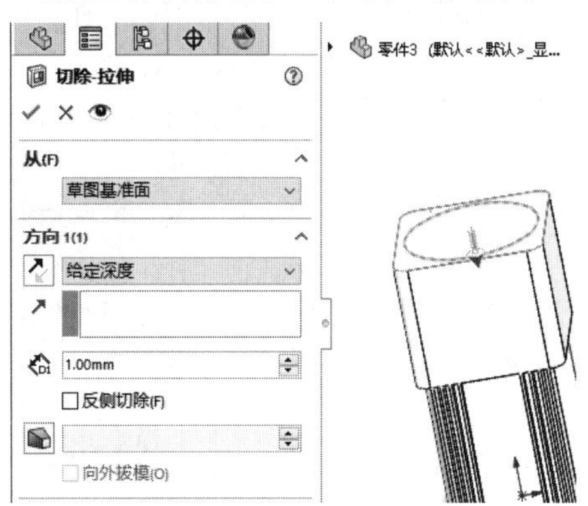

图10-21　创建拉伸切除特征

12 单击【草图】选项卡中的【圆】按钮，绘制圆，如图10-22所示。

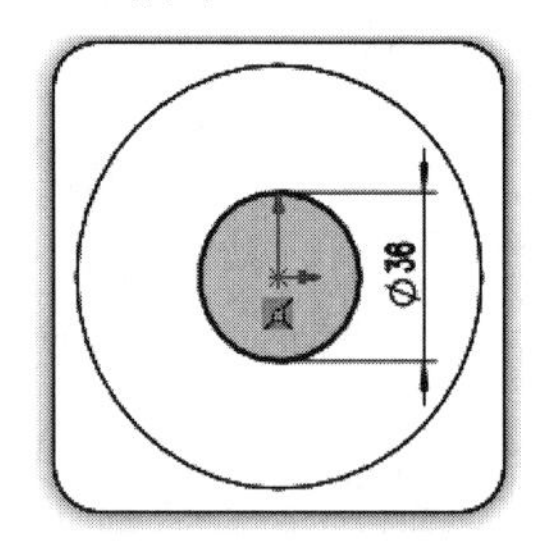

图10-22　绘制圆

13 单击【特征】选项卡中的【拉伸凸台/基体】按钮，创建拉伸特征，如图10-23所示。

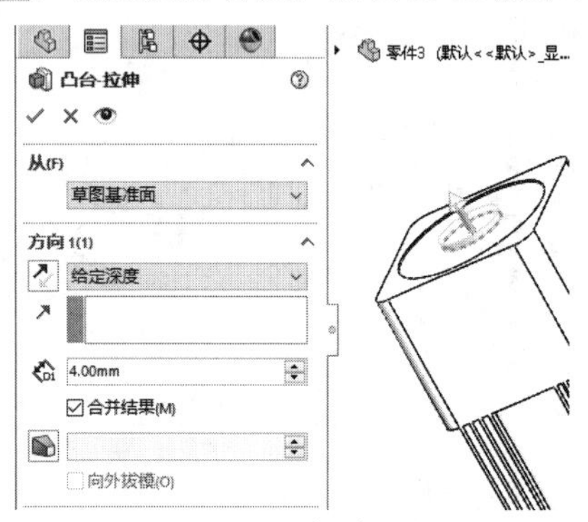

图10-23　拉伸凸台

14 单击【草图】选项卡中的【圆】按钮，绘制圆，如图10-24所示。

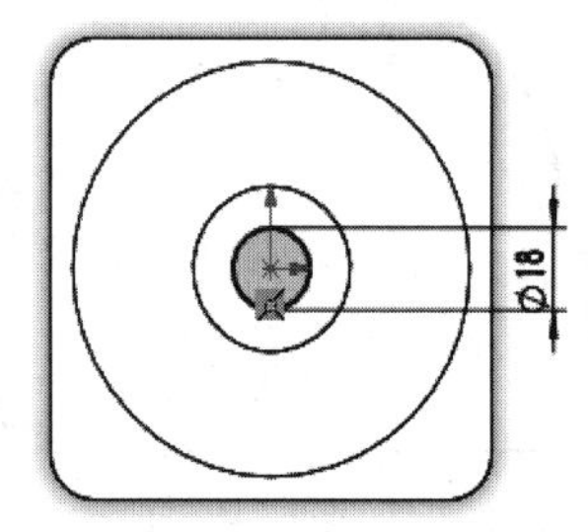

图10-24　绘制圆

15 单击【特征】选项卡中的【拉伸凸台/基体】按钮，创建拉伸特征，如图10-25所示。

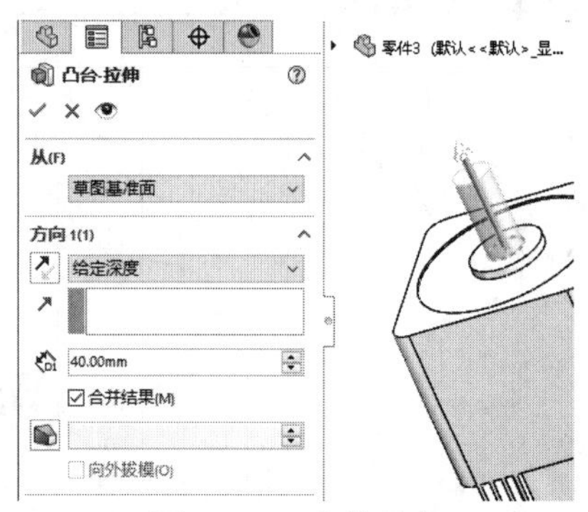

图10-25　拉伸凸台

16 单击【草图】选项卡中的【圆】按钮，绘制圆，如图10-26所示。

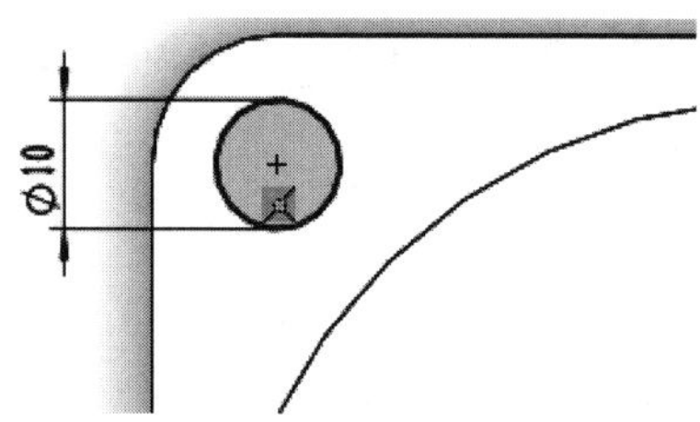

图10-26　绘制圆

17 单击【特征】选项卡中的【拉伸凸台/基体】按钮，创建拉伸特征，如图10-27所示。

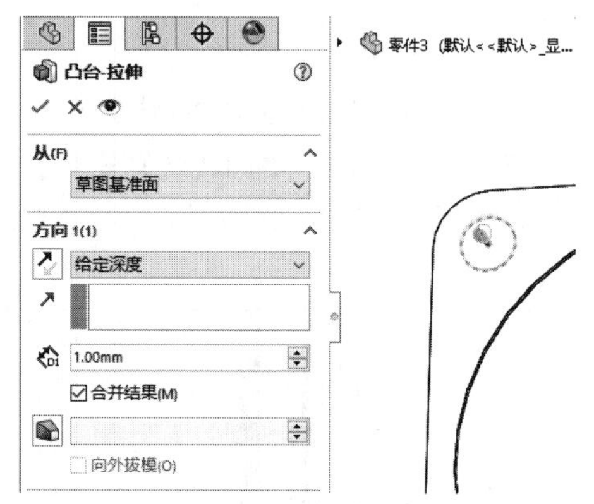

图10-27　拉伸凸台

18 单击【草图】选项卡中的【圆】按钮，绘制圆，如图10-28所示。

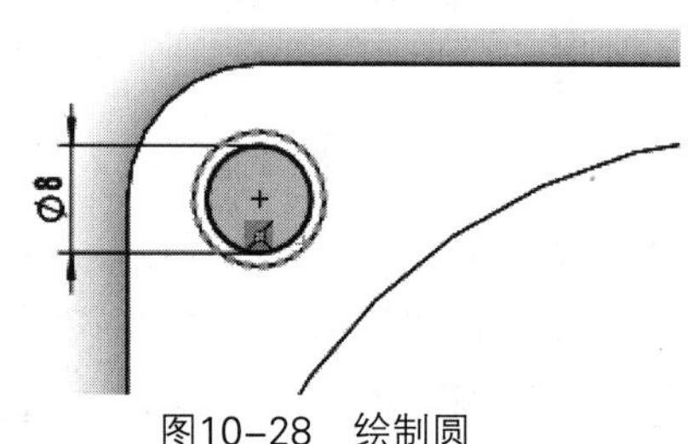

图10-28　绘制圆

19 单击【特征】选项卡中的【拉伸凸台/基体】按钮，创建拉伸特征，如图10-29所示。

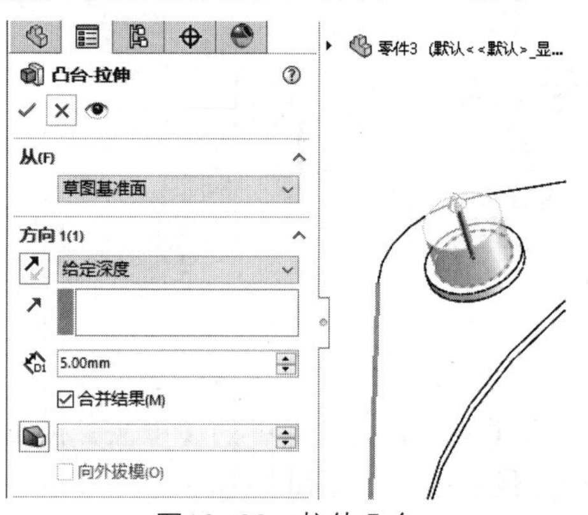

图10-29　拉伸凸台

20 单击【特征】选项卡中的【圆角】按钮，创建圆角特征，如图10-30所示。

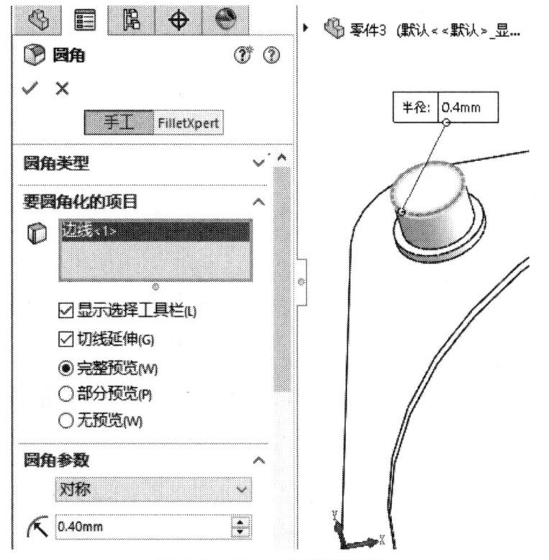

图10-30　创建圆角

21 单击【草图】选项卡中的【多边形】按钮，绘制六边形，如图10-31所示。

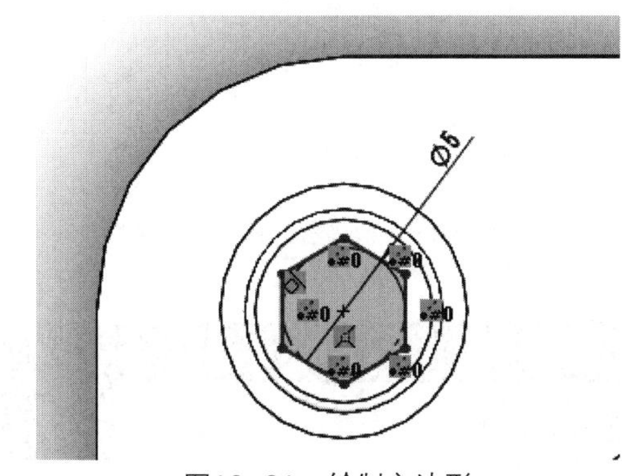

图10-31　绘制六边形

22 单击【特征】选项卡中的【拉伸切除】按钮，创建拉伸切除特征，如图10-32所示。

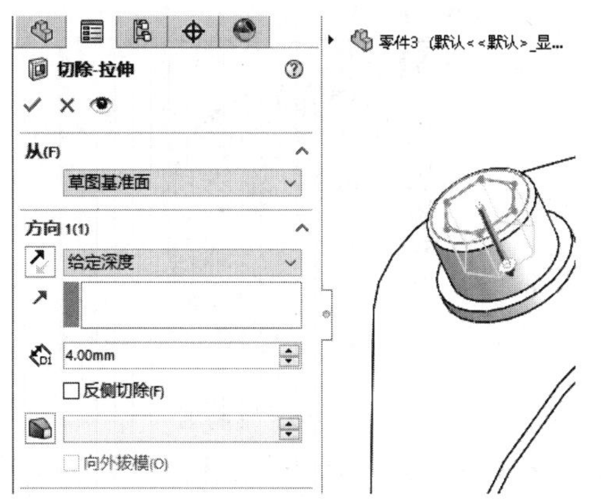

图10-32　创建拉伸切除特征

23 单击【特征】选项卡中的【圆周阵列】按钮，创建圆周阵列特征，如图10-33所示。

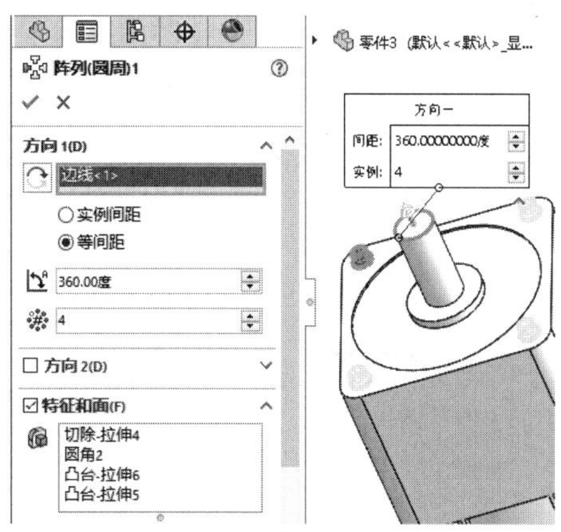

图10-33　创建圆周阵列特征

24 完成调速器模型的绘制，如图10-34所示。

图10-34　完成调速器模型的绘制

01 单击【草图】选项卡中的【边角矩形】按钮，绘制矩形，如图10-35所示。

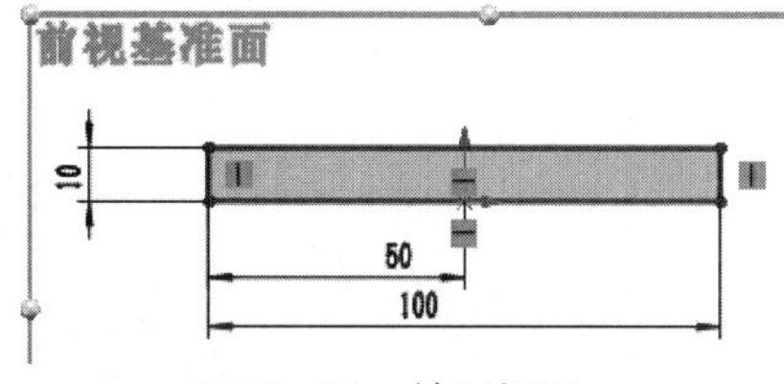

图10-35　绘制矩形

02 单击【特征】选项卡中的【拉伸凸台/基体】按钮，创建拉伸特征，如图10-36所示。

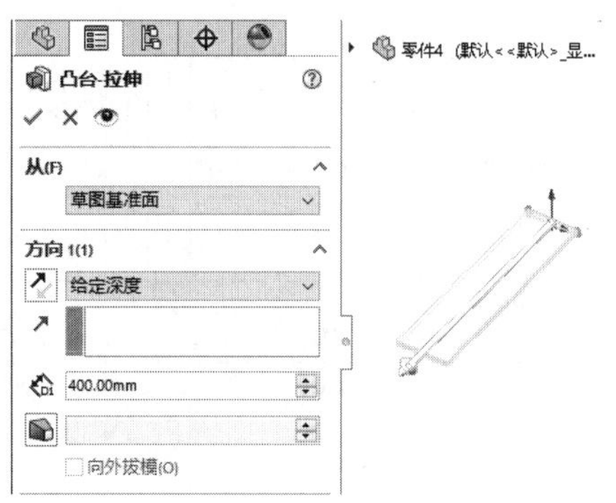

图10-36　拉伸凸台

03 单击【特征】选项卡中的【圆角】按钮，创建圆角特征，如图10-37所示。

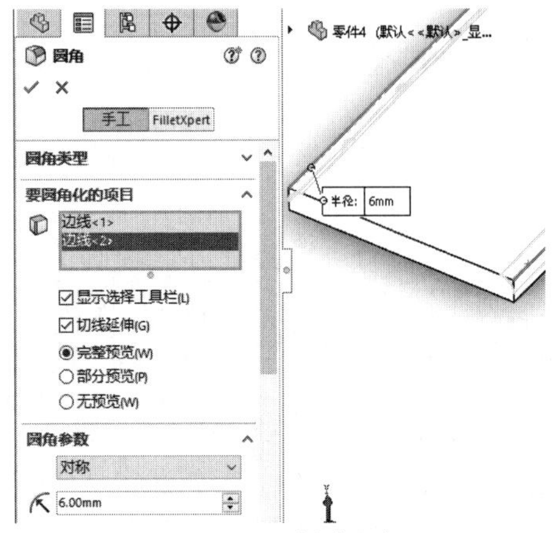

图10-37　创建圆角

04 单击【草图】选项卡中的【边角矩形】按钮，绘制矩形，如图10-38所示。

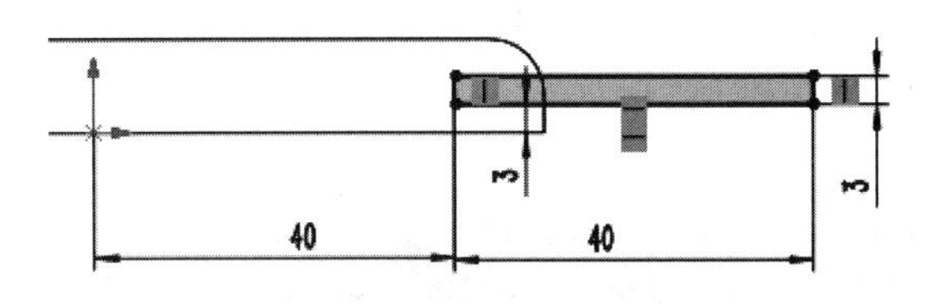

图10-38　绘制矩形

05 单击【特征】选项卡中的【拉伸凸台/基体】按钮，创建拉伸特征，如图10-39所示。

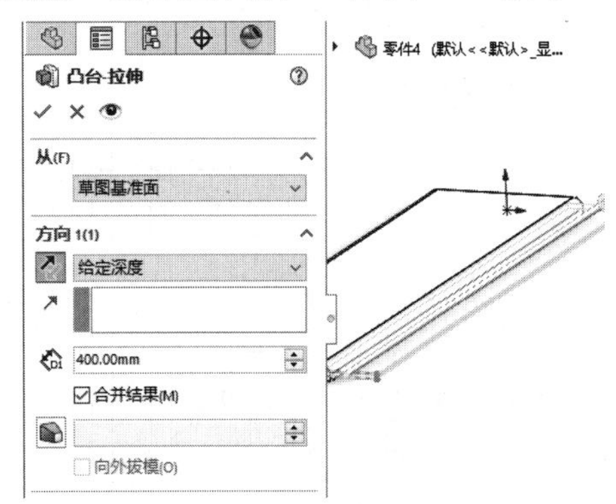

图10-39　拉伸凸台

06 单击【草图】选项卡中的【边角矩形】按钮，绘制矩形，如图10-40所示。

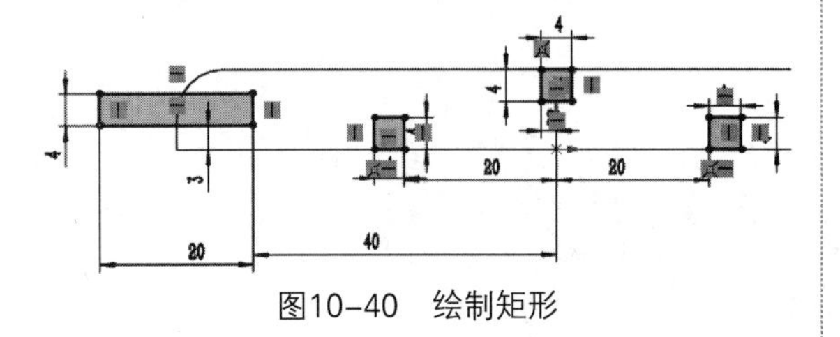

图10-40　绘制矩形

07 单击【特征】选项卡中的【拉伸切除】按钮，创建拉伸切除特征，如图10-41所示。

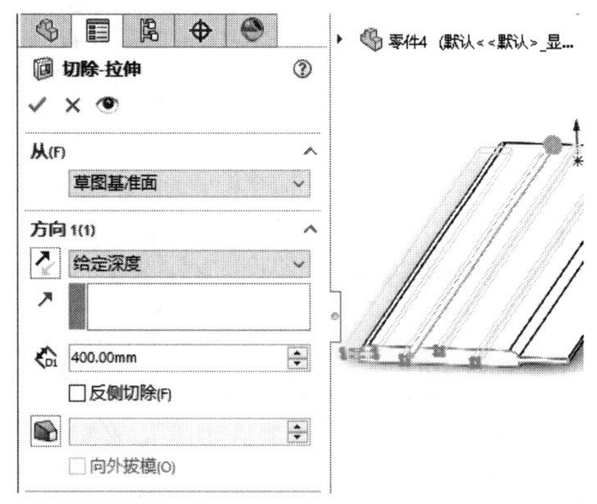

图10-41　创建拉伸切除特征

08 完成装饰板模型的绘制，如图10-42所示。

图10-42　完成装饰板模型的绘制

实例 242 绘制散热壳

案例源文件：ywj\10\242.prt

01 单击【草图】选项卡中的【圆】按钮，绘制圆，如图10-43所示。

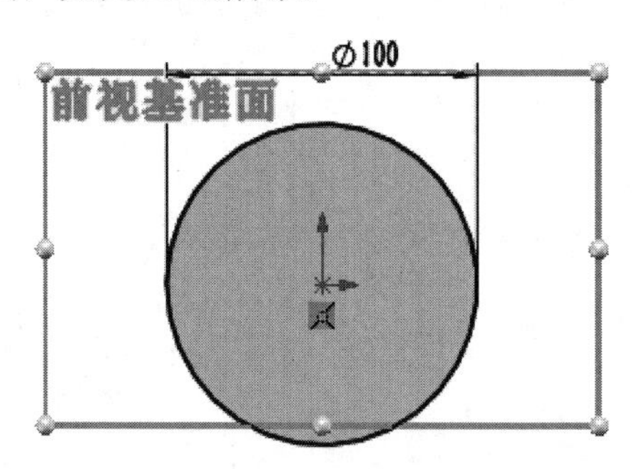

图10-43　绘制圆

02 单击【特征】选项卡中的【拉伸凸台/基体】按钮，创建拉伸特征，如图10-44所示。

03 单击【特征】选项卡中的【基准面】按钮，创建基准面，如图10-45所示。

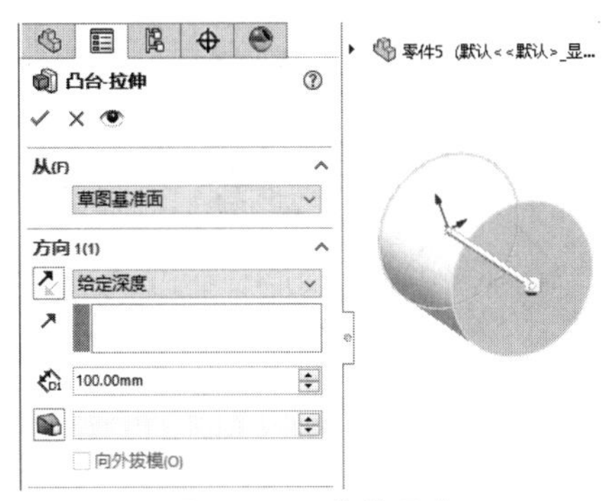

图10-44　拉伸凸台

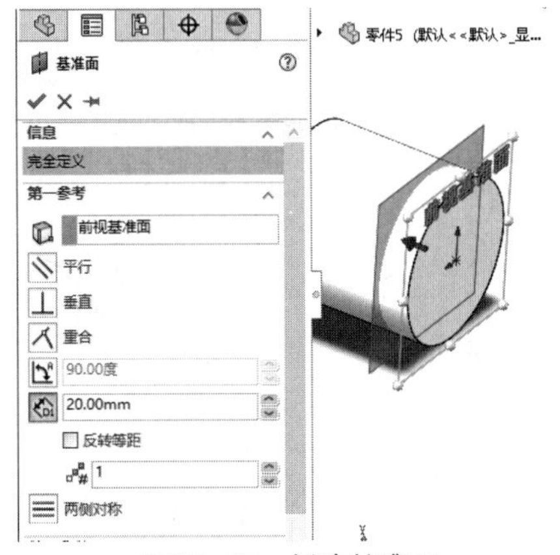

图10-45　创建基准面

04 单击【草图】选项卡中的【直线】按钮，绘制直线，如图10-46所示。

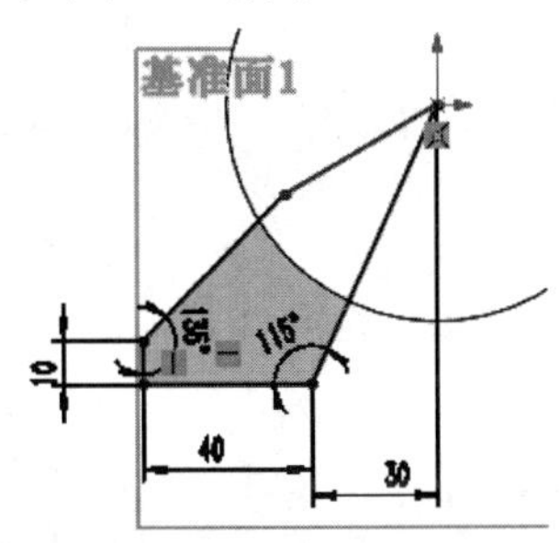

图10-46　绘制直线图形

05 单击【特征】选项卡中的【拉伸凸台/基体】按钮，创建拉伸特征，如图10-47所示。

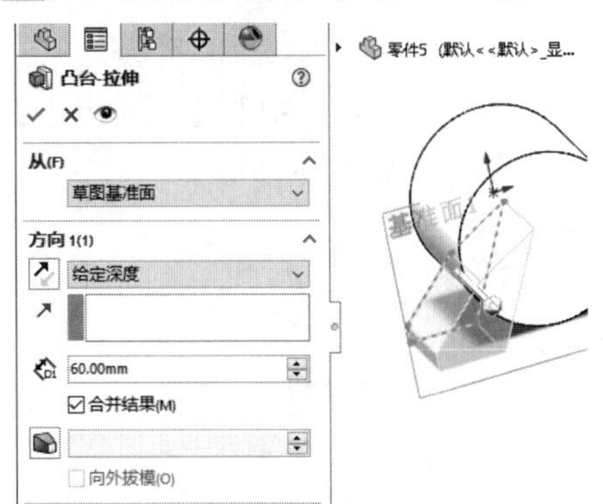

图10-47　拉伸凸台

06 单击【草图】选项卡中的【直线】按钮，绘制直线，如图10-48所示。

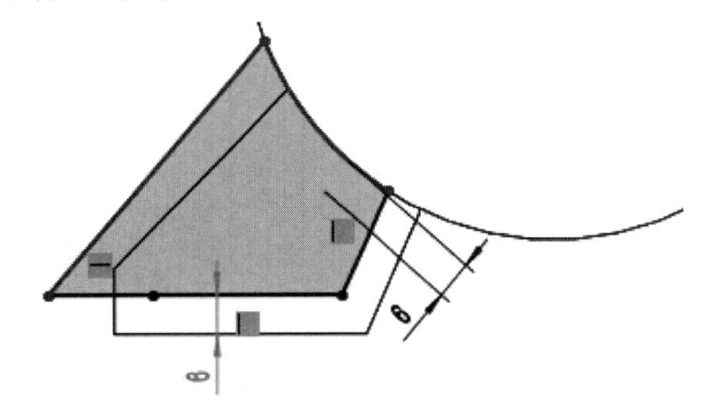

图10-48　绘制直线图形

07 单击【特征】选项卡中的【拉伸切除】按钮，创建拉伸切除特征，如图10-49所示。

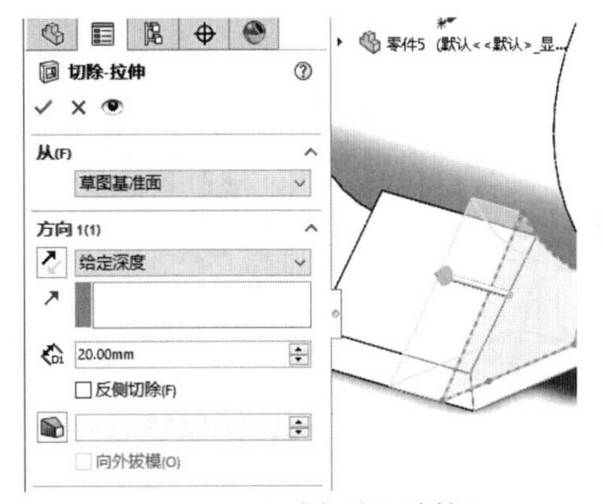

图10-49　创建拉伸切除特征

08 单击【特征】选项卡中的【基准面】按钮，创建基准面，如图10-50所示。

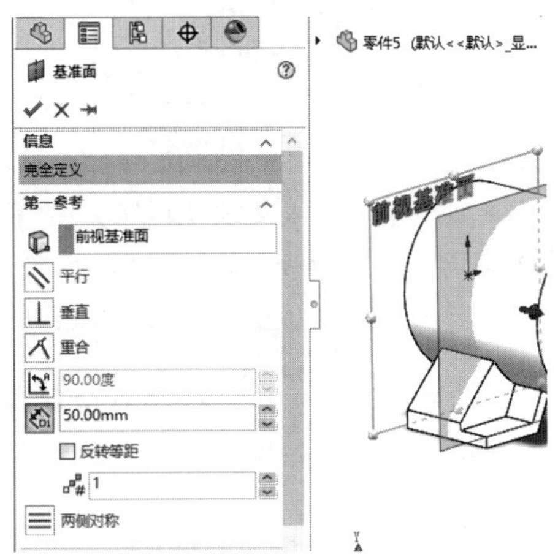

图10-50　创建基准面

09 单击【特征】选项卡中的【镜像】按钮，创建镜像特征，如图10-51所示。

10 单击【特征】选项卡中的【镜像】按钮，创建镜像特征，如图10-52所示。

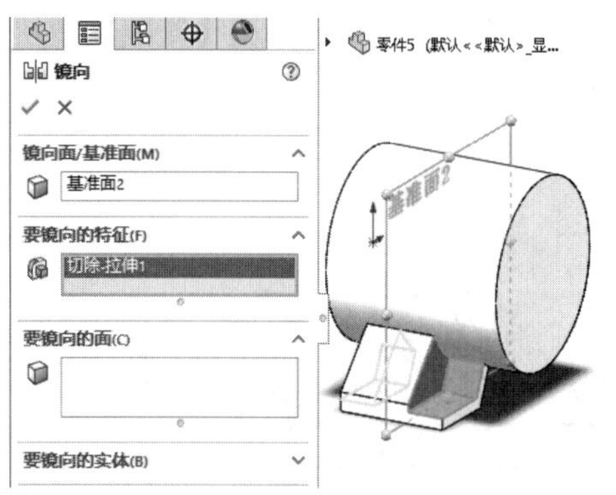

图10-51　创建镜像特征(1)

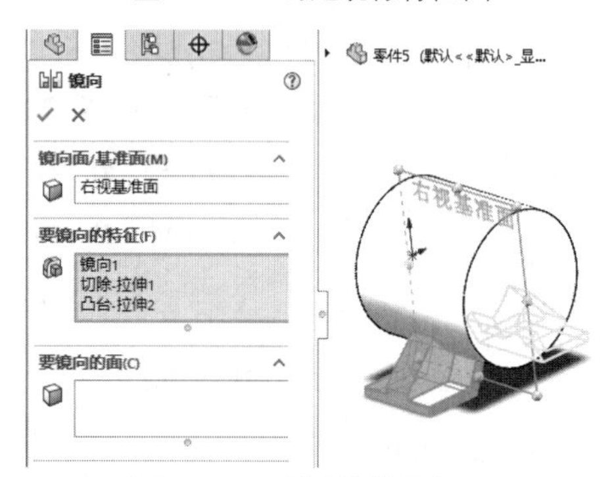

图10-52　创建镜像特征(2)

11 单击【草图】选项卡中的【圆】按钮，绘制圆，如图10-53所示。

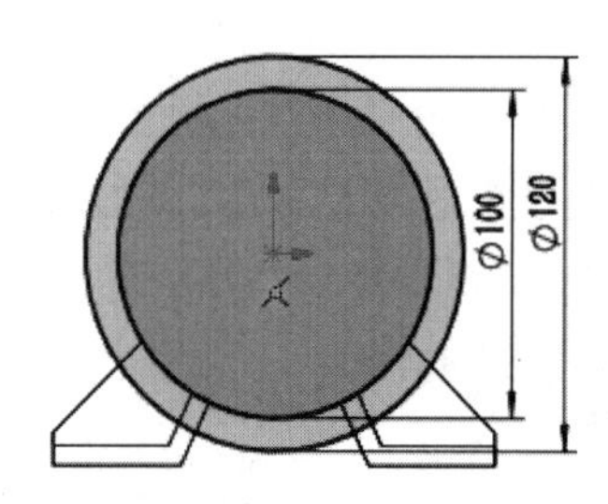
图10-53　绘制圆

12 单击【草图】选项卡中的【直线】按钮，绘制梯形，如图10-54所示。

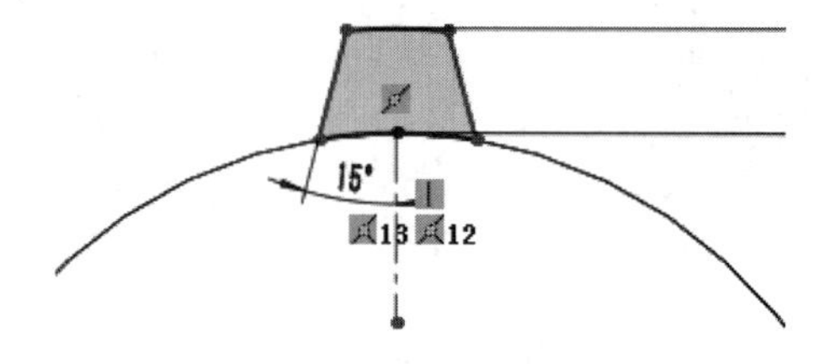
图10-54　绘制梯形

13 单击【草图】选项卡中的【圆】按钮，绘制圆，如图10-55所示。

14 单击【特征】选项卡中的【拉伸凸台/基体】按钮，创建拉伸特征，如图10-56所示。

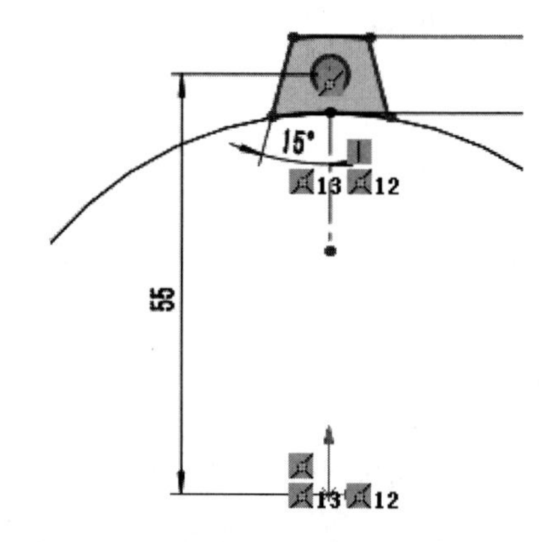
图10-55　绘制圆

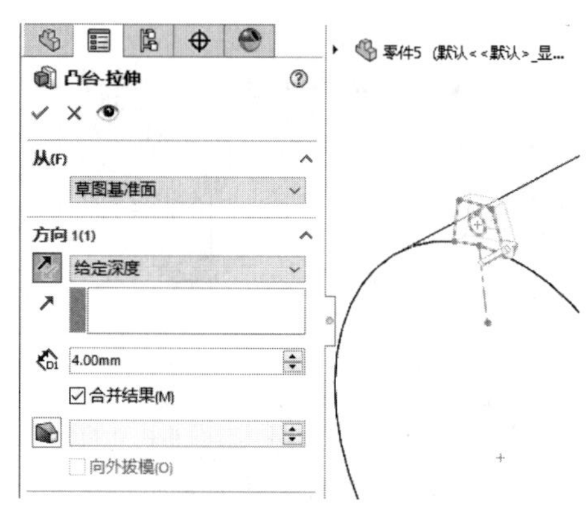

图10-56　拉伸凸台

15 单击【特征】选项卡中的【圆周阵列】按钮，创建圆周阵列特征，如图10-57所示。

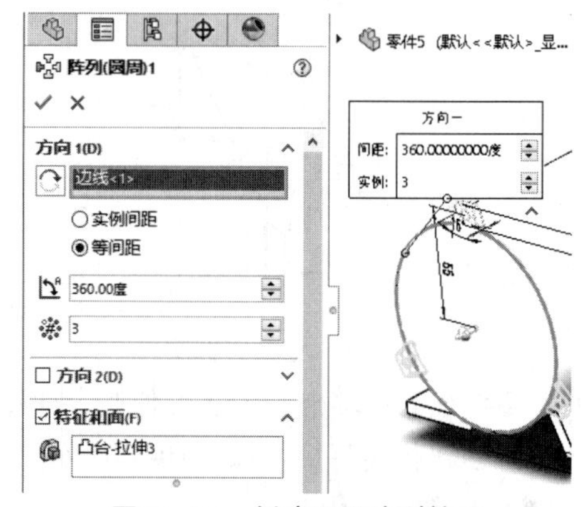

图10-57　创建圆周阵列特征

16 单击【草图】选项卡中的【边角矩形】按钮，绘制矩形，如图10-58所示。

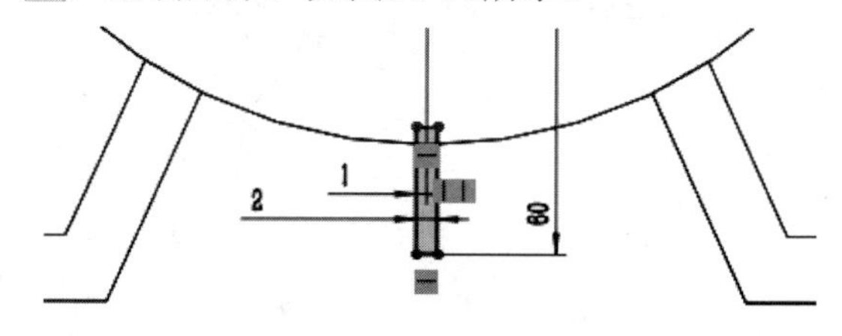
图10-58　绘制矩形

17 单击【草图】选项卡中的【旋转实体】按钮，旋转矩形，如图10-59所示。

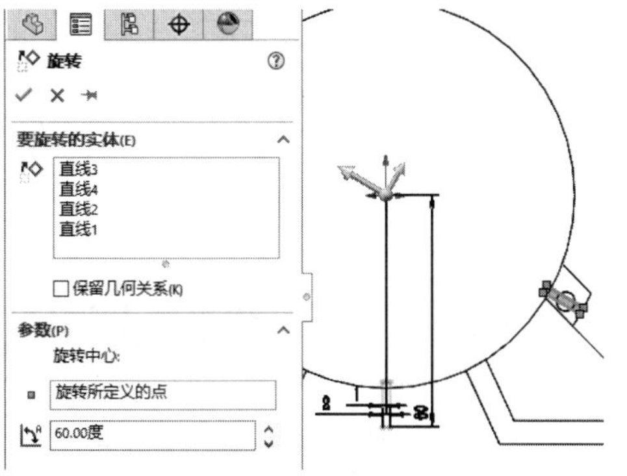

图10-59　旋转矩形

18 单击【特征】选项卡中的【拉伸凸台/基体】按钮，创建拉伸特征，如图10-60所示。

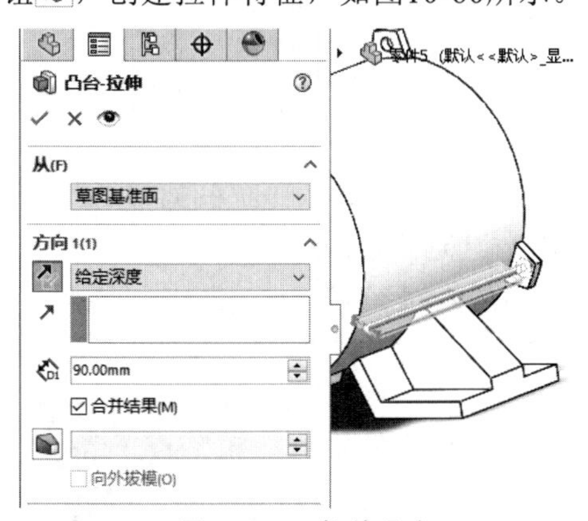

图10-60　拉伸凸台

19 单击【特征】选项卡中的【圆周阵列】按钮，创建圆周阵列特征，如图10-61所示。

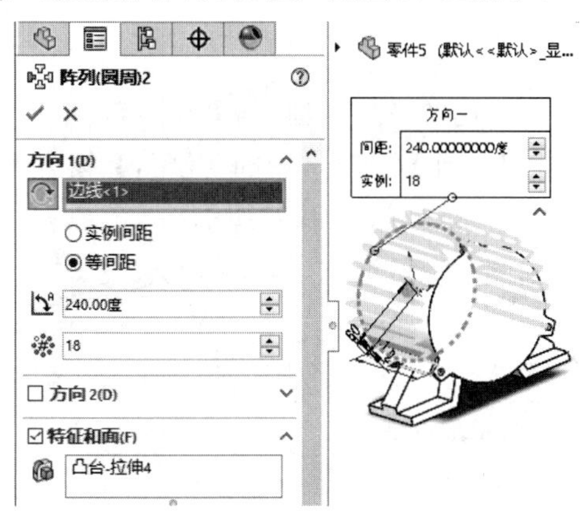

图10-61　创建圆周阵列特征

20 单击【草图】选项卡中的【圆】按钮，绘制圆，如图10-62所示。

21 单击【特征】选项卡中的【拉伸切除】按钮，创建拉伸切除特征，如图10-63所示。

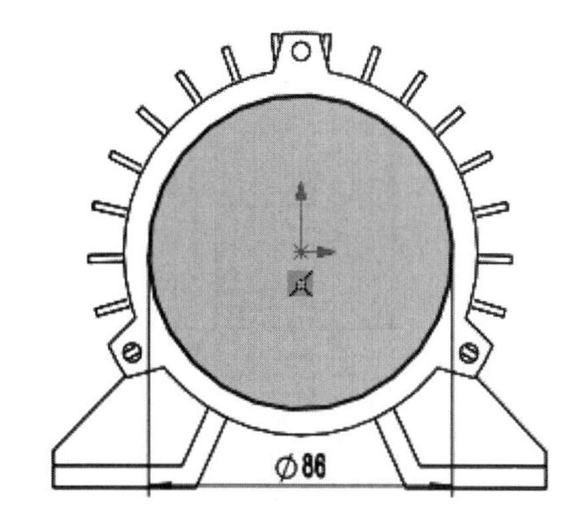

图10-62　绘制圆

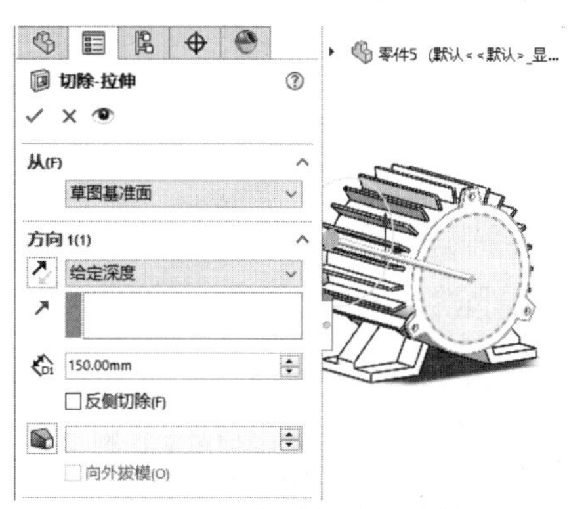

图10-63　创建拉伸切除特征

22 完成散热壳模型的绘制，如图10-64所示。

图10-64　完成散热壳模型

实例 243 绘制播放器

案例源文件：ywj\10\243.prt

01 单击【草图】选项卡中的【边角矩形】按钮，绘制矩形，如图10-65所示。

02 单击【特征】选项卡中的【拉伸凸台/基体】按钮，创建拉伸特征，如图10-66所示。

03 单击【特征】选项卡中的【圆角】按钮，创建圆角特征，如图10-67所示。

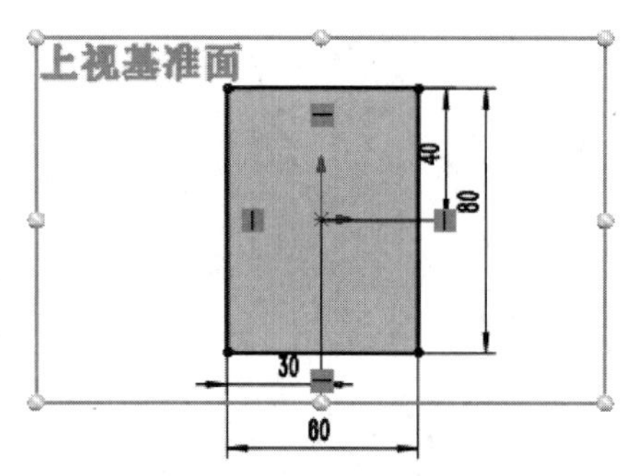

图10-65　绘制矩形

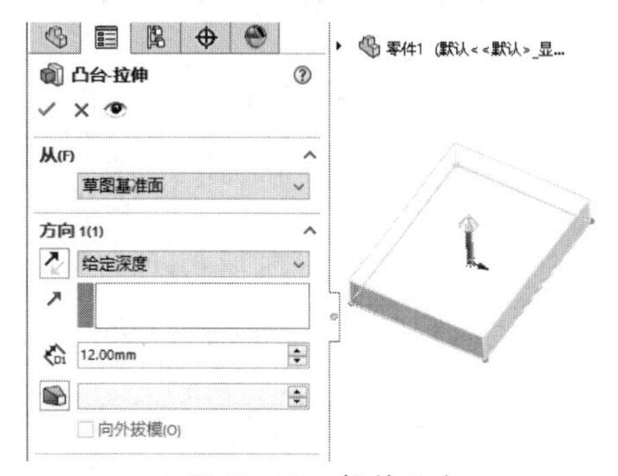

图10-66　拉伸凸台

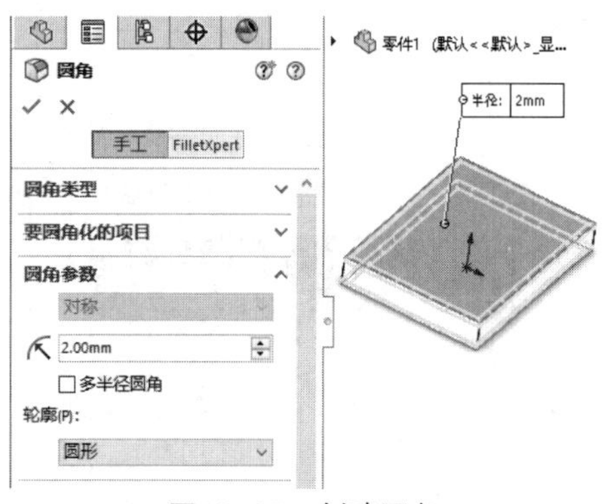

图10-67　创建圆角

04 单击【草图】选项卡中的【边角矩形】按钮，绘制矩形，如图10-68所示。

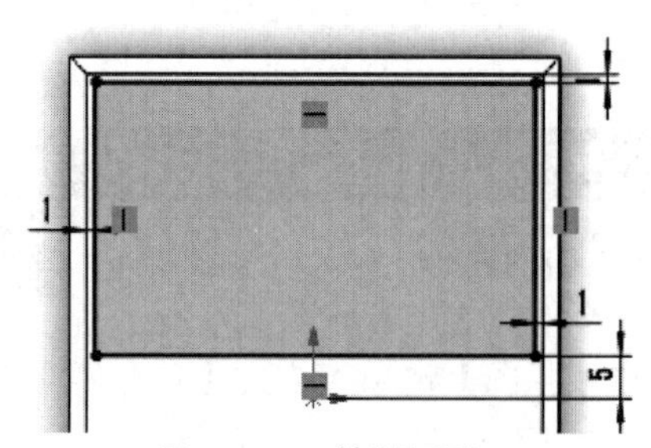

图10-68　绘制矩形

05 单击【特征】选项卡中的【拉伸切除】按钮，创建拉伸切除特征，如图10-69所示。

06 单击【草图】选项卡中的【圆】按钮，绘制圆，如图10-70所示。

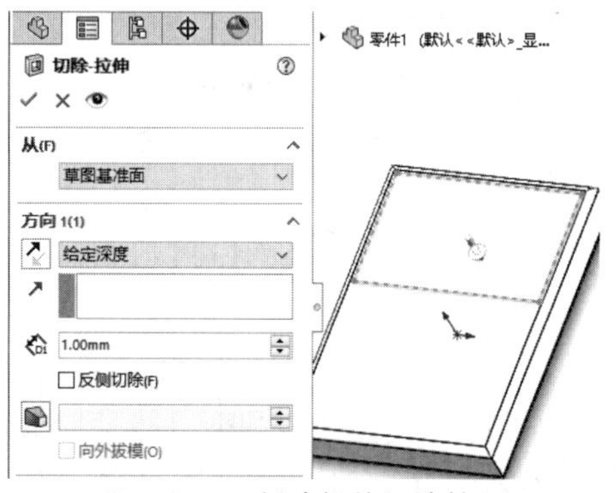

图10-69　创建拉伸切除特征

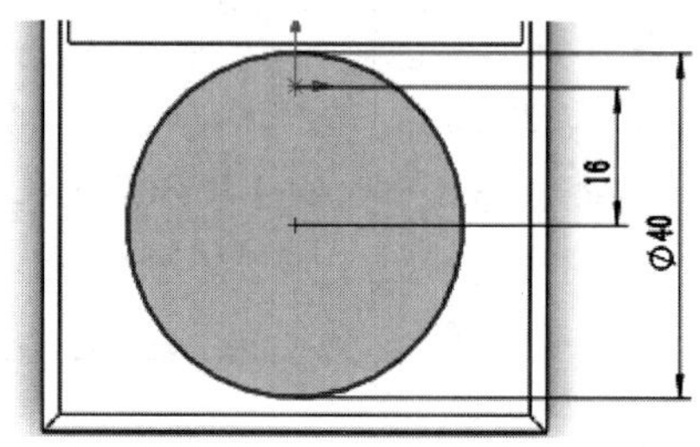

图10-70　绘制圆

07 单击【特征】选项卡中的【拉伸切除】按钮，创建拉伸切除特征，如图10-71所示。

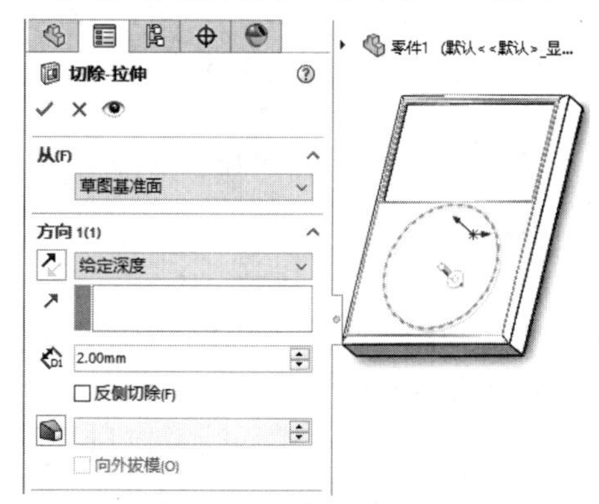

图10-71　创建拉伸切除特征

08 单击【特征】选项卡中的【倒角】按钮，创建倒角特征，如图10-72所示。

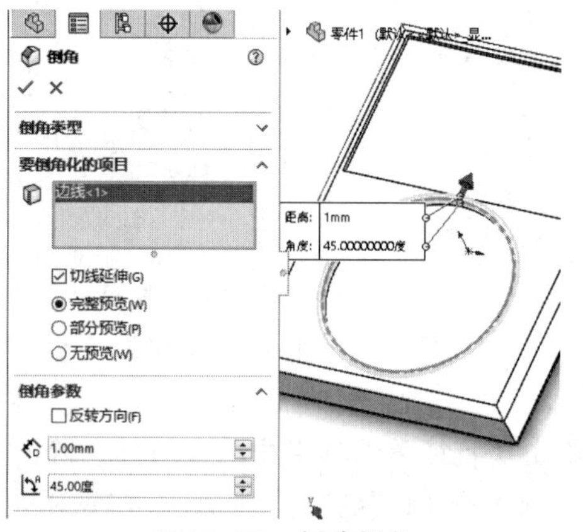

图10-72　创建倒角

09 单击【草图】选项卡中的【圆】按钮，绘制圆，如图10-73所示。

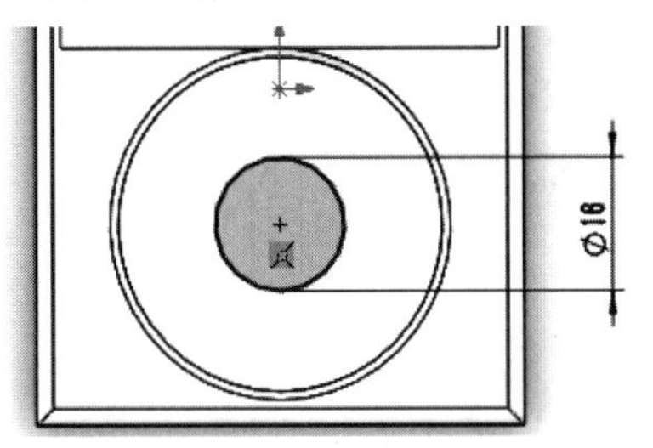

图10-73　绘制圆

10 单击【特征】选项卡中的【拉伸凸台/基体】按钮，创建拉伸特征，如图10-74所示。

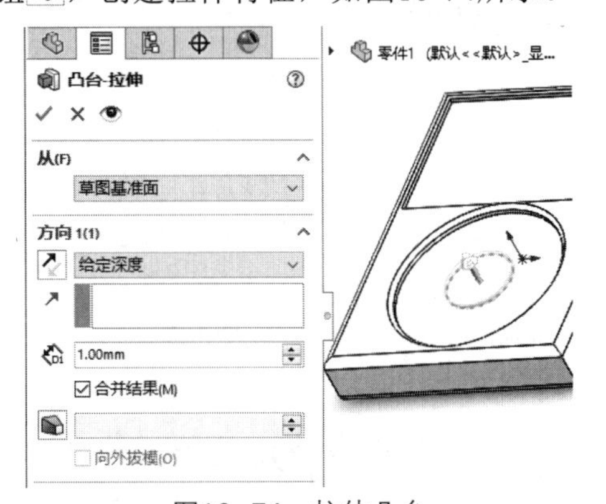

图10-74　拉伸凸台

11 单击【草图】选项卡中的【圆】按钮，绘制圆，如图10-75所示。

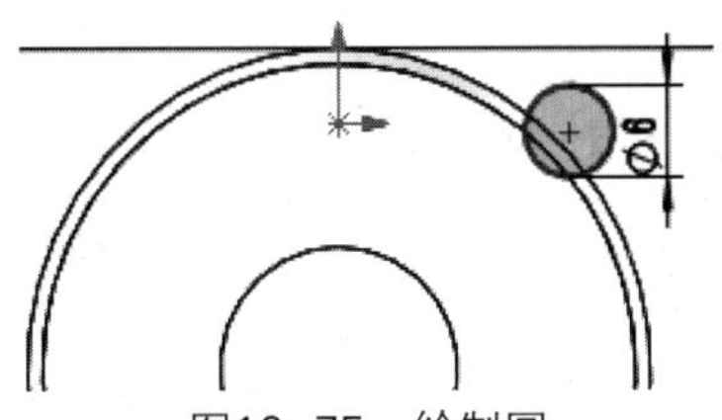

图10-75　绘制圆

12 单击【特征】选项卡中的【拉伸凸台/基体】按钮，创建拉伸特征，如图10-76所示。

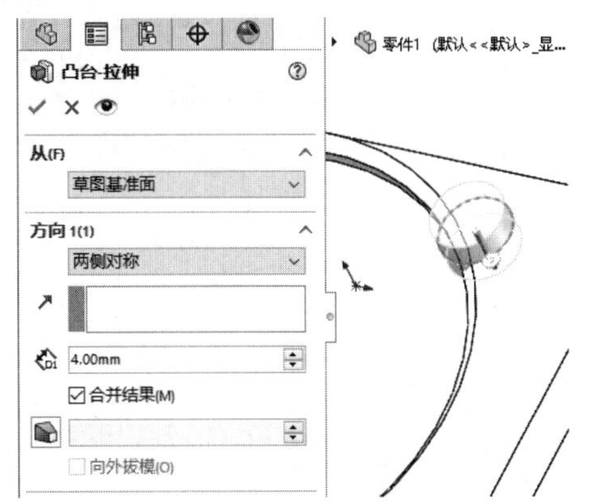

图10-76　拉伸凸台

13 单击【特征】选项卡中的【倒角】按钮，创建倒角特征，如图10-77所示。

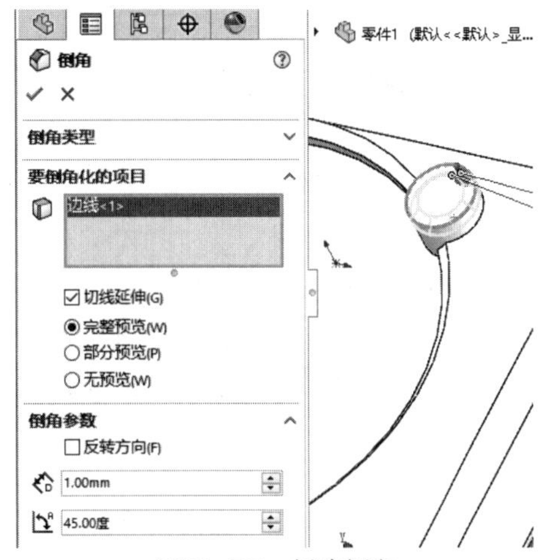

图10-77　创建倒角

14 单击【特征】选项卡中的【圆周阵列】按钮，创建圆周阵列特征，如图10-78所示。

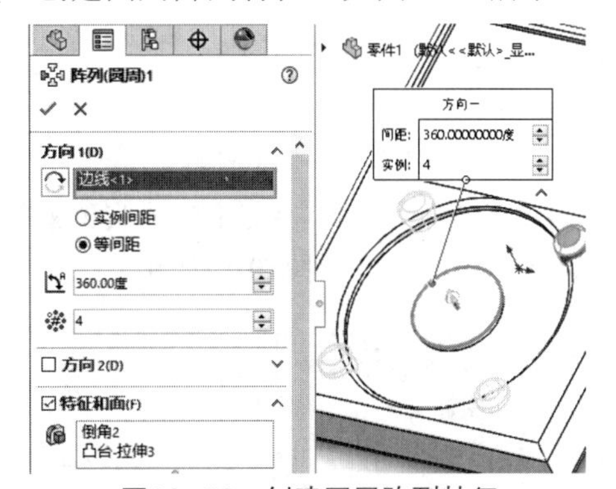

图10-78　创建圆周阵列特征

15 完成播放器模型的绘制，如图10-79所示。

图10-79　完成播放器模型

实例 244　绘制雨伞

案例源文件：ywj\10\244.prt

01 单击【草图】选项卡中的【三点圆弧】按钮，绘制圆弧，如图10-80所示。

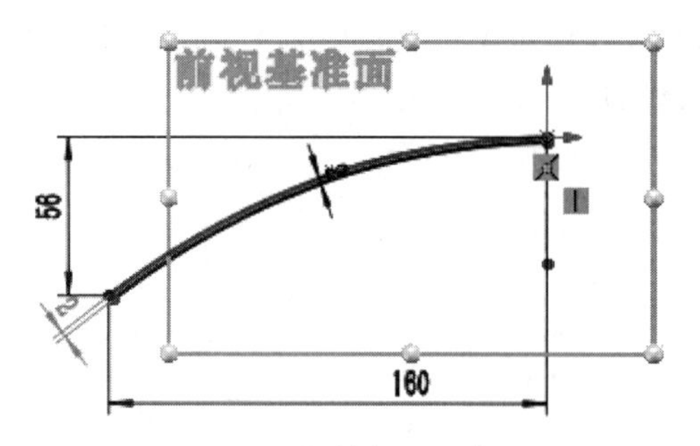

图10-80　绘制圆弧草图

02 单击【特征】选项卡中的【旋转凸台/基体】按钮，创建旋转特征，如图10-81所示。

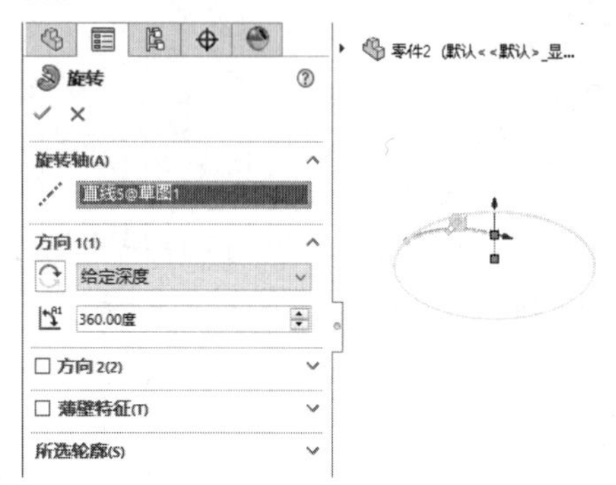

图10-81　旋转凸台

03 单击【草图】选项卡中的【等距实体】按钮，创建等距图形，如图10-82所示。

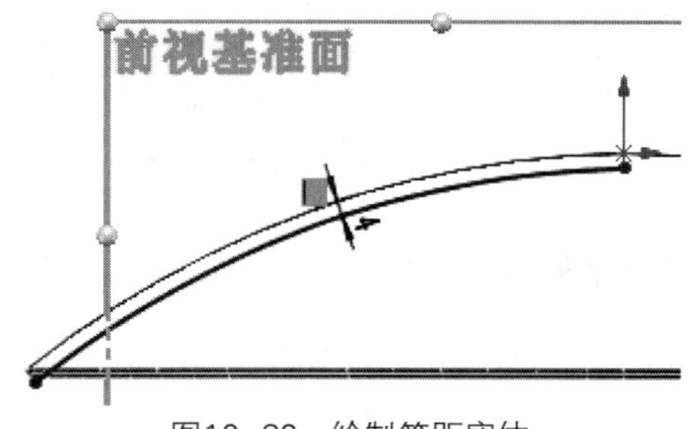

图10-82　绘制等距实体

04 单击【草图】选项卡中的【圆】按钮，绘制圆，如图10-83所示。

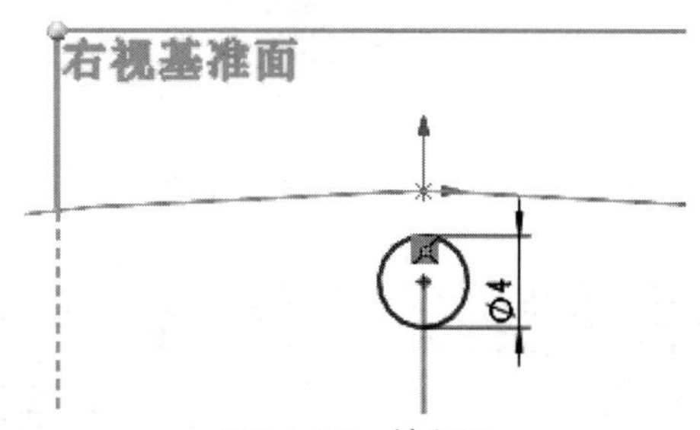

图10-83　绘制圆

05 单击【特征】选项卡中的【扫描】按钮，创建扫描特征，如图10-84所示。

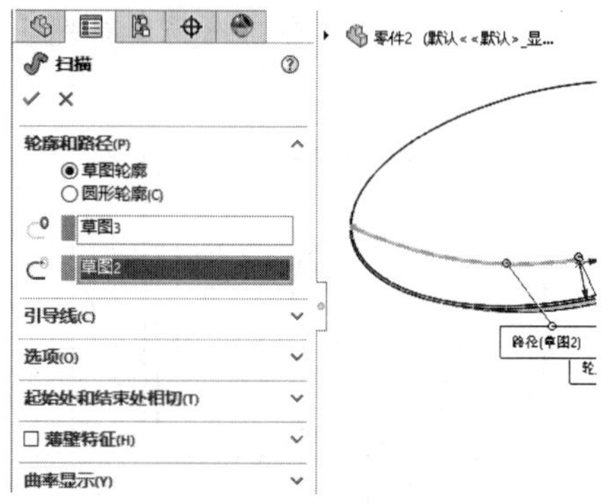

图10-84　创建扫描特征

06 单击【特征】选项卡中的【圆周阵列】按钮，创建圆周阵列特征，如图10-85所示。

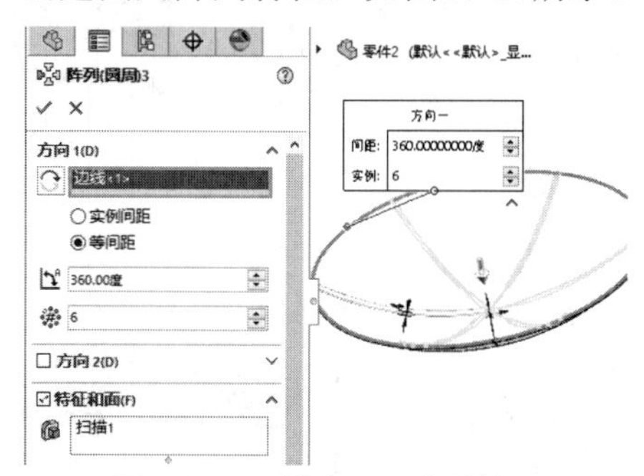

图10-85　创建圆周阵列特征

07 单击【特征】选项卡中的【基准面】按钮，创建基准面，如图10-86所示。

图10-86　创建基准面

08 单击【草图】选项卡中的【圆】按钮，绘制圆，如图10-87所示。

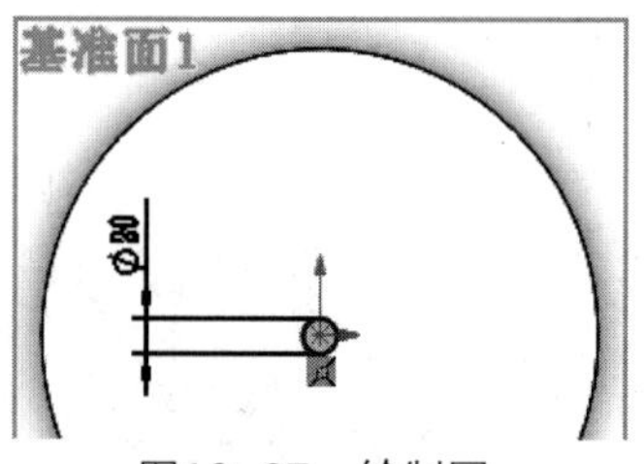

图10-87　绘制圆

09 单击【草图】选项卡中的【直线】按钮，绘制直线，如图10-88所示。

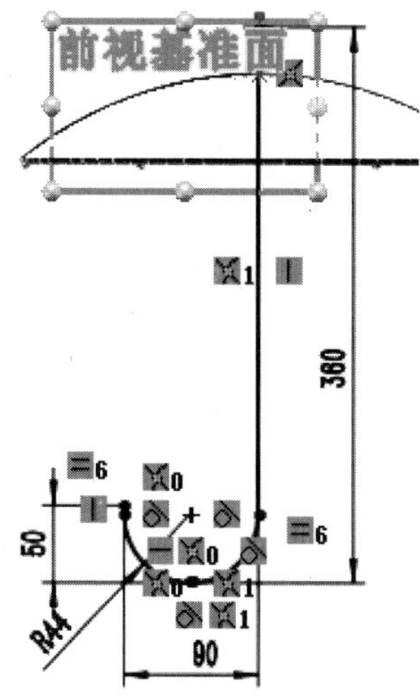

图10-88　绘制直线图形

10 单击【特征】选项卡中的【扫描】按钮，创建扫描特征，如图10-89所示。

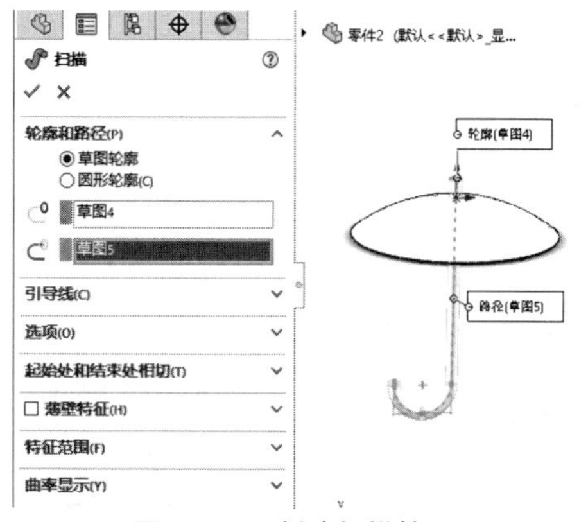

图10-89　创建扫描特征

11 单击【特征】选项卡中的【倒角】按钮，创建倒角特征，如图10-90所示。

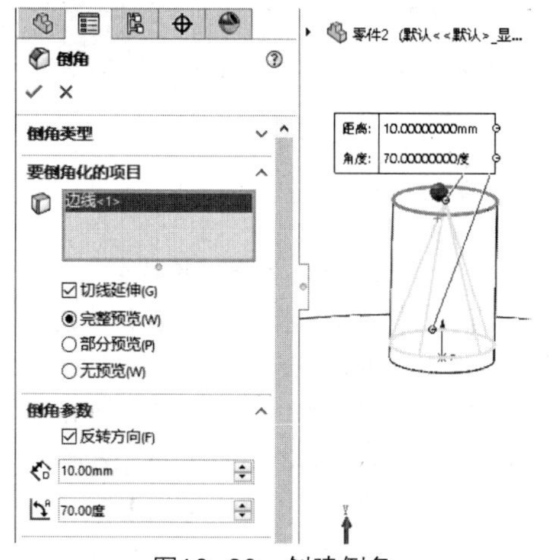

图10-90　创建倒角

12 完成雨伞模型的绘制，如图10-91所示。

图10-91　完成雨伞模型

实例 245　绘制变速箱

案例源文件：ywj\10\245.prt

01 单击【草图】选项卡中的【边角矩形】按钮，绘制矩形，如图10-92所示。

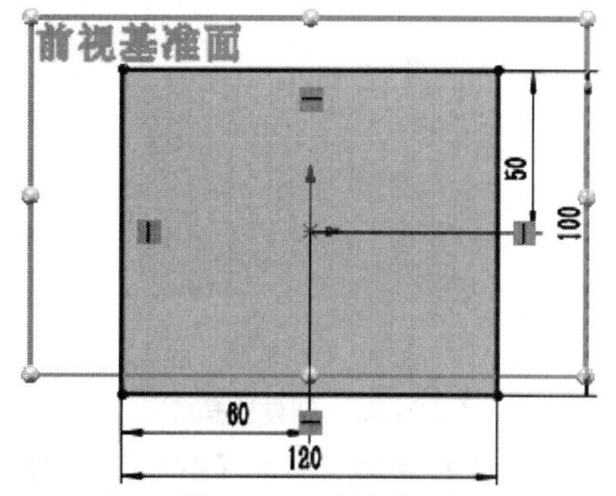

图10-92　绘制矩形

02 单击【特征】选项卡中的【拉伸凸台/基体】按钮，创建拉伸特征，如图10-93所示。

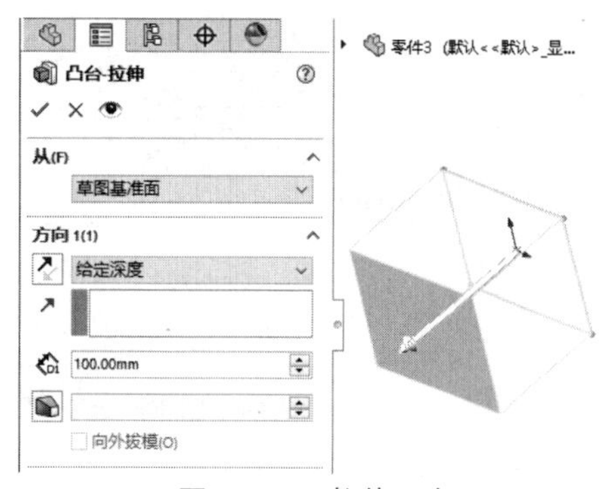

图10-93　拉伸凸台

03 单击【特征】选项卡中的【倒角】按钮，创建倒角特征，如图10-94所示。

04 单击【特征】选项卡中的【圆角】按钮，创建圆角特征，如图10-95所示。

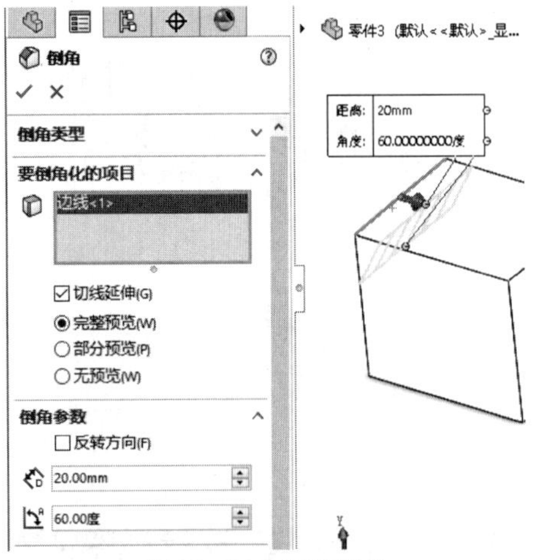

图10-94　创建倒角

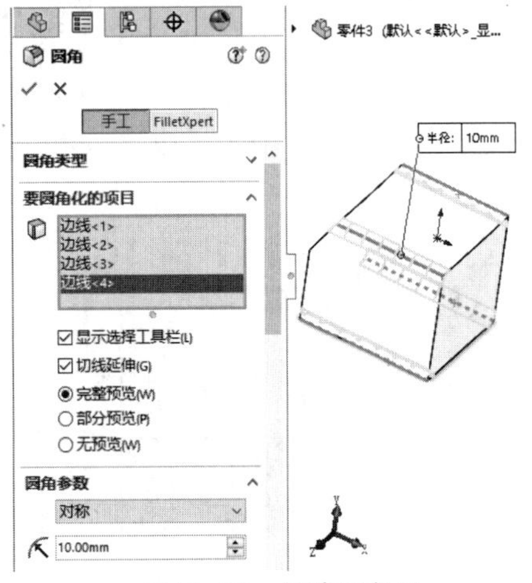

图10-95　创建圆角(1)

05 单击【特征】选项卡中的【圆角】按钮，创建圆角特征，如图10-96所示。

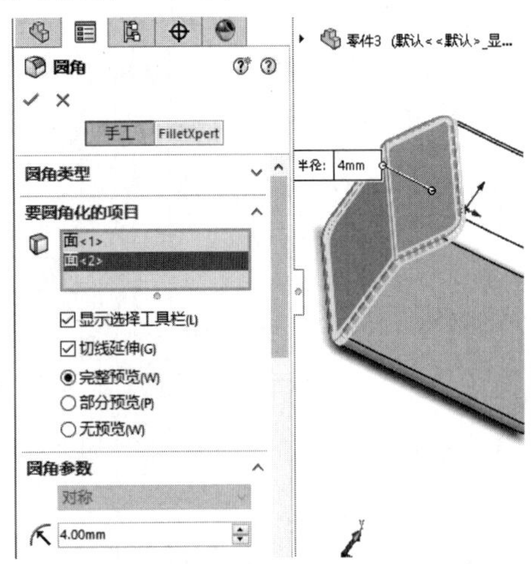

图10-96　创建圆角(2)

06 单击【草图】选项卡中的【边角矩形】按钮，绘制矩形，如图10-97所示。

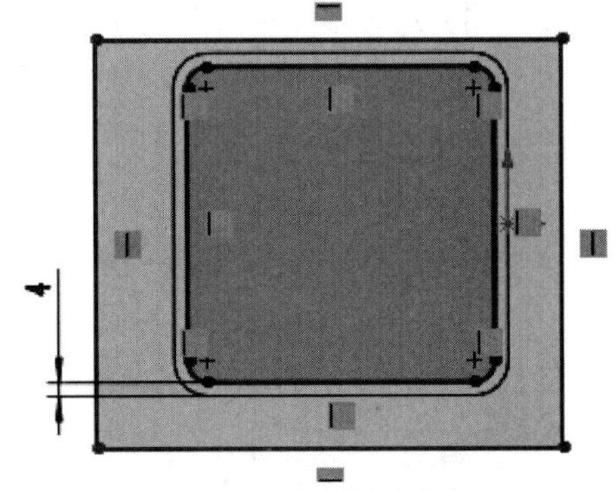

图10-97　绘制矩形

07 单击【特征】选项卡中的【拉伸切除】按钮，创建拉伸切除特征，如图10-98所示。

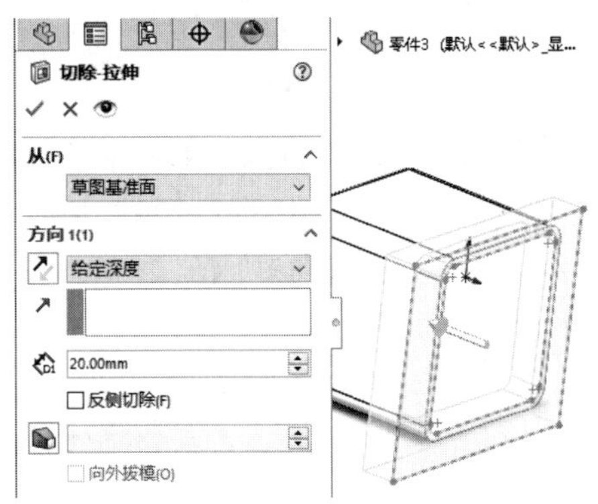

图10-98　创建拉伸切除特征

08 单击【特征】选项卡中的【圆角】按钮，创建圆角特征，如图10-99所示。

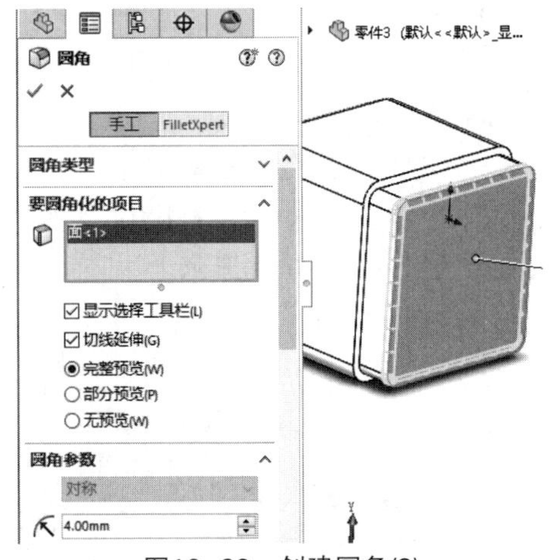

图10-99　创建圆角(3)

09 单击【草图】选项卡中的【圆】按钮，绘制圆，如图10-100所示。

10 单击【特征】选项卡中的【拉伸切除】按钮，创建拉伸切除特征，如图10-101所示。

11 单击【草图】选项卡中的【圆】按钮，绘制圆，如图10-102所示。

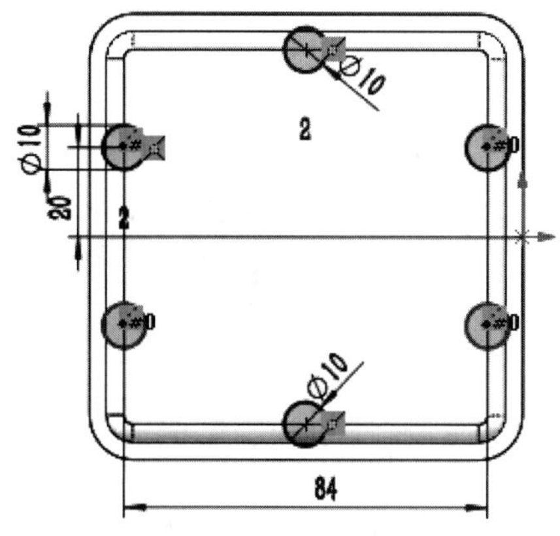

图10-100　绘制圆

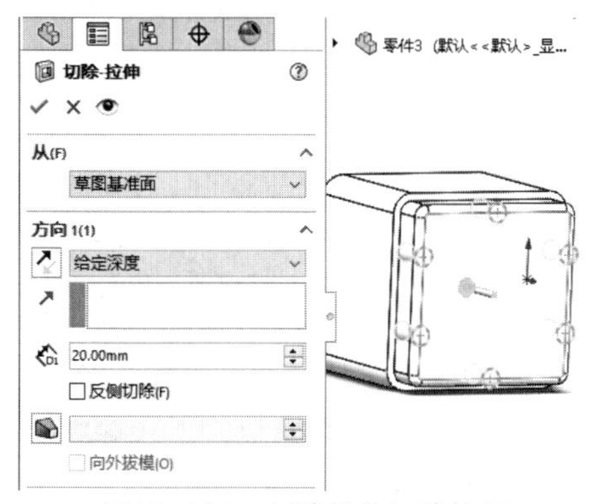

图10-101　创建拉伸切除特征

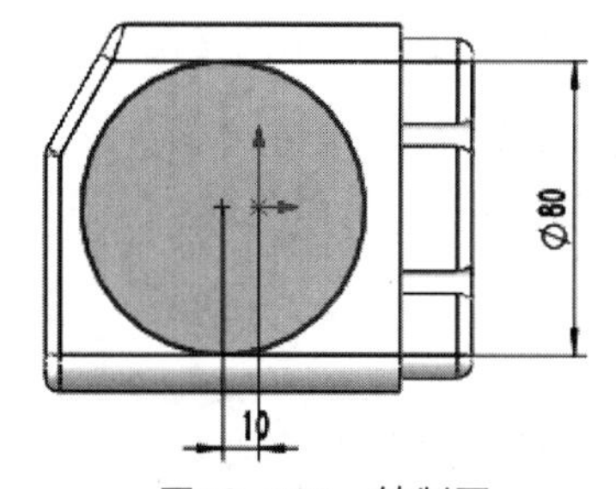

图10-102　绘制圆

12 单击【特征】选项卡中的【拉伸凸台/基体】按钮，创建拉伸特征，如图10-103所示。

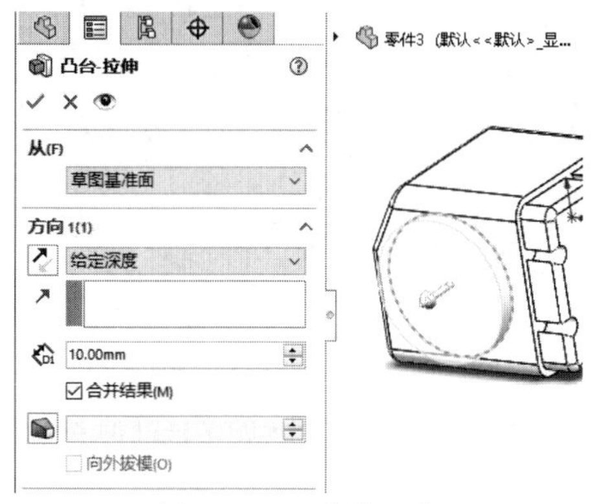

图10-103　拉伸凸台

13 单击【草图】选项卡中的【多边形】按钮，绘制八边形，如图10-104所示。

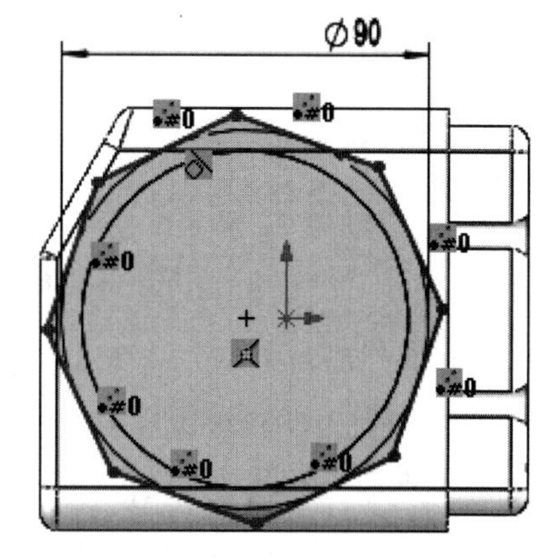

图10-104　绘制八边形

14 单击【特征】选项卡中的【拉伸凸台/基体】按钮，创建拉伸特征，如图10-105所示。

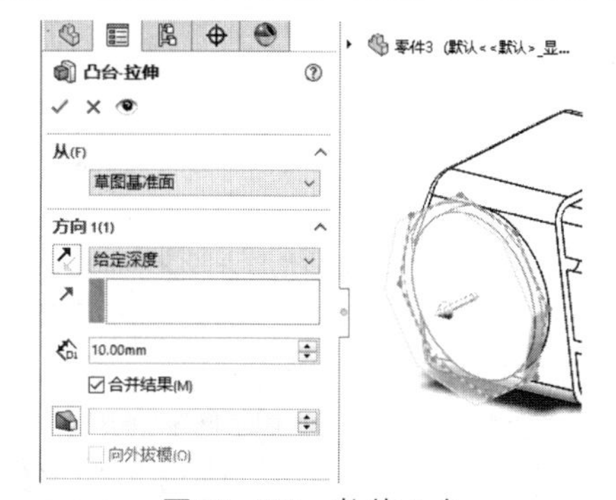

图10-105　拉伸凸台

15 单击【草图】选项卡中的【圆】按钮，绘制圆，如图10-106所示。

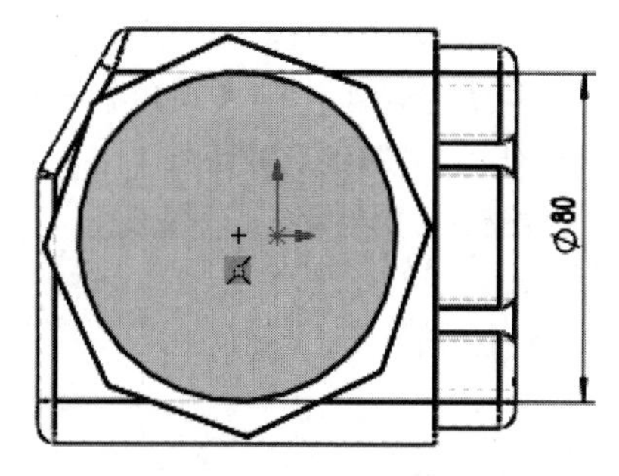

图10-106　绘制圆

16 单击【特征】选项卡中的【拉伸切除】按钮，创建拉伸切除特征，如图10-107所示。

17 单击【草图】选项卡中的【圆】按钮，绘制圆，如图10-108所示。

18 单击【特征】选项卡中的【拉伸凸台/基体】按钮，创建拉伸特征，如图10-109所示。

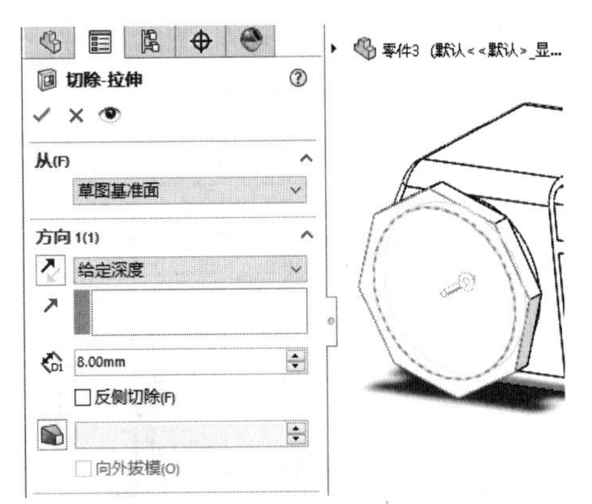

图10-107　创建拉伸切除特征

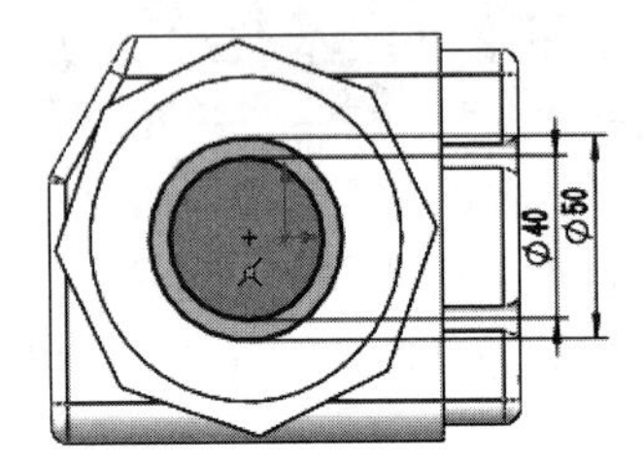

图10-108　绘制圆

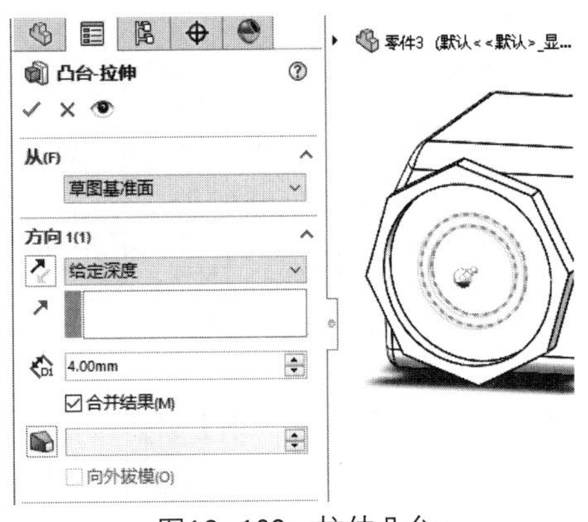

图10-109　拉伸凸台

19 单击【特征】选项卡中的【圆角】按钮，创建圆角特征，如图10-110所示。

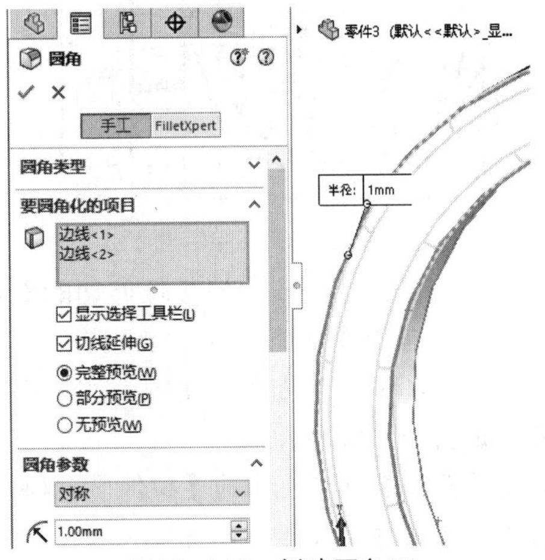

图10-110　创建圆角(4)

20 单击【草图】选项卡中的【圆】按钮，绘制圆，如图10-111所示。

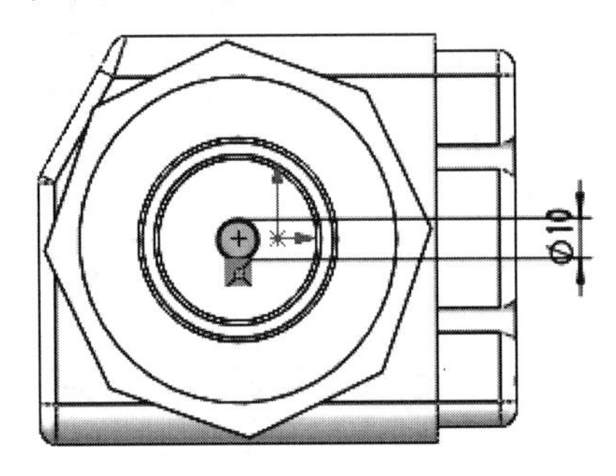

图10-111　绘制圆

21 单击【特征】选项卡中的【拉伸凸台/基体】按钮，创建拉伸特征，如图10-112所示。

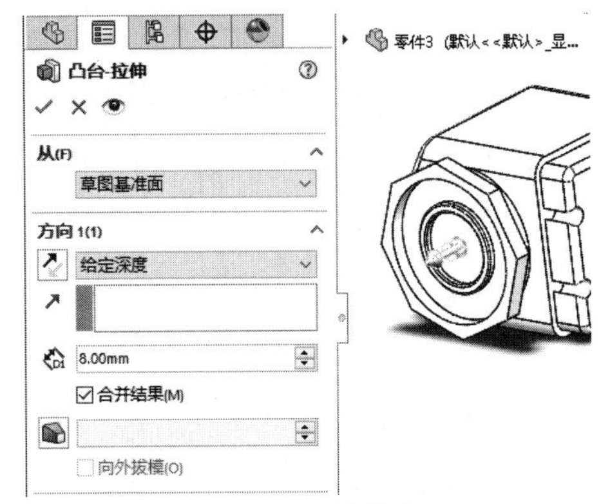

图10-112　拉伸凸台

22 单击【草图】选项卡中的【多边形】按钮，绘制六边形，如图10-113所示。

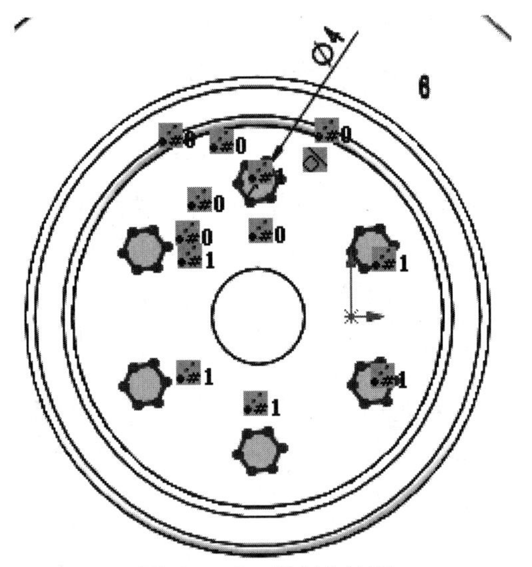

图10-113　绘制六边形

23 单击【特征】选项卡中的【拉伸凸台/基体】按钮，创建拉伸特征，如图10-114所示。

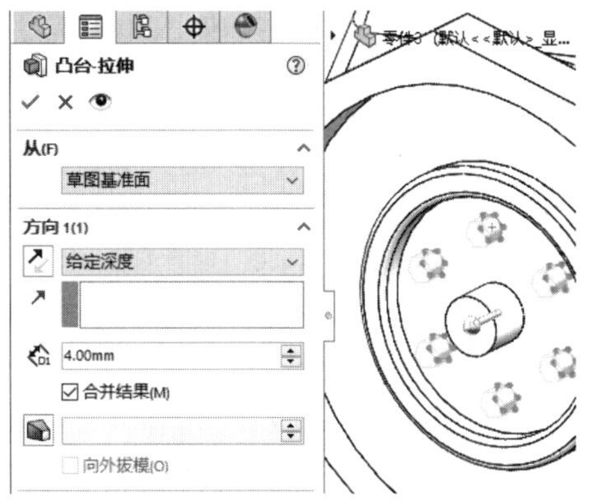

图10-114　拉伸凸台

24 完成变速箱模型的绘制，如图10-115所示。

图10-115　完成变速箱模型

实例 246　绘制操作杆

案例源文件：ywj\10\246.prt

01 单击【草图】选项卡中的【圆】按钮，绘制圆，如图10-116所示。

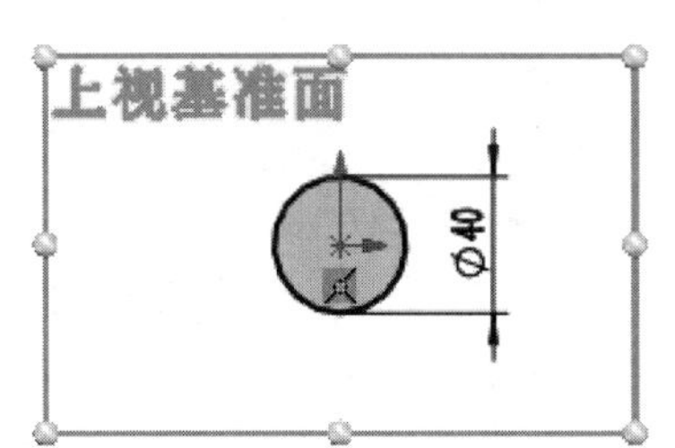

图10-116　绘制圆

02 单击【特征】选项卡中的【拉伸凸台/基体】按钮，创建拉伸特征，如图10-117所示。

03 单击【特征】选项卡中的【倒角】按钮，创建倒角特征，如图10-118所示。

04 单击【草图】选项卡中的【圆】按钮，绘制圆，如图10-119所示。

05 单击【特征】选项卡中的【拉伸凸台/基体】按钮，创建拉伸特征，如图10-120所示。

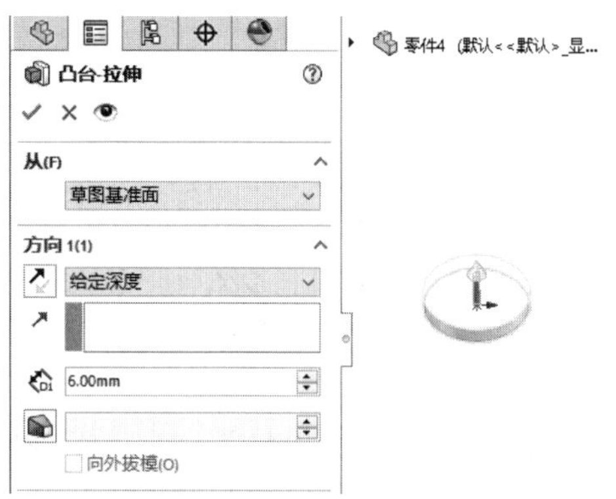

图10-117　拉伸凸台

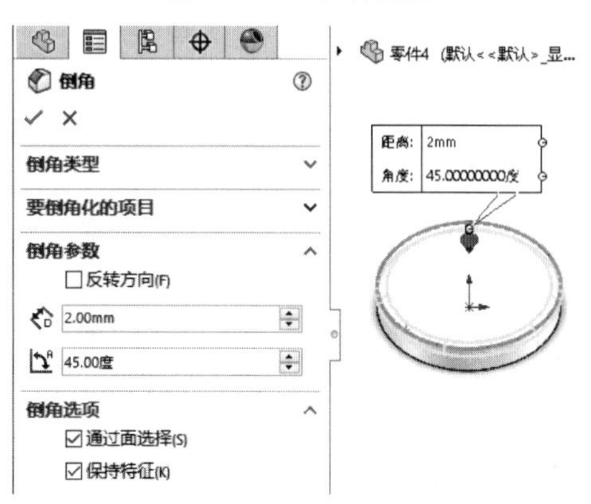

图10-118　创建倒角

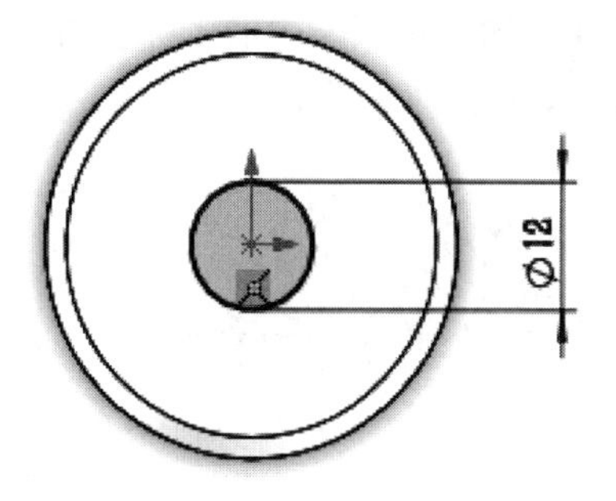

图10-119　绘制圆

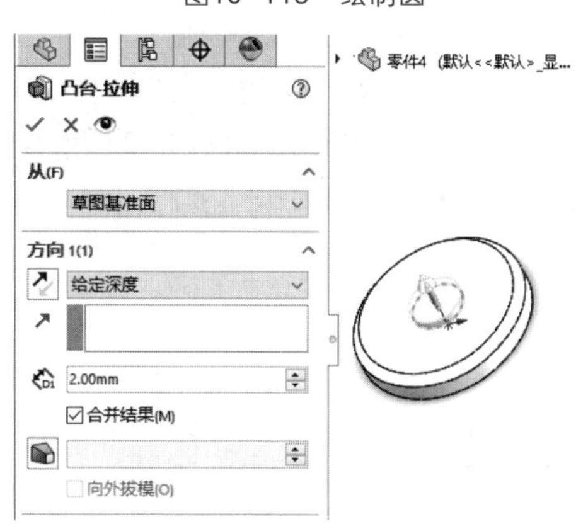

图10-120　拉伸凸台

06 单击【草图】选项卡中的【圆】按钮，绘制圆，如图10-121所示。

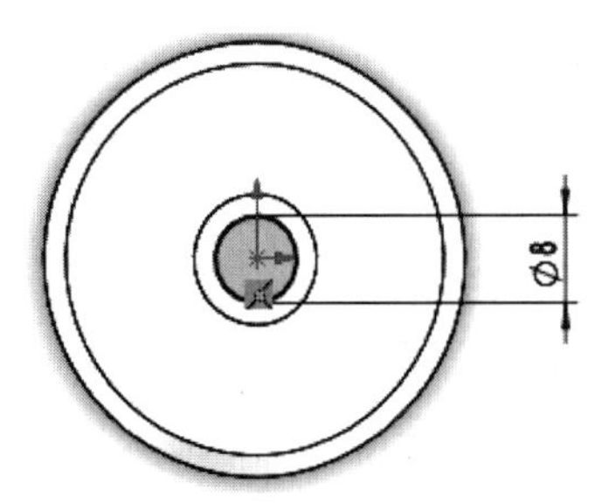

图10-121　绘制圆

07 单击【特征】选项卡中的【拉伸凸台/基体】按钮，创建拉伸特征，如图10-122所示。

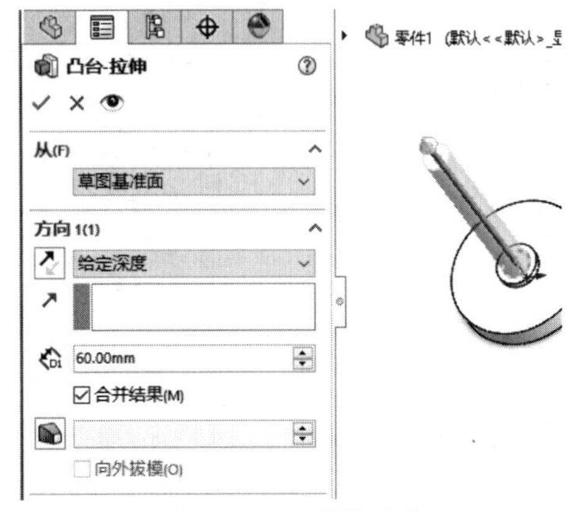

图10-122　拉伸凸台

08 单击【草图】选项卡中的【圆】按钮，绘制半圆，如图10-123所示。

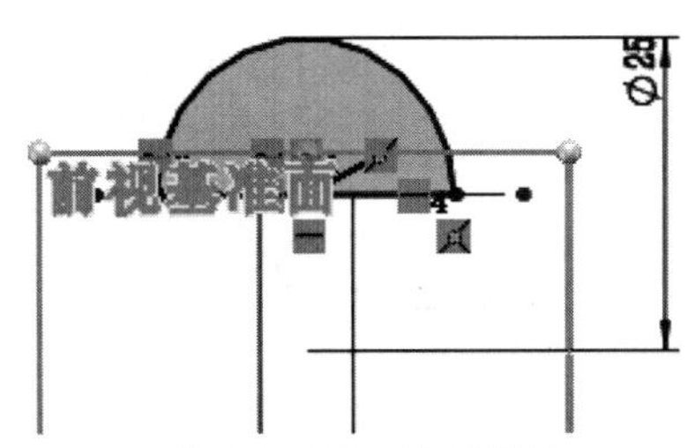

图10-123　绘制半圆

09 单击【特征】选项卡中的【旋转凸台/基体】按钮，创建旋转特征，如图10-124所示。

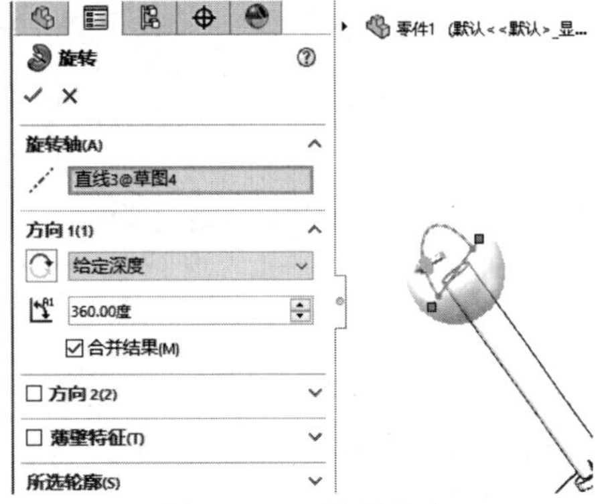

图10-124　旋转凸台

10 完成操作杆模型的绘制，如图10-125所示。

图10-125　完成操作杆模型

实例 247 绘制吊环

案例源文件：ywj\10\247.prt

01 单击【草图】选项卡中的【圆】按钮，绘制圆，如图10-126所示。

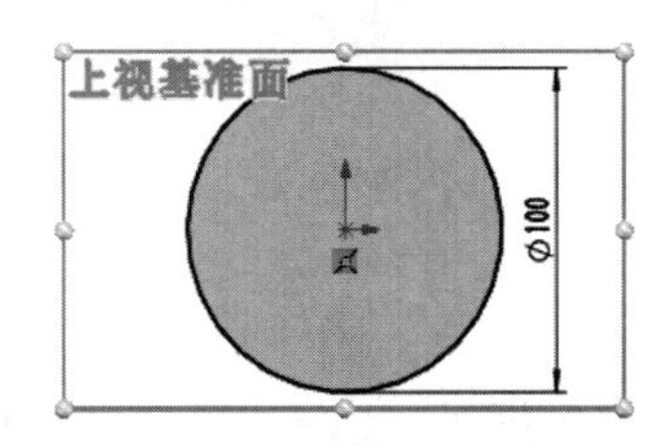

图10-126　绘制圆

02 单击【草图】选项卡中的【圆】按钮，绘制圆，如图10-127所示。

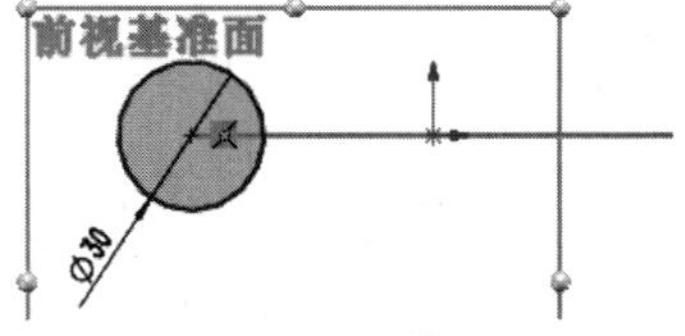

图10-127　绘制圆

03 单击【特征】选项卡中的【扫描】按钮，创建扫描特征，如图10-128所示。

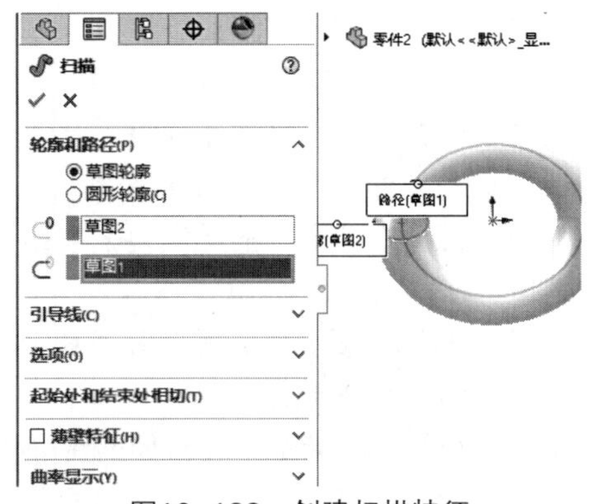

图10-128　创建扫描特征

04 单击【特征】选项卡中的【基准面】按钮，创建基准面，如图10-129所示。

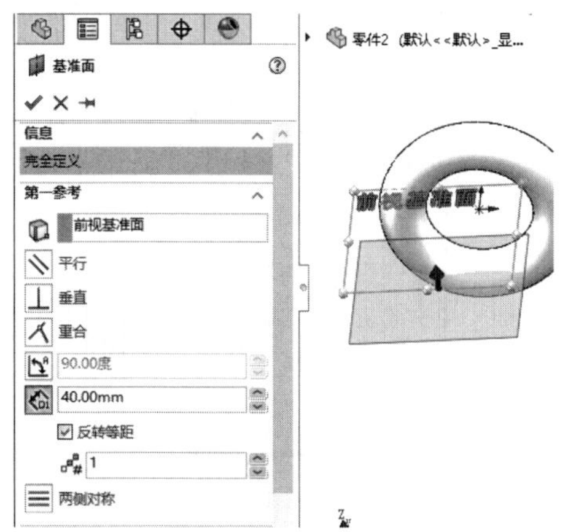

图10-129　创建基准面

05 单击【草图】选项卡中的【圆】按钮，绘制圆，如图10-130所示。

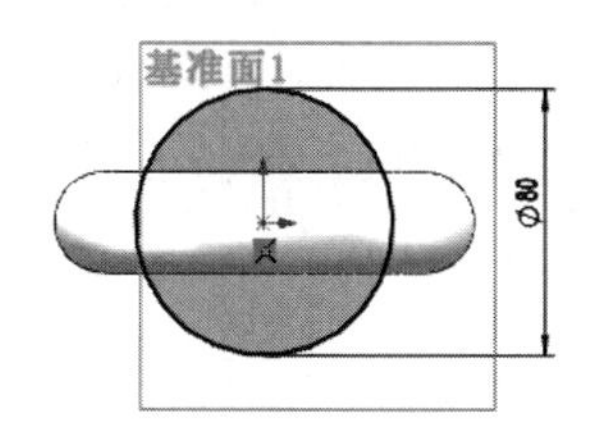

图10-130　绘制圆

06 单击【特征】选项卡中的【拉伸凸台/基体】按钮，创建拉伸特征，如图10-131所示。

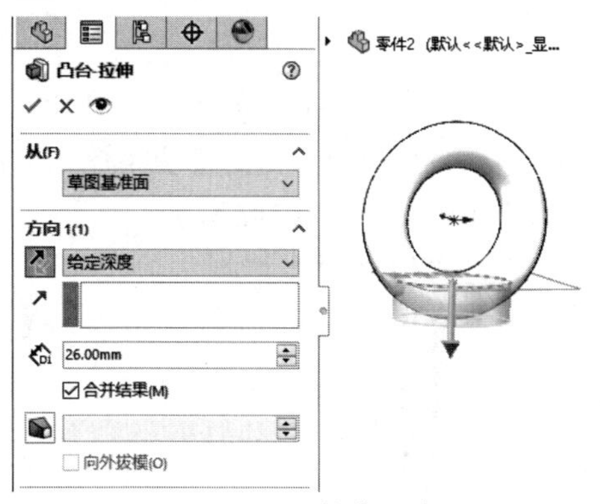

图10-131　拉伸凸台

07 单击【草图】选项卡中的【圆】按钮，绘制圆，如图10-132所示。

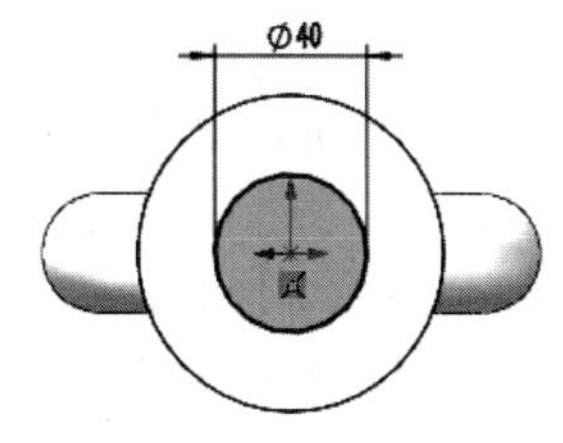

图10-132　绘制圆

08 单击【特征】选项卡中的【拉伸凸台/基体】按钮，创建拉伸特征，如图10-133所示。

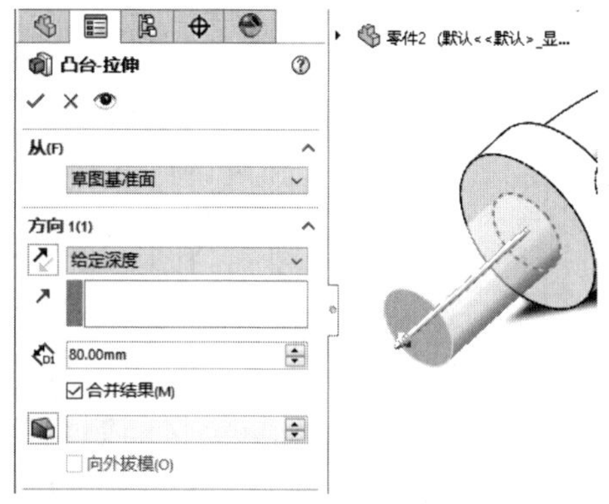

图10-133　拉伸凸台

09 单击【特征】选项卡中的【螺旋线/涡状线】按钮，绘制螺旋线，如图10-134所示。

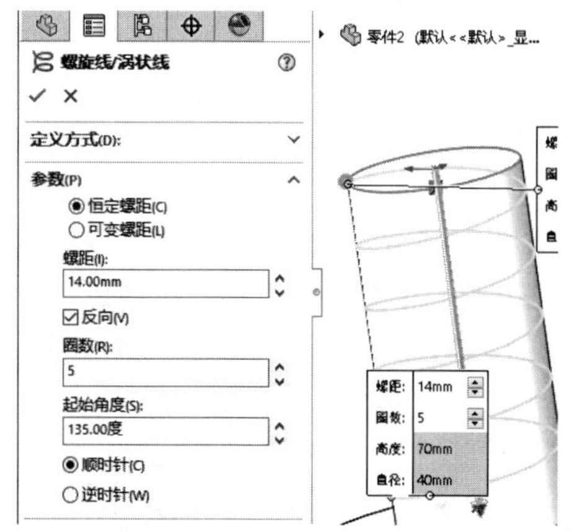

图10-134　创建螺旋线

10 单击【特征】选项卡中的【基准轴】按钮，创建基准轴，如图10-135所示。

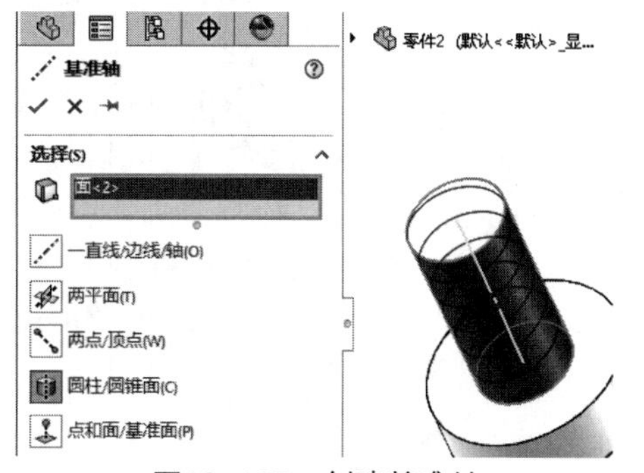

图10-135　创建基准轴

11 单击【特征】选项卡中的【基准面】按钮，创建基准面，如图10-136所示。

12 单击【草图】选项卡中的【多边形】按钮，绘制三角形，如图10-137所示。

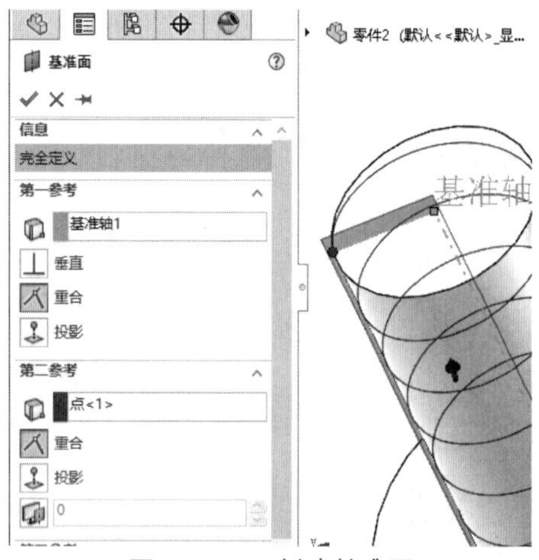

图10-136　创建基准面

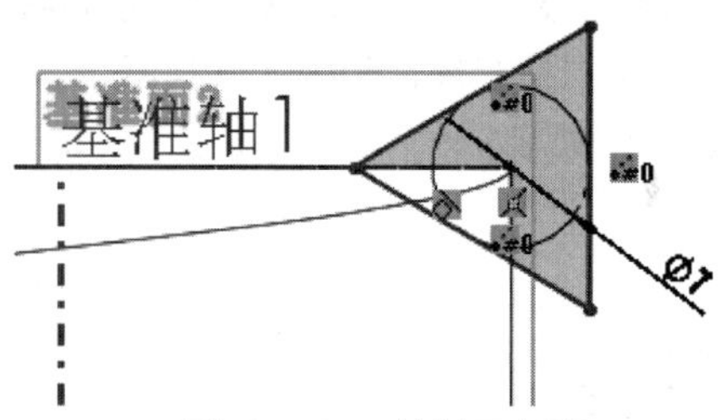

图10-137　绘制三角形

13 单击【特征】选项卡中的【扫描切除】按钮，创建扫描切除特征，如图10-138所示。

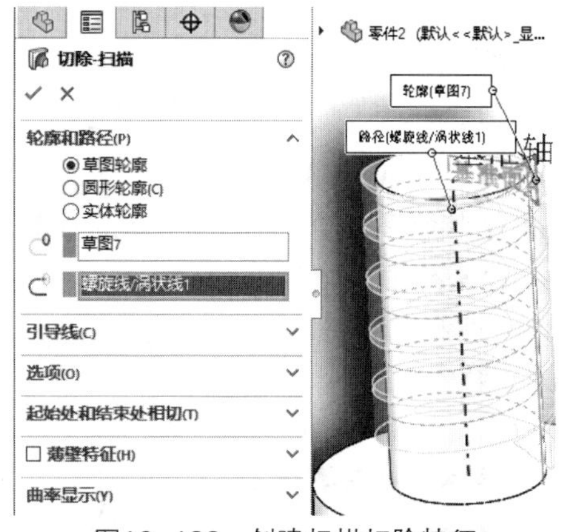

图10-138　创建扫描切除特征

14 完成吊环模型的绘制，如图10-139所示。

图10-139　完成吊环模型

实例 248 绘制支架座

案例源文件：ywj\10\248.prt

01 单击【草图】选项卡中的【边角矩形】按钮，绘制矩形，如图10-140所示。

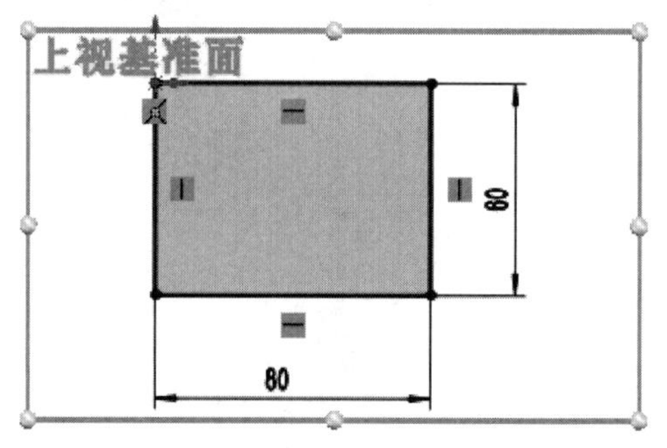

图10-140　绘制矩形

02 单击【特征】选项卡中的【拉伸凸台/基体】按钮，创建拉伸特征，如图10-141所示。

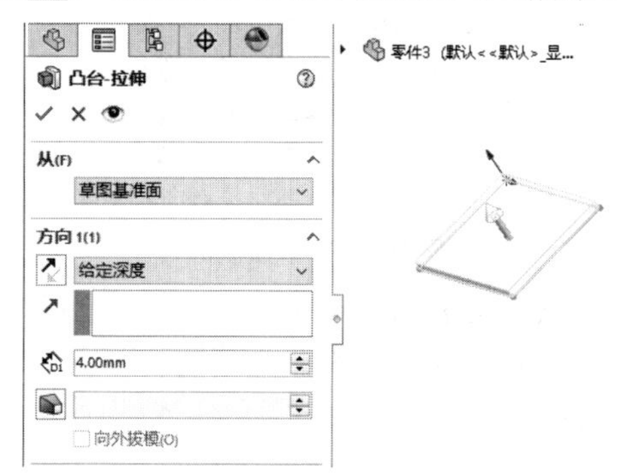

图10-141　拉伸凸台

03 单击【草图】选项卡中的【边角矩形】按钮，绘制矩形，如图10-142所示。

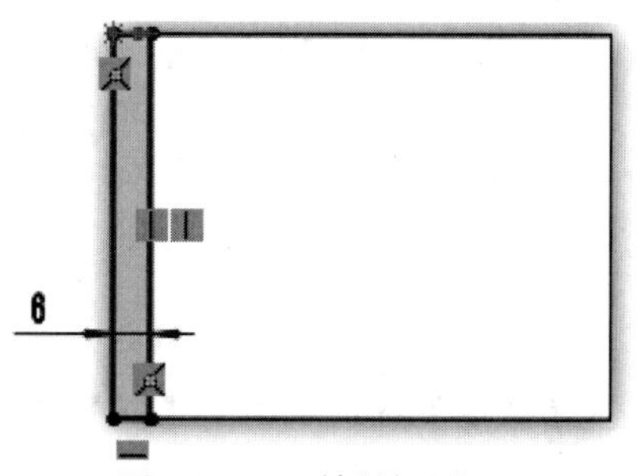

图10-142　绘制矩形

04 单击【特征】选项卡中的【拉伸凸台/基体】按钮，创建拉伸特征，如图10-143所示。

05 单击【草图】选项卡中的【边角矩形】按钮，绘制矩形，如图10-144所示。

06 单击【特征】选项卡中的【拉伸切除】按钮，创建拉伸切除特征，如图10-145所示。

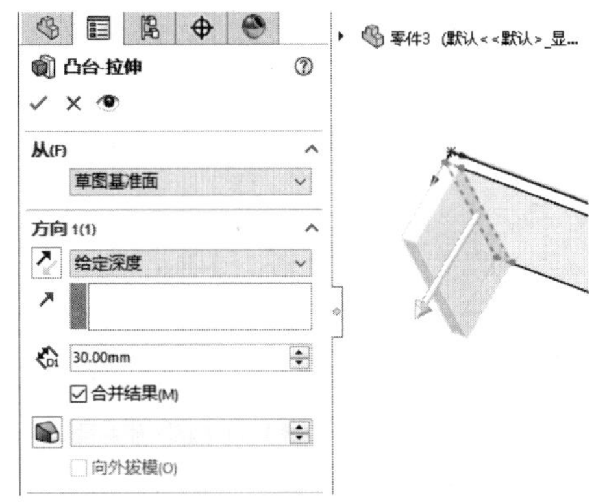

图10-143　拉伸凸台

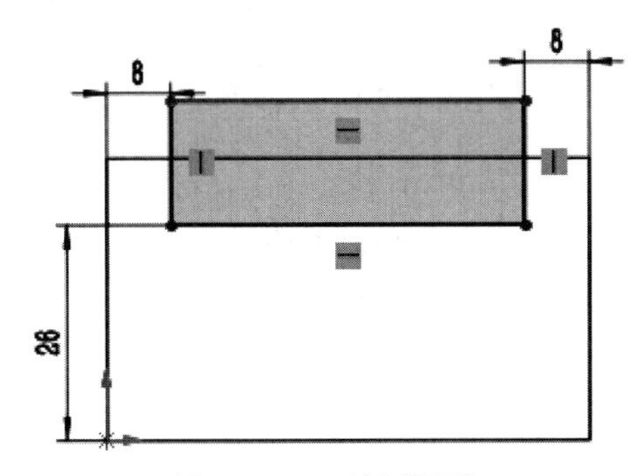

图10-144　绘制矩形

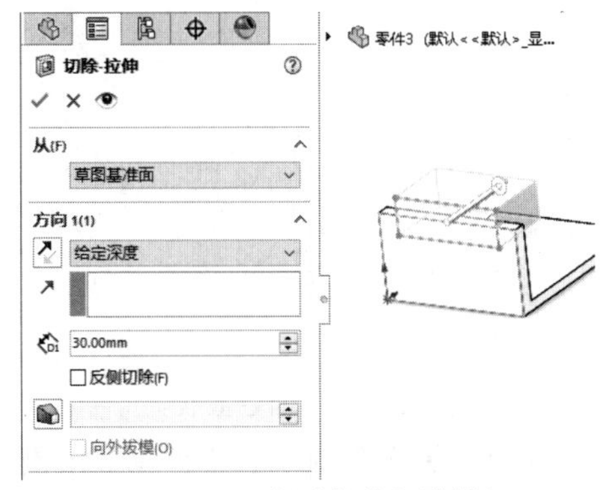

图10-145　创建拉伸切除特征

07 单击【草图】选项卡中的【边角矩形】按钮，绘制矩形，如图10-146所示。

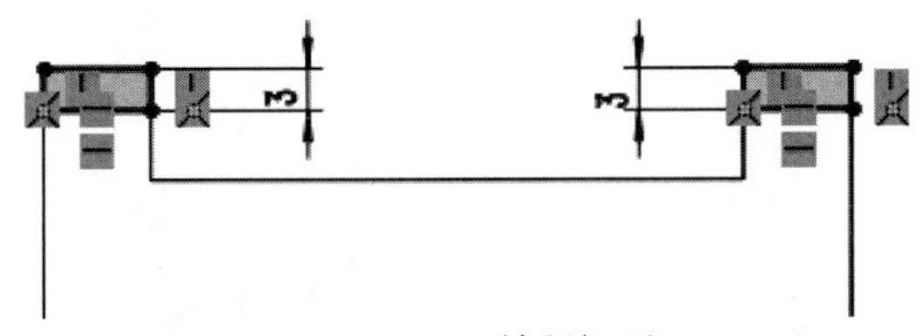

图10-146　绘制矩形

08 单击【特征】选项卡中的【拉伸凸台/基体】按钮，创建拉伸特征，如图10-147所示。

09 单击【草图】选项卡中的【边角矩形】按钮，绘制矩形，如图10-148所示。

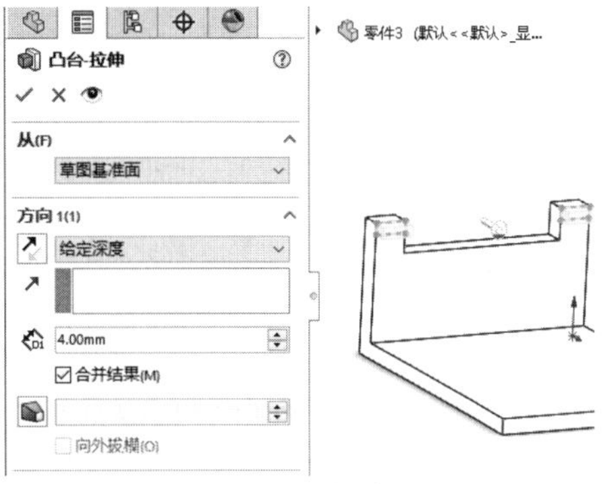

图10-147　拉伸凸台

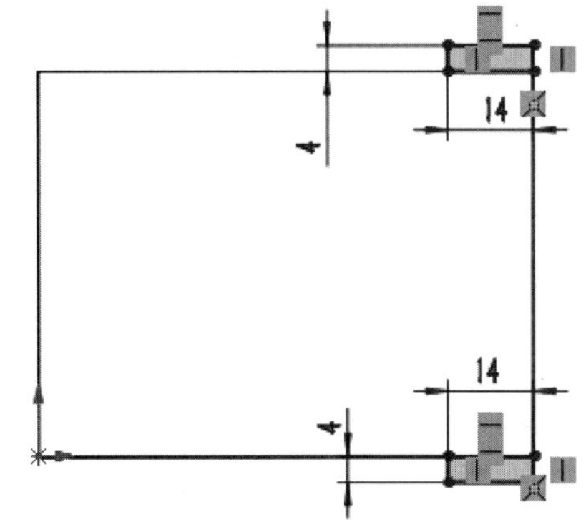

图10-148　绘制矩形

10 单击【特征】选项卡中的【拉伸凸台/基体】按钮，创建拉伸特征，如图10-149所示。

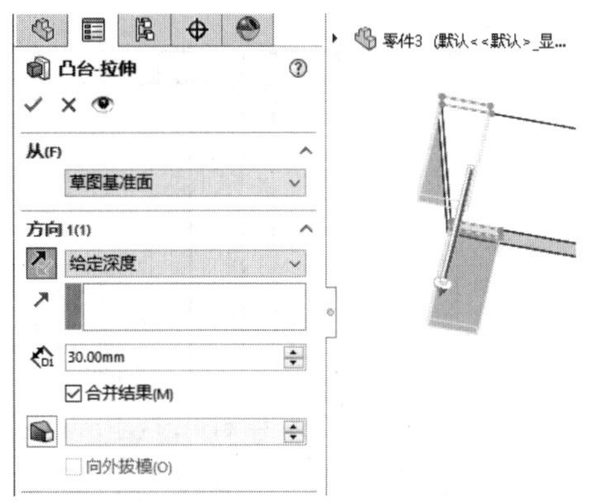

图10-149　拉伸凸台

11 单击【草图】选项卡中的【边角矩形】按钮，绘制矩形，如图10-150所示。

12 单击【特征】选项卡中的【拉伸切除】按钮，创建拉伸切除特征，如图10-151所示。

13 单击【草图】选项卡中的【边角矩形】按钮，绘制矩形，如图10-152所示。

14 单击【特征】选项卡中的【拉伸凸台/基体】按钮，创建拉伸特征，如图10-153所示。

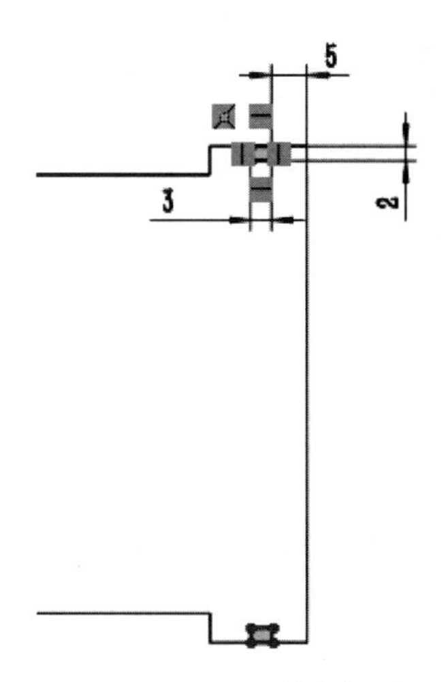

图10-150　绘制矩形

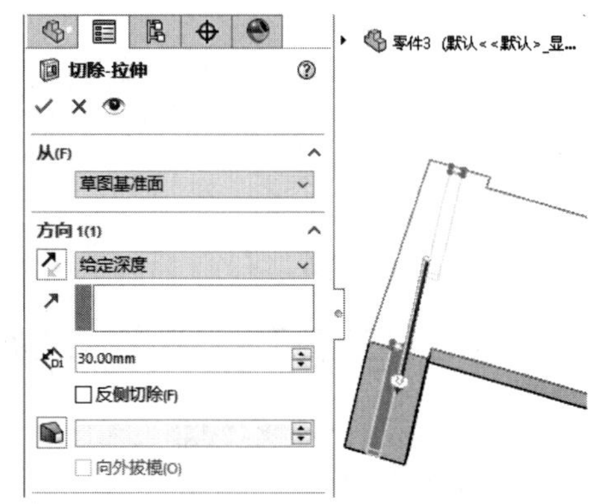

图10-151　创建拉伸切除特征

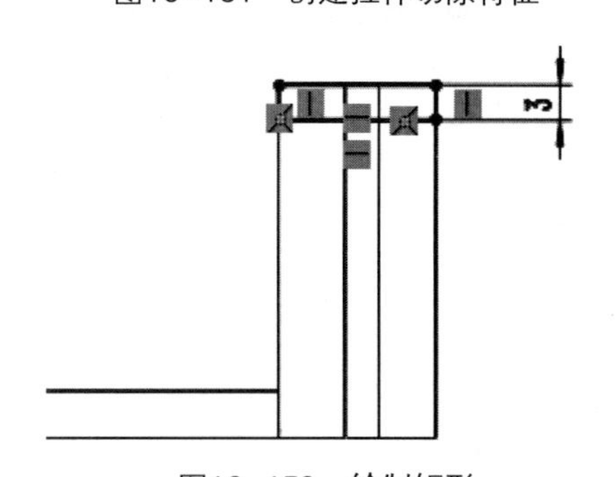

图10-152　绘制矩形

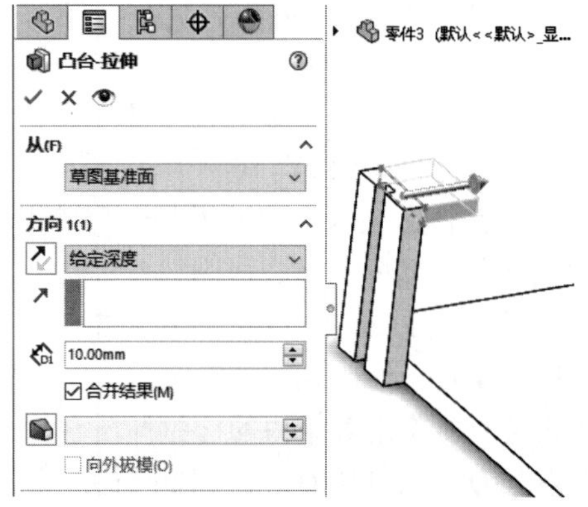

图10-153　拉伸凸台

15 单击【特征】选项卡中的【圆角】按钮，创建圆角特征，如图10-154所示。

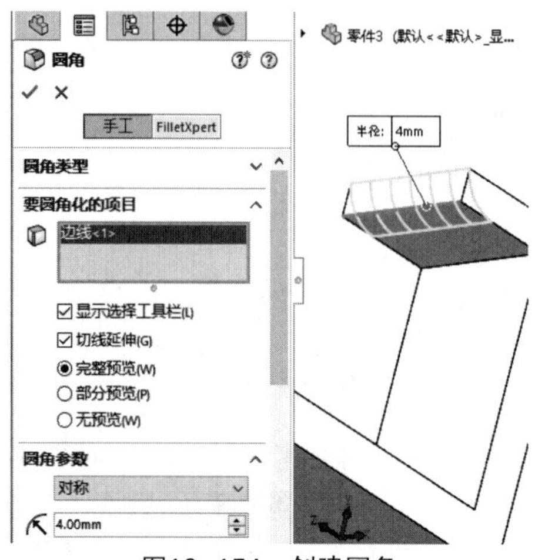

图10-154　创建圆角

16 单击【特征】选项卡中的【基准面】按钮，创建基准面，如图10-155所示。

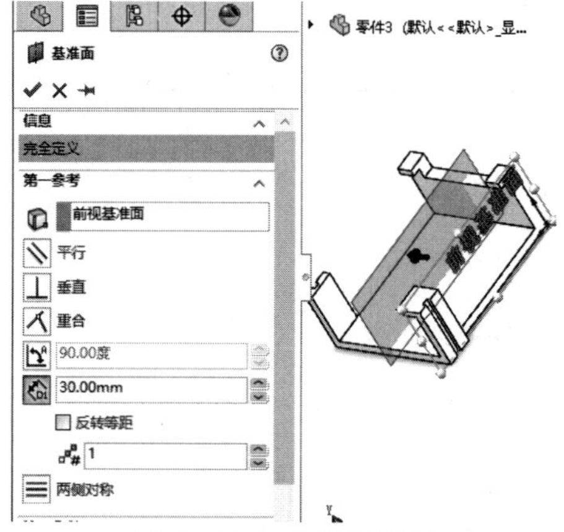

图10-155　创建基准面

17 单击【特征】选项卡中的【镜像】按钮，创建镜像特征，如图10-156所示。

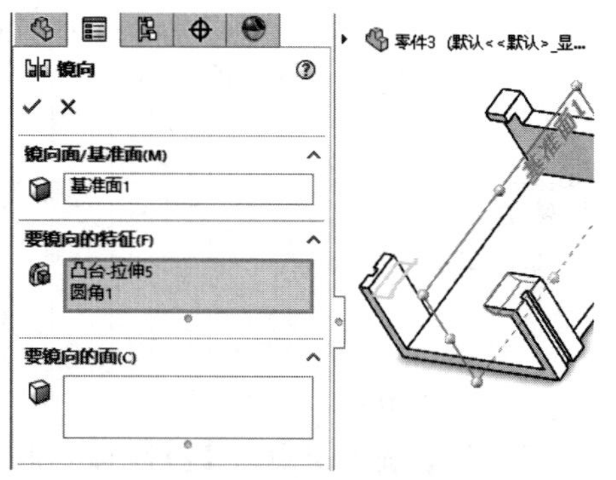

图10-156　创建镜像特征

18 单击【特征】选项卡中的【基准面】按钮，创建基准面，如图10-157所示。

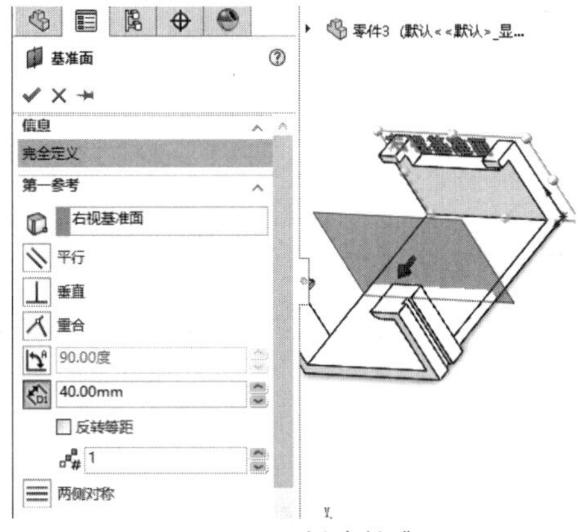

图10-157　创建基准面

19 单击【草图】选项卡中的【边角矩形】按钮▭，绘制矩形，如图10-158所示。

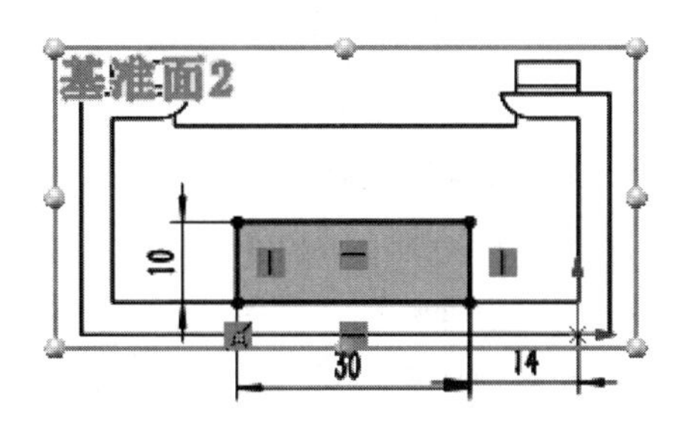

图10-158　绘制矩形

20 单击【特征】选项卡中的【拉伸凸台/基体】按钮，创建拉伸特征，如图10-159所示。

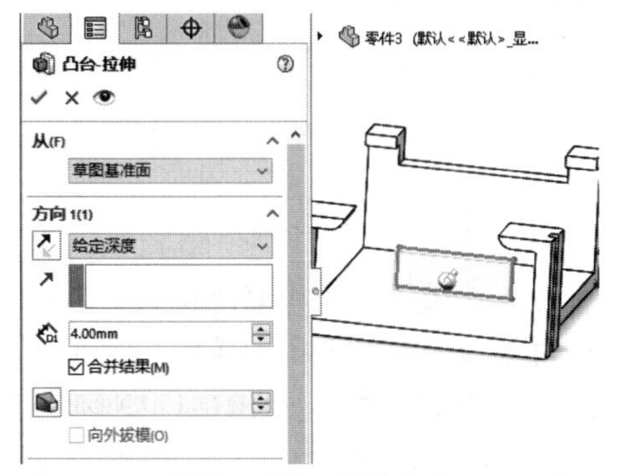

图10-159　拉伸凸台

21 完成支架座模型的绘制，如图10-160所示。

图10-160　完成支架座模型

实例 249 绘制自攻钉

案例源文件：ywj\10\249.prt

01 单击【草图】选项卡中的【圆】按钮，绘制圆，如图10-161所示。

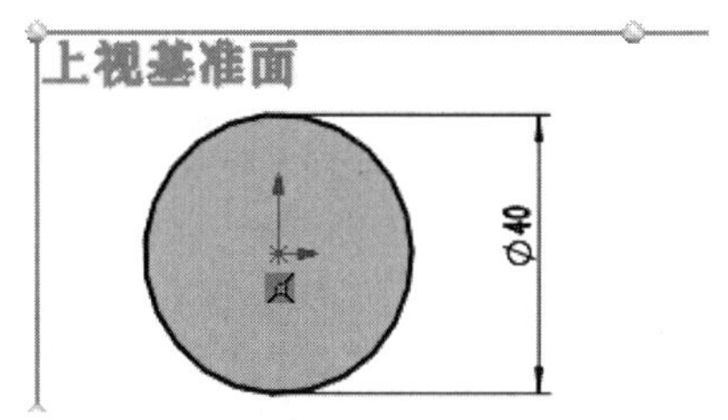

图10-161　绘制圆

02 单击【特征】选项卡中的【拉伸凸台/基体】按钮，创建拉伸特征，如图10-162所示。

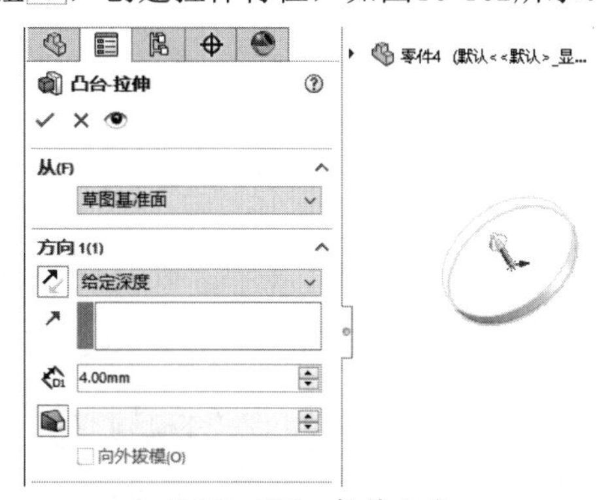

图10-162　拉伸凸台

03 单击【特征】选项卡中的【圆角】按钮，创建圆角特征，如图10-163所示。

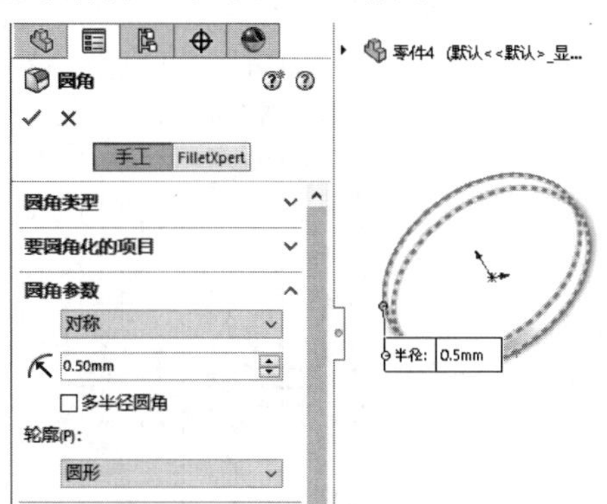

图10-163　创建圆角

04 单击【草图】选项卡中的【圆】按钮，绘制圆，如图10-164所示。

05 单击【特征】选项卡中的【拉伸凸台/基体】按钮，创建拉伸特征，如图10-165所示。

06 单击【特征】选项卡中的【圆角】按钮，创建圆角特征，如图10-166所示。

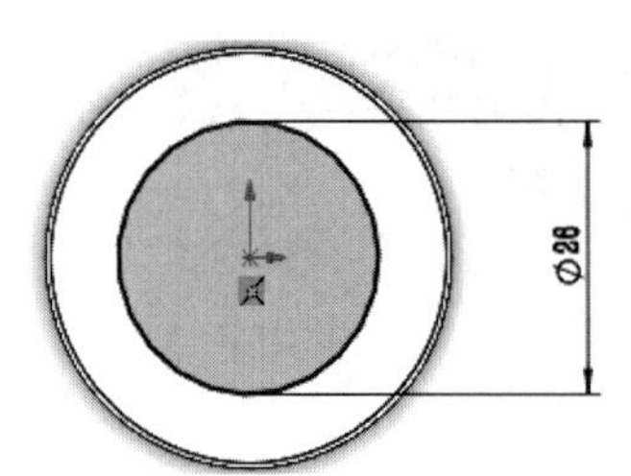

图10-164　绘制圆

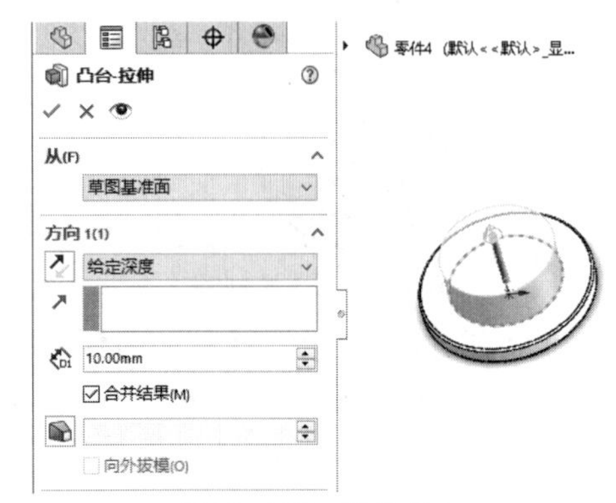

图10-165　拉伸凸台

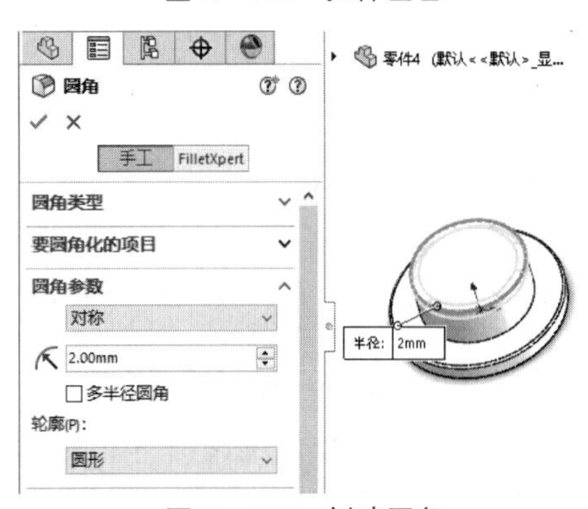

图10-166　创建圆角

07 单击【草图】选项卡中的【边角矩形】按钮，绘制矩形，如图10-167所示。

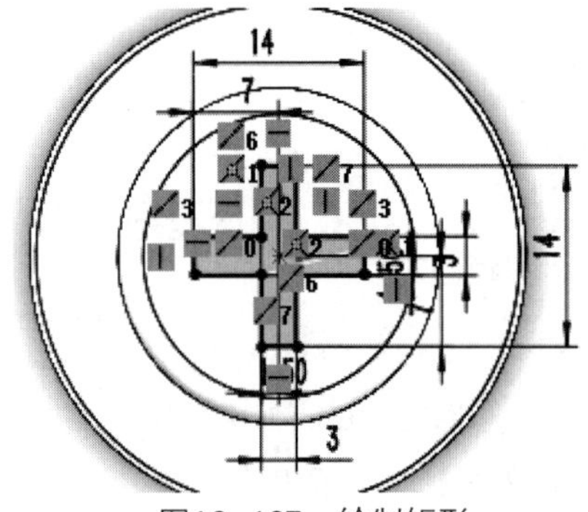

图10-167　绘制矩形

08 单击【特征】选项卡中的【拉伸切除】按钮，创建拉伸切除特征，如图10-168所示。

09 单击【草图】选项卡中的【圆】按钮，绘制圆，如图10-169所示。

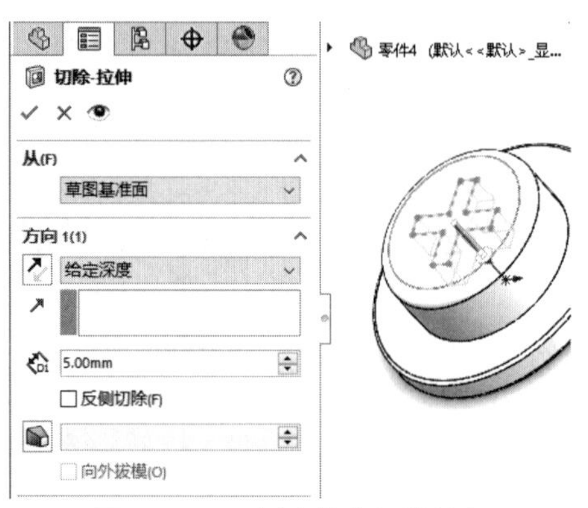

图10-168　创建拉伸切除特征

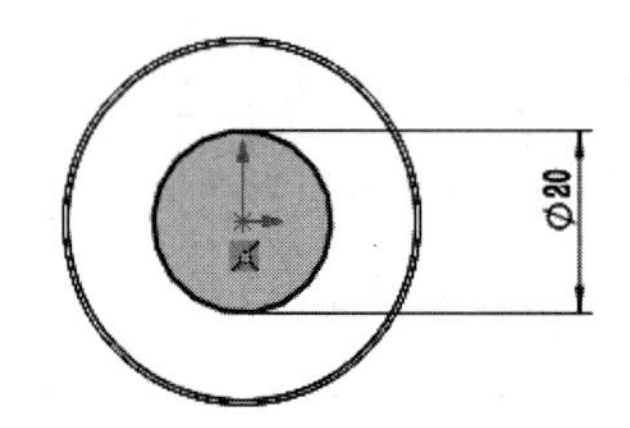

图10-169　绘制圆

10 单击【特征】选项卡中的【拉伸凸台/基体】按钮，创建拉伸特征，如图10-170所示。

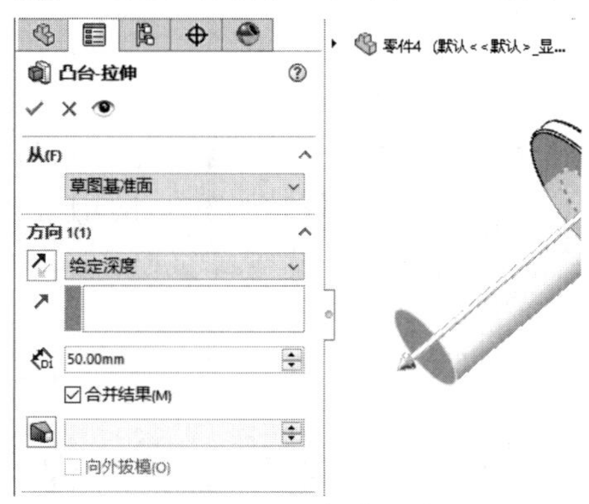

图10-170　拉伸凸台

11 单击【特征】选项卡中的【螺旋线/涡状线】按钮，绘制螺旋线，如图10-171所示。

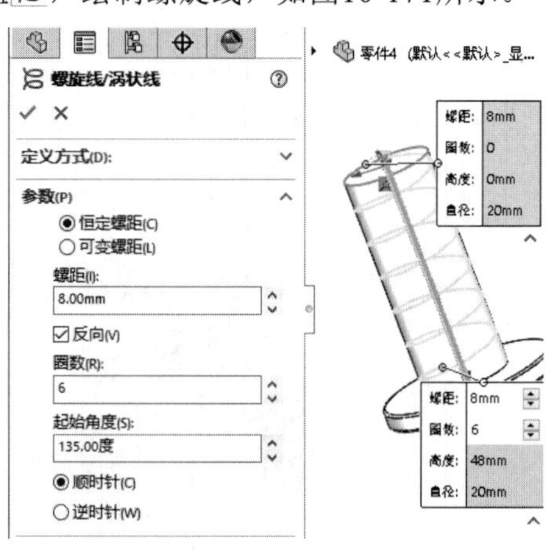

图10-171　创建螺旋线

12 单击【特征】选项卡中的【基准轴】按钮，创建基准轴，如图10-172所示。

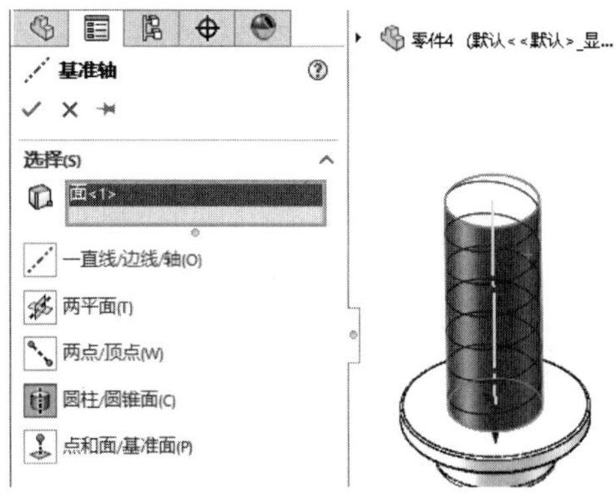

图10-172 创建基准轴

13 单击【特征】选项卡中的【基准面】按钮，创建基准面，如图10-173所示。

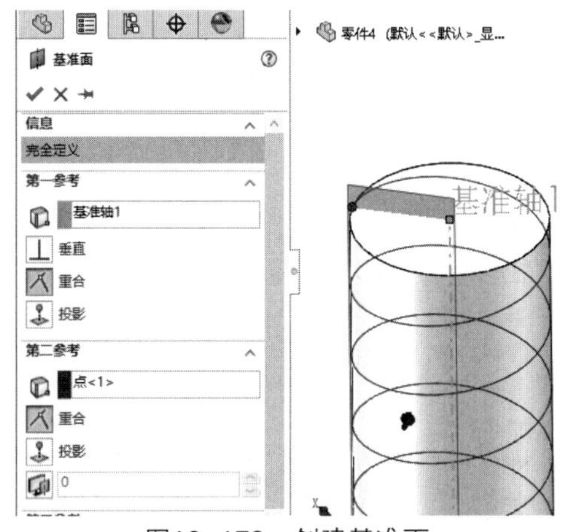

图10-173 创建基准面

14 单击【草图】选项卡中的【圆】按钮，绘制圆，如图10-174所示。

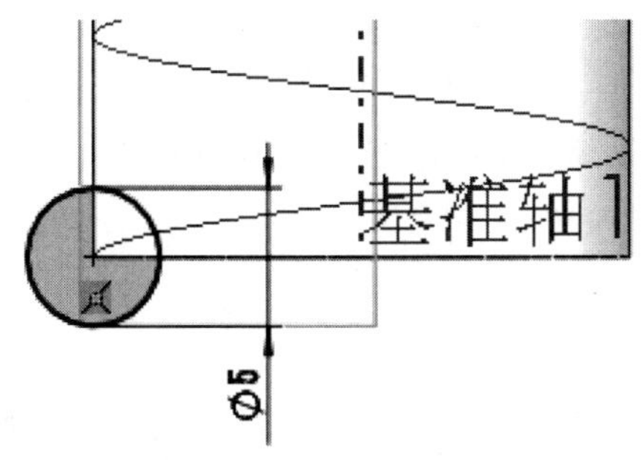

图10-174 绘制圆

15 单击【特征】选项卡中的【扫描】按钮，创建扫描特征，如图10-175所示。

16 单击【草图】选项卡中的【直线】按钮，绘制三角形，如图10-176所示。

17 单击【特征】选项卡中的【旋转切除】按钮，创建旋转切除特征，如图10-177所示。

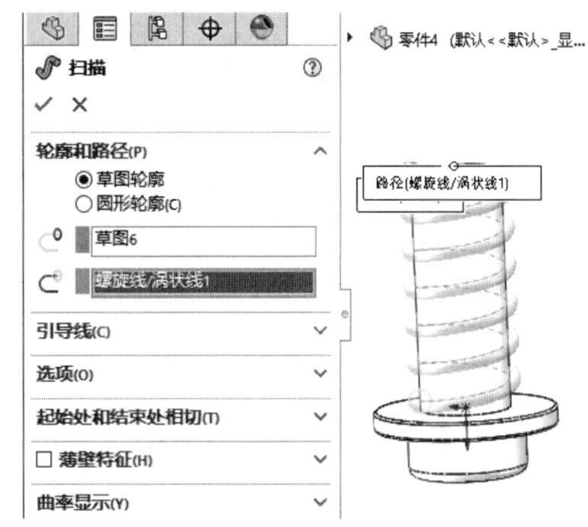

图10-175 创建扫描特征

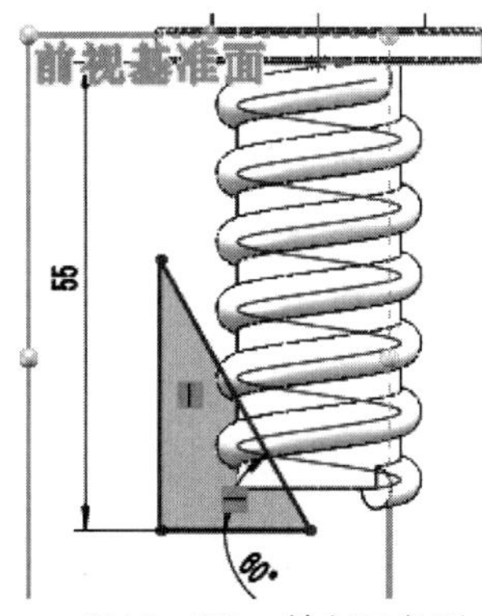

图10-176 绘制三角形

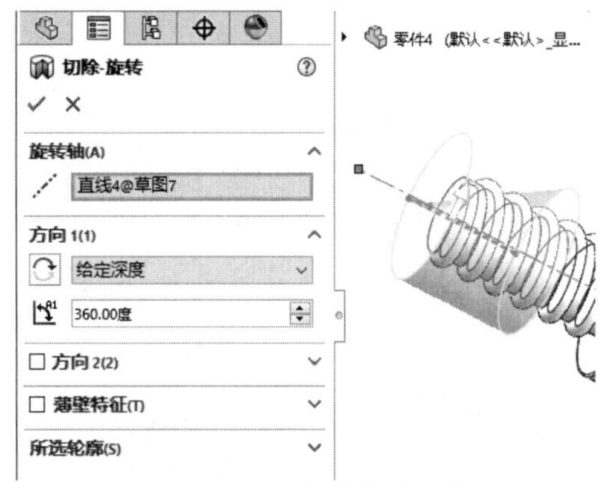

图10-177 创建旋转切除

18 完成自攻钉模型的绘制，如图10-178所示。

图10-178 完成自攻钉模型

实例 250

案例源文件：ywj\10\250.prt

绘制吊钩

01 单击【草图】选项卡中的【圆】按钮，绘制圆，如图10-179所示。

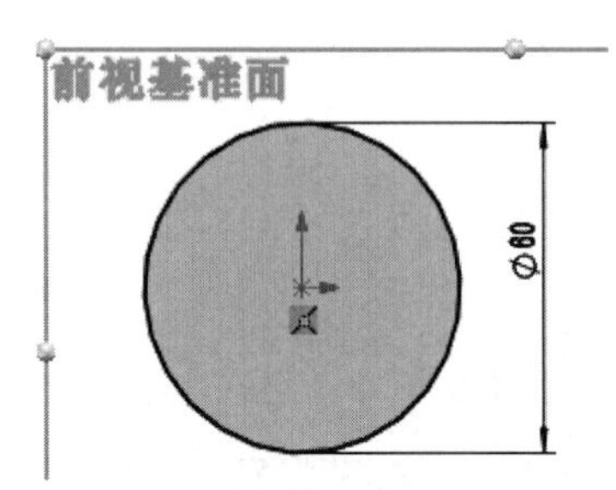

图10-179 绘制圆

02 单击【特征】选项卡中的【拉伸凸台/基体】按钮，创建拉伸特征，如图10-180所示。

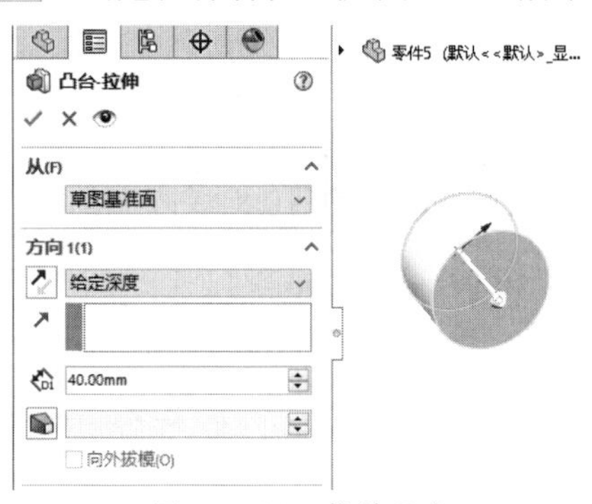

图10-180 拉伸凸台

03 单击【特征】选项卡中的【基准面】按钮，创建基准面，如图10-181所示。

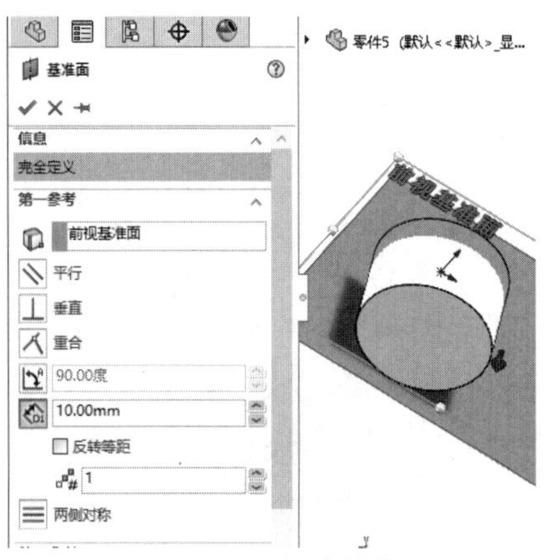

图10-181 创建基准面

04 单击【草图】选项卡中的【边角矩形】按钮，绘制矩形，如图10-182所示。

05 单击【特征】选项卡中的【拉伸凸台/基体】按钮，创建拉伸特征，如图10-183所示。

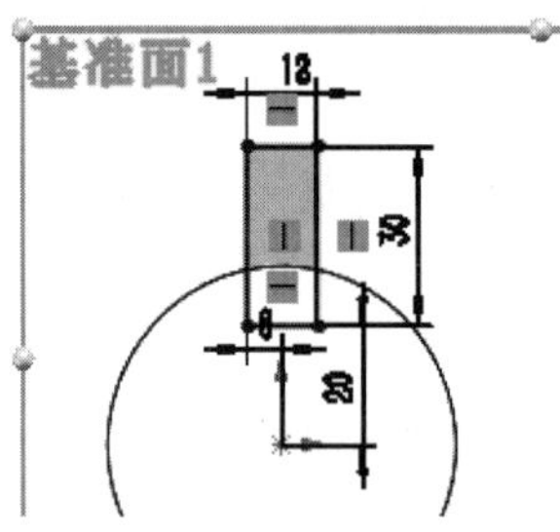

图10-182 绘制矩形

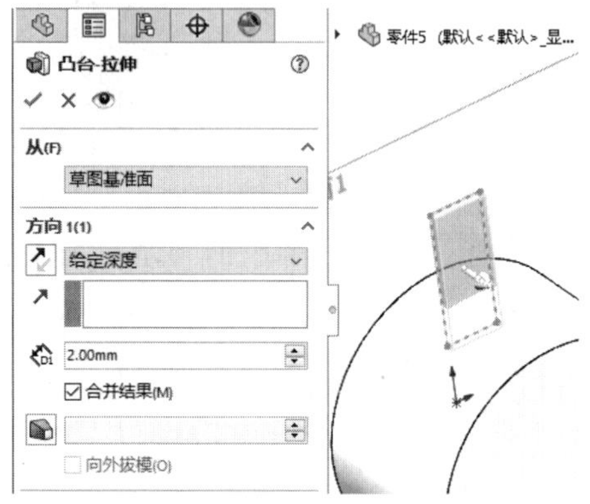

图10-183 拉伸凸台

06 单击【特征】选项卡中的【倒角】按钮，创建倒角特征，如图10-184所示。

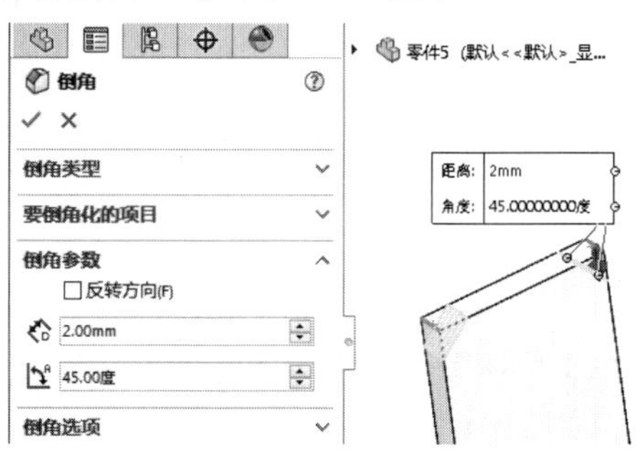

图10-184 创建倒角

07 单击【特征】选项卡中的【基准面】按钮，创建基准面，如图10-185所示。

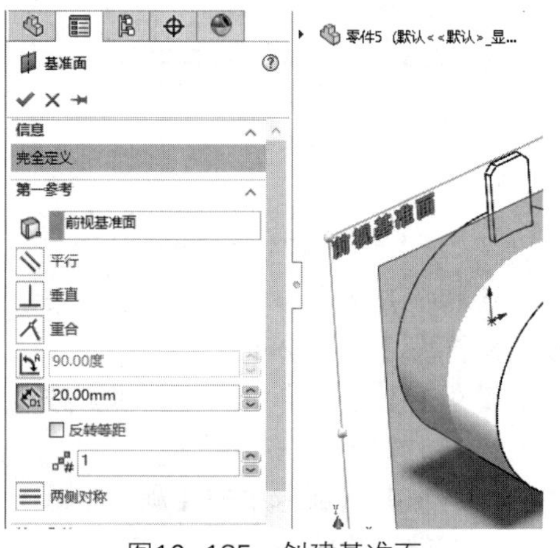

图10-185 创建基准面

08 单击【特征】选项卡中的【镜像】按钮，创建镜像特征，如图10-186所示。

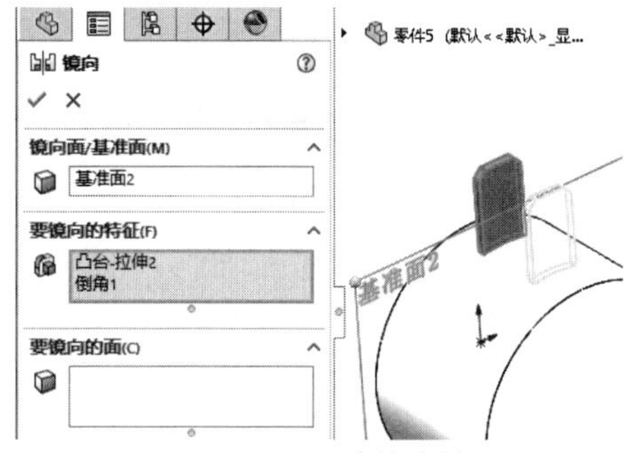

图10-186　创建镜像特征

09 单击【草图】选项卡中的【边角矩形】按钮，绘制矩形，如图10-187所示。

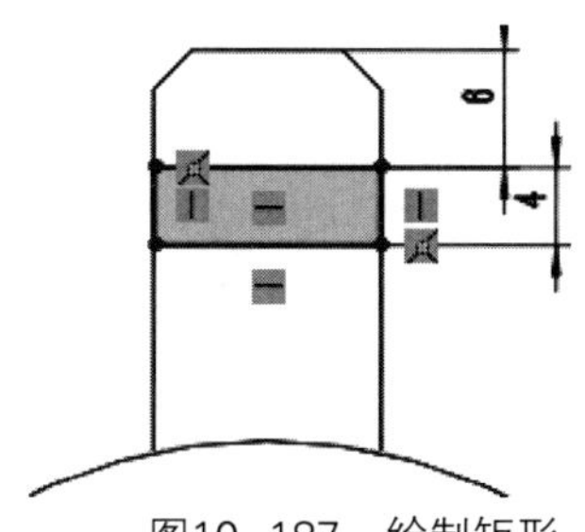

图10-187　绘制矩形

10 单击【特征】选项卡中的【拉伸凸台/基体】按钮，创建拉伸特征，如图10-188所示。

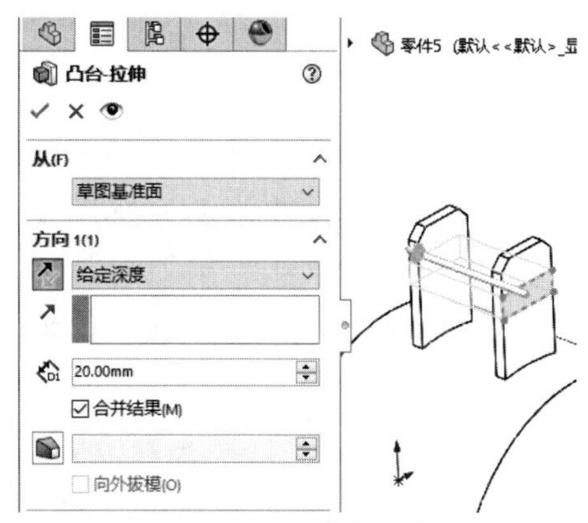

图10-188　拉伸凸台

11 单击【草图】选项卡中的【圆】按钮，绘制圆，如图10-189所示。

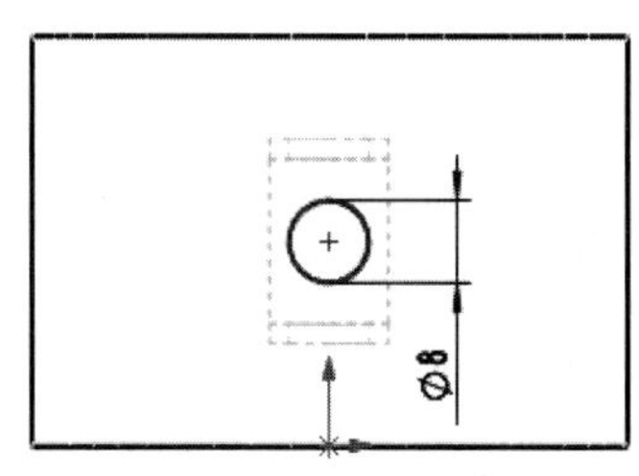

图10-189　绘制圆

12 单击【特征】选项卡中的【拉伸凸台/基体】按钮，创建拉伸特征，如图10-190所示。

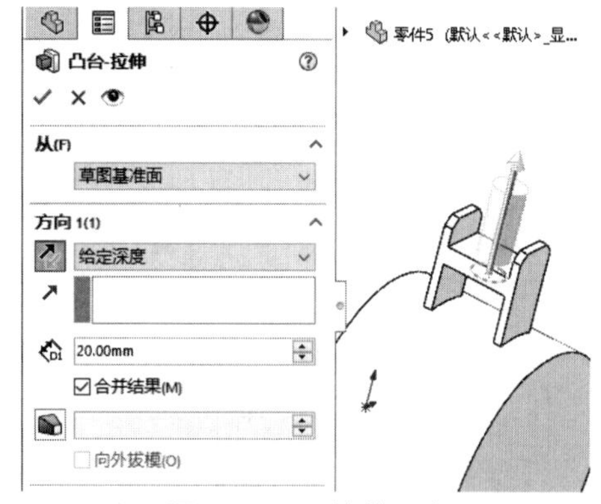

图10-190　拉伸凸台

13 单击【草图】选项卡中的【圆】按钮，绘制圆，如图10-191所示。

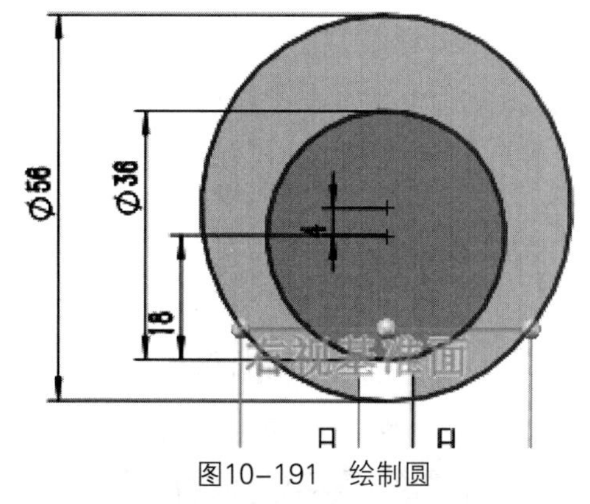

图10-191　绘制圆

14 单击【草图】选项卡中的【剪裁实体】按钮，剪裁图形，如图10-192所示。

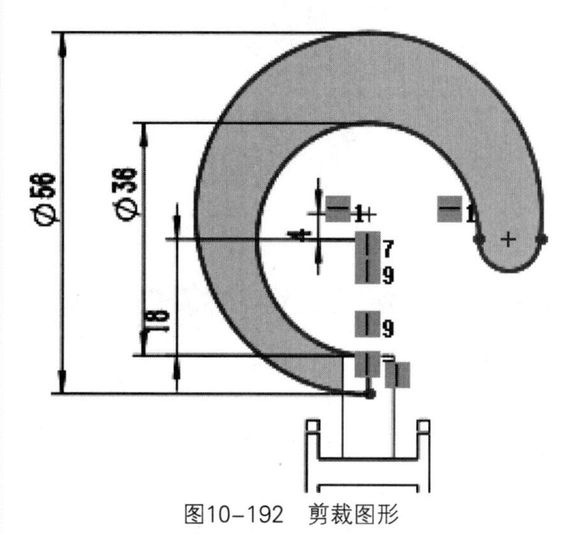

图10-192　剪裁图形

15 单击【特征】选项卡中的【拉伸凸台/基体】按钮，创建拉伸特征，如图10-193所示。

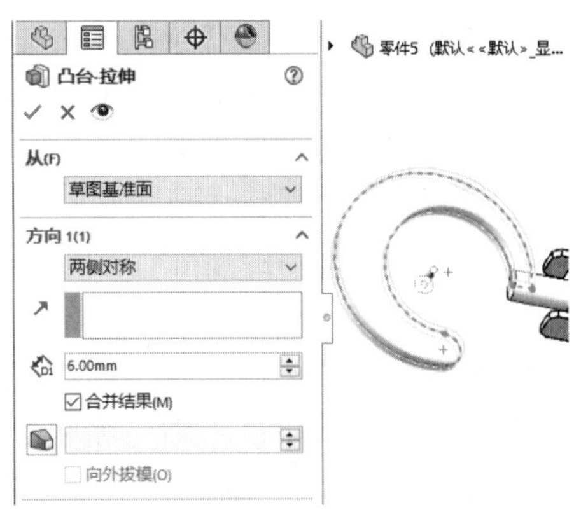

图10–193　拉伸凸台

16 单击【特征】选项卡中的【圆角】按钮，创建圆角特征，如图10-194所示。

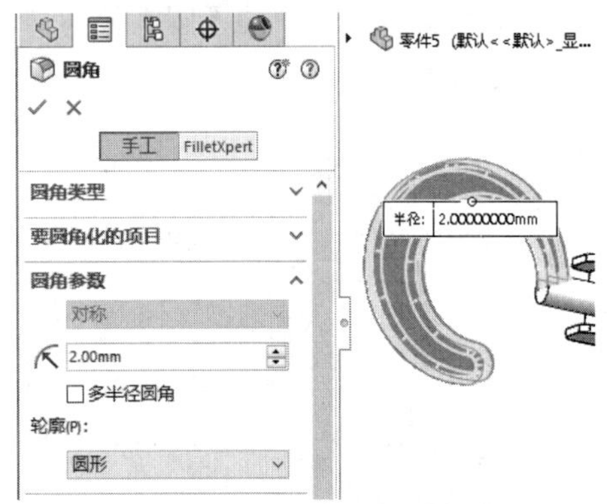

图10–194　创建圆角

17 完成吊钩模型的绘制，如图10-195所示。

图10–195　完成吊钩模型

实例 251　绘制卡盘

案例源文件：ywj\10\251.prt

01 单击【草图】选项卡中的【圆】按钮，绘制圆，如图10-196所示。

02 单击【特征】选项卡中的【拉伸凸台/基体】按钮，创建拉伸特征，如图10-197所示。

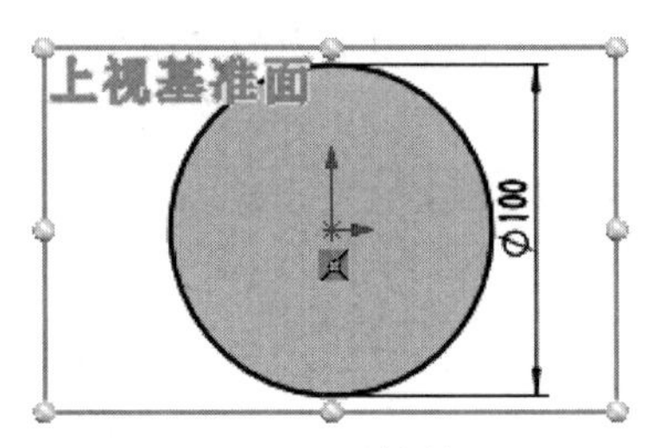

图10–196　绘制圆

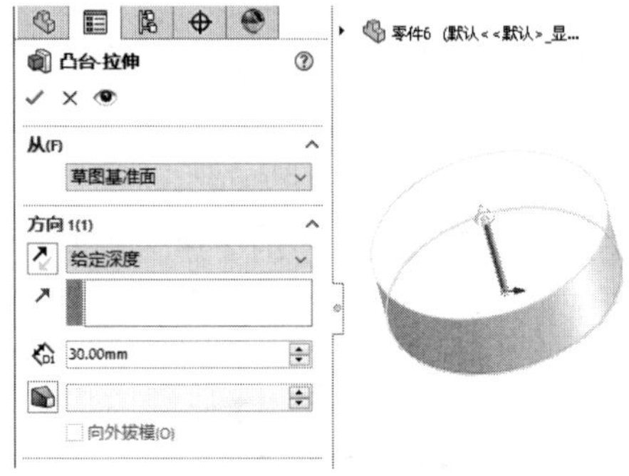

图10–197　拉伸凸台

03 单击【草图】选项卡中的【圆】按钮，绘制圆，如图10-198所示。

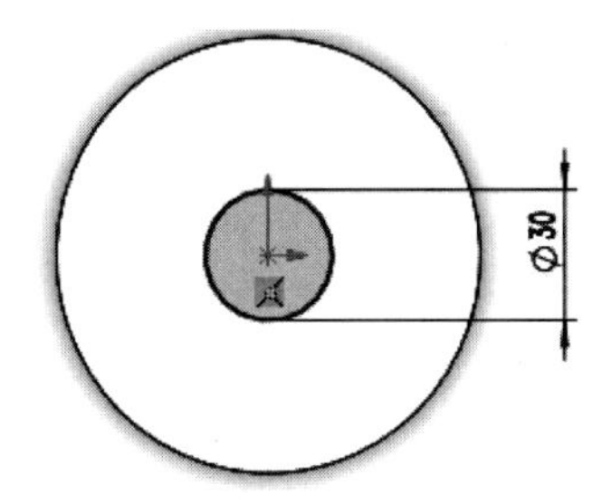

图10–198　绘制圆

04 单击【特征】选项卡中的【拉伸切除】按钮，创建拉伸切除特征，如图10-199所示。

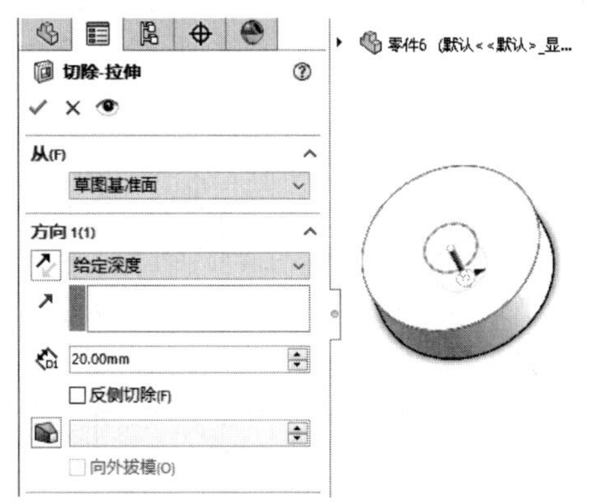

图10–199　创建拉伸切除特征

05 单击【特征】选项卡中的【基准面】按钮，创建基准面，如图10-200所示。

06 单击【草图】选项卡中的【圆】按钮，绘制圆，如图10-201所示。

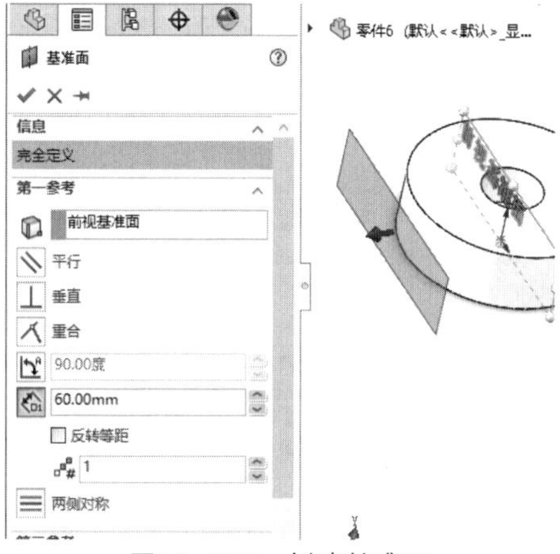
图10-200　创建基准面

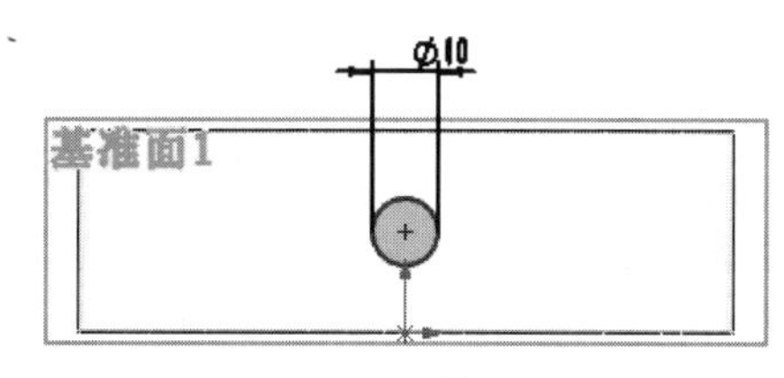
图10-201　绘制圆

07 单击【特征】选项卡中的【拉伸切除】按钮，创建拉伸切除特征，如图10-202所示。

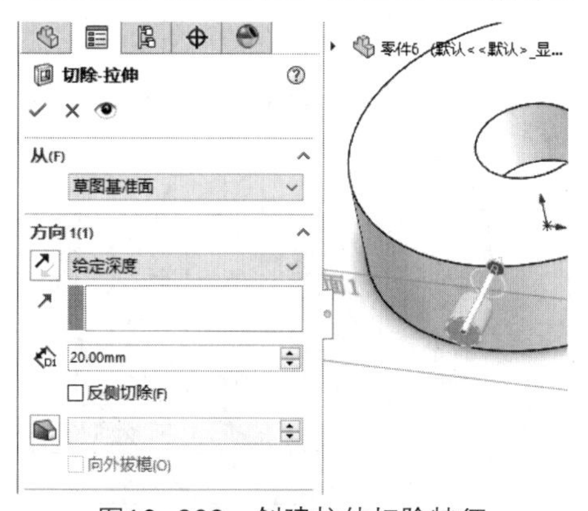
图10-202　创建拉伸切除特征

08 单击【特征】选项卡中的【圆周阵列】按钮，创建圆周阵列特征，如图10-203所示。

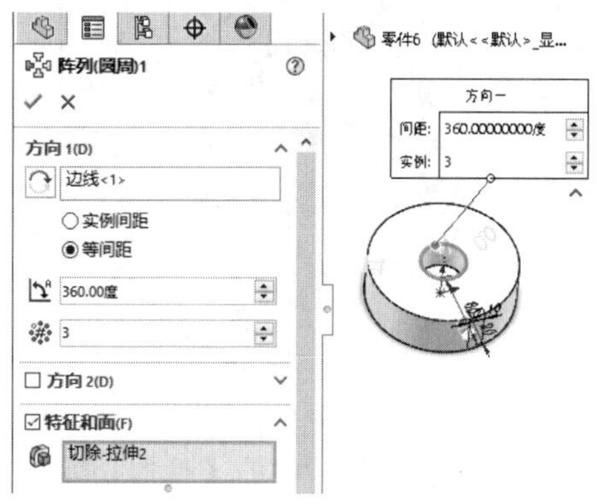
图10-203　创建圆周阵列特征

09 单击【草图】选项卡中的【直线】按钮，绘制直线，如图10-204所示。

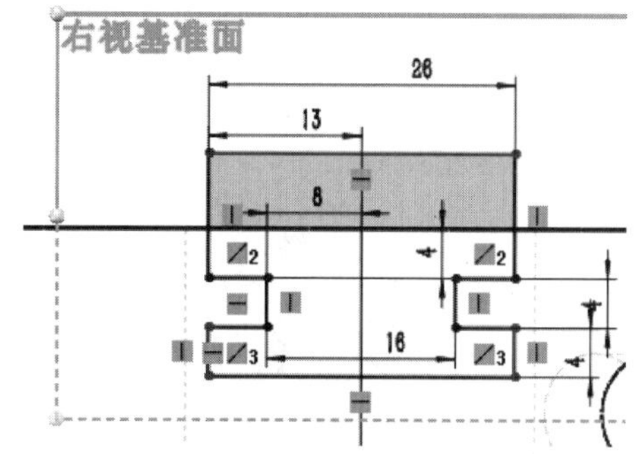
图10-204　绘制直线图形

10 单击【特征】选项卡中的【拉伸切除】按钮，创建拉伸切除特征，如图10-205所示。

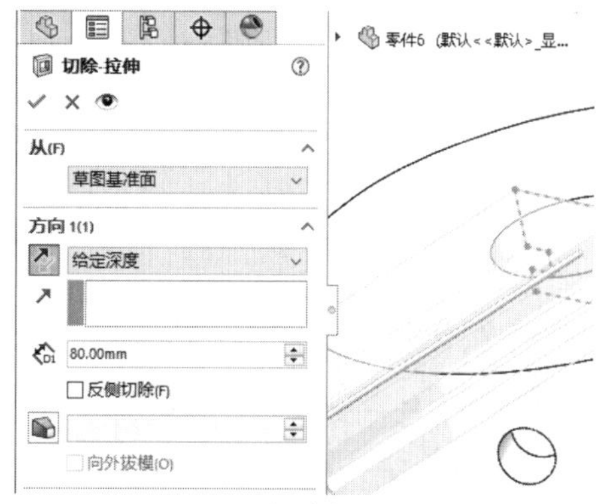
图10-205　创建拉伸切除特征

11 单击【特征】选项卡中的【圆周阵列】按钮，创建圆周阵列特征，如图10-206所示。

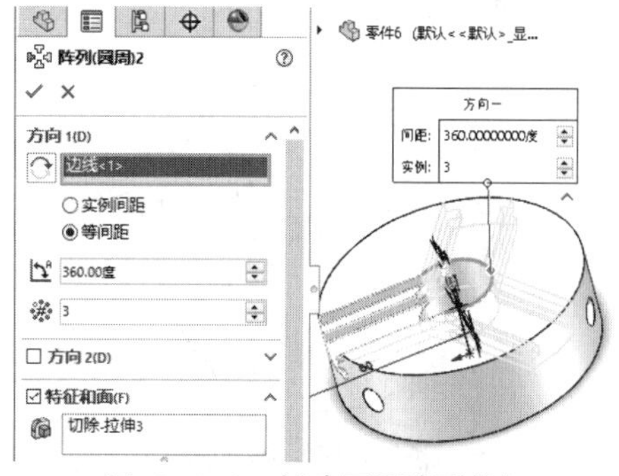
图10-206　创建圆周阵列特征

12 完成卡盘模型的绘制，如图10-207所示。

图10-207　完成卡盘模型

实例 252

绘制盘形凸轮

01 单击【草图】选项卡中的【圆】按钮，绘制圆，如图10-208所示。

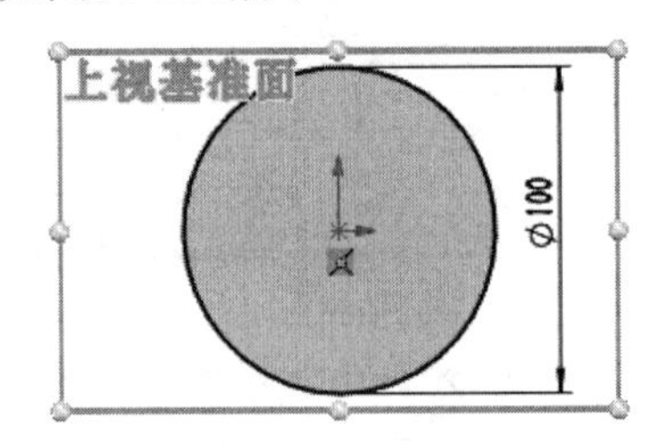

图10-208 绘制圆

02 单击【特征】选项卡中的【拉伸凸台/基体】按钮，创建拉伸特征，如图10-209所示。

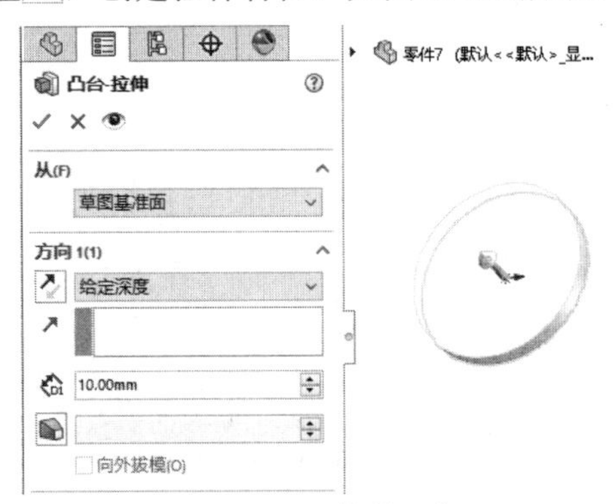

图10-209 拉伸凸台

03 单击【草图】选项卡中的【圆】按钮，绘制圆，如图10-210所示。

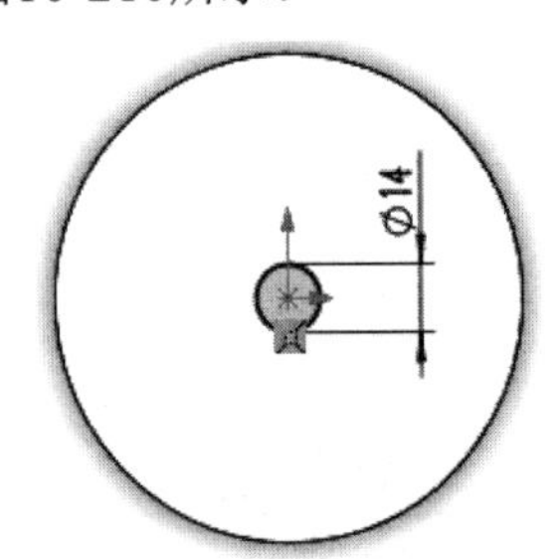

图10-210 绘制圆

04 单击【特征】选项卡中的【拉伸切除】按钮，创建拉伸切除特征，如图10-211所示。

05 单击【特征】选项卡中的【倒角】按钮，创建倒角特征，如图10-212所示。

06 单击【草图】选项卡中的【圆】按钮，绘制圆，如图10-213所示。

07 单击【草图】选项卡中的【直线】按钮，绘制切线，如图10-214所示。

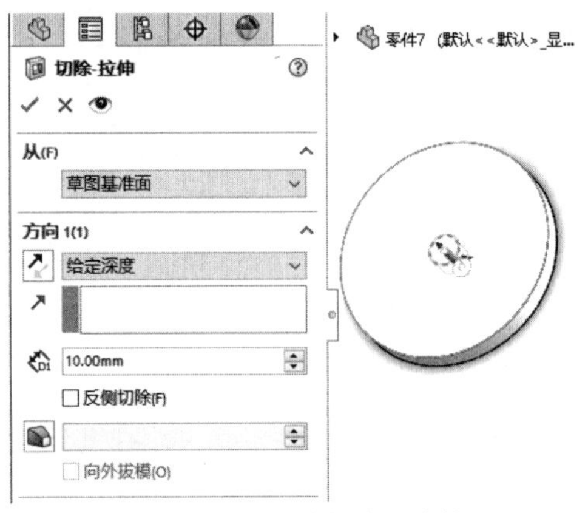

图10-211 创建拉伸切除特征

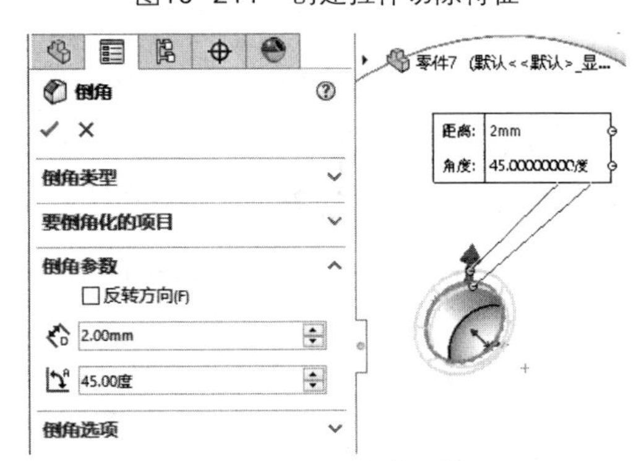

图10-212 创建倒角

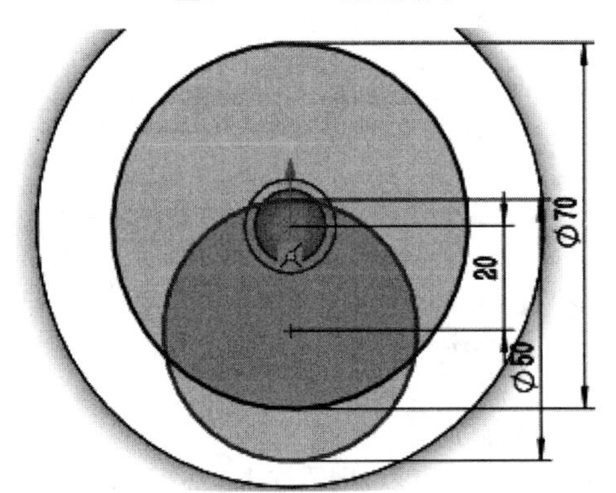

图10-213 绘制圆

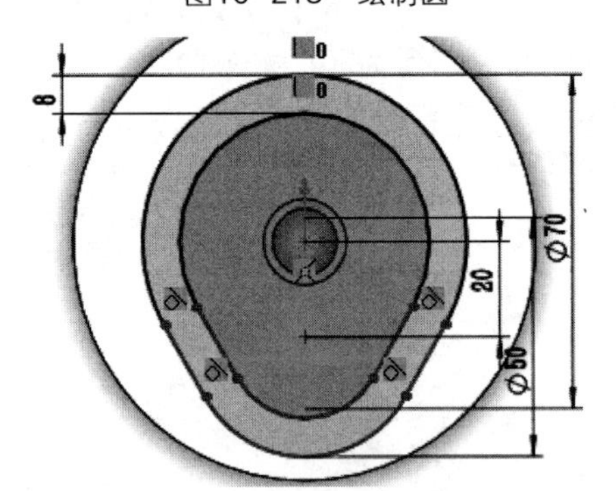

图10-214 绘制切线

08 单击【特征】选项卡中的【拉伸切除】按钮，创建拉伸切除特征，如图10-215所示。

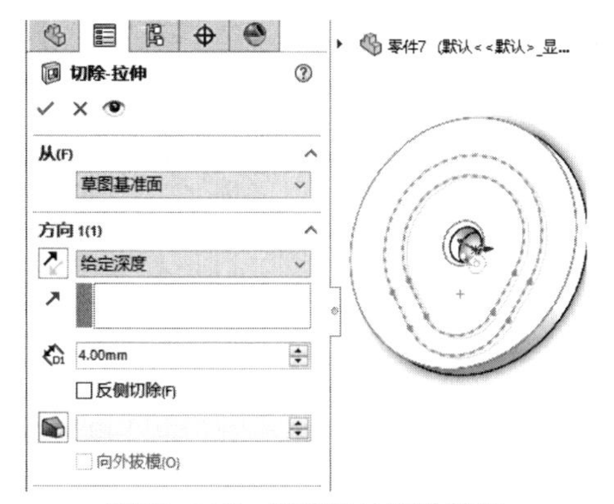

图10-215　创建拉伸切除特征

09 单击【草图】选项卡中的【圆】按钮，绘制圆，如图10-216所示。

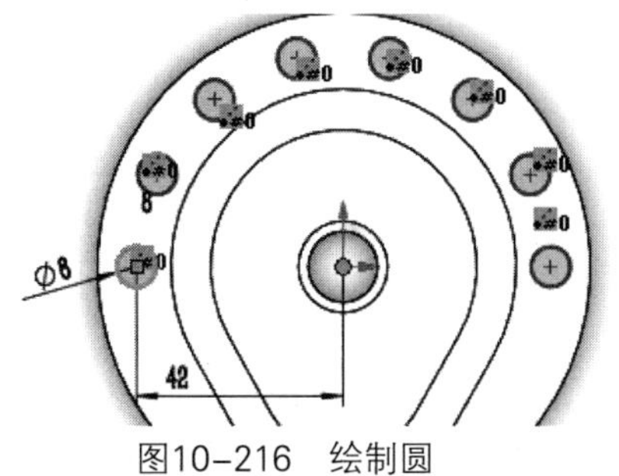

图10-216　绘制圆

10 单击【特征】选项卡中的【拉伸切除】按钮，创建拉伸切除特征，如图10-217所示。

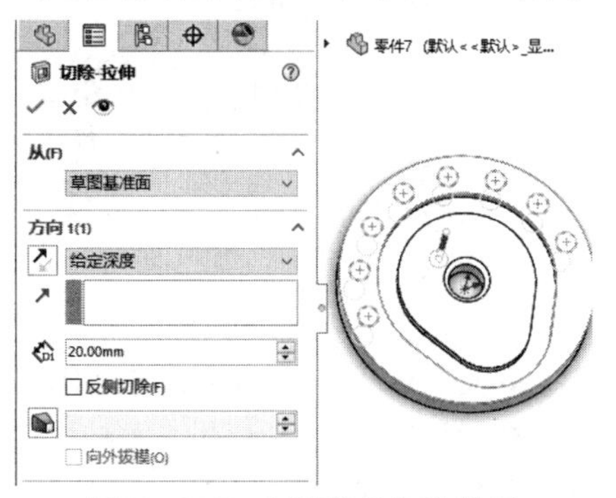

图10-217　创建拉伸切除特征

11 完成盘形凸轮模型的绘制，如图10-218所示。

图10-218　完成盘形凸轮模型

实例 253　绘制密封盖

01 单击【草图】选项卡中的【圆】按钮，绘制圆，如图10-219所示。

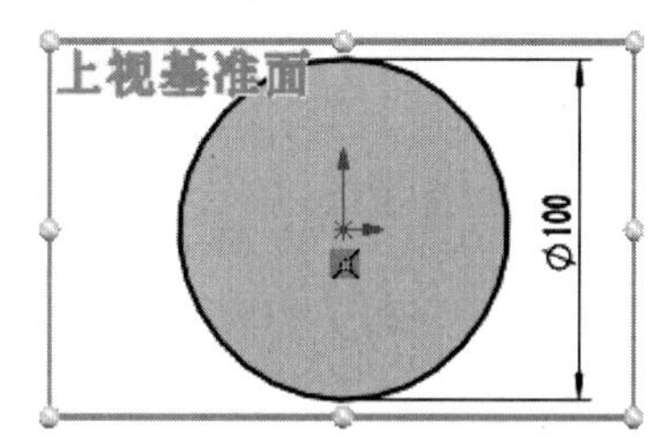

图10-219　绘制圆

02 单击【特征】选项卡中的【拉伸凸台/基体】按钮，创建拉伸特征，如图10-220所示。

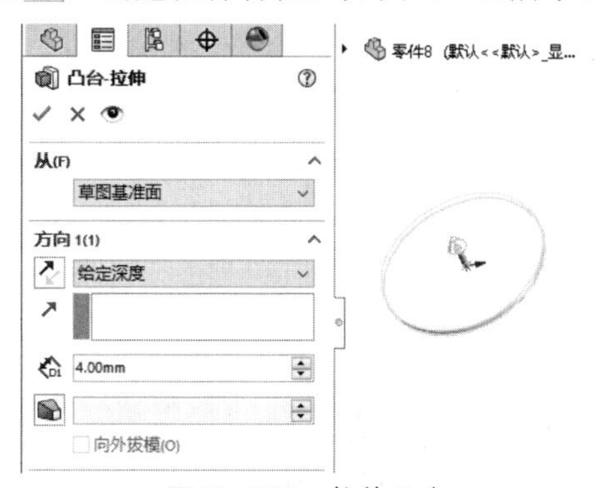

图10-220　拉伸凸台

03 单击【草图】选项卡中的【圆】按钮，绘制圆，如图10-221所示。

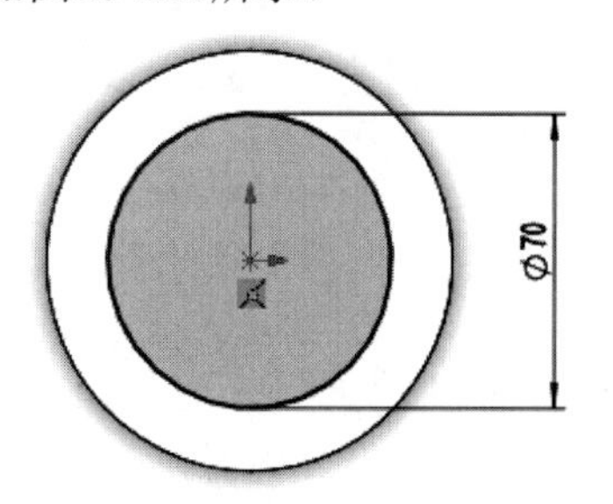

图10-221　绘制圆

04 单击【特征】选项卡中的【拉伸凸台/基体】按钮，创建拉伸特征，如图10-222所示。

05 单击【特征】选项卡中的【圆角】按钮，创建圆角特征，如图10-223所示。

06 单击【草图】选项卡中的【圆】按钮，绘制圆，如图10-224所示。

07 单击【特征】选项卡中的【拉伸凸台/基体】按钮，创建拉伸特征，如图10-225所示。

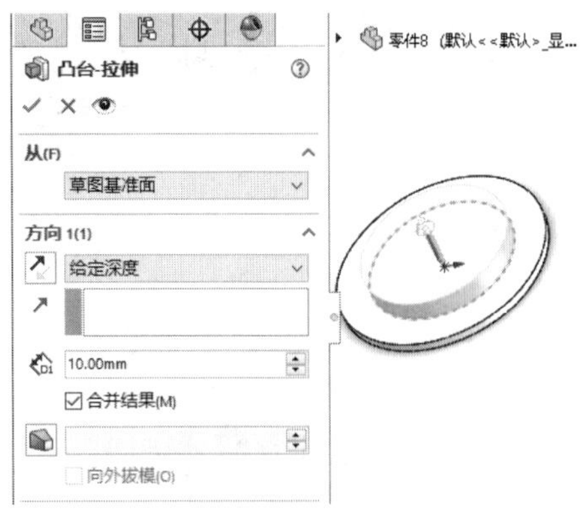

图10-222　拉伸凸台

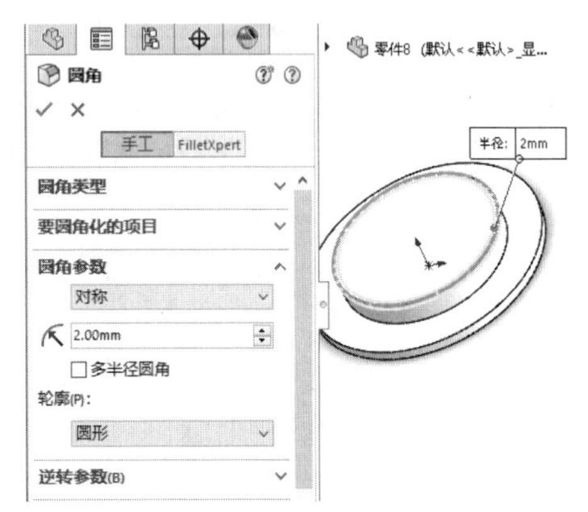

图10-223　创建圆角

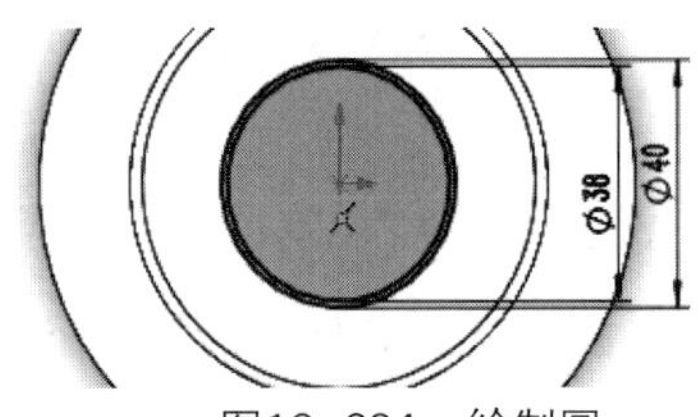

图10-224　绘制圆

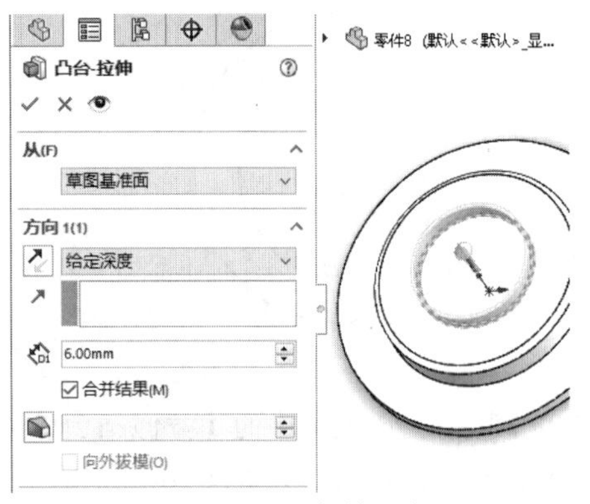

图10-225　拉伸凸台

08 单击【草图】选项卡中的【圆】按钮，绘制圆，如图10-226所示。

09 单击【特征】选项卡中的【拉伸凸台/基体】按钮，创建拉伸特征，如图10-227所示。

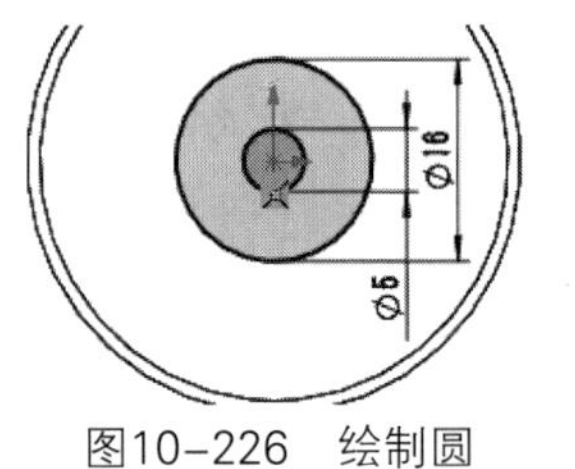

图10-226　绘制圆

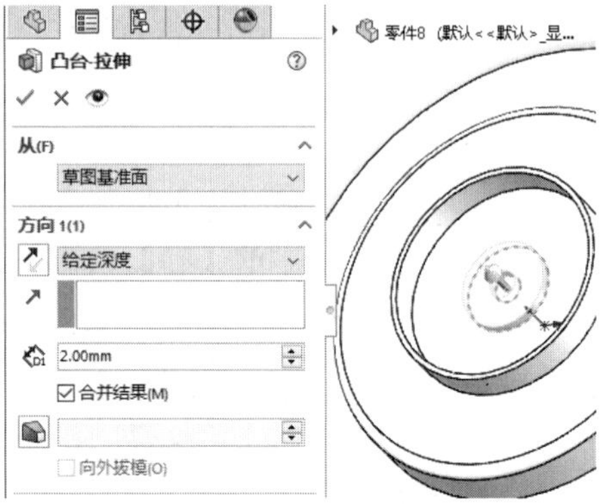

图10-227　拉伸凸台

10 单击【草图】选项卡中的【圆】按钮，绘制圆，如图10-228所示。

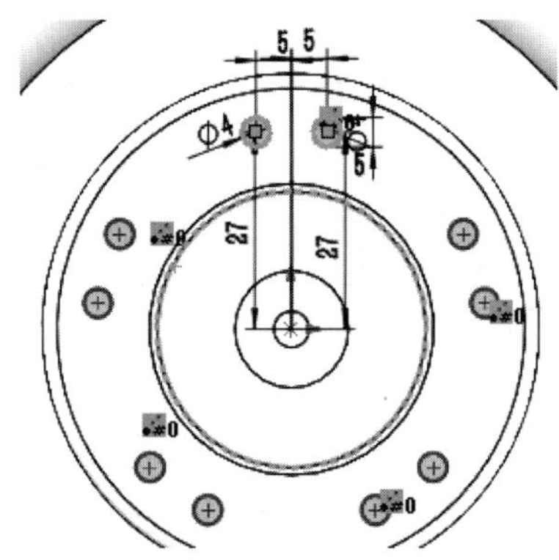

图10-228　绘制圆

11 单击【特征】选项卡中的【拉伸切除】按钮，创建拉伸切除特征，如图10-229所示。

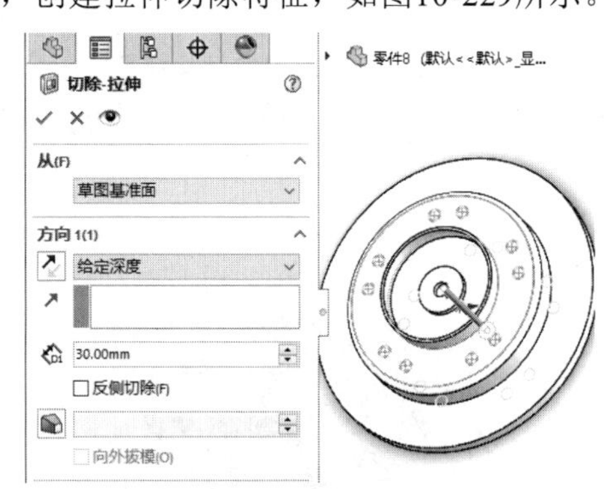

图10-229　创建拉伸切除特征

12 单击【草图】选项卡中的【圆】按钮，绘制圆，如图10-230所示。

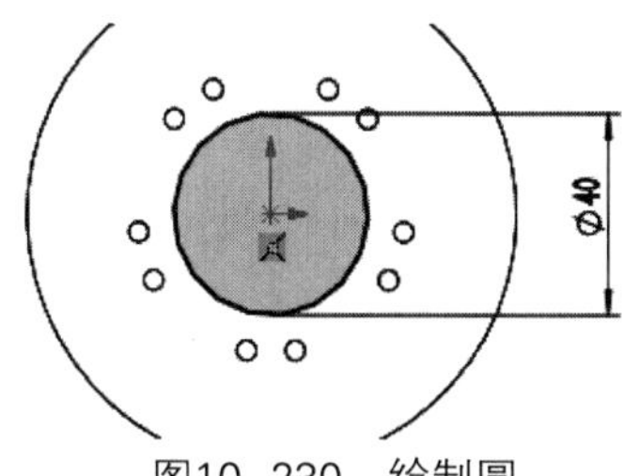

图10-230 绘制圆

13 单击【特征】选项卡中的【拉伸凸台/基体】按钮，创建拉伸特征，如图10-231所示。

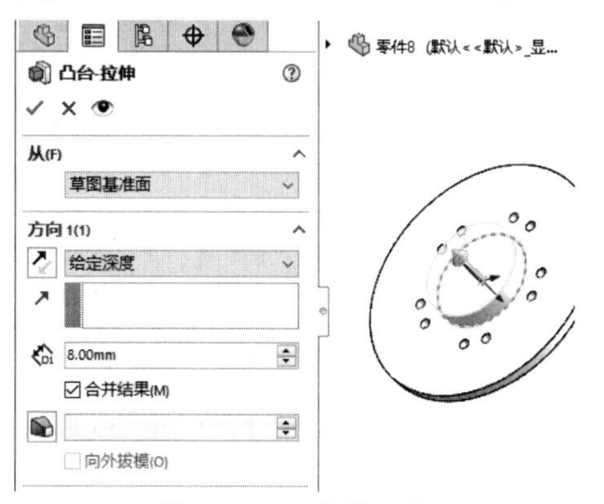

图10-231 拉伸凸台

14 单击【草图】选项卡中的【边角矩形】按钮，绘制矩形，如图10-232所示。

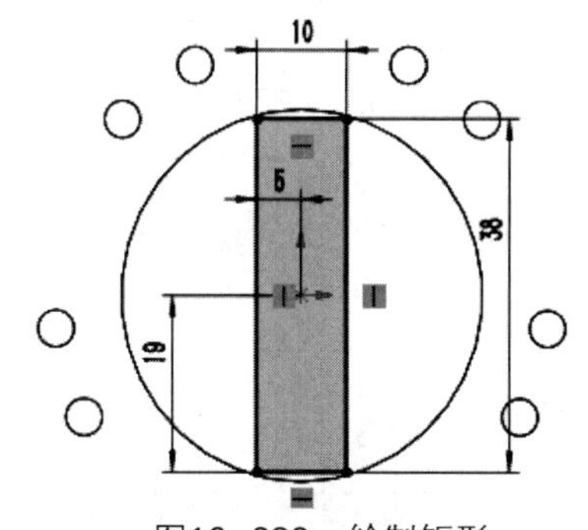

图10-232 绘制矩形

15 单击【特征】选项卡中的【拉伸凸台/基体】按钮，创建拉伸特征，如图10-233所示。

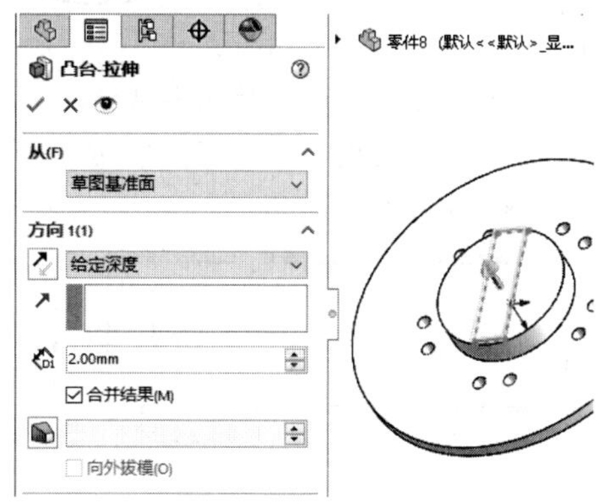

图10-233 拉伸凸台

16 单击【草图】选项卡中的【边角矩形】按钮，绘制矩形，如图10-234所示。

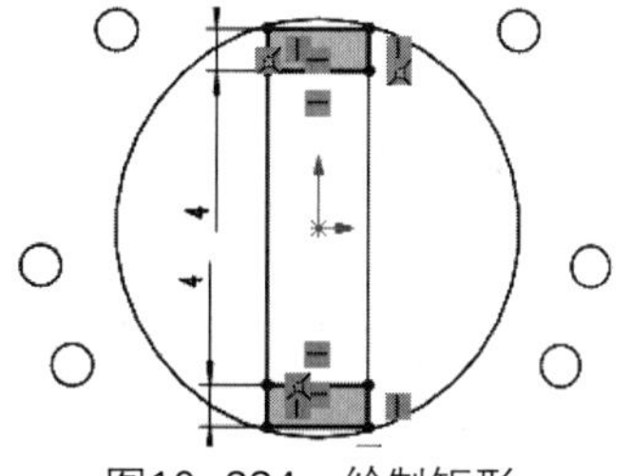

图10-234 绘制矩形

17 单击【特征】选项卡中的【拉伸凸台/基体】按钮，创建拉伸特征，如图10-235所示。

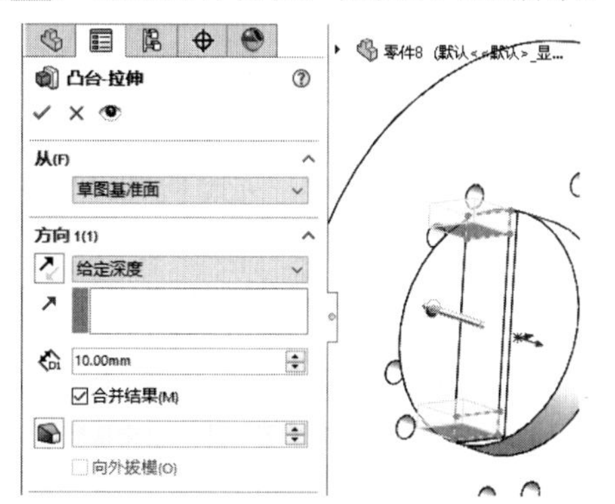

图10-235 拉伸凸台

18 单击【特征】选项卡中的【圆角】按钮，创建圆角特征，如图10-236所示。

图10-236 创建圆角

19 完成密封盖模型的绘制，如图10-237所示。

图10-237 完成密封盖模型

实例 254　绘制轴圈

案例源文件：ywj\10\254.prt

01 单击【草图】选项卡中的【圆】按钮，绘制圆，如图10-238所示。

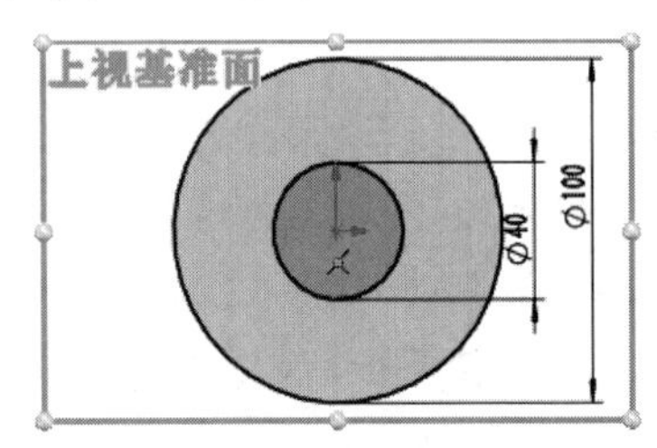

图10-238　绘制圆

02 单击【特征】选项卡中的【拉伸凸台/基体】按钮，创建拉伸特征，如图10-239所示。

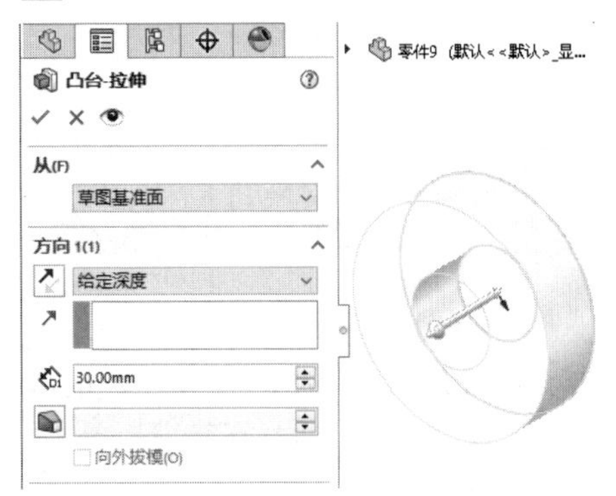

图10-239　拉伸凸台

03 单击【特征】选项卡中的【圆角】按钮，创建圆角特征，如图10-240所示。

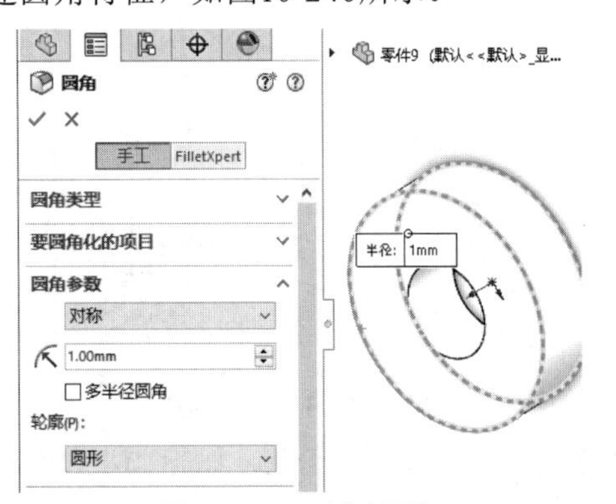

图10-240　创建圆角

04 单击【草图】选项卡中的【边角矩形】按钮，绘制矩形，如图10-241所示。

05 单击【特征】选项卡中的【拉伸切除】按钮，创建拉伸切除特征，如图10-242所示。

06 单击【草图】选项卡中的【圆】按钮，绘制圆，如图10-243所示。

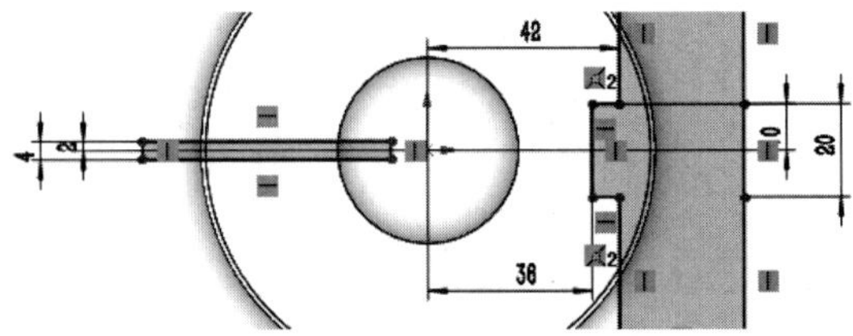

图10-241　绘制矩形

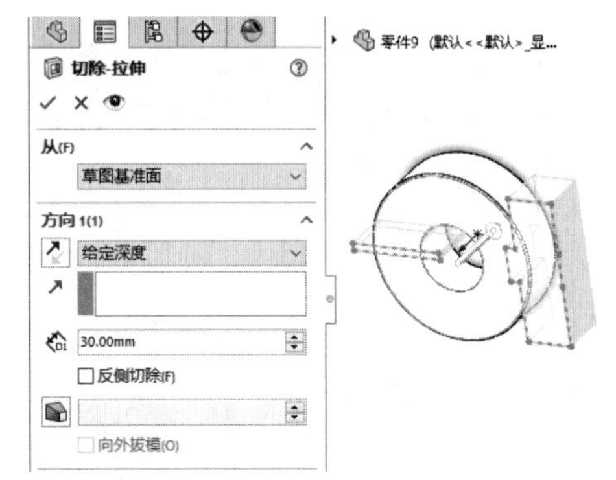

图10-242　创建拉伸切除特征

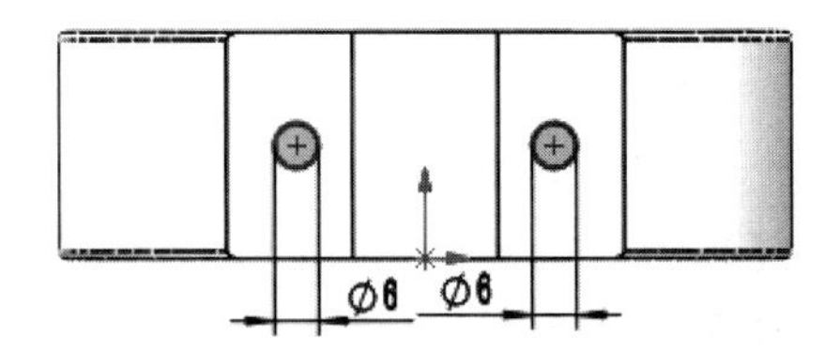

图10-243　绘制圆

07 单击【特征】选项卡中的【拉伸切除】按钮，创建拉伸切除特征，如图10-244所示。

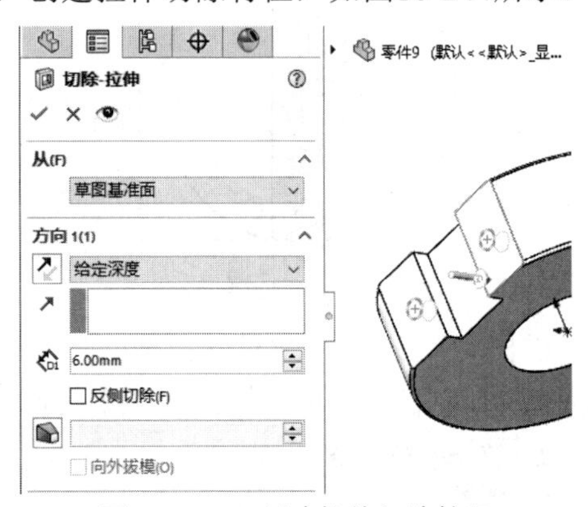

图10-244　创建拉伸切除特征

08 单击【草图】选项卡中的【圆】按钮，绘制圆，如图10-245所示。

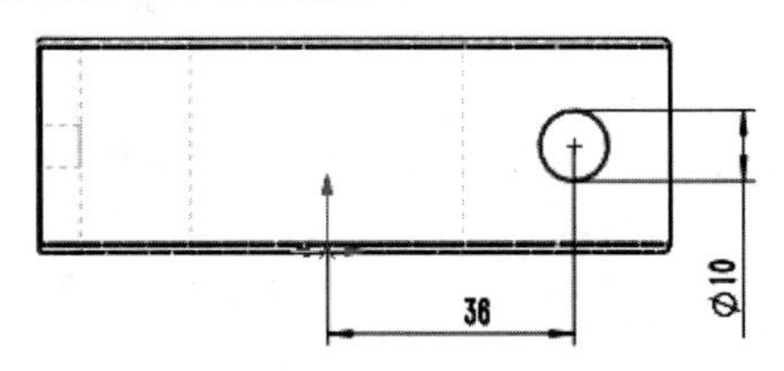

图10-245　绘制圆

09 单击【特征】选项卡中的【拉伸凸台/基体】按钮，创建拉伸特征，如图10-246所示。

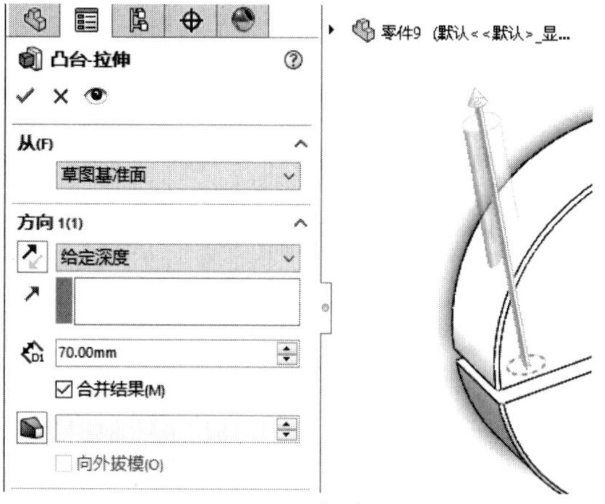

图10-246　拉伸凸台

10 单击【特征】选项卡中的【基准面】按钮，创建基准面，如图10-247所示。

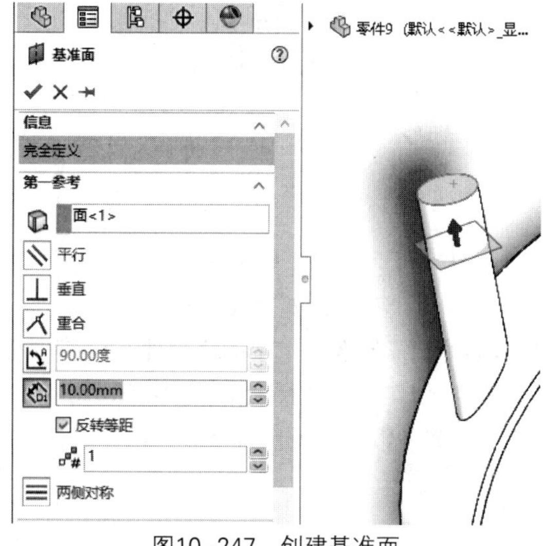

图10-247　创建基准面

11 单击【草图】选项卡中的【圆】按钮，绘制圆，如图10-248所示。

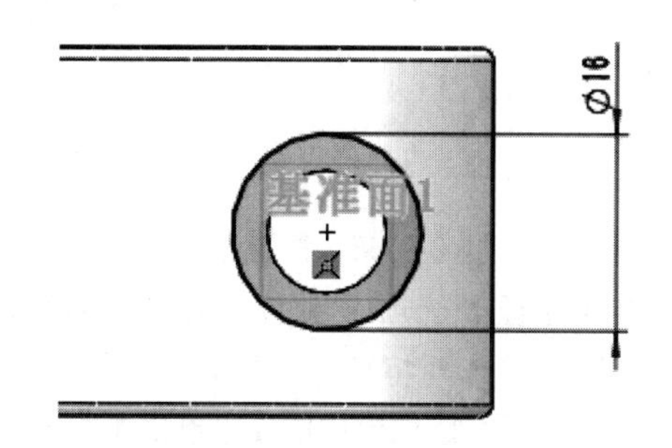

图10-248　绘制圆

12 单击【特征】选项卡中的【拉伸凸台/基体】按钮，创建拉伸特征，如图10-249所示。

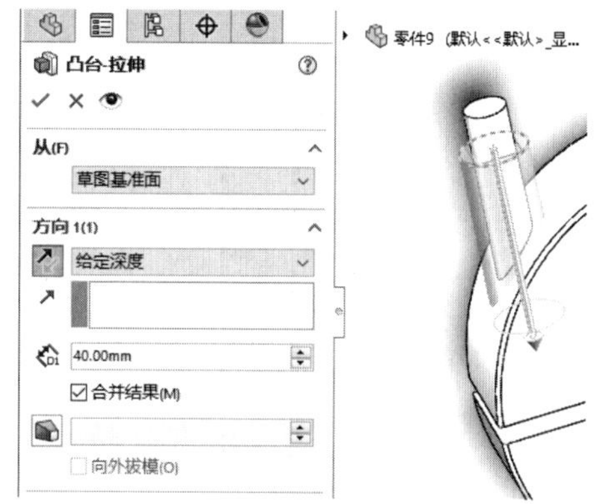

图10-249　拉伸凸台

13 完成轴圈模型的绘制，如图10-250所示。

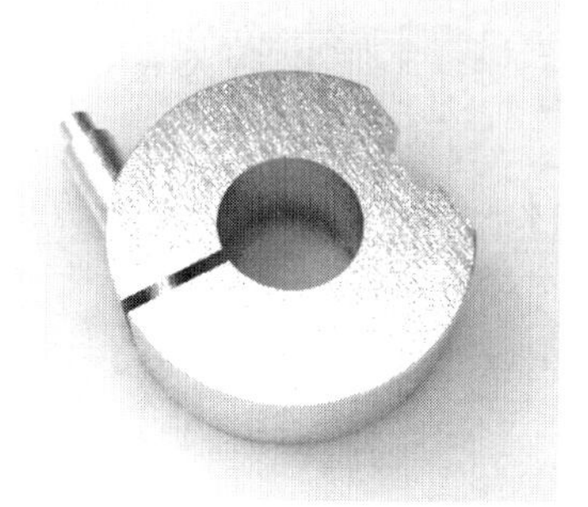

图10-250　完成轴圈模型

实例 255　绘制油罐

案例源文件：ywj\10\255.prt

01 单击【草图】选项卡中的【边角矩形】按钮，绘制矩形，如图10-251所示。

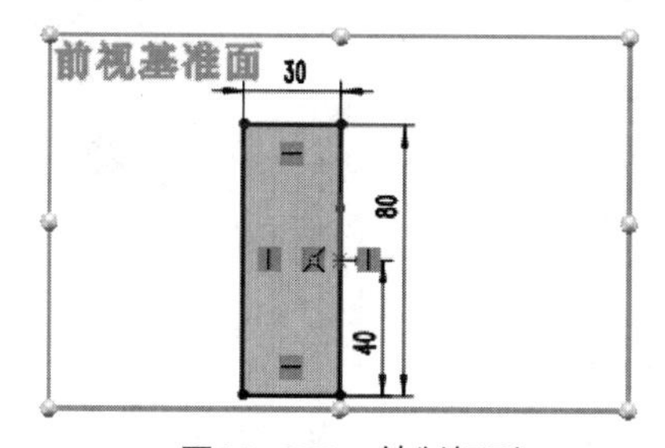

图10-251　绘制矩形

02 单击【草图】选项卡中的【圆】按钮，绘制圆弧，如图10-252所示。

03 单击【特征】选项卡中的【旋转凸台/基体】按钮，创建旋转特征，如图10-253所示。

04 单击【特征】选项卡中的【基准面】按钮，创建基准面，如图10-254所示。

05 单击【草图】选项卡中的【圆】按钮，绘制圆，如图10-255所示。

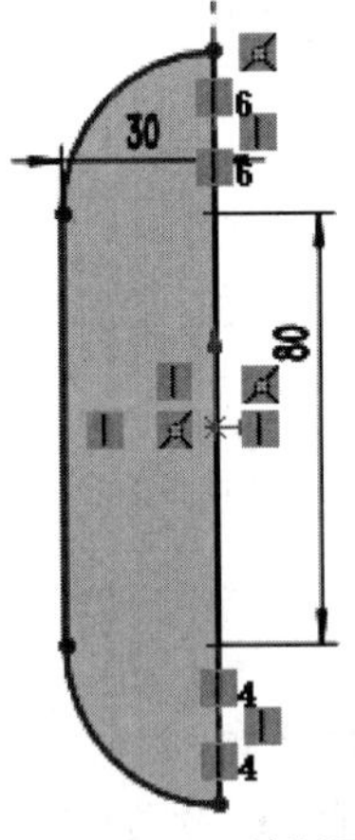

图10-252　绘制圆弧

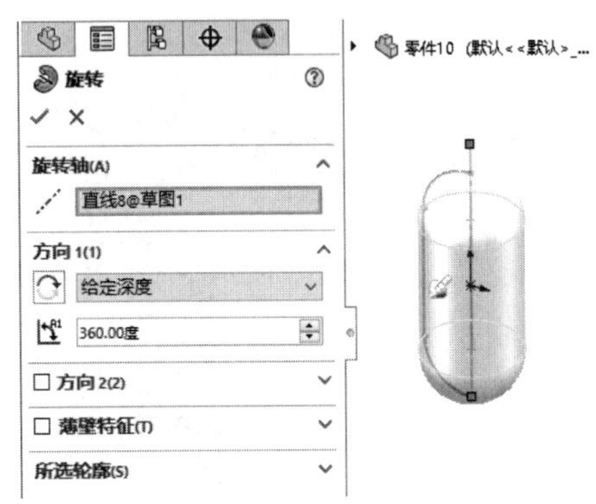

图10-253　旋转凸台

图10-254　创建基准面

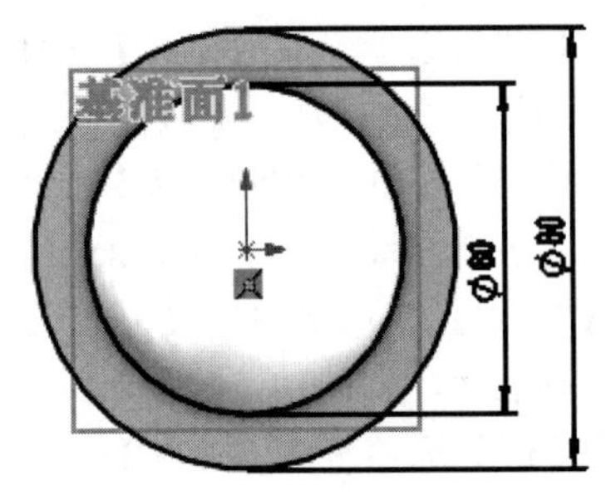

图10-255　绘制圆

06 单击【特征】选项卡中的【拉伸凸台/基体】按钮，创建拉伸特征，如图10-256所示。

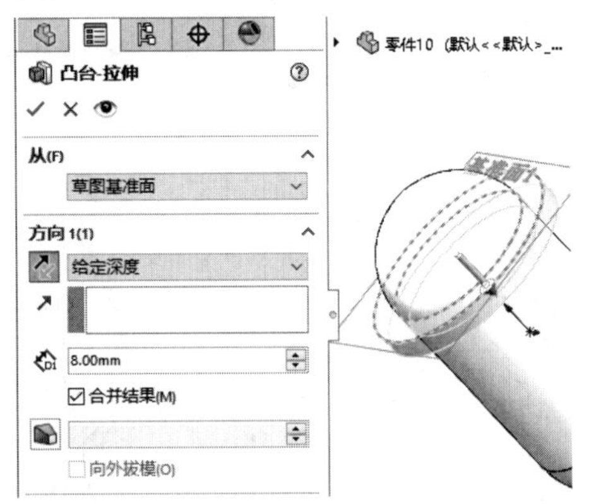

图10-256　拉伸凸台

07 单击【草图】选项卡中的【多边形】按钮，绘制六边形，如图10-257所示。

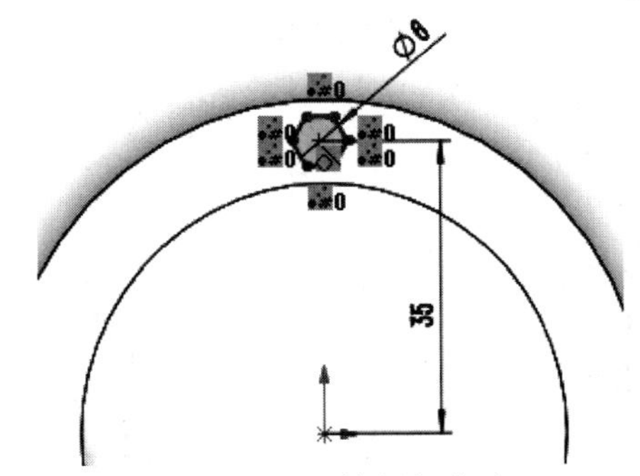

图10-257　绘制六边形

08 单击【特征】选项卡中的【拉伸凸台/基体】按钮，创建拉伸特征，如图10-258所示。

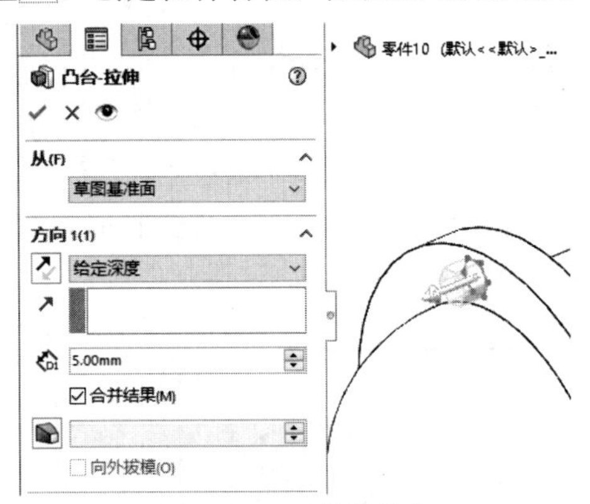

图10-258　拉伸凸台

09 单击【特征】选项卡中的【圆周阵列】按钮，创建圆周阵列特征，如图10-259所示。

10 单击【特征】选项卡中的【基准面】按钮，创建基准面，如图10-260所示。

11 单击【草图】选项卡中的【圆】按钮，绘制圆，如图10-261所示。

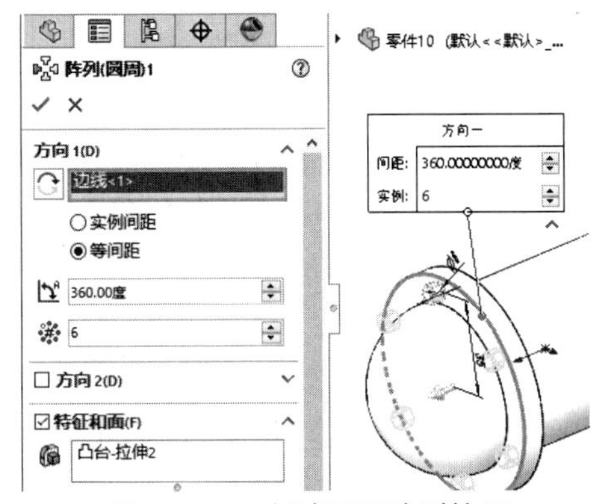

图10-259　创建圆周阵列特征

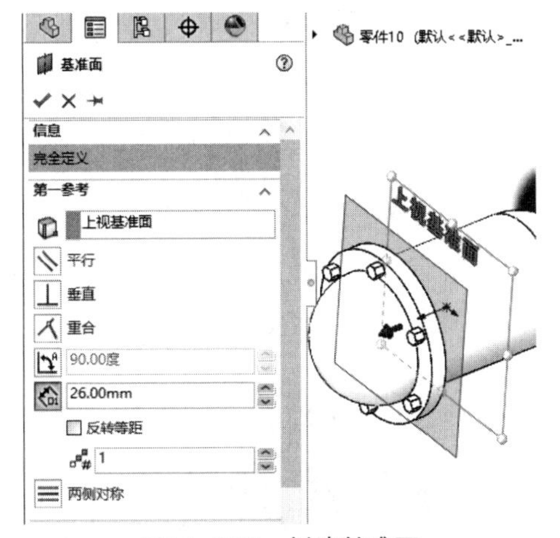

图10-260　创建基准面

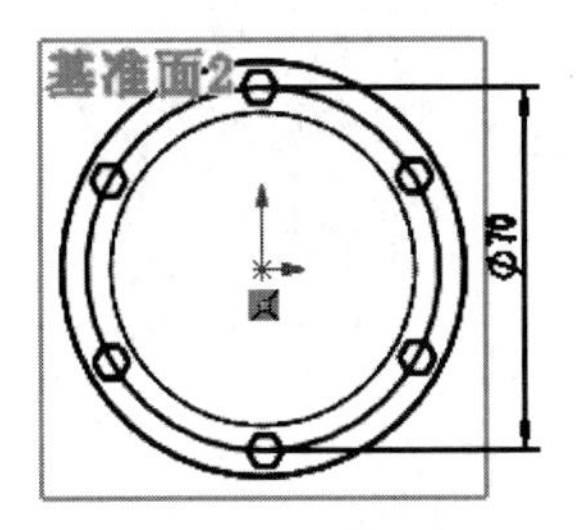

图10-261　绘制圆

12 单击【特征】选项卡中的【拉伸凸台/基体】按钮，创建拉伸特征，如图10-262所示。

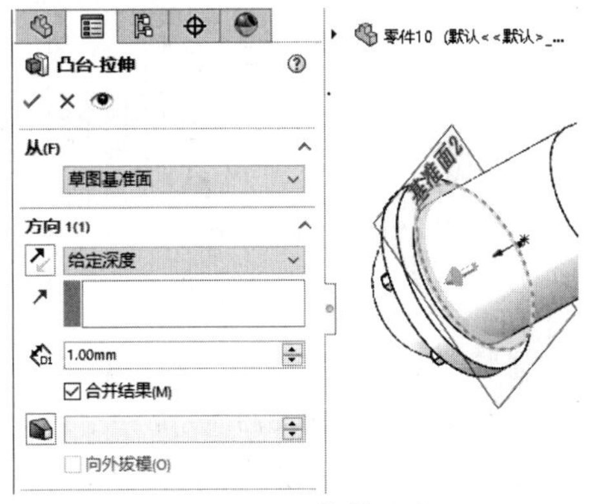

图10-262　拉伸凸台

13 单击【特征】选项卡中的【线性阵列】按钮，创建线性阵列特征，如图10-263所示。

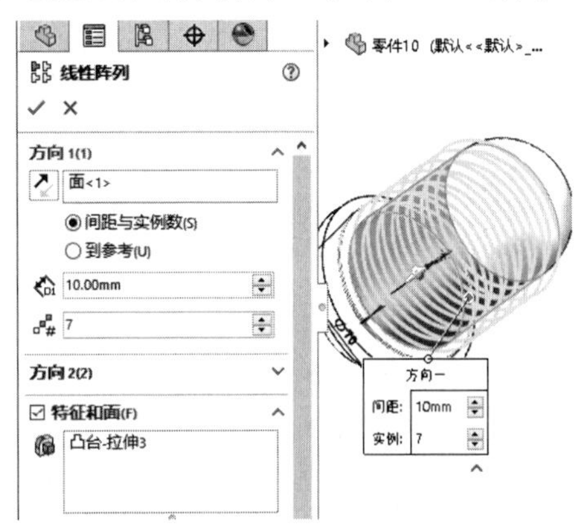

图10-263　创建线性阵列特征

14 完成油罐模型的绘制，如图10-264所示。

图10-264　完成油罐模型

实例 256　绘制轴配件

案例源文件：ywj\10\256.prt

01 单击【草图】选项卡中的【圆】按钮，绘制圆，如图10-265所示。

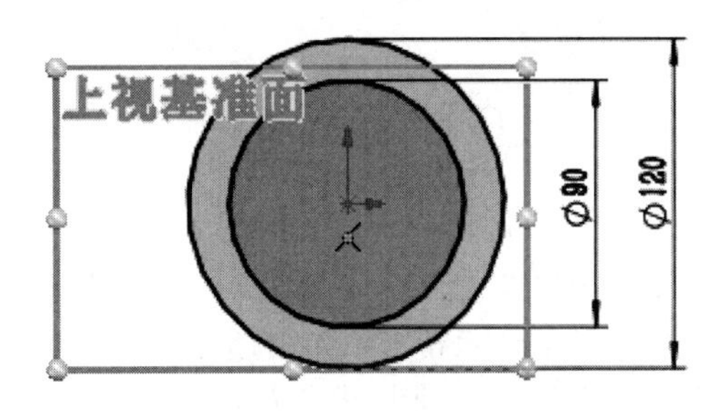

图10-265　绘制圆

02 单击【特征】选项卡中的【拉伸凸台/基体】按钮，创建拉伸特征，如图10-266所示。

03 单击【特征】选项卡中的【倒角】按钮，创建倒角特征，如图10-267所示。

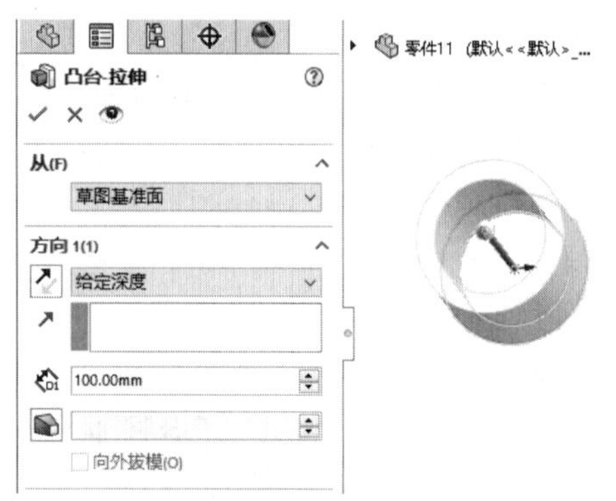

图10-266　拉伸凸台

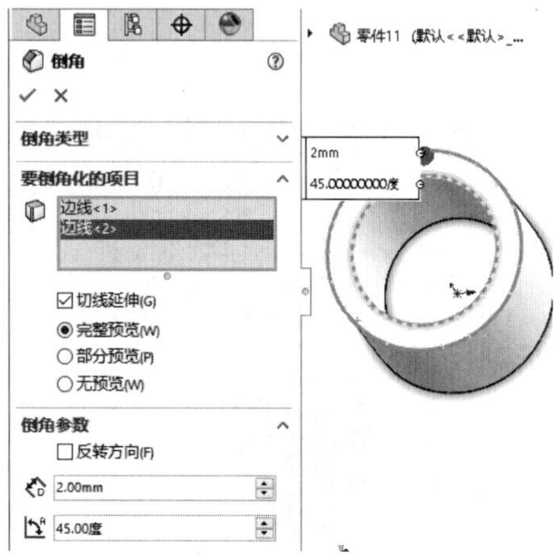

图10-267　创建倒角

04 单击【草图】选项卡中的【圆】按钮，绘制圆，如图10-268所示。

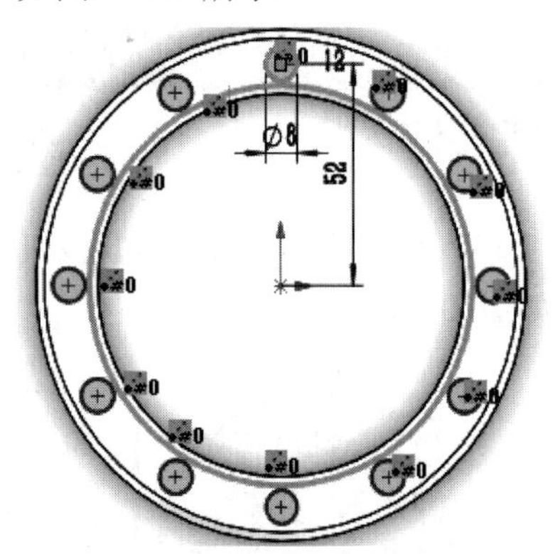

图10-268　绘制圆

05 单击【特征】选项卡中的【拉伸切除】按钮，创建拉伸切除特征，如图10-269所示。

06 单击【草图】选项卡中的【圆】按钮，绘制圆，如图10-270所示。

07 单击【草图】选项卡中的【直线】按钮，绘制直线，如图10-271所示。

08 单击【特征】选项卡中的【拉伸凸台/基体】按钮，创建拉伸特征，如图10-272所示。

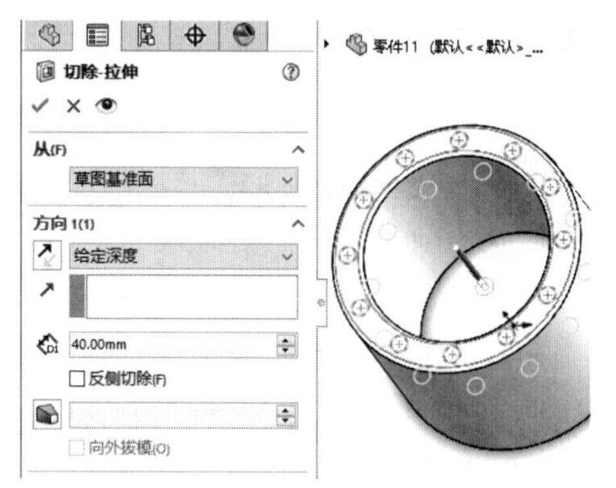

图10-269　创建拉伸切除特征

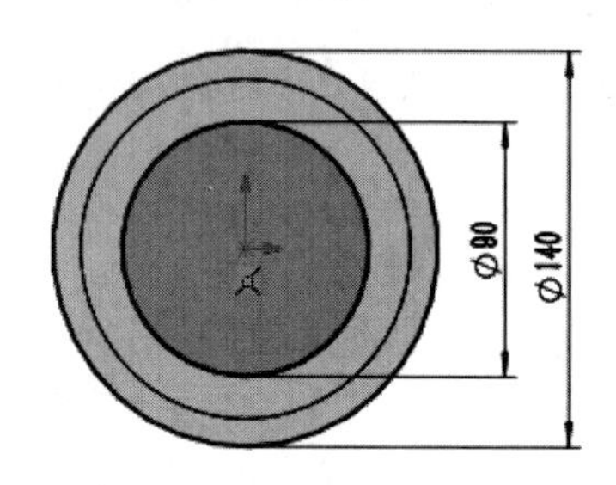

图10-270　绘制圆

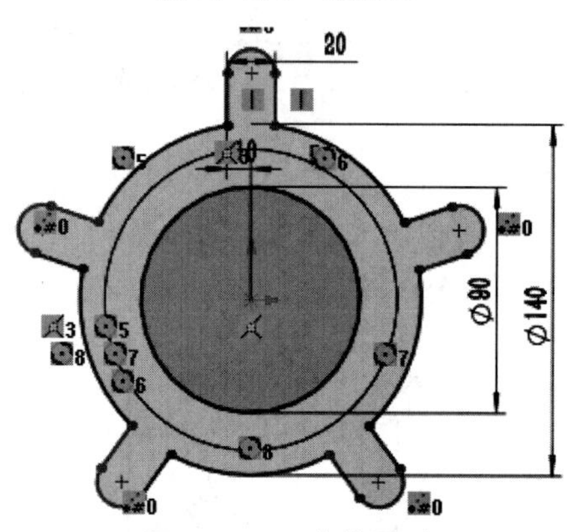

图10-271　直线图形

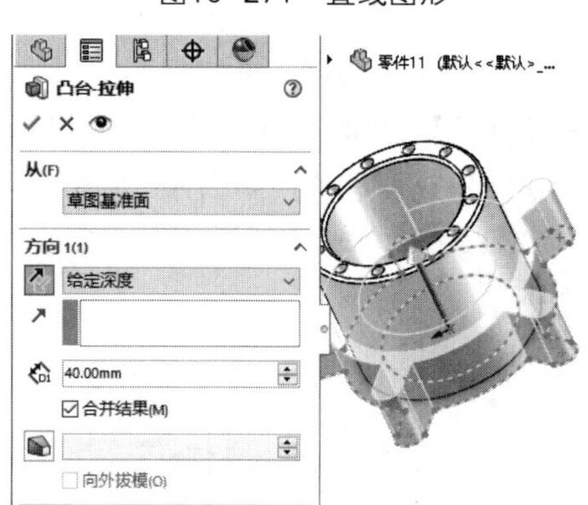

图10-272　拉伸凸台

09 单击【特征】选项卡中的【圆角】按钮，创建圆角特征，如图10-273所示。

10 单击【草图】选项卡中的【圆】按钮，绘制圆，如图10-274所示。

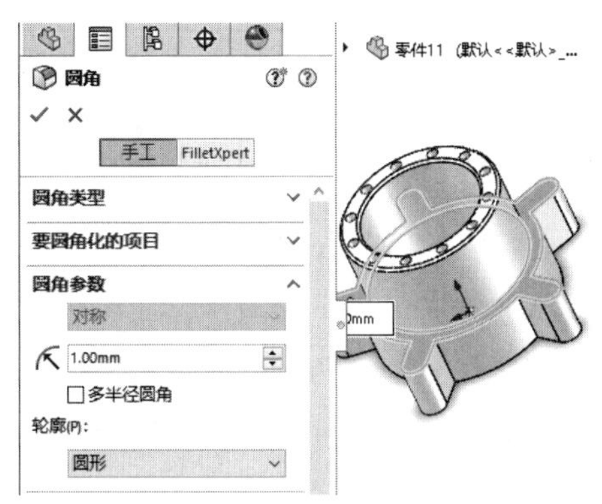

图10-273　创建圆角

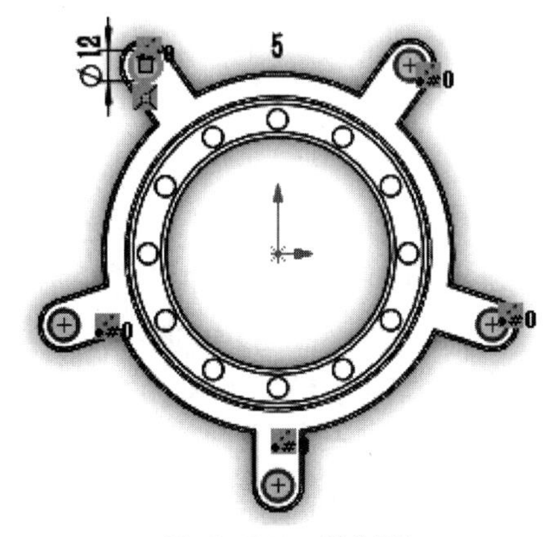

图10-274　绘制圆

11 单击【特征】选项卡中的【拉伸切除】按钮▣，创建拉伸切除特征，如图10-275所示。

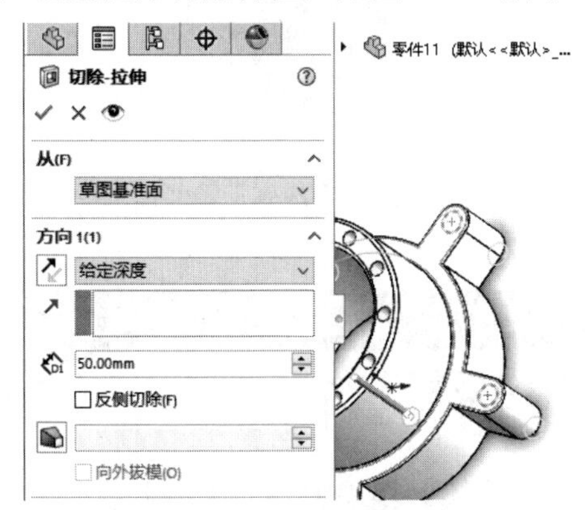

图10-275　创建拉伸切除特征

12 完成轴配件模型设计，如图10-276所示。

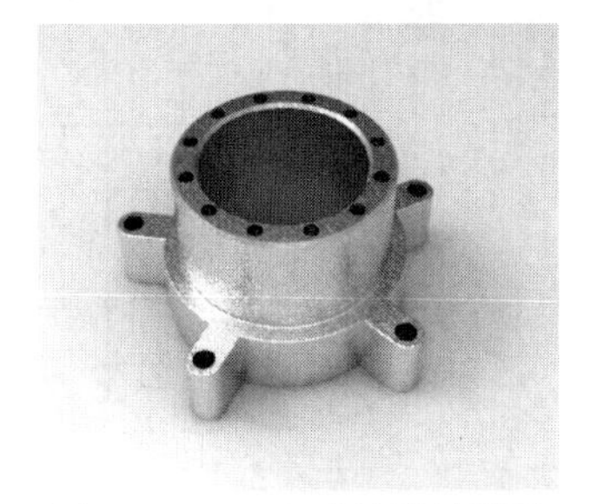

图10-276　完成轴配件模型

实例 257

案例源文件：ywj\10\257.prt

绘制轴瓦零件

01 单击【草图】选项卡中的【三点圆弧】按钮⌒，绘制圆弧，如图10-277所示。

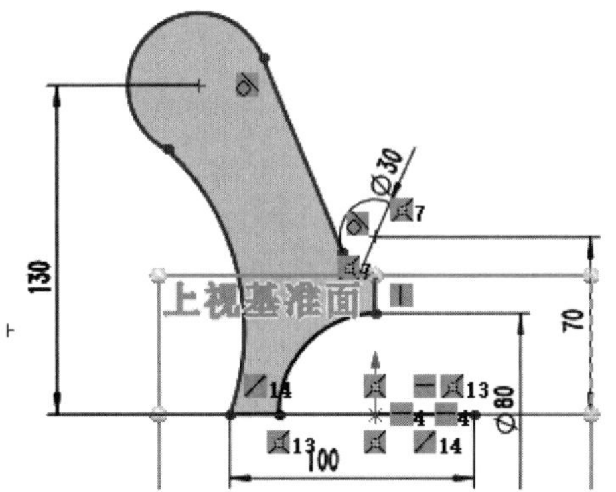

图10-277　绘制圆弧图形

02 单击【特征】选项卡中的【镜像】按钮▣，创建镜像特征，如图10-278所示。

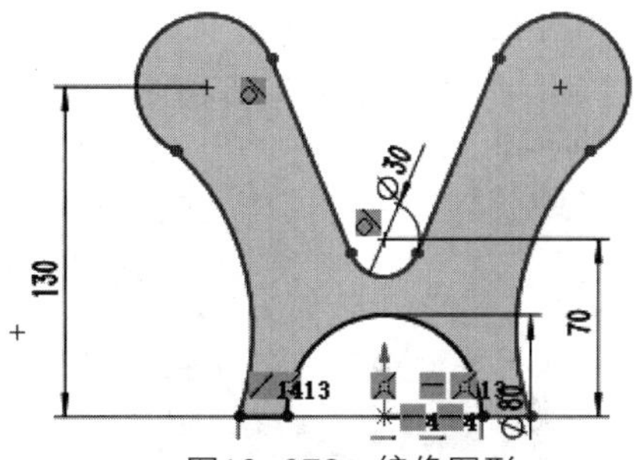

图10-278　镜像图形

03 单击【特征】选项卡中的【拉伸凸台/基体】按钮▣，创建拉伸特征，如图10-279所示。

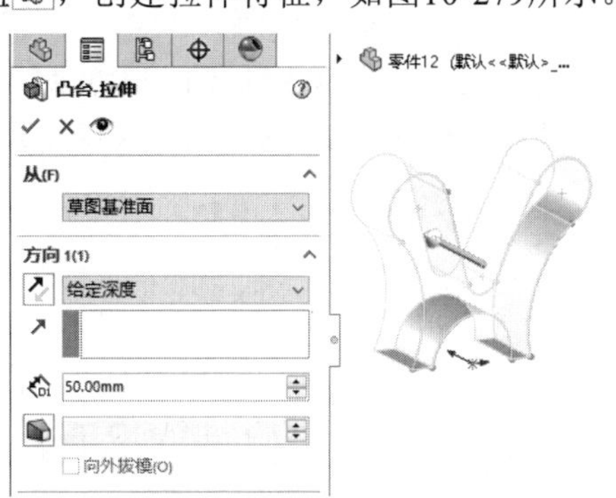

图10-279　拉伸凸台

04 单击【草图】选项卡中的【圆】按钮◎，绘制圆，如图10-280所示。

05 单击【特征】选项卡中的【拉伸切除】按钮▣，创建拉伸切除特征，如图10-281所示。

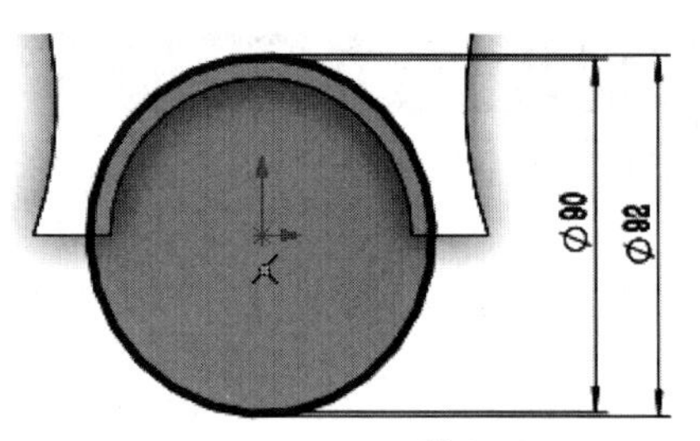

图10-280 绘制圆

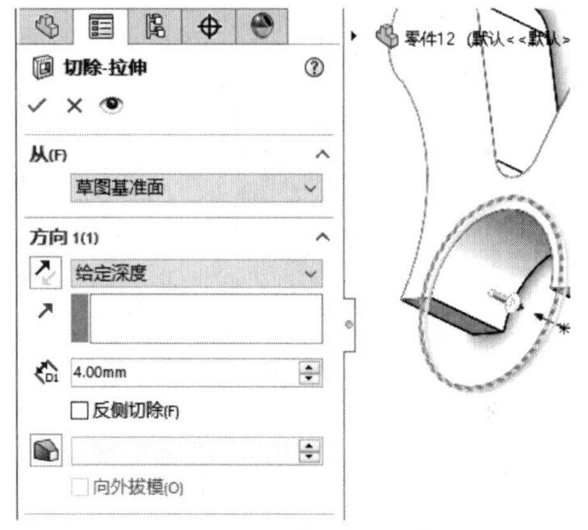

图10-281 创建拉伸切除特征

06 单击【草图】选项卡中的【等距实体】按钮，创建等距图形，如图10-282所示。

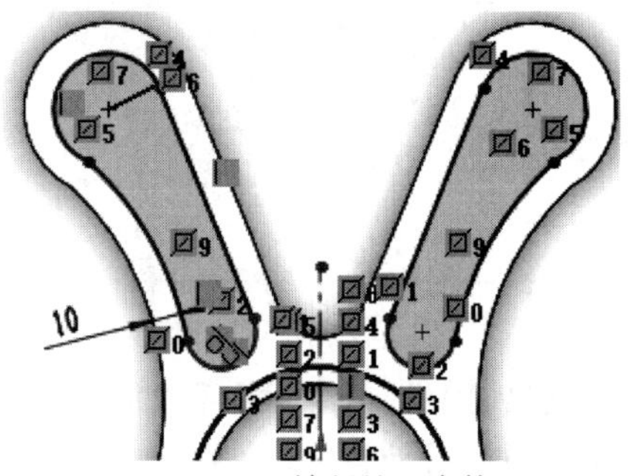

图10-282 绘制等距实体

07 单击【特征】选项卡中的【拉伸切除】按钮，创建拉伸切除特征，如图10-283所示。

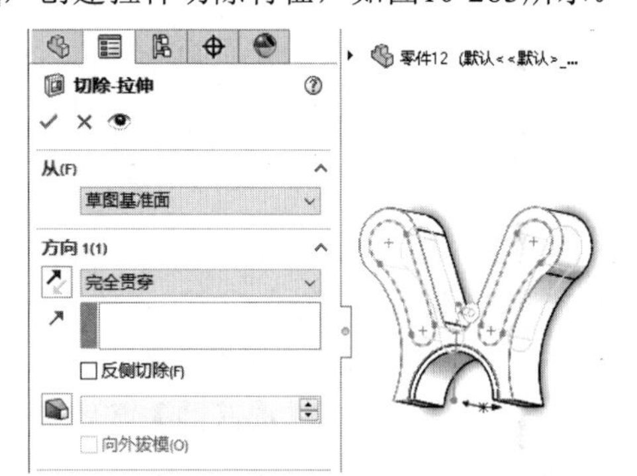

图10-283 创建拉伸切除特征

08 单击【草图】选项卡中的【圆】按钮，绘制圆，如图10-284所示。

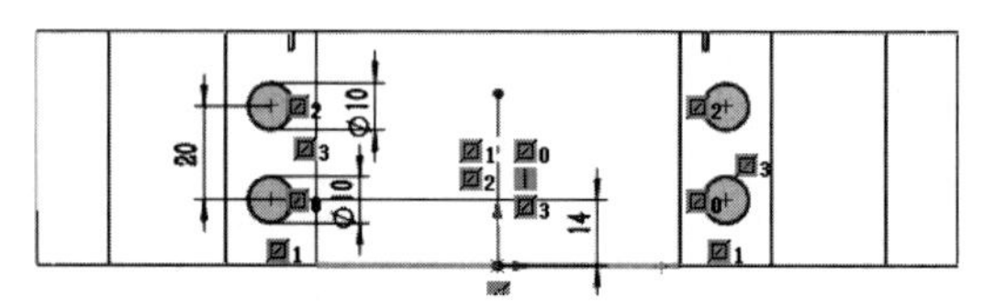

图10-284 绘制圆

09 单击【特征】选项卡中的【拉伸切除】按钮，创建拉伸切除特征，如图10-285所示。

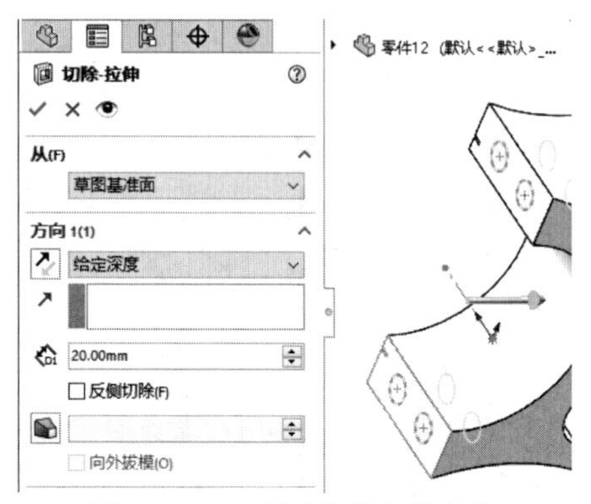

图10-285 创建拉伸切除特征

10 完成轴瓦零件模型的绘制，如图10-286所示。

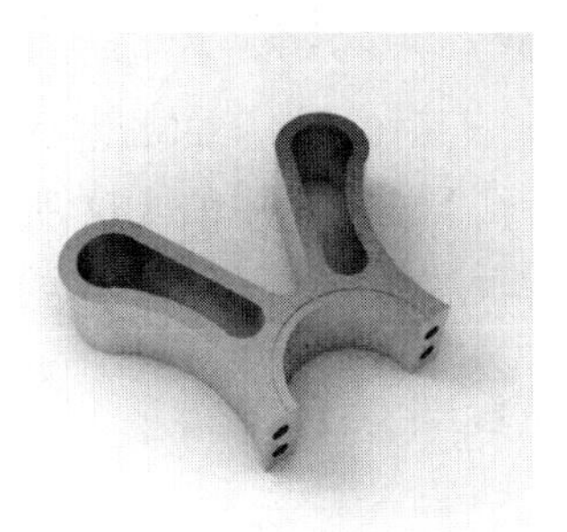

图10-286 完成轴瓦零件模型

实例 258 绘制约束臂

案例源文件：ywj\10\258.prt

01 单击【草图】选项卡中的【圆】按钮，绘制圆，如图10-287所示。

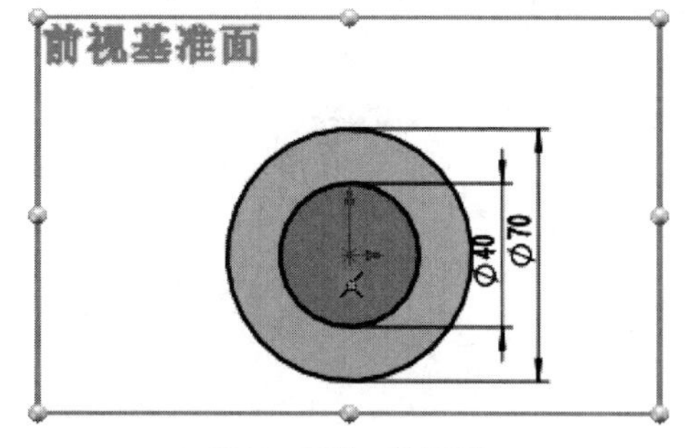

图10-287 绘制圆

02 单击【草图】选项卡中的【直线】按钮，绘制直线，如图10-288所示。

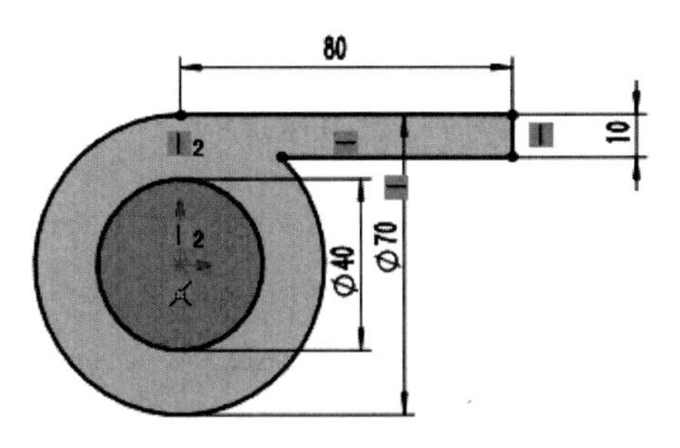

图10-288 绘制直线图形

03 单击【特征】选项卡中的【拉伸凸台/基体】按钮，创建拉伸特征，如图10-289所示。

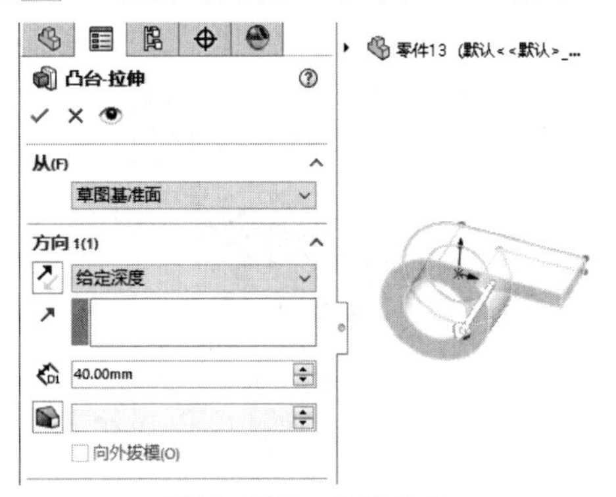

图10-289 拉伸凸台

04 单击【草图】选项卡中的【边角矩形】按钮，绘制矩形，如图10-290所示。

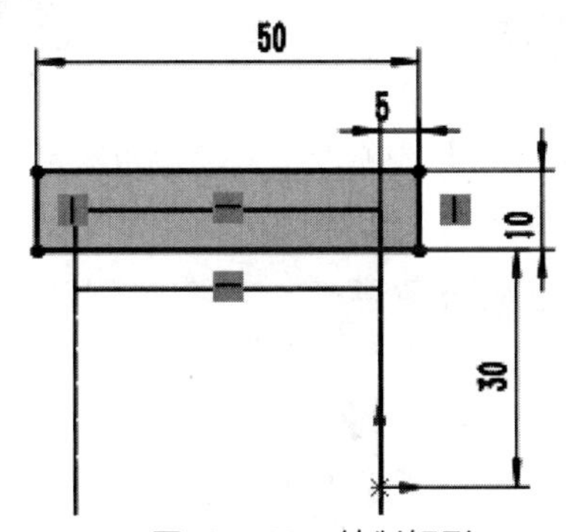

图10-290 绘制矩形

05 单击【特征】选项卡中的【拉伸凸台/基体】按钮，创建拉伸特征，如图10-291所示。

06 单击【草图】选项卡中的【边角矩形】按钮，绘制矩形，如图10-292所示。

07 单击【特征】选项卡中的【拉伸凸台/基体】按钮，创建拉伸特征，如图10-293所示。

08 单击【特征】选项卡中的【基准面】按钮，创建基准面，如图10-294所示。

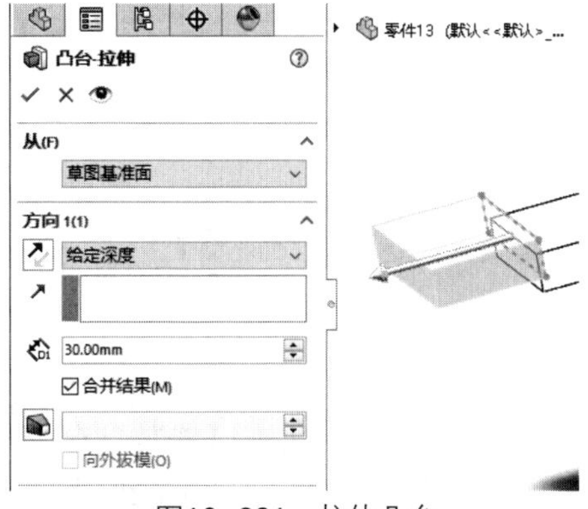

图10-291 拉伸凸台

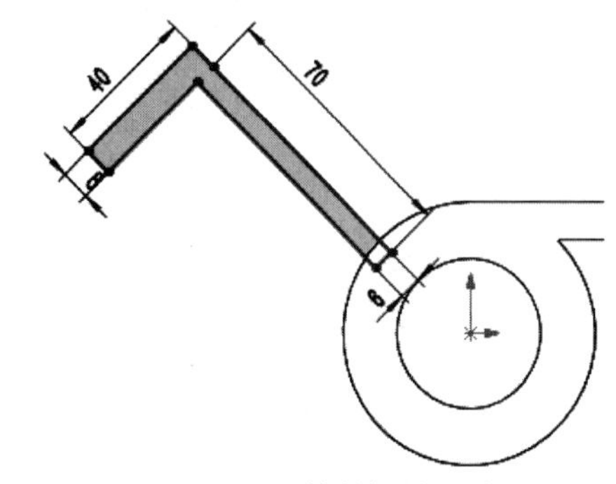

图10-292 绘制矩形图形

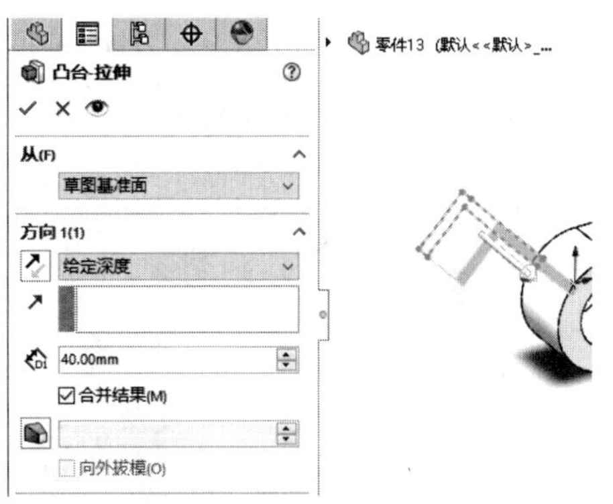

图10-293 拉伸凸台

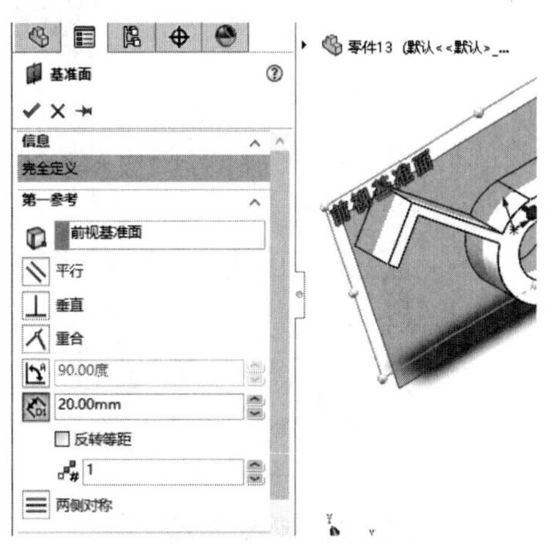

图10-294 创建基准面

09 单击【草图】选项卡中的【直线】按钮，绘制直线，如图10-295所示。

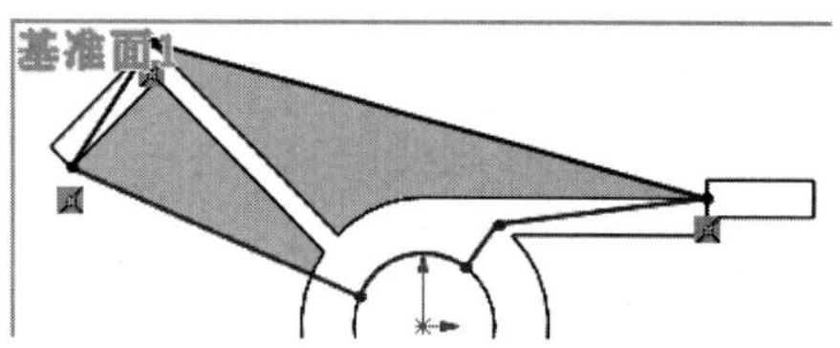

图10-295　绘制直线图形

10 单击【特征】选项卡中的【拉伸凸台/基体】按钮，创建拉伸特征，如图10-296所示。

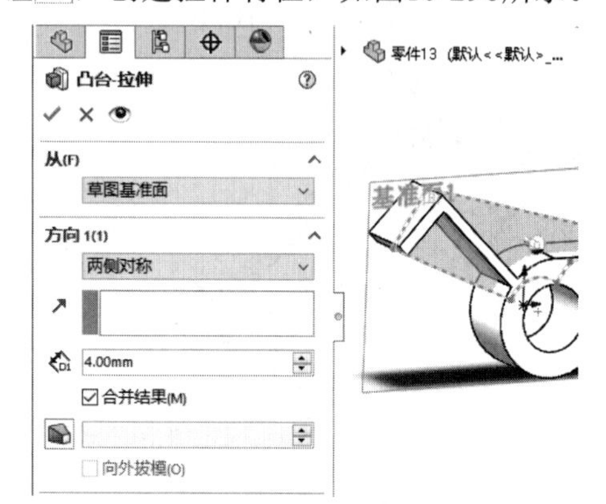

图10-296　拉伸凸台

11 单击【特征】选项卡中的【圆角】按钮，创建圆角特征，如图10-297所示。

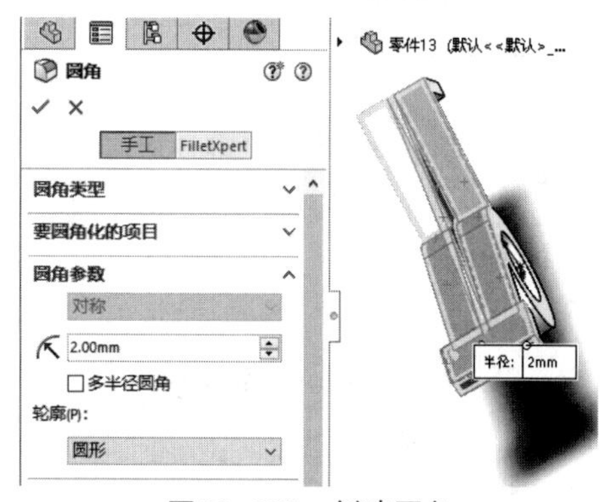

图10-297　创建圆角

12 单击【草图】选项卡中的【圆】按钮，绘制圆，如图10-298所示。

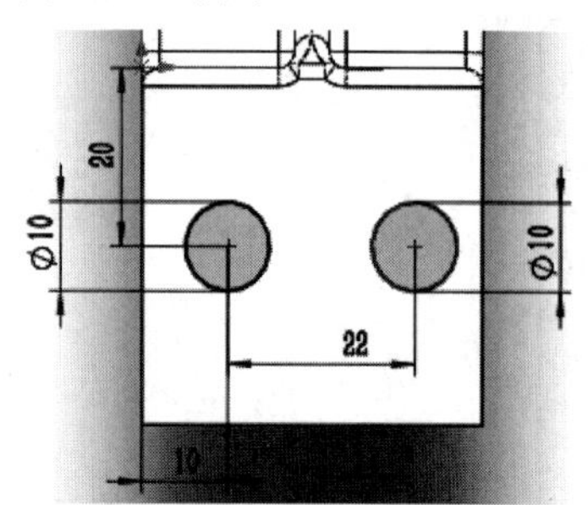

图10-298　绘制圆

13 单击【特征】选项卡中的【拉伸切除】按钮，创建拉伸切除特征，如图10-299所示。

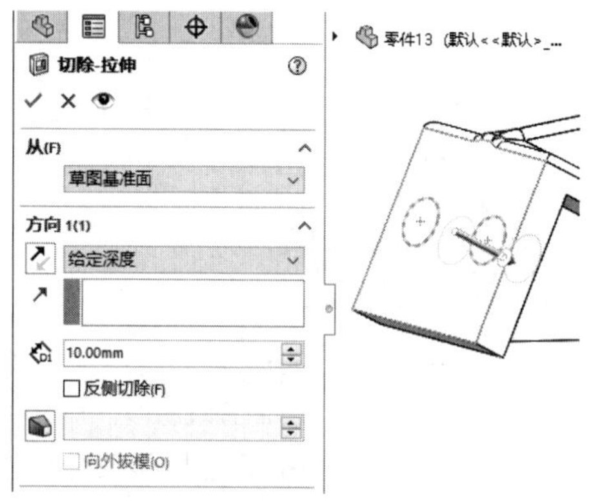

图10-299　创建拉伸切除特征

14 完成约束臂模型的绘制，如图10-300所示。

图10-300　完成约束臂模型

实例 259　绘制三通

案例源文件：ywj\10\259.prt

01 单击【草图】选项卡中的【边角矩形】按钮，绘制矩形，如图10-301所示。

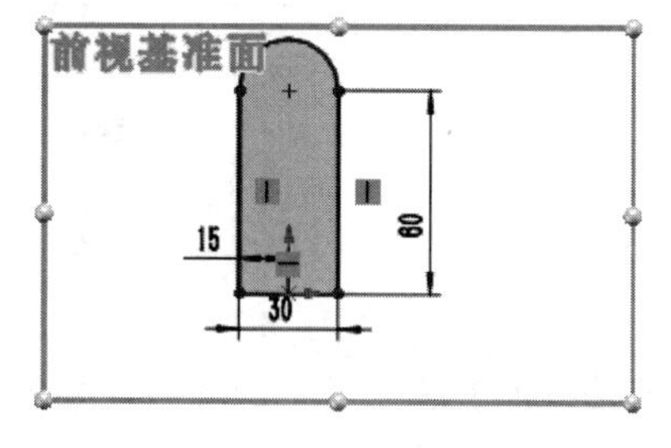

图10-301　绘制矩形图形

02 单击【特征】选项卡中的【拉伸凸台/基体】按钮，创建拉伸特征，如图10-302所示。

03 单击【草图】选项卡中的【等距实体】按钮，创建等距图形，如图10-303所示。

04 单击【特征】选项卡中的【拉伸凸台/基体】按钮，创建拉伸特征，如图10-304所示。

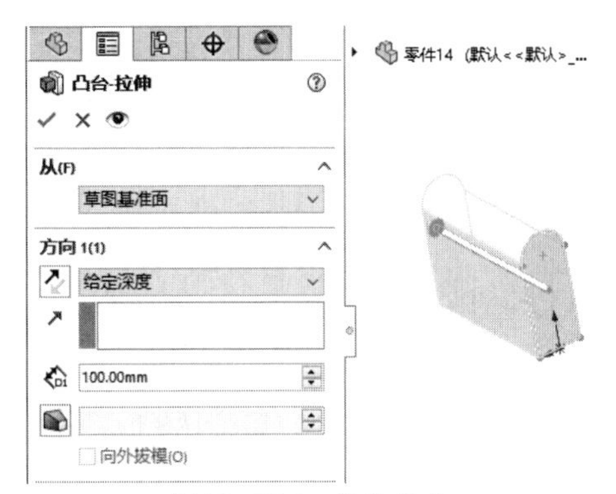

图10-302　拉伸凸台

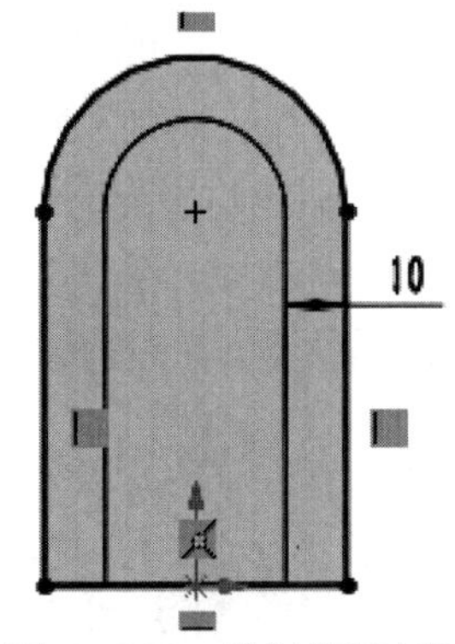

图10-303　绘制等距实体

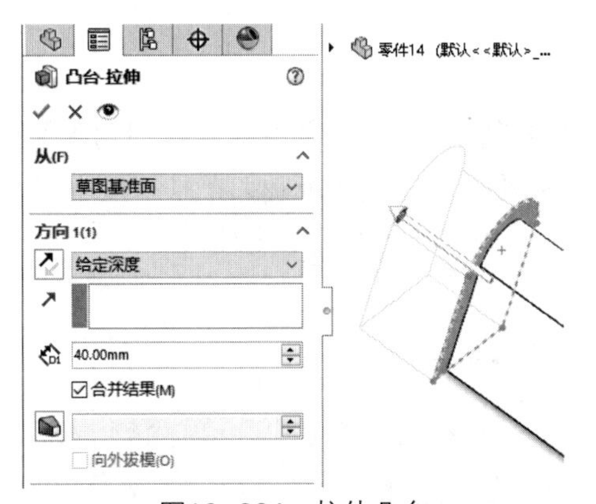

图10-304　拉伸凸台

05 单击【特征】选项卡中的【倒角】按钮，创建倒角特征，如图10-305所示。

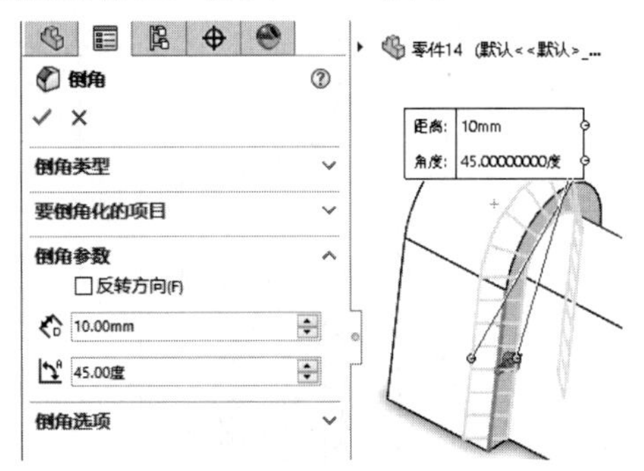

图10-305　创建倒角

06 单击【草图】选项卡中的【边角矩形】按钮，绘制矩形，如图10-306所示。

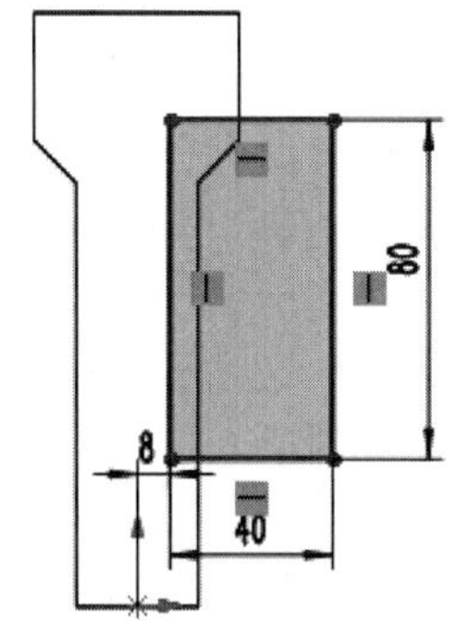

图10-306　绘制矩形

07 单击【草图】选项卡中的【圆】按钮，绘制圆，如图10-307所示。

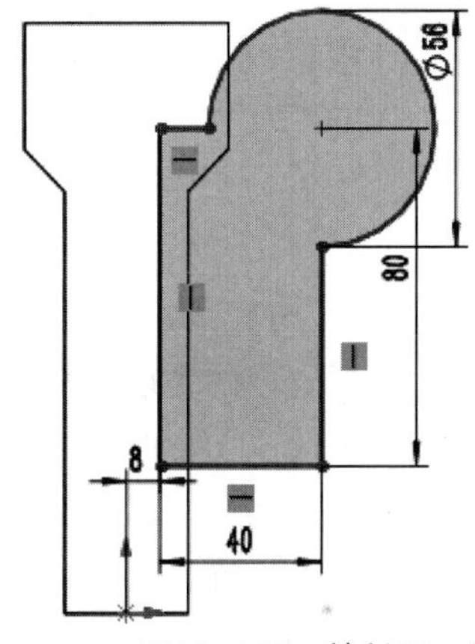

图10-307　绘制圆

08 单击【特征】选项卡中的【拉伸凸台/基体】按钮，创建拉伸特征，如图10-308所示。

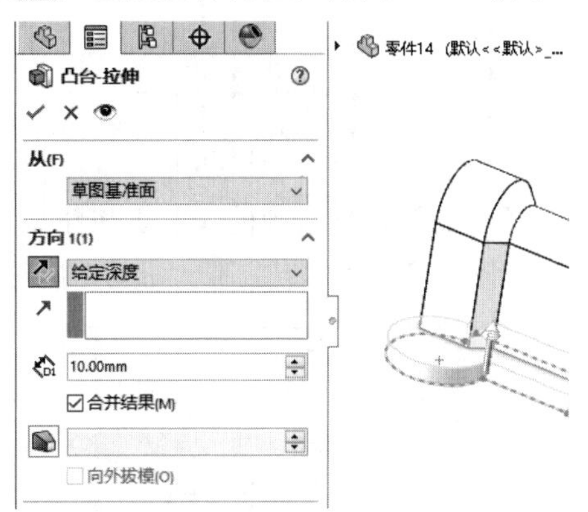

图10-308　拉伸凸台

09 单击【草图】选项卡中的【圆】按钮，绘制圆，如图10-309所示。

10 单击【特征】选项卡中的【拉伸切除】按钮，创建拉伸切除特征，如图10-310所示。

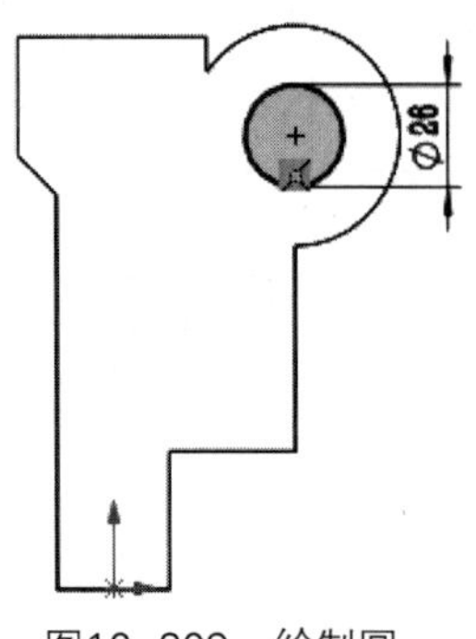

图10-309　绘制圆

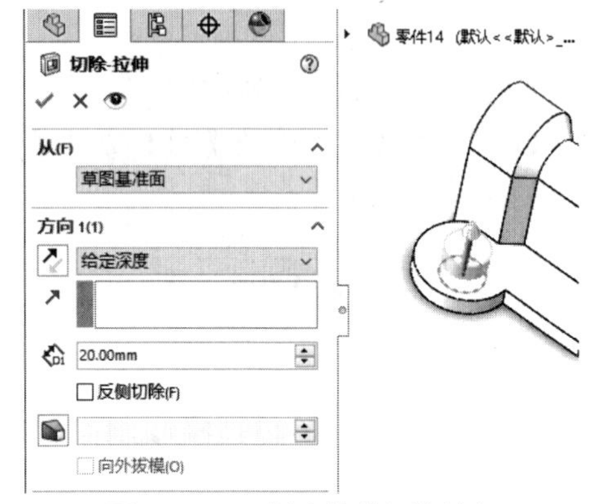

图10-310　创建拉伸切除特征

11 单击【草图】选项卡中的【边角矩形】按钮▭，绘制矩形，如图10-311所示。

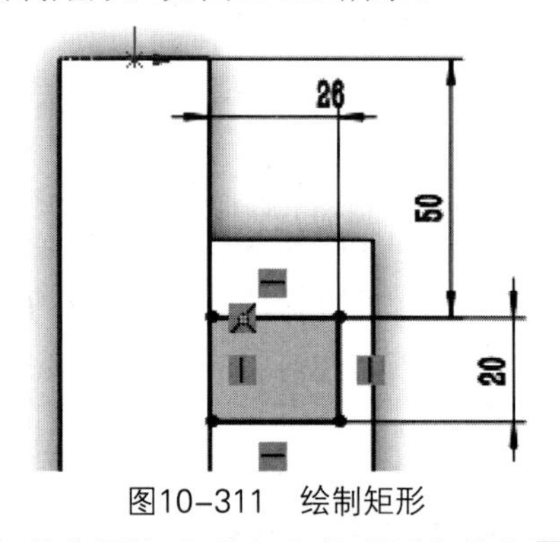

图10-311　绘制矩形

12 单击【草图】选项卡中的【圆】按钮⊙，绘制圆，如图10-312所示。

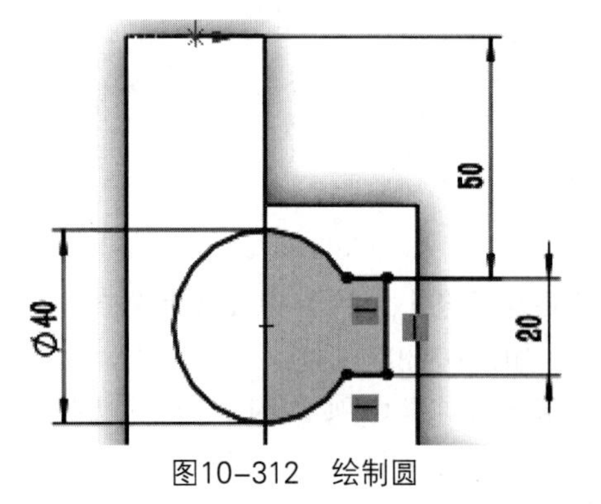

图10-312　绘制圆

13 单击【特征】选项卡中的【拉伸凸台/基体】按钮，创建拉伸特征，如图10-313所示。

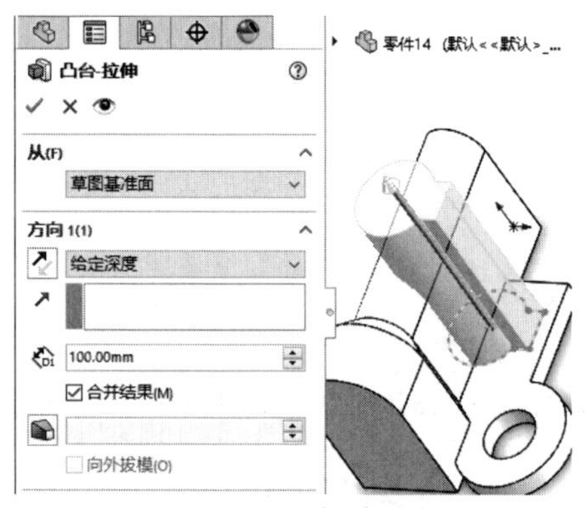

图10-313　拉伸凸台

14 单击【草图】选项卡中的【圆】按钮⊙，绘制圆，如图10-314所示。

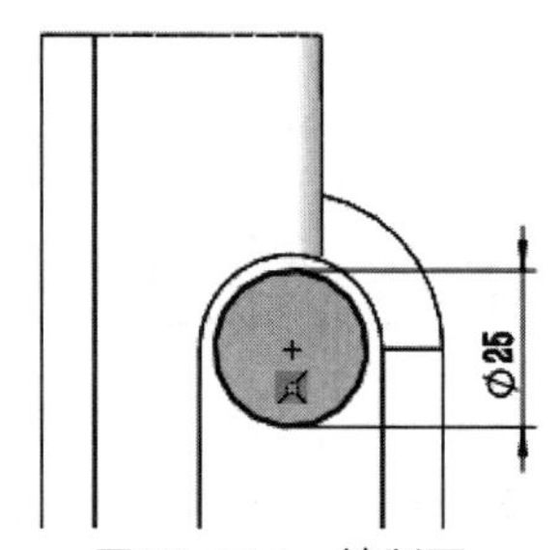

图10-314　绘制圆

15 单击【特征】选项卡中的【拉伸切除】按钮，创建拉伸切除特征，如图10-315所示。

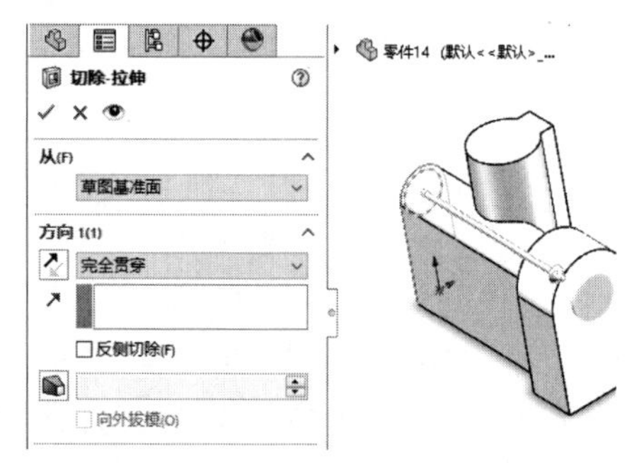

图10-315　创建拉伸切除特征

16 单击【草图】选项卡中的【圆】按钮⊙，绘制圆，如图10-316所示。

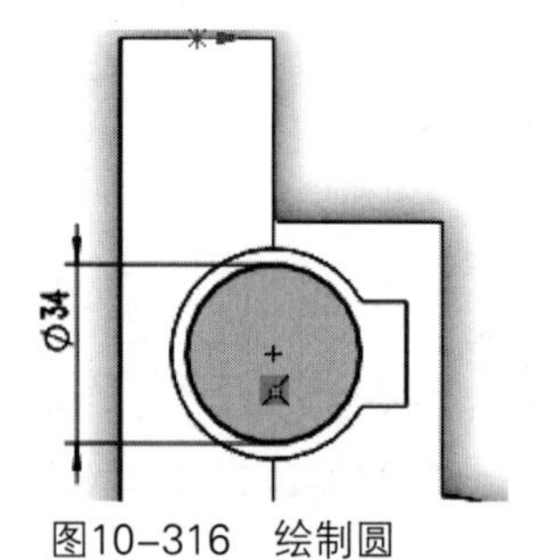

图10-316　绘制圆

17 单击【特征】选项卡中的【拉伸切除】按钮，创建拉伸切除特征，如图10-317所示。

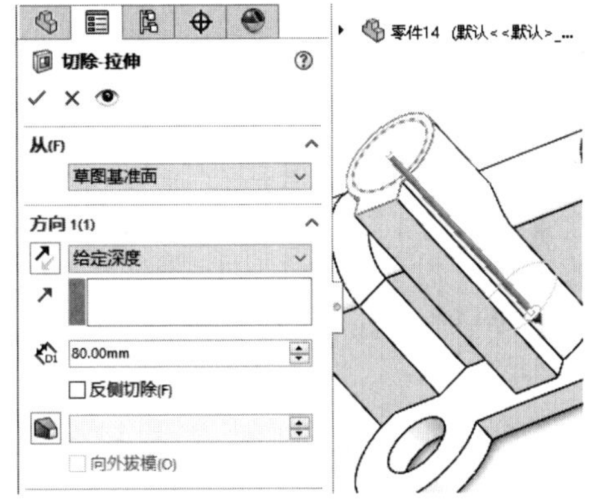

图10-317 创建拉伸切除特征

18 完成三通模型的绘制，如图10-318所示。

图10-318 完成三通模型

实例 260 绘制夹紧器

案例源文件：ywj\10\260.prt

01 单击【草图】选项卡中的【圆】按钮，绘制圆，如图10-319所示。

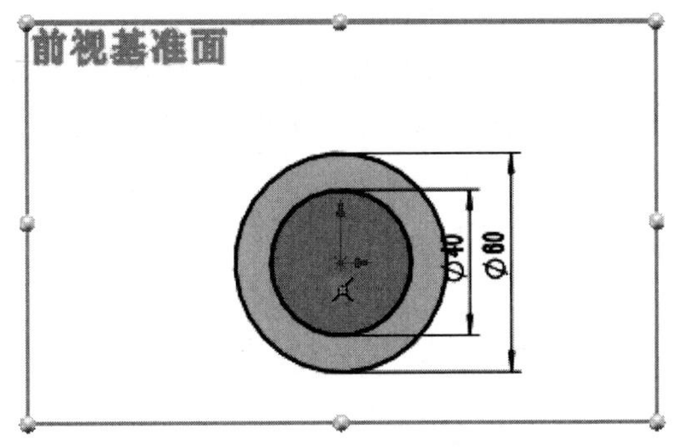

图10-319 绘制圆

02 单击【特征】选项卡中的【拉伸凸台/基体】按钮，创建拉伸特征，如图10-320所示。

03 单击【草图】选项卡中的【圆】按钮，绘制圆，如图10-321所示。

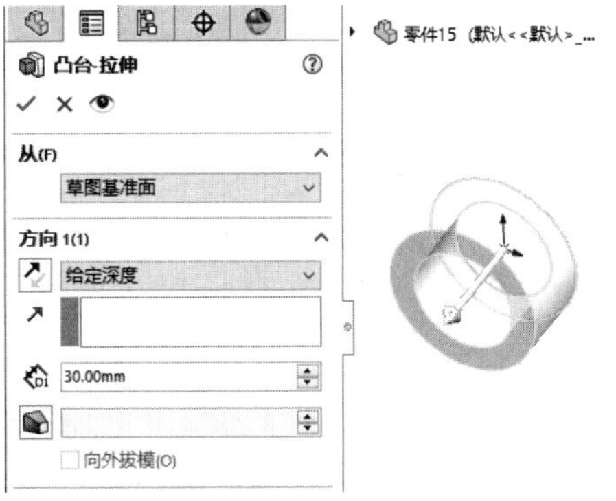

图10-320 拉伸凸台

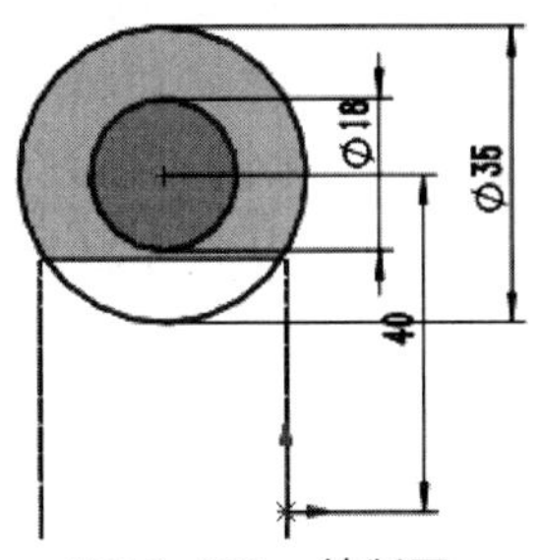

图10-321 绘制圆

04 单击【特征】选项卡中的【拉伸凸台/基体】按钮，创建拉伸特征，如图10-322所示。

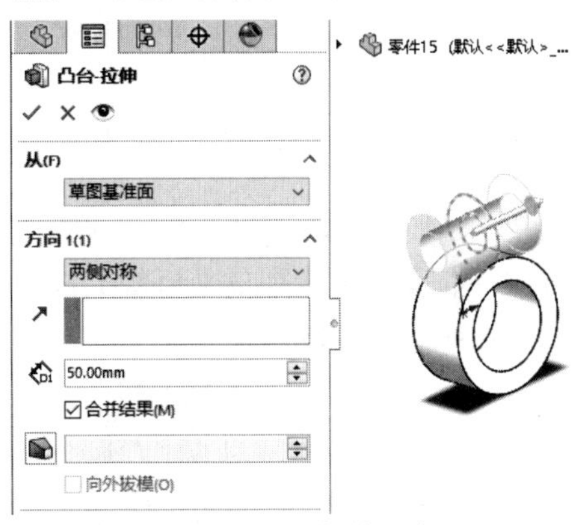

图10-322 拉伸凸台

05 单击【草图】选项卡中的【边角矩形】按钮，绘制矩形，如图10-323所示。

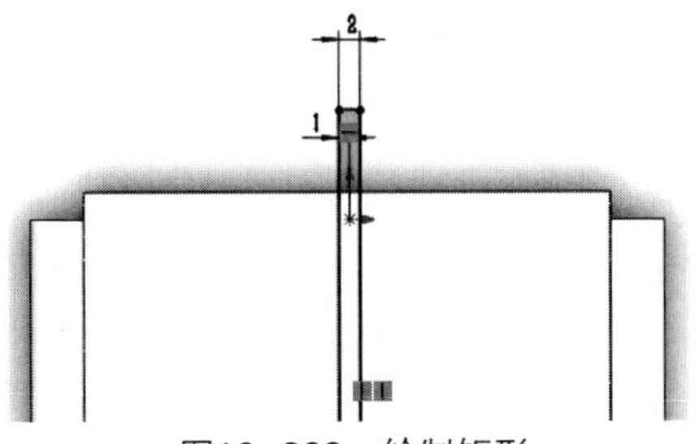

图10-323 绘制矩形

06 单击【特征】选项卡中的【拉伸切除】按钮，创建拉伸切除特征，如图10-324所示。

图10-324　创建拉伸切除特征

07 单击【特征】选项卡中的【基准面】按钮，创建基准面，如图10-325所示。

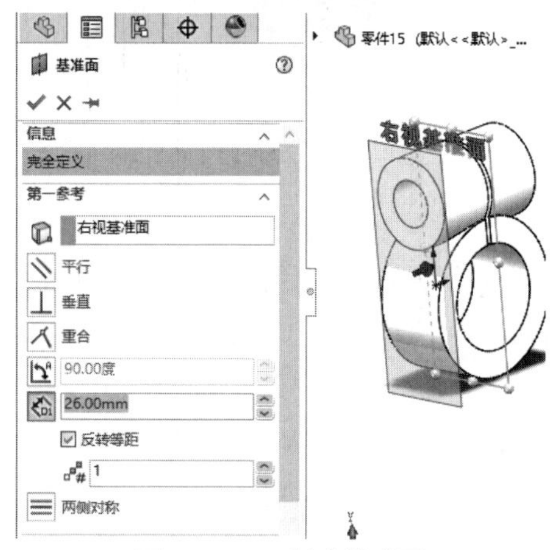

图10-325　创建基准面

08 单击【草图】选项卡中的【直线】按钮，绘制直线，如图10-326所示。

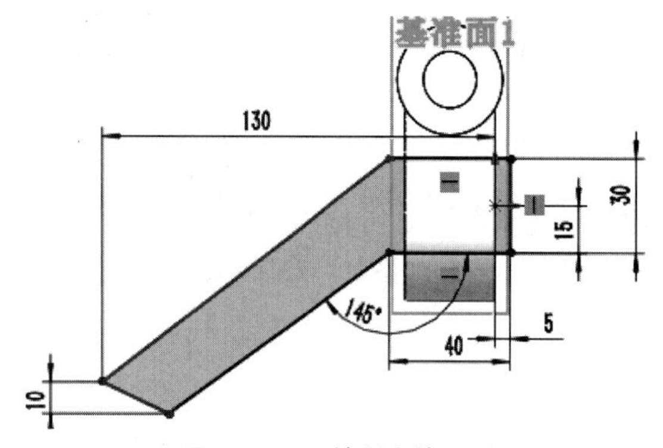

图10-326　绘制直线图形

09 单击【特征】选项卡中的【拉伸凸台/基体】按钮，创建拉伸特征，如图10-327所示。

10 单击【特征】选项卡中的【镜像】按钮，创建镜像特征，如图10-328所示。

11 单击【草图】选项卡中的【圆】按钮，绘制圆，如图10-329所示。

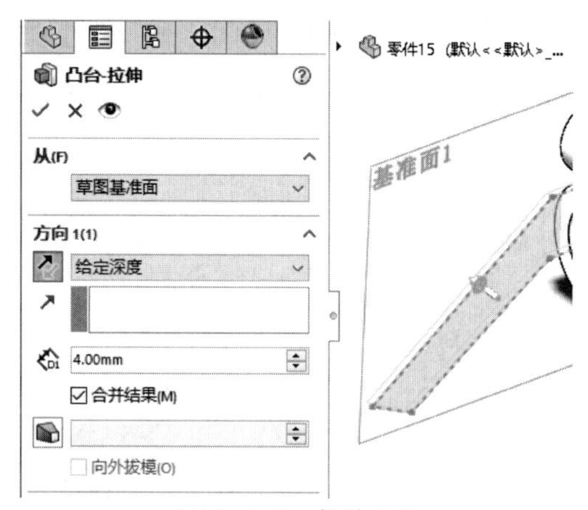

图10-327　拉伸凸台

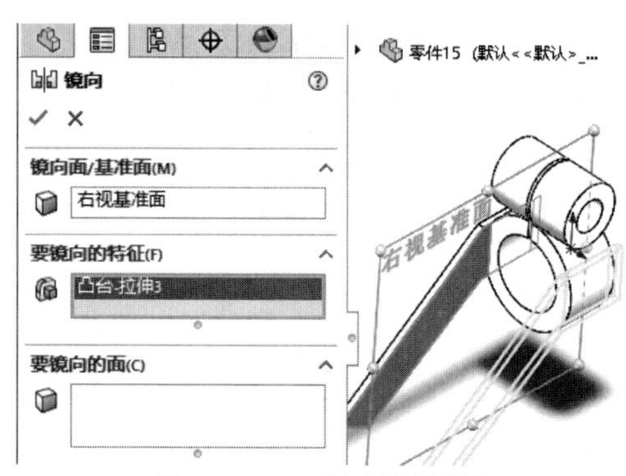

图10-328　创建镜像特征

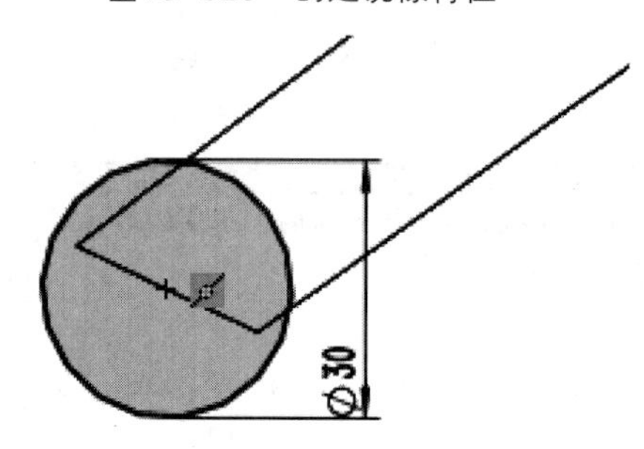

图10-329　绘制圆

12 单击【特征】选项卡中的【拉伸凸台/基体】按钮，创建拉伸特征，如图10-330所示。

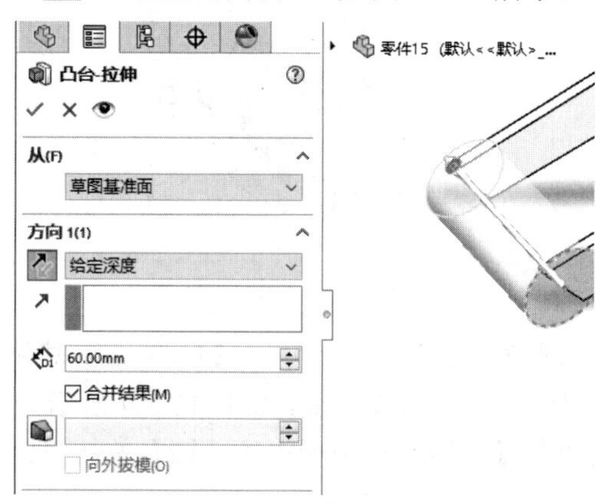

图10-330　拉伸凸台

13 单击【草图】选项卡中的【圆】按钮⊙，绘制圆，如图10-331所示。

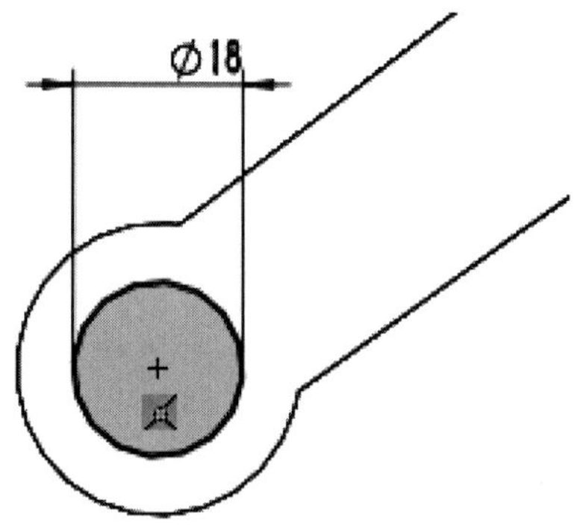

图10-331　绘制圆

14 单击【特征】选项卡中的【拉伸切除】按钮，创建拉伸切除特征，如图10-332所示。

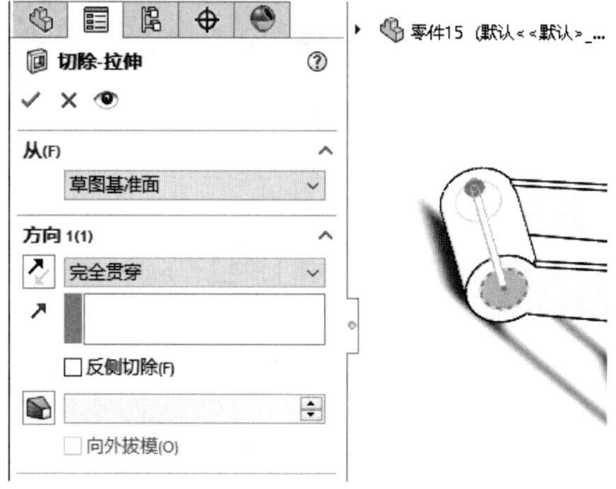

图10-332　创建拉伸切除特征

15 单击【特征】选项卡中的【倒角】按钮，创建倒角特征，如图10-333所示。

16 单击【特征】选项卡中的【倒角】按钮，创建倒角特征，如图10-334所示。

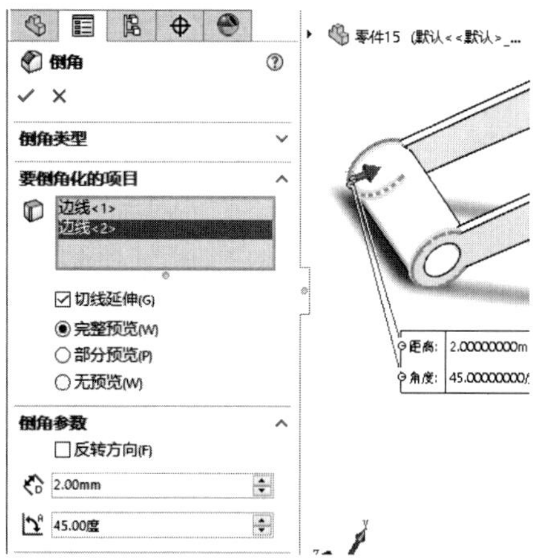

图10-333　创建倒角

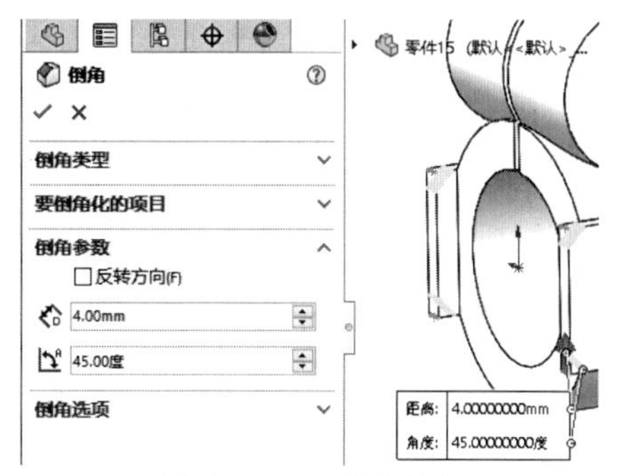

图10-334　创建倒角

17 完成夹紧器模型的绘制，如图10-335所示。

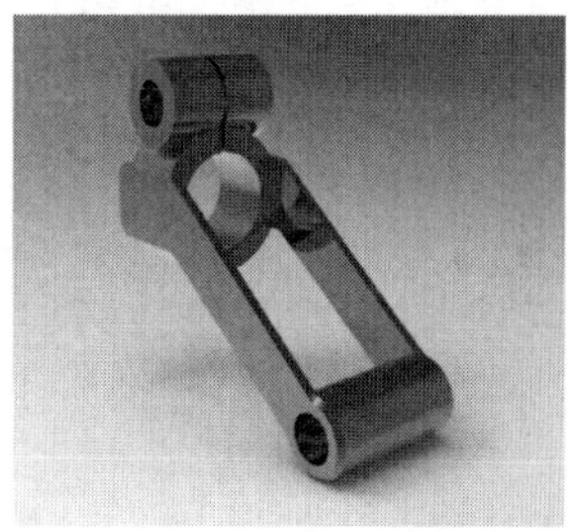

图10-335　完成夹紧器模型